가스기사 기출문제집 [필기]

합격플래너

저자추천 3회독 완벽 플랜

KB198014

		1회독	2회독	3회독
핵심이론	제1장 연소공학(핵심 1~45)	☐ DAY 1		
	제2장 가스설비(핵심 1~63)	☐ DAY 2		
	수소 및 안전관리 관련 예상문제	☐ DAY 3		
	제3장 안전관리 (핵심 1~60)	☐ DAY 4		☐ DAY 46
	제3장 안전관리 (핵심 61~120)	☐ DAY 5	☐ DAY 34	
	제3장 안전관리 (핵심 121~179)	☐ DAY 6		
	제4장 계측기기(핵심 1~39)	☐ DAY 7	☐ DAY 35	
	제5장 유체역학(핵심 1~23)	☐ DAY 8		
7개년 기출문제	**2017년** 제1회 기출문제	☐ DAY 9	☐ DAY 36	
	2017년 제2회 기출문제	☐ DAY 10		☐ DAY 47
	2017년 제3회 기출문제	☐ DAY 11	☐ DAY 37	
	2018년 제1회 기출문제	☐ DAY 12		
	2018년 제2회 기출문제	☐ DAY 13	☐ DAY 38	☐ DAY 48
	2018년 제3회 기출문제	☐ DAY 14		
	2019년 제1회 기출문제	☐ DAY 15	☐ DAY 39	
	2019년 제2회 기출문제	☐ DAY 16		☐ DAY 49
	2019년 제3회 기출문제	☐ DAY 17	☐ DAY 40	
	2020년 제1, 2회 통합 기출문제	☐ DAY 18		
	2020년 제3회 기출문제	☐ DAY 19	☐ DAY 41	☐ DAY 50
	2020년 제4회 기출문제	☐ DAY 20		
	2021년 제1회 기출문제	☐ DAY 21	☐ DAY 42	
	2021년 제2회 기출문제	☐ DAY 22		☐ DAY 51
	2021년 제3회 기출문제	☐ DAY 23	☐ DAY 43	
	2022년 제1회 기출문제	☐ DAY 24		
	2022년 제2회 기출문제	☐ DAY 25	☐ DAY 44	☐ DAY 52
	2022년 제3회 CBT 기출복원문제	☐ DAY 26		
	2023년 제1회 CBT 기출복원문제	☐ DAY 27		
	2023년 제2회 CBT 기출복원문제	☐ DAY 28		
	2023년 제3회 CBT 기출복원문제	☐ DAY 28		
	2024년 제1회 CBT 기출복원문제	☐ DAY 30	☐ DAY 45	☐ DAY 53
	2024년 제2회 CBT 기출복원문제	☐ DAY 31		
	2024년 제3회 CBT 기출복원문제	☐ DAY 32		
CBT	CBT 온라인 모의고사(1~3회)	–	–	

단기완성 1회독 맞춤 플랜

			33일 꼼꼼코스	14일 집중코스	7일 속성코스
핵심이론	제1장 연소공학(핵심 1~45)		DAY 1		
	제2장 가스설비(핵심 1~63)		DAY 2	DAY 1	DAY 1
	수소 및 안전관리 관련 예상문제		DAY 3		
	제3장 안전관리	(핵심 1~60)	DAY 4		
		(핵심 61~120)	DAY 5	DAY 2	
		(핵심 121~179)	DAY 6		DAY 2
	제4장 계측기기(핵심 1~39)		DAY 7	DAY 3	
	제5장 유체역학(핵심 1~23)		DAY 8		
7개년 기출문제	2017년 제1회 기출문제		DAY 9	DAY 4	
	2017년 제2회 기출문제		DAY 10		
	2017년 제3회 기출문제		DAY 11		
	2018년 제1회 기출문제		DAY 12	DAY 5	DAY 3
	2018년 제2회 기출문제		DAY 13		
	2018년 제3회 기출문제		DAY 14	DAY 6	
	2019년 제1회 기출문제		DAY 15		
	2019년 제2회 기출문제		DAY 16	DAY 7	
	2019년 제3회 기출문제		DAY 17		DAY 4
	2020년 제1, 2회 통합 기출문제		DAY 18	DAY 8	
	2020년 제3회 기출문제		DAY 19		
	2020년 제4회 기출문제		DAY 20	DAY 9	
	2021년 제1회 기출문제		DAY 21		
	2021년 제2회 기출문제		DAY 22	DAY 10	
	2021년 제3회 기출문제		DAY 23		
	2022년 제1회 기출문제		DAY 24	DAY 11	DAY 5
	2022년 제2회 기출문제		DAY 25		
	2022년 제3회 CBT 기출복원문제		DAY 26	DAY 12	
	2023년 제1회 CBT 기출복원문제		DAY 27		
	2023년 제2회 CBT 기출복원문제		DAY 28		
	2023년 제3회 CBT 기출복원문제		DAY 29	DAY 13	DAY 6
	2024년 제1회 CBT 기출복원문제		DAY 30		
	2024년 제2회 CBT 기출복원문제		DAY 31		
	2024년 제3회 CBT 기출복원문제		DAY 32		
CBT	CBT 온라인 모의고사(1~3회)		DAY 33	DAY 14	DAY 7

유일무이 나만의 합격 플랜

나만의 합격코스

			월/일	1회독	2회독	3회독	MEMO
핵심이론	제1장 연소공학(핵심 1~45)		●월 ●일	☐	☐	☐	
	제2장 가스설비(핵심 1~63)		●월 ●일	☐	☐	☐	
	수소 및 안전관리 관련 예상문제		●월 ●일	☐	☐	☐	
	제3장 안전관리	(핵심 1~60)	●월 ●일	☐	☐	☐	
		(핵심 61~120)	●월 ●일	☐	☐	☐	
		(핵심 121~179)	●월 ●일	☐	☐	☐	
	제4장 계측기기(핵심 1~39)		●월 ●일	☐	☐	☐	
	제5장 유체역학(핵심 1~23)		●월 ●일	☐	☐	☐	
7개년 기출문제	**2017년** 제1회 기출문제		●월 ●일	☐	☐	☐	
	2017년 제2회 기출문제		●월 ●일	☐	☐	☐	
	2017년 제3회 기출문제		●월 ●일	☐	☐	☐	
	2018년 제1회 기출문제		●월 ●일	☐	☐	☐	
	2018년 제2회 기출문제		●월 ●일	☐	☐	☐	
	2018년 제3회 기출문제		●월 ●일	☐	☐	☐	
	2019년 제1회 기출문제		●월 ●일	☐	☐	☐	
	2019년 제2회 기출문제		●월 ●일	☐	☐	☐	
	2019년 제3회 기출문제		●월 ●일	☐	☐	☐	
	2020년 제1, 2회 통합 기출문제		●월 ●일	☐	☐	☐	
	2020년 제3회 기출문제		●월 ●일	☐	☐	☐	
	2020년 제4회 기출문제		●월 ●일	☐	☐	☐	
	2021년 제1회 기출문제		●월 ●일	☐	☐	☐	
	2021년 제2회 기출문제		●월 ●일	☐	☐	☐	
	2021년 제3회 기출문제		●월 ●일	☐	☐	☐	
	2022년 제1회 기출문제		●월 ●일	☐	☐	☐	
	2022년 제2회 기출문제		●월 ●일	☐	☐	☐	
	2022년 제3회 CBT 기출복원문제		●월 ●일	☐	☐	☐	
	2023년 제1회 CBT 기출복원문제		●월 ●일	☐	☐	☐	
	2023년 제2회 CBT 기출복원문제		●월 ●일	☐	☐	☐	
	2023년 제3회 CBT 기출복원문제		●월 ●일	☐	☐	☐	
	2024년 제1회 CBT 기출복원문제		●월 ●일	☐	☐	☐	
	2024년 제2회 CBT 기출복원문제		●월 ●일	☐	☐	☐	
	2024년 제3회 CBT 기출복원문제		●월 ●일	☐	☐	☐	
CBT	CBT 온라인 모의고사(1~3회)		●월 ●일	☐	☐	☐	

저자쌤의 합격플래너 활용 Tip.

01. Choice

시험대비를 위해 여유 있는 시간을 확보해 제대로 공부하여 시험합격은 물론 고득점을 노리는 수험생들은 **Plan 1 (53일 3회독 완벽코스)**를, 폭넓고 깊은 학습은 불가능해도 꼼꼼하게 공부해 한번에 시험합격을 원하시는 수험생들은 **Plan 2 (33일 꼼꼼코스)**를, 시험준비를 늦게 시작하였으나 짧은 기간에 온전히 학습할 수 있는 많은 시간확보가 가능한 수험생들은 **Plan 3 (14일 집중코스)**를, 부족한 시간이지만 열심히 공부하여 60점만 넘어 합격의 영광을 누리고 싶은 수험생들은 **Plan 4 (7일 속성코스)**가 적합합니다!
단, 저자쌤은 위의 학습플랜 중 충분한 학습기간을 가지고 제대로 시험대비를 할 수 있는 Plan 1을 추천합니다!!!

02. Plus

Plan 1~4까지 중 나에게 맞는 학습플랜이 없을 시, **Plan 5에 나에게 꼭~ 맞는 나만의 학습계획**을 스스로 세워보거나, 또는 **Plan 2 + Plan 3, Plan 2 + Plan 4, Plan 3 + Plan 4** 등 제시된 코스를 활용하여 나의 시험준비기간에 잘~ 맞는 학습계획을 세워보세요!

03. Unique

유일무이 나만의 합격 플랜에는 계획에 따라 3회독까지 학습체크를 할 수 있는 공란과, 처음 1회독 시 학습한 날짜를 기입할 수 있는 공간을 따로 두었습니다!

04. Pass

책의 앞부분에 수록되어 있는 필기시험에 자주 출제되고 꼭 알아야 하는 중요내용을 일목요연하게 정리한 **핵심이론**은 플래너의 학습일과 상관없이 기출문제를 풀 때 수시로 참고하거나 모든 학습이 끝난 후 한번 더 반복하여 봐주시길 바랍니다.

※ 합격플래너를 활용해 계획적으로 시험대비를 하여 필기시험에 합격하신 수험생분께는 「문화상품권(2만원)」을 보내드립니다.(단, 선착순(10명)이며, 온라인서점에 플래너 활용사진을 포함한 도서리뷰 or 합격후기를 올려주신 후 인증사진을 보내주신 분에 한합니다.) ☎ 관련문의 : 031-950-6371

더플러스

더 쉽게 더 빠르게 합격 플러스

가스기사 필기

기출문제집

[핵심이론 + 8개년 기출]

양용석 지음

BM (주)도서출판 성안당

■ 도서 A/S 안내

저자 문의 e-mail : 3305542a@daum.net(양용석)

본서 기획자 e-mail : coh@cyber.co.kr(최옥현)

홈페이지 : http://www.cyber.co.kr   전화 : 031) 950-6300

머리말

가스기사 자격증을 취득하시려는 독자 여러분 반갑습니다.

현재 가스 관련 분야에 근무하고 있거나 관심을 갖고 있는 공학도, 그리고 가스기사 국가기술자격증을 취득하기 위하여 준비하시는 수험생 여러분께 도움을 드리고자 이 책을 발행하게 되었습니다.

이 책은 한국산업인력공단의 출제기준과 NCS(국가직무능력표준)의 산업안전(가스분야) 기준으로 핵심이론정리를 하였으며 과년도 기출문제를 중심으로 단기간에 합격할 수 있도록 반드시 필요한 내용만 핵심적으로 간추린 가스기사 수험서입니다.

이 책의 특징을 요약하면 다음과 같습니다.

> 1 한국산업인력공단의 출제기준, NCS(국가직무능력표준)의 기준을 반영하였습니다.
> 2 과년도 기출문제를 바탕으로 꼭 필요한 이론만을 간추려 수록하였습니다.
> 3 기출문제를 통해 기출문제와 유사한 관련 이론을 집대성하여 여러 유형의 문제를 해결할 수 있도록 구성하였습니다.
> 4 2017~2024년까지의 기출문제에 알차고 정확한 해설을 수록하였습니다.

끝으로, 이 책의 집필을 위하여 자료 제공 및 여러 가지 지원을 아끼지 않으신 관계자분들과 성안당 이종춘 회장님 이하 편집부 직원 여러분께 진심으로 감사드리며, 수험생 여러분께 꼭 합격의 영광이 함께하시길 바랍니다.

저자 양용석

> 이 책을 보시면서 궁금한 점이 있으시면 **저자 직통(010-5835-0508)**이나 **저자 메일(3305542a@daum.net)**로 언제든지 질문을 주시면 성실하게 답변드리겠습니다.
> 또한, 이 책 발행 이후의 오류사항은 성안당 홈페이지 – 자료실 – 정오표 게시판에 올려두겠으며, 실기문제를 제공해 주시는 독자분께는 문화상품권을 제공해 드리겠습니다.

시험 및 핵심이론 안내

자격명	가스기사	영문명	Engineer Gas
관련부처	산업통상자원부	시행기관	한국산업인력공단

① 시험 안내

(1) 개요

고압가스가 지닌 화학적, 물리적 특성으로 인한 각종 사고로부터 국민의 생명과 재산을 보호하고 고압가스의 제조과정에서부터 소비과정에 이르기까지 안전에 대한 규제대책, 각종 가스용기, 기계, 기구 등에 대한 제품검사, 가스취급에 따른 제반시설의 검사 등 고압가스에 관한 안전관리를 실시하기 위하여 자격제도 제정하였다.

(2) 수행 직무

고압가스 및 용기제조의 공정관리, 가스의 사용방법 및 취급요령 등을 위해 예방을 위한 지도 및 감독업무와 저장, 판매, 공급 등의 과정에서 안전관리를 위한 지도 및 감독업무 수행한다.

(3) 진로 및 전망

① 고압가스 제조업체·저장업체·판매업체에 기타 도시가스 사업소, 용기제조업소, 냉동 기계제조업체 등 전국의 고압가스 관련업체로 진출할 수 있다.

② 최근 국민생활수준의 향상과 산업의 발달로 연료용 및 산업용 가스의 수급규모가 대형화 되고 있으며, 가스시설의 복잡·다양화됨에 따라 가스사고건수가 급증하고 사고 규모도 대형화되는 추세이나. 또한 가스실비의 경우 유해·위험물질을 다량으로 취급힐 뿐민 아니라 복잡하고 정밀한 장치나 설비가 자동제어가 되는 연속공정으로 거대 시스템화 되어 있어 이들 설비의 잠재위험요소를 확인·평가하고 그 위험을 제거하거나 통제할 수 있는 전문인력의 필요성은 계속 증가할 것이다. 또한 정부에서는 도시가스의 공급비 율을 올리고 있어 가스의 사용량은 증가하고 이에 따라 가스기사의 인력 수요도 증가할 것이다.

(4) 시험 수수료

① 필기 - 19,400원

② 실기 - 24,100원

(5) 출제 경향

① 필답형 – 출제기준 참조
② 작업형 – 가스제조 및 가스설비, 운전, 저장 및 공급에 대한 취급과 가스장치의 고장
진단 및 유지관리와 가스기기 및 설비에 대한 검사업무 및 가스안전관리에 관한 업무를
수행할 수 있는지의 능력을 평가

(6) 취득 방법

① 시행처 : 한국산업인력공단
② 관련학과 : 대학과 전문대학의 화학공학, 가스냉동학, 가스산업학 관련학과
③ 시험과목 •필기 – 1. 가스유체역학
　　　　　　　　　　2. 연소공학
　　　　　　　　　　3. 가스설비
　　　　　　　　　　4. 가스안전관리
　　　　　　　　　　5. 가스계측
　　　　　　　•실기 – 가스 실무
④ 검정방법 •필기 – 객관식 4지 택일형 과목당 20문항(2시간 30분)
　　　　　　　•실기 – 복합형[필답형(1시간 30분)＋작업형(1시간 30분 정도)]
　　　　　　　　※ 배점 – 필답형 60점, 작업형(동영상) 40점
⑤ 합격기준 •필기 – 100점을 만점으로 하여 과목당 40점 이상, 전 과목 평균 60점 이상
　　　　　　　•실기 – 100점을 만점으로 하여 60점 이상

(7) 시험 일정

구 분	필기원서접수 (인터넷)	필기시험	필기합격 (예정자) 발표	실기 원서접수	실기시험	최종합격자 발표일
제1회	1.13(월) ~1.16(목)	2.7(금) ~3.4(화)	3.12(수)	3.24(월) ~3.27(목)	4.19(토) ~5.9(금)	1차 : 6.5(목) 2차 : 6.13(금)
제2회	4.14(월) ~4.17(목)	5.10(토) ~5.30(금)	6.11(수)	6.23(월) ~6.26(목)	7.19(토) ~8.6(수)	1차 : 9.5(금) 2차 : 9.12(금)
제3회	7.21(월) ~7.24(목)	8.9(토) ~9.1(월)	9.10(수)	9.22(월) ~9.25(목)	11.1(토) ~11.21(금)	1차 : 12.5(금) 2차 : 12.24(수)

★ 자세한 시험 일정은 **Q-Net** 홈페이지(www.q-net.or.kr)의 "시험 일정 안내 > 연간 국가기술자격
시험 일정 > 국가기술자격(정기) > 종목 검색(가스기사)"에서 확인하시기 바랍니다. ★

2 핵심이론 안내

▶ 핵심이론 사용방법 (1)

앞쪽에 수록되어 있는 〈제1편. 핵심이론〉에 대해 설명드리겠습니다.

〈핵심이론〉은 기출문제 해설집인 동시에 핵심내용의 관련 이론을 모두 한곳에서 정리함으로써 출제된 문제 이외에 유사한 문제가 다시 출제되더라도 풀어낼 수 있도록 출제가능이론을 일목요연하게 정리하였습니다. 이 핵심이론을 잘 활용하시면 관련 이론에서 95% 이상 적중하리라 확신합니다. 그럼 학습방법을 살펴볼까요?

---

49 내용적 50L의 용기에 내압시험을 하고자 한다. 이 경우 30kg/cm²인 수압을 걸었을 때 용기의 용적이 50.6L로 늘어났고, 압력을 제거하여 대기압으로 하였더니 용기의 용적은 50.03L로 되었다. 이때 영구증가율은 얼마인가?   [안전 18]

① 0.3%   ② 0.5%

③ 3%   ④ 5%

영구증가율 $= \dfrac{50.13 - 50}{50.6 - 50} \times 100 = 5\%$

> 예를 들면, 라면도 기출문제에서 '안전 18'이면, 핵심이론 '안전관리' 부분을 확인!

핵심 18 항구증가율(%)		
항 목		세부 학
공식		항구증가 전증가
합격기준	신규검사	10%
	재검사	10% 이하(질량검
		6% 이하(질량검사 90%

▶▶ 핵심이론 사용방법 (2)

부취제에 대한 문제 출제 시, 부취제의 관련 이론을 한 곳에 모음으로써 어떠한 문제가 출제되어도 〈핵심이론〉 하나로 모두 해결 가능합니다.

74 도시가스의 누출 시 그 누출을 조기에 발견 하기 위해 첨가하는 부취제의 구비조건이 아닌 것은? 【안전 19】

① 배관 내의 상용의 온도에서 응축하지 않을 것
② 물에 잘 녹고 토양에 대한 흡수가 잘 될 것
③ 완전히 연소하고 연소 후에 유해한 성 질이나 냄새가 남지 않을 것
④ 독성이 없고 가스관이나 가스미터에 흡착되지 않을 것

46 다음 부취제 주입방식 중 액체식 주입방식 이 아닌 것은? 【안전 19】

① 펌프주입식
② 적하주입식
③ 위크식
④ 미터연결 바이패스식

핵심 19 ▶ 부취제

(1) 부취제 관련 핵심내용

특 성 \ 종 류	TBM (터시어리부틸메르카부탄)	THT (테트라하이드로티오페)	DMS (디메틸설파이드)
냄새 종류	양파 썩는 냄새	석탄가스 냄새	마늘 냄새
강도	강함	보통	약간 약함
혼합 사용 여부	혼합 사용	단독 사용	혼합 사용
부취제 주입설비			
액체주입식	펌프주입방식, 적하주입방식, 미터연결 바이패스방식		
증발식	위크 증발식, 바이패스방식		
부취제 주입농도	$\frac{1}{1000} = 0.1\%$ 정도		
토양의 투과성 순서	DMS > TBM > THT		
부취제 구비조건	① 독성이 없을 것 ② 화학적으로 안정할 것 ③ 보통 냄새와 구별될 것 ④ 토양에 대한 투과성이 클 것 ⑤ 완전연소할 것 ⑥ 물에 녹지 않을 것		

과년도 출제문제와 핵심이론을 비교하여 공부하면 가장 바람직하고 이상적인 학습 방법이 될 것입니다.

★ 합격의 행운이 함께 하시길 바랍니다~

시험 접수에서 자격증 수령까지 안내

☑ **원서접수 안내 및 유의사항입니다.**

- 원서접수 확인 및 수험표 출력기간은 접수당일부터 시험시행일까지 출력 가능(이외 기간은 조회불가)합니다. 또한 출력장애 등을 대비하여 사전에 출력 보관하시기 바랍니다.
- 원서접수는 온라인(인터넷, 모바일앱)에서만 가능합니다.
- 스마트폰, 태블릿 PC 사용자는 모바일앱 프로그램을 설치한 후 접수 및 취소/환불 서비스를 이용하시기 바랍니다.

STEP 01	STEP 02	STEP 03	STEP 04
필기시험 원서접수	필기시험 응시	필기시험 합격자 확인	실기시험 원서접수

- 필기시험은 온라인 접수만 가능
- Q-net(www.q-net.or.kr) 사이트 회원 가입
- 응시자격 자가진단 확인 후 원서 접수 진행
- 반명함 사진 등록 필요 (6개월 이내 촬영본 / 3.5cm×4.5cm)

- 입실시간 미준수 시 시험 응시 불가 (시험시작 30분 전에 입실 완료)
- 수험표, 신분증, 계산기 지참 (공학용 계산기 지참 시 반드시 포맷)

- CBT 형식으로 치러지므로 시험 완료 즉시 합격 여부 확인 가능
- 문자 메시지, SNS 메신저를 통해 합격 통보 (합격자만 통보)
- Q-net(www.q-net.or.kr) 사이트 및 ARS (1666-0100)를 통해서 확인 가능

- Q-net(www.q-net.or.kr) 사이트에서 원서 접수
- 응시자격서류 제출 후 심사에 합격 처리된 사람에 한하여 원서 접수 가능 (응시자격서류 미제출 시 필기시험 합격예정 무효)

"성안당은 여러분의 합격을 기원합니다"

STEP 05	STEP 06	STEP 07	STEP 08
실기시험 응시	실기시험 합격자 확인	자격증 교부 신청	자격증 수령

- 수험표, 신분증, 필기구, 공학용 계산기, 종목별 수험사 준비물 시참 (공학용 계산기는 허용된 종류에 한하여 사용 가능하며, 수험자 지참 준비물은 실기시험 접수기간에 확인 가능)

- 문자 메시지, SNS 메신저를 통해 합격 통보 (합격자만 통보)
- Q-net(www.q-net.or.kr) 사이트 및 ARS (1666-0100)를 통해서 확인 가능

- 상장형 자격증, 수첩형 자격증 형식 신청 가능
- Q-net(www.q-net.or.kr) 사이트를 통해 신청

- 상장형 자격증은 합격자 발표 당일부터 인터넷으로 발급 가능 (직접 출력하여 사용)
- 수첩형 자격증은 인터넷 신청 후 우편수령만 가능 (수수료 : 3,100원 / 배송비 : 3,010원)

★ 필기/실기 시험 시 허용되는 공학용 계산기 기종
  1. 카시오(CASIO) FX-901~999
  2. 카시오(CASIO) FX-501~599
  3. 카시오(CASIO) FX-301~399
  4. 카시오(CASIO) FX-80~120
  5. 샤프(SHARP) EL-501-599
  6. 샤프(SHARP) EL-5100, EL-5230, EL-5250, EL-5500
  7. 캐논(CANON) F-715SG, F-788SG, F-792SGA
  8. 유니원(UNIONE) UC-400M, UC-600E, UC-800X
  9. 모닝글로리(MORNING GLORY) ECS-101

※ 자세한 사항은 Q-net 홈페이지(www.q-net.or.kr)를 참고하시기 바랍니다.

NCS 안내

① 국가직무능력표준(NCS)이란?

국가직무능력표준(NCS, National Competency Standards)은 산업현장에서 직무를 행하기 위해 요구되는 지식·기술·태도 등의 내용을 국가가 산업 부문별, 수준별로 체계화한 것이다.

(1) 국가직무능력표준(NCS) 개념도

〈직무능력 : 일을 할 수 있는 On-spec인 능력〉
① 직업인으로서 기본적으로 갖추어야 할 공통능력
   → **직업기초능력**
② 해당 직무를 수행하는 데 필요한 역량(지식, 기술, 태도) → **직무수행능력**

〈보다 효율적이고 현실적인 대안 마련〉
① 실무중심의 교육·훈련 과정 개편
② 국가자격의 종목 신설 및 재설계
③ 산업현장 직무에 맞게 자격시험 전면 개편
④ NCS 채용을 통한 기업의 능력중심 인사관리 및 근로자의 평생경력 개발 관리 지원

(2) 국가직무능력표준(NCS) 학습모듈

국가직무능력표준(NCS)이 현장의 '**직무 요구서**'라고 한다면, NCS 학습모듈은 NCS 능력단위를 교육훈련에서 학습할 수 있도록 구성한 '**교수·학습 자료**'이다. NCS 학습모듈은 구체적 직무를 학습할 수 있도록 이론 및 실습과 관련된 내용을 상세하게 제시하고 있다.

2 국가직무능력표준(NCS)이 왜 필요한가?

능력 있는 인재를 개발해 핵심 인프라를 구축하고, 나아가 국가경쟁력을 향상시키기 위해
국가직무능력표준이 필요하다.

(1) 국가직무능력표준(NCS) 적용 전/후

🔍 지금은
- 직업 교육 · 훈련 및 자격제도 가 산업현장과 불일치
- 인적자원의 비효율적 관리 운용

국가직무 능력표준

🔍 이렇게 바뀝니다.
- 각각 따로 운영되었던 교육 · 훈련, 국가직무능력표준 중심 시스템으로 전환 (일-교육 · 훈련-자격 연계)
- 산업현장 직무중심의 인적자원 개발
- 능력중심사회 구현을 위한 핵심 인프라 구축
- 고용과 평생직업능력 개발 연계 를 통한 국가경쟁력 향상

(2) 국가직무능력표준(NCS) 활용범위

기업체
Corporation

교육훈련기관
Education and
training

자격시험기관
Qualification

- 현장 수요 기반의 인력채용 및 인사 관리 기준
- 근로자 경력 개발
- 직무 기술서

- 직업교육 훈련과정 개발
- 교수계획 및 매체, 교재 개발
- 훈련기준 개발

- 자격종목의 신설 · 통합 · 폐지
- 출제기준 개발 및 개정
- 시험문항 및 평가 방법

CBT 안내

1 CBT란?

CBT란 Computer Based Test의 약자로, 컴퓨터 기반 시험을 의미한다.
정보기기운용기능사, 정보처리기능사, 굴삭기운전기능사, 지게차운전기능사, 제과기능사, 제빵기능사, 한식조리기능사, 양식조리기능사, 일식조리기능사, 중식조리기능사, 미용사(일반), 미용사(피부) 등 12종목은 이미 오래 전부터 CBT 시험을 시행하고 있으며, 나머지 기능사는 2016년 5회 시험부터, 산업기사는 2020년 마지막 시험(3회 또는 4회)부터, **가스기사 포함 모든 기사는 2022년 마지막 시험(3회 또는 4회)부터 CBT 시험이 시행**되었다.
CBT 필기시험은 컴퓨터로 보는 만큼 수험자가 답안을 제출함과 동시에 합격여부를 확인할 수 있다.

2 CBT 시험과정

한국산업인력공단에서 운영하는 홈페이지 **큐넷(Q-net)**에서는 누구나 쉽게 CBT 시험을 볼 수 있도록 실제 자격시험 환경과 동일하게 구성한 **가상 웹 체험 서비스를 제공**하고 있으며, 그 과정을 요약한 내용은 아래와 같다.

(1) 시험시작 전 신분 확인절차

수험자가 자신에게 배정된 좌석에 앉아 있으면 신분 확인절차가 진행된다.
이것은 시험장 감독위원이 컴퓨터에 나온 수험자 정보와 신분증이 일치하는지를 확인하는 단계이다.

(2) CBT 시험안내 진행

신분 확인이 끝난 후 시험시작 전 CBT 시험안내가 진행된다.

> 안내사항 > 유의사항 > 메뉴 설명 > 문제풀이 연습 > 시험준비 완료

① 시험 [**안내사항**]을 확인한다.
- 시험은 총 5문제로 구성되어 있으며, 5분간 진행된다.
  (자격종목별로 시험문제 수와 시험시간은 다를 수 있다.(가스기사 필기-100문제/2시간 30분))
- 시험도중 수험자 PC 장애 발생 시 손을 들어 시험감독관에게 알리면 긴급장애조치 또는 자리이동을 할 수 있다.
- 시험이 끝나면 합격여부를 바로 확인할 수 있다.

② 시험 [**유의사항**]을 확인한다.
  시험 중 금지되는 행위 및 저작권 보호에 관한 유의사항이 제시된다.

③ 문제풀이 [**메뉴 설명**]을 확인한다.
  문제풀이 기능 설명을 유의해서 읽고 기능을 숙지해야 한다.

④ 자격검정 CBT [**문제풀이 연습**]을 진행한다.
  실제 시험과 동일한 방식의 문제풀이 연습을 통해 CBT 시험을 준비한다.
- CBT 시험 문제화면의 기본 글자크기는 150%이다. 글자가 크거나 작을 경우 크기를 변경할 수 있다.
- 화면배치는 1단 배치가 기본 설정이다. 더 많은 문제를 볼 수 있는 2단 배치와 한 문제씩 보기 설정이 가능하다.

• 답안은 문제의 보기번호를 클릭하거나 답안표기 칸의 번호를 클릭하여 입력할 수 있다.

• 입력된 답안은 문제화면 또는 답안표기 칸의 보기번호를 클릭하여 변경할 수 있다.

• 페이지 이동은 아래의 페이지 이동 버튼 또는 답안표기 칸의 문제번호를 클릭하여 이동할 수 있다.

• 응시종목에 계산문제가 있을 경우 좌측 하단의 계산기 기능을 이용할 수 있다.

- 안 푼 문제 확인은 답안 표기란 좌측에 안 푼 문제 수를 확인하거나 답안 표기란 하단 [안 푼 문제] 버튼을 클릭하여 확인할 수 있다. 안 푼 문제번호 보기 팝업창에 안 푼 문제번호가 표시된다. 번호를 클릭하면 해당 문제로 이동한다.

- 시험문제를 다 푼 후 답안 제출을 하거나 시험시간이 모두 경과되었을 경우 시험이 종료되며 시험결과를 바로 확인할 수 있다.
- [답안 제출] 버튼을 클릭하면 답안 제출 승인 알림창이 나온다. 시험을 마치려면 [예] 버튼을 클릭하고 시험을 계속 진행하려면 [아니오] 버튼을 클릭하면 된다. 답안 제출은 실수 방지를 위해 두 번의 확인 과정을 거친다. 이상이 없으면 [예] 버튼을 한 번 더 클릭하면 된다.

⑤ [시험준비 완료]를 한다.

시험 안내사항 및 문제풀이 연습까지 모두 마친 수험자는 [시험준비 완료] 버튼을 클릭한 후 잠시 대기한다.

(3) CBT 시험 시행

(4) 답안 제출 및 합격 여부 확인

★ 더 자세한 내용에 대해서는 **Q-Net** 홈페이지(www.q-net.or.kr)를 참고해 주시기 바랍니다. ★

▌가스기사 필기

필기 과목명	주요 항목	세부 항목	세세 항목
가스 유체역학	1. 유체의 정의 및 특성	(1) 용어의 정의 및 개념의 이해	① 단위와 차원해석 ② 물리량의 정의 ③ 유체의 흐름현상
	2. 유체 정역학	(1) 비압축성 유체	① 유체의 정역학 ② 유체의 기본방정식 ③ 유체의 유동 ④ 유체의 물질수지 및 에너지 수지
	3. 유체 동역학	(1) 압축성 유체	① 압축성 유체의 흐름공정 ② 기체상태 방정식의 응용 ③ 유체의 운동량 이론 ④ 경계층 이론 ⑤ 충격파의 전달속도
		(2) 유체의 수송	① 유체의 수송장치 ② 액체의 수송 ③ 기체의 수송 ④ 유체의 수송동력 ⑤ 유체의 수송에 있어서의 두 손실
연소공학	1. 연소이론	(1) 연소기초	① 연소의 정의 ② 열역학 법칙 ③ 열전달 ④ 열역학의 관계식 ⑤ 연소속도 ⑥ 연소의 종류와 특성
		(2) 연소계산	① 연소현상 이론 ② 이론 및 실제 공기량 ③ 공기비 및 완전연소 조건 ④ 발열량 및 열효율 ⑤ 화염온도 ⑥ 화염전파 이론
	2. 연소설비	(1) 연소장치의 개요	① 연소장치 ② 연소방법 ③ 연소현상

필기 과목명	주요 항목	세부 항목	세세 항목
		(2) 연소장치 설계	① 고부하 연소기술 ② 연소부하산출
	3. 가스폭발/ 방지대책	(1) 가스폭발이론	① 폭발범위 ② 확산 이론 ③ 열 이론 ④ 기체의 폭굉현상 ⑤ 폭발의 종류 ⑥ 가스폭발의 피해(영향) 계산
		(2) 위험성 평가	① 정성적 위험성 평가 ② 정량적 위험성 평가
		(3) 가스화재 및 폭발방지대책	① 가스폭발의 예방 및 방호 ② 가스화재 소화이론 ③ 방폭구조의 종류 ④ 정전기 발생 및 방지대책
가스설비	1. 가스설비의 종류 및 특성	(1) 고압가스 설비	① 고압가스 제조설비 ② 고압가스 저장설비 ③ 고압가스 사용설비 ④ 고압가스 충전 및 판매설비
		(2) 액화석유가스 설비	① 액화석유가스 충전설비 ② 액화석유가스 저장 및 판매설비 ③ 액화석유가스 집단공급설비 ④ 액화석유가스 사용설비
		(3) 도시가스설비	① 도시가스 제조설비 ② 도시가스 공급충전설비 ③ 도시가스 사용설비 ④ 도시가스 배관 및 정압설비
		(4) 수소설비	① 수소 제조설비 ② 수소 공급충전설비 ③ 수소 사용설비 ④ 수소 배관설비
		(5) 펌프 및 압축기	① 펌프의 기초 및 원리 ② 압축기의 구조 및 원리 ③ 펌프 및 압축기의 유지관리

필기 과목명	주요 항목	세부 항목	세세 항목
		(6) 저온장치	① 가스의 액화사이클 ② 가스의 액화분리장치 ③ 가스의 액화분리장치의 계통과 구조
		(7) 고압장치	① 고압장치의 요소 ② 고압장치의 계통과 구조 ③ 고압가스 반응장치 ④ 고압저장 탱크설비 ⑤ 기화장치 ⑥ 고압측정장치
		(8) 재료와 방식, 내진	① 가스설비의 재료, 용접 및 비파괴 검사 ② 부식의 종류 및 원리 ③ 방식의 원리 ④ 방식설비의 설계 및 유지관리 ⑤ 내진설비 및 기술사항
	2. 가스용 기기	(1) 가스용 기기	① 특정설비 ② 용기 및 용기밸브 ③ 압력조정기 ④ 가스미터 ⑤ 연소기 ⑥ 콕 및 호스 ⑦ 차단용 밸브 ⑧ 가스누출경보/차단기
가스 안전관리	1. 가스에 대한 안전	(1) 가스 제조 및 공급, 충전에 관한 안전	① 고압가스 제조 및 공급·충전 ② 액화석유가스 제조 및 공급·충전 ③ 도시가스 제조 및 공급·충전 ④ 수소 제조 및 공급·충전
		(2) 가스 저장 및 사용에 관한 안전	① 저장탱크 ② 탱크로리 ③ 용기 ④ 저장 및 사용시설
		(3) 용기, 냉동기 가스용품, 특정설비 등의 제조 및 수리에 관한 안전	① 고압가스 용기제조, 수리 및 검사 ② 냉동기기 제조, 특정설비 제조 및 수리 ③ 가스용품 제조 및 수리
	2. 가스취급에 대한 안전	(1) 가스운반 취급에 관한 안전	① 고압가스의 양도, 양수 운반 또는 휴대 ② 고압가스 충전용기의 운반 ③ 차량에 고정된 탱크의 운반

필기 과목명	주요 항목	세부 항목	세세 항목
		(2) 가스의 일반적인 성질에 관한 안전	① 가연성 가스 ② 독성 가스 ③ 기타 가스
		(3) 가스안전사고의 원인 조사분석 및 대책	① 화재사고 ② 가스폭발 ③ 누출사고 ④ 질식사고 등 ⑤ 안전관리 이론, 안전교육 및 자체검사
가스계측	1. 계측기기	(1) 계측기기의 개요	① 계측기 원리 및 특성 ② 제어의 종류 ③ 측정과 오차
		(2) 가스계측기기	① 압력계측 ② 유량계측 ③ 온도계측 ④ 액면 및 습도계측 ⑤ 밀도 및 비중의 계측 ⑥ 열량계측
	2. 가스분석	(1) 가스분석	① 가스 검지 및 분석 ② 가스 기기분석
	3. 가스미터	(1) 가스미터의 기능	① 가스미터의 종류 및 계량 원리 ② 가스미터의 크기 선정 ③ 가스미터의 고장처리
	4. 가스시설의 원격감시	(1) 원격감시장치	① 원격감시장치의 원리 ② 원격감시장치의 이용 ③ 원격감시 설비의 설치·유지

■ 가스기사 실기 [필답형 : 1시간 30분, 작업형 : 1시간 30분 정도]

실기 과목명	주요 항목	세부 항목	세세 항목
가스 실무	1. 가스설비 실무	(1) 가스설비 설치하기	① 고압가스설비를 설계 · 설치 관리할 수 있다. ② 액화석유가스설비를 설계 · 설치 관리할 수 있다. ③ 도시가스설비를 설계 · 설치 관리할 수 있다. ④ 수소설비를 설계 · 설치 관리할 수 있다.
		(2) 가스설비 유지 관리하기	① 고압가스설비를 안전하게 유지 관리할 수 있다. ② 액화석유가스설비를 안전하게 유지 관리할 수 있다. ③ 도시가스설비를 안전하게 유지 관리할 수 있다. ④ 수소설비를 안전하게 유지 관리할 수 있다.
	2. 안전관리 실무	(1) 가스안전 관리하기	① 용기, 가스용품, 저장탱크 등 가스설비 및 기기의 취급 운반에 대한 안전대책을 수립할 수 있다. ② 가스폭발 방지를 위한 대책을 수립하고, 사고 발생 시 신속히 대응할 수 있다. ③ 가스시설의 평가, 진단 및 검사를 할 수 있다.
		(2) 가스안전검사 수행하기	① 가스관련 안전인증 대상 기계 · 기구와 자율 안전 확인 대상 기계 · 기구 등을 구분할 수 있다. ② 가스관련 의무안전인증 대상 기계 · 기구와 자율안전 확인대상 기계 · 기구 등에 따른 위험성의 세부적인 종류, 규격, 형식의 위험성을 적용할 수 있다. ③ 가스관련 안전인증 대상 기계 · 기구와 자율안전 대상 기계 · 기구 등에 따른 기계 · 기구에 대하여 측정장비를 이용하여 정기적인 시험을 실시할 수 있도록 관리계획을 작성할 수 있다. ④ 가스관련 안전인증 대상 기계 · 기구와 자율안전 대상 기계 · 기구 등에 따른 기계 · 기구 설치방법 및 종류에 의한 장단점을 조사할 수 있다. ⑤ 공정진행에 의한 가스관련 안전인증 대상 기계 · 기구와 자율안전 확인 대상 기계 · 기구 등에 따른 기계 · 기구의 설치, 해체, 변경 계획을 작성할 수 있다.

실기 과목명	주요 항목	세부 항목	세세 항목
		(3) 가스 안전조치 실행하기	① 가스설비의 설치 중 위험성의 목적을 조사하고 계획을 수립할 수 있다. ② 가스설비의 가동 전 사전 점검하고 위험성이 없음을 확인하고 가동할 수 있다. ③ 가스설비의 변경 시 주의 사항의 기본 개념을 조사하고 계획을 수립할 수 있다. ④ 가스설비의 정기, 수시, 특별 안전점검의 목적을 확인하고 계획을 수립할 수 있다. ⑤ 점검 이후 지적사항에 대한 개선방안을 검토하고 권고할 수 있다.

Contents

제1편 핵심이론(시험에 잘 나오는 중요이론 정리)

제2편 과년도 출제문제

빨리 성장하는 것은 쉬 시들고,
서서히 성장하는 것은 영원히 존재한다.

- 호란드 -

'급히 먹는 밥이 체한다'는 말이 있지요.
'급하다고 바늘허리에 실 매어 쓸까'라는 속담도 있고요.
그래요, 속성으로 성장한 것은 부실해지기 쉽습니다.
사과나무가 한 알의 영롱한 열매를 맺기 위해서는
꾸준하게 비바람을 맞고 적당하게 햇볕도 쪼여야 하지요.
빠른 것만이 꼭 좋은 것이 아닙니다.
주위를 두리번거리면서 느릿느릿, 서서히 커나가야 인생이 알차지고 단단해집니다.
이른바 "느림의 미학"이시요.

제 **1** 편

핵심이론
(시험에 잘 나오는 중요이론 정리)

최근 출제된 기출문제를 중심으로 핵심이론을
요약·정리하였습니다. '핵심이론'은
필기시험에서 언제든지 출제될 수 있을 뿐 아니라
2차(실기) 시험에서도 반드시 필요한 내용이며,
이 핵심이론을 완벽히 숙지하시면 어떠한 형식으로
문제가 출제되어도 해결할 수 있습니다.

가스기사 필기
www.cyber.co.kr

연소공학 · 제1장

핵심1 ◇ **폭굉(데토네이션), 폭굉유도거리(DID)**

폭 굉	
정의	가스 중 음속보다 화염전파속도(폭발속도)가 큰 경우로 파면선단에 솟구치는 압력파가 발생하여 격렬한 파괴작용을 일으키는 원인
폭굉속도	1000~3500m/s
가스의 정상연소속도	0.1~10m/s
폭굉범위와 폭발범위의 관계	폭발범위는 폭굉범위보다 넓고, 폭굉범위는 폭발범위보다 좁다.(※ 폭굉이란 폭발범위 중 어느 부분 가장 격렬한 폭발이 일어나는 부분이므로)

폭굉유도거리(DID)	
정의	최초의 완만한 연소가 격렬한 폭굉으로 발전하는 거리 ※ 연소가 → 폭굉으로 되는 거리
짧아지는 조건	① 정상연소속도가 큰 혼합가스일수록 ② 압력이 높을수록 ③ 점화원의 에너지가 클수록 ④ 관 속에 방해물이 있거나 관경이 가늘수록
참고사항	폭굉유도거리가 짧을수록 폭굉이 잘 일어나는 것을 의미하며, 위험성이 높은 것을 말한다.

☺ 이 책의 특징 : 2007년도에는 폭굉유도거리가 짧아지는 조건이 출제되었으나 폭굉에 관련된 모든 중요사항을 공부함으로써 어떠한 문제가 출제되어도 대응할 수 있으므로 반드시 합격할 수 있는 가스기사(필기) 수험서입니다.

핵심2 ◇ **연소의 종류**

(1) 고체물질의 연소

구 분		세부내용
연료 성질에 따른 분류	표면연소	고체표면에서 연소반응을 일으킴(목탄, 코크스)
	분해연소	연소물질이 완전분해를 일으키면서 연소(종이, 목재)
	증발연소	고체물질이 녹아 액으로 변한 다음 증발하면서 연소(양초, 파라핀)
	연기연소	다량의 연기를 동반하는 표면연소

구 분			세부내용
연소 방법에 따른 분류	미분탄 연소	정의	석탄을 잘게 분쇄(200mesh 이하)하여 연소되는 부분의 표면적이 커져 연소효율이 높게 되며, 연소형식에는 U형, L형, 코너형, 슬래그탭이 있고 고체물질 중 가장 연소효율이 높다.
		장점	① 적은 공기량으로 완전연소가 가능하다. ② 자동제어가 가능하다. ③ 부하변동에 대응하기 쉽다. ④ 연소율이 크다. ⑤ 화염이 연소실 전체로 퍼진다.
		단점	① 연소실이 커야 된다. ② 타연료에 비해 연소시간이 길다. ③ 화염길이가 길어진다. ④ 가스화 속도가 낮다. ⑤ 완전연소에 거리와 시간이 필요 ⑥ 2상류 상태에서 연소한다.
	유동층 연소	정의	유동층을 형성하면서 700~900℃ 정도의 저온에서 연소하는 방법
		장점	① 연소 시 활발한 교환혼합이 이루어진다. ② 증기 내 균일한 온도를 유지할 수 있다. ③ 고부하 연소율과 높은 열전달률을 얻을 수 있다. ④ 유동매체로 석회석 사용 시 탈황효과가 있다. ⑤ 질소산화물의 발생량이 감소한다. ⑥ 연소 시 화염층이 작아진다. ⑦ 석탄입자의 분쇄가 필요 없어 이에 따른 동력손실이 없다.
		단점	① 석탄입자의 비산우려가 있다. ② 공기공급 시 압력손실이 크다. ③ 송풍에 동력원이 필요하다.
	화격자 연소	정의	화격자 위에 고정층을 만들고, 공기를 불어넣어 연소하는 방법으로 하입식의 경우 석탄층은 연소가스에 직접 접하지 않고 상부의 고온 산화층으로부터 전도, 복사에 의해 가열된다.
		용어	① 화격자 연소율(kg/m^2·h) : 시간당 단위면적당 연소하는 탄소의 양 ② 화격자 열발생률(kcal/m^3·h) : 시간당 단위체적당 열발생률

(2) 액체물질의 연소

구 분	세부내용
증발연소	액체연료가 증발하는 성질을 이용하여 증발관에서 증발시켜 연소시키는 방법
액면연소	액체연료의 표면에서 연소시키는 방법
분무연소	액체연료를 분무시켜 미세한 액적으로 미립화시켜 연소시키는 방법(액체연료 중 연소효율이 가장 높다.)
등심연소	일명 심지연소라고 하며, 램프 등과 같이 연료를 심지로 빨아올려 심지 표면에서 연소시키는 것으로 공기온도가 높을수록, 유속이 낮을수록 화염의 높이가 커진다.

(3) 기체물질의 연소

구 분			세부내용
혼합상태에 따른 분류	예혼합연소	정의	산소공기들을 미리 혼합시켜 놓고 연소시키는 방법
		특징	① 조작이 어렵다. ② 미리 공기와 혼합 시 화염이 불안정하다. ③ 역화의 위험성이 확산연소보다 크다.

구 분			세부내용
혼합상태에 따른 분류	확산연소	정의	수소, 아세틸렌과 같이 공기보다 가벼운 기체를 확산시키면서 연소시키는 방법
		특징	① 조작이 용이하다. ② 화염이 안정하다. ③ 역화위험이 없다.
흐름상태에 따른 분류	층류연소		화염의 두께가 얇은 반응대의 화염
	난류연소		반응대에서 복잡한 형상분포를 가지는 연소형태

핵심 3 ◇ 이상기체(완전가스)

항 목	세부내용	
성질	① 냉각압축하여도 액화하지 않는다. ② 0K에서도 고체로 되지 않고, 그 기체의 부피는 0이다. ③ 기체분자간 인력이나 반발력은 없다. ④ 0K에서 부피는 0, 평균운동에너지는 절대온도에 비례한다. ⑤ 보일−샤를의 법칙을 만족한다. ⑥ 분자의 충돌로 운동에너지가 감소되지 않는 완전탄성체이다. ⑦ 내부에너지는 온도만의 함수이다.	
실제기체와 비교	이상기체	실제기체
	액화 불가능	액화 가능
참고사항	이상기체가 실제기체처럼 행동하는 온도 · 압력의 조건	실제기체가 이상기체처럼 행동하는 온도 · 압력의 조건
	저온, 고압	고온, 저압
	이상기체를 정적 하에서 가열 시 압력, 온도 증가	
C_P, C_V, K	C_P(정압비열), C_V(정적비열), K(비열비)의 관계 • $C_P - C_V = R$ • $\dfrac{C_P}{C_V} = K$ • $K > 1$	

핵심 4 ◇ 이상기체 상태방정식

방정식 종류	기호 설명	보충 설명
$PV = nRT$	P : 압력(atm) V : 부피(L) n : 몰수 = $\left[\dfrac{W(질량):g}{M(분자량):g} \right]$ R : 상수(0.082atm · L/mol · K) T : 절대온도(K)	상수 R=0.082atm · L/mol · K 　　　=1.987cal/mol · K 　　　=8.314J/mol · K

방정식 종류	기호 설명	보충 설명
$PV=GRT$	P : 압력(kg/m^2) V : 체적(m^3) G : 중량(kg) R : $\dfrac{848}{M}$(kg · m/kg · K) T : 절대온도(K)	상수 R값의 변화에 따른 압력단위 변화 $R=\dfrac{8.314}{M}$(kJ/kg · K), P : kPa(kN/m^2) $R=\dfrac{8314}{M}$(J/kg · K), P : Pa(N/m^2)
참고사항	(예제) 1. 5atm, 3L에서 20℃의 산소기체의 질량(g)을 구하라. $PV=nRT$로 풀이 (예제) 2. 5kg/m^2, 10m^3, 20℃의 산소기체의 질량(kg)을 구하라. $PV=GRT$로 풀이 ※ 주어진 공식의 단위를 보고 어느 공식을 적용할 것인가를 판단	

핵심 5 ◆ 인화점, 착화(발화)점

인화점	
정의	가연물을 연소 시 점화원을 가지고 연소하는 최저온도

발화(착화)점	
정의	가연물을 연소 시 점화원이 없는 상태에서 연소하는 최저온도
참고사항	위험성 척도의 기준 : 인화점

핵심 6 ◆ 연소에 의한 빛의 색 및 온도

색	적열상태	적색	백열상태	황적색	백적색	휘백색
온 도	500℃	850℃	1000℃	1100℃	1300℃	1500℃

핵심 7 ◆ 연소반응에서 수소-산소의 양론 혼합 반응식 종류

총괄 반응식		$H_2+\dfrac{1}{2}O_2 \rightarrow H_2O$
소반응(연쇄반응)	연쇄분지반응	① $H+O_2 \rightarrow OH+O$ ② $O+H_2 \rightarrow OH+H$
	연쇄이동	$OH+H_2 \rightarrow H_2O+H$
	기상정지반응	$H+O_2+M \rightarrow HO_2+M$
	표면정지반응	$H.O.OH \rightarrow$ 안정분자

① 연쇄반응 시 화염대는 고온 H_2O가 해리하여 일어남
② M : 임의의 분자
③ 기상정지반응 : 기상반응에 의하여 활성기가 파괴, 활성이 낮은 HO_2로 변함
④ 표면정지반응 : 활성 화학종이 벽면과 충돌, 활성을 잃어 안정한 화학종으로 변함

핵심 8 ◇ 1차, 2차 공기에 의한 연소의 방법

연소 방법	개 요	특 징
분젠식 (1차, 2차 공기로 연소)	가스와 1차 공기가 혼합관 내에서 혼합 후 염공에서 분출되면서 연소하는 방법	① 불꽃주위의 확산으로 2차 공기를 취한다. ② 불꽃온도 1200~1300℃(가장 높음)
적화식 (2차 공기만으로 연소)	가스를 대기 중으로 분출, 대기 중 공기를 이용하여 연소하는 방법	① 필요공기 불꽃주변의 확산에 의해 취한다. ② 불꽃온도 1000℃ 정도
세미분젠식	적화식·분젠식의 중간형태의 연소 방법	① 1차 공기율은 40% 이하로 취한다. ② 불꽃온도 1000℃ 정도
전 1차 공기식 (1차 공기만으로 연소)	연소에 필요한 공기를 모두 1차 공기로만 공급하는 연소 방법	① 역화 우려가 있다. ② 불꽃온도(850~900℃)

※ 급배기 방식에 따른 연소기구(개방형, 밀폐형, 반밀폐형)

핵심 9 ◇ 폭발과 화재

(1) 폭발

정 의		다량의 가연성 물질이 한 번에 연소되어(급격한 물리·화학적 변화) 그로 인해 발생된 에너지가 외계에 기계적인 일로 전환되는 것으로 연소의 다음 단계를 말함
폭발발생의 조건		① 연소범위 내에 가연물이 존재해야 한다. ② 공간이 밀폐되어야 한다. ③ 점화원이 있어야 한다.
형 태	폭 연	① 발열반응으로 음속보다 느린 폭발(일명 폭발을 정의할 때 음속보다 느린 현상으로 정의) ② 화염의 전파속도 0.1~10m/s
	폭 굉	① 충격파로 연소의 전파속도가 음속보다 빠른 폭발 ② 화염의 전파속도 가스의 경우 1000~3500m/s ③ 폭굉발생 시 파면압력은 정상연소보다 2배 크다.
종 류	물리적 폭발	용기의 파열로 내부 가스가 방출되는 폭발(보일러 폭발, LPG 탱크폭발)
	화학적 폭발	화학적 화합물의 분해 치환 등에 의한 폭발 ① 산화폭발(연소범위를 가진 모든 가연성 가스) ② 분해폭발(C_2H_2, C_2H_4O, N_2H_4) ③ 중합폭발(HCN)
특수 폭발	증기운폭발 (UVCE) 정의	대기 중 다량의 가연성 가스 또는 액체의 유출로 발생한 증기가 공기와 혼합 가연성 혼합기체를 형성 발화원에 의해 발생하는 폭발
	특성	① 증기운폭발은 폭연으로 간주되며 대부분 화재로 이어진다. ② 폭발효율은 낮다. ③ 증기운의 크기가 크면 점화 우려가 높다. ④ 연소에너지의 20%만 폭풍파로 변한다. ⑤ 점화위치가 방출점에서 멀수록 폭발위력이 크다.
	영향인자	① 방출물질의 양 ② 점화원의 위치 ③ 증발물질의 분율

특수 폭발	비등액체 증기폭발 (BLEVE)	정의	① 가연성 액화가스에서 외부 화재로 탱크 내 액체가 비등 ② 증기가 팽창하면서 폭발을 일으키는 현상
		방지대책	① 탱크를 2중 탱크로 한다. ② 단열재로 외부를 보호한다. ③ 위험 시 물분무살수장치로 액화가스의 비등을 차단한다.
폭발방지의 단계			봉쇄 – 차단 – 불꽃방지기 사용 – 폭발억제 – 폭발배출

(2) 화재

화재의 종류	정 의
액면화재(Pool fire)	저장탱크나 용기 내와 같은 액면 위에서 연소되는 석유화재
전실화재(Flash over)	① 화재 발생 시 가연물의 노출표면에서 급속하게 열분해가 발생 ② 가연성 가스가 가득차 이 가스가 급속하게 발화하여 연소되는 현상
제트화재(Jet fire)	고압의 액화석유가스가 누출 시 점화원에 의해 불기둥을 이루는 복사열에 의해 일어나는 화재
플래쉬 화재(Flash fire)	가스증기운 1차 누설 시 고여있는 상태의 화재
드래프트 화재	건축물 내부 화염이 외부로 분출하는 화재(화염이 외부 산소로 취하기 위함), 그 외에 토치화재(가스가 소량 누설되어 있고 여기에 계속 화재가 발생되어 있는 상태)
토치화재	가스가 소량 누설되어 있고 여기에 계속 화재가 발생되어 있는 상태

핵심 10 ◇ 기체물질 연소(확산 · 예혼합)의 비교

종 류	특 징	
	장 점	단 점
확산연소	① 역화위험이 없다. ② 화염이 안정하다. ③ 조작이 용이하다. ④ 고온예열이 가능하다.	① 화염의 길이가 길어진다. ② 완전연소의 점도가 예혼합보다 낮다.
예혼합연소	① 화염길이가 짧다. ② 완전연소 정도가 높다.	① 역화의 위험성이 있다 ② 미리 공기와 혼합 화염이 불안정하다. ③ 조작이 어렵다. ④ 화염이 전파된다.

핵심 11 ◇ 고위(H_h), 저위(H_l) 발열량의 관계

$$H_h = H_l + 600(9\mathrm{H} + W)$$

여기서, H_h : 고위발열량

H_l : 저위발열량

$600(9\mathrm{H} + W)$: 수증기 증발잠열

핵심 12 ◇ 안전성 평가기법(KGS FP112 2.1.2.3)

구 분			간추린 핵심내용
평가 개요			보호시설 안전거리 변경 전·후의 안전도에 관하여 한국가스안전공사의 안전성 평가를 받아야 함
평가 방법의 구분	정성적 기법	체크리스트 (Check List)	공정 및 설비의 오류, 결함 상태, 위험 상황 등을 목록화 한 형태로 작성하여 경험적으로 비교함으로써 위험성을 정성적으로 파악하는 안전성 평가기법을 말한다.
		상대위험 순위 결정 (Dow And Mond Indices)	설비에 존재하는 위험에 대하여 수치적으로 상대위험 순위를 지표화하여 그 피해 정도를 나타내는 상대적 위험 순위를 정하는 안전성 평가기법을 말한다.
		사고예방질문분석 (What-if)	공정에 잠재하고 있으면서 원하지 않은 나쁜 결과를 초래할 수 있는 사고에 대하여 예상질문을 통해 사전에 확인함으로써 그 위험과 결과 및 위험을 줄이는 방법을 제시하는 정성적, 안전성 평가기법을 말한다.
		위험과 운전분석 (HAZOP)	공정에 존재하는 위험 요소들과 공정의 효율을 떨어뜨릴 수 있는 운전상의 문제점을 찾아내어 그 원인을 제거하는 정성적인 안전성 평가기법을 말한다.
		이상위험도분석 (FMECA)	공정 및 설비의 고장의 형태 및 영향, 고장형태별 위험도 순위 등을 결정하는 기법을 말한다.
	정량적 기법	결함수분석 (FTA)	사고를 일으키는 장치의 이상이나 운전자 실수의 조합을 연역적으로 분석하는 기법을 말한다.
		사건수분석 (ETA)	초기사건으로 알려진 특정한 장치의 이상이나 운전자 실수로부터 발생하는 잠재적 사고결과를 평가하는 기법을 말한다.
		원인결과분석 (CCA)	잠재된 사고의 결과와 이러한 사고의 근본적 원인을 찾아내고 사고결과와 원인의 상호관계를 예측·평가하는 기법
		작업자실수분석 (HEA)	설비의 운전원, 정비보수원 기술자 등의 작업에 영향을 미칠 만한 요소를 평가하여 그 실수의 원인을 파악하고 추적하여 정량적으로 실수의 상대적 순위를 결정하는 기법을 말한다.

핵심 13 ◇ 위험물의 분류

분 류	종 류
제1류	산화성 고체
제2류	가연성 고체
제3류	자연발화성 및 금수성 물질
제4류	인화성 액체
제5류	자기연소성 물질(질화면, 셀룰로이드, 질산에스테르, 유기과산화물, 니트로화합물)
제6류	산화성 액체

핵심 14 ◆ **위험장소**

종류	정 의	방폭전기기기 분류
0종 장소	상용의 상태에서 가연성 가스의 농도가 연속해서 폭발하한계 이상으로 되는 장소(폭발상한계를 넘는 경우에는 폭발한계 이내로 들어갈 우려가 있는 경우를 포함한다.)	본질안전 방폭구조
1종 장소	상용상태에서 가연성 가스가 체류해 위험하게 될 우려가 있는 장소, 정비보수 또는 누출 등으로 인하여 종종 가연성 가스가 체류하여 위험하게 될 우려가 있는 장소	(본질안전 · 유입 · 압력 · 내압) 방폭구조
2종 장소	① 밀폐된 용기 또는 설비 안에 밀봉된 가연성 가스가 그 용기 또는 설비의 사고로 인하여 파손되거나 오조작의 경우에만 누출할 위험이 있는 장소 ② 확실한 기계적 환기조치에 따라 가연성 가스가 체류하지 아니하도록 되어 있으나 환기장치에 이상이나 사고가 발생한 경우에는 가연성 가스가 체류해 위험하게 될 우려가 있는 장소 ③ 1종 장소의 주변 또는 인접한 실내에서 위험한 농도의 가연성 가스가 종종 침입할 우려가 있는 장소	(본질안전 · 유입 · 압력 · 내압 · 안전증) 방폭구조

핵심 15 ◆ **공기비(m)**

항 목		간추린 핵심내용
공기비(m)의 정의		연료를 연소 시 이론공기량(A_o)만으로 절대연소를 시킬 수 없어 여분의 공기를 더 보내 완전연소를 시킬 때 이 여분의 공기를 과잉공기(P_1)라 하고 이론공기와 과잉공기를 합한 것을 실제공기(A)라 하는데 공기비란 A_o(이론공기)에 대한 A(실제공기)의 비를 말한다. 즉, $m = \dfrac{A}{A_o}$ 이다.
관련식		$m = \dfrac{A}{A_o} = \dfrac{A_o + P}{A_o} = 1 + \dfrac{P}{A_o}$
유사 용어		① 공기비(m)=과잉공기계수 ② 과잉공기비=($m-1$) ③ 과잉공기율(%)=($m-1$)×100
공기비	큰 경우 영향	① 연소가스 중 질소산화물 증가 ② 질소산화물로 인한 대기오염 우려 ③ 연소가스 온도 저하 ④ 연소가스의 황으로 인한 저온 부식 초래 ⑤ 배기가스에 대한 열손실 증대 ⑥ 연소가스 중 SO_3 증대
	작은 경우 영향	① 미연소에 의한 열손실 증가 ② 미연소가스에 의한 역화(폭발) 우려 ③ 불완전연소 ④ 매연 발생
연료별 공기비		기체(1.1~1.3), 액체(1.2~1.4), 고체(1.4~2.0)

핵심 16 ◈ 냉동기, 열펌프의 성적계수 및 열효율

구 분	공 식	기 호
냉동기 성적계수	$\dfrac{T_2}{T_1 - T_2}$ or $\dfrac{Q_2}{Q_1 - Q_2}$	• T_1 : 고온 • T_2 : 저온 • Q_1 : 고열량 • Q_2 : 저열량
열펌프 성적계수	$\dfrac{T_1}{T_1 - T_2}$ or $\dfrac{Q_1}{Q_1 - Q_2}$	
효율	$\dfrac{T_1 - T_2}{T_1}$ or $\dfrac{Q_1 - Q_2}{Q_1}$	

핵심 17 ◈ 소화의 종류

종 류	내 용
제거소화	연소반응이 일어나고 있는 가연물 및 주변의 가연물을 제거하여 연소반응을 중지시켜 소화하는 방법
질식소화	가연물에 공기 및 산소의 공급을 차단하여 산소의 농도를 16% 이하로 하여 소화하는 방법 ① 불연성 기체로 가연물을 덮는 방법 ② 연소실을 완전 밀폐하는 방법 ③ 불연성 포로 가연물을 덮는 방법 ④ 고체로 가연물을 덮는 방법
냉각소화	연소하고 있는 가연물의 열을 빼앗아 온도를 인화점 및 발화점 이하로 낮추어 소화하는 방법 ① 소화약제(CO_2)에 의한 방법 ② 액체를 사용하는 방법 ③ 고체를 사용하는 방법
억제소화 (부촉매효과법)	연쇄적 산화반응을 약화시켜 소화하는 방법
희석소화	산소나 가연성 가스의 농도를 연소범위 이하로 하여 소화하는 방법, 즉 가연물의 농도를 작게 하여 연소를 중지시킨다.

핵심 18 ◈ 연료비 및 고정탄소

구 분	내 용
연료비	$\dfrac{고정탄소}{휘발분}$
고정탄소	100-(수분+회분+고정탄소)

핵심 19 ◇ 불활성화 방법(이너팅, Inerting)

(1) 방법 및 정의

방 법	정 의
스위퍼 퍼지	용기의 한 개구부로 이너팅 가스를 주입하여 타 개구부로부터 대기 또는 스크레버로 혼합가스를 용기에서 추출하는 방법으로 이너팅 가스를 상압에서 가하고 대기압으로 방출하는 방법이다.
압력 퍼지	일명 가압 퍼지로 용기를 가압하여 이너팅 가스를 주입하여 용기 내를 가한 가스가 충분히 확산된 후 그것을 대기로 방출하여 원하는 산소농도(MOC)를 구하는 방법이다.
진공 퍼지	일명 저압 퍼지로 용기에 일반적으로 쓰이는 방법으로 모든 반응기는 완전진공에 가깝도록 하여야 한다.
사이펀 퍼지	용기에 액체를 채운 다음 용기로부터 액체를 배출시키는 동시에 증기층으로부터 불활성 가스를 주입하여 원하는 산소농도를 구하는 퍼지 방법이다.

(2) 불활성화 정의
① 가연성 혼합가스에 불활성 가스를 주입하여 산소의 농도를 최소산소농도 이하로 낮게 하는 공정
② 이너팅 가스로는 질소, 이산화탄소 또는 수증기 사용
③ 이너팅은 산소농도를 안전한 농도로 낮추기 위하여 이너팅 가스를 용기에 주입하면서 시작
④ 일반적으로 실시되는 산소농도의 제어점은 최소산소농도보다 4% 낮은 농도
  MOC(최소산소농도)=산소 몰수×폭발하한계

핵심 20 ◇ 최소점화에너지(MIE)

정 의	연소(착화)에 필요한 최소한의 에너지
최소점화에너지가 낮아지는 조건	① 압력이 높을수록 ② 산소농도가 높을수록 ③ 열진도율이 작을수록 ④ 연소속도가 빠를수록 ⑤ 온도가 높을수록

핵심 21 ◇ 자연발화온도(AIT)

항 목	감소(낮아지는) 조건
산소량	증가 시
압력	증가 시
용기의 크기	증가 시
분자량	증가 시

핵심 22 ◆ **연소의 이상현상**

(1) 백파이어(역화), 리프팅(선화)의 정의와 원인

역화 (백파이어)	정의	가스의 연소속도가 유출속도보다 빨라 불길이 역화하여 연소기 내부에서 연소하는 현상
	원인	① 노즐구멍이 클 때 ② 가스 공급압력이 낮을 때 ③ 버너가 과열되었을 때 ④ 콕의 불충분 개방 시
선화 (리프팅)	정의	가스의 유출속도가 연소속도보다 커 염공을 떠나 연소하는 현상
	원인	① 노즐구멍이 작을 때 ② 염공이 작을 때 ③ 가스 공급압력이 높을 때 ④ 공기조절장치가 많이 개방되었을 때

(2) 블로오프, 옐로팁

구 분	정 의
블로오프(blow-off)	불꽃 주위 특히 불꽃 기저부에 대한 공기의 움직임이 강해지면 불꽃이 노즐에 정착하지 않고 꺼져버리는 현상
옐로팁(yellow tip)	염의 선단이 적황색이 되어 타고 있는 현상으로 연소반응의 속도가 느리다는 것을 의미하며, 1차 공기가 부족하거나 주물 밑 부분의 철가루 등이 원인

핵심 23 ◆ **폭발·화재의 이상현상**

구 분	정 의
BLEVE(블레비) (액체비등증기폭발)	가연성 액화가스에서 외부 화재에 의해 탱크 내 액체가 비등하고, 증기가 팽창하면서 폭발을 일으키는 현상
Fire Ball (파이어볼)	액화가스 탱크가 폭발하면서 플래시 증발을 일으켜 가연성의 혼합물이 대량으로 분출 발화하면 1차 화염을 형성하고, 부력으로 주변 공기가 상승하면서 버섯모양의 화재를 만드는 것
증기운폭발	대기 중 다량의 가연성 가스 및 액체가 유출되어 발생한 증기가 공기와 혼합해서 가연성 혼합기체를 형성하여 발화원에 의해 발생하는 폭발
Roll-over (롤오버)	LNG 저장탱크에서 상이한 액체밀도로 인하여 층상화된 액체의 불안정한 상태가 바로잡힐 때 생기는 LNG의 급격한 물질혼합 현상으로 상당량의 증발가스가 발생
Flash Over (플래시오버) (전실화재)	화재 시 가연물의 모든 노출표면에서 빠르게 열분해가 일어나 가연성 가스가 충만해져 이 가연성 가스가 빠르게 발화하여 격렬하게 타는 현상
	〈플래시오버의 방지대책〉 ① 천장의 불연화 ② 가연물량의 제한 ③ 화원의 억제
Back Draft (백드래프트)	플래시오버 이후 연소를 계속하려고 해도 산소 부족으로 연소가 잠재적 진행을 하게 된다. 이때 가연성 증기가 포화상태를 이루는 데 갑자기 문을 열게 되면 다량의 공기가 공급되면서 폭발적인 반응을 하게 되는 현상

구 분	정 의
Boil Over (보일오버)	유류 탱크에서 탱크 바닥에 물과 기름의 에멀전이 모여있을 때 이로 인하여 화재가 발생하는 현상
Slop Over (슬롭오버)	물이 연소유(oil)의 뜨거운 표면에 들어갈 때 발생되는 over flow 현상

핵심 24 ◇ 최대탄산가스량(CO2max%)

(1) 연료가 이론공기량(A_o)만으로 연소 시 전체 연소가스량이 최소가 되어 CO2%를 계산하면 $\dfrac{CO_2}{연소가스량} \times 100$은 최대가 된다. 이것을 CO2max%라 정의한다. 그러나 연소가 완전하지 못하여 여분의 공기가 들어갔을 때 전체 연소가스량이 많아지므로 CO2%는 낮아진다. 따라서 CO2%가 높고 낮음은 CO2의 양의 증가, 감소가 아니고 연소가 원활하여 과잉공기가 적게 들어갔을 때 CO2의 농도는 증가하고 과잉공기가 많이 들어가면 CO2의 농도는 감소하게 되는 것이다.

(2) $m = \dfrac{CO_{2max}}{CO_2} = \dfrac{21}{21 - O_2}$ 에서

$$CO_{2max} = mCO_2 = \dfrac{21CO_2}{21 - O_2}$$

핵심 25 ◇ 층류의 연소속도 측정법(층류의 연소속도는 온도, 압력, 속도, 농도 분포에 의하여 결정)

종 류	세부내용
슬롯버너법 (Slot)	균일한 속도분포를 갖는 노즐을 이용, V자형의 화염을 만들고 미연소 혼합기 흐름을 화염이 둘러싸고 있어 혼합기가 화염대에 들어갈 때까지 혼합기의 유선은 직선을 유지한다
비눗방울법 (Soap Bubble Method)	비눗방울이 연소의 진행으로 팽창되면 연소속도를 측정할 수 있다.
평면화염버너법 (Flat Flame Burner Method)	혼합기에 유속을 일정하게 하여 유속으로 연소속도를 측정한다.
분젠버너법 (Bunsen Burner Method)	버너 내부의 시간당 화염이 소비되는 체적을 이용하여 연소속도를 측정한다.

※ 층류의 연소속도가 빨라지는 조건
  1. 비열 분자량이 적을수록
  2. 열전도율이 클수록
  3. 압력온도가 높을수록
  4. 착화온도가 낮을수록

핵심 26 ◆ 증기 속의 수분의 영향

① 건조도 감소
② 증기엔탈피 감소
③ 증기의 수격작용 발생
④ 장치의 부식
⑤ 효율 및 증기손실 증가

핵심 27 ◆ 화재의 종류

화재의 종류	기 호	색	소화제
일반화재	A급	백색	물
유류 및 가스 화재	B급	황색	분말, CO_2
전기화재	C급	청색	건조사
금속화재	D급	무색	금속화재용 소화기

핵심 28 ◆ 탄화도

정 의	천연 고체연료에 포함된 탄소, 수소의 함량이 변해가는 현상
탄화도가 클수록 인체에 미치는 영향	① 연료비가 증가한다. ② 매연 발생이 적어진다. ③ 휘발분이 감소하고, 착화온도가 높아진다. ④ 고정탄소가 많아지고, 발열량이 커진다. ⑤ 연소속도가 늦어진다.

핵심 29 ◆ 이상기체의 관련 법칙

종 류	정 의
아보가드로 법칙	모든 기체 1mol이 차지하는 체적은 22.4L, 그때는 분자량만큼의 무게를 가지며, 그때의 분자수는 6.02×10^{23}개로 한다. 1mol=22.4L=분자량=6.02×10^{23}개
헨리의 법칙 (기체 용해도의 법칙)	기체가 용해하는 질량은 압력에 비례, 용해하는 부피는 압력에 무관하다.
르 샤틀리에의 법칙	폭발성 혼합가스의 폭발한계를 구하는 법칙 $$\frac{100}{L} = \frac{V_1}{L_1} + \frac{V_2}{L_2} + \frac{V_3}{L_3} + \cdots\cdots$$

종 류	정 의
돌턴의 분압 법칙	혼합기체의 압력은 각 성분기체가 단독으로 나타내는 분압의 합과 같다. ① $P = \dfrac{P_1 V_1 + P_2 V_2}{V}$ ② 분압 = 전압 × $\dfrac{성분몰}{전 몰}$ = 전압 × $\dfrac{성분부피}{전 부피}$

핵심 30 ◆ 자연발화온도

구 분	세부항목
정의	가연성과 공기의 혼합기체에 온도상승에 의한 에너지를 주었을 때 스스로 연소를 개시하는 온도. 이때 스스로 점화할 수 있는 최저온도를 최소자연발화온도라 하며, 가연성 증기 농도가 양론의 농도보다 약간 높을 때 가장 낮다.
영향인자	온도, 압력, 농도, 촉매, 발화지연시간, 용기의 크기 · 형태

핵심 31 ◆ 화염일주한계

폭발성 혼합가스를 금속성의 공간에 넣고 미세한 틈으로 분리, 한쪽에 점화하여 폭발할 때 그 틈으로 다른 쪽 가스가 인화 폭발시험 시 틈의 간격을 증감하면서 틈의 간격이 어느 정도 이하가 되면 한쪽이 폭발해도 다른 쪽은 폭발되지 않는 한계의 틈을 화염일주한계라 한다. 즉, 화염일주란 화염이 전파되지 않고 꺼져버리는 현상을 말한다.

핵심 32 ◆ 증기의 상태방정식

종 류	공 식
Van der Waals(반 데르 발스) 식	$\left(P + \dfrac{n^2 a}{V^2}\right)(V - nb) = nRT$
Clausius(클라우지우스) 식	$P + \dfrac{a}{T(v+c)^2}(V - b) = RT$
Bethelot(베델롯) 식	$P + \dfrac{a}{Tv^2}(V - b) = RT$

핵심 33 ◆ 증기 속 수분의 영향

① 증기 엔탈피, 건조도 감소
② 장치 부식
③ 증기 수격작용 발생
④ 효율, 증기 손실 증가

핵심 34 ◇ 가스폭발에 영향을 주는 요인

① 온도가 높을수록 폭발범위가 넓어진다.
② 압력이 높을수록 폭발범위가 넓어진다.(단, CO는 압력이 높을수록 폭발범위가 좁아지고, H_2는 약간의 높은 압력에는 좁아지나 계속 압력이 높아지면 폭발범위가 다시 넓어진다.)
③ 가연성과 공기의 혼합(조성)정도에 따라 폭발범위가 넓어진다.
④ 폭발할 수 있는 용기의 크기가 클수록 폭발범위가 넓어진다.

핵심 35 ◇ 연소 시 공기 중 산소 농도가 높을 때

① 연소속도로 빨라진다.
② 연소범위가 넓어진다.
③ 화염온도가 높아진다.
④ 발화온도가 낮아진다.
⑤ 점화에너지가 감소한다.

핵심 36 ◇ 난류예혼합화염과 층류예혼합화염의 비교

난류예혼합화염	층류예혼합화염
① 연소속도가 수십배 빠르다.	① 연소속도가 느리다.
② 화염의 두께가 두껍고, 짧아진다.	② 화염의 두께가 얇다.
③ 연소 시 다량의 미연소분이 존재한다.	③ 화염은 청색, 난류보다 휘도가 낮다.
④ 층류보다 열효율이 높다.	④ 화염의 윤곽이 뚜렷하다.
층류예혼합화염의 연소특성을 결정하는 요소	
① 연료와 산화제의 혼합비	
② 압력 · 온도	
③ 혼합기의 물리 · 화학적 특성	

핵심 37 ◇ 연돌의 통풍력(Z)

$$Z = 237H \left(\frac{\gamma_o}{273 + t_o} - \frac{\gamma_g}{273 + t_g} \right)$$

여기서, Z : 연돌의 통풍력(mmH$_2$O)
H : 연돌의 높이(m)
γ_o : 대기의 비중량
γ_g : 가스의 비중량
t_o : 외기의 온도
t_g : 가스의 온도

핵심 38 ◇ 가역 · 비가역

구분 항목	가역	비가역
정의	① 어떤 과정을 수행 후 영향이 없음 ② 열적 · 화학적 평형이 유지, 실제로는 불가능	어떤 과정을 수행 시 영향이 남아 있음
예시	① 노즐에서 팽창 ② Carnot 순환 ③ 마찰이 없는 관내 흐름	실린더 내에서 갑작스런 팽창
적용법칙	열역학 1법칙	열역학 2법칙
열효율	비가역보다 높다.	가역보다 낮다.
비가역이 되는 이유	① 온도차로 생기는 열전달 ② 압축 및 자유팽창 ③ 혼합 및 화학반응 ④ 확산 및 삼투압 현상 ⑤ 전기적 저항	

핵심 39 ◇ 압축에 필요한 일량(W)

구분	관련식
단열	$W = \dfrac{R}{K-1}(T_2 - T_1)$
등온	$W = RT\ln\left(\dfrac{P_1}{P_2}\right)$
정적	$W = 0$

핵심 40 ◇ 열효율의 크기

압축비 일정 시	압력 일정 시
오토 > 사바테 > 디젤	디젤 > 사바테 > 오토

디젤사이클의 열효율은 압축비가 클수록 높아지고 단절(체절)비가 클수록 감소한다.

핵심 41 ◇ 단열압축에 의한 엔탈피 변화량

$$\Delta H = H_2 - H_1 = GC_p(T_2 - T_1) = G \times \frac{K}{K-1}R(T_2 - T_1)$$

여기서, G : 질량(kg)

R : 상수(kJ/kg · K)(kN · m/kg · K)

$T_2 - T_1$: 온도차

핵심 42 ◇ 폭발방호 대책

구 분	내 용
Venting(벤팅)	압력배출
Suppression(서프레션)	폭발억제
Containment(컨테인먼트)	압력봉쇄

핵심 43 ◇ 1차 · 2차 연료

구 분		세부내용
1차 연료	정의	자연에서 채취한 그대로 사용할 수 있는 연료
	종류	목재, 무연탄, 석탄, 천연가스
2차 연료	정의	1차 연료를 가공한 연료
	종류	목탄, 코크스, LPG, LNG

핵심 44 ◇ 자연발화

구 분	발화원인물질
분해열	과산화수소, 염소산칼륨 등
산화열	원면, 고무분말, 건성유
흡착열	활성탄, 목탄분말
중합열	시안화수소, 산화에틸렌, 염화비닐
미생물	먼지, 퇴비
자연발화원인	셀룰로이드 분해열, 불포화 유지의 산화열, 건초의 발효열
자연발화방지법	① 통풍을 잘 시킬 것　② 저장실 온도를 낮출 것 ③ 습도가 높은 것을 피할 것　④ 열이 축적되지 않게 할 것

핵심 45 ◇ 공연비와 연공비 · 당량비 · 공기비의 관계

구 분	공 식	정 의
공연비(A/F)	$\dfrac{공기\ 질량}{연료\ 질량}$	가연성 혼합기의 공기와 연료의 질량비
연공비(F/A)	(공연비의 역수) $\dfrac{연료\ 질량}{공기\ 질량}$	가연성 혼합기의 연료와 공기의 질량비
당량비	$\dfrac{실제\ 연공비}{이론\ 연공비}$	실제 연공비와 이론 연공비의 비
공기비	$\dfrac{이론\ 연공비}{실제\ 연공비}$	당량비의 역수

가스설비 · 제2장

핵심1 ◇ 압력

표준대기압	관련 공식
1atm=1.0332kg/cm^2 =10.332mH$_2$O =760mmHg =76cmHg =14.7psi =101325Pa(N/m^2) =101.325kPa =0.101325MPa	절대압력=대기압+게이지압력=대기압−진공압력 ① 절대압력 : 완전진공을 기준으로 하여 측정한 압력으로 압력 　값 뒤 a를 붙여 표시 ② 게이지압력 : 대기압을 기준으로 측정한 압력으로 압력값 뒤 　g를 붙여 표시 ③ 진공압력 : 대기압보다 낮은 압력으로 부압(−)의 의미를 가 　진 압력으로 압력값 뒤 v를 붙여 표시

압력 단위환산 및 절대압력 계산

상기 대기압력을 암기한 후 같은 단위의 대기압을 나누고, 환산하고자 하는 대기압을 곱함.
ex) 1. 80cmHg를 → psi로 환산 시
　　① cmHg 대기압 76은 나누고
　　② psi 대기압 14.7은 곱함.
　　∴ $\dfrac{80}{76} \times 14.7 = 15.47\,\text{psi}$

　2. 만약 80cmHg가 게이지(g)압력일 때 절대압력(kPa)을 계산한다고 가정
　　① 절대압력=대기압력+게이지압력이므로 cmHg 대기압력 76을 더하여 절대로 환산한 다음
　　② kPa로 환산, 즉 절대압력으로 계산된 76+80에 cmHg 대기압 76을 나누고
　　③ kPa 대기압력 101.325를 곱한다.
　　∴ $\dfrac{76+80}{76} \times 101.325 = 207.98\,\text{kPa(a)}$

핵심2 ◇ 보일·샤를·보일−샤를의 법칙

구 분	정 의		공 식
보일의 법칙	온도가 일정할 때 이상기체의 부피는 압력에 반비례한다.	$P_1 V_1 = P_2 V_2$	• P_1, V_1, T_1 : 처음의 압력, 부피, 온도 • P_2, V_2, T_2 : 변경 후의 압력, 부피, 온도
샤를의 법칙	압력이 일정할 때 이상기체의 부피는 절대온도에 비례한다.(0℃의 체적 $\dfrac{1}{273}$ 씩 증가)	$\dfrac{V_1}{T_1} = \dfrac{V_2}{T_2}$	
보일−샤를의 법칙	이상기체의 부피는 압력에 반비례, 절대온도에 비례한다.	$\dfrac{P_1 V_1}{T_1} = \dfrac{P_2 V_2}{T_2}$	

핵심 3 ◇ **도시가스 프로세스**

(1) 프로세스 종류와 개요

프로세스 종류	개 요	
	원 료	온도 변환가스 제조열량
열분해	원유, 중유, 나프타(분자량이 큰 탄화수소)	① 800~900℃로 분해 ② 10000kcal/Nm³의 고열량을 제조
부분연소	메탄에서 원유까지 탄화수소를 가스화제로 사용	① 산소, 공기, 수증기를 이용 ② CH_4, H_2, CO, CO_2로 변환하는 방법
수소화분해	C/H비가 비교적 큰 탄화수소 및 수증기 흐름 중 또는 Ni 등의 수소화 촉매를 사용, 나프타 등 비교적 C/H가 낮은 탄화수소	수증기 흐름 중 또는 Ni 등의 수소화 촉매를 사용, 나프타 등 비교적 C/H가 낮은 탄화수소를 메탄으로 변화시키는 방법 ※ 수증기 자체가 가스화제로 사용되지 않고 탄화수소를 수증기 흐름 중에 분해시키는 방법임
접촉분해 (수증기개질)	사용온도, 400~800℃에서 탄화수소와 수증기를 반응시킴	수소, CO, CO_2, CH_4 등의 저급탄화수소를 변화시키는 반응
사이클링식 접촉분해	연소속도의 빠름과 열량 3000kcal/Nm³ 전후의 가스를 제조하기 위해 이용되는 저열량의 가스를 제조하는 장치	

(2) 수증기 개질(접촉분해) 공정의 반응온도 · 압력(CH_4-CO_2, H_2-CO), 수증기 변화(CH_4-CO, H_2-CO_2)에 따른 가스량 변화의 관계

온도 압력 변화 가스량 변화	반응온도		반응압력		수증기의 변화 가스량 변화	수증기비		카본 생성을 어렵게 하는 조건	
	상 승	하 강	상 승	하 강		증 가	감 소	2CO → CO_2+C	CH_4 → $2H_2$+C
$CH_4 \cdot CO_2$	가스량 감소	가스량 증가	가스량 증가	가스량 감소	$CH_4 \cdot CO$	가스량 감소	가스량 증가	상기 반응식은 반응온도는 높게, 반응압력은 낮게 하면 카본 생성이 안 됨	상기 반응식은 반응온도는 낮게, 반응압력은 높게 하면 카본 생성이 안 됨
$H_2 \cdot CO$	가스량 증가	가스량 감소	가스량 감소	가스량 증가	$H_2 \cdot CO_2$	가스량 증가	가스량 감소		

※ 암기 방법
  (1) 반응온도 상승 시 $CH_4 \cdot CO_2$의 양이 감소하는 것을 기준으로
    ① $H_2 \cdot CO$는 증가
    ② 온도 하강으로 본다면 $CH_4 \cdot CO_2$가 증가이므로 $H_2 \cdot CO$는 감소일 것임
  (2) 반응압력 상승 시 $CH_4 \cdot CO_2$가 증가하는 것을 기준으로
    ① $H_2 \cdot CO$는 감소일 것이고
    ② 압력하강 시 $CH_4 \cdot CO_2$가 감소이므로 $H_2 \cdot CO$는 증가일 것임

(3) 수증기비 증가 시 $CH_4 \cdot CO$가 감소이므로
　　① $H_2 \cdot CO_2$는 증가일 것이고
　　② 수증기비 하강 시 $CH_4 \cdot CO$가 증가이므로 $H_2 \cdot CO_2$는 감소일 것임

∴ 반응온도 상승 시 : $CH_4 \cdot CO_2$ 감소를 암기하면 나머지 가스($H_2 \cdot CO$)와 온도하강 시는 각각 역으로 생각할 것

반응압력 상승 시 : $CH_4 \cdot CO_2$ 증가를 암기하고 가스량이나 하강 시는 역으로 생각하고 수증기비에서는 $(CH_4 \cdot CO)(H_2 \cdot CO_2)$를 같이 묶어 한 개의 조로 생각하고 수증기비 증가 시 $CH_4 \cdot CO$가 감소이므로 나머지 가스나 하강 시는 각각 역으로 생각할 것

핵심 4 ◆ 비파괴검사

종 류	정 의	특 징	
		장 점	단 점
음향검사 (AE)	검사하는 물체에 사용용 망치 등으로 두드려 보고 들리는 소리를 들어 결함 유무를 판별	① 검사비용이 발생치 않아 경제성이 있다. ② 시험방법이 간단하다.	검사자의 숙련을 요하며 숙련도에 따라 오차가 생길 수 있다.
자분 (탐상)검사 (MT)	시험체의 표면결함을 검출하기 위해 누설 자장으로 결함의 크기 위치를 알아내는 검사법	① 검사방법이 간단하다. ② 미세표면결함 검출 가능	결함의 길이는 알아내기 어렵다.
침투 (탐상)검사 (PT)	시험체 표면에 침투액을 뿌려 결함부에 침투 시 그것을 빨아 올려 결함의 위치, 모양을 검출하는 방법으로 형광침투, 염료침투법이 있다.	① 시험방법이 간단하다. ② 시험체의 크기, 형상의 영향이 없다.	① 시험체 표면에 가까이 가서 침투액을 살포하여야 한다. ② 주위온도의 영향이 있다. ③ 시험체 표면이 열려 있어야 한다.
초음파 (탐상)검사 (UT)	초음파를 시험체에 보내 내부결함으로 반사된 초음파의 분석으로 결함의 크기 위치를 알아내는 검사법(종류 : 공진법, 투과법, 펄스반사법)	① 위치결함 판별이 양호하고, 건강에 위해가 없다. ② 면상의 결함도 알 수 있다. ③ 시험의 결과를 빨리 알 수 있다.	① 결함의 종류를 알 수 없다. ② 개인차가 발생한다.
방사선 (투과)검사 (RT)	방사선(X선, 감마선)의 필름으로 촬영이나 투시하는 방법으로 결함여부를 검출하는 방법	① 내부결함 능력이 우수하다. ② 신뢰성이 있다. ③ 보존성이 양호하다.	① 비경계적이다. ② 방사선으로 인한 위해가 있다. ③ 표면결함 검출능력이 떨어진다.

핵심 5 ◆ 공기액화분리장치

항 목	핵심 정리사항
개요	원료공기를 압축하여 액화산소, 액화아르곤, 액화질소를 비등점 차이로 분리 제조하는 공정

항 목	핵심 정리사항		
액화순서 비등점	O_2 (−183℃)	Ar (−186℃)	N_2 (−196℃)
불순물	CO_2		H_2O
불순물의 영향	고형의 드라이아이스로 동결하여 장치 내 폐쇄		얼음이 되어 장치 내 폐쇄
불순물 제거방법	가성소다로 제거 $2NaOH+CO_2 \rightarrow Na_2CO_3+H_2O$		건조제(실리카겔, 알루미나, 소바비드, 가성소다)로 제거
분리장치의 폭발원인	① 공기 중 C_2H_2의 혼입 ② 액체공기 중 O_3의 혼입 ③ 공기 중 질소화합물의 혼입 ④ 압축기용 윤활유 분해에 따른 탄화수소 생성		
폭발원인에 대한 대책	① 장치 내 여과기를 설치한다. ② 공기 취입구를 맑은 곳에 설치한다. ③ 부근에 카바이드 작업을 피한다. ④ 연 1회 CCl_4로 세척한다. ⑤ 윤활유는 양질의 광유를 사용한다.		
참고사항	① 고압식 공기액화분리장치 압축기 종류 : 왕복피스톤식 다단압축기 ② 압력 150~200atm 정도 ③ 저압식 공기액화분리장치 압축기 종류 : 원심압축기 ④ 압력 5atm 정도		
적용범위	시간당 압축량 1000Nm^3/h 초과 시 해당		
즉시 운전을 중지하고 방출하여야 하는 경우	① 액화산소 5L 중 C_2H_2이 5mg 이상 시 ② 액화산소 5L 중 탄화수소 중 C의 질량이 500mg 이상 시		

핵심6 ◇ **정압기의 2차 압력 상승 및 저하 원인, 정압기 특성**

(1) 정압기 2차 압력 상승 및 저하 원인

레이놀드 정압기		피셔식 정압기	
2차 압력 상승원인	2차 압력 저하원인	2차 압력 상승원인	2차 압력 저하원인
① 메인밸브류에 먼지가 끼어 cut-off 불량 ② 저압 보조정압기의 cut-off 불량 ③ 메인밸브 시트 부근 ④ 바이패스밸브류 누설 ⑤ 2차압 조절관 파손 ⑥ 가스 중 수분 동결 ⑦ 보조정압기 다이어프램 파손	① 정압기 능력 부족 ② 필터의 먼지류 막힘 ③ 센트스템 부족 ④ 동결 ⑤ 저압 보조정압기 열림 정도 부족	① 메인밸브류에 먼지가 끼어 cut-off 불량 ② 파일럿 서플라이밸브의 누설 ③ 센트스템과 메인밸브 접속 불량 ④ 바이패스밸브류 누설 ⑤ 가스 중 수분 동결	① 정압기 능력 부족 ② 필터의 먼지류 막힘 ③ 파일럿의 오리피스 막힘 ④ 센트스템의 작동 불량 ⑤ 스트로크 조정 불량 ⑥ 주다이어프램 파손

(2) 정압기의 종류별 특성과 이상

종 류			이상감압에 대처 할 수 있는 방법
피셔식	액셀 – 플로우식	레이놀드식	
① 정특성, 동특성 양호 ② 비교적 콤팩트하다. ③ 로딩형이다.	① 정특성, 동특성 양호 ② 극히 콤팩트하다. ③ 변칙 언로딩형이다.	① 언로딩형이다. ② 크기가 대형이다. ③ 정특성이 좋다. ④ 안정성이 부족하다.	① 저압 배관의 Loop(루프)화 ② 2차측 압력감시장치 설치 ③ 정압기 2계열 설치

핵심 7 ◈ 배관의 유량식

압력별	공 식	기 호
저압 배관	$Q = K_1\sqrt{\dfrac{D^5 H}{SL}}$	Q : 가스 유량(m^3/h), K_1 : 폴의 정수(0.707) K_2 : 콕의 정수(52.31), D : 관경(cm)
중고압 배관	$Q = K_2\sqrt{\dfrac{D^5(P_1^2 - P_2^2)}{SL}}$	H : 압력손실(mmH$_2$O), L : 관 길이(m) P_1 : 초압(kg/cm^2(a)), P_2 : 종압(kg/cm^2(a))

핵심 8 ◈ 배관의 압력손실 요인

종 류	관련 공식		세부항목
마찰저항(직선배관)에 의한 압력손실	$h = \dfrac{Q^2 \cdot S \cdot L}{K^2 \cdot D^5}$	h : 압력손실 Q : 가스 유량 S : 가스 비중 L : 관 길이 D : 관 지름	① 유량의 제곱에 비례(유속의 제곱에 비례) ② 관 길이에 비례 ③ 관 내경의 5승에 반비례 ④ 가스 비중 유체의 점도에 비례
입상(수직상향)에 의한 압력손실	$h = 1.293(S-1)H$	H : 입상높이(m)	
안전밸브에 의한 압력손실			
가스미터에 의한 압력손실			

핵심 9 ◈ 캐비테이션

구 분	내 용
정의	유수 중 그 수온의 증기압보다 낮은 부분이 생기면 물이 증발을 일으키고 기포를 발생하는 현상
방지법	① 펌프 회전수를 낮춘다. ② 펌프 설치위치를 낮춘다. ③ 양흡입 펌프를 사용한다. ④ 두 대 이상의 펌프를 사용한다. ⑤ 수직축 펌프를 사용, 회전차를 수중에 잠기게 한다.
발생에 따른 현상	① 양정 효율곡선 저하 ② 소음, 진동 ③ 깃의 침식

> **핵심 10** ◇ **온도차에 따른 신축이음의 종류와 특징**

이음 종류	도시 기호	개 요
상온(콜드)스프링	없음	배관의 자유 팽창량을 계산하여 관의 길이를 짧게 절단하는 방법으로 절단 길이는 자유 팽창량의 1/2 정도이다.
루프이음(신축곡관)	⌒	배관의 형상을 루프 형태로 구부려 그것을 이용하여 신축을 흡수하는 이음이며, 신축이음 중 가장 큰 신축을 흡수하는 이음
벨로즈(팩레스)이음	∿∿∿	주름관의 형태로 만들어진 벨로즈를 부착하여 신축을 흡수하는 방법이며, 신축에 따라 슬리브와 함께 신축이 되는 이음방법
슬리브이음(슬립온)	⊏▯⊐	배관 중 슬리브 pipe를 설치, 수축 팽창 시 슬라이드하는 슬리브, 파이프 내에서 신축을 흡수하는 이음
스위블이음	✗✗✗	배관이음 중 두 개 이상의 엘보를 이용, 엘보의 빈 공간에서 신축을 흡수하는 이음

참고사항

신축량 계산식 $\lambda = l\alpha\Delta t$

(예제) 12m 관을 상온 스프링으로 연결 시 내부 가스온도 $-30℃$, 외기온도 20℃일 때 절단길이(mm)는? (단, 관의 선팽창계수 $\alpha = 1.2\times10^{-5}/℃$ 이다.)

$\lambda = l\alpha\Delta t = 12\times10^3 mm \times 1.2\times10^{-5}/℃ \times \{20-(-30)\} = 7.2mm$

$\therefore\ 7.2\times\dfrac{1}{2} = 3.6mm$

> **핵심 11** ◇ **강의 성분 중 탄소 성분이 증가 시**

증 가	인장강도, 경도, 항복점
감 소	연신율, 단면수축률

> **핵심 12** ◇ **직동식 · 파일럿 정압기별 특징**

특징별 \ 종류별	직동식 정압기	파일럿식 정압기
안정성	안정하다.	안정성이 떨어진다.
로크업	크게 된다.	적게 누를 수 있다.
용량범위	소용량 사용	대용량 사용
오프셋	커진다.	작게 된다.
2차 압력	2차 압력도 시프트 한다.	2차 압력이 시프트 하지 않도록 할 수 있다.

핵심 13 ◇ 배관의 SCH(스케줄 번호)

공식의 종류	단위 구분	
	S(허용응력)	P(사용압력)
$SCH=10\times\dfrac{P}{S}$	kg/mm^2	kg/cm^2
$SCH=100\times\dfrac{P}{S}$	kg/mm^2	MPa
$SCH=1000\times\dfrac{P}{S}$	kg/mm^2	kg/mm^2

$$S는 허용응력\left(인장강도\times\frac{1}{4}=허용응력\right)$$

핵심 14 ◇ LNG 기화장치 종류 특징

장치 종류 / 항목별	오픈랙(Open Rack) 기화장치	서브머지드 (SMV ; Submerged conversion) 기화장치	중간 매체(IFV)식 기화장치
가열매체	해수(수온 5℃ 정도)	가스	해수와 LNG의 중간열매체
특징 장점	① 설비가 안정되어 있다. ② 고장발생 시 수리가 용이하다. ③ 해수를 사용하므로 경제적이다.	가열매체가 가스이므로 오픈랙과 같이 겨울철 동결 우려가 없다.	부하 및 해수 온도에 대하여 해수량의 연속제어가 가능
특징 단점	동계에 해수가 동결되는 우려가 있다.	가열매체가 가스이므로 연소 시 비용이 발생	① 직접가열방식에 비해 2배의 전열면적이 필요 ② 수리보수가 어렵다.

핵심 15 ◇ 왕복압축기의 피스톤 압출량(m³/h)

$$Q=\frac{\pi}{4}D^2\times L\times N\times n\times n_v\times 60$$

여기서, Q : 피스톤 압출량(m³/h)

D : 직경(m)

L : 행정(m)

N : 회전수(rpm)

n : 기통수

n_v : 체적효율

※ m³/min 값으로 계산 시 60을 곱할 필요가 없음.

핵심 16 ◇ **증기압축식, 흡수식 냉동기의 순환과정**

종 류		세부내용
흡수식	순환과정	흡수식 순환과정 : ① 증발기 → ② 흡수기 → ③ 발생기 → ④ 응축기 ※ 순환과정이므로 흡수기부터 하면 흡수 → 발생 → 응축 → 증발기 순도 가능
	냉매와 흡수액	① 냉매가 LiBr(리튬브로마이드)일 때 흡수액은 NH_3 ② 냉매가 NH_3일 때 흡수액은 물
증기압축식	순환과정	① 증발기 → ② 압축기 → ③ 응축기 → ④ 팽창밸브 ※ 순환과정이므로 압축기부터 하면 압축 → 응축 → 팽창 → 증발기 순도 가능
	증발기	팽창밸브에서 토출된 저온·저압의 액체냉매가 증발잠열을 흡수하여 피냉 동체와 열교환과정이 이루어지는 곳
	압축기	증발기에서 증발된 저온·저압의 기체냉매를 압축하면 온도가 상승되어 응축기에서 액화를 용이하게 만드는 곳(등엔트로피 과정이 일어남)
	응축기 (콘덴서)	압축기에서 토출된 고온·고압의 냉매가스를 열교환에 의해 응축액화시키 는 과정(액체냉매를 일정하게 흐르게 하는 곳)
	팽창 밸브	냉매의 엔탈피가 일정한 곳으로 액체냉매를 증발기에서 증발이 쉽도록 저온·저압의 액체냉매로 단열팽창시켜 교축과정이 일어나게 하는 곳
	선도	(선도 그림)

※ 선도 그림: 세로축 $P(kg/cm^2)$, 가로축 $i(kcal/kg)$, 팽창·응축·압축·증발 표시

핵심 17 ◇ **원심 펌프에서 발생되는 이상현상**

이상현상의 종류			핵심내용
캐비테이션 (공동현상)	정의		Pump로 물을 이송하는 관에서 유수 중 그 수온의 증기압보다 낮은 부 분이 생기면 물이 증발을 일으키고 기포를 발생하는 현상
	방지법		① 흡입관경을 넓힌다. ② 양흡입 펌프를 사용한다. ③ 두 대 이상의 펌프를 설치한다. ④ 펌프 설치위치를 낮춘다. ⑤ 회전수를 낮춘다.
	발생에 따른 현상		① 양정 효율곡선 저하 ② 소음, 진동 ③ 깃의 침식
원심 펌프에서 발생되는 이상현상	베이퍼록	정의	저비등점을 가진 액화가스를 이송 시 펌프 입구에서 발생되는 현상으 로 액의 끓음에 의한 동요현상을 일으킴
		방지법	① 흡입관경을 넓힌다. ② 회전수를 낮춘다. ③ 펌프 설치위치를 낮춘다. ④ 실린더라이너를 냉각시킨다. ⑤ 외부와 단열조치한다.

이상현상의 종류			핵심내용
원심 펌프에서 발생되는 이상현상	수격작용 (워터해머)	정의	관속을 충만하여 흐르는 대형 송수관로에서 정전 등에 의한 심한 압력변화가 생기면 심한 속도변화를 일으켜 물이 가지고 있는 힘의 세기가 해머를 내려치는 힘과 같아 워터해머라 부름
		방지법	① 펌프에 플라이휠(관성차)을 설치한다. ② 관내 유속(1m/s 이하)을 낮춘다. ③ 조압수조를 관선에 설치한다. ④ 밸브를 송출구 가까이 설치하고, 적당히 제어한다.
	서징(맥동) 현상	정의	펌프를 운전 중 규칙바르게 양정, 유량 등이 변동하는 현상
		발생 조건	① 펌프의 양정곡선이 산고곡선이고, 그 곡선의 산고상승부에서 운전 시 ② 배관 중 물탱크나 공기탱크가 있을 때 ③ 유량조절밸브가 탱크 뒤측에 있을 때

TiP

원심압축 시의 서징

1. **정의**
   압축기와 송풍기 사이에 토출측 저항이 커지면 풍량이 감소하고 어느 풍량에 대하여 일정압력으로 운전되나 우상 특성의 풍량까지 감소되면 관로에 심한 공기의 맥동과 진동을 발생하여 불안정 운전이 되는 현상

2. **방지법**
   ① 우상 특성이 없게 하는 방식
   ② 방출밸브에 의한 방법
   ③ 회전수를 변화시키는 방법
   ④ 교축밸브를 기계에 근접시키는 방법
   ※ 우상 특성 : 운전점이 오른쪽 상향부로 치우치는 현상

핵심18 ◇ 가스 종류별 폭발성

가스 종류 \ 폭발성	산화폭발	분해폭발	중합폭발
C_2H_2	○	○	
C_2H_4O	○	○	○
HCN			○
N_2H_4(히드라진)		○	

① 산화폭발 : 모든 가연성 가스가 가지고 있는 폭발
② 분해폭발 : 압력 상승 시 가스 성분이 분해되면서 일어나는 폭발
③ 중합폭발 : 수분 2% 이상 함유 시 일어나는 폭발
④ C_2H_4O은 분해와 중합폭발을 동시에 가지고 있으며, 특히 금속염화물과 반응 시는 중합폭발을 일으킨다.

핵심 19 ◇ 오토클레이브

(1) 종류 및 정의

구 분		내 용
정의		밀폐반응 가마이며, 온도상승 시 증기압이 상승 액상을 유지하면서 반응을 하는 고압반응 가마솥
종류	교반형	기체·액체의 반응으로 기체를 계속 유통할 수 있으며, 주로 전자코일을 이용하는 방법
	진탕형	횡형 오토클레이브 전체가 수평 전후 운동으로 교반하는 방법
	회전형	오토클레이브 자체를 회전시켜 교반하는 형식으로 액체에 가스를 적용시키는 데 적합하나 교반효과는 떨어진다.
	가스 교반형	레페반응장치에 이용되는 형식으로 기상부에 반응가스를 취출 액상부의 최저부에 순환 송입하는 방식 등이 있으며, 주로 가늘고 긴 수평 반응기로 유체가 순환되어 교반이 이루어진다.

(2) 부속품 및 사용압력, 온도계

구 분	내 용
부속품	압력계, 온도계, 안전밸브
재료	스테인리스강
압력 측정	부르동관 압력계로 측정
온도 측정	수은 및 열전대 온도계

핵심 20 ◇ 열처리 종류 및 특성

종 류	특 성
담금질(소입) (Quenching)	강도 및 경도 증가
불림(소준) (Normalizing)	결정조직의 미세화
풀림(소둔) (Annealing)	잔류응력 제거 및 조직의 연화강도 증가
뜨임(소려) (Tempering)	내부 응력 제거, 인장강도 및 연성 부여
심랭처리법	오스테나이트계 조직을 마텐자이트 조직으로 바꿀 목적으로 0℃ 이하로 처리하는 방법
표면경화	표면은 견고하게, 내부는 강인하게 하여 내마멸성·내충격성 향상

핵심 21 ◇ 저온장치 단열법

종 류	특 징
상압단열법	단열을 하는 공간에 분말섬유 등의 단열재를 충전하는 방법 〈주의사항〉 불연성 단열재 사용, 탱크를 기밀로 할 것
진공단열법	단열공간을 진공으로 하여 공기에 의한 전열을 제거한 단열법 〈종류〉 고진공, 분말진공, 다층진공, 단열법

핵심 22 ◇ **정압기의 특성(정압기를 평가 선정 시 고려하여야 할 사항)**

특성 종류		개 요
정특성		정상상태에 있어서 유량과 2차 압력과의 관계
관련 동작	오프셋	정특성에서 기준유량 Q일 때 2차 압력 P에 설정했다고 하여 유량이 변하였을 때 2차 압력 P로부터 어긋난 것
	로크업	유량이 0으로 되었을 때 끝맺음 압력과 P의 차이
	시프트	1차 압력의 변화 등에 의하여 정압곡선이 전체적으로 어긋난 것
동특성		부하변화가 큰 곳에 사용되는 정압기에 대하여 부하변동에 대한 응답의 신속성과 안정성
유량 특성		메인밸브의 열림(스트로크-리프트)과 유량과의 관계
관련 동작	직선형	(유량)$=K\times$(열림) 관계에 있는 것(메인밸브 개구부 모양이 장방형)
	2차형	(유량)$=K\times$(열림)^2 관계에 있는 것(메인밸브 개구부 모양이 삼각형)
	평방 근형	(유량)$=K\times$(열림)$^{\frac{1}{2}}$ 관계에 있는 것(메인밸브가 접시형인 경우)
사용 최대 차압		메인밸브에는 1차 압력과 2차 압력의 차압이 정압성능에 영향을 주나 이것이 실용적으로 사용할 수 있는 범위에서 최대로 되었을 때 차압
작동 최소 차압		1차 압력과 2차 압력의 차압이 어느 정도 이상이 없을 때 파일럿 정압기는 작동할 수 없게 되며, 이 최소값을 말함

핵심 23 ◇ **LP가스 이송방법**

(1) 이송방법의 종류
   ① 차압에 의한 방법
   ② 압축기에 의한 방법
   ③ 균압관이 있는 펌프 방법
   ④ 균압관이 없는 펌프 방법

(2) 이송방법의 장·단점

구 분 ＼ 장·단점	장 점	단 점
압축기	① 충전시간이 짧다. ② 잔가스 회수가 용이하다. ③ 베이퍼록의 우려가 없다.	① 재액화 우려가 있다. ② 드레인 우려가 있다.
펌프	① 재액화 우려가 없다. ② 드레인 우려가 없다.	① 충전시간이 길다. ② 잔가스 회수가 불가능하다. ③ 베이퍼록의 우려가 있다.

기화장치(Vaporizer)

(1) 분류방법

장치 구성형식		증발형식	
단관식, 다관식, 사관식, 열판식		순간증발식, 유입증발식	
작동원리에 따른 분류			
가온감압식	열교환기에 의해 액상의 LP가스를 보내 온도를 가하고 기화된 가스를 조정기로 감압하는 방식		
감압가열(온)식	액상의 LP가스를 조정기 감압밸브로 감압하여 열교환기로 보내 온수 등으로 가열하는 방식		
작동유체에 따른 분류	① 온수가열식(온수온도 80℃ 이하) ② 증기가열식(증기온도 120℃ 이하)	3대 구성	① 기화부 ② 제어부 ③ 조압부

(2) 기화기 사용 시 장점(강제기화방식의 장점)

① 한랭 시 연속적 가스공급이 가능하다.

② 기화량을 가감할 수 있다.

③ 공급가스 조성이 일정하다.

④ 설비비, 인건비가 절감된다.

C_2H_2의 폭발성

폭발의 종류	반응식	강의록
분해폭발	$C_2H_2 \rightarrow 2C + H_2$	아세틸렌은 가스를 충전 시 1.5MPa 이상 압축 시 분해폭발의 위험이 있어 충전 시 2.5MPa 이하로 압축, 부득이 2.5MPa 이상으로 압축 시 안전을 기하기 위하여 N_2, CH_4, CO, C_2H_4 등의 희석제를 첨가한다.
화합폭발	$2Cu + C_2H_2 \rightarrow Cu_2C_2 + H_2$	아세틸렌에 Cu(동), Ag(은), Hg(수은) 등 함유 시 아세틸라이드(폭발성 물질)가 생성되어 폭발의 우려가 있어 아세틸렌장치에 동을 사용할 경우 동 함유량 62% 미만의 동합금만 허용이 된다.
산화폭발	$C_2H_2 + 2.5O_2 \rightarrow 2CO_2 + H_2O$	모든 가연성이 가지는 폭발로서 연소범위 이내에 혼합 시 일어나는 폭발이다.

핵심 26 ◇ 압축기 용량 조정 방법

왕 복	원 심
① 회전수 변경법	① 속도 제어에 의한 방법
② 바이패스 밸브에 의한 방법	② 바이패스에 의한 방법
③ 흡입 주밸브 폐쇄법	③ 안내깃(베인 콘트롤) 각도에 의한 방법
④ 타임드 밸브에 의한 방법	④ 흡입밸브 조정법
⑤ 흡입밸브 강제 개방법	⑤ 토출밸브 조정법
⑥ 클리어런스 밸브에 의한 방법	

핵심 27 ◇ 등온, 폴리트로픽 단열압축

압축의 종류	정 의	폴리트로픽 지수(n) 값
등온	압축 전후 온도가 같음	$n = 1$
폴리트로픽	압축 후 약간의 열손실이 있는 압축	$1 < n < K$
단열	외부와 열의 출입이 없는 압축	$n = K$

일량의 크기	온도변화의 크기
단열>폴리트로픽>등온	단열>폴리트로픽>등온

핵심 28 ◇ 공기액화분리장치의 팽창기

종 류		특 징
왕복동식	팽창기	40정도
	효율	60~65%
	처리가스량	$1000\text{m}^3/\text{h}$
터보식	회전수	10000~20000rpm
	팽창비	5
	효율	80~85%

핵심 29 ◇ 각 가스의 부식명

가스 종류	부식명	조 건	방지금속
O_2	산화	고온·고압	Cr, Al, Si
H_2	수소취성(강의 탈탄)	고온·고압	5~6% Cr강에 W, Mo, Ti, V 첨가
NH_3	질화, 수소취성	고온·고압	Ni 및 STS
CO	카보닐(침탄)	고온·고압	장치 내면 피복, Ni-Cr계 STS 사용
H_2S	황화	고온·고압	Cr, Al, Si
수분 존재 시 부식을 일으키는 가스 : Cl_2, $COCl_2$, CO_2, SO_2, H_2S			

핵심 30 ◇ 가스홀더 분류 및 특징

분 류	종 류			
정의	공장에서 정제된 가스를 저장, 가스의 질을 균일하게 유지, 제조량·수요량을 조절하는 탱크			
분 류				
중·고압식			저압식	
원통형	구형		유수식	무수식
종류별 특징				
구형	① 가스 수요의 시간적 변동에 대하여 제조량을 안정하게 공급하고 남는 것은 저장한다. ② 정전배관공사 공급설비의 일시적 지장에 대하여 어느 정도 공급을 확보한다. ③ 각 지역에 가스홀더를 설치 피크 시 공급과 동시 배관 수송효율을 높인다.			
유수식	① 물로 인한 기초공사비가 많이 든다. ② 물탱크의 수분으로 습기가 있다. ③ 추운 곳에 물의 동결방지 조치가 필요하다. ④ 유효 가동량이 구형에 비해 크다.			
무수식	① 대용량 저장에 사용된다. ② 물탱크가 없어 기초가 간단하고, 설치비가 적다. ③ 건조 상태로 가스가 저장된다. ④ 작업 중 압력변동이 적다.			

핵심 31 ◇ 가스 도매사업자의 공급시설 중 배관의 용접방법

항 목	내 용
용접방법	아크용접 또는 이와 동등 이상의 방법이다.
배관 상호길이 이음매	원주방향에서 원칙적으로 50mm 이상 떨어지게 한다.
배관의 용접	지그(jig)를 사용하여 가운데서부터 정확하게 위치를 맞춘다.

핵심 32 ◇ 압축기에 사용되는 윤활유

각종 가스 윤활유	O_2(산소)	물 또는 10% 이하 글리세린수
	Cl_2(염소)	진한 황산
	LP가스	식물성유
	H_2(수소)	양질의 광유
	C_2H_2(아세틸렌)	
	공기	
구비 조건	① 경제적일 것 ② 화학적으로 안정할 것 ③ 점도가 적당할 것 ④ 인화점이 높을 것 ⑤ 불순물이 적을 것 ⑥ 항유화성이 높고, 응고점이 낮을 것	

핵심 33 ◆ 펌프의 분류

용적형		터보형			
왕복	회전	원심		축류	사류
		벌류트	터빈		
피스톤, 플런저, 다이어프램	기어, 나사, 베인	안내 베인이 없는 원심펌프	안내 베인이 있는 원심펌프		

핵심 34 ◆ 폭명기

구 분	반응식
수소폭명기	$2H_2 + O_2 \rightarrow 2H_2O$
염소폭명기	$H_2 + Cl_2 \rightarrow 2HCl$
불소폭명기	$H_2 + F_2 \rightarrow 2HF$
정의	화학반응 시 아무런 촉매 없이 햇빛 등으로 폭발적으로 반응을 일으키는 반응식

핵심 35 ◆ 압축기 특징

구 분	간추린 핵심내용
왕복	① 용적형 오일윤활식 무급유식이다. ② 압축효율이 높다. ③ 형태가 크고, 접촉부가 많아 소음·진동이 있다. ④ 저속회전이다. ⑤ 압축이 단속적이다. ⑥ 용량조정범위가 넓고 쉽다.
원심(터보)	① 원심형 무급유식이다. ② 압축이 연속적이다. ③ 소음·진동이 적다. ④ 용량조정범위가 좁고 어렵다. ⑤ 설치면적이 적다.

핵심 36 ◇ 펌프 회전수 변경 시 및 상사로 운전 시 변경(송수량, 양정, 동력값)

구 분		내 용
회전수를 $N_1 \rightarrow N_2$로 변경한 경우	송수량(Q_2)	$Q_2 = Q_1 \times \left(\dfrac{N_2}{N_1}\right)^1$
	양정(H_2)	$H_2 = H_1 \times \left(\dfrac{N_2}{N_1}\right)^2$
	동력(P_2)	$P_2 = P_1 \times \left(\dfrac{N_2}{N_1}\right)^3$
회전수를 $N_1 \rightarrow N_2$로 변경과 상사로 운전 시($D_1 \rightarrow D_2$ 변경)	송수량(Q_2)	$Q_2 = Q_1 \times \left(\dfrac{N_2}{N_1}\right)^1 \left(\dfrac{D_2}{D_1}\right)^3$
	양정(H_2)	$H_2 = H_1 \times \left(\dfrac{N_2}{N_1}\right)^2 \left(\dfrac{D_2}{D_1}\right)^2$
	동력(P_2)	$P_2 = P_1 \times \left(\dfrac{N_2}{N_1}\right)^3 \left(\dfrac{D_2}{D_1}\right)^5$
기호 설명		

- Q_1, Q_2 : 처음 및 변경된 송수량
- P_1, P_2 : 처음 및 변경된 동력
- H_1, H_2 : 처음 및 변경된 양정
- N_1, N_2 : 처음 및 변경된 회전수

핵심 37 ◇ 냉동톤 · 냉매가스 구비조건

(1) 냉동톤

종 류	IRT값
한국 1냉동톤	3320kcal/hr
흡수식 냉동설비	6640kcal/hr
원심식 압축기	1.2kW(원동기 정격 출력)

(2) 냉매의 구비조건

① 임계온도가 높을 것

② 응고점이 낮을 것

③ 증발열이 크고, 액체비열이 적을 것

④ 윤활유와 작용하여 영향이 없을 것

⑤ 수분과 혼합 시 영향이 적을 것

⑥ 비열비가 적을 것

⑦ 점도가 적을 것

⑧ 냉매가스의 비중이 클 것

⑨ 인화폭발의 위험성이 없을 것(화학적 성질)

⑩ 비체적이 적을 것

핵심38 ◇ **단열재 구비조건**

① 경제적일 것
② 화학적으로 안정할 것
③ 밀도가 작을 것
④ 시공이 편리할 것
⑤ 열전도율이 작을 것
⑥ 안전사용온도 범위가 넓을 것

핵심39 ◇ **강제기화방식, 자연기화방식**

(1) 강제, 자연 기화방식

구 분		내 용
강제기화 방식	개요	기화기를 사용하여 액화가스 온도를 상승시켜 가스를 기화하는 방식으로 대량 소비처에 사용
	종류	생가스 공급방식, 공기혼합가스 공급방식, 변성가스 공급방식
	특징	① 한랭 시 가스공급이 가능하다. ② 공급가스 조성이 일정하다. ③ 기화량을 가감할 수 있다. ④ 설비비, 인건비가 절감된다. ⑤ 설치면적이 작아진다.
자연기화 방식	개요	대기 중의 열을 흡수하여 액가스를 자연적으로 기화하는 방식으로 소량 소비처에 사용

(2) 분류 방법

장치 구성 형식	증발 형식
단관식, 다관식, 사관식, 열판식	순간증발식, 유입증발식

작동원리에 따른 분류	
가온감입식	열교환기에 의해 액상의 LP가스를 보내 온도를 가하고, 기화된 가스를 조정기로 감압하는 방식
감압가열(온)식	액상의 LP가스를 조정기 감압밸브로 감압 열교환기로 보내 온수 등으로 가열하는 방식
작동유체에 따른 분류	① 온수가열식(온수온도 80℃ 이하) ② 증기가열식(증기온도 120℃ 이하)

TiP

LP가스를 도시가스로 공급하는 방식
1. 직접 혼입가스 공급방식
2. 변성 가스 공급방식
3. 공기혼합가스 공급방식

핵심 **40** ◇ **열역학의 법칙**

종 류	정 의
0법칙	온도가 서로 다른 물체를 접촉 시 일정시간 후 열평형으로 상호간 온도가 같게 됨
1법칙	일은 열로, 열은 일로 상호변환이 가능한 에너지 보존의 법칙
2법칙	열은 스스로 고온에서 저온으로 흐르며, 일과 열은 상호변환이 불가능하며, 100% 효율을 가진 열기관은 없음(제2종 영구기관 부정)
3법칙	어떤 형태로든 절대온도 0K에 이르게 할 수 없음

핵심 **41** ◇ **압축비, 각 단의 토출압력, 2단 압축에서 중간압력 계산법**

구 분	핵심내용
압축비(a)	$a = \sqrt[n]{\dfrac{P_2}{P_1}}$ 여기서, n : 단수, P_1 : 흡입 절대압력, P_2 : 토출 절대압력
2단 압축에서 중간압력(P_o)	 $P_o = \sqrt{P_1 \times P_2}$
다단압축에서 각 단의 토출압력	 여기서, P_1 : 흡입 절대압력 $\qquad P_{01}$: 1단 토출압력 $\qquad P_{02}$: 2단 토출압력 $\qquad P_2$: 토출 절대압력 또는 3단 토출압력 $a = \sqrt[n]{\dfrac{P_2}{P_1}}$ $P_{01} = a \times P_1$ $P_{02} = a \times a \times P_1$ $P_{03} = a \times a \times a \times P_1$

예제 1. 흡입압력 $1kg/cm^2$, 최종 토출압력 $26kg/cm^2(g)$인 3단 압축기의 압축비를 구하고, 각 단의 토출압력을 게이지압력으로 계산(단, $1atm=1kg/cm^2$)하시오.

풀이 $a = \sqrt[3]{\dfrac{(26+1)}{1}} = 3$

$P_{01} = a \times P_1 = 3 \times 1 = 3kg/cm^2$

$\therefore 3 - 1 = 2kg/cm^2(g)$

$P_{02} = a \times a \times P_1 = 3 \times 3 \times 1 - 1 = 8kg/cm^2(g)$

$P_{03} = a \times a \times a \times P_1 = 3 \times 3 \times 3 \times 1 - 1 = 26kg/cm^2(g)$

예제 2. 흡입압력 $1kg/cm^2$, 토출압력 $4kg/cm^2$인 2단 압축기 중간 압력은 몇 $kg/cm^2(g)$인가? (단, $1atm=1kg/cm^2$이다.)

풀이 $P_o = \sqrt{P_1 \times P_2} = \sqrt{1 \times 4} = 2kg/cm^2$

$\therefore 2 - 1 = 1kg/cm^2(g)$

핵심 42 ◈ C_2H_2의 폭발성

폭발의 종류	반응식	강의록
분해폭발	$C_2H_2 \rightarrow 2C + H_2$	아세틸렌은 가스를 충전 시 1.5MPa 이상 압축 시 분해폭발의 위험이 있어 충전 시 2.5MPa 이하로 압축, 부득이 2.5MPa 이상으로 압축 시 안전을 기하기 위하여 N_2, CH_4, CO, C_2H_4 등의 희석제를 첨가한다.
화합폭발	$2Cu + C_2H_2 \rightarrow Cu_2C_2 + H_2$	아세틸렌에 Cu(동), Ag(은), Hg(수은) 등 함유 시 아세틸라이드(폭발성 물질)가 생성 폭발의 우려가 있어 아세틸렌장치에 동을 사용할 경우 동 함유량 62% 미만의 동합금만 허용이 된다.
산화폭발	$C_2H_2 + 2.5O_2 \rightarrow 2CO_2 + H_2O$	모든 가연성이 가지는 폭발로서 연소범위 이내에 혼합 시 일어나는 폭발이다.

핵심 43 ◈ 냉동능력 합산기준

① 냉매가스가 배관에 의하여 공통으로 되어 있는 냉동설비
② 냉매계통을 달리하는 2개 이상의 설비가 1개의 규격품으로 인정되는 설비 내에 조립되어 있는 것(Unit형의 것)
③ 2원(元) 이상의 냉동방식에 의한 냉동설비
④ 모터 등 압축기의 동력설비를 공통으로 하고 있는 냉동설비
⑤ 브라인(Brine)을 공통으로 사용하고 있는 2개 이상의 냉동설비(브라인 중 물과 공기는 포함하지 아니 한다.)

핵심 44 ◇ **위험도**

$$위험도(H) = \frac{U-L}{L}$$

여기서, U : 폭발상한값
L : 폭발하한값

핵심 45 ◇ **밸브의 종류에 따른 특징**

종 류	특 징
체크(Check)밸브	① 유체의 역류를 막기 위해서 설치한다. ② 체크밸브는 고압배관 중에 사용된다. ③ 체크밸브는 스윙형과 리프트형의 2가지가 있다. 　• 스윙형 : 수평, 수직관에 사용 　• 리프트형 : 수평 배관에만 사용
게이트밸브(슬루스밸브)	① 대형 관로의 개폐용 개폐에 시간이 소요된다. ② 유체의 저항이 적다.
플러그(Plug)밸브	① 용도 : 중·고압용 ② 장점 : 개폐 신속 ③ 단점 : 가스관 중의 불순물에 따라 차단효과 불량
글로브(Globe)밸브	① 용도 : 중·저압관용 유량조절용 ② 장점 : 기밀성 유지 양호, 유량조절이 용이 ③ 단점 : 볼과 밸브 몸통 접촉면의 기밀성 유지 곤란

핵심 46 ◇ **나사 펌프**

원 리	특 징
나사를 서로 물리게 하여 케이싱에 봉하고 나사축을 서로 반대방향으로 하여 회전한 쪽의 나사 홈 속의 액체를 다른 쪽 나사산으로 밀려나게 되어 있는 펌프	① 수명이 길다. ② 수압이 평형이 되어 추력이 생기지 않는다. ③ 흐름의 정적, 소음·진동이 적다. ④ 고속회전이 가능하고 소형이며, 값이 저렴하다. ⑤ 체적효율이 좋으며, 흡입양정이 적다.

핵심 47 ◇ **압축비와 실린더 냉각의 목적**

압축비가 커질 때의 영향	실린더 냉각의 목적
① 소요동력 증대 ② 실린더 내 온도상승 ③ 체적효율 저하 ④ 윤활유 열화 탄화	① 체적효율 증대 ② 압축효율 증대 ③ 윤활기능 향상 ④ 압축기 수명 연장

핵심 48 ◇ 다단압축의 목적, 압축기의 운전 전 · 운전 중 주의사항

다단압축의 목적	운전 전 주의사항	운전 중 주의사항
① 압축가스의 온도상승을 피한다. ② 1단 압축에 비하여 일량이 절약된다. ③ 이용효율이 증대된다. ④ 힘의 평형이 양호하다. ⑤ 체적효율이 증대된다.	① 압축기에 부착된 모든 볼트, 너트 조임상태 확인 ② 압력계, 온도계, 드레인밸브를 전개 지시압력의 이상유무 점검 ③ 윤활유 상태 점검 ④ 냉각수 상태 점검	① 압력, 온도 이상유무 점검 ② 소음 · 진동 유무 점검 ③ 윤활유 상태 점검 ④ 냉각수량 점검

핵심 49 ◇ 연소안전장치

구 분	정 의
소화안전장치	불꽃이 불완전하거나 바람의 영향으로 꺼질 때 열전대가 식어 기전력을 잃고 전자밸브가 닫혀 모든 가스의 통로를 차단하여 생가스 유출을 방지하는 장치

소화안전장치의 종류		
열전대식	플레임로스식	자외선 광전관식

공소안전장치의 종류	
바이메탈식	액체팽창식

핵심 50 ◇ 배관 응력의 원인, 진동의 원인

응력의 원인	진동의 원인
① 열팽창에 의한 응력 ② 내압에 의한 응력 ③ 냉간 가공에 의한 응력 ④ 용접에 의한 응력	① 바람, 지진의 영향(자연의 영향) ② 안전밸브 분출에 의한 영향 ③ 관 내를 흐르는 유체의 압력변화에 의한 영향 ④ 펌프 압축기에 의한 영향 ⑤ 관의 굽힘에 의한 힘의 영향

핵심 51 ◇ 압축기의 온도 이상현상 및 원인

현 상	원 인
흡입온도 상승	① 흡입밸브 불량에 의한 역류 ② 전단냉각기 능력 저하 ③ 관로의 수열
토출온도 상승	① 토출밸브 불량에 의한 역류 ② 흡입밸브 불량에 의한 고온가스의 흡입 ③ 압축비 증가 ④ 전단냉각기 불량에 의한 고온가스의 흡입

현 상	원 인
흡입온도 저하	① 전단의 쿨러 과냉 ② 바이패스 순환량이 많음
토출온도 저하	① 흡입가스 온도 저하 ② 압축비 저하 ③ 실린더 과냉각

핵심 52 ◈ 도시가스 제조원료가 가지는 특성

① 파라핀계 탄화수소가 많다.
② C/H 비가 작다.
③ 유황분이 적다.
④ 비점이 낮다.

핵심 53 ◈ 배관설계 시 고려사항

① 가능한 옥외에 설치할 것(옥외)
② 은폐 매설을 피할 것=노출하여 시공할 것(노출)
③ 최단거리로 할 것(최단)
④ 구부러지거나 오르내림이 적을 것=굴곡을 적게 할 것=직선배관으로 할 것(직선)

핵심 54 ◈ 허용응력과 안전율

구 분	세부내용	
응력(σ)	$\sigma = \dfrac{W}{A}$	• σ : 응력 • W : 하중 • A : 단면적
안전율	$\dfrac{\text{인장강도}}{\text{허용응력}}$	
예제	• 단면적 : 600mm^2 • 하중 : 1200kg • 인장강도 : 400kg/cm^{2}일 때 　① 허용응력$=\dfrac{1200\text{kg}}{600\text{mm}^2}=2\text{kg/mm}^2$ 　② 안전율$=\dfrac{400\text{kg/cm}^2}{200\text{kg/cm}^2}=2$ ※ 2kg/mm^2=2×100=200kg/cm^2	

핵심 55 ◇ 조정기

사용 목적	유출압력을 조정, 안정된 연소를 기함	
고정 시 영향	누설, 불완전연소	
종 류	장 점	단 점
1단 감압식	① 장치가 간단하다. ② 조작이 간단하다.	① 최종 압력이 부정확하다. ② 배관이 굵어진다.
2단 감압식	① 공급압력이 안정하다. ② 중간배관이 가늘어도 된다. ③ 관의 입상에 의한 압력손실이 보정된다. ④ 각 연소기구에 알맞은 압력으로 공급할 수 있다.	① 조정기가 많이 든다. ② 검사방법이 복잡하다. ③ 재액화에 문제가 있다.
자동교체 조정기 사용 시 장점	① 전체 용기 수량이 수동보다 적어도 된다. ② 분리형 사용 시 압력손실이 커도 된다. ③ 잔액을 거의 소비시킬 수 있다. ④ 용기 교환주기가 넓다.	

핵심 56 ◇ LP가스의 특성

일반적 특성	연소 특성
① 가스는 공기보다 무겁다. ② 액은 물보다 가볍다. ③ 기화, 액화가 용이하다. ④ 기화 시 체적이 커진다. ⑤ 천연고무는 용해하므로 패킹재료는 합성고무제인 실리콘고무를 사용한다.	① 연소속도가 늦다. ② 연소범위가 좁다. ③ 발열량이 크다. ④ 연소 시 다량의 공기가 필요하다. ⑤ 발화온도가 높다.

핵심 57 ◇ 가스 액화사이클

종 류	작동원리
클라우드 액화사이클	단열 팽창기를 이용하여 액화하는 사이클
린데식 액화사이클	줄-톰슨 효과를 이용하여 액화하는 사이클
필립스식 액화사이클	피스톤과 보조 피스톤이 있어 양 피스톤의 작용으로 액화하는 사이클로 압축기에서 팽창기로 냉매가 흐를 때는 냉각, 반대일 때는 가열되는 액화사이클
캐피자식 액화사이클	공기의 압축압력을 7atm 정도로 열교환에 축냉기를 사용하여 원료공기를 냉각하여 수분과 탄산가스를 제거함으로써 액화하는 사이클
캐스케이드 액화사이클	비점이 점차 낮은 냉매를 사용하여 저비점의 기체를 액화하는 사이클

핵심 58 ◆ C₂H₂ 발생기 및 C₂H₂ 특징

형식	정의	특징
주수식	카바이드에 물을 넣는 방법	① 분해중합의 우려가 있다. ② 불순가스 발생이 많다. ③ 후기가스 발생이 있다.
투입식	물에 카바이드를 넣는 방법	① 대량 생산에 적합하다. ② 온도상승이 적다. ③ 불순가스 발생이 적다.
침지식(접촉식)	물과 카바이드를 소량식 접촉	① 발생기 온도상승이 쉽다. ② 불순물이 혼합되어 나온다. ③ 발생량을 자동 조정할 수 있다.

(1) 발생기의 표면온도 : 70℃ 이하

(2) 발생기의 최적온도 : 50~60℃

(3) 발생기 구비조건

    ① 구조 간단, 견고, 취급 편리

    ② 안전성이 있을 것

    ③ 가열지열 발생이 적을 것

    ④ 산소의 역류 역화 시 위험이 미치지 않을 것

(4) 용기의 충전 중 압력은 2.5MPa 이하이다.

(5) 최고충전압력은 15℃에서 1.5MPa 이하이다.

(6) 충전 중 2.5MPa 이상 압축 시 N_2, CH_4, CO, C_2H_4의 희석제를 첨가한다.

(7) 용기에 충전 시 다공물질의 다공도는 75% 이상, 92% 미만이다.

(8) 다공물질 종류 : 석면·규조토·목탄·석회·다공성 플라스틱

핵심 59 ◆ 강관의 종류

기호	특징
SPP(배관용 탄소강관)	사용압력이 낮은($0.98N/mm^2$ 이하) 곳에 사용
SPPS(압력배관용 탄소강관)	사용압력 $0.98 \sim 9.8N/mm^2$ 350℃ 이하에 사용
SPPH(고압배관용 탄소강관)	사용압력 $9.8N/mm^2$ 이상에 사용
SPHT(고온배관용 탄소강관)	350℃ 이상의 온도에 사용
SPW(배관용 아크용접 탄소강관)	사용압력 $0.98N/mm^2$ 이하 물기를 공기 가스 등의 배관에 사용
SPA(배관용 합금강관)	주로 고온도의 배관용으로 사용
SPPW(수도용 아연도금강관)	정수두 100m 이하의 급수 배관용
SPLT(저온배관용 탄소강관)	빙점 이하의 온도에 사용

핵심 60 ◇ 전동기 직결식 원심펌프 회전수(N)

$$N = \frac{120f}{p}\left(1 - \frac{S}{100}\right)$$

여기서, N : 회전수(rpm)
f : 전기주파수(60Hz)
p : 모터극수
S : 미끄럼율

핵심 61 ◇ 원심펌프 운전

운전방법	변동항목	
	양 정	유 량
병열	불변	증가
직렬	증가	불변

핵심 62 ◇ 외부전원법 시공의 직류전원장치의 연결단자

구 분	연결단자
+극	불용성 양극
−극	가스배관

핵심 63 ◇ 레페반응장치

구 분	세부내용
정의	① C_2H_2을 압축하는 것은 극히 위험하나 레페(Reppe)가 연구 ② C_2H_2 및 종래 힘들고 위험한 화합물의 제조를 가능하게 한 다수의 신 반응이 발견되었고 이 신 반응을 레페반응이라 함
종류	비닐화, 에틸린산, 환중합, 카르보닐화
반응온도와 압력	온도 : 100~200℃, 압력 : 3atm
첨가물질	N_2 : 49% 또는 CO_2 : 42%

※ 수소경제 육성 및 수소 안전관리에 관한 법령 예상문제

출 / 제 / 예 / 상 / 문 / 제

1. 수소연료 사용시설의 시설 · 기술 · 검사 기준

01 다음 중 용어에 대한 설명이 틀린 것은 어느 것인가?

① "수소 제조설비"란 수소를 제조하기 위한 것으로서 법령에 따른 수소용품 중 수전해 설비 수소 추출설비를 말한다.

② "수소 저장설비"란 수소를 충전 · 저장하기 위하여 지상 또는 지하에 고정 설치하는 저장탱크(수소의 질을 균질화하기 위한 것을 포함)를 말한다.

③ "수소가스 설비"란 수소 제조설비, 수소 저장설비 및 연료전지와 이들 설비를 연결하는 배관 및 속설비 중 수소가 통하는 부분을 말한다.

④ 수소 용품 중 "연료전지"란 수소와 전기화학적 반응을 통하여 전기와 열을 생산하는 연료 소비량이 232.6kW 이상인 고정형, 이동형 설비와 그 부대설비를 말한다.

🌱 해설 ----------

연료전지 : 연료 소비량이 232.6kW 이하인 고정형, 이동형 설비와 그 부대설비

02 물의 전기분해에 의하여 그 물로부터 수소를 제조하는 설비는 무엇인가?

① 수소 추출설비
② 수전해 설비
③ 연료전지 설비
④ 수소 제조설비

03 수소 설비와 산소 설비의 이격거리는 몇 m 이상인가?

① 2m ② 3m
③ 5m ④ 8m

해설

수소-산소 : 5m 이상
참고 수소-화기 : 8m 이상

04 다음 [보기]는 수소 설비에 대한 내용이나 수치가 모두 잘못되었다. 맞는 수치로 나열된 것은 어느 것인가? (단, 순서는 (1), (2), (3)의 순서대로 수정된 것으로 한다.)

[보기]
(1) 유동방지시설은 높이 5m 이상 내화성의 벽으로 한다.
(2) 입상관과 화기의 우회거리는 8m 이상으로 한다.
(3) 수소의 제조·저장 설비의 지반조사 대상의 용량은 중량 3ton 이상의 것에 한한다.

① 2m, 2m, 1ton
② 3m, 2m, 1ton
③ 4m, 2m, 1ton
④ 8m, 2m, 1ton

해설

(1) 유동방지시설 : 2m 이상 내화성의 벽
(2) 입상관과 화기의 우회거리 : 2m 이상
(3) 지반조사 대상 수소 설비의 중량 : 1ton 이상
참고 지반조사는 수소 설비의 외면으로부터 10m 이내 2곳 이상에서 실시한다.

05 수소의 제조·저장 설비를 실내에 설치 시 지붕의 재료로 맞는 것은?

① 불연 재료
② 난연 재료
③ 무거운 불연 또는 난연 재료
④ 가벼운 불연 또는 난연 재료

해설

수소 설비의 재료 : 불연 재료(지붕은 가벼운 불연 또는 난연 재료)

06 다음 [보기]는 수소의 저장설비에서 대한 내용이다. 맞는 설명은 어느 것인가?

[보기]
(1) 저장설비에 설치하는 가스방출장치의 탱크 용량은 10m^3 이상이다.
(2) 내진설계로 시공하여야 하며, 저장능력은 5ton 이상이다.
(3) 저장설비에 설치하는 보호대의 높이는 0.6m 이상이다.
(4) 보호대가 말뚝 형태일 때는 말뚝이 2개 이상이고 간격은 2m 이상이다.

① (1) ② (2)
③ (3) ④ (4)

해설

(1) 가스방출장치의 탱크 용량 : 5m^3 이상
(3) 보호대의 높이 : 0.8m 이상
(4) 말뚝 형태 : 2개 이상, 간격 1.5m 이상

07 수소연료 사용시설에 안전확보 정상작동을 위하여 설치되어야 하는 부속장치에 해당되지 않는 것은?

① 압력조정기
② 가스계량기
③ 중간밸브
④ 정압기

08 수소가스 설비의 T_p, A_p를 옳게 나타낸 것은?

① T_p = 상용압력×1.5
  A_p = 상용압력
② T_p = 상용압력×1.2
  A_p = 상용압력×1.1
③ T_p = 상용압력×1.5
  A_p = 최고사용압력×1.1 또는 8.4kPa 중 높은 압력
④ T_p = 최고사용압력×1.5
  A_p = 최고사용압력×1.1 또는 8.4kPa 중 높은 압력

09 다음 [보기]는 수소 제조 시의 수전해 설비에 대한 내용이다. 틀린 내용으로만 나열된 것은?

[보기]
(1) 수전해 설비실의 환기가 강제환기만으로 이루어지는 경우에는 강제환기가 중단되었을 때 수전해 설비의 운전이 정상작동이 되도록 한다.
(2) 수전해 설비를 실내에 설치하는 경우에는 해당 실내의 산소 농도가 22% 이하가 되도록 유지한다.
(3) 수전해 설비를 실외에 설치하는 경우에는 눈, 비, 낙뢰 등으로부터 보호할 수 있는 조치를 한다.
(4) 수소 및 산소의 방출관과 방출구는 방출된 수소 및 산소가 체류할 우려가 없는 통풍이 양호한 장소에 설치한다.
(5) 수소의 방출관과 방출구는 지면에서 5m 이상 또는 설비 상부에서 2m 이상의 높이 중 높은 위치에 설치하며, 화기를 취급하는 장소와 8m 이상 떨어진 장소에 위치하도록 한다.
(6) 산소의 방출관과 방출구는 수소의 방출관과 방출구 높이보다 낮은 높이에 위치하도록 한다.
(7) 산소를 대기로 방출하는 경우에는 그 농도가 23.5% 이하가 되도록 공기 또는 불활성 가스와 혼합하여 방출한다.
(8) 수전해 설비의 동결로 인한 파손을 방지하기 위하여 해당 설비의 온도가 5℃ 이하인 경우에는 설비의 운전을 자동으로 차단하는 조치를 한다.

① (1), (2)
② (1), (2), (5)
③ (1), (5), (8)
④ (1), (2), (7)

해설
(1) 강제환기 중단 시 : 운전 정지
(2) 실내의 산소 농도 : 23.5% 이하
(5) 화기를 취급하는 장소와의 거리 : 6m 떨어진 위치

10 수소 추출설비를 실내에 설치하는 경우 실내의 산소 농도는 몇 % 미만이 되는 경우 운전이 정지되어야 하는가?

① 10.5%   ② 15.8%
③ 19.5%   ④ 22%

11 다음 ( ) 안에 공통으로 들어갈 단어는 무엇인가?

연료전지가 설치된 곳에는 조작하기 쉬운 위치에 ( )를 다음 기준에 따라 설치한다.
• 수소연료 사용시설에는 연료전지 각각에 대하여 ( )를 설치한다.
• 배관이 분기되는 경우에는 주배관에 ( )를 설치한다.
• 2개 이상의 실로 분기되는 경우에는 각 실의 주배관마다 ( )를 설치한다.

① 압력조정기   ② 필터
③ 배관용 밸브   ④ 가스계량기

12 배관장치의 이상전류로 인하여 부식이 예상되는 장소에는 절연물질을 삽입하여야 한다. 다음의 보기 중 절연물질을 삽입해야 하는 장소에 해당되지 않는 것은?

① 누전으로 인하여 전류가 흐르기 쉬운 곳
② 직류전류가 흐르고 있는 선로(線路)의 자계(磁界)로 인하여 유도전류가 발생하기 쉬운 곳
③ 흙속 또는 물속에서 미로전류(謎路電流)가 흐르기 쉬운 곳
④ 양극의 설치로 전기방식이 되어 있는 장소

13 사업소 외의 배관장치에 설치하는 안전제어장치와 관계가 없는 것은?

① 압력안전장치
② 가스누출검지경보장치
③ 긴급차단장치
④ 인터록장치

14 수소의 배관장치에는 이상사태 발생 시 압축기, 펌프 긴급차단장치 등이 신속하게 정지 또는 폐쇄되어야 하는 제어기능이 가동되어야 하는데 이 경우에 해당되지 않는 것은?

① 온도계로 측정한 온도가 1.5배 초과 시
② 규정에 따라 설치된 압력계가 상용압력의 1.1배 초과 시
③ 규정에 따라 압력계로 측정한 압력이 정상운전 시보다 30% 이상 강하 시
④ 측정유량이 정상유량보다 15% 이상 증가 시

15 수소의 배관장치에 설치하는 압력안전장치의 기준이 아닌 것은?

① 배관 안의 압력이 상용압력을 초과하지 않고, 또한 수격현상(water hammer)으로 인하여 생기는 압력이 상용압력의 1.1배를 초과하지 않도록 하는 제어기능을 갖춘 것
② 재질 및 강도는 가스의 성질, 상태, 온도 및 압력 등에 상응되는 적절한 것
③ 배관장치의 압력변동을 충분히 흡수할 수 있는 용량을 갖춘 것
④ 압력이 상용압력의 1.5배 초과 시 인터록기구가 작동되는 제어기능을 갖춘 것

16 수소의 배관장치에서 내압성능이 상용압력의 1.5배 이상이 되어야 하는 경우 상용압력은 얼마인가?

① 0.1MPa 이상   ② 0.5MPa 이상
③ 0.7MPa 이상   ④ 1MPa 이상

17 수소 배관을 지하에 매설 시 최고사용압력에 따른 배관의 색상이 맞는 것은?

① 0.1MPa 미만은 적색
② 0.1MPa 이상은 황색
③ 0.1MPa 미만은 황색
④ 0.1MPa 이상은 녹색

🌱 **해설** --

(1) 지상배관 : 황색
(2) 지하배관
  ① 0.1MPa 미만 : 황색
  ② 0.1MPa 이상 : 적색

18 다음 [보기]는 수소배관을 지하에 매설 시 직상부에 설치하는 보호포에 대한 설명이다. 틀린 내용은?

[보기]
(1) 두께 : 0.2mm 이상
(2) 폭 : 0.3m 이상
(3) 바탕색
  – 최고사용압력 0.1MPa 미만 : 황색
  – 최고사용압력 0.1MPa 이상 2MPa 미만 : 적색
(4) 설치위치 : 배관 정상부에서 0.3m 이상 떨어진 곳

① (1), (2)
② (1), (3)
③ (2), (3), (4)
④ (1), (2), (3)

🌱 **해설** --

(2) 폭 : 0.15m 이상
(3) 바탕색
  – 최고사용압력 0.1MPa 미만 : 황색
  – 최고사용압력 0.1MPa 이상 1MPa 미만 : 적색
(4) 설치위치 : 배관 정상부에서 0.4m 이상 떨어진 곳

19 연료전지를 연료전지실에 설치하지 않아도 되는 경우는?

① 연료전지를 실내에 설치한 경우
② 밀폐식 연료전지인 경우
③ 연료전지 설치장소 안이 목욕탕인 경우
④ 연료전지 설치장소 안이 사람이 거처하는 곳일 경우

🌱 **해설** --

연료전지를 연료전지실에 설치하지 않아도 되는 경우
• 밀폐식 연료전지인 경우
• 연료전지를 옥외에 설치한 경우

정답 **14.**① **15.**④ **16.**① **17.**③ **18.**③ **19.**②

20 다음 중 틀린 설명은?

① 연료전지실에는 환기팬을 설치하지 않는다.

② 연료전지실에는 가스레인지의 후드등을 설치하지 않는다.

③ 연료전지는 가연물 인화성 물질과 2m 이상 이격하여 설치한다.

④ 옥외형 연료전지는 보호장치를 하지 않아도 된다.

연료전지는 가연물 인화성 물질과 1.5m 이상 이격하여 설치한다.

21 다음 중 연료전지에 대한 설명으로 올바르지 않은 것은?

① 연료전지 연통의 터미널에는 동력팬을 부착하지 않는다.

② 연료전지는 접지하여 설치한다.

③ 연료전지 발열부분과 전선은 0.5m 이상 이격하여 설치한다.

④ 연료전지의 가스 접속배관은 금속배관을 사용하여 가스의 누출이 없도록 하여야 한다.

전선은 연료전지의 발열부분과 0.15m 이상 이격하여 설치한다.

22 연료전지를 설치 시공한 자는 시공확인서를 작성하고 그 내용을 몇 년간 보존하여야 하는가?

① 1년   ② 2년

③ 3년   ④ 5년

23 수소의 반밀폐식 연료전지에 대한 내용 중 틀린 것은?

① 배기통의 유효단면적은 연료전지의 배기통 접속부의 유효단면적 이상으로 한다.

② 배기통은 기울기를 주어 응축수가 외부로 배출될 수 있도록 설치한다.

③ 배기통은 단독으로 설치한다.

④ 터미널에는 직경 20mm 이상의 물체가 통과할 수 없도록 방조망을 설치한다.

방조망 : 직경 16mm 이상의 물체가 통과할 수 없도록 하여야 한다.

그 밖에 터미널의 전방·측면·상하 주위 0.6m 이내에는 가연물이 없도록 하며, 연료전지는 급배기에 영향이 없도록 담, 벽 등의 건축물과 0.3m 이상 이격하여 설치한다.

24 수소 저장설비를 지상에 설치 시 가스 방출관의 설치위치는?

① 지면에서 3m 이상

② 지면에서 5m 이상 또는 저장설비의 정상부에서 2m 이상 중 높은 위치

③ 지면에서 5m 이상

④ 수소 저장설비 정상부에서 2m 이상

25 수소가스 저장설비의 가스누출경보기의 가스누출자동차단장치에 대한 내용 중 틀린 것은?

① 건축물 내부의 경우 검지경보장치의 검출부 설치개수는 바닥면 둘레 10m마다 1개씩으로 계산한 수로 한다.

② 건축물 밖의 경우 검지경보장치의 검출부 설치개수는 바닥면 둘레 20m마다 1개씩으로 계산한 수로 한다.

③ 가열로 등 발화원이 있는 제조설비에 누출가스가 체류하기 쉬운 장소의 경우 검지경보장치의 검출부 설치개수는 바닥면 둘레 10m마다 1개씩으로 계산한 수로 한다.

④ 검지경보장치 검출부 설치위치는 천장에서 검출부 하단까지 0.3m 이하가 되도록 한다.

해설

③ 가열로 등 발화원이 있는 제조설비에 누출가스가 체류하기 쉬운 장소의 경우 : 20m마다 1개씩으로 계산한 수

정답   20.③   21.③   22.④   23.④   24.②   25.③

26 수소 저장설비 사업소 밖의 가스누출경보기 설치장소가 아닌 것은?

① 긴급차단장치가 설치된 부분
② 누출가스가 체류하기 쉬운 부분
③ 슬리브관, 이중관 또는 방호구조물로 개방되어 설치된 부분
④ 방호구조물에 밀폐되어 설치되는 부분

 해설
③ 슬리브관, 이중관 또는 방호구조물로 밀폐되어 설치된 부분이 가스누출경보기 설치장소이다.

27 수소의 저장설비에서 천장 높이가 너무 높아 검지경보장치·검출부를 천장에 설치 시 대량누출이 되어 위험한 상태가 되어야 검지가 가능하게 되는 것을 보완하기 위해 설치하는 것은?

① 가스웅덩이
② 포집갓
③ 가스용 맨홀
④ 원형 가스공장

28 수소 저장설비에서 포집갓의 사각형의 규격은?

① 가로 0.3m×세로 0.3m
② 가로 0.4m×세로 0.5m
③ 가로 0.4m×세로 0.6m
④ 가로 0.4m×세로 0.4m

 해설
참고 원형인 경우 : 직경 0.4m 이상

29 수소의 제조·저장 설비 배관이 시가지 주요 하천, 호수 등을 횡단 시 횡단거리 500m 이상인 경우 횡단부 양끝에서 가까운 거리에 긴급차단장치를 설치하고 배관연장설비 몇 km마다 긴급차단장치를 추가로 설치하여야 하는가?

① 1km   ② 2km
③ 3km   ④ 4km

30 수소가스 설비를 실내에 설치 시 환기설비에 대한 내용으로 옳지 않은 것은?

① 천장이나 벽면 상부에 0.4m 이내 2방향 환기구를 설치한다.
② 통풍가능 면적의 합계는 바닥면적 $1m^2$당 $300cm^2$의 면적 이상으로 한다.
③ 1개의 환기구 면적은 $2400cm^2$ 이하로 한다.
④ 강제환기설비의 통풍능력은 바닥면적 $1m^2$마다 $0.5m^3/min$ 이상으로 한다.

 해설
0.3m 이내 2방향 환기구를 설치한다.

31 수소가스 설비실의 강제환기설비에 대한 내용으로 맞지 않는 것은?

① 배기구는 천장 가까이 설치한다.
② 배기가스 방출구는 지면에서 5m의 높이에 설치한다.
③ 수소연료전지를 실내에 설치하는 경우 바닥면적 $1m^2$당 $0.3m^3/min$ 이상의 환기능력을 갖추어야 한다.
④ 수소연료전지를 실내에 설치하는 경우 규정에 따른 $45m^3/min$ 이상의 환기능력을 만족하도록 한다.

 해설
배기가스 방출구는 지면에서 3m 이상 높이에 설치한다.

32 수소 저장설비는 가연성 저장탱크 또는 가연성 물질을 취급하는 설비와 온도상승방지 조치를 하여야 하는데 그 규정으로 옳지 않은 것은?

① 방류둑을 설치한 가연성 가스 저장탱크
② 방류둑을 설치하지 아니한 조연성 가스 저장탱크의 경우 저장탱크 외면으로부터 20m 이내
③ 가연성 물질을 취급하는 설비의 경우 그 외면에서 20m 이내
④ 방류둑을 설치하지 아니한 가연성 저장탱크의 경우 저장탱크 외면에서 20m 이내

정답 26.③ 27.② 28.④ 29.④ 30.① 31.② 32.②

해설

② 방류둑을 설치하지 아니한 가연성 가스 저장탱크의 경우 저장탱크 외면으로부터 20m 이내

33 수소 저장설비를 실내에 설치 시 방호벽을 설치하여야 하는 저장능력은?

① 30m³ 이상　　② 50m³ 이상
③ 60m³ 이상　　④ 100m³ 이상

34 수소가스 배관의 온도상승방지 조치의 규정으로 옳지 않은 것은?

① 배관에 가스를 공급하는 설비에는 상용온도를 초과한 가스가 배관에 송입되지 않도록 처리할 수 있는 필요한 조치를 한다.
② 배관을 지상에 설치하는 경우 온도의 이상상승을 방지하기 위하여 부식방지도료를 칠한 후 은백색 도료로 재도장하는 등의 조치를 한다. 다만, 지상 설치 부분의 길이가 짧은 경우에는 본문에 따른 조치를 하지 않을 수 있다.
③ 배관을 교량 등에 설치할 경우에는 가능하면 교량 하부에 설치하여 직사광선을 피하도록 하는 조치를 한다.
④ 배관에 열팽창 안전밸브를 설치한 경우에는 온도가 40℃ 이하로 유지될 수 있도록 조치를 한다.

🌱 해설

열팽창 안전밸브가 설치된 경우 온도상승방지 조치를 하지 않아도 된다.

35 수소가스 배관에 표지판을 설치 시 표지판의 설치간격으로 맞는 것은?

① 지하 배관 500m마다
② 지하 배관 300m마다
③ 지상 배관 500m마다
④ 지상 배관 800m마다

🌱 해설

• 지하 설치배관 : 500m마다
• 지상 설치배관 : 1000m마다

36 물을 전기분해하여 수소를 제조 시 1일 1회 이상 가스를 채취하여 분석해야 하는 장소가 아닌 것은?

① 발생장치
② 여과장치
③ 정제장치
④ 수소 저장설비 출구

37 수소가스 설비를 개방하여 수리를 할 경우의 내용 중 맞지 않는 것은?

① 가스치환 조치가 완료된 후에는 개방하는 수소가스 설비의 전후 밸브를 확실히 닫고 개방하는 부분의 밸브 또는 배관의 이음매에 맹판을 설치한다.
② 개방하는 수소가스 설비에 접속하는 배관 출입구에 2중으로 밸브를 설치하고, 2중 밸브 중간에 수소를 회수 또는 방출할 수 있는 회수용 배관을 설치하여 그 회수용 배관 등을 통하여 수소를 회수 또는 방출하여 개방한 부분에 수소의 누출이 없음을 확인한다.
③ 대기압 이하의 수소는 반드시 회수 또는 방출하여야 한다.
④ 개방하는 수소가스 설비의 부분 및 그 전후 부분의 상용압력이 대기압에 가까운 설비(압력계를 설치한 것에 한정한다)는 그 설비에 접속하는 배관의 밸브를 확실히 닫고 해당 부분에 가스의 누출이 없음을 확인한다.

 해설

대기압 이하의 수소는 회수 또는 방출할 필요가 없다.

38 수소 배관을 용접 시 용접시공의 진행방법으로 가장 옳은 것은?

① 작업계획을 수립 후 용접시공을 한다.
② 적합한 용접절차서(w.p.s)에 따라 진행한다.
③ 위험성 평가를 한 후 진행한다.
④ 일반적 가스 배관의 용접방향으로 진행한다.

39 수소 설비에 설치한 밸브 콕의 안전한 개폐 조작을 위하여 행하는 조치가 아닌 것은?

① 각 밸브 등에는 그 명칭이나 플로시트 (flow sheet)에 의한 기호, 번호 등을 표시하고 그 밸브 등의 핸들 또는 별도로 부착한 표지판에 그 밸브 등의 개폐 방향(조작스위치로 그 밸브 등이 설치된 설비에 안전상 중대한 영향을 미치는 밸브 등에는 그 밸브 등의 개폐상태를 포함한다)이 표시되도록 한다.

② 밸브 등(조작스위치로 개폐하는 것을 제외한다)이 설치된 배관에는 그 밸브 등의 가까운 부분에 쉽게 식별할 수 있는 방법으로 그 배관 내의 가스 및 그 밖에 유체의 종류 및 방향이 표시되도록 한다.

③ 조작하여 그 밸브 등이 설치된 설비에 안전상 중대한 영향을 미치는 밸브 등(압력을 구분하는 경우에는 압력을 구분하는 밸브, 안전밸브의 주밸브, 긴급차단밸브, 긴급방출용 밸브, 제어용 공기 등)에는 개폐상태를 명시하는 표지판을 부착하고 조정밸브 등에는 개도계를 설치한다.

④ 계기판에 설치한 긴급차단밸브, 긴급방출밸브 등의 버튼핸들(button handle), 노칭디바이스핸들(notching device handle) 등(갑자기 작동할 염려가 없는 것을 제외한다)에는 오조작 등 불시의 사고를 방지하기 위해 덮개, 캡 또는 보호장치를 사용하는 등의 조치를 함과 동시에 긴급차단밸브 등의 개폐상태를 표시하는 시그널램프 등을 계기판에 설치한다. 또한 긴급차단밸브의 조작위치가 3곳 이상일 경우 평상시 사용하지 않는 밸브 등에는 "함부로 조작하여서는 안 된다"는 뜻과 그것을 조작할 때의 주의사항을 표시한다.

긴급차단밸브의 조작위치가 2곳 이상일 경우 함부로 조작하여서는 안 된다는 뜻과 주의사항을 표시한다.

참고 안전밸브 또는 방출밸브에 설치된 스톱밸브는 수리 등의 필요한 때를 제외하고는 항상 열어둔다.

40 수소 저장설비의 침하방지 조치에 대한 내용이 아닌 것은?

① 수소 저장설비 중 저장능력이 $50m^3$ 이상인 것은 주기적으로 침하상태를 측정한다.

② 침하상태의 측정주기는 1년 1회 이상으로 한다.

③ 벤치마크는 해당 사업소 앞 50만m^2당 1개소 이상을 설치한다.

④ 측정결과 침하량의 단위는 h/L로 계산한다.

저장능력 $100m^3$ 미만은 침하방지 조치에서 제외된다.

41 정전기 제거설비를 정상으로 유지하기 위하여 확인하여야 할 사항이 아닌 것은 어느 것인가?

① 지상에서의 접지 저항치

② 지상에서의 접속부의 접속상태

③ 지하에서의 접지 저항치

④ 지상에서의 절선 및 손상유무

42 수소 설비에서 이상이 발행하면 그 정도에 따라 하나 이상의 조치를 강구하여 위험을 방지하여야 하는데 다음 중 그 조치사항이 아닌 것은?

① 이상이 발견된 설비에 대한 원인의 규명과 제거

② 예비기로 교체

③ 부하의 상승

④ 이상을 발견한 설비 또는 공정의 운전 정지 후 보수

부하의 저하

43 다음 중 틀린 내용은?

① 수소는 누출 시 공기보다 가벼워 누설 가스는 상부로 향한다.

② 수소 배관을 지하에 설치하는 경우에는 배관을 매몰하기 전에 검사원의 확인 후 공정별 진행을 한다.

③ 배관을 매몰 시 검사원의 확인 전에 설치자가 임의로 공정을 진행한 경우에는 그 검사의 성실도를 판단하여 성실도의 지수가 90 이상일 때는 합격 처리를 할 수 있다.

④ 수소의 저장탱크 설치 전 기초 설치를 필요로 하는 공정의 경우에는 보링조사, 표준관입시험, 베인시험, 토질시험, 평판재하시험, 파일재하시험 등을 하였는지와 그 결과의 적합여부를 문서 등으로 확인한다. 또한 검사신청 시험한 기관의 서명이 된 보고서를 첨부하며 해당 서류를 첨부하지 않은 경우 부적합한 것으로 처리된다.

검사원의 확인 전에 설치자가 임의로 공정을 진행한 경우에는 검사원은 이를 불합격 처리를 한다.

44 수소 설비 배관의 기밀시험압력에 대한 내용 중 틀린 것은?

① 기밀시험압력은 상용압력 이상으로 한다.

② 상용압력이 0.7MPa 초과 시 0.7MPa 미만으로 한다.

③ 기밀시험압력에서 누설이 없는 경우 합격으로 처리할 수 있다.

④ 기밀시험은 공기 등으로 하여야 하나 위험성이 없을 때에는 수소를 사용하여 기밀시험을 할 수 있다.

상용압력이 0.7MPa 초과 시 0.7MPa 이상으로 할 수 있다.

45 수소가스 설비의 배관 용접 시 내압기밀시험에 대한 다음 내용 중 틀린 것은?

① 내압기밀시험은 전기식 다이어프램 압력계로 측정하여야 한다.

② 사업소 경계 밖에 설치되는 배관에 대하여 가스시설 용접 및 비파괴시험 기준에 따라 비파괴시험을 하여야 한다.

③ 사업소 경계 밖에 설치되는 배관의 양 끝부분에는 이음부의 재료와 동등 강도를 가진 엔드캡, 막음플랜지 등을 용접으로 부착하여 비파괴시험을 한 후 내압시험을 한다.

④ 내압시험은 상용압력의 1.5배 이상으로 하고 유지시간은 5분에서 20분간을 표준으로 한다.

내압기밀시험은 자기압력계로 측정한다.

46 수소 배관의 기밀시험 시 기밀시험 유지시간이 맞는 것은? (단, 측정기구는 압력계 또는 자기압력기록계이다.)

① $1m^3$ 미만 20분

② $1m^3$ 이상 $10m^3$ 미만 240분

③ $10m^3$ 이상 50분

④ $10m^3$ 이상 시 1440분을 초과 시에는 초과한 시간으로 한다.

압력 측정기구	용적	기밀시험 유지시간
압력계 또는 자기압력 기록계	$1m^3$ 미만	24분
	$1m^3$ 이상 $10m^3$ 미만	240분
	$10m^3$ 이상	$24 \times V$분 (다만, 1440분을 초과한 경우는 1440분으로 할 수 있다.)
$24 \times V$는 피시험 부분의 용적(단위 : m^3)이다.		

2. 이동형 연료전지(드론용) 제조의 시설 · 기술 · 검사 기준

47 다음 설명에 부합되는 용어는 무엇인가?

> 수소이온을 통과시키는 고분자막을 전해질로 사용하여 수소와 산소의 전기화학적 반응을 통해 전기와 열을 생산하는 설비와 그 부대설비를 말한다.

① 연료전지
② 이온전지
③ 고분자전해질 연료전지(PEMFC)
④ 가상연료전지

48 위험부분으로부터의 접근, 외부 분진의 침투, 물의 침투에 대한 외함의 방진보호 및 방수보호 등급을 표시하는 용어는?

① UP
② Tp
③ IP
④ MP

49 다음 중 연료전지에 사용할 수 있는 재료는?

① 폴리염화비페닐(PCB)
② 석면
③ 카드뮴
④ 동, 동합금 및 스테인리스강

50 배관을 접속하기 위한 연료전지 외함의 접속부 구조에 대한 설명으로 틀린 것은?

① 배관의 구경에 적합하여야 한다.
② 일반인의 접근을 방지하기 위하여 외부에 노출시켜서는 안 된다.
③ 진동, 자충 등의 요인에 영향이 없어야 한다.
④ 내압력, 열하중 등의 응력에 견뎌야 한다.

🌱 **해설**
외부에서 쉽게 확인할 수 있도록 외부에 노출되어 있어야 한다.

51 연료전지의 구조에 대한 맞는 내용을 고른 것은?

> (1) 연료가스가 통하는 부분에 설치된 호스는 그 호스가 체결된 축 방향을 따라 150N의 힘을 가하였을 때 체결이 풀리지 않는 구조로 한다.
> (2) 연료전지의 안전장치가 작동해야 하는 설정값은 원격조작 등을 통하여 변경이 가능하도록 한다.
> (3) 환기팬 등 연료전지의 운전상태에서 사람이 접할 우려가 있는 가동부분은 쉽게 접할 수 없도록 적절한 보호틀이나 보호망 등을 설치한다.
> (4) 정격입력전압 또는 정격주파수를 변환하는 기구를 가진 이중정격의 것은 변환된 전압 및 주파수를 쉽게 식별할 수 있도록 한다. 다만, 자동으로 변환되는 기구를 가지는 것은 그렇지 않다.
> (5) 압력조정기(상용압력 이상의 압력으로 압력이 상승한 경우 자동으로 가스를 방출하는 안전장치를 갖춘 것에 한정한다)에서 방출되는 가스는 방출관 등을 이용하여 외함 외부로 직접 방출하여서는 안 되는 구조로 하여야 한다.
> (6) 연료전지의 배기가스는 방출관 등을 이용하여 외함 외부로 직접 배출되어서는 안 되는 구조로 하여야 한다.

① (2), (4)
② (3), (4)
③ (4), (5)
④ (5), (6)

🌱 **해설**
(1) 147.1N
(2) 임의로 변경할 수 없도록 하여야 한다.
(5) 외함 외부로 직접 방출하는 구조로 한다.
(6) 외함 외부로 직접 배출되는 구조로 한다.

52 연료 인입 자동차단밸브의 전단에 설치해야 하는 것은?

① 1차 차단밸브
② 퓨즈콕
③ 상자콕
④ 필터

정답 47.③ 48.③ 49.④ 50.② 51.② 52.④

인입밸브 전단에 필터를 설치하며, 필터의 여과재 최대직경은 1.5mm 이하이고 1mm 초과하는 틈이 없어야 한다.

53 연료전지 배관에 대한 다음 설명 중 틀린 것은?

① 중력으로 응축수를 배출하는 경우 응축수 배출배관의 내부 직경은 13mm 이상으로 한다.

② 용기용 밸브의 후단 연료가스 배관에는 인입밸브를 설치한다.

③ 인입밸브 후단에는 그 인입밸브와 독립적으로 작동하는 인입밸브를 병렬로 1개 이상 추가하여 설치한다.

④ 인입밸브는 공인인증기관의 인증품 또는 규정에 따른 성능시험을 만족하는 것을 사용하고, 구동원 상실 시 연료가스의 통로가 자동으로 차단되는 fail safe로 한다.

직렬로 1개 이상 추가 설치한다.

54 연료전지의 전기배선에 대한 아래 ( ) 안에 공통으로 들어가는 숫자는?

- 배선은 가동부에 접촉하지 않도록 설치해야 하며, 설치된 상태에서 ( )N의 힘을 가하였을 때에도 가동부에 접촉할 우려가 없는 구조로 한다.
- 배선은 고온부에 접촉하지 않도록 설치해야 하며, 설치된 상태에서 ( )N의 힘을 가하였을 때 고온부에 접촉할 우려가 있는 부분은 피복이 녹는 등의 손상이 발생되지 않도록 충분한 내열성능을 갖는 것으로 한다.
- 배선이 구조물을 관통하는 부분 또는 ( )N의 힘을 가하였을 때 구조물에 접촉할 우려가 있는 부분은 피복이 손상되지 않는 구조로 한다.

① 1 　　② 2
③ 3 　　④ 5

55 연료전지의 전기배선에 대한 내용 중 틀린 것은?

① 전기접속기에 접속한 것은 5N의 힘을 가하였을 때 접속이 풀리지 않는 구조로 한다.

② 리드선, 단자 등은 숫자, 문자, 기호, 색상 등의 표시를 구분하여 식별 가능한 조치를 한다. 다만, 접속부의 크기, 형태를 달리하는 등 물리적인 방법으로 오접속을 방지할 수 있도록 하고 식별조치를 하여야 한다.

③ 단락, 과전류 등과 같은 이상 상황이 발생한 경우 전류를 효과적으로 차단하기 위해 퓨즈 또는 과전류보호장치 등을 설치한다.

④ 전선이 기능상 부득이하게 외함을 통과하는 경우에는 부싱 등을 통해 적절한 보호조치를 하여 피복 손상, 절연 파괴 등의 우려가 없도록 한다.

물리적인 방법으로 오접속 방지 조치를 할 경우 식별조치를 하지 않을 수 있다.

56 연료전지의 전기배선에 있어 단자대의 충전부와 비충전부 사이 단자대와 단자대가 설치되는 접촉부위에 해야 하는 조치는?

① 외부 케이싱 　② 보호관 설치
③ 절연 조치 　　④ 정전기 제거장치 설치

57 연료전지의 외부출력 접속기에 대한 적합하지 않은 내용은?

① 연료전지의 출력에 적합한 것을 사용한다.

② 외부의 위해요소로부터 쉽게 파손되지 않도록 적절한 보호조치를 한다.

③ 100N 이하의 힘으로 분리가 가능하여야 한다.

④ 분리 시 케이블 손상이 방지되는 구조이어야 한다.

150N 이하의 힘으로 분리가 가능하여야 한다.

58 연료전지의 충전부 구조에 대한 틀린 설명은 어느 것인가?

① 충전부의 보호함이 드라이버, 스패너 등의 공구 또는 보수점검용 열쇠 등을 이용하지 않아도 쉽게 분리되는 경우에는 그 보호함 등을 제거한 상태에서 시험지를 삽입하여 시험지가 충전부에 접촉하지 않는 구조로 한다.

② 충전부의 보호함이 나사 등으로 고정 설치되어 공구 등을 이용해야 분리되는 경우에는 그 보호함이 분리되어 있지 않은 상태에서 시험지를 삽입하여 시험지가 충전부에 접촉하지 않는 구조로 한다.

③ 설치한 상태에서 사람이 쉽게 접촉할 우려가 없는 설치면의 충전부에 시험지가 접촉하여도 된다.

④ 질량이 40kg을 넘는 몸체 밑면의 개구부에서 0.4m 이상 떨어진 충전부에 시험지가 접촉하지 않는 구조로 한다.

해설 ----------

충전부에 시험지가 접촉하여도 되는 경우

• 설치한 상태에서 사람이 쉽게 접촉할 우려가 없는 설치면의 충전부
• 질량 40kg을 넘는 몸체 밑면의 개구부에서 0.4m 이상 떨어진 충전부
• 구조상 노출될 수밖에 없는 충전부로서 절연변압기에 접속된 2차측의 전압이 교류인 경우 30V(직류의 경우 45V) 이하인 것
• 대지와 접지되어 있는 외함과 충전부 사이에 1MΩ의 저항을 설치한 후 수전해 설비 내 충전부와 상용주파수에서 그 저항에 흐르는 전류가 1mA 이하인 것

59 다음 중 연료전지의 비상정지제어기능이 작동해야 하는 경우가 아닌 것은?

① 연료가스의 압력 또는 온도가 현저하게 상승하였을 경우

② 연료가스의 누출이 검지된 경우

③ 배터리 전압에 이상이 생겼을 경우

④ 비상제어장치와 긴급차단장치가 연동되어 이상이 발생한 경우

해설 ----------

비상제어기능이 작동해야 하는 경우

①, ②, ③ 및
• 제어 전원전압이 현저하게 저하하는 등 제어장치에 이상이 생길 우려가 있는 경우
• 스택에 과전류가 생겼을 경우
• 스택의 발생전압에 이상이 생겼을 경우
• 스택의 온도가 현저하게 상승 시
• 연료전지 안의 온도가 현저하게 상승, 하강 시
• 연료전지 안의 환기장치가 이상 시
• 냉각수 유량이 현저하게 줄어든 경우

60 연료전지의 장치 설치에 대한 내용 중 틀린 것은?

① 과류방지밸브 및 역류방지밸브를 설치하고자 하는 경우에는 용기에 직접 연결하거나 용기에서 스택으로 수소가 공급되는 라인에 직렬로 설치해야 한다.

② 역류방지밸브를 용기에 직렬로 설치할 때에는 충격, 진동 및 우발적 손상에 따른 위험을 최소화하기 위해 용기와 역류방지밸브 사이에는 반드시 차단밸브를 설치하여야 한다.

③ 용기 일체형 연료전지의 경우 용기에 수소를 공급받기 위한 충전라인에는 역류방지 기능이 있는 리셉터클을 설치하여야 한다.

④ 용기 일체형 리셉터클과 용기 사이에 추가로 역류방지밸브를 설치하여야 한다.

해설 ----------

용기와 역류방지밸브 사이에 차단밸브를 설치할 필요가 없다.

61 연료전지의 전기배선 시 용기 및 압력 조절의 실패로 상용압력 이상의 압력이 발생할 때 설치해야 하는 장치는?

① 과압안전장치

② 역화방지장치

③ 긴급차단장치

④ 소정장치

해설 ----------

참고 과압안전장치의 종류 : 안전밸브 및 릴리프밸브 등

62 연료전지의 연료가스 누출검지장치에 대한 내용 중 틀린 것은?

① 검지 설정값은 연료가스 폭발하한계의 1/4 이하로 한다.

② 검지 설정값의 ±10% 이내의 범위에서 연료가스를 검지하고, 검지가 되었음을 알리는 신호를 30초 이내에 제어장치로 보내는 것으로 한다.

③ 검지소자는 사용 상태에서 불꽃을 발생시키지 않는 것으로 한다. 다만, 검지소자에서 발생된 불꽃이 외부로 확산되는 것을 차단하는 조치(스트레이너 설치 등)를 하는 경우에는 그렇지 않을 수 있다.

④ 연료가스 누출검지장치의 검지부는 연료가스의 특성 및 외함 내부의 구조 등을 고려하여 누출된 연료가스가 체류하기 쉬운 장소에 설치한다.

 해설

20초 이내에 제어장치로 보내는 것으로 한다.

63 연료전지의 내압성능에 대하여 ( ) 안에 들어갈 수치로 틀린 것은?

> 연료가스 등 유체의 통로(스택은 제외한다)는 상용압력의 (㉮)배 이상의 수압으로 그 구조상 물로 실시하는 내압시험이 곤란하여 공기·질소·헬륨 등의 기체로 내압시험을 실시하는 경우 1.25배 (㉯)분간 내압시험을 실시하여 팽창·누설 등의 이상이 없어야 한다. 공통압력시험은 스택 상용압력(음극과 양극의 상용압력이 서로 다른 경우 더 높은 압력을 기준으로 한다)의 1.5배 이상의 수압으로 그 구조상 물로 실시하는 것이 곤란하여 공기·질소·헬륨 등의 기체로 실시하는 경우 (㉰)배 음극과 양극의 유체통로를 동시에 (㉱)분간 가압한다. 이 경우, 스택의 음극과 양극에 가압을 위한 압력원은 공통으로 해야 한다.

① ㉮ 1.5　　　　② ㉯ 20

③ ㉰ 1.5　　　　④ ㉱ 20

해설

㉰ 1.25배

64 연료전지 부품의 내구성능에 관한 내용 중 틀린 것은?

① 자동차단밸브의 경우, 밸브(인입밸브는 제외한다)를 (2~20)회/분 속도로 250000회 내구성능시험을 실시한 후 성능에 이상이 없어야 한다.

② 자동제어시스템의 경우, 자동제어시스템을 (2~20)회/분 속도로 250000회 내구성능시험을 실시한 후 성능에 이상이 없어야 하며, 규정에 따른 안전장치 성능을 만족해야 한다.

③ 이상압력차단장치의 경우, 압력차단장치를 (2~20)회/분 속도로 5000회 내구성능시험을 실시한 후 성능에 이상이 없어야 하며, 압력차만 설정값의 ±10% 이내에서 안전하게 차단해야 한다.

④ 과열방지안전장치의 경우, 과열방지안전장치를 (2~20)회/분 속도로 5000회 내구성능시험을 실시한 후 성능에 이상이 없어야 하며, 과열차단 설정값의 ±5% 이내에서 안전하게 차단해야 한다.

 해설

③ 이상압력차단장치 설정값의 ±5% 이내에서 안전하게 차단하여야 한다.

65 드론형 이동연료전지의 정격운전조건에서 60분 동안 5초 이하의 간격으로 측정한 배기가스 중 수소의 평균농도는 몇 ppm 이하가 되어야 하는가?

① 100

② 1000

③ 10000

④ 100000

 해설

참고 이동형 연료전지(지게차용)의 정격운전조건에서 60분 동안 5초 이하의 간격으로 배기가스 중 H_2, CO, 메탄올의 평균농도가 초과하면 안 되는 배기가스 방출 제한 농도값

• H_2 : 5000ppm

• CO : 200ppm

• 메탄올 : 200ppm

정답 62.② 63.③ 64.③ 65.③

66 수소연료전지의 각 성능에 대한 내용 중 틀린 것은?

① 내가스 성능 : 수소가 통하는 배관의 패킹류 및 금속 이외의 기밀유지부는 5℃ 이상 25℃ 이하의 수소를 해당 부품에 인가되는 압력으로 72시간 인가후 24시간 동안 대기 중에 방치하여 무게변화율이 20% 이내이고 사용상 지장이 있는 열화 등이 없어야 한다.

② 내식 성능 : 외함, 습도가 높은 환경에서 사용되는 것, 연료가스, 배기가스, 물 등의 유체가 통하는 부분의 금속재료는 규정에 따른 내식성능시험을 실시하여 이상이 없어야 하며, 합성수지 부분은 80℃±3℃의 공기 중에 1시간 방치한 후 자연냉각 시켰을 때 부풀음, 균열, 갈라짐 등의 이상이 없어야 한다.

③ 연료소비량 성능 : 연료전지는 규정에 따른 정격출력 연료소비량 성능시험으로 측정한 연료소비량이 표시 연료소비량의 ±5% 이내인 것으로 한다.

④ 온도상승 성능 : 연료전지의 출력 상태에서 30분 동안 측정한 각 항목별 허용최고온도에 적합한 것으로 한다.

🌱해설

온도상승 성능 : 1시간 동안 측정한 각 항목별 최고온도에 적합한 것으로 한다.

참고 그 밖에

(1) 용기고정 성능
용기의 무게(충전 시 연료가스 무게를 포함한다)와 동일한 힘을 용기의 수식방향 중심높이에서 전후좌우의 4방향으로 가하였을 때 용기의 이탈 및 고정장치의 파손 등이 없는 것으로 한다.

(2) 환기 성능
① 환기유량은 연료전지의 외함 내에 체류 가능성이 있는 수소의 농도가 1% 미만으로 유지될 수 있도록 충분한 것으로 한다.
② 연료전지의 외함 내부로 유입되거나 외함 외부로 배출되는 공기의 유량은 제조사가 제시한 환기유량 이상이어야 한다.

(3) 전기출력 성능
연료전지의 정격출력 상태에서 1시간 동안 측정한 전기출력의 평균값이 표시정격출력의 ±5% 이내인 것으로 한다.

(4) 발전효율 성능
연료전지는 규정에 따른 발전효율시험으로 측정한 발전효율이 제조자가 표시한 값 이상인 것으로 한다.

(5) 낙하 내구성능
시험용 판재로부터 수직방향 1.2m 높이에서 4방향으로 떨어뜨린 후 제품성능을 만족하는 것으로 한다.

67 연료전지의 절연저항 성능에서 500V의 절연저항계 사이의 절연저항은 얼마인가?

① 1MΩ　　　　② 2MΩ
③ 3MΩ　　　　④ 4MΩ

68 수소연료전지의 절연거리시험에서 공간거리 측정의 오염등급 기준 중 1등급에 해당되는 것은?

① 주요 환경조건이 비전도성 오염이 없는 마른 곳 오염이 누적되지 않는 곳
② 주요 환경조건이 비전도성 오염이 일시적으로 누적될 수도 있는 곳
③ 주요 환경조건이 오염이 누적되고 습기가 있는 곳
④ 주요 환경조건이 먼지, 비, 눈 등에 노출되어 오염이 누적되는 곳

🌱해설

① : 오염등급 1
② : 오염등급 2
③ : 오염등급 3
④ : 오염등급 4

69 연료전지의 접지 연속성 시험에서 무부하 전압이 12V 이하인 교류 또는 직류 전원을 사용하여 접지단자 또는 접지극과 사람이 닿을 수 있는 금속부와의 사이에 기기의 정격전류의 1.5배와 같은 전류 또는 25A의 전류 중 큰 쪽의 전류를 인가한 후 전류와 전압 강하로부터 산출한 저항값은 얼마 이하가 되어야 하는가?

① 0.1Ω　　　　② 0.2Ω
③ 0.3Ω　　　　④ 0.4Ω

70 연료전지의 시험연료의 성분부피 특성에서 온도와 압력의 조건은?

① 5℃, 101.3kPa

② 10℃, 101.3kPa

③ 15℃, 101.3kPa

④ 20℃, 101.3kPa

71 연료전지의 시험환경에서 측정불확도의 대기압에서 오차범위가 맞는 것은?

① ±100Pa

② ±200Pa

③ ±300Pa

④ ±500Pa

측정 불확도(오차)의 범위
• 대기압 : ±500Pa
• 가스 압력 : ±2% full scale
• 물 배관의 압력손실 : ±5%
• 물 양 : ±1%
• 가스 양 : ±1%
• 공기량 : ±2%

72 연료전지의 시험연료 기준에서 각 가스 성분 부피가 맞는 것은?

① H_2 : 99.9% 이상

② CH_4 : 99% 이상

③ C_3H_8 : 99% 이상

④ C_4H_{10} : 98.9% 이상

시험연료 성분 부피 및 특성

| 구분 | 성분 부피(%) | | | | | | 특성 | | |
	수소 (H_2)	메탄 (CH_4)	프로판 (C_3H_{10})	부탄 (C_4H_{10})	질소 (N_2)	공기 (O_2 21% N_2 79%)	총발열량 MJ/ m^3N	진발열량 MJ/ m^3N	비중 (공기 =1)
시험연료	99.9	–	–	–	0.1	–	12.75	10.77	0.070

73 다음은 연료전지의 인입밸브 성능시험에 대한 내용이다. 밸브를 잠근 상태에서 밸브 위 입구측에 공기, 질소 등의 불활성 기체를 이용하여 상용압력이 0.9MPa일 때는 몇 MPa로 가압하여 성능시험을 하여야 하는가?

① 0.7

② 0.8

③ 0.9

④ 1

• 밸브를 잠근 상태에서 밸브의 입구측에 공기 또는 질소 등의 불활성 기체를 이용하여 상용압력 이상의 압력(0.7MPa을 초과하는 경우 0.7MPa 이상으로 한다)으로 2분간 가압하였을 때 밸브의 출구측으로 누출이 없어야 한다.
• 밸브는 (2~20)회/분 속도로 개폐를 250000회 반복하여 실시한 후 규정에 따른 기밀성능을 만족해야 한다.

74 연료전지의 인입배분 성능시험에서 밸브 호칭경에 대한 차단시간이 맞는 것은?

① 50A 미만 1초 이내

② 100A 미만 2초 이내

③ 100A 이상 200A 미만 3초 이내

④ 200A 이상 3초 이내

밸브의 차단시간

밸브의 호칭 지름	차단시간
100A 미만	1초 이내
100A 이상 200A 미만	3초 이내
200A 이상	5초 이내

75 연료전지를 안전하게 사용할 수 있도록 극성이 다른 충전부 사이나 충전부와 사람이 접촉할 수 있는 비충전 금속부 사이 가스 안전수칙 표시를 할 때 침투전압 기준과 표시 문구가 맞는 것은?

① 200V 초과, 위험 표시

② 300V 초과, 주의 표시

③ 500V 초과, 위험 표시

④ 600V 초과, 주의 표시

76 연료전지를 안전하게 사용하기 위해 배관 표시 및 시공 표지판을 부착 시 맞는 내용은?

① 배관 연결부 주위에 가스 위험 등의 표시를 한다.

② 연료전지의 눈에 띄기 쉬운 곳에 안전 관리자의 전화번호를 게시한다.

③ 연료전지의 눈에 띄기 쉬운 곳에 제조자의 상호가 표시된 시공 표지판을 부착한다.

④ 연료전지의 눈에 띄기 쉬운 곳에 제조자의 상호 소재지 제조일을 기록한 시공 표지판을 부착한다.

 해설

참고 배관 연결부 주위에 가스, 전기 등을 표시

■ 3. 수전해 설비 제조의 시설 · 기술 · 검사 기준

77 다음 중 수전해 설비에 속하지 않는 것은?

① 산성 및 염기성 수용액을 이용하는 수전해 설비

② AEM(음이온교환막) 전해질을 이용하는 수전해 설비

③ PEM(양이온교환막) 전해질을 이용하는 수전해 설비

④ 산성과 염기성을 중화한 수용액을 이용하는 수전해 설비

78 수전해 설비의 기하학적 범위가 맞는 것은?

① 급수밸브로부터 스택, 전력변환장치, 기액분리기, 열교환기, 수분제거장치, 산소제거장치 등을 통해 토출되는 수소, 수소배관의 첫 번째 연결부위까지

② 수전해 설비가 하나의 외함으로 둘러싸인 구조의 경우에는 외함 외부에 노출되지 않는 각 장치의 접속부까지

③ 급수밸브에서 수전해 설비의 외함까지

④ 연료전지의 차단밸브에서 수전해 설비의 외함까지

 해설

참고 ② 수전해 설비가 외함으로 둘러싸인 구조의 경우 외함 외부에 노출되는 장치 접속부까지가 기하학적 범위에 해당한다.

79 수전해 설비의 비상정지등이 발생하여 수전해 설비를 안전하게 정지하고 이후 수동으로만 운전을 복귀시킬 수 있게 하는 용어의 설명은?

① IP 등급

② 로크아웃(lockout)

③ 비상운전복귀

④ 공정운전 재가 등

80 수전해 설비의 외함에 대하여 틀린 설명은 어느 것인가?

① 유지보수를 위해 사람이 외함 내부로 들어갈 수 있는 구조를 가진 수전해 설비의 환기구 면적은 $0.05m^2/m^3$ 이상으로 한다.

② 외함에 설치된 패널, 커버, 출입문 등은 외부에서 열쇠 또는 전용공구 등을 통해 개방할 수 있는 구조로 하고, 개폐상태를 유지할 수 있는 구조를 갖추어야 한다.

③ 작업자가 통과할 정도로 큰 외함의 점검구, 출입문 등은 바깥쪽으로 열리는 구조여야 하며, 열쇠 또는 전용공구 없이 안에서 쉽게 개방할 수 있는 구조여야 한다.

④ 수전해 설비가 수산화칼륨(KOH) 등 유해한 액체를 포함하는 경우, 수전해 설비의 외함은 유해한 액체가 외부로 누출되지 않도록 안전한 격납수단을 갖추어야 한다.

 해설

환기구의 면적은 $0.003m^2/m^3$ 이상으로 한다.

81 수전해 설비의 재료에 관한 내용 중 틀린 것은 어느 것인가?

① 수용액, 산소, 수소가 통하는 배관은 금속재료를 사용해야 하며, 기밀을 유지하기 위한 패킹류 시일(seal)재 등에도 가능한 금속으로 기밀을 유지한다.

② 외함 및 습도가 높은 환경에서 사용되는 금속은 스테인리스강 등 내식성이 있는 재료를 사용해야 하며, 탄소강을 사용하는 경우에는 부식에 강한 코팅을 한다.

③ 고무 또는 플라스틱의 비금속성 재료는 단기간에 열화되지 않도록 사용조건에 적합한 것으로 한다.

④ 전기절연물 단열재는 그 부근의 온도에 견디고 흡습성이 적은 것으로 하며, 도전재료는 동, 동합금, 스테인리스강 등으로 안전성을 기하여야 한다.

 해설

기밀유지를 위한 패킹류에는 금속재료를 사용하지 않아도 된다.

82 수전해 설비의 비상정지제어기능이 작동해야 하는 경우가 맞는 것은?

① 외함 내 수소의 농도가 2% 초과할 때
② 발생 수소 중 산소의 농도가 2%를 초과할 때
③ 발생 산소 중 수소의 농도가 2%를 초과할 때
④ 외함 내 수소의 농도가 3%를 초과할 때

 해설

비상정지제어기능 작동 농도
• 외함 내 수소의 농도 1% 초과 시
• 발생 수소 중 산소의 농도 3% 초과 시
• 발생 산소 중 수소의 농도 2% 초과 시

83 수전해 설비의 수소 정제장치에 필요 없는 설비는?

① 긴급차단장치
② 산소제거 설비
③ 수분제거 설비
④ 각 설비에 모니터링 장치

84 수전해 설비의 열관리장치에서 독성의 유체가 통하는 열교환기는 파손으로 인해 상수원 및 상수도에 영향을 미칠 위험이 있는 경우 이중벽으로 하고 이중벽 사이는 공극으로서 대기 중으로 개방된 구조로 하여야 한다. 독성의 유체 압력이 냉각 유체의 압력보다 몇 kPa 낮은 경우 모니터를 통하여 그 압력 차이가 항상 유지되는 구조인 경우 이중벽으로 하지 않아도 되는가?

① 30kPa
② 50kPa
③ 60kPa
④ 70kPa

85 수전해 설비의 정격운전 2시간 동안 측정된 최고허용온도가 틀린 항목은?

① 조작 시 손이 닿는 금속제, 도자기, 유리제 50℃ 이하
② 가연성 가스 차단밸브 본체의 가연성 가스가 통하는 부분의 외표면 85℃ 이하
③ 기기 후면, 측면 80℃
④ 배기통 급기구와 배기통 벽 관통부 목벽의 표면 100℃ 이하

 해설

기기 후면, 측면 100℃ 이하

■ 4. 수소 추출설비 제조의 시설 · 기술 · 검사 기준

86 수소 추출설비의 연료가 사용되는 항목이 아닌 것은?

① 「도시가스사업법」에 따른 "도시가스"
② 「액화석유가스의 안전관리 및 사업법」(이하 "액법"이라 한다)에 따른 "액화석유가스"
③ "탄화수소" 및 메탄올, 에탄올 등 "알코올류"
④ SNG에 사용되는 탄화수소류

87 수소 추출설비의 기하학적 범위에 대한 내용이다. ( ) 안에 공통으로 들어갈 적당한 단어는?

> 연료공급설비, 개질기, 버너, ( )장치 등 수소 추출에 필요한 설비 및 부대설비와 이를 연결하는 배관으로 인입밸브 전단에 설치된 필터부터 ( )장치 후단의 정제수소 수송배관의 첫 번째 연결부까지이며 이에 해당하는 수소 추출설비가 하나의 외함으로 둘러싸인 구조의 경우에는 외함 외부에 노출되는 각 장치의 접속부까지를 말한다.

① 수소여과　　② 산소정제
③ 수소정제　　④ 산소여과

88 수소 추출설비에 대한 내용으로 틀린 것은?

① "연료가스"란 수소가 주성분인 가스를 생산하기 위한 연료 또는 버너 내 점화 및 연소를 위한 에너지원으로 사용되기 위해 수소 추출설비로 공급되는 가스를 말한다.
② "개질가스"란 연료가스를 수증기 개질, 자열 개질, 부분 산화 등 개질반응을 통해 생성된 것으로서 수소가 주성분인 가스를 말한다.
③ 안전차단시간이란 화염이 있다는 신호가 오지 않는 상태에서 연소안전제어기가 가스의 공급을 허용하는 최소의 시간을 말한다.
④ 화염감시장치란 연소안전제어기와 화염감시기로 구성된 장치를 말한다.

🌱*해설*
안전차단시간 : 공급을 허용하는 최대의 시간

89 수소 추출설비에서 개질가스가 통하는 배관의 재료로 부적당한 것은?

① 석면으로 된 재료
② 금속 재료
③ 내식성이 강한 재료
④ 코팅된 재료

90 수소 추출설비에서 개질기와 수소 정제장치 사이에 설치하면 안 되는 동력 기계 및 설비는 무엇인가?

① 배관
② 차단밸브
③ 배관연결 부속품
④ 압축기

91 수소 추출설비에서 연료가스 배관에는 독립적으로 작동하는 연료인입 자동차단밸브를 직렬로 몇 개 이상을 설치하여야 하는가?

① 1개　　② 2개
③ 3개　　④ 4개

92 수소 추출설비에서 인입밸브의 구동원이 상실되었을 때 연료가스 통로가 자동으로 차단되는 구조를 뜻하는 용어는?

① Back fire　　② Liffting
③ Fail-safe　　④ Yellow tip

93 다음 보기 내용에 대한 답으로 옳은 것으로만 묶여진 것은? (단, (1), (2), (3)의 순서대로 나열된 것으로 한다.)

> (1) 연료가스 인입밸브 전단에 설치하여야 하는 것
> (2) 중력으로 응축수를 배출 시 배출 배관의 내부직경
> (3) 독성의 연료가스가 통하는 배관에 조치하는 사항

① 필터, 15mm, 방출장치 설치
② 필터, 13mm, 회수장치 설치
③ 필터, 11mm, 이중관 설치
④ 필터, 9mm, 회수장치 설치

🌱*해설*
연료가스 전단에 필터를 설치하며, 필터의 여과재 최대직경은 1.5mm 이하이고, 1mm를 초과하는 틈이 없어야 한다. 또한 메탄올 등 독성의 연료가스가 통하는 배관은 이중관 구조로 하고 회수장치를 설치하여야 한다.

94 수소 추출설비에서 방전불꽃을 이용하는 점화장치의 구조로서 부적합한 것은?

① 전극부는 상시 황염이 접촉되는 위치에 있는 것으로 한다.

② 전극의 간격이 사용 상태에서 변화되지 않도록 고정되어 있는 것으로 한다.

③ 고압배선의 충전부와 비충전 금속부와의 사이는 전극간격 이상의 충분한 공간 거리를 유지하고 점화동작 시에 누전을 방지하도록 적절한 전기절연 조치를 한다.

④ 방전불꽃이 닿을 우려가 있는 부분에 사용하는 전기절연물은 방전불꽃으로 인한 유해한 변형 및 절연저하 등의 변질이 없는 것으로 하며, 그 밖에 사용 시 손이 닿을 우려가 있는 고압배선에는 적절한 전기절연피복을 한다.

전극부는 상시 황염이 접촉되지 않는 위치에 있는 것으로 한다.

참고 점화히터를 이용하는 점화의 경우에는 다음에 적합한 구조로 한다.
• 점화히터는 설치위치가 쉽게 움직이지 않는 것으로 한다.
• 점화히터의 소모품은 쉽게 교환할 수 있는 것으로 한다.

95 수소 추출설비에서 촉매버너의 구조에 대한 내용으로 맞지 않는 것은?

① 촉매연료 산화반응을 일으킬 수 있도록 의도적으로 인화성 또는 폭발성 가스가 생성되도록 하는 수소 추출설비의 경우 구성요소 내에서 인화성 또는 폭발성 가스의 과도한 축적위험을 방지해야 한다.

② 공기과잉 시스템인 경우 연료 및 공기의 공급은 반응 시작 전에 공기가 있음을 확인하고 공기 공급을 준비하며, 반응장치에 연료가 들어갈 수 있도록 조절되어야 한다.

③ 연료과잉 시스템인 경우 연료 및 공기의 공급은 반응 시작 전에 연료가 있음을 확인하고 연료 공급이 준비될 때까지 반응장치에 공기가 들어가지 않도록 조절되어야 한다.

④ 제조자는 제품 기술문서에 반응이 시작되는 최대대기시간을 명시해야 한다. 이 경우 최대대기시간은 시스템 제어장치의 반응시간, 연료-공기 혼합물의 인화성 등을 고려하여 결정되어야 한다.

공기 공급이 준비될 때까지 반응장치에 연료가 들어가지 않도록 조절되어야 한다.

96 다음 중 개질가스가 통하는 배관의 접지기준에 대한 설명으로 틀린 것은?

① 직선배관은 100m 이내의 간격으로 접지를 한다.

② 서로 교차하지 않는 배관 사이의 거리가 100m 미만인 경우, 배관 사이에서 발생될 수 있는 스파크 점프를 방지하기 위해 20m 이내의 간격으로 점퍼를 설치한다.

③ 서로 교차하는 배관 사이의 거리가 100m 미만인 경우, 배관이 교차하는 곳에는 점퍼를 설치한다.

④ 금속 볼트 또는 클램프로 고정된 금속 플랜지에는 추가적인 정전기 와이어가 장착되지 않지만 최소한 4개의 볼트 또는 클램프들마다에는 양호한 전도성 접촉점이 있도록 해야 한다.

직선배관은 80m 이내의 간격으로 접지를 한다.

97 수소 추출설비의 급배기통 접속부의 구조가 아닌 것은?

① 리브 타입

② 플랜지이음 방식

③ 리벳이음 방식

④ 나사이음 방식

98 다음 중 수소 정제장치의 접지기준에 대한 설명으로 틀린 것은?

① 수소 정제장치의 입구 및 출구 단에는 각각 접지부가 있어야 한다.
② 직경이 2.5m 이상이고 부피가 50m³ 이상인 수소 정제장치에는 두 개 이상의 접지부가 있어야 한다.
③ 접지부의 간격은 50m 이내로 하여야 한다.
④ 접지부의 간격은 장치의 둘레에 따라 균등하게 분포되어야 한다.

 해설
접지부의 간격은 30m 이내로 하여야 한다.

99 수소 추출설비의 유체이동 관련 기기 구조와 관련이 없는 것은?

① 회전자의 위치에 따라 시동되는 것으로 한다.
② 정상적인 운전이 지속될 수 있는 것으로 한다.
③ 전원에 이상이 있는 경우에도 안전에 지장 없는 것으로 한다.
④ 통상의 사용환경에서 전동기의 회전자는 지장을 받지 않는 구조로 한다.

 해설
① 회전자의 위치에 관계없이 시동이 되는 것으로 한다.

100 수소 추출설비의 가스홀더, 압축기, 펌프 및 배관 등 압력을 받는 부분에는 그 압력부 내의 압력이 상용압력을 초과할 우려가 있는 장소에 안전밸브, 릴리프밸브 등의 과압안전장치를 설치하여야 한다. 다음 중 설치하는 곳으로 틀린 것은?

① 내·외부 요인으로 압력상승이 설계압력을 초과할 우려가 있는 압력용기 등
② 압축기(다단압축기의 경우에는 각 단을 포함한다) 또는 펌프의 출구측
③ 배관 안의 액체가 1개 이상의 밸브로 차단되어 외부열원으로 인한 액체의 열팽창으로 파열이 우려되는 배관
④ 그 밖에 압력조절 실패, 이상반응, 밸브의 막힘 등으로 인해 상용압력을 초과할 우려가 있는 압력부

해설
③ 배관 안의 액체가 2개 이상의 밸브로 차단되어 외부열원으로 인한 액체의 열팽창으로 파열이 우려되는 배관

101 수소 추출설비 급배기통의 리브 타입의 접속부 길이는 몇 mm 이상인가?

① 10mm ② 20mm
③ 30mm ④ 40mm

102 수소 추출설비의 비상정지제어 기능이 작동하여야 하는 경우에 해당되지 않는 것은?

① 제어 전원전압이 현저하게 저하하는 등 제어장치에 이상이 생겼을 경우
② 수소 추출설비 안의 온도가 현저하게 상승하였을 경우
③ 수소 추출설비 안의 환기장치에 이상이 생겼을 경우
④ 배열회수계통 출구부 온수의 온도가 50℃를 초과하는 경우

해설
④ 배열회수계통 출구부 온수의 온도가 100℃를 초과하는 경우
상기항목 이외에
• 연료가스 및 개질가스의 압력 또는 온도가 현저하게 상승하였을 경우
• 연료가스 및 개질가스의 누출이 검지된 경우
• 버너(개질기 및 그 외의 버너를 포함한다)의 불이 꺼졌을 경우

참고 비상정지 후에는 로크아웃 상태로 전환되어야 하며, 수동으로 로크아웃을 해제하는 경우에만 정상운전하는 구조로 한다.

103 수소 추출설비, 수소 정제장치에서 흡착, 탈착 공정이 수행되는 배관에 산소농도 측정설비를 설치하는 이유는 무엇인가?

① 수소의 순도를 높이기 위하여
② 산소 흡입 시 가연성 혼합물과 폭발성 혼합물의 생성을 방지하기 위하여
③ 수소가스의 폭발범위 형성을 하지 않기 위하여
④ 수소, 산소의 원활한 제조를 위하여

104 압력 또는 온도의 변화를 이용하여 개질가스를 정제하는 방식의 경우 장치가 정상적으로 작동되는지 확인할 수 있도록 갖추어야 하는 모니터링 장치의 설치위치는?

① 수소 정제장치 및 장치의 연결배관
② 수소 정제장치에 설치된 차단배관
③ 수소 정제장치에 연결된 가스검지기
④ 수소 정제장치와 연료전지

참고 모니터링 장치의 설치 이유 : 흡착, 탈착 공정의 압력과 온도를 측정하기 위해

105 수소 정제장치는 시스템의 안전한 작동을 보장하기 위해 장치를 안전하게 정지시킬 수 있도록 제어되는 것으로 하여야 한다. 다음 중 정지 제어해야 하는 경우가 아닌 것은?

① 공급가스의 압력, 온도, 조성 또는 유량이 경보 기준수치를 초과한 경우
② 프로세스 제어밸브가 작동 중에 장애를 일으키는 경우
③ 수소 정제장치에 전원공급이 차단된 경우
④ 흡착 및 탈착 공정이 수행되는 배관의 수소 함유량이 허용한계를 초과하는 경우

④ 흡착 및 탈착 공정이 수행되는 배관의 산소 함유량이 허용한계를 초과하는 경우
그 이외에 버퍼탱크의 압력이 허용 최대설정치를 초과하는 경우

106 수소 추출설비의 내압성능에 관한 내용이 아닌 것은?

① 상용압력 1.5배 이상의 수압으로 한다.
② 공기, 질소, 헬륨인 경우 상용압력 1.25배 이상으로 한다.
③ 시험시간은 30분으로 한다.
④ 안전인증을 받은 압력용기는 내압시험을 하지 않아도 된다.

시험시간은 20분으로 한다.

107 수소 추출설비의 각 성능에 대한 내용 중 틀린 것은?

① 충전부와 외면 사이 절연저항은 1MΩ 이상으로 한다.
② 내가스 성능에서 탄화수소계 연료가스가 통하는 배관의 패킹류 및 금속 이외의 기밀유지부는 5℃ 이상 25℃ 이하의 n-펜탄 속에 72시간 이상 담근 후, 24시간 동안 대기 중에 방치하여 무게 변화율이 20% 이내이고 사용상 지장이 있는 연화 및 취화 등이 없어야 한다.
③ 수소가 통하는 배관의 패킹류 및 금속 이외의 기밀유지부는 5℃ 이상 25℃ 이하의 수소가스를 해당 부품에 작용되는 상용압력으로 72시간 인가 후, 24시간 동안 대기 중에 방치하여 무게 변화율이 20% 이내이고 사용상 지장이 있는 연화 및 취화 등이 없어야 한다.
④ 투과성 시험에서 탄화수소계 비금속 배관은 35±0.5℃ 온도에서 0.9m 길이의 비금속 배관 안에 순도 95% C_3H_8가스를 담은 상태에서 24시간 동안 유지하고 이후 6시간 동안 측정한 가스 투과량은 3mL/h 이하이어야 한다.

순도 98% C_3H_8가스

108 다음 중 수소 추출설비의 내식 성능을 위한 염수분무를 실시하는 부분이 아닌 것은 어느 것인가?

① 연료가스, 개질가스가 통하는 부분
② 배기가스, 물, 유체가 통하는 부분
③ 외함
④ 습도가 낮은 환경에서 사용되는 금속

습도가 높은 환경에서 사용되는 금속 부분에 염수분무를 실시한다.

109 옥외용 및 강제배기식 수소 추출설비의 살수성능 시험방법으로 살수 시 항목별 점화성능 기준에 해당하지 않는 것은?

① 점화
② 불꽃모양
③ 불옮김
④ 연소상태

110 다음은 수소 추출설비에서 촉매버너를 제외한 버너의 운전성능에 대한 내용이다. ( ) 안에 맞는 수치로만 나열된 것은?

> 버너가 점화되기 전에는 항상 연소실이 프리퍼지되는 것으로 해야 하는데 송풍기 정격효율에서의 송풍속도로 프리퍼지하는 경우 프리퍼지 시간은 ( )초 이상으로 한다. 다만, 연소실을 ( )회 이상 치환할 수 있는 공기를 송풍하는 경우에는 프리퍼지 시간을 30초 이상으로 하지 않을 수 있다. 또한 프리퍼지가 완료되지 않는 경우 점화장치가 작동되지 않는 것으로 한다.

① 10, 5
② 20, 5
③ 30, 5
④ 40, 5

111 수소 추출설비에서 촉매버너를 제외한 버너의 운전성능에 대한 다음 내용 중 ( ) 안에 들어갈 수치가 틀린 것은?

> 점화는 프리퍼지 직후 자동으로 되는 것으로 하며, 정격주파수에서 정격전압의 (㉮)% 전압으로 (㉯)회 중 3회 모두 점화되는 것으로 한다. 다만, 3회 중 (㉰)회가 점화되지 않는 경우에는 추가로 (㉱)회를 실시하여 모두 점화되는 것으로 한다. 또한 점화로 폭발이 되지 않는 것으로 한다.

① ㉮ 90
② ㉯ 3
③ ㉰ 1
④ ㉱ 3

3회 중 1회가 점화되지 않는 경우에는 추가로 2회를 실시하여 모두 점화되어야 하므로 총 5회 중 4회 점화

112 수소 추출설비 버너의 운전성능에서 가스 공급을 개시할 때 안전밸브가 3가지 조건을 모두 만족 시 작동되어야 한다. 3가지 조건에 들지 않는 것은?

① 규정에 따른 프리퍼지가 완료되고 공기압력감시장치로부터 송풍기가 작동되고 있다는 신호가 올 것
② 가스압력장치로부터 가스압력이 적정하다는 신호가 올 것
③ 점화장치는 안전을 위하여 꺼져 있을 것
④ 파일럿 화염으로 버너가 점화되는 경우에는 파일럿 화염이 있다는 신호가 올 것

점화장치는 켜져 있을 것

113 수소 추출설비의 화염감시장치에서 표시가스 소비량이 몇 kW 초과하는 버너는 시동 시 안전차단시간 내에 화염이 검지되지 않을 때 버너가 자동폐쇄 되어야 하는가?

① 10kW
② 20kW
③ 30kW
④ 50kW

114 수소 추출설비의 화염감시에서 불꺼짐 시 안전장치 작동의 주역할은 무엇인가?

① 생가스 누출 방지
② 누출 시 검지장치 작동
③ 누출 시 퓨즈콕 폐쇄
④ 누출 시 착화 방지

115 수소 추출설비의 화염감시에서 불꺼짐 시 안전장치가 작동되어야 하는 화염의 형태는 어느 것인가?

① 리프팅
② 백파이어
③ 옐로팁
④ 블루오프

116 수소 추출설비 운전 중 이상사태 시 버너의 안전장치가 작동하여 가스의 공급이 차단되어야 하는 경우가 아닌 것은?

① 제어에너지가 단절된 경우 또는 조절장치나 감시장치로부터 신호가 온 경우
② 가스압력감시장치로부터 버너에 대한 가스의 공급압력이 소정의 압력 이하로 강하하였다고 신호가 온 경우
③ 가스압력감시장치로부터 버너에 대한 가스의 공급압력이 소정의 압력 이상으로 상승하였다고 신호가 온 경우. 다만, 공급가스압력이 8.4kPa 이하인 경우에는 즉시 화염감시장치로 안전차단밸브에 차단신호를 보내 가스의 공급이 차단되도록 하지 않을 수 있다.
④ 공기압력감시장치로부터 연소용 공기압력이 소정의 압력 이하로 강하하였다고 신호가 온 경우 또는 송풍기의 작동상태에 이상이 있다고 신호가 온 경우

🌱**해설**
③ 공급압력이 3.3kPa 이하인 경우에는 즉시 화염감시장치로 안전차단밸브에 차단신호를 보내 가스의 공급이 차단되도록 하지 않을 수 있다.

117 수소 추출설비의 버너 이상 시 안전한 작동정지의 주기능은 무엇인가?

① 역화소화음 방지
② 선화 방지
③ 블루오프 소음음 방지
④ 옐로팁 소음음 방지

🌱**해설**
안전한 작동정지(역화 및 소화음 방지) : 정상운전상태에서 버너의 운전을 정지시키고자 하는 경우 최대연료소비량이 350kW를 초과하는 버너는 최대가스소비량의 50% 미만에서 이루어지는 것으로 한다.

118 수소 추출설비의 누설전류시험 시 누설전류는 몇 mA이어야 하는가?

① 1mA   ② 2mA
③ 3mA   ④ 5mA

119 수소 추출설비의 촉매버너 성능에서 반응실패로 잠긴 시간은 정격가스소비량으로 가동 중 반응실패를 모의하기 위해 반응기 온도를 모니터링하는 온도센서를 분리한 시점부터 공기과잉 시스템의 경우 연료 차단시점, 연료과잉 시스템의 경우 공기 및 연료 공급 차단시점까지 몇 초 초과하지 않아야 하는가?

① 1초
② 2초
③ 3초
④ 4초

120 수소 추출설비의 연소상태 성능에 대한 내용 중 틀린 것은?

① 배기가스 중 CO 농도는 정격운전 상태에서 30분 동안 5초 이하의 간격으로 측정된 이론건조연소가스 중 CO 농도(이하 "CO%"라 한다)의 평균값은 0.03% 이하로 한다.
② 이론건조연소가스 중 NO_x의 제한농도 1등급은 70(mg/kWh)이다.
③ 이론건조연소가스 중 NO_x의 제한농도 2등급은 100(mg/kWh)이다.
④ 이론건조연소가스 중 NO_x의 제한농도 3등급은 200(mg/kWh)이다.

🌱**해설**
등급별 제한 NO_x 농도

등급	제한 NO_x 농도(mg/kWh)
1	70
2	100
3	150
4	200
5	260

121 수소 추출설비의 공기감시장치 성능에서 급기구, 배기구 막힘 시 배기가스 중 CO 농도의 평균값은 몇 % 이하인가?

① 0.05%   ② 0.06%
③ 0.08%   ④ 0.1%

122 다음 보기 중 수소 추출설비의 부품 내구성
능에서의 시험횟수가 틀린 것은?

> (1) 자동차단밸브 : 250000회
> (2) 자동제어시스템 : 250000회
> (3) 전기점화장치 : 250000회
> (4) 풍압스위치 : 5000회
> (5) 화염감시장치 : 250000회
> (6) 이상압력차단장치 : 250000회
> (7) 과열방지안전장치 : 5000회

① (2), (3)
② (4), (5)
③ (4), (6)
④ (5), (6)

🌱**해설**
(4) 풍압스위치 : 250000회
(6) 이상압력차단장치 : 5000회

123 수소 추출설비의 종합공정검사에 대한 내
용이 아닌 것은?

① 종합공정검사는 종합품질관리체계 심
사와 수시 품질검사로 구분하여 각각
실시한다.
② 심사를 받고자 신청한 제품의 종합품
질관리체계 심사는 규정에 따라 적절
하게 문서화된 품질시스템 이행실적
이 3개월 이상 있는 경우 실시한다.
③ 수시 품질검사는 종합품질관리체계 심
사를 받은 품목에 대하여 1년에 1회
이상 사전통보 후 실시한다.
④ 수시 품질검사는 품목 중 대표성 있는
1종의 형식에 대하여 정기 품질검사와
같은 방법으로 한다.

🌱**해설**
1년에 1회 이상 예고없이 실시한다.

124 수소 추출설비에 대한 내용 중 틀린 것은?

① 정격 수소 생산 효율은 수소 추출시험
방법에 따른 제조자가 표시한 값 이상
이어야 한다.

② 정격 수소 생산량 성능은 수소 추출설비
의 정격운전상태에서 측정된 수소 생산
량은 제조사가 표시한 값의 ±5% 이내
인 것으로 한다.
③ 정격 수소 생산 압력성능은 수소 추출
설비의 정격운전상태에서 측정된 수
소 생산압력의 평균값을 제조사가 표
시한 값의 ±5% 이내인 것으로 한다.
④ 환기성능에서 환기유량은 수소 추출설
비의 외함 내에 체류 가능성이 있는
가연가스의 농도가 폭발하한계 미만
이 유지될 수 있도록 충분한 것으로
한다.

🌱**해설**
환기유량은 폭발하한계 1/4 미만

125 수소 추출설비의 부품 내구성능의 니켈, 카
르보닐 배출제한 성능에서 니켈을 포함하
는 촉매를 사용하는 반응기에 대한 ( ) 안
에 알맞은 온도는 몇 ℃인가?

> 운전시작 시 반응기의 온도가 ( )℃ 이
> 하인 경우에는 반응기 내부로 연료가스
> 투입이 제한되어야 한다.

① 100
② 200
③ 250
④ 300

🌱**해설**
참고 비상정지를 포함한 운전 정지 시 및 종료 시 반응기
의 온도가 250℃ 이하로 내려가기 전에 반응기의
내부로 연결가스 투입이 제한되어야 하며, 반응기
내부의 가스는 외부로 안전하게 배출되어야 한다.

126 아래의 보기 중 청정수소에 해당되지 않는
것은?

① 무탄소 수소
② 저탄소 수소
③ 저탄소 수소화합물
④ 무탄소 수소화합물

• 무탄소 수소 : 온실가스를 배출하지 않는 수소
• 저탄소 수소 : 온실가스를 기준 이하로 배출하는 수소
• 저탄소 수소 화합물 : 온실가스를 기준 이하로 배출하는 수소 화합물
• 수소발전 : 수소 또는 수소화합물을 연료로 전기 또는 열을 생산하는 것

127 다음 중 수소경제이행기본계획의 수립과 관계없는 것은?

① LPG, 도시가스 등 사용연료의 협의에 관한 사항
② 정책의 기본방향에 관한 사항
③ 제도의 수립 및 정비에 관한 사항
④ 기반조성에 관한 사항

해설

②, ③, ④ 이외에
• 재원조달에 관한 사항
• 생산시설 및 수소연료 공급시설의 설치에 관한 사항
• 수소의 수급계획에 관한 사항

128 수소전문투자회사는 자본금의 100분의 얼마를 초과하는 범위에서 대통령으로 정하는 비율 이상의 금액을 수소전문기업에 투자하여야 하는가?

① 30
② 50
③ 70
④ 100

129 다음 중 수소 특화단지의 궁극적 지정대상 항목은?

① 수소 배관시설
② 수소 충전시설
③ 수소 전기차 및 연료전지
④ 수소 저장시설

130 수소 경제의 기반조성 항목 중 전문인력 양성과 관계가 없는 것은?

① 수소 경제기반 구축에 부합하는 기술인력 양성체제 구축

② 우수인력의 양성
③ 기반 구축을 위한 기술인력의 재교육
④ 수소 충전, 저장 시설 근무자 및 사무 요원의 양성기술교육

해설

상기 항목 이외에
수소경제기반 구축에 관한 현장 기술인력의 재교육

131 수소산업 관련 기술개발 촉진을 위하여 추진하는 사항과 거리가 먼 것은?

① 개발된 기술의 확보 및 실용화
② 수소 관련 사업 및 유사연료(LPG, 도시)
③ 수소산업 관련 기술의 협력 및 정보교류
④ 수소산업 관련 기술의 동향 및 수요 조사

132 수소 사업자가 하여서는 안 되는 금지행위에 해당하지 않는 것은?

① 수소를 산업통상자원부령으로 정하는 사용 공차를 벗어나 정량에 미달하게 판매하는 행위
② 인위적으로 열을 증가시켜 부당하게 수소의 부피를 증가시켜 판매하는 행위
③ 정량 미달을 부당하게 부피를 증가시키기 위한 영업시설을 설치, 개조한 경우
④ 정당한 사유 없이 수소의 생산을 중단, 감축 및 출고, 판매를 제한하는 행위

해설

산업통상자원부령 → 대통령령

133 수소연료 공급시설 설치계획서 제출 시 관련 없는 항목은?

① 수소연료 공급시설 공사계획
② 수소연료 공급시설 설치장소
③ 수소연료 공급시설 규모
④ 수소연료 사용시설에 필요한 수소 수급 방식

해설

④ 사용시설 → 공급시설
상기 항목 이외에 자금조달방안

134 다음 중 연료전지 설치계획서와 관련이 없는 항목은?

① 연료전지의 설치계획
② 연료전지로 충당하는 전력 및 온도, 압력
③ 연료전지에 필요한 연료공급 방식
④ 자금조달 방안

 해설
② 연료전지로 충당하는 전력 및 열비중

135 다음 중 수소 경제 이행에 필요한 사업이 아닌 것은?

① 수소의 생산, 저장, 운송, 활용 관련 기반 구축에 관한 사업
② 수소산업 관련 제품의 시제품 사용에 관한 사업
③ 수소 경제 시범도시, 시범지구에 관한 사업
④ 수소제품의 시범보급에 관한 사업

 해설
② 수소산업 관련 제품의 시제품 생산에 관한 사업
상기 항목 이외에
• 수소산업 생태계 조성을 위한 실증사업
• 그 밖에 수소 경제 이행과 관련하여 산업통상자원부 장관이 필요하다고 인정하는 사업

136 수소 경제 육성 및 수소 안전관리자의 자격 선임인원으로 틀린 것은 어느 것인가?

① 안전관리총괄자 1인
② 안선관리부총괄자 1인
③ 안전관리책임자 1인
④ 안전관리원 2인

137 수소 경제 육성 및 수소의 안전관리에 따른 안전관리책임자의 자격에서 양성교육 이수자는 근로기준법에 따른 상시 사용하는 근로자 수가 몇 명 미만인 시설로 한정하는가?

① 5인   ② 8인
③ 10인   ④ 15인

해설
안전관리자의 자격과 선임인원

안전관리자의 구분	자격	선임인원
안전관리 총괄자	해당사업자 (법인인 경우에는 그 대표자를 말한다)	1명
안전관리 부총괄자	해당 사업자의 수소용품 제조시설을 직접 관리하는 최고책임자	1명
안전관리 책임자	일반기계기사 · 화공기사 · 금속기사 · 가스산업기사 이상의 자격을 가진 사람 또는 일반시설 안전관리자 양성교육 이수자 (「근로기준법」에 따른 상시 사용하는 근로자 수가 10명 미만인 시설로 한정한다)	1명 이상
안전관리원	가스기능사 이상의 자격을 가진 사람 또는 일반시설 안전관리자 양성교육 이수자	1명 이상

138 수소 판매 및 수소의 보고내용 중 틀린 항목은?

① 보고의 내용은 수소의 종류별 체적단위(Nm^3)의 정상판매가격이다.
② 보고방법은 전자보고 및 그 밖의 적절한 방법으로 한다.
③ 보고기한은 판매가격 결정 또는 변경 후 24시간 이내이다.
④ 전자보고란 인터넷 부가가치통신망(UAN)을 말한다.

 해설
보고의 내용은 수소의 종류별 중량(kg)단위의 정상판매가격이다.

139 수소용품의 검사를 생략할 수 있는 경우가 아닌 것은?

① 검사를 실시함으로 수소용품의 성능을 떨어뜨릴 우려가 있는 경우
② 검사를 실시함으로 수소용품에 손상을 입힐 우려가 있는 경우
③ 검사 실시의 인력이 부족한 경우
④ 산업통상자원부 장관이 인정하는 외국의 검사기관으로부터 검사를 받았음이 증명되는 경우

140 다음 [보기]는 수소용품 제조시설의 안전관리자에 대한 내용이다. 맞는 것은?

㉮ 허가관청이 안전관리에 지장이 없다고 인정하면 수소용품 제조시설의 안전관리책임자를 가스기능사 이상의 자격을 가진 사람 또는 일반시설 안전관리자 양성교육 이수자로 선임할 수 있으며, 안전관리원을 선임하지 않을 수 있다.

㉯ 수소용품 제조시설의 안전관리책임자는 같은 사업장에 설치된「고압가스안전관리법」에 따른 특정고압가스 사용신고시설,「액화석유가스의 안전관리 및 사업법」에 따른 액화석유가스 특정사용시설 또는「도시가스사업법」에 따른 특정가스 사용시설의 안전관리책임자를 겸할 수 있다.

① ㉮의 보기가 올바른 내용이다.
② ㉯의 보기가 올바른 내용이다.
③ ㉮는 올바른 보기, ㉯는 틀린 보기이다.
④ ㉮, ㉯ 모두 올바른 내용이다.

안전관리 ·제3장

핵심1 ◆ 정압기와 정압기필터의 분해점검주기(KGS FU551, FP551)

시설별 \ 정압기별	주정압기	주정압기 기능 상실에 사용 및 월 1회 이상 작동점검을 실시하는 예비정압기	필 터	
			공급 개시	공급 개시 다음
공급시설	2년 1회	3년 1회	1월 이내	1년 1회
사용시설 첫 번째 분해점검	3년 1회	–	1월 이내	공급 개시 다음 첫번째 3년 1회
사용시설 그 이후 분해점검	4년 1회			그 이후 분해점검 4년 1회
1주 1회 이상 점검사항		① 정압기실 전체의 작동상황 ② 정압기실 가스 누출경보장치		

핵심2 ◆ 액화도시가스 충전설비의 용어

용 어	정 의
설계압력	용기 등의 각 부의 계산두께 또는 기계적 강도를 결정하기 위해 설계된 압력
상용압력	내압시험압력 및 기밀시험압력의 기준이 되는 압력으로 사용상태에서 해당 설비 각 부에 작용하는 최고사용압력
설정압력	안전밸브 설계상 정한 분출압력 또는 분출 개시 압력으로서 명판에 표시된 압력
축적압력	내부 유체가 배출될 때 안전밸브에 의해서 축적되는 압력으로 그 설비 내 허용될 수 있는 최대압력
초과압력	안전밸브에서 내부 유체 배출 시 설정압력 이상으로 올라가는 압력
평형 벨로즈형 안전밸브	밸브의 토출측 배압의 변화에 따라 성능 특성에 영향을 받지 않는 안전밸브
일반형 안전밸브	토출측 배압의 변화에 따라 직접적으로 성능특성에 영향을 받는 안전밸브
배압	배출물 처리설비 등으로부터 안전밸브 토출측에 걸리는 압력

핵심 3 ◇ 가연성 저장탱크와 가연성 또는 산소저장탱크 설치 시 물분무장치

시설별 \ 구 분	저장탱크 전표면	준내화구조	내화구조
탱크 상호 1m 또는 최대 직경 1/4 길이 중 큰 쪽과 거리를 유지하지 않은 경우	8L/min	6.5L/min	4L/min
저장탱크 최대직경의 1/4보다 적은 경우	7L/min	4.5L/min	2L/min

① 조작위치 : 15m(탱크 외면 15m 이상 떨어진 위치) ② 연속분무 가능시간 : 30분
③ 소화전의 호스끝 수압 : 0.35MPa ④ 방수능력 : 400L/min

물분무장치가 없을 경우 탱크의 이격거리	탱크의 직경을 각각 D_1, D_2라고 했을 때	
	$(D_1 + D_2) \times \dfrac{1}{4} > 1\text{m}$ 일 때	그 길이 유지
	$(D_1 + D_2) \times \dfrac{1}{4} < 1\text{m}$ 일 때	1m 유지
저장탱크를 지하에 설치 시	상호간 1m 이상 유지	

액화가스 저장탱크의 경우 온도상승방지 시 물분무 · 살수장치 설치 시 탱크 전 표면 방사량 : 5L/min, 준내화구조 : 2.5L/min

핵심 4 ◇ 연소기구 노즐에서 가스 분출량(m^3/hr)

공 식	기 호	예 제
$Q = 0.009 D^2 \sqrt{\dfrac{h}{d}}$	Q : 가스 분출량(m^3/h) D : 노즐 직경(mm) K : 계수 h : 분출압력(mmH$_2$O) d : 비중	노즐 직경 0.5mm, 280mmH$_2$O의 압력에서 비중 1.7인 노즐에서 가스 분출량(m^3/h) $Q = 0.009 \times (0.5)^2 \times \sqrt{\dfrac{280}{1.7}} = 0.029\,\text{m}^3/\text{h}$
$Q = 0.011 K D^2 \sqrt{\dfrac{h}{d}}$		상기 문제에서 계수 K값이 주어지면 $Q = 0.011 K D^2 \sqrt{\dfrac{h}{d}}$ 의 식으로 계산

핵심 5 ◇ 운반책임자 동승기준

운반형태 구분	가스 종류		독성 허용농도(ppm) 기준 및 비독성의 가연성 · 조연성	적재용량(압축(m^3), 액화(kg)
용기운반	독성	압축가스	200 초과	100m^3 이상
			200 이하	10m^3 이상
		액화가스	200 초과	1000kg 이상
			200 이하	100kg 이상
	비독성	압축가스	가연성	300m^3 이상
			조연성	600m^3 이상
		액화가스	가연성	3000kg 이상※
			조연성	6000kg 이상

※ 가연성 액화가스 용기 중 납붙임용기 및 접합용기의 경우는 2000kg 이상 운반책임자 동승

운반형태 구분	가스 종류	독성 허용농도(ppm) 기준 및 비독성의 가연성 · 조연성	적재용량(압축(m³), 액화(kg))
차량고정탱크 (운행거리 200km 초과 시에만 운반책임자 동승)	압축가스	독성	100m³ 이상
		가연성	300m³ 이상
		조연성	600m³ 이상
	액화가스	독성	1000kg 이상
		가연성	3000kg 이상
		조연성	6000kg 이상

핵심 6 ◇ 차량 고정탱크의 내용적 한계(L)

구 분	내용적(L)
독성(NH_3 제외)	12000L 초과 금지
가연성(LPG 제외)	18000L 초과 금지

핵심 7 ◇ LPG 저장소 시설기준 충전용기 집적에 의한 저장(30L 이하 용접용기)

구 분	항 목
실외 저장소 주위	경계책 설치
경계책과 용기 보관장소 이격거리	20m 이상 거리 유지
충전용기와 잔가스용기 보관장소 이격거리	1.5m 이상
용기 단위 집적량	30톤 초과 금지

핵심 8 ◇ 소화설비의 비치(KGS GC207)

(1) 차량 고정탱크 운반 시

구 분	소화약제명	비치 수	가스 종류에 따른 능력단위	
			BC용 B-10 이상 또는 ABC용 B-12 이상	BC용 B-8 이상 또는 ABC용 B-10 이상
소화제 종류	분말소화제	차량 좌우 각각 1개 이상	가연성	산소

(2) 독성 가스 중 가연성 가스를 용기로 운반 및 독성가스 이외의 충전용기 운반 시(단, 5kg 이하 운반 시는 제외) 소화제는 분말소화제 사용

운반가스량		비치 개수	분말소화제
압축액화	100m³ 이상 1000kg 이상	2개 이상	BC용 또는 ABC용 B-6(약제중량 4.5kg) 이상
	15m³ 초과 100m³ 미만 150kg 초과 1000kg 미만	1개 이상	
	15m³ 이하 150kg 이하	1개 이상	B-3 이상

핵심 9 ◇ 보호시설과 유지하여야 할 안전거리(m)
(고법 시행규칙 별표 2, KGS FP112)

개 요	고압가스 처리 저장설비의 유지거리 규정 지하저장설비는 규정 안전거리 1/2 이상 유지 저장능력(압축가스 : m^3, 액화가스 : kg)		
구 분	**저장능력**	**제1종 보호시설**	**제2종 보호시설**
처리 및 저장능력		학교, 유치원, 어린이집, 놀이방, 어린이놀이터, 학원, 병원, 도서관, 청소년수련시설, 경로당, 시장, 공중목욕탕, 호텔, 여관, 극장, 교회, 공회당 300인 이상(예식장, 장례식장, 전시장), 20인 이상 수용 건축물(아동복지 장애인복지시설) 면적 $1000m^2$ 이상인 곳, 지정문화재 건축물	주택 연면적 $100m^2$ 이상 $1000m^2$ 미만
산소의 저장설비	1만 이하	12m	8m
	1만 초과 2만 이하	14m	9m
	2만 초과 3만 이하	16m	11m
	3만 초과 4만 이하	18m	13m
	4만 초과	20m	14m
독성 가스 또는 가연성 가스의 저장설비	1만 이하	17m	12m
	1만 초과 2만 이하	21m	14m
	2만 초과 3만 이하	24m	16m
	3만 초과 4만 이하	27m	18m
	4만 초과 5만 이하	30m	20m
	5만 초과 99만 이하	30m (가연성 가스 저온 저장탱크는 $\frac{3}{25}\sqrt{X+10000}\,$m)	20m (가연성 가스 저온 저장탱크는 $\frac{2}{25}\sqrt{X+10000}\,$m)
	99만 초과	30m (가연성 가스 저온 저장탱크는 120m)	20m (가연성 가스 저온 저장탱크는 80m)

핵심 10 ◇ 다중이용시설(액화석유가스 안전관리법 별표 2)

관계 법령	시설의 종류
유통산업발전법	대형 백화점, 쇼핑센터 및 도매센터
항공법	공항의 여객청사
여객자동차운수법	여객자동차터미널
국유철도특례법	철도역사
관광진흥법	① 관광호텔 관광객 이용시설 ② 종합유원지 시설 중 전문 종합휴양업 시설

관계 법령	시설의 종류
한국마사회법	경마장
청소년기본법	청소년수련시설
의료법	종합병원
항만법	종합여객시설
시 · 도지사 지정시설	고압가스 저장능력 100kg 초과 시설

핵심11 ◈ **산소, 수소, 아세틸렌 품질검사(고법 시행규칙 별표 4, KGS FP112 3.2.2.9)**

항 목	간추린 핵심내용		
검사장소	1일 1회 이상 가스제조장		
검사자	안전관리책임자가 실시 부총괄자와 책임자가 함께 확인 후 서명		
해당 가스 및 판정기준			
해당 가스	순 도	시약 및 방법	합격온도, 압력
산소	99.5% 이상	동암모니아 시약, 오르자트법	35℃, 11.8MPa 이상
수소	98.5% 이상	피로카롤시약, 하이드로설파이드시약, 오르자트법	35℃, 11.8MPa 이상
아세틸렌	① 발연황산 시약을 사용한 오르자트법, 브롬 시약을 사용한 뷰렛법에서 순도가 98% 이상 ② 질산은 시약을 사용한 정성시험에서 합격한 것		

핵심12 ◈ **용기 안전점검 유지관리(고법 시행규칙 별표 18)**

① 용기 내 외면을 점검하여 위험한 부식, 금, 주름 등이 있는지 여부 확인
② 용기는 도색 및 표시가 되어 있는지 여부 확인
③ 용기의 스커트에 찌그러짐이 있는지 사용할 때 위험하지 않도록 적정간격을 유지하고 있는지 확인
④ 유통 중 열영향을 받았는지 점검하고, 열영향을 받은 용기는 재검사 실시
⑤ 용기는 캡이 씌워져 있거나 프로텍터가 부착되어 있는지 여부 확인
⑥ 재검사 도래 여부 확인
⑦ 용기의 아랫부분 부식상태 확인
⑧ 밸브의 몸통 충전구나사, 안전밸브에 지장을 주는 흠, 주름, 스프링 부식 등이 있는지 확인
⑨ 밸브의 그랜드너트가 고정핀에 의하여 이탈방지 조치가 되어 있는지 여부 확인
⑩ 밸브의 개폐조작이 쉬운 핸들이 부착되어 있는지 여부 확인
⑪ 용기에는 충전가스 종류에 맞는 용기 부속품이 부착되어 있는지 여부 확인

핵심13 ◆ **위험장소 분류, 가스시설 전기방폭기준(KGS GC201)**

(1) 위험장소 분류

가연성 가스가 폭발할 위험이 있는 농도에 도달할 우려가 있는 장소(이하 "위험장소"라 한다)의 등급은 다음과 같이 분류한다.

0종 장소	상용의 상태에서 가연성 가스의 농도가 연속해서 폭발하한계 이상으로 되는 장소(폭발상한계를 넘는 경우에는 폭발한계 이내로 들어갈 우려가 있는 경우를 포함한다)	[해당 사용 방폭구조] 0종 : 본질안전방폭구조 1종 : 본질안전방폭구조 유입방폭구조 압력방폭구조 내압방폭구조
1종 장소	상용상태에서 가연성 가스가 체류해 위험하게 될 우려가 있는 장소, 정비, 보수 또는 누출 등으로 인하여 종종 가연성 가스가 체류하여 위험하게 될 우려가 있는 장소	
2종 장소	① 밀폐된 용기 또는 설비 안에 밀봉된 가연성 가스가 그 용기 또는 설비의 사고로 인하여 파손되거나 오조작의 경우에만 누출할 위험이 있는 장소 ② 확실한 기계적 환기조치에 따라 가연성 가스가 체류하지 아니하도록 되어 있으나 환기장치에 이상이나 사고가 발생한 경우에는 가연성 가스가 체류해 위험하게 될 우려가 있는 장소 ③ 1종 장소의 주변 또는 인접한 실내에서 위험한 농도의 가연성 가스가 종종 침입할 우려가 있는 장소	2종 : 본질안전방폭구조 유입방폭구조 내압방폭구조 압력방폭구조 안전증방폭구조

(2) 가스시설 전기방폭기준

종 류	표시방법	정 의
내압방폭구조	d	방폭전기기기(이하 "용기") 내부에서 가연성 가스의 폭발이 발생할 경우 그 용기가 폭발압력에 견디고, 접합면, 개구부 등을 통해 외부의 가연성 가스에 인화되지 않도록 한 구조를 말한다.
유입방폭구조	o	용기 내부에 절연유를 주입하여 불꽃·아크 또는 고온발생부분이 기름 속에 잠기게 함으로써 기름면 위에 존재하는 가연성 가스에 인화되지 않도록 한 구조를 말한다.
압력방폭구조	p	용기 내부에 보호가스(신선한 공기 또는 불활성 가스)를 압입하여 내부압력을 유지함으로써 가연성 가스가 용기 내부로 유입되지 않도록 한 구조를 말한다.
안전증방폭구조	e	정상운전 중에 가연성 가스의 점화원이 될 전기불꽃·이크 또는 고온부분 등의 발생을 방지하기 위해 기계적, 전기적 구조상 또는 온도상승에 대해 특히 안전도를 증가시킨 구조를 말한다.
본질안전방폭구조	ia, ib	정상 시 및 사고(단선, 단락, 지락 등) 시에 발생하는 전기불꽃·아크 또는 고온부로 인하여 가연성 가스가 점화되지 않는 것이 점화시험, 그 밖의 방법에 의해 확인된 구조를 말한다.
특수방폭구조	s	상기 구조 이외의 방폭구조로서 가연성 가스에 점화를 방지할 수 있다는 것이 시험, 그 밖의 방법으로 확인된 구조를 말한다.
비점화방폭구조	n	2종 장소에 사용되는 가스증기 방폭기기 등에 적용하고, 폭발성 가스 분위기 등에 사용, 전기기기 구조시험 표시 등에 대하여 규정된 방폭구조
몰드방폭구조	m	폭발성 가스의 증기입자 잠재적 위험부위에 사용하고, 정격전압 11000V를 넘지 않는 전기제품 등에 대한 시험요건에 대하여 규정된 방폭구조

(3) 방폭기기 선정

내압방폭구조의 폭발등급			
최대안전틈새 범위(mm)	0.9 이상	0.5 초과 0.9 미만	0.5 이하
가연성 가스의 폭발등급	A	B	C
방폭전기기기의 폭발등급	II A	II B	II C

※ 최대안전틈새는 내용적이 8리터이고, 틈새깊이가 25mm인 표준용기 안에서 가스가 폭발할 때 발생한 화염이 용기 밖으로 전파하여 가연성 가스에 점화되지 않는 최대값

본질안전방폭구조의 폭발등급			
최소점화전류비의 범위(mm)	0.8 초과	0.45 이상 0.8 이하	0.45 미만
가연성 가스의 폭발등급	A	B	C
방폭전기기기의 폭발등급	II A	II B	II C

※ 최소점화전류비는 메탄가스의 최소점화전류를 기준으로 나타낸다.

가연성 가스 발화도 범위에 따른 방폭전기기기의 온도 등급	
가연성 가스의 발화도(℃) 범위	방폭전기기기의 온도 등급
450 초과	T 1
300 초과 450 이하	T 2
200 초과 300 이하	T 3
135 초과 200 이하	T 4
100 초과 135 이하	T 5
85 초과 100 이하	T 6

(4) 기타 방폭전기기기 설치에 관한 사항

기기 분류	간추린 핵심내용
용기	방폭 성능을 손상시킬 우려가 있는 유해한 흠, 부식, 균열, 기름 등 누출부위가 없도록 할 것
방폭전기기기 결합부의 나사류를 외부에서 조작 시 방폭성능 손상우려가 있는 것	드라이버, 스패너, 플라이어 등의 일반 공구로 조작할 수 없도록 한 자물쇠식 죄임구조로 한다.
방폭전기기기 설치에 사용되는 정션박스, 풀박스 접속함	내압방폭구조 또는 안전증방폭구조
조명기구를 천장, 벽에 매달 경우	바람, 진동에 견디도록 하고, 관의 길이를 짧게 한다.

(5) 도시가스 공급시설에 설치하는 정압기실 및 구역압력조정기실 개구부와 RTU(Remote Terminal Unit) Box와 유지거리

지구정압기 건축물 내 지역정압기 및 공기보다 무거운 가스를 사용하는 지역정압기	4.5m 이상
공기보다 가벼운 가스를 사용하는 지역정압기 및 구역압력조정기	1m 이상

핵심14 ◇ 가스계량기, 호스이음부, 배관의 이음부 유지거리(단, 용접이음부 제외)

항목		해당법규 및 항목구분에 따른 이격거리
전기계량기, 전기개폐기		법령 및 사용, 공급 관계없이 무조건 60cm 이상
전기점멸기, 전기접속기	30cm 이상	공급시설의 배관이음부, 사용시설 가스계량기
	15cm 이상	LPG, 도시 사용시설(배관이음부, 호스이음부)
단열조치하지 않은 굴뚝	30cm 이상	① LPG공급시설(배관이음부) ② LPG, 도시 사용시설의 가스계량기
	15cm 이상	① 도시가스공급시설(배관이음부) ② LPG, 도시 사용시설(배관이음부)
절연조치하지 않은 전선	30cm 이상	LPG공급시설(배관이음부)
	15cm 이상	도시가스공급, LPG, 도시가스 사용시설(배관이음부, 가스계량기)
절연조치한 전선		항목, 법규 구분없이 10cm 이상
공급시설		배관이음부
사용시설		배관이음부, 호스이음부, 가스계량기

핵심15 ◇ 산업통상자원부령으로 정하는 고압가스 관련 설비(특정설비)

① 안전밸브 · 긴급차단장치 · 역화방지장치
② 기화장치
③ 압력용기
④ 자동차용 가스 자동주입기
⑤ 독성 가스 배관용 밸브
⑥ 냉동설비(일체형 냉동기는 제외)를 구성하는 압축기 · 응축기 · 증발기 또는 압력용기
⑦ 특정고압가스용 실린더 캐비닛
⑧ 자동차용 압축천연가스 완속충전설비(처리능력이 시간당 $18.5m^3$ 미만인 충전설비를 말함)
⑨ 액화석유가스용 용기 잔류가스 회수장치

핵심 16 ◇ **방호벽 적용(KGS FP111 2.7.2)**

구 분	적용시설
고압가스 일반제조 중 C₂H₂가스 또는 압력이 9.8MPa 이상 압축가스 충전 시	① 압축기와 당해 충전장소 사이 ② 압축기와 당해 충전용기 보관장소 사이 ③ 당해 충전장소와 당해 가스 충전용기 보관장소 사이 및 당해 충전장소와 당해 충전용 주관밸브 사이 **암기를 위한 용어(압축기를 기준으로) : ① 충전장소** **② 충전용기 보관장소** **③ 충전용 주관 밸브**
고압가스 판매시설	용기보관실의 벽
특정고압가스	압축(60m³), 액화(300kg) 이상 사용시설의 용기보관실 벽
충전시설	저장탱크와 가스 충전장소
저장탱크	사업소 내 보호시설

핵심 17 ◇ **압력조정기**

(1) 종류에 따른 입구 · 조정 압력 범위

종 류	입구압력(MPa)		조정압력(kPa)
1단 감압식 저압조정기	0.07 ~ 1.56		2.3 ~ 3.3
1단 감압식 준저압조정기	0.1 ~ 1.56		5.0 ~ 30.0 이내에서 제조자가 설정한 기준압력의 ±20%
2단 감압식 1차용 조정기	용량 100kg/h 이하	0.1 ~ 1.56	57.0 ~ 83.0
	용량 100kg/h 초과	0.3 ~ 1.56	
2단 감압식 2차용 저압조정기	0.01 ~ 0.1 또는 0.025 ~ 0.1		2.30 ~ 3.30
2단 감압식 2차용 준저압조정기	조정압력 이상 ~ 0.1		5.0 ~ 30.0 이내에서 제조자가 설정한 기준압력의 ±20%
자동절체식 일체형 저압조정기	0.1 ~ 1.56		2.55 ~ 3.3
자동절체식 일체형 준저압조정기	0.1 ~ 1.56		5.0 ~ 30.0 이내에서 제조자가 설정한 기준압력의 ±20%
그 밖의 압력조정기	조정압력 이상 ~ 1.56		5kPa를 초과하는 압력 범위에서 상기압력조정기 종류에 따른 조정압력에 해당하지 않는 것에 한하며, 제조자가 설정한 기준압력의 ±20%일 것

(2) 종류별 기밀시험압력

종류 구분	1단 감압식 저압	1단 감압식 준저압	2단 감압식 1차용	2단 감압식 2차용		자동절체식		그 밖의 조정기
				저 압	준저압	저 압	준저압	
입구측 (MPa)	1.56 이상	1.56 이상	1.8 이상	0.5 이상		1.8 이상		최대입구압력 1.1배 이상
출구측 (kPa)	5.5	조정압력의 2배 이상	150 이상	5.5	조정압력의 2배 이상	5.5	조정압력의 2배 이상	조정압력의 1.5배

(3) 조정압력이 3.30kPa 이하인 안전장치 작동압력

항 목	압 력(kPa)
작동 표준	7.0
작동 개시	5.60 ~ 8.40
작동 정지	5.04 ~ 8.40

(4) 최대폐쇄압력

항 목	압 력(kPa)
1단 감압식 저압조정기	3.50 이하
2단 감압식 2차용 저압조정기	
자동 절체식 일체형 저압조정기	
2단 감압식 1차용 조정기	95.0 이하
1단 감압식 준저압 · 자동절체식	조정압력의 1.25배 이하
일체형 준저압 그 밖의 조정기	

핵심 18 ◇ **항구증가율(%)**

항 목		세부 핵심내용
공식		$\dfrac{\text{항구증가량}}{\text{전증가량}} \times 100$
합격기준	신규검사	10% 이하
	재검사	10% 이하(질량검사 95% 이상 시)
		6% 이하(질량검사 90% 이상, 95% 미만 시)

핵심 19 ◆ 부취제

(1) 부취제 관련 핵심내용

종류 특 성	TBM (터시어리부틸메르카부탄)	THT (테트라하이드로티오페)	DMS (디메틸설파이드)
냄새 종류	양파 썩는 냄새	석탄가스 냄새	마늘 냄새
강도	강함	보통	약간 약함
혼합 사용 여부	혼합 사용	단독 사용	혼합 사용
부취제 주입설비			
액체주입식	펌프주입방식, 적하주입방식, 미터연결 바이패스방식		
증발식	위크 증발식, 바이패스방식		
부취제 주입농도	$\dfrac{1}{1000} = 0.1\%$ 정도		
토양의 투과성 순서	DMS > TBM > THT		
부취제 구비조건	① 독성이 없을 것 ② 화학적으로 안정할 것 ③ 보통 냄새와 구별될 것 ④ 토양에 대한 투과성이 클 것 ⑤ 완전연소할 것 ⑥ 물에 녹지 않을 것 ⑦ 가스관, 가스미터에 흡착되지 않을 것		

(2) 고압·LPG·도시가스의 냄새나는 물질의 첨가(KGS FP331 3.2.1.1)

항 목		간추린 세부 핵심내용
공기 중 혼합비율 용량(%)		1/1000(0.1%)
냄새농도 측정방법		① 오더미터법(냄새측정기법) ② 주사기법 ③ 냄새주머니법 ④ 무취실법
시료기체 희석배수 (시료기체 양÷시험가스 양)		① 500배　　　　② 1000배 ③ 2000배　　　　④ 4000배
용어설명	패널(panel)	미리 선정한 정상적인 후각을 가진 사람으로서 냄새를 판정하는 자
	시험자	냄새농도 측정에 있어서 희석조작을 하여 냄새농도를 측정하는 자
	시험가스	냄새를 측정할 수 있도록 기화시킨 가스
	시료기체	시험가스를 청정한 공기로 희석한 판정용 기체
기타 사항		① 패널은 잡담을 금지한다. ② 희석배수의 순서는 랜덤하게 한다. ③ 연속측정 시 30분마다 30분간 휴식한다.

핵심 20 ◇ **다공도**

개 요	C_2H_2 용기에 가스충전 시 빈 공간으로부터 확산폭발 위험을 없애기 위하여 용기에 주입하는 안정된 물질을 다공물질이라 하며, 다공물질이 빈 공간으로부터 차지하는 부피 %를 말함

관련 계산식	고압가스 안전관리법의 유지하여야 하는 다공도(%)	다공물질의 종류	다공물질의 구비조건
다공도(%)=$\dfrac{V-E}{V}\times100$ V : 다공물질의 용적 E : 침윤 잔용적	75 이상 92 미만	① 규조토 ② 목탄 ③ 석회 ④ 석면 ⑤ 산화철 ⑥ 탄산마그네슘	① 화학적으로 안정할 것 ② 기계적 강도가 있을 것 ③ 고다공도일 것 ④ 가스충전이 쉬울 것 ⑤ 경제적일 것

참고 예제문제	다공도 측정
다공물질의 용적 170m^3, 침윤 잔용적 100m^3인 다공도 계산 다공도=$\dfrac{170-100}{170}\times100=41.18\%$	$20℃$에서 아세톤 또는 물의 흡수량으로 측정

핵심 21 ◇ **용기 및 특정설비의 재검사기간**

용기 종류		신규검사 후 경과연수		
		15년 미만	15년 이상 20년 미만	20년 이상
		재검사주기		
LPG 제외 용접용기	500L 이상	5년마다	2년마다	1년마다
	500L 미만	3년마다	2년마다	1년마다
LPG 용기	500L 이상	5년마다	2년마다	1년마다
	500L 미만	5년마다		2년마다
이음매 없는 용기 및 복합재료 용기	500L 이상	5년마다		
	500L 미만	신규검사 후 10년 이하		5년마다
		신규검사 후 10년 초과		3년마다
LPG 복합재료 용기		5년마다		

특정설비 종류		신규검사 후 경과연수		
		15년 미만	15년 이상 20년 미만	20년 이상
		재검사 주기		
차량고정탱크		5년마다	2년마다	1년마다
저장탱크		5년마다(재검사 불합격 수리 시 3년 음향방출시험으로 안전한 것은 5년마다) 이동 설치 시 이동할 때마다		
안전밸브 긴급차단장치		검사 후 2년 경과 시 설치되어 있는 저장탱크의 재검사 때마다		
기화 장치	저장탱크와 함께 설치	검사 후 2년 경과 해당 탱크의 재검사 때마다		
	저장탱크 없는 곳에 설치	3년마다		
	설치되지 아니한 것	2년마다		
	압력용기	4년마다		

핵심 22 ◆ 용기의 각인사항

기 호	내 용	단 위
V	내용적	L
W	밸브 부속품을 포함하지 아니한 용기(분기할 수 있는 것에 한함) 질량	kg
T_w	아세틸렌용기에 있어 용기 질량에 다공물질 용제 및 밸브의 질량을 합한 질량	kg
T_P	내압시험압력	MPa
F_P	최고충전압력	MPa
t	500L 초과 용기 동판두께	mm

그 이외에 표시사항

① 용기 제조업자의 명칭 또는 약호
② 충전하는 명칭
③ 용기의 번호

핵심 23 ◆ 시설별 이격거리

시 설	이격거리
가연성 제조시설과 가연성 제조시설	5m 이상
가연성 제조시설과 산소 제조시설	10m 이상
액화석유가스 충전용기와 잔가스용기	1.5m 이상
탱크로리와 저장탱크	3m 이상

핵심 24 ◆ 차량고정탱크 운반기준

항 목	내 용
두 개 이상의 탱크를 동일차량에 운반 시	① 탱크마다 주밸브 설치 ② 탱크 상호 탱크와 차량 고정부착 조치 ③ 충전관에 안전밸브, 압력계 긴급탈압밸브 설치
LPG를 제외한 가연성 산소	18000L 이상 운반금지
NH₃를 제외한 독성	12000L 이상 운반금지
액면요동방지를 위해 하는 조치	방파판 설치
차량의 뒷범퍼와 이격거리	① 후부취출식 탱크(주밸브가 탱크 뒤쪽에 있는 것) : 40cm 이상 이격 ② 후부취출식 이외의 탱크 : 30cm 이상 이격 ③ 조작상자(공구 등 기타 필요한 것을 넣는 상자) : 20cm 이상 이격
기타	돌출 부속품에 대한 보호장치를 하고, 밸브콕 등에 개폐방향을 표시할 것

핵심 25 ◇ 가스 혼합 시 압축하여서는 안 되는 경우

혼합가스의 종류	압축 불가능 혼합(%)
가연성(C_2H_2, C_2H_4, H_2 제외) 중 산소의 함유(%)	4% 이상
산소 중 가연성(C_2H_2, C_2H_4, H_2 제외) 함유(%)	4% 이상
C_2H_2, H_2, C_2H_4 중 산소 함유(%)	2% 이상
산소 중 C_2H_2, H_2, C_2H_4	2% 이상

핵심 26 ◇ 긴급이송설비(벤트스택, 플레어스택)

가연성, 독성 고압설비 중 특수반응설비 긴급차단장치를 설치한 고압가스 설비에 이상 사태 발생 시 설비 내용물을 긴급 · 안전하게 이송시킬 수 있는 설비

항 목	시설명			
	벤트스택			플레어스택
	긴급용(공급시설) 벤트스택	그 밖의 벤트스택		
개요	독성, 가연성 가스를 방출시키는 탑		개요	가연성 가스를 연소시켜 방출시키는 탑
착지농도	가연성 : 폭발하한계값 미만의 높이		발생 복사열	제조시설에 나쁜 영향을 미치지 아니하도록 안전한 높이 및 위치에 설치
	독성 : TLV-TWA 기준농도값 미만이 되는 높이			
독성 가스 방출 시	제독 조치 후 방출		재료 및 구조	발생 최대열량에 장시간 견딜 수 있는 것
정전기 낙뢰의 영향	착화방지 조치를 강구, 착화 시 즉시 소화조치 강구		파일럿 버너	항상 점화하여 폭발을 방지하기 위한 조치가 되어 있는 것
벤트스택 및 연결배관의 조치	응축액의 고임을 제거 및 방지 조치		지표면에 미치는 복사열	$4000kcal/m^2 \cdot h$ 이하
액화가스가 함께 방출되거나 급랭 우려가 있는 곳	연결된 가스공급 시설과 가장 가까운 곳에 기액 분리기 설치	액화가스기 함께 방출되지 아니하는 조치	긴급이송설비로부터 연소하여 안전하게 방출시키기 위하여 행하는 조치사항	① 파일럿 버너를 항상 작동할 수 있는 자동점화장치 설치 및 파일럿 버너가 꺼지지 않도록 자동점화장치 기능이 완전히 유지되도록 설치
방출구 위치 (작업원이 정상작업의 필요장소 및 항상 통행장소로부터 이격거리)	10m 이상	5m 이상		② 역화 및 공기혼합 폭발방지를 위하여 갖추는 시설 • Liquid Seal 설치 • Flame Arrestor 설치 • Vapor Seal 설치 • Purge Gas의 지속적 주입 • Molecular 설치

핵심 27 ◇ 액화석유가스 중량 판매기준(액화석유가스 통합 고시 제6장 액화석유가스 공급방법 기준)

항 목		내 용
적용 범위		가스공급자가 중량 판매방법으로 공급하는 경우와 잔량가스 확인방법에 대하여 적용
중량으로 판매하는 사항	내용적	30L 미만 용기로 사용 시
	주택 제외 영업장 면적	40m² 이하인 곳 사용 시
	사용기간	6개월만 사용 시
	용도	① 산업용, 선박용, 농축산용 사용 및 그 부대시설에서 사용 ② 경로당 및 가정보육시설에서 사용 시
	기타	① 단독주택에서 사용 시 ② 체적 판매방법으로 판매 곤란 시 ③ 용기를 이동하면서 사용 시

핵심 28 ◇ 저장능력에 따른 액화석유가스 사용시설과 화기와 우회거리

저장능력	화기와 우회거리(m)
1톤 미만	2m
1톤 이상 3톤 미만	5m
3톤 이상	8m
저장설비, 감압설비 외면	8m

핵심 29 ◇ LPG 자동차에 고정된 용기충전소에 설치 가능 건축물의 종류(액화석유가스 안전관리법 시행규칙 별표 3)

구 분	대상 건축물 또는 시설
해당 충전시설	① 작업장 ② 업무용 사무실 회의실 ③ 관계자 근무대기실 ④ 충전사업자가 운영하는 용기재검사시설 ⑤ 종사자의 숙소 ⑥ 충전소 내 면적 100m² 이하 식당 ⑦ 면적 100m² 이하 비상발전기 공구 보관을 위한 창고 ⑧ 충전소, 출입 대상자(자동판매기, 현금자동지급기, 소매점, 전시장) ⑨ 자동차세정의 세차시설

상기의 ①~⑨까지의 건축물 시설은 저장 가스설비 및 자동차에 고정된 탱크 이입 충전장소 외면으로부터 직선거리 8m 이상 이격

핵심 30 ◇ **안전간격에 따른 폭발 등급**

폭발 등급	안전간격	해당 가스
1등급	0.6mm 이상	메탄, 에탄, 프로판, 부탄, 암모니아, 일산화탄소, 아세톤, 벤젠
2등급	0.4mm 이상 0.6mm 미만	에틸렌, 석탄가스
3등급	0.4mm 미만	이황화탄소, 수소, 아세틸렌, 수성가스

핵심 31 ◇ **용기의 각인사항**

기 호	내 용	단 위
V	내용적	L
W	초저온용기 이외의 용기에 밸브 부속품을 포함하지 아니한 용기 질량	kg
T_w	아세틸렌용기에 있어 용기 질량에 다공물질 용제 및 밸브의 질량을 합한 질량	kg
T_P	내압시험압력	MPa
F_P	최고충전압력	MPa
t	500L 초과 용기 동판두께	mm
그 이외에 표시사항		

① 용기 제조업자의 명칭 또는 약호
② 충전하는 명칭
③ 용기의 번호

핵심 32 ◇ **용기밸브 나사의 종류**

구 분		핵심내용
용기밸브 나사	A형	밸브의 나사가 수나사인 것
	B형	밸브의 나사가 암나사인 것
	C형	밸브의 나사가 없는 것
용기밸브의 충전구나사	왼나사	NH_3와 CH_3Br을 제외한 모든 가연성 가스
	오른나사	NH_3, CH_3Br을 포함한 가연성이 아닌 모든 가스
전기설비의 방폭시공 여부		① NH_3, CH_3Br을 제외한 모든 가연성 가스 시설의 전기설비는 방폭구조로 시공한다. ② NH_3, CH_3Br을 포함한 가연성이 아닌 가스는 방폭구조로 시공하지 않아도 된다.

핵심 33 ◇ 차량 고정탱크(탱크로리) 운반기준

항목	내용
두 개 이상의 탱크를 동일차량에 운반 시	① 탱크마다 주밸브 설치 ② 탱크 상호 탱크와 차량 고정부착 조치 ③ 충전관에 안전밸브, 압력계 긴급탈압밸브 설치
LPG를 제외한 가연성 산소	18000L 이상 운반금지
NH₃를 제외한 독성	12000L 이상 운반금지
액면요동방지를 위해 하는 조치	방파판 설치
차량의 뒷범퍼와 이격거리	① 후부취출식 탱크(주밸브가 탱크 뒤쪽에 있는 것) : 40cm 이상 이격 ② 후부취출식 이외의 탱크 : 30cm 이상 이격 ③ 조작상자(공구 등 기타 필요한 것을 넣는 상자) : 20cm 이상 이격
기타	돌출 부속품에 대한 보호장치를 하고, 밸브콕 등에 개폐표시 방향을 할 것
참고사항	LPG 차량 고정탱크(탱크로리)에 가스를 이입할 수 있도록 설치되는 로딩암을 건축물 내부에 설치 시 통풍을 양호하게 하기 위하여 환기구를 설치, 이때 환기구 면적의 합계는 바닥면적의 6% 이상

☺ 수험생 여러분, 시험에는 독성 가스 12000L 이상 운반금지에 대한 것이 출제되었습니다. 하지만 상기의 이론 내용 어느 것도 출제될 가능성이 있습니다. 12000L만 문제에서 기억하여 시험보러 가시겠습니까? 상기 모든 내용을 습득하여 합격의 영광을 가지시겠습니까?

핵심 34 ◇ 고압가스 용기에 의한 운반기준(KGS GC206)

구 분		독성 가스 용기운반기준	독성 가스 용기 이외 용기운반기준
차량 구조	허용농도 100만분의 200 초과 시	① 적재함에 리프트 설치 ② 리프터 설치 예외 경우 • 용기보관실 바닥이 운반차량 적재함 최저 높이로 설치된 경우 • 용기 상하차 설비가 설치된 업소에서 공급하는 경우 • 적재능력 1톤 이하 차량	
	허용농도 100만분의 200 이하	① 용기 승하차용 리프트와 밀폐된 구조의 적재함이 부착된 전용차량(독성 가스 전용차량)으로 운반 ② 단, 내용적 1000L 이상 충전용기는 독성 가스 운반전용차량으로 운반하지 않아도 된다.	
경계표지		① 차량 앞뒤의 보기 쉬운 곳에 붉은 글씨로 위험고압가스 독성 가스 표시 상호 전화번호 운반기준, 위반행위 신고할 수 있는 허가신고 등록관청 전화번호표시, 적색상 각기 표시 ② RTC 차량의 경우는 좌우에서 볼 수 있도록	독성 가스 경계표시에서 독성 가스 문구를 제외 그 밖의 표시방법은 동일

구 분		독성 가스 용기운반기준	독성 가스 용기 이외 용기운반기준
경계 표시규격	직사각형	① 가로 : 차폭의 30% 이상 ② 세로 : 가로의 20% 이상	
	정사각형	전체 경계면적을 600cm² 이상	
	적색삼각기	가로 : 40cm 이상, 세로 : 30cm 이상, 바탕색 : 적색, 글자색 : 황색	
보호장비 (월 1회 이상 점검)		방독면, 고무장갑, 고무장화, 기타 보호구 및 제독제, 자재공구	가연성 또는 산소의 경우, 소화설비 재해발생방지를 위한 자재 및 공구
적재		① 충전용기는 적재함에 세워 적재 ② 차량의 최대적재량, 적재함을 초과하지 아니할 것 ③ 납붙임 접합용기의 경우 보호망을 적재함 에 세워 적재한다. ④ 충전용기는 고무링을 씌우거나 적재함 에 세워 적재한다. ⑤ 충전용기는 로프, 그물공구 등으로 확실 하게 묶어 적재 운반차량 뒷면에 두께 5mm 이상, 폭 100mm 이상 범퍼 또는 동등 효과의 완충장치 설치 ⑥ 독성 중 가연성, 조연성을 동일차량에 적 재금지 ⑦ 밸브 돌출용기는 밸브 손상방지 조치 ⑧ 충전용기 상하차 시 완충판을 이용 ⑨ 충전용기 이륜차 운반금지 ⑩ 염소와 아세틸렌, 암모니아, 수소는 동일 차량 적재금지 ⑪ 가연성 산소는 충전용기 밸브가 마주보지 않도록 적재 ⑫ 충전용기와 위험물관리법의 위험물과 동 일차량 적재금지	① 충전용기는 고압가스 전용 운반차 량에 세워서 적재 ② 충전용기는 이륜차에 적재운반금 지(단, 차량통행 곤란지역 LPG 충전용기는 운반전용 적재함이 장 착되어 있거나 20kg 이하 2개를 초과하지 않을 경우 이륜차 운반 가능) 그 밖에 좌측의 ⑩, ⑪, ⑫항 동일 운반 등의 기준 적용 제외 ① 운반의 양이 13kg(압축 1.3m³) 이 하인 경우 ② 소방차 구급자동차 구조차량 등이 긴급 시에 사용 시 ③ 스킨스쿠버 목적으로 공기충전 용기 2개 이하 운반 시 ④ 산업통상자원부장관이 필요하다 고 인정 시

핵심 35 ◇ **방파판(KGS AC113 3.4.7)**

정 의	액화가스 충전탱크 및 차량 고정탱크에 액면요동을 방지하기 위하여 설치되는 판
면 적	탱크 횡단면적의 40% 이상
부착위치	원호부 면적이 탱크 횡단면적의 20% 이하가 되는 위치
재료 및 두께	3.2mm 이상의 SS 41 또는 이와 동등 이상의 강도(단, 초저온 탱크는 2mm 이상 오스테나 이트계 스테인리스강 또는 4mm 이상 알루미늄 합금판)
설치 수	내용적 5m³마다 1개씩

핵심 36 ◇ **저장능력 계산**

압축가스	액화가스		
	저장탱크	소형 저장탱크	용 기
$Q=(10P+1)V$ 여기서, Q : 저장능력(m^3) P : 35℃ Fp(MPa) V : 내용적(m^3)	$W=0.9dV$ 여기서, W : 저장능력(kg) d : 액비중(kg/L) V : 내용적(L) C : 충전상수	$W=0.85dV$	$W=\dfrac{V}{C}$

핵심 37 ◇ **저장탱크 및 용기에 충전**

설 비 ＼ 가 스	액화가스	압축가스
저장탱크	90% 이하	상용압력 이하
용 기	90% 이하	최고충전압력 이하
85% 이하로 충전하는 경우	① 소형 저장탱크 ② LPG 차량용 용기 ③ LPG 가정용 용기	

핵심 38 ◇ **전기방식법**

지하매설배관의 부식을 방지하기 위하여 양전류를 보내 음전류와 상쇄하여 지하배관의 부식을 방지하는 방법

(1) 희생(유전)양극법

정 의	특 징	
	장 점	단 점
양극의 금속 Mg, Zn 등을 지하매설관에 일정간격으로 설치하면 Fe보다 (−)방향 전위를 가지고 있어 Fe이 (−)방향으로 전위변화를 일으켜 양극의 금속이 Fe 대신 소멸되어 관의 부식을 방지함	① 타 매설물의 간섭이 없다. ② 시공이 간단하다. ③ 단거리 배관에 경제적이다. ④ 과방식의 우려가 없다. ⑤ 전위구배가 적은 장소에 적당하다.	① 전류조절이 어렵다. ② 강한 전식에는 효과가 없고, 효과 범위가 좁다. ③ 양극의 보충이 필요하다.
※ 심매전극법 : 지표면의 비저항보다 깊은 곳의 비저항이 낮은 경우 적용하는 양극 설치 방법		

(2) 외부전원법

정 의	특 징	
	장 점	단 점
방식 전류기를 이용 한전의 교류전원을 직류로 전환 매설배관에 전기를 공급하여 부식을 방지함	① 전압전류 조절이 쉽다. ② 방식 효과범위가 넓다. ③ 전식에 대한 방식이 가능하다. ④ 장거리 배관에 경제적이다.	① 과방식의 우려가 있다. ② 비경제적이다. ③ 타 매설물의 간섭이 있다. ④ 교류전원이 필요하다.

(3) 강제배류법

정 의	특 징	
	장 점	단 점
레일에서 멀리 떨어져 있는 경우에 외부전원장치로 가장 가까운 선택배류방법으로 전기방식하는 방법	① 전압전류 조정이 가능하다. ② 전기방식의 효과범위가 넓다. ③ 전철이 운행중지에도 방식이 가능하다.	① 과방식의 우려가 있다. ② 전원이 필요하다. ③ 타 매설물의 장애가 있다. ④ 전철의 신호장애를 고려해야 한다.

(4) 선택배류법

정 의	특 징	
	장 점	단 점
직류전철에서 누설되는 전류에 의한 전식을 방지하기 위해 배관의 직류전원 (−)선을 레일에 연결부식을 방지함	① 전철의 위치에 따라 효과범위가 넓다. ② 시공비가 저렴하다. ③ 전철의 전류를 사용 비용절감의 효과가 있다.	① 과방식의 우려가 있다. ② 전철의 운행중지 시에는 효과가 없다. ③ 타 매설물의 간섭에 유의해야 한다.

※ 전기방식법에 의한 전위측정용 터미널 간격
  1. 외부전원법은 500m마다 설치
  2. 희생양극법 배류법은 300m마다 설치

(5) 전위 측정용 터미널 간격

구 분	간 격
희생양극법, 배류법	300m 이내
외부전원법	500m 이내

핵심 39 ◇ **압력계 기능 검사주기, 최고 눈금의 범위**

압력계 종류	기능 검사주기
충전용 주관 압력계	매월 1회 이상
그 밖의 압력계	3월 1회 이상
최고 눈금 범위	상용압력의 1.5배 이상 2배 이하

핵심 40 ◇ 배관의 감시장치에서 경보하는 경우와 이상사태가 발생한 경우

구 분	경보하는 경우	이상사태가 발생한 경우
배관 내압력	상용압력의 1.05배 초과 시(단상용 압력이 4MPa 이상 시 상용압력에 0.2MPa을 더한 압력)	상용압력의 1.1배 초과 시
압력	정상압력보다 15% 이상 강하 시	정상압력보다 30% 이상 강하 시
유량	정상유량보다 7% 이상 변동 시	정상유량보다 15% 이상 증가 시
기타	긴급차단밸브 고장 시	가스누설검지경보장치 작동 시

핵심 41 ◇ LPG 저장탱크, 도시가스 정압기실, 안전밸브 가스 방출관의 방출구 설치 위치

LPG 저장탱크		지하설치탱크	도시가스 정압기실		고압가스 저장탱크
지상설치탱크			지상설치	지하설치	
3t 이상 일반탱크	3t 미만 소형 저장탱크	지면에서 5m 이상	지면에서 5m 이상(단, 전기시설물 접촉 등으로 사고 우려 시 3m 이상)		설치능력
					5m³ 이상 탱크
			참고사항 (지하 정압기실 배기관의 배기가스 방출구)		설치위치
지면에서 5m 이상, 탱크 정상부에서 2m 중 높은 위치	지면에서 2.5m 이상, 탱크 정상부에서 1m 중 높은 위치		공기보다 무거운 도시가스	공기보다 가벼운 도시가스	지면에서 5m 이상, 탱크 정상부에서 2m 이상 중 높은 위치
			① 지면에서 5m 이상 ② 전기시설물 접촉 우려 시 3m 이상	지면에서 3m 이상	

핵심 42 ◇ 도시가스 사용시설의 월 사용예정량

$$Q = \frac{\{(A \times 240) + (B \times 90)\}}{11000}$$

여기서, Q : 월 사용예정량(m³)

A : 산업용으로 사용하는 연소기의 명판에 기재된 가스소비량 합계(kcal/hr)

B : 산업용이 아닌 연소기의 명판에 기재된 가스소비량 합계(kcal/hr)

핵심 43 ◇ 저장탱크 및 용기의 충전(%)

설비 \ 가스	액화가스	압축가스
저장탱크	90% 이하	상용압력 이하
용 기	90% 이하	최고충전압력 이하
85% 이하로 충전하는 경우	① 소형 저장탱크 ② LPG 차량용 용기 ③ LPG 가정용 용기	―

핵심 44 ◇ **독성 가스 제독제와 보유량**

가스별	제독제	보유량
염소(Cl_2)	가성소다 수용액	670kg
	탄산소다 수용액	870kg
	소석회	620kg
포스겐($COCl_2$)	가성소다 수용액	390kg
	소석회	360kg
황화수소(H_2S)	가성소다 수용액	1140kg
	탄산소다 수용액	1500kg
시안화수소(HCN)	가성소다 수용액	250kg
아황산가스(SO_2)	가성소다 수용액	530kg
	탄산소다 수용액	700kg
	물	다량
암모니아(NH_3)		
산화에틸렌(C_2H_4O)	물	다량
염화메탄(CH_3Cl)		

핵심 45 ◇ **가스 제조설비의 정전기 제거설비 설치(KGS FP111 2.6.11)**

항 목		간추린 세부 핵심내용
설치목적		가연성 제조설비에 발생한 정전기가 점화원으로 되는 것을 방지하기 위함
접지 저항치	총합	100Ω 이하
	피뢰설비가 있는 것	10Ω 이하
본딩용 접속선 섭지접속선 단면적		① $5.5mm^2$ 이상(단선은 제외)을 사용 ② 경납붙임 용접, 접속금구 등으로 확실하게 접지
단독접지설비		탑류, 저장탱크 열교환기, 회전기계, 벤트스택
충전 전 접지대상설비		① 가연성 가스를 용기·저장탱크·제조설비 이충전 및 용기 등으로부터 충전 ② 충전용으로 사용하는 저장탱크 제조설비 ③ 차량에 고정된 탱크

핵심 46 ◇ 액화석유가스 판매, 충전사업자의 영업소에 설치하는 용기저장소의 시설, 기술검사기준(액화석유가스 안전관리법 별표 6)

항 목		간추린 핵심내용
사업소 부지		한면이 폭 4m 도로에 접할 것
용기보관실	화기 취급장소	2m 이상 우회거리
	재료	불연성 지붕의 경우 가벼운 불연성
	판매 용기보관실 벽	방호벽
	용기보관실 면적	19m^2(사무실 면적 : 9m^2, 보관실 주위 부지확보면적 : 11.5m^2)
	사무실과의 위치	동일 부지에 설치
	사고 예방조치	① 가스누출경보기 설치 ② 전기설비는 방폭구조 ③ 전기스위치는 보관실 밖에 설치 ④ 환기구를 갖추고 환기불량 시 강제통풍시설을 갖출 것

핵심 47 ◇ 차량 고정탱크에 휴대해야 하는 안전운행 서류

① 고압가스 이동계획서
② 관련자격증
③ 운전면허증
④ 탱크테이블(용량 환산표)
⑤ 차량 운행일지
⑥ 차량등록증

핵심 48 ◇ 운반차량의 삼각기

항 목	내 용
바탕색	적색
글자색	황색
규격(가로×세로)	40cm×30cm

핵심 49 ◇ LPG 저장탱크 지하설치 기준(KGS FU331)

설치 기준항목			설치 세부내용
저장 탱크실		재료	레드믹스콘크리트
		시공	수밀성 콘크리트 시공
		천장, 벽, 바닥의 재료와 두께	30cm 이상 방수조치를 한 철근콘크리트
		저장탱크와 저장탱크실의 빈 공간	세립분을 함유하지 않은 모래를 채움 ※ 고압가스 안전관리법의 저장탱크 지하설치 시는 그냥 마른 모래를 채움
		집수관	직경 : 80A 이상(바닥에 고정)
		검지관	① 직경 : 40A 이상 ② 개수 : 4개소 이상
저장 탱크		상부 윗면과 탱크실 상부와 탱크실 바닥과 탱크 하부까지	60cm 이상 유지 ※ 비교사항 　1. 탱크 지상 실내 설치 시 : 탱크 정상부 탱크실 천장까지 60cm 유지 　2. 고압가스 안전관리법 기준 : 지면에서 탱크 정상부까지 60cm 이상 유지
		2개 이상 인접설치 시	상호간 1m 이상 유지 ※ 비교사항 　지상설치 시에는 물분무장치가 없을 때 두 탱크 직경의 1/4을 곱하여 1m 보다 크면 그 길이를, 1m 보다 작으면 1m를 유지
		탱크 묻은 곳의 지상	경계표지 설치
	점검구	설치 수	20t 이하 : 1개소
			20t 초과 : 2개소
		규격	사각형 : 0.8m×1m
			원형 : 직경 0.8m 이상
		가스방출관 설치위치	지면에서 5m 이상 가스 방출관 설치
		참고사항	지하저장탱크는 반드시 저장탱크실 내에 설치(단, 소형 저장탱크는 지하에 설치하지 않는다.)

핵심 50 ◇ 고압가스법 시행규칙 제2조(정의)

용 어		정 의
가연성 가스		① 폭발한계 하한 10% 이하 ② 폭발한계 상한과 하한의 차이가 20% 이상
독성 가스	LC_{50}	인체 유해한 독성을 가진 가스로서 허용농도 100만분의 5000 이하인 가스
		(허용농도) : 해당 가스를 성숙한 흰쥐의 집단에게 대기 중 1시간 동안 계속 노출 14일 이내 흰쥐의 1/2 이상이 죽게 되는 농도
독성 가스	TLV-TWA	인체에 유해한 독성을 가진 가스 허용농도 100만분의 200 이하인 가스
		(허용농도) : 건강한 성인 남자가 그 분위기에서 1일 8시간(주 40시간) 작업을 하여도 건강에 지장이 없는 농도

용 어	정 의
액화가스	가압 냉각에 의해 액체로 되어 있는 것으로 비점이 40℃ 또는 상용온도 이하인 것
압축가스	압력에 의하여 압축되어 있는 가스
저장설비	고압가스를 충전 저장하기 위한 저장탱크 및 충전용기 보관설비
저장탱크	고압가스를 충전 저장을 위해 지상, 지하에 고정 설치된 탱크
초저온 저장탱크	−50℃ 이하 액화가스를 저장하기 위한 탱크로서 단열재를 씌우거나 냉동설비로 냉각시키는 방법으로 탱크 내 가스온도가 상용의 온도를 초과하지 아니하도록 한 것
초저온용기	−50℃ 이하 액화가스를 충전하기 위한 용기로서 단열재를 씌우거나 냉동설비로 냉각시키는 방법으로 용기 내 가스온도가 상용온도를 초과하지 아니하도록 한 것
가연성 가스 저온저장탱크	대기압에서 비점 0℃ 이하 가연성을 0℃ 이하인 액체 또는 기상부 상용압력 0.1MPa 이하 액체상태로 저장하기 위한 탱크로서, 단열재 씌움·냉동설비로 냉각 등으로 탱크 내가 상용온도를 초과하지 않도록 한 것
충전용기	충전질량 또는 압력이 1/2 이상 충전되어 있는 용기
잔가스용기	충전질량 또는 압력이 1/2 미만 충전되어 있는 용기
처리설비	고압가스 제조 충전에 필요한 설비로서 펌프 압축기 기화장치
처리능력	처리·감압 설비에 의하여 압축·액화의 방법으로 1일에 처리할 수 있는 양으로서 0℃, 0Pa(g) 상태를 말한다.

핵심 51 ◇ 도시가스 배관

(1) 도시가스 배관설치기준

항 목	세부내용
중압 이하 배관 고압배관 매설 시	매설 간격 2m 이상(철근콘크리트 방호구조물 내 설치 시 1m 이상 배관의 관리주체가 같은 경우 3m 이상)
본관 공급관	기초 밑에 설치하지 말 것
천장 내부 바닥 벽 속에	공급관 설치하지 않음
공동주택 부지 안	0.6m 이상 깊이 유지
폭 8m 이상 도로	1.2m 이상 깊이 유지
폭 4m 이상 8m 미만 도로	1m 이상
배관의 기울기(도로가 평탄한 경우)	$\frac{1}{500} \sim \frac{1}{1000}$

(2) 교량에 배관설치 시

매설심도	2.5m 이상 유지
배관손상으로 위급사항 발생 시	가스를 신속하게 차단할 수 있는 차단장치 설치(단, 고압배관으로 매설구간 내 30분 내 안전한 장소로 방출할 수 있는 장치가 있을 때는 제외)
배관의 재료	강재 사용 접합은 용접
배관의 설계 설치	온도변화에 의한 열응력과 수직·수평 하중을 고려하여 설계
지지대 U볼트 등의 고정장치 배관	플라스틱 및 절연물질 삽입

(3) 교량 배관설치 시 지지간격

호칭경(A)	지지간격(m)
100	8
150	10
200	12
300	16
400	19
500	22
600	25

핵심 52 ◇ T_P(내압시험압력), F_P(최고충전압력), A_P(기밀시험압력), 상용압력, 안전밸브 작동압력

용기 분야				
용기 구분＼압력	Fp	Tp	Ap	안전밸브 작동압력
압축가스 충전용기	35℃에서 용기에 충전할 수 있는 최고압력	$Fp \times \frac{5}{3}$	Fp	$Tp \times \frac{8}{10}$ 이하
초저온, 저온용기	상용압력 중 최고압력		$Fp \times 1.1$	
초저온용기 이외 액화가스 충전용기	$Tp \times \frac{5}{3}$	법규에 정한 A, B로 구분된 압력	Fp	
C₂H₂ 용기	15℃에서 1.5MPa	Fp(1.5)×3＝4.5MPa	Fp(1.5)×1.8＝2.7MPa	
용기 이외의 분야(저장탱크 및 배관 등)				
설비별＼압력	상용압력	Tp		Ap	안전밸브 작동압력
고압가스 및 액화석유가스 분야	통상설비에서 사용되는 압력	사용압력×1.5 (단, 공기, 질소 등으로 시험 시 상용압력×1.25)		상용압력	
냉동 분야	설계압력	냉동기 설비	설계압력×1.3 (공기·질소 시험 시 설계압력×1.1)	설계압력	$Tp \times \frac{8}{10}$ 이하 (단, 액화산소탱크의 안전밸브 작동압력 ＝상용압력×1.5)
		냉동 제조	설계압력×1.5 (공기·질소 시험 시 설계압력×1.25)		
도시가스 분야	최고사용압력	최고사용압력×1.5 (단, 공기, 질소 등으로 시험 시 최고사용압력×1.25)		(공급시설) 최고사용압력×1.1 (사용시설 및 정압기 시설) 8.4kPa 또는 최고사용압력×1.1배 중 높은 압력	

핵심 53 ◇ 방류둑 설치기준

(1) 방류둑 : 액화가스가 누설 시 한정된 범위를 벗어나지 않도록 탱크 주위를 둘러쌓은 제방

법령에 따른 기준			설치기준 저장탱크 가스홀더 및 설비의 용량	항 목		세부 핵심내용
고압가스 안전관리법 (KGS 111, 112)	독성		5t 이상	방류둑 용량 (액화가스 누설 시 방류둑에서 차단할 수 있는 양)	독성 가연성	저장능력 상당용적
	산소		1000t 이상			
	가연성	일반제조	1000t 이상		산소	저장능력 상당용적의 60% 이상
		특정제조	500t 이상			
	냉동제조		수액기 용량 10000L 이상	재료		철근콘크리트 · 철골 · 금속 · 흙 또는 이의 조합
LPG 안전관리법	1000t 이상 (LPG는 가연성 가스임)			성토 각도		45°
도시가스 안전관리법	가스도매 사업법		500t 이상	성토 윗부분 폭		30cm 이상
	일반도시가스 사업법		1000t 이상	출입구 설치 수		50m 마다 1개(전 둘레 50m 미만 시 2곳을 분산 설치)
	(도시가스는 가연성 가스임)			집합 방류둑		가연성과 조연성, 가연성, 독성 가스의 저장탱크를 혼합 배치하지 않음
참고사항	① 방류둑 안에는 고인물을 외부로 배출할 수 있는 조치를 한다. ② 배수조치는 방류둑 밖에서 배수차단 조작을 하고 배수할 때 이외는 반드시 닫아둔다.					

(2) 방류둑 부속설비 설치에 관한 규정

구 분	간추린 핵심내용
방류둑 외측 및 내면	10m 이내 그 저장탱크 부속설비 이외의 것을 설치하지 아니함
10m 이내 설치 가능 시설	① 해당 저장탱크의 송출 송액설비 ② 불활성 가스의 저장탱크 물분무, 살수장치 ③ 가스누출검지경보설비 ④ 조명, 배수설비 ⑤ 배관 및 파이프 래크

※ 상기 문제 출제 시에는 10m 이내 설치 가능시설의 규정이 없었으나 법 규정이 이후 변경되었음.

핵심 54 ◇ **내진설계(가스시설 내진설계기준(KGS 203))**

(1) 내진설계 시설용량

법규 구분		시설 구분	
		지상저장탱크 및 가스홀더	그 밖의 시설
고압가스 안전관리법	독성, 가연성	5톤, 500m³ 이상	① 반응 · 분리 · 정제 · 증류 등을 행하는 탑류로서 동체부 5m 이상 압력용기 ② 세로방향으로 설치한 동체길이 5m 이상 원통형 응축기 ③ 내용적 5000L 이상 수액기 ④ 지상설치 사업소 밖 고압가스배관 ⑤ 상기 시설의 지지구조물 및 기초연결부
	비독성, 비가연성	10톤, 1000m³ 이상	
액화석유가스의 안전관리 및 사업법		3톤 이상	3톤 이상 지상저장탱크의 지지구조물 및 기초와 이들 연결부
도시가스 사업법	제조시설	3톤(300m³) 이상	–
	충전시설	5톤(500m³) 이상	① 반응 · 분리 · 정제 · 증류 등을 행하는 탑류로서 동체부 높이가 5m 이상인 압력용기 ② 지상에 설치되는 사업소 밖의 배관(사용자 공급관 배관 제외) ③ 도시가스법에 따라 설치된 시설 및 압축기, 펌프, 기화기, 열교환기, 냉동설비, 정제설비, 부취제 주입설비, 지지구조물 및 기초와 이들 연결부
	가스도매업자, 가스공급시설 설치자의 시설	① 정압기지 및 밸브기지 내(정압설비, 계량설비, 가열설비, 배관의 지지구조물 및 기초, 방산탑, 건축물) ② 사업소 밖 배관에 긴급차단장치를 설치 또는 관리하는 건축물	
	일반도시가스 사업자	철근콘크리트 구조의 정압기실(캐비닛, 매몰형 제외)	

(2) 내진 등급 분류

중요도 등급	영향도 등급	관리 등급	내진 등급
특	A	핵심시설	내진 특A
	B	–	내진 특
1	A	중요시설	
	B	–	내진 I
2	A	일반시설	
	B		내진 II

(3) 내진설계에 따른 독성가스 종류

구 분	허용농도(TLV-TWA)	종류
제1종 독성가스	1ppm 이하	염소, 시안화수소, 이산화질소, 불소 및 포스겐
제2종 독성가스	1ppm 초과 10ppm 이하	염화수소, 삼불화붕소, 이산화유황, 불화수소, 브롬화메틸, 황화수소
제3종 독성가스	–	제1종, 제2종 독성가스 이외의 것

(4) 내진설계 등급의 용어

구 분		핵심내용
내진 특등급	시설	그 설비의 손상이나 기능 상실이 사업소 경계 밖에 있는 공공의 생명 · 재산에 막대한 피해를 초래 및 사회의 정상적인 기능 유지에 심각한 지장을 가져올 수 있는 것
	배관	배관의 손상이나 기능 상실이 사업소 경계 밖에 있는 공공의 생명 · 재산에 막대한 피해를 초래 및 사회의 정상적인 기능 유지에 심각한 지장을 가져올 수 있는 것(독성 가스를 수송하는 고압가스 배관의 중요도)
내진 1등급	시설	그 설비의 손상이나 기능 상실이 사업소 경계 밖에 있는 공공의 생명과 재산에 상당한 피해를 가져올 수 있는 것
	배관	배관의 손상이나 기능 상실이 사업소 경계 밖에 있는 공공의 생명과 재산에 상당한 피해를 가져올 수 있는 것(가연성 가스를 수송하는 고압가스 배관의 중요도)
내진 2등급	시설	그 설비의 손상이나 기능 상실이 사업소 경계 밖에 있는 공공의 생명 · 재산에 경미한 피해를 가져 올 수 있는 것
	배관	배관의 손상이나 기능 상실이 사업소 경계 밖에 있는 공공의 생명 · 재산에 경미한 피해를 가져 올 수 있는 것(독성, 가연성 이외의 가스를 수송하는 배관의 중요도)

※ 내진 등급을 4가지로 분류 시는 내진 특A등급, 내진 특등급, 내진 1등급, 내진 2등급으로 분류

(5) 도시가스 배관의 내진 등급

내진 등급	사업자 구분		관리 등급
	가스도매사업자	일반도시가스사업자	
내진 특등급	모든 배관	–	중요시설
내진 1등급	–	0.5MPa 이상 배관	–
내진 2등급	–	0.5MPa 미만 배관	–

핵심 55 ◈ **방폭전기기기의 온도 등급**

가연성 가스의 발화도(℃) 범위	방폭전기기기의 온도 등급
450 초과	T 1
300 초과 450 이하	T 2
200 초과 300 이하	T 3
135 초과 200 이하	T 4
100 초과 135 이하	T 5
85 초과 100 이하	T 6

핵심 56 ◇ 가스용 폴리에틸렌(PE 배관)의 접합(KGS FS451 2.5.5.3)

항 목			접합방법
일반적 사항			① 눈, 우천 시 천막 등의 보호조치를 하고 융착 ② 수분, 먼지, 이물질 제거 후 접합
금속관과 접합			이형질 이음관(T/F)을 사용
공칭 외경이 상이한 경우			관이음매(피팅)를 사용
접합	열융착	맞대기	① 공칭 외경 90mm 이상 직관 연결 시 사용 ② 이음부 연결오차는 배관두께의 10% 이하
		소켓	배관 및 이음관의 접합은 일직선
		새들	새들 중 심선과 배관의 중심선은 직각 유지
	전기융착	소켓	이음부는 배관과 일직선 유지
		새들	이음매 중심선과 배관중심선 직각 유지
시공방법	일반적 시공		매몰 시공
	보호조치가 있는 경우		30cm 이하로 노출 시공 가능
	굴곡허용반경		외경의 20배 이상(단, 20배 미만 시 엘보 사용)
지상에서 탐지방법	매몰형 보호포		—
	로케팅 와이어		굵기 6mm^2 이상

핵심 57 ◇ 도시가스의 연소성을 판단하는 지수

구 분	핵심내용
웨버지수(WI)	$$WI = \frac{H_g}{\sqrt{d}}$$ 여기서, WI : 웨버지수 　　　　H_g : 도시가스 총 발열량(kcal/m^3) 　　　　$\sqrt{d}$: 도시가스의 공기에 대한 비중
연소속도(C_P)	$$C_P = K\frac{1.0\text{H}_2 + 0.6(\text{CO} + \text{C}_m\text{H}_n) + 0.3\text{CH}_4}{\sqrt{d}}$$ 여기서, C_P : 연소속도 　　　　K : 도시가스 중 산소 함유율에 따라 정하는 정수 　　　　H_2 : 도시가스 중 수소 함유율(%) 　　　　CO : 도시가스 중 CO의 함유율(%) 　　　　C_mH_n : 도시가스 중 메탄 이외에 탄화수소 함유율(%) 　　　　CH_4 : 도시가스 중 메탄 함유율(%) 　　　　d : 도시가스의 공기에 대한 비중

핵심 58 ◈ 압축금지 가스

구 분	압축금지(%)
가연성 중의 산소 및 산소 중 가연성	4% 이상
수소, 아세틸렌, 에틸렌 중 산소 및 산소 중 수소, 아세틸렌, 에틸렌	2% 이상

핵심 59 ◈ 용기의 도색 표시(고법 시행규칙 별표 24)

가연성 · 독성		의료용		그 밖의 가스	
종 류	도 색	종 류	도 색	종 류	도 색
LPG	회색	O_2	백색	O_2	녹색
H_2	주황색	액화탄산	회색	액화탄산	청색
C_2H_2	황색	He	갈색	N_2	회색
NH_3	백색	C_2H_4	자색	소방용 용기	소방법의 도색
Cl_2	갈색	N_2	흑색	그 밖의 가스	회색

의료용의 사이크로프로판 : 주황색 용기에 가연성은 화기, 독성은 해골 그림 표시

핵심 60 ◈ 방폭안전구조의 틈새범위

최대안전틈새 범위(mm)	0.9 이상	0.5 초과 0.9 미만	0.5 이하
가연성 가스의 폭발 등급	A	B	C
방폭전기기기의 폭발 등급	II A	II B	II C

최대안전틈새는 내용적이 8리터이고, 틈새깊이가 25mm인 표준용기 안에서 가스가 폭발할 때 발생한 화염이 용기 밖으로 전파되어 가연성 가스에 점화되지 않는 최대값

핵심 61 ◈ 고압 · LPG · 도시가스의 냄새나는 물질의 첨가(KGS FP331 3.2.1.1)

항 목	간추린 세부 핵심내용
공기 중 혼합비율 용량(%)	1/1000(0.1%)
냄새농도 측정방법	① 오더미터법(냄새 측정기법) ② 주사기법 ③ 냄새주머니법 ④ 무취실법
시료기체 희석배수 (시료기체 양÷시험가스 양)	① 500배 ② 1000배 ③ 2000배 ④ 4000배

항 목		간추린 세부 핵심내용
용어설명	패널(panel)	미리 선정한 정상적인 후각을 가진 사람으로서 냄새를 판정하는 자
	시험자	냄새농도 측정에 있어서 희석조작을 하여 냄새농도를 측정하는 자
	시험가스	냄새를 측정할 수 있도록 기화시킨 가스
	시료 기체	시험가스를 청정한 공기로 희석한 판정용 기체
기타 사항		① 패널은 잡담을 금지한다. ② 희석배수의 순서는 랜덤하게 한다. ③ 연속측정 시 30분마다 30분간 휴식한다.
부취제 구비조건		① 경제적일 것 ② 화학적으로 안정할 것 ③ 보통존재 냄새와 구별될 것 ④ 물에 녹지 않을 것 ⑤ 독성이 없을 것

핵심 62 ◇ 도시가스 지하 정압기실

항 목 \ 구 분	공기보다 가벼움	공기보다 무거움
흡입구, 배기구 관경	100mm 이상	
환기구 방향 배기구 위치 배기가스 방출구	2방향 분산 설치 천장면에서 30cm 지면에서 3m 이상	2방향 분산 설치 지면에서 30cm 지면에서 5m 이상(전기시설물 접촉 우려 시 3m 이상)

핵심 63 ◇ 용기의 C, P, S 함유량(%)

용기 종류 \ 성 분	C(%)	P(%)	S(%)
무이음용기	0.55 이하	0.04 이하	0.05 이하
용접용기	0.33 이하	0.04 이하	0.05 이하

핵심 64 ◇ 용기 종류별 부속품의 기호

기 호	내 용
AG	C_2H_2 가스를 충전하는 용기 및 그 부속품
PG	압축가스를 충전하는 용기 및 그 부속품
LG	LPG 이외의 액화가스를 충전하는 용기 및 그 부속품
LPG	액화석유가스를 충전하는 용기 및 그 부속품
LT	초저온 저온용기의 부속품

핵심 65 ◇ 전기방식(KGS FP202 2.2.2.2)

측정 및 점검주기			
관대지전위	외부전원법에 따른 외부전원점 관대지전위 정류기 출력전압 전류 배선접속 계기류 확인	배류법에 따른 배류점 관대지전위 배류기 출력전압 전류 배선접속 계기류 확인	절연부속품 역전류방지장치 결선보호 절연체 효과
1년 1회 이상	3개월 1회 이상	3개월 1회 이상	6개월 1회 이상

전기방식조치를 한 전체 배관망에 대하여 2년 1회 이상 관대지 등의 전위를 측정

전위측정용(터미널(T/B)) 시공방법	
외부전원법	희생양극법, 배류법
500m 간격	300m 간격

전기방식 기준(자연전위 변화값 : −300mV)		
고압가스	액화석유가스	도시가스
포화황산동 기준 전극		
−5V 이상 −0.85V 이하	−0.85V 이하	−0.85V 이하
황산염 환원박테리아가 번식하는 토양		
−0.95V 이하	−0.95V 이하	−0.95V 이하

전기방식 효과를 유지하기 위하여 절연조치를 하는 장소는 다음과 같다.
① 교량횡단 배관의 양단
② 배관 등과 철근콘크리트 구조물 사이
③ 배관과 강제 보호관 사이
④ 배관과 지지물 사이
⑤ 타 시설물과 접근 교차지점
⑥ 지하에 매설된 부분과 지상에 설치된 부분의 경계
⑦ 저장탱크와 배관 사이
⑧ 고압가스 · 액화석유가스 시설과 철근콘크리트 구조물 사이

전위측정용 터미널의 설치장소는 다음과 같다.
① 직류전철 횡단부 주위
② 지중에 매설되어 있는 배관절연부의 양측
③ 다른 금속구조물의 근접 교차부분
④ 밸브스테이션
⑤ 희생양극법, 배류법에 따른 배관에는 300m 이내 간격
⑥ 외부전원법에 따른 배관에는 500m 이내 간격으로 설치

핵심 66 ◇ **도시가스 배관의 종류**

배관의 종류		정 의
배관		본관, 공급관, 내관 또는 그 밖의 관
본관	가스도매사업	도시가스 제조사업소(액화천연가스의 인수기지)의 부지경계에서 정압기지의 경계까지 이르는 배관(밸브기지 안 밸브 제외)
	일반도시가스 사업	도시가스 제조사업소의 부지경계 또는 가스도매사업자의 가스시설 경계에서 정압기까지 이르는 배관
	나프타 부생 바이오가스 제조사업	해당 제조사업소의 부지경계에서 가스도매사업자 또는 일반도시가스 사업자의 가스시설 경계 또는 사업소 경계까지 이르는 배관
	합성 천연가스 제조사업	해당 제조사업소 부지경계에서 가스도매사업자의 가스시설 경계 또는 사업소 경계까지 이르는 배관
공급관	공동주택, 오피스텔, 콘도미니엄, 그 밖의 산업통상자원부 인정 건축물에 가스공급 시	정압기에서 가스사용자가 구분하여 소유하거나 점유하는 건축물의 외벽에 설치하는 계량기의 전단밸브까지 이르는 배관
	공동주택 외의 건축물 등에 도시가스 공급 시	정압기에서 가스사용자가 소유하거나 점유하고 있는 토지의 경계까지 이르는 배관
	가스도매사업의 경우	정압기지에서 일반 도시가스사업자의 가스공급 시설이나 대량수요자의 가스사용 시설에 이르는 배관
	나프타 부생가스, 바이오가스 제조사업 및 합성 천연가스 제조사업	해당 사업소의 본관 또는 부지경계에서 가스사용자가 소유하거나 점유하고 있는 토지의 경계까지 이르는 배관
사용자 공급관		공급관 중 가스사용자가 소유하거나 점유하고 있는 토지의 경계에서 가스사용자가 구분하여 소유하거나 점유하는 건축물의 외벽에 설치된 계량기의 전단밸브(계량기가 건축물 내부에 설치된 경우 그 건축물의 외벽)까지 이르는 배관
내관		① 가스사용자가 소유하거나 점유하고 있는 토지의 경계에서 연소기까지 이르는 배관 ② 공동주택 등으로 가스사용자가 구분하여 소유하거나 점유하는 건축물 외벽에 계량기 설치 시 : 계량기 전단밸브까지 이르는 배관 ③ 계량기가 건축물 내부에 설치 시 : 건축물 외벽까지 이르는 배관

핵심 67 ◇ **가스누출경보기 및 자동차단장치 설치(KGS FU211, FP211, FP111)**

(1) 가스누출경보기 및 자동차단장치 설치(KGS FP211 2.6.2)

항 목	간추린 핵심 내용
설치 목적	① 독성, 공기보다 무거운 가연성 가스 누출 시 신속히 검지 ② 효과적으로 대응조치를 위하여
기능	누출검지 후 농도 지시 동시에 경보하는 기능
종류	접촉연소, 격막 갈바니전지 반도체식으로 담배연기, 잡가스 등에는 경보하지 않을 것

항 목		간추린 핵심 내용
경보농도	가연성	폭발하한의 1/4 이하
	독성	TLV-TWA의 허용농도 이하
	NH_3	실내에서 사용 시 50ppm 이하
정밀도	가연성	±25% 이하
	독성	±30% 이하
검지에서 발신까지 시간 (경보농도 1.6배 농도 기준)	NH_3, CO	1분
	그 밖의 가스	30초
지시계 눈금	가연성	0 ~ 폭발하한
	독성	TLV-TWA 허용농도 3배 값
	NH_3 실내 사용	150ppm
경보기가 작동되었을 때		가스 농도가 변화하여도 계속 경보를 올리고 확인 대책 강구 후에 정지되어야 한다.

(2) 가스누출경보 및 차단장치 설치장소 및 검지부의 설치개수(KGS FP111, FP331, FP451)

법규에 따른 항목			설치 세부내용		
			장 소	설치간격	개 수
고압가스 (FP111 2.6.2.3)	제조 시설	건축물 내	바닥면 둘레	10m	1개
		건축물 밖		20m	1개
		가열로 발화원의 제조설비 주위		20m	1개
		특수반응 설비		10m	1개
		그 밖의 사항	계기실 내부	1개 이상	
			방류둑 내 탱크	1개 이상	
			독성 가스 충전용 접속군	1개 이상	
		배관	경보장치의 검출부 설치장소		
			① 긴급차단장치부분 ② 슬리브관, 이중관 밀폐 설치부분 ③ 누출가스 체류 쉬운 부분 ④ 방호구조물 등에 의하여 밀폐되어 설치된 배관 부분		
LPG (FP331 2.6.2.3)	경보기의 검지부 설치장소		① 저장탱크, 소형 저장탱크 용기 ② 충전설비 로딩암 압력용기 등 가스설비		
	설치해서는 안 되는 장소		① 증기, 물방울, 기름기 섞인 연기 등이 직접 접촉 우려가 있는 곳 ② 온도 40℃ 이상인 곳 ③ 누출가스 유동이 원활치 못한 곳 ④ 경보기 파손 우려가 있는 곳		
도시 가스 사업법 (FP451 2.6.2.1.4)	설치 개수	건축물 안	바닥면 둘레	10m마다 1개 이상	
		지하의 전용탱크 처리설비실		20m마다 1개 이상	
		정압기(지하 포함)실		20m마다 1개 이상	

(3) 설치 개요

독성 및 공기보다 무거운 가연성 가스의 저장설비에는 가스가 누출될 경우 이를 신속히 검지하여 효과적인 대응을 하기 위하여 설치

(4) 검지경보장치 기능(KGS FU211 2.6.2.1)

가스의 누출을 검지하여 그 농도를 지시함과 동시에 경보

① 접촉연소방식, 격막갈바니 전지방식, 반도체방식, 그 밖의 방식으로 검지하여 엘리먼트의 변화를 전기적 신호에 의해 설정가스 농도에서 자동적으로 울리는 기능(단, 담배연기 및 다른 잡가스에는 경보하지 않을 것)

② 경보농도

　㉠ 가연성 : 폭발하한의 1/4 이하

　㉡ 독성 : TLV-TWA 기준 농도 이하(NH_3는 실내에서 사용 시 50ppm 이하)

③ 경보기 정밀도

　㉠ 가연성 ±25% 이하

　㉡ 독성 ±30% 이하

④ 검지에서 발신까지 걸리는 시간 : 경보농도의 1.6배 농도에서 30초 이내(단, NH_3, CO는 60초 이내)

⑤ 경보 정밀도 : 전원·전압의 변동이 ±10% 정도일 때도 저하되지 않을 것

⑥ 지시계 눈금

　㉠ 가연성 : 0~폭발하한계값

　㉡ 독성 : TLV-TWA 기준농도의 3배 값(NH_3는 실내에서 사용 시 150ppm)

※ 경보를 발신 후 그 농도가 변화하더라도 계속 경보하고 대책을 강구한 후 경보가 정지하게 된다.

핵심 68 ◇ 가스배관 압력측정 기구별 기밀유지시간(KGS FS551 4.2.2.9.4)

(1) 압력측정 기구별 기밀유지시간

압력측정 기구	최고사용압력	용 적	기밀유지시간
수은주게이지	0.3MPa 미만	$1m^3$ 미만	2분
		$1m^3$ 이상 $10m^3$ 미만	10분
		$10m^3$ 이상 $300m^3$ 미만	V분(다만, 120분을 초과할 경우는 120분으로 할 수 있다)
수주게이지	저압	$1m^3$ 미만	1분
		$1m^3$ 이상 $10m^3$ 미만	5분
		$10m^3$ 이상 $300m^3$ 미만	$0.5 \times V$분(다만, 60분을 초과한 경우는 60분으로 할 수 있다)
전기식 다이어프램형 압력계	저압	$1m^3$ 미만	4분
		$1m^3$ 이상 $10m^3$ 미만	40분
		$10m^3$ 이상 $300m^3$ 미만	$4 \times V$분(다만, 240분을 초과한 경우는 240분으로 할 수 있다)

압력측정 기구	최고사용압력	용 적	기밀유지시간
압력계 또는 자기압력 기록계	저압 중압	$1m^3$ 미만	24분
		$1m^3$ 이상 $10m^3$ 미만	240분
		$10m^3$ 이상 $300m^3$ 미만	$24 \times V$분(다만, 1440분을 초과한 경우는 1440분으로 할 수 있다)
	고압	$1m^3$ 미만	48분
		$1m^3$ 이상 $10m^3$ 미만	480분
		$10m^3$ 이상 $300m^3$ 미만	$48 \times V$(다만, 2880분을 초과한 경우는 2880분으로 할 수 있다)

※ 1. V는 피시험부분의 용적(단위 : ㎥)이다.
　2. 최소기밀시험 유지시간 ① 자기압력기록계 30분, ② 전기다이어프램형 압력계 4분

(2) 기밀유지 실시 시기

대상 구분		기밀시험 실시 시기
PE 배관		설치 후 15년이 되는 해 및 그 이후 5년마다
폴리에틸렌 피복강관	1993.6.26 이후 설치	
	1993.6.25 이전 설치	설치 후 15년이 되는 해 및 그 이후 3년마다
그 밖의 배관		설치 후 15년이 되는 해 및 그 이후 1년마다
공동주택 등(다세대 제외) 부지 내 설치 배관		3년마다

핵심69 ◇ 운반 독성 가스 양에 따른 소석회 보유량(KGS GC206)

품 명	운반하는 독성 가스 양 액화가스 질량 1000kg		적용 독성 가스
	미만의 경우	이상의 경우	
소석회	20kg 이상	40kg 이상	염소, 염화수소, 포스겐, 아황산가스

핵심70 ◇ 에어졸 제조시설(KGS FP112)

구 조	내 용	기타 항목
내용적	1L 미만	① 정량을 충전할 수 있는 자동충전기 설치 ② 인체, 가정 사용 제조시설에는 불꽃길이 시험장치 설치 ③ 분사제는 독성이 아닐 것 ④ 인체에 사용 시 20cm 이상 떨어져 사용 ⑤ 특정부위에 장시간 사용하지 말 것
용기재료	강, 경금속	
금속제 용기두께	0.125mm 이상	
내압시험압력	0.8MPa	
가압시험압력	1.3MPa	
파열시험압력	1.5MPa	
누설시험온도	46~50℃ 미만	
화기와 우회거리	8m 이상	
불꽃길이 시험온도	24℃ 이상 26℃ 이하	
시료	충전용기 1조에서 3개 채취	

제품 기재사항	
버너와 시료간격	15cm
버너 불꽃길이	4.5cm 이상 5.5cm 이하
가연성	① 40℃ 이상 장소에 보관하지 말 것　② 불 속에 버리지 말 것 ③ 사용 후 잔가스 제거 후 버릴 것　④ 밀폐장소에 보관하지 말 것
가연성 이외의 것	상기 항목 이외에 ① 불꽃을 향해 사용하지 말 것　② 화기부근에서 사용하지 말 것 ③ 밀폐실 내에서 사용 후 환기시킬 것

핵심71 ◇ 차량 고정탱크 및 용기에 의한 운반 · 주차 시의 기준(KGS GC206)

구 분	내 용
주차 장소	① 1종 보호시설에서 15m 이상 떨어진 곳 ② 2종 보호시설이 밀집되어 있는 지역으로 육교 및 고가차도 아래는 피할 것 ③ 교통량이 적고 부근에 화기가 없는 안전하고 지반이 좋은 장소
비탈길 주차 시	주차 Break를 확실하게 걸고 차바퀴에 차바퀴 고정목으로 고정
차량운전자, 운반책임자가 차량에서 이탈한 경우	항상 눈에 띄는 장소에 있도록 한다.
기타 사항	① 장시간 운행으로 가스온도가 상승되지 않도록 한다. ② 40℃ 초과 우려 시 급유소를 이용, 탱크에 물을 뿌려 냉각한다. ③ 노상주차 시 직사광선을 피하고, 그늘에 주차하거나 탱크에 덮개를 씌운다(단, 초저온, 저온탱크는 그러하지 아니 하다). ④ 고속도로 운행 시 규정속도를 준수, 커브길에서는 신중하게 운전한다. ⑤ 200km 이상 운행 시 중간에 충분한 휴식을 한다. ⑥ 운반책임자의 자격을 가진 운전자는 운반도중 응급조치에 대한 긴급지원 요청을 위하여 주변의 제조 · 저장 판매 수입업자, 경찰서, 소방서의 위치를 파악한다. ⑦ 차량 고정탱크로 고압가스 운반 시 고압가스에 대한 주의사항을 기재한 서면을 운반책임자, 운전자에게 교부하고 운반 중 휴대시킨다.

핵심72 ◇ 안전교육

(1) 고법

교육과정	교육대상자	교육기간
전문교육	특정고압가스 사용 신고시설의 안전관리책임자를 제외한 안전관리책임자 및 안전관리원	신규종사 후 6개월 이내 및 그 후에는 3년이 되는 해마다 1회(검사기관의 기술인력 제외)
특별교육	① 운반차량의 운전자 ② 고압가스 사용 자동차 운전자 ③ 고압가스 자동차 충전시설의 충전원 ④ 고압가스 사용 자동차 정비원	신규종사 시 1회
양성교육	(일반시설, 냉동시설, 판매시설, 사용시설의 안전관리자가 되려는 사람) • 운반책임자가 되려는 사람	

(2) 액화석유가스의 교육과정

교육과정	교육대상자	교육시기
전문교육	① 안전관리책임자와 안전관리원의 대상자는 제외 ② 액화석유가스 특정사용시설의 안전관리책임자와 안전관리원 ③ 시공관리자(제1종 가스시설 시공업자에 채용된 시공관리자만을 말한다) ④ 시공자(제2종 가스시설 시공업자의 기술능력인 시공자 양성교육 또는 가스시설 시공관리자 양성교육을 이수한 자로 한정)와 제2종 가스시설 시공업자에게 채용된 시공관리자 ⑤ 온수보일러 시공자(제3종 가스시설 시공업자의 기술능력인 온수보일러 시공자 양성교육 또는 온수보일러 시공관리자 양성교육을 이수한 자로 한정)와 제3종 가스시설 시공업자에게 채용된 온수보일러 시공 ⑥ 액화석유가스 운반책임자	신규종사 후 6개월 이내 및 그 후에는 3년이 되는 해마다 1회
특별교육	① 액화석유가스 사용자동차 운전자 ② 액화석유가스 운반자동차 운전자와 액화석유가스 배달원 ③ 액화석유가스 충전시설의 충전원 ④ 제1종 또는 제2종 가스시설 시공업자 중 자동차정비업 또는 자동차 폐차업자의 사업소에서 액화석유가스를 연료로 사용하는 자동차의 액화석유가스 연료계통 부품의 정비작업 또는 폐차직업에 종사하는 자	신규 종사 시 1회
양성교육	① 일반시설 안전관리자가 되려는 자 ② 액화석유가스 충전시설 안전관리자가 되려는 자 ③ 판매시설 안전관리자가 되려는 자 ④ 사용시설 안전관리자가 되려는 자 ⑤ 가스시설 시공관리자가 되려는 자 ⑥ 시공자가 되려는 자 ⑦ 온수보일러 시공자가 되려는 자 ⑧ 온수보일러 시공관리자가 되려는 자 ⑨ 폴리에틸렌관 융착원이 되려는 자	–

(3) 도시가스의 교육과정

교육과정	교육대상자	교육시기
전문교육	① 도시가스사업자(도시가스사업자 외의 가스공급시설 설치자를 포함한다)의 안전관리책임사 · 안선관리원 · 안전섬검원 ② 가스사용시설 안전관리 업무 대행자에 채용된 기술인력 중 안전관리책임자와 안전관리원 ③ 특정 가스사용시설의 안전관리책임자 ④ 제1종 가스시설 시공자에 채용된 시공관리자 ⑤ 제2종 가스시설 시공업자의 기술인력인 시공자(양성교육이수자만을 말한다) 및 제2종 가스시설 시공업자에 채용된 시공관리자 ⑥ 제3종 가스시설 시공업자에 채용된 온수보일러 시공관리자	신규 종사 후 6개월 이내 및 그 후에는 3년이 되는 해마다 1회
특별교육	① 보수 · 유지 관리원 ② 사용시설 점검원 ③ 도기가스사용 자동차 운전자 ④ 도시가스 자동차 충전시설의 충전원 ⑤ 도시가스 사용자 자동차 정비원	신규 종사 시 1회

교육과정	교육대상자	교육시기
양성교육	① 도시가스시설, 사용시설 안전관리자가 되려는 자 ② 가스시설 시공관리자가 되려는 자 ③ 온수보일러 시공자가 되려는 자 ④ 폴리에틸렌 융착원이 되려는 자	‒

핵심73 ◇ **가스계량기, 호스이음부, 배관의 이음부 유지거리(단, 용접이음부 제외)**

항목		해당법규 및 항목구분에 따른 이격거리
전기계량기, 전기개폐기		법령 및 사용, 공급 관계없이 무조건 60cm 이상
전기점멸기, 전기접속기	30cm 이상	공급시설의 배관이음부, 사용시설 가스계량기
	15cm 이상	LPG, 도시 사용시설(배관이음부, 호스이음부)
단열조치하지 않은 굴뚝	30cm 이상	① LPG공급시설(배관이음부) ② LPG, 도시 사용시설의 가스계량기
	15cm 이상	① 도시가스공급시설(배관이음부) ② LPG, 도시 사용시설(배관이음부)
절연조치하지 않은 전선	30cm 이상	LPG공급시설(배관이음부)
	15cm 이상	도시가스공급, LPG, 도시가스 사용시설(배관이음부, 가스계량기)
절연조치한 전선		항목, 법규 구분없이 10cm 이상
공급시설		배관이음부
사용시설		배관이음부, 호스이음부, 가스계량기

핵심74 ◇ **가스용품의 생산단계 검사**

생산단계 검사는 자체검사능력과 품질관리능력에 따라 구분된 다음 표의 검사의 종류 중 가스용품 제조자나 가스용품 수입자가 선택한 어느 하나의 검사를 실시한 것

검사의 종류	대 상	구성항목	주 기
제품확인	생산공정검사 또는 종합공정검사 대상 이외 품목	정기품질검사	2개월에 1회
		상시품질검사	신청 시 마다
생산공정검사	제조공정·자체검사공정에 대한 품질시스템의 적합성을 충족할 수 있는 품목	정기품질검사	3개월에 1회
		공정확인심사	3개월에 1회
		수시품질검사	1년에 2회 이상
종합공정검사	공정 전체(설계·제조·자체검사)에 대한 품질시스템의 적합성을 충족할 수 있는 품목	종합품질관리체계심사	6개월에 1회
		수시품질검사	1년에 1회 이상

핵심 75 ◇ 수리자격자별 수리범위

수리자격자	수리범위
용기 제조자	① 용기 몸체의 용접 ② 아세틸렌 용기 내의 다공질물 교체 ③ 용기의 스커트·프로텍터 및 넥크링의 교체 및 시공 ④ 용기 부속품의 부품 교체 ⑤ 저온 또는 초저온 용기의 단열재 교체, 초저온 용기 부속품의 탈·부착
특정설비 제조자	① 특정설비 몸체의 용접 ② 특정설비의 부속품(그 부품을 포함)의 교체 및 가공 ③ 단열재 교체
냉동기 제조자	① 냉동기 용접 부분의 용접 ② 냉동기 부속품(그 부품을 포함)의 교체 및 가공 ③ 냉동기의 단열재 교체
고압가스 제조자	① 초저온 용기 부속품의 탈부착 및 용기 부속품의 부품(안전장치 제외) 교체(용기 부속품 제조자가 그 부속품의 규격에 적합하게 제조한 부품의 교체만을 말한다.) ② 특정설비의 부품 교체 ③ 냉동기의 부품 교체 ④ 단열재 교체(고압가스 특정제조자만을 말한다) ⑤ 용접가공[고압가스 특정제조자로 한정하며, 특정설비 몸체의 용접가공은 제외. 다만 특정설비 몸체의 용접수리를 할 수 있는 능력을 갖추었다고 한국가스안전공사가 인정하는 제조자의 경우에는 특정설비(차량에 고정된 탱크는 제외) 몸체의 용접가공도 할 수 있다].
검사기관	특정설비의 부품 교체 및 용접(특정설비 몸체의 용접은 제외. 다만, 특정설비 제조자와 계약을 체결하고 해당 제조업소로 하여금 용접을 하게 하거나, 특정설비 몸체의 용접수리를 할 수 있는 용접설비기능사 또는 용접기능사 이상의 자격자를 보유하고 있는 경우에는 그러하지 아니 하다.) ① 냉동설비의 부품 교체 및 용접 ② 단열재 교체 ③ 용기의 프로텍터·스커트 교체 및 용접(열처리설비를 갖춘 전문 검사기관만을 말한다.) ④ 초저온 용기 부속품의 탈부착 및 용기 부속품의 부품 교체 ⑤ 액화석유가스를 액체상태로 사용하기 위한 액화석유가스 용기 액출구의 나사 사용 막음 조치(막음 조치에 사용하는 나사의 규격은 KS B 6212에 직합한 경우만을 밀한다.)
액화석유가스 충전사업자	액화석유가스 용기용 밸브의 부품 교체(핸들 교체 등 그 부품의 교체 시 가스누출의 우려가 없는 경우만을 말한다.)
자동차 관리사업자	자동차의 액화석유가스 용기에 부착된 용기 부속품의 수리

핵심 76 ◇ 특정고압가스 · 특수고압가스

(1)

특정고압가스	특수고압가스
수소, 산소, 액화암모니아, 액화염소, 아세틸렌, 천연가스, 압축모노실란, 압축디보레인, 액화알진 ① 포스핀, ② 셀렌화수소, ③ 게르만, ④ 디실란, ⑤ 오불화비소, ⑥ 오불화인, ⑦ 삼불화인, ⑧ 삼불화질소, ⑨ 삼불화붕소, ⑩ 사불화유황, ⑪ 사불화규소	포스핀, 압축모노실란, 디실란, 압축디보레인, 액화알진, 셀렌화수소, 게르만

※ 1. ①~⑪까지가 법상의 특정고압가스
  2. box 부분도 특정고압가스이나 ①~⑪까지를 우선적으로 간주(보기에 ①~⑪까지가 나오고 box부분이 있을 때는 box부분의 가스가 아닌 보기로 될 수 있음. 법령과 시행령의 해석에 따른 차이이다.)

(2) 특정고압가스를 사용 시 사용신고를 하여야 하는 경우

구 분	저장능력 및 사용신고 조건
액화가스 저장설비	250kg 이상
압축가스 저장설비	$50m^3$ 이상
배관	배관으로 사용 시(천연가스는 제외)
자동차 연료	자동차 연료용으로 사용 시
용량에 관계없이 무조건 사용 시 신고	압축모노실란, 압축디보레인, 액화알진, 포스핀, 셀렌화수소, 게르만, 디실란, 오불화비소, 오불화인, 삼불화인, 삼불화질소, 삼불화붕소, 사불화유황, 사불화규소, 액화염소, 액화암모니아 사용 시(단, 시험용으로 사용 시는 제외)

핵심 77 ◇ 노출가스 배관에 대한 시설 설치기준

(1)

구 분		세부내용
노출 배관길이 15m 이상 점검통로 조명시설	가드레일	0.9m 이상 높이
	점검통로 폭	80cm 이상
	발판	통행상 지장이 없는 각목
	점검통로 조명	가스배관 수평거리 1m 이내 설치, 70lux 이상
노출 배관길이 20m 이상 시 가스누출 경보장치 설치기준	설치간격	20m마다 설치 근무자가 상주하는 곳에 경보음이 전달되도록
	작업장	경광등 설치(현장상황에 맞추어)

(2) 도로 굴착공사에 의한 배관손상 방지기준(KGS FS551)

구 분	세부내용
착공 전 조사사항	도면확인(가스 배관 기타 매설물 조사)
점검통로 조명시설을 하여야 하는 노출 배관길이	15m 이상
안전관리전담자 입회 시 하는 공사	배관이 있는 2m 이내에 줄파기공사 시
인력으로 굴착하여야 하는 공사	가스 배관 주위 1m 이내
배관이 하천 횡단 시 주위 흙이 사질토일 때 방호구조물 비중	물의 비중 이상의 값

핵심78 ◇ 전기방식(KGS FP202 2.2.2.2)

측정 및 점검주기			
관대지전위	외부전원법에 따른 외부전원점 관대지전위 정류기 출력전압 전류 배선접속 계기류 확인	배류법에 따른 배류점 관대지전위 배류기 출력전압 전류 배선접속 계기류 확인	절연부속품 역전류방지장치 결선보호 절연체 효과
1년 1회 이상	3개월 1회 이상	3개월 1회 이상	6개월 1회 이상

전기방식조치를 한 전체 배관망에 대하여 2년 1회 이상 관대지 등의 전위를 측정

전위측정용(터미널(T/B)) 시공방법	
외부전원법	희생양극법, 배류법
500m 간격	300m 간격

전기방식 기준(자연전위 변화값 : −300mV)		
고압가스	액화석유가스	도시가스
포화황산동 기준 전극		
−5V 이상 −0.85V 이하	−0.85V 이하	−0.85V 이하
황산염 환원박테리아가 번식하는 토양		
−0.95V 이하	−0.95V 이하	−0.95V 이하

전기방식 효과를 유지하기 위하여 절연조치를 하는 장소는 다음과 같다.

① 교량횡단 배관의 양단
② 배관 등과 철근콘크리트 구조물 사이
③ 배관과 강제 보호관 사이
④ 배관과 지지물 사이
⑤ 타 시설물과 접근 교차지점
⑥ 지하에 매설된 부분과 지상에 설치된 부분의 경계
⑦ 저장탱크와 배관 사이
⑧ 고압가스 · 액화석유가스 시설과 철근콘크리트 구조물 사이

전위측정용 터미널의 설치장소는 다음과 같다.

① 직류전철 횡단부 주위
② 지중에 매설되어 있는 배관절연부의 양측
③ 다른 금속구조물의 근접 교차부분
④ 밸브스테이션
⑤ 희생양극법, 배류법에 따른 배관에는 300m 이내 간격
⑥ 외부전원법에 따른 배관에는 500m 이내 간격으로 설치

핵심 79 ◇ **과압안전장치(KGS FU211, FP211)**

(1) 설치(2.8.1)

고압가스설비에는 그 고압가스설비 내의 압력이 상용압력을 초과하는 경우 즉시 상용압력 이하로 되돌릴 수 있는 과압안전장치를 설치한다.

(2) 선정기준(2.8.1.1)

① 기체 증기의 압력상승방지를 위해 설치하는 안전밸브

② 급격한 압력의 상승, 독성 가스의 누출, 유체의 부식성 또는 반응생성물의 성상 등에 따라 안전밸브를 설치하는 것이 부적당 시 파열판

③ 펌프 배관에서 액체의 압력상승방지를 위해 설치하는 릴리프밸브 또는 안전밸브

④ 상기의 안전밸브 파열판, 릴리프밸브와 함께 병행 설치할 수 있는 자동압력제어장치

(3) 설치위치(2.8.1.2)

최고허용압력, 설계압력을 초과할 우려가 있는 아래의 장소

① 저장능력 300kg 이상 용기집합장치가 설치된 액화가스 고압가스 설비

② 내·외부 요인에 따른 압력상승이 설계압력을 초과할 우려가 있는 압력용기

③ 토출압력 막힘으로 인한 압력상승이 설계압력을 초과할 우려가 있는 압축기 및 압축기의 각 단 또는 펌프의 출구측

④ 배관 내의 액체가 2개 이상의 밸브에 의해 차단되어 외부 열원에 따른 액체의 열팽창으로 파열 우려가 있는 배관

⑤ 압력조절의 실패 : 이상반응 밸브의 막힘 등으로 인한 압력상승이 설계압력을 초과할 우려가 있는 고압가스 설비 또는 배관 등

(4) LPG 사용시설 : 저장능력 250kg 이상(자동절체기 사용 시 500kg 이상) 저장설비, 가스설비, 배관에 설치

(5) LPG 사용시설에서 징지의 실치위치 : 가스설비 능의 압력이 허용압력을 초과할 우려가 있는 고압(1MPa 이상)의 구역마다 설치

(6) 과압안전장치(안전밸브, 파열판, 릴리프 밸브)의 측정압력(2.6.1.5)

설치 개수 분출 원인	안전밸브 1개 설치	안전밸브 2개 설치
화재가 아닌 경우	최고허용압력의 110% 이하	최고허용압력의 116% 이하
화재인 경우	최고허용압력의 121% 이하	

핵심 80 ◇ 가스누출경보 및 차단장치 설치장소 및 검지부의 설치개수
(KGS FP111 2.6.2.3.1)

법규에 따른 항목			설치 세부내용		
			장 소	설치간격	개 수
고압 가스 (KGS FP111)	제조 시설	건축물 내	바닥면 둘레	10m	1개
		건축물 밖		20m	1개
		가열로 발화원의 제조설비 주위		20m	1개
		특수반응설비		10m	1개
		그 밖의 사항	계기실 내부	1개 이상	
			방류둑 내 탱크	1개 이상	
			독성 가스 충전용 접속군	1개 이상	
		배관	경보장치의 검출부 설치장소 ① 긴급차단장치 부분 ② 슬리브관, 이중관 밀폐 설치 부분 ③ 누출가스 체류 쉬운 부분 ④ 방호구조물 등에 의하여 밀폐되어 설치된 배관 부분		
LPG (KGS FP331)	경보기의 검지부 설치장소		① 저장탱크, 소형 저장탱크 용기 ② 충전설비 로딩암 압력용기 등 가스설비		
	설치해서는 안 되는 장소		① 증기, 물방울, 기름기 섞인 연기 등이 직접 접촉 우려가 있는 곳 ② 온도 40℃ 이상인 곳 ③ 누출가스 유동이 원활치 못한 곳 ④ 경보기 파손 우려가 있는 곳		
도시 가스 사업법 (KGS FP451)	건축물 안	바닥면 둘레 및 설치 개수	10m마다 1개 이상		
	지하의 전용탱크 처리설비실		20m마다 1개 이상		
	정압기(지하 포함)실		20m마다 1개 이상		

핵심 81 ◇ 설치장소에 따른 안전밸브 작동검사 주기(고법 시행규칙 별표 8 저장 사용 시설 검사기준)

설치장소	검사 주기
압축기 최종단	1년 1회 조정
그 밖의 안전밸브	2년 1회 조정
특정제조 허가받은 시설에 설치	4년의 범위에서 연장 가능

핵심 82 ◇ 폭발방지장치의 설치 규정

(1) 폭발방지장치
  ① 주거지역, 상업지역에 설치되는 저장능력 10t 이상의 LPG 저장탱크(지하에 설치 시는 제외)
  ② 차량에 고정된 LPG 탱크에 폭발방지장치 설치

(2) 재료 : 알루미늄 합금 박판
(3) 형태 : 다공성 벌집형

핵심 83 ◆ 고압가스 특정제조시설 · 누출확산 방지조치(KGS FP111 2.5.8.4)

시가지, 하천, 터널, 도로, 수로, 사질토, 특수성 지반(해저 제외) 배관 설치 시 고압가스 종류에 따라 안전한 방법으로 가스의 누출확산 방지조치를 한다. 이 경우 고압가스의 종류, 압력, 배관의 주위상황에 따라 배관을 2중관으로 하고, 가스누출검지 경보장치를 설치한다.

핵심 84 ◆ 가스보일러의 안전장치

① 소화안전장치
② 과열방지장치
③ 동결방지장치
④ 저가스압차단장치

핵심 85 ◆ 저장탱크 부압 파괴방지조치와 과충전방지조치(KGS FP111)

항 목		간추린 세부내용
부압 파괴방지	정의	가연성 저온저장탱크에 내부 압력이 외부 압력보다 낮아져 탱크가 파괴되는 것을 방지
	설비 종류	① 압력계 ② 압력경보설비 ③ 기타 설비 중 1 이상의 설비(진공안전밸브, 균압관 압력과 연동하는 긴급차단장치를 설치한 냉동제어설비 및 송액설비)
과충전 방지조치	해당 가스	아황산, 암모니아, 염소, 염화메탄, 산화에틸렌, 시안화수소, 포스겐, 황화수소
	설치 개요	충전 시 90% 초과 충전되는 것을 방지하기 위함
	과충전방지법	① 용량 90% 시 액면, 액두압을 검지 ② 용량 검지 시 경보장치 작동

과충전 경보는 관계자가 상주장소 및 작업장소에서 명확히 들을 수 있을 것

핵심 86 ◆ 자분탐상시험(결함자분 모양의 길이에 따른 등급 분류(KGS GC205))

등급 분류	결함자분 모양의 길이
1급	1mm 이하
2급	1mm 초과 2mm 이하
3급	2mm 초과 4mm 이하
4급	4mm 초과

※ 등급 분류의 4급 및 표면에 균열이 있는 경우는 불합격으로 한다.

핵심 87 ◇ 전기방식 조치대상시설 및 제외대상시설

조치대상시설	제외대상시설
고압가스의 특정·일반 제조사업자, 충전사업자, 저장소 설치자 및 특정고압가스 사용자의 시설 중 지중, 수중에서 설치하는 강제 배관 및 저장탱크(액화석유가스 도시가스시설 동일)	① 가정용 시설 ② 기간을 임시 정하여 임시로 사용하기 위한 가스시설 ③ PE(폴리에틸렌관)

핵심 88 ◇ 배관의 지진 해석

(1) 고압가스 배관 및 도시가스 배관의 지진 해석의 적용사항
　① 지반운동의 수평 2축방향 성분과 수직방향 성분을 고려한다.
　② 배관·지반의 상호작용 해석 시 배관의 유연성과 지반의 변형성을 고려한다.
　③ 지반을 통한 파의 방사조건을 적절하게 반영한다.
　④ 내진설계에 필요한 지반정수들은 동적 하중조건에 적합한 값들을 선정하고, 특히 지반 변형계수와 감쇠비는 발생 변형률 크기에 알맞게 선택한다.

(2) 고압가스 배관 및 도시가스 배관의 기능 수행수준 지진 해석의 기준
　① 배관의 거동은 선형으로 가정한다.
　② 배관의 지진응답은 선형해석법으로 해석한다.
　③ 응답스펙트럼 해석법, 모드 해석법, 주파수영역 해석법, 시간영역 해석법 등을 사용할 수 있다.
　④ 상세한 수치 모델링이나 보수성이나 보수성이 입증된 단순해석법을 사용할 수 있다.

(3) 고압가스 배관 및 도시가스 배관의 누출방지수준 지진 해석의 기준
　① 배관의 지진응답은 비선형 거동특성을 고려할 수 있는 해석법으로 해석하되, 일반구조물의 지진응답 해석법을 준용할 수 있다.
　② 시간영역 해석법을 사용할 수 있다.
　③ 상세한 수치 모델링이나 보수성이 입증된 단순해석법을 사용할 수 있다.

핵심89 ◇ 제조설비에 따른 비상전력의 종류

설 비 \ 비상전력 등	타처 공급전력	자가발전	축전지장치	엔진구동발전	스팀터빈 구동발전
자동제어장치	○	○	○		
긴급차단장치	○	○	○		
살수장치	○	○	○	○	○
방소화설비	○	○	○	○	○
냉각수펌프	○	○	○	○	○
물분무장치	○	○	○	○	○
독성 가스 재해설비	○	○	○	○	○
비상조명설비	○	○	○		
가스누설검지 경보설비	○	○	○		

핵심90 ◇ 시설별 독성, 가연성과 이격거리(m)

	시 설	이격거리(m)	
		가연성 가스	독성 가스
1	철도(화물, 수용용으로만 쓰이는 것은 제외)	25	40
2	도로(전용공업지역 안에 있는 도로 제외)	25	40
3	학교, 유치원, 어린이집, 시설강습소	45	72
4	아동복지시설 또는 심신장애자복지시설로서 수용능력이 20인 이상인 건축물	45	72
5	병원(의원을 포함)	45	72
6	공공공지(도시계획시설에 한정) 또는 도시공원(전용공업지 300인 이상을 수용할 수 있는 곳)	45	72
7	극장, 교회, 공회당, 그밖에 이와 유사한 시설로서 수용능력이 300인 이상을 수용할 수 있는 곳	45	72
8	백화점, 공동목욕탕, 호텔, 여관, 그 밖에 사람을 수용하는 건축물(가설건축물은 제외)로서 사실상 독립된 부분의 연면적이 1000m² 이상인 곳	45	72
9	문화재보호법에 따라 지정문화재로 지정된 건축물	65	100
10	수도시설로서 고압가스가 혼입될 우려가 있는 곳	300	300
11	주택(1부터 10까지 열거한 것 또는 가설건축물 제외) 또는 1부터 10까지 열거한 시설과 유사한 시설로서 다수인이 출입하거나 근무하고 있는 곳	25	40

핵심 91 ◇ **역류방지밸브, 역화방지장치 설치기준(KGS FP211)**

역류방지밸브(액가스가 역으로 가는 것을 방지)	역화방지장치(기체가 역으로 가는 것을 방지)
① 가연성 가스를 압축 시(압축기와 충전용 주관 사이)	① 가연성 가스를 압축 시(압축기와 오토클레이브 사이 배관)
② C_2H_2을 압축 시(압축기의 유분리기와 고압건조기 사이)	② 아세틸렌의 고압건조기와 충전용 교체밸브 사이 배관 및 충전용 지관
③ 암모니아 또는 메탄올(합성 정제탑 및 정제탑과 압축기 사이 배관)	③ 특정고압가스 사용시설의 산소, 수소, 아세틸렌의 화염 사용시설
④ 특정고압가스 사용시설의 독성 가스 감압설비와 그 반응설비 간의 배관	

핵심 92 ◇ **액화석유가스 집단공급사업 허가제외 대상(시행규칙 제5조)**

① 70개소 미만의 수요자(공동주택단지는 전체 가구 수 70가구 미만인 경우)에게 공급하는 경우
② 시장, 군수, 구청장이 집단공급 사업으로 공급이 곤란하다고 인정하는 공동주택 단지에 공급하는 경우
③ 고용주가 종업원의 후생을 위하여 사원주택, 기숙사 등에 직접 공급하는 경우
④ 자치관리를 하는 공동주택의 관리 주체가 입주자 등에 직접 공급하는 경우
⑤ 관광진흥법에 따른 휴양콘도미니엄 사업자가 그 시설을 통하여 이용자에게 직접 공급하는 경우

핵심 93 ◇ **가스보일러의 급 · 배기 방식**

반밀폐식		밀폐식	
CF (자연배기식)	FE (강제배기식)	BF (자연 급 · 배기식)	FF (강제 급 · 배기식)
연소용 공기는 실내, 폐가스는 자연통풍으로 옥외 배출	연소용 공기는 실내, 폐가스는 배기용 송풍기에 의해 강제로 옥외로 배출. 단독 배기통의 경우 풍압대와 관계 없이 설치 가능	급 · 배기통을 외기와 접하는 벽을 관통, 옥외로 설치하고 자연통기력에 의해 급 · 배기를 하는 방식	급 · 배기통을 외기와 접하는 벽을 관통하여 옥외로 설치하고 급 · 배기용 송풍기에 의해 강제로 급 · 배기하는 방식

핵심 94 ◇ 안전장치 분출용량 및 조정성능

(1) 조정압력이 3.3kPa 이하인 안전장치 분출용량(KGS 434)

① 노즐 직경이 3.2mm 이하일 때는 140L/h 이상

② 노즐 직경이 3.2mm를 초과할 경우 $Q=4.4D$의 식을 따른다.

　　여기서, Q : 안전장치 분출용량(L/h), D : 조정기 노즐 직경(mm)

(2) 조정성능

조정성능 시험에 필요한 시험용 가스는 15℃의 건조한 공기로 하고 15℃의 프로판 가스의 질량으로 환산하며, 환산식은 다음과 같다.

$$W = 1.513Q$$

　　여기서, W : 프로판가스의 질량(kg/h), Q : 건공기의 유량(m³/h)

핵심 95 ◇ 독성 가스 표지 종류(KGS FU111)

표지판의 설치목적	독성 가스 시설에 일반인의 출입을 제한하여 안전을 확보하기 위함	
항목 ＼ 표지 종류	식 별	위 험
보 기	독성 가스(○○) 저장소	독성 가스 누설주의 부분
문자 크기(가로×세로)	10cm×10cm	5cm×5cm
식별거리	30m 이상에서 식별 가능	10m 이상에서 식별 가능
바탕색	백색	백색
글씨색	흑색	흑색
적색표시 글자	가스 명칭(○○)	주의

핵심 96 ◇ 환상 배관망 설계

도시가스 배관 설치 후 대규모 주택 및 인구의 증가로 Peak 공급압력이 저하되는 것을 방지하기 위하여 근접 배관과 상호연결하여 압력저하를 방지하는 공급방식

핵심 97 ◇ 가스용 콕의 제조시설 검사기준(KGS AA334)

콕의 종류	작동원리
퓨즈콕	가스유로를 볼로 개폐하는 과류차단 안전기구가 부착된 것으로 배관과 호스, 호스와 호스, 배관과 배관 또는 배관과 커플러를 연결하는 구조
상자콕	가스유로를 핸들 누름, 당김 등의 조작으로 개폐하고 과류차단 안전기구가 부착된 것으로 밸브 핸들이 반개방상태에서도 가스가 차단되어야 하며 배관과 커플러를 연결하는 구조로 한다.
주물연소기용 노즐콕	주물연소기 부품으로 사용하여, 볼로 개폐하는 구조
업무용 대형 연소기용 노즐콕	업무용 대형 연소기 부품으로 사용하는 것으로서 가스흐름은 볼로 개폐하는 구조
기타 사항	① 콕은 1개의 핸들로 1개의 유로를 개폐하는 구조 ② 콕의 핸들은 개폐상태가 눈으로 확인할 수 있는 구조로 하고 핸들이 회전하는 구조의 것은 회전각도가 90°의 것을 원칙으로 열림방향을 시계바늘 반대방향(단, 주물연소기용 노즐콕 및 업무용 대형 연소기형 노즐콕은 그러하지 아니할 수 있다.)

핵심 98 ◇ 액화가스 고압설비에 부착되어 있는 스프링식 안전밸브

설비 내 상용체적의 98%까지 팽창되는 온도에 대응하는 압력에 작동하여야 한다.

핵심 99 ◇ 안전밸브 형식 및 종류

종류	해당 가스
가용전식	C_2H_2, Cl_2, C_2H_2O
파열판식	압축가스
스프링식	가용전식, 파열판식을 제외한 모든 가스(가장 널리 사용)
중추식	거의 사용 안함

TiP

파열판식 안전밸브의 특징
1. 한 번 작동 후 새로운 박판과 교체하여야 한다.
2. 구조 간단, 취급점검이 용이하다.
3. 부식성 유체에 적합하다.

핵심 100 ◇ 안전성 평가 관련 전문가의 구성팀(KGS GC211)

① 안전성 평가 전문가
② 설계전문가
③ 공정전문가 1인 이상 참여

핵심 101 ◇ 도시가스 배관망의 전산화 관리대상

(1) 도시가스 배관망의 전산화 및 가스설비 유지관리(KGS FS551)
① 가스설비 유지관리(3.1.3)

개 요	도시가스 사업자는 구역압력조정기의 가스누출경보, 차량추돌 비상발생 시 상황실로 전달하기 위함
안전조치사항 (①, ② 중 하나만 조치하면 된다)	① 인근 주민(2~3세대)을 모니터 요원으로 지정, 가스안전관리 업무 협약서를 작성보존 ② 조정기 출구배관 가스압력의 비정상적인 상승, 출입문 개폐여부 가스 누출여부 등을 도시가스 사업자의 안전관리자가 상주하는 곳에 통보할 수 있는 경보설비를 갖춤

② 배관망의 전산화(3.1.4.1)

개 요	가스공급시설의 효율적 관리
전산화 항목	(배관, 정압기) ① 설치도면 ② 시방서(호칭경, 재질 관련 사항) ③ 시공자, 시공연월일

(2) 도시가스 시설 현대화 항목 및 안정성 재고를 위한 과학화 항목

도시가스 시설 현대화	안정성 재고를 위한 과학화
① 배관망 전산화	① 시공관리 실시 배관
② 관리대상 시설 개선	② 배관 순찰 차량
③ 원격감시 및 차단장치	③ 노출배관
④ 노후배관 교체실적	④ 주민 모니터링제
⑤ 가스사고 발생빈도	⑤ 매설배관의 설치 위치

핵심 102 ◇ **고압가스 저장(가연성 유동방지시설)**

구 분		이격거리 및 설치기준
화기와 우회거리	가연성 산소설비	8m 이상
	그 밖의 가스설비	2m 이상
유동방지시설	높이	2m 이상 내화성의 벽
	가스설비 및 화기와 우회 수평거리	8m 이상
불연성 건축물 안에서 화기 사용 시	수평거리 8m 이내에 있는 건축물 개구부	방화문 또는 망입유리로 폐쇄
	사람이 출입하는 출입문	2중문의 시공
화기와 직선거리	가연성·독성 충전용기 보관설비	2m 이상

핵심 103 ◇ **소형 저장탱크 설치방법**

구 분			세부내용
시설기준			지상 설치, 옥외 설치, 습기가 적은 장소, 통풍이 양호한 장소, 사업소 경계는 바다, 호수, 하천, 도로의 경우 토지 경계와 탱크 외면간 0.5m 이상 안전공지 유지
전용 탱크실에 설치하는 경우			① 옥외 설치할 필요 없음 ② 환기구 설치(바닥면적 $1m^2$당 $300cm^2$의 비율로 2방향 분산 설치) ③ 전용 탱크실 외부(LPG 저장소, 화기엄금, 관계자 외 출입금지 등을 표시)
살수장치			저장탱크 외면 5m 떨어진 장소에서 조작할 수 있도록 설치
설치기준			① 동일장소 설치 수 : 6기 이하 ② 바닥에서 5cm 이상 콘크리트 바닥에 설치 ③ 충전질량 합계 : 5000kg 미만 ④ 충전질량 1000kg 이상은 높이 1m 이상 경계책 설치 ⑤ 화기와 거리 5m 이상 이격
기초			지면 5cm 이상 높게 설치된 콘크리트 위에 설치
보호대	재질		철근콘크리트, 강관재
	높이		80cm 이상
	누께	강관재	100A 이상
		철근콘크리트	12cm 이상
기화기	① 3m 이상 우회거리 유지 ② 자동안전장치 부착	소화설비	① 충전질량 1000kg 이상 ABC용 분말소화기 (B-12) 2개 이상 보유 ② 충전호스 길이 10m 이상

핵심 104 ◇ 정압기(Governor) (KGS FS552)

구 분	세부내용
정의	도시가스 압력을 사용처에 맞게 낮추는 감압기능, 2차측 압력을 허용범위 내의 압력으로 유지하는 정압기능, 가스흐름이 없을 때 밸브를 완전히 폐쇄하여 압력상승을 방지하는 폐쇄기능을 가진 기기로서 정압기용 압력조정기와 그 부속설비
정압기용 부속설비	1차측 최초 밸브로부터 2차측 말단 밸브 사이에 설치된 배관, 가스차단장치, 정압기용 필터, 긴급차단장치(slamshut valve), 안전밸브(safety valve), 압력기록장치(pressure recorder), 각종 통보설비, 연결배관 및 전선

종 류	세부내용
지구정압기	일반도시가스 사업자의 소유시설로 가스도매사업자로부터 공급받은 도시가스의 압력을 1차적으로 낮추기 위해 설치하는 정압기
지역정압기	일반도시가스 사업자의 소유시설로서 지구정압기 또는 가스도매사업자로부터 공급받은 도시가스의 압력을 낮추어 다수의 사용자에게 가스를 공급하기 위해 설치하는 정압기
캐비닛형 구조의 정압기	정압기 배관 및 안전장치 등이 일체로 구성된 정압기에 한하여 사용할 수 있는 정압기실로 내식성 재료의 캐비닛과 철근콘크리트 기초로 구성된 정압기실을 말한다.

핵심 105 ◇ 고압가스 제조설비의 사용 전후 점검사항(KGS FP112)

구 분	점검사항
사용 개시 전	① 계기류의 기능, 특히 인터록, 긴급용 시퀀스 경보 및 자동제어장치의 기능 ② 긴급차단 및 긴급방출장치, 통신설비, 제어설비, 정전기 방지 및 제거설비, 그 밖의 안전장치의 기능 ③ 각 배관계통에 부착된 밸브 등의 개폐상황 및 맹판의 탈부착 상황 ④ 회전기계의 윤활유 보급 상황 및 회전구동 상황 ⑤ 가스설비의 전반적인 누출 유무 ⑥ 가연성 가스, 독성 가스가 체류하기 쉬운 곳의 해당 가스 농도 ⑦ 전기, 물, 증기, 공기 등 유틸리티 시설의 준비 상황 ⑧ 안전용 불활성 가스 등의 준비 상황 ⑨ 비상전력 등의 준비 상황
사용 종료 시	① 사용 종료 직전에 각 설비의 운전 상황 ② 사용 종료 후에 가스설비에 있는 잔유물의 상황 ③ 가스설비 안의 가스액 등의 불활성 가스 치환 상황 또는 설비 내 공기의 치환 상황 ④ 개방하는 가스설비와 다른 가스설비와의 차단 상황 ⑤ 부식, 마모, 손상, 폐쇄, 결합부의 풀림, 기초의 경사침하 이상 유무

핵심 106 ◇ 중요 가스 폭발범위

가스명	폭발범위(%)	가스명	폭발범위(%)
C_2H_2	2.5~81	CH_4	5~15
C_2H_4O	3~80	C_2H_6	3~12.5
H_2	4~75	C_2H_4	2.7~36
CO	12.5~74	C_3H_8	2.1~9.5
HCN	6~41	C_4H_{10}	1.8~8.4
CS_2	1.2~44	NH_3	15~28
H_2S	4.3~45	CH_3Br	13.5~14.5

핵심 107 ◇ 내진설계기준

(1) 가스배관 내진설계

구 분	내 용
내진 특등급	막대한 피해를 초래하는 경우로서 최고사용압력 6.9MPa 이상 배관
내진 1등급	상당한 피해를 초래하는 경우로서 최고사용압력 0.5MPa 이상 배관
내진 2등급	경미한 피해를 초래하는 경우로서 특등급, 1등급 이외의 배관

(2) 가스시설 내진설계기준(KGS GC203)

항 목		간추린 핵심내용	
용어	내진설계설비	저장탱크, 가스홀더, 응축기, 수액기, 탑류 압축기, 펌프, 기화기, 열교환기, 냉동설비, 가열설비, 계량설비, 정압설비와 지지구조물	
	활성단층	현재 활동 중이거나 과거 5년 이내 전단파괴를 일으킨 흔적이 있다고 입증된 단층	
내진 등급	설비의 손상 기능 상실이 사업소 경계 밖에 있는 공공의 생명재산	막대한 피해 초래 사회의 정상적 기능유지에 심각한 지장을 가져옴	특등급
		상당한 피해 초래	1등급
		경미한 피해 초래	2등급
1종 독성 가스 (허용농도 1ppm 이하)		염소, 시안화수소, 이산화질소, 불소, 포스겐	
2종 독성 가스 (허용농도 1ppm 초과 10ppm 이하)		염화수소, 삼불화붕소, 이산화유황, 불화수소, 브롬화메틸, 황화수소	

(3) 내진설계 적용 대상 시설

법령 구분		보유능력	대상 시설물
고법 적용시설	독성, 가연성	5t, 500m³ 이상	① 저장탱크(지하 제외)
	비독성, 비가연성	10t, 1000m³ 이상	② 압력용기(반응, 분리, 정제, 증류 등을 행하는 탑류) 동체부 높이 5m 이상인 것
	세로방향 설치 동체 길이 5m 이상		원통형 응축기 및 내용적 5000L 이상 수액기와 지지구조물
액법 도법 적용시설		3t, 300m³ 이상	저장탱크 가스홀더의 연결부와 지지구조물
그 밖의 도법 적용시설		5t, 500m³ 이상	① 고정식 압축도시가스 충전시설 ② 고정식 압축도시가스 자동차 충전시설 ③ 이동식 압축도시가스 자동차 충전시설 ④ 액화도시가스 자동차 충전시설

핵심108 ◇ **냉동설비의 과압차단장치, 자동제어장치**

(1) 냉동설비의 과압차단장치

정 의	냉매설비 안 냉매가스 압력이 상용압력 초과 시 즉시 상용압력 이하로 되돌릴 수 있는 장치
종 류	고압차단장치, 안전밸브, 파열판, 용전, 압력릴리프장치

(2) 냉동제조의 자동제어장치의 종류

장치명	기 능
고압차단장치	압축기 고압측 압력이 상용압력 초과 시 압축기 운전을 정지
저압차단장치	개방형 압축기인 경우 저압측 압력이 상용압력보다 이상 저하 시 압축기 운전을 정지
과부하보호장치	압축기를 구동하는 동력장치
액체의 동결방지장치	셸형 액체냉각기의 경우 설치
과열방지장치	난방기, 전열기를 내장한 에어컨 냉동설비에서 사용

(3) 고압가스 냉동기 제조의 시설기술 검사기준의 안전장치(KGS AA111 3.4.6)

안전장치 부착의 목적	냉동설비를 안전하게 사용하기 위하여 상용압력 이하로 되돌림
종 류	① 고압차단장치　　　　　　② 안전밸브(압축기 내장형 포함) ③ 파열판　　　　　　　　　④ 용전 및 압력 릴리프장치
안전밸브 구조	작동압력을 설정한 후 봉인될 수 있는 구조
안전밸브 가스통과 면적	안전밸브 구경면적 이상
고압차단장치	① 설정압력이 눈으로 판별할 수 있는 것 ② 원칙적으로 수동복귀방식이다(단, 냉매가 가연성 · 독성이 아닌 유닛형 냉동설비에서 자동 복귀되어도 위험이 없는 경우는 제외). ③ 냉매설비 고압부 압력을 바르게 검지할 수 있을 것
용 전	냉매가스 온도를 정확히 검지할 수 있고 압축기 또는 발생기의 고온 토출 가스에 영향을 받지 않는 위치에 부착
파열판	냉매가스 압력이 이상 상승 시 파열 냉매가스를 방출하는 구조
강제환기장치	냉동능력 1ton당 2m³/min 능력의 환기장치설치(환기구 면적 미확보 시)

핵심109 ◇ 도시가스 정압기실 안전밸브 분출부의 크기

입구측 압력		분출부 구경
0.5MPa 이상		50A 이상
0.5MPa 미만	유량 1000Nm³/h 이상	50A 이상
	유량 1000Nm³/h 미만	25A 이상

핵심110 ◇ 긴급차단장치

구 분	내 용
기능	이상사태 발생 시 작동하여 가스 유동을 차단하여 피해 확대를 막는 장치(밸브)
적용시설	내용적 5000L 이상 저장탱크
원격조작온도	110℃
동력원(밸브를 작동하게 하는 힘)	유압, 공기압, 전기압, 스프링압
설치위치	① 탱크 내부 ② 탱크와 주밸브 사이 ③ 주밸브의 외측 ※ 단, 주밸브와 겸용으로 사용해서는 안 된다.
긴급차단장치를 작동하게 하는 조작원의 설치위치	
고압가스, 일반제조시설, LPG법 일반도시가스 사업법	① 고압가스 특정제조시설 ② 가스도매사업법
탱크 외면 5m 이상	탱크 외면 10m 이상
수압시험 방법	연 1회 이상 KS B 2304의 방법으로 누설검사

핵심111 ◇ 용기보관실 및 용기집합설비 설치(KGS FU431)

(1)

저장능력	
100kg 이하	100kg 초과
용기가 직사광선, 빗물을 받지 않도록 조치	① 용기보관실 설치 시 용기보관실의 벽, 문, 지붕은 불연재료(지붕은 가벼운 불연재료)로 설치하고, 단층구조로 한다. ② 용기보관실 설치 곤란 시 외부인 출입을 방지하기 위하여 출입문을 설치하고 경계표시를 한다. ③ 용기집합설비의 양단 마감조치에는 캡 또는 플랜지를 설치한다. ④ 용기를 3개 이상 집합하여 사용 시 용기집합장치로 설치한다. ⑤ 용기와 연결된 측도관 트윈호스의 조정기 연결부는 조정기 이외의 설비에는 연결하지 않는다. ⑥ 용기와 소형저장탱크는 혼용하여 설치할 수 없다.

(2) 고압가스 용기의 보관(시행규칙 별표 9)

항 목	간추린 핵심내용
구분 보관	① 충전용기 잔가스 용기 ② 가연성 독성 산소 용기
충전용기	① 40℃ 이하 유지 ② 직사광선을 받지 않도록 ③ 넘어짐 및 충격 밸브손상 방지조치 난폭한 취급금지(5L 이하 제외) ④ 밸브 돌출용기 가스충전 후 넘어짐 및 밸브손상 방지조치(5L 이하 제외)
용기 보관장소	2m 이내 화기인화성, 발화성 물질을 두지 않을 것
가연성 보관장소	① 방폭형 휴대용 손전등 이외 등화를 휴대하지 않을 것 ② 보관장소는 양호한 통풍구조로 할 것
가연성, 독성 용기 보관장소	충전용기 인도 시 가스누출 여부를 인수자가 보는데서 확인
가스누출 검지경보장치 설치	① 독성 가스 ② 공기보다 무거운 가연성 가스

핵심112 ◇ **가스보일러 설치(KGS FU551)**

구 분		간추린 핵심내용
공동 설치기준		① 가스보일러는 전용보일러실에 설치 ② 전용보일러실에 설치하지 않아도 되는 종류 　• 밀폐식 보일러 　• 보일러를 옥외 설치 시 　• 전용 급기통을 부착시키는 구조로 검사에 합격한 강제식 보일러 ③ 전용 보일러실에는 환기팬을 설치하지 않는다. ④ 보일러는 지하실, 반지하실에 설치하지 않는다.
반밀폐식	자연배기식	① 배기통 굴곡수는 4개 이하 ② 배기통 입상높이는 10m 이하, 10m 초과 시는 보온조치 ③ 배기통 가로길이는 5m 이하
	공동배기식	① 공동배기구 정상부에서 최상층 보일러 : 역풍방지장치 개구부 하단까지 거리가 4m 이상 시 공동배기구에 연결하고 그 이하는 단독배기통 방식으로 한다. ② 공동배기구 유효단면적 　$A = Q \times 0.6 \times K \times F + P$ 　여기서, A : 공동배기구 유효단면적(mm^2) 　　　　　Q : 보일러 가스소비량 합계(kcal/h) 　　　　　K : 형상계수 　　　　　F : 보일러의 동시 사용률 　　　　　P : 배기통의 수평투영면적(mm^2) ③ 동일층에서 공동배기구로 연결되는 보일러 수는 2대 이하 ④ 공동배기구 최하부에는 청소구와 수취기 설치 ⑤ 공동배기구 배기통에는 방화댐퍼를 설치하지 아니 한다.

핵심 113 ◇ 독성 가스 배관 중 이중관의 설치규정(KGS FP112)

항 목	이중관 대상가스
이중관 설치 개요	독성 가스 배관이 가스 종류, 성질, 압력, 주위 상황에 따라 안전한 구조를 갖기 위함
독성 가스 중 이중관 대상가스 (2.5.2.3.1 관련) 제조시설에서 누출 시 확산을 방지해야 하는 독성 가스	아황산, 암모니아, 염소, 염화메탄, 산화에틸렌, 시안화수소, 포스겐, 황화수소 (암기 **아암염염산시포황**)
하천수로 횡단하여 배관 매설 시 이중관	아황산, 염소, 시안화수소, 포스겐, 황화수소, 불소, 아크릴알데히드 ※ 독성 가스 중 이중관 가스에서 암모니아, 염화메탄, 산화에틸렌을 제외하고 불소와 아크릴알데히드 추가(제외 이유 : 암모니아, 염화메탄, 산화에틸렌은 물로서 중화가 가능하므로)
하천수로 횡단하여 배관매설 시 방호구조물에 설치하는 가스	하천수로 횡단 시 2중관으로 설치되는 독성 가스를 제외한 그 밖의 독성, 가연성 가스의 배관
이중관의 규격	외층관 내경=내층관 외경×1.2배 이상 ※ 내층관과 외층관 사이에 가스누출 검지경보설비의 검지부 설치하여 누출을 검지하는 조치 강구

핵심 114 ◇ 액화석유가스 자동차에 고정된 충전시설 가스설비 설치기준 (KGS FP332 2.4)

구 분		간추린 핵심내용
로딩암 설치		충전시설 건축물 외부
로딩암을 내부 설치 시		① 환기구 2방향 설치 ② 환기구 면적은 바닥면적 6% 이상
충전기 보호대	높이	80cm 이상
	두께	① 철근콘크리트제 : 12cm 이상 ② 강관제 : 100A 이상
캐노피		충전기 상부 공지면적의 1/2 이상으로 설치
충전기 호스길이		① 5m 이내 정전기 제거장치 설치 ② 자동차 제조공정 중에 설치 시는 5m 이상 가능
가스주입기		원터치형으로 할 것
세이프티 커플러 설치		충전호스에 과도한 인장력이 가해졌을 때 충전기와 가스 주입기가 분리될 수 있는 안전장치
소형 저장탱크의 보호대	재질	철근콘크리트 및 강관제
	높이	80cm 이상
	두께	① 철근콘크리트 12cm 이상 ② 강관제 100A 이상

핵심 115 ◇ 비파괴시험 대상 및 생략 대상배관(KGS FS331 2.5.5, FS551 2.5.5)

법규 구분	비파괴시험 대상	비파괴시험 생략 대상
고법	① 중압(0.1MPa) 이상 배관 용접부 ② 저압 배관으로 호칭경 80A 이상 용접부	① 지하 매설배관 ② 저압으로 80A 미만으로 배관 용접부
LPG	① 0.1MPa 이상 액화석유가스가 통하는 배관 용접부 ② 0.1MPa 미만 액화석유가스가 통하는 호칭지름 80mm 이상 배관의 용접부	건축물 외부에 노출된 0.01MPa 미만 배관의 용접부
도시가스	① 지하 매설배관(PE관 제외) ② 최고사용압력 중압 이상인 노출 배관 ③ 최고사용압력 저압으로서 50A 이상 노출 배관	① PE 배관 ② 저압으로 노출된 사용자 공급관 ③ 호칭지름 80mm 미만인 저압의 배관
참고사항	LPG, 도시가스 배관의 용접부는 100% 비파괴시험을 실시할 경우 ① 50A 초과 배관은 맞대기 용접을 하고 맞대기 용접부는 방사선 투과시험을 실시 ② 그 이외의 용접부는 방사선투과, 초음파탐상, 자분탐상, 침투탐상 시험을 한다.	

핵심 116 ◇ 고압가스 운반차량의 경계표지(KGS GC206 2.1.1.2)

구 분		경계표지 종류
독성 가스 충전용기운반		① 붉은 글씨의 위험고압가스, 독성 가스 ② 위험을 알리는 도형, 상호, 사업자전화번호, 운반기준 위반행위를 신고할 수 있는 등록관청전화번호 안내문
독성 가스 이외 충전용기운반		상기 항목의 독성 가스 표시를 제외한 나머지는 모두 동일하게 표시
경계표지 크기	직사각형	① 가로 : 차체폭의 30% 이상 ② 세로 : 가로의 20% 이상
	정사각형	경계면적 600cm² 이상
	삼각기	바탕색 : 적색, 글자색 : 황색
그 밖의 사항		경계표지는 차량의 앞뒤에서 볼 수 있도록 위험고압가스, 필요에 따라 독성 가스라 표시, 삼각기를 외부운전석에 게시(단, RTC의 경우는 좌우에서 볼 수 있도록)

핵심 117 ◇ 고압가스 제조 배관의 매몰설치(KGS FP112)

사업소 안		사업소 밖	
항 목	매설깊이 이상	항 목	매설깊이 이상
① 지면	1m	건축물	1.5m
② 도로폭 8m 이상 공도 횡단부 지하	지면 1.2m	지하도로 터널	10m
③ 철도 횡단부 지하	1.2m 이상 (강제 케이싱으로 보호)	독성 가스 혼입 수도시설	300m
①, ②항의 매설깊이 유지곤란 시	카바플레이트 케이싱으로 보호	다른 시설물	0.3m
−	−	산 · 들	1m
−	−	그 밖의 지역	1.2m

☺ 수험생 여러분, 시험에는 독성 가스 혼입 우려 수도시설과 300m 이격부분이 출제되었으나 그와 관련 모든 이론을 습득하므로써 기출문제 풀이에 대한 단점을 보완하여 반드시 합격할 수 있도록 총체적 이론을 집 대성한 부분이므로 반드시 숙지하여 합격의 영광을 누리시길 바랍니다.

핵심 118 ◇ LPG 충전시설의 표지

충전중엔진정지   (황색 바탕에 흑색 글씨)

화기엄금   (백색 바탕에 적색 글씨)

핵심 119 ◇ 도시가스 공급시설 배관의 내압 · 기밀 시험(KGS FS551)

(1) 내압시험(4.2.2.10)

항 목		간추린 핵심내용
수압으로 시행하는 경우	시험압력	최고사용압력×1.5배
공기 등의 기체로 시행하는 경우	시험압력	최고사용압력×1.25배
	공기 · 기체 시행요건	① 중압 이하 배관 ② 50m 이하 고압배관에 물을 채우기가 부적당한 경우 공기 또는 불활성 기체로 실시
	시험 전 안전상 확인사항	강관용접부 전체 길이에 방사선 투과시험 실시, 고압배관은 2급 이상 중압 이하 배관은 3급 이상을 확인

항 목		간추린 핵심내용
공기 등의 기체로 시행하는 경우	시행절차	일시에 승압하지 않고 ① 상용압력 50%까지 승압 ② 향후 상용압력 10%씩 단계적으로 승압
공통사항		① 중압 이상 강관 양 끝부에 엔드캡, 막음 플랜지 용접 부착 후 비파괴 시험 후 실시 ② 규정압력 유지시간은 5~20분까지를 표준으로 한다. ③ 시험 감독자는 시험시간 동안 시험구간을 순회점검하고 이상 유무를 확인한다. ④ 시험에 필요한 준비는 검사 신청인이 한다.

(2) 기밀시험(4.2.2.9.3)

항 목	간추린 핵심내용
시험 매체	공기 불활성 기체
배관을 통과하는 가스로 하는 경우	① 최고사용압력 고압·중압으로 길이가 15m 미만 배관 ② 부대설비가 이음부와 동일재를 동일시공 방법으로 최고사용압력×1.1배에서 누출이 없는 것을 확인하고 신규로 설치되는 본관 공급관의 기밀시험 방법으로 시험한 경우 ③ 최고사용압력이 저압인 부대설비로서 신규설치되는 본관 공급관의 기밀시험 방법으로 시험한 경우
시험압력	최고사용압력×1.1배 또는 8.4kPa 중 높은 압력
신규로 설치되는 본관 공급관의 기밀시험 방법	① 발포액을 도포, 거품의 발생 여부로 판단 ② 가스농도가 0.2% 이하에서 작동하는 검지기를 사용 검지기가 작동되지 않는 것으로 판정(이 경우 매몰배관은 12시간 경과 후 판정) ③ 최고사용압력 고압·중압 배관으로 용접부 방사선 투과 합격된 것은 통과가스를 사용 0.2% 이하에서 작동되는 가스 검지기 사용 검지기가 작동되지 않는 것으로 판정(매몰배관은 24시간 이후 판정)

핵심120 ◇ 고압가스 재충전 금지 용기 기술·시설 기준(KGS AC216 1.7)

항 목	세부 핵심내용
충전제한	① 합격 후 3년 경과 시 충전금지 ② 가연성 독성 이외 가스 충전
재료	① 스테인리스, 알루미늄 합금 ② 탄소(0.33% 이하), 인(0.04% 이하), 황(0.05% 이하)
두께	동판의 최대·최소 두께 차는 평균두께의 10% 이하
구조	용기와 부속품을 분리할 수 없는 구조
치수	① 최고충전압력 수치와 내용적(L)의 곱이 100 이하 ② 최고충전압력이 22.5MPa 이하, 내용적 20L 이하 ③ 최고충전압력 3.5MPa 이상일 시 내용적 5L 이하 ④ 납붙임 부분은 용기 몸체두께 4배 이상

핵심 121 ◇ 도시가스 배관 손상 방지기준(KGS 253. (3) 공통부분)

구 분		간추린 핵심내용
굴착공사		
매설배관 위치확인	확인방법	지하 매설배관 탐지장치(Pipe Locator) 등으로 확인
	시험굴착 지점	확인이 곤란한 분기점, 곡선부, 장애물 우회 지점
	인력굴착 지점	가스 배관 주위 1m 이내
	준비사항	위치표시용 페인트, 표지판, 황색 깃발
매설배관 위치표시	굴착예정지역 표시방법	흰색 페인트로 표시(표시 곤란 시는 말뚝, 표시 깃발 표지판으로 표시)
	포장도로 표시방법	페인트 / 도시가스관 매설지점
	표시 말뚝	전체 수직거리는 50cm
	깃발	도시가스관 매설지점 / 바탕색 : 황색 / 글자색 : 적색
	표지판	도시가스관 매설지점 심도, 관경, 압력 등 표시 / • 가로 : 80cm • 바탕색 : 황색 / • 세로 : 40cm • 글자색 : 흑색 / • 위험글씨 : 적색
파일박기 또는 빼기작업	시험굴착으로 가스배관의 위치를 정확히 파악하여야 하는 경우	배관 수평거리 2m 이내에서 파일박기를 할 경우(위치파악 후는 표지판 설치), 가스배관 수평거리 30cm 이내는 파일박기 금지, 항타기는 배관 수평거리 2m 이상 되는 곳에 설치
줄파기 작업	줄파기 심도	1.5m 이상
	줄파기 공사 후 배관 1m 이내 파일박기를 할 경우	유도관(Guide Pipe)을 먼저 설치 후 되메우기 실시

핵심 122 ◇ 도시가스 배관 매설 시 포설하는 재료 (KGS FS551 2.5.8.2.1 배관의 지하매설)

G.L

④ 되메움 재료
③ 침상재료
② //////// (배관)
① 기초재료

재료의 종류	배관으로부터 설치장소
되메움	침상재료 상부
침상재료	배관 상부 30cm
배관	—
기초재료	배관 하부 10cm

핵심 123 ◇ **LP가스 환기설비(KGS FU332 2.8.9)**

항 목		세부 핵심내용
자연환기	환기구	바닥면에 접하고 외기에 면하게 설치
	통풍면적	바닥면적 $1m^2$당 $300cm^2$ 이상
	1개소 환기구 면적	① $2400cm^2$ 이하(철망 환기구 틀통의 면적은 뺀 것으로 계산) ② 강판 갤러리 부착 시 환기구 면적의 50%로 계산
	한방향 환기구	전체 환기구 필요 통풍가능 면적의 70%까지만 계산
	사방이 방호벽으로 설치 시	환기구 방향은 2방향 분산 설치
강제환기	개요	자연환기설비 설치 불가능 시 설치
	통풍능력	바다면적 $1m^2$당 $0.5m^3/min$ 이상
	흡입구	바닥면 가까이 설치
	배기가스 방출구	지면에서 5m 이상 높이에 설치

핵심 124 ◇ **배관의 표지판 간격**

법규 구분	설치간격(m)	
고압가스 안전관리법 (일반도시가스 사업법의 고정식 압축도시가스 충전시설, 고정식 압축도시가스 자동차 충전시설, 이동식 압축 도시가스 자동차 충전시설, 액화도시가스 자동차 충전시설)	지상배관	1000m마다
	지하배관	500m마다
가스도매사업법	500m마다	
일반도시가스 사업법	제조공급소 내	500m마다
	제조공급소 밖	200m마다

핵심 125 ◇ **고압가스 특정제조 안전구역 설정(KGS FP111 2.1.9)**

구 분	간추린 핵심내용
설치 개요	재해발생 시 확대방지를 위해 가연성, 독성 가스설비를 통로 공지 등으로 구분된 안전구역 안에 설치
안전구역면적	2만m^2 이하
저장 처리설비 안에 1종류의 가스가 있는 경우 연소열량수치(Q)	$Q = K \cdot W = 6 \times 10^8$ 이하 여기서, Q : 연소열량의 수치 K : 가스 종류 및 상용온도에 따른 수치 W : 저장설비, 처리설비에 따라 정한 수치

핵심126 ◇ **배관의 해저 해상 설치(KGS FP111 2.5.7.5)**

구 분	간추린 핵심내용
설치위치	해저면 밑에 매설(단, 닻 내림 등 손상우려가 없거나 부득이한 경우는 제외)
설치방법	① 다른 배관과 교차하지 아니할 것 ② 다른 배관과 30m 이상 수평거리 유지

핵심127 ◇ **내부반응 감시장치와 특수반응 설비(KGS FP111 2.6.14)**

항 목	간추린 핵심내용
설치 개요	① 고압설비 중 현저한 발열반응 ② 부차적으로 발생하는 2차 반응으로 인한 폭발 등의 위해 발생 방지를 위함
내부반응 감시장치	① 온도감시장치 ② 압력감시장치 ③ 유량감시장치 ④ 가스밀도조성 등의 감시장치
내부반응 감시장치의 특수반응설비	① 암모니아 2차 개질로 ② 에틸렌 제조시설의 아세틸렌 수첨탑 ③ 산화에틸렌 제조시설의 에틸렌과 산소 또는 공기와의 반응기 ④ 사이크로헥산 제조시설의 벤젠수첨 반응기 ⑤ 석유 정제에 있어서 중유 직접 수첨 탈황반응기 및 수소화 분해반응기 ⑥ 저밀도 폴리에틸렌 중합기 ⑦ 메탄올 합성 반응탑

핵심128 ◇ **고압가스 특정 일반제조의 시설별 이격거리**

시설별	이격거리
가연성 제조시설과 가연성 제조시설	5m 이상
가연성 제조시설과 산소 제조시설	10m 이상
액화석유가스 충전용기와 잔가스용기	1.5m 이상
탱크로리와 저장탱크 사이	3m 이상

핵심 129 ◇ 특정고압가스 사용시설 · 기술 기준(고법 시행규칙 별표 8)

항 목		간추린 핵심내용
화기와의 거리	가연성설비, 저장설비	우회거리 8m
	산소	이내거리 5m
저장능력 500kg 이상 액화염소저장시설 안전거리	1종	17m 이상
	2종	12m 이상
가연성 · 산소 충전용기보관실 벽		불연재료 사용
가연성 충전용기보관실 지붕		가벼운 불연재료 또는 난연재료 사용 (단, 암모니아는 가벼운 재료를 하지 않아도 된다.)
독성 가스 감압설비 그 반응설비 간의 배관		역류방지장치 설치
수소 · 산소 · 아세틸렌 · 화염 사용시설		역화방지장치 설치
방호벽 설치 저장용량	액화가스	300kg 이상
	압축가스	$60m^3$ 이상

핵심 130 ◇ 판매시설 용기보관실 면적(m^2) (KGS FS111 2.3.1)

(1) 판매시설 용기보관실 면적(m^2)

법규 구분	용기보관실	사무실 면적	용기보관실 주위 부지 확보 면적 및 주차장 면적
고압가스 안전관리법 (산소, 독성, 가연성)	$10m^2$ 이상	$9m^2$ 이상	$11.5m^2$ 이상
액화석유가스 안전관리법	$19m^2$ 이상	$9m^2$ 이상	$11.5m^2$ 이상

(2) 저장설비 재료 및 설치기준

항 목	간추린 핵심내용
충전용기보관실	불연재료 사용
충전용기보관실 지붕	불연성, 난연성 재료의 가벼운 것
용기보관실 사무실	동일 부지에 설치
가연성, 독성, 산소 저장실	구분하여 설치
누출가스가 혼합 후 폭발성 가스나 독싱 가스의 생성 우려가 있는 경우	가스의 용기보관실을 분리히여 설치

핵심 131 ◇ 도시가스 시설의 설치공사, 변경공사 시 시공감리 기준(KGS GC252)

구 분	항 목
전공정 감리대상	① 일반도시가스 사업자의 공급시설 중 본관, 공급관 및 사용자 공급관(부속설비 포함) ② 도시가스사업자 외의 가스공급시설 설치자의 가스공급시설 중 배관
일부공정 감리대상	① 가스도매사업자의 가스공급시설 ② 일반도시가스 사업자 및 도시가스사업자 외의 가스공급 설치자의 제조소 및 정압기 ③ 시공감리 대상시설(가스도매사업의 가스공급시설, 사용자 공급관, 일반도시가스 사업자 및 도시가스사업자 외의 가스공급시설 설치자의 가스공급시설)

핵심 132 ◇ 액화천연가스 사업소 경계와 거리(KGS FP451 2.1.4)

구 분	핵심 내용
개요	액화천연가스의 저장·처리 설비(1일 처리능력 52500m³ 이하인 펌프, 압축기, 기화장치 제외)는 그 외면으로부터 사업소 경계까지의 계산식(계산 값이 50m 이하인 경우는 50m 이상 유지)

공식	$L = C^3\sqrt{143000\,W}$
	여기서, L : 사업소 경계까지 유지거리
	  C : 저압지하식 저장탱크는 0.240, 그 밖의 가스저장처리설비는 0.576
	  W : 저장탱크는 저장능력(톤)의 제곱근, 그 밖의 것은 그 시설 안의 액화천연가스 질량(톤)

핵심 133 ◇ 도시가스 사업법에 의한 용어의 정의(법 제2조)

용 어	정 의
도시가스	천연가스(액화 포함), 배관을 통하여 공급되는 석유가스, 나프타 부생가스, 바이오 또는 합성천연가스로서 대통령령으로 정하는 것
가스도매사업	일반도시가스사업자 및 나프타 부생가스·바이오가스 제조사업자 외의 자가 일반도시가스사업자, 도시가스충전사업자 또는 대량 수요자에게 도시가스를 공급하는 사업
일반도시가스 사업	가스도매사업자 등으로부터 공급받은 도시가스 또는 스스로 제조한 석유, 나프타 부생·바이오가스를 수요에 따라 배관을 통하여 공급하는 사업
천연가스	액화를 포함한 지하에서 자연적으로 생성되는 가연성 가스로서 메탄을 주성분으로 하는 가스
석유가스	액화석유가스 및 기타석유가스를 공기와 혼합하여 제조한 가스
나프타 부생가스	나프타 분해공정을 통해 에틸렌·프로필렌 등을 제조하는 과정에서 부산물로 생성되는 가스로서, 메탄이 주성분인 가스 및 이를 다른 도시가스와 혼합하여 제조한 가스
바이오가스	유기성 폐기물 등 바이오매스로부터 생성된 기체를 정제한 가스로서, 메탄이 주성분인 가스 및 이를 다른 도시가스와 혼합하여 제조한 가스
합성천연가스	석탄을 주원료로 하여 고온·고압의 가스화 공정을 거쳐 생산한 가스로서, 메탄이 주성분인 가스 및 이를 다른 도시가스와 혼합하여 제조한 가스

핵심 134 ◇ 독성 가스의 누출가스 확산방지 조치(KGS FP112 2.5.8.41)

구 분	간추린 핵심내용
개요	시가지, 하천, 터널, 도로, 수로 및 사질토 등의 특수성 지반(해저 제외) 중에 배관 설치할 경우 고압가스 종류에 따라 누출가스의 확산방지 조치를 하여야 한다.
확산조치방법	이중관 및 가스누출검지 경보장치 설치

이중관의 가스 종류 및 설치장소		
가스 종류	주위상황	
	지상설치(하천, 수로 위 포함)	지하설치
염소, 포스겐, 불소, 아크릴알데히드	주택 및 배관설치 시 정한 수평거리의 2배(500m 초과 시는 500m로 함) 미만의 거리에 배관설치 구간	사업소 밖 배관 매몰설치에서 정한 수평거리 미만인 거리에 배관을 설치하는 구간
아황산, 시안화수소, 황화수소	주택 및 배관설치 시 수평거리의 1.5배 미만의 거리에 배관설치 구간	
독성 가스 제조설비에서 누출 시 확산방지 조치하는 독성 가스		아황산, 암모니아, 염소, 염화메탄, 산화에틸렌, 시안화수소, 포스겐

핵심 135 ◇ 가스누출 자동차단장치 설치대상(KGS FU551) 및 제외대상

설치대상	세부내용	설치 제외대상	세부내용
특정가스 사용시설 (식품위생법)	영업장 면적 $100m^2$ 이상	연소기가 연결된 퓨즈콕, 상자콕 및 소화안전장치 부착 시	월 사용예정량 $2000m^3$ 미만 시
지하의 가스 사용시설	가정용은 제외	공급이 불시에 중지 시	막대한 손실 재해 우려 시
		다기능 안전계량기 설치 시	누출경보기 연동차단 기능이 탑재

핵심 136 ◇ 비파괴시험 대상 및 생략 대상배관(KGS FS331 2.5.5.1, FS551 2.5.5.1)

법규 구분	비파괴시험 대상	비파괴시험 생략 대상
고법	① 중압(0.1MPa) 이상 배관 용접부 ② 저압 배관으로 호칭경 80A 이상 용접부	① 지하 매설배관 ② 저압으로 80A 미만으로 배관 용접부
LPG	① 0.1MPa 이상 액화석유가스가 통하는 배관 용접부 ② 0.1MPa 미만 액화석유가스가 통하는 호칭지름 80mm 이상 배관의 용접부	건축물 외부에 노출된 0.01MPa 미만 배관의 용접부
도시가스	① 지하 매설배관(PE관 제외) ② 최고사용압력 중압 이상인 노출 배관 ③ 최고사용압력 저압으로서 50A 이상 노출 배관	① PE 배관 ② 저압으로 노출된 사용자 공급관 ③ 호칭지름 80mm 미만인 저압의 배관
참고사항	LPG, 도시가스 배관의 용접부는 100% 비파괴시험을 실시할 경우 ① 50A 초과 배관은 맞대기 용접을 하고 맞대기 용접부는 방사선 투과시험을 실시 ② 그 이외의 용접부는 방사선투과, 초음파탐상, 자분탐상, 침투탐상시험을 한다.	

핵심 137 ◇ **반밀폐 자연배기식 보일러 설치기준**(KGS FU551 2.7.3.1)

항 목	내 용
배기통 굴곡 수	4개 이하
배기통 입상높이	10m 이하(10m 초과 시는 보온조치)
배기통 가로길이	5m 이하
급기구, 상부 환기구 유효단면적	배기통 단면적 이상
배기통의 끝	옥외로 뽑아냄

핵심 138 ◇ **도시가스 사업자의 안전점검원 선임기준 배관**(KGS FS551 3.1.4.3.3)

구 분	간추린 핵심내용
선임대상 배관	공공도로 내의 공급관(단, 사용자 공급관, 사용자 소유 본관, 내관은 제외)
선임 시 고려사항	① 배관 매설지역(도심, 시외곽 지역 등) ② 시설의 특성 ③ 배관의 노출 유무, 굴착공사 빈도 등 ④ 안전장치 설치 유무(원격 차단밸브, 전기방식 등)
선임기준이 되는 배관길이	60km 이하 범위, 15km를 기준으로 1명씩 선임된 자를 배관 안전점검원이라 함

핵심 139 ◇ **가스용 폴리에틸렌(PE 배관)의 접합**(KGS FS451 2.5.5.3)

항 목			접합방법
일반적 사항			① 눈, 우천 시 천막 등의 보호조치를 하고 융착 ② 수분, 먼지, 이물질 제거 후 접합
금속관과 접합			이형질 이음관(T/F)을 사용
공칭 외경이 상이한 경우			관이음매(피팅)를 사용
접합	열융착	맞대기	① 공칭외경 90mm 이상 직관 연결 시 사용 ② 이음부 연결오차는 배관두께의 10% 이하
		소켓	배관 및 이음관의 접합은 일직선
		새들	새들 중 심선과 배관의 중심선은 직각 유지
	전기융착	소켓	이음부는 배관과 일직선 유지
		새들	이음매 중심선과 배관중심선 직각 유지
시공방법	일반적 시공		매몰시공
	보호조치가 있는 경우		30cm 이하로 노출시공 가능
	굴곡허용반경		외경의 20배 이상(단, 20배 미만 시 엘보 사용)
지상에서 탐지방법	매몰형 보호포		–
	로케팅 와이어		굵기 6mm^2 이상

핵심 140 ◇ 고압가스 특정제조시설, 고압가스 배관의 해저 · 해상 설치 기준
(KGS FP111 2.5.7.1)

항 목	핵심내용
설치	해저면 밑에 매설, 닻 내림 등으로 손상우려가 없거나 부득이한 경우에는 매설하지 아니할 수 있다.
다른 배관의 관계	① 교차하지 아니 한다. ② 수평거리 30m 이상 유지한다. ③ 입상부에는 방호시설물을 설치한다.
두 개 이상의 배관 설치 시	① 두 개 이상의 배관을 형광등으로 매거나 구조물에 조립설치 ② 충분한 간격을 두고 부설 ③ 부설 후 적정간격이 되도록 이동시켜 매설

핵심 141 ◇ 일반도시가스 공급시설의 배관에 설치되는 긴급차단장치 및 가스공급
차단장치(KGS FS551 2.8.6)

긴급차단장치 설치	
항 목	**핵심내용**
긴급차단장치 설치개요	공급권역에 설치하는 배관에는 지진, 대형 가스누출로 인한 긴급사태에 대비하여 구역별로 가스공급을 차단할 수 있는 원격조작에 의한 긴급차단장치 및 동등 효과의 가스차단장치 설치

설치사항	긴급차단장치가 설치된 가스도매사업자의 배관	일반도시가스 사업자에게 전용으로 공급하기 위한 것으로서 긴급차단장치로 차단되는 구역의 수요자 수가 20만 이하일 것
	가스누출 등으로 인한 긴급 차단 시	사업자 상호간 공용으로 긴급차단장치를 사용할 수 있도록 사용계약과 상호 협의체계가 문서로 구축되어 있을 것
	연락 가능사항	양사간 유 · 무선으로 2개 이상의 통신망 사용
	비상, 훈련 합동 점검사항	6월 1회 이상 실시
	가스공급을 차단할 수 있는 구역	수요자가구 20만 이하(단, 구역 설정 후 수요가구 증가 시는 25만 미만으로 할 수 있다.)

가스공급차단장치	
항 목	**핵심내용**
고압 · 중압 배관에서 분기되는 배관	분기점 부근 및 필요장소에 위급 시 신속히 차단할 수 있는 장치 설치(단, 관길이 50m 이하인 것으로 도로와 평행 매몰되어 있는 규정에 따라 차단장치가 있는 경우는 제외)
도로와 평행하여 매설되어 있는 배관으로부터 가스사용자가 소유하거나 점유한 토지에 이르는 배관	호칭지름 65mm(가스용 폴리에틸렌관은 공칭외경 75mm) 초과하는 배관에 가스차단장치 설치

핵심 142 ◇ 고정식 압축도시가스 자동차 충전시설 기준(KGS FP651 2.6.2)

항 목			세부 핵심내용
가스누출 경보장치	설치장소		① 압축설비 주변 ② 압축가스설비 주변 ③ 개별충전설비 본체 내부 ④ 밀폐형 피트 내부에 설치된 배관접속부(용접부 제외) 주위 ⑤ 펌프 주변
	설치개수	1개 이상	① 압축설비 주변 ② 충전설비 내부 ③ 펌프 주변 ④ 배관접속부 10m마다
		2개 이상	압축가스 설비 주변
긴급 분리장치	설치개요		충전호스에는 충전 중 자동차의 오발진으로 인한 충전기 및 충전호스의 파손 방지를 위하여
	설치장소		각 충전설비마다
	분리되는 힘		수평방향으로 당길 때 666.4N(68kgf) 미만의 힘
방호벽	설치장소		① 저장설비와 사업소 안 보호시설 사이 ② 압축장치와 충전설비 사이 및 압축가스 설비와 충전설비 사이
자동차 충전기	충전 호스길이		8m 이하

핵심 143 ◇ 불합격 용기 및 특정설비 파기방법

신규 용기 및 특정설비	재검사 용기 및 특정설비
① 절단 등의 방법으로 파기, 원형으로 가공할 수 없도록 할 것 ② 파기는 검사장소에서 검사원 입회하에 용기 및 특정설비 제조자로 하여금 실시하게 할 것	① 절단 등의 방법으로 파기, 원형으로 가공할 수 없도록 할 것 ② 잔가스를 전부 제거한 후 절단할 것 ③ 검사신청인에게 파기의 사유, 일시, 장소, 인수시한 등을 통지하고 파기할 것 ④ 파기 시 검사장소에서 검사원으로 하여금 직접하게 하거나 검사원 입회하에 용기·특정설비 사용자로 하여금 실시하게 할 것 ⑤ 파기한 물품은 검사신청인이 인수시한(통지한 날로부터 1월 이내) 내에 인수치 않을 경우 검사기관으로 하여금 임의로 매각 처분하게 할 것

핵심 144 ◇ 일반도시가스 제조공급소 밖, 하천구역 배관매설(KGS FS551 2.5.8.2.3)

구 분	핵심내용(설치 및 매설깊이)
하천 횡단매설	① 교량 설치 ② 교량 설치 불가능 시 하천 밑 횡단매설
하천수로 횡단매설	2중관 또는 방호구조물 안에 설치
배관매설깊이 기준	하상변동, 패임, 닻 내림 등 영향이 없는 곳에 매설(단, 한국가스안전공사의 평가 시 평가제시거리 이상으로 하되 최소깊이는 1.2m 이상)

구 분	핵심내용(설치 및 매설깊이)
하천구역깊이	4m 이상, 단폭이 20m 이하 중압 이하 배관을 하천매설 시 하상폭 양끝단에서 보호시설까지 $L = 220\sqrt{P \cdot d}$ 산출식 이상인 경우 2.5m 이상으로 할 수 있다.
소화전 수로	2.5m 이상
그 밖의 좁은 수로	1.2m 이상

핵심 145 ◇ 배관의 하천 병행 매설(KGS FP112 2.5.7.7)

구 분	내 용
설치지역	하상이 아닌 곳
설치위치	방호구조물 안
매설심도	배관 외면 2.5m 이상 유지
위급상황 시	신속히 차단할 수 있는 장치 설치 (단, 30분 이내 화기가 없는 안전장소로 방출이 가능한 벤트스택, 플레어스택을 설치한 경우는 제외)

핵심 146 ◇ 가스사용 시설에서 PE관을 노출 배관으로 사용할 수 있는 경우 (KGS FU551 1.7.1)

지상 배관과 연결을 위하여 금속관을 사용하여 보호조치를 한 경우로 지면에서 30cm 이하로 노출하여 시공하는 경우

핵심 147 ◇ 도시가스 배관

(1) 도시가스 배관 설치 기준

항 목	세부 내용
중압 이하 배관 고압배관 매설 시	매설 간격 2m 이상 (철근콘크리트 방호구조물 내 설치 시 1m 이상 배관의 관리주체가 같은 경우 3m 이상)
본관 공급관	기초 밑에 설치하지 말 것
천장 내부 바닥 벽 속에	공급관 설치하지 않음
공동주택 부지 안	0.6m 이상 깊이 유지
폭 8m 이상 도로	1.2m 이상 깊이 유지
폭 4m 이상 8m 미만 도로	1m 이상
배관의 기울기(도로가 평탄한 경우)	$\frac{1}{500} \sim \frac{1}{1000}$
도로경계	1m 이상 유지
다른 시설물	0.3m 이상 유지

(2) 교량에 배관설치 시

매설심도	2.5m 이상 유지
배관손상으로 위급사항 발생 시	가스를 신속하게 차단할 수 있는 차단장치 설치(단, 고압배관으로 매설구간 내 30분 내 안전한 장소로 방출할 수 있는 장치가 있을 때는 제외)
배관의 재료	강재 사용 접합은 용접
배관의 설계 설치	온도변화에 의한 열응력과 수직·수평 하중을 고려하여 설계
지지대 U볼트 등의 고정장치 배관	플라스틱 및 절연물질 삽입

(3) 교량 배관설치 시 지지간격

호칭경(A)	지지간격(m)
100	8
150	10
200	12
300	16
400	19
500	22
600	25

핵심148 ◇ **LPG 충전시설의 사업소 경계와 거리(KGS FP331 2.1.4)**

시설별		사업소 경계거리
충전설비		24m
저장설비	저장능력	사업소 경계거리
	10톤 이하	24m
	10톤 초과 20톤 이하	27m
	20톤 초과 30톤 이하	30m
	30톤 초과 40톤 이하	33m
	40톤 초과 200톤 이하	36m
	200톤 초과	39m

핵심149 ◇ **굴착공사 시 협의서를 작성하는 경우**

구 분	세부내용
배관길이	100m 이상인 굴착공사
압력 배관	중압 이상 배관이 100m 이상 노출이 예상되는 굴착공사
긴급굴착공사	① 천재지변 사고로 인한 긴급굴착공사 ② 급수를 위한 길이 100m, 너비 3m 이하 굴착공사 시 현장에서 도시가스사업자와 공동으로 협의, 안전점검원 입회하에 공사 가능

핵심150◇ 도시가스 공급시설 계기실의 구조

구 분	시공하여야 하는 구조
출입문, 창문	내화성(창문은 망입유리 및 안전유리로 시공)
계기실 구조	내화구조
내장재	불연성(단, 바닥은 불연성 및 난연성)
출입구 장소	2곳 이상
출입문	방화문 시공(그 중 하나는 위험장소로 향하지 않도록 설치) 계기실 출입문은 2중문으로

핵심151◇ 특정가스 사용시설의 종류(도법 시행규칙 제20조)

가스 사용시설	월 사용예정량 2000m³ 이상 시 (1종 보호시설 내는 1000m³ 이상)
월 사용예정량 2000m³ 미만 (1층은 1000m³ 미만) 사용시설	① 내관 및 그 부속시설이 바닥, 벽 등에 매립 또는 매몰 설치 사용시설 ② 다중이용시설로서 시·도지사가 안전관리를 위해 필요하다고 인정하는 사용시설
자동차의 가스 사용시설	도시가스를 연료로 사용하는 경우
자동차에 충전하는 가스 사용시설	자동차용 압축천연가스 완속 충전설비를 갖춘 경우
천연가스를 사용하는 가스 사용시설	액화천연가스 저장탱크를 설치한 경우
특정가스 사용시설에서 제외되는 경우	

① 전기사업법의 전기설비 중 도시가스를 사용하여 전기를 발생시키는 발전설비 안의 가스 사용시설
② 에너지 사용 합리화법에 따른 검사 대상기기에 해당하는 가스 사용시설

핵심152◇ 경계책(KGS FP112 2.9.3)

항 목	세부내용
설치높이	1.5m 이상 철책, 철망 등으로 일반인의 출입 통제
경계책을 설치한 것으로 보는 경우	① 철근콘크리트 및 콘크리트 블록재로 지상에 설치된 고압가스 저장실 및 도시가스 정압기실 ② 도로의 지하 또는 도로와 인접설치되어 사람과 차량의 통행에 영향을 주는 장소로서 경계책 설치가 부적당한 고압가스 저장실 및 도시가스 정압기실 ③ 건축물 내에 설치되어 설치공간이 없는 도시가스 정압기실, 고압가스 저장실 ④ 차량통행 등 조업시행이 곤란하여 위해요인 가중 우려 시 ⑤ 상부 덮개에 시건조치를 한 매몰형 정압기 ⑥ 공원지역, 녹지지역에 설치된 정압기실
경계표지	경계책 주위에는 외부 사람의 무단출입을 금하는 내용의 경계표지를 보기 쉬운 장소에 부착
발화·인화물질 휴대사항	경계책 안에는 누구도 발화, 인화 우려 물질을 휴대하고 들어가지 아니 한다(단, 당해 설비의 수리, 정비 불가피한 사유 발생 시 안전관리책임자 감독하에 휴대가능).

핵심 153 ◇ **고정식 압축도시가스 자동차 충전시설 기술 기준(KGS FP651) (2)**

항 목		이격거리 및 세부내용
(저장, 처리, 충전, 압축가스) 설비	고압전선 (직류 750V 초과 교류 600V 초과)	수평거리 5m 이상 이격
	저압전선 (직류 750V 이하 교류 600V 이하)	수평거리 1m 이상 이격
	화기취급장소 우회거리, 인화성 가연성 물질 저장소 수평거리	8m 이상
	철도	30m 이상 유지
처리설비 압축가스설비	30m 이내 보호시설이 있는 경우	방호벽 설치(단, 처리설비 주위 방류둑 설치 경우 방호벽을 설치하지 않아도 된다.)
유동방지시설	내화성 벽	높이 2m 이상으로 설치
	화기취급장소 우회거리	8m 이상
사업소 경계	압축, 충전설비 외면	10m 이상 유지(단, 처리 압축가설비 주위 방호벽 설치 시 5m 이상 유지)
도로경계	충전설비	5m 이상 유지
충전설비 주위	충전기 주위 보호구조물	높이 30cm 이상 두께 12cm 이상 철근콘크리트 구조물 설치
방류둑	수용 용량	최대저장용량 110% 이상의 용량
긴급분리장치	분리되는 힘	수평방향으로 당길 때 666.4N(68kgf) 미만
수동긴급 분리장치	충전설비 근처 및 충전설비로부터	5m 이상 떨어진 장소에 설치
역류방지밸브	설치장소	압축장치 입구측 배관
내진설계 기준 저장능력	압축	500m^3 이상
	액화	5톤 이상 저장탱크 및 압력용기에 적용
압축가스설비	밸브와 배관부속품 주위	1m 이상 공간 확보 (단, 밀폐형 구조물 내에 설치 시는 제외)
펌프 및 압축장치	직렬로 설치 병렬로 설치	차단밸브 설치 토출 배관에 역류방지밸브 설치
강제기화장치	열원차단장치 설치	열원차단장치는 15m 이상 위치에 원격조작이 가능할 것
대기식 및 강제기화장치	저장탱크로부터 15m 이내 설치 시	기화장치에서 3m 이상 떨어진 위치에 액배관에 자동차단밸브 설치

핵심 154 ◇ **가스도매사업 고압가스 특정 제조 배관의 설치기준**

구 분								
지하 매설				시가지의 도로 노면		시가지 외 도로 노면	철도 부지에 매설	
건축물	타 시설물	산들	산들 이외 그 밖의 지역	배관 외면	방호구조물 내 설치 시	배관 외면	궤도 중심	철도 부지 경계
1.5m 이상	0.3m 이상	1m 이상	1.2m 이상	1.5m 이상	1.2m 이상	1.2m 이상	4m 이상	1m 이상

※ 고압가스 안전관리법(특정 제조시설) 규정에 의한 배관을 지하매설 시 독성 가스 배관으로 수도시설에 혼
입 우려가 있을 때는 300m 이상 간격

핵심155 ◇ 예비정압기를 설치하여야 하는 경우

① 캐비닛형 구조의 정압기실에 설치된 경우
② 바이패스관이 설치되어 있는 경우
③ 공동 사용자에게 가스를 공급하는 경우

핵심156 ◇ 도시가스 배관의 보호판 및 보호포 설치기준(KGS FS451, FS551)

(1) 보호판(KGS FS451)

규 격			설치기준
두께	중압 이하 배관	4mm 이상	① 배관 정상부에서 30cm 이상(보호판에서 보호포까지 30cm 이상)
	고압 배관	6mm 이상	② 직경 30mm 이상 50mm 이하 구멍을 3m 간격으로 뚫어 누출가스가 지면으로 확산되도록 한다.
곡률반경	5~10mm		
길이	1500mm 이상		
보호관으로 보호 곤란 시, 보호관으로 보호 조치 후, 보호관에 하는 표시문구			도시가스 배관 보호관, 최고사용압력 (○○)MPa(kPa)
보호판 설치가 필요한 경우			① 중압 이상 배관 설치 시 ② 배관의 매설심도를 확보할 수 없는 경우 ③ 타시설물과 이격거리를 유지하지 못했을 때

(2) 보호포(KGS FS551)

항 목		핵심 정리내용
종류		일반형, 탐지형
재질, 두께		폴리에틸렌수지, 폴리프로필렌수지, 0.2mm 이상
폭		① 도시가스 제조소공급소 밖 및 도시가스 사용시설 : 15cm 이상 ② 제조소공급소의 : 15~35cm
색상	저압관	황색
	중압 이상	적색
표시사항		가스명, 사용압력, 공급자명 등을 표시 ┌─────────────────────────────┐ │ 도시가스 (주) 도시가스.중.압, ○○ 도시가스 (주), 도시가스 │ └─────────────────────────────┘ ├──── 20cm 간격 ┌─────────────────────┐ │ 액화석유가스 액화석유가스 │ │ 0.1MPa 미만 0.1MPa 미만 │ └─────────────────────┘ ├20cm┤
설치위치	중압	보호판 상부 30cm 이상
	저압	① 매설깊이 1m 이상 : 배관 정상부 60cm 이상 ② 매설깊이 1m 미만 : 배관 정상부 40cm 이상
	공동주택 부지 안 및 사용시설	배관 정상부에서 40cm 이상
	설치기준, 폭	호칭경에 10cm 더한 폭 2열 설치 시 보호포 간격은 보호폭 이내

핵심 157 ◇ 적용 고압가스 · 적용되지 않는 고압가스의 종류와 범위

구 분		간추린 핵심내용
적용되는 고압가스 종류 범위	압축가스	① 상용온도에서 압력 1MPa(g) 이상되는 것으로 실제로 1MPa(g) 이상되는 것 ② 35℃에서 1MPa(g) 이상되는 것(C_2H_2 제외)
	액화가스	① 상용온도에서 압력 0.2MPa(g) 이상되는 것으로 실제로 0.2MPa 이상되는 것 ② 압력이 0.2MPa가 되는 경우 온도가 35℃ 이하인 것
	아세틸렌	15℃에서 0Pa를 초과하는 것
	액화(HCN, CH_3Br, C_2H_4O)	35℃에서 0Pa를 초과하는 것
적용 범위에서 제외되는 고압가스	에너지 이용 합리화법 적용	보일러 안과 그 도관 안의 고압증기
	철도차량	에어컨디셔너 안의 고압가스
	선박안전법	선박 안의 고압가스
	광산법, 항공법	광업을 위한 설비 안의 고압가스, 항공기 안의 고압가스
	기타	① 전기사업법에 의한 전기설비 내 고압가스 ② 수소, 아세틸렌 염화비닐을 제외한 오토클레이브 내 고압가스 ③ 원자력법에 의한 원자로 · 부속설비 내 고압가스 ④ 등화용 아세틸렌 ⑤ 액화브롬화메탄 제조설비 외에 있는 액화브롬화메틸 ⑥ 청량음료수 과실주 발포성 주류 고압가스 ⑦ 냉동능력 35 미만의 고압가스 ⑧ 내용적 1L 이하 소화용기의 고압가스

핵심 158 ◇ 배관의 두께 계산식

구 분	공 식	기 호
외경, 내경의 비가 1.2 미만	$t = \dfrac{PD}{2 \cdot \dfrac{f}{s} - p} + C$	t : 배관두께(mm) P : 상용압력(MPa) D : 내경에서 부식여유에 싱딩하는 부분을 뺀 부분(mm)
외경, 내경의 비가 1.2 이상	$t = \dfrac{D}{2}\left[\sqrt{\dfrac{\dfrac{f}{s} + p}{\dfrac{f}{s} - p}} - 1\right] + C$	f : 재료인장강도(N/mm^2) 규격 최소치이거나 항복점 규 　격 최소치의 1.6배 C : 부식 여유치(mm) s : 안전율

핵심 159 ◇ 도시가스 시설의 Tp · Ap

구 분		내 용
Tp	시험압력(물)	최고사용압력×1.5
	시험압력(공기, 질소)	최고사용압력×1.25
Ap		최고사용압력의 1.1배 또는 8.4kPa 중 높은 압력

핵심 160 ◇ 배관을 지상설치 시 상용압력에 따라 유지하여야 하는 공지의 폭

상용압력	공지의 폭
0.2MPa 미만	5m 이상
0.2 이상 1MPa 미만	9m 이상
1MPa 이상	15m 이상

핵심 161 ◇ 충전용기 · 차량고정탱크 운행 중 재해방지 조치사항(KGS GC206)

구 분 \ 항 목	재해방지를 위해 차량비치 내용	
	가스의 명칭 및 물성	운반 중 주의사항
용기 및 차량고정탱크 공통부분	① 가스의 명칭 ② 가스의 특성(온도 압력과의 관계, 비중, 색깔, 냄새) ③ 화재 폭발의 유무 ④ 인체에 의한 독성유무	① 점검부분과 방법 ② 휴대품의 종류와 수량 ③ 경계표지부착 ④ 온도상승방지조치 ⑤ 주차 시 주의 ⑥ 안전운전요령
차량고정탱크	운행 종료 시 조치사항 ① 밸브 등의 이완이 없도록 한다. ② 경계표지와 휴대품의 손상이 없도록 한다. ③ 부속품 등의 볼트 연결 상태가 양호하도록 한다. ④ 높이검지봉과 부속배관 등이 적절하게 부착되어 있도록 한다. ⑤ 가스 누출 등 이상유무를 점검하고 이상 시 보수를 하거나 위험방지조치를 한다.	
기타사항	① 차량고장으로 정차 시 적색 표지판 설치 ② 현저하게 우회하는 도로(이동거리가 2배 이상되는 경우) ③ 번화가 : 도로 중심부 번화한 상점(차량너비 +3.5m 더한 너비 이하) ④ 운반 중 누출 우려 시(즉시 운행중지 경찰서, 소방서 신고) ⑤ 운반 중 도난 분실 시(즉시 경찰서 신고)	

핵심162◇ 특정설비 중 재검사 대상 제외 항목(고법 시행규칙 별표 22)

① 평저형 및 이중각 진공 단열형 저온저장탱크
② 역화방지장치
③ 독성가스 배관용 밸브
④ 자동차용 가스자동주입기
⑤ 냉동용 특정설비
⑥ 대기식 기화장치
⑦ 저장탱크에 부착되지 않은 안전밸브 및 긴급차단밸브
⑧ 초저온 저장탱크, 초저온 압력용기
⑨ 분리 불가능한 이중관식 열교환기
⑩ 특정고압가스용 실린더 캐비닛
⑪ 자동차용 압축 천연가스 완속충전설비
⑫ 액화석유가스용 용기잔류가스 회수장치

핵심163◇ 재료에 따른 초음파 탐상검사대상

재 료	두께(mm)
탄소강	50mm 이상
저합금강	38mm 이상
최소인장강도 568.4N/mm² 이상인 강	19mm 이상
0℃ 미만 저온에서 사용하는 강	19mm 이상(알미늄으로 탈산처리한 것 제외)
2.5% 또는 3.5% 니켈강	13mm 이상
9% 니켈강	6mm 이상

핵심164◇ 퀵카플러

구 분	세부내용
사용형태	호스접속형, 호스엔드접속형
기밀시험압력	4.2kPa
탈착조작	분당 10~20회의 속도로 6000회 실시 후 작동시험에서 이상이 없어야 한다.

핵심 165 ◇ 초저온용기의 단열성능시험

시험용 가스	
종류	비점(℃)
액화질소	−196
액화산소	−183
액화아르곤	−186
침투열량에 따른 합격기준	
내용적(L)	열량
1000L 이상	0.002kcal/hr℃ · L 이하
1000L 미만	0.0005kcal/hr℃ · L 이하
침입열량 계산식	

$$Q = \frac{W \cdot q}{H \cdot \Delta t \cdot V}$$

여기서, Q : 침입열량(kcal/hr℃ · L) W : 기화 가스량(kg)
q : 시험가스의 기화잠열(kcal/kg) H : 측정시간(hr)
Δt : 가스비점과 대기온도차(℃) V : 내용적(L)

핵심 166 ◇ 독성 가스 운반 시 보호장비(KGS GC206 2.1.1.3)

품 명	규 격	운반하는 독성 가스의 양 압축가스 용적 100m³ 또는 액화가스 질량 1000kg		비 고
		미만인 경우	이상인 경우	
방독마스크	독성 가스의 종류에 적합한 격리식 방독마스크(전면형, 고농도용의 것)	○	○	공기호흡기를 휴대한 경우는 제외
공기호흡기	압축공기의 호흡기(전면형의 것)	−	○	빨리 착용할 수 있도록 준비된 경우는 제외
보호의	비닐피복제 또는 고무피복제의 상의 등의 신속히 착용할 수 있는 것	○	○	압축가스의 독성 가스인 경우는 제외
보호장갑	고무제 또는 비닐피복제의 것(저온가스의 경우는 가죽제의 것)	○	○	압축가스의 독성 가스인 경우는 제외
보호장화	고무제의 장화	○	○	압축가스의 독성 가스인 경우는 제외

핵심 167 ◆ 도시가스용 압력조정기, 정압기용 압력조정기

항 목	구 분	내 용
도시가스용 압력조정기		도시가스 정압기 이외에 설치되는 압력조정기로서 입구측 호칭지름이 50A 이하 최대표시유량 300Nm^3/hr 이하인 것
정압기용 압력조정기	정의	도시가스 정압기에 설치되는 압력조정기
	종류	• 중압 : 출구압력 0.1~1.0MPa 미만 • 준저압 : 출구압력 4~100kPa 미만 • 저압 : 1~4kPa 미만

핵심 168 ◆ 가스보일러, 온수기, 난방기에 설치되는 안전장치 종류

설비별	반드시 설치 안전장치		그 밖의 안전장치	
가스보일러	① 점화장치 ③ 동결방지장치 ⑤ 난방수 여과장치	② 가스 거버너 ④ 물빼기장치 ⑥ 과열방지 안전장치	① 정전안전장치 ③ 역풍방지장치 ⑤ 공기감시장치	② 소화안전장치 ④ 공기조절장치
가스온수기 · 가스난방기	① 정전안전장치 ③ 소화안전장치	② 역풍방지장치	① 거버너 ③ 전도 안전장치 ⑤ 과열방지장치 ⑦ 저온차단장치	② 불완전연소 방지장치 ④ 배기폐쇄안전장치 ⑥ 과대풍압안전장치
용기내장형 가스난방기	① 정전안전장치 ② 소화안전장치		① 거버너 ③ 전도 안전장치	② 불완전연소 방지장치 ④ 저온차단장치

핵심 169 ◆ 염화비닐호스 규격 및 검사방법

구 분	세부내용
호스의 구조 및 치수	호스는 안층, 보강층, 바깥층의 구조 안지름과 두께가 균일한 것으로 굽힘성이 좋고 흠, 기포, 균열 능 결섬이 없을 섯(안층새료 염화비닐)

호스의 안지름 치수	종류	안지름(mm)	허용차(mm)
	1종	6.3	
	2종	9.5	±0.7
	3종	12.7	

내압성능	1m 호스를 3MPa에서 5분간 실시하는 내압시험에서 누출이 없으며 파열, 국부적인 팽창이 없을 것
파열성능	1m 호스를 4MPa 이상의 압력에서 파열되는 것으로 한다.
기밀성능	1m 호스를 2MPa 압력에서 실시하는 기밀시험에서 3분간 누출이 없고 국부적인 팽창이 없을 것
내인장성능	호스의 안층 인장강도는 73.6N/5mm 폭 이상

핵심 170 ◇ 지반의 종류에 따른 허용지지력도(KGS FP112 2.2.1.5) 및 지반의 분류

(1)

지반의 종류	허용지지력도(MPa)	지반의 종류	허용지지력도(MPa)
암반	1	조밀한 모래질 지반	0.2
단단히 응결된 모래층	0.5	단단한 점토질 지반	0.1
황토흙	0.3	점토질 지반	0.02
조밀한 자갈층	0.3	단단한 롬(loam)층	0.1
모래질 지반	0.05	롬(loam)층	0.05

(2) 지반의 분류

지반은 기반암의 깊이(H)와 기반암 상부 토층의 평균 전단파속도($V_{S, Soil}$)에 근거하여 표와 같이 S_1, S_2, S_3, S_4, S_5, S_6의 6종류로 분류한다.

지반분류	지반분류의 호칭	분류기준	
		기반암 깊이, H(m)	토층 평균 전단파속도 $V_{S, Soil}$(m/s)
S_1	암반 지반	1 미만	–
S_2	얕고 단단한 지반	1~20 이하	260 이상
S_3	얕고 연약한 지반		260 미만
S_4	깊고 단단한 지반	20 초과	180 이상
S_5	깊고 연약한 지반		180 미만
S_6	부지 고유의 특성 평가 및 지반응답해석이 요구되는 지반		

[비고] 1. 기반암 : 전단파속도 760m/s 이상을 나타내는 지층
2. 기반암 깊이와 무관하게 토층 평균 전단파속도가 120m/s 이하인 지반은 S_5지반으로 분류

핵심 171 ◇ 방호벽

종 류	높 이(mm)	두 께(mm)
철근콘크리트	2000	120
설치기준		

(1) 두께 9mm 이상 철근을 400mm×400mm 이하 간격으로 배근 결속
(2) 기준
  ① 일체로 된 철근콘크리트 기초
  ② 기초의 높이 350mm 이상 되메우기 깊이 300mm 이상
  ③ 기초 두께는 방호벽 최하부 두께의 120% 이상

콘크리트 블록	2000	150

설치기준		
(1) 두께 150mm 이상 3200mm 이하 보조벽을 본체와 직각으로 설치		
(2) 보조벽은 방호벽면으로부터 400mm 이상 돌출 그 높이는 방호벽 높이 400mm 이상 아래에 있지 않게 한다.		
후강판	2000	6
박강판	2000	3.2
설치기준		
30mm×30mm의 앵글강을 가로, 세로 400mm 이하 간격으로 용접보강한 강판을 1800mm 이하의 간격으로 세운 지주와 용접 결속		

핵심 172 ◇ 고압가스용 용접용기 두께(KGS AC211)

구 분	공 식	기 호
동판	$t = \dfrac{PD}{2Sn - 1.2P} + C$	t : 두께(mm) P : Fp(MPa) D : 동판은 내경, 접시형 경판은 중앙만곡부 내면의 반경, 반타원형체 경판은 반타원체 내면장축부 길이에 부식여유치를 더한 값
접시형 경판	$t = \dfrac{PDW}{2Sn - 0.2P} + C$	
반타원형체 경판	$t = \dfrac{PDV}{2Sn - 0.2P}$	$W = \dfrac{3 + \sqrt{n}}{4}$ $V = \dfrac{2 + m^2}{6}$ n : 경판 중앙만곡부 내경과 경판 둘레 단곡부 내경비 m : 반타원형체 내경의 장축부 단축부 길이의 비

핵심 173 ◇ 가스용 PE관의 SDR 값

SDR	압력
11 이하(1호)	0.4MPa
17 이하(2호)	0.25MPa
21 이하(3호)	0.2MPa

핵심 174 ◇ 통신시설

통보 범위	통보 설비
① 안전관리자가 상주하는 사무소와 현장사무소 사이 ② 현장사무소 상호 간	• 구내 전화 • 구내 방송설비 • 인터폰 • 페이징 설비

통보 범위	통보 설비
사업소 전체	• 구내 방송설비 • 사이렌 • 휴대용 확성기 • 페이징 설비 • 메가폰
종업원 상호 간	• 페이징 설비 • 휴대용 확성기 • 트란시바 • 메가폰
비고	메가폰은 1500m^2 이하에 한한다.

핵심 175 ◇ 차량에 고정된 탱크로 가연성, 산소를 적재운반 시 휴대하는 소화설비

가스의 구분	소화기의 종류		비치개수
	소화약제의 종류	소화기의 능력단위	
가연성 가스	분말소화제	BC용, B-10 이상 또는 ABC용, B-12 이상	차량 좌우에 각각 1개 이상
산소	분말소화제	BC용, B-8 이상 또는 ABC용, B-10 이상	차량 좌우에 각각 1개 이상

핵심 176 ◇ 품질유지 대상 고압가스의 종류

㉠ 냉매(프레온, 프로판, 이소부탄)
㉡ 연료전지용으로 사용되는 수소가스

핵심 177 ◇ 저장탱크 지하 설치 시 저장탱크실의 재료 규격

구 분	고압가스 저장탱크	LPG 저장탱크
굵은 골재 최대치수	25mm	25mm
설계강도	20.6~23.5MPa	21MPa 이상
슬럼프	12~15cm	12~15cm(120~150mm)
공기량	4%	4% 이하
물-시멘트비	53% 이하	50% 이하
시공방법	• 레디믹스트콘크리트를 사용 • 수밀성 콘크리트로 시공	

핵심 178 ◇ 저장탱크 종류에 따른 방류둑 용량 및 칸막이로 분리된 방류둑 용량

저장탱크의 종류	용량
(1) 액화산소의 저장탱크	저장능력 상당용적의 60%
(2) 2기 이상의 저장탱크를 집합 방류둑 안에 설치한 저장탱크(저장탱크마다 칸막이를 설치한 경우에 한정한다. 다만, 가연성 가스가 아닌 독성가스로서 같은 밀폐 건축물 안에 설치된 저장탱크에 있어서는 그렇지 않다.)	저장탱크 중 최대저장탱크의 저장능력 상당용량[단, (1)에 해당하는 저장탱크일 때에는 (1)에 표시한 용적을 기준한다. 이하같다.]에 관여 저장탱크 중 저장능력 상당용적의 10% 용적을 가산할 것

[비고] 1. (2)에 따라 칸막이를 설치하는 경우, 칸막이로 구분된 방류둑의 용량은 다음 식에 따라 계산한 것으로 한다.

$$V = A \times \frac{B}{C}$$

여기에서
V : 칸막이로 분리된 방류둑의 용량(m^3)
A : 집합방류둑의 총 용량(m^3)
B : 각 저장탱크별 저장탱크 상당용적(m^3)
C : 집합방류둑 안에 설치된 저장탱크의 저장능력 상당능력 총합(m^3)

2. 칸막이의 높이는 방류둑보다 최소 10cm 이상 낮게 한다.

핵심 179 ◇ 사고의 통보 방법(고압가스안전관리법 시행규칙 별표 34) (법 제54조 ①항 관련)

사고 종류별 통보 방법 및 기한(통보 내용에 포함사항)

사고 종류	통보 방법	통보 기한	
		속보	상보
① 사람이 사망한 사고	속보와 상보	즉시	사고발생 후 20일 이내
② 부상 및 중독사고	속보와 상보	즉시	사고발생 후 10일 이내
③ ①, ②를 제외한 누출 및 폭발과 화재사고	속보	즉시	
④ 시설이 파손되거나 누출로 인한 인명 대피 공급 중단 사고(①, ②는 제외)	속보	즉시	
저장탱크에서 가스누출 사고 (①, ②, ③, ④는 제외)	속보	즉시	
사고의 통보 내용에 포함되어야 하는 사항	① 통보자의 소속, 직위, 성명, 연락처 ② 사고 발생 일시 ③ 사고 발생 장소 ④ 사고 내용(가스의 종류, 양, 확산거리 포함) ⑤ 시설 현황(시설의 종류, 위치 포함) ⑥ 피해 현황(인명, 재산)		

계측기기
제4장

핵심1 ◇ **흡수분석법**

종류	분석순서				
오르자트법	CO_2	O_2		CO	
헴펠법	CO_2	C_mH_n		O_2	CO
게겔법	CO_2	C_2H_2	C_3H_6, $n-C_4H_{10}$	C_2H_4	O_2	CO

분석가스에 대한 흡수액			
CO_2	C_mH_n	O_2	CO
33% KOH	발연황산	알칼리성 피로카롤 용액	암모니아성 염화제1동 용액
C_2H_2		C_3H_6, $n-C_4H_{10}$	C_2H_4
옥소수은칼륨 용액		87% H_2SO_4	취수소

핵심2 ◇ **계통오차 : 측정자의 쏠림에 의하여 발생하는 오차**

종류	환경오차	계기오차	개인(판단) 오차	이론(방법) 오차
정의	측정환경의 변화(온도 압력)에 의하여 생김	측정기의 불안전 설치의 영향 등으로 생김	개인 판단에 의하여 생김	공식 계산의 오류로 생김
계통오차의 제거방법	① 제작 시에 생긴 기차를 보정한다. ② 외부의 진동충격을 제거한다. ③ 외부조건을 표준조건으로 유지한다.			
특징	① 편위로서 정확도를 표시 ② 측정 조건변화에 따라 규칙적으로 발생 ③ 원인을 알 수도 있고, 제거가 가능 ④ 참값에 대하여 정(+), 부(−) 한쪽으로 치우침			

핵심 3 ◇ **가스분석계의 분류**

가스분석계
- 물리적 분석
  - ① 전기전도성
  - ② 빛의 간섭
  - ③ G/C(가스크로마토그래피)
  - ④ 적외선 흡수(흡광도의 원리를 이용)
  - ⑤ 세라믹법
  - ⑥ 자화율법
- 화학적 분석
  - ① 용액의 흡수액
  - ② 고체물질의 흡수방법
  - ③ 가스의 연소열
  - ④ 오르자트법
- 기기 분석
  - ① 가스크로마토그래피
  - ② Colorimetery
  - ③ Polarograph

※ G/C는 물리적 분석방법인 동시에 기기분석법에도 해당

핵심 4 ◇ **동작신호와 신호의 전송법**

(1) 동작신호

구 분	항 목	정 의	특 징	수 식
연속동작	비례(P)동작	입력의 편차에 대하여 조작량의 출력변화가 비례 관계에 있는 동작	① 동작신호에 의하여 조작량이 정해야 잔류편차가 남는다. ② 부하변화가 크지 않은 곳에 사용하며, 사이클링(cycling)을 제거할 수 있다. ③ 정상오차를 수반한다. ④ 외관이 큰 자동제어에는 부적합	$y = K_p x_1$ y : 조작량 K_p : 비례정수 x_1 : 동작신호
	적분(I)동작	제어량의 편차 발생 시 적분차를 가감 조작단의 이동속도에 비례하는 동작	① P동작과 조합하여 사용하며, 안정성이 떨어진다. ② 잔류편차를 제거한다. ③ 진동하는 경향이 있다.	$y = \dfrac{1}{T_1} \displaystyle\int x_1 dt$ y : 조작량 T_1 : 적분시간
	미분(D)동작	제어편차가 검출 시 편차가 변화하는 속도의 미분값에 비례하여 조작량을 가감하는 동작	① 조작량이 동작신호의 미분값에 비례 ② 진동이 제어되고, 안정속도가 빠르다. ③ 오차가 커지는 것을 미리 방지	$y = K_d \dfrac{dx}{dt}$ y : 조작량 K_d : 미분동작계수

구분 \ 항목		정 의	특 징	수 식
연속동작	비례적분 (PI) 동작	잔류편차(오프셋)을 소멸시키기 위하여 적분동작을 부가시킨 제어동작	① 잔류편차 제거 ② 제어결과가 진동적으로 될 수 있다. ③ 오차가 커지는 것을 미리 방지	$y = K_P\left(x_i + \dfrac{1}{T_1}\int x_i\,dt\right)$ y : 조작량 T_1 : 적분시간 $\dfrac{1}{T_1}$: 리셋률
	비례미분 (PD) 동작	제어결과에 속응성이 있게끔 미분동작을 부가한 것	응답의 속응성을 개선	$y = K_P\left(x_i + T_D\dfrac{dx}{dt}\right)$ y : 조작량 T_D : 미분시간
	비례미분적분 (PID) 동작	제어결과의 단점을 보완하기 위하여 비례미분적분동작을 조합시킨 동작으로서 온도 농도 제어에 사용	① 잔류편차 제거 ② 응답의 오버슈터 감소 ③ 응답의 속응성 개선	$y = K_P\left(x_i + \dfrac{1}{T_1}\int x_i\,dt\right.$ $\left. + T_D\dfrac{dx_i}{dt}\right)$
불연속동작	on-off (2위치 동작)	조작량이 정해진 두 값 중 하나를 취함	제어량이 목표치를 중심으로 그 상하의 한계점에서 on-off 동작을 지령 제어결과가 사이클링 또는 off set을 일으킴	

(2) 전송방법

종 류	개 요	장 점	단 점
전기식	DC 전류를 신호로 사용하며 전송거리가 길어도 전송에 지연이 없다.	① 전송거리가 길다(300~1000m). ② 조작력이 용이하다. ③ 복잡한 신호에 용이, 대규모 장치 이용이 가능하다. ④ 신호전달에 지연이 없다.	① 수리 · 보수가 어렵다. ② 조작속도가 빠른 경우 비례 조작부를 만들기가 곤란하다.
유압식	전송거리 300m 정도로 오일을 사용하며 전송지연이 적고 조작력이 크다.	① 조작력이 강하고, 조작속도가 크다. ② 전송지연이 적다. ③ 응답속도가 빠르고, 희망특성을 만들기 쉽다.	① 오일로 인한 인화의 우려 ② 오일 누유로 인한 환경문제를 고려하여야 한다.
공기압식	전송거리가 가장 짧고(100~150m) 석유화학단지 등의 위험성이 있는 곳에 주로 사용되는 방법이다.	① 위험성이 없다. ② 수리보수가 용이하다. ③ 배관시공이 용이하다.	① 조작에 지연 ② 신호전달에 지연 ③ 희망특성을 살리기 어렵다.

핵심 5 ◆ 가스미터의 고장

구 분		정 의	고장의 원인
막식 가스 미터	부동	가스가 가스미터는 통과하나 눈금이 움직이지 않는 고장	① 계량막 파손 ② 밸브 탈락 ③ 밸브와 밸브시트 사이 누설 ④ 지시장치 기어 불량
	불통	가스가 가스미터를 통과하지 않는 고장	① 크랭크축 녹슮 ② 밸브와 밸브시트가 타르 수분 등에 의한 점착, 고착 ③ 날개조절장치 납땜의 떨어짐 등 회전장치 부분 고장
	기차 불량	기차가 변하여 계량법에 규정된 사용공차를 넘는 경우의 고장	① 계량막 신축으로 계량실의 부피변동으로 막에서 누설 ② 밸브와 밸브시트 사이에 패킹 누설
	누설	가스계량기 연결부위 가스누설	날개축 평축이 각 격벽을 관통하는 시일 부분의 기밀 파손
	감도 불량	감도유량을 보냈을 때 지침의 시도에 변화가 나타나지 않는 고장	계량막과 밸브와 밸브시트 사이에 패킹 누설
	이물질에 의한 불량	크랭크축 이물질 침투로 인한 고장	① 크랭크축 이물질 침투 ② 밸브와 밸브시트 사이 유분 등 점성 물질 침투
루터 미터	부동	회전자의 회전미터 지침이 작동하지 않는 고장	① 마그넷 커플링 장치의 슬립 ② 감속 또는 지시 장치의 기어물림 불량
	불통	회전자의 회전정지로 가스가 통과하지 못하는 고장	① 회전자 베어링 마모에 의한 회전자 접촉 ② 설치공사 불량에 의한 먼지 시일제 등의 이물질 끼어듦
	기차 불량	기차부품의 마모 등에 의하여 계량법에 규정된 사용공차를 넘어서는 고장	① 회전자 베어링의 마모 등에 의한 간격 증대 ② 회전부분의 마찰저항 증가 등에 의한 진동 발생

핵심 6 ◆ 실측식 · 추량식 계량기 분류

실측식			추량식(추측식)
건 식		습 식	① 오리피스식 ② 벤투리식 ③ 터빈식 ④ 와류식 ⑤ 선근차식
막식	회전자식		
독립내기식 클로버식	루트식 로터리 피스톤식 오벌식	—	

핵심7 ◇ **가스계량기의 검정 유효기간**

계량기의 종류	검정 유효기간
기준 가스계량기	2년
LPG 가스계량기	2년
최대유량 $10m^3/h$ 이하	5년
기타 가스계량기	8년

핵심8 ◇ **막식, 습식, 루트식 가스미터 장·단점**

종류 \ 항목	장 점	단 점	일반적 용도	용량범위 (m^3/h)
막식 가스미터	① 미터 가격이 저렴하다. ② 설치 후 유지관리에 시간을 요하지 않는다.	대용량의 경우 설치면적이 크다.	일반수용가	1.5~200
습식 가스미터	① 계량값이 정확하다. ② 사용 중에 기차변동이 없다. ③ 드럼 타입으로 계량된다.	① 설치면적이 크다. ② 사용 중 수위조정이 필요하다.	① 기준 가스미터용 ② 실험실용	0.2~3000
루트식 가스미터	① 설치면적이 작다. ② 중압의 계량이 가능하다. ③ 대유량의 가스측정에 적합하다.	① 스트레나 설치 및 설치 후의 유지관리가 필요하다. ② $0.5m^3/h$ 이하의 소유량에서는 부동의 우려가 있다.	대수용가	100~5000

핵심9 ◇ **열전대 온도계(측정원리 : 열기전력, 효과 : 제베크)**

(1) 열전대 온도계의 측정온도 범위와 특성

종류	온도 범위	특 성
PR(R형)(백금−백금·로듐) P(−), R(+)	0~1600℃	산에 강하고, 환원성이 약하다(산강환약).
CA(K형)(크로멜−알루멜) C(+), A(−)	−20~1200℃	환원성에 강하고, 산화성에 약하다(환강산약).
IC(J형)(철−콘스탄탄) I(+), C(−)	−20~800℃	환원성에 강하고, 산화성에 약하다(환강산약).
CC(T형)(동−콘스탄탄) C(+), C(−)	−200~400℃	약산성에 사용, 수분에 취약하다.
성 분		

- P : Pt(백금)
- C : Ni+Cr(크로멜)
- I : (철)
- C : (동)

- R : Rh(백금로듐)
- A : Ni+Al, Mn, Si(알루멜)
- C : (콘스탄탄) (Cu+Ni)
- C : (콘스탄탄)

(2) 열전대의 열기전력 법칙

종 류	정 의
균일회로의 법칙	단일한 균일재료로 되어 있는 금속선은 형상, 온도분포에 상관 없이 열기전력이 발생하지 않는다는 법칙
중간금속의 법칙	열전대가 회로의 임의의 위치에 다른 금속선을 봉입해도 이 봉입 금속선의 양단 온도가 같은 경우 이 열전대의 기전력은 변화하지 않는다는 법칙
중간온도의 법칙	두 가지 열전대를 직렬로 접속할 때 얻을 수 있는 열기전력은 두 가지 열전대에 발생하는 열기전력의 합을 나타내며, 이 두 가지의 열전대는 같은 종류이든 다른 종류이든 관계가 없다는 법칙
측정 원리 및 효과	① 측정 원리 : 열기전력(측온접점 – 기준접점) ② 효과 : 제베크 효과 ③ 구성요소 : 열접점, 냉접점, 보상도선, 열전선, 보호관 등

핵심 10 ◇ **G/C(가스 크로마토그래피) 측정원리와 특성**

항 목 \ 구 분	핵심내용
측정원리	① 흡착제를 충전한 관 속에 혼합시료를 넣어 용제를 유동 ② 흡수력 이동속도 차이에 성분 분석이 일어남. 기기분석법에 해당
3대 요소	분리관, 검출기, 기록계
캐리어가스 (운반가스)	He, H_2, Ar, N_2(가장 많이 사용 : He, H_2)
구비조건	① 운반가스는 불활성 고순도이며, 구입이 용이하여야 한다. ② 기체의 확산을 최소화하여야 한다. ③ 사용 검출기에 적합하여야 한다. ④ 시료가스에 대하여 불활성이어야 한다.

핵심 11 ◇ **계측의 측정방법**

종 류	특 징	관련 기기
편위법	측정량과 관계 있는 다른 양으로 변환시켜 측정하는 방법. 정도는 낮지만 측정이 간단하다.	전류계, 스프링저울, 부르동관 압력계
영위법	측정하고자 하는 상태량과 비교하여 측정하는 방법	블록게이지 천칭의 질량측정법
치환법	지시량과 미리 알고 있는 다른 양으로 측정량을 나타내는 방법	화학 천칭
보상법	측정량과 크기가 거의 같은 미리 알고 있는 양을 준비하여 미리 알고 있는 양의 차이로 측정량을 알아내는 방법	

핵심 12 ◇ **자동제어계의 분류**

(1) 목표값(제어목적)에 의한 분류

분류의 구분		개 요
정치제어		목표값이 시간에 관계 없이 항상 일정한 제어(프로세스, 자동 조정)
추치제어		목표값의 위치 크기가 시간에 따라 변화하는 제어
	추종	제어량의 분류 중 서보기구에 해당하는 값을 제어하며, 미지의 임의 시간적 변화를 하는 목표값에 제어량을 추종시키는 제어
	프로그램	미리 정해진 시간적 변화에 따라 정해진 순서대로 제어(무인자판기, 무인 열차 등)
	비율	목표값이 다른 것과 일정비율 관계를 가지고 변화하는 추종제어

(2) 제어량에 의한 분류

분류의 구분	개 요
서보기구	제어량의 기계적인 추치제어로서 물체의 위치, 방위 등이 목표값이 임의의 변화에 추종하도록 한 제어
프로세스(공칭)	제어량이 피드백 제어계로서 정치제어에 해당하며 온도, 유량, 압력, 액위, 농도 등의 플랜트 또는 화학공장의 원료를 사용하여 제품생산을 제어하는 데 이용
자동 조정	정치제어에 해당. 주로 전압, 주파수 속도 등의 전기적, 기계적 양을 제어하는 데 이용

(3) 기타 자동제어

구 분		간추린 핵심내용
캐스케이드 제어		2개의 제어계를 조합수행하는 제어로써 1차 제어장치는 제어량을 측정, 제어명령을 하고 2차 제어장치가 미명령으로 제어량을 조절하는 제어
개회로 (open loop control system) 제어	정의	귀환요소가 없는 제어로서 가장 간편하며 출력과 관계 없이 신호의 통로가 열려 있다.
	장점	① 제어시스템이 간단하다. ② 설치비가 저렴하다.
	단점	① 제어오차가 크다. ② 오차교정이 어렵다.
폐회로 (closed loop control system) 제어(피드백 제어)	정의	출력의 일부를 입력방향으로 피드백시켜 목표값과 비교되도록 폐루프를 형성하는 제어계
	장점	① 생산량 증대, 생산수명이 연장된다. ② 동력이 절감되며, 인건비가 절감된다. ③ 생산품질이 향상되고 감대폭, 정확성이 증가된다.
	단점	① 한 라인 공장으로 전 설비에 영향이 생긴다. ② 고도의 숙련과 기술이 필요하다. ③ 설비비가 고가이다.
	특징	① 입력·출력 장치가 필요하다. ② 신호의 전달경로는 폐회로이다. ③ 제어량과 목표값이 일치하게 하는 수정동작이 있다.

핵심 13 ◆ G/C 검출기 종류 및 특징

종 류	원 리	특 징
불꽃이온화 검출기 (FID)	시료가 이온화될 때 불꽃 중의 각 전극사이에 전기전도도가 증대하는 원리를 이용하여 검출	① 유기화합물 분석에 적합하다. ② 탄화수소에 감응이 최고이다. ③ H_2, O_2, CO_2, SO_2에 감응이 없다. ④ N_2, He 등의 캐리어가스 사용된다. ⑤ 검지감도가 매우 높고, 정량범위가 넓다.
열전도도형 검출기 (TCD)	기체가 열을 전도하는 성질을 이용, 캐리어가스와 시료성분가스의 열전도도의 차이를 측정하여 검출, 검출기 중 가장 많이 사용	① 구조가 간단하다. ② 가장 많이 사용된다. ③ 캐리어가스로는 H_2, He이 사용된다. ④ 캐리어가스 이외 모든 성분 검출이 가능하다.
전자포획 이온화 검출기 (ECD)	방사성 동위원소의 자연붕괴과정에서 발생되는 시료량을 검출	① 할로겐(F, Cl, Br) 산소화합물에 감응이 최고, 탄화수소에는 감응이 떨어진다. ② 사용 캐리어가스 N_2, He이다. ③ 유기할로겐, 유기금속 니트로화합물을 선택적으로 검출할 수 있다.
영광광도 검출기 (FPD)	S(황), P(인)의 탄소화합물이 연소 시 일으키는 화학적 발광성분으로 시료량을 검출	① 인(P), 황(S) 화합물을 선택적으로 검출할 수 있다. ② 기체흐름 속도에 민감하게 반응한다.
알칼리성 열이온화 검출기 (FTD)	수소염이온화검출기(FID)에 알칼리 금속염을 부착하여 시료량을 검출	유기질소, 유기인 화합물을 선택적으로 검출한다.
열이온화 검출기 (TID)	특정한 알칼리 금속이온이 수소가 많은 불꽃이 존재할 때 질소, 인 화합물의 이온화율이 타 화합물보다 증가하는 원리로 시료량을 검출	질소, 인 화합물을 선택적으로 검출한다.

핵심 14 ◆ 자동제어계의 기본 블록선도(구성요소 : 전달요소, 가합점, 인출점)

(1) 기본 순서

검출 → 조절 → 조작(조절 : 비교 → 판단)

- **블록선도** : 제어신호의 전달경로를 표시하는 것으로 각 요소간 출입하는 신호연락 등을 사각으로 둘러싸 표시한 것

※ 블록선도의 등가변환 요소
  1. 전달요소 치환
  2. 인출점 치환
  3. 병렬 결합
  4. 피드백 결합

(2) 용어 해설

① 목표값 : 제어계의 설정되는 값으로서 제어계에 가해지는 입력을 의미한다.

② 기준입력 요소 : 목표값에 비례하는 신호인 기준입력 신호를 발생시키는 장치로서 제어계의 설정부를 의미한다.

③ 동작신호 : 목표값과 제어량 사이에서 나타나는 편차값으로서 제어요소의 입력신호이다.

④ 제어요소 : 조절부와 조작부로 구성되어 있으며, 동작신호를 조작량으로 변환하는 장치이다.

⑤ 조작량 : 제어장치 또는 제어요소의 출력이면서 제어대상의 입력인 신호이다.

⑥ 제어대상 : 제어기구로 제어장치를 제외한 나머지 부분을 의미한다.

⑦ 제어량 : 제어계의 출력으로서 제어대상에서 만들어지는 값이다.

⑧ 검출부 : 제어량을 검출하는 부분으로서 입력과 출력을 비교할 수 있는 비교부에 출력신호를 공급하는 장치이다.

⑨ 외란 : 제어대상에 가해지는 정상적인 입력 이외의 좋지 않은 외부 입력으로서 편차를 유도하여 제어량의 값을 목표값에서부터 멀어지게 하는 능력이다.

⑩ 제어장치 : 기준입력 요소, 제어 요소, 검출부, 비교부 등과 같은 제어동작이 이루어지는 제어계 구성 부분을 의미하며, 제어대상은 제외된다.

핵심 15 ◇ 독성 가스 누설검지 시험지와 변색상태

검지가스	시험지	변 색
NH_3	적색 리트머스지	청변
Cl_2	KI 전분지	청변
HCN	초산(질산구리)벤젠지	청변
C_2H_2	염화제1동 착염지	적변
H_2S	연당지	흑변
CO	염화파라듐지	흑변
$COCl_2$	하리슨 시험지	심등색

핵심 16 ◆ 액주계, 압력계 액의 구비조건

① 화학적으로 안정할 것
② 점도 팽창계수가 적을 것
③ 모세관현상이 없을 것
④ 온도변화에 의한 밀도변화가 적을 것

핵심 17 ◆ 연소분석법

정 의		시료가스를 공기 또는 산소 또는 산화제에 의해서 연소하고 그 결과 생긴 용적의 감소, 이산화탄소의 생성량, 산소의 소비량 등을 측정하여 목적 성분으로 산출하는 방법
종류	**폭발법**	일정량의 가연성 가스 시료를 뷰렛에 넣고 적량의 산소 또는 공기를 혼합폭발 피펫에 옮겨 전기 스파크로 폭발시킨다.
	완만연소법	직경 0.5mm 정도의 백금선을 3~4mm 코일로 한 적열부를 가진 완만연소피펫으로 시료가스를 연소시키는 방법
	분별연소법	2종의 동족 탄화수소와 H_2가 혼재하고 있는 시료에서는 폭발법, 완만연소법이 불가능할 때 탄화수소는 산화시키지 않고 H_2 및 CO만을 분별적으로 연소시키는 방법(종류 : 파라듐관 연소법, 산화동법) ① 파라듐관 연소분석법 : 10% 파라듐 석면을 넣은 파라듐관에 시료가스와 적당량의 O_2를 통하여 연소시켜 파라핀계 탄화수소가 변화하지 않을 때 H_2를 산출하는 방법으로 파라듐 석면, 파라듐 흑연, 실리카겔이 촉매로 사용되며, 가스뷰렛 봉액 등이 필요하다. ② 산화구리법 : 산화구리를 250℃로 가열하여 시료가스 통과 시 H_2, CO는 연소 CH_4이 남는다. 800~900℃ 가열된 산화구리에서 CH_4도 연소되므로 H_2, CO를 제거한 가스에 대하여 CH_4도 정량이 된다.

핵심 18 ◆ 가스미터의 기차

$$① 기차 = \frac{시험미터\ 지시량 - 기준미터\ 지시량}{시험미터\ 지시량} \times 100$$

② 가스미터의 사용오차 : 최대허용오차의 2배

핵심 19 ◆ 오리피스 유량계에 사용되는 교축기구의 종류

종 류	특 징
베나탭(Vena-tap)	교축기구를 중심으로 유입은 관 내경의 거리에서 취출, 유출은 가장 낮은 압력이 되는 위치에서 취출하며 가장 많이 사용한다.
플랜지탭(Flange-tap)	교축기구로부터 25mm 전후의 위치에서 차압을 취출한다.
코넬탭(Conner-tap)	평균압력을 취출하여 교축기구 직전 전후의 차압을 취출하는 형식이다.

핵심 20 ◇ 가연성 가스 검출기 종류

구 분	내 용
간섭계형	가스의 굴절률 차이를 이용하여 농도를 측정(CH_4 및 일반 가연성 가스 검출) $$x = \frac{Z}{n_m - n_a} \times 100$$ 여기서, x : 성분 가스의 농도(%) 　　　　Z : 공기의 굴절률 차에 의한 간섭무늬의 이동 　　　　n_m : 성분 가스의 굴절률 　　　　n_a : 공기의 굴절률
안전등형	① 탄광 내 CH_4의 발생을 검출하는 데 이용(사용연료는 등유) ② CH_4의 농도에 따라 청색 불꽃길이가 달라지는 것을 판단하여 CH_4의 농도(%)를 측정
열선형	브리지 회로의 편위전류로서 가스의 농도 지시 또는 자동적으로 경보하여 검출하는 방법

핵심 21 ◇ 검지관에 의한 측정농도 및 검지한도

대상가스	측정농도 범위(%)	검지한도(ppm)	대상가스	측정농도 범위(%)	검지한도(ppm)
아세틸렌	0~0.3	10	시안화수소	0~0.1	0.2
수소	0~1.5	250	황화수소	0~0.18	0.5
산화에틸렌	0~3.5	10	암모니아	0~25	5
염소	0~0.004	0.1	프로판	0~5	100
포스겐	0~0.005	0.02	브롬화메탄	0~0.05	1
일산화탄소	0~0.1	1	에틸렌	0~1.2	0.01

핵심 22 ◇ 전기저항 온도계

온도상승 시 저항이 증가하는 것을 이용한다.

(1) 측정원리

　　금속의 전기저항(공칭저항치의 0℃의 저항소자)

(2) 종류

종 류	특 징
백금저항 온도계	① 측정범위(-200~850℃) ② 저항계수가 크다. ③ 가격이 고가이다. ④ 정밀 특정이 가능하다. ⑤ 표준저항값으로 25Ω, 50Ω, 100Ω이 있다.

종 류	특 징
니켈저항 온도계	① 측정범위(-50~150℃) ② 가격이 저렴하다. ③ 안전성이 있다. ④ 표준저항값(500)
구리저항 온도계	① 측정범위(0~120℃) ② 가격이 저렴하다. ③ 유지관리가 쉽다.
서미스터 온도계 Ni+Cu+Mn+Fe+Co 등을 압축소결시켜 만든 온도계	① 측정범위(-50~350℃) ② 저항계수가 백금 ③ 경년변화가 있다. ④ 응답이 빠르다.
저항계수가 큰 순서	서미스터 > 백금 > 니켈 > 구리

핵심 23 ◇ 차압식 유량계

(1)

구 분	세부내용
측정원리	압력차로 베르누이 원리를 이용
종류	오리피스, 플로노즐, 벤투리
압력손실이 큰 순서	오리피스 > 플로노즐 > 벤투리
효과	제베크 효과

(2) 유량계 분류

구 분		종 류
측정방법	직접	습식 가스미터
	간접	피토관, 오리피스 벤투리, 로터미터
측정원리	차압식	오리피스, 플로노즐, 벤투리
	유속식	피토관
	면적식	로터미터

핵심 24 ◇ 접촉식, 비접촉식 온도계

접촉식		비접촉식	
열전대	① 취급이 간단하다. ② 연속기록, 자동제어가 불가능하다. ③ 원격측정이 불가능하다.	광고	① 측정온도 오차가 크다. ② 고온측정, 이동물체 측정에 적합하다. ③ 응답이 빠르고, 내구성이 좋다. ④ 접촉에 의한 열손실이 없다.
바이메탈		광전관	
유리제		색	
전기저항		복사(방사)	
		온도계	

핵심 25 ◇ 습 도

구 분	세부내용
절대습도(x)	건조공기 1kg과 여기에 포함되어 있는 수증기량(kg)을 합한 것에 대한 수증기량(kg) (예제) 습공기 305kg, 수증기량 5kg일 때 절대습도는? $x = \dfrac{5}{305-5} = 0.016 \text{kg/kg}$
상대습도(ϕ)	대기 중 존재할 수 있는 최대 습기량과 현존하는 습기량(습도가 0일 때 수증기가 존재하지 않음)
비교습도 (포화도)	습공기의 절대습도와 그와 동일 온도인 포화습공기의 절대습도비 = $\dfrac{\text{실제 몰습도}}{\text{포화 몰습도}}$
참고사항	

① 과열도 = 과열증기 온도 − 포화증기 온도

② 건조도 = $\dfrac{\text{습증기 중 건조포화증기 무게}}{\text{습증기 무게}} = \dfrac{\text{습증기 엔트로피 − 포화수 엔트로피}}{\text{포화증기 엔트로피 − 포화수 엔트로피}}$

③ 습도 = $\dfrac{(\text{포화증기 − 습증기})\text{엔트로피}}{(\text{포화증기 − 포화수})\text{엔트로피}}$

※ 습도는 주로 노점으로 측정

핵심 26 ◇ 액면계의 사용용도

용 도		종 류
인화 중독 우려가 없는 곳에 사용		슬립튜브식, 회전튜브식, 고정튜브식
LP가스 저장탱크	지상	클린카식
	지하	슬립튜브식
산소 · 불활성에만 사용 가능		환형 유리제 액면제
직접식		직관식, 검척식, 플로트식, 편위식
간접식		차압식, 기포식, 방사선식, 초음파식, 정전용량식
액면계 구비조건		① 고온 · 고압에 견딜 것 ② 연속, 원격 측정이 가능할 것 ③ 부식에 강할 것 ④ 자동제어장치에 적용 가능 ⑤ 경제성이 있고, 수리가 쉬울 것

핵심 27 ◇ 다이어프램 압력계

구 분	내 용
용도	연소로의 통풍계로 사용
정도	±1~2%
측정범위	20~5000mmH$_2$O

구 분	내 용
특징	① 감도가 좋아 저압측정에 유리하다. ② 부식성 유체점도가 높은 유체측정이 가능하다. ③ 과잉압력으로 파손 시에도 위험성이 적다. ④ 응답성이 좋다. ⑤ 격막의 재질 : 천연고무, 합성고무, 테프론 ⑥ 온도의 영향을 받는다. ⑦ 영점조절장치가 필요하다. ⑧ 직렬형은 A형, 격리형은 B형 사용한다.

핵심 28 ◆ 터빈 유량계

회전체에 대해 비스듬히 설치된 날개에 부딪치는 유체의 운동량으로 회전체를 회전시킴으로 가스유량을 측정하는 원리로 추량식에 속하며, 압력손실이 적고 측정 범위가 넓으나 스월(소용돌이)의 영향을 받으며, 유체의 에너지를 이용하여 측정하는 유량계이다.

핵심 29 ◆ 오차의 종류

종 류		정 의
과오오차		측정자 부주의로 생기는 오차
계통적 오차		측정값에 영향을 주는 원인에 의하여 생기는 오차로서 측정차의 쏠림에 의하여 발생
우연오차		상대적 분포현상을 가진 측정값을 나타내는데 이것을 산포라 부르며, 이 오차는 우연히 생기는 값으로서 오차를 없애는 방법이 없음
상대오차		참값 또는 측정값에 대한 오차의 비율을 말함
계통오차		
정의		측정값에 일정한 영향을 주는 원인에 의하여 생기는 오차 평균치를 구하였으나 진실값과 차이가 생기며, 편위(평균치－진실치)에 의하여 생기는 오차(정확도는 표시함)
종류	계기오차	측정기가 불완전하거나 내부 요인의 설치 상황에 따른 영향, 사용상 제한 등으로 생기는 오차
	개인(판단)오차	개인의 습관, 버릇 판단으로 생기는 오차
	이론(방법)오차	사용하는 공식이나 계산 등으로 생기는 오차
	환경오차	온도, 압력, 습도 등 측정환경의 변화에 의하여 측정기나 측정량이 규칙적으로 변하기 때문에 생기는 오차

핵심 30 ◆ 계량기 종류별 기호

기 호	내 용
G	전기계량기
N	전량 눈금새김탱크
K	연료유미터
H	가스미터
L	LPG미터
R	로드셀

핵심 31 ◆ 바이메탈 온도계

구 분	내 용
측정원리	선팽창계수가 다른 두 금속을 결합하여 온도에 따라 휘어지는 정도를 이용한 것
특징	• 구조가 간단, 보수가 용이하다. • 온도변화에 따른 응답이 빠르다. • 조작이 간단하다. • 유리제에 비하여 견고하고, 지시 눈금의 직독이 가능하다. • 히스테리 오차가 발생한다.
측정온도	$-50 \sim 500℃$
종류	나선형, 원호형, 와권형
용도	실험실용, 자동제어용, 현장지시용

핵심 32 ◆ 임펠러식(Impeller type) 유량계 특징

① 구조가 간단하다.
② 직관부분이 필요하다.
③ 측정정도는 약 ±0.5%이다.
④ 부식성이 강한 액체에도 사용할 수 있나.

핵심 33 ◆ 압력계 구분

구분\항목	종 류	종류 및 특성	기타사항
1차	자유(부유) 피스톤식	부르동관 압력계의 눈금교정용, 실험실용	–

구분 \ 항목	종류		종류 및 특성	기타사항
1차	액주식(manometer)		U자관, 경사관식, 링밸런스식(환상천평식)으로 1차 압력계의 기본이 되는 압력계	–
2차	탄성식 : 압력변화에 따른 탄성 변위를 이용하는 방법	부르동관	① 고압측정용 ② 재질(고압용 : 강, 저압용 : 동) ③ 측정범위 0.5~3000kg/cm^2 ④ 정도 ±1~3%	① 80℃ 이상되지 않도록 할 것 ② 동결, 충격에 유의
		벨로즈	① 벨로즈의 신축을 이용 ② 용도 : 0.01~10kg/cm^2 미압 및 차압측정	주위온도오차에 충분히 주의할 것
		다이어프램	① 연소계의 통풍계로 이용 ② 부식성 유체에 적합 ③ 20~5000mmH$_2$O 측정	감도가 좋아 저압측정에 유리
	전기식 : 물리적 변화를 이용	전기저항 압력계	금속의 전기저항값이 변화되는 것을 이용	
		피에조전기 압력계	① 가스폭발 등 급속한 압력 변화를 측정 ② 수정, 전기식, 롯셀염 등이 결정체의 특수방향에 압력을 가하여 발생되는 전기량으로 압력을 측정	

핵심 34 ◇ 가스계량기의 표시

① MAX(m^3/hr) : 최대 유량
② L/rev : 계량실의 1주기체적

핵심 35 ◇ 이론단의 높이, 이론단수

$$이론단의\ 높이(HETP) = \frac{L}{N}$$

$$이론단수(N) = 16 \times \left(\frac{K}{B}\right)^2$$

여기서, L : 관 길이
N : 이론단수
K : 피크점까지 최고 길이(체류부피=머무른 부피)
B : 띠나비(봉우리 폭)

핵심 36 ◇ **단위 및 단위계**

단 위	종 류
기본 단위 기본량의 단위	길이(m), 질량(kg), 시간(sec), 전류(A), 온도(°K), 광도(cd), 물질량 (mol)
유도 단위 기본단위에서 유도된 단위 또는 기본단위의 조합단위	면적(m^2), 체적(m^3), 일량($kg \cdot m$), 열량($kcal(kg \cdot °C)$), 속도(m/s), 뉴턴($N = kg \cdot m/s$)
보조 단위 정수배수 정수분으로 표현사용량 편리를 도모하기 위해 표시하는 단위	10^1(데카), 10^2(헥토), 10^3(키로), 10^9(기가), 10^{12}(테라), 10^{-1}(데시), 10^{-6}(미크로), 10^{-9}(나노)
특수 단위	습도, 입도, 비중, 내화도, 인장강도
소음측정용 단위	데시벨(dB)

핵심 37 ◇ **가스분석방법**

가스명	가스분석방법
암모니아	인도페놀법, 중화적정법
일산화탄소	비분산 적외선 분석법
염소	오르토톨리딘법
황산화물	침전적정법, 중화적정법
H_2S	메틸렌블루법, 요오드적정법
HCN	질산은적정법
수분	노점법, 중량법, 전기분해법

핵심 38 ◇ **분리도**

공 식	세부내용
$R = \dfrac{2(t_2 - t_1)}{W_1 + W_2}$	t_1 : 성분 1의 보유시간 $\qquad$ t_2 : 성분 2의 보유시간 W_1 : 성분 1의 피크 폭 $\qquad$ W_2 : 성분 2의 피크 폭
$R \propto \sqrt{L}$	L : 컬럼의 길이 ※ 분리도는 컬럼길이의 제곱근에 비례

핵심 39 ◇ **기본단위(물리량을 나타내는 기본적인 7종)**

종 류	길 이	질 량	시 간	온 도	전 류	물질량	광 도
단 위	m	kg	S	K	A	mol	Cd

유체역학

제5장

핵심 1 ◇ 수평원관 층류유동의 유속과 전단응력의 최대값(실제유체유동)

물리량	최대값	0값
유속(u)	중심	벽면
전단응력(τ)	벽면	중심

핵심 2 ◇ 평판에서 경계층 두께(δ), 평판선단거리(x)와의 관계(실제유체유동)

유체 구분	관계식	δ와 x의 관계
층류	$\delta = \dfrac{4.65x}{\sqrt{Rex}}$	$\dfrac{4.65x}{x^{\frac{1}{2}}} = x^1 \cdot x^{-\frac{1}{2}} = x^{\frac{1}{2}}$
난류	$\delta = \dfrac{0.376x}{\sqrt[5]{Rex}}$	$= \dfrac{x}{x^{\frac{1}{5}}} = x^1 \cdot x^{-\frac{1}{5}} = x^{\frac{4}{5}}$
결과치	경계층 두께 δ는 층류인 경우 $x^{\frac{1}{2}}$에 난류인 경우 $x^{\frac{4}{5}}$에 비례한다.	

핵심 3 ◇ 등엔트로피 흐름

아음속 초음속에 따른 변화값(압축성 유동 관련)

속도별 / 항목	초음속 $M>1$ 확대부	초음속 $M>1$ 축소부	아음속 $M<1$ 확대부	아음속 $M<1$ 축소부
증가	V(속도) M(마하수) A(면적)	P(압력) T(온도) ρ(밀도)	P(압력) T(온도) ρ(밀도) A(면적)	M(마하수) V(속도)
감소	P(압력) T(온도) ρ(밀도)	V(속도) M(마하수) A(면적)	M(마하수) V(속도) μ(점도)	P(압력) T(온도) ρ(밀도) A(면적)

핵심 4 ◇ 축소 확대 노즐에서 아음속, 초음속의 흐름(압축성 유동 관련)

① 축소 노즐에서 아음속의 흐름은 음속보다 빠른 유속으로 가속시킬 수 없다.
② 아음속 흐름을 초음속으로 가속시키기 위해서는 축소확대 노즐을 사용하여야 한다.
③ 축소 확대 노즐의 목에서 얻을 수 있는 유속은 음속 또는 아음속이다.

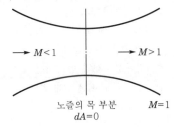

$\longrightarrow M<1 \qquad \longrightarrow M>1$

노즐의 목 부분
$dA=0$

$M=1$

핵심 5 ◇ 정체상태, 임계상태(압축성 유동 관련)

구 분 / 항 목	정체상태	임계상태
정체온도 임계온도	$\dfrac{T_o}{T}=\left(1+\dfrac{K-1}{2}M^2\right)$	$\dfrac{T_c}{T_o}=\left(\dfrac{2}{K+1}\right)$
정체밀도 임계밀도	$\dfrac{\rho_o}{\rho}=\left(1+\dfrac{K-1}{2}M^2\right)^{\frac{1}{K-1}}$	$\dfrac{\rho_c}{\rho_o}=\left(\dfrac{2}{K+1}\right)^{\frac{1}{K-1}}$
정체압력 임계압력	$\dfrac{P_o}{P}=\left(1+\dfrac{K-1}{2}M^2\right)^{\frac{K}{K-1}}$	$\dfrac{P_c}{P_o}=\left(\dfrac{2}{K+1}\right)^{\frac{K}{K-1}}$

핵심 6 ◇ 물체표면의 이론온도 증가(ΔT)

$R = N \cdot m/kg \cdot K = J/kg \cdot K$	$\Delta T = \dfrac{K-1}{KR} \cdot \dfrac{V^2}{2}\,(℃,\ K)$
$R = kg_f \cdot m/kg \cdot K$	$\Delta T = \dfrac{K-1}{KR} \cdot \dfrac{V^2}{2g}\,(℃,\ K)$

K : 비열비

R : 기체 상수

※ 온도의 증가분이므로 ℃값과 K값은 같다.

핵심 7 ◇ 낙구식 점도계 구의 낙하속도 오스트왈드 점도계의 점도와 시간의 관계

공 식	기 호	단 위
$V = \dfrac{d^2(\gamma_s - \gamma)}{18\mu}$	V : 낙하속도 γ_s : 구의 비중량 γ : 액체의 비중량 d : 관경 μ : 점성계수	m/s kg/m^3 kg/m^3 m kg/ms
$\dfrac{\mu}{\mu_o} = \dfrac{\rho t}{\rho_o t_o}$ 점도는 시간에 반비례	μ : 피측정 유체의 점성계수 μ_o : 표준유체의 점성계수 ρ : 피측정유체의 밀도 ρ_o : 표준유체의 밀도 t_o : 표준유체의 통과시간 t : 피측정유체의 통과시간	
$\mu/\mu_o = (T/273)^n$ 기체 점도는 온도에 따라 증가	μ : 절대온도 K에서의 점도 μ_o : 0℃에서의 점도 n : 상수	

핵심 8 ◇ 등속 원운동을 받는 유체의 수면상승 높이 h(유체정역학)

공 식	기호설명
$h = \dfrac{\gamma_o^{\,2}\omega^2}{2g}$	h : 수면 상승 높이 γ_o : 반지름 $\omega = \dfrac{2\pi N}{60}$ (각속도)

핵심 9 ◆ 유체의 방정식(유체운동학)

종 류	정 의
Euler(에너지 방정식)	① 유체입자가 유선을 따라 움직일 때 Newton의 운동 제2법칙을 적용하여 얻는 미분방정식 ② 유체입자는 유선을 따라 움직인다. ③ 유체입자는 마찰이 없다(비점성유체, 정상류).
Bernoulli 방정식	모든 단면에 압력수두, 속도수두, 위치수두 합은 일정하다. $\dfrac{P_1}{\gamma}+\dfrac{{V_1}^2}{2g}+Z_1 = \dfrac{P_2}{\gamma}+\dfrac{{V_2}^2}{2g}+Z_2$
Hagen–Posieulli 법칙	수평 원관 속에 점성유체가 정상운동 시 전단응력은 관중심에서 O 반지름에 비례하면서 관벽까지 직선적으로 증가 $Q = \dfrac{\Delta P \pi r^4}{8\mu L} = \dfrac{\Delta P \pi d^4}{128\mu L}$

핵심 10 ◆ 유체의 유동(유체정역학)

구 분	세부내용
정상유동	흐름의 특성이 시간에 따라 변하지 않음 $\dfrac{\partial V}{\partial t}=0, \quad \dfrac{\partial \rho}{\partial t}=0, \quad \dfrac{\partial T}{\partial t}=0$
비정상유동	흐름의 특성이 시간에 따라 변함 $\dfrac{\partial V}{\partial t}\neq 0, \quad \dfrac{\partial \rho}{\partial t}\neq 0, \quad \dfrac{\partial p}{\partial t}\neq 0, \quad \dfrac{\partial T}{\partial t}\neq 0$
균속도(등속류)	속도가 일정한 흐름 $\dfrac{\partial V}{\partial S}\neq 0$
비균속도(비등속류)	속도가 위치에 따라 변하는 흐름 $\dfrac{\partial V}{\partial S}=0$
단면이 균일하면	┌ 등속류 유량변함 : 비정상류 └ 유량불변 : 정상류

핵심 11 ◆ 유체의 연속체(유체의 정역학)

구 분	내 용
연속체 조건	① 분자충돌시간이 매우 짧은 기체 ② 분자간 응집력이 매우 큰 기체 ③ 평균유동길이 $l \gg$ 분자간 자유행로 λ인 기체 ④ 대부분의 액체

핵심 12 ◇ 아르키메데스의 부력(유체의 정역학)

구 분	관련식	기 호
띄운 경우 및 대기와 접한 경우 (부양)	부력(F_B)=공기 중에서 물체무게 $G=\gamma V=\gamma_1 V_1=\gamma_1(V-V_o)$	G : 공기 중 물체의 무게 γ : 비중량 V : 부피
잠긴 경우 (잠수)	부력(F_B)=공기 중 물체무게 $\qquad\qquad$ $-$액체 중 물체무게 $G=\gamma V=\gamma_1 V+W=\gamma_1\cdot\dfrac{G}{\gamma}+W$	γ_1 : 유체의 비중량 V_1 : 유체 속에 잠긴 부피 W : 유체 속에서의 무게 V_o : 공기 중 노출 부피

예 제	
• 공기 중 무게 : 700gf • 액체 중 무게 : 500gf • 체적 : 210cm^3 • 액체의 비중(?)	액체 중 무게가 있어 잠긴 경우로 계산 $G-W=\gamma_1 V$ $\therefore\ \gamma_1=\dfrac{G-W}{V}=\dfrac{700-500}{210}=0.9523\text{g/cm}^3$

핵심 13 ◇ 원관 내 유체흐름의 최대속도와 평균속도(실제유체유동)

구 분	항 목	최대속도와 평균속도의 관계	
층류	원관	$u_{\max}=2u$	$u_{(\max)}$: 관 중심에서 최대속도 u : 관속의 평균속도 u_y : y점에서의 속도 y : 관벽에서 떨어진 거리 r_o : 관의 반경 r : 관중심에서 떨어진 거리
	평판	$u_{\max}=1.5u$	
	관의 반경에서 떨어진 지점과의 과계	$\dfrac{u}{u_{\max}}=1-\left(\dfrac{r}{r_o}\right)^2$	
	난류	$u_y=u_{\max}\left(\dfrac{y}{r_o}\right)^{\frac{1}{7}}$	

핵심 14 ◇ 체적 탄성 계수

관계식	기 호
$K=\dfrac{\Delta P}{-\dfrac{\Delta V}{V}}=\dfrac{1}{\beta}$	K : 체적탄성계수(부피변화율에 필요한 압력) β : 압축율

핵심 15 ◇ 평판선단으로부터 떨어진 거리(유체동력학)

관련식	기 호
$x = \dfrac{Re_x \cdot \nu}{u_\infty}$	Re_x : 평판선단으로부터 x만큼 떨어진 위치레이놀즈수 u_∞ : 자유흐름속도 ν : 동점성계수

핵심 16 ◇ 원관의 손실수두

구 분	관련식	
확대관	$H = \dfrac{(V_1 - V_2)^2}{2g}$, $\quad H = K\dfrac{V_1^{\,2}}{2g}\,(K=1)$	V_1 : 적은 관의 유속 V_2 : 큰 관에서의 유속
축소관	$H = \dfrac{(V_o - V_2)^2}{2g}$, $\quad H = K\dfrac{V_2^{\,2}}{2g}\,(K=0.5)$	V_o : 적은 관의 중심 유속 V_2 : 출구지점의 유속

핵심 17 ◇ 수력반경(R_H), 수력학적 상당길이(D_H)

구 분	관련식
수력반경(R_H)	$R_H = \dfrac{단면적}{젖은 둘레}$
수력학적 상당길이(D_H)	$D_H = 4R_H$

핵심 18 ◇ 원심압축기의 효율

$$\eta_t = \eta \times (1 - \eta_m) \times 100$$

여기서, η_t : 전폴리트로픽 효율

η : 폴리트로픽 효율

η_m : 기계손실축동력

핵심 19 ◈ 버킹엄의 정의(무차원수)

$$무차원수 = 물리량 - 기본차원$$

명 칭	무차원 함수	물리적 의미
레이놀즈수	$Re = \dfrac{\rho UD}{\mu} = \dfrac{UD}{\nu}$	$\dfrac{관성력}{점성력}$
프로우드수	$Fr = \dfrac{u^2}{gl} = \dfrac{u}{\sqrt{gl}}$	$\dfrac{관성력}{중력}$
오일러의 수	$Eu = \dfrac{P}{\rho u^2}$	$\dfrac{압축력}{관성력}$
코우시의 수	$Cu = \dfrac{\rho u^2}{E}$	$\dfrac{관성력}{탄성력}$
웨버의 수	$We = \dfrac{\rho l u^2}{\sigma}$	$\dfrac{관성력}{표면장력}$
마하수	$Ma = \dfrac{u}{a}$	$\dfrac{속도}{음속}\left(\dfrac{관성력}{탄성력}\right)^{\frac{1}{2}}$
압력계수	$C_p = \dfrac{\Delta P}{\rho u^2/2}$	$\dfrac{정압}{동압}$

핵심 20 ◈ 충격파

	정 의	초음속 흐름이 갑자기 아음속 흐름으로 변하게 되는 경우. 이때 발생되는 불연속면
종 류	수직 충격파	충격파가 흐름에 대해 수직하게 작용하는 경우
	경사 충격파	충격파가 흐름에 대해 경사지게 작용하는 경우
영 향		• 밀도, 비중량, 압력, 온도 증가 • 속도 감소 • 마찰열 발생 • 엔트로피 증가

핵심 21 ◈ 유체의 흐름현상

구 분	정 의
유선	• 유동장에서 어느 한 순간 각 점에서 속도방향과 접선방향이 일치하는 선
유관	• 유선으로 둘러싸인 유체의 관 • 미소단면적의 유관은 하나의 유선과 같다. • 유관에 직각방향의 유동성분은 없다. • 폐곡선을 통과하는 여러 개의 유선으로 이루어지는 것을 뜻한다.
유적선	일정시간 내 유체입자가 흘러간 경로(운동체적)
유맥선	유동장을 통과하는 모든 유체가 어느 한 순간 점유하는 위치를 나타내는 체적

핵심 22 ◇ **교축(트로틀링)(조름팽창)**

개 요	유체가 밸브 등의 좁은 통로를 흐를 때 마찰이나 난류 등으로 압력이 저하하는 현상, 압력저하에 따라 동작유체가 증발하며 온도저하를 동반한다.
일어나는 현상	엔탈피 일정, 엔트로피 증가
과 정	비가역 정상류 과정

핵심 23 ◇ **정상 유동과 비정상 유동**

구 분		내 용
정상 유동	정의	유체의 유동에서 주어진 한 점에서의 여러 특성 중 한 개의 특성도 시간의 경과와 관계없이 변하지 않음
	수식	$\frac{\partial V}{\partial t}=0,\ \frac{\partial T}{\partial t}=0,\ \frac{\partial P}{\partial t}=0$
비정상 유동	정의	유체의 유동에서 주어진 한 점에서의 여러 특성 중 어느 한 개의 특성이 시간의 경과와 변화함
	수식	$\frac{\partial V}{\partial t}\neq0,\ \frac{\partial T}{\partial t}\neq0,\ \frac{\partial P}{\partial t}\neq0$
관련 용어		
유 선		유체 흐름의 공간에서 어느 순간에 각 점에서의 속도방향과 접선방향이 일치되는 연속적인 가상곡선
유적선		한 유체입자가 일정한 기간 내 움직인 경로
유 관		운동을 한정하는 일련의 유선으로 둘러 싸인 관형공간
유맥선		유동장 내 어느 점을 통과하는 모든 유체가 어느 순간에 점유하는 위치

성공하려면

당신이 무슨 일을 하고 있는지를 알아야 하며,

하고 있는 그 일을 좋아해야 하며,

하는 그 일을 믿어야 한다.

-월 로저스(Will Rogers)-

☆

때론 지치고 힘들지만 언제나 가슴에 큰 꿈을 안고 삽시다.

노력은 배반하지 않습니다.^^

제 2 편
과년도 출제문제

제2편에서는 최근 출제된 시험문제를 상세하게
풀이하였습니다. 기출문제에서 반드시 알아야 할
필수이론을 '핵심이론'으로 요약 · 정리하여 수록하였으니,
꼭 함께 공부하세요~

가스기사 필기
www.cyber.co.kr

국가기술자격 시험문제

2017년 기사 제1회 필기시험(1부)　　　　　　　(2017년 3월 5일 시행)

자격종목	시험시간	문제수	문제형별
가스기사	**2시간30분**	**100**	**B**

수험번호		성 명	

제1과목 가스유체역학

01 지름이 25cm인 원형관 속을 5.7m/s의 평균속도로 물이 흐르고 있다. 40m에 걸친 수두 손실이 5m라면 이때의 Darcy 마찰계수는 어느 것인가?

① 0.0189　　　　② 0.1547
③ 0.2089　　　　④ 0.2621

$$h_f = \lambda \frac{L}{D} \cdot \frac{V^2}{2g}$$

$$\lambda = \frac{h_f \cdot D \cdot 2g}{L \cdot V^2} = \frac{5 \times 0.25 \times 2 \times 9.8}{40 \times 5.7^2}$$

$$= 0.0189$$

02 두 피스톤의 지름이 각각 25cm와 5cm이다. 직경이 큰 피스톤을 2cm만큼 움직이면 작은 피스톤은 몇 cm 움직이는가? (단, 누설량과 압축은 무시한다.)

① 5cm　　　　② 10cm
③ 25cm　　　　④ 50cm

$$A_1 \times S_1 = A_2 \times S_2$$

$$S_2 = \frac{A_1 \times S_1}{A_2} = \frac{\frac{\pi}{4} \times (25)^2 \times 2}{\frac{\pi}{4} \times 5^2} = 50cm$$

03 [그림]은 수축노즐을 갖는 고압용기에서 기체가 분출될 때 질량유량($\dot{m}$)과 배압(Pb)과 용기내부압력(Pr)의 비의 관계를 도시한 것이다. 다음 중 질식된(choking) 상태만 모은 것은?

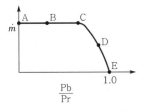

① A, E　　　　② B, D
③ D, E　　　　④ A, B

04 수은-물 마노메타로 압력차를 측정하였더니 50cmHg였다. 이 압력차를 mH₂O로 표시하면 약 얼마인가?

① 0.5　　　　② 5.0
③ 6.8　　　　④ 7.3

$$50cmHg : x(mH_2O) = 76cmHg : 10.33mH_2O$$

$$x = \frac{50 \times 10.33}{76} = 6.79 = 6.8mH_2O$$

05 웨버(Weber) 수의 물리적 의미는?

① 압축력/관성력
② 관성력/점성력
③ 관성력/탄성력
④ 관성력/표면장력

해설

웨버수$=\dfrac{관성력}{표면장력}$

ⓐ 오일러수
ⓑ 레이놀드수
ⓒ 코시수

06 중력 단위계에서 1kgf와 같은 것은?

① $980kg \cdot m/s^2$
② $980kg \cdot m^2/s^2$
③ $9.8kg \cdot m/s^2$
④ $9.8kg \cdot m^2/s^2$

해설

$1kgf = 1kg \times 9.8m/s^2$
$\quad\quad = 9.8kg \cdot m/s^2$

07 유체에 관한 다음 설명 중 옳은 내용을 모두 선택한 것은?

ⓐ 정지 상태의 이상유체(ideal fluid)에서는 전단 응력이 존재한다.
ⓑ 정지 상태의 실제유체(real fluid)에서는 전단 응력이 존재하지 않는다.
ⓒ 전단 응력을 유체에 가하면 연속적인 변형이 일어난다.

① ⓐ, ⓑ
② ⓐ, ⓒ
③ ⓑ, ⓒ
④ ⓐ, ⓑ, ⓒ

08 상온의 공기 속을 260m/s의 속도로 비행하고 있는 비행체의 선단에서의 온도 증가는 약 얼마인가? (단, 기체의 흐름을 등엔트로피 흐름으로 간주하고 공기의 기체상수는 287J/kg · K이고 비열비는 1.40이다.)

① 24.5℃
② 33.6℃
③ 44.6℃
④ 45.1℃

해설

$T_o = T + \dfrac{1}{R} \cdot \dfrac{K-1}{K} \cdot \dfrac{V^2}{2}$

$T_o - T(\Delta T) = \dfrac{1}{R} \cdot \dfrac{K-1}{K} \cdot \dfrac{V^2}{2}$

$\dfrac{1}{287} \times \dfrac{1.4-1}{1.4} \times \dfrac{260^2}{2} = 33.6℃$

T_o : 전온, T : 정온, ΔT : 표면온도 증가값

$\dfrac{K-1}{KR} \times \dfrac{V^2}{2g}$: 동온

관련문제

(1) 상온의 공기속을 10m/s 속도로 비행하고 있는 표면의 이론온도증가는?

$(K = 1.4, \ R = 29.27kgf \cdot m/kg \cdot K)$

$\Delta T = \dfrac{1.4-1}{1.4 \times 29.27} \cdot \dfrac{10^2}{2 \times 9.8} = 0.049K$

(2) 물체 1000m/s 속도로 공기속을 지날 때 표면온도증가(K)값 (기체상수값 29.27m/K 비열비는 1.4)

$\Delta T = T_o - T = \dfrac{K-1}{KR} \times \dfrac{V^2}{2g}$

$\quad\quad = \dfrac{1.4-1}{1.4 \times 29.27} \times \dfrac{1000^2}{2 \times 9.8} = 498K$

ΔT값은 온도증가값이므로 ℃나 K값이 같다.

물체표면의 이론온도증가(ΔT)

$\Delta T = \dfrac{K-1}{KR} \cdot \dfrac{V^2}{2}(℃)(R = N \cdot m/kg \cdot K, J/kg \cdot K)$

$\Delta T = \dfrac{K-1}{KR} \cdot \dfrac{V^2}{2g}(℃)(R = kgf \cdot m/kg \cdot K)$

09 2개의 무한 수평 평판 사이에서의 층류 유동의 속도 분포가 $u(y) = U\left[1 - \left(\dfrac{y}{H}\right)^2\right]$로 주어지는 유동장(Poiseuille flow)이 있다. 여기에서 U와 H는 각각 유동장의 특성속도와 특성길이를 나타내며, y는 수직 방향의 위치를 나타내는 좌표이다. 유동장에서는 속도 $u(y)$만 있고, 유체는 점성계수가 μ인 뉴튼유체일 때 $y = \dfrac{H}{2}$에서의 전단응력의 크기는?

① $\dfrac{\mu U}{H^2}$
② $\dfrac{\mu U}{2H^2}$
③ $\dfrac{\mu U}{H}$
④ $\dfrac{8\mu U}{2H}$

10 안지름이 150mm인 관 속에 20℃의 물이 4m/s로 흐른다. 안지름이 75mm인 관 속에 40℃의 암모니아가 흐르는 경우 역학적 상사를 이루려면 암모니아의 유속은 얼마가 되어야 하는가? (단, 물의 동점성계수는 $1.006 \times 10^{-6} m^2/s$이고 암모니아의 동점성계수는 $0.34 \times 10^{-6} m^2/s$이다.)

① 0.27m/s ② 2.7m/s
③ 3m/s   ④ 5.68m/s

역학적 상사 $Re_1 = Re_2$ 라고 하면

$$\frac{V_1 D_1}{\nu_1} = \frac{V_2 D_2}{\nu_2}$$

$$V_2 = \frac{V_1 D_1 \nu_2}{\nu_1 D_2} = \frac{4 \times 150 \times 0.34 \times 10^{-6}}{1.006 \times 10^{-6} \times 75}$$

$$= 2.7 m/s$$

11 어떤 유체의 액면 아래 10m인 지점의 계기압력이 $2.16 kgf/cm^2$일 때 이 액체의 비중량은 몇 kgf/m^3인가?

① 2160   ② 216
③ 21.6   ④ 0.216

$P = \gamma H$

$$\gamma = \frac{P}{H} = \frac{2.16 \times 10^4 kgf/m^2}{10m} = 2160 kg/m^3$$

12 Mach 수를 의미하는 것은?

① $\dfrac{\text{실제 유동속도}}{\text{음속}}$

② $\dfrac{\text{초음속}}{\text{아음속}}$

③ $\dfrac{\text{음속}}{\text{실제 유동속도}}$

④ $\dfrac{\text{아음속}}{\text{초음속}}$

$$Ma = \frac{V}{A}$$

V : 실제유동속도

a : 음속 = $\sqrt{KgRT}$

13 구형입자가 유체 속으로 자유 낙하할 때의 현상으로 틀린 것은? (단, μ는 점성계수, d는 구의 지름, U는 속도이다.)

① 속도가 매우 느릴 때 항력(drag force)은 $3\pi \mu d U$이다.
② 입자에 작용하는 힘을 중력, 항력, 부력으로 구분할 수 있다.
③ 항력계수(C_D)는 레이놀즈수가 증가할수록 커진다.
④ 종말속도는 가속도가 감소되어 일정한 속도에 도달한 것이다.

낙구식 점도계 : 유체 속에 작은 구를 자유낙하시켜 그 낙하속도를 이용하여 점성을 측정하는 계측기이다.

(1) 층류상태 구의 $Re = \dfrac{Vd}{\nu}$

(2) Stokes 저항력 $D = 3\pi \mu V d$

(3) $\mu = \dfrac{d^2(\gamma_s - \gamma_o)}{18V}$

V : 유속
ν : 동점성계수
γ_s : 구의 비중량
γ_o : 액체의 비중량

∴ Re가 커지면 유속 V가 커지며 항력계수 C_D는 항력에 비례하므로

$D = C_D \cdot 3\pi \mu V d$라고 한다면

V가 커질수록 C_D는 작아야 한다.

따라서 Re가 증가할수록 항력계수는 작아야 한다.

14 압축성 유체가 축소-확대 노즐의 확대부에서 초음속으로 흐를 때, 다음 중 확대부에서 감소하는 것을 옳게 나타낸 것은? (단, 이상기체의 등엔트로피 흐름이라고 가정한다.)

① 속도, 온도
② 속도, 밀도
③ 압력, 속도
④ 압력, 밀도

축소확대노즐

속도별 구분	$M>1$(초음속)		$M<1$(아음속)	
	확대부	축소부	확대부	축소부
증가	속도, 마하수	압력, 온도, 밀도	압력, 온도, 밀도	마하수, 속도
감소	압력, 온도, 밀도	속도, 마하수	마하수, 속도	압력, 온도, 밀도

15 항력계수를 옳게 나타낸 식은? (단, C_D는 항력계수, D는 항력, ρ는 밀도, V는 유속, A는 면적을 나타낸다.)

① $C_D = \dfrac{D}{0.5\rho V^2 A}$

② $C_D = \dfrac{D^2}{0.5\rho VA}$

③ $C_D = \dfrac{0.5\rho V^2 A}{D}$

④ $C_D = \dfrac{0.5\rho V^2 A}{D^2}$

해설

$D = C_D \dfrac{\gamma \cdot V^2}{2g} \cdot A = C_D \dfrac{\rho V^2}{2} \cdot A$

$\therefore\ C_D = \dfrac{2D}{\rho V^2 A} = \dfrac{D}{0.5\rho V^2 A}$

$$\boxed{\gamma = \rho g,\quad \dfrac{1}{0.5} = 2}$$

참고 양력(L) C_L : 양력계수

ρ(밀도), V(유속), A(면적)

$L = C_L \cdot \dfrac{\gamma \cdot V^2}{2g} \cdot A = C_L \cdot \dfrac{\rho V^2}{2} \cdot A$

$C_L = \dfrac{2L}{\rho V^2 A} = \dfrac{L}{0.5\rho V^2 A}$

16 내경이 10cm인 원관 속을 비중 0.85인 액체가 10cm/s의 속도로 흐른다. 액체의 점도가 5cP라면 이 유동의 레이놀즈수는?

① 1400

② 1700

③ 2100

④ 2300

해설

$Re = \dfrac{\rho D V}{\mu}$

$= \dfrac{0.85 \times 10 \times 10}{5 \times 10^{-2}} = 1700$

17 출구의 지름이 20cm인 송풍기의 배출유량이 $3\text{m}^3/\text{min}$일 때 평균유속은 약 몇 m/s인가?

① 1.2m/s

② 1.6m/s

③ 3.2m/s

④ 4.8m/s

해설

$Q = \dfrac{\pi}{4}d^2 \cdot V$

$V = \dfrac{4Q}{\pi d^2} = \dfrac{4 \times (3/60)}{\pi \times (0.2)^2}$

$= 1.59 = 1.6\text{m/s}$

18 탱크 안의 액체의 비중량은 700kgf/m^3이며 압력은 3kgf/cm^2이다. 압력을 수두로 나타내면 몇 m인가?

① 0.429m

② 4.286m

③ 42.86m

④ 428.6m

해설

$H = \dfrac{P}{\gamma} = \dfrac{3 \times 10^4 (\text{kgf/m}^2)}{700 (\text{kgf/m}^3)}$

$= 42.857 = 42.86\text{m}$

19 2차원 직각좌표계 $(x,\ y)$상에서 x방향의 속도를 u, y방향의 속도를 v라고 한다. 어떤 이상유체의 2차원 정상 유동에서 $v = -Ay$일 때 다음 중 x방향의 속도 u가 될 수 있는 것은? (단, A는 상수이고 $A>0$이다.)

① Ax

② $-Ax$

③ Ay

④ $-2Ax$

해설

2차원 직각 좌표계$(x,\ y)$에서 x방향속도를 u, y방향속도를 v라 할 때, $v = -Ay$라면 u의 속도는

(1) 2차원 유동의 형상

정답 15.① 16.② 17.② 18.③ 19.①

(2) 좌표

① $v = Ay$일 경우 … 상방향

x방향의 속도

$u = \sqrt{w^2 - V^2} = \sqrt{w^2 - Ay^2}$

② $v = -Ay$일 경우 … 하방향

$u = \sqrt{w^2 - V^2}$
$\quad = \sqrt{w^2 - (-Ay)^2}$
$\quad = \sqrt{w^2 - Ay^2}$

③ 즉 y방향속도의 부호에 무관하게 x방향의 속도는 양의 값을 가지며 수평속도는 일정(①의 u=②의 u)

∴ $u = Ax$

참고 $v = Ay$일 때 $u = Ax$

$v = -Ay$일 때 $u = Ax$이며 $u = -Ax$는 역류현상이라 볼 수 있다.

20 간격이 좁은 2개의 연직 평판을 물속에 세웠을 때 모세관현상의 관계식으로 맞는 것은? (단, 두 개의 연직 평판의 간격 : t, 표면장력 : σ, 접촉각 : β, 물의 비중량 : γ, 평판의 길이 : l, 액면의 상승높이 : h_c이다.)

① $h_c = \dfrac{4\sigma\cos\beta}{\gamma t}$ ② $h_c = \dfrac{4\sigma\sin\beta}{\gamma t}$

③ $h_c = \dfrac{2\sigma\cos\beta}{\gamma t}$ ④ $h_c = \dfrac{2\sigma\sin\beta}{\gamma t}$

해설

$W = \gamma \cdot V = \gamma \cdot Ah = \gamma \cdot \dfrac{\pi}{4}d^2 \cdot h$

$\sigma\cos\beta \cdot \pi d - \gamma \cdot \dfrac{\pi d^2}{4} \cdot h$

$h = \dfrac{4\sigma\cos\beta}{\gamma d}$

제2과목 연소공학

21 증기운 폭발의 특징에 대한 설명으로 틀린 것은?

① 폭발보다 화재가 많다.

② 점화위치가 방출점에서 가까울수록 폭발위력이 크다.

③ 증기운의 크기가 클수록 점화될 가능성이 커진다.

④ 연소에너지의 약 20%만 폭풍파로 변한다.

해설
증기운 폭발(UVCE)

(1) 정의 : 대기 중 다량의 가연성 가스 또는 액체의 유출로 발생한 증기가 공기와 혼합 가연성 혼합 기체를 형성 발화원에 의해 발생하는 폭발

(2) 영향인자
ㄱ 방출물질의 양
ㄴ 점화원의 위치
ㄷ 증발물질의 분율

22 연소범위에 대한 일반적인 설명으로 틀린 것은?

① 압력이 높아지면 연소범위는 넓어진다.

② 온도가 올라가면 연소범위는 넓어진다.

③ 산소농도가 증가하면 연소범위는 넓어진다.

④ 불활성 가스의 양이 증가하면 연소범위는 넓어진다.

23 미분탄 연소의 특징으로 틀린 것은?

① 가스화 속도가 낮다.

② 2상류 상태에서 연소한다.

③ 완전연소에 시간과 거리가 필요하다.

④ 화염이 연소실 전체에 퍼지지 않는다.

해설
미분탄연소 장단점

장 점	단 점
ㄱ 적은 공기량으로 완전 연소가 가능하다.	ㄱ 연소실이 커야 한다.
ㄴ 자동제어가 가능하다.	ㄴ 타연료에 비하여 연소시간이 길다.
ㄷ 부하변동에 대응하기 쉽다.	ㄷ 화염길이가 길어진다.
ㄹ 연소율이 크다.	ㄹ 가스화속도가 낮다.
ㅁ 화염이 연소실 전체에 확산된다.	ㅁ 완전연소에 거리와 시간이 필요하다.
	ㅂ 2상류 상태에서 연소한다.

24 일정한 체적 하에서 포화증기의 압력을 높이면 무엇이 되는가?

① 포화액
② 과열증기
③ 압축액
④ 습증기

 포화증기에서 압력(P) 상승 시 과열증기가 된다.
증기압축기 기준 냉동 사이클 P-i 선도

25 아세틸렌(C_2H_2)에 대한 설명 중 틀린 것은?

① 산소와 혼합하여 3300℃까지의 고온을 얻을 수 있으므로 용접에 사용된다.
② 가연성 가스 중 폭발한계가 가장 적은 가스이다.
③ 열이나 충격에 의해 분해폭발이 일어날 수 있다.
④ 용기에 충전할 때에 단족으로 가압 충전할 수 없으며 용해 충전한다.

 C_2H_2 : 2.5~81%로 가장 폭발범위가 넓다.

26 연소 반응이 완료되지 않아 연소가스 중에 반응의 중간 생성물이 들어있는 현상을 무엇이라 하는가?

① 열해리
② 순반응
③ 역화반응
④ 연쇄분자반응

27 공기비가 클 경우 연소에 미치는 영향에 대한 설명으로 틀린 것은? [연소공학 15]

① 통풍력이 가하여 배기가스에 의한 열손실이 많아진다.
② 연소가스 중 NOx의 양이 많아져 저온부식이 된다.
③ 연소실 내의 연소온도가 저하한다.
④ 불완전연소가 되어 매연이 많이 발생한다.

28 천연가스의 비중측정 방법은?

① 분젤실링법
② soap bubble 법
③ 라이트법
④ 분젠버너법

29 연소의 열역학에서 몰엔탈피를 H_j, 몰엔트로피를 S_j라 할 때 Gibbs 자유에너지 F_j와의 관계를 올바르게 나타낸 것은?

① $F_j = H_j - TS_j$
② $F_j = H_j + TS_j$
③ $F_j = S_j - TH_j$
④ $F_j = S_j + TH_j$

30 프로판을 완전연소시키는 데 필요한 이론공기량은 메탄의 몇 배인가? (단, 공기 중 산소의 비율은 21v%이다.)

① 1.5
② 2.0
③ 2.5
④ 3.0

$$C_3H_8 + 5O_2 \rightarrow 3CO_2 + 4H_2O$$
$$CH_4 + 2O_2 \rightarrow CO_2 + 2H_2O$$

$$\frac{C_3H_8의 공기}{CH_4의 공기} = \frac{5 \times \frac{1}{0.21}}{2 \times \frac{1}{0.21}} = 2.5배$$

31 방폭에 대한 설명으로 틀린 것은?

① 분진처리시설에서 호흡을 하는 경우 분진을 제거하는 장치가 필요하다.

② 분해 폭발을 일으키는 가스에 비활성 기체를 혼합하는 이유는 화염온도를 낮추고 화염 전파능력을 소멸시키기 위함이다.

③ 방폭 대책은 크게 예방, 긴급대책 등 2가지로 나누어진다.

④ 분진을 다루는 압력을 대기압보다 낮게 하는 것도 분진 대책 중 하나이다.

 ③ 예방, 국소화, 억제, 긴급대책 등으로 이루어진다.

32 가연성 혼합가스에 불활성 가스를 주입하여 산소의 농도를 최소산소농도(MOC) 이하로 낮게 하는 공정은? [연소 19]

① 릴리프(relief)

② 벤트(vent)

③ 이너팅(inerting)

④ 리프팅(lifting)

33 다음은 간단한 수증기사이클을 나타낸 [그림]이다. 여기서 랭킨(Rankine)사이클의 경로를 옳게 나타낸 것은?

① 1→2→3→9→10→1

② 1→2→3→4→5→9→10→1

③ 1→2→3→4→6→5→9→10→1

④ 1→2→3→8→7→5→9→10→1

34 화격자 연소방식 중 하입식 연소에 대한 설명으로 옳은 것은?

① 산화층에서는 코크스화한 석탄입자표면에 충분한 산소가 공급되어 표면연소에 의한 탄산가스가 발생한다.

② 코크스화한 석탄은 환원층에서 아래 산화층에서 발생한 탄산가스를 일산화탄소로 환원한다.

③ 석탄층은 연소가스에 직접 접하지 않고 상부의 고온 산화층으로부터 전도와 복사에 의해 가열된다.

④ 휘발분과 일산화탄소는 석탄층 위쪽에서 2차 공기와 혼합하여 기상연소한다.

35 다음 가스와 그 폭발한계가 틀린 것은?

① 수소 : 4~75%

② 암모니아 : 15~28%

③ 메탄 : 5~15.4%

④ 프로판 : 2.5~40%

 ④ C_3H_8 : 2.1~9.5%

36 공기 중의 산소 농도가 높아질 때 연소의 변화에 대한 설명으로 틀린 것은? [연소 35]

① 연소속도가 빨라진다.

② 화염온도가 높아진다.

③ 발화온도가 높아진다.

④ 폭발이 더 잘 일어난다.

37 폭발억제장치의 구성이 아닌 것은?

① 폭발검출기구

② 활성제

③ 살포기구

④ 제어기구

38 열역학적 상태량이 아닌 것은?

① 정압비열   ② 압력

③ 기체상수   ④ 엔트로피

열역학적 상태량	
종량성 상태량	강도성 상태량
체적	온도, 비체적, 압력 정압 · 정적비열, 엔트로피

39 배기가스의 온도가 120℃인 굴뚝에서 통풍력 12mmH₂O를 얻기 위하여 필요한 굴뚝의 높이는 약 몇 m인가? (단, 대기의 온도는 20℃이다.)

① 24
② 32
③ 39
④ 47

연돌의 통풍력

$$z = 273H\left(\frac{\gamma_o}{273+t_o} - \frac{\gamma_g}{273+t_g}\right)$$

$$H = \frac{z}{273 \times \left(\dfrac{\gamma_o}{273+t_o} - \dfrac{\gamma_g}{273+t_g}\right)}$$

$$= \frac{12}{273 \times \left(\dfrac{1.295}{273+20} - \dfrac{1.295}{273+120}\right)} = 39\text{m}$$

z : 연돌의 통풍력(mmH₂O)
H : 연돌의 높이(m)
γ_o : 대기의 비중량
γ_g : 가스의 비중량
t_o : 대기의 온도
t_g : 가스의 온도

※ 공기비중량 $29\text{kg}/22.4\text{m}^3 \fallingdotseq 1.295\text{kg}/\text{m}^3$
가스비중량이 주어지지 않았으므로 대기와 같다고 간주하여 $\gamma_g = 1.295$이다.

40 800℃의 고열원과 300℃의 저열원 사이에서 작동하는 카르노사이클 열기관의 열효율은? [연소 16]

① 31.3%
② 46.6%
③ 68.8%
④ 87.3%

$$\eta = \frac{T_1 - T_2}{T_1} = \frac{(800-300)}{(273+800)} = 0.465 = 46.6\%$$

제3과목 가스설비

41 역카르노 사이클로 작동되는 냉동기가 20kW의 일을 받아서 저온체에서 20kcal/s의 열을 흡수한다면 고온체로 방출하는 열량은 약 몇 kcal/s인가?

① 14.8
② 24.8
③ 34.8
④ 44.8

20kcal/s − 20kW × 860kcal/3600s(kW)
$Q_1 = Q_2 + Aw$
$\quad$= 20kcal/s × 860kcal/3600s(kW) + 20kcal/s
$\quad$= 24.77≒24.8kcal/s

42 4극 3상 전동기를 펌프와 직결하여 운전할 때 전원주파수가 60Hz이면 펌프의 회전수는 몇 rpm인가? (단, 미끄럼률은 2%이다.)

① 1562
② 1663
③ 1764
④ 1865

$$N = \frac{120f}{P}\left(1 - \frac{S}{100}\right)$$

$$= \frac{120 \times 60}{4} \times \left(1 - \frac{2}{100}\right)$$

$$= 1764\text{rpm}$$

43 천연가스에 첨가하는 부취제의 성분으로 적합하지 않은 것은? [설비 19]

① THT(Tetra Hydro Thiophene)
② TBM(Tertiary Butyl Mercaptan)
③ DMS(Dimethyl Sulfide)
④ DMDS(Dimethyl Disulfide)

44 다음 [보기]의 안전밸브의 선정절차에서 가장 먼저 검토하여야 하는 것은?

- 통과유체 확인
- 밸브 용량계수값 확인
- 해당 메이커의 자료 확인
- 기타 밸브구동기 선정

① 기타 밸브구동기 선정
② 해당 메이커의 자료 확인

③ 밸브 용량계수값 확인

④ 통과유체 확인

45 고압가스 탱크의 수리를 위하여 내부 가스를 배출하고 불활성 가스로 치환하여 다시 공기로 치환하였다. 내부의 가스를 분석한 결과 탱크 안에서 용접작업을 해도 되는 경우는?

① 산소 20%

② 질소 85%

③ 수소 5%

④ 일산화탄소 4000ppm

 설비 내 작업 가능 농도

가스별	농 도
산소	18% 이상 22% 이하
가연성	폭발하한계의 1/4 이하
독성	TLV-TWA 허용농도 이하

46 정상운전 중에 가연성 가스의 점화원이 될 전기불꽃, 아크 또는 고온부분 등의 발생을 방지하기 위하여 기계적·전기적 구조상 또는 온도상승에 대하여 안전도를 증가시킨 방폭 구조는? [안전 13]

① 내압방폭구조

② 압력방폭구조

③ 유입방폭구조

④ 안전증방폭구조

47 염소가스(Cl_2) 고압용기의 지름을 4배, 재료의 강도를 2배로 하면 용기의 두께는 얼마가 되는가?

① 0.5   ② 1배

③ 2배   ④ 4배

$\sigma_t = \dfrac{PD}{2t_1}$ 에서

$t_1 = \dfrac{PD}{\sigma_t \cdot 2}$ 이므로

$t_2 = \dfrac{P \cdot 4D}{2\sigma_t \cdot 2} = \dfrac{4}{2} = 2$배

48 수소 가스를 충전하는데 가장 적합한 용기의 재료는?

① Cr강   ② Cu

③ Mo강   ④ Al

 수소의 부식 방지법

5~6%의 Cr강에 W, Mo, Ti, V 등을 첨가

49 습식 아세틸렌 제조법 중 투입식의 특징이 아닌 것은? [설비 58]

① 온도상승이 느리다.

② 불순가스 발생이 적다.

③ 대량 생산이 용이하다.

④ 주수량의 가감으로 양을 조정할 수 있다.

50 일반용 LPG 2단 감압식 1차용 압력조정기의 최대폐쇄압력으로 옳은 것은? [안전 17]

① 3.3kPa 이하

② 3.5kPa 이하

③ 95kPa 이하

④ 조정압력의 1.25배 이하

51 정압기를 평가, 선정할 경우 정특성에 해당되는 것은? [설비 22]

① 유량과 2차압력과의 관계

② 1차 압력과 2차 압력과의 관계

③ 유량과 작동 차압과의 관계

④ 메인밸브의 열림과 유량과의 관계

52 공업용 수소의 가장 일반적인 제조방법은?

① 소금물 분해

② 물의 전기분해

③ 황산과 아연 반응

④ 천연가스, 석유, 석탄 등의 열분해

53 화염에서 백-파이어(back-fire)가 생기는 주된 원인은? [연소 22]

① 버너의 과열

② 가스의 과량공급

③ 가스압력의 상승
④ 1차 공기량의 감소

54 다음 중 동관(copper pipe)의 용도로서 가장 거리가 먼 것은?

① 열교환기용 튜브
② 압력계 도입관
③ 냉매가스용
④ 배수관용

55 도시가스의 원료 중 탈황 등의 정제장치를 필요로 하는 것은?

① NG   ② SNG
③ LPG   ④ LNG

NG(천연가스) : 지하에서 채취한 1차 연료로서 제진, 탈황, 탈습, 탈탄산 등의 전처리가 필요하다.

56 인장시험방법에 해당하는 것은?

① 올센법
② 샤르피법
③ 아이조드법
④ 파우더법

57 고압가스설비는 상용압력의 몇 배 이상의 압력에서 항복을 일으키지 않는 두께를 갖도록 설계해야 하는가?

① 2배   ② 10배
③ 20배   ④ 100배

항복=상용압력×2
    =최고사용압력×1.7

58 용기내장형 가스난방기에 대한 설명으로 옳지 않은 것은?

① 난방기는 용기와 직결되는 구조로 한다.
② 난방기의 콕은 항상 열림 상태를 유지하는 구조로 한다.
③ 난방기는 버너 후면에 용기를 내장할 수 있는 공간이 있는 것으로 한다.

④ 난방기 통기구의 면적은 용기 내장실 바닥면적에 대하여 하부는 5%, 상부는 1% 이상으로 한다.

난방기는 용기와 직결되지 않는 구조로 한다.

59 1000rpm으로 회전하고 있는 펌프의 회전수를 2000rpm으로 하면 펌프의 양정과 소요동력은 각각 몇 배가 되는가? [설비 36]

① 4배, 16배
② 2배, 4배
③ 4배, 2배
④ 4배, 8배

$$H_2 = H_1 \times \left(\frac{N_2}{N_1}\right)^2 = H_1 \times \left(\frac{2000}{1000}\right)^2 = 4H_1$$

$$P_2 = P_1 \times \left(\frac{N_2}{N_1}\right)^3 = P_1 \times \left(\frac{2000}{1000}\right)^3 = 8P_1$$

60 다음 배관 중 반드시 역류방지 밸브를 설치할 필요가 없는 곳은? [안전 91]

① 가연성 가스를 압축하는 압축기와 오토클레이브와의 사이
② 암모니아의 합성탑과 압축기 사이
③ 가연성 가스를 압축하는 압축기와 충전용 주관과의 사이
④ 아세틸렌을 압축하는 압축기의 유분리기와 고압건조기와의 사이

제4과목 가스안전관리

61 다음 특정설비 중 재검사 대상에 해당하는 것은? [안전 162]

① 평저형 저온저장탱크
② 초저온용 대기식 기화장치
③ 저장탱크에 부착된 안전밸브
④ 특정고압가스용 실린더캐비넷

62 가연성 가스가 폭발할 위험이 있는 농도에 도달할 우려가 있는 장소로서 "2종 장소"에 해당되지 않는 것은? [안전 13]

① 상용의 상태에서 가연성 가스의 농도가 연속해서 폭발하한계 이상으로 되는 장소

② 밀폐된 용기가 그 용기의 사고로 인해 파손될 경우에만 가스가 누출할 위험이 있는 장소

③ 환기장치에 이상이나 사고가 발생한 경우에는 가연성 가스가 체류하여 위험하게 될 우려가 있는 장소

④ 1종 장소의 주변에서 위험한 농도의 가연성 가스가 종종 침입할 우려가 있는 장소

63 지상에 일반도시가스 배관을 설치(공업지역 제외)한 도시가스사업자가 유지하여야 할 상용압력에 따른 공지의 폭으로 적합하지 않은 것은? [안전 160]

① 5.0MPa － 19m

② 2.0MPa － 16m

③ 0.5MPa － 8m

④ 0.1MPa － 6m

해설

배관 지상설치 시 상용압력에 따른 유지하여야 하는 공지의 폭

상용압력	공지의 폭
0.2MPa 미만	5m 이상
0.2MPa 이상 1MPa 미만	9m 이상
1MPa 이상	15m 이상

64 고압가스 특정설비 제조자의 수리범위에 해당하지 않는 것은? [안전 75]

① 단열재 교체

② 특정설비 몸체의 용접

③ 특정설비의 부속품 가공

④ 아세틸렌 용기 내의 다공물질 교체

65 다음 각 가스의 특징에 대한 설명 중 옳은 것은?

① 암모니아 가스는 갈색을 띤다.

② 일산화탄소는 산화성이 강하다.

③ 황화수소는 갈색의 무취 기체이다.

④ 염소 자체는 폭발성이나 인화성이 없다.

해설

① 암모니아 : 무색

② 일산화탄소 : 독성, 가연성

③ 황화수소 : 독성, 자극적 냄새

66 니켈(Ni) 금속을 포함하고 있는 촉매를 사용하는 공정에서 주로 발생할 수 있는 맹독성 가스는?

① 산화니켈(NiO)

② 니켈카르보닐(Ni(CO)₄)

③ 니켈클로라이드(NiCl₂)

④ 니켈염

67 차량에 고정된 탱크의 안전운행기준으로 운행을 완료하고 점검하여야 할 사항이 아닌 것은? [안전 161]

① 밸브의 이완상태

② 부속품 등의 볼트 연결 상태

③ 자동차 운행등록허가증 확인

④ 경계표지 및 휴대품 등의 손상 유무

68 일반도시가스사업 정압기 시설에서 지하 정압기실의 바닥면 둘레가 35m일 때 가스누출경보기 검지부의 설치 개수는?

① 1개 ② 2개

③ 3개 ④ 4개

해설

20m당 검지부 1개이므로,

35m÷20＝1.75＝2개

69 불화수소(HF)가스를 물에 흡수시킨 물질을 저장하는 용기로 사용하기에 가장 부적절한 것은?

① 납 용기 ② 강철 용기

③ 유리 용기 ④ 스테인리스 용기

해설 HF(플루오르화수소) 수용액은 석영, 유리, SiO_2를 녹이므로 유리병에 보관할 수 있고 납병, 폴리에틸렌병에 보관한다.

70 도시가스 배관을 지하에 매설할 때 배관에 작용하는 하중을 수직방향 및 횡방향에서 지지하고 하중을 기초 아래로 분산시키기 위한 침상재료는 배관 하단에서 배관 상단 몇 cm까지 포설하여야 하는가? [안전 122]

① 10 　　② 20
③ 30 　　④ 50

해설 도시가스 배관 매설 시 포설하는 재료

재료의 종류	배관으로부터 포설하는 높이
되메움	침상 재료 상부
침상재료	배관상부 30cm
배관	-
기초재료	배관하부 10cm

71 공기액화장치에 아세틸렌 가스가 혼입되면 안 되는 주된 이유는? [설비 5]

① 배관에서 동결되어 배관을 막아 버리므로
② 질소와 산소의 분리를 어렵게 하므로
③ 분리된 산소가 순도를 나빠지게 하므로
④ 분리기 내 액체산소탱크에 들어가 폭발하기 때문에

72 염소와 동일 차량에 적재하여 운반하여도 무방한 것은? [안전 34]

① 산소 　　② 아세틸렌
③ 암모니아 　　④ 수소

73 가연성 가스 충전용기의 보관실에 등화용으로 휴대할 수 있는 것은?

① 휴대용 손전등(방폭형)
② 석유등
③ 촛불
④ 가스등

74 도시가스의 누출 시 그 누출을 조기에 발견하기 위해 첨가하는 부취제의 구비조건이 아닌 것은? [안전 19]

① 배관 내의 상용의 온도에서 응축하지 않을 것
② 물에 잘 녹고 토양에 대한 흡수가 잘 될 것
③ 완전히 연소하고 연소 후에 유해한 성질이나 냄새가 남지 않을 것
④ 독성이 없고 가스관이나 가스미터에 흡착되지 않을 것

75 탱크 주밸브가 돌출된 저장탱크는 조작상자 내에 설치하여야 한다. 이 경우 조작상자와 차량의 뒷범퍼와의 수평거리는 얼마 이상 이격하여야 하는가? [안전 33]

① 20cm 　　② 30cm
③ 40cm 　　④ 50cm

76 고압가스 특정제조의 시설기준 중 배관의 도로 밑 매설 기준으로 틀린 것은? [안전 154]

① 배관의 외면으로부터 도로의 경계까지 1m 이상의 수평거리를 유지한다.
② 배관은 그 외면으로부터 도로 밑의 다른 시설물과 0.3m 이상의 거리를 유지한다.
③ 시가지의 도로 노면 밑 매설하는 배관의 노면과의 거리는 1.2m 이상으로 한다.
④ 포장되어 있는 차도에 매설하는 경우에는 그 포장 부분의 노반 밑에 매설하고 배관의 외면과 노반의 최하부와의 거리는 0.5m 이상으로 한다.

77 안전성 평가기법 중 공정 및 설비의 고장형태 및 영향, 고장형태별 위험도 순위 등을 결정하는 기법은? [연소 12]

① 위험과 운전분석(HAZOP)
② 이상위험도분석(FMECA)

③ 상대위험순위결정분석(Dow And Mond Indices)

④ 원인결과분석(CCA)

78 고압가스용 냉동기 제조시설에서 냉동기의 설비에 실시하는 기밀시험과 내압시험(시험 유체 : 물)의 압력기준은 각각 얼마인가?

① 설계압력 이상, 설계압력의 1.3배 이상
② 설계압력의 1.5배 이상, 설계압력 이상
③ 설계압력의 1.1배 이상, 설계압력의 1.1배 이상
④ 설계압력의 1.5배 이상, 설계압력의 1.3배 이상

해설

냉동기 설비의 Ap와 Tp

구분		내용
Ap(기밀시험압력)		설계압력 이상
Tp (내압 시험압력)	물로 시험	설계압력의 1.3배 이상
	공기질소로 시험	설계압력의 1.1배 이상

79 아세틸렌 용기에 충전하는 다공질물의 다공도는?　[안전 20]

① 25% 이상, 50% 미만
② 35% 이상, 62% 미만
③ 54% 이상, 79% 미만
④ 75% 이상, 92% 미만

80 용기에 의한 고압가스의 운반기준으로 틀린 것은?　[안전 34]

① 운반 중 노난당하거나 분실한 때에는 즉시 그 내용을 경찰서에 신고한다.
② 충전용기 등을 적재한 차량은 제1종 보호시설에서 15m 이상 떨어진 안전한 장소에 주·정차한다.
③ 액화가스 충전용기를 차량에 적재하는 때에는 적재함에 세워서 적재한다.
④ 충전용기를 운반하는 모든 운반전용 차량의 적재함에는 리프트를 설치한다.

제5과목 가스계측

81 기체 크로마토그래피에서 사용되는 캐리어 가스에 대한 설명으로 틀린 것은?　[계측 10]

① 헬륨, 질소가 주로 사용된다.
② 기체 확산이 가능한 큰 것이어야 한다.
③ 시료에 대하여 불활성이어야 한다.
④ 사용하는 검출기에 적합하여야 한다.

82 임펠러식(impeller type) 유량계의 특징에 대한 설명으로 틀린 것은?　[계측 32]

① 구조가 간단하다.
② 직관 부분이 필요 없다.
③ 측정 정도는 약 ±0.5%이다.
④ 부식성이 강한 액체에도 사용할 수 있다.

83 계량기의 검정기준에서 정하는 가스미터의 사용오차의 값은?　[계측 18]

① 최대허용오차의 1배의 값으로 한다.
② 최대허용오차의 1.2배의 값으로 한다.
③ 최대허용오차의 1.5배의 값으로 한다.
④ 최대허용오차의 2배의 값으로 한다.

84 밸브를 완전히 닫힌 상태로부터 완전히 열린 상태로 움직이는 데 필요한 오차의 크기를 의미하는 것은?

① 잔류편차
② 비례대
③ 보정
④ 조작량

85 절대습도(絕對濕度)에 대하여 가장 바르게 나타낸 것은?　[계측 25]

① 건공기 1kg에 대한 수증기의 중량
② 건공기 $1m^3$에 대한 수증기의 중량
③ 건공기 1kg에 대한 수증기의 체적
④ 건공기 $1m^3$에 대한 수증기의 체적

86 미리 정해 높은 순서에 따라서 단계별로 진행
시키는 제어방식에 해당하는 것은? [계측 12]

① 수동 제어(manual control)
② 프로그램 제어(program control)
③ 시퀀스 제어(sequence control)
④ 피드백 제어(feedback control)

87 가스미터가 규정된 사용공차를 초과할 때의
고장을 무엇이라고 하는가?   [계측 5]

① 부동   ② 불통
③ 기차불량   ④ 감도불량

88 제어 오차가 변화하는 속도에 비례하는 제어동
작으로, 오차의 변화를 감소시켜 제어 시스템이
빨리 안정될 수 있게 하는 동작은?   [계측 4]

① 비례 동작
② 미분 동작
③ 적분 동작
④ 뱅뱅 동작

89 캐리어 가스와 시료 성분 가스의 열전도도
의 차이를 금속 필라멘트 또는 서미스터의
저항변화로 검출하는 가스 크로마토그래피
검출기는?   [계측 13]

① TCD   ② FID
③ ECD   ④ FPD

90 시험지에 의한 가스검지법 중 시험지별 검지
가스가 바르지 않게 연결된 것은?   [계측 15]

① KI전분지 – NO_2
② 염화제1동 착염지 – C_2H_2
③ 염화파라듐지 – CO
④ 연당지 – HCN

91 염화파라듐지로 일산화탄소의 누출유무를 확
인할 경우 누출이 되었다면 이 시험지는 무슨
색으로 변하는가?   [계측 15]

① 검은색

② 청색
③ 적색
④ 오렌지색

92 경사각(θ)이 30°인 경사관식 압력계의 눈
금(x)을 읽었더니 60cm가 상승하였다. 이
때 양단의 차압($P_1 - P_2$)은 약 몇 kgf/cm^2
인가? (단, 액체의 비중은 0.8인 기름이다.)

① 0.001
② 0.014
③ 0.024
④ 0.034

[그림]에서
$h = x\sin\theta$이므로
$P_1 - P_2 = sx\sin\theta$
$= 0.8\text{kg}/10^3\text{cm}^3 \times 60 \times \dfrac{1}{2}$
$= 0.024\text{kgf}/\text{cm}^2$

93 2종의 금속선 양끝에 접점을 만들어주어 온
도차를 주면 기전력이 발생하는데 이 기전
력을 이용하여 온도를 표시하는 온도계는?
[계측 9]

① 열전대 온도계
② 방사 온도계
③ 색 온도계
④ 제겔콘 온도계

94 변화되는 목표치를 측정하면서 제어량을 목표치에 맞추는 자동제어 방식이 아닌 것은?

[계측 12]

① 추종 제어
② 비율 제어
③ 프로그램 제어
④ 정치 제어

95 어떤 가스의 유량을 막식 가스미터로 측정하였더니 65L였다. 표준 가스미터로 측정하였더니 71L였다면 이 가스미터의 기차는 약 몇 %인가?

[계측 18]

① −8.4%   ② −9.2%
③ −10.9%   ④ −12.5%

$$기차 = \frac{시험미터\ 지시량 - 기준미터\ 지시량}{시험미터\ 지시량} \times 100$$

$$= \frac{65 - 71}{65} \times 100$$

$$= -9.23\%$$

96 물탱크의 크기가 높이 3m, 폭 2.5m일 때, 물탱크 한쪽 벽면에 작용하는 전압력은 약 몇 kgf인가?

① 2813   ② 5625
③ 11250   ④ 22500

$$P = \gamma A H_c = 1000\text{kgf/m}^3 \times 3 \times 2.5\text{m}^2 \times 1.5\text{m}$$

$$= 11250\text{kgf}$$

$H_c = $ 3m $3m \times \frac{1}{2} = 1.5m$

97 관에 흐르는 유체흐름이 전압과 정압의 차이를 측정하는 유속을 구하는 장치는?

① 로터미터
② 피토관
③ 벤투리미터
④ 오리피스미터

$$h_2(전압) - h_1(정압) = 동압$$

$$피토관\ (V) = \sqrt{2gH} \quad (H : 동압)$$

98 가스크로마토그래피의 캐리어 가스로 사용하지 않는 것은?

[계측 10]

① He   ② N_2
③ Ar   ④ O_2

99 가스분석계 중 O_2(산소)를 분석하기에 적합하지 않은 것은?

① 자기식 가스분석계
② 적외선 가스분석계
③ 세라믹식 가스분석계
④ 갈바니 전기식 가스분석계

적외선 가스분석계 : 대칭 이원자분자(O_2, N_2, H_2)와 단원자분자(He, Ne, Ar) 등은 분석이 안 된다.

100 유리관 등을 이용하여 액위를 직접 판독할 수 있는 액위계는?

① 직관식 액위계
② 검척식 액위계
③ 퍼지식 액위계
④ 프로트식 액위계

국가기술자격 시험문제

2017년 기사 제2회 필기시험(1부)   (2017년 5월 7일 시행)

자격종목	시험시간	문제수	문제형별
가스기사	2시간30분	100	A

수험번호		성 명	

제1과목 가스유체역학

01 다음 보기 중 Newton의 점성법칙에서 전단응력과 관련 있는 항으로만 되어 있는 것은?

㉠ 온도기울기	㉡ 점성계수
㉢ 속도기울기	㉣ 압력기울기

① ㉠, ㉡
② ㉠, ㉣
③ ㉡, ㉢
④ ㉢, ㉣

Newton 점성법칙

$$\tau = \mu \frac{du}{dy}$$

여기서, τ : 전단응력

μ : 점성계수

$\frac{du}{dy}$: (전단변형률＝속도기울기＝각변형율)

02 어떤 유체의 운동문제에 8개의 변수가 관계되고 있다. 이 8개의 변수에 포함되는 기본 차원이 질량 M, 길이 L, 시간 T일 때 π 정리로서 차원해석을 한다면 몇 개의 독립적인 무차원량 π를 얻을 수 있는가?

① 3개
② 5개
③ 8개
④ 11개

버킹엄의 π 정리

무차원수＝물리량－기본차원수

$= 8 - 3 = 5$

03 절대압력이 $4 \times 10^4 kgf/m^2$이고, 온도가 15℃인 공기의 밀도는 약 몇 kg/m^3인가? (단, 공기의 기체상수는 29.27kgf · m/kg · K이다.)

① 2.75
② 3.75
③ 4.75
④ 5.75

$$PV = GRT$$

$$P = G/V \times R \times T$$

$$G/V = \frac{P}{RT}$$

$$= \frac{4 \times 10^4}{29.27 \times (273 + 15)} = 4.745$$

$$\fallingdotseq 4.75 kg/m^3$$

04 충격파(shock wave)에 대한 설명 중 옳지 않은 것은?

① 열역학 제2법칙에 따라 엔트로피가 감소한다.
② 초음속 노즐에서는 충격파가 생겨날 수 있다.
③ 충격파 생성 시, 초음속에서 아음속으로 급변한다.
④ 열역학적으로 비가역적인 현상이다.

충격파

정 의		초음속 흐름이 아음속으로 변하게 되는 경우 발생되는 불연속면
종류	수 직	충격파가 흐름에 수직하게 작용
	경 사	충격파가 흐름에 경사지게 작용
영향	증 가	밀도, 비중량, 압력, 엔트로피, 온도
	현 상	속도 감소, 마찰열 발생으로 비가역 현상

05 송풍기의 공기 유량이 3m³/s일 때, 흡입쪽의 전압이 110kPa, 출구쪽의 정압이 115kPa이고 속도가 30m/s이다. 송풍기에 공급하여야 하는 축동력은 얼마인가? (단, 공기의 밀도는 1.2kg/m³이고, 송풍기의 전효율은 0.8이다.)

① 10.45kW ② 13.99kW
③ 16.62kW ④ 20.78kW

출구 동압$(P_{v2}) = \dfrac{\rho V^2}{2} = \dfrac{1.2 \times 30^2}{2}$
$\qquad\qquad = 540\text{Pa} = 0.54\text{kPa}$

$P_t = P_{t2} - P_{t1} = P_{s2} + P_{v2} - P_{t1}$
$\quad = (115 + 0.54) - 110 = 5.54\text{kPa}$

∴ 축동력(L_{kW})
$\quad = \dfrac{P_t \cdot Q}{\eta_t} = \dfrac{5.54 \times 3}{0.8} = 20.78\text{kW}$

06 펌프에서 전체 양정 10m, 유량 15m³/min, 회전수 700rpm을 기준으로 한 비속도는?

① 271 ② 482
③ 858 ④ 1050

$Ns = \dfrac{N\sqrt{Q}}{\left(\dfrac{H}{n}\right)^{\frac{3}{4}}}$

$\quad = \dfrac{700 \times \sqrt{15}}{(10)^{\frac{3}{4}}} = 482.10$

07 비중 0.9인 액체가 지름 10cm인 원관 속을 매분 50kg의 질량유량으로 흐를 때, 평균 속도는 얼마인가?

① 0.118m/s
② 0.145m/s
③ 7.08m/s
④ 8.70m/s

$G = \gamma A V$

∴ $V = \dfrac{G}{\gamma A} = \dfrac{50\text{kg}/60\text{sec}}{0.9 \times 10^3 \times \dfrac{\pi}{4} \times (0.1)^2}$

$\qquad = 0.1178 = 0.118\text{m/s}$

08 중량 10000kgf의 비행기가 270km/h의 속도로 수평 비행할 대동력은? (단, 양력(L)과 항력(D)의 비 $L/D = 5$이다.)

① 1400PS ② 2000PS
③ 2600PS ④ 3000PS

$P = \dfrac{D \cdot V}{75}(\text{PS})$

$\quad = \dfrac{10000(\text{kgf}) \times 270 \times 10^3(\text{m}) \times \dfrac{1}{3600}/\text{sec}}{75} \times \dfrac{1}{5}$

$\quad = 2000\text{PS}$

09 유체역학에서 다음과 같은 베르누이 방정식이 적용되는 조건이 아닌 것은?

$$\frac{P}{r} + \frac{V^2}{2g} + Z = 일정$$

① 적용되는 임의의 두 점은 같은 유선상에 있다.
② 정상상태의 흐름이다.
③ 마찰이 없는 흐름이다.
④ 유체흐름 중 내부 에너지 손실이 있는 흐름이다.

베르누이 방정식
$$\frac{P}{\gamma} + \frac{V^2}{2g} + Z = C$$
㉠ 유체입자는 유선을 따라 움직인다.
㉡ 마찰이 없는 비점성 유체이다.
㉢ 비압축성이다.
㉣ 정상류이다.
㉤ 적용되는 임의의 두 점은 같은 유선상에 있다.

10 정상유동에 대한 설명 중 잘못된 것은?
[유체 24]

① 주어진 한 점에서의 압력은 항상 일정하다.
② 주어진 한 점에서의 속도는 항상 일정하다.
③ 유체입자의 가속도는 항상 0이다.
④ 유선, 유적선 및 유맥선은 모두 같다.

정상유동과 비정상유동

구 분		내 용
정상 유동	정 의	유체의 운동에서 주어진 한점에서의 여러 특성 중 한 개의 특성도 시간의 경과와 관계없이 변하지 않음
	수 식	$\dfrac{\partial V}{\partial t}=0,\ \dfrac{\partial T}{\partial t}=0,\ \dfrac{\partial P}{\partial t}=0$
비정상 유동	정 의	유체의 운동에서 주어진 한 점에서의 여러 특성 중 어느 한 개의 특성이 시간의 경과와 변화함
	수 식	$\dfrac{\partial V}{\partial t}\neq0,\ \dfrac{\partial T}{\partial t}\neq0,\ \dfrac{\partial P}{\partial t}\neq0$

관련 용어

유 선	유체 흐름의 공간에서 어느 순간에 각 점에서의 속도방향과 접선방향이 일치되는 연속적인 가상곡선
유적선	한 유체입자가 일정한 기간 내 움직인 경로
유 관	유동을 한정하는 일련의 유선으로 둘러싸인 관형공간
유맥선	유동장 내 어느 점을 통과하는 모든 유체가 어느 순간에 점유하는 위치

11 원심펌프 중 회전차 바깥둘레에 안내깃이 없는 펌프는?　　　　　　　　　[설비 33]

① 벌류트 펌프
② 터빈 펌프
③ 베인 펌프
④ 사류 펌프

12 지름 20cm인 원관이 한 변의 길이가 20cm인 정사각형 단면을 가지는 덕트와 연결되어 있다. 원관에서 물의 평균속도가 2m/s일 때, 덕트에서 물의 평균속도는 얼마인가?

① 0.78m/s
② 1m/s
③ 1.57m/s
④ 2m/s

$A_1 V_1 = A_2 V_2$

$V_2 = \dfrac{A_1 V_1}{A_2} = \dfrac{\dfrac{\pi}{4}\times(0.2)^2\times2}{0.2\times0.2}$

$\quad = 1.57\text{m/s}$

13 지름이 3m 원형 기름 탱크의 지붕이 평평하고 수평이다. 대기압이 1atm일 때 대기가 지붕에 미치는 힘은 몇 kgf인가?

① 7.3×10^2
② 7.3×10^3
③ 7.3×10^4
④ 7.3×10^5

$W = PA$

$\quad = 1.033\text{kg/cm}^2 \times \dfrac{\pi}{4}\times(300\text{cm})^2$

$\quad = 730.18\text{kgf}$

$\quad = 7.3\times10^4\text{kgf}$

14 밀도가 1000kg/m³인 액체가 수평으로 놓인 축소관을 마찰 없이 흐르고 있다. 단면 1에서의 면적과 유속은 각각 40cm², 2m/s이고 단면2의 면적은 10cm²일 때 두 지점의 압력차이($P_1 - P_2$)는 몇 kPa인가?

① 10
② 20
③ 30
④ 40

$A_1 V_1 = A_2 V_2$

$V_2 = \dfrac{A_1 V_1}{A_2} = \dfrac{40\times2}{10} = 8\text{m/s}$

$\dfrac{P_1}{\gamma} + \dfrac{V_1^2}{2g} + Z_1 = \dfrac{P_2}{\gamma} + \dfrac{V_2^2}{2g} + Z_2$

$(Z_1 = Z_2)$이므로

$\dfrac{(P_1 - P_2)}{\gamma} = \dfrac{V_2^2 - V_1^2}{2g}$

$P_1 - P_2 = \gamma\left\{\dfrac{V_2^2 - V_1^2}{2g}\right\}$

$\rho g \times \dfrac{V_2^2 - V_1^2}{2g}$

$= \dfrac{\rho(V_2^2 - V_1^2)}{2} = \dfrac{1000(\text{kg/m}^3)\times\{(8^2)-(2)^2\}(\text{m}^2/\text{s}^2)}{2}$

$= 30000\text{kg/m}\cdot\text{s}^2$

$= 30000\text{N}\cdot\text{s}^2/\text{m}\times\dfrac{1}{\text{m}\cdot\text{s}^2}$

$= 30000\text{N/m}^2(\text{Pa})$

$= 30\text{kPa}$

> ※ 단위 해설
> $1\text{kgf} = 1\text{kg}\times9.8\text{m/s}^2$
> $1\text{kg} = \dfrac{1\text{kgf}}{9.8\text{m/s}^2}$

$$(1\text{kgf}=9.8\text{N})$$

$$=\frac{9.8\text{N}}{9.8\text{m/s}^2}=1\text{N}\cdot\text{s}^2/\text{m}$$

$$\therefore 30000(\text{kg/m}\cdot\text{s}^2)=30000\text{N/m}^2(\text{Pa})$$

15 정적비열이 1000J/kg · K이고, 정압비열이 1200J/kg · K인 이상기체가 압력 200kPa 에서 등엔트로피 과정으로 압력이 400kPa 로 바뀐다면, 바뀐 후의 밀도는 원래 밀도의 몇 배가 되는가?

① 1.41　　　　② 1.64

③ 1.78　　　　④ 2

$$K=\frac{C_p}{C_v}=\frac{1200}{1000}=1.2$$

등엔트로피(단열) 흐름에서

$$\frac{T_2}{T_1}=\left(\frac{V_2}{V_1}\right)^{1-K}=\left(\frac{P_2}{P_1}\right)^{\frac{K-1}{K}}=\left(\frac{\rho_2}{\rho_1}\right)^{K-1}$$ 이므로

$$\therefore \left(\frac{\rho_2}{\rho_1}\right)=\left(\frac{P_2}{P_1}\right)^{\frac{K-1}{K}\times\frac{1}{K-1}}=\left(\frac{P_2}{P_1}\right)^{\frac{1}{K}}$$

$$=\left\{\frac{(400)}{(200)}\right\}^{\frac{1}{1.2}}=1.78$$

16 Stokes 법칙이 적용되는 범위에서 항력계수 (drag coefficient) C_D를 옳게 나타낸 것은?

① $C_D=\dfrac{16}{Re}$　　② $C_D=\dfrac{24}{Re}$

③ $C_D=\dfrac{64}{Re}$　　④ $C_D=0.44$

Stokes 항력
점성계수를 측정하기 위하여 구를 액체 속에서 항력실험을 한 것
$$D=3\pi\mu Vd$$
(V : 구의 낙하속도, d : 구의 직경, μ : 점성계수)

또한 항력 $D=C_D\cdot\dfrac{\gamma V^2}{2g}\cdot A=C_D\cdot\dfrac{\rho V^2}{2}\cdot A$에서

$$C_D=\frac{D}{\dfrac{\rho V^2}{2}\cdot\dfrac{\pi}{4}d^2}$$

$$=\frac{3\pi\mu Vd}{\dfrac{\rho V^2}{2}\cdot\dfrac{\pi}{4}d^2}=\frac{24}{Re}$$

이 식은 $Re<0.1$의 범위에서 실험값과 일치함

17 기체 수송 장치 중 일반적으로 압력이 가장 높은 것은?

① 팬　　　　　② 송풍기

③ 압축기　　　④ 진공펌프

기체 수송 장치

종 류	토출압력
압축기	1kg/cm^2 이상
송풍기(블로어)	0.1kg/cm^2 이상 1kg/cm^2 미만
통풍기(팬)	0.1kg/cm^2 미만

18 [그림]과 같이 비중이 0.85인 기름과 물이 층을 이루며 뚜껑이 열린 용기에 채워져 있다. 물의 가장 낮은 밑바닥에서의 받는 게이지 압력은 얼마인가? (단, 물의 밀도는 1000kg/m^{3}이다.)

① 3.33kPa

② 7.45kPa

③ 10.8kPa

④ 12.2kPa

$$P=\gamma_1 H_1+\gamma_2 H_2$$
$$=0.85\times10^3\times0.4+1000\times0.9$$
$$=1240\text{kg/m}^2$$
$$\therefore \frac{1240}{10332}\times101.325=12.16=12.2\text{kPa}$$

19 온도가 일정할 때 압력이 10kgf/cm^2 abs 인 이상기체의 압축률은 몇 cm^2/kgf인가?

① 0.1　　　　　② 0.5

③ 1　　　　　　④ 5

$$\beta=\left(\frac{1}{P}\right)=\left(\frac{1}{10}\right)=0.1\text{cm}^2/\text{kgf}$$

20 공기 중의 소리속도 C는 $C^2 = \left(\dfrac{\partial P}{\partial p}\right)_s$로 주어진다. 이때 소리의 속도와 온도의 관계는? (단, T는 공기의 절대온도이다.)

① $C \propto \sqrt{T}$ 　② $C \propto T^2$

③ $C \propto T^3$ 　④ $C \propto \dfrac{1}{T}$

음속(C)

공 식	기 호
$\sqrt{K \cdot g \cdot R_1 T}$	K : 비열비
	g : 중력가속도
	R_1 : kgf · m/kg · K
$\sqrt{K \cdot R_2 \cdot T}$	R_2 : N · m/kg · K
	T : 절대온도

소리의 속도(음속) C는 절대온도의 평방근에 비례한다. ($C \propto \sqrt{T}$)

제2과목 연소공학

21 가스의 폭발등급은 안전간격에 따라 분류한다. 다음 가스 중 안전간격이 넓은 것부터 옳게 나열된 것은?　　　[안전 30]

① 수소 > 에틸렌 > 프로판
② 에틸렌 > 수소 > 프로판
③ 수소 > 프로판 > 에틸렌
④ 프로판 > 에틸렌 > 수소

22 발생로 가스이 가스분석 결과 CO_2 3.2%, CO 26.2%, CH_4 4%, H_2 12.8%, N_2 53.8% 이었다. 또한 가스 $1Nm^3$ 중에 수분이 50g 이 포함되어 있다면 이 발생로 가스 $1Nm^3$을 완전연소시키는 데 필요한 공기량은 약 몇 Nm^3인가?

① 1.023 　② 1.228
③ 1.324 　④ 1.423

(1) 가스 중 수분의 양(Nm^3)

$$\dfrac{50g}{18g} \times 22.4 \times 10^{-3} = 0.0622 Nm^3$$

∴ 전체 가스량 : $1 - 0.062 = 0.9377 Nm^3$

(2) 각각의 연소반응식 중 산소의 몰수

$$CO + \dfrac{1}{2}O_2 \rightarrow CO_2$$
$$CH_4 + 2O_2 \rightarrow CO_2 + 2H_2O$$
$$H_2 + \dfrac{1}{2}O_2 \rightarrow H_2O \text{에서} \left(\dfrac{1}{2}, 2, \dfrac{1}{2}\right) \text{이므로}$$

(3) 연소 시 필요공기량(A_o)

$$\left\{\left(\dfrac{1}{2} \times 0.262\right) + (2 \times 0.04) + \dfrac{1}{2} \times 0.128\right\} \times 0.9377 \times \dfrac{1}{0.21}$$
$$= 1.228 Nm^3$$

23 프로판 가스 10kg을 완전연소시키는 데 필요한 공기의 양은 약 얼마인가?

① $12.1m^3$
② $121m^3$
③ $44.8m^3$
④ $448m^3$

$$C_3H_8 + 5O_2 \rightarrow 3CO_2 + 4H_2O$$
$$44kg : 5 \times 22.4 Nm^3$$
$$10kg : x(Nm^3)$$
$$x = \dfrac{10 \times 5 \times 22.4}{44} = 25.45 Nm^3$$

∴ 공기량 $= 25.45 \times \dfrac{1}{0.21} = 121.21 Nm^3$

24 연소범위는 다음 중 무엇에 의해 주로 결정되는가?

① 온도, 압력
② 온도, 부피
③ 부피, 비중
④ 압력, 비중

25 수소를 함유한 연료가 연소할 경우 발열량의 관계식 중 올바른 것은?　　[연소 11]

① 총발열량=진발열량
② 총발열량=진발열량/생성된 물의 증발잠열
③ 총발열량=진발열량+생성된 물의 증발잠열
④ 총발열량=진발열량−생성된 물의 증발잠열

26 무연탄이나 코크스와 같이 탄소를 함유한 물질을 가열하여 수증기를 통과시켜 얻는 H_2와 CO를 주성분으로 하는 기체 연료는?

① 발생로가스
② 수성가스
③ 도시가스
④ 합성가스

27 가스버너의 연소 중 화염이 꺼지는 현상과 거리가 먼 것은?

① 공기량의 변동이 크다.
② 점화에너지가 부족하다.
③ 연료 공급라인이 불안정하다.
④ 공기연료비가 정상범위를 벗어났다.

28 다음 중 비엔트로피의 단위는?

① $kJ/kg \cdot m$
② $kg/kJ \cdot K$
③ kJ/kPa
④ $kJ/kg \cdot K$

29 다음 중 내연기관의 화염으로 가장 적당한 것은?

① 층류, 정상 확산 화염이다.
② 층류, 비정상 화산 화염이다.
③ 난류, 정상 예혼합 화염이다.
④ 난류, 비정상 예혼합 화염이다.

30 오토사이클에서 압축비(ε)가 8일 때 열효율은 약 몇 %인가? (단, 비열비[k]는 1.40이다.)

① 56.5
② 58.2
③ 60.5
④ 62.2

해설
$$\eta = 1 - \left(\frac{1}{\varepsilon}\right)^{k-1}$$
$$= 1 - \left(\frac{1}{8}\right)^{1.4-1}$$
$$= 0.564 = 56.5\%$$

31 15℃의 공기 2L를 $2kg/cm^2$에서 $10kg/cm^2$로 단열압축시킨다면 1단 압축의 경우 압축 후의 배출가스의 온도는 약 몇 ℃인가? (단, 공기의 단열지수는 1.4이다.)

① 154
② 183
③ 215
④ 246

해설
$$T_2 = T_1 \times \left(\frac{P_2}{P_1}\right)^{\frac{K-1}{K}}$$
$$= (273+15) \times \left(\frac{10}{2}\right)^{\frac{1.4-1}{1.4}}$$
$$= 456.14K$$
$$\therefore 456.14 - 273 = 183℃$$

32 다음과 같은 반응에서 A의 농도는 그대로 하고 B의 농도를 처음의 2배로 해주면 반응속도는 처음의 몇 배가 되겠는가?

$2A+3B \longrightarrow 3C+4D$

① 2배
② 4배
③ 8배
④ 16배

해설
$2A+3B \longrightarrow 3C+4D$
처음 반응속도 $V_1 = K[A]^2[B]^3$에서
$V_2 = K[A]^2[2B]^3$
$\quad = 8K[A]^2[B]^3$
$\therefore$ 8배

33 포화증기를 일정 체적하에서 압력을 상승시키면 어떻게 되는가?

① 포화액이 된다.
② 압축액이 된다.
③ 과열증기가 된다.
④ 습증기가 된다.

해설

34 가스폭발의 방지대책으로 가장 거리가 먼 것은?

① 내부 폭발을 유발하는 연소성 혼합물을 피한다.

② 반응성 화합물에 대해 폭굉으로의 전이를 고려한다.

③ 안전밸브나 파열판을 설계에 반영한다.

④ 용기의 내압을 아주 약하게 설계한다.

35 다음 확산화염의 여러 가지 형태 중 대향분류(對向噴流) 확산화염에 해당하는 것은?

해설 확산화염의 형태
① 동축류
② 경계층
③ 사유분류
④ 대항분류

36 층류예혼합화염과 비교한 난류예혼합화염의 특징에 대한 설명으로 옳은 것은?   [연소 37]

① 화염의 두께가 얇다.

② 화염의 밝기가 어둡다.

③ 연소 속도가 현저하게 늦다.

④ 화염의 배후에 다량의 미연소분이 존재한다.

37 가스압이 이상 저하한다든지 노즐과 콕 등이 막혀 가스량이 극히 적게 될 경우 발생하는 현상은?   [연소 22]

① 불완전 연소   ② 리프팅

③ 역화   ④ 황염

38 방폭전기기기의 구조별 표시방법 중 틀린 것은?   [안전 13]

① 내압방폭구조(d)

② 안전증 방폭구조(s)

③ 유입방폭구조(o)

④ 본질안전 방폭구조(ia 또는 ib)

39 파라핀계 탄화수소의 탄소수 증가에 따른 일반적인 성질 변화로 옳지 않은 것은?

① 인화점이 높아진다.

② 착화점이 높아진다.

③ 연소범위가 좁아진다.

④ 발열량($kcal/m^3$)이 커진다.

해설

파라핀계 탄화수소

일반식	C_nH_{2n+2}
종 류	CH_4, C_2H_6, C_3H_8, C_4H_{10}
탄소수 증가 시 현상	㉠ 연소범위 좁아진다. ㉡ 폭발하한 낮아진다. ㉢ 인화점이 높아진다. ㉣ 발열량 커진다. ㉤ 착화점 낮아진다. ㉥ 비등점이 높아진다.

40 프로판(C_3H_8)의 연소반응식은 다음과 같다. 프로판(C_3H_8)의 화학양론계수는?

$$C_3H_8 + 5O_2 \rightarrow 3CO_2 + 4H_2O$$

① 1   ② 1/5

③ 6/7   ④ −1

해설
$C_3H_8 + 5O_2 \rightarrow 3CO_2 + 4H_2O$
화학양론계수(반응몰−생성몰)=6−7=−1

제3과목 가스설비

41 LP가스 탱크로리의 하역종료 후 처리할 작업순서로 가장 옳은 것은?

> ㉠ 호스를 제거한다.
> ㉡ 밸브에 캡을 부착한다.
> ㉢ 어스선(접지선)을 제거한다.
> ㉣ 차량 및 설비의 각 밸브를 잠근다.

① ㉣ → ㉠ → ㉡ → ㉢
② ㉣ → ㉠ → ㉢ → ㉡
③ ㉠ → ㉡ → ㉢ → ㉣
④ ㉢ → ㉠ → ㉡ → ㉣

42 LP가스 사용 시의 특징에 대한 설명으로 틀린 것은?

① 연소기는 LP가스에 맞는 구조이어야 한다.
② 발열량이 커서 단시간에 온도상승이 가능하다.
③ 배관이 거의 필요 없어 입지적 제약을 받지 않는다.
④ 예비용기는 필요 없지만 특별한 가압장치가 필요하다.

④ 공급을 중단시키지 않기 위하여 예비용기가 필요하다.

LPG, 도시가스의 특징

LPG	㉠ 연소기는 LP가스에 알맞는 구조 ㉡ 발열량이 커서 단시간 온도 상승이 가능하다. ㉢ 공급을 중단시키지 않기 위하여 예비용기가 필요하다. ㉣ 어디서나 사용이 가능하다(입지적 제약이 없다).
도시가스	㉠ 연소기는 도시가스의 열량에 알맞는 구조이어야 한다. ㉡ 발열량이 LP가스보다 낮다. ㉢ 천재지변 등을 제외하고는 공급중단의 우려가 없다. ㉣ 배관망이 설치되지 않은 곳은 사용이 불가능하다.

43 압력조정기의 구성이 아닌 것은?

① 캡
② 로드
③ 슬릿
④ 다이어프램

44 LPG 배관에 직경 0.5mm의 구멍이 뚫려 LP가스가 5시간 유출되었다. LP가스의 비중이 1.55라고 하고, 압력은 280mmH₂O 공급되었다고 가정하면 LPG의 유출량은 약 몇 L 인가? [안전 4]

① 131
② 151
③ 171
④ 191

$$Q = 0.009D^2 \sqrt{\frac{h}{d}}$$
$$= 0.009 \times (0.5)^2 \sqrt{\frac{280}{1.55}}$$
$$= 0.0302\text{m}^3/\text{hr}$$
$$\therefore \ 0.0302 \times 10^3 \times 5 = 151.20\text{L}$$

45 다음 중 산소 가스의 용도가 아닌 것은?

① 의료용
② 가스 용접 및 절단
③ 고압가스 장치의 퍼지용
④ 폭약 제조 및 로켓 추진용

③ 고압장치의 퍼지용 : N₂, CO₂

46 탄화수소에서 아세틸렌 가스를 제조할 경우의 반응에 대한 설명으로 옳은 것은?

① 통상 메탄 또는 나프타를 열분해함으로써 얻을 수 있다.
② 탄화수소 분해반응 온도는 보통 500~1000℃이고 고온일수록 아세틸렌이 적게 생성된다.
③ 반응압력은 저압일수록 아세틸렌이 적게 생성된다.
④ 중축합반응을 촉진시켜 아세틸렌 수율을 높인다.

47 원유, 등유, 나프타 등 분자량이 큰 탄화수소 원료를 고온(800~900℃)으로 분해하여 10000kcal/㎥ 정도의 고열량 가스를 제조하는 방법은?　　　　　　　　　[설비 3]

① 열분해공정
② 접촉분해공정
③ 부분연소공정
④ 대체천연가스공정

48 금속재료에 대한 일반적인 설명으로 옳지 않은 것은?

① 황동은 구리와 아연의 합금이다.
② 뜨임의 목적은 담금질 후 경화된 재료에 인성을 증대시키는 등 기계적 성질의 개선을 꾀하는 것이다.
③ 철에 크롬과 니켈을 첨가한 것은 스테인리스강이다.
④ 청동은 강도는 크나 주조성과 내식성은 좋지 않다.

49 산소제조 장치에서 수분제거용 건조제가 아닌 것은?

① SiO_2
② Al_2O_3
③ $NaOH$
④ Na_2CO_3

50 다음 각 가스의 폭발에 대한 설명으로 틀린 것은?　　　　　　　　　　　　[설비 18]

① 아세틸렌은 조연성 가스와 공존하지 않아도 폭발할 수 있다.
② 일산화탄소는 가연성이므로 공기와 공존하면 폭발할 수 있다.
③ 가연성 고체 가루가 공기 중에서 산소분자와 접촉하면 폭발할 수 있다.
④ 이산화황은 산소가 없어도 자기분해 폭발을 일으킬 수 있다.

> *info*
> ④ 자기분해 폭발성 물질은 N_2H_4, C_2H_2, C_2H_4O이다.

51 냉동장치에서 냉매가 갖추어야 할 성질로서 가장 거리가 먼 것은?　　　　　[설비 37]

① 증발열이 적은 것
② 응고점이 낮은 것
③ 가스의 비체적이 적은 것
④ 단위냉동량당 소요동력이 적은 것

52 고압가스 제조장치의 재료에 대한 설명으로 틀린 것은?

① 상온 건조 상태의 염소가스에 대하여는 보통강을 사용해도 된다.
② 암모니아, 아세틸렌의 배관 재료에는 구리를 사용해도 된다.
③ 저온에서는 고탄소강보다 저탄소강이 사용된다.
④ 암모니아 합성탑 내부의 재료에는 18-8 스테인리스강을 사용한다.

> *info*
> **구리 사용 금지 가스**
> ㉠ 암모니아 : 착이온생성으로 부식
> ㉡ 황화수소 : 부식
> ㉢ 아세틸렌 : 동아세틸라이트 생성으로 폭발

53 외경과 내경의 비가 1.2 이상인 산소가스 배관 두께를 구하는 식은

$$t = \frac{D}{2}\left(\sqrt{\frac{\frac{f}{s}+P}{\frac{f}{s}-P}} - 1\right) + C 이다.$$

D는 무엇을 의미하는가?　　　　[안전 158]

① 배관의 내경
② 배관의 외경
③ 배관의 상용압력
④ 내경에서 부식여유에 상당하는 부분을 뺀 부분의 수치

54 전양정 20m, 유량 1.8㎥/min, 펌프의 효율이 70%인 경우 펌프의 축동력(L)은 약 몇 마력(PS)인가?

① 11.4　　　② 13.4
③ 15.5　　　④ 17.5

$$L_{PS} = \frac{\gamma \cdot Q \cdot H}{75\eta}$$

$$= \frac{1000 \times (1.8/60) \times 20}{75 \times 0.7}$$

$$= 11.42 PS$$

55 프로판의 탄소와 수소의 중량비(C/H)는 얼마인가?

① 0.375
② 2.67
③ 4.50
④ 6.40

$C_3H_8(C_3=36, \ H_8=8)$

∴ $\frac{36}{8} = 4.5$

56 정압기 특성 중 정상상태에서 유량과 2차 압력과의 관계를 나타내는 특성을 무엇이라 하는가? [설비 22]

① 정특성
② 동특성
③ 유량특성
④ 작동최소차압

57 LP가스 사용시설에 강제기화기를 사용할 때의 장점이 아닌 것은? [설비 24]

① 기화량의 증감이 쉽다.
② 가스 조성이 일정하다.
③ 한냉 시 가스공급이 순조롭다.
④ 비교적 소량 소비 시에 적당하다.

④ 대량 소비 시 기화기를 사용한다.

58 왕복식 압축기의 연속적인 용량제어방법으로 가장 거리가 먼 것은? [설비 26]

① 바이패스 밸브에 의한 조정
② 회전수를 변경하는 방법
③ 흡입 밸브를 폐쇄하는 방법
④ 베인 컨트롤에 의한 방법

왕복 압축 이용량 조정방법

구 분	방 법
연속적 용량조정	㉠ 회전수 변경법 ㉡ 바이패스 밸브에 의한 방법 ㉢ 흡입 주밸브 폐쇄법 ㉣ 클리어런스 밸브에 의한 방법
단속적 용량조정	㉠ 타임드 밸브에 의한 방법 ㉡ 흡입 주밸브 강제개방법

59 다음 [그림]은 가정용 LP가스 사용시설이다. R_1에 사용되는 조정기의 종류는? [안전 65]

① 1단 감압식 저압조정기
② 1단 감압식 중압조정기
③ 1단 감압식 고압조정기
④ 2단 감압식 저압조정기

60 고압가스시설에 설치한 전기방식시설의 유지관리 방법으로 옳은 것은?

① 관대지 전위 등은 2년에 1회 이상 점검하였다.
② 외부전원법에 의한 전기방식시설은 외부전원점 관대지전위, 정류기의 출력, 전압, 전류, 배선의 접속은 3개월에 1회 이상 점검하였다.
③ 배류법에 의한 전기방식시설은 배류점 관대지전위, 배류기출력, 전압, 전류, 배선 등은 6개월에 1회 이상 점검하였다.
④ 절연부속품, 역전류방지장치, 결선 등은 1년에 1회 이상 점검하였다.

정답 55.③ 56.① 57.④ 58.④ 59.① 60.②

제4과목 가스안전관리

61 온수기나 보일러를 겨울철에 장시간 사용하지 않거나 실온에 설치하였을 때 물이 얼어 연소기구가 파손될 우려가 있으므로 이를 방지하기 위하여 설치하는 것은? 　　**[안전 9]**

① 퓨즈 메탈(fuse metal) 장치
② 드레인(drain) 장치
③ 프레임 로드(flame rod) 장치
④ 물 거버너(water governor)

드레인 장치 : 내부에 존재하는 물질(물, 불순물, 잔류 이물질) 등을 배출시키는 장치

62 암모니아를 사용하는 A공장에서 저장능력 25톤의 저장탱크를 지상에 설치하고자 할 때 저장설비 외면으로부터 사업소 외의 주택까지 안전거리는 얼마 이상을 유지하여야 하는가? (단, A공장의 지역은 전용공업지역 아님)

① 20m 　　② 18m
③ 16m 　　④ 14m

독성 가스 주택(2종) 안전거리

저장능력	이격거리	
	1종	2종
10000kg 이하	17m	12m
10000kg 초과 20000kg 이하	21m	14m
20000kg 초과 30000kg 이하	24m	16m

63 −162℃의 LNG(메탄 : 90%, 에탄 : 10%, 액비중 : 0.46)를 1atm, 30℃로 기화시켰을 때 부피의 배수(倍數)로 맞는 것은? (단, 기화된 천연가스는 이상기체로 간주한다.)

① 457배 　　② 557배
③ 657배 　　④ 757배

$$\frac{460}{16 \times 0.9 + 30 \times 0.1} \times 22.4 \times \frac{(273 + 30)}{273}$$
$$= 657.25 ≒ 657$$

64 독성 가스를 용기에 충전하여 운반하게 할 때 운반책임자의 동승기준으로 적절하지 않은 것은? 　　**[안전 5]**

① 압축가스 허용농도가 100만분의 200 초과 100만분의 5000 이하 : 가스량 1000m³ 이상
② 압축가스 허용농도가 100만분의 200 이하 : 가스량 10m³ 이상
③ 액화가스 허용농도가 100만분의 200 초과 100만분의 5000 이하 : 가스량 1000kg 이상
④ 액화가스 허용농도가 100만분의 200 이하 : 가스량 100kg 이상

65 고압가스 운반 시에 준수하여야 할 사항으로 옳지 않은 것은? 　　**[안전 34]**

① 밸브가 도출한 충전용기는 캡을 씌운다.
② 운반 중 충전용기의 온도는 40℃ 이하로 유지한다.
③ 오토바이에 20kg LPG 용기 3개까지는 적재할 수 있다.
④ 염소와 수소는 동일 차량에 적재 운반을 금한다.

66 고압가스안전관리법에 의한 산업통상자원부령이 정하는 고압가스 관련 설비에 해당되지 않는 것은? 　　**[안전 15]**

① 정압기
② 안전밸브
③ 기화장치
④ 독성 가스 배관용 밸브

67 독성 가스 저장탱크에 부착된 배관에는 그 외면으로부터 일정거리 이상 떨어진 곳에서 조작할 수 있는 긴급차단장치를 설치하여야 한다. 그러나 액상의 독성 가스를 이입하기 위해 설치된 배관에는 어느 것으로 갈음할 수 있는가?

① 역화방지장치

② 독성 가스 배관용 밸브
③ 역류방지밸브
④ 인터록 기구

68 가스 폭발의 위험도를 옳게 나타낸 식은?

[안전 44]

① 위험도 $=\dfrac{\text{폭발상한값}(\%)}{\text{폭발하한값}(\%)}$

② 위험도 $=\dfrac{\text{폭발상한값}(\%)-\text{폭발하한값}(\%)}{\text{폭발하한값}(\%)}$

③ 위험도 $=\dfrac{\text{폭발하한값}(\%)}{\text{폭발상한값}(\%)}$

④ 위험도 $=1-\dfrac{\text{폭발하한값}(\%)}{\text{폭발상한값}(\%)}$

69 다음 연소기의 분류 중 전가스 소비량의 범위가 업무용 대형 연소기에 속하는 것은?

① 전가스 소비량이 6000kcal/h인 그릴
② 전가스 소비량이 7000kcal/h인 밥솥
③ 전가스 소비량이 5000kcal/h인 오븐
④ 전가스 소비량이 14400kcal/h인 가스 렌지

가스용 업무용 대형 연소기 제조의 시설기준 검사 기준(SPW)

(1) 연소기의 전가스 소비량이 232.6kW(20만kcal/h) 이하이고, 가스사용압력이 30kPa 이하인 튀김기, 국솥, 그리들, 브로일러, 소독조, 다단식 취반기 등 업무용으로 사용하는 대형 연소기
(2) 연소기의 전가스 소비량 또는 버너 1개의 가스 소비량이 표에 해당하고, 가스사용압력이 30kPa 이하인 레인지, 오븐, 그릴, 오븐레인지 또는 밥솥

연소기의 종류별 가스소비량

종 류	가스 소비량	
	전가스 소비량	버너 1개의 소비량
레인지	16.7kW (14400kcal/h) 초과 232.6kW (20만kcal/h) 이하	5.8kW (5000kcal/h) 초과
오븐	5.8kW (5000kcal/h) 초과 232.6kW (20만kcal/h) 이하	5.8kW (5000kcal/h) 초과
그릴	7.0kW(7.0kcal/h) 초과 232.6kW (20만kcal/h) 이하	4.2kW (3600kcal/h) 초과
오븐 레인지	22.6kW (19400kcal/h) 초과 232.6kW (20만kcal/h) 이하 [오븐부는 5.8kW (5000kcal/h) 초과]	4.2kW (3600kcal/h) 초과 [오븐부는 5.8kW (5000kcal/h) 초과]
밥솥	5.6kW (4800kcal/h) 초과 232.6kW (20만kcal/h) 이하	5.6kW (4800kcal/h) 초과

70 용기에 의한 액화석유가스 저장소의 자연환기설비에서 1개소 환기구의 면적은 몇 cm² 이하로 하여야 하는가?

[안전 123]

① 2000cm²
② 2200cm²
③ 2400cm²
④ 2600cm²

71 산소를 취급할 때 주의사항으로 틀린 것은?

① 산소가스 용기는 가연성 가스나 독성 가스 용기와 분리 저장한다.
② 각종 기기의 기밀시험에 사용할 수 없다.
③ 산소용기 기구류에는 기름, 그리스를 사용하지 않는다.
④ 공기액화분리기 안에 설치된 액화산소통 안의 액화산소는 1개월에 1회 이상 분석한다.

④ 공기액화분리기 내 액화산소통 안의 액화산소는 1일 1회 이상 분석

72 다음 중 독성 가스가 아닌 것은?

① 아크릴로니트릴
② 아크릴알데히드
③ 아황산가스
④ 아세트알데히드

73 최소 발화에너지에 영향을 주는 요인으로 가장 거리가 먼 것은?

① 온도
② 압력
③ 열량
④ 농도

74 액화석유가스 충전소의 용기 보관 장소에 충전용기를 보관하는 때의 기준으로 옳지 않은 것은?

① 용기 보관 장소의 주위 8m 이내에는 석유, 휘발유를 보관하여서는 아니 된다.
② 충전 용기는 항상 40℃ 이하를 유지하여야 한다.
③ 용기가 너무 냉각되지 않도록 겨울철에는 직사광선을 받도록 조치하여야 한다.
④ 충전용기와 잔가스용기는 각각 구분하여 놓아야 한다.

③ 용기보관장소는 직사광선과 빗물이 침투하지 않는 통풍이 양호한 장소에 보관한다.

75 암모니아 가스 장치에 주로 사용될 수 있는 재료는?

① 탄소강
② 동
③ 동합금
④ 알루미늄합금

76 다음 가스 중 압력을 가하거나 온도를 낮추면 가장 쉽게 액화하는 것은?

① 산소
② 헬륨
③ 질소
④ 프로판

비등점
① O_2 : -183℃
② He : -269℃
③ N_2 : -196℃
④ C_3H_8 : -42℃
비등점이 높을수록 쉽게 액화 가능하다.

77 독성 가스인 염소 500kg을 운반할 때 보호구를 차량의 승무원수에 상당한 수량을 휴대하여야 한다. 다음 중 휴대하지 않아도 되는 보호구는? [안전 166]

① 방독마스크
② 공기호흡기
③ 보호의
④ 보호장갑

78 액화석유가스 자동차에 고정된 탱크충전시설에서 자동차에 고정된 탱크는 저장탱크의 외면으로부터 얼마 이상 떨어져서 정지하여야 하는가?

① 1m
② 2m
③ 3m
④ 5m

79 정전기 제거설비를 정상상태로 유지하기 위한 검사항목이 아닌 것은?

① 지상에서 접지저항치
② 지상에서의 접속부의 접속상태
③ 지상에서의 접지접속선의 절연여부
④ 지상에서의 절선 그밖에 손상 부분의 유무

80 염소의 제독제로 적당하지 않은 것은? [안전 44]

① 물
② 소석회
③ 가성소다 수용액
④ 탄산소다 수용액

제5과목 가스계측

81 가스미터의 설치장소로 적당하지 않은 것은?

① 수직, 수평으로 설치한다.
② 환기가 양호한 곳에 설치한다.
③ 검침, 교체가 용이한 곳에 설치한다.
④ 높이가 200cm 이상인 위치에 설치한다.

가스미터 설치 높이 : 1.6m 이상 2m 이내(수직, 수평으로 설치)

 정답 73.③ 74.③ 75.① 76.④ 77.② 78.③ 79.③ 80.① 81.④

82 오르자트 분석기에 의한 배기가스 각 성분 계산법 중 CO의 성분 % 계산법은? [계측 1]

① $100(CO_2\% + N_2\% + O_2\%)$

② $\dfrac{KOH30\% \text{ 용액흡수량}}{\text{시료채취량}} \times 100$

③ $\dfrac{\text{알칼리성 피로갈롤 용액흡수량}}{\text{시료채취량}} \times 100$

④ $\dfrac{\text{암모니아성 염화제1구리 용액흡수량}}{\text{시료채취량}} \times 100$

② CO_2 계산법
③ O_2의 계산법
④ CO 계산법
참고 $N_2 = 100 - (CO_2 + O_2 + CO)$

83 에탄올, 헵탄, 벤젠, 에틸아세테이트로 된 4성분 혼합물을 TCD를 이용하여 정량분석하려고 한다. 다음 데이터를 이용하여 각 성분(에탄올 : 헵탄 : 벤젠 : 에틸아세테이트)의 중량분율(wt%)을 구하면?

가 스	면적(cm^2)	중량인자
에탄올	5.0	0.64
헵탄	9.0	0.70
벤젠	4.0	0.78
에틸아세테이트	7.0	0.79

① 20 : 36 : 16 : 28
② 22.5 : 37.1 : 14.8 : 25.6
③ 22.0 : 24.1 : 26.8 : 27.1
④ 17.6 : 34.7 : 17.2 : 30.5

전체값 $= 5.0 \times 0.64 + 9 \times 0.70 + 4.0 \times 0.78 + 7.0 \times 0.79$
$= 18.15$

㉠ 에탄올(%) $= \dfrac{5.0 \times 0.64}{18.15} \times 100 = 17.6\%$

㉡ 헵탄(%) $= \dfrac{9 \times 0.70}{18.15} \times 100 = 34.7\%$

㉢ 벤젠(%) $= \dfrac{4.0 \times 0.78}{18.15} \times 100 = 17.2\%$

㉣ 에틸아세테이트(%) $= \dfrac{7 \times 0.79}{18.15} \times 100 = 30.5\%$

84 실내 공기의 온도는 15℃이고, 이 공기의 노점은 5℃로 측정되었다. 이 공기의 상대습도는 약 몇 %인가? (단, 5℃, 10℃ 및 15℃의 포화수증기압은 각각 6.54mmHg, 9.21mmHg 및 12.79mmHg이다.)

① 46.6
② 51.1
③ 71.0
④ 72.0

상대습도 $= \dfrac{\text{수증기분압}}{\text{포화증기압}} \times 100\%$

$\dfrac{6.54}{12.79} \times 100 = 51.1\%$

85 배관의 모든 조건이 같을 때 지름을 2배로 하면 체적유량은 약 몇 배가 되는가?

① 2배   ② 4배
③ 6배   ④ 8배

$Q_1 = \dfrac{\pi}{4} d^2 \cdot V$

$Q_2 = \dfrac{\pi}{4} (2d)^2 V$
$= \pi d^2 \cdot V$

$\therefore \dfrac{Q_2}{Q_1} = 4$배

86 유독가스인 시안화수소의 누출탐지에 사용되는 시험지는? [계측 15]

① 연당지
② 초산벤지딘지
③ 하리슨씨 시험지
④ 염화제1구리 착염지

87 유도단위는 어느 단위에서 유도되는가? [계측 36]

① 절대단위
② 중력단위
③ 특수단위
④ 기본단위

88 로터리 피스톤형 유량계에서 중량유량을 구하는 식은? (단, C : 유량계수, A : 유출구의 단면적, W : 유체 중의 피스톤 중량, a : 피스톤의 단면적이다.)

① $G = CA\sqrt{\dfrac{a}{2g\gamma W}}$

② $G = CA\sqrt{\dfrac{\gamma a}{2g W}}$

③ $G = CA\sqrt{\dfrac{2g\gamma W}{a}}$

④ $G = CA\sqrt{\dfrac{2g W}{\gamma a}}$

89 가스 크로마토그래피 분석기에서 FID(Flame Ionization Detector) 검출기의 특성에 대한 설명으로 옳은 것은?　　　　[계측 13]

① 시료를 파괴하지 않는다.
② 대상 감도는 탄소수에 반비례한다.
③ 미량의 탄화수소를 검출할 수 있다
④ 연소성 기체에 대하여 감응하지 않는다.

90 액주식 압력계에 봉입되는 액체로서 가장 부적당한 것은?

① 윤활유
② 수은
③ 물
④ 석유

91 접촉식 온도계의 측성 방법이 아닌 것은?　　　　[계측 24]

① 열팽창 이용법
② 전기저항 변화법
③ 물질상태 변화법
④ 연복사의 에너지 및 강도 측정

92 연소 분석법에 대한 설명으로 틀린 것은?　　　　[계측 17]

① 폭발법은 대체로 가스 조성이 일정할 때 사용하는 것이 안전하다.

② 완만 연소법은 질소 산화물 생성을 방지할 수 있다.
③ 분별 연소법에서 사용되는 촉매는 파라듐, 백금 등이 있다.
④ 완만 연소법은 지름 0.5mm 정도의 백금선을 사용한다.

93 고속회전이 가능하므로 소형으로 대용량 계량이 가능하고 주로 대수용기의 가스 측정에 적당한 계기는?　　　　[계측 8]

① 루트 미터
② 막식가스 미터
③ 습식가스 미터
④ 오리피스 미터

94 제어의 최종 신호 값이 이 신호의 원인이 되었던 전달 요소로 되돌려지는 제어방식은?　　　　[계측 12]

① open-loop 제어계
② closed-loop 제어계
③ forward 제어계
④ feed forward 제어계

95 목표값이 미리 정해진 변화를 하거나 제어 순서 등을 지정하는 제어로서 금속이나 유리 등의 열처리에 응용하면 좋은 제어방식은?　　　　[계측 12]

① 프로그램 제어
② 비율제어
③ 캐스케이드 제어
④ 타력제어

96 기준가스미터 교정주기는 얼마인가?　[계측 7]

① 1년
② 2년
③ 3년
④ 5년

97 물체의 탄성 변위량을 이용한 압력계가 아닌 것은?

① 부르동관 압력계
② 벨로즈 압력계
③ 다이어프램 압력계
④ 링밸런스식 압력계

탄성식	부르동관, 벨로즈, 다이어프램
액주식	U자관, 경사관식, 링밸런스식
전기식	전기저항, 피에조전기

98 광전관식 노점계에 대한 설명으로 틀린 것은?

① 기구가 복잡하다.
② 냉각장치가 필요 없다.
③ 저습도의 측정이 가능하다.
④ 상온 또는 저온에서 상점의 정도가 우수하다.

99 속도분포식 $U = 4y^{2/3}$일 때 경계면에서 0.3m 지점의 속도구배(s^{-1})는? (단, U와 y의 단위는 각각 m/s, m이다.)

① 2.76   ② 3.38
③ 3.98   ④ 4.56

$$u = 4y^{\frac{2}{3}}$$

$$\frac{du}{dy} = 4 \times \frac{2}{3} y^{-\frac{1}{3}} = 4 \times \frac{2}{3} \times (0.3)^{-\frac{1}{3}} = 3.98$$

100 Stokes의 법칙을 이용한 점도계는?

① Ostwald 점도계
② falling ball type 점도계
③ saybolt 점도계
④ rotation type 점도계

ⓐ Stokes 법칙 이용 : 낙구식 점도계(falling ball type)
ⓑ Newton 점성법칙 이용 : Machmichael, stomer 점도계
ⓒ 하겐 포아젤 방정식 이용 : Ostwald, saybolt 점도계

국가기술자격 시험문제

2017년 기사 제3회 필기시험(1부)　　　　　　　　　(2017년 8월 26일 시행)

자격종목	시험시간	문제수	문제형별
가스기사	**2시간30분**	**100**	**B**

수험번호		성 명	

제1과목 가스유체역학

01 표면이 매끈한 원관인 경우 일반적으로 레이놀즈수가 어떤 값일 때 층류가 되는가?

① 4000 보다 클 때
② 4000^2일 때
③ 2100 보다 작을 때
④ 2100^2일 때

🖉해설

구 분	Re수
층 류	$Re < 2100$
천이구역	$2100 < Re < 4000$
난류	$Re > 4000$

02 한 변의 길이가 a인 정삼각형 모양의 단면을 갖는 파이프 내로 유체가 흐른다. 이 파이프의 수력반경(hydraulic radius)은?

① $\dfrac{\sqrt{3}}{4}a$　　② $\dfrac{\sqrt{3}}{8}a$

③ $\dfrac{\sqrt{3}}{12}a$　　④ $\dfrac{\sqrt{3}}{16}a$

🖉해설

수력반경(HR) $\left(=\dfrac{단면적}{젖은둘레}\right)$

원형관	$\dfrac{\pi D^2/4}{\pi D}=\dfrac{D}{4}$
정사각형	$\dfrac{a^2}{4a}=\dfrac{a}{4}$
직사각형	$\dfrac{ab}{2(a+b)}$
정삼각형	$\dfrac{\frac{\sqrt{3}}{4}a^2}{3a}=\dfrac{\sqrt{3}}{12}a$

03 다음 중 정상유동과 관계있는 식은?
(단, $V=$속도벡터, $s=$임의방향좌표, $t=$시간이다.)

① $\dfrac{\partial V}{\partial t}=0$

② $\dfrac{\partial V}{\partial s}\neq 0$

③ $\dfrac{\partial V}{\partial t}\neq 0$

④ $\dfrac{\partial V}{\partial s}=0$

🖉해설

정상유동 : 유동장 내 임의의 한 점에 있어 흐름의 특성이 시간에 따라 변하지 않는 흐름

P(압력)　U(속도)　ρ(밀도)　T(온도)

$\dfrac{\alpha P}{\alpha t}=0$　$\dfrac{\alpha U}{\alpha t}=0$　$\dfrac{\alpha \rho}{\alpha t}=0$　$\dfrac{\alpha T}{\alpha t}=0$

04 터보팬의 전압이 250mmAq, 축동력이 0.5PS, 전압효율이 45%라면 유량은 약 몇 m³/min 인가?

① 7.1
② 6.1
③ 5.1
④ 4.1

🖉해설

$(\text{PS})=\dfrac{P\times Q}{75\eta}$

$\therefore Q=\dfrac{(\text{PS})\times 75\times \eta}{P}=\dfrac{0.5\times 75\times 0.45}{250}$

$=0.0675\text{m}^3/\text{s}=0.0675\times 60=4.05\text{m}^3/\text{min}$

정답 01.③ 02.③ 03.① 04.④

05 유체의 흐름에 대한 설명으로 다음 중 옳은 것을 모두 나타내면?

> ㉮ 난류 전단응력은 레이놀즈 응력으로 표시할 수 있다.
> ㉯ 후류는 박리가 일어나는 경계로부터 하류구역을 뜻한다.
> ㉰ 유체와 고체벽 사이에는 전단응력이 작용하지 않는다.

① ㉮
② ㉮, ㉰
③ ㉮, ㉯
④ ㉮, ㉯, ㉰

06 측정기기에 대한 설명으로 옳지 않은 것은?

① piezometer : 탱크나 관 속의 작은 유압을 측정하는 액주계
② micromanometer : 작은 압력차를 측정할 수 있는 압력계
③ mercury barometer : 물을 이용하여 대기 절대압력을 측정하는 장치
④ inclined-tube manometer : 액주를 경감시켜 계측의 감도를 높인 압력계

mercury barometer(수은기압계)
수은을 이용하여 기압을 측정하는 장치

07 5.165mH₂O는 다음 중 어느 것과 같은가?

① 760mmHg
② 0.5atm
③ 0.7bar
④ 1013mmHg

$$5.165\text{mH}_2\text{O} = \frac{5.165}{10.332} = 0.5\text{atm}$$

08 Hagen - Poiseuille 식은

$$-\frac{dP}{dx} = \frac{32\mu V_{avg}}{D^2}$$ 로 표현한다.

이 식을 유체에 적용시키기 위한 가정이 아닌 것은?

① 뉴턴유체
② 압축성
③ 층류
④ 정상상태

09 구가 유체 속을 자유낙하할 때 받는 항력 F가 점성계수 μ, 지름 D, 속도 V의 함수로 주어진다. 이 물리량들 사이의 관계식을 무차원으로 나타내고자 할 때 차원해석에 의하면 몇 개의 무차원수로 나타낼 수 있는가?

① 1
② 2
③ 3
④ 4

물리량	기본차원
F	MLT^{-2}
$\mu(\text{g/m} \cdot \text{s})$	$ML^{-1}T^{-1}$
$D(\text{m})$	L
$V(\text{m/s})$	LT^{-1}
물리량(4)	기본차원(3)

∴ 무차원수 = 4 - 3 = 1

10 다음 중 차원 표시가 틀린 것은? (단, M : 질량, L : 길이, T : 시간, F : 힘이다.)

① 절대 점성계수 : $\mu = [FL^{-1}T]$
② 동점성계수 : $\nu = [L^2T^{-1}]$
③ 압력 : $P = [FL^{-2}]$
④ 힘 : $F = [MLT^{-2}]$

절대 점성계수(μ)

단 위	차 원
$\text{g/cm} \cdot \text{s}$	$ML^{-1}T^{-1}$
$\text{kgf} \cdot \text{s/m}^2$	$FL^{-2}T$

11 압력 100kPa abs, 온도 20℃의 공기 5kg이 등엔트로피가 변화하여 온도 160℃로 되었다면 최종압력은 몇 kPa abs인가? (단, 공기의 비열비 $k = 1.40$이다.)

① 392
② 265
③ 112
④ 462

$$\frac{P_2}{P_1} = \left(\frac{T_2}{T_1}\right)^{\frac{k}{k-1}}$$

$$\therefore P_2 = P_1 \times \left(\frac{T_2}{T_1}\right)^{\frac{k}{k-1}} = 100 \times \left(\frac{273+160}{273+20}\right)^{\frac{1.4}{0.4}}$$

$$= 392\text{kPa}$$

12 내경 0.1m인 수평 원관으로 물이 흐르고 있다. A단면에 미치는 압력이 100Pa, B단면에 미치는 압력이 50Pa이라고 하면 A, B 두 단면 사이의 관 벽에 미치는 마찰력은 몇 N인가?

① 0.393
② 1.57
③ 3.93
④ 15.7

$$(P_1 - P_2) A - F_f = 0$$
$$F_f = (P_1 - P_2)A$$
$$= (100-50) \times \frac{\pi (0.1)^2}{4} = 0.393 \text{N}$$

13 부력에 대한 설명 중 틀린 것은?

① 부력은 유체에 잠겨있을 때 물체에 대하여 수직 위로 작용한다.
② 부력의 중심을 부심이라 하고 유체의 잠긴 체적의 중심이다.
③ 부력의 크기는 물체가 유체 속에 잠긴 체적에 해당하는 유체의 무게와 같다.
④ 물체가 액체 위에 떠 있을 때는 부력이 수직 아래로 작용한다.

 ④ 부력의 작용방향은 연직 상방향

14 [그림]에서 수은주의 높이 차이 h 가 80cm를 가리킬 때 B지점의 압력이 1.25kgf/cm² 이라면 A지점의 압력은 약 몇 kgf/cm²인가? (단, 수은의 비중은 13.6이다.)

① 1.08
② 1.19
③ 2.26
④ 3.19

$$P_A - P_B = 80 \text{cmHg}$$
$$P_A = P_B + 80 \text{cmHg}$$
$$1.25 (\text{kg/cm}^2) + 13.6 \text{kg}/10^3 \text{cm}^3 \times 80 \text{cm} = 2.33 \text{kg/cm}^2$$

15 다음의 압축성 유체의 흐름 과정 중 등엔트로피 과정인 것은?

① 가역단열 과정
② 가역등온 과정
③ 마찰이 있는 단열 과정
④ 마찰이 없는 비가역 과정

16 베르누이의 방정식에 쓰이지 않는 head(수두)는?

① 압력수두
② 밀도수두
③ 위치수두
④ 속도수두

ⓐ 압력수두 : $\dfrac{P}{\gamma}$

ⓑ 속도수두 : $\dfrac{V^2}{2g}$

ⓒ 위치수두 : h

17 다음 중 의소성 유체(pseudo plastics)에 속하는 것은?

① 고분자 용액
② 점토 현탁액
③ 치약
④ 공업용수

18 평판을 지나는 경계층 유동에 관한 설명으로 옳은 것은? (단, x는 평판 앞쪽 끝으로부터의 거리를 나타낸다.)

① 평판 유동에서 층류 경계층의 두께는 $x^{\frac{1}{2}}$에 비례한다.
② 경계층에서 두께는 물체의 표면부터 측정한 속도가 경계층의 외부 속도의 80%가 되는 점까지의 거리이다.
③ 평판에 형성되는 난류 경계층의 두께는 x에 비례한다.
④ 평판 위의 층류 경계층의 두께는 거리의 제곱에 비례한다.

정답 12.① 13.④ 14.③ 15.① 16.② 17.① 18.①

① 층류경계층 두께 $R_e^{-\frac{1}{2}}$ 에 비례 $x^{\frac{1}{2}}$ 에 비례

② 경계층 두께는 자유흐름속도의 99%가 되는 점

③ 난류경계층 두께는 $R_e^{-\frac{1}{5}}$ 에 비례 $x^{\frac{4}{5}}$ 에 비례

19 축류펌프의 특징에 대해 잘못 설명한 것은?

① 가동익(가동날개)의 설치각도를 크게 하면 유량을 감소시킬 수 있다.

② 비속도가 높은 영역에서는 원심펌프보다 효율이 높다.

③ 깃의 수를 많이 하면 양정이 증가한다.

④ 체절상태로 운전은 불가능하다.

20 표준기압, 25℃인 공기 속에서 어떤 물체가 910m/s의 속도로 움직인다. 이때 음속과 물체의 마하수는 각각 얼마인가? (단, 공기의 비열비는 1.4, 기체상수는 287J/kg · K이다.)

① 326m/s, 2.79

② 346m/s, 2.63

③ 359m/s, 2.53

④ 367m/s, 2.48

$a = \sqrt{KRT} = \sqrt{1.4 \times 287 \times (273 + 25)} = 340\text{m/s}$

$Ma = \dfrac{V}{a} = \dfrac{910}{346} = 2.629 = 2.63$

제2과목 연소공학

21 분자량이 30인 어떤 가스의 정압비열이 0.516kJ/kg · K이라고 가정할 때 이 가스의 비열비 k는 약 얼마인가?

① 1.0 ② 1.4

③ 1.8 ④ 2.2

$C_P - C_V = R$

$C_V = C_P - R = 0.516 - \dfrac{8.314}{30} = 0.238$

$\therefore\ k = \dfrac{C_P}{C_V} = \dfrac{0.516}{0.238} = 2.16$

22 연소온도를 높이는 방법으로 가장 거리가 먼 것은?

① 연료 또는 공기를 예열한다.

② 발열량이 높은 연료를 사용한다.

③ 연소용 공기의 산소농도를 높인다.

④ 복사전열을 줄이기 위해 연소속도를 늦춘다.

23 공기흐름이 난류일 때 가스연료의 연소현상에 대한 설명으로 옳은 것은? [연소 36]

① 화염이 뚜렷하게 나타난다.

② 연소가 양호하여 화염이 짧아진다.

③ 불완전연소에 의해 열효율이 감소한다.

④ 화염이 길어지면서 완전연소가 일어난다.

24 액체연료를 미세한 기름방울로 잘게 부수어 단위 질량당의 표면적을 증가시키고 기름방울을 분산, 주위 공기와의 혼합을 적당히 하는 것을 미립화라고 한다. 다음 중 원판, 컵 등의 외주에서 원심력에 의해 액체를 분산시키는 방법에 의해 미립화하는 분무기는?

① 회전체 분무기

② 충돌식 분무기

③ 초음파 분무기

④ 정전식 분무기

25 다음 중 공기비에 관한 설명으로 틀린 것은? [연소 15]

① 이론공기량에 대한 실제공기량의 비이다.

② 무연탄보다 중유 연소 시 이론공기량이 더 적다.

③ 부하율이 변동될 때의 공기비를 턴다운(turn down)비라고 한다.

④ 공기비를 낮추면 불완전 연소 성분이 증가한다.

26 메탄의 탄화수소(C/H) 비는 얼마인가?

① 0.25 ② 1

③ 3 ④ 4

$$CH_4 = \frac{12}{4} = 3$$

27 다음과 같은 조성을 갖는 혼합가스의 분자량은? (단, 혼합가스의 체적비는 CO_2(13.1%), O_2(7.7%), N_2(79.2%)이다.)

① 22.81 ② 24.94

③ 28.67 ④ 30.40

$44 \times 0.131 + 32 \times 0.077 + 28 \times 0.792 = 30.36$

28 메탄가스 1m³를 완전 연소시키는 데 필요한 공기량은 몇 m³인가? (단, 공기 중 산소는 20% 함유되어 있다.)

① 5 ② 10

③ 15 ④ 20

$$CH_4 + 2O_2 \rightarrow CO_2 + 2H_2O$$
$$1 : 2$$
$$\therefore 2 \times \frac{1}{0.2} = 10m^3$$

29 폭발형태 중 가스 용기나 저장탱크가 직화에 노출되어 가열되고 용기 또는 저장탱크의 강도를 상실한 부분을 통한 급격한 파단에 의해 내부 비등액체가 일시에 유출되어 화구(fire ball) 현상을 동반하며 폭발하는 현상은? [연소 23]

① BLEVE ② VCE

③ jet fire ④ flash over

30 수증기 1mol이 100℃, 1atm에서 물로 가역적으로 응축될 때 엔트로피의 변화는 약 몇 cal/mol·K인가? (단, 물의 증발열은 539cal/g, 수증기는 이상기체라고 가정한다.)

① 26 ② 540

③ 1700 ④ 2200

$$\Delta S = \frac{dQ}{T} = \frac{(539 \times 18)\text{g/mol}}{(273+100)\text{K}} = 26\text{cal/mol}\cdot\text{K}$$

31 고발열량에 대한 설명 중 틀린 것은? [연소 11]

① 총발열량이다.

② 진발열량이라고도 한다.

③ 연료가 연소될 때 연소가스 중에 수증기의 응축잠열을 포함한 열량이다.

④ $H_h = H_L + H_S + H_L + 600(9H + W)$ 로 나타낼 수 있다.

② 진발열량 = 저위발열량

32 내압(耐壓) 방폭구조로 방폭전기 기기를 설계할 때 가장 중요하게 고려할 사항은? [안전 13]

① 가연성 가스의 연소열

② 가연성 가스의 안전간극

③ 가연성 가스의 발화점(발화도)

④ 가연성 가스의 최소점화에너지

33 폭굉유도거리에 대한 설명 중 옳은 것은? [연소 9]

① 압력이 높을수록 짧아진다.

② 관 속에 방해물이 있으면 길어진다.

③ 층류 연소속도가 작을수록 짧아진다.

④ 점화원의 에너지가 강할수록 길어진다.

34 프로판 가스의 연소과정에서 발생한 열량이 13000kcal/kg, 연소할 때 발생된 수증기의 잠열이 2000kcal/kg일 경우, 프로판 가스의 연소효율은 얼마인가? (단, 프로판 가스의 진발열량은 11000kcal/kg이다.)

① 50% ② 100%

③ 150% ④ 200%

$$\eta = \frac{13000-2000}{11000} \times 100 = 100\%$$

35 연소의 3요소가 아닌 것은?

① 가연성 물질　② 산소공급원
③ 발화점　　　　④ 점화원

36 착화온도에 대한 설명 중 틀린 것은?

① 압력이 높을수록 낮아진다.
② 발열량이 클수록 낮아진다.
③ 반응활성도가 클수록 높아진다.
④ 산소량이 증가할수록 낮아진다.

③ 반응활성도가 클수록 착화점은 낮아진다.

37 다음 중 1kWh의 열당량은?

① 376kcal　　② 427kcal
③ 632kcal　　④ 860kcal

38 프로판가스 1Sm^{3}을 완전연소시켰을 때의 건조연소가스량은 약 몇 Sm^{3}인가? (단, 공기 중의 산소는 21v%이다.)

① 10　　　　② 16
③ 22　　　　④ 30

$C_3H_8 + 5O_2 \longrightarrow 3CO_2 + 4H_2O$
1Sm^3　5Nm^3　　3Nm^3

㉠ $N_2 : 5 \times \dfrac{0.79}{0.21} = 18.81$Nm^3

㉡ $CO_2 : 3$Nm^3

∴ $N_2 + CO_2 = 21.81$Nm^3

39 옥탄(g)의 연소 엔탈피는 반응물 중의 수증기가 응축되어 물이 되었을 때 25℃에서 −48220kJ/kg이다. 이 상태에서 옥탄(g)의 저위발열량은 약 몇 kJ/kg인가? (단, 25℃ 물의 증발엔탈피[(h_{fg})]는 2441.8kJ/kg이다.)

① 40750　　② 42320
③ 44750　　④ 45778

$C_8H_{18} + 12.5O_2 \longrightarrow 8CO_2 + 9H_2O + Q$
H_L(저위발열량) = H_H(고위발열량) − 물의 증발잠열

$= 48220 - \dfrac{2441.8 \times 9 \times 18}{114} = 44750.073$

$= 44750.07$kJ/kg

※ $C_8H_{18} = 114$kg

40 밀폐된 용기 또는 그 설비 안에 밀봉된 가스가 그 용기 또는 설비의 사고로 인하여 파손되거나 오조작의 경우에만 누출될 위험이 있는 장소는 위험장소의 등급 중 어디에 해당하는가?　　　　　　[연소 14]

① 0종　　　　② 1종
③ 2종　　　　④ 3종

제3과목 가스설비

41 다음 중 압력배관용 탄소강관을 나타내는 것은?　　　　　　　　　　　　[설비 59]

① SPHT　　　② SPPH
③ SPP　　　　④ SPPS

42 펌프의 효율에 대한 설명으로 옳은 것으로만 짝지어진 것은?

> ㉠ 축동력에 대한 수동력의 비를 뜻한다.
> ㉡ 펌프의 효율은 펌프의 구조, 크기 등에 따라 다르다.
> ㉢ 펌프의 효율이 좋다는 것은 각종 손실동력이 적고 축동력이 적은 동력으로 구동한다는 뜻이다.

① ㉠
② ㉠, ㉡
③ ㉠, ㉢
④ ㉠, ㉡, ㉢

43 수소가스 집합장치의 설계 매니폴드 지관에서 감압밸브는 상용압력이 14MPa인 경우 내압시험압력은 얼마 이상인가?

① 14MPa
② 21MPa
③ 25MPa
④ 28MPa

T_P = 상용압력 × 1.5 = 14 × 1.5 = 21MPa

44 왕복형 압축기의 특징에 대한 설명으로 옳은 것은?　[설비 35]

① 압축효율이 낮다.
② 쉽게 고압이 얻어진다.
③ 기초 설치 면적이 작다.
④ 접촉부가 적어 보수가 쉽다.

45 가연성 가스의 위험도가 가장 높은 가스는?　[설비 44]

① 일산화탄소　② 메탄
③ 산화에틸렌　④ 수소

① $CO(12.5 \sim 74\%)$ $\dfrac{74-12.5}{12.5}=4.92$

② $CH_4(5 \sim 15\%)$ $\dfrac{15-5}{5}=2$

③ $C_2H_4O(3 \sim 80\%)$ $\dfrac{80-3}{3}=25.67$

④ $H_2(4 \sim 75\%)$ $\dfrac{75-4}{4}=17.75$

46 압력 2MPa 이하의 고압가스 배관 설비로서 곡관을 사용하기가 곤란한 경우 가장 적정한 신축이음매는?

① 벨로즈형 신축이음매
② 루프형 신축이음매
③ 슬리브형 신축이음매
④ 스위블형 신축이음매

47 도시가스의 발열량이 10400kcal/m³이고 비중이 0.5일 때 웨버지수(WI)는 얼마인가?　[안전 57]

① 14142　② 14708
③ 18257　④ 27386

$$WI = \frac{H}{\sqrt{d}} = \frac{10400}{\sqrt{0.5}} = 14707$$

48 아세틸렌은 금속과 접촉반응하여 폭발성 물질을 생성한다. 다음 금속 중 이에 해당하지 않는 것은?　[설비 42]

① 금　② 은
③ 동　④ 수은

49 가스 연소기에서 발생할 수 있는 역화(flash back)현상의 발생 원인으로 가장 거리가 먼 것은?　[연소 22]

① 분출속도가 연소속도보다 빠른 경우
② 노즐, 기구밸브 등이 막혀 가스량이 극히 적게 된 경우
③ 연소속도가 일정하고 분출속도가 느린 경우
④ 버너가 오래되어 부식에 의해 염공이 크게 된 경우

50 콕 및 호스에 대한 설명으로 옳은 것은?　[안전 97]

① 고압고무호스 중 투원호스는 차압 100kPa 이하에서 정상적으로 작동하는 체크밸브를 부착하여 제작한다.
② 용기밸브 및 조정기에 연결하는 이음쇠의 나사는 오른나사로서 W22.5×14T, 나사부의 길이는 20mm 이상으로 한다.
③ 상자콕은 과류차단안전기구가 부착된 것으로서 배관과 카플러를 연결하는 구조이고, 주물황동을 사용할 수 있다.
④ 콕은 70kPa 이상의 공기압을 10분간 가했을 때 누출이 없는 것으로 한다.

51 액화천연기스(메탄기준)를 도시기스 원료로 사용할 때 액화천연가스의 특징을 옳게 설명한 것은?

① 천연가스의 C/H 질량비가 3이고 기화설비가 필요하다.
② 천연가스의 C/H 질량비가 4이고 기화설비가 필요 없다.
③ 천연가스의 C/H 질량비가 3이고 가스 제조 및 정제설비가 필요하다.
④ 천연가스의 C/H 질량비가 4이고 개질설비가 필요하다.

정답　44.② 45.③ 46.① 47.② 48.① 49.① 50.③ 51.①

$$CH_4 : \frac{12}{4} = 3$$

52 내용적 50L의 LPG 용기에 상온에서 액화 프로판 15kg를 충전하면 이 용기 내 안전 공간은 약 몇 % 정도인가? (단, LPG의 비중은 0.5이다.)

① 10%

② 20%

③ 30%

④ 40%

$15kg \div 0.5(kg/L) = 30L$

$\therefore \dfrac{50-30}{50} \times 100 = 40\%$

53 고압가스 제조 장치의 재료에 대한 설명으로 옳지 않은 것은?

① 상온 건조 상태의 염소가스에 대하여는 보통강을 사용할 수 있다.

② 암모니아, 아세틸렌의 배관 재료에는 구리 및 구리합금이 적당하다.

③ 고압의 이산화탄소 세정장치 등에는 내산강을 사용하는 것이 좋다.

④ 암모니아 합성탑 내통의 재료에는 18-8 스테인리스강을 사용한다.

② 구리 사용을 금지해야 하는 가스이다.

㉠ C_2H_2 : 폭발

㉡ NH_3 : 부식

㉢ H_2S : 부식

54 어떤 냉동기에서 0℃의 물로 0℃의 얼음 3톤을 만드는 데 100kW/h의 일이 소요되었다면 이 냉동기의 성능계수는? (단, 물의 응고열은 80kcal/kg이다.)

① 1.72

② 2.79

③ 3.72

④ 4.73

$3000kg \times 80kcal/kg = 240000kcal$

$\therefore \dfrac{240000}{100 \times 860} = 2.79$

55 용기용 밸브는 가스 충전구의 형식에 따라 A형, B형, C형의 3종류가 있다. 가스 충전구가 암나사로 되어 있는 것은? [안전 32]

① A형

② B형

③ A, B형

④ C형

56 안전밸브에 대한 설명으로 틀린 것은?

① 가용전식은 Cl_2, C_2H_2 등에 사용된다.

② 파열판식은 구조가 간단하며, 취급이 용이하다.

③ 파열판식은 부식성, 괴상물질을 함유한 유체에 적합하다.

④ 피스톤식이 가장 일반적으로 널리 사용된다.

안전밸브의 종류

스프링식, 가용전식, 파열판식, 중추식

57 가스 누출을 조기에 발견하기 위하여 사용되는 냄새가 나는 물질(부취제)이 아닌 것은? [안전 19]

① T.H.T

② T.B.M

③ D.M.S

④ T.E.A

58 발열량 5000kcal/m³, 비중 0.61, 공급표준압력 100mmH₂O인 가스에서 발열량 11000 kcal/m³, 비중 0.66, 공급표준압력이 200mm H₂O인 천연가스로 변경할 경우 노즐변경률은 얼마인가?

① 0.49

② 0.58

③ 0.71

④ 0.82

$$\frac{D_2}{D_1} = \sqrt{\frac{WI_1 \sqrt{P_1}}{WI_2 \sqrt{P_2}}} = \sqrt{\frac{\dfrac{5000}{\sqrt{0.61}} \sqrt{100}}{\dfrac{11000}{\sqrt{0.66}} \sqrt{200}}} = 0.58$$

정답 52.④ 53.② 54.② 55.② 56.④ 57.④ 58.②

59 다음 중 공기액화 분리장치의 폭발 원인이 아닌 것은? [설비 5]

① 액체 공기 중 산소(O_2)의 혼입
② 공기 취입구로부터 아세틸렌 혼입
③ 공기 중 질소화합물(NO, NO_2)의 혼입
④ 압축기용 윤활유 분해에 따른 탄화수소의 생성

60 다음 [보기]의 비파괴 검사방법은? [설비 4]

– 내부 결함 또는 불균일 층의 검사를 할 수 있다.
– 용입 부족 및 용입부의 검사를 할 수 있다.
– 검사비용이 비교적 저렴하다.
– 탐지되는 결함의 형태가 명확하지 않다.

① 방사선 투과검사
② 침투탐상검사
③ 초음파 탐상검사
④ 자분탐상검사

제4과목 가스안전관리

61 내부 용적이 35,000L인 액화산소 저장탱크의 저장능력은 얼마인가? (단, 비중은 1.2이다.)

① 24,780kg
② 26,460kg
③ 27,520kg
④ 37,800kg

$W = 0.9dV = 0.9 \times 1.2 \times 35000 = 37800$

62 밀폐된 목욕탕에서 도시가스 순간온수기를 사용하던 중 쓰러져서 의식을 잃었다. 사고원인으로 추정할 수 있는 것은?

① 가스누출에 의한 중독
② 부취제에 의한 중독

③ 산소결핍에 의한 질식
④ 질소과잉으로 인한 중독

63 2단 감압식 1차용 조정기의 최대폐쇄압력은 얼마인가?

① 3.5kPa 이하
② 50kPa 이하
③ 95kPa 이하
④ 조정압력의 1.25배 이하

조정기의 최대폐쇄압력

종 류	폐쇄압력
1단 감압식 저압	3.5kPa 이하
2단 감압식 2차	
자동절체식 일체형 저압	
2단 감압식 1차	95kPa 이하
1단 감압식 준저압	조정압력의 1.25배 이하
자동절체식일체형 준저압	
그 밖의 조정기	

64 고압가스 특정제조시설에서 배관을 지하에 매설할 경우 지하도로 및 터널과 최소 몇 m 이상의 수평거리를 유지하여야 하는가? [안전 154]

① 1.5m
② 5m
③ 8m
④ 10m

65 공기나 산소가 섞이지 않더라도 분해폭발을 일으킬 수 있는 가스는? [안전 18]

① CO
② CO_2
③ H_2
④ C_2H_2

분해폭발성 가스 : C_2H_2, C_2H_4O, N_2H_4

66 유해물질이 인체에 나쁜 영향을 주지 않는다고 판단하고 일정한 기준 이하로 정한 농도를 무엇이라고 하는가?

① 한계농도
② 안전농도
③ 위험농도
④ 허용농도

67 다음 중 독성가스는?

① 수소
② 염소
③ 아세틸렌
④ 메탄

68 고압가스용 차량에 고정된 탱크의 설계기준으로 틀린 것은?

① 탱크의 길이이음 및 원주이음은 맞대기 양면용접으로 한다.
② 용접하는 부분의 탄소강은 탄소함유량이 1.0% 미만으로 한다.
③ 탱크에는 지름 375mm 이상의 원형 맨홀 또는 긴 지름 375mm, 이상 짧은 지름 275mm 이상의 타원형 맨홀을 1개 이상 설치한다.
④ 탱크의 내부에는 차량의 진행방향과 직각이 되도록 방파판을 설치한다.

🗒️ ② 용접하는 부분의 탄소강은 탄소함유량이 0.35% 미만으로 한다.

69 고압가스 특정제조허가의 대상 시설로서 옳은 것은?

① 석유정제업자의 석유정제시설 또는 그 부대시설에서 고압가스를 제조하는 것으로서 그 저장능력이 10톤 이상인 것
② 석유화학공업자의 석유화학공업시설 또는 그 부대시설에서 고압가스를 제조하는 것으로서 그 저장능력이 10톤 이상인 것

③ 석유화학공업자의 석유화학공업시설 또는 그 부대시설에서 고압가스를 제조하는 것으로서 그 처리능력이 1천세제곱미터 이상인 것
④ 철강공업자의 철강공업시설 또는 그 부대시설에서 고압가스를 제조하는 것으로서 그 처리능력이 10만세제곱미터 이상인 것

🗒️ **특정제조허가 대상**

사업자 구분	용 량
석유정제업자의 석유정제시설 또는 그 부대시설	저장능력 100t 이상
석유화학공업자의 석유화학공업시설 또는 그 부대시설	저장능력 100t 이상, 처리능력 $10000m^3$ 이상
철강공업자의 철강공업시설 또는 그 부대시설	저장능력 100t 이상, 처리능력 $100000m^3$ 이상

70 액화염소가스를 5톤 운반차량으로 운반하려고 할 때 응급조치에 필요한 제독제 및 수량은? [안전 69]

① 소석회 – 20kg 이상
② 소석회 – 40kg 이상
③ 가성소다 – 20kg 이상
④ 가성소다 – 40kg 이상

71 실제 사용하는 도시가스의 열량이 9500kcal/m^3이고 가스 사용시설의 법적 사용량은 5200m^3일 때 도시가스 사용량은 약 몇 m^3인가? (단, 도시가스의 월사용예정량을 구할 때의 열량을 기준으로 한다.)

① 4,490
② 6,020
③ 7,020
④ 8,020

🗒️ $$Q = X \times \frac{A}{11000} = 5200 \times \frac{9500}{11000} = 4490$$

72 구조, 재료, 용량 및 성능 등에서 구별되는 제품의 단위를 무엇이라고 하는가?

① 공정
② 형식
③ 로트
④ 셀

73 산화에틸렌의 충전에 대한 설명으로 옳은 것은?

① 산화에틸렌의 저장탱크에는 45℃에서 그 내부가스의 압력이 0.3MPa 이상이 되도록 질소가스를 충전한다.
② 산화에틸렌의 저장탱크에는 45℃에서 그 내부가스의 압력이 0.4MPa 이상이 되도록 질소가스를 충전한다.
③ 산화에틸렌의 저장탱크에는 60℃에서 그 내부가스의 압력이 0.3MPa 이상이 되도록 질소가스를 충전한다.
④ 산화에틸렌의 저장탱크에는 60℃에서 그 내부가스의 압력이 0.4MPa 이상이 되도록 질소가스를 충전한다.

74 고압가스 일반제조시설에서 몇 m³ 이상의 가스를 저장하는 것에 가스방출장치를 설치하여야 하는가?

① 5
② 10
③ 20
④ 50

75 도시가스 공급시설 또는 그 시설에 속하는 계기를 장치하는 회로에 설치하는 것으로서 온도 및 압력과 그 시설의 상황에 따라 안전확보를 위한 주요부분에 설비가 잘못 조작되거나 이상이 발생하는 경우에 자동으로 가스의 발생을 차단시키는 장치를 무엇이라 하는가?

① 벤트스택
② 안전밸브
③ 인터록 기구
④ 가스누출검지 통보설비

76 고압가스 저온저장탱크의 내부 압력이 외부 압력보다 낮아져 저장탱크가 파괴되는 것을 방지하기 위해 설치하여야 할 설비로 가장 거리가 먼 것은? [안전 85]

① 압력계
② 압력경보설비
③ 진공안전밸브
④ 역류방지밸브

77 독성가스는 허용농도 얼마 이하의 가스를 뜻하는가? (단, 해당가스를 성숙한 흰쥐 집단에게 대기 중에서 1시간 동안 계속하여 노출시킨 경우 14일 이내에 그 흰쥐의 1/2 이상이 죽게 되는 가스의 농도를 말한다.) [안전 50]

① $\dfrac{100}{1000000}$
② $\dfrac{200}{1000000}$
③ $\dfrac{500}{1000000}$
④ $\dfrac{5000}{1000000}$

78 액화석유가스 저장소의 저장탱크는 항상 얼마 이하의 온도를 유지하여야 하는가?

① 30℃
② 40℃
③ 50℃
④ 60℃

79 고압가스를 운반하기 위하여 동일한 차량에 혼합 적재 가능한 것은? [안전 34]

① 염소 – 아세틸렌
② 염소 – 암모니아
③ 염소 – LPG
④ 염소 – 수소

정답 72.② 73.② 74.① 75.③ 76.④ 77.④ 78.② 79.③

80 "액화석유가스 충전사업"의 용어 정의에 대하여 가장 바르게 설명한 것은?

① 저장시설에 저장된 액화석유가스를 용기 또는 차량에 고정된 탱크에 충전하여 공급하는 사업
② 액화석유가스를 일반의 수요에 따라 배관을 통하여 연료로 공급하는 사업
③ 대량수요자에게 액화한 천연가스를 공급하는 사업
④ 수요자에게 연료용 가스를 공급하는 사업

제5과목 가스계측

81 방사고온계는 다음 중 어느 이론을 이용한 것인가?

① 제백 효과
② 펠티에 효과
③ 윈-플랑크의 법칙
④ 스테판-볼츠만 법칙

방사온도계 : 스테판-볼츠만의 법칙을 이용

82 가연성 가스 검출기의 형식이 아닌 것은? [계측 20]

① 안전등형
② 간섭계형
③ 열선형
④ 서포트형

83 습식가스미터에 대한 설명으로 틀린 것은? [계측 8]

① 추량식이다.
② 설치공간이 크다.
③ 정확한 계량이 가능하다.
④ 일정 시간 동안의 회전수로 유량을 측정한다.

84 가스조정기(regulator)의 주된 역할에 대한 설명으로 옳은 것은?

① 가스의 불순물을 정제한다.
② 용기 내로의 역화를 방지한다.
③ 공기의 혼입량을 일정하게 유지해 준다.
④ 가스의 공급압력을 일정하게 유지해 준다.

85 안지름이 14cm인 관에 물이 가득 차서 흐를 때 피토관으로 측정한 동압이 7m/sec이었다면 이때의 유량은 약 몇 kg/sec인가?

① 39
② 180
③ 433
④ 1077.2

$$Q = A \cdot V$$
$$= \frac{\pi}{4} D^2 \sqrt{2gH}$$
$$= \frac{\pi}{4} \times (0.14\text{m})^2 \sqrt{2 \times 9.8 \times 7} = 0.1803\text{m}^3/\text{s}$$
$$\therefore \ G = \gamma A V$$
$$= 1000\text{kg/m}^3 \times 0.1803\text{m}^3/\text{s} = 180.31\text{kg/s}$$

86 염화 제1구리 착염지를 이용하여 어떤 가스의 누출 여부를 검지한 결과 착염지가 적색으로 변하였다. 이때 누출된 가스는? [계측 15]

① 아세틸렌
② 수소
③ 염소
④ 황화수소

87 보일러에서 여러 대의 버너를 사용하여 연소실의 부하를 조절하는 경우 버너의 특성 변화에 따라 버너의 대수를 수시로 바꾸는데, 이때 사용하는 제어방식으로 가장 적당한 것은? [계측 12]

① 다변수 제어
② 병렬 제어
③ 캐스케이드 제어
④ 비율 제어

88 피토관(pitot tube)의 주된 용도는? [계측 23]

① 압력을 측정하는 데 사용된다.
② 유속을 측정하는 데 사용된다.
③ 온도를 측정하는 데 사용된다.
④ 액체의 점도를 측정하는 데 사용된다.

89 열기전력이 작으며, 산화분위기에 강하나 환원분위기에는 약하고, 고온 측정에는 적당한 열전대 온도계의 단자 구성으로 옳은 것은?

[계측 9]

① 양극 : 철, 음극 : 콘스탄탄
② 양극 : 구리, 음극 : 콘스탄탄
③ 양극 : 크로멜, 음극 : 알루멜
④ 양극 : 백금-로듐, 음극 : 백금

90 흡수법에 의한 가스분석법 중 각 성분과 가스 흡수액을 옳지 않게 짝지은 것은?

[계측 1]

① 중탄화수소 흡수액 – 발연황산
② 이산화탄소 흡수액 – 염화나트륨 수용액
③ 산소 흡수액 – (수산화칼륨+ 피로카롤) 수용액
④ 일산화탄소 흡수액 – (염화암모늄+ 염화제1구리)의 분해용액에 암모니아수를 가한 용액

91 오리피스 유량계의 적용 원리는? [계측 23]

① 부력의 법칙
② 토리첼리의 법칙
③ 베르누이 법칙
④ Gibbs의 법칙

92 가스미터 선정 시 주의사항으로 가장 거리가 먼 것은?

① 내구성
② 내관 검사
③ 오차의 유무
④ 사용 가스의 적정성

93 고압 밀폐탱크의 액면 측정용으로 주로 사용되는 것은?

① 편위식 액면계
② 차압식 액면계
③ 부자식 액면계
④ 기포식 액면계

94 직접식 액면계에 속하지 않는 것은? [계측 26]

① 직관식
② 차압식
③ 플로트식
④ 검척식

95 차압식 유량계로 유량을 측정하였더니 오리피스 전후의 차압이 1936mmH₂O일 때 유량은 22m³/h이었다. 차압이 1024mmH₂O이면 유량은 얼마가 되는가?

① 12m³/h　　② 14m³/h
③ 16m³/h　　④ 18m³/h

$$Q = \frac{\pi}{4}\sqrt{2gH}$$

유량은 차압의 평방근에 비례
- $22 : \sqrt{1936}$
- $x : \sqrt{1024}$

$$\therefore\ x = \frac{\sqrt{1024}}{\sqrt{1936}} \times 22 = 16\,\text{m}^3/\text{hr}$$

96 적외선 가스분석계로 분석하기가 어려운 가스는?

① Ne　　　② N₂
③ CO₂　　　④ SO₂

단원자 분자 및 대칭 2원자 분자는 적외선 분석법으로 분석이 불가능하다.

97 가스 크로마토그래피의 구성이 아닌 것은?

[계측 10]

① 캐리어 가스　　② 검출기
③ 분광기　　　　④ 컬럼

정답　88.② 89.④ 90.② 91.③ 92.② 93.② 94.② 95.③ 96.② 97.③

98 1kmol의 가스가 0℃, 1기압에서 22.4m³의 부피를 갖고 있을 때 기체상수는 얼마인가?

① 1.98kg · m/kmol · K
② 848kg · m/kmol · K
③ 8.314kg · m/kmol · K
④ 0.082kg · m/kmol · K

$PV = GRT$

$R = \dfrac{PV}{GT} = \dfrac{1 \times 10332\text{kg/m}^2 \times 22.4\text{m}^3}{1\text{kmol} \times 273\text{K}}$

$= 847.75 = 848\text{kg} \cdot \text{m/kmol} \cdot \text{K}$

99 열전도형 검출기(TCD)의 특성에 대한 설명으로 틀린 것은?　　　　　　[계측 13]

① 고농도의 가스를 측정할 수 있다.
② 가열된 서미스터에 가스를 접촉시키는 방식이다.
③ 공기와의 열전도도 차가 적을수록 감도가 좋다.
④ 가연성 가스 이외의 가스도 측정할 수 있다.

100 불연속적인 제어이므로 제어량이 목표값을 중심으로 일정한 폭의 상하 진동을 하게 되는 현상, 즉 뱅뱅현상이 일어나는 제어는 어느 것인가?　　　　　　　[계측 12]

① 비례제어
② 비례미분제어
③ 비례적분제어
④ 온 · 오프제어

길을 가다가 돌이 나타나면
약자는 그것을 걸림돌이라고 말하고,
강자는 그것을 디딤돌이라고 말한다.
-토마스 칼라일(Thomas Carlyle)-
☆
같은 돌이지만 바라보는 시각에 따라 그리고 마음가짐에 따라
걸림돌이 되기도 하고 디딤돌이 되기도 합니다.
자기에게 주어진 상황을 활용할 줄 아는 자만이
성공의 문에 도달할 수 있습니다. ^^

국가기술자격 시험문제

2018년 기사 제1회 필기시험(1부) (2018년 3월 4일 시행)

자격종목	시험시간	문제수	문제형별
가스기사	2시간30분	100	A

수험번호		성 명	

제1과목 가스유체역학

01 일반적으로 다음 장치에서 발생하는 압력차가 작은 것부터 큰 순서대로 옳게 나열한 것은?

① 블로어 < 팬 < 압축기
② 압축기 < 팬 < 블로어
③ 팬 < 블로어 < 압축기
④ 블로어 < 압축기 < 팬

작동압력에 따른 압축기 분류
㉠ 통풍기(팬) : 토출압력 10kPag 미만
㉡ 송풍기(블로어) : 토출압력 10kPa 이상~0.1MPa 미만
㉢ 압축기 : 토출압력 0.1MPa(1kg/cm²g) 이상

02 노점(dew point)에 대한 설명으로 틀린 것은?

① 액체와 기체의 비체적이 같아지는 온도이다.
② 등압과정에서 응축이 시작되는 온도이다.
③ 대기 중 수증기의 분압이 그 온도에서 포화수증기압과 같아지는 온도이다.
④ 상대습도가 100%가 되는 온도이다.

노점 : 공기가 수증기로 가득차 더 이상 함유할 수 없는 온도. 이때는 상대습도가 100%이다.

03 덕트 내 압축성 유동에 대한 에너지 방정식과 직접적으로 관련되지 않는 변수는?

① 위치에너지
② 운동에너지
③ 엔트로피
④ 엔탈피

압축성 유체의 에너지 방정식
엔트로피의 경우는 등엔트로피의 흐름이 된다.

$$q + h_1 + \frac{V_1^2}{2} + qZ_1 = h_2 + \frac{V_2^2}{2} + qZ_2 + W_m$$

$$q = 0, \quad W_m = 0, \quad Z_1 = Z_2$$

$$h_1 + \frac{V_1^2}{2} = h_2 + \frac{V_2^2}{2}$$

$$h_1 - h_2 = \frac{1}{2}(V_2^2 - V_1^2) \text{이 된다.}$$

04 뉴턴의 점성법칙을 옳게 나타낸 것은? (단, 전단응력은 τ, 유체속도는 u, 점성계수는 μ, 벽면으로부터의 거리는 y로 나타낸다.)

① $\tau = \frac{1}{\mu} \frac{dy}{du}$

② $\tau = \mu \frac{du}{dy}$

③ $\tau = \frac{1}{\mu} \frac{du}{dy}$

④ $\tau = \mu \frac{dy}{du}$

$$\tau = \frac{F}{A} = \mu \frac{du}{dy}$$

05 그림과 같은 단열덕트 내의 유동에서 마하수 $M>1$일 때 압축성 유체의 속도와 압력의 변화를 옳게 나타낸 것은? [유체 3]

① 속도 증가, 압력 증가
② 속도 감소, 압력 감소
③ 속도 증가, 압력 감소
④ 속도 감소, 압력 증가

 등엔트로피 흐름 축소(유체 핵심 3) 참조

06 서징(surging)현상의 발생원인으로 거리가 가장 먼 것은? [설비 17]

① 펌프의 유량−양정곡선이 우향상승 구배곡선일 때
② 배관 중에 수조나 공기조가 있을 때
③ 유량조절밸브가 수조나 공기조의 뒤쪽에 있을 때
④ 관 속을 흐르는 유체의 유속이 급격히 변화될 때

 원심 펌프에서 발생되는 이상현상(설비 핵심 17) 참조

07 100kPa, 25℃에 있는 이상기체를 등엔트로피 과정으로 135kPa까지 압축하였다. 압축 후의 온도는 약 몇 ℃인가? (단, 이 기체의 정압비열 C_P는 1.213kJ/kg · K이고, 정적비열 C_V는 0.821kJ/kg · K이다.)

① 45.5   ② 55.5
③ 65.5   ④ 75.5

 단열압축 후 온도

$$T_2 = T_1 \left(\frac{P_2}{P_1}\right)^{\frac{k-1}{k}}$$

$$k = \frac{C_P}{C_V} = \frac{1.213}{0.821} = 1.477 \text{이므로}$$

$$T_2 = (273+25) \times \left(\frac{135}{100}\right)^{\frac{1.477-1}{1.477}} = 328.32\text{K}$$

$$\therefore \ 328.32 - 273 = 55.32 ≒ 55.5℃$$

08 유체 속 한 점에서의 압력이 방향에 관계없이 동일한 값을 갖는 경우로 틀린 것은?

① 유체가 정지한 경우
② 비점성 유체가 유동하는 경우
③ 유체층 사이에 상대운동이 없이 유동하는 경우
④ 유체가 층류로 유동하는 경우

09 급격확대관에서 확대에 따른 손실수두를 나타내는 식은? (단, V_a는 확대 전 평균유속, V_b는 확대 후 평균유속, g는 중력가속도이다.)

① $(V_a - V_b)^3$ ② $(V_a - V_b)$
③ $\dfrac{(V_a - V_b)^2}{2g}$ ④ $\dfrac{(V_a - V_b)}{2g}$

 돌연확대 · 축소관의 손실수두(H_L)

확대관	축소관	기 호
$H_L = \dfrac{(u_1-u_2)^2}{2g}$	$H_L = \dfrac{(u_o-u_2)^2}{2g}$	u_o : 축맥부 유속
$= K \cdot \dfrac{u_1^2}{2g}$	$= K \cdot \dfrac{u_2^2}{2g}$	u_1 : 단면 1의 유속
$K = \left(1 - \dfrac{A_1}{A_2}\right)^2$	$K = \left(\dfrac{1}{C_C} - 1\right)^2$	u_2 : 단면 2의 유속

10 관 속 흐름에서 임계 레이놀즈수를 2100으로 할 때 지름이 10cm인 관에 16℃의 물이 흐르는 경우의 임계속도는? (단, 16℃ 물의 동점성계수는 1.12×10^{-6}m²/s이다.)

① 0.024m/s
② 0.42m/s
③ 2.1m/s
④ 21.1m/s

$$Re = \frac{VD}{\nu}$$

$$V = \frac{Re \cdot \nu}{D} = \frac{2100 \times 1.12 \times 10^{-6}}{0.1}$$

$$= 0.02352 = 0.024\text{m/s}$$

정답 05.③ 06.④ 07.② 08.④ 09.③ 10.①

11 난류에서 전단응력(shear stress) τ_t를 다음 식으로 나타낼 때 η는 무엇을 나타낸 것인가? (단, $\dfrac{du}{dy}$는 속도구배를 나타낸다.)

$$\tau_t = \eta\left(\frac{du}{dy}\right)$$

① 절대점도　　　② 비교점도
③ 에디점도　　　④ 중력점도

전단응력(τ)

구 분		공 식
층류		$\tau = \mu\dfrac{du}{dy}$ (μ : 일정)
난류	겉보기 전단응력	$\tau = \eta\left(\dfrac{du}{dy}\right)$
	Newton 유체가 2차원난류유동 시 전단응력	$\tau = (\mu+\eta)\dfrac{du}{dy}$

η : 와점성계수=에디점도=난류확산계수
=운동와점성계수
난류의 정도 유체 밀도에 따라 변함

12 비열비가 1.20이고 기체상수가 200J/kg·K인 기체에서의 음속이 400m/s이다. 이때, 기체의 온도는 약 얼마인가?

① 253℃　　　② 394℃
③ 520℃　　　④ 667℃

$a = \sqrt{K \cdot R \cdot T}$

$a^2 = K \cdot R \cdot T$

$T = \dfrac{a^2}{K \cdot R} = \dfrac{400^2}{1.2 \times 200} = 666.66\text{K}$

$\therefore\ 666.666 - 273 = 393.67 = 394℃$

13 다음 중 증기의 분류로 액체를 수송하는 펌프는?

① 피스톤펌프　　　② 제트펌프
③ 기어펌프　　　　④ 수격펌프

14 분류에 수직으로 놓여진 평판이 분류와 같은 방향으로 U의 속도로 움직일 때 분류가 V의 속도로 평판에 충돌한다면 평판에 작용하는 힘은 얼마인가? (단, ρ는 유체밀도, A는 분류의 면적이고, $V > U$이다.)

① $\rho A(V-U)^2$　　② $\rho A(V+U)^2$
③ $\rho A(V-U)$　　　④ $\rho A(V+U)$

㉠ 정지평판 힘　$F = \rho A V^2$
㉡ 이동평판 힘　$F = \rho Q(V-U) = \rho A(V-U)^2$

15 도플러 효과(doppler effect)를 이용한 유량계는?

① 에뉴바 유량계　　② 초음파 유량계
③ 오벌 유량계　　　④ 열선 유량계

16 수평원관 내에서의 유체흐름을 설명하는 Hagen-Poiseuille 식을 얻기 위해 필요한 가정이 아닌 것은?

① 완전히 발달된 흐름
② 정상상태 흐름
③ 층류
④ 포텐셜 흐름

하겐-포아젤 식은 실제 유동에서의 수평원관의 층류흐름식이며, 포텐셜 흐름은 비점성(이상) 유체이다.

$$\Delta P = \frac{4l\tau}{D} = \frac{32\mu l u}{D^2} = \frac{128\mu l Q}{\pi D^4} = \frac{4\mu l u}{r^2 - r_1^2}$$

17 다음 유체에 관한 설명 중 옳은 것을 모두 나타낸 것은?

㉠ 유체는 물질 내부에 전단응력이 생기면 정지상태로 있을 수 없다.
㉡ 유동장에서 속도벡터에 접하는 선을 유선이라 한다.

① ㉠　　　　　② ㉡
③ ㉠, ㉡　　　④ 모두 틀림

18 성능이 동일한 n대의 펌프를 서로 병렬로 연결하고 원래와 같은 양정에서 작동시킬 때 유체의 토출량은?

① $\dfrac{1}{n}$로 감소한다. ② n배로 증가한다.

③ 원래와 동일하다. ④ $\dfrac{1}{2n}$로 감소한다.

펌프의 연결
㉠ 직렬 : 양정 증가, 유량 불변
㉡ 병렬 : 유량 증가, 양정 불변

19 피토관을 이용하여 유속을 측정하는 것과 관련된 설명으로 틀린 것은?

① 피토관의 입구에는 동압과 정압의 합인 정체압이 작용한다.
② 측정원리는 베르누이 정리이다.
③ 측정된 유속은 정체압과 정압 차이의 제곱근에 비례한다.
④ 동압과 정압의 차를 측정한다.

피토관

H_2(전압) $-$ H_1(정압) = 동압
전압과 정압의 차를 측정

20 반지름 40cm인 원통 속에 물을 담아 30rpm으로 회전시킬 때 수면의 가장 높은 부분과 가장 낮은 부분의 높이 차는 약 몇 m인가? [유체 8]

① 0.002   ② 0.02
③ 0.04   ④ 0.08

등속 원운동을 받는 유체의 수면상승 높이(유체 핵심 8) 참조

$h = \dfrac{r^2 w^2}{2g}$

$w = \dfrac{2\pi N}{60} = \dfrac{2 \times \pi \times 30}{60} = \pi$

$\therefore\ h = \dfrac{(0.4\text{m})^2 \times \pi^2}{2 \times 9.8} = 0.08\text{m}$

제2과목 연소공학

21 폭굉(detonation)에서 유도거리가 짧아질 수 있는 경우가 아닌 것은? [연소 1]

① 압력이 높을수록
② 관경이 굵을수록
③ 점화원의 에너지가 클수록
④ 관 속에 방해물이 많을수록

폭굉(데토네이션), 폭굉유도거리(DID)(연소 핵심 1) 참조

22 전기기기의 불꽃, 아크가 발생하는 부분을 절연유에 격납하여 폭발가스에 점화되지 않도록 한 방폭구조는? [안전 13]

① 유입방폭구조
② 내압방폭구조
③ 안전증방폭구조
④ 본질안전방폭구조

위험장소 분류, 가스시설 전기방폭기준(안전 핵심 13) 참조

23 다음 [그림]은 오토사이클 선도이다. 계로부터 열이 방출되는 과정은?

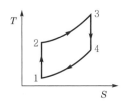

① 1 → 2 과정   ② 2 → 3 과정
③ 3 → 4 과정   ④ 4 → 1 과정

오토사이클 : 정적 연소사이클

구성 ┌ (1-2) 단열압축
　　 │ (2-3) 등적연소(흡수)
　　 │ (3-4) 단열팽창
　　 └ (4-1) 등적배기(방열)

정답 18.② 19.④ 20.④ 21.② 22.① 23.④

24 다음 [그림]은 프로판-산소, 수소-공기, 에틸렌-공기, 일산화탄소-공기의 층류 연소 속도를 나타낸 것이다. 이 중 프로판-산소 혼합기의 층류 연소속도를 나타낸 것은?

① ㉠
② ㉡
③ ㉢
④ ㉣

25 비열에 대한 설명으로 옳지 않은 것은?

① 정압비열은 정적비열보다 항상 크다.
② 물질의 비열은 물질의 종류와 온도에 따라 달라진다.
③ 비열비가 큰 물질일수록 압축 후의 온도가 더 높다.
④ 물은 비열이 적어 공기보다 온도를 증가시키기 어렵고 열용량도 적다.

물은 비열이 1로서 다른 물질에 비해서 비열이 크다. 비열이 큰 물질일수록 쉽게 더워지거나 쉽게 온도가 낮아지지 않는다.

26 과잉공기가 너무 많은 경우의 현상이 아닌 것은? [연소 15]

① 열효율을 감소시킨다.
② 연소온도가 증가한다.
③ 배기가스의 열손실을 증대시킨다.
④ 연소가스량이 증가하여 통풍을 저해한다.

공기비(연소 핵심 15) 참조

27 산소의 성질, 취급 등에 대한 설명으로 틀린 것은?

① 산화력이 아주 크다.
② 임계압력이 25MPa이다.
③ 공기액화분리기 내에 아세틸렌이나 탄화수소가 축적되면 방출시켜야 한다.
④ 고압에서 유기물과 접촉시키면 위험하다.

산소의 임계압력은 50.1atm이다.

28 안전성 평가기법 중 시스템을 하위 시스템으로 점점 좁혀가고 고장에 대해 그 영향을 기록하여 평가하는 방법으로, 서브시스템 위험분석이나 시스템 위험분석을 위하여 일반적으로 사용되는 전형적인 정성적, 귀납적 분석기법으로 시스템에 영향을 미치는 모든 요소의 고장을 형태별로 분석하여 그 영향을 검토하는 기법은? [연소 12]

① 결함수분석(FTA)
② 원인결과분석(CCA)
③ 고장형태영향분석(FMEA)
④ 위험 및 운전성 검토(HAZOP)

안전성 평가기법(연소 핵심 12) 참조

29 이상기체에 대한 단열온도 상승은 열역학 단열압축식으로 계산될 수 있다. 다음 중 열역학 단열압축식이 바르게 표현된 것은? (단, T_f는 최종 절대온도, T_i는 처음 절대온도, P_f는 최종 절대압력, P_i는 처음 절대압력, r은 비열비이다.)

① $T_i = T_f \left(\dfrac{P_f}{P_i} \right)^{\frac{(r-1)}{r}}$

② $T_i = T_f \left(\dfrac{P_f}{P_i} \right)^{\frac{r}{(1-r)}}$

③ $T_f = T_i \left(\dfrac{P_f}{P_i} \right)^{\frac{r}{(r-1)}}$

④ $T_f = T_i \left(\dfrac{P_f}{P_i} \right)^{\frac{(r-1)}{r}}$

단열압축 후 온도

$$T_2 = T_1 \times \left(\frac{P_2}{P_1}\right)^{\frac{k-1}{k}}$$

30 과잉공기계수가 1일 때 224Nm³의 공기로 탄소는 약 몇 kg을 완전연소시킬 수 있는가?

① 20.1
② 23.4
③ 25.2
④ 27.3

$$\underset{12kg}{\underline{C}} + \underset{22.4Nm^3 \times \frac{1}{0.21}}{\underline{O_2}} \longrightarrow CO_2$$

x (kg)　224Nm³

$$\therefore x = \frac{12 \times 224}{22.4 \times \frac{1}{0.21}} = 25.2\text{kg}$$

31 다음 중 단위질량당 방출되는 화학적 에너지인 연소열(kJ/g)이 가장 낮은 것은?

① 메탄
② 프로판
③ 일산화탄소
④ 에탄올

32 조성이 $C_6H_{10}O_5$인 어떤 물질 1.0kmol을 완전연소시킬 때 연소가스 중의 질소의 양은 약 몇 kg인가? (단, 공기 중의 산소는 23wt%, 질소는 77wt%이다.)

① 543
② 643
③ 57.35
④ 67.35

$$C_6H_{10}O_5 + 6O_2 \longrightarrow 6CO_2 + 5H_2O$$

1kmol　　　산소 6×32kg이므로

$$\therefore \text{질소량은 } 6 \times 32 \times \frac{77}{23} = 642.7 ≒ 643\text{kg}$$

33 헬륨을 냉매로 하는 극저온용 가스냉동기의 기본 사이클은?

① 역르누아 사이클
② 역아트킨슨 사이클
③ 역에릭슨 사이클
④ 역스털링 사이클

34 "어떠한 방법으로든 물체의 온도를 절대영도로 내릴 수는 없다."라고 표현한 사람은?

① Kelvin
② Planck
③ Nernst
④ Carnot

35 이상기체의 성질에 대한 설명으로 틀린 것은?　　　　　[연소 3]

① 보일 · 샤를의 법칙을 만족한다.
② 아보가드로의 법칙을 따른다.
③ 비열비는 온도에 관계없이 일정하다.
④ 내부에너지는 온도와 무관하며 압력에 의해서만 결정된다.

이상기체(완전가스)(연소 핵심 3) 참조

36 202.65kPa, 25℃의 공기를 10.1325kPa로 단열팽창시키면 온도는 약 몇 K인가? (단, 공기의 비열비는 1.4로 한다.)

① 126
② 154
③ 168
④ 176

$$T_2 = T_1 \times \left(\frac{P_2}{P_1}\right)^{\frac{k-1}{k}}$$

$$= (273+25) \times \left(\frac{10.1325}{202.65}\right)^{\frac{1.4-1}{1.4}} = 127 ≒ 126\text{K}$$

37 다음과 같은 용적 조성을 가지는 혼합기체 91.2g이 27℃, 1atm에서 차지하는 부피는 약 몇 L인가?

| $CO_2 : 13.1\%$, $O_2 : 7.7\%$, $N_2 : 79.2\%$ |

① 49.2
② 54.2
③ 64.8
④ 73.8

혼합분자량(M)

$$= 44 \times 0.131 + 32 \times 0.077 + 28 \times 0.792$$

$$= 30.404\text{g}$$

$$PV = \frac{W}{M}RT$$

$$V = \frac{WRT}{PM} = \frac{91.2 \times 0.082 \times (273+27)}{1 \times 30.44}$$

$$= 73.70 ≒ 73.8\text{L}$$

38 다음은 air-standard Otto cycle의 $P-V$ diagram이다. 이 cycle의 효율(η)을 옳게 나타낸 것은? (단, 정적 열용량은 일정하다.)

① $\eta = 1 - \left(\dfrac{T_B - T_V}{T_A - T_D} \right)$

② $\eta = 1 - \left(\dfrac{T_D - T_C}{T_A - T_B} \right)$

③ $\eta = 1 - \left(\dfrac{T_A - T_D}{T_B - T_C} \right)$

④ $\eta = 1 - \left(\dfrac{T_A - T_B}{T_D - T_C} \right)$

오토사이클 효율

$\eta_{tho} = 1 - \dfrac{q_2}{q_1} = 1 - \dfrac{C_v(T_B - T_C)}{C_v(T_A - T_D)} = 1 - \dfrac{(T_B - T_C)}{(T_A - T_D)}$

39 액체 프로판이 298K, 0.1MPa에서 이론공기를 이용하여 연소하고 있을 때 고발열량은 약 몇 MJ/kg인가? (단, 연료의 증발엔탈피는 370kJ/kg이고, 기체상태 C_3H_8의 생성엔탈피는 −103909kJ/kmol, CO_2의 생성엔탈피는 −393757kJ/kmol, 액체 및 기체 상태 H_2O의 생성엔탈피는 각각 −286010kJ/kmol, −241971kJ/kmol이다.)

① 44　　　　　② 46
③ 50　　　　　④ 2205

$C_3H_8 + 5O_2 \rightarrow 3CO_2 + 4H_2O + Q$

$-103909 = -3 \times 393757 - 4 \times 286010 + Q$

$Q = 3 \times 393757 + 4 \times 286010 - 103909 = 2221402$

∴　$2221402\text{kJ/kmol} \times 1\text{kmol}/44\text{kg}$

　　$= 50486.40\text{kJ/kg}$

　　$= 50.486\text{MJ/kg}$

　　$\fallingdotseq 50\text{MJ/kg}$

40 Carnot 기관이 12.6kJ의 열을 공급받고 5.2kJ의 열을 배출한다면 동력기관의 효율은 약 몇 %인가?

① 33.2　　　　② 43.2
③ 58.7　　　　④ 68.4

효율 $= \dfrac{Q_1 - Q_2}{Q_1} = \dfrac{12.6 - 5.2}{12.6} = 0.5873 = 58.73\%$

<hr>

제3과목 가스설비

41 가연성 가스용기의 도색 표시가 잘못된 것은? (단, 용기는 공업용이다.) [안전 59]

① 액화염소 : 갈색
② 아세틸렌 : 황색
③ 액화탄산가스 : 청색
④ 액화암모니아 : 회색

용기의 도색 표시(안전 핵심 59) 참조
④ 암모니아─백색

42 공기액화분리장치에 아세틸렌가스가 혼입되면 안 되는 이유로 가장 옳은 것은 어느 것인가? [설비 5]

① 산소의 순도가 저하
② 파이프 내부가 동결되어 막힘
③ 질소와 산소의 분리작용에 방해
④ 응고되어 있다가 구리와 접촉하여 산소 중에서 폭발

공기액화분리장치(설비 핵심 5) 참조

43 가스보일러에 설치되어 있지 않은 안전장치는? [안전 168]

① 전도안전장치　　② 과열방지장치
③ 헛불방지장치　　④ 과압방지장치

가스보일러, 온수기, 난방기에 설치되는 안전장치 종류(안전 핵심 168) 참조

44 펌프를 운전할 때 펌프 내에 액이 충만하지 않으면 공회전하여 펌핑이 이루어지지 않는다. 이러한 현상을 방지하기 위하여 펌프 내에 액을 충만시키는 것을 무엇이라 하는가?

① 맥동　　　　② 캐비테이션
③ 서징　　　　④ 프라이밍

45 LPG(액체) 1kg이 기화했을 때 표준상태에서의 체적은 약 몇 L가 되는가? (단, LPG의 조성은 프로판 80wt%, 부탄 20wt%이다.)

① 387　　　　② 485
③ 584　　　　④ 783

부피(%) $C_3H_3 = \dfrac{\dfrac{84}{44}}{\dfrac{80}{44}+\dfrac{20}{58}} = 0.84$

부탄(%) $= 1 - 0.84 = 0.16$

$\dfrac{1000}{44 \times 0.84 + 58 \times 0.16} \times 22.4 = 484.42 ≒ 485L$

[별해] $PV = \dfrac{W}{M}RT$

$V = \dfrac{WRT}{PM} = \dfrac{1000 \times 0.082 \times 273}{1 \times (44 \times 0.8 + 58 \times 0.2)}$
$= 478.33L$

46 LNG에 대한 설명으로 틀린 것은?

① 대량의 천연가스를 액화하려면 3원 캐스케이드 액화 사이클을 채택한다.
② LNG 저장탱크는 일반적으로 2중 탱크로 구성된다.
③ 액화 전의 전처리로 제진, 탈수, 탈탄산가스 등의 공정은 필요하지 않다.
④ 주성분인 메탄은 비점이 약 −163℃이다.

47 고압가스저장설비에서 수소와 산소가 동일한 조건에서 대기 중에 누출되었다면 확산속도는 어떻게 되겠는가?

① 수소가 산소보다 2배 빠르다.
② 수소가 산소보다 4배 빠르다.
③ 수소가 산소보다 8배 빠르다.
④ 수소가 산소보다 16배 빠르다.

그레이엄의 법칙
확산속도는 분자량의 제곱근에 반비례

$\dfrac{u_H}{u_o} = \sqrt{\dfrac{32}{2}} = \sqrt{\dfrac{16}{1}} = \dfrac{4}{1}$

∴ $u_H : u_o = 4 : 1$

48 검사에 합격한 가스용품에는 국가표준기본법에 따른 국가통합인증마크를 부착하여야 한다. 다음 중 국가통합인증마크를 의미하는 것은?

① KA　　　　② KE
③ KS　　　　④ KC

49 공기액화분리장치에서 내부 세정제로 사용되는 것은?　　　　　　　　　　[설비 5]

① CCl_4　　　　② H_2SO_4
③ NaOH　　　　④ KOH

공기액화분리장치(설비 핵심 5) 참조

50 오토클레이브(autoclave)의 종류가 아닌 것은 어느 것인가?　　　　[설비 19]

① 교반형　　　　② 가스교반형
③ 피스톤형　　　　④ 진탕형

오토클레이브(설비 핵심 19) 참조

51 다음 중 특수고압가스가 아닌 것은 어느 것인가?　　　　　　　　　　　　[안전 76]

① 포스겐　　　　② 액화알진
③ 디실란　　　　④ 세렌화수소

사용신고대상가스 · 특정고압가스 · 특수고압가스
(안전 핵심 76) 참조

52 도시가스의 누출 시 감지할 수 있도록 첨가하는 것으로서 냄새가 나는 물질(부취제)에 대한 설명으로 옳은 것은?

① THT는 경구투여 시에는 독성이 강하다.
② THT는 TBM에 비해 취기강도가 크다.
③ THT는 TBM에 비해 토양 투과성이 좋다.
④ THT는 TBM에 비해 화학적으로 안정하다.

정답　44.④　45.②　46.③　47.②　48.④　49.①　50.③　51.①　52.④

부취제

특성 종류	TBM (터시어리 부틸 메르카부탄)	THT (테트라 하이드로 티오펜)	DMS (디메틸 설파이드)
냄새 종류	양파 썩는 냄새	석탄가스 냄새	마늘 냄새
강도	강함	보통	약간 약함
안정성	불안정	매우 안정	안정
혼합사용 여부	혼합 사용	단독 사용	혼합 사용
토양의 투과성	우수	보통	매우 우수

53 고압가스용 스프링식 안전밸브의 구조에 대한 설명으로 틀린 것은?

① 밸브 시트는 이탈되지 않도록 밸브 몸통에 부착되어야 한다.
② 안전밸브는 압력을 마음대로 조정할 수 없도록 봉인된 구조로 한다.
③ 가연성 가스 또는 독성 가스용의 안전밸브는 개방형으로 한다.
④ 안전밸브는 그 일부가 파손되어도 충분한 분출량을 얻어야 한다.

가연성, 독성 가스용 안전밸브는 밀폐형으로 한다.

54 액화염소 사용시설 중 저장설비는 저장능력이 몇 kg 이상일 때 안전거리를 유지하여야 하는가?

① 300kg
② 500kg
③ 1000kg
④ 5000kg

55 전양정이 20m, 송출량이 1.5m³/min, 효율이 72%인 펌프의 축동력은 약 몇 kW인가?

① 5.8kW
② 6.8kW
③ 7.8kW
④ 8.8kW

$$L(\text{kW}) = \frac{\gamma \cdot Q \cdot H}{102\eta}$$
$$= \frac{1000\text{kg/m}^3 \times 1.5(\text{m}^3/60\,\text{sec}) \times 20\text{m}}{102 \times 0.72}$$
$$= 6.8\text{kW}$$

56 액화석유가스를 이송할 때 펌프를 이용하는 방법에 비하여 압축기를 이용할 때의 장점에 해당하지 않는 것은?　　[설비 23]

① 베이퍼록 현상이 없다.
② 잔가스 회수가 가능하다.
③ 서징(surging) 현상이 없다.
④ 충전작업시간이 단축된다.

LP가스 이송방법(설비 핵심 23) 참조

57 액화천연가스 중 가장 많이 함유되어 있는 것은?

① 메탄
② 에탄
③ 프로판
④ 일산화탄소

58 0.1MPa·abs, 20℃의 공기를 1.5MPa·abs까지 2단 압축할 경우 중간 압력 P_m은 약 몇 MPa·abs인가?　　[설비 41]

① 0.29
② 0.39
③ 0.49
④ 0.59

압축비, 각 단의 토출압력, 2단 압축에서 중간압력 계산법(설비 핵심 41) 참조
$$P_m = \sqrt{P_1 \times P_2} = \sqrt{0.1 \times 1.5} = 0.387 = 0.39$$

59 나프타(naphtha)에 대한 설명으로 틀린 것은 어느 것인가?

① 비점 200℃ 이하의 유분이다.
② 헤비 나프타가 옥탄가가 높다.
③ 도시가스의 증열용으로 이용된다.
④ 파라핀계 탄화수소의 함량이 높은 것이 좋다.

② 경질 나프타가 옥탄가가 높다.
나프타
(1) 정의 : 원유의 상압증류에 의해 생산되는 비점 200℃ 이하 유분
(2) 구분
　㉠ 경질 나프타(라이트 나프타) : 비점 130℃ 이하 경질 유분
　㉡ 중질 나프타(헤비 나프타) : 비점 130℃ 이상 중질 유분

60 저압배관의 관 지름 설계 시에는 Pole식을 주로 이용한다. 배관의 내경이 2배가 되면 유량은 약 몇 배로 되는가?

① 2.00 ② 4.00
③ 5.66 ④ 6.28

$Q_1 = k\sqrt{\dfrac{D^5 H}{SL}}$ 에서 $Q_2 = k\sqrt{\dfrac{(2D)^5 H}{SL}}$

$\therefore \sqrt{2^5} = 5.656 = 5.66$

제4과목 가스안전관리

61 다음 중 독성 가스가 아닌 것은?

① 아황산가스 ② 염소가스
③ 질소가스 ④ 시안화수소

62 용기 각인 시 내압시험압력의 기호와 단위를 옳게 표시한 것은? [안전 22]

① 기호 : FP, 단위 : kg
② 기호 : TP, 단위 : kg
③ 기호 : FP, 단위 : MPa
④ 기호 : TP, 단위 : MPa

용기의 각인사항(안전 핵심 22) 참조

63 부탄가스용 연소기의 구조에 대한 설명으로 틀린 것은?

① 연소기는 용기와 직결한다.
② 회전식 밸브의 핸들의 열림방향은 시계반대방향으로 한다.
③ 용기 장착부 이외에는 용기가 들어가지 아니하는 구조로 한다.
④ 파일럿버너가 있는 연소기는 파일럿버너가 점화되지 아니하면 메인버너의 가스통로가 열리지 아니하는 것으로 한다.

연소기는 용기와 직결시키지 않는다.

64 다음 중 용기 보관장소에 대한 설명으로 틀린 것은? [안전 111]

① 용기 보관장소의 주위 2m 이내에 화기 또는 인화성 물질 등을 치웠다.
② 수소용기 보관장소에는 겨울철 실내온도가 내려가므로 상부의 통풍구를 막았다.
③ 가연성 가스의 충전용기 보관실은 불연재료를 사용하였다.
④ 가연성 가스와 산소의 용기 보관실을 각각 구분하여 설치하였다.

용기보관실 및 용기집합설비 설치(안전 핵심 111) 참조

65 아세틸렌을 충전하기 위한 기술기준으로 옳은 것은? [안전 20]

① 아세틸렌 용기에 다공물질을 고루 채워 다공도가 70% 이상 95% 미만이 되도록 한다.
② 습식 아세틸렌발생기의 표면 부근에 용접작업을 할 때에는 70℃ 이하의 온도로 유지하여야 한다.
③ 아세틸렌을 2.5MPa의 압력으로 압축할 때에는 질소·메탄·일산화탄소 또는 에틸렌 등의 희석제를 첨가한다.
④ 아세틸렌을 용기에 충전할 때 충전 중의 압력은 3.5MPa 이하로 하고, 충전 후에는 압력이 15℃에서 2.5MPa 이하로 될 때까지 정치하여 둔다.

다공도(안전 핵심 20) 참조
다공도
75% 이상~92% 미만

66 고정식 압축도시가스 자동차 충전시설에 설치하는 긴급분리장치에 대한 설명 중 틀린 것은? [안전 142]

① 유연성을 확보하기 위하여 고정 설치하지 아니한다.
② 각 충전설비마다 설치한다.
③ 수평방향으로 당길 때 666.4N 미만의 힘에 의하여 분리되어야 한다.
④ 긴급분리장치와 충전설비 사이에는 충전자가 접근하기 쉬운 위치에 90° 회전의 수동밸브를 설치한다.

정답 60.③ 61.③ 62.④ 63.① 64.② 65.③ 66.①

고정식 압축도시가스 자동차 충전시설 기준(안전 핵심 142) 참조

67 LPG 사용시설 중 배관의 설치방법으로 옳지 않은 것은?

① 건축물 내의 배관은 단독 피트 내에 설치하거나 노출하여 설치한다.
② 건축물의 기초 밑 또는 환기가 잘 되는 곳에 설치한다.
③ 지하매몰 배관은 붉은색 또는 노란색으로 표시한다.
④ 배관이음부와 전기계량기와의 거리는 60cm 이상 거리를 유지한다.

건축물의 기초 및 환기가 잘 되는 장소에는 설치하지 않는다.

68 가스의 성질에 대한 설명으로 틀린 것은?

① 메탄, 아세틸렌 등의 가연성 가스의 농도는 천장 부근이 가장 높다.
② 벤젠, 가솔린 등의 인화성 액체의 증기농도는 바닥의 오목한 곳이 가장 높다.
③ 가연성 가스의 농도 측정은 사람이 낮은 자세의 높이에서 한다.
④ 액체산소의 증발에 의해 발생한 산소가스는 증발 직후 낮은 곳에 정체하기 쉽다.

69 2개 이상의 탱크를 동일한 차량에 고정하여 운반하는 경우의 기준에 대한 설명으로 틀린 것은?　　　　　　　[안전 24]

① 충전관에는 유량계를 설치한다.
② 충전관에는 안전밸브를 설치한다.
③ 탱크마다 탱크의 주밸브를 설치한다.
④ 탱크와 차량과의 사이를 단단하게 부착하는 조치를 한다.

차량고정탱크 운반기준(안전 핵심 24) 참조

70 기계가 복잡하게 연결되어 있는 경우 및 배관 등으로 연속되어 있는 경우에 이용되는 정전기 제거조치용 본딩용 접속선 및 접지 접속선의 단면적은 몇 mm^2 이상이어야 하는가? (단, 단선은 제외한다.)

① $3.5mm^2$
② $4.5mm^2$
③ $5.5mm^2$
④ $6.5mm^2$

71 가스 위험성 평가기법 중 정량적 안전성 평가기법에 해당하는 것은?　　　　[연소 12]

① 작업자실수분석(HEA) 기법
② 체크리스트(Checklist) 기법
③ 위험과 운전분석(HAZOP) 기법
④ 사고예상질문분석(WHAT-IF) 기법

안전성 평가기법(연소 핵심 12) 참조

72 어떤 용기의 체적이 $0.5m^3$이고, 이 때 온도가 25℃이다. 용기 내에 분자량 24인 이상기체 10kg이 들어있을 때 이 용기의 압력은 약 몇 kg/cm^2인가? (단, 대기압은 $1.033kg/cm^2$로 한다.)

① 10.5
② 15.5
③ 20.5
④ 25.5

$$P = \frac{GRT}{V} = \frac{10 \times \frac{848}{24} \times (273+25)}{0.5}$$
$$= 210586.66 kg/m^2 = 21.0586 kg/cm^2$$
$$\therefore \text{용기 내 압력 } 21.0586 - 1.033 = 20.02 kg/cm^2$$

73 액화가스저장탱크의 저장능력 산정기준식으로 옳은 것은? (단, Q 및 W는 저장능력, P는 최고충전압력, V_1, V_2는 내용적, d는 비중, C는 상수이다.)　　[안전 36]

① $Q = (10P+1)V_1$
② $W = 0.9dV_2$
③ $W = \frac{V_2}{C}$
④ $W = \frac{C}{V_2}$

저장능력 계산(안전 핵심 36) 참조

74 액화석유가스 집단공급시설에 설치하는 가스누출자동차단장치의 검지부에 대한 설명으로 틀린 것은? [안전 80]

① 연소기의 폐가스에 접촉하기 쉬운 장소에 설치한다.

② 출입구 부근 등 외부의 기류가 유동하는 장소에는 설치하지 아니한다.

③ 연소기 버너의 중심부분으로부터 수평거리 4m 이내에 검지부를 1개 이상 설치한다.

④ 공기가 들어오는 곳으로부터 1.5m 이내의 장소에는 설치하지 아니한다.

가스누출경보 및 차단장치 설치장소 및 검지부의 설치개수(안전 핵심 80) 참조

75 저장탱크에 의한 액화석유가스 사용시설에서 지반조사의 기준에 대한 설명으로 틀린 것은?

① 저장 및 가스 설비에 대하여 제1차 지반조사를 한다.

② 제1차 지반조사 방법은 드릴링을 실시하는 것을 원칙으로 한다.

③ 지반조사 위치는 저장설비 외면으로부터 10m 이내에서 2곳 이상 실시한다.

④ 표준관입시험은 표준관입시험방법에 따라 N값을 구한다.

LPG 사용시설의 지반조사

㉠ 3톤 미만 제외 저장설비·가스설비 설치 시 부등침하 원인유무에 대하여 1차 지반조사를 실시한다.

㉡ 1차 지반조사 방법은 보링을 실시하는 것을 원칙으로 한다.

㉢ 엔지니어링사 토질 및 기초 기술사 등 전문가·전문기관에서 실시한다.

㉣ 저장설비·가스설비 외면으로부터 10m 내 2곳 이상 실시한다.

㉤ 1차 지반조사 결과 습윤토지, 연약토지, 붕괴우려토지 등은 성토·지반 개량, 옹벽 설치 등의 조치를 강구한다.

㉥ 표준관입시험은 표준관입시험방법에 따라 N값을 구한다.

㉦ 베인시험은 베인시험용 베인을 흙속으로 밀어넣고 이를 회전시켜 최대 토크 또는 모멘트를 구한다.

76 차량에 고정된 탱크 운반차량의 기준으로 옳지 않은 것은?

① 이입작업 시 차바퀴 전후를 차바퀴 고정목 등으로 확실하게 고정시킨다.

② 저온 및 초저온 가스의 경우에는 면장갑을 끼고 작업한다.

③ 탱크운전자는 이입작업이 종료될 때까지 탱크로리 차량의 긴급차단장치 부근에 위치한다.

④ 이입작업은 그 사업소의 안전관리자 책임하에 차량의 운전자가 한다.

저온 및 초지온 가스의 경우 고무장갑(보호장갑)을 끼고 작업을 한다.

77 용기저장실에서 가스로 인한 폭발사고가 발생되었을 때 그 원인으로 가장 거리가 먼 것은?

① 누출경보기의 미작동

② 드레인밸브의 작동

③ 통풍구의 환기능력 부족

④ 배관이음매 부분의 결함

78 시안화수소 충전작업에 대한 설명으로 틀린 것은?

① 1일 1회 이상 질산구리벤젠 등의 시험지로 가스누출을 검사한다.

② 시안화수소 저장은 용기에 충전한 후 90일을 경과하지 않아야 한다.

③ 순도가 98% 이상으로서 착색되지 않은 것은 다른 용기에 옮겨 충전하지 않을 수 있다.

④ 폭발을 일으킬 우려가 있으므로 안정제를 첨가한다.

용기에 충전 후 60일을 경과하지 않아야 한다.

79 LP가스 집단공급시설의 안전밸브 중 압축기의 최종단에 설치한 것은 1년에 몇 회 이상 작동 조정을 해야 하는가?

① 1회   ② 2회
③ 3회   ④ 4회

안전밸브 작동 조정주기
㉠ 압축기의 최종단 안전밸브 : 1년에 1회 이상
㉡ 그 밖의 안전밸브 : 2년에 1회 이상

80 액화석유가스 충전사업자는 거래상황기록부를 작성하여 한국가스안전공사에 보고하여야 한다. 보고기한의 기준으로 옳은 것은?

① 매달 다음달 10일
② 매분기 다음달 15일
③ 매반기 다음달 15일
④ 매년 1월 15일

제5과목 가스계측

81 기체 크로마토그래피에서 분리도(resolution)와 칼럼 길이의 상관관계는?

① 분리도는 칼럼 길이에 비례한다.
② 분리도는 칼럼 길이의 2승에 비례한다.
③ 분리도는 칼럼 길이의 3승에 비례한다.
④ 분리도는 칼럼 길이의 제곱근에 비례한다.

분리도 $(R) = \dfrac{2(t_2 - t_1)}{W_1 + W_2}$

$R \propto \sqrt{L}$ (여기서, L : 칼럼의 길이)
분리도는 칼럼 길이의 제곱근에 비례

82 가스 크로마토그래피에 대한 설명으로 가장 옳은 것은?

① 운반가스로는 일반적으로 O_2, CO_2가 이용된다.
② 각 성분의 머무름시간은 분석조건이 일정하면 조성에 관계없이 거의 일정하다.
③ 분석시료는 반드시 LP가스의 기체부분에서 채취해야 한다.

④ 분석순서는 가장 먼저 분석시료를 도입하고 그 다음에 운반가스를 흘려보낸다.

83 다음 중 건식 가스미터(gasmeter)는 어느 것인가?   [계측 6]

① venturi식   ② roots식
③ orifice식   ④ turbine식

실측식 · 추량식 계량기 분류(계측 핵심 6) 참조

84 연속제어동작의 비례(P)동작에 대한 설명 중 틀린 것은?

① 사이클링을 제거할 수 있다.
② 부하변화가 적은 프로세스의 제어에 이용된다.
③ 외란이 큰 자동제어에는 부적당하다.
④ 잔류편차(off-set)가 생기지 않는다.

85 압력계측기기 중 직접 압력을 측정하는 1차 압력계에 해당하는 것은?   [계측 33]

① 액주계 압력계   ② 부르동관 압력계
③ 벨로스 압력계   ④ 전기저항 압력계

압력계 구분(계측 핵심 33) 참조

86 빈병의 질량이 414g인 비중병이 있다. 물을 채웠을 때의 질량이 999g, 어느 액체를 채웠을 때의 질량이 874g일 때 이 액체의 밀도는 얼마인가? (단, 물의 밀도 : 0.998g/cm³, 공기의 밀도 : 0.00120g/cm³이다.)

① 0.785g/cm³   ② 0.998g/cm³
③ 7.85g/cm³   ④ 9.98g/cm³

물의 무게 : $999 - 414 = 585$g
액체의 무게 : $874 - 414 = 460$g
병의 부피$(x) = 585\text{g}/x(\text{cm}^3) = 0.998\text{g}/\text{cm}^3$
$x = \dfrac{585}{0.998} = 586.17\text{cm}^3$ 이므로

$\therefore$ 밀도 $= \dfrac{460\text{g}}{586.17\text{cm}^3} = 0.7847\text{g}/\text{cm}^3$

87 가스 크로마토그래피에서 사용되는 검출기가 아닌 것은?　[계측 13]

① FID(Flame Ionization Detector)
② ECD(Electron Capture Detector)
③ NDIR(Non-Dispersive Infra-Red)
④ TCD(Thermal Conductivity Detector)

G/C 검출기 종류 및 특징(계측 핵심 13) 참조

88 차압식 유량계에서 유량과 압력차와의 관계는?

① 차압에 비례한다.
② 차압의 제곱에 비례한다.
③ 차압의 5승에 비례한다.
④ 차압의 제곱근에 비례한다.

차압식 유량계
$$Q = C \cdot \frac{\pi}{4} d_2^{\,2} \sqrt{\frac{2gH}{1-m^4}\left(\frac{S_m}{S}-1\right)}$$
여기서, Q : 유량, C : 유량계수
H : 압력차, S : 주관의 비중
S_m : 마노미터의 비중

89 국제단위계(SI단위계)(The International System of Unit)의 기본단위가 아닌 것은 어느 것인가?　[계측 36]

① 길이[m]　　　② 압력[Pa]
③ 시간[s]　　　④ 광도[cd]

단위 및 단위계(계측 핵심 36) 참조

90 열전대를 사용하는 온도계 중 가장 고온을 측정할 수 있는 것은?　[계측 9]

① R형　　　② K형
③ E형　　　④ J형

열전대 온도계(계측 핵심 9) 참조

91 온도가 21℃에서 상대습도 60%의 공기를 압력은 변화하지 않고 온도를 22.5℃로 할 때, 공기의 상대습도는 약 얼마인가?

온도(℃)	물의 포화증기압(mmHg)
20	16.54
21	17.83
22	19.12
23	20.41

① 52.41%　　　② 53.63%
③ 54.13%　　　④ 55.95%

22.5℃ 포화증기압
$$\frac{19.12+20.41}{2} = 19.765\text{mmHg}$$
∴ 상대습도 = $\dfrac{\text{습공기 중의 수증기분압}}{\text{포화공기 중의 수증기분압}}$
$$= \frac{P_w(\phi P_s)}{P_s} \times 100 = \frac{17.83 \times 0.6}{19.765} \times 100$$
$$= 54.125 = 54.13\%$$

92 게겔법에 의한 아세틸렌(C_2H_2)의 흡수액으로 옳은 것은?　[계측 1]

① 87% H_2SO_4 용액
② 요오드수은칼륨 용액
③ 알칼리성 피로갈롤 용액
④ 암모니아성 염화제일구리 용액

흡수분석법(계측 핵심 1) 참조

93 가스미터에 의한 압력손실이 적어 사용 중 기압차의 변동이 거의 없고, 유량이 정확하게 계량되는 계측기는?　[계측 8]

① 루트미터
② 습식 가스미터
③ 막식 가스미터
④ 로터리피스톤식 미터

막식, 습식, 루트식 가스미터 장·단점(계측 핵심 8) 참조

94 가스를 일정용적의 통 속에 넣어 충만시킨 후 배출하여 그 횟수를 용적단위로 환산하는 방법의 가스미터는?

① 막식　　　② 루트식
③ 로터리식　　　④ 와류식

95 다음 중 검지관에 의한 프로판의 측정농도 범위와 검지한도를 각각 바르게 나타낸 것은 어느 것인가?　　　　　　　　　[계측 21]

① 0~0.3%, 10ppm

② 0~1.5%, 250ppm

③ 0~5%, 100ppm

④ 0~30%, 1000ppm

검지관에 의한 측정농도 및 검지한도(계측 핵심 21) 참조

96 광학분광법은 여러 가지 현상에 바탕을 두고 있다. 이에 해당하지 않는 것은?

① 흡수　　　　　　② 형광

③ 방출　　　　　　④ 분배

97 유수형 열량계로 5L의 기체연료를 연소시킬 때 냉각수량이 2500g이었다. 기체연료의 온도가 20℃, 전체압이 750mmHg, 발열량이 5437.6kcal/Nm³일 때 유수 상승온도는 약 몇 ℃인가?

① 8℃　　　　　　② 10℃

③ 12℃　　　　　　④ 14℃

98 계측기기 구비조건으로 가장 거리가 먼 것은?

① 정확도가 있고, 견고하며, 신뢰할 수 있어야 한다.

② 구조가 단순하고, 취급이 용이하여야 한다.

③ 연속적이고, 원격지시, 기록이 가능하여야 한다.

④ 구성은 전자화되고, 기능은 자동화되어야 한다.

99 다음 [보기]의 온도계에 대한 설명 중 옳은 것을 모두 나열한 것은?

> ㉠ 온도계의 검출단은 열용량이 작은 것이 좋다.
> ㉡ 일반적으로 열전대는 수은온도계보다 온도변화에 대한 응답속도가 늦다.
> ㉢ 방사온도계는 고온의 화염온도 측정에 적합하다.

① ㉠

② ㉡, ㉢

③ ㉠, ㉢

④ ㉠, ㉡, ㉢

100 계측기기의 감도에 대한 설명 중 틀린 것은?

① 감도가 좋으면 측정시간이 길어지고 측정범위는 좁아진다.

② 계측기기가 측정량의 변화에 민감한 정도를 말한다.

③ 측정량의 변화에 대한 지시량의 변화 비율을 말한다.

④ 측정결과에 대한 신뢰도를 나타내는 척도이다.

국가기술자격 시험문제

2018년 기사 제2회 필기시험(1부)　　　　　　　　(2018년 4월 28일 시행)

자격종목	시험시간	문제수	문제형별
가스기사	**2시간30분**	**100**	**B**

수험번호		성 명	

제1과목 가스유체역학

01 파이프 내 점성흐름에서 길이방향으로 속도 분포가 변하지 않는 흐름을 가리키는 것은?

① 플러그 흐름(plug flow)
② 완전발달된 흐름(fully developed flow)
③ 층류(laminar flow)
④ 난류(turbulent flow)

① 플러그 흐름 : 유수의 모든 부분에서 유속은 일정하고, 흐름방향은 수평인 상태의 흐름
③ 층류 : 유체입자가 질서 있게 미끄러지면서 흐르는 유동상태
④ 난류 : 유체입자들이 무질서하게 난동을 일으키며 흐르는 유동상태

02 충격파의 유동특성을 나타내는 Fanno 선도에 대한 설명 중 옳지 않은 것은?

① Fanno 선도는 에너지방정식, 연속방정식, 운동량방정식, 상태방정식으로부터 얻을 수 있다.
② 질량유량이 일정하고 정체 엔탈피가 일정한 경우에 적용된다.
③ Fanno 선도는 정상상태에서 일정단면 유로를 압축성 유체가 외부와 열교환하면서 마찰 없이 흐를 때 적용된다.
④ 일정질량유량에 대하여 Mach수를 para-meter로 하여 작도한다.

Fanno 식

단면적 A의 관을 통과하는 기체유량을 m이라 하면
$M = \dfrac{V}{\sqrt{KRT}}$ 일 때,

$\dfrac{m}{A} = \dfrac{P}{\sqrt{T_0}} \cdot \sqrt{\dfrac{K}{R}} \cdot M \cdot \sqrt{1 + \dfrac{K-1}{2} \cdot M^2}$ 이므로
Fanno 선도는 마찰을 일으키는 흐름이다.

03 관 내부에서 유체가 흐를 때 흐름이 완전난류라면 수두손실은 어떻게 되겠는가?

① 대략적으로 속도의 제곱에 빈비례한다.
② 대략적으로 직경의 제곱에 반비례하고 속도에 정비례한다.
③ 대략적으로 속도의 제곱에 비례한다.
④ 대략적으로 속도에 정비례한다.

$h_f = f \cdot \dfrac{L}{d} \cdot \dfrac{V^2}{2g}$ 에서 수두손실은 속도의 제곱에 비례한다.

04 그림과 같은 관에서 유체가 등엔트로피 유동할 때 마하수 $M_a < 1$이라 한다. 이때 유동방향에 따른 속도와 압력의 변화를 옳게 나타낸 것은?　　　　　　　**[유체 3]**

① 속도 – 증가, 압력 – 감소
② 속도 – 증가, 압력 – 증가
③ 속도 – 감소, 압력 – 감소
④ 속도 – 감소, 압력 – 증가

등엔트로피 흐름 축소(유체 핵심 3) 참조
$M < 1$
㉠ 증가 : 마하수, 속도
㉡ 감소 : 압력, 온도, 밀도, 면적

05 비압축성 유체가 수평 원형관에서 층류로 흐를 때 평균유속과 마찰계수 또는 마찰로 인한 압력차의 관계를 옳게 설명한 것은?

① 마찰계수는 평균유속에 비례한다.
② 마찰계수는 평균유속에 반비례한다.
③ 압력차는 평균유속의 제곱에 비례한다.
④ 압력차는 평균유속의 제곱에 반비례한다.

층류의 Re는 $f = \dfrac{64}{Re}$이고 $Re = \dfrac{\rho DV}{\mu}$이므로

$f = \dfrac{64}{\dfrac{\rho DV}{\mu}}$ 이므로 마찰손실계수는 유속에 반비례한다.

06 제트엔진 비행기가 400m/s로 비행하는데 30kg/s의 공기를 소비한다. 4900N의 추진력을 만들 때 배출되는 가스의 비행기에 대한 상대속도는 약 몇 m/s인가? (단, 연료의 소비량은 무시한다.)

① 563   ② 583
③ 603   ④ 623

$F = \rho Q(u_2 - u_1) = (u_2 - u_1) = \dfrac{F}{\rho Q}$

$\therefore u_2 = \dfrac{F}{\rho Q} + u_1 = \dfrac{4900 \text{kg} \cdot \text{m/s}^2}{30 \text{kg/s}} + 400 \text{m/s}$

$= 563.33 \text{m/s}$

$N = \text{kg} \cdot \text{m/s}^2$
$\rho \times Q = $질량유량[kg/s]

07 다음 중 마하수(Mach number)를 옳게 나타낸 것은?

① 유속을 음속으로 나눈 값
② 유속을 광속으로 나눈 값
③ 유속을 기체분자의 절대속도 값으로 나눈 값
④ 유속을 전자속도로 나눈 값

$Ma = \dfrac{v}{a}$
여기서, v : 유속, a : 음속($\sqrt{KRT}$)

08 그림과 같은 사이펀을 통하여 나오는 물의 질량유량은 약 몇 kg/s인가? (단, 수면은 항상 일정하다.)

① 1.21   ② 2.41
③ 3.61   ④ 4.83

질량유량
$M = \rho A V$

$= 1000 \text{kg/m}^3 \times \dfrac{\pi}{4} \times (0.02 \text{m})^2 \times \sqrt{2 \times 9.8 \times 3}$

$= 2.409 \text{kg/s}$

09 다음 중 동점성계수와 가장 관련이 없는 것은? (단, μ는 점성계수, ρ는 밀도, F는 힘의 차원, T는 시간의 차원, L은 길이의 차원을 나타낸다.)

① $\dfrac{\mu}{\rho}$ ② Stokes
③ cm^2/s ④ FTL^{-2}

동점성계수
$\nu = \dfrac{\mu(점성계수)}{\rho(밀도)}$

$\dfrac{\mu(\text{g/cm} \cdot \text{s})}{\rho(\text{g/cm}^3)} = \text{cm}^2/\text{s} = \text{Stokes} = \text{L}^2\text{T}^{-1}$

10 등엔트로피 과정하에서 완전기체 중의 음속을 옳게 나타낸 것은? (단, E는 체적탄성계수, R은 기체상수, T는 기체의 절대온도, P는 압력, k는 비열비이다.)

① $\sqrt{PE}$ ② $\sqrt{kRT}$
③ RT ④ PT

음속
$a = \sqrt{k \cdot g \cdot R \cdot T}$ (R : kgf $\cdot$ m/kg $\cdot$ K)
$= \sqrt{k \cdot R' T}$ (R' : N $\cdot$ m/kg $\cdot$ K)

11 항력(drag force)에 대한 설명 중 틀린 것은 어느 것인가?

① 물체가 유체 내에서 운동할 때 받는 저항력을 말한다.
② 항력은 물체의 형상에 영향을 받는다.
③ 항력은 운동에 수직방향으로 작용한다.
④ 압력항력을 형상항력이라 부르기도 한다.

해설 ㉠ 항력(drag) : 유동속도의 방향과 수평방향의 힘의 성분
㉡ 양력(lift) : 유동속도의 방향과 수직방향의 힘의 성분

12 원관 내 유체의 흐름에 대한 설명 중 틀린 것은? [유체 13]

① 일반적으로 층류는 레이놀즈수가 약 2100 이하인 흐름이다.
② 일반적으로 난류는 레이놀즈수가 약 4000 이상인 흐름이다.
③ 일반적으로 관 중심부의 유속은 평균 유속보다 빠르다.
④ 일반적으로 최대속도에 대한 평균속도의 비는 난류가 층류보다 작다.

해설 원관 내 유체흐름의 최대속도와 평균속도(유체 핵심 13) 참조
$U_{max} = 2V$
(층류일 경우 최대속도는 평균속도의 2배)
난류인 경우 최대속도에 대한 평균속도의 비가 층류보다 훨씬 크다.

13 축류펌프의 특성이 아닌 것은?

① 체절상태로 운전하면 양정이 일정해진다.
② 비속도가 크기 때문에 회전속도를 크게 할 수 있다.
③ 유량이 크고 양정이 낮은 경우에 적합하다.
④ 유체는 임펠러를 지나서 축방향으로 유출된다.

해설 축류펌프의 특징
㉠ 비교회전도가 크고 저양정에 적합하다.
㉡ 유량에 비해 형태가 작아 설치면적이 작고 기초공사가 쉽다.
㉢ 구조가 간단하고 유로의 단면적 변화가 적어 유체 손실이 적다.
㉣ 가동익형으로 하면 넓은 범위의 유량에 대해 고효율을 얻을 수 있다.

14 동일한 펌프로 동력을 변화시킬 때 상사조건이 되려면 동력은 회전수와 어떤 관계가 성립하여야 하는가?

① 회전수의 $\frac{1}{2}$ 승에 비례
② 회전수와 1대 1로 비례
③ 회전수의 2승에 비례
④ 회전수의 3승에 비례

해설
$$P_2 = P_1 \times \left(\frac{N_2}{N_1}\right)^3 \left(\frac{D_2}{D_1}\right)^5$$

15 어떤 액체의 점도가 20g/cm·s라면 이것은 몇 Pa·s에 해당하는가?

① 0.02
② 0.2
③ 2
④ 20

해설 Pa·s = N/m²·s 이므로
$1N = 1kg \cdot m/s^2$
$1kg = 1N \cdot s^2/m$
$1g = \dfrac{1N \cdot s^2/m}{10^3}$
$\therefore \ 20g/cm \cdot s = 20 \times 10^{-3}N \cdot s^2/m \cdot cm \cdot s$
$= 20 \times 10^{-3}N \cdot s^2/m \cdot 10^{-2}m \cdot s$
$= 20 \times 10^{-1}N/m^2 \cdot s$
$= 2Pa \cdot s$

16 축류펌프의 날개 수가 증가할 때 펌프의 성능은?

① 양정은 일정하고, 유량은 증가
② 유량과 양정 모두 증가
③ 양정은 감소하고, 유량은 증가
④ 유량은 일정하고, 양정은 증가

17 지름이 2m인 관 속을 7200m³/h로 흐르는 유체의 평균유속은 약 몇 m/s인가?

① 0.64 ② 2.47

③ 4.78 ④ 5.36

$$V = \frac{Q}{A} = \frac{7200\text{m}^3/3600\text{s}}{\frac{\pi}{4} \times (2\text{m})^2} = 0.66 \fallingdotseq 0.64\text{m/s}$$

18 동점성계수가 각각 1.1×10^{-6}m²/s, 1.5×10^{-5}m²/s인 물과 공기가 지름 10cm인 원형관 속을 10cm/s의 속도로 각각 흐르고 있을 때, 물과 공기의 유동을 옳게 나타낸 것은?

① 물 : 층류, 공기 : 층류

② 물 : 층류, 공기 : 난류

③ 물 : 난류, 공기 : 층류

④ 물 : 난류, 공기 : 난류

(물) $Re = \dfrac{VD}{v} = \dfrac{0.1 \times 0.1}{1.1 \times 10^{-6}} = 9070$(난류)

(공기) $Re = \dfrac{VD}{v} = \dfrac{0.1 \times 0.1}{1.5 \times 10^{-5}} = 666.66$(층류)

- $Re < 2100$: 층류
- $Re > 4000$: 난류
- $2100 < Re < 4000$: 천이구역

19 유체 유동에서 마찰로 일어난 에너지 손실은?

① 유체의 내부에너지 증가와 계로부터 열전달에 의해 제거되는 열량의 합이다.

② 유체의 내부에너지와 운동에너지의 합의 증가로 된다.

③ 포텐셜 에너지와 압축일의 합이 된다.

④ 엔탈피의 증가가 된다.

20 내경이 50mm인 강철관에 공기가 흐르고 있다. 한 단면에서의 압력은 5atm, 온도는 20℃, 평균유속은 50m/s이었다. 이 관의 하류에서 내경이 75mm인 강철관이 접속되어 있고 여기에서의 압력은 3atm, 온도는

40℃이다. 이때 평균유속을 구하면 약 얼마인가? (단, 공기는 이상기체라고 가정한다.)

① 40m/s ② 50m/s

③ 60m/s ④ 70m/s

$\rho_1 Q_1 V_1 = \rho_2 Q_2 V_2$ 에서

$$V_2 = \frac{\rho_1 Q_1 V_1}{\rho_2 Q_2} = \frac{0.011849947 \times 50}{0.014975228} = 39.56 \fallingdotseq 40\text{m/s}$$

$$w_1 = \frac{P_1 V_1 M_1}{RT_1} = \rho_1 Q_1 = \frac{5 \times \frac{\pi}{4} \times (0.05)^2 \times 29}{0.082 \times 293}$$
$$= 0.011849947$$

$$w_2 = \frac{P_2 V_2 M_2}{RT_2} = \rho_2 Q_2 = \frac{3 \times \frac{\pi}{4} \times (0.075)^2 \times 29}{0.082 \times 313}$$
$$= 0.014975228$$

제2과목 연소공학

21 분진폭발의 발생 조건으로 가장 거리가 먼 것은?

① 분진이 가연성이어야 한다.

② 분진 농도가 폭발범위 내에서는 폭발하지 않는다.

③ 분진이 화염을 전파할 수 있는 크기 분포를 가져야 한다.

④ 착화원, 가연물, 산소가 있어야 발생한다.

22 고발열량(HHV)과 저발열량(LHV)을 바르게 나타낸 것은? (단, n은 H_2O의 생성몰수, ΔH_V는 물의 증발잠열이다.) [연소 11]

① $LHV = HHV + \Delta H_V$

② $LHV = HHV + n\Delta H_V$

③ $HHV = LHV + \Delta H_V$

④ $HHV = LHV + n\Delta H_V$

고위, 저위 발열량의 관계(연소 핵심 11) 참조

고발열량＝저발열량＋물의 증발잠열(물의 생성몰수)

23 다음 [보기]는 액체연료를 미립화시키는 방법을 설명한 것이다. 옳은 것을 모두 고른 것은?

> ㉠ 연료를 노즐에서 고압으로 분출시키는 방법
> ㉡ 고압의 정전기에 의해 액체를 분열시키는 방법
> ㉢ 초음파에 의해 액체연료를 촉진시키는 방법

① ㉠
② ㉠, ㉡
③ ㉡, ㉢
④ ㉠, ㉡, ㉢

 액체연료의 미립화 방법
㉠, ㉡, ㉢ 이외에 공기나 증기 등의 기체를 분무 매체로 분출시키는 방법도 있다.

참고 미립화(무화)의 목적
 • 연소효율 증대
 • 연소실 열부하 증대
 • 연료 단위중량당 표면적 증대
 • 연료와 공기의 원활한 혼합

24 산소(O_2)의 기본특성에 대한 설명 중 틀린 것은?

① 오일과 혼합하면 산화력의 증가로 강력히 연소한다.
② 자신은 스스로 연소하는 가연성이다.
③ 순산소 중에서는 철, 알루미늄 등도 연소되며 금속산화물을 만든다.
④ 가연성 물질과 반응하여 폭발할 수 있다.

 ② 산소는 조연성이다.

25 이상 오토사이클의 열효율이 56.6%라면 압축비는 약 얼마인가? (단, 유체의 비열비는 1.4로 일정하다.)

① 2
② 4
③ 6
④ 8

$$\eta = 1 - \left(\frac{1}{\varepsilon}\right)^{k-1}$$
$$\frac{1}{\varepsilon} = (1-\eta)^{k-1} = (1-0.566)^{\frac{1}{1.4-1}} = 0.124$$
$$\therefore \ \varepsilon = \frac{1}{0.124} = 8.05$$

26 가스가 노즐로부터 일정한 압력으로 분출하는 힘을 이용하여 연소에 필요한 공기를 흡인하고, 혼합관에서 혼합한 후 화염공에서 분출시켜 예혼합연소시키는 버너는 어느 것인가? **[연소 8]**

① 분젠식
② 전 1차 공기식
③ 블라스트식
④ 적화식

 1차, 2차 공기에 의한 연소의 방법(연소 핵심 8) 참조

27 연소범위에 대한 설명으로 틀린 것은?

① LFL(연소하한계)는 온도가 100℃ 증가할 때마다 8% 정도 감소한다.
② UFL(연소상한계)는 온도가 증가하여도 거의 변화가 없다.
③ 대단히 낮은 압력(<50mmHg)을 제외하고 압력은 LFL(연소하한계)에 거의 영향을 주지 않는다.
④ UFL(연소상한계)는 압력이 증가할 때 현격히 증가된다.

 온도 증가 시 연소상한계 증가

28 압력이 287kPa일 때 체적 $1m^3$의 기체질량이 2kg이었다. 이때 기체의 온도는 약 몇 ℃가 되는가? (단, 기체상수는 287J/kg·K이다.)

① 127
② 227
③ 447
④ 547

$$PV = GRT$$
$$T = \frac{PV}{GR} = \frac{287 \times 10^3 N/m^2 \times 1m^3}{2kg \times 287 N \cdot m/kg \cdot K}$$
$$= 500K = 500 - 273 = 227℃$$

29 오토사이클(Otto cycle)의 선도에서 정적가열과정은?

① 1→2
② 2→3
③ 3→4
④ 4→1

- 1 → 2 : 단열압축
- 2 → 3 : 정적가열
- 3 → 4 : 단열팽창
- 4 → 1 : 정적방열

30 다음 중 기체연료의 연소 형태는? [연소 2]

① 표면연소
② 분해연소
③ 등심연소
④ 확산연소

연소의 종류(연소 핵심 2) 참조

31 기체동력 사이클 중 2개의 단열과정과 2개의 등압과정으로 이루어진 가스터빈의 이상적인 사이클은?

① 오토 사이클(Otto cycle)
② 카르노 사이클(Carnot cycle)
③ 사바테 사이클(Sabathe cycle)
④ 브레이튼 사이클(Brayton cycle)

열역학적 사이클

구 분	내 용
오토	고속 가솔린 기본사이클. 2개의 정적, 2개의 단열로 이루어져 있다.
카르노	열기관의 이상 사이클. 2개의 등온(압축팽창), 2개의 단열(압축팽창)로 이루어졌다.
사바테	오토, 디젤을 합성한 사이클. 정압-정적 사이클로 이중연소사이클이라 한다.

32 이상기체에서 등온과정의 설명으로 옳은 것은?

① 열의 출입이 없다.
② 부피의 변화가 없다.
③ 엔트로피의 변화가 없다.
④ 내부에너지의 변화가 없다.

㉠ 내부에너지의 변화가 없다. : 등온
㉡ 열의 출입이 없다. : 단열

33 정상 및 사고(단선, 단락, 지락 등) 시에 발생하는 전기불꽃, 아크 또는 고온부에 의하여 가연성 가스가 점화되지 않는 것이 점화시험, 기타 방법에 의하여 확인된 방폭구조의 종류는? [안전 13]

① 본질안전방폭구조
② 내압방폭구조
③ 압력방폭구조
④ 안전증방폭구조

위험장소 분류, 가스시설 전기방폭기준(안전 핵심 13) 참조

34 열역학 제1법칙에 대하여 옳게 설명한 것은? [설비 40]

① 열평형에 관한 법칙이다.
② 이상기체에만 적용되는 법칙이다.
③ 클라시우스의 표현으로 정의되는 법칙이다.
④ 에너지 보존법칙 중 열과 일의 관계를 설명한 것이다.

열역학의 법칙(설비 핵심 40) 참조

35 고체연료에서 탄화도가 높은 경우에 대한 설명으로 틀린 것은? [연소 28]

① 수분이 감소한다.
② 발열량이 증가한다.
③ 착화온도가 낮아진다.
④ 연소속도가 느려진다.

탄화도(연소 핵심 28) 참조
③ 착화온도가 높아진다.

36 1mol의 이상기체$\left(C_V = \dfrac{3R}{2}\right)$가 40℃, 35atm으로부터 1atm까지 단열가역적으로 팽창하였다. 최종 온도는 약 몇 ℃인가?

① -100℃
② -185℃
③ -200℃
④ -285℃

$$T_2 = T_1 \times \left(\frac{P_2}{P_1}\right)^{\frac{k-1}{k}}$$

$$= (273 + 40) \times \left(\frac{1}{35}\right)^{\frac{1.67-1}{1.67}}$$

$$= 75.17\text{K} = -197.83 ≒ -200℃$$

$$k = \frac{C_P}{C_V}$$

$$R = C_P - C_V = C_P - \frac{3}{2}R$$

$$C_P = R + \frac{3}{2}R = \frac{5}{2}R$$

$$\therefore \ k = \frac{\frac{5}{2}R}{\frac{3}{2}R} = \frac{5}{3} = 1.666 = 1.67$$

37 탄화수소($C_m H_n$) 1mol이 완전연소될 때 발생하는 이산화탄소의 몰(mol) 수는 얼마인가?

① $\frac{1}{2}m$ ② m

③ $m + \frac{1}{4}n$ ④ $\frac{1}{4}m$

$$C_m H_n + \left(m + \frac{n}{4}\right)O_2 \rightarrow m CO_2 + \frac{n}{2}H_2O$$

38 내압방폭구조로 전기기기를 설계할 때 가장 중요하게 고려해야 할 사항은?

① 가연성 가스의 연소열
② 가연성 가스의 발화열
③ 가연성 가스의 안전간극
④ 가연성 가스의 최소점화에너지

39 부탄(C_4H_{10}) $2Nm^3$를 완전연소시키기 위하여 약 몇 Nm^3의 산소가 필요한가?

① 5.8 ② 8.9
③ 10.8 ④ 13.0

$$C_4H_{10} + 6.5O_2 \rightarrow 4CO_2 + 5H_2O$$
$$1 \ : \ 6.5 \ = \ 2 \ : \ x$$
$$\therefore \ x = 13Nm^3$$

40 공기비가 작을 때 연소에 미치는 영향이 아닌 것은? [연소 15]

① 연소실 내의 연소온도가 저하한다.
② 미연소에 의한 열손실이 증가한다.
③ 불완전연소가 되어 매연 발생이 심해진다.
④ 미연소 가스로 인한 폭발사고가 일어나기 쉽다.

공기비(연소 핵심 15) 참조

제3과목 가스설비

41 액화천연가스(LNG)의 유출 시 발생되는 현상으로 가장 옳은 것은?

① 메탄가스의 비중은 상온에서는 공기보다 작지만 온도가 낮으면 공기보다 크게 되어 땅 위에 체류한다.
② 메탄가스의 비중은 공기보다 크므로 증발된 가스는 항상 땅 위에 체류한다.
③ 메탄가스의 비중은 상온에서는 공기보다 크지만 온도가 낮게 되면 공기보다 가볍게 되어 땅 위에 체류하는 일이 없다.
④ 메탄가스의 비중은 공기보다 작으므로 증발된 가스는 위쪽으로 확산되어 땅 위에 체류하는 일이 없다.

CH_4의 비중은 $\frac{16}{29} = 0.55$이다.

그러나 온도가 낮아지면 비중이 커져서 유출 시 낮은 곳에 체류한다.

42 가스미터의 성능에 대한 설명으로 옳은 것은?

① 사용공차의 허용치는 ±10% 범위이다.
② 막식 가스미터에서는 유량에 맥동성이 있으므로 선편(先編)이 발생하기 쉽다.
③ 감도유량은 가스미터가 작동하는 최대유량을 말한다.
④ 공차는 기기공차와 사용공차가 있으며 클수록 좋다.

③ 강도유량 : 가스미터가 작동하는 최소유량
④ 공차는 작을수록 좋다.

43 유량계의 입구에 고정된 터빈형태의 가이드 바디(guide body)가 와류현상을 일으켜 발생한 고유의 주파수가 piezo sensor에 의해 검출되어 유량을 적산하는 방법으로서 고점도 유량 측정에 적합한 가스미터는?

① vortex 가스미터
② turbine 가스미터
③ roots 가스미터
④ swirl 가스미터

44 구리 및 구리합금을 고압장치의 재료로 사용하기에 가장 적당한 가스는?

① 아세틸렌 　　② 황화수소
③ 암모니아 　　④ 산소

구리 사용금지 가스
㉠ 아세틸렌(C_2H_2) : 폭발
㉡ 황화수소(H_2S), 암모니아(NH_3) : 부식

45 다음 [보기]에서 설명하는 암모니아 합성탑의 종류는?

- 합성탑에는 철계통의 촉매를 사용한다.
- 촉매층 온도는 약 500~600℃이다.
- 합성 압력은 약 300~400atm이다.

① 파우서법 　　② 하버-보시법
③ 클라우드법 　　④ 우데법

암모니아 합성탑
(1) 정의 : 내압용기에 촉매를 유지하고 반응과 열교환을 하기 위한 내부 구조물로 되어 있다.
(2) 장치 재료 : 18-8STS 및 특수합금
(3) 합성촉매 : 산화철에 Al_2O_3, K_2O를 첨가
(4) 종류

구 분	특 징
하버-보시법	• 예열혼합가스는 전기가열기를 거쳐 400~450℃로 되어 상부 촉매관으로 들어가 NH_3를 생성한다.

구 분	특 징
신파우서법	• 촉매는 여러 단으로 충전하며, 합성능률이 크고, 고농도의 NH_3(15%)를 얻을 수 있다. • NH_3 1ton당 수증기 0.8~0.9ton을 회수하며, 촉매관의 재료는 18-8 STS강이 사용된다.
클라우드법	• 합성압력은 300~400atm 정도이고, 1000atm 이상에서도 압축이 가능하다. • 촉매층 온도는 500~600℃ 정도이며, 반응률 40% 정도의 암모니아를 생성한다.
우데법	• 합성압력 80~150atm, 온도 400℃에서 NH_3를 합성한다.
켈로그법	• 촉매층의 온도조절법으로 냉가스를 적당량 혼입시켜 사용하는 방법이다.
CCC법	• 압력 300~360atm, 온도 400~500℃를 사용한다. • 합성탑 내 촉매층의 최고온도를 자동조절하게 되어 있다.

46 가스의 호환성 측정을 위하여 사용되는 웨버지수의 계산식을 옳게 나타낸 것은? (단, WI는 웨버지수, H_g는 가스의 발열량 [kcal/m^3], d는 가스의 비중이다.) [안전 57]

① $WI = \dfrac{H_g}{d}$ 　　② $WI = \dfrac{H_g}{\sqrt{d}}$

③ $WI = \dfrac{d}{H_g}$ 　　④ $WI = \sqrt{\dfrac{d}{H_g}}$

도시가스의 연소성을 판단하는 지수(안선 핵심 57) 참조

47 용기용 밸브는 가스 충전구의 형식에 따라 A형, B형, C형의 3종류가 있다. 가스 충전구가 암나사로 되어 있는 것은? [안전 32]

① A형 　　② B형
③ A형, B형 　　④ C형

용기밸브 나사의 종류, 용기밸브 충전구나사(안전 핵심 32) 참조

48 다음 중 아세틸렌(C_2H_2)에 대한 설명으로 틀린 것은?

① 아세틸렌은 아세톤을 함유한 다공물질에 용해시켜 저장한다.

② 아세틸렌 제조방법으로는 크게 주수식과 흡수식 2가지 방법이 있다.

③ 순수한 아세틸렌은 에테르 향기가 나지만 불순물이 섞여 있으면 악취 발생의 원인이 된다.

④ 아세틸렌의 고압건조기와 충전용 교체밸브 사이의 배관, 충전용 지관에는 역화방지기를 설치한다.

아세틸렌 제조방법은 발생 형식에 따라 주수식, 투입식, 침지식이 있다.

49 다음 중 부취제의 구비조건으로 틀린 것은 어느 것인가?　　　　　　　　[안전 19]

① 배관을 부식하지 않을 것

② 토양에 대한 투과성이 클 것

③ 연소 후에도 냄새가 있을 것

④ 낮은 농도에서도 알 수 있을 것

부취제(안전 핵심 19) 참조

50 가스의 공업적 제조법에 대한 설명으로 옳은 것은?

① 메탄올은 일산화탄소와 수증기로부터 고압하에서 제조한다.

② 프레온가스는 불화수소와 아세톤으로 제조한다.

③ 암모니아는 질소와 수소로부터 전기로에서 구리촉매를 사용하여 저압에서 제조한다.

④ 포스겐은 일산화탄소와 염소로부터 제조한다.

① $CO + 2H_2 \rightarrow CH_3OH$

② 프레온 : 탄소+염소+불소로 제조

③ $N_2 + 3H_2 \rightarrow 2NH_3$(고압, 저온)

④ $CO + Cl_2 \rightarrow COCl_2$(포스겐)

51 양정 20m, 송수량 $3m^3$/min일 때 축동력 15PS를 필요로 하는 원심펌프의 효율은 약 몇 %인가?

① 59%　　　　② 75%

③ 89%　　　　④ 92%

$$L_{PS} = \frac{\gamma \cdot Q \cdot H}{75\eta}$$

$$\eta = \frac{\gamma \cdot Q \cdot H}{L_{PS} \times 75} = \frac{1000 \times (3/60) \times 20}{15 \times 75} = 0.888 = 89\%$$

52 고압가스 제조장치의 재료에 대한 설명으로 틀린 것은?

① 상온 상압에서 건조상태의 염소가스에 탄소강을 사용한다.

② 아세틸렌은 철, 니켈 등의 철족의 금속과 반응하여 금속 카르보닐을 생성한다.

③ 9% 니켈강은 액화 천연가스에 대하여 저온취성에 강하다.

④ 상온 상압에서 수증기가 포함된 탄산가스 배관에 18-8스테인리스강을 사용한다.

㉠ 상온 상압에서는 부식성이 없으므로 탄소강을 사용한다.

㉡ 고온 고압에서는 특수강을 사용한다.

53 흡입밸브 압력이 6MPa인 3단 압축기가 있다. 긱 단의 토출입력은? (단, 각 단의 압축비는 30이다.)

① 18MPa, 54MPa, 162MPa

② 12MPa, 36MPa, 108MPa

③ 4MPa, 16MPa, 64MPa

④ 3MPa, 15MPa, 63MPa

$P_1 = 6MPa$, $a = 3$

㉠ 1단 토출 $P_{01} = a \times P_1 = 3 \times 6 = 18MPa$

㉡ 2단 토출 $P_{02} = a \times a \times P_1 = 3 \times 3 \times 6 = 54MPa$

㉢ 3단 토출 $P_{03} = a \times a \times a \times P_1 = 3 \times 3 \times 3 \times 6$
　　　　　　　　$= 162MPa$

54 합성천연가스(SNG) 제조 시 나프타를 원료로 하는 메탄합성 공정과 관련이 적은 설비는?

① 탈황장치　　　　② 반응기
③ 수첨분해탑　　　④ CO변성로

SNG 공정
탈황, 저온수증기 개질, 수첨분해, 메탄 합성, 탈탄산, 열회수, 냉각공정으로 구성

55 어느 가스탱크에 10℃, 0.5MPa의 공기 10kg이 채워져 있다. 온도가 37℃로 상승한 경우 탱크의 체적변화가 없다면 공기의 압력증가는 약 몇 kPa인가?

① 48　　　　　　　② 148
③ 448　　　　　　　④ 548

$$\frac{P_1}{T_1} = \frac{P_2}{T_2}$$

$$P_2 = \frac{P_1 T_2}{T_1} = \frac{0.5 \times (273+37)}{283} = 0.547 \text{MPa}$$

$$\therefore \ 0.547 - 0.5 = 0.0477 \text{MPa}$$
$$= 47.7 \text{kPa}$$
$$= 48 \text{kPa}$$

별해 처음 체적 $V = \frac{GRT_1}{P}$

$$= \frac{10 \times \frac{8.314}{29} \times 283}{500}$$
$$= 1.622 \text{m}^3$$

$$P_2 = \frac{GRT_2}{V}$$
$$= \frac{10 \times \frac{8.314}{29} \times (273+37)}{1.622}$$
$$= 547.70 \text{kPa}$$
$$\therefore \ 547.70 - 500 \text{kPa} = 47.7 = 48 \text{kPa}$$

56 가스용기 저장소의 충전용기는 항상 몇 ℃ 이하를 유지하여야 하는가?

① −10℃　　　　　② 0℃
③ 40℃　　　　　　④ 60℃

57 가스조정기(regulator)의 역할에 해당되는 것은 어느 것인가?

① 용기 내 노의 역화를 방지한다.
② 가스를 정제하고, 유량을 조절한다.
③ 공급되는 가스의 조성을 일정하게 한다.
④ 용기 내의 가스 압력과 관계없이 연소기에서 완전연소에 필요한 최적의 압력으로 감압한다.

58 고압가스 기화장치의 검사에 대한 설명 중 옳지 않은 것은?

① 온수가열 방식의 과열방지 성능은 그 온수의 온도가 80℃이다.
② 안전장치는 최고허용압력 이하의 압력에서 작동하는 것으로 한다.
③ 기밀시험은 설계압력 이상의 압력으로 행하여 누출이 없어야 한다.
④ 내압시험은 물을 사용하여 상용압력의 2배 이상으로 행한다.

내압시험압력=상용압력×1.5배

59 접촉분해 공정으로 도시가스를 제조하는 공정에서 발열반응을 일으키는 온도로서 가장 적당한 것은? (단, 반응압력은 10기압이다.) 【설비 3】

① 350℃ 이하　　　② 500℃ 이하
③ 750℃ 이하　　　④ 850℃ 이하

도시가스 프로세스(설비 핵심 3) 참조
접촉분해 공정 : 사용온도 400~800℃에서 탄화수소와 수증기를 반응시키는 공정

60 저압식 액화산소분리장치에 대한 설명이 아닌 것은?

① 충동식 팽창 터빈을 채택하고 있다.
② 일정주기가 되면 1조의 축냉기에서의 원료공기와 불순 질소류는 교체된다.
③ 순수한 산소는 축냉기 내부에 있는 사관에서 상온이 되어 채취된다.
④ 공기 중 탄산가스로 가성소다 용액(약 8%)에 흡수하여 제거된다.

정답　54.④　55.①　56.③　57.④　58.④　59.②　60.④

저압식 공기액화분리장치의 특징

①, ②, ③ 이외에

㉠ Frankl이 발명한 계기적인 축냉기를 채택한다.

㉡ 원료공기량 10000~20000m³/h 정도의 대형장치가 있다.

㉢ 원료공기 여과기에서 여과된 후 터보식 공기 압축기에서 약 5atm으로 압축된다.

제4과목 가스안전관리

61 LPG 용기 저장에 대한 설명으로 옳지 않은 것은?

① 용기보관실은 사무실과 구분하여 동일한 부지에 설치한다.

② 충전용기는 항상 40℃ 이하를 유지하여야 한다.

③ 용기보관실의 저장설비는 용기집합식으로 한다.

④ 내용적 30L 미만의 용기는 2단으로 쌓을 수 있다.

LPG 판매, 충전 시설의 용기보관실의 규정(KGS FS231)

㉠ 용기보관실의 벽은 방호벽으로 하고, 용기보관실은 불연성 재료를 사용하며, 그 지붕은 불연성 재료를 사용한 가벼운 지붕을 설치한다.

㉡ 용기보관실은 용기보관실에서 누출된 가스가 사무실로 유입되지 아니하는 구조(동일 실내에 설치할 경우 용기보관실과 사무실 사이에 불연성 재료로 칸막이를 설치하여 구분한다. 이 경우 틈새가 없는 밀폐구조로 하여 누출된 가스가 사무실로 유입되지 않도록 한다)로 하고, 용기보관실의 면적은 19m² 이상으로 한다.

㉢ 용기보관실의 용기는 그 용기보관실의 안전을 위하여 용기집합식으로 하지 않는다.

㉣ 용기보관실과 사무실은 동일한 부지에 구분하여 설치하되, 해상에서 가스판매업을 하려는 판매업소의 용기보관실은 해상구조물이나 선박에 설치할 수 있다.

62 품질유지 대상인 고압가스가 아닌 것은?

① 메탄
② 프로판
③ 프레온 22
④ 연료전지용으로 사용되는 수소가스

품질유지 대상 고압가스

(1) 냉매로 사용되는 가스

㉠ 프레온 22
㉡ 프레온 134a
㉢ 프레온 404a
㉣ 프레온 407c
㉤ 프레온 410a
㉥ 프레온 507a
㉦ 프레온 4yf
㉧ 프로판
㉨ 이소부탄

(2) 연료전지용으로 사용되는 수소가스

63 차량에 고정된 탱크에서 저장탱크로 가스 이송작업 시의 기준에 대한 설명이 아닌 것은?

① 탱크의 설계압력 이상으로 가스를 충전하지 아니한다.

② LPG충전소 내에서는 동시에 2대 이상의 차량에 고정된 탱크에서 저장설비로 이송작업을 하지 아니한다.

③ 플로트식 액면계로 가스의 양을 측정 시에는 액면계 바로 위에 얼굴을 내밀고 조작하지 아니한다.

④ 이송전후에 밸브의 누출여부를 점검하고 개폐는 서서히 행한다.

64 도시가스 사용시설에 대한 설명으로 틀린 것은? **[안전 117]**

① 배관이 움직이지 않도록 고정 부착하는 조치로 관경이 13mm 미만의 것은 1m마다, 13mm 이상 33mm 미만의 것은 2m마다, 33mm 이상은 3m마다 고정장치를 설치한다.

② 최고사용압력이 중압 이상인 노출배관은 원칙적으로 용접시공방법으로 접합한다.

③ 지상에 설치하는 배관은 배관의 부식방지와 검사 및 보수를 위하여 지면으로부터 30cm 이상의 거리를 유지한다.

④ 철도의 횡단부 지하에는 지면으로부터 1m 이상인 깊이에 매설하고 또한 강제의 케이싱을 사용하여 보호한다.

해설 고압가스 제조 배관의 매몰설치(안전 핵심 117) 참조
④ 1.2m 이상, 강제 케이싱으로 보호

65 다음 중 포스겐의 제독제로 가장 적당한 것은 어느 것인가? **[안전 44]**

① 물, 가성소다수 용액
② 물, 탄산소다수 용액
③ 가성소다수 용액, 소석회
④ 가성소다수 용액, 탄산소다수 용액

해설 독성 가스 제독제와 보유량(안전 핵심 44) 참조

66 내용적이 50L 이상 125L 미만인 LPG용 용접용기의 스커트 통기 면적의 기준으로 옳은 것은?

① 100mm^2 이상   ② 300mm^2 이상
③ 500mm^2 이상   ④ 1000mm^2 이상

해설 LPG용기의 통기 면적과 물빼기 면적

용기 내용적	통기 면적(mm^2)	물빼기 면적(mm^2)
20L 이상 25L 미만	300	50
25L 이상 50L 미만	500	100
50L 이상 125L 미만	1000	150

67 액화석유가스 저장시설을 지하에 설치하는 경우에 대한 설명으로 틀린 것은? **[안전 49]**

① 저장 탱크실의 벽면 두께는 30cm 이상의 철근콘크리트로 한다.
② 저장탱크 주위에는 손으로 만졌을 때 물이 손에서 흘러내리지 않는 상태의 모래를 채운다.
③ 저장탱크를 2개 이상 인접하여 설치하는 경우에는 상호간에 0.5m 이상의 거리를 유지한다.
④ 저장탱크실 상부 윗면으로부터 저장탱크 상부까지의 깊이는 60cm 이상으로 한다.

해설 LPG 저장탱크 지하설치 기준(안전 핵심 49) 참조
③ 인접설치 시 상호간 1m 이상

68 저장탱크에 의한 액화석유가스 저장소의 이·충전 설비 정전기 제거조치에 대한 설명으로 틀린 것은?

① 접지저항 총합이 100Ω 이하의 것은 정전기 제거조치를 하지 않아도 된다.
② 피뢰설비가 설치된 것의 접지저항값이 50Ω 이하의 것은 정전기 제거조치를 하지 않아도 된다.
③ 접지접속선 단면적은 5.5mm^2 이상의 것을 사용한다.
④ 충전용으로 사용하는 저장탱크 및 충전설비는 반드시 접지한다.

해설 ② 피뢰설비 설치 시 10Ω 이하일 때는 정전기 제거조치를 하지 않아도 된다.

69 액화석유가스 자동차에 고정된 용기충전시설에서 충전기의 시설기준에 대한 설명으로 옳은 것은?

① 배관이 캐노피 내부를 통과하는 경우에는 2개 이상의 점검구를 설치한다.
② 캐노피 내부의 배관으로서 점검이 곤란한 장소에 설치하는 배관은 플랜지 접합으로 한다.
③ 충전기 주위에는 가스누출자동차단장치를 설치한다.
④ 충전기 상부에는 캐노피를 설치하고 그 면적은 공지면적의 2분의 1 이하로 한다.

해설 충전기와 보호대 간의 거리[(KGS FP332) LPG 자동차에 고정된 용기충전시설]
보호대가 파손되어 전도되어도 파손된 보호대가 충전기를 안전하게 유지할 수 있는 거리로 한다.
㉠ 충전기 상부에는 캐노피를 설치하고, 그 면적은 공지면적의 2분의 1 이하로 한다.
㉡ 배관이 캐노피 내부를 통과하는 경우에는 1개 이상의 점검구를 설치한다.
㉢ 캐노피 내부의 배관으로서 점검이 곤란한 장소에 설치하는 배관은 용접이음으로 한다.
㉣ 충전기 주위에는 정전기 방지를 위하여 충전 이외의 필요 없는 장비는 시설을 금지한다.
㉤ 저장탱크실 상부에는 충전기를 설치하지 않는다.

70 가스관련 사고의 원인으로 가장 많이 발생한 경우는? (단, 2017년 사고통계 기준이다.)

① 타공사
② 제품 노후, 고장
③ 사용자 취급부주의
④ 공급자 취급부주의

71 공기액화분리기에 설치된 액화산소통 내의 액화산소 5L 중 아세틸렌의 질량이 몇 mg을 넘을 때에는 그 공기액화분리기의 운전을 중지하고 액화산소를 방출하여야 하는가? [설비 5]

① 5mg   ② 50mg
③ 100mg   ④ 500mg

 공기액화분리장치(설비 핵심 5) 참조

72 신규검사 후 17년이 경과한 차량에 고정된 탱크의 법정 재검사 주기는? [안전 21]

① 1년마다   ② 2년마다
③ 3년마다   ④ 5년마다

용기 및 특정설비의 재검사기간(안전 핵심 21) 참조

73 고압가스 충전용기(비독성)의 차량운반 시 "운반책임자"가 동승해야 하는 기준으로 틀린 것은? [안전 5]

① 압축 가연성 가스 – 용적 300m³ 이상
② 압축 조연성 가스 – 용적 600m³ 이상
③ 액화 가연성 가스 – 질량 3000kg 이상
④ 액화 조연성 가스 – 질량 5000kg 이상

운반책임자 동승기준(안전 핵심 5) 참조

74 액화석유가스 집단공급시설에서 배관을 차량이 통행하는 폭 10m의 도로 밑에 매설할 경우 몇 m 이상의 깊이를 유지하여야 하는가?

① 0.6m   ② 1m
③ 1.2m   ④ 1.5m

㉠ 도로 폭이 8m 이상 : 1.2m 이상 깊이 유지
㉡ 도로 폭이 8m 미만 : 1m 이상 깊이 유지

75 산업통상자원부령으로 정하는 고압가스 관련 설비가 아닌 것은? [안전 15]

① 안전밸브
② 세척설비
③ 기화장치
④ 독성가스 배관용 밸브

 산업통상자원부령으로 정하는 고압가스 관련 설비(안전 핵심 15) 참조

76 액화석유가스 저장탱크라 함은 액화석유가스를 저장하기 위하여 지상 및 지하에 고정 설치된 댕크를 말한다. 탱크의 지장능력은 얼마 이상인가?

① 1톤   ② 2톤
③ 3톤   ④ 5톤

 LPG충전시설 용어 정의(KGS FS332)
㉠ "저장설비"란 액화석유가스를 저장하기 위한 설비로서 저장탱크·마운드형 저장탱크·소형 저장탱크 및 용기(용기집합설비와 충전용기보관실을 포함한다. 이하 같다)를 말한다.
㉡ "저장탱크"란 액화석유가스를 저장하기 위하여 지상 또는 지하에 고정 설치된 탱크로서 그 저장능력이 3톤 이상인 탱크를 말한다.
㉢ "소형 저장탱크"란 액화석유가스를 저장하기 위하여 지상이나 지하에 고정 설치된 탱크로서 그 저장능력이 3톤 미만인 탱크를 말한다.
㉣ "자동차에 고정된 탱크"란 액화석유가스의 수송·운반을 위하여 자동차에 고정 설치된 탱크를 말한다.

77 가연성 가스이면서 독성 가스인 것은?

① 산화에틸렌   ② 염소
③ 불소   ④ 프로판

 독성·가연성 가스
아크릴로니트릴, 벤젠, 시안화수소, 일산화탄소, 산화에틸렌, 염화메탄, 황화수소, 이황화탄소, 석탄가스, 암모니아, 브롬화메탄

78 가스 안전성 평가기법에 대한 설명으로 틀린 것은? [연소 12]

① 체크리스트 기법은 설비의 오류, 결함상태, 위험상황 등을 목록화한 형태로 작성하여 경험적으로 비교함으로써 위험성을 정성적으로 파악하는 기법이다.
② 작업자 실수 분석기법은 사고를 일으키는 장치의 이상이나 운전자 실수의 조합을 연역적으로 분석하는 정량적 기법이다.
③ 사건수 분석기법은 초기사건으로 알려진 특정한 장치의 이상이나 운전자의 실수로부터 발생되는 잠재적인 사고결과를 평가하는 정량적 기법이다.
④ 위험과 운전 분석기법은 공정에 존재하는 위험요소들과 공정의 효율을 떨어뜨릴 수 있는 운전상의 문제점을 찾아내어 그 원인을 제거하는 정성적 기법이다.

안전성 평가기법(연소 핵심 12) 참조

79 아세틸렌의 충전작업에 대한 설명으로 옳은 것은? [설비 25, 58]

① 충전 후 24시간 정치한다.
② 충전 중의 압력은 2.5MPa 이하로 한다.
③ 충전은 누출이 되기 전에 빠르게 하고, 2~3회 걸쳐서 한다.
④ 충전 후의 압력은 15℃에서 2.05MPa 이하로 한다.

C_2H_2의 폭발성(설비 핵심 25), C_2H_2 발생기 및 C_2H_2 특징(설비 핵심 58) 참조

80 저장탱크에 의한 액화석유가스 사용시설에서 저장설비, 감압설비의 외면으로부터 화기를 취급하는 장소와의 사이에는 몇 m 이상을 유지해야 하는가?

① 2m   ② 3m
③ 5m   ④ 8m

제5과목 가스계측

81 강(steel)으로 만들어진 자(rule)로 길이를 잴 때 자가온도의 영향을 받아 팽창, 수축함으로써 발생하는 오차를 무슨 오차라 하는가?

① 우연 오차
② 계통적 오차
③ 과오에 의한 오차
④ 측정자의 부주의로 생기는 오차

82 오르자트(Orsat) 가스분석기의 특징으로 틀린 것은?

① 연속측정이 불가능하다.
② 구조가 간단하고, 취급이 용이하다.
③ 수분을 포함한 습식 배기가스의 성분 분석이 용이하다.
④ 가스의 흡수에 따른 흡수제가 정해져 있다.

83 액주형 압력계의 일반적인 특징에 대한 설명으로 옳은 것은?

① 고장이 많다.
② 온도에 민감하다.
③ 구조가 복잡하다.
④ 액체와 유리관의 오염으로 인한 오차가 발생하지 않는다.

84 다음 중 온도에 대한 설명으로 틀린 것은 어느 것인가?

① 물의 삼중점(0.01℃)은 273.16K으로 정의하였다.
② 온도는 일반적으로 온도변화에 따른 물질의 물리적 변화를 가지고 측정한다.
③ 기체온도계는 대표적인 2차 온도계이다.
④ 온도란 열, 즉 에너지와는 다른 개념이다.

85 모발습도계에 대한 설명으로 틀린 것은?

① 재현성이 좋다.
② 히스테리시스가 없다.
③ 구조가 간단하고, 취급이 용이하다.
④ 한랭지역에서 사용하기가 편리하다.

86 가스 성분 중 탄화수소에 대하여 감응이 가장 좋은 검출기는? [계측 13]

① TCD
② ECD
③ TGA
④ FID

G/C 검출기 종류 및 특징(계측 핵심 13) 참조

87 수분흡수법에 의한 습도 측정에 사용되는 흡수제가 아닌 것은?

① 염화칼슘
② 황산
③ 오산화인
④ 과망간산칼륨

88 오르자트(Orsat) 가스분석기의 가스 분석 순서를 옳게 나타낸 것은? [계측 1]

① $CO_2 \rightarrow O_2 \rightarrow CO$
② $O_2 \rightarrow CO \rightarrow CO_2$
③ $O_2 \rightarrow CO_2 \rightarrow CO$
④ $CO \rightarrow CO_2 \rightarrow O_2$

흡수분석법(계측 핵심 1) 참조

89 가스미터에 다음과 같이 표시되어 있다. 이 표시가 의미하는 내용으로 옳은 것은?

> 0.5[L/rev], MAX 2.5[m³/h]

① 계량실 1주기 체적이 $0.5m^3$이고, 시간당 사용 최대유량이 $2.5m^3$이다.
② 계량실 1주기 체적이 0.5L이고, 시간당 사용 최대유량이 $2.5m^3$이다.
③ 계량실 전체 체적이 $0.5m^3$이고, 시간당 사용 최소유량이 $2.5m^3$이다.
④ 계량실 전체 체적이 0.5L이고, 시간당 사용 최소유량이 $2.5m^3$이다.

90 LPG의 정량분석에서 흡광도의 원리를 이용한 가스 분석법은?

① 저온 분류법
② 질량 분석법
③ 적외선 흡수법
④ 가스 크로마토그래피법

91 제어회로에 사용되는 기본논리가 아닌 것은?

① OR
② NOT
③ AND
④ FOR

92 가스미터를 통과하는 동일량의 프로판가스의 온도를 겨울에 0℃, 여름에 32℃로 유지한다고 했을 때 여름철 프로판가스의 체적은 겨울철의 얼마 정도인가? (단, 여름철 프로판가스의 체적 : V_1, 겨울철 프로판가스의 체적 : V_2이다.)

① $V_1 = 0.80\,V_2$
② $V_1 = 0.90\,V_2$
③ $V_1 = 1.12\,V_2$
④ $V_1 = 1.22\,V_2$

$$\frac{V_1}{(273+32)} = \frac{V_2}{273}$$
$$\therefore\ V_1 = \frac{(273+32)\,V_2}{273} = 1.12\,V_2$$

93 냉동용 암모니아 탱크의 연결부위에서 암모니아의 누출 여부를 확인하려 한다. 가장 적절한 방법은?

① 리트머스시험지로 청색으로 변하는가 확인한다.
② 초산용액을 발라 청색으로 변하는가 확인한다.
③ KI-전분지로 청갈색으로 변하는가 확인한다.
④ 염화팔라듐지로 흑색으로 변하는가 확인한다.

암모니아 검출법
㉠ 취기
㉡ 적색리트머스시험지 : 청변
㉢ 네슬러시약 : 황갈색 변색
㉣ 염산과 반응 : 흰연기($NH_3 + HCl \rightarrow NH_4Cl$)

94 서미스터 등을 사용하고 응답이 빠르며 저온도에서 중온도 범위 계측에 정도가 우수한 온도계는? 【계측 22】

① 열전대 온도계
② 전기저항식 온도계
③ 바이메탈 온도계
④ 압력식 온도계

 전기저항 온도계(계측 핵심 22) 참조

95 계측기의 기차(instrument error)에 대하여 가장 바르게 나타낸 것은?

① 계측기가 가지고 있는 고유의 오차
② 계측기의 측정값과 참값과의 차이
③ 계측기 검정 시 계량점에서 허용하는 최소 오차한도
④ 계측기 사용 시 계량점에서 허용하는 최대 오차한도

96 응답이 빠르고 일반 기체에 부식되지 않는 장점을 가지며 급격한 압력변화를 측정하는 데 가장 적절한 압력계는? 【계측 33】

① 피에조 전기압력계
② 아네로이드 압력계
③ 벨로스 압력계
④ 격막식 압력계

 압력계 구분(계측 핵심 33) 참조

97 다음 중 편차의 크기에 단순비례하여 조절요소에 보내는 신호의 주기가 변하는 제어동작은? 【계측 4】

① on-off동작　　② P동작
③ PI동작　　　　④ PID동작

동작신호와 신호의 전송법(계측 핵심 4) 참조

98 열전대 사용상의 주의사항 중 오차의 종류는 열적 오차와 전기적인 오차로 구분할 수 있다. 다음 중 열적 오차에 해당되지 않는 것은?

① 삽입전이의 영향
② 열복사의 영향
③ 전자유도의 영향
④ 열저항 증가에 의한 영향

99 주로 탄광 내 CH_4가스의 농도를 측정하는 데 사용되는 방법은?

① 질량분석법
② 안전등형
③ 시험지법
④ 검지관법

100 4개의 실로 나누어진 습식 가스미터의 드럼이 10회전 했을 때 통과유량이 100L였다면 각 실의 용량은 얼마인가?

① 1L　　　　　② 2.5L
③ 10L　　　　　④ 25L

$$\frac{100L}{10 \times 4} = 2.5L$$

국가기술자격 시험문제

자격종목	시험시간	문제수	문제형별
가스기사	2시간30분	100	B

수험번호		성 명	

■ 제1과목 가스유체역학

01 2차원 직각좌표계(x, y)상에서 속도 포텐셜(ϕ, velocity potential)이 $\phi = Ux$로 주어지는 유동장이 있다. 이 유동장의 흐름함수(Ψ, stream function)에 대한 표현식으로 옳은 것은? (단, U는 상수이다.)

① $U(x+y)$ ② $U(-x+y)$
③ Uy ④ $2Ux$

2차원 흐름은 유체의 제반성질을 x, y 좌표와 시간의 함수로 표현하는 흐름을 말한다. 단면이 일정하고 길이가 무한인 긴 날개흐름 등으로 댐 위의 흐름, 두 개의 평행평판 사이의 점성유동 등이 있다.
2차원 유동의 유선방정식 $\dfrac{dx}{dy} = \dfrac{dy}{\nu}$
2차원 유동의 함수 흐름의 진행방향이 y방향인 경우 $\Psi = Uy$로 표현된다.

02 유선(stream line)에 대한 설명 중 잘못된 내용은?

① 유체흐름 내 모든 점에서 유체흐름의 속도벡터의 방향을 갖는 연속적인 가상곡선이다.
② 유체흐름 중의 한 입자가 지나간 궤적을 말한다.
③ x, y, z 방향에 대한 속도성분을 각각 u, v, w라고 할 때 유선의 미분방정식은 $\dfrac{dx}{u} = \dfrac{dy}{v} = \dfrac{dz}{w}$ 이다.
④ 정상유동에서 유선과 유적선은 일치한다.

㉠ 유선 : 임의의 유동장 내에서 유체입자가 곡선을 따라 움직일 때 곡선이 갖는 접선과 유체입자가 갖는 속도벡터의 방향이 일치하도록 운동해석을 할 때의 곡선을 말한다.
㉡ 유관 : 유선으로 둘러싸인 유체의 관
㉢ 유적선 : 주어진 시간 동안에 유체의 입자가 유선을 따라 진행한 경로
㉣ 유선, 유적선은 일치하지 않으나 정상유동에서는 일치

03 지름이 10cm인 파이프 안으로 비중이 0.8인 기름을 40kg/min의 질량유속으로 수송하면 파이프 안에서 기름이 흐르는 평균속도는 약 몇 m/min인가?

① 6.37 ② 17.46
③ 20.46 ④ 27.46

$G = \gamma A V$
$V = \dfrac{G}{\gamma A} = \dfrac{40(\text{kg/min})}{0.8 \times 10^3 (\text{kg/m}^3) \times \dfrac{\pi}{4} \times (0.1\text{m})^2}$
$= 6.36 = 6.37\text{m/min}$

04 지름이 0.1m인 관에 유체가 흐르고 있다. 임계 레이놀즈수가 2100이고, 이에 대응하는 임계유속이 0.25m/s이다. 이 유체의 동점성계수는 약 몇 cm²/s인가?

① 0.095 ② 0.119
③ 0.354 ④ 0.454

$Re = \dfrac{VD}{\nu}$
$\therefore \nu = \dfrac{VD}{Re} = \dfrac{0.25 \times 100 \times 10}{2100} = 0.119\text{cm}^2/\text{s}$

05 그림과 같은 물 딱총 피스톤을 미는 단위 면적당 힘의 세기가 $P[N/m^2]$일 때 물이 분출되는 속도 V는 몇 m/s인가? (단, 물의 밀도는 $\rho[kg/m^3]$이고, 피스톤의 속도와 손실은 무시한다.)

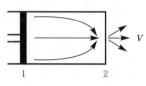

① $\sqrt{2P}$

② $\sqrt{\dfrac{2g}{\rho}}$

③ $\sqrt{\dfrac{2P}{g\rho}}$

④ $\sqrt{\dfrac{2P}{\rho}}$

압력수두가 전부 속도수두로 변하므로
$\dfrac{P}{\gamma} = \dfrac{V^2}{2g}$ 에서

$\therefore V = \sqrt{\dfrac{2gP}{\gamma}} = \sqrt{\dfrac{2gP}{\rho g}} = \sqrt{\dfrac{2P}{\rho}}$

06 내경 25mm인 원관 속을 평균유속 29.4m/min으로 물이 흐르고 있다면 원관의 길이 20m에 대한 손실수두는 약 몇 m가 되겠는가? (단, 관 마찰계수는 0.0125이다.)

① 0.123 ② 0.250

③ 0.500 ④ 1.225

$h_f = f\dfrac{l}{d} \cdot \dfrac{V^2}{2g}$

$\quad = 0.0125 \times \dfrac{20}{0.025} \times \dfrac{(29.4/60)^2}{2 \times 9.8}$

$\quad = 0.1225 = 0.123$

07 베르누이 방정식에 관한 일반적인 설명으로 옳은 것은?

① 같은 유선상이 아니더라도 언제나 임의의 점에 대하여 적용된다.

② 주로 비정상류 상태의 흐름에 대하여 적용된다.

③ 유체의 마찰효과를 고려한 식이다.

④ 압력수두, 속도수두, 위치수두의 합은 일정하다.

베르누이 방정식
오일러의 운동방정식을 적분한 값
㉠ $\dfrac{P}{\gamma} + \dfrac{V^2}{2g} + h = C$
   (압력, 속도, 위치, 수두의 값은 일정)
㉡ 유체입자는 유선을 따라 움직임
㉢ 마찰이 없는 비점성 유체
㉣ 정상류
㉤ 비압축성

08 큰 탱크에 정지하고 있던 압축성 유체가 등엔트로피 과정으로 수축–확대 노즐을 지나면서 노즐의 출구에서 초음속으로 흐른다. 다음 중 옳은 것을 모두 고른 것은?

> ㉮ 노즐의 수축부분에서의 속도는 초음속이다.
> ㉯ 노즐의 목에서의 속도는 초음속이다.
> ㉰ 노즐의 확대부분에서의 속도는 초음속이다.

① ㉮ ② ㉯

③ ㉰ ④ ㉯, ㉰

축소–확대 노즐
㉠ 축소부분 : 아음속
㉡ 확대부분 : 초음속
㉢ 노즐의 목 : 음속, 아음속

09 다음 무차원수의 물리적인 의미로 옳은 것은 어느 것인가? 【유체19】

① Weber No. : $\dfrac{관성력}{표면장력의 힘}$

② Euler No. : $\dfrac{관성력}{압력^2}$

③ Reynolds No. : $\dfrac{점성력}{관성력}$

④ Mach No. : $\dfrac{점성력}{관성력}$

버킹엄의 정의(유체 핵심 19) 참조
무차원수=물리량수－기본차원수

10 압축성 계수 β를 온도 T, 압력 P, 부피 V의 함수로 옳게 나타낸 것은?

① $\beta = \dfrac{1}{V}\left(\dfrac{\partial V}{\partial P}\right)_T$

② $\beta = \dfrac{1}{P}\left(\dfrac{\partial P}{\partial V}\right)_T$

③ $\beta = -\dfrac{1}{P}\left(\dfrac{\partial P}{\partial V}\right)_T$

④ $\beta = -\dfrac{1}{V}\left(\dfrac{\partial V}{\partial P}\right)_T$

해설
㉠ 압축성 계수(β) : 체적탄성계수의 역수
㉡ 체적탄성 계수(K) : 체적의 변화율에 대한 압력변화의 비

$$K = \dfrac{dP}{-\dfrac{dV}{V}} = \dfrac{dP}{\dfrac{d\rho}{\rho}} = \dfrac{dP}{\dfrac{d\gamma}{\gamma}} = -V \times \dfrac{dP}{dV}$$

$$\therefore \beta = \dfrac{1}{K} = -\dfrac{1}{V}\left(\dfrac{\partial V}{\partial P}\right)_T$$

11 매끄러운 원관에서 유량 Q, 관의 길이 L, 직경 D, 동점성계수 ν가 주어졌을 때 손실수두 h_f를 구하는 순서로 옳은 것은? (단, f는 마찰계수, Re는 Reynolds수, V는 속도이다.)

① Moody 선도에서 f를 가정한 후 Re를 계산하고 h_f를 구한다.

② h_f를 가정하고 f를 구해 확인한 후 Moody 선도에서 Re로 검증한다.

③ Re를 계산하고 Moody 선도에서 f를 구한 후 h_f를 구한다.

④ Re를 가정하고 V를 계산하고 Moody 선도에서 f를 구한 후 h_f를 계산한다.

해설
㉠ 관 마찰계수(f)는 레이놀즈수(Re) 상대조도$\left(\dfrac{e}{d}\right)$의 함수

$$f = \dfrac{64}{Re}$$

㉡ 무디선도는 $(Re)\left(\dfrac{e}{d}\right)(f)$의 함수이므로 Re를 계산하고 무디선도에서 f를 구한 후 h_f를 계산한다.

12 다음 중 수직 충격파가 발생될 때 나타나는 현상은?

① 압력, 마하수, 엔트로피가 증가한다.
② 압력은 증가하고, 엔트로피와 마하수는 감소한다.
③ 압력과 엔트로피가 증가하고, 마하수는 감소한다.
④ 압력과 마하수는 증가하고, 엔트로피는 감소한다.

해설
충격파
㉠ 초음속흐름이 아음속으로 변하게 되는 경우 이 때 발생하는 불연속면
㉡ 수직 충격파는 충격파가 흐름에 대해 수직으로 작용하는 경우
㉢ 밀도, 비중량, 압력, 엔트로피 증가
㉣ 속도, 마하수 감소
㉤ 미찰열 발생

13 U자관 마노미터를 사용하여 오리피스 유량계에 걸리는 압력차를 측정하였다. 오리피스를 통하여 흐르는 유체는 비중이 1인 물이고, 마노미터 속의 액체는 비중이 13.6인 수은이다. 마노미터 읽음이 4cm일 때 오리피스에 걸리는 압력차는 약 몇 Pa인가?

① 2470   ② 4940
③ 7410   ④ 9880

해설
$(13.6-1)\text{kg}/10^3\text{cm}^3 \times 4\text{cm} = 0.0504\text{kg/cm}^2$

$$\therefore \dfrac{0.0504}{1.033} \times 101325 = 4943\text{Pa}$$

14 유체가 흐르는 배관 내에서 갑자기 밸브를 닫았더니 급격한 압력변화가 일어났다. 이 때 발생할 수 있는 현상은?   [설비 17]

① 공동 현상   ② 서징 현상
③ 워터해머 현상   ④ 숏피닝 현상

해설
원심펌프에서 발생되는 이상현상(설비 핵심 17) 참조
워터해머(수격)
관로 내를 흐르는 대형 송수관에서 일어나는 현상으로 급격한 속도변화에 따른 압력변화가 일어나는 현상

15 어떤 비행체의 마하각을 측정하였더니 45° 를 얻었다. 이 비행체가 날고 있는 대기 중에서 음파의 전파속도가 310m/s일 때 비행체의 속도는 얼마인가?

① 340.2m/s

② 438.4m/s

③ 568.4m/s

④ 338.9m/s

$$\alpha = \sin^{-1} \cdot \frac{C}{V}$$

$$\therefore \ \sin\alpha = \frac{C}{V}$$

$$V = \frac{C}{\sin\alpha} = \frac{310}{\sin 45} = 438.4\text{m/s}$$

16 점도 6cP를 Pa·s로 환산하면 얼마인가?

① 0.0006

② 0.006

③ 0.06

④ 0.6

$$6\text{cP} = 0.06\text{P} = 0.06\text{g/cm} \cdot \text{s}$$

$$= 0.06 \times \frac{1}{10^5}\text{N} \cdot \text{s}^2/\text{cm} \times \frac{1}{\text{cm} \cdot \text{s}}$$

$$= 0.06 \times \frac{1}{10^5}\text{N} \cdot \text{s/cm}^2$$

$$= 0.06 \times \frac{1}{10^5}\text{N} \cdot \text{s/cm}^2 \times 10^4 \text{cm}^2/\text{m}^2$$

$$= 0.06 \times \frac{1}{10}\text{N/m}^2 \cdot \text{s}$$

$$= 0.006\text{Pa} \cdot \text{s}$$

$$\boxed{\begin{array}{l} 1\text{kgf} = 9.8\text{N}, \quad 1\text{N} = 10^5\text{g} \cdot \text{cm/s}^2 \\ 1\text{g} = \frac{1}{10^5}\text{N} \cdot \text{s}^2/\text{cm} \end{array}}$$

17 음속을 C, 물체의 속도를 V라고 할 때, Mach수는?

① $\dfrac{V}{C}$

② $\dfrac{V}{C^2}$

③ $\dfrac{C}{V}$

④ $\dfrac{C^2}{V}$

$$Ma = \frac{V(\text{속도})}{C(\text{음속})}$$

18 온도 20℃, 압력 5kgf/cm²인 이상기체 10cm³를 등온조건에서 5cm³까지 압축시키면 압력은 약 몇 kgf/cm²인가?

① 2.5

② 5

③ 10

④ 20

$$P_1 V_1 = P_2 V_2$$

$$\therefore \ P_2 = \frac{P_1 V_1}{V_2} = \frac{5 \times 10}{5} = 10\text{kgf/cm}^2$$

19 펌프작용이 단속적이라서 맥동이 일어나기 쉬우므로 이를 완화하기 위하여 공기실을 필요로 하는 펌프는?

① 원심펌프

② 기어펌프

③ 수격펌프

④ 왕복펌프

20 충격파와 에너지선에 대한 설명으로 옳은 것은?

① 충격파는 아음속흐름에서 갑자기 초음속흐름으로 변할 때에만 발생한다.

② 충격파가 발생하면 압력, 온도, 밀도 등이 연속적으로 변한다.

③ 에너지선은 수력구배선보다 속도수두만큼 위에 있다.

④ 에너지선은 항상 상향기울기를 갖는다.

여기서, h : 위치수두

　　　　$\dfrac{P}{\gamma}$: 압력수두

　　　　$\dfrac{V^2}{2g}$: 속도수두

※ 에너지선은 수력구배선보다 속도수두$\left(\dfrac{V^2}{2g}\right)$ 만큼 위에 있다.

 15.② 16.② 17.① 18.③ 19.④ 20.③

제2과목 연소공학

21 기체상태의 평형이동에 영향을 미치는 변수와 가장 거리가 먼 것은?

① 온도　　　　　② 압력
③ pH　　　　　④ 농도

22 다음 [보기]에서 비등액체팽창증기폭발(BLEVE) 발생의 단계를 순서에 맞게 나열한 것은?

> A. 탱크가 파열되고 그 내용물이 폭발적으로 증발한다.
> B. 액체가 들어있는 탱크의 주위에서 화재가 발생한다.
> C. 화재로 인한 열에 의하여 탱크의 벽이 가열된다.
> D. 화염이 열을 제거시킬 액은 없고 증기만 존재하는 탱크의 벽이나 천장(roof)에 도달하면 화염과 접촉하는 부위의 금속의 온도는 상승하여 탱크는 구조적 강도를 잃게 된다.
> E. 액위 이하의 탱크 벽은 액에 의하여 냉각되나, 액의 온도는 올라가고, 탱크 내의 압력이 증가한다.

① E−D−C−A−B
② E−D−C−B−A
③ B−C−E−D−A
④ B−C−D−E−A

23 어떤 물질이 0MPa(게이지압)에서 UFL(연소상한계)이 12.0vol%일 경우 7.0MPa(게이지압)에서는 UFL(vol%)이 약 얼마인가?

① 31　　　　　② 41
③ 50　　　　　④ 60

🖊 **해설**
압력상승 시 분자간 평균거리가 축소되어 열전달이 용이하고 연소범위가 넓어진다.
압력의 함수로서 증가에 대한 방정식
$UFL(P) = UFL + 20.6(\log P + 1)$
　　　　$= 12 + 20.6(\log 7 + 1) = 50\%$

- UFL(P) : 어느 압력에서 폭발범위 상한 값
- UFL : 대기압에서 폭발범위 상한 값

24 상온, 상압하에서 가연성 가스의 폭발에 대한 일반적인 설명으로 틀린 것은?

① 폭발범위가 클수록 위험하다.
② 인화점이 높을수록 위험하다.
③ 연소속도가 클수록 위험하다.
④ 착화점이 높을수록 안전하다.

🖊 **해설**
인화점이 높으면 연소가 느려지므로 안전하다.

25 열역학 제2법칙에 대한 설명이 아닌 것은?

① 엔트로피는 열의 흐름을 수반한다.
② 계의 엔트로피는 계가 열을 흡수하거나 방출해야만 변화한다.
③ 자발적인 과정이 일어날 때는 전체(계와 주위)의 엔트로피는 감소하지 않는다.
④ 계의 엔트로피는 증가할 수도 있고 감소할 수도 있다.

🖊 **해설**
열역학 2법칙
(1) 비가역적 법칙
　㉠ 엔트로피의 정의를 밝힌 법칙
　㉡ 열의 흐름을 수반
(2) 열을 공급 받을 시 자연계에 아무런 변화도 남기지 않고 계속적으로 열은 일로 전환할 수 없다.
(3) 100% 효율의 열기관은 존재할 수 없다.

26 열기관의 효율을 길이의 비로 나타낼 수 있는 선도는?

① $P-T$ 선도　　　② $T-S$ 선도
③ $H-S$ 선도　　　④ $P-V$ 선도

🖊 **해설**
$H-S$ 선도(증기선도=몰리에르선도)
㉠ 포화수 엔탈피는 알 수 없으나, 열기관의 효율을 길이의 비로 나타낼 수 있다.
㉡ 증기의 교축변화를 해설할 때 이용한다.

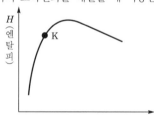

정답 21.③ 22.③ 23.③ 24.② 25.② 26.③

27 엔탈피에 대한 설명 중 옳지 않은 것은?

① 열량을 일정한 온도로 나눈 값이다.

② 경로에 따라 변화하지 않는 상태함수이다.

③ 엔탈피의 측정에는 흐름열량계를 사용한다.

④ 내부에너지와 유동일(흐름일)의 합으로 나타낸다.

엔탈피(kcal/kg)

단위중량당 열량(열량을 중량으로 나눈 값)

28 체적이 0.8m³인 용기 내에 분자량이 20인 이상기체 10kg이 들어 있다. 용기 내의 온도가 30℃라면 압력은 약 몇 MPa인가?

① 1.57   ② 2.45

③ 3.37   ④ 4.35

$$PV = \frac{w}{M}RT$$

$$P = \frac{wRT}{VM} = \frac{10 \times 8.314 \times (273+30)}{0.8 \times 20}$$

$$= 1574.46 \text{kPa} = 1.57 \text{MPa}$$

$$\boxed{\begin{array}{l} R = \dfrac{8.314}{M} (\text{kJ/kg} \cdot \text{K}) \\ P = \text{kPa}(\text{kN/m}^2) \end{array}}$$

29 밀폐된 용기 내에 1atm, 37℃로 프로판과 산소의 비율이 2 : 8로 혼합되어 있으며 그것이 연소하여 아래와 같은 반응을 하고 화염온도는 3000K이 되었다면, 이 용기 내에 발생하는 압력은 약 몇 atm인가?

$$2C_3H_8 + 8O_2 \longrightarrow 6H_2O + 4CO_2 + 2CO + 2H_2$$

① 13.5   ② 15.5

③ 16.5   ④ 19.5

$$P_1 V_1 = \eta_1 R_1 T_1$$

$$P_2 V_2 = \eta_2 R_2 T_2$$

$$V_1 = V_2 = \frac{\eta_1 R_1 T_1}{P_1} = \frac{\eta_2 R_2 T_2}{P_2}$$

$$(R_1 = R_2) \text{이므로}$$

$$\therefore \; P_2 = \frac{P_1 \eta_2 T_2}{\eta_1 T_1} = \frac{1 \times 14 \times 3000}{10 \times (273 + 37)} = 13.5 \text{atm}$$

30 내압방폭구조의 폭발등급 분류 중 가연성 가스의 폭발등급 A에 해당하는 최대안전 틈새의 범위(mm)는?   [안전 13]

① 0.9 이하

② 0.5 초과 0.9 미만

③ 0.5 이하

④ 0.9 이상

위험장소 분류, 가스시설 전기방폭기준(안전 핵심 13) 참조

31 기체연료의 연소속도에 대한 설명으로 틀린 것은?

① 보통의 탄화수소와 공기의 혼합기체 연소속도는 약 400~500cm/s 정도로 매우 빠른 편이다.

② 연소속도는 가연한계 내에서 혼합기체의 농도에 영향을 크게 받는다.

③ 연소속도는 메탄의 경우 당량비 농도 근처에서 최고가 된다.

④ 혼합기체의 초기온도가 올라갈수록 연소속도도 빨라진다.

탄화수소와 공기의 혼합기체 연소속도

10~1000cm/s

32 집진효율이 가장 우수한 집진장치는?

① 여과 집진장치   ② 세정 집진장치

③ 전기 집진장치   ④ 원심력 집진장치

33 이상기체에 대한 설명으로 틀린 것은?

① 압축인자 $Z = 1$이 된다.

② 상태방정식 $PV = nRT$를 만족한다.

③ 비리얼방정식에서 V가 무한대가 되는 것이다.

④ 내부 에너지는 압력에 무관하고 단지 부피와 온도만의 함수이다.

내부 에너지는 온도만의 함수

34 연료와 공기를 미리 혼합시킨 후 연소시키는 것으로 고온의 화염면(반응면)이 형성되어 자력으로 전파되어 일어나는 연소형태는 어느 것인가? [연소 2]

① 확산연소   ② 분무연소
③ 예혼합연소   ④ 증발연소

 연소의 종류(연소 핵심 2) 참조

35 오토사이클에 대한 일반적인 설명으로 틀린 것은?

① 열효율은 압축비에 대한 함수이다.
② 압축비가 커지면 열효율은 작아진다.
③ 열효율은 공기표준 사이클보다 낮다.
④ 이상연소에 의해 열효율은 크게 제한을 받는다.

 오토사이클(정적 사이클)

$$\eta = 1 - \left(\frac{1}{\varepsilon}\right)^{k-1}$$

압축비(ε)가 클수록 효율은 좋아진다.

36 과잉공기계수가 1.3일 때 230Nm^{3}의 공기로 탄소(C) 약 몇 kg을 완전연소시킬 수 있는가?

① 4.8kg   ② 10.5kg
③ 19.9kg   ④ 25.6kg

$$\begin{array}{cccc} C & + & O_2 & \rightarrow & CO_2 \\ 12kg & & 22.4Nm^2 & & \\ 1kg & & x & & \end{array}$$

$$x = \frac{1 \times 22.4}{12} = 18.66$$

공기량(A_o) = $1.866 \times \frac{1}{0.21} = 8.89$Nm^3/kg이므로

$A = mA_o$에서

필요이론공기량 $A_o = \frac{A}{m} = \frac{230}{1.3} = 176.92$이므로

$$\frac{176.92\text{Nm}^2}{8.89\text{Nm}^3/\text{kg}} = 19.9\text{kg}$$

37 다음 중 층류 연소속도의 측정법이 아닌 것은 어느 것인가? [연소 25]

① 분젠버너법
② 슬롯버너법
③ 다공버너법
④ 비눗방울법

38 압력 0.2MPa, 온도 333K의 공기 2kg이 이상적인 폴리트로픽 과정으로 압축되어 압력 2MPa, 온도 523K으로 변화하였을 때 그 과정에서의 일량은 약 몇 kJ인가?

① −447   ② −547
③ −647   ④ −667

폴리트로픽 변화의 일량(W_a)

$$W_a = \frac{1}{n-1}(P_1 V_1 - P_2 V_2)$$

$$= \frac{1}{n-1}\left[P_1 V_1 - P_1 V_1 \left(\frac{T_2}{T_1}\right)\right]$$

$$= \frac{1}{n-1}(P_1 V_1)\left(1 - \frac{T_2}{T_1}\right)$$

$$= \frac{GR}{n-1}(T_1 - T_2)$$

㉠ 폴리트로픽 지수 n을 구함
폴리트로픽 변화

$$\frac{T_2}{T_1} = \left(\frac{P_2}{P_1}\right)^{\frac{n-1}{n}}$$에서

$$\frac{n-1}{n} = \frac{\log\left(\frac{T_2}{T_1}\right)}{\log\left(\frac{P_2}{P_1}\right)} = \frac{\log\left(\frac{523}{333}\right)}{\log\left(\frac{2}{0.2}\right)} = 0.196$$

$$\therefore n = 1.244$$

㉡ V_1을 구함
$P_V = GRT$에서

$$V_1 = \frac{GRT}{P_1} = \frac{2 \times \frac{8314}{29} \times 333}{0.2 \times 10^6} = 0.955\text{m}^3$$

$$\therefore W_a = \frac{1}{1.244 - 1}(0.2 \times 10^6 \times 0.955)$$

$$\left(1 - \frac{523}{333}\right) = -446635\text{N} \cdot \text{m} = -447\text{kJ}$$

39 불활성화에 대한 설명으로 틀린 것은 어느 것인가? [연소 19]

① 가연성 혼합가스 중의 산소농도를 최소산소농도(MOC) 이하로 낮게 하여 폭발을 방지하는 것이다.

② 일반적으로 실시되는 산소농도의 제어점은 최소산소농도(MOC)보다 약 4% 낮은 농도이다.

③ 이너트 가스로는 질소, 이산화탄소, 수증기가 사용된다.

④ 일반적으로 가스의 최소산소농도(MOC)는 보통 10% 정도이고 분진인 경우에는 1% 정도로 낮다.

불활성화 방법(연소 핵심 19) 참조

40 공기비가 클 경우 연소에 미치는 현상으로 가장 거리가 먼 것은? [연소 15]

① 연소실 내의 연소온도가 내려간다.

② 연소가스 중에 CO_2가 많아져 대기오염을 유발한다.

③ 연소가스 중에 SO_x가 많아져 저온 부식이 촉진된다.

④ 통풍력이 강하여 배기가스에 의한 열손실이 많아진다.

공기비(연소 핵심 15) 참조
연소가스 중 NO, NO_2가 많아져 대기오염을 유발

제3과목 가스설비

41 압축기의 실린더를 냉각하는 이유로서 가장 거리가 먼 것은? [설비 47]

① 체적효율 증대 ② 압축효율 증대

③ 윤활기능 향상 ④ 토출량 감소

압축비와 실린더 냉각의 목적(설비 핵심 47) 참조

42 펌프의 이상현상에 대한 설명 중 틀린 것은 어느 것인가? [설비 17]

① 수격작용이란 유속이 급변하여 심한 압력변화를 갖게 되는 작용이다.

② 서징(surging)의 방지법으로 유량조정 밸브를 펌프 송출측 직후에 배치시킨다.

③ 캐비테이션 방지법으로 관경과 유속을 모두 크게 한다.

④ 베이퍼록은 저비점 액체를 이송시킬 때 입구쪽에서 발생되는 액체비등 현상이다.

원심펌프에서 발생하는 이상현상(설비 핵심 17) 참조
③ 관경은 크게, 유속은 낮게

43 정압기의 운전특성 중 정상상태에서의 유량과 2차 압력과의 관계를 나타내는 것은 어느 것인가? [설비 22]

① 정특성 ② 동특성

③ 사용최대차압 ④ 작동최소차압

정압기의 특성(설비 핵심 22) 참조

44 헬륨가스의 기체상수는 약 몇 kJ/kg · K인가?

① 0.287 ② 2

③ 28 ④ 212

He=4g이므로

$R = \dfrac{848}{M}$ kgf · m/kg · K 에서

$\dfrac{848}{4} \times 9.8$ N · m/kg · K

$= \dfrac{848}{4} \times 9.8 \times 10^{-3}$ kN · m/kg · K

$= 2.0$ kN · m/kg · K $= 2.0$ kJ/kg · K (kN · m = kJ)

45 토출량 5m³/min, 전양정 30m, 비교회전수 90rpm · m³/min · m인 3단 원심펌프의 회전수는 약 몇 rpm인가?

① 226 ② 255

③ 326 ④ 343

$$Ns = \frac{N\sqrt{Q}}{\left(\dfrac{H}{n}\right)^{\frac{3}{4}}}$$

$$\therefore \ N = \frac{Ns \cdot \left(\dfrac{H}{n}\right)^{\frac{3}{4}}}{\sqrt{Q}} = \frac{90 \times \left(\dfrac{30}{3}\right)^{\frac{3}{4}}}{\sqrt{5}} = 226.33\text{rpm}$$

46 원심압축기의 특징이 아닌 것은? [설비 35]

① 설치면적이 적다.
② 압축이 단속적이다.
③ 용량조정이 어렵다.
④ 윤활유가 불필요하다.

압축기 특징(설비 핵심 35) 참조

47 하버-보시법에 의한 암모니아 합성 시 사용되는 촉매는 주촉매로 산화철(Fe_3O_4)에 보조촉매를 사용한다. 보조촉매의 종류가 아닌 것은?

① K_2O ② MgO
③ Al_2O_3 ④ MnO

암모니아 합성 시 촉매
암모니아 합성촉매는 주로 산화철(Fe_3O_4)에 Al_2O_3, K_2O를 첨가하고, 그 밖의 촉진제로 CaO, MgO, SiO_2 등이 사용된다.

48 스테인리스강을 조직학적으로 구분하였을 때 이에 속하지 않는 것은?

① 오스테나이트계 ② 보크사이트계
③ 페라이트계   ④ 마텐자이트계

49 펌프의 특성곡선상 체절운전(체절양정)이란 무엇인가?

① 유량이 0일 때의 양정
② 유량이 최대일 때의 양정
③ 유량이 이론값일 때의 양정
④ 유량이 평균값일 때의 양정

50 배관의 전기방식 중 희생양극법에서 저전위 금속으로 주로 사용되는 것은?

① 철   ② 구리
③ 칼슘   ④ 마그네슘

저전위 금속 : Mg, Zn

51 LP가스 충전설비 중 압축기를 이용하는 방법의 특징이 아닌 것은? [설비 23]

① 잔류가스 회수가 가능하다.
② 베이퍼록 현상 우려가 있다.
③ 펌프에 비해 충전시간이 짧다.
④ 압축기 오일이 탱크에 들어가 드레인의 원인이 된다.

LP가스 이송방법(설비 핵심 23) 참조

52 가스화의 용이함을 나타내는 지수로서 C/H비가 이용된다. 다음 중 C/H비가 가장 낮은 것은?

① propane   ② naphtha
③ methane   ④ LPG

methane(CH_4)
$$\frac{12}{4} = 3$$

53 용기 속의 잔류가스를 배출시키려 할 때 다음 중 가장 적정한 방법은?

① 큰 통에 넣어 보관한다.
② 주위에 화기가 없으면 소화기를 준비할 필요가 없다.
③ 잔가스는 내압이 없으므로 밸브를 신속히 연다.
④ 통풍이 있는 옥외에서 실시하고, 조금씩 배출한다.

54 다음 중 용기밸브의 충전구가 왼나사 구조인 것은? [안전 32]

① 브롬화메탄   ② 암모니아
③ 산소   ④ 에틸렌

용기밸브 나사의 종류, 용기밸브 충전구나사(안전 핵심 32) 참조

55 도시가스 원료로서 나프타(naphtha)가 갖추어야 할 조건으로 틀린 것은?

① 황분이 적을 것
② 카본 석출이 적을 것
③ 탄화물성 경향이 클 것
④ 파라핀계 탄화수소가 많을 것

탄화물성 경향이 작을 것

56 석유화학 공장 등에 설치되는 플레어스택에서 역화 및 공기 등과의 혼합폭발을 방지하기 위하여 가스 종류 및 시설 구조에 따라 갖추어야 하는 것에 포함되지 않는 것은?

① vacuum breaker
② flame arrestor
③ vapor seal
④ molecular seal

플레어스택에 포함되어야 할 시설
②, ③, ④ 이외에 purge gas의 지속적 주입, liquid seal 시설

57 2단 감압방식의 장점에 대한 설명이 아닌 것은?　　　　　　　　　[설비 55]

① 공급압력이 안정적이다.
② 재액화에 대한 문제가 없다.
③ 배관 입상에 의한 압력손실을 보정할 수 있다.
④ 연소기구에 맞는 압력으로 공급이 가능하다.

조정기(설비 핵심 55) 참조
② 재액화에 문제가 있다.

58 LP가스의 일반적인 성질에 대한 설명 중 옳은 것은?　　　　　　　　　[설비 56]

① 증발잠열이 작다.
② LP가스는 공기보다 가볍다.
③ 가압하거나 상압에서 냉각하면 쉽게 액화한다.
④ 주성분은 고급 탄화수소의 화합물이다.

LP가스의 특징(설비 핵심 56) 참조
LP가스의 특성
㉠ 증발잠열이 크다.
㉡ 공기보다 무겁다.
㉢ 저급 탄화수소의 화합물이다.

59 고압가스장치 재료에 대한 설명으로 틀린 것은?

① 고압가스장치에는 스테인리스강 또는 크롬강이 적당하다.
② 초저온장치에는 구리, 알루미늄이 사용된다.
③ LPG 및 아세틸렌 용기 재료로는 Mn강을 주로 사용한다.
④ 산소, 수소 용기에는 Cr강이 적당하다.

③ LPG C_2H_2 용기 재료 : 탄소강

60 다음 부취제 주입방식 중 액체 주입식이 아닌 것은?　　　　　　　　　[안전 19]

① 펌프 주입방식
② 적하 주입방식
③ 바이패스 증발식
④ 미터 연결 바이패스 방식

부취제(안전 핵심 19) 참조

제4과목 가스안전관리

61 액화석유가스 고압설비를 기밀시험 하려고 할 때 가장 부적당한 가스는?

① 산소　　　　　　② 공기
③ 이산화탄소　　　④ 질소

산소는 조연성으로 기밀시험에 부적합하다.

62 다음 중 역화방지장치를 설치하지 않아도 되는 곳은?　　　　　　　　　[안전 91]

① 아세틸렌 충전용 지관
② 가연성 가스를 압축하는 압축기와 오토클레이브 사이의 배관
③ 가연성 가스를 압축하는 압축기와 충전용 주관과의 사이
④ 아세틸렌 고압건조기와 충전용 교체밸브 사이 배관

역류방지밸브, 역화방지장치 설치기준(안전 핵심 91) 참조

63 공기액화분리기의 액화공기 탱크와 액화산소 증발기와의 사이에는 석유류, 유지류, 그 밖의 탄화수소를 여과, 분리하기 위한 여과기를 설치해야 한다. 이때 1시간의 공기 압축량이 몇 m³ 이하의 것은 제외하는가? [설비 5]

① 100m³   ② 1000m³
③ 5000m³   ④ 10000m³

공기액화분리장치(설비 핵심 5) 참조

64 내용적이 3000L인 차량에 고정된 탱크에 최고 충전압력 2.1MPa로 액화가스를 충전하고자 할 때 탱크의 저장능력은 얼마가 되는가? (단, 가스의 충전정수는 2.1MPa에서 2.35MPa이다.)

① 1277kg   ② 142kg
③ 705kg   ④ 630kg

$$W = \frac{V}{C} = \frac{3000}{2.35} = 1276.59 \text{kg}$$

65 가연성 가스의 검지경보장치 중 방폭구조로 하지 않아도 되는 가연성 가스는? [안전 13]

① 아세틸렌   ② 프로판
③ 브롬화메탄   ④ 에틸에테르

위험장소 분류, 가스시설 전기방폭기준(안전 핵심 13) 참조

66 고압가스 충전용기 등의 적재, 취급, 하역 운반요령에 대한 설명으로 가장 옳은 것은 어느 것인가? [안전 71]

① 교통량이 많은 장소에서는 엔진을 켜고 용기 하역작업을 한다.
② 경사진 곳에서는 주차 브레이크를 걸어놓고 하역작업을 한다.

③ 충전용기를 적재한 차량은 제1종 보호시설과 10m 이상의 거리를 유지한다.
④ 차량의 고장 등으로 인하여 정차하는 경우는 적색표지판 등을 설치하여 다른 차와의 충돌을 피하기 위한 조치를 한다.

차량 고정탱크 및 용기에 의한 운반·주차 시의 기준(안전 핵심 71) 참조

67 가스용기의 도색으로 옳지 않은 것은? (단, 의료용 가스용기는 제외한다.) [안전 59]

① O₂ : 녹색
② H₂ : 주황색
③ C₂H₂ : 황색
④ 액화암모니아 : 회색

용기의 도색 표시(안전 핵심 59) 참조
④ 암모니아 : 백색

68 공급자의 안전점검 기준 및 방법과 관련하여 틀린 것은?

① 충전용기의 설치위치
② 역류방지장치의 설치여부
③ 가스공급 시 마다 점검 실시
④ 독성가스의 경우 흡수장치·제해장치 및 보호구 등에 대한 적합여부

69 액화석유가스 외의 액화가스를 충전하는 용기의 부속품을 표시하는 기호는? [안전 64]

① AG   ② PG
③ LG   ④ LPG

용기 종류별 부속품의 기호(안전 핵심 64) 참조

70 암모니아를 실내에서 사용할 경우 가스누출 검지경보장치의 경보농도는? [안전 67]

① 25ppm   ② 50ppm
③ 100pp   ④ 200ppm

가스누출경보기 및 자동차단장치 설치(안전 핵심 67) 참조

정답 63.② 64.① 65.③ 66.④ 67.④ 68.② 69.③ 70.②

71 이동식 부탄연소기(카세트식)의 구조에 대한 설명으로 옳은 것은?

① 용기장착부 이외에 용기가 들어가는 구조이어야 한다.

② 연소기는 50% 이상 충전된 용기가 연결된 상태에서 어느 방향으로 기울여도 20° 이내에서는 넘어지지 아니하여야 한다.

③ 연소기는 2가지 용도로 동시에 사용할 수 없는 구조로 한다.

④ 연소기에 용기를 연결할 때 용기 아랫부분을 스프링의 힘으로 직접 밀어서 연결하는 방법 또는 자석에 의하여 연결하는 방법이어야 한다.

해설
이동식 부탄연소기(카세트식)

㉠ 용기 연결레버가 있는 것은 다음 구조에 적합하게 한다.

㉡ 용기 연결레버는 연소기 몸체에 견고하게 부착되어 있고, 작동이 원활하고 확실한 것으로 한다.

㉢ 용기를 반복 탈착하는 경우에 용기가 정위치에서 이탈되지 아니하도록 용기장착 가드 홈 등을 설치한다.

㉣ 용기를 장착하는 경우에 용기 밑면을 미는 구조인 것은 용기를 미는 부분의 면적이 용기 밑면적의 1/3 이상으로 한다. 다만, 판스프링을 사용하여 용기를 미는 부분의 높이를 용기 지름의 1/2 이상으로 한 것은 그러하지 아니하다.

㉤ 연소기는 2가지 용도로 동시에 사용할 수 없는 구조로 한다.

㉥ 삼발이를 뒤집어 놓을 수 있는 것은 삼발이를 뒤집어 놓았을 때 용기가 연결되지 아니하거나 가스통로가 열리지 아니하는 구조로 한다. 다만, 삼발이를 뒤집어 놓았을 때 취사용구를 올려놓을 수 없는 구조 및 그릴은 그러하지 아니하다.

㉦ 연소기는 콕이 닫힌 상태에서 예비적 동작 없이는 열리지 아니하는 구조로 한다. 다만, 콕이 닫힌 상태에서 용기가 탈착되는 구조나 소화안전장치가 부착된 것은 그러하지 아니하다.(개정 15.11.4.)

㉧ 연소기는 용기 연결가드를 부착하고, 거버너의 용기 연결가드 중심과 용기 홈부 중심이 일치하는 경우에만 용기가 장착되는 구조로서 용기를 연결하는 경우에는 가스누출이 없는 것으로 한다.

㉨ 콕이 열린 상태에서는 용기가 연소기에 연결되지 아니하는 것으로 한다.

㉩ 연소기에 용기를 연결할 때 용기 아랫부분을 스프링의 힘으로 직접 밀어서 연결하는 방법이 아닌 구조로 한다. 다만, 자석으로 연결하는 연소기는 비자성 용기를 사용할 수 없음을 표시해야 한다.

㉾ 용기장착부의 양 옆면과 아랫면에는 통풍구가 있고, 연소기 밑면이 바닥에 직접 닿지 아니하는 구조로 한다.

㉿ 조리용 연소기 메인버너의 최상부는 국물받이 바닥면보다 20mm 이상 높게 한다. 다만, 그릴은 그러하지 아니하다.

㊀ 용기로부터 연소기에 공급되는 가스는 기체 상태이어야 한다.

㊁ 안전장치 작동부(용기탈착 기계적 작동장치)는 외부 영향으로부터 방해 받지 않아야 한다.

72 공기압축기의 내부 윤활유로 사용할 수 있는 것은?

① 잔류탄소의 질량이 전 질량의 1% 이하이며 인화점이 200℃ 이상으로서 170℃에서 8시간 이상 교반하여 분해되지 않는 것

② 잔류탄소의 질량이 전 질량의 1% 이하이며 인화점이 270℃ 이상으로서 170℃에서 12시간 이상 교반하여 분해되지 않는 것

③ 잔류탄소의 질량이 1% 초과 1.5% 이하이며 인화점이 200℃ 이상으로서 170℃에서 8시간 이상 교반하여 분해되지 않는 것

④ 잔류탄소의 질량이 1% 초과 1.5% 이하이며 인화점이 270℃ 이상으로서 170℃에서 12시간 이상 교반하여 분해되지 않는 것

해설
공기압축기의 내부 윤활유

잔류탄소의 질량	인화점	교반분해 시 온도	교반분해 되지 않는 시간
전 질량의 1% 이하	200℃ 이상	170℃	8시간
전 질량의 1% 초과 1.5% 이하	230℃ 이상	170℃	12시간

정답 71.③ 72.①

73 용기에 의한 액화석유가스 사용시설에 설치하는 기화장치에 대한 설명으로 틀린 것은?

① 최대 가스소비량 이상의 용량이 되는 기화장치를 설치한다.
② 기화장치의 출구배관에는 고무호스를 직접 연결하여 열차단이 되게 하는 조치를 한다.
③ 기화장치의 출구측 압력은 1MPa 미만이 되도록 하는 기능을 갖거나, 1MPa 미만에서 사용한다.
④ 용기는 그 외면으로부터 기화장치까지 3m 이상의 우회거리를 유지한다.

용기에 의한 액화석유가스 사용시설 기화장치 설치 (KGS FU431)
㉠ 용량 : 최대가스소비량 이상의 용량
㉡ 전원 : 비상전력 보유
예비용기를 포함한 용기집합설비 기상부에 별도의 예비 기체라인을 설치할 것
㉢ 출구측 압력 : 1MPa 미만이 되도록 하는 기능을 갖거나 1MPa 미만에서 사용
㉣ 가열방식이 액화석유가스 연소에 의한 방식인 경우 파일럿 버너가 꺼지는 경우 가스공급이 자동차단되는 자동안전장치 부착
㉤ 콘크리트 기초 위에 고정 설치
㉥ 옥외에 설치
옥내 설치 시 불연성 재료 사용, 통풍이 잘되는 구조
㉦ 용기의 면에서 기화장치까지 3m 이상 우회거리 유지
㉧ 기화장치 출구 배관에는 고무호스를 직접 연결하지 아니할 것
㉨ 기화장치에는 정전기 제거조치를 할 것

74 염소가스 운반차량에 반드시 비치하지 않아도 되는 것은? [안전 166]

① 방독마스크
② 안전장갑
③ 제독제
④ 소화기

독성 가스 운반 시 보호장비(안전 핵심 166) 참조

75 가스사고를 사용처별로 구분했을 때 가장 빈도가 높은 곳은?

① 공장
② 주택
③ 공급시설
④ 식품접객업소

76 고압가스 저장탱크에 아황산가스를 충전할 때 그 가스의 용량이 그 저장탱크 내용적의 몇 %를 초과하는 것을 방지하기 위한 과충전 방지조치를 강구하여야 하는가? [안전 37]

① 80%
② 85%
③ 90%
④ 95%

저장탱크 및 용기에 충전(안전 핵심 37) 참조

77 다음 중 가연성 가스이지만 독성이 없는 가스는?

① NH₃
② CO
③ HCN
④ C₃H₆

가스명	허용농도 (TLV – TWA)	연소범위
NH_3	25ppm	15~28%
CO	50ppm	12.5~74%
HCN	10ppm	6~41%
C_3H_6	–	2.4~10.3%

78 고압가스의 운반기준에 대한 설명 중 틀린 것은? [안전 33, 34]

① 차량 앞뒤에 경계표지를 할 것
② 충전탱크의 온도는 40℃ 이하를 유지할 것
③ 액화가스를 충전하는 탱크에는 그 내부에 방파판 등을 설치할 것
④ 2개 이상 탱크를 동일차량에 고정하여 운반하지 말 것

차량 고정탱크 운반기준(안전 핵심 33), 고압가스 용기에 의한 운반기준(안전 핵심 34) 참조
④ 2개 이상의 탱크를 동일차량에 운반 시의 규정

79 시안화수소(HCN)가스의 취급 시 주의사항으로 가장 거리가 먼 것은?

① 금속부식주의
② 노출주의
③ 독성주의
④ 중합폭발주의

80 다음 중 고유의 색깔을 가지는 가스는?

① 염소   ② 황화수소

③ 암모니아   ④ 산화에틸렌

염소 : 황록색의 기체

제5과목 가스계측

81 다음 중 연당지로 검지할 수 있는 가스는 어느 것인가?   [계측 15]

① $COCl_2$ ② CO

③ H_2S ④ HCN

독성 가스 누설검지 시험지와 변색상태(계측 핵심 15) 참조

82 산소(O_2)는 다른 가스에 비하여 강한 상자성체이므로 자장에 대하여 흡인되는 특성을 이용하여 분석하는 가스분석계는?

① 세라믹식 O_2계   ② 자기식 O_2계

③ 연소식 O_2계   ④ 밀도식 O_2계

83 루트 가스미터의 고장에 대한 설명으로 틀린 것은?   [계측 5]

① 부동－회전자는 회전하고 있으나, 미터의 지침이 움직이지 않는 고장

② 떨림－회전자 베어링의 마모에 의한 회전자 접촉 등에 의해 일어나는 고장

③ 기차불량－회전자 베어링의 마모에 의한 간격 증대 등에 의해 일어나는 고장

④ 불통－회전자의 회전이 정지하여 가스가 통과하지 못하는 고장

가스미터의 고장(계측 핵심 5) 참조

84 경사관 압력계에서 P_1의 압력을 구하는 식은? (단, γ : 액체의 비중량, P_2 : 가는 관의 압력, θ : 경사각, X : 경사관 압력계의 눈금이다.)

① $P_1 = P_2 / \sin\theta$

② $P_1 = P_2 \gamma \cos\theta$

③ $P_1 = P_2 + \gamma X \cos\theta$

④ $P_1 = P_2 + \gamma X \sin\theta$

$h = x\sin\theta$

$P_1 = P_2 + \gamma h = P_2 + \gamma x \sin\theta$

85 가스계량기의 설치장소에 대한 설명으로 틀린 것은?

① 화기와 습기에서 멀리 떨어지고 통풍이 양호한 위치

② 가능한 배관의 길이가 길고 꺾인 위치

③ 바닥으로부터 1.6m 이상 2.0m 이내에 수직, 수평으로 설치

④ 전기공작물과 일정거리 이상 떨어진 위치

86 부르동관 재질 중 일반적으로 저압에서 사용하지 않는 것은?   [계측 33]

① 황동   ② 청동

③ 인청동   ④ 니켈강

압력계 구분(계측 핵심 33) 참조
부르동관 압력계 재질
㉠ 고압용 : 강
㉡ 저압용 : 동

87 점도의 차원은? (단, 차원기호는 M : 질량, L : 길이, T : 시간이다.)

① MLT^{-1} ② $ML^{-1}T^{-1}$

③ $M^{-1}LT^{-1}$ ④ $M^{-1}L^{-1}T$

점성계수 $\mu(\text{g/cm} \cdot \text{s})$ (단위)
$ML^{-1}T^{-1}$(차원)

88 다음 가스분석 방법 중 흡수분석법이 아닌 것은? [계측 1]

① 헴펠법   ② 적정법
③ 오르자트법   ④ 게겔법

흡수분석법(계측 핵심 1) 참조

89 압력계측 장치가 아닌 것은?

① 마노미터(manometer)
② 벤투리 미터(venturi meter)
③ 부르동 게이지(Bourdon gauge)
④ 격막식 게이지(diaphragm gauge)

② 벤투리 미터 : 차압식 유량계

90 가스 크로마토그래피에서 운반가스의 구비 조건으로 옳지 않은 것은? [계측 10]

① 사용하는 검출기에 적합해야 한다.
② 순도가 높고, 구입이 용이해야 한다.
③ 기체확산이 가능한 큰 것이어야 한다.
④ 시료와 반응성이 낮은 불활성 기체이 어야 한다.

G/C(가스 크로마토그래피) 측정원리와 특성(계측 핵심 10) 참조

91 교통 신호등은 어떤 제어를 기본으로 하는가?

① 피드백 제어   ② 시퀀스 제어
③ 캐스케이드 제어   ④ 추종 제어

92 회전수가 비교적 적기 때문에 일반적으로 100m^3/h 이하의 소용량 가스계량에 적합하며, 독립내기식과 그로바식으로 구분되는 가스미터는? [계측 8]

① 막식   ② 루트미터
③ 로터리피스톤식   ④ 습식

막식, 습식, 루트식 가스미터 장·단점(계측 핵심 8) 참조

93 구리-콘스탄탄 열전대의 (−)극에 주로 사용되는 금속은? [계측 9]

① Ni−Al   ② Cu−Ni
③ Mn−Si   ④ Ni−Pt

열전대 온도계(계측 핵심 9) 참조

94 다이어프램 압력계의 특징에 대한 설명 중 옳은 것은? [계측 27]

① 감도는 높으나, 응답성이 좋지 않다.
② 부식성 유체의 측정이 불가능하다.
③ 미소한 압력을 측정하기 위한 압력계이다.
④ 과잉압력으로 파손되면 그 위험성은 커진다.

다이어프램 압력계(계측 핵심 27) 참조

95 안전등형 가스검출기에서 청색 불꽃의 길이로 농도를 알 수 있는 가스는? [계측 20]

① 수소   ② 메탄
③ 프로판   ④ 산소

가연성 가스 검출기 종류(계측 핵심 20) 참조

96 불꽃이온화검출기(FID)에 대한 설명 중 옳지 않은 것은? [계측 13]

① 감도가 아주 우수하다.
② FID에 의한 탄화수소의 상대감도는 탄소수에 거의 반비례한다.
③ 구성요소로는 시료가스, 노즐, 컬렉터 전극, 증폭부, 농도지시계 등이 있다.
④ 수소불꽃 속에 탄화수소가 들어가면 불꽃의 전기전도도가 증대하는 현상을 이용한 것이다.

정답 88.②   89.②   90.③   91.②   92.①   93.②   94.③   95.②   96.②

G/C 검출기 종류 및 특징(계측 핵심 13) 참조
② 탄화수소의 상대감도는 탄소수에 비례

97 계측기의 감도에 대하여 바르게 나타낸 것은?

① $\dfrac{\text{지시량의 변화}}{\text{측정량의 변화}}$

② $\dfrac{\text{측정량의 변화}}{\text{지시량의 변화}}$

③ 지시량의 변화 - 측정량의 변화

④ 측정량의 변화 - 지시량의 변화

98 습한 공기 205kg 중 수증기가 35kg 포함되어 있다고 할 때 절대습도(kg/kg)는? (단, 공기와 수증기의 분자량은 각각 29, 18로 한다.) **[계측 25]**

① 0.106   ② 0.128
③ 0.171   ④ 0.206

습도(계측 핵심 25) 참조
$$x = \frac{35}{205 - 35} = 0.2058 \text{kg/kg}$$

99 열전대 온도계의 특징에 대한 설명으로 틀린 것은? **[계측 9]**

① 냉접점이 있다.
② 보상 도선을 사용한다.
③ 원격 측정용으로 적합하다.
④ 접촉식 온도계 중 가장 낮은 온도에 사용된다.

열전대 온도계(계측 핵심 9) 참조

100 제어계 오차가 검출될 때 오차가 변화하는 속도에 비례하여 조작량을 가감하도록 하는 동작은? **[계측 4]**

① 미분동작   ② 적분동작
③ 온 - 오프동작   ④ 비례동작

동작신호와 신호의 전송법(계측 핵심 4) 참조

인생에서 가장 멋진 일은
사람들이 당신이 해내지 못할 것이라 장담한 일을
해내는 것이다.

-월터 배젓(Walter Bagehot)-

☆

항상 긍정적인 생각으로 도전하고 노력한다면,
언젠가는 멋진 성공을 이끌어 낼 수 있다는 것을 잊지 마세요.^^

국가기술자격 시험문제

2019년 기사 제1회 필기시험(1부)　　　　　　　　　　　(2019년 3월 3일 시행)

자격종목	시험시간	문제수	문제형별
가스기사	**2시간30분**	**100**	**B**

수험번호		성 명	

제1과목 가스유체역학

01 수면의 높이가 10m로 일정한 탱크의 바닥에 5mm의 구멍이 났을 경우 이 구멍을 통한 유체의 유속은 얼마인가?

① 14m/s
② 19.6m/s
③ 98m/s
④ 196m/s

$$V = \sqrt{2gH} = \sqrt{2 \times 9.8 \times 10} = 14\text{m/s}$$

02 수직으로 세워진 노즐에서 물이 10m/s의 속도로 뿜어 올려진다. 마찰손실을 포함한 모든 손실이 무시된다면 물은 약 몇 m 높이까지 올라갈 수 있는가?

① 5.1m　　　　② 10.4m
③ 15.6m　　　　④ 19.2m

$$H = \frac{V^2}{2g} = \frac{10^2}{2 \times 9.8} = 5.1\text{m}$$

03 이상기체가 초음속으로 단면적이 줄어드는 노즐로 유입되어 흐를 때 감소하는 것은? (단, 유동은 등엔트로피 유동이다.) 【유체 3】

① 온도　　　　② 속도
③ 밀도　　　　④ 압력

등엔트로피 흐름(유체 핵심 3) 참조
축소부에서 감소 : V(속도), M(마하수), A(면적)

04 다음 중 온도 27℃의 이산화탄소 3kg이 체적 0.30m³의 용기에 가득 차 있을 때 용기 내의 압력(kgf/cm²)은? (단, 일반 기체상수는 848kgf·m/kmol·K이고, 이산화탄소의 분자량은 44이다.)

① 5.79　　　　② 24.3
③ 100　　　　④ 270

$$P = \frac{GRT}{V} = \frac{3 \times \left(\frac{848}{44}\right) \times (273 + 27)}{0.30}$$
$$= 57818.18\,(\text{kgf/m}^2)$$
$$= 5.781 \fallingdotseq 5.79\,(\text{kgf/cm}^2)$$

05 [그림]과 같은 확대 유로를 통하여 a지점에서 b지점으로 비압축성 유체가 흐른다. 정상상태에서 일어나는 현상에 대한 설명으로 옳은 것은?

① a지점에서의 평균속도가 b지점에서의 평균속도보다 느리다.
② a지점에서의 밀도가 b지점에서의 밀도보다 크다.
③ a지점에서의 질량플럭스(mass flux)가 b지점에서의 질량플럭스보다 크다.
④ a지점에서의 질량유량이 b지점에서의 질량유량보다 크다.

정답 01.① 02.① 03.② 04.① 05.③

① 질량유량 $G = \rho_1 A_1 V_1 = \rho_2 A_2 V_2$이면 면적이 작은 쪽이 유속이 빠르다.
② 동일 유체인 경우 밀도는 같다.
④ 연속의 법칙에 의해 유량은 동일하다.

06 다음의 펌프 종류 중에서 터보형이 아닌 것은? [설비 33]

① 원심식
② 축류식
③ 왕복식
④ 경사류식

펌프의 분류(설비 핵심 33) 참조
③ 왕복식 : 용적형 펌프

07 레이놀즈수를 옳게 나타낸 것은? [유체 19]

① 점성력에 대한 관성력의 비
② 점성력에 대한 중력의 비
③ 탄성력에 대한 압력의 비
④ 표면장력에 대한 관성력의 비

버킹엄의 정의(유체 핵심 19) 참조
$Re = \dfrac{\text{관성력}}{\text{점성력}}$(점성력에 대한 관성력의 비)

08 두 개의 무한히 큰 수평 평판 사이에 유체가 채워져 있다. 아래 평판을 고정하고 위 평판을 V의 일정한 속도로 움직일 때 평판에는 τ의 전단응력이 발생한다. 평판 사이의 간격은 H이고, 평판 사이의 속도분포는 선형(Couette 유동)이라고 가정하여 유체의 점성계수 μ를 구하면?

① $\dfrac{\tau V}{H}$
② $\dfrac{\tau H}{V}$
③ $\dfrac{VH}{\tau}$
④ $\dfrac{\tau V}{H^2}$

$\tau = \dfrac{V}{A} = \mu \dfrac{du}{dy} = \mu \dfrac{V}{H}$

$\therefore \ \mu = \dfrac{\tau H}{V}$

09 [그림]과 같이 60° 기울어진 4m×8m의 수문이 A지점에서 힌지(hinge)로 연결되어 있을 때, 이 수문에 작용하는 물에 의한 정수력의 크기는 약 몇 kN인가?

① 2.7
② 1568
③ 2716
④ 3136

$F = \gamma \bar{h} A = 9800 \times 10 \sin 60 \times (4 \times 8)$
$\quad = 2715856 \text{N} = 2715.856 \text{kN}$

참고 수문을 열기 위한 힘(F)은

$y_P = \bar{y} + \dfrac{IG}{A\bar{y}} = 10 + \dfrac{\dfrac{4 \times 8^2}{12}}{(4 \times 8) \times 10} = 10.553 \text{m}$

$8 \times F = (y_P - 6) \times F_P$에서

$F = \dfrac{1}{8} \times 4.533 \times 2715.856$
$\quad = 1538.87 \text{kN}$

10 유체의 흐름에 관한 다음 설명 중 옳은 것을 모두 나타낸 것은? [유체 21]

> ㉠ 유관은 어떤 폐곡선을 통과하는 여러 개의 유선으로 이루어지는 것을 뜻한다.
> ㉡ 유적선은 한 유체입자가 공간을 운동할 때 그 입자의 운동궤적이다.

① ㉠
② ㉡
③ ㉠, ㉡
④ 모두 틀림

유체의 흐름현상(유체 핵심 21) 참조

11 깊이 1000m인 해저의 수압은 계기압력으로 몇 kgf/cm²인가? (단, 해수의 비중량은 1025kgf/m³이다.)

① 100
② 102.5
③ 1000
④ 1025

$$P = \gamma H = 1025 \mathrm{kgf/m^3} \times 1000\mathrm{m}$$
$$= 1025000 \mathrm{kgf/m^2} = 102.5 \mathrm{kgf/cm^2}$$

12 유체를 연속체로 가정할 수 있는 경우는 어느 것인가? [유체 11]

① 유동시스템의 특성길이가 분자평균자유행로에 비해 충분히 크고, 분자들 사이의 충돌시간은 충분히 짧은 경우
② 유동시스템의 특성길이가 분자평균자유행로에 비해 충분히 작고, 분자들 사이의 충돌시간은 충분히 짧은 경우
③ 유동시스템의 특성길이가 분자평균자유행로에 비해 충분히 크고, 분자들 사이의 충돌시간은 충분히 긴 경우
④ 유동시스템의 특성길이가 분자평균자유행로에 비해 충분히 작고, 분자들 사이의 충돌시간은 충분히 긴 경우

유체의 연속체(유체 핵심 11) 참조

13 압력 1.4kgf/cm²abs, 온도 96℃의 공기가 속도 90m/s로 흐를 때, 정체온도(K)는 얼마인가? (단, 공기의 $C_p = 0.24 \mathrm{kcal/kg \cdot K}$ 이다.)

① 397
② 382
③ 373
④ 369

$$T_o = T + \frac{k-1}{kR} \cdot \frac{V^2}{2}$$
$$= (273+96) + \frac{1.4-1}{1.4 \times 287} \times \frac{90^2}{2}$$
$$= 373.03 \mathrm{K}$$

14 다음 유량계 중 용적형 유량계가 아닌 것은?

① 가스미터(gas meter)
② 오벌 유량계
③ 선회 피스톤형 유량계
④ 로터미터

④ 로터미터 : 면적식 유량계

15 다음 중 비중이 0.9인 액체가 나타내는 압력이 1.8kgf/cm²일 때 이것은 수두로 몇 m 높이에 해당하는가?

① 10
② 20
③ 30
④ 40

$$H = \frac{P}{\gamma} = \frac{1.8 \times 10^4 \mathrm{kgf/m^2}}{0.9 \times 10^3 \mathrm{kgf/m^3}} = 20\mathrm{m}$$

16 절대압이 2kgf/cm²이고, 40℃인 이상기체 2kg이 가역과정으로 단열압축되어 절대압이 4kgf/cm²가 되었다. 최종온도는 약 몇 ℃인가? (단, 비열비 k는 1.40이다.)

① 43
② 64
③ 85
④ 109

$$\frac{T_2}{T_1} = \left(\frac{P_2}{P_1}\right)^{\frac{k-1}{k}} = \left(\frac{V_1}{V_2}\right)^{k-1}$$

$$\therefore \ T_2 = T_1 \times \left(\frac{P_2}{P_1}\right)^{\frac{k-1}{k}} = (273+40) \times \left(\frac{4}{2}\right)^{\frac{1.4-1}{1.4}}$$

$$= 381.551 \mathrm{K} = 108.55 \fallingdotseq 109℃$$

17 내경이 0.0526m인 철관에 비압축성 유체가 9.085m³/h로 흐를 때의 평균유속은 약 몇 m/s인가? (단, 유체의 밀도는 1200kg/m³이다.)

① 1.16
② 3.26
③ 4.68
④ 11.6

$$Q = AV$$

$$\therefore \ V = \frac{Q}{A} = \frac{9.085(\mathrm{m^3/3600s})}{\frac{\pi}{4} \times (0.0526\mathrm{m})^2} = 1.16\mathrm{m/s}$$

(비압축성이므로 밀도와 무관)

 정답 11.② 12.① 13.③ 14.④ 15.② 16.④ 17.①

18 100PS는 약 몇 kW인가?

① 7.36　　② 7.46

③ 73.6　　④ 74.6

해설

$1kW = 102kg \cdot m/s$

$1PS = 75kg \cdot m/s$

$1kg \cdot m/s = \dfrac{1}{102} kW = \dfrac{1}{75} PS$

$\therefore 1PS = \dfrac{\dfrac{1}{102}}{\dfrac{1}{75}} kW = \dfrac{75}{102} kW$이므로,

$100PS = 100 \times \dfrac{75}{102} kW = 73.52 \fallingdotseq 73.6kW$

19 이상기체 속에서의 음속을 옳게 나타낸 식은? (단, ρ = 밀도, P = 압력, k = 비열비, $\overline{R}$ = 일반기체상수, M = 분자량이다.)

① $\sqrt{\dfrac{k}{\rho}}$　　② $\sqrt{\dfrac{d\rho}{dP}}$

③ $\sqrt{\dfrac{\rho}{kP}}$　　④ $\sqrt{\dfrac{k\overline{R}T}{M}}$

해설

a(음속)

㉠ 액체 속(등온) $a = \sqrt{\dfrac{k}{\rho}} = \sqrt{\dfrac{k}{d\rho}}$ (m/s)

㉡ 기체 속(단열) $a = \sqrt{kgRT}$ (R : kg · m/kg · k)

　　　　　　　　 $= \sqrt{kRT}$ (R : N · m/kg · k)

　　　　　　　　 $\left(R = \dfrac{\overline{R}}{M} \right)$

20 중력에 대한 관성력의 상대적인 크기와 관련된 무차원의 수는 무엇인가?　　[유체 19]

① Reynolds수

② Froude수

③ 모세관수

④ Weber수

해설

버킹엄의 정의(유체 핵심 19) 참조

프로우드수(Fr) = $\dfrac{관성력}{중력}$

제2과목 연소공학

21 운전과 위험분석(HAZOP) 기법에서 변수의 양이나 질을 표현하는 간단한 용어는?

① parameter

② cause

③ consequence

④ guide words

22 열역학 제2법칙을 잘못 설명한 것은 어느 것인가?　　[설비 40]

① 열은 고온에서 저온으로 흐른다.

② 전체 우주의 엔트로피는 감소하는 법이 없다.

③ 일과 열은 전량 상호 변환할 수 있다.

④ 외부로부터 일을 받으면 저온에서 고온으로 열을 이동시킬 수 있다.

해설

③ 일과 열은 상호 변환 : 열역학 제1법칙

23 프로판가스 44kg을 완전연소시키는 데 필요한 이론공기량은 약 몇 Nm^3인가?

① 460

② 530

③ 570

④ 610

해설

$\underset{44kg}{C_3H_8} + \underset{5 \times 22.4Nm^3}{5O_2} \rightarrow 3CO_2 + 4H_2O$

$\therefore$ 공기량 $5 \times 22.4 \times \dfrac{100}{21} = 533.33 \fallingdotseq 530Nm^3$

24 소화안전장치(화염감시장치)의 종류가 아닌 것은?　　[설비 49]

① 열전대식

② 플레임로드식

③ 자외선 광전관식

④ 방사선식

해설

연소안전장치(설비 핵심 49) 참조

25 1atm, 15℃ 공기를 0.5atm까지 단열팽창시 키면 그때 온도는 몇 ℃인가? (단, 공기의 $C_p / C_v = 1.4$이다.)

① −18.7℃   ② −20.5℃
③ −28.5℃   ④ −36.7℃

$$\frac{T_2}{T_1} = \left(\frac{P_2}{P_1}\right)^{\frac{k-1}{k}}$$

$$T_2 = T_1 \times \left(\frac{P_2}{P_1}\right)^{\frac{k-1}{k}}$$

$$= (273+15) \times \left(\frac{0.5}{1}\right)^{\frac{1.4-1}{1.4}}$$

$$= 236.256\text{K} = -36.7℃$$

26 연소속도에 영향을 주는 요인으로서 가장 거리가 먼 것은?

① 산소와의 혼합비 ② 반응계의 온도
③ 발열량   ④ 촉매

27 다음 중 연소의 3요소로만 옳게 나열된 것은?

① 공기비, 산소농도, 점화원
② 가연성 물질, 산소공급원, 점화원
③ 연료의 저열발열량, 공기비, 산소농도
④ 인화점, 활성화에너지, 산소농도

28 다음 중 폭발범위의 하한값이 가장 낮은 것은 어느 것인가?

① 메탄   ② 아세틸렌
③ 부탄   ④ 일산화탄소

폭발범위
① 메탄(CH_4) : 5~15%
② 아세틸렌(C_2H_2) : 2.5~81%
③ 부탄(C_4H_{10}) : 1.8~8.4%
④ 일산화탄소(CO) : 12.5~74%

29 어떤 과정이 가역적으로 되기 위한 조건은 어느 것인가?   [연소 38]

① 마찰로 인한 에너지 변화가 있다.
② 외계로부터 열을 흡수 또는 방출한다.

③ 작용물체는 전 과정을 통하여 항상 평형이 이루어지지 않는다.
④ 외부조건에 미소한 변화가 생기면 어느 지점에서라도 역전시킬 수 있다.

가역 · 비가역(연소 핵심 38) 참조

30 가연성 가스와 공기를 혼합하였을 때 폭굉범위는 일반적으로 어떻게 되는가?

① 폭발범위와 동일한 값을 가진다.
② 가연성 가스의 폭발상한계값보다 큰 값을 가진다.
③ 가연성 가스의 폭발하한계값보다 작은 값을 가진다.
④ 가연성 가스의 폭발하한계와 상한계값 사이에 존재한다.

폭발범위 중 가장 격렬한 폭발을 일으키는 범위가 폭굉범위이다.

31 실제기체가 완전기체(ideal gas)에 가깝게 될 조건은?   [연소 3]

① 압력이 높고, 온도가 낮을 때
② 압력, 온도 모두 낮을 때
③ 압력이 낮고, 온도가 높을 때
④ 압력, 온도 모두 높을 때

이상기체(연소 핵심 3) 참조

32 프로판 20v%, 부탄 80v%인 혼합가스 1L가 완전연소하는 데 필요한 산소는 약 몇 L인가?

① 3.0L
② 4.2L
③ 5.0L
④ 6.2L

(1) 연소식
  ㉠ $C_3H_8 + 5O_2 \rightarrow 3CO_2 + 4H_2O$
  ㉡ $C_4H_{10} + 6.5O_2 \rightarrow 4CO_2 + 5H_2O$
(2) 산소량
  $5 \times 0.2 + 6.5 \times 0.8 = 6.2L$

33 어느 온도에서 $A(g) + B(g) \rightleftharpoons C(g) + D(g)$ 와 같은 가역반응이 평형상태에 도달하여 D 가 1/4mol 생성되었다. 이 반응의 평형상수는? (단, A와 B를 각각 1mol씩 반응시켰다.)

① $\dfrac{16}{9}$ ② $\dfrac{1}{3}$

③ $\dfrac{1}{9}$ ④ $\dfrac{1}{16}$

$$\begin{array}{ccccc} A & + & B & \rightarrow & C + D \\ \left(1-\frac{1}{4}\right) & & \left(1-\frac{1}{4}\right) & & \frac{1}{4} \quad \frac{1}{4} \end{array}$$

$\therefore K = \dfrac{[C][D]}{[A][B]} = \dfrac{\frac{1}{4} \times \frac{1}{4}}{\frac{3}{4} \times \frac{3}{4}} = \dfrac{1}{9}$

34 발열량이 24000kcal/m³인 LPG 1m³에 공기 3m³를 혼합하여 희석하였을 때 혼합기체 1m³당 발열량은 몇 kcal인가?

① 5000   ② 6000

③ 8000   ④ 16000

$\dfrac{24000}{1+3} = 6000\text{kcal/m}^3$

35 다음은 정압연소 사이클의 대표적인 브레이튼 사이클(Brayton cycle)의 $T - S$선도이다. 이 [그림]에 대한 설명으로 옳지 않은 것은?

① 1-2의 과정은 가역단열압축 과정이다.
② 2-3의 과정은 가역정압가열 과정이다.
③ 3-4의 과정은 가역정압팽창 과정이다.
④ 4-1의 과정은 가역정압배기 과정이다.

③ 3-4 : 단열팽창
㉠ (1-2) 단열압축 : 일의 흡수
㉡ (2-3) 정압가열 : 열의 흡수
㉢ (3-4) 단열압축 : 열의 방출
㉣ (4-1) 정압방열 : 열의 방출

〈P-V 선도〉

36 공기의 확산에 의하여 반응하는 연소가 아닌 것은? 　　　　　　　　　　　　　[연소 2]

① 표면연소   ② 분해연소
③ 증발연소   ④ 확산연소

연소의 종류(연소 핵심 2) 참조

37 발열량에 대한 설명으로 틀린 것은 어느 것인가? 　　　　　　　　　　　[연소 11]

① 연료의 발열량은 연료단위량이 완전연소했을 때 발생한 열량이다.
② 발열량에는 고위발열량과 저위발열량이 있다.
③ 저위발열량은 고위발열량에서 수증기의 잠열을 뺀 발열량이다.
④ 발열량은 열량계로는 측정할 수 없어 계산식을 이용한다.

고위, 저위 발열량의 관계(연소 핵심 11) 참조

38 연료에 고정탄소가 많이 함유되어 있을 때 발생하는 현상으로 옳은 것은?

① 매연 발생이 많다.
② 발열량이 높아진다.
③ 연소효과가 나쁘다.
④ 열손실을 초래한다.

39 폭발범위에 대한 설명으로 틀린 것은?

① 일반적으로 폭발범위는 고압일수록 넓다.
② 일산화탄소는 공기와 혼합 시 고압이 되면 폭발범위가 좁아진다.
③ 혼합가스의 폭발범위는 그 가스의 폭굉범위보다 좁다.
④ 상온에 비해 온도가 높을수록 폭발범위가 넓다.

폭발범위는 폭굉범위보다 넓다.

40 298.15K, 0.1MPa 상태의 일산화탄소(CO)를 같은 온도의 이론공기량으로 정상유동 과정으로 연소시킬 때 생성물의 단열화염 온도를 주어진 표를 이용하여 구하면 약 몇 K인가? (단, 이 조건에서 CO 및 CO_2의 생성엔탈피는 각각 −110529kJ/kmol, −393522kJ/kmol이다.)

[CO_2의 기준상태에서 각각의 온도까지 엔탈피 차]

온도(K)	엔탈피 차(kJ/kmol)
4800	266500
5000	279295
5200	292123

① 4835　　　② 5058
③ 5194　　　④ 5293

$C + \frac{1}{2}O_2 \rightarrow CO$

$CO + \frac{1}{2}O_2 \rightarrow CO_2$에서의 엔탈피 차이

$393522 - 110529 = 282993$
도표에서 엔탈피 차이값은 279295와 292123 사이의 값이고 $292123 - 279295 = 12828$의 온도 차이는 200K이며
∴ $282993 - 279295 = 3698$이므로
　$12828 : 200 = 3698 : x$
　$x = \frac{3698 \times 200}{12828} = 57.65 = 58K$
∴ $5000 + 58 = 5058K$

제3과목 가스설비

41 다음 중 기어펌프는 어느 형식의 펌프에 해당하는가?　　　[설비 33]
① 축류펌프　　　② 원심펌프
③ 왕복식 펌프　④ 회전펌프

펌프의 분류(설비 핵심 33) 참조
회전펌프(기어, 나사, 베인)

42 공기액화사이클 중 압축기에서 압축된 가스가 열교환기로 들어가 팽창기에서 일을 하면서 단열팽창하여 가스를 액화시키는 사이클은 어느 것인가?　　[설비 57]

① 필립스 액화사이클
② 캐스케이드 액화사이클
③ 클라우드 액화사이클
④ 린데 액화사이클

가스 액화사이클(설비 핵심 57) 참조

43 탄소강에 자경성을 주며 이 성분을 다량으로 첨가한 강은 공기 중에서 냉각하여도 쉽게 오스테나이트 조직으로 된다. 이 성분은?

① Ni　　　② Mn
③ Cr　　　④ Si

44 배관이 열팽창할 경우에 응력이 경감되도록 미리 늘어날 여유를 두는 것을 무엇이라 하는가?

① 루핑　　　　② 핫 멜팅
③ 콜드 스프링　④ 팩레싱

① 루핑 : 루프이음
③ 상온(콜드) 스프링 : 배관의 열팽창을 미리 계산하여 관을 짧게 절단함으로써 신축을 흡수하는 방법
④ 팩레싱 : 벨로스이음

45 부탄가스 공급 또는 이송 시 가스 재액화 현상에 대한 대비가 필요한 방법(식)은 어느 것인가?　　[설비 23]

① 공기혼합 공급방식
② 액송펌프를 이용한 이송법
③ 압축기를 이용한 이송법
④ 변성 가스 공급방식

LP가스 이송방법(설비 핵심 23) 참조
LP가스 이송방법의 장단점

구 분	장 점	단 점
압축기	• 충전시간이 짧다. • 잔가스 회수가 용이하다. • 베이퍼록의 우려가 없다.	• 재액화 우려가 있다. • 드레인 우려가 있다.
펌 프	• 재액화 우려가 없다. • 드레인 우려가 없다.	• 충전시간이 길다. • 잔가스 회수가 불가능하다. • 베이퍼록의 우려가 있다.

∴ 압축기로 이송 시 재액화의 우려가 있다.

46 냉동능력에서 1RT를 kcal/h로 환산하면 어느 것인가? [설비 37]

① 1660kcal/h　② 3320kcal/h
③ 39840kcal/h　④ 79680kcal/h

냉동톤 · 냉매가스의 구비조건(설비 핵심 37) 참조

47 터보압축기에서 누출이 주로 생기는 부분에 해당되지 않는 것은?

① 임펠러 출구
② 다이어프램 부위
③ 밸런스피스톤 부분
④ 축이 케이싱을 관통하는 부분

48 접촉분해(수증기 개질)에서 카본 생성을 방지하는 방법으로 알맞은 것은? [설비 3]

① 고온, 고압, 고수증기
② 고온, 저압, 고수증기
③ 고온, 고압, 저수증기
④ 저온, 저압, 저수증기

도시가스 프로세스(설비 핵심 3) 참조
$2CO \rightarrow CO_2 + C$에서
카본 생성을 방지 시
㉠ 반응온도는 높게 함
㉡ 반응압력은 낮게 함
㉢ 수증기비는 증가시킴

49 고압가스 용접용기에 대한 내압검사 시 전증가량이 250mL일 때 이 용기가 내압시험에 합격하려면 영구증가량은 얼마 이하가 되어야 하는가?

① 12.5mL　② 25.0mL
③ 37.5mL　④ 50.0mL

영구증가율이 10% 이하가 되어야 하므로 25mL

50 전기방식시설의 유지관리를 위해 배관을 따라 전위측정용 터미널을 설치할 때 얼마 이내의 간격으로 하는가?

① 50m 이내　② 100m 이내
③ 200m 이내　④ 300m 이내

외부전원법은 500m 이내 간격, 희생양극법, 배류법은 300m 이내 간격이므로 최소 300m 이내 간격으로 설치

51 고무호스가 노후되어 직경 1mm의 구멍이 뚫려 280mmH₂O의 압력으로 LP가스가 대기 중으로 2시간 유출되었을 때 분출된 가스의 양은 약 몇 L인가? (단, 가스의 비중은 1.6이다.)

① 140L　② 238L
③ 348L　④ 672L

노즐에서의 가스분출량
$$Q = 0.009 \times D^2 \times \sqrt{\frac{h}{d}} \, (\text{m}^3/\text{hr})$$
$$= 0.009 \times (1\text{mm})^2 \times \sqrt{\frac{280}{1.6}}$$
$$= 0.119\text{m}^3/\text{hr}$$
$$\therefore \ 0.119 \times 10^3 \times 2 = 238.117 \fallingdotseq 238L$$

52 용접결함 중 접합부의 일부분이 녹지 않아 간극이 생긴 현상은?

① 용입불량
② 융합불량
③ 언더컷
④ 슬러그

용접결함의 종류와 원인

결함의 종류	내 용
용입불량	접합부의 일부분이 녹지 않아 깊이 용착이 안 되므로 간극이 생긴 현상
오버랩	용융금속이 모재와 융합되어 모재 위에 겹쳐지는 상태
언더컷	용접선 끝에 생기는 작은 결함
기공	용착금속 속에 남아 있는 가스로 인하여 생기는 구멍
슬래그혼입	녹은 피복제로 인하여 용착금속 표면에 떠 있거나 용착금속에 남아있는 현상

53 분자량이 큰 탄화수소를 원료로 10000kcal/Nm³ 정도의 고열량 가스를 제조하는 방법은 어느 것인가? [설비 3]

① 부분연소 프로세스

② 사이클링식 접촉분해 프로세스

③ 수소화분해 프로세스

④ 열분해 프로세스

 도시가스 프로세스(설비 핵심 3) 참조

54 금속의 표면결함을 탐지하는 데 주로 사용되는 비파괴검사법은? [설비 4]

① 초음파탐상법

② 방사선 투과시험법

③ 중성자 투과시험법

④ 침투탐상법

 비파괴검사(설비 핵심 4) 참조
④ 침투탐상법 : 시험체 표면에 침투액을 뿌려 표면결함을 검출

55 도시가스설비에 대한 전기방식(防飾)의 방법이 아닌 것은? [안전 38]

① 희생양극법

② 외부전원법

③ 배류법

④ 압착전원법

 전기방식법(안전 핵심 38) 참조

56 압력조정기를 설치하는 주된 목적은 어느 것인가? [설비 55]

① 유량 조절

② 발열량 조절

③ 가스의 유속 조절

④ 일정한 공급압력 유지

 조정기(설비 핵심 55) 참조

57 저압배관의 관경 결정(Pole式)시 고려할 조건이 아닌 것은? [설비 7]

① 유량   ② 배관길이

③ 중력가속도   ④ 압력손실

 배관의 유량식(설비 핵심 7) 참조

$$Q = K\sqrt{\frac{D^5 H}{SL}}$$

(1) 저압배관 결정의 4요소
  ㉠ 관경
  ㉡ 관길이
  ㉢ 가스유량
  ㉣ 압력손실
(2) 관경 결정의 4요소
  ㉠ 관길이
  ㉡ 가스유량
  ㉢ 가스비중
  ㉣ 압력손실

58 LPG 압력조정기 중 1단 감압식 준저압조정기의 조정압력은? [안전 17]

① 2.3~3.3kPa

② 2.55~3.3kPa

③ 57.0~83kPa

④ 5.0~30.0kPa 이내에서 제조자가 설정한 기준압력의 ±20%

 압력조정기(안전 핵심 17) 참조

59 PE배관의 매설위치를 지상에서 탐지할 수 있는 로케팅와이어 전선의 굵기(mm²)로 맞는 것은?

① 3   ② 4

③ 5   ④ 6

60 가스 중에 포화수분이 있거나 가스배관의 부식구멍 등으로 지하수가 침입 또는 공사 중에 물이 침입하는 경우를 대비해 관로의 저부에 설치하는 것은?

① 에어밸브   ② 수취기

③ 콕   ④ 체크밸브

제4과목 가스안전관리

61 아세틸렌을 2.5MPa의 압력으로 압축할 때에는 희석제를 첨가하여야 한다. 희석제로 적당하지 않은 것은? [설비 58]

① 일산화탄소   ② 산소
③ 메탄   ④ 질소

C_2H_2 발생기 및 C_2H_2 특징(설비 핵심 58) 참조

62 충전질량이 1000kg 이상인 LPG 소형 저장탱크 부근에 설치하여야 하는 분말소화기의 능력단위로 옳은 것은? [안전 103]

① BC용 B-10 이상
② BC용 B-12 이상
③ ABC용 B-10 이상
④ ABC용 B-12 이상

소형 저장탱크 설치방법(안전 핵심 103) 참조

63 용기에 의한 액화석유가스 사용시설에서 용기집합설비의 설치기준으로 틀린 것은 어느 것인가? [안전 111]

① 용기집합설비의 양단 마감 조치 시에는 캡 또는 플랜지로 마감한다.
② 용기를 3개 이상 집합하여 사용하는 경우에는 용기집합장치로 설치한다.
③ 내용적 30L 미만인 용기로 LPG를 사용하는 경우에는 용기집합설비를 설치하지 않을 수 있다.
④ 용기와 소형 저장탱크를 혼용 설치하는 경우에는 트윈호스로 마감한다.

용기보관실 및 용기집합설비 설치(안전 핵심 111) 참조

64 산소, 아세틸렌, 수소 제조 시 품질검사의 실시 횟수로 옳은 것은? [안전 11]

① 매시간마다   ② 6시간에 1회 이상
③ 1일 1회 이상   ④ 가스 제조 시마다

산소, 수소, 아세틸렌 품질검사(안전 핵심 11) 참조

65 1일간 저장능력이 35000m³인 일산화탄소 저장설비의 외면과 학교와는 몇 m 이상의 안전거리를 유지하여야 하는가? [안전 9]

① 17m   ② 18m
③ 24m   ④ 27m

보호시설과 유지하여야 할 안전거리(안전 핵심 9) 참조
학교 1종, CO(독성) : 3만 초과 4만 이하와 이격 거리 27m

66 이동식 프로판 연소기용 용접용기에 액화석유가스를 충전하기 위한 압력 및 가스성분의 기준은? (단, 충전하는 가스의 압력은 40℃ 기준이다.)

① 1.52MPa 이하, 프로판 90mol% 이상
② 1.53MPa 이하, 프로판 90mol% 이상
③ 1.52MPa 이하, 프로판＋프로필렌 90mol% 이상
④ 1.53MPa 이하, 프로판＋프로필렌 90mol% 이상

67 액화석유가스의 충전용기는 항상 몇 ℃ 이하로 유지하여야 하는가?

① 15℃   ② 25℃
③ 30℃   ④ 40℃

68 차량에 고정된 탱크 운반차량의 운반기준 중 다음 (   )에 옳은 것은? [안전 6]

> 가연성 가스(액화석유가스를 제외한다) 및 산소탱크의 내용적은 (㉠)L, 독성가스(액화암모니아를 제외한다)의 탱크의 내용적은 (㉡)L를 초과하지 않을 것

① ㉠ 20000, ㉡ 15000
② ㉠ 20000, ㉡ 10000
③ ㉠ 18000, ㉡ 12000
④ ㉠ 16000, ㉡ 14000

차량 고정탱크의 내용적 한계(안전 핵심 6) 참조

정답 61.② 62.④ 63.④ 64.③ 65.④ 66.④ 67.④ 68.③

69 20kg(내용적 : 47L) 용기에 프로판이 2kg 들어있을 때, 액체프로판의 중량은 약 얼마인가? (단, 프로판의 온도는 15℃이며, 15℃에서 포화액체프로판 및 포화가스프로판의 비용적은 각각 1.976cm³/g, 62cm³/g이다.)

① 1.08kg ② 1.28kg
③ 1.48kg ④ 1.68kg

2kg 중 액체가 $x$kg이면, 기체는 $(2-x)$kg이므로
$x(\text{kg}) \times 1.976(\text{L/kg}) + (2-x)(\text{kg}) \times 62(\text{L/kg}) = 47$
$\therefore 1.976x + (2 \times 62) - 62x = 47$
$(62 - 1.976)x = 2 \times 62 - 47$
$x = \dfrac{2 \times 62 - 47}{(62 - 1.976)} = 1.28\text{kg}$

70 지름이 각각 5m와 7m인 LPG 지상 저장탱크 사이에 유지해야 하는 최소 거리는 얼마인가? (단, 탱크 사이에는 물분무장치를 하지 않고 있다.) [안전 3]

① 1m ② 2m
③ 3m ④ 4m

물분무장치(안전 핵심 3) 참조
$(5+7) \times \dfrac{1}{4} = 3\text{m}$

71 아세틸렌을 용기에 충전할 때에는 미리 용기에 다공질물을 고루 채워야 하는데, 이때 다공도는 몇 % 이상이어야 하는가? [안전 20]

① 62% 이상 ② 75% 이상
③ 92% 이상 ④ 95% 이상

다공도(안전 핵심 20) 참조

72 가스용 염화비닐호스의 안지름 치수 규격으로 옳은 것은? [안전 169]

① 1종 : 6.3±0.7mm
② 2종 : 9.5±0.9mm
③ 3종 : 12.7±1.2mm
④ 4종 : 25.4±1.27mm

염화비닐호스 규격 및 검사방법(안전 핵심 169) 참조

73 가연성 가스 제조소에서 화재의 원인이 될 수 있는 착화원이 모두 바르게 나열된 것은?

㉠ 정전기
㉡ 베릴륨 합금제 공구에 의한 충격
㉢ 안전증방폭구조의 전기기기
㉣ 촉매의 접촉작용
㉤ 밸브의 급격한 조작

① ㉠, ㉣, ㉤ ② ㉠, ㉡, ㉢
③ ㉠, ㉢, ㉤ ④ ㉡, ㉢, ㉤

74 가연성 가스의 폭발범위가 적절하게 표기된 것은? [안전 106]

① 아세틸렌 : 2.5~81%
② 암모니아 : 16~35%
③ 메탄 : 1.8~8.4%
④ 프로판 : 2.1~11.0%

중요 가스 폭발범위(안전 핵심 106) 참조

75 고압가스 냉동제조시설에서 냉동능력 20ton 이상의 냉동설비에 설치하는 압력계의 설치기준으로 틀린 것은?

① 압축기의 토출압력 및 흡입압력을 표시하는 압력계를 보기 쉬운 곳에 설치한다.
② 강제윤활방식인 경우에는 윤활압력을 표시하는 압력계를 설치한다.
③ 강제윤활방식인 것은 윤활유압력에 대한 보호장치가 설치되어 있는 경우 압력계를 설치한다.
④ 발생기에는 냉매가스의 압력을 표시하는 압력계를 설치한다.

KGS FP113
냉동능력 20톤 이상의 냉동설비에 설치하는 압력계는 다음 기준에 따라 부착한다.

㉠ 압축기의 토출압력 및 흡입압력을 표시하는 압력계를 보기 쉬운 위치에 설치한다.

㉡ 압축기가 강제윤활방식인 경우에는 윤활유압력을 표시하는 압력계를 부착한다. 다만, 윤활유압력에 대한 보호장치가 있는 경우에는 압력계를 설치하지 아니할 수 있다.

㉢ 발생기에는 냉매가스의 압력을 표시하는 압력계를 설치한다.

㉣ 압력계는 KS B 5305(부르동관 압력계) 또는 이와 동등 이상의 성능을 갖는 것을 사용하고, 냉매가스, 흡수용액 및 윤활유의 화학작용에 견디는 것으로 한다.

㉤ 압력계 눈금판의 최고눈금 수치는 해당 압력계의 설치장소에 따른 시설의 기밀시험압력 이상이고 그 압력의 2배 이하(다만, 정밀한 측정범위를 갖춘 압력계에 대하여는 그러하지 아니한다)로 한다.

76 저장시설로부터 차량에 고정된 탱크에 가스를 주입하는 작업을 할 경우 차량운전자는 작업기준을 준수하여 작업하여야 한다. 다음 중 틀린 것은?

① 차량이 앞뒤로 움직이지 않도록 차바퀴의 전후를 차바퀴 고정목 등으로 확실하게 고정시킨다.

② 「이입작업중(충전중) 화기엄금」의 표시판이 눈에 잘 띄는 곳에 세워져 있는가를 확인한다.

③ 정전기 제거용의 접지코드를 기지(基地)의 접지탭에 접속하여야 한다.

④ 운전자는 이입작업이 종료될 때까지 운전석에 위치하여 만일의 사태가 발생하였을 내 즉시 엔진을 정지할 수 있도록 대비하여야 한다.

차량에 고정된 탱크에 이입·이송작업(KGS GC207)

(1) 이입작업

이입(移入)작업을 할 경우에는 그 사업소의 안전관리자 책임하에 차량운전자가 다음의 기준에 따라 작업을 한다.

㉠ 차를 소정의 위치에 정차시키고 주차브레이크를 확실히 건 다음, 엔진을 끄고(엔진구동 방식의 것은 제외한다.) 메인스위치 그 밖의 전기장치를 완전히 차단하여 스파크가 발생하지 아니하도록 하고, 커플링을 분리하지 아니한 상태에서는 엔진

을 사용할 수 없도록 적절한 조치를 강구한다.

㉡ 차량이 앞뒤로 움직이지 아니하도록 차바퀴의 전후를 차바퀴 고정목 등으로 확실하게 고정시킨다.

㉢ 정전기 제거용의 접지코드를 기지(基地)의 접지탭에 접속한다.

㉣ 부근에 화기가 없는가를 확인한다.

㉤ 「이입작업중(충전중) 화기엄금」의 표시판이 눈에 잘 띄는 곳에 세워져 있는가를 확인한다.

㉥ 만일의 화재에 대비하여 소화기를 즉시 사용할 수 있도록 한다.

㉦ 저온 및 초저온 가스의 경우에는 가죽장갑 등을 끼고 작업을 한다.

㉧ 만일 가스누출을 발견한 경우에는 긴급차단장치를 작동시키는 등의 신속한 누출방지조치를 한다.

㉨ 이입(移入)작업이 끝난 후에는 차량 및 수입시설 쪽에 있는 각 밸브의 잠금, 호스의 분리, 각 밸브에 캡 부착 등을 끝내고, 접지코드를 제거한 후 각 부분의 가스누출을 점검하고, 밸브상자의 뚜껑을 닫은 후 차량 부근에 가스가 체류되어 있는지 여부를 점검하고 이상이 없음을 확인한 후 차량운전자에게 차량이동을 지시한다.

㉩ 차량에 고정된 탱크의 운전자는 이입작업이 종료될 때까지 탱크로리차량의 긴급차단장치 부근에 위치하며, 가스누출 등 긴급사태 발생 시 안전관리자의 지시에 따라 신속하게 차량의 긴급차단장치를 작동하거나 차량이동 등의 조치를 취한다.

㉪ 고압가스를 차량에 고정된 탱크에 충전한 사업소의 안전관리자는 가스가 충전된 탱크에 대하여 고압가스의 누출여부 등 안전여부를 반드시 확인한 후 그 결과를 기록·보존한다.

(2) 이송작업

㉠ 이입작업 중(㉠~㉧)까지 기준을 동일 적용한다.

㉡ 이송 전후에 밸브의 누출유무를 점검하고 개폐는 서서히 행한다.

㉢ 탱크의 설계압력 이상의 압력으로 가스를 충전하지 아니한다.

㉣ 저울, 액면계 또는 유량계를 사용하여 과충전에 주의한다.

㉤ 가스 속에 수분이 혼입되지 아니하도록 하고 슬립튜브식 액면계의 계량 시에는 액면계의 바로 위에 얼굴이나 몸을 내밀고 조작하지 아니한다.

정답 76.④

ⓑ 액화석유가스충전소 내에서는 동시에 2대 이상의 차량에 고정된 탱크에서 저장설비로 이송작업을 하지 아니한다.

ⓢ 충전장 내에는 동시에 2대 이상의 차량에 고정된 탱크를 주정차시키지 아니한다. 다만, 충전가스가 없는 차량에 고정된 탱크의 경우에는 그러하지 아니하다.

77 고압가스 용기에 대한 설명으로 틀린 것은?

① 아세틸렌 용기는 황색으로 도색하여야 한다.

② 압축가스를 충전하는 용기의 최고충전압력은 TP로 표시한다.

③ 신규검사 후 경과연수가 20년 이상인 용접용기는 1년마다 재검사를 하여야 한다.

④ 독성가스 용기의 그림문자는 흰색바탕에 검정색 해골모양으로 한다.

② 압축가스의 최고충전압력 : Fp

78 고압가스 일반제조의 시설에서 사업소 밖의 배관 매몰 설치 시 다른 매설물과의 최소이격거리를 바르게 나타낸 것은? **[안전 154]**

① 배관은 그 외면으로부터 지하의 다른 시설물과 0.5m 이상

② 독성가스의 배관은 수도시설로부터 100m 이상

③ 터널과는 5m 이상

④ 건축물과는 1.5m 이상

가스도매사업 고압가스 특정 제조 배관의 설치기준 (안전 핵심 154) 참조

① 시설물 : 0.3m 이상

② 수도시설 : 300m 이상

③ 지하가 · 터널 : 10m 이상

79 액화석유가스의 적절한 품질을 확보하기 위하여 정해진 품질기준에 맞도록 품질을 유지하여야 하는 자에 해당하지 않는 것은?

① 액화석유가스 충전사업자

② 액화석유가스 특정사용자

③ 액화석유가스 판매사업자

④ 액화석유가스 집단공급사업자

80 도시가스 배관용 볼밸브 제조의 시설 및 기술 기준으로 틀린 것은?

① 밸브의 오링과 패킹은 마모 등 이상이 없는 것으로 한다.

② 개폐용 핸들의 열림방향은 시계방향으로 한다.

③ 볼밸브는 핸들 끝에서 294.2N 이하의 힘을 가해서 90° 회전할 때 완전히 개폐하는 구조로 한다.

④ 나사식 밸브 양끝의 나사축선에 대한 어긋남은 양끝면의 나사중심을 연결하는 직선에 대하여 끝면으로부터 300mm 거리에서 2.0mm를 초과하지 아니하는 것으로 한다.

② 개폐용 핸들의 열림방향은 시곗바늘 반대방향으로 한다.

제5과목 가스계측

81 다음 중 파라듐관 연소법과 관련이 없는 것은? **[계측 17]**

① 가스뷰렛 ② 봉액

③ 촉매 ④ 과염소산

연소분석법(계측 핵심 17) 참조

82 검지가스와 누출확인시험지가 옳게 연결된 것은 어느 것인가? **[계측 15]**

① 포스겐 - 하리슨 시약

② 할로겐 - 염화제일구리착염지

③ CO - KI 전분지

④ H_2S - 질산구리벤젠지

독성 가스 누설검지 시험지와 변색상태(계측 핵심 15) 참조

83 탄화수소 성분에 대하여 감도가 좋고, 노이즈가 적으며 사용이 편리한 장점이 있는 가스 검출기는? [계측 13]

① 접촉연소식   ② 반도체식
③ 불꽃이온화식   ④ 검지관식

G/C 검출기 종류 및 특징(계측 핵심 13) 참조

84 천연가스의 성분이 메탄(CH_4) 85%, 에탄(C_2H_6) 13%, 프로판(C_3H_8)이 2%일 때 이 천연가스의 총 발열량은 약 몇 kcal/m³인가? (단, 조성은 용량백분율이며, 각 성분에 대한 총 발열량은 다음과 같다.)

성 분	메탄	에탄	프로판
총발열량 (kcal/m³)	9520	16850	24160

① 10766   ② 12741
③ 13215   ④ 14621

$9520 \times 0.85 + 16850 \times 0.13 + 24160 \times 0.02$
$= 10765.7 = 10766 kcal/m^3$

85 가스미터의 크기 선정 시 1개의 가스기구가 가스미터의 최대통과량의 80%를 초과한 경우의 조치로서 가장 옳은 것은?

① 1등급 큰 미터를 선정한다.
② 1등급 적은 미터를 선정한다.
③ 상기 시 가스량 이상의 통과능력을 가진 미터 중 최대의 미터를 선정한다.
④ 상기 시 기스량 이상의 통과능력을 가진 미터 중 최소의 미터를 선정한다.

86 스프링식 저울의 경우 측정하고자 하는 물체의 무게가 작용하여 스프링의 변위가 생기고 이에 따라 바늘의 변위가 생겨 지시하는 양으로 물체의 무게를 알 수 있다. 이와 같은 측정방법은? [계측 11]

① 편위법   ② 영위법
③ 치환법   ④ 보상법

계측의 측정방법(계측 핵심 11) 참조

87 적분동작이 좋은 결과를 얻을 수 있는 경우가 아닌 것은? [계측 4]

① 측정지연 및 조절지연이 작은 경우
② 제어대상이 자기평형성을 가진 경우
③ 제어대상의 속응도(速應度)가 작은 경우
④ 전달지연과 불감시간(不感時間)이 작은 경우

동작신호와 신호의 전송법(계측 핵심 4) 참조

88 습도에 대한 설명으로 틀린 것은? [계측 25]

① 절대습도는 비습도라고도 하며 %로 나타낸다.
② 상대습도는 현재의 온도상태에서 포함할 수 있는 포화수증기 최대량에 대한 현재 공기가 포함하고 있는 수증기의 양을 %로 표시한 것이다.
③ 이슬점은 상대습도가 100%일 때의 온도이며 노점온도라고도 한다.
④ 포화공기는 더 이상 수분을 포함할 수 없는 상태의 공기이다.

습도(계측 핵심 25) 참조

89 가스 크로마토그래피의 구성 장치가 아닌 것은? [계측 10]

① 분광부   ② 유속조절기
③ 칼럼   ④ 시료주입기

G/C 측정원리와 특성(계측 핵심 10) 참조

90 탄광 내에서 CH_4 가스의 발생을 검출하는데 가장 적당한 방법은? [계측 20]

① 시험지법
② 검지관법
③ 질량분석법
④ 안전등형 가연성 가스 검출법

가연성 가스 검출기 종류(계측 핵심 20) 참조

정답 83.③ 84.① 85.① 86.① 87.③ 88.① 89.① 90.④

91 초저온 영역에서 사용될 수 있는 온도계로 가장 적당한 것은? [계측 22]

① 광전관식 온도계
② 백금측온 저항체 온도계
③ 크로멜－알루멜 열전대 온도계
④ 백금－백금·로듐 열전대 온도계

 전기저항 온도계(계측 핵심 22) 참조
② 백금측온 저항온도계 측정범위(−200~850℃)

92 경사각이 30°인 경사관식 압력계의 눈금을 읽었더니 50cm였다. 이때 양단의 압력차이는 약 몇 kgf/cm²인가? (단, 비중이 0.8인 기름을 사용하였다.)

① 0.02   ② 0.2
③ 20   ④ 200

$H = 50 \times \sin 30° = 25$

$P_1 - P_2 = SH$ 에서
$P_1 - P_2 = 0.85(\mathrm{kg}/10^3 \mathrm{cm}^3) \times 25\mathrm{cm} = 0.02\mathrm{kg}/\mathrm{cm}^2$

93 선팽창계수가 다른 2종의 금속을 결합시켜 온도 변화에 따라 굽히는 정도가 다른 특성을 이용한 온도계는? [계측 31]

① 유리제 온도계
② 바이메탈 온도계
③ 압력식 온도계
④ 전기저항식 온도계

바이메탈 온도계(계측 핵심 31) 참조

94 유리제 온도계 중 모세관 상부에 보조 구부를 설치하고 사용온도에 따라 수은량을 조절하여 미세한 온도차의 측정이 가능한 것은?

① 수은 온도계   ② 알코올 온도계
③ 베크만 온도계   ④ 유점 온도계

 베크만 온도계
수은을 이용하였으며 U자관을 구부려 5~6℃ 사이를 0.01℃까지 측정 가능한 초정밀용 온도계

95 제어량이 목표값을 중심으로 일정한 폭의 상하 진동을 하게 되는 현상을 무엇이라고 하는가?

① 오프셋
② 오버슈트
③ 오버잇
④ 뱅뱅

96 가스미터 설치장소 선정 시 유의사항으로 틀린 것은?

① 진동을 받지 않는 곳이어야 한다.
② 부착 및 교환 작업이 용이하여야 한다.
③ 직사일광에 노출되지 않는 곳이어야 한다.
④ 가능한 한 통풍이 잘 되지 않는 곳이어야 한다.

97 2차 지연형 계측기에서 제동비를 ξ로 나타낼 때 대수감쇠율을 구하는 식은?

① $\dfrac{2\pi\xi}{\sqrt{1+\xi^2}}$ ② $\dfrac{2\pi\xi}{\sqrt{1-\xi^2}}$

③ $\dfrac{2\pi\xi}{\sqrt{1+\xi}}$ ④ $\dfrac{2\pi\xi}{\sqrt{1-\xi}}$

98 유체의 운동방정식(베르누이의 원리)을 적용하는 유량계는? [계측 23]

① 오벌기어식
② 로터리베인식
③ 터빈유량계
④ 오리피스식

 차압식 유량계(계측 핵심 23) 참조

99 크로마토그래피에서 분리도를 2배로 증가 시키기 위한 칼럼의 단수(N)는?

① 단수(N)를 $\sqrt{2}$배 증가시킨다.
② 단수(N)를 2배 증가시킨다.
③ 단수(N)를 4배 증가시킨다.
④ 단수(N)를 8배 증가시킨다.

분리도(R)는 칼럼단수(N)의 제곱근에 비례하므로,
$\sqrt{4} = 2$

100 막식 가스미터에서 가스가 미터를 통과하지 않는 고장은? 【계측 5】

① 부동
② 불통
③ 기차불량
④ 감도불량

가스미터의 고장(계측 핵심 5) 참조

정답 99.③ 100.②

국가기술자격 시험문제

자격종목	시험시간	문제수	문제형별
가스기사	2시간30분	100	B

수험번호		성 명	

제1과목 가스유체역학

01 기체수송에 사용되는 기계들이 줄 수 있는 압력차를 크기 순서대로 옳게 나타낸 것은?

① 팬(fan) < 압축기 < 송풍기(blower)
② 송풍기(blower) < 팬(fan) < 압축기
③ 팬(fan) < 송풍기(blower) < 압축기
④ 송풍기(blower) < 압축기 < 팬(fan)

ㄱ 압축기 : 토출압력 1kg/cm²g 이상
ㄴ 송풍기(블로어) : 토출압력 0.1kg/cm²g(1000mmAq) 이상 1kg/cm²g 미만
ㄷ 통풍기(팬) : 토출압력 0.1kg/cm²g(1000mmAq) 미만

02 진공압력이 0.10kgf/cm²이고, 온도가 20℃인 기체가 계기압력 7kgf/cm²로 등온압축되었다. 이때 압축 전 체적(V_1)에 대한 압축 후의 체적(V_2) 비는 얼마인가?
(단, 대기압은 720mmHg이다.)

① 0.11
② 0.14
③ 0.98
④ 1.41

등온압축

$P_1 V_1 = P_2 V_2$ 에서 $\dfrac{V_2}{V_1} = \dfrac{P_1}{P_2} = \dfrac{0.87863}{7.97863} = 0.11$

- $P_1 = 대기 - 진공 = \dfrac{720}{760} \times 1.033 - 0.10 = 0.8763$
- $P_2 = 대기 + 게이지 = \dfrac{720}{760} \times 1.033 + 7 = 7.97863$

03 압력 P_1에서 체적 V_1을 갖는 어떤 액체가 있다. 압력을 P_2로 변화시키고 체적이 V_2가 될 때, 압력 차이($P_2 - P_1$)를 구하면?
(단, 액체의 체적탄성계수는 K로 일정하고, 체적변화는 아주 작다.)

① $-K\left(1 - \dfrac{V_2}{V_1 - V_2}\right)$

② $K\left(1 - \dfrac{V_2}{V_1 - V_2}\right)$

③ $-K\left(1 - \dfrac{V_2}{V_1}\right)$

④ $K\left(1 - \dfrac{V_2}{V_1}\right)$

체적탄성계수 $K(\text{kgf/cm}^2)$: 체적변화율에 대한 압력변화의 비

$K = \dfrac{dP}{-\dfrac{dV}{V}}$

$\therefore \ dP(P_1 - P_2) = K \times (-)\dfrac{dV}{V}$

$= -K \cdot \dfrac{V_1 - V_2}{V_1}$

$= -K\left(1 - \dfrac{V_2}{V_1}\right)$

$\therefore \ P_2 - P_1 = K\left(1 - \dfrac{V_2}{V_1}\right)$

04 [그림]과 같이 비중량이 γ_1, γ_2, γ_3인 세 가지의 유체로 채워진 마노미터에서 A위치와 B위치의 압력 차이($P_B - P_A$)는?

① $-a\gamma_1 - b\gamma_2 + c\gamma_3$

② $-a\gamma_1 + b\gamma_2 - c\gamma_3$

③ $a\gamma_1 - b\gamma_2 - c\gamma_3$

④ $a\gamma_1 - b\gamma_2 + c\gamma_3$

그림에서 수평이 일치하는 O_1점과 O_2점의 압력이 같으므로

㉠ O_1점의 압력 $= P_A - \gamma_1 a$

㉡ O_2점의 압력 $= P_B - \gamma_2 b + \gamma_3 c$

㉢ 두 식을 같게 놓으면 $P_A - \gamma_1 a = P_B - \gamma_2 b + \gamma_3 c$

∴ $P_B - P_A = -\gamma_1 a + \gamma_2 b - \gamma_3 c$

05 왕복펌프의 특징으로 옳지 않은 것은?

① 저속운전에 적합하다.

② 같은 유량을 내는 원심펌프에 비하면 일반적으로 대형이다.

③ 유량은 적어도 되지만 양정이 원심펌프로 미칠 수 없을 만큼 고압을 요구하는 경우에는 왕복펌프가 적합하지 않다.

④ 왕복펌프는 양수작용에 따라 분류하면 단동식과 복동식 및 차동식으로 구분된다.

왕복펌프는 고압력에 적합하다.

06 비중량이 30kN/m³인 물체가 물속에서 줄(lope)에 매달려 있다. 줄의 장력이 4kN이라고 할 때 물속에 있는 이 물체의 체적은 얼마인가?

① 0.198m^3　　② 0.218m^3

③ 0.225m^3　　④ 0.246m^3

비중량이 30kN/m³인 물체가 물속에 있으므로 물의 비중량(9.8kN/m³)을 뺀 20.2kN/m³가 줄에 힘이 가해지고

$$30\text{kN/m}^3 - \underbrace{9.8\text{kN/m}^3}_{\text{물의 비중량}} = 20.2\text{kN/m}^3$$

$$\frac{4\text{kN}}{x(\text{m}^3)} = 20.2\text{kN/m}^3$$

∴ $x = \dfrac{4\text{kN}}{20.2\text{kN/m}^3} = 0.198\text{m}^3$

07 내경이 0.05m인 강관 속으로 공기가 흐르고 있다. 한쪽 단면에서의 온도는 293K, 압력은 4atm, 평균유속은 75m/s였다. 이 관의 하부에는 내경 0.08m의 강관이 접속되어 있는데 이곳의 온도는 303K, 압력은 2atm이라고 하면 이곳에서의 평균유속은 몇 m/s인가? (단, 공기는 이상기체이고, 정상유동이라 간주한다.)

① 14.2　　② 60.6

③ 92.8　　④ 397.4

$\rho_1 Q_1 U_1 = \rho_2 Q_2 U_2$에서

$$V_2 = \frac{\rho_1 Q_1 V_1}{\rho_2 Q_2}$$

$$= \frac{0.00947995 \times 75}{0.01173387}$$

$$= 60.59 \coloneqq 60.6\text{m/s}$$

- $W_1 = \dfrac{P_1 V_1 M_1}{R_1 T_1} = \rho_1 Q_1$

$$= \frac{4 \times \dfrac{\pi}{4} \times (0.05)^2 \times 29}{0.082 \times 293} = 0.00947995$$

- $W_2 = \dfrac{P_2 V_2 M_2}{R_2 T_2} = \rho_2 Q_2$

$$= \frac{2 \times \dfrac{\pi}{4} \times (0.08)^2 \times 29}{0.082 \times 303} = 0.01173387$$

08 [그림]과 같은 덕트에서의 유동이 아음속유동일 때 속도 및 압력의 유동방향 변화를 옳게 나타낸 것은? [유체 3]

① 속도감소, 압력감소
② 속도증가, 압력증가
③ 속도증가, 압력감소
④ 속도감소, 압력증가

등엔트로피 흐름(유체 핵심 3) 참조

09 관 내 유체의 급격한 압력 강하에 따라 수중에서 기포가 분리되는 현상은?

① 공기바인딩   ② 감압화
③ 에어리프트   ④ 캐비테이션

캐비테이션(공동현상) : 증기압보다 낮은 부분이 생기면 기포가 발생하는 현상
① 공기(에어)바인딩 : 유체 속에 공기가 혼입되어 흐름을 방해하는 현상

10 비중이 0.9인 유체를 10ton/h의 속도로 20m 높이의 저장탱크에 수송한다. 지름이 일정한 관을 사용할 때 펌프가 유체에 가해 준 일은 몇 kgf · m/kg인가? (단, 마찰손실은 무시한다.)

① 10   ② 20
③ 30   ④ 40

비중 0.9, 총량 유량 10ton/h 양정 20m이므로

엔탈피 $H = \dfrac{u_2^{\,2} - u_1^{\,2}}{2} + (gZ_2 - gZ_1)(\text{m}^2/\text{s}^2)$

$u_1 = u_2$이므로

$H = gZ_2 - gZ_1 = 9.8 \times (20-0) = 196\,\text{m}^2/\text{s}^2$

$\therefore\ 196\,\text{m}^2/\text{s}^2 \cdot \text{m} = 196\text{m} \times \dfrac{1}{9.8\text{kg}}\,\text{kgf}$

$= 20\,\text{kgf} \cdot \text{m/kg}$

- $1\text{kgf} = 1\text{kg} \times 9.8\text{m/s}^2$
- $1\text{m/s}^2 = \dfrac{1\text{kgf}}{9.8\text{kg}}$

참고 · 비압축성 유체의 경우 1kgf=1kg으로 보고 단위를 정리하면 (m)만 남게 되고, 이것은 수두이므로 조건에 주어진 수두가 바로 답이 된다.
· 일량$(W) = \gamma \cdot H \cdot \nu$로 계산 시

$0.9 \times 10^3 \text{kgf/m}^3 \times 20\text{m} \times \dfrac{1}{0.9 \times 10^3}\,\text{m}^3/\text{kgf}$

$= 20\,\text{kgf} \cdot \text{m}$

여기서, γ : 비중량(kgf · m/kg)
　　　　H : 양정(m)
　　　　ν : 비체적(m³/kgf)

11 공기 속을 초음속으로 날아가는 물체의 마하각(Machangle)이 35°일 때, 그 물체의 속도는 약 몇 m/s인가? (단, 음속은 340m/s이다.)

① 581
② 593
③ 696
④ 900

$Ma = \dfrac{V}{a}$

$\therefore\ V = Ma \times a$

$V = \dfrac{a}{\sin\alpha} = \dfrac{340}{\sin35} = 592.77 ≒ 593\text{m/s}$

12 다음은 면적이 변하는 도관에서의 흐름에 관한 [그림]이다. [그림]에 대한 설명으로 옳지 않은 것은?

① d점에서의 압력비를 임계압력비라고 한다.
② gg´ 및 hh´는 충격파를 나타낸다.
③ 선 abc상의 다른 모든 점에서의 흐름은 아음속이다.
④ 초음속인 경우 노즐 확산부의 단면적이 증가하면 속도는 감소한다.

정답 08.④ 09.④ 10.② 11.② 12.④

해설

속도	아음속		초음속	
항목	축소부	확대부	축소부	확대부
M(마하수)	증	감	감	증
U(속도)	증	감	감	증
P(압력)	감	증	증	감
T(온도)	감	증	증	감
ρ(밀도)	감	증	증	감
A(면적)	감	증	감	증

④ 초음속인 경우 단면적 증가 시 속도 증가

※ d점 노즐의 목에서의 압력비는 임계압력비

13 지름 5cm의 관 속을 15cm/s로 흐르던 물이 지름 10cm로 급격히 확대되는 관 속으로 흐른다. 이때 확대에 의한 마찰손실계수는 얼마인가?

① 0.25 ② 0.56
③ 0.65 ④ 0.75

 해설

확대관

$$H_L = \frac{(u_1 - u_2)^2}{2g} = K \cdot \frac{u_1^2}{2g}$$

$$K = \left(1 - \frac{A_1}{A_2}\right)^2 = \left[1 - \frac{\frac{\pi}{4} \times (5)^2}{\frac{\pi}{4} \times (10)^2}\right]^2$$

$$= \left(1 - \frac{5^2}{10^2}\right)^2 = 0.5625$$

14 지름이 400mm인 공업용 강관에 20℃의 공기를 264m³/min으로 수송할 때, 길이 200m에 대한 손실수두는 약 몇 cm인가? (단, Darcy-Weisbach식의 관마찰계수는 0.1×10^{-3}이다.)

① 22 ② 37
③ 51 ④ 313

해설

$Q = AV$에서

$$V = \frac{Q}{A} = \frac{264(\text{m}^3/60\text{sec})}{\frac{\pi}{4} \times (0.4\text{m})^2} = 35.014\text{m/s}$$

$$h_f = f \cdot \frac{L}{D} \cdot \frac{V^2}{2g}$$

$$= 0.1 \times 10^{-3} \times \frac{200}{0.4} \times \frac{(35.014)^2}{2 \times 9.8}$$

$$= 3.127\text{m} = 312.7\text{cm} ≒ 313\text{cm}$$

15 다음 중 등엔트로피과정은?

① 가역단열과정
② 비가역등온과정
③ 수축과 확대 과정
④ 마찰이 있는 가역적 과정

해설

㉠ 가역단열 : 엔트로피 불변(등엔트로피)
㉡ 비가역단열 : 엔트로피 증가

16 유체의 점성과 관련된 설명 중 잘못된 것은?

① poise는 점도의 단위이다.
② 점도란 흐름에 대한 저항력의 척도이다.
③ 동점성계수는 점도/밀도와 같다.
④ 20℃에서 물의 점도는 1poise이다.

해설

④ 20℃ 물의 점도는 1cP이다.

17 단면적이 변하는 수평관로에 밀도가 ρ인 이상유체가 흐르고 있다. 단면적이 A_1인 곳에서의 압력은 P_1, 단면적이 A_2인 곳에서의 압력은 P_2이다. $A_2 = \dfrac{A_1}{2}$이면 단면적이 A_2인 곳에서의 평균유속은?

① $\sqrt{\dfrac{4(P_1 - P_2)}{3\rho}}$

② $\sqrt{\dfrac{4(P_1 - P_2)}{15\rho}}$

③ $\sqrt{\dfrac{8(P_1 - P_2)}{3\rho}}$

④ $\sqrt{\dfrac{8(P_1 - P_2)}{15\rho}}$

정답 13.② 14.④ 15.① 16.④ 17.③

①~② 단면에 베르누이 방정식 적용

$$\frac{P_1}{\gamma_1} + \frac{V_1^2}{2g} + Z_1 = \frac{P_2}{\gamma} + \frac{V_2^2}{2g} + Z_2 \, (Z_1 = Z_2)$$

$$\frac{P_1}{\gamma} + \frac{V_1^2}{2g} = \frac{P_2}{\gamma} + \frac{V_2^2}{2g}$$

$$\therefore \frac{P_1 - P_2}{\gamma} = \frac{V_2^2 - V_1^2}{2g} = \frac{V_2^2}{2g}\left[1 - \left(\frac{V_1}{V_2}\right)^2\right]$$

$$Q = AV$$
$$Q_1 = A_1 V_1$$
$$Q_2 = A_2 V_2$$
$$A_1 V_1 = A_2 V_2$$
$$\frac{V_1}{V_2} = \frac{A_2}{A_1}$$

$$\frac{P_1 - P_2}{\gamma} = \frac{V_2^2}{2g}\left[1 - \left(\frac{A_2}{A_1}\right)^2\right]$$

$$\therefore V_2 = \frac{1}{\sqrt{1 - \left(\dfrac{A_2}{A_1}\right)^2}}\sqrt{\frac{2g}{\gamma}(P_1 - P_2)}$$

(여기서, $A_2 = \dfrac{A_1}{2}$ 이므로 $\gamma = \rho g$)

$$= \frac{1}{\sqrt{1 - \left(\dfrac{\frac{A_1}{2}}{A_1}\right)^2}}\sqrt{\frac{2g}{\rho g}(P_1 - P_2)}$$

$$= \frac{1}{\sqrt{1 - \left(\dfrac{1}{4}\right)}}\sqrt{\frac{2}{\rho}(P_1 - P_2)}$$

$$= \sqrt{\frac{8(P_1 - P_2)}{3\rho}}$$

18 전단응력(shear stress)과 속도구배와의 관계를 나타낸 다음 [그림]에서 빙햄플라스틱유체(Bingham plastic fluid)를 나타내는 것은?

① (1)　　　　② (2)
③ (3)　　　　④ (4)

(1) 다일란트유체(전단농화유체) : 아스팔트
(2) 뉴턴유체 : 물
(3) 전단박화유체(비뉴턴유체)
(4) 빙햄플라스틱유체

19 완전발달흐름(fully developed flow)에 대한 내용으로 옳은 것은?

① 속도분포가 축을 따라 변하지 않는 흐름
② 천이영역의 흐름
③ 완전난류의 흐름
④ 정상상태의 유체흐름

큰 용기에서 원관에 유체가 유입 시 관 입구 유속은 균속도이며 관벽에 생성하는 경계층은 관 입구에서 하류로 흐를 때, 어느 거리를 지나면 경계층으로 성장하며 관 입구에서 경계층이 관 중심에 도달하는 점까지의 거리를 입구길이라 한다. 입구길이 이후의 영역은 완전히 발달된 영역이며 이것은 속도분포가 축을 따라 변하지 않는 흐름을 말한다.

20 유체를 연속체로 취급할 수 있는 조건은 어느 것인가?　　　　　[유체 11]

① 유체가 순전히 외력에 의하여 연속적으로 운동을 한다.
② 항상 일정한 전단력을 가진다.
③ 비압축성이며 탄성계수가 적다.
④ 물제의 특성길이가 분자 간의 평균자유행로보다 훨씬 크다.

연속체(continuum)
물체의 대표길이(l)가 자유경로(λ)보다 훨씬 큰 것($l \gg \lambda$)

제2과목 연소공학

21 다음 [그림]은 카르노 사이클(Carnot cycle)의 과정을 도식으로 나타낸 것이다. 열효율 η를 나타내는 식은? [연소 16]

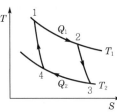

① $\eta = \dfrac{Q_1 - Q_2}{Q_1}$ ② $\eta = \dfrac{Q_2 - Q_1}{Q_1}$

③ $\eta = \dfrac{T_1}{T_1 - T_2}$ ④ $\eta = \dfrac{T_2 - T_1}{T_1}$

 냉동기, 열펌프의 성적계수 및 열효율(연소 핵심 16) 참조

22 발열량이 21MJ/kg인 무연탄이 7%의 습분을 포함한다면 무연탄의 발열량은 약 몇 MJ/kg인가?

① 16.43 ② 17.85
③ 19.53 ④ 21.12

 $21 - (21 \times 0.07) = 19.53 \text{MJ/kg}$

23 최소점화에너지에 대한 설명으로 옳은 것은 어느 것인가? [연소 20]

① 최소점화에너지는 유속이 증가할수록 작아진다.
② 최소점화에너지는 혼합기 온도가 상승함에 따라 작아진다.
③ 최소점화에너지의 상승은 혼합기 온도 및 유속과는 무관하다.
④ 최소점화에너지는 유속 20m/s까지는 점화에너지가 증가하지 않는다.

최소점화에너지(연소 핵심 20) 참조

24 압력엔탈피 선도에서 등엔트로피 선의 기울기는 어느 것인가?

① 부피
② 온도
③ 밀도
④ 압력

25 줄-톰슨 효과를 참조하여 교축과정(throttling process)에서 생기는 현상과 관계없는 것은?

① 엔탈피 불변
② 압력 강하
③ 온도 강하
④ 엔트로피 불변

교축(스로틀링, 조름팽창) : 등엔탈피변화 비가역 정상류과정 비가역이므로 엔트로피는 증가. 유체가 좁은 통로를 흐를 때 마찰난류 등으로 압력이 급격히 저하. 온도가 저하 이것을 줄-톰슨 효과라 한다.

26 다음 중 비중이 0.75인 휘발유(C_8H_{18}) 1L를 완전연소시키는 데 필요한 이론산소량은 약 몇 l 인가?

① 1510 ② 1842
③ 2486 ④ 2814

$$\begin{array}{ccc} C_8H_{18} & + & 12.5O_2 \rightarrow 8CO_2 + 9H_2O \\ 0.75\text{kg/L} \times 1\text{L} : & & x(\text{m}^3) \\ 114\text{kg} & : & 12.5 \times 22.4\text{m}^3 \end{array}$$

$$\therefore x = \frac{0.75 \times 12.5 \times 22.4}{114} = 1.842\text{m}^3 = 1842\text{L}$$

- $C_8H_{18} = 12 \times 8 + 18 = 114$
- 액비중의 단위(kg/L)

정답 21.① 22.③ 23.② 24.① 25.④ 26.②

27 1kmol의 일산화탄소와 2kmol의 산소로 충전된 용기가 있다. 연소 전 온도는 298K, 압력은 0.1MPa이고 연소 후 생성물은 냉각되어 1300K로 되었다. 정상상태에서 완전연소가 일어났다고 가정했을 때 열전달량은 약 몇 kJ인가? (단, 반응물 및 생성물의 총 엔탈피는 각각 −110529kJ, −293338kJ이다.)

① −202397
② −230323
③ −340238
④ −403867

열전달량(Q)=생성물 총 엔탈피(H_2)
$\qquad - $(반응물 총 엔탈피$(H_1) + n\bar{R}T$)
$\qquad = -293338 - (110529 + 2 \times 8.314 \times 1300)$
$\qquad = -204425 \text{kJ}$

28 기체가 168kJ의 열을 흡수하면서 동시에 외부로부터 20kJ의 일을 받으면 내부에너지의 변화는 약 몇 kJ인가?

① 20
② 148
③ 168
④ 188

$168 + 20 = 188 \text{kJ}$

29 열화학반응 시 온도변화의 열전도범위에 비해 속도변화의 전도범위가 크다는 것을 나타내는 무차원수는?

① 루이스수(Lewis number)
② 러셀수(Nesselt number)
③ 프란틀수(Prandtl number)
④ 그라쇼프수(Grashof number)

프란틀수(Prandtl number)$= \dfrac{V}{\alpha} = \dfrac{C_p \cdot \mu}{K}$

여기서, α : 열확산계수
$\qquad C_p \cdot \mu$: 운동량확산계수
$\qquad K$: 유체의 열전도계수(열역학적인 결과를 일반화시키기 위해 사용되는 무차원수)

30 산소의 기체상수(R)값은 약 얼마인가?

① 260J/kg · K
② 650J/kg · K
③ 910J/kg · K
④ 1074J/kg · K

$R = \dfrac{848}{32} \text{kgf} \cdot \text{m/kg} \cdot \text{K} = 26.5 \times 9.8 \text{N} \cdot \text{m/kg} \cdot \text{K}$

$\qquad = 259.7 \text{N} \cdot \text{m/kg} \cdot \text{K} \fallingdotseq 260 \text{J/kg} \cdot \text{K}$

- 1kgf = 9.8N
- N · m = J

31 가연성 가스의 폭발범위에 대한 설명으로 옳지 않은 것은?

① 일반적으로 압력이 높을수록 폭발범위가 넓어진다.
② 가연성 혼합가스의 폭발범위는 고압에서는 상압에 비해 훨씬 넓어진다.
③ 프로판과 공기의 혼합가스에 불연성 가스를 첨가하는 경우 폭발범위는 넓어진다.
④ 수소와 공기의 혼합가스는 고온에 있어서는 폭발범위가 상온에 비해 훨씬 넓어진다.

③ 불연성 가스 첨가 시 폭발범위는 좁아진다.

32 압력이 1기압이고 과열도가 10℃인 수증기의 엔탈피는 약 몇 kcal/kg인가?
(단, 100℃ 물의 증발잠열이 539kcal/kg이고, 물의 비열은 1kcal/kg · ℃, 수증기의 비열은 0.45kcal/kg · ℃, 기준상태는 0℃와 1atm으로 한다.)

① 539
② 639
③ 643.5
④ 653.5

과열도가 10℃이면 110℃까지 과열증기이므로

0℃ 물 $\xrightarrow{Q_1}$ 100℃ 물 $\xrightarrow{Q_2}$ 100℃ 수증기

$\xrightarrow{Q_3}$ 110℃ 수증기

㉠ $Q_1 = 1 \times 1 \times (100 - 0) = 100 \text{kcal}$
㉡ $Q_2 = 1 \times 539 = 539 \text{kcal}$
㉢ $Q_3 = 1 \times 0.45 \times 10 = 4.5 \text{kcal}$
∴ $Q = Q_1 + Q_2 + Q_3 = 643.5 \text{kcal}$

33 다음 중 가스의 비열비($k = C_P / C_V$) 값은 어느 것인가? [연소 3]

① 항상 1보다 크다.
② 항상 0보다 작다.
③ 항상 0이다.
④ 항상 1보다 작다.

이상기체(연소 핵심 3) 참조

34 어떤 고체연료의 조성은 탄소 71%, 산소 10%, 수소 3.8%, 황 3%, 수분 3%, 기타 성분 9.2%로 되어 있다. 이 연료의 고위발열량(kcal/kg)은 얼마인가?

① 6698
② 6782
③ 7103
④ 7398

$$Hh = 8100C + 34000\left(H - \frac{O}{8}\right) + 2500S$$
$$= 8100 \times 0.71 + 34000\left(0.038 - \frac{0.1}{8}\right) + 2500 \times 0.03$$
$$= 6693 \text{kcal/kg}$$

35 다음 중 대기오염 방지기기로 이용되는 것은?

① 링겔만
② 플레임로드
③ 레드우드
④ 스크러버

36 가스 혼합물을 분석한 결과 N_2 70%, CO_2 15%, O_2 11%, CO 4%의 체적비를 얻었다. 이 혼합물을 10kPa, 20℃, 0.2m^{3}인 초기상태에서 0.1m^{3}로 실린더 내에서 가역단열 압축할 때 최종상태의 온도는 약 몇 K인가? (단, 이 혼합가스의 정적비열은 0.7157kJ/kg · K이다.)

① 300
② 380
③ 460
④ 540

혼합기체 분자량(M) $= \sum M_i \frac{V_i}{V}$
$$= 28 \times 0.7 + 44 \times 0.15$$
$$+ 32 \times 0.11 + 28 \times 0.04$$
$$= 30.84 \text{kg/kmol}$$

$MR = \overline{R} = 8.314 \text{kJ/kmol} \cdot \text{K}$

기체상수(R) $= \dfrac{\text{공통기체상수}(\overline{R})}{\text{분자량}(M)}$
$$= \frac{8.314}{30.84} = 0.2696 \text{kJ/kg} \cdot \text{K}$$

$C_P - C_V = R$에서
$C_P = C_V + R = 0.7157 + 0.2696 = 0.9853 \text{kJ/kg} \cdot \text{K}$

비열비(k) $= \dfrac{C_P}{C_V} = \dfrac{0.9853}{0.7157} = 1.3767$

가역단열 변화이므로 $TV^{k-1} = C$
$T_1 V_1^{k-1} = T_2 V_2^{k-1}$에서

$$T_2 = T_1 \times \left(\frac{V_1}{V_2}\right)^{k-1} = (20 + 273) \times \left(\frac{0.2}{0.1}\right)^{1.3767-1}$$
$$= 380.42 \text{K} (\fallingdotseq 380 \text{K})$$

37 종합적 안전관리대상자가 실시하는 가스안전성 평가의 기준에서 정량적 위험성 평가기법에 해당하지 않는 것은? [연소 12]

① FTA(Fault Tree Analysis)
② ETA(Event Tree Analysis)
③ CCA(Cause Consequence Analysis)
④ HAZOP
(Hazard and Operability Studies)

안전성 평가기법(연소 핵심 12) 참조
④ HAZOP(정성적 평가기법)

38 수소(H_2)의 기본특성에 대한 설명 중 틀린 것은?

① 가벼워서 확산하기 쉬우며 작은 틈새로 잘 발산된다.
② 고온, 고압에서 강재 등의 금속을 투과한다.
③ 산소 또는 공기와 혼합하여 격렬하게 폭발한다.
④ 생물체의 호흡에 필수적이며 연료의 연소에 필요하다.

39 다음 [보기]에서 설명하는 연소형태로 가장 적절한 것은? [연소 10]

> ㉠ 연소실부하율을 높게 얻을 수 있다.
> ㉡ 연소실의 체적이나 길이가 짧아도 된다.
> ㉢ 화염면이 자력으로 전파되어 간다.
> ㉣ 버너에서 상류의 혼합기로 역화를 일으킬 염려가 있다.

① 증발연소
② 등심연소
③ 확산연소
④ 예혼합연소

기체물질연소(확산·예혼합)의 비교(연소 핵심 10) 참조

40 탄소 1kg을 이론공기량으로 완전연소시켰을 때 발생하는 연소가스량은 약 몇 Nm^{3}인가?

① 8.9
② 10.8
③ 11.2
④ 22.4

$$\underline{C} + O_2 \rightarrow \underline{CO_2} + (N_2)$$
$$12kg \quad 22.4 \ : \ 22.4Nm^3$$
$$1kg \quad y \quad : \quad x(Nm^3)$$

㉠ x는 $CO_2 = \dfrac{1 \times 22.4}{12} = 1.87Nm^3$

㉡ y는 $N_2 = \dfrac{1 \times 22.4}{12} \times \dfrac{(1-0.21)}{0.21} = 7.02Nm^3$

∴ $x + y = 8.89 = 8.9Nm^3$

제3과목 가스설비

41 냉동용 특정설비 제조시설에서 발생기란 흡수식 냉동설비에 사용하는 발생기에 관계되는 설계온도가 몇 ℃를 넘는 열교환기 및 이들과 유사한 것을 말하는가?

① 105℃
② 150℃
③ 200℃
④ 250℃

42 아세틸렌에 대한 설명으로 틀린 것은?

① 반응성이 대단히 크고 분해 시 발열반응을 한다.
② 탄화칼슘에 물을 가하여 만든다.
③ 액체 아세틸렌보다 고체 아세틸렌이 안정하다.
④ 폭발범위가 넓은 가연성 기체이다.

① 분해 시 흡열반응
$$C_2H_2 \rightarrow 2C + H_2$$
② $CaC_2 + 2H_2O \rightarrow C_2H_2 + Ca(OH)_2$
④ 폭발범위 : 2.5~81%

43 스프링 직동식과 비교한 파일럿식 정압기에 대한 설명으로 틀린 것은?

① 오프셋이 적다.
② 1차 압력변화의 영향이 적다.
③ 로크업을 적게 할 수 있다.
④ 구조 및 신호계통이 단순하다.

44 이음매 없는 용기의 제조법 중 이음매 없는 강관을 재료로 사용하는 제조방식은?

① 웰딩식
② 만네스만식
③ 에르하르트식
④ 딥드로잉식

(1) 이음매 없는 용기의 제조방법
  ㉠ 만네스 방식 : 이음매 없는 강관을 재료로 하는 방식
  ㉡ 에르하르트식 : 각강편을 재료로 하는 방식
  ㉢ 딥드로잉식 : 강관을 재료로 하는 방식
(2) 용접용기 제조방법
  ㉠ 심교축 용기
  ㉡ 동체부에 종방향의 용접포인트가 있는 것

45 신규용기의 내압시험 시 전증가량이 100cm^{3}였다. 이 용기가 검사에 합격하려면 영구 증가량은 몇 cm^3 이하이어야 하는가?

① 5
② 10
③ 15
④ 20

영구증가율 10% 이하가 합격이므로, 전증가량이 100cm^{3}이면 영구증가량은 10cm^3 이하이어야 한다.

46 금속재료에 대한 설명으로 틀린 것은?

① 강에 P(인)의 함유량이 많으면 신율, 충격치는 저하된다.

② 18% Cr, 8% Ni을 함유한 강을 18-8 스테인리스강이라 한다.

③ 금속가공 중에 생긴 잔류응력을 제거할 때에는 열처리를 한다.

④ 구리와 주석의 합금은 황동이고, 구리와 아연의 합금은 청동이다.

④ 구리+주석=청동
구리+아연=황동

47 대체천연가스(SNG)공정에 대한 설명으로 틀린 것은?

① 원료는 각종 탄화수소이다.

② 저온수증기 개질방식을 채택한다.

③ 천연가스를 대체할 수 있는 제조가스이다.

④ 메탄을 원료로 하여 공기 중에서 부분연소로 수소 및 일산화탄소의 주성분을 만드는 공정이다.

48 부식방지방법에 대한 설명으로 틀린 것은?

① 금속을 피복한다.

② 선택배류기를 접속시킨다.

③ 이종의 금속을 접촉시킨다.

④ 금속표면의 불균일을 없앤다.

③ 이송금속의 접촉을 피한다.

49 압력용기란 그 내용물이 액화가스인 경우 35℃에서의 압력 또는 설계압력이 얼마 이상인 용기를 말하는가?

① 0.1MPa
② 0.2MPa
③ 1MPa
④ 2MPa

50 냄새가 나는 물질(부취제)에 대한 설명으로 틀린 것은? **[안전 19]**

① D.M.S는 토양투과성이 아주 우수하다.

② T.B.M은 충격(impact)에 가장 약하다.

③ T.B.M은 메르캅탄류 중에서 내산화성이 우수하다.

④ T.H.T의 LD_{50}은 6400mg/kg 정도로 거의 무해하다.

부취제(안전 핵심 19) 참조
충격 강도 : TBM > THT > DMS

51 펌프에서 송출압력과 송출유량 사이에 주기적인 변동이 일어나는 현상을 무엇이라 하는가? **[설비 17]**

① 공동현상
② 수격현상
③ 서징현상
④ 캐비테이션현상

원심펌프에서 발생되는 이상현상(설비 핵심 17) 참조

52 다음 중 가스 액화사이클이 아닌 것은 어느 것인가? **[설비 57]**

① 린데사이클
② 클라우드사이클
③ 필립스사이클
④ 오토사이클

가스 액화사이클(설비 핵심 57) 참조

53 35℃에서 최고충전압력이 15MPa로 충전된 산소용기의 안전밸브가 작동하기 시작하였다면 이때 산소용기 내의 온도는 약 몇 ℃인가?

① 137℃
② 142℃
③ 150℃
④ 165℃

안전밸브 작동압력 $= F_P \times \dfrac{5}{3} \times \dfrac{8}{10}$

$$= 15 \times \dfrac{5}{3} \times \dfrac{8}{10}$$

$$= 20\text{MPa}$$

$\dfrac{P_1}{T_1} = \dfrac{P_2}{T_2}$ 에서

$T_2 = \dfrac{T_1 \times P_2}{P_1} = \dfrac{(273+35) \times 20}{15}$

$= 410.666\text{K} = 410.666 - 273 = 137.66 = 137.66℃$

정답 46.④ 47.④ 48.③ 49.② 50.② 51.③ 52.④ 53.①

54 중간매체방식의 LNG 기화장치에서 중간 열매체로 사용되는 것은? [설비 14]

① 폐수　　　② 프로판
③ 해수　　　④ 온수

LNG 기화장치 종류 특징(설비 핵심 14) 참조

55 다음 중 고압가스설비의 두께는 상용압력 의 몇 배 이상의 압력에서 항복을 일으키지 않아야 하는가?

① 1.5배　　　② 2배
③ 2.5배　　　④ 3배

56 다음 [보기]에서 설명하는 안전밸브의 종류 는 어느 것인가?

> ㉠ 구조가 간단하고, 취급이 용이하다.
> ㉡ 토출용량이 높아 압력상승이 급격하게 변하는 곳에 적당하다.
> ㉢ 밸브시트의 누출이 없다.
> ㉣ 슬러지 함유, 부식성 유체에도 사용이 가능하다.

① 가용전식
② 중추식
③ 스프링식
④ 파열판식

57 고온고압에서 수소가스설비에 탄소강을 사 용하면 수소취성을 일으키게 되므로 이것 을 방지하기 위하여 첨가하는 금속원소로 적당하지 않은 것은?

① 몰리브덴
② 크립톤
③ 텅스텐
④ 바나듐

수소취성 방지법 : 5~6% Cr강에 W, Mo, Ti, V 등을 첨가한다.

58 고압식 액화산소 분리장치의 제조과정에 대한 설명으로 옳은 것은? [설비 5]

① 원료공기는 1.5~2.0MPa로 압축된다.
② 공기 중의 탄산가스는 실리카겔 등의 흡착제로 제거한다.
③ 공기압축기 내부윤활유를 광유로 하고 광유는 건조로에서 제거한다.
④ 액체질소와 액화공기는 상부탑에 이송 되나 이때 아세틸렌 흡착기에서 액체 공기 중 아세틸렌과 탄화수소가 제거 된다.

공기액화 분리장치(설비 핵심 5) 참조
① 15~20MPa로 압축
② 탄산가스는 CO_2 흡수탑에서 가성소다 용액에 의해 제거
③ 윤활유는 양질의 광유이고 제거는 유분리기에 의해 제거

59 펌프의 양수량이 $2m^3/min$이고 배관에서의 전 손실수두가 5m인 펌프로 20m 위로 양 수하고자 할 때 펌프의 축동력은 약 몇 kW 인가? (단, 펌프의 효율은 0.870이다.)

① 7.4　　　② 9.4
③ 11.4　　　④ 13.4

$$L_{kW} = \frac{\gamma \cdot Q \cdot H}{102\eta}$$
$$= \frac{1000 \times (2/60) \times 25}{102 \times 0.87} = 9.39 ≒ 9.4kW$$

60 고압가스저장시설에서 가연성 가스설비를 수리할 때 가스설비 내를 대기압 이하까지 가스치환을 생략하여도 무방한 경우는?

① 가스설비의 내용적이 $3m^3$일 때
② 사람이 그 설비의 안에서 작업할 때
③ 화기를 사용하는 작업일 때
④ 가스켓의 교환 등 경미한 작업을 할 때

가스치환생략
㉠ 설비내용적이 $1m^3$ 이하일 때
㉡ 설비 밖에서 작업을 할 때
㉢ 화기를 사용하지 않는 작업일 때
㉣ 가스켓의 교환 등 경미한 작업일 때
㉤ 설비 $5m^3$ 사이에 밸브가 2개 이상 설치되어 있을 때

제4과목 가스안전관리

61 저장탱크에 의한 액화석유가스 사용시설에서 배관설비 신축흡수조치기준에 대한 설명으로 틀린 것은?

① 건축물에 노출하여 설치하는 배관의 분기관의 길이는 30cm 이상으로 한다.
② 분기관에는 90° 엘보 1개 이상을 포함하는 굴곡부를 설치한다.
③ 분기관이 창문을 관통하는 부분에 사용하는 보호관의 내경은 분기관 외경의 1.2배 이상으로 한다.
④ 11층 이상 20층 이하 건축물의 배관에는 1개소 이상의 곡관을 설치한다.

배관의 신축흡수조치
(1) 지상에 설치하는 배관 : 굽힘관, 루프, 벨로스형 신축이음매, 슬라이드형 신축이음에 사용하여 신축흡수조치를 한다.
(2) 입상관의 신축흡수
 ㉠ 분기관에는 90° 엘보 1개 이상을 포함하는 굴곡부를 설치한다.
 ㉡ 분기관이 외벽, 베란다 또는 창문을 관통하는 경우에 사용하는 보호관의 내경은 분기관 외경의 1.2배 이상으로 한다.
 ㉢ 건축물에 노출하여 설치하는 배관의 분기관의 길이는 50cm 이상으로 한다(단, 50cm 이상으로 하지 않아도 되는 경우).
  • 분기관에 90° 엘보 2개 이상을 포함하는 굴곡부를 설치하는 경우
  • 건축물 외벽 관통 시 사용하는 보호관의 내경을 분기관 외경의 1.5배 이상으로 하는 경우
 ㉣ 11층 이상 20층 이하 건축물 배관에는 1개소 이상 곡관을 설치하고 20층 이상 건축물의 배관에는 2개소 이상의 곡관을 설치한다.

62 부취제 혼합설비의 이입작업안전기준에 대한 설명으로 틀린 것은?

① 운반차량으로부터 저장탱크에 이입 시 보호의 및 보안경 등의 보호장비를 착용한 후 작업한다.
② 부취제가 누출될 수 있는 주변에는 방류둑을 설치한다.
③ 운반차량은 저장탱크의 외면과 3m 이상 이격거리를 유지한다.
④ 이입작업 시에는 안전관리자가 상주하여 이를 확인한다.

63 고압가스 특정제조시설에서 플레어스택의 설치 위치 및 높이는 플레어스택 바로 밑의 지표면에 미치는 복사열이 몇 kcal/m² · h 이하로 되도록 하여야 하는가? **[안전 26]**

① 2000
② 4000
③ 6000
④ 8000

 긴급이송설비(안전 핵심 26) 참조

64 저장탱크에 액화석유가스를 충전하려면 정전기를 제거한 후 저장탱크 내용적의 몇 %를 넘지 않도록 충전하여야 하는가?

① 80%   ② 85%
③ 90%   ④ 95%

65 2개 이상의 탱크를 동일차량에 고정할 때의 기준으로 틀린 것은? **[안전 24]**

① 탱크의 주밸브는 1개만 설치한다.
② 충전관에는 긴급탈압밸브를 설치한다.
③ 충전관에는 안전밸브, 압력계를 설치한다.
④ 탱크와 차량과의 사이를 단단하게 부착하는 조치를 한다.

차량고정탱크 운반기준(안전 핵심 24) 참조

66 지하에 설치하는 액화석유가스 저장탱크실 재료의 규격으로 옳은 것은?

① 설계강도 : 25MPa 이상
② 물−결합재비 : 25% 이하
③ 슬럼프(slump) : 50~150mm
④ 굵은 골재의 최대치수 : 25mm

LPG 저장탱크의 지하 설치 시 저장탱크실 재료규격
저장탱크실의 재료는 법규에서 정한 규격을 가진 레디믹스트 콘크리트(ready-mixed concrete)로 하고, 저장탱크실의 시공은 수밀(水密)콘크리트로 한다.

항 목	규 격
굵은 골재의 최대치수	25mm
설계강도	21MPa 이상
슬럼프(slump)	120~150mm
공기량	4% 이하
물-결합재비	50% 이하
그 밖의 사항	KS F 4009 (레디믹스트 콘크리트)에 따른 규정

[비고] 수밀콘크리트 시공기준은 국토교통부가 제정한 "콘크리트표준 시방서"를 준용

67 독성가스 배관을 2중관으로 하여야 하는 독성가스가 아닌 것은? [안전 113]

① 포스겐
② 염소
③ 브롬화메탄
④ 산화에틸렌

독성가스 배관 중 이중관의 설치규정(안전 핵심 113) 참조

68 고압가스용기의 보관장소에 용기를 보관할 경우의 준수할 사항 중 틀린 것은 어느 것인가? [안전 111]

① 충전용기와 잔가스용기는 각각 구분하여 용기보관장소에 놓는다.
② 용기보관장소에는 계량기 등 작업에 필요한 물건 외에는 두지 아니한다.
③ 용기보관장소의 주위 2m 이내에는 화기 또는 인화성 물질이나 발화성 물질을 두지 아니한다.
④ 가연성 가스 용기보관장소에는 비방폭형 손전등을 사용한다.

용기보관실 및 용기집합설비 설치(안전 핵심 111) 참조

69 다음 중 특정설비가 아닌 것은? [안전 15]

① 조정기
② 저장탱크
③ 안전밸브
④ 긴급차단장치

산업통상자원부령으로 정하는 고압가스 관련 설비(안전 핵심 15) 참조

70 압축가스의 저장탱크 및 용기 저장능력의 산정식을 옳게 나타낸 것은 어느 것인가?
[단, Q : 설비의 저장능력(m^3), P : 35℃에서의 최고충전압력(MPa), V_1 : 설비의 내용적(m^3)이다.] [안전 36]

① $Q = \dfrac{(10P-1)}{V_1}$
② $Q = 1.5PV_1$
③ $Q = (1-P)V_1$
④ $Q = (10P+1)V_1$

저장능력 계산(안전 핵심 36) 참조

71 액화석유가스에 첨가하는 냄새가 나는 물질의 측정방법이 아닌 것은? [안전 61]

① 오더미터법
② 에지법
③ 주사기법
④ 냄새주머니법

고압·LPG·도시가스의 냄새나는 물질의 첨가 (안전 핵심 61) 참조

72 산소, 아세틸렌 및 수소가스를 제조할 경우의 품질검사방법으로 옳지 않은 것은 어느 것인가? [안전 11]

① 검사는 1일 1회 이상 가스제조장에서 실시한다.
② 검사는 안전관리부총괄자가 실시한다.
③ 액체산소를 기화시켜 용기에 충전하는 경우에는 품질검사를 아니할 수 있다.
④ 검사결과는 안전관리부총괄자와 안전관리책임자가 함께 확인하고 서명날인한다.

산소, 수소, 아세틸렌 품질검사(안전 핵심 11) 참조

73 고압가스 운반차량에 대한 설명으로 틀린 것은?

① 액화가스를 충전하는 탱크에는 요동을 방지하기 위한 방파판 등을 설치한다.

② 허용농도가 200ppm 이하인 독성가스는 전용차량으로 운반한다.

③ 가스운반 중 누출 등 위해우려가 있는 경우에는 소방서 및 경찰서에 신고한다.

④ 질소를 운반하는 차량에는 소화설비를 반드시 휴대하여야 한다.

④ 질소는 불연성이므로 소화설비를 휴대하지 않아도 된다.

74 동절기에 습도가 낮은 날 아세틸렌 용기밸브를 급히 개방할 경우 발생할 가능성이 가장 높은 것은?

① 아세톤 증발

② 역화방지기 고장

③ 중합에 의한 폭발

④ 정전기에 의한 착화위험

75 일반도시가스사업자시설의 정압기에 설치되는 안전밸브 분출부의 크기기준으로 옳은 것은 어느 것인가? [안전 109]

① 정압기 입구측 압력이 0.5MPa 이상인 것은 50A 이상

② 정압기 입구 압력에 관계없이 80A 이상

③ 정압기 입구측 압력이 0.5MPa 미만인 것으로서 설계유량이 1000Nm^3/h 이상인 것은 32A 이상

④ 정압기 입구측 압력이 0.5MPa 미만인 것으로서 설계유량이 1000Nm^3/h 미만인 것은 32A 이상

도시가스 정압기실 안전밸브 분출부의 크기(안전핵심 109) 참조

76 가연성 가스를 운반하는 차량의 고정된 탱크에 적재하여 운반하는 경우 비치하여야 하는 분말소화제는? [안전 8]

① BC용, B-3 이상

② BC용, B-10 이상

③ ABC용, B-3 이상

④ ABC용, B-10 이상

소화설비의 비치(안전 핵심 8) 참조

77 장치운전 중 고압반응기의 플랜지부에서 가연성 가스가 누출되기 시작했을 때 취해야 할 일반적인 대책으로 가장 적절하지 않은 것은?

① 화기사용 금지

② 일상점검 및 운전

③ 가스공급의 즉시 정지

④ 장치 내를 불활성 가스로 치환

78 다음 중 1종 보호시설이 아닌 것은 어느 것인가? [안전 9]

① 주택

② 수용능력 300인 이상의 극장

③ 국보 제1호인 남대문

④ 호텔

보호시설과 유지하여야 할 안전거리(안전 핵심 9) 참조

79 폭발에 대한 설명으로 옳은 것은?

① 폭발은 급격한 압력의 발생 등으로 강한 소음을 내며, 팽창하는 현상으로 화학적인 원인으로만 발생한다.

② 발화에는 전기불꽃, 마찰, 정전기 등의 외부발화원이 반드시 필요하다.

③ 최소발화에너지가 큰 혼합가스는 안전간격이 작다.

④ 아세틸렌, 산화에틸렌, 수소는 산소 중에서 폭굉이 발생하기 쉽다.

80 내용적이 40L인 고압용기에 0℃, 100기압의 산소가 충전되어 있다. 이 가스 4kg을 사용하였다면 전압력은 약 몇 기압(atm)이 되겠는가?

① 20
② 30
③ 40
④ 50

㉠ 40L, 0℃, 100atm의 질량

$$W = \frac{PVM}{RT} = \frac{100 \times 0.04 \times 32}{0.082 \times 273} = 5.717\text{kg}$$

㉡ 4kg 사용 후의 압력(P)

$$PV = \frac{W}{M}RT$$

$$P = \frac{WRT}{VM}$$

$$= \frac{(5.71-4) \times 0.082 \times 273}{0.04 \times 32} = 30.04 ≒ 30\text{atm}$$

제5과목 가스계측

81 가스크로마토그램 분석 결과 노르말헵탄의 피크높이가 12.0cm, 반높이선 나비가 0.48cm이고 벤젠의 피크높이가 9.0cm, 반높이선 나비가 0.62cm였다면 노르말헵탄의 농도는 얼마인가?

① 49.20%
② 50.79%
③ 56.47%
④ 77.42%

㉠ 노르말헵탄의 반높이선 면적 :
  $6.0 \times 0.48 = 2.88\text{cm}^2$
㉡ 벤젠의 반높이선 면적 :
  $4.5 \times 0.62 = 2.79\text{cm}^2$
∴ 노르말헵탄의 농도 $= \dfrac{2.88}{2.88+2.79} \times 100$
  $= 50.79\%$

참고 반높이선이므로 결과는 같으나 2차 주관식으로 풀이 시 아래 풀이로 하면 틀리게 됩니다.
  $12 \times 0.48 = 5.76$
  $9 \times 0.62 = 5.58$
  $\dfrac{5.76}{5.76+5.58} \times 100 = 50.79\%$

82 25℃ 습공기의 노점온도가 19℃일 때 공기의 상대습도는? (단, 포화증기압 및 수증기분압은 각각 23.76mmHg, 16.47mmHg이다.)

① 69%
② 79%
③ 83%
④ 89%

상대습도(ϕ)
$$= \frac{\text{습공기 중 수증기분압}}{\text{포화공기 중 수증기분압}} \times 100(\%)$$
$$= \frac{16.47}{23.76} \times 100(\%)$$
$$= 69.3\%$$

83 헴펠식 분석법에서 흡수, 분리되는 성분이 아닌 것은? [계측 1]

① CO_2
② H_2
③ $C_m H_n$
④ O_2

흡수분석법(계측 핵심 1) 참조

84 가스미터의 필요 구비조건이 아닌 것은?

① 감도가 예민할 것
② 구조가 간단할 것
③ 소형이고 용량이 작을 것
④ 정확하게 계량할 수 있을 것

③ 소형이고 계량용량이 클 것
그 밖에 가격이 저렴하고 내구력이 있을 것

85 피스톤형 압력계 중 분동식 압력계에 사용되는 다음 액체 중 약 3000kg/cm² 이상의 고압측정에 사용되는 것은?

① 모빌유
② 스핀들유
③ 피마자유
④ 경유

분동식(피스톤식) 압력계의 압력전달오일
① 모빌유 : 3000kg/cm²
③ 피마자유 : 100~1000kg/cm²
④ 경유 : 40~100kg/cm²

86 연소식 O_2계에서 산소측정용 촉매로 주로 사용되는 것은?

① 팔라듐 　　　② 탄소
③ 구리 　　　　④ 니켈

87 가스미터의 종류별 특징을 연결한 것 중 옳지 않은 것은? 　　　　　[계측 8]

① 습식 가스미터 – 유량측정이 정확하다.
② 막식 가스미터 – 소용량의 계량에 적합하고 가격이 저렴하다.
③ 루트미터 – 대용량의 가스측정에 쓰인다.
④ 오리피스미터 – 유량측정이 정확하고 압력손실도 거의 없으며 내구성이 좋다.

막식, 습식, 루트식 가스미터의 장단점(계측 핵심 8) 참조

88 가스의 폭발 등 급속한 압력변화를 측정하거나 엔진의 지시계로 사용하는 압력계는 어느 것인가? 　　　　　[계측 23]

① 피에조 전기압력계
② 경사관식 압력계
③ 침종식 압력계
④ 벨로즈식 압력계

차압식 유량계(계측 핵심 23) 참조

89 다음 중 기본단위는? 　　　　　[계측 36]

① 에너지 　　　② 물질량
③ 압력 　　　　④ 주파수

단위 및 단위계(계측 핵심 36) 참조

90 가스의 화학반응을 이용한 분석계는 어느 것인가? 　　　　　[계측 3]

① 세라믹 O_2계
② 가스크로마토그래피
③ 오르자트 가스분석계
④ 용액전도율식 분석계

가스분석계의 분류(계측 핵심 3) 참조

91 가스크로마토그램에서 A, B 두 성분의 보유시간은 각각 1분 50초와 2분 20초이고 피크 폭은 다 같이 30초였다. 이 경우 분리도는 얼마인가?

① 0.5 　　　② 1.0
③ 1.5 　　　④ 2.0

분리도
$$R = \frac{2(t_2 - t_1)}{W_1 + W_2} = \frac{2(140 - 110)}{30 + 30} = 1$$

92 막식 가스미터의 선정 시 고려해야 할 사항으로 가장 거리가 먼 것은?

① 사용최대유량
② 감도유량
③ 사용가스의 종류
④ 설치높이

93 오프셋(잔류편차)이 있는 제어는?

① I 제어 　　　② P 제어
③ D 제어 　　　④ PID 제어

94 고온·고압의 액체나 고점도의 부식성 액체의 저장탱크에 가장 적합한 간접식 액면계는?

① 유리관식
② 방사선식
③ 플로트식
④ 검척식

95 실온 22℃, 습도 45%, 기압 765mmHg인 공기의 증기분압(P_w)은 약 몇 mmHg인가? (단, 공기의 가스상수는 29.27kg·m/kg·K, 22℃에서 포화압력(P_s)은 18.66mmHg이다.)

① 4.1 　　　② 8.4
③ 14.3 　　　④ 16.7

포화압력(P_s) 18.66mmHg, 습도 45%인 경우
$P_w = 18.66 \times 0.45 = 8.39 ≒ 8.4mmHg$

96 응답이 목표값에 처음으로 도달하는 데 걸리는 시간을 나타내는 것은?

① 상승시간　　　② 응답시간
③ 시간지연　　　④ 오버슈트

97 일반적인 열전대온도계의 종류가 아닌 것은 어느 것인가?　　　　　　　**[계측 9]**

① 백금 – 백금 · 로듐
② 크로멜 – 알루멜
③ 철 – 콘스탄탄
④ 백금 – 알루멜

열전대온도계(계측 핵심 9) 참조

98 열전대온도계의 작동원리는?　　**[계측 9]**

① 열기전력　　　② 전기저항
③ 방사에너지　　④ 압력팽창

열전대온도계(계측 핵심 9) 참조

99 제어계의 과도응답에 대한 설명으로 가장 옳은 것은?

① 입력신호에 대한 출력신호의 시간적 변화이다.
② 입력신호에 대한 출력신호가 목표치보다 크게 나타나는 것이다.
③ 입력신호에 대한 출력신호가 목표치보다 작게 나타나는 것이다.
④ 입력신호에 대한 출력신호가 과도하게 지연되어 나타나는 것이다.

100 적외선 가스분석기의 특징에 대한 설명으로 틀린 것은?

① 선택성이 우수하다.
② 연속분석이 가능하다.
③ 측정농도 범위가 넓다.
④ 대칭 2원자 분자의 분석에 적합하다.

④ 적외선 가스분석기는 대칭 이원자 분자(O_2, H_2, N_2) 및 단원자 분자 등은 분석이 안 된다.

국가기술자격 시험문제

자격종목	시험시간	문제수	문제형별
가스기사	2시간30분	100	B

수험번호		성 명	

제1과목 가스유체역학

01 이상기체의 등온, 정압, 정적 과정과 무관한 것은?

① $P_1 V_1 = P_2 V_2$

② $P_1/T_1 = P_2/T_2$

③ $V_1/T_1 = V_2/T_2$

④ $P_1 V_1/T_1 = P_2(V_1 + V_2)/T_1$

 T(절대온도), P(절대압력), V(부피)에서 이상기체의 부피는 절대압력에 반비례, 절대온도에 비례하므로,

$\dfrac{P_1 V_1}{T_1} = \dfrac{P_2 V_2}{T_2}$ 에서

등온(온도 일정 시) $P_1 V_1 = P_2 V_2$ ($T_1 = T_2$이므로)

등압(압력 일정 시) $\dfrac{V_1}{T_1} = \dfrac{V_2}{T_2}$ ($P_1 = P_2$이므로)

등적(정적)(체적 일정 시) $\dfrac{P_1}{T_1} = \dfrac{P_2}{T_2}$ ($V_1 = V_2$이므로)

02 유체의 흐름상태에서 표면장력에 대한 관성력의 상대적인 크기를 나타내는 무차원의 수는? [유체 19]

① Reynolds수

② Froude수

③ Euler수

④ Weber수

 버킹엄의 무차원수(유체 핵심 19) 참조

We(웨버수) $= \dfrac{관성력}{표면장력}$

03 캐비테이션 발생에 따른 현상으로 가장 거리가 먼 것은? [설비 17]

① 소음과 진동 발생

② 양정곡선의 상승

③ 효율곡선의 저하

④ 깃의 침식

 원심 펌프에서 발생되는 이상현상(설비 핵심 17) 참조

캐비테이션 발생에 따른 현상

② 양정곡선의 상승 → 양정·효율 곡선 저하

04 안지름이 10cm인 원관으로 1시간에 10m³의 물을 수송하려고 한다. 이때 물의 평균 유속은 약 몇 m/s이어야 하는가?

① 0.0027

② 0.0354

③ 0.277

④ 0.354

 $Q = \dfrac{\pi}{4} D^2 \cdot V$

$\therefore V = \dfrac{4Q}{\pi D^2} = \dfrac{4 \times (10\text{m}^3/3600\text{s})}{\pi \times (0.1\text{m})^2} = 0.3536\text{m/s}$

05 양정 25m, 송출량 0.15m³/min으로 물을 송출하는 펌프가 있다. 효율 65%일 때 펌프의 축동력은 몇 kW인가?

① 0.94

② 0.83

③ 0.74

④ 0.68

 $L_{\text{kW}} = \dfrac{\gamma \cdot Q \cdot H}{120\eta}$

$= \dfrac{1000 \times (0.15\text{m}^3/60\sec) \times 25}{102 \times 0.65} = 0.94\text{kW}$

06 30℃ 공기 중에서의 음속은 몇 m/s인가? (단, 비열비는 1.4이고 기체상수는 287J/kg · K 이다.)

① 216　　　　　　② 241
③ 307　　　　　　④ 349

음속

$a = \sqrt{K \cdot R \cdot T}$
　$= \sqrt{1.4 \times 287 \times (273 + 30)} = 348.9 = 349\text{m/s}$

07 어떤 매끄러운 수평원관에 유체가 흐를 때 완전난류유동(완전히 거친 난류유동)영역 이었고, 이때 손실수두가 10m이었다. 속도 가 2배가 되면 손실수두는?

① 20m　　　　　　② 40m
③ 80m　　　　　　④ 160m

$h_f = f \cdot \dfrac{L}{D} \cdot \dfrac{V^2}{2g}$

손실수두(h_f)는 유속의 2승에 비례하므로,
$10 \times 2^2 = 40\text{m}$

08 개수로 유동(open channel flow)에 관한 설명으로 옳지 않은 것은?

① 수력구배선은 자유표면과 일치한다.
② 에너지선은 수면 위로 속도수두만큼 위에 있다.
③ 에너지선의 높이가 유동방향으로 하강 하는 것은 손실 때문이다.
④ 개수로에서 바닥면의 압력은 항상 일정 하다.

개수로 유동의 특징

㉠ 수력구배선(HGL)은 항상 수면(자유표면)과 일치
㉡ 에너지선(EL)은 수면보다 속도수두만큼 위에 있다.
㉢ 에너지선의 높이가 유동방향으로 하강하는 것 은 손실 때문이다.
㉣ 에너지선 기울기(S)
　$= \dfrac{\text{손실수두}(H_L)}{\text{개수로를 따르는 길이}(L)}$ 이다.
㉤ 등류에서는 수면의 기울기, 수로바닥 기울기, 에너지선의 기울기는 모두 같다.

09 유체가 반지름 150mm, 길이가 500m인 주 철관을 통하여 유속 2.5m/s로 흐를 때 마 찰에 의한 손실수두는 몇 m인가? (단, 관 마찰계수 $f = 0.030$이다.)

① 5.47　　　　　　② 13.6
③ 15.9　　　　　　④ 31.9

$h_f = f \cdot \dfrac{L}{D} \cdot \dfrac{V^2}{2g}$

　$= 0.03 \times \dfrac{500}{0.3} \times \dfrac{2.5^2}{2 \times 9.8}$

　$= 15.94\text{m}$

10 [그림]과 같이 물을 이용하여 기체압력을 측 정하는 경사마노미터에서 압력차($P_1 - P_2$) 는 몇 cmH₂O인가?
(단, $\theta = 30°$, 면적 $A_1 \gg$ 면적 A_2이고, $R = 30\text{cm}$이다.)

① 15　　　　　　② 30
③ 45　　　　　　④ 90

경사관식 압력계에서 $P_1 - P_2 = Sh$이고,
$h = x \sin Q$이므로
$P_1 - P_2 = Sx \sin Q = 30 \sin 30° = 15\text{cm}$

S는 물이므로, $S = 1$이다.

11 일반적인 원관 내 유동에서 하임계 레이놀 즈수에 가장 가까운 값은?

① 2100　　　　　　② 4000
③ 21000　　　　　④ 40000

Re (레이놀즈수) : 층류, 난류를 구분하는 수
ㄱ Re : 2100(하임계 레이놀즈수)
ㄴ Re : 4000(상임계 레이놀즈수)
ㄷ $Re < 2100$ (층류)
ㄹ $2100 < Re < 4000$ (천이구역)
ㅁ $Re > 4000$ (난류)

12 온도 20℃, 절대압력이 5kgf/cm²인 산소의 비체적은 몇 m³/kg인가? (단, 산소의 분자량은 320이고, 일반기체상수는 848kgf · m/kmol · K 이다.)

① 0.551 ② 0.155
③ 0.515 ④ 0.605

 $PV = GRT$ 에서

비체적 $V/G(\text{m}^3/\text{kg}) = \dfrac{RT}{P}$

$$= \dfrac{\dfrac{848}{32} \times (273 + 20)}{5 \times 10^4}$$

$$= 0.155 \,\text{m}^3/\text{kg}$$

13 매끈한 직원관 속의 액체흐름이 층류이고 관 내에서 최대속도가 4.2m/s로 흐를 때 평균속도는 약 몇 m/s인가?

① 4.2 ② 3.5
③ 2.1 ④ 1.75

 $V_{\max} = 2V$ 이므로 $V = \dfrac{V_{\max}}{2} = \dfrac{4.2}{2} = 2.1\,\text{m/s}$

14 유체에 잠겨 있는 곡면에 작용하는 정수력의 수평분력에 대한 설명으로 옳은 것은?

① 연직면에 투영한 투영면의 압력중심의 압력과 투영면을 곱한 값과 같다.
② 연직면에 투영한 투영면의 도심의 압력과 곡면의 면적을 곱한 값과 같다.
③ 수평면에 투영한 투영면에 작용하는 정수력과 같다.
④ 연직면에 투영한 투영면의 도심의 압력과 투영면의 면적을 곱한 값과 같다.

 곡면에 작용하는 유체의 전압력
ㄱ 수평성분 : 곡면을 x방향으로 투영시킨 다음 투영면의 도심점 압력과 곡면의 x방향 투영 면적과의 곱한 값과 같다.
ㄴ 연직(수직)성분 : 곡면의 연직 상방향에 실린 액체의 가상무게와 같다.

15 다음 중 압축성 유체에 대한 설명으로 가장 올바른 것은?

① 가역과정 동안 마찰로 인한 손실이 일어난다.
② 이상기체의 음속은 온도의 함수이다.
③ 유체의 유속이 아음속(subsonic)일 때, Mach수는 1보다 크다.
④ 온도가 일정할 때 이상기체의 압력은 밀도에 반비례한다.

 ① 가역과정 마찰로 인한 손실이 생기지 않는다.
② $a = \sqrt{KRT}$ (음속은 온도의 함수)
③ 아음속의 Ma 수는 1보다 작다.
  초음속의 Ma 수는 1보다 크다.
④ 온도 일정 시 압력은 밀도에 비례

16 20℃ 공기 속을 1000m/s로 비행하는 비행기의 주위 유동에서 정체온도는 몇 ℃인가? (단, $K = 1.4$, $R = 287 \text{N} \cdot \text{m/kg} \cdot \text{K}$이며, 등엔트로피유동이다.)

① 518 ② 545
③ 574 ④ 598

$$\dfrac{T_0}{T} = \left(1 + \dfrac{K-1}{2}M^2\right)$$

$$\therefore\ T_0 = T\left(1 + \dfrac{K-1}{2}M^2\right)$$

$$= 293 \times \left(1 + \dfrac{1.4-1}{2} \times 2.914^2\right)$$

$$= 790.76\,\text{K}$$

$$= 790.76 - 273 = 517.76\,℃$$

$$Ma = \dfrac{V}{a} = \dfrac{V}{\sqrt{KRT}}$$

$$= \dfrac{1000}{\sqrt{1.4 \times 287 \times 293}} = 2.914\,\text{m/s}$$

정답 12.② 13.③ 14.④ 15.② 16.①

17 물체 주위의 유동과 관련하여 다음 중 옳은 내용을 모두 나타낸 것은?

> ㉮ 속도가 빠를수록 경계층 두께는 얇아진다.
> ㉯ 경계층 내부유동은 비점성유동으로 취급할 수 있다.
> ㉰ 동점성계수가 커질수록 경계층 두께는 두꺼워진다.

① ㉮
② ㉮, ㉯
③ ㉮, ㉰
④ ㉯, ㉰

㉯ 경계층 내부유동은 점성 마찰력이 작용하므로 점성유동

$$Re_x = \frac{U_\infty \, x}{\nu}$$

여기서, Re_x : 평판선단으로부터 x만큼 떨어진 위치의 레이놀즈수
U_∞ : 자유흐름속도
δ_x : 자유흐름속도 99% 지점의 수직두께 (경계층 두께)

㉠ 층류 : $\delta_x = \dfrac{4.65x}{Re_x^{\frac{1}{2}}}$

㉡ 난류 : $\delta_x = \dfrac{0.376x}{Re_x^{\frac{1}{5}}}$ 이므로

㉮ 속도가 빠를수록 $Re_x = \dfrac{U_\infty \cdot x}{\nu}$ 에서 Re_x가 커지고 Re_x 커지면 경계층 두께가 δ_x가 작아지고, ㉰ 동점성계수가 커지면 Re_x가 작아지고 Re_x가 작아지면 경계층 두께(δ_x)는 커진다.

18 유체의 점성계수와 동점성계수에 관한 설명 중 옳은 것은? (단, M, L, T는 각각 질량, 길이, 시간을 나타낸다.)

① 상온에서의 공기의 점성계수는 물의 점성계수보다 크다.
② 점성계수의 차원은 $ML^{-1}T^{-1}$이다.
③ 동점성계수의 차원은 L^2T^{-2}이다.
④ 동점성계수의 단위에는 poise가 있다.

① 물의 점성계수가 공기의 점성계수보다 크다.
② g/cm · s에서 $ML^{-1}T^{-1}$
③ cm²/s에서 L^2T^{-1}
④ 점성계수 μ(g/cm · s)=poise
동점성계수 ν(cm²/s)=stokes

19 원심펌프에 대한 설명으로 옳지 않은 것은?

① 액체를 비교적 균일한 압력으로 수송할 수 있다.
② 토출유동의 맥동이 적다.
③ 원심펌프 중 벌류트펌프는 안내깃을 갖지 않는다.
④ 양정거리가 크고 수송량이 적을 때 사용된다.

④ 양정거리가 크고 수송량이 적을 때는 왕복펌프를 사용한다.

20 이상기체에 대한 설명으로 옳은 것은?

① 포화상태에 있는 포화증기를 뜻한다.
② 이상기체의 상태방정식을 만족시키는 기체이다.
③ 체적탄성계수가 100인 기체이다.
④ 높은 압력하의 기체를 뜻한다.

■ 제2과목 연소공학

21 액체연료의 연소형태가 아닌 것은 어느 것인가? 【연소 2】

① 등심연소(wick combustion)
② 증발연소(vaporizing combustion)
③ 분무연소(spray combustion)
④ 확산연소(diffusive combustion)

연소의 종류(연소 핵심 2) 참조
④ 확산(기체의 연소)

22 50℃, 30℃, 15℃인 3종류의 액체 A, B, C가 있다. A와 B를 같은 질량으로 혼합하였더니 40℃가 되었고, A와 C를 같은 질량으로 혼합하였더니 20℃가 되었다고 하면 B와 C를 같은 질량으로 혼합하면 온도는 약 몇 ℃가 되겠는가?

① 17.1
② 19.5
③ 20.5
④ 21.1

해설

㉠ 50℃, 30℃ 혼합 시 40℃이므로,

$$GC_1(T-t_1)+GC_2(T-t_2)=0$$
$$T=\frac{GC_1t_1+GC_2t_2}{GC_1+GC_2}=40℃\,(G를\ 약분)$$
$$(C_1+C_2)\times40=C_1t_1+C_2t_2$$
$$=C_1\times50+C_2\times30$$
$$\therefore\ 40C_1+40C_2=50C_1+30C_2$$
$$10C_1=10C_2$$
$$C_1=C_2\,이다.$$

㉡ 50℃, 15℃ 혼합 시 20℃이므로,

$$T=\frac{GC_1t_1+GC_3t_3}{GC_1+GC_3}=20℃\,(G를\ 약분)$$
$$20(C_1+C_3)=50C_1+15C_3$$
$$20C_1+20C_3=50C_1+15C_3$$
$$\therefore\ 30C_1=5C_3$$
$$6C_1=C_3\ 또는\ 6C_2=C_3\,이므로,$$

㉢ 30℃, 15℃ 혼합 시

$$T=\frac{GC_2t_2+GC_3t_3}{GC_2+GC_3}$$
$$=\frac{30C_2+15C_3}{C_2+C_3}$$
$$=\frac{30C_2+15\times6C_2}{C_2+6C_2}$$
$$=\frac{120C_2}{7C_2}=17.1℃$$

23 다음 중 파열물의 가열에 사용된 유효열량이 7000kcal/kg, 전입열량이 12000kcal/kg일 때 열효율은 약 얼마인가?

① 49.2% ② 58.3%
③ 67.4% ④ 76.5%

해설

$$\frac{7000}{12000}\times100(\%)=58.3\%$$

24 가스화재 시 밸브 및 콕을 잠그는 경우 어떤 소화효과를 기대할 수 있는가? [연소 17]

① 질식소화
② 제거소화
③ 냉각소화
④ 억제소화

해설

소화의 종류(연소 핵심 17) 참조

25 다음 중 엔트로피의 증가에 대한 설명으로 옳은 것은?

① 비가역과정의 경우 계와 외계의 에너지의 총합은 일정하고, 엔트로피의 총합은 증가한다.
② 비가역과정의 경우 계와 외계의 에너지의 총합과 엔트로피의 총합이 함께 증가한다.
③ 비가역과정의 경우 물체의 엔트로피와 열원의 엔트로피의 합은 불변이다.
④ 비가역과정의 경우 계와 외계의 에너지의 총합과 엔트로피의 총합은 불변이다.

해설

㉠ 가역 : 엔트로피 총합은 불변
㉡ 비가역 : 엔트로피 총합은 증가

26 저발열량이 41860kJ/kg인 연료를 3kg 연소시켰을 때 연소가스의 열용량이 62.8kJ/℃였다면 이때의 이론연소온도는 약 몇 ℃인가?

① 1000℃
② 2000℃
③ 3000℃
④ 4000℃

해설

$$t(℃)=\frac{41860kJ/kg\times3kg}{62.8kJ/℃}$$
$$=1999.68℃$$
$$\fallingdotseq2000℃$$

27 연소반응 시 불꽃의 상태가 환원염으로 나타났다. 이때 환원염은 어떤 상태인가?

① 수소가 파란불꽃을 내며 연소하는 화염
② 공기가 충분하여 완전연소상태의 화염
③ 과잉의 산소를 내포하여 연소가스 중 산소를 포함한 상태의 화염
④ 산소의 부족으로 일산화탄소와 같은 미연분을 포함한 상태의 화염

28 다음 중 연료의 발화점(착화점)이 낮아지는 경우가 아닌 것은?

① 산소농도가 높을수록
② 발열량이 높을수록
③ 분자구조가 단순할수록
④ 압력이 높을수록

③ 분자구조가 복잡할수록 착화점이 낮아진다.

29 오토(otto)사이클의 효율을 η_1, 디젤(diesel)사이클의 효율을 η_2, 사바테(Sabathe)사이클의 효율을 η_3이라 할 때 공급열량과 압축비가 같을 경우 효율의 크기는?

① $\eta_1 > \eta_2 > \eta_3$
② $\eta_1 > \eta_3 > \eta_2$
③ $\eta_2 > \eta_1 > \eta_3$
④ $\eta_2 > \eta_3 > \eta_1$

㉠ 최저온도, 압력, 공급열량, 압축비가 같은 경우 : 오토＞사바테＞디젤
㉡ 최저온도, 압력, 공급열량, 최고압력이 같은 경우 : 디젤＞사바테＞오토

30 CH_4, CO_2, H_2O의 생성열이 각각 75kJ/kmol, 394kJ/kmol, 242kJ/kmol일 때 CH_4의 완전연소 발열량은 약 몇 kJ인가?

① 803
② 786
③ 711
④ 636

$CH_4 + 2O_2 \rightarrow CO_2 + 2H_2O + Q$에서
$-75 = -394 - (2 \times 242) + Q$
$\therefore Q = 394 + (2 \times 242) - 75 = 803$kJ/kmol

31 열역학 제0법칙에 대하여 설명한 것은 어느 것인가? [설비 40]

① 저온체에서 고온체로 아무 일도 없이 열을 전달할 수 없다.
② 절대온도 0에서 모든 완전결정체의 절대 엔트로피의 값은 0이다.
③ 기계가 일을 하기 위해서는 반드시 다른 에너지를 소비해야 하고 어떤 에너지도 소비하지 않고 계속 일을 하는 기계는 존재하지 않는다.

④ 온도가 서로 다른 물체를 접촉시키면 높은 온도를 지닌 물체의 온도는 내려가고, 낮은 온도를 지닌 물체의 온도는 올라가서 두 물체의 온도 차이는 없어진다.

열역학의 법칙(설비 핵심 40) 참조

32 유독물질의 대기확산에 영향을 주게 되는 매개변수로서 가장 거리가 먼 것은?

① 토양의 종류
② 바람의 속도
③ 대기안정도
④ 누출지점의 높이

33 연료가 완전연소할 때 이론상 필요한 공기량을 $M_o(\text{m}^3)$, 실제로 사용한 공기량을 $M(\text{m}^3)$라 하면 과잉공기 백분율을 바르게 표시한 식은? [연소 15]

① $\dfrac{M}{M_o} \times 100$
② $\dfrac{M_o}{M} \times 100$
③ $\dfrac{M - M_o}{M} \times 100$
④ $\dfrac{M - M_o}{M_o} \times 100$

공기비(연소 핵심 15) 참조

34 체적 2m³의 용기 내에서 압력 0.4MPa, 온도 50℃인 혼합기체의 체적분율이 메탄(CH_4) 35%, 수소(H_2) 40%, 질소(N_2) 25%이다. 이 혼합기체의 질량은 약 몇 kg인가?

① 2
② 3
③ 4
④ 5

$PV = GRT$
$\therefore G = \dfrac{PV}{RT}$

$$= \frac{\dfrac{0.4}{0.101325} \times 10332 \times 2}{\dfrac{848}{(16 \times 0.35 + 2 \times 0.4 + 28 \times 0.25)} \times (273 + 50)}$$

$= 3.99 \fallingdotseq 4$kg

35 폭발범위의 하한값이 가장 큰 가스는 어느 것인가? [안전 106]

① C_2H_4
② C_2H_2
③ C_2H_4O
④ H_2

정답 28.③ 29.② 30.① 31.④ 32.① 33.④ 34.③ 35.④

중요 가스 폭발범위(안전 핵심 106) 참조
① 2.7~36%
② 2.5~81%
③ 3~80%
④ 4~75%

36 전실화재(flashover)와 역화(back draft)에 대한 설명으로 틀린 것은? **[연소 9]**

① flashover는 급격한 가연성 가스의 착화로서 폭풍과 충격파를 동반한다.
② flashover는 화재성장기(제1단계)에서 발생한다.
③ back draft는 최성기(제2단계)에서 발생한다.
④ flashover는 열의 공급이 요인이다.

폭발과 화재(연소 핵심 9) 참조
① 폭풍과 충격파의 동반은 폭굉을 뜻한다. 전실화재는 폭굉이 아니고 연소이다.
전실화재 : 가연성 가스가 가득차 이 가스가 급속하게 발화하여 연소하는 현상

37 어떤 계에 42kJ을 공급했다. 만약 이 계가 외부에 대하여 17000N · m의 일을 하였다면 내부에너지의 증가량은 약 몇 kJ인가?

① 25
② 50
③ 100
④ 200

$i = u + APV$
$u = i - APV = 42\text{kJ} - 17\text{kJ} = 25\text{kJ}$

38 수증기와 CO의 물 혼합물을 반응시켰을 때 1000℃, 1기압에서의 평형조성이 CO, H_2O가 각각 28mol%, H_2, CO_2가 각각 22mol%라 하면, 정압평형정수(K_P)는 약 얼마인가?

① 0.2
② 0.6
③ 0.9
④ 1.3

$CO + H_2O \rightarrow CO_2 + H_2$
$K_P = \dfrac{[CO_2][H_2]}{[CO][H_2O]} = \dfrac{22 \times 22}{28 \times 28} = 0.6$

39 다음 중 등엔트로피과정은?

① 가역단열과정
② 비가역단열과정
③ polytropic 과정
④ Joule−Thomson 과정

㉠ 가역단열 : 엔트로피 불변
㉡ 비가역단열 : 엔트로피 증가

40 도시가스의 조성을 조사해 보니 부피조성으로 H_2 30%, CO 14%, CH_4 49%, CO_2 5%, O_2 2%를 얻었다. 이 도시가스를 연소시키기 위한 이론산소량(Nm^3)은?

① 1.18
② 2.18
③ 3.18
④ 4.18

$H_2 + \dfrac{1}{2}O_2 \rightarrow H_2O$
$CO + \dfrac{1}{2}O_2 \rightarrow CO_2$
$CH_4 + 2O_2 \rightarrow CO_2 + 2H_2O$
∴ 필요산소량
$\left(\dfrac{1}{2} \times 0.3 + \dfrac{1}{2} \times 0.14 + 2 \times 0.49 - 0.02 \right)$
$= 1.18Nm^3$

제3과목 가스설비

41 정압기에 관한 특성 중 변동에 대한 응답속도 및 안정성의 관계를 나타내는 것은 어느 깃인가? **[설비 22]**

① 동특성
② 정특성
③ 작동최대차압
④ 사용최대차압

정압기의 특성(설비 핵심 22) 참조

42 석유정제공정의 상압증류 및 가솔린생산을 위한 접촉개질처리 등에서와 석유화학의 나프타분해공정 중 에틸렌, 벤젠 등을 제조하는 공정에서 주로 생산되는 가스는?

① off 가스
② cracking 가스
③ reforming 가스
④ topping 가스

② cracking gas : 석유정제에서 무거운 탄화수소에 압력을 가하거나 촉매를 사용하거나 또는 가열하여 가벼운 분자로 분해하는 공정

③ reforming gas : 옥탄가가 낮은 나프타성분을 변화시켜 고옥탄가의 가솔린으로 개질하는 방법

④ topping : 등유, 경유, 가솔린 등을 상압증류탑을 통해 끓는점 차이를 이용하여 분별증류하여 얻는 가스

43 도시가스 원료 중에 함유되어 있는 황을 제거하기 위한 건식탈황법의 탈황제로서 일반적으로 사용되는 것은?

① 탄산나트륨
② 산화철
③ 암모니아 수용액
④ 염화암모늄

탈황법
㉠ 건식탈황 : 흡착제로 산화철(Fe_2O_3)을 이용하여 H_2S를 제거하는 방법이다.
$$Fe_2O_3 \cdot 3H_2O + 3H_2S \longrightarrow Fe_2S_3 + 6H_2O$$
㉡ 습식탈황 : 탄산나트륨(Na_2CO_3)이나 암모니아 수용액(NH_4OH) 알칼리를 이용하여 H_2S를 제거하는 방법이다.

44 연소 시 발생할 수 있는 여러 문제 중 리프팅(lifting)현상의 주된 원인은?　　[연소 22]

① 노즐의 축소
② 가스압력의 감소
③ 1차 공기의 과소
④ 배기 불충분

연소의 이상현상(연소 핵심 22) 참조

45 도시가스 공급시설에 설치하는 공기보다 무거운 가스를 사용하는 지역정압기실 개구부와 RTU(Remote Terminal Unit)박스는 얼마 이상의 거리를 유지하여야 하는가?　　[안전 13]

① 2m
② 3m
③ 4.5m
④ 5.5m

위험장소 분류, 가스시설 전기방폭기준 (5) (안전 핵심 13) 참조

46 배관에서 지름이 다른 강관을 연결하는 목적으로 주로 사용하는 것은?

① 티
② 플랜지
③ 엘보
④ 리듀서

47 다음 중 발열량이 13000kcal/m³이고, 비중이 1.3, 공급압력이 200mmH₂O인 가스의 웨버지수는?

① 10000
② 11402
③ 13000
④ 16900

$$WI = \frac{H_g}{\sqrt{d}} = \frac{13000}{\sqrt{1.3}} = 11401.75$$

48 1000rpm으로 회전하는 펌프를 2000rpm으로 변경하였다. 이 경우 펌프의 양정과 소요동력은 각각 얼마씩 변화하는가?

① 양정 : 2배, 소요동력 : 2배
② 양정 : 4배, 소요동력 : 2배
③ 양정 : 8배, 소요동력 : 4배
④ 양정 : 4배, 소요동력 : 8배

$$H_2 = H_1 \times \left(\frac{N_2}{N_1}\right)^2 = H_1 \times \left(\frac{2000}{1000}\right)^2 = 4H_1$$
$$P_2 = P_1 \times \left(\frac{N_2}{N_1}\right)^3 = P_1 \times \left(\frac{2000}{1000}\right)^3 = 8P_1$$

49 회전펌프에 해당하는 것은?　　[설비 33]

① 플랜지펌프
② 피스톤펌프
③ 기어펌프
④ 다이어프램펌프

펌프의 분류(설비 핵심 33) 참조

50 산소가 없어도 자기분해폭발을 일으킬 수 있는 가스가 아닌 것은?

① C_2H_2
② N_2H_4
③ H_2
④ C_2H_4O

분해폭발성 가스 : C_2H_2, N_2H_4, C_2H_4O

51 실린더 안지름이 20cm, 피스톤행정이 15cm, 매분회전수가 300, 효율이 90%인 수평1단 단동압축기가 있다. 지시평균유효압력을 0.2MPa로 하면 압축기에 필요한 전동기의 마력은 약 몇 PS인가? (단, 1MPa은 10kgf/cm²로 한다.)

① 6   ② 7
③ 8   ④ 9

$$PP_s = \frac{P \times Q}{75\eta}$$
$$= \frac{0.2 \times 10 \times 10^4 (\text{kg/m}^2) \times (1.4137 \text{m}^3/60\text{s})}{75 \times 0.9}$$
$$= 6.98 = 7\text{PS}$$

$$Q = \frac{\pi}{4} \times D^2 \times L \times N \times \eta_v$$
$$= \frac{\pi}{4} \times (0.2\text{m})^2 \times 0.15\text{m} \times 300$$
$$= 1.4137 \text{m}^3/\text{min}$$

52 도시가스 저압배관의 설계 시 관경을 결정하고자 할 때 사용되는 식은? [설비 7]

① Fan식
② Oliphant식
③ Coxe식
④ Pole식

배관의 유량식(설비 핵심 7) 참조

53 가스보일러 물탱크의 수위를 다이어프램에 의해 압력변화로 검출하여 전기접점에 의해 가스회로를 차단하는 안전장치는 어느 것인가? [안전 168]

① 헛불방지장치   ② 동결방지장치
③ 소화안전장치   ④ 과열방지장치

가스보일러, 온수기, 난방기에 설치되는 안전장치 종류(안전 핵심 168) 참조

54 가스온수기에 반드시 부착하여야 할 안전장치가 아닌 것은?

① 소화안전장치   ② 역풍방지장치
③ 전도안전장치   ④ 정전안전장치

55 나프타를 접촉분해법에서 개질온도를 705℃로 유지하고 개질압력을 1기압에서 10기압으로 점진적으로 가압할 때 가스의 조성변화는 어느 것인가? [설비 3]

① H_2와 CO_2가 감소하고 CH_4와 CO가 증가한다.
② H_2와 CO_2가 증가하고 CH_4와 CO가 감소한다.
③ H_2와 CO가 감소하고 CH_4와 CO_2가 증가한다.
④ H_2와 CO가 증가하고 CH_4와 CO_2가 감소한다.

도시가스 프로세스(설비 핵심 3) 참조

56 LPG를 사용하는 식당에서 연소기의 최대가스소비량이 3.56kg/h이었다. 자동절체식 조정기를 사용하는 경우 20kg 용기를 최소 몇 개를 설치하여야 자연기화방식으로 원활하게 사용할 수 있겠는가? (단, 20kg 용기 1개의 가스발생능력은 1.8kg/h이다.)

① 2개   ② 4개
③ 6개   ④ 8개

$$\text{용기 수} = \frac{\text{최대가스소비량}}{\text{용기 1개당 가스발생량}}$$
$$= \frac{3.56}{1.8} = 1.97 = 2\text{개}$$

자동절체식 조정기 사용 시 : 용기 수×2이므로, 2×2=4개

57 찜질방의 가열로실 구조에 대한 설명으로 틀린 것은?

① 가열로의 배기통은 금속 이외의 불연성 재료로 단열조치를 한다.
② 가열로실과 찜질실 사이의 출입문은 유리재로 설치한다.
③ 가열로의 배기통 재료는 스테인리스를 사용한다.
④ 가열로의 배기통에는 댐퍼를 설치하지 아니한다.

② 가열로실과 찜질실 사이의 출입문은 유리재로 설치하지 않는다.

58 LNG 저장탱크에서 사용하는 잠액식 펌프의 윤활 및 냉각을 위해 주로 사용하는 것은?

① 물　　　　② LNG
③ 그리스　　④ 황산

59 차단성능이 좋고 유량조정이 용이하나 압력 손실이 커서 고압의 대구경밸브에는 부적당한 밸브는?　　　　　　　　　[설비 45]

① 글로브밸브
② 플러그밸브
③ 게이트밸브
④ 버터플라이밸브

밸브의 종류에 따른 특징(설비 핵심 45) 참조

60 다기능가스안전계량기(마이컴미터)의 작동 성능이 아닌 것은?

① 유량차단성능
② 과열방지차단성능
③ 압력저하차단성능
④ 연속사용시간차단성능

다기능가스안전계량기의 성능
㉠ 미소유량차단기능
㉡ 연속사용차단기능
㉢ 압력저하차단기능
㉣ 합계유량차단기능

제4과목 가스안전관리

61 아세틸렌의 임계압력으로 가장 가까운 것은?

① 3.5MPa
② 5.0MPa
③ 6.2MPa
④ 7.3MPa

C_2H_2
㉠ 임계압력 : 6.2MPa
㉡ 임계온도 : 36℃

62 LPG 용기보관실의 바닥면적이 40m²라면 환기구의 최소 통풍가능 면적은?

① 10000cm²　② 11000cm²
③ 12000cm²　④ 13000cm²

$40 \times 10^4 cm^2 \times 0.03 = 12000cm^2$

63 고압가스제조장치의 내부에 작업원이 들어가 수리를 하고자 한다. 이때 가스치환작업으로 가장 부적합한 경우는?

① 질소제조장치에서 공기로 치환한 후 즉시 작업을 하였다.
② 아황산가스인 경우 불활성 가스로 치환한 후 다시 공기로 치환하여 작업을 하였다.
③ 수소제조장치에서 불활성 가스로 치환한 후 즉시 작업을 하였다.
④ 암모니아인 경우 불활성 가스로 치환하고 다시 공기로 치환한 후 작업을 하였다.

가스의 치환
(1) 독성, 가연성
　㉠ 불연성 가스로 치환
　㉡ 독성, 가연성의 농도 확인
　㉢ 공기로 치환
　㉣ 공기 중 산소의 농도 확인
(2) 불연성
　㉠ 공기로 치환
　㉡ 공기 중 산소의 농도 확인

64 의료용 산소용기의 도색 및 표시가 바르게 된 것은?

① 백색으로 도색 후 흑색글씨로 산소라고 표시한다.
② 녹색으로 도색 후 백색글씨로 산소라고 표시한다.
③ 백색으로 도색 후 녹색글씨로 산소라고 표시한다.
④ 녹색으로 도색 후 흑색글씨로 산소라고 표시한다.

정답 58.② 59.① 60.② 61.③ 62.③ 63.③ 64.③

65 고압가스저장시설에서 가연성 가스 용기보관실과 독성가스의 용기보관실은 어떻게 설치하여야 하는가?

① 기준이 없다.
② 각각 구분하여 설치한다.
③ 하나의 저장실에 혼합 저장한다.
④ 저장실은 하나로 하되 용기는 구분 저장한다.

66 액화석유가스를 차량에 고정된 내용적 V(L)인 탱크에 충전할 때 충전량 산정식은? (단, W : 저장능력(kg), P : 최고충전압력(MPa), d : 비중(kg/L), C : 가스의 종류에 따른 정수이다.) [안전 36]

① $W = \dfrac{V}{C}$ ② $W = C(V+1)$

③ $W = 0.9 d V$ ④ $W = (10P+1)V$

 저장능력 계산(안전 핵심 36) 참조

67 이동식 부탄연소기(220g 납붙임용기삽입형)를 사용하는 음식점에서 부탄연소기의 본체보다 큰 주물불판을 사용하여 오랜 시간 조리를 하다가 폭발사고가 있어났다. 사고의 원인으로 추정되는 것은?

① 가스누출
② 납붙임용기의 불량
③ 납붙임용기의 오장착
④ 용기내부의 압력 급상승

68 냉동설비와 1일 냉동능력 1톤의 산정기준에 대한 연결이 바르게 된 것은? [설비 37]

① 원심식 압축기 사용 냉동설비 – 압축기의 원동기 정격출력 1.2kW
② 원심식 압축기 사용 냉동설비 – 발생기를 가열하는 1시간의 입열량 3320kcal
③ 흡수식 냉동설비 – 압축기의 원동기 정격출력 2.4kW
④ 흡수식 냉동설비 – 발생기를 가열하는 1시간의 입열량 7740kcal

 냉동톤 · 냉매가스 구비조건(설비 핵심 37) 참조

69 고압가스용 납붙임 또는 접합용기의 두께는 그 용기의 안전성을 확보하기 위하여 몇 mm 이상으로 하여야 하는가? [안전 70]

① 0.115   ② 0.125
③ 0.215   ④ 0.225

 에어졸 제조시설(안전 핵심 70) 참조

70 용기의 제조등록을 한 자가 수리할 수 있는 용기의 수리범위에 해당되는 것으로만 모두 짝지어진 것은? [안전 75]

> ㉠ 용기몸체의 용접
> ㉡ 용기부속품의 부품 교체
> ㉢ 초저온용기의 단열재 교체

① ㉠   ② ㉠, ㉡
③ ㉡, ㉢   ④ ㉠, ㉡, ㉢

 수리자격자별 수리범위(안전 핵심 75) 참조

71 아세틸렌용 용접용기를 제조하고자 하는 자가 갖추어야 할 시설기준의 설비가 아닌 것은?

① 성형설비
② 세척설비
③ 필라멘트와인딩설비
④ 자동부식방지도장설비

아세틸렌용기 제조설비의 시설기준설비
㉠ 단조설비, 성형설비
㉡ 아랫부분 접합설비
㉢ 열처리로
㉣ 세척설비
㉤ 숏블라스팅 및 도장설비
㉥ 밸브 탈부착기
㉦ 용기내부 건조설비 및 진공흡입설비
㉧ 용접설비
㉨ 넥크링 가공설비
㉩ 원료혼합기
㉪ 건조로
㉫ 원료충전기
㉬ 자동부식방지도장설비
㉭ 아세톤, DMF 충전설비

72 가연성 가스 설비 내부에서 수리 또는 청소 작업을 할 때에는 설비내부의 가스농도가 폭발하한계의 몇 % 이하가 될 때까지 치환하여야 하는가?

① 1 　　　　　② 5
③ 10 　　　　　④ 25

가연성 : 폭발하한계의 $\frac{1}{4}$ 이하

$$\frac{1}{4} = 25\% \text{ 이하}$$

73 초저온용기에 대한 정의를 가장 바르게 나타낸 것은?　　　　　**[안전 50]**

① 섭씨 영하 50℃ 이하의 액화가스를 충전하기 위한 용기로서 단열재를 씌우거나 냉동설비로 냉각시키는 등의 방법으로 용기 내의 가스온도가 상용온도를 초과하지 않도록 한 용기

② 액화가스를 충전하기 위한 용기로서 단열재로 피복하여 용기 내의 가스온도가 상용온도를 초과하지 않도록 한 용기

③ 대기압에서 비점이 0℃ 이하인 가스를 상용압력이 0.1MPa 이하의 액체상태로 저장하기 위한 용기로서 단열재로 피복하여 가스온도가 상승온도를 초과하지 않도록 한 용기

④ 액화가스를 냉동설비로 냉각하여 용기 내의 가스의 온도가 섭씨 영하 70℃ 이하로 유지하도록 한 용기

고압가스법 시행규칙 제2조 정의(안전 핵심 50) 참조

74 아세틸렌가스를 2.5MPa의 압력으로 압축할 때 첨가하는 희석제가 아닌 것은 어느 것인가?　　　　　**[설비 58]**

① 질소 　　　　　② 메탄
③ 일산화탄소 　　④ 아세톤

C_2H_2 발생기 및 C_2H_2 특징(설비 핵심 58) 참조

75 고압가스용 용접용기의 내압시험방법 중 팽창측정시험의 경우 용기가 완전히 팽창한 후 적어도 얼마 이상의 시간을 유지하여야 하는가?

① 30초 　　　　　② 1분
③ 3분 　　　　　　④ 5분

76 차량에 고정된 탱크로 가연성 가스를 적재하여 운반할 때 휴대하여야 할 소화설비의 기준으로 옳은 것은?

① BC용, B−10 이상 분말소화제를 2개 이상 비치

② BC용, B−8 이상 분말소화제를 2개 이상 비치

③ ABC용, B−10 이상 포말소화제를 1개 이상 비치

④ ABC용, B−8 이상 포말소화제를 1개 이상 비치

차량에 고정된 탱크로 가연성, 산소를 적재운반 시 휴대하는 소화설비

가스의 구분	소화기의 종류		비치개수
	소화약제의 종류	소화기의 능력단위	
가연성 가스	분말소화제	BC용, B−10 이상 또는 ABC용, B−12 이상	차량 좌우에 각각 1개 이상
산소	분말소화제	BC용, B−8 이상 또는 ABC용, B−10 이상	차량 좌우에 각각 1개 이상

77 가스폭발에 대한 설명으로 틀린 것은?

① 폭발한계는 일반적으로 폭발성 분위기 중 폭발성 가스의 용적비로 표시된다.

② 발화온도는 폭발성 가스와 공기 중 혼합가스의 온도를 높였을 때에 폭발을 일으킬 수 있는 최고의 온도이다.

③ 폭발한계는 가스의 종류에 따라 달라진다.

④ 폭발성 분위기란 폭발성 가스가 공기와 혼합하여 폭발한계 내에 있는 상태의 분위기를 뜻한다.

② 발화온도 : 점화원이 없이 스스로 연소하는 최저온도

78 가스난로를 사용하다가 부주의로 점화되지 않은 상태에서 콕을 전부 열었다. 이때 노즐로부터 분출되는 생가스의 양은 약 몇 m³/h인가? (단, 유량계수 : 0.8, 노즐지름 : 2.5mm, 가스압력 : 200mmH₂O, 가스비중 : 0.5로 한다.)

① 0.5m³/h   ② 1.1m³/h
③ 1.5m³/h   ④ 2.1m³/h

$$Q = 0.009 D^2 \sqrt{\frac{h}{d}}$$
$$= 0.009 \times (2.5)^2 \sqrt{\frac{200}{0.5}}$$
$$= 1.125 m^3/hr \fallingdotseq 1.1 m^3/h$$

79 초저온가스용 용기제조기술기준에 대한 설명으로 틀린 것은?

① 용기동판의 최대두께와 최소두께와의 차이는 평균두께의 10% 이하로 한다.
② "최고충전압력"은 상용압력 중 최고압력을 말한다.
③ 용기의 외조에 외조를 보호할 수 있는 플러그 또는 파열판 등의 압력방출장치를 설치한다.
④ 초저온용기는 오스테나이트계 스테인리스강 또는 티타늄합금으로 제조한다.

④ 초저온용기는 그 안전성을 확보하기 위하여 오스테나이트계 스테인리스강 또는 알루미늄합금으로 제조한다.

80 증기가 전기스파크나 화염에 의해 분해폭발을 일으키는 가스는?

① 수소   ② 프로판
③ LNG   ④ 산화에틸렌

분해폭발성 가스 : C_2H_2, N_2H_4, C_2H_4O

제5과목 가스계측

81 다음 중 가스크로마토그래피로 가스를 분석할 때 사용하는 캐리어가스로서 가장 부적당한 것은 어느 것인가?   [계측 10]

① H_2 ② CO_2
③ N_2 ④ Ar

G/C 측정원리와 특성(계측 핵심 10) 참조

82 램버트–비어의 법칙을 이용한 것으로 미량분석에 유용한 화학분석법은?

① 중화적정법   ② 중량법
③ 분광광도법   ④ 요오드적정법

흡광광도(분광광도)법
램버트–비어법칙 : 시료가스를 발색시켜 흡광도의 측정을 정량분석
$E = \varepsilon c d$
여기서, E : 흡광도
      ε : 흡광계수
      c : 농도
      l : 빛이 통하는 액층의 깊이

83 내경 10cm인 관 속으로 유체가 흐를 때 피토관의 마노미터 수주가 40cm이었다면 이때의 유량은 약 몇 m³/s인가?

① 2.2×10^{-3} ② 2.2×10^{-2}
③ 0.22   ④ 2.2

$$Q = \frac{\pi}{4} D^2 \times V$$
$$= \frac{\pi}{4} \times (0.1m)^2 \times \sqrt{2 \times 9.8 \times 0.4}$$
$$= 0.02199 \fallingdotseq 2.2 \times 10^{-2} m^3/s$$

84 22℃의 1기압 공기(밀도는 1.21kg/m³)가 덕트를 흐르고 있다. 피토관을 덕트 중심부에 설치하고 물을 봉액으로 한 U자관 마노미터의 눈금이 4.0cm이었다. 이 덕트 중심부의 유속은 약 몇 m/s인가?

① 25.5   ② 30.8
③ 56.9   ④ 97.4

$$V = \sqrt{2 \times g \times h \times \frac{\gamma_m - \gamma}{\gamma}}$$
$$= \sqrt{2 \times 9.8 \times 0.04 \times \frac{1000 - 1.21}{1.21}}$$
$$= 25.439 \text{m/s} = 25.5 \text{m/s}$$

85 습식가스미터는 어떤 형태에 해당하는가?

① 오벌형　② 드럼형
③ 다이어프램형　④ 로터리피스톤형

습식가스미터 : 드럼형

86 가스크로마토그래피에서 일반적으로 사용되지 않는 검출기(detector)는?　[계측 13]

① TCD　② FID
③ ECD　④ RID

G/C 검출기 종류 및 특징(계측 핵심 13) 참조

87 가스크로마토그래피(gas chromatography)에서 캐리어가스 유량이 5mL/s이고 기록지 속도가 3mm/s일 때 어떤 시료가스를 주입하니 지속용량이 250mL이었다. 이때 주입점에서 성분의 피크까지 거리는 약 몇 mm인가?

① 50　② 100
③ 150　④ 200

$$\text{피크거리} = \frac{\text{지속용량} \times \text{기록지속}}{\text{캐리어가스 유속}}$$
$$= \frac{250\text{mL} \times 3\text{mm/s}}{5\text{m/s}} = 150\text{mm}$$

88 측정제어라고도 하며, 2개의 제어계를 조합하여 1차 제어장치가 제어량을 측정하여 제어명령을 내리고, 2차 제어장치가 이 명령을 바탕으로 제어량을 조절하는 제어를 무엇이라 하는가?　[계측 12]

① 정치(正値)제어
② 추종(追從)제어
③ 비율(比律)제어
④ 캐스케이드(cascade)제어

자동제어계의 분류(계측 핵심 12) 참조

89 배기가스 중 이산화탄소를 정량분석하고자 할 때 가장 적합한 방법은?

① 적정법　② 완만연소법
③ 중량법　④ 오르자트법

90 10^{-12}은 계량단위의 접두어로 무엇인가?

① 아토(atto)　② 젭토(zepto)
③ 펨토(femto)　④ 피코(pico)

접두어의 자릿수와 발음

자릿수	발음	자릿수	발음
10^1	데카	10^{-1}	데시
10^2	헥토	10^{-2}	센티
10^3	킬로	10^{-3}	미리
10^6	메가	10^{-6}	마이크로
10^9	기가	10^{-9}	나노
10^{12}	테라	10^{-12}	피코

91 가스미터의 구비조건으로 가장 거리가 먼 것은 어느 것인가?

① 기계오차의 조정이 쉬울 것
② 소형이며 계량용량이 클 것
③ 감도는 적으나 정밀성이 높을 것
④ 사용가스량을 정확하게 지시할 수 있을 것

92 고속, 고압 및 레이놀즈수가 높은 경우에 사용하기 가장 적정한 유량계는?

① 벤투리미터　② 플로노즐
③ 오리피스미터　④ 피토관

플로노즐 : 고온·고압에 사용

93 액면측정장치가 아닌 것은?

① 유리관식 액면계
② 임펠러식 액면계
③ 부자식 액면계
④ 퍼지식 액면계

② 임펠러식 유량계

94 연소기기에 대한 배기가스분석의 목적으로 가장 거리가 먼 것은?

① 연소상태를 파악하기 위하여
② 배기가스 조성을 알기 위해서
③ 열정산의 자료를 얻기 위하여
④ 시료가스 채취장치의 작동상태를 파악하기 위해

95 전력, 전류, 전압, 주파수 등을 제어량으로 하며 이것을 일정하게 유지하는 것을 목적으로 하는 제어방식은? [계측 12]

① 자동조정
② 서보기구
③ 추치제어
④ 정치제어

 자동제어계의 분류(계측 핵심 12) 참조

96 전자유량계는 어떤 유체의 측정에 유용한가?

① 순수한 물
② 과열된 증기
③ 도전성 유체
④ 비전도성 유체

97 습식가스미터의 수면이 너무 낮을 때 발생하는 현상은?

① 가스가 그냥 지나친다.
② 밸브의 마모가 심해진다.
③ 가스가 유입되지 않는다.
④ 드럼의 회전이 원활하지 못하다.

98 열전대온도계에서 열전대의 구비조건이 아닌 것은 어느 것인가?

① 재생도가 높고 가공이 용이할 것
② 열기전력이 크고 온도상승에 따라 연속적으로 상승할 것
③ 내열성이 크고 고온가스에 대한 내식성이 좋을 것
④ 전기저항 및 온도계수, 열전도율이 클 것

 열전대 구비조건
㉠ 기전력이 강하고 안정되며 내열, 내식성이 클 것
㉡ 열전도율, 전기저항이 작고 가공이 쉬울 것
㉢ 열기전력이 크고 온도상승에 따라 연속으로 상승할 것
㉣ 경제적이고 구입이 용이, 기계적 강도가 클 것

99 다음의 특징을 가지는 액면계는?

㉠ 설치, 보수가 용이하다.
㉡ 온도, 압력 등의 사용범위가 넓다.
㉢ 액체 및 분체에 사용이 가능하다.
㉣ 대상물질의 유전율 변화에 따라 오차가 발생한다.

① 압력식   ② 플로트식
③ 정전용량식   ④ 부력식

100 우연오차에 대한 설명으로 옳은 것은?

① 원인 규명이 명확하다.
② 완전한 제거가 가능하다.
③ 산포에 의해 일어나는 오차를 말한다.
④ 정, 무의 오자가 다른 분포상태를 가진다.

 우연오차 : 산포에 의해 일어나는 오차로서 원인을 알 수 없다.

2020년 기사 제1,2회 통합 필기시험(1부)   (2020년 6월 6일 시행)

자격종목	시험시간	문제수	문제형별
가스기사	2시간30분	100	B

수험번호		성 명	

제1과목 가스유체역학

01 200℃의 공기가 흐를 때 정압이 200kPa, 동압이 1kPa이면 공기의 속도(m/s)는? (단, 공기의 기체상수는 287J/kg · K이다.)

① 23.9   ② 36.9

③ 42.5   ④ 52.6

$$\rho = \frac{P(정압)}{RT} = \frac{200000\text{Pa}}{287 \times 473} = 1.4733\text{kg/m}^3$$

$$P_{동압} = \frac{1}{2}\rho V^2$$

$$V^2 = 2 \times P_{동압}/\rho$$
$$= 2 \times 1000/1.4733$$
$$= 1357.5(\text{m}^2/\text{s}^2)$$

$$\therefore \; V = \sqrt{1357.5} = 36.84\text{m/s}$$

> $\text{Pa(N/m}^2), \; \text{kg/m}^3(\text{N} \cdot \text{s}^2/\text{m}^4)$
> 또는 $\text{N(kg} \cdot \text{m/s}^2)$이므로
> $$\frac{\frac{\text{kg} \cdot \text{m}}{\text{m}^2 \cdot \text{s}^2}}{\text{kg/m}^3} = \text{m}^2/\text{s}^2$$
> 베르누이 방정식에서
> $$P_1(정압) + \frac{\gamma \cdot V^2}{2g}(동압) = P_s(전압)$$
> $$동압 = \frac{\gamma \cdot V^2}{2g} = \frac{\rho \cdot g \cdot V^2}{2g} = P$$
> $$\therefore \; V^2 = \frac{2 \cdot P}{\rho}$$

02 밀도 1.2kg/m³의 기체가 직경 10cm인 관 속을 20m/s로 흐르고 있다. 관의 마찰계수가 0.02라면 1m당 압력손실은 약 몇 Pa인가?

① 24   ② 36

③ 48   ④ 54

- 1m당 압력손실(m)
$$h_f = f \cdot \frac{L}{D} \cdot \frac{V^2}{2g}$$
$$= 0.02 \times \frac{1}{0.1} \times \frac{20^2}{2 \times 9.8}$$
$$= 4.0816$$

- 1m당 압력강하
$$P = \gamma \cdot h_f = 1.2\text{kg/m}^3 \times 4.0816\text{m}$$
$$= 4.897959\text{kg/m}^2$$
$$\therefore \; P = \frac{4.897959}{10332} \times 101325\text{Pa} = 48.03\text{Pa}$$

03 반지름 200mm, 높이 250mm인 실린더 내에 20kg의 유체가 차 있다. 유체의 밀도는 약 몇 kg/m³인가?

① 6.366   ② 63.66

③ 636.6   ④ 6366

밀도$(\rho) = w(\text{kg})/V(\text{m}^3)$이므로
$$w = 20\text{kg}$$
$$V = \frac{\pi}{4}d^2 \cdot h = \frac{\pi}{4} \times (0.4\text{m})^2 \times 0.25\text{m}\,\text{이므로}$$
$$\rho = \frac{w}{V} = 636.6\text{kg/m}^3$$

04 물이 내경 2cm인 원형관을 평균유속 5cm/s로 흐르고 있다. 같은 유량이 내경 1cm인 관을 흐르면 평균유속은?

① $\frac{1}{2}$ 만큼 감소

② 2배로 증가

③ 4배로 증가

④ 변함없다.

$Q = A_1 V_1 = A_2 V_2$ 에서

$$V_2 = \frac{A_1 V_1}{A_2} = \frac{\frac{\pi}{4} \times (2\mathrm{cm})^2 \times 5\mathrm{cm/s}}{\frac{\pi}{4} \times (1\mathrm{cm})^2}$$

$$= 20\mathrm{cm/s}$$

이므로 4배 증가

05 압축성 유체가 그림과 같이 확산기를 통해 흐를 때 속도와 압력은 어떻게 되겠는가? (단, M_a는 마하수이다.) [유체 3]

유체 흐름방향
$M_a > 1$

① 속도 증가, 압력 감소
② 속도 감소, 압력 증가
③ 속도 감소, 압력 불변
④ 속도 불변, 압력 증가

등엔트로피 흐름(유체 핵심 3) 참조
$M > 1$일 때 확대부에서
• 증가 : V(속도), M(마하수), A(면적)
• 감소 : P(압력), T(온도), ρ(밀도)

06 수직충격파는 다음 중 어떤 과정에 가장 가까운가? [유체 20]

① 비가역 과정
② 등엔트로피 과정
③ 가역 과정
④ 등압 및 등엔탈피 과정

충격파(유체 핵심 20) 참조
수직충격파 : 엔트로피 증가(비가역 과정)

07 왕복펌프 중 산, 알칼리액을 수송하는 데 사용되는 펌프는?

① 격막 펌프   ② 기어 펌프
③ 플랜지 펌프   ④ 피스톤 펌프

격막(다이어 프램) 펌프
부식성 유체 등 산·알칼리 등을 수송하는 데 적합한 펌프

08 다음 중 대기압을 측정하는 계기는?

① 수은기압계   ② 오리피스미터
③ 로터미터   ④ 둑(weir)

②, ③, ④는 유량계

09 체적효율을 η_v, 피스톤 단면적을 $A[\mathrm{m^2}]$, 행정을 $S[\mathrm{m}]$, 회전수를 $n[\mathrm{rpm}]$이라 할 때 실제 송출량 $Q[\mathrm{m^3/s}]$를 구하는 식은?

① $Q = \dfrac{ASn}{60\eta_v}$ ② $Q = \eta_v \dfrac{ASn}{60}$

③ $Q = \dfrac{AS\pi n}{60\eta_v}$ ④ $Q = \eta_v \dfrac{AS\pi n}{60}$

$Q = A \cdot S \cdot n \cdot \eta_v$ 에서
$n(\mathrm{rpm})$: 분당 회전수이므로
$Q(\mathrm{m^3/sec})$가 되기 위해 60으로 나눔
$Q = (A \cdot S \cdot n \cdot \eta_v / 60)(\mathrm{m^3/sec})$

10 아음속 등엔트로피 흐름의 확대노즐에서의 변화로 옳은 것은? [유체 3]

① 압력 및 밀도는 감소한다.
② 속도 및 밀도는 증가한다.
③ 속도는 증가하고, 밀도는 감소한다.
④ 압력은 증가하고, 속도는 감소한다.

등엔트로피 흐름(유체 핵심 3) 참조
아음속 $M < 1$ 확대부 참조
P, T, ρ, A(증가), M, V(감소)

11 다음 그림에서와 같이 관 속으로 물이 흐르고 있다. A점과 B점에서의 유속은 몇 m/s인가?

① $V_A = 2.045, \quad V_B = 1.022$
② $V_A = 2.045, \quad V_B = 0.511$
③ $V_A = 7.919, \quad V_B = 1.980$
④ $V_A = 3.960, \quad V_B = 1.980$

정답 05.① 06.① 07.① 08.① 09.② 10.④ 11.②

베르누이 정리

$$\frac{P_A}{\gamma}+\frac{V_A{}^2}{2g}+Z_A=\frac{P_B}{\gamma}+\frac{V_B{}^2}{2g}+Z_B\,(Z_A=Z_B)$$

- P_A : 20cm (200kg/m^2)
- P_B : 40cm (400kg/m^2)
- γ : 1000kg/m^3에서

$V_A{}^2-V_B{}^2=3.92$이므로

$$Q_A=Q_B=V_A\cdot\frac{\pi}{4}\times(0.05)^2$$

$$=V_B\cdot\frac{\pi}{4}\times(0.1)^2$$

$$V_A{}^2=\left(\frac{0.1^2}{0.05^2}\right)^2\times\left(V_A{}^2-3.92\right)에서$$

$$\therefore\ V_A=2.0448=2.045$$

$$V_B=0.511\text{m/s}$$

$$\boxed{\begin{array}{l}\dfrac{V_A{}^2}{2g}-\dfrac{V_B{}^2}{2g}=\dfrac{P_B}{\gamma}-\dfrac{P_A}{\gamma}\\[2mm]\therefore\ \ V_A{}^2-V_B{}^2=2g\left(\dfrac{P_B-P_A}{\gamma}\right)\\[2mm]\qquad\qquad=2\times9.8\times\left(\dfrac{400-200}{1000}\right)\\[2mm]\qquad\qquad=3.92\end{array}}$$

12 안지름 80cm인 관 속을 동점성계수 4Stokes 인 유체가 4m/s의 평균속도로 흐른다. 이때 흐름의 종류는?

① 층류
② 난류
③ 플러그 흐름
④ 천이영역 흐름

$$Re=\frac{V\cdot D}{\nu}=\frac{400\times80}{4}=8000$$

$Re>4000$이므로 난류

13 압축률이 $5\times10^{-5}\text{cm}^2\text{/kgf}$인 물속에서의 음속은 몇 m/s인가?

① 1400
② 1500
③ 1600
④ 1700

액체 속의 음속

$$a=\sqrt{\frac{K}{\rho}}$$

$$K=\frac{1}{\beta}이므로$$

$$=\sqrt{\frac{1}{\beta\rho}}$$

$$=\sqrt{\frac{1}{5\times10^{-9}\text{m}^2\text{/kgf}\times102\text{kgf}\cdot\text{s}^2\text{/m}^4}}$$

$$=1400\text{m/s}$$

$$\boxed{\begin{array}{l}5\times10^{-5}\text{cm}^2\text{/kgf}=5\times10^{-9}\text{m}^2\text{/kgf}\\[1mm]물의\ 밀도(\rho)=102\text{kgf}\cdot\text{s}^2\text{/m}^4\end{array}}$$

14 다음 중 기체수송에 사용되는 기계로 가장 거리가 먼 것은?

① 팬
② 송풍기
③ 압축기
④ 펌프

15 원관 중의 흐름이 층류일 경우 유량이 반경의 4제곱과 압력기울기 $(P_1-P_2)/L$에 비례하고 점도에 반비례한다는 법칙은?

① Hagen-Poiseuille 법칙
② Reynolds 법칙
③ Newton 법칙
④ Fourier 법칙

Hagen-Poiseuille(하겐-푸아죄유)(층류에서만 적용)

$$Q=\frac{\Delta P\pi d^4}{128\mu L}$$

여기서, Q : 유량
　　　　ΔP : 압력차
　　　　d : 원관의 직경
　　　　μ : 점성계수
　　　　L : 관 길이

16 프란틀의 혼합길이(Prandtl mixing length)에 대한 설명으로 옳지 않은 것은?

① 난류 유동에 관련된다.
② 전단응력과 밀접한 관련이 있다.
③ 벽면에서는 0이다.
④ 항상 일정한 값을 갖는다.

프란틀의 혼합거리
$l = ky$에서
$y = 0$(관 벽에서 0이 되는 지점)에서는 0
① 난류 유동
② 전단응력
③ 벽면에서 0

17 그림과 같이 물이 흐르는 관에 U자 수은관을 설치하고, A지점과 B지점 사이의 수은 높이 차(h)를 측정하였더니 0.7m였다. 이때 A점과 B점 사이의 압력차는 약 몇 kPa인가? (단, 수은의 비중은 13.6이다.)

① 8.64
② 9.33
③ 86.4
④ 93.3

$P = (S_1 - S_2) \times H$
　　$= (13.6 - 1)\text{kg/L} \times 0.7\text{m}$
　　$= 12.6\text{kg/cm}^3 \times 70\text{cm}$
　　$= 12.6 \times 70 \text{kg/cm}^2$
　$\therefore \dfrac{12.6 \times 70}{1.0332} \times 101.325\text{kPa} = 86.4\text{kPa}$

18 실험실의 풍동에서 20℃의 공기로 실험을 할 때 마하각이 30°이면 풍속은 몇 m/s가 되는가? (단, 공기의 비열비는 1.4이다.)

① 278
② 364
③ 512
④ 686

$\sin\alpha = \dfrac{a}{V}$

$V = \dfrac{a}{\sin\alpha} = \dfrac{\sqrt{1.4 \times 29.27 \times 9.8 \times 293}}{\sin 30} = 686\text{m/s}$

$a = \sqrt{K \cdot g \cdot R \cdot T}$
공기 $R = 29.27\text{kgf} \cdot \text{m/kg} \cdot \text{K}$

19 다음 중 SI 기본단위에 해당하지 않는 것은 어느 것인가?　　　　[계측 36]

① kg
② m
③ W
④ K

단위 단위계(계측 핵심 36) 참조

20 안지름이 20cm의 관에 평균속도 20m/s로 물이 흐르고 있다. 이때 유량은 얼마인가?

① $0.628\text{m}^3/\text{s}$
② 6.280m/s^3
③ $2.512\text{m}^3/\text{s}$
④ $0.251\text{m}^3/\text{s}$

$Q = A \times V$
　　$= \dfrac{\pi}{4} \times (0.2\text{m})^2 \times 20\text{m/s}$
　　$= 0.628\text{m}^3/\text{s}$

제2과목 연소공학

21 기체연료를 미리 공기와 혼합시켜 놓고, 점화해서 연소하는 것으로 연소실 부하율을 높게 얻을 수 있는 연소방식은?　[연소 2]

① 확산연소
② 예혼합연소
③ 증발연소
④ 분해연소

연소의 종류 (3) 기체물질의 연소(연소 핵심 2) 참조

22 다음 중 기체연료의 연소형태에 해당하는 것은?　　　　　　　　　[연소 2]

① 확산연소, 증발연소
② 예혼합연소, 증발연소
③ 예혼합연소, 확산연소
④ 예혼합연소, 분해연소

연소의 종류 (3) 기체물질의 연소(연소 핵심 2) 참조

23 저위발열량 93766kJ/Sm³의 C₃H₈을 공기 비 1.2로 연소시킬 때의 이론연소온도는 약 몇 K인가? (단, 배기가스의 평균비열은 1.653kJ/Sm³·K이고, 다른 조건은 무시한다.)

① 1735
② 1856
③ 1919
④ 2083

$C_3H_8 + 5O_2 \rightarrow 3CO_2 + 4H_2O$에서

연소가스량(G) = CO₂+H₂O+(N₂+과잉공기)

$$= 3 + 4 + 5 \times \frac{(1.2 - 0.21)}{0.21}$$

$$= 30.57 Sm^3$$

$$t = \frac{Hl}{G \cdot C_p}$$

$$= \frac{93766 kJ/Sm^3}{30.57 \times 1.653 kJ/Sm^3 \cdot K}$$

$$= 1855.48 K$$

[별해] 연소가스량

$$= CO_2 + H_2O + N_2 + 과잉공기$$

$$= 3 + 4 + 5 \times \frac{0.79}{0.21} + (1.2 - 1) \times 5 \times \frac{1}{0.21}$$

$$= 30.57 Sm^3$$

24 다음 중 확산연소에 대한 설명으로 옳지 않은 것은? [연소 2]

① 조작이 용이하다.
② 연소 부하율이 크다.
③ 역화의 위험성이 적다.
④ 화염의 안정범위가 넓다.

연소의 종류 (3) 기체물질의 연소(연소 핵심 2) 참조

25 공기비가 클 경우 연소에 미치는 영향이 아닌 것은? [연소 15]

① 연소실 온도가 낮아진다.
② 배기가스에 의한 열손실이 커진다.
③ 연소가스 중의 질소산화물이 증가한다.
④ 불완전연소에 의한 매연의 발생이 증가한다.

공기비(연소 핵심 15) 참조

26 사고를 일으키는 장치의 이상이나 운전자의 조합을 연역적으로 분석하는 정량적인 위험성평가방법은? [연소 12]

① 결함수 분석법(FTA)
② 사건수 분석법(ETA)
③ 위험과 운전 분석법(HAZOP)
④ 작업자 실수 분석법(HEA)

안전성평가기법(연소 핵심 12) 참조
결함수(FTA) : 연역적

27 분진폭발의 위험성을 방지하기 위한 조건으로 틀린 것은?

① 환기장치는 공동집진기를 사용한다.
② 분진이 발생하는 곳에 습식 스크러버를 설치한다.
③ 분진취급 공정을 습식으로 운영한다.
④ 정기적으로 분진 퇴적물을 제거한다.

28 돌턴(Dalton)의 분압법칙에 대하여 옳게 표현한 것은? [연소 29]

① 혼합기체의 온도는 일정하다.
② 혼합기체의 체적은 각 성분의 체적의 합과 같다.
③ 혼합기체의 기체상수는 각 성분의 기체상수의 합과 같다.
④ 혼합기체의 압력은 각 성분(기체)의 분압의 합과 같다.

이상기체의 관련 법칙에서 돌턴의 분압법칙(연소 핵심 29) 참조
혼합기체의 전압력은 각 성분기체의 분압의 합과 같다.

$$P = \frac{P_1 V_1 + P_2 V_2}{V}$$

여기서, P : 전압
　　　 P_1, P_2 : 분압
　　　 V : 전 부피
　　　 V_1, V_2 : 성분부피

29 다음 중 공기와 혼합기체를 만들었을 때 최대연소속도가 가장 빠른 기체연료는?

① 아세틸렌
② 메틸알코올
③ 톨루엔
④ 등유

C_2H_2 : 연소범위 2.5~81%로 연소속도가 빠르다.

30 프로판가스 $1m^3$를 완전연소시키는 데 필요한 이론공기량은 약 몇 m^3인가? (단, 산소는 공기 중에 20% 함유한다.)

① 10
② 15
③ 20
④ 25

$C_3H_8 + 5O_2 \rightarrow 3CO_2 + 4H_2O$
  1 : 5

공기량 : $5 \times \dfrac{1}{0.2} = 25m^3$

31 제1종 영구기관을 바르게 표현한 것은?

① 외부로부터 에너지원을 공급받지 않고 영구히 일을 할 수 있는 기관
② 공급된 에너지보다 더 많은 에너지를 낼 수 있는 기관
③ 지금까지 개발된 기관 중에서 효율이 가장 좋은 기관
④ 열역학 제2법칙에 위배되는 기관

32 프로판가스의 연소과정에서 발생한 열량은 50232MJ/kg이었다. 연소 시 발생한 수증기의 잠열이 8372MJ/kg이면 프로판가스의 저발열량 기준 연소효율은 약 몇 %인가? (단, 연소에 사용된 프로판가스의 저발열량은 46046MJ/kg이다.)

① 87
② 91
③ 93
④ 96

$\eta = \dfrac{50232 - 8372}{46046} \times 100 = 90.9 = 91\%$

33 다음 중 난류예혼합화염과 층류예혼합화염에 대한 특징을 설명한 것으로 옳지 않은 것은? [연소 36]

① 난류예혼합화염의 연소속도는 층류예혼합화염의 수배 내지 수십배에 달한다.
② 난류예혼합화염의 두께는 수밀리미터에서 수십밀리미터에 달하는 경우가 있다.
③ 난류예혼합화염은 층류예혼합화염에 비하여 화염의 휘도가 낮다.
④ 난류예혼합화염의 경우 그 배후에 다량의 미연소분이 잔존한다.

난류예혼합화염과 층류예혼합화염(연소 핵심 36) 참조

34 인화(pilot ignition)에 대한 설명으로 틀린 것은? [연소 5]

① 점화원이 있는 조건하에서 점화되어 연소를 시작하는 것이다.
② 물체가 착화원 없이 불이 붙어 연소하는 것을 말한다.
③ 연소를 시작하는 가장 낮은 온도를 인화점(flash point)이라 한다.
④ 인화점은 공기 중에서 가연성 액체의 액면 가까이 생기는 가연성 증기가 작은 불꽃에 의하여 연소될 때의 가연성 물체의 최저온도이다.

인화점, 발화점(연소 핵심 5) 참조

35 오토 사이클의 열효율을 나타낸 식은? (단, η는 열효율, r는 압축비, k는 비열비이다.)

① $\eta = 1 - \left(\dfrac{1}{r}\right)^{k+1}$
② $\eta = 1 - \left(\dfrac{1}{r}\right)^{k}$
③ $\eta = 1 - \dfrac{1}{r}$
④ $\eta = 1 - \left(\dfrac{1}{r}\right)^{k-1}$

36 Fire ball에 의한 피해로 가장 거리가 먼 것은?

① 공기팽창에 의한 피해
② 탱크파열에 의한 피해
③ 폭풍압에 의한 피해
④ 복사열에 의한 피해

Fire ball(파이어볼)의 피해
• 공기팽창에 의한 피해
• 폭풍압에 의한 피해
• 복사열에 의한 피해

37 다음 중 차원이 같은 것끼리 나열된 것은?

㉮ 열전도율	㉯ 점성계수
㉰ 저항계수	㉱ 확산계수
㉲ 열전달률	㉳ 동점성계수

① ㉮, ㉯
② ㉰, ㉲
③ ㉱, ㉳
④ ㉲, ㉳

• 열전도율(kcal/mh℃)
• 점성계수(g/cm · s)
• 저항계수 $C_p = \dfrac{24}{Re}$ (층류)(무차원)
• 확산계수(cm^2/s)
• 열전달률(kcal/m^2h℃)
• 동점성계수(cm^2/s)
∴ 동차원 : 확산계수, 동점성계수

38 C_3H_8을 공기와 혼합하여 완전연소시킬 때 혼합기체 중 C_3H_8의 최대농도는 약 얼마인가? (단, 공기 중 산소는 20.9%이다.)

① 3vol%
② 4vol%
③ 5vol%
④ 6vol%

$C_3H_8 + 5O_2 \rightarrow 3CO_2 + 4H_2O$
  1 : 5

$C_3H_8 = \dfrac{1}{1 + 5 \times \dfrac{1}{0.209}} \times 100 ≒ 4vol\%$

39 최대안전틈새의 범위가 가장 작은 가연성 가스의 폭발등급은? [안전 13]

① A
② B
③ C
④ D

위험장소 분류, 가스시설 전기방폭기준의 (3) 방폭기기 선정에서 최대안전틈새 범위(내압방폭구조의 폭발등급)(안전 핵심 13) 참조
A : 0.9mm 이상
B : 0.45mm 이상 0.9mm 이하
C : 0.45mm 미만

40 분자량이 30인 어떤 가스의 정압비열이 0.75kJ/kg·K이라고 가정할 때 이 가스의 비열비(K)는 약 얼마인가?

① 0.28
② 0.47
③ 1.59
④ 2.38

$K = \dfrac{C_p}{C_v}$ 이고 $R = C_p - C_v$ 이므로

$C_v = C_p - R = 0.75 - \dfrac{8.314}{30} = 0.472$

∴ $K = \dfrac{0.75}{0.472} = 1.586 = 1.59$

$R = 8.314kJ/kg·K$

제3과목 가스설비

41 다음 그림은 어떤 종류의 압축기인가?

① 가동날개식
② 루트식
③ 플런저식
④ 나사식

42 수소에 대한 설명으로 틀린 것은?

① 암모니아 합성의 원료로 사용된다.
② 열전달률이 적고 열에 불안정하다.
③ 염소와의 혼합기체에 일광을 쬐면 폭발한다.
④ 모든 가스 중 가장 가벼워 확산속도도 가장 빠르다.

① $N_2 + 3H_2 \longrightarrow 2NH_3$
② 수소는 열전달률이 빠르다.
③ $H_2 + Cl_2 \longrightarrow 2HCl$
④ 확산속도가 가장 빠르다.

43 가스조정기 중 2단 감압식 조정기의 장점이 아닌 것은? [설비 55]

① 조정기의 개수가 적어도 된다.
② 연소기구에 적합한 압력으로 공급할 수 있다.
③ 배관의 관경을 비교적 작게 할 수 있다.
④ 입상배관에 의한 압력강하를 보정할 수 있다.

조정기(설비 핵심 55) 참조

44 다음 수치를 가진 고압가스용 용접용기의 동판 두께는 약 몇 mm인가?

- 최고충전압력 : 15MPa
- 동체의 내경 : 200mm
- 재료의 허용응력 : 150N/mm^2
- 용접효율 : 1.00
- 부식여유 두께 : 고려하지 않음

① 6.6   ② 8.6
③ 10.6   ④ 12.6

$$t = \frac{PD}{2S_n - 1.2p} + C$$
$$= \frac{1.5 \times 200}{2 \times 150 - 1.2 \times 15} + O = 10.6mm$$

45 인장시험 방법에 해당하는 것은?

① 올센법   ② 샤르피법
③ 아이조드법   ④ 파우더법

46 대기압에서 1.5MPa · g까지 2단 압축기로 압축하는 경우 압축동력을 최소로 하기 위해서는 중간압력을 얼마로 하는 것이 좋은가?

① 0.2MPa · g   ② 0.3MPa · g
③ 0.5MPa · g   ④ 0.75MPa · g

$$P_o = \sqrt{P_1 \times P_2}$$
$$= \sqrt{0.1 \times (1.5 + 0.1)}$$
$$= 0.4MPa$$
$$\therefore 0.4 - 0.1 = 0.3MPa(g)$$

47 가연성 가스로서 폭발범위가 넓은 것부터 좁은 것의 순으로 바르게 나열된 것은 어느 것인가?

① 아세틸렌 - 수소 - 일산화탄소 - 산화에틸렌
② 아세틸렌 - 산화에틸렌 - 수소 - 일산화탄소
③ 아세틸렌 - 수소 - 산화에틸렌 - 일산화탄소
④ 아세틸렌 - 일산화탄소 - 수소 - 산화에틸렌

- C_2H_2(2.5~81%)
- H_2(4~75%)
- C_2H_4O(3~80%)
- CO(12.5~74%)

48 접촉분해 프로세스에서 다음 반응식에 의해 카본이 생성될 때 카본 생성을 방지하는 방법은? [설비 3]

$$CH_4 \rightleftharpoons 2H_2 + C$$

① 반응온도를 낮게 반응압력을 높게 한다.
② 반응온도를 높게 반응압력을 낮게 한다.
③ 반응온도와 반응압력을 모두 낮게 한다.
④ 반응온도와 반응압력을 모두 높게 한다.

도시가스 프로세스의 (2) 수증기 개질 공정의 반응온도 · 압력, 수증기 변화에 따른 가스량 변화의 관계(설비 핵심 3) 참조

49 다음 중 왕복식 압축기의 특징이 아닌 것은 어느 것인가? [설비 35]

① 용적형이다.
② 압축효율이 높다.
③ 용량조정의 범위가 넓다.
④ 점검이 쉽고 설치면적이 적다.

압축기 특징(설비 핵심 35) 참조

50 금속재료에 대한 설명으로 옳은 것으로만 짝지어진 것은?

> ㉠ 염소는 상온에서 건조하여도 연강을 침식시킨다.
> ㉡ 고온, 고압의 수소는 강에 대하여 탈 탄작용을 한다.
> ㉢ 암모니아는 동, 동합금에 대하여 심 한 부식성이 있다.

① ㉠   ② ㉠, ㉡
③ ㉡, ㉢   ④ ㉠, ㉡, ㉢

염소는 건조상태에서 부식성이 있다.

51 압력용기에 해당하는 것은?

① 설계압력(MPa)과 내용적(m^3)을 곱한 수치가 0.05인 용기
② 완충기 및 완충장치에 속하는 용기와 자동차에어백용 가스충전용기
③ 압력에 관계없이 안지름, 폭, 길이 또는 단면의 지름이 100mm인 용기
④ 펌프, 압축장치 및 축압기의 본체와 그 본체와 분리되지 아니하는 일체형 용기

52 천연가스에 첨가하는 부취제의 성분으로 적합하지 않은 것은? [안전 19]

① THT(Tetra Hydro Thiophene)
② TBM(Tertiary Butyl Mercaptan)
③ DMS(DiMethyl Sulfide)
④ DMDS(DiMethyl DiSulfide)

부취제(안전 핵심 19) 참조

53 지하매설물 탐사방법 중 주로 가스배관을 탐사하는 기법으로 전도체에 전기가 흐르면 도체 주변에 자장이 형성되는 원리를 이용한 탐사법은?

① 전자유도탐사법
② 레이더탐사법
③ 음파탐사법
④ 전기탐사법

54 다음 중 고압가스의 상태에 따른 분류가 아닌 것은?

① 압축가스
② 용해가스
③ 액화가스
④ 혼합가스

55 다음 중 LP가스장치에서 자동교체식 조정기를 사용할 경우의 장점에 해당되지 않는 것은? [설비 55]

① 잔액이 거의 없어질 때까지 소비된다.
② 용기교환주기의 폭을 좁힐 수 있어, 가스발생량이 적어진다.
③ 전체 용기수량이 수동교체식의 경우보다 적어도 된다.
④ 가스소비 시의 압력변동이 적다.

조정기(설비 핵심 55) 참조

56 용해 아세틸렌가스 정제장치는 어떤 가스를 주로 흡수, 제거하기 위하여 설치하는가?

① CO_2, SO_2
② H_2S, PH_3
③ H_2O, SiH_4
④ NH_3, $COCl_2$

• C_2H_2 중의 불순물의 종류 PH_3, SiH_4, H_2S, N_2, NH_3 등
• 불순물은 청정제로 제거
  (청정제의 종류 — 카타리솔, 리가솔, 에퓨렌)

57 고압가스 용기의 재료에 사용되는 강의 성분 중 탄소, 인, 황의 함유량은 제한되어 있다. 이에 대한 설명으로 옳은 것은?

① 황은 적열취성의 원인이 된다.
② 인(P)은 될수록 많은 것이 좋다.
③ 탄소량은 증가하면 인장강도와 충격치가 감소한다.
④ 탄소량이 많으면 인장강도는 감소하고 충격치는 증가한다.

• S(황) : 적열취성의 원인
• P(인) : 상온취성의 원인
• 탄소량 증가 시 인장강도 증가, 충격치는 감소

58 액화 프로판 15L를 대기 중에 방출하였을 경우 약 몇 L의 기체가 되는가? (단, 액화 프로판의 액 밀도는 0.5kg/L이다.)

① 300L ② 750L
③ 1500L ④ 3800L

$15L \times 0.5kg/L = 7.5kg$
$\therefore \dfrac{7.5}{44} \times 22.4m^3 = 3.818m^3$
$= 3818L$

59 LNG Bunkering이란?

① LNG를 지하시설에 저장하는 기술 및 설비
② LNG 운반선에서 LNG 인수기지로 급유하는 기술 및 설비
③ LNG 인수기지에서 가스홀더로 이송하는 기술 및 설비
④ LNG를 해상 선박에 급유하는 기술 및 설비

60 염소가스(Cl_2) 고압용기의 지름을 4배, 재료의 강도를 2배로 하면 용기의 두께는 얼마가 되는가?

① 0.5배 ② 1배
③ 2배 ④ 4배

$\sigma_t = \dfrac{PD}{2}$ 에서
$t_1 = \dfrac{PD}{2\sigma_t}$
$t_2 = \dfrac{P \times 4D}{2 \times 2\sigma_t} = \dfrac{PD}{\sigma_t}$
$\therefore$ 2배가 두꺼워진다.

■ **제4과목 가스안전관리**

61 가연성이면서 독성가스가 아닌 것은?

① 염화메탄 ② 산화프로필렌
③ 벤젠 ④ 시안화수소

독가연가스
①, ③, ④ 및 CO, C_2H_4O, H_2S, CS_2, NH_3, CH_3Br

62 독성가스인 염소 500kg을 운반할 때 보호구를 차량의 승무원수에 상당한 수량을 휴대하여야 한다. 다음 중 휴대하지 않아도 되는 보호구는? [안전 166]

① 방독마스크 ② 공기호흡기
③ 보호의 ④ 보호장갑

독성가스 운반 시 보호장비(안전 핵심 166) 참조

63 액화석유가스 저장탱크 지하설치 시의 시설기준으로 틀린 것은? [안전 49]

① 저장탱크 주위 빈 공간에는 세립분을 포함한 마른모래를 채운다.
② 저장탱크를 2개 이상 인접하여 설치하는 경우에는 상호 간에 1m 이상의 거리를 유지한다.
③ 점검구는 저장능력이 20톤 초과인 경우에는 2개소로 한다.
④ 검지관은 직경 40A 이상으로 4개소 이상 설치한다.

LPG 저장탱크 지하설치 기준(안전 핵심 49) 참조
① 세립분을 포함하지 아니한 마른모래를 채운다.

64 가스난방기는 상용압력의 1.5배 이상의 압력으로 실시하는 기밀시험에서 가스차단밸브를 통한 누출량이 얼마 이하가 되어야 하는가?

① 30mL/h   ② 50mL/h

③ 70mL/h   ④ 90mL/h

65 고압가스 특정제조시설의 내부반응 감시장치에 속하지 않는 것은?   [안전 127]

① 온도감시장치   ② 압력감시장치

③ 유량감시장치   ④ 농도감시장치

 내부반응 감시장치나 특수반응설비(안전 핵심 127) 참조

66 액화석유가스 저장탱크에 설치하는 폭발방지장치와 관련이 없는 것은?

① 비드

② 후프링

③ 방파판

④ 다공성 알루미늄 박판

67 가스도매사업자의 공급관에 대한 설명으로 맞는 것은?   [안전 66]

① 정압기지에서 대량수요자의 가스사용시설까지 이르는 배관

② 인수기지 부지경계에서 정압기까지 이르는 배관

③ 인수기지 내에 설치되어 있는 배관

④ 대량수요자 부지 내에 설치된 배관

 도시가스 배관의 종류(안전 핵심 66) 참조

68 액화석유가스용 강제용기 스커트의 재료를 고압가스용기용 강판 및 강대 SG 295 이상의 재료로 제조하는 경우에는 내용적이 25L 이상, 50L 미만인 용기는 스커트의 두께를 얼마 이상으로 할 수 있는가?

① 2mm   ② 3mm

③ 3.6mm   ④ 5mm

69 가연성 가스가 폭발할 위험이 있는 농도에 도달할 우려가 있는 장소로서 "2종 장소"에 해당하지 않는 것은?   [안전 13]

① 상용의 상태에서 가연성 가스의 농도가 연속해서 폭발하한계 이상으로 되는 장소

② 밀폐된 용기가 그 용기의 사고로 인해 파손될 경우에만 가스가 누출할 위험이 있는 장소

③ 환기장치에 이상이나 사고가 발생한 경우에 가연성 가스가 체류하여 위험하게 될 우려가 있는 장소

④ 1종 장소의 주변에서 위험한 농도의 가연성 가스가 종종 침입할 우려가 있는 장소

 위험장소의 분류(안전 핵심 13) 참조

70 다음 중 고정식 압축도시가스 자동차 충전시설에서 가스누출검지경보장치의 검지경보장치 설치수량의 기준으로 틀린 것은 어느 것인가?   [안전 142]

① 펌프 주변에 1개 이상

② 압축가스설비 주변에 1개

③ 충전설비 내부에 1개 이상

④ 배관접속부마다 10m 이내에 1개

 고정식 압축도시가스 자동차 충전시설 기준(안전 핵심 142) 참조

71 가연성 가스의 제조설비 중 전기설비가 방폭성능 구조를 갖추지 아니하여도 되는 가연성 가스는?

① 암모니아

② 아세틸렌

③ 염화에탄

④ 아크릴알데히드

 방폭성능이 필요 없는 가스
NH_3, CH_3Br

72 특정설비에 설치하는 플랜지 이음매로 허브플랜지를 사용하지 않아도 되는 것은?

① 설계압력이 2.5MPa인 특정설비

② 설계압력이 3.0MPa인 특정설비

③ 설계압력이 2.0MPa이고 플랜지의 호칭 내경이 260mm인 특정설비

④ 설계압력이 1.0MPa이고 플랜지의 호칭 내경이 300mm인 특정설비

73 고압가스 특정제조시설에서 준내화구조 액화가스 저장탱크 온도상승 방지설비 설치와 관련한 물분무살수장치 설치기준으로 적합한 것은?

① 표면적 $1m^2$당 2.5L/분 이상

② 표면적 $1m^2$당 3.5L/분 이상

③ 표면적 $1m^2$당 5L/분 이상

④ 표면적 $1m^2$당 8L/분 이상

액화가스 저장탱크의 온도상승 방지 기준 시 물분무 살수장치 기준
저장탱크 전 표면 분무량 : 5L/min
단, 준내화 저장탱크의 경우 : 2.5L/min

참고 가연성 저장탱크와 가연성 저장탱크 또는 산소 저장탱크 설치 시 물분무장치 설치기준 분무량

탱크상호	전 표면	준내화구조	내화구조
1m 또는 최대직경 1/4 길이 중 큰 폭과 거리를 유지하지 않은 경우	8L/min	6.5L/min	4L/min
저장탱크 최대직경의 1/4 보다 적은 경우	7L/min	4.5L/min	2L/min

74 고압가스용 안전밸브 구조의 기준으로 틀린 것은?

① 안전밸브는 그 일부가 파손되었을 때 분출되지 않는 구조로 한다.

② 스프링의 조정나사는 자유로이 헐거워지지 않는 구조로 한다.

③ 안전밸브는 압력을 마음대로 조정할 수 없도록 봉인할 수 있는 구조로 한다.

④ 가연성 또는 독성 가스용의 안전밸브는 개방형을 사용하지 않는다.

75 용기의 도색 및 표시에 대한 설명으로 틀린 것은?

① 가연성 가스 용기는 빨간색 테두리에 검정색 불꽃모양으로 표시한다.

② 내용적 2L 미만의 용기는 제조자가 정하는 바에 의한다.

③ 독성 가스 용기는 빨간색 테두리에 검정색 해골모양으로 표시한다.

④ 선박용 LPG 용기는 용기의 하단부에 2cm의 백색 띠를 한 줄로 표시한다.

선박용 LPG 용기 표시방법
① 용기 상단부에 폭 2cm의 백색 띠를 두 줄로 표시
② 백색 띠의 하단과 가스 명칭 사이에 백색글자로 가로 세로 5cm의 크기로 선박용으로 표시

76 고압가스설비 중 플레어스택의 설치높이는 플레어스택 바로 밑의 지표면에 미치는 복사열이 얼마 이하가 되도록 하여야 하는가? **[안전 26]**

① $2000kcal/m^2 \cdot h$

② $3000kcal/m^2 \cdot h$

③ $4000kcal/m^2 \cdot h$

④ $5000kcal/m^2 \cdot h$

긴급이송설비(안전 핵심 26) 참조

77 고압가스제조시설 사업소에서 안전관리자가 상주하는 현장사무소 상호 간에 설치하는 통신설비가 아닌 것은? **[안전 174]**

① 인터폰 ② 페이징설비

③ 휴대용 확성기 ④ 구내방송설비

통신시설(안전 핵심 174) 참조

78 불화수소에 대한 설명으로 틀린 것은?

① 강산이다.

② 황색 기체이다.

③ 불연성 기체이다.

④ 자극적 냄새가 난다.

HF(불화수소) : 무색

79 액화 조연성 가스를 차량에 적재 운반하려고 한다. 운반책임자를 동승시켜야 할 기준은? [안전 5]

① 1000kg 이상　② 3000kg 이상
③ 6000kg 이상　④ 12000kg 이상

운반책임자 동승기준(안전 핵심 5) 참조

80 고압가스 운반 중에 사고가 발생한 경우의 응급조치의 기준으로 틀린 것은?

① 부근의 화기를 없앤다.
② 독성가스가 누출된 경우에는 가스를 제독한다.
③ 비상연락망에 따라 관계업소에 원조를 의뢰한다.
④ 착화된 경우 용기 파열 등의 위험이 있다고 인정될 때는 소화한다.

제5과목 가스계측

81 단위계의 종류가 아닌 것은?

① 절대단위계
② 실제단위계
③ 중력단위계
④ 공학단위계

단위계
㉠ 절대단위
㉡ 공학(중력)단위
㉢ SI단위(국제단위)

82 $5kgf/cm^2$는 약 몇 mAq인가?

① 0.5　② 5
③ 50　④ 500

해설
$5kgf/cm^2$

$\dfrac{5}{1.033} \times 10.33 = 50mAq$

83 열팽창계수가 다른 두 금속을 붙여서 온도에 따라 휘어지는 정도의 차이로 온도를 측정하는 온도계는?

① 저항온도계
② 바이메탈온도계
③ 열전대온도계
④ 광고온계

바이메탈온도계 측정원리 : 열팽창계수

84 다음 중 온도계측기에 대한 설명으로 틀린 것은? [계측 24]

① 기체온도계는 대표적인 1차 온도계이다.
② 접촉식의 온도 계측에는 열팽창, 전기저항 변화 및 열기전력 등을 이용한다.
③ 비접촉식 온도계는 방사온도계, 광온도계, 바이메탈온도계 등이 있다.
④ 유리온도계는 수은을 봉입한 것과 유기성 액체를 봉입한 것 등으로 구분한다.

접촉식, 비접촉식 온도계(계측 핵심 24) 참조
비접촉식 온도계(광고, 광전관, 색, 복사)

85 20℃에서 어떤 액체의 밀도를 측정하였다. 측정용기의 무게가 11.6125g, 증류수를 채웠을 때가 13.1682g, 시료 용액을 채웠을 때가 12.8749g이라면 이 시료액체의 밀도는 약 몇 g/cm^3인가? (단, 20℃에서 물의 밀도는 $0.99823g/cm^3$이다.)

① 0.791
② 0.801
③ 0.810
④ 0.820

해설
• 용기 무게 : 11.6125g
• 증류수 무게 : 13.1682−11.6125=1.5557g
• 시료 무게 : 12.8749−11.6125=1.2624g
$1.5557g \div 0.99823g/cm^3=1.55845cm^3$
∴ 시료의 밀도 : $1.2624g/1.55845cm^3=0.81g/cm^3$

86 시험지에 의한 가스검지법 중 시험지별 검지가스가 바르지 않게 연결된 것은 어느 것인가? [계측 15]

① 연당지 – HCN
② KI전분지 – NO_2
③ 염화파라듐지 – CO
④ 염화제일동착염지 – C_2H_2

 독성가스 누설검지 시험지와 변색상태(계측 핵심 15) 참조

87 물체의 탄성 변위량을 이용한 압력계가 아닌 것은? [계측 33]

① 부르동관 압력계
② 벨로스 압력계
③ 다이어프램 압력계
④ 링밸런스식 압력계

압력계 구분(계측 핵심 33) 참조

88 자동조절계의 제어동작에 대한 설명으로 틀린 것은?

① 비례동작에 의한 조작신호의 변화를 적분동작만으로 일어나는 데 필요한 시간을 적분시간이라고 한다.
② 조작신호가 동작신호의 미분값에 비례하는 것을 레이트 동작(rate action)이라고 한다.
③ 매분당 미분동작에 의한 변화를 비례동작에 의한 변화로 나눈 값을 리셋률이라고 한다.
④ 미분동작에 의한 조작신호의 변화가 비례동작에 의한 변화와 같아질 때까지의 시간을 미분시간이라고 한다.

PI(비례적분) 동작에서
$$y = K_p\left(e + \frac{1}{T_1}\int e\,dt\right)$$
여기서, T_1 : 리셋시간(적분시간)
$\dfrac{1}{T_1}$: 리셋률

89 가스미터에 대한 설명 중 틀린 것은 어느 것인가? [계측 8]

① 습식 가스미터는 측정이 정확하다.
② 다이어프램식 가스미터는 일반 가정용 측정에 적당하다.
③ 루트미터는 회전자식으로 고속회전이 가능하다.
④ 오리피스미터는 압력손실이 없어 가스량 측정이 정확하다.

막식, 습식, 루트식 가스미터의 장·단점(계측 핵심 8) 참조

90 가스계량기의 설치장소에 대한 설명으로 틀린 것은?

① 습도가 낮은 곳에 부착한다.
② 진동이 적은 장소에 설치한다.
③ 화기와 2m 이상 떨어진 곳에 설치한다.
④ 바닥으로부터 2.5m 이상에 수직 및 수평으로 설치한다.

바닥에서 1.6m 이상 2m 이내 수직, 수평으로 설치한다.

91 다음 막식 가스미터의 고장에 대한 설명을 옳게 나열한 것은? [계측 5]

㉮ 부동 – 가스가 미터를 통과하나 지침이 움직이지 않는 고장
㉯ 누설 – 계량막 밸브와 밸브시트 사이, 패킹부 등에서의 누설이 원인

① ㉮   ② ㉯
③ ㉮, ㉯   ④ 모두 틀림

가스미터의 고장(계측 핵심 5) 참조

92 열전대온도계에 적용되는 원리(효과)가 아닌 것은?

① 제백효과   ② 틴들효과
③ 톰슨효과   ④ 펠티에효과

93 물리적 가스분석계 중 가스의 상자성(常磁性)체에 있어서 자장에 대해 흡인되는 성질을 이용한 것은?

① SO₂ 가스계
② O₂ 가스계
③ CO₂ 가스계
④ 기체 크로마토그래피

94 오프셋(Off-set)이 발생하기 때문에 부하변화가 작은 프로세스에 주로 적용되는 제어동작은? [계측 4]

① 미분동작
② 비례동작
③ 적분동작
④ 뱅뱅동작

동작신호와 신호의 전송법(계측 핵심 4) 참조

95 오르자트법에 의한 기체분석에서 O₂의 흡수제로 주로 사용되는 것은? [계측 1]

① KOH 용액
② 암모니아성 CuCl₂ 용액
③ 알칼리성 피로갈롤 용액
④ H₂SO₄ 산성 FeSO₄ 용액

흡수분석법(계측 핵심 1) 참조

96 다음 중 밀도와 비중에 대한 설명으로 틀린 것은?

① 밀도는 단위체적당 물질의 질량으로 정의한다.
② 비중은 두 물질의 밀도비로서 무차원수이다.
③ 표준물질인 순수한 물은 0℃, 1기압에서 비중이 1이다.
④ 밀도의 단위는 $N \cdot s^2/m^4$이다.

물의 비중 4℃, 1atm에서 측정하여 비중은 1이다.

97 열전도도검출기의 측정 시 주의사항으로 옳지 않은 것은?

① 운반기체 흐름속도에 민감하므로 흐름속도를 일정하게 유지한다.
② 필라멘트에 전류를 공급하기 전에 일정량의 운반기체를 먼저 흘려 보낸다.
③ 감도를 위해 필라멘트와 검출실 내벽 온도를 적정하게 유지한다.
④ 운반기체의 흐름속도가 클수록 감도가 증가하므로, 높은 흐름속도를 유지한다.

98 정오차(static error)에 대하여 바르게 나타낸 것은?

① 측정의 전력에 따라 동일 측정량에 대한 지시값에 차가 생기는 현상
② 측정량이 변동될 때 어느 순간에 지시값과 참값에 차가 생기는 현상
③ 측정량이 변동하지 않을 때의 계측기의 오차
④ 입력신호 변화에 대해 출력신호가 즉시 따라가지 못하는 현상

99 패러데이(Faraday) 법칙의 원리를 이용한 기기분석 방법은?

① 전기량법
② 질량분석법
③ 저온정밀증류법
④ 적외선분광광도법

100 기체 크로마토그래피의 분리관에 사용되는 충전담체에 대한 설명으로 틀린 것은?

① 화학적으로 활성을 띠는 물질이 좋다.
② 큰 표면적을 가진 미세한 분말이 좋다.
③ 입자크기가 균등하면 분리작용이 좋다.
④ 충전하기 전에 비휘발성 액체로 피복한다.

국가기술자격 시험문제

2020년 기사 제3회 필기시험(1부)　　　(2020년 8월 22일 시행)

자격종목	시험시간	문제수	문제형별
가스기사	**2시간30분**	**100**	**A**

수험번호		성 명	

제1과목 가스유체역학

01 다음 중 포텐셜 흐름(potential flow)이 될 수 있는 것은?

① 고체 벽에 인접한 유체층에서의 흐름
② 회전 흐름
③ 마찰이 없는 흐름
④ 파이프 내 완전발달 유동

해설 포텐셜 흐름
유체의 흐름에서 물체의 앞쪽에서 커졌다가 중앙으로 갈수록 작아졌다가 중앙을 지나면서 다시 커져 물체의 뒤쪽 압력이 앞쪽과 같은 크기가 되는 흐름으로 비점성, 비압축성, 비회전성이며 마찰이 존재하지 않는 흐름이다.

02 100℃, 2기압의 어떤 이상기체의 밀도는 200℃, 1기압일 때의 몇 배인가?

① 0.39　　　② 1
③ 2　　　④ 2.54

해설 밀도$(\rho)(\text{kg/m}^3)$
$PV = GRT$

$\dfrac{G}{V} = \dfrac{P}{RT}$에서 밀도는 압력에 비례, 온도에 반비례 하므로 100℃, 2atm의 밀도가 x이고 200℃, 1atm의 밀도가 1이라고 하면

$2 \times \dfrac{1}{373} : x = 1 \times \dfrac{1}{473} : 1$

$\therefore \ x = \dfrac{2 \times \dfrac{1}{373} \times 1}{1 \times \dfrac{1}{473}}$

$= \dfrac{2 \times 473}{373 \times 1}$

$= 2.536 = 2.54$배

03 다음 중 동점성 계수의 단위를 옳게 나타낸 것은?

① kg/m^2　　　② $\text{kg/m} \cdot \text{s}$
③ m^2/s　　　④ m^2/kg

해설 동점성 계수
$\nu(\text{cm}^2/\text{s})(\text{m}^2/\text{s})$

04 베르누이 방정식을 실제유체에 적용할 때 보정해 주기 위해 도입하는 항이 아닌 것은?

① W_p(펌프일)
② h_f(마찰손실)
③ ΔP(압력차)
④ W_t(터빈일)

해설 베르누이 방정식 응용
(1) 펌프일

$\dfrac{P_1}{\gamma} + \dfrac{V_1^{\ 2}}{2g} + Z_1 + H_P \begin{pmatrix} \text{펌프구동에너지를} \\ \text{수두로 환산} \end{pmatrix}$

$= \dfrac{P_2}{\gamma} + \dfrac{V_2^{\ 2}}{2g} + Z_2 + H_L \text{(손실수두)}$

(2) 터빈의 경우

$\dfrac{P_1}{\gamma} + \dfrac{V_1^{\ 2}}{2g} + Z_1$

$= \dfrac{P_2}{\gamma} + \dfrac{V_2^{\ 2}}{2g} + Z_2 + H_T + H_L \text{(손실수두)}$

여기서, H_T : 터빈 출력을 수두로 환산

05 중량 10000kgf의 비행기가 270km/h의 속도로 수평 비행할 때 동력은? (단, 양력(L)과 항력(D)의 비 $L/D = 5$이다.)

① 1400PS　　　② 2000PS
③ 2600PS　　　④ 3000PS

$$10000\,\mathrm{kgf} \times 270 \times 10^3\mathrm{m}/3600\mathrm{s} = 750000\,\mathrm{kg \cdot m/s}$$
$$750000 \div 75 = 10000\mathrm{PS}$$
$$(1\,\mathrm{PS} = 75\,\mathrm{kg \cdot m/s})$$
$$\therefore\ 10000 \times \frac{1}{5} = 2000\mathrm{PS}$$

06 비중 0.8, 점도 2Poise인 기름에 대해 내경 42mm인 관에서의 유동이 층류일 때 최대 가능 속도는 몇 m/s인가? (단, 임계 레이놀즈수＝2100이다.)

① 12.5 ② 14.5
③ 19.8 ④ 23.5

$$R_e = \frac{\rho d \cdot V}{\mu}$$
$$\therefore\ V = \frac{R_e \cdot \mu}{\rho d} = \frac{2100 \times 2}{0.8 \times 4.2} = 1250\,\mathrm{cm/s} = 12.5\,\mathrm{m/s}$$

07 물이 평균속도 4.5m/s로 안지름 100mm인 관을 흐르고 있다. 이 관의 길이 20m에서 손실된 헤드를 실험적으로 측정하였더니 4.8m이었다. 관마찰계수는?

① 0.0116 ② 0.0232
③ 0.0464 ④ 0.2280

$$h_f = f \cdot \frac{l}{d} \cdot \frac{V^2}{2g}$$
$$\therefore\ f = \frac{h_f \cdot d \cdot 2g}{l \cdot V^2} = \frac{4.8 \times 0.1 \times 2 \times 9.8}{20 \times 4.5^2} = 0.0232$$

08 압축성 유체가 축소–확대 노즐의 확대부에서 초음속으로 흐를 때, 다음 중 확대부에서 감소하는 것을 옳게 나타낸 것은? (단, 이상기체의 등엔트로피 흐름이라고 가정한다.) [유체 3]

① 속도, 온도 ② 속도, 밀도
③ 압력, 속도 ④ 압력, 밀도

등엔트로피 흐름(유체 핵심 3) 참조
초음속 확대부
• 증가 : V, M, A
• 감소 : P, T, ρ

09 유체의 흐름에서 유선이란 무엇인가? [유체 21]

① 유체 흐름의 모든 점에서 접선방향이 그 점의 속도방향과 일치하는 연속적인 선
② 유체 흐름의 모든 점에서 속도벡터에 평행하지 않는 선
③ 유체 흐름의 모든 점에서 속도벡터에 수직한 선
④ 유체 흐름의 모든 점에서 유동단면의 중심을 연결한 선

유체의 흐름현상(유체 핵심 21) 참조

10 비중이 0.9인 액체가 탱크에 있다. 이때 나타난 압력은 절대압으로 2kgf/cm²이다. 이것을 수두(Head)로 환산하면 몇 m인가?

① 22.2 ② 18
③ 15 ④ 12.5

압력수두
$$\frac{P}{\gamma} = \frac{2 \times 10^4\,\mathrm{kg/m^2}}{0.9 \times 10^3\,\mathrm{kg/m^3}} = 22.2$$

11 다음 압축성 흐름 중 정체온도가 변할 수 있는 것은?

① 등엔트로피 팽창과정인 경우
② 단면이 일정한 도관에서 단열마찰흐름인 경우
③ 단면이 일정한 도관에서 등온마찰흐름인 경우
④ 수직 충격파 전후 유동의 경우

정체온도(T_0)
$$\frac{T_0}{T} = \left(1 + \frac{k-1}{2}M^2\right)$$
밀폐탱크에서 노즐을 통해 기체를 분출 시 주위에 열, 일 등의 출입이 없으면 등엔트로피 흐름(단열변화)에서 T_0(정체온도)는 변화가 없으며 등온마찰흐름에서 변화가 있다.
$$\frac{T_0}{T} = \left(\frac{\rho_0}{\rho}\right)^{k-1}$$

12 기체 수송장치 중 일반적으로 상승압력이 가장 높은 것은?

① 팬
② 송풍기
③ 압축기
④ 진공펌프

해설

① 팬(통풍기) : 토출압력 10kPa(1000mmH₂O) 미만
② 송풍기(블로어) : 토출압력 10kPa~0.1MPa (1000mmH₂O~1kg/cm²) 미만
③ 압축기 : 토출압력 0.1MPa(1kg/cm²) 이상

13 완전 난류구역에 있는 거친 관에서의 관마찰계수는?

① 레이놀즈수와 상대조도의 함수이다.
② 상대조도의 함수이다.
③ 레이놀즈수의 함수이다.
④ 레이놀즈수, 상대조도 모두와 무관하다.

해설

f(관마찰계수)
(1) 일반적 함수관계
　레이놀즈수와 상대조도의 함수
(2) 층류인 경우
　층류에서는 R_e(레이놀즈수)의 함수이다.
　단, 천이구역에서는 R_e(레이놀즈수)
　$\dfrac{e}{d}$(상대조도)의 함수
(3) 난류
　① 매끈한 관에서는 R_e(레이놀즈수)의 함수
　② 거친 관에서는 $\dfrac{e}{d}$(상대조도)의 함수

14 Hagen–Poiseuille 식이 적용되는 관 내 층류유동에서 최대속도 V_{max}=6cm/s일 때 평균속도 V_{avg}는 몇 cm/s인가?

① 2
② 3
③ 4
④ 5

해설

V_{max}(최대속도)$=2V$(평균속도)

$V = \dfrac{V_{max}}{2} = \dfrac{6}{2} = 3\,\text{cm/s}$

15 전양정 30m, 송출량 7.5m³/min, 펌프의 효율 0.8인 펌프의 수동력은 약 몇 kW인가? (단, 물의 밀도는 1000kg/m³이다.)

① 29.4
② 36.8
③ 42.8
④ 46.8

해설

$$L_{kW} = \frac{\gamma \cdot Q \cdot H}{102} = \frac{1000 \times (7.5/60\,\text{sec}) \times 30}{102}$$
$$= 36.76\,\text{kW}$$

참고　• 수동력$(L_{kW}) = \dfrac{\gamma \cdot Q \cdot H}{102}$

• 축동력$(L_{kW}) = \dfrac{\gamma \cdot Q \cdot H}{102\eta}$
$$= \frac{1000 \times (7.5/60) \times 30}{102 \times 0.8}$$
$$= 45.96\,\text{kW}$$

16 운동부분과 고정부분이 밀착되어 있어서 배출공간에서부터 흡입공간으로의 역류가 최소화되며, 경질 윤활유와 같은 유체수송에 적합하고 배출압력을 200atm 이상 얻을 수 있는 펌프는?

① 왕복펌프
② 회전펌프
③ 원심펌프
④ 격막펌프

17 다음 중 30cmHg인 진공압력은 절대압력으로 몇 kgf/cm²인가? (단, 대기압은 표준대기압이다.)

① 0.160
② 0.545
③ 0.625
④ 0.840

해설

절대압력＝대기압력－진공압력
$$= 76\text{cmHg} - 30\text{cmHg}$$
$$= 46\text{cmHg}$$
$$\therefore \frac{46}{76} \times 1.0332\,\text{kg/cm}^2 = 0.625\,\text{kgf/cm}^2$$

18 수직 충격파가 발생할 때 나타나는 현상으로 옳은 것은? [유체 20]

① 마하수가 감소하고, 압력과 엔트로피도 감소한다.
② 마하수가 감소하고, 압력과 엔트로피는 증가한다.
③ 마하수가 증가하고, 압력과 엔트로피는 감소한다.
④ 마하수가 증가하고, 압력과 엔트로피도 증가한다.

정답 12.③ 13.② 14.② 15.② 16.② 17.③ 18.②

충격파(수직 · 경사)의 영향(유체 핵심 20) 참조
- 밀도 · 비중량 · 압력 · 온도 · 엔트로피 증가
- 속도 · 마하수 감소
- 마찰열 발생

19 정적비열이 1000J/kg · K이고, 정압비열이 1200J/kg · K인 이상기체가 압력 200kPa에서 등엔트로피 과정으로 압력이 400kPa로 바뀐다면, 바뀐 후의 밀도는 원래 밀도의 몇 배가 되는가?

① 1.41 　　　　② 1.64

③ 1.78 　　　　④ 2

$$\frac{T_2}{T_1} = \left(\frac{V_2}{V_1}\right)^{1-k} = \left(\frac{P_2}{P_1}\right)^{\frac{k-1}{k}} = \left(\frac{\rho_2}{\rho_1}\right)^{k-1}$$

$$k = \frac{C_P}{C_V} = \frac{1200}{1000} = 1.2$$

$$\therefore \frac{\rho_2}{\rho_1} = \left(\frac{P_2}{P_1}\right)^{\left(\frac{k-1}{k} \times \frac{1}{k-1}\right)}$$

$$= \frac{\rho_2}{\rho_1} = \left(\frac{P_2}{P_1}\right)^{\frac{1}{k}} = \left(\frac{400}{200}\right)^{\frac{1}{1.2}} = 1.78$$

20 다음 중 음속(Sonic Velocity) a의 정의는? (단, g : 중력가속도, ρ : 밀도, P : 압력, s : 엔트로피이다.)

① $a = \sqrt{\left(\frac{dP}{d\rho}\right)_s}$

② $a = \sqrt{\left(\frac{dP}{d\rho}\right)_s / \rho}$

③ $a = \sqrt{g\left(\frac{dP}{d\rho}\right)_s}$

④ $a = \sqrt{\left(\frac{dP}{d\rho}\right)_s / g}$

음속(a)
액체 속의 음속(등온변화)

$$a = \sqrt{\frac{dP}{d\rho}}$$

$$= \sqrt{\frac{g \cdot dP}{d\gamma}} = \sqrt{\frac{g \cdot K}{\gamma}}$$

$$= \sqrt{\frac{K}{\rho}} = \sqrt{\frac{1}{\beta \cdot \rho}}$$

단, $K = \dfrac{dP}{\left(\dfrac{d\gamma}{\gamma}\right)} = \dfrac{\gamma \cdot dP}{d\gamma}$ 에서 $\dfrac{dP}{d\gamma} = \dfrac{K}{\gamma}$ 이므로

$K = P$이다.
(여기서, a : 음속, K : 체적탄성계수, β : 압축률)

제2과목 연소공학

21 체적이 2m³인 일정 용기 안에서 압력 200kPa, 온도 0℃의 공기가 들어 있다. 이 공기를 40℃까지 가열하는 데 필요한 열량은 약 몇 kJ인가? (단, 공기의 R은 287J/kg · K이고, C_v는 718J/kg · K이다.)

① 47 　　　　② 147

③ 247 　　　　④ 347

처음의 질량값(G)

$$G = \frac{PV}{RT}$$

$$= \frac{200 \times 10^3 \, \text{N/m}^2 \times 2\text{m}^3}{287 \times 273}$$

$$= 5.10 \, \text{kg}$$

$$\therefore Q = GC\Delta t$$

$$= 5.10 \times 718 \times (40 - 0)$$

$$= 146622.25 \, \text{J}$$

$$= 146.62 \, \text{kJ} \fallingdotseq 147 \text{kJ}$$

22 다음 중 이론 연소가스량을 올바르게 설명한 것은?

① 단위량의 연료를 포함한 이론 혼합기가 완전반응을 하였을 때 발생하는 산소량

② 단위량의 연료를 포함한 이론 혼합기가 불완전반응을 하였을 때 발생하는 산소량

③ 단위량의 연료를 포함한 이론 혼합기가 완전반응을 하였을 때 발생하는 연소가스량

④ 단위량의 연료를 포함한 이론 혼합기가 불완전반응을 하였을 때 발생하는 연소가스량

23 연소에 대한 설명 중 옳지 않은 것은?

① 연료가 한번 착화하면 고온으로 되어 빠른 속도로 연소한다.
② 환원반응이란 공기의 과잉상태에서 생기는 것으로 이때의 화염을 환원염이라 한다.
③ 고체, 액체 연료는 고온의 가스분위기 중에서 먼저 가스화가 일어난다.
④ 연소에 있어서는 산화반응뿐만 아니라 열분해반응도 일어난다.

환원염
공기의 부족상태에서 생기는 화염

24 공기 1kg이 100℃인 상태에서 일정 체적하에서 300℃의 상태로 변했을 때 엔트로피의 변화량은 약 몇 J/kg · K인가? (단, 공기의 C_P는 717J/kg · K이다.)

① 108   ② 208
③ 308   ④ 408

엔트로피 변화량
$$\Delta S = \frac{dQ}{T}$$
$$= GC_V \ln \frac{T_2}{T_1}$$
$$= 1 \times 717 \ln \left(\frac{273 + 300}{273 + 100} \right)$$
$$= 307.8 = 308 \text{J/kg} \cdot \text{K}$$
참고 등적변화(ΔS)
$$= GC_V \ln \frac{T_2}{T_1} = GC_V \ln \frac{P_2}{P_1}$$

25 혼합기체의 연소범위가 완전히 없어져 버리는 첨가기체의 농도를 피크농도라 하는데 이에 대한 설명으로 잘못된 것은?

① 질소(N_2)의 피크농도는 약 37vol%이다.
② 이산화탄소(CO_2)의 피크농도는 약 23vol%이다.
③ 피크농도는 비열이 작을수록 작아진다.
④ 피크농도는 열전달률이 클수록 작아진다.

피크농도는 비열과 무관하다.

26 연소기에서 발생할 수 있는 역화를 방지하는 방법에 대한 설명 중 옳지 않은 것은 어느 것인가? [연소 22]

① 연료 분출구를 적게 한다.
② 버너의 온도를 높게 유지한다.
③ 연료의 분출속도를 크게 한다.
④ 1차 공기를 착화범위보다 적게 한다.

연소의 이상현상(연소 핵심 22) 참조
버너의 온도를 높게 유지 시 역화 발생 우려 증가

27 다음 그림은 층류예혼합화염의 구조도이다. 온도곡선의 변곡점인 T_i를 무엇이라 하는가?

층류예혼합화염의 구조

① 착화온도
② 반전온도
③ 화염평균온도
④ 예혼합화염온도

28 반응기 속에 1kg의 기체가 있고 기체를 반응기 속에 압축시키는 데 1500kgf · m의 일을 하였다. 이때 5kcal의 열량이 용기 밖으로 방출했다면 기체 1kg당 내부에너지 변화량은 약 몇 kcal인가?

① 1.3
② 1.5
③ 1.7
④ 1.9

$$\Delta u = I - APV$$
$$= 5 \text{kcal} - 1 \times 1500 \text{kg} \cdot \text{m} \times \frac{1}{427} \text{kcal/kg} \cdot \text{m}$$
$$= 1.487 ≒ 1.5 \text{kcal}$$

29 다음 중 Flash fire에 대한 설명으로 옳은 것은? [연소 9]

① 느린 폭연으로 중대한 과압이 발생하지 않는 가스운에서 발생한다.
② 고압의 증기압 물질을 가진 용기가 고장으로 인해 액체의 flashing에 의해 발생된다.
③ 누출된 물질이 연료라면 BLEVE는 매우 큰 화구가 뒤따른다.
④ Flash fire는 공정지역 또는 offshore 모듈에서는 발생할 수 없다.

폭발과 화재(연소 핵심 9) 참조
(2) 화재 부분

30 다음 중 중유의 경우 저발열량과 고발열량의 차이는 중유 1kg당 얼마가 되는가? (단, h : 중유 1kg당 함유된 수소의 중량(kg), W : 중유 1kg당 함유된 수분의 중량(kg)이다.) [연소 11]

① $600(9h+W)$
② $600(9W+h)$
③ $539(9h+W)$
④ $539(9W+h)$

고위, 저위 발열량의 관계(연소 핵심 11) 참조
$H_h = H_l + 600(9H+W)$

31 효율이 가장 좋은 이상 사이클로서 다른 기관의 효율을 비교하는 데 표준이 되는 사이클은?

① 재열사이클
② 재생사이클
③ 냉동사이클
④ 카르노사이클

① 재열사이클 : 터빈 출구의 건도가 1보다 작아 생기는 습도로 인한 터빈날개의 부식 방지 및 기계적 마모를 방지하기 위하여 고안한 열효율을 향상시킨 사이클(등압가열-가역단열팽창-등압가열-가역단열팽창-등압방열-가역단열압축)이다.

② 재생사이클 : 공급 열량을 적게 하여 열효율을 증대시키고자 한 사이클로서 효율 증가에 따른 에너지 절약효과가 있다.
③ 냉동사이클(역카르노사이클) : 단열팽창-등온팽창-단열압축-등온압축의 순환과정으로 이루어진 사이클이다.
④ 카르노사이클 : 타 기관의 효율을 비교하는 데 기준이 되며 효율이 가장 좋은 이상 사이클로서 등온팽창-단열팽창-등온압축-단열압축의 순환과정으로 이루어진다.

32 다음 가스 중 연소의 상한과 하한의 범위가 가장 넓은 것은? [안전 106]

① 산화에틸렌 ② 수소
③ 일산화탄소 ④ 암모니아

중요가스 폭발범위(안전 핵심 106) 참조
① 3~80%
② 4~75%
③ 12.5~74%
④ 15~38%

33 층류예혼합화염과 비교한 난류예혼합화염의 특징에 대한 설명으로 옳은 것은? [연소 36]

① 화염의 두께가 얇다.
② 화염의 밝기가 어둡다.
③ 연소속도가 현저하게 늦다.
④ 화염의 배후에 다량의 미연소분이 존재한다.

난류예혼합화염과 층류예혼합화염의 비교(연소 핵심 36) 참조

34 프로판(C_3H_8)의 연소반응식은 다음과 같다. 프로판(C_3H_8)의 화학양론계수는?

$$C_3H_8 + 5O_2 \rightarrow 3CO_2 + 4H_2O$$

① 1 ② 1/5
③ 6/7 ④ −1

$C_3H_8 + 5O_2 \rightarrow 3CO_2 + 4H_2O$
화학양론계수=반응몰−생성몰
$= (1+5) - (3+4)$
$= -1$

35 100kPa, 20℃ 상태인 배기가스 0.3m³를 분석한 결과 N_2 70%, CO_2 15%, O_2 11%, CO 4%의 체적률을 얻었다. 이 혼합가스를 150℃인 상태로 정적가열할 때 필요한 열전달량은 약 몇 kJ인가? (단, N_2, CO_2, O_2, CO의 정적비열 [kJ/kg · K]은 각각 0.7448, 0.6529, 0.6618, 0.7445이다.)

① 35   ② 39
③ 41   ④ 43

(1) 정적가열 시 열전달량 $Q = GC_V(T_2 - T_1)$에서
  ① 혼합기체 정적비열
$$C_V = 0.7 \times 0.7448 + 0.15 \times 0.6529$$
$$+ 0.11 \times 0.6618 + 0.04 \times 0.7445$$
$$= 0.7219 \text{kJ/kg} \cdot \text{K} ≒ 0.722 \text{kJ/kg}$$
  ② 혼합기체 상수
$$R = 0.7 \times \frac{8.314}{28} + 0.15 \times \frac{8.314}{44}$$
$$+ 0.11 \times \frac{8.314}{32} + 0.04 \times \frac{8.314}{28}$$
$$= 0.276 \text{kJ/kg} \cdot \text{K}$$
  ③ 혼합기체 질량
$$G = \frac{PV}{RT} = \frac{100 \times 0.3}{0.276 \times 293} = 0.37 \text{kg}$$
(2) $Q = 0.37 \times 0.722 \times (150 - 20)$
$$= 34.72 = 35 \text{kJ}$$

36 연소온도를 높이는 방법이 아닌 것은?

① 발열량이 높은 연료 사용
② 완전연소
③ 연소속도를 천천히 할 것
④ 연료 또는 공기를 예열

37 미분탄연소의 특징에 대한 설명으로 틀린 것은?   [연소 2]

① 가스화속도가 빠르고 연소실의 공간을 유효하게 이용할 수 있다.
② 화격자연소보다 낮은 공기비로써 높은 연소효율을 얻을 수 있다.
③ 명료한 화염이 형성되지 않고 화염이 연소실 전체에 퍼진다.
④ 연료 완료시간은 표면연소속도에 의해 결정된다.

연소의 종류(연소 핵심 2) 참조
(1) 고체물질의 연소

38 탄갱(炭坑)에서 주로 발생하는 폭발사고의 형태는?

① 분진폭발
② 증기폭발
③ 분해폭발
④ 혼합위험에 의한 폭발

39 기체연료의 연소 특성에 대해 바르게 설명한 것은?   [연소 2]

① 예혼합연소는 미리 공기와 연료가 충분히 혼합된 상태에서 연소하므로 별도의 확산과정이 필요하지 않다.
② 확산연소는 예혼합연소에 비해 조작이 상대적으로 어렵다.
③ 확산연소의 역화 위험성은 예혼합연소보다 크다.
④ 가연성 기체와 산화제의 확산에 의해 화염을 유지하는 것을 예혼합연소라 한다.

연소의 종류(연소 핵심 2) 참조
(3) 기체물질의 연소

40 프로판과 부탄의 체적비가 40 : 60인 혼합가스 10m³를 완전연소하는 데 필요한 이론 공기량은 약 몇 m³인가? (단, 공기의 체적비는 산소 : 질소=21 : 79이다.)

① 96
② 181
③ 206
④ 281

$$C_3H_8 + 5O_2 \rightarrow 3CO_2 + 4H_2O$$
$$C_4H_{10} + 6.5O_2 \rightarrow 4CO_2 + 5H_2O$$
$$10\text{m}^3(C_3H_8 \ 4\text{m}^3, \ C_4H_{10} \ 6\text{m}^3)$$
$$\therefore \ (4 \times 5 + 6 \times 6.5) \times \frac{1}{0.21} = 280.95 ≒ 281$$

제3과목 가스설비

41 이상적인 냉동사이클의 기본 사이클은?

① 카르노사이클
② 랭킨사이클
③ 역카르노사이클
④ 브레이튼사이클

이상적인 냉동사이클의 기본 사이클
역카르노사이클(단열팽창 – 등온팽창 – 단열압축
– 등온압축)

42 고압가스 시설에서 전기방식 시설의 유지관리를 위하여 T/B를 반드시 설치해야 하는 곳이 아닌 것은? [안전 65]

① 강재보호관 부분의 배관과 강재보호관
② 배관과 철근콘크리트 구조물 사이
③ 다른 금속구조물과 근접교차 부분
④ 직류전철 횡단부 주위

전기방식(안전 핵심 65) 참조
전위 측정용 터미널 설치장소

43 LP가스 탱크로리에서 하역작업 종료 후 처리할 작업순서로 가장 옳은 것은?

ⓐ 호스를 제거한다.
ⓑ 밸브에 캡을 부착한다.
ⓒ 어스선(접지선)을 제거한다.
ⓓ 차량 및 설비의 각 밸브를 잠근다.

① ⓓ → ⓐ → ⓑ → ⓒ
② ⓓ → ⓐ → ⓒ → ⓑ
③ ⓐ → ⓑ → ⓒ → ⓓ
④ ⓒ → ⓐ → ⓑ → ⓓ

44 다음 중 불꽃의 주위, 특히 불꽃의 기저부에 대한 공기의 움직임이 세지면 불꽃이 노즐에 정착하지 않고 떨어지게 되어 꺼지는 현상은? [연소 22]

① 블로오프(blow – off)
② 백 – 파이어(back – fire)

③ 리프트(lift)
④ 불완전연소

연소 이상현상(연소 핵심 22) 참조

45 벽에 설치하여 가스를 사용할 때에만 퀵커플러로 연결하여 난로와 같은 이동식 연소기에 사용할 수 있는 구조로 되어 있는 콕은 어느 것인가? [안전 97]

① 호스콕
② 상자콕
③ 퓨즈콕
④ 노즐콕

가스용 콕 제조시설 검사기준(안전 핵심 97) 참조

46 회전펌프의 특징에 대한 설명으로 옳지 않은 것은? [설비 64]

① 회전운동을 하는 회전체와 케이싱으로 구성된다.
② 점성이 큰 액체의 이송에 적합하다.
③ 토출액의 맥동이 다른 펌프보다 크다.
④ 고압유체펌프로 널리 사용된다.

회전펌프의 특징(설비 핵심 64) 참조

47 다음 중 수소취성에 대한 설명으로 가장 옳은 것은?

① 탄소강은 수소취성을 일으키지 않는다.
② 수소는 환원성 가스로 상온에서도 부식을 일으킨다.
③ 수소는 고온, 고압하에서 철과 화합하며 이것이 수소취성의 원인이 된다.
④ 수소는 고온, 고압에서 강 중의 탄소와 화합하여 메탄을 생성하여 이것이 수소취성의 원인이 된다.

수소취성
$Fe_3C + 2H_2 \rightarrow CH_4 + 3Fe$
㉠ 강제 중의 탄소와 반응하여 메탄을 생성
㉡ 강이 유리되는 반응

48 도시가스 지하매설에 사용되는 배관으로 가장 적합한 것은?

① 폴리에틸렌 피복강관
② 압력배관용 탄소강관
③ 연료가스배관용 탄소강관
④ 배관용 아크용접 탄소강관

지하매설용 배관의 종류
㉠ 가스용 폴리에틸렌관
㉡ 폴리에틸렌 피복강관
㉢ 분말 용착식 폴리에틸렌 피복강관

49 다음 초저온액화가스 중 액체 1L가 기화되었을 때 부피가 가장 큰 가스는?

① 산소
② 질소
③ 헬륨
④ 이산화탄소

액비중
① $O_2(1.14)$
② $N_2(0.81)$
③ $He(0.15)$
④ $CO_2(1.11)$
액비중이 가장 큰 O_2 1L 기화 시 부피가 가장 크다.
$1.14kg/L$이므로 $1L=1.14kg$
1.14×10^3g : $x(L)$
$\qquad 32g$: $22.4L$
$\therefore x = \dfrac{1.14\times10^3\times22.4}{32} = 298L$

50 펌프 임펠러의 형상을 나타내는 척도인 비속도(비교회전도)의 단위는?

① $rpm \cdot m^3/min \cdot m$
② $rpm \cdot m^3/min$
③ $rpm \cdot kgf/min \cdot m$
④ $rpm \cdot kgf/min$

비교회전도(N_S)
$$N_S = \frac{N\sqrt{Q}}{\left(\dfrac{H}{m}\right)^{\frac{3}{4}}}$$
여기서, N : rpm, Q : m^3/min, H : m이므로
($rpm \cdot m^3/min \cdot m$)

51 입구에 사용 측과 예비 측의 용기가 각각 접속되어 있어 사용 측의 압력이 낮아지는 경우 예비 측의 용기로부터 가스가 공급되는 조정기는?

① 자동교체식 조정기
② 1단식 감압식 조정기
③ 1단식 감압용 저압조정기
④ 1단식 감압용 준저압조정기

52 단열을 한 배관 중에 작은 구멍을 내고 이 관에 압력이 있는 유체를 흐르게 하면 유체가 작은 구멍을 통할 때 유체의 압력이 하강함과 동시에 온도가 변화하는 현상을 무엇이라고 하는가?

① 토리첼리 효과
② 줄-톰슨 효과
③ 베르누이 효과
④ 도플러 효과

줄-톰슨효과
압축가스를 단열팽창 시키면 온도와 압력이 강하하는 현상

53 진한 황산은 어느 가스압축기의 윤활유로 사용되는가? 【설비 32】

① 산소
② 아세틸렌
③ 염소
④ 수소

압축기에 사용되는 윤활유(설비 핵심 32) 참조

54 부탄가스 30kg을 충전하기 위해 필요한 용기의 최소 부피는 약 몇 L인가? (단, 충전상수는 2.05이고, 액비중은 0.5이다.)

① 60   ② 61.5
③ 120   ④ 123

$G = \dfrac{V}{C}$
$\therefore V = G \times C = 30\times2.05 = 61.5L$

정답 48.① 49.① 50.① 51.① 52.② 53.③ 54.②

55 5L들이 용기에 9기압의 기체가 들어있고, 또 다른 10L들이 용기에 6기압의 같은 기체가 들어있다. 이 용기를 연결하여 양쪽의 기체가 서로 섞여 평형에 도달하였을 때 기체의 압력은 약 몇 기압이 되는가?

① 6.5기압　　　② 7.0기압
③ 7.5기압　　　④ 8.0기압

$$P = \frac{P_1 V_1 + P_2 V_2}{V}$$

$$= \frac{9 \times 5 + 6 \times 10}{5 + 10} = 7\text{atm}$$

56 일반 도시가스 공급시설의 최고사용압력이 고압, 중압인 가스홀더에 대한 안전조치 사항이 아닌 것은?

① 가스방출장치를 설치한다.
② 맨홀이나 검사구를 설치한다.
③ 응축액을 외부로 뽑을 수 있는 장치를 설치한다.
④ 관의 입구와 출구에는 온도나 압력의 변화에 따른 신축을 흡수하는 조치를 한다.

일반 도시가스 공급시설의 최고사용압력이 고압 또는 중압의 가스홀더는 다음의 각호에 적합한 것이어야 한다.
㉠ 관의 입구 및 출구에는 온도 또는 압력의 변화에 의한 신축을 흡수하는 조치를 할 것
㉡ 응축액을 외부로 뽑을 수 있는 장치를 설치할 것
㉢ 응축액의 동결을 방지하는 조치를 할 것
㉣ 맨홀 또는 검사구를 설치할 것
㉤ 고압가스안전관리법의 규정에 의한 검사를 받은 것일 것
㉥ 저장능력이 300m³ 이상의 가스홀더와 다른 가스홀더 사이에는 두 가스홀더의 최대지름을 합산한 길이의 $\frac{1}{4}$ 이상에 해당하는 거리를 유지(단, 두 가스홀더의 최대지름을 합산한 길이의 $\frac{1}{4}$ 이 1m 미만인 경우에는 1m 이상)할 것

57 용기 밸브의 구성이 아닌 것은?

① 스템　　　　② O링
③ 퓨즈　　　　④ 밸브시트

58 "응력(stress)과 스트레인(strain)은 변형이 적은 범위에서는 비례관계에 있다"는 법칙은?

① Euler의 법칙　　② Wein의 법칙
③ Hooke의 법칙　　④ Trouton의 법칙

59 액셜 플로(Axial Flow)식 정압기의 특징에 대한 설명으로 틀린 것은?　　　　[설비 6]

① 변칙 unloading형이다.
② 정특성, 동특성 모두 좋다.
③ 저차압이 될수록 특성이 좋다.
④ 아주 간단한 작동방식을 가지고 있다.

정압기의 2차 압력 상승 및 저하 원인, 정압기 특성(설비 핵심 6) 참조

60 압력조정기의 구성부품이 아닌 것은?

① 다이어프램　　② 스프링
③ 밸브　　　　　④ 피스톤

제4과목 가스안전관리

61 고압가스안전관리법의 적용을 받는 고압가스의 종류 및 범위에 대한 내용 중 옳은 것은? (단, 압력은 게이지압력이다.)　　[안전 157]

① 상용의 온도에서 압력이 1MPa 이상이 되는 압축가스로서 실제로 그 압력이 1MPa 이상이 되는 것 또는 섭씨 25도의 온도에서 압력이 1MPa 이상이 되는 압축가스
② 섭씨 35도의 온도에서 압력이 1Pa을 초과하는 아세틸렌가스
③ 상용의 온도에서 압력이 0.1MPa 이상이 되는 액화가스로서 실제로 그 압력이 0.1MPa 이상이 되는 것 또는 압력이 0.1MPa이 되는 액화가스
④ 섭씨 35도의 온도에서 압력이 0Pa을 초과하는 액화시안화수소

적용 고압가스 · 적용되지 않는 고압가스의 종류와 범위(안전 핵심 157) 참조

62 다음 중 도시가스 사용시설에 사용하는 배관 재료 선정기준에 대한 설명으로 틀린 것은 어느 것인가? [설비 65]

① 배관의 재료는 배관 내의 가스흐름이 원활한 것으로 한다.

② 배관의 재료는 내부의 가스압력과 외부로부터의 하중 및 충격하중 등에 견디는 강도를 갖는 것으로 한다.

③ 배관의 재료는 배관의 접합이 용이하고 가스의 누출을 방지할 수 있는 것으로 한다.

④ 배관의 재료는 절단, 가공을 어렵게 하여 임의로 고칠 수 없도록 한다.

배관 재료의 구비조건(설비 핵심 65) 참조
④ 절단가공이 용이할 것

63 LPG 저장설비를 설치 시 실시하는 지반조사에 대한 설명으로 틀린 것은?

① 1차 지반조사 방법은 이너팅을 실시하는 것을 원칙으로 한다.

② 표준관입시험은 N값을 구하는 방법이다.

③ 베인(Vane)시험은 최대 토크 또는 모멘트를 구하는 방법이다.

④ 평판재하시험은 항복하중 및 극한하중을 구하는 방법이다.

1차 지반조사 방법은 보링을 실시하는 것을 원칙으로 한다.

참고 • 지반조사 위치 : 저장설비, 가스설비 외면 10m 이내인 곳 2곳 이상 실시

• 파일재하시험 : 수직으로 박은 파일에 수직 정하중을 걸어 그때의 하중과 침하량을 측정하는 방법으로 시험하여 항복하중 및 극한하중을 구한다.

64 정전기를 억제하기 위한 방법이 아닌 것은?

① 습도를 높여준다.

② 접지(Grounding)한다.

③ 접촉 전위차가 큰 재료를 선택한다.

④ 정전기의 중화 및 전기가 잘 통하는 물질을 사용한다.

65 품질유지 대상인 고압가스의 종류에 해당하지 않는 것은? [안전 176]

① 이소부탄

② 암모니아

③ 프로판

④ 연료전지용으로 사용되는 수소가스

품질유지 대상 고압가스의 종류(안전 핵심 176) 참조

66 다음 가스가 공기 중에 누출되고 있다고 할 경우 가장 빨리 폭발할 수 있는 가스는? (단, 점화원 및 주위환경 등 모든 조건은 동일하다고 가정한다.)

① CH_4 ② C_3H_8

③ C_4H_{10} ④ H_2

① $CH_4(5\sim15\%)$
② $C_3H_8(2.1\sim9.5\%)$
③ $C_4H_{10}(1.8\sim8.4\%)$
④ $H_2(4\sim75\%)$
폭발하한이 가장 낮은 C_4H_{10}이 가장 빨리 폭발할 수 있다.

67 안전관리상 동일 차량으로 적재 운반할 수 없는 것은? [안전 34]

① 질소와 수소

② 산소와 암모니아

③ 염소와 아세틸렌

④ LPG와 염소

고압가스용기에 의한 운반기준(안전 핵심 34) 참조

68 가연성 가스설비의 재치환작업 시 공기로 재치환한 결과를 산소측정기로 측정하여 산소의 농도가 몇 %가 확인될 때까지 공기로 반복하여 치환하여야 하는가?

① 18~22%

② 20~28%

③ 22~35%

④ 23~42%

69 다음 중 액화석유가스 저장시설에서 긴급차단장치의 차단조작기구는 해당 저장탱크로부터 몇 m 이상 떨어진 곳에 설치하여야 하는가? [안전 110]

① 2m ② 3m
③ 5m ④ 8m

긴급차단장치(안전 핵심 110) 참조

70 저장탱크에 의한 액화석유가스(LPG)저장소의 저장설비는 그 외면으로부터 화기를 취급하는 장소까지 몇 m 이상의 우회거리를 두어야 하는가? [안전 102]

① 2m
② 5m
③ 8m
④ 10m

고압가스 저장(가연성 유동 방지시설)(안전 핵심 102) 참조

71 지하에 설치하는 액화석유가스 저장탱크의 재료인 레디믹스트콘크리트의 규격으로 틀린 것은? [안전 177]

① 굵은 골재의 최대치수 : 25mm
② 설계강도 : 21MPa 이상
③ 슬럼프(slump) : 120~150mm
④ 물-결합재비 : 83% 이하

저장탱크 지하 설치 시 저장탱크실의 재료 규격(안전 핵심 177) 참조

72 수소의 일반적 성질에 대한 설명으로 틀린 것은?

① 열에 대하여 안정하다.
② 가스 중 비중이 가장 작다.
③ 무색, 무미, 무취의 기체이다.
④ 가벼워서 기체 중 확산속도가 가장 느리다.

가벼운 가스는 확산속도가 가장 빠르다.

73 고압가스 특정제조시설에서 분출원인이 화재인 경우 안전밸브의 축적압력은 안전밸브의 수량과 관계없이 최고허용압력의 몇 % 이하로 하여야 하는가? [안전 79]

① 105% ② 110%
③ 116% ④ 121%

과압안전장치(안정 핵심 79) 참조
(6) 과압안전장치(안전밸브, 파열판, 릴리프밸브)의 축정압력(KGS FP111 2.6.1.5)

분출 원인 \ 설치 개수	안전밸브 1개 설치	안전밸브 2개 설치
화재가 아닌 경우	최고허용압력의 110% 이하	최고허용압력의 116% 이하
화재인 경우	최고허용압력의 121% 이하	

74 다음 중 고압가스를 차량에 적재하여 운반하는 때에 운반책임자를 동승시키지 않아도 되는 것은? [안전 5]

① 수소 400m³
② 산소 400m³
③ 액화석유가스 3500kg
④ 암모니아 3500kg

운반책임자 동승기준(안전 핵심 5) 참조
② 산소 600m³ 이상 운반책임자 동승

75 니켈(Ni) 금속을 포함하고 있는 촉매를 사용하는 공정에서 주로 발생할 수 있는 맹독성 가스는?

① 산화니켈(NiO)
② 니켈카르보닐[Ni(CO)₄]
③ 니켈클로라이드(NiCl₂)
④ 니켈염(Nickel salt)

고온고압에서 CO를 사용 시
$Ni + 4CO \rightarrow Ni(CO)_4$ (니켈카르보닐)
$Fe + 5CO \rightarrow Fe(CO)_5$ (철카르보닐)
을 생성한다.

76 특정설비인 고압가스용 기화장치 제조시설에서 반드시 갖추지 않아도 되는 제조설비는 어느 것인가?

① 성형설비   ② 단조설비
③ 용접설비   ④ 제관설비

고압가스용 기화장치 제조시설에 갖추어야 하는 설비
성형설비, 용접설비, 세척설비, 제관설비, 전처리설비 및 부식도장설비, 유량계
참고 기화기 제조 시 검사설비
  • 초음파 두께측정기, 두께측정기, 나사, 게이지, 버니어 캘리퍼스
  • 내압 · 기밀 시험설비
  • 표준 압력계 · 온도계

77 고압가스 충전용기를 운반할 때의 기준으로 틀린 것은?   [안전 34]

① 충전용기와 등유는 동일 차량에 적재하여 운반하지 않는다.
② 충전량이 30kg 이하이고, 용기 수가 2개를 초과하지 않는 경우에는 오토바이에 적재하여 운반할 수 있다.
③ 충전용기 운반차량은 "위험고압가스"라는 경계표시를 하여야 한다.
④ 충전용기 운반차량에는 운반기준 위반행위를 신고할 수 있도록 안내문을 부착하여야 한다.

고압가스 용기에 의한 운반 기준(안전 핵심 34) 참조
② 충전량 20kg 이하 2개를 초과하지 않는 독성가스가 아닌 용기의 경우 오토바이에 적재하여 운반할 수 있다.

78 내용적이 3000L인 용기에 액화암모니아를 저장하려고 한다. 용기의 저장능력은 약 몇 kg인가? (단, 액화암모니아 정수는 1.86이다.)

① 1613
② 2324
③ 2796
④ 5580

$$G = \frac{V}{C} = \frac{3000}{1.86} = 1612.9 = 1613\text{kg}$$

79 산화에틸렌의 저장탱크에는 45℃에서 그 내부가스의 압력이 몇 MPa 이상이 되도록 질소가스를 충전하여야 하는가?

① 0.1   ② 0.3
③ 0.4   ④ 1

80 고압가스 특정제조시설에서 하천 또는 수로를 횡단하여 배관을 매설할 경우 2중관으로 하여야 하는 가스는?   [안전 113]

① 염소
② 암모니아
③ 염화메탄
④ 산화에틸렌

독성가스 배관 중 이중관의 설치 규정(안전 핵심 113) 참조

제5과목 가스계측

81 접촉식 온도계에 대한 설명으로 틀린 것은?

① 열전대 온도계는 열전대로서 서미스터를 사용하여 온도를 측정한다.
② 저항 온도계의 경우 측정회로로서 일반적으로 휘트스톤브리지가 채택되고 있다.
③ 압력식 온도계는 감온부, 도압부, 감압부로 구성되어 있다.
④ 봉상 온도계에서 측정오차를 최소화하려면 가급적 온도계 전체를 측정하는 물체에 접촉시키는 것이 좋다.

열전대 온도계의 열전대 종류
PR, CA, IC, CC

82 계량계측기기는 정확, 정밀하여야 한다. 이를 확보하기 위한 제도 중 계량법상 강제 규정이 아닌 것은?

① 검정
② 정기검사
③ 수시검사
④ 비교검사

83 다음 중 탄화수소에 대한 감도는 좋으나 H_2O, CO_2에 대하여는 감응하지 않는 검출기는? [계측 13]

① 불꽃이온화검출기(FID)
② 열전도도검출기(TCD)
③ 전자포획검출기(ECD)
④ 불꽃광도법검출기(FPD)

 G/C 검출기 종류, 특징(계측 핵심 13) 참조

84 가스 성분에 대하여 일반적으로 적용하는 화학분석법이 옳게 짝지어진 것은?

① 황화수소-요오드적정법
② 수분-중화적정법
③ 암모니아-기체 크로마토그래피법
④ 나프탈렌-흡수평량법

가스 성분	분석방법
황화수소	흡광광도법(메틸렌블루법), 용량법, 요오드적정법
암모니아	인도페놀법, 중화적정법
수분	노점법
나프탈렌	기기분석법

85 다음 계측기기와 관련된 내용을 짝지은 것 중 틀린 것은?

① 열전대 온도계-제백효과
② 모발 습도계-히스테리시스
③ 차압식 유량계-베르누이식의 적용
④ 초음파 유량계-램버트 비어의 법칙

 흡광광도법(램버트-비어 법칙)
$E = \varepsilon C l$
여기서, E : 흡광도
ε : 흡광계수
C : 농도
l : 빛이 통하는 액층 길이

86 시험용 미터인 루트가스미터로 측정한 유량이 $5m^3/h$이다. 기준용 가스미터로 측정한 유량이 $4.75m^3/h$이라면 이 가스미터의 기차는 약 몇 %인가? [계측 18]

① 2.5%　　② 3%
③ 5%　　④ 10%

 가스미터의 기차(계측 핵심 18) 참조

$$기차 = \frac{시험미터의\ 지시량 - 기준미터의\ 지시량}{시험미터의\ 지시량}$$

$$= \frac{5 - 4.75}{5} \times 100$$

$$= 5\%$$

87 계측기의 선정 시 고려사항으로 가장 거리가 먼 것은?

① 정확도와 정밀도
② 감도
③ 견고성 및 내구성
④ 지시방식

88 적외선 가스분석기에서 분석 가능한 기체는?

① Cl_2　　② SO_2
③ N_2　　④ O_2

 적외선 가스분석기
대칭 이원자분자(O_2, N_2, Cl_2) 및 단원자분자(He, Ne, Hr)는 분석 불가능

89 다음 중 게겔(Gockel)법에 의한 저급탄화수소 분석 시 분석가스와 흡수액이 옳게 짝지어진 것은? [계측 1]

① 프로필렌-황산
② 에틸렌-옥소수은칼륨 용액
③ 아세틸렌-알칼리성 피로갈롤 용액
④ 이산화탄소-암모니아성 염화제1구리 용액

흡수 분석법(계측 핵심 1) 참조
② C_2H_4(에틸렌) : 취수소
③ C_2H_2(아세틸렌) : 옥소수은칼륨 용액
④ CO_2(이산화탄소) : 33% KOH

90 액화산소 등을 저장하는 초저온저장탱크의 액면 측정용으로 가장 적합한 액면계는?

① 직관식　　② 부자식
③ 차압식　　④ 기포식

91 막식 가스미터의 부동현상에 대한 설명으로 가장 옳은 것은? [계측 5]

① 가스가 누출되고 있는 고장이다.
② 가스가 미터를 통과하지 못하는 고장이다.
③ 가스가 미터를 통과하지만 지침이 움직이지 않는 고장이다.
④ 가스가 통과될 때 미터가 이상음을 내는 고장이다.

가스미터의 고장(계측 핵심 5) 참조

92 건조공기 120kg에 6kg의 수증기를 포함한 습공기가 있다. 온도가 49℃이고, 전체 압력이 750mmHg일 때의 비교습도는 약 얼마인가? (단, 49℃에서의 포화수증기압은 89mmHg이고, 공기의 분자량은 29로 한다.)

① 30% ② 40%
③ 50% ④ 60%

$$x(절대습도) = \frac{6}{120} = 0.05$$

$$\phi(상대습도) = \frac{x \times P}{P_S(0.622 + x)}$$

$$= \frac{0.05 \times 750}{89 \times (0.622 + 0.05)}$$

$$= 0.627$$

여기서, P : 전체 압력 750mmHg
P_S : 포화습공기의 수증기 분압 89mmHg

$$\therefore 포화도(비교습도) = \phi \times \frac{P - P_S}{P - \phi P_S}$$

$$= 0.627 \times \frac{750 - 89}{750 - 0.627 \times 89}$$

$$= 0.597 = 0.6 \fallingdotseq 60\%$$

93 두 금속의 열팽창계수의 차이를 이용한 온도계는?

① 서미스터 온도계
② 베크만 온도계
③ 바이메탈 온도계
④ 광고 온도계

바이메탈 온도계
두 금속의 열팽창계수의 차이

94 소형 가스미터의 경우 가스사용량이 가스미터 용량의 몇 % 정도가 되도록 선정하는 것이 가장 바람직한가?

① 40% ② 60%
③ 80% ④ 100%

95 액주식 압력계에 해당하는 것은?

① 벨로즈 압력계
② 분동식 압력계
③ 침종식 압력계
④ 링밸런스식 압력계

액주식 압력계
U자관, 경사관식, 링밸런스식

96 기체 크로마토그래피를 통하여 가장 먼저 피크가 나타나는 물질은?

① 메탄 ② 에탄
③ 이소부탄 ④ 노르말부탄

97 기체 크로마토그래피에 의해 가스의 조성을 알고 있을 때에는 계산에 의해서 그 비중을 알 수 있다. 이때 비중 계산과의 관계가 가장 먼 인자는?

① 성분의 함량비
② 분자량
③ 수분
④ 증발온도

98 도시가스사용시설에서 최고사용압력이 0.1MPa 미만인 도시가스공급관을 설치하고 내용적을 계산하였더니 8m³이었다. 전기식 다이어프램형 압력계로 기밀시험을 할 경우 최소유지시간은 얼마인가? [안전 68]

① 4분 ② 10분
③ 24분 ④ 40분

가스배관(안전 핵심 68) 참조
압력 측정기구별 기밀시험 유지시간
전기식 다이어프램 압력계 1m³ 이상 10m³ 미만 : 40분

99 가스공급용 저장탱크의 가스저장량을 일정하게 유지하기 위하여 탱크 내부의 압력을 측정하고 측정된 압력과 설정압력(목표압력)을 비교하여 탱크에 유입되는 가스의 양을 조절하는 자동제어계가 있다. 탱크 내부의 압력을 측정하는 동작은 다음 중 어디에 해당하는가?

① 비교 ② 판단
③ 조작 ④ 검출

100 열전대 온도계의 특징에 대한 설명으로 틀린 것은?

① 원격측정이 가능하다.
② 고온의 측정에 적합하다.
③ 보상도선에 의한 오차가 발생할 수 있다.
④ 장기간 사용하여도 재질이 변하지 않는다.

국가기술자격 시험문제

2020년 기사 제4회 필기시험(1부)   (2020년 9월 26일 시행)

자격종목	시험시간	문제수	문제형별
가스기사	2시간30분	100	A

수험번호		성 명	

제1과목 가스유체역학

01 레이놀즈수가 10^6이고 상대조도가 0.005인 원관의 마찰계수 f는 0.03이다. 이 원관에 부차손실계수가 6.6인 글로브 밸브를 설치하였을 때, 이 밸브의 등가길이(또는 상당길이)는 관 지름의 몇 배인가?

① 25   ② 55
③ 220   ④ 440

해설

$h_L = f \cdot \dfrac{L_e}{D} \dfrac{V^2}{2g} = K \cdot \dfrac{V^2}{2g}$ 에서

등가길이 $L_e = \dfrac{K \cdot D}{f}$ 이므로

$= \dfrac{6.6 \times D}{0.03} = 220\,D = 220$ 배

02 압축성 유체의 기계적 에너지수지식에서 고려하지 않는 것은?

① 내부에너지 ② 위치에너지
③ 엔트로피   ④ 엔탈피

03 압축성 이상기체(compressible ideal gas)의 운동을 지배하는 기본 방정식이 아닌 것은?

① 에너지방정식
② 연속방정식
③ 차원방정식
④ 운동량방정식

해설
압축성 이상유체의 운동을 지배하는 기본방정식의 종류
에너지방정식, 연속방정식, 운동량방정식, 상태방정식

04 LPG 이송 시 탱크로리 상부를 가압하여 액을 저장탱크로 이송시킬 때 사용되는 동력장치는 무엇인가?

① 원심펌프
② 압축기
③ 기어펌프
④ 송풍기

해설

LP가스 이송법 중 상부에 기체압으로 가압하여 탱크로리에서 저장탱크로 가스를 이송하는 방법은 압축기에 의한 이송이다.

05 마하수는 어느 힘의 비를 사용하여 정의되는가?

① 점성력과 관성력
② 관성력과 압축성 힘
③ 중력과 압축성 힘
④ 관성력과 압력

해설

마하수 $= \dfrac{\text{관성력}}{\text{탄성력(압축성 힘)}}$

06 수은-물 마노미터로 압력차를 측정하였더니 50cmHg였다. 이 압력차를 mH₂O로 표시하면 약 얼마인가?

① 0.5
② 5.0
③ 6.8
④ 7.3

해설

$\dfrac{50\,\text{cmHg}}{76\,\text{cmHg}} \times 10.332\,\text{mH}_2\text{O} = 6.797 = 6.8\,\text{mH}_2\text{O}$

07 산소와 질소의 체적비가 1 : 4인 조성의 공기가 있다. 표준상태(0℃, 1기압)에서의 밀도는 약 몇 kg/m³인가?

① 0.54 ② 0.96
③ 1.29 ④ 1.51

$PV = GRT$에서

$P = \dfrac{G}{V} \cdot RT$

$\therefore \dfrac{G}{V}(밀도) = \dfrac{P}{RT} = \dfrac{1.0332 \times 10^4 \, \text{kg/m}^2}{\dfrac{848}{28.8} \times 273}$

$\qquad = 1.285 \fallingdotseq 1.29 \text{kg/m}^3$

$\boxed{M = 32 \times 0.2 + 28 \times 0.8 = 28.8}$

08 다음 단위 간의 관계가 옳은 것은?

① $1\text{N} = 9.8 \text{kg} \cdot \text{m/s}^2$
② $1\text{J} = 9.8 \text{kg} \cdot \text{m}^2/\text{s}^2$
③ $1\text{W} = 1 \text{kg} \cdot \text{m}^2/\text{s}^3$
④ $1\text{Pa} = 10^5 \text{kg/m} \cdot \text{s}^2$

① $1\text{N} = 1 \text{kg} \cdot \text{m/s}^2$
② $1\text{J} = 1\text{N} \cdot \text{m} = 1 \text{kg} \cdot \text{m/s}^2 \cdot \text{m}$
$\qquad = 1 \text{kg} \cdot \text{m}^2/\text{s}^2$
③ $1\text{W} = 1\text{J/s} = 1\text{N} \cdot \text{m/s}$
$\qquad = 1 \text{kg} \cdot \text{m/s}^2 \cdot \text{m/s}$
$\qquad = 1 \text{kg} \cdot \text{m}^2/\text{s}^3$
④ $1\text{Pa} = 1\text{N/m}^2 = 1 \text{kg} \cdot \text{m/s}^2 \cdot 1/\text{m}^2$
$\qquad = 1 \text{kg/m} \cdot \text{s}^2$

09 송풍기의 공기 유량이 3m³/s일 때, 흡입 쪽의 전압이 110kPa, 줄구 쪽의 정압이 115kPa이고, 속도가 30m/s이다. 송풍기에 공급하여야 하는 축동력은 얼마인가? (단, 공기의 밀도는 1.2kg/m³이고, 송풍기의 전효율은 0.80이다.)

① 10.45kW ② 13.99kW
③ 16.62kW ④ 20.78kW

$P_1 = 110 \text{kPa}, \ P_2 = 115 \text{kPa}$

$P_t = P_2 + \dfrac{\rho V^2}{2} = 115 + \dfrac{1.2 \times 30^2}{2} \times 10^{-3}$

$\qquad = 115.54 \text{kPa}$

$\therefore \text{kW} = \dfrac{\Delta P_t \cdot Q}{\eta} = \dfrac{(115.54 - 110) \times 3}{0.8} = 20.781$

10 평판에서 발생하는 층류 경계층의 두께는 평판 선단으로부터의 거리 x와 어떤 관계가 있는가? [유체 2]

① x에 반비례한다. ② $x^{\frac{1}{2}}$에 반비례한다.
③ $x^{\frac{1}{2}}$에 비례한다. ④ $x^{\frac{1}{3}}$에 비례한다.

평판에서 경계층 두께(δ)(유체 핵심 2) 참조
δ(경계층 두께)가 층류인 경우

$\delta = \dfrac{4.65x}{Rex^{\frac{1}{2}}} = x^1 \cdot x^{-\frac{1}{2}} = x^{\frac{1}{2}}$

11 관 내의 압축성 유체의 경우 단면적 A와 마하수 M, 속도 V 사이에 다음과 같은 관계가 성립한다고 한다. 마하수가 2일 때 속도를 0.2% 감소시키기 위해서는 단면적을 몇 % 변화시켜야 하는가?

$$dA/A = (M^2 - 1) \times dV/V$$

① 0.6% 증가 ② 0.6% 감소
③ 0.4% 증가 ④ 0.4% 감소

$\dfrac{dA}{A} = (M^2 - 1) \times \dfrac{dV}{V}$

$\qquad = (2^2 - 1) \times (-0.2) = -0.6\%$

※ 감소이므로 (−)값을 부여한다.

12 정체온도 T_s, 임계온도 T_c, 비열비를 k라 할 때 이들의 관계를 옳게 나타낸 것은 어느 것인가? [유체 5]

① $\dfrac{T_c}{T_s} = \left(\dfrac{2}{k+1}\right)^{k-1}$

② $\dfrac{T_c}{T_s} = \left(\dfrac{1}{k-1}\right)^{k-1}$

③ $\dfrac{T_c}{T_s} = \dfrac{2}{k+1}$

④ $\dfrac{T_c}{T_s} = \dfrac{1}{k-1}$

정체상태, 임계상태(유체 핵심 5) 참조

13 유체 속에 잠긴 경사면에 작용하는 정수력의 작용점은?

① 면의 도심보다 위에 있다.
② 면의 도심에 있다.
③ 면의 도심보다 아래에 있다.
④ 면의 도심과는 상관없다.

 경사면에 작용하는 전압력의 크기는 면적의 평면 중심에서 압력을 곱한 것과 같으며, 작용점은 면의 도심보다 아래에 있다.

14 관 속을 충만하게 흐르고 있는 액체의 속도를 급격히 변화시키면 어떤 현상이 일어나는가?

① 수격 현상
② 서징 현상
③ 캐비테이션 현상
④ 펌프효율향상 현상

15 점성력에 대한 관성력의 상대적인 비를 나타내는 무차원의 수는? [유체 19]

① Reynolds수   ② Froude수
③ 모세관수   ④ Weber수

 버킹엄의 정의(유체 핵심 19) 참조

16 직각좌표계에 적용되는 가장 일반적인 연속방정식은 다음과 같이 주어진다. 다음 중 정상상태(steady state)의 유동에 적용되는 연속방정식은?

$$\frac{\partial \rho}{\partial t} + \frac{\partial(\rho u)}{\partial x} + \frac{\partial(\rho v)}{\partial y} + \frac{\partial(\rho w)}{\partial z} = 0$$

① $\dfrac{\partial \rho}{\partial t} + \dfrac{\partial(\rho u)}{\partial x} + \dfrac{\partial(\rho v)}{\partial y} + \dfrac{\partial(\rho w)}{\partial z} = 0$

② $\dfrac{\partial(\rho u)}{\partial x} + \dfrac{\partial(\rho v)}{\partial y} + \dfrac{\partial(\rho w)}{\partial z} = 0$

③ $\dfrac{\partial u}{\partial x} + \dfrac{\partial v}{\partial y} + \dfrac{\partial w}{\partial z} = 0$

④ $\dfrac{\partial \rho}{\partial t} + \rho\dfrac{\partial u}{\partial x} + \rho\dfrac{\partial v}{\partial y} + P\dfrac{\partial w}{\partial z} = 0$

해설

(1) 비정상류 연속방정식

$$\frac{\partial}{\partial x}\rho u + \frac{\partial}{\partial y}\rho v + \frac{\partial}{\partial z}\rho w + \frac{\partial}{\partial t}\rho = 0$$

(2) 정상류 연속방정식

$$\frac{\partial}{\partial x}\rho u + \frac{\partial}{\partial y}\rho v + \frac{\partial}{\partial z}\rho w = 0$$

17 수압기에서 피스톤의 지름이 각각 20cm와 10cm이다. 작은 피스톤에 1kgf의 하중을 가하면 큰 피스톤에는 몇 kgf의 하중이 가해지는가?

① 1
② 2
③ 4
④ 8

해설

파스칼의 원리

$$\frac{F_1}{A_1} = \frac{F_2}{A_2}$$

$$F_2 = \frac{A_2}{A_1} \times F_1 = \frac{\frac{\pi}{4} \times (20)^2}{\frac{\pi}{4} \times (10)^2} \times 1 = 4 \text{kgf}$$

18 축동력을 L, 기계의 손실동력을 L_m이라고 할 때 기계효율 η_m을 옳게 나타낸 것은?

① $\eta_m = \dfrac{L - L_m}{L_m}$

② $\eta_m = \dfrac{L - L_m}{L}$

③ $\eta_m = \dfrac{L_m - L}{L}$

④ $\eta_m = \dfrac{L_m - L}{L_m}$

19 뉴턴의 점성법칙과 관련 있는 변수가 아닌 것은?

① 전단응력　　　② 압력
③ 점성계수　　　④ 속도기울기

 뉴턴의 점성법칙

$\tau = \mu \dfrac{du}{dy}$

여기서, τ : 전단응력
　　　　μ : 점성계수
　　　　$\dfrac{du}{dy}$: 속도기울기

20 다음 중 에너지의 단위는?

① dyn(dyne)　　　② N(newton)
③ J(joule)　　　　④ W(watt)

　① dyne : 힘의 단위
　② N : 힘의 단위
　④ W : 일의 단위

제2과목 연소공학

21 15℃, 50atm인 산소 실린더의 밸브를 순간적으로 열어 내부 압력을 25atm까지 단열 팽창시키고 닫았다면 나중 온도는 약 몇 ℃가 되는가? (단, 산소의 비열비는 1.4이다.)

① $-28.5℃$　　　② $-36.8℃$
③ $-78.1℃$　　　④ $-157.5℃$

$\dfrac{T_2}{T_1} = \left(\dfrac{P_2}{P_1}\right)^{\frac{k-1}{k}} = \left(\dfrac{V_1}{V_2}\right)^{k-1}$ 관계에서

$T_2 = T_1 \times \left(\dfrac{P_2}{P_1}\right)^{\frac{k-1}{k}}$

$= (273 + 15) \times \left(\dfrac{25}{50}\right)^{\frac{1.4-1}{1.4}}$

$= 236.256 \, \mathrm{K}$

$= -36.74℃ ≒ -36.8℃$

22 폭발억제장치의 구성이 아닌 것은 어느 것인가?

① 폭발검출기구　　　② 활성제
③ 살포기구　　　　　④ 제어기구

23 초기사건으로 알려진 특정한 장치의 이상이나 운전자의 실수로부터 발생되는 잠재적인 사고결과를 평가하는 정량적 안전성 평가기법은?　　　　[연소 12]

① 사건수 분석(ETA)
② 결함수 분석(FTA)
③ 원인결과 분석(CCA)
④ 위험과 운전 분석(HAZOP)

 안정성 평가기법(연소 핵심 12) 참조

24 발열량 10500kcal/kg인 어떤 연료 2kg을 2분 동안 완전연소 시켰을 때 발생한 열량을 모두 동력으로 변환시키면 약 몇 kW인가?

① 735　　　② 935
③ 1103　　　④ 1303

$2\mathrm{kg} \times (10500\mathrm{kcal/kg}) \times \dfrac{60}{2}\dfrac{1}{\mathrm{hr}}$

$= 630000\mathrm{kcal/hr}$

$\therefore\ 630000\mathrm{kcal/hr} \div 860\mathrm{kcal/hr(kW)}$
　　$= 732.55\mathrm{kW} ≒ 735\mathrm{kW}$

25 프로판과 부탄이 혼합된 경우로서 부탄의 함유량이 많아지면 발열량은?

① 커진다.
② 줄어든다.
③ 일정하다.
④ 커지다가 줄어든다.

C_3H_8 : $24000\mathrm{kcal/m^3}$, C_4H_{10} : $31000\mathrm{kcal/m^3}$이므로 C_4H_{10}의 함유량이 많아지면 발열량이 커진다.

26 다음 중 가연물의 구비조건이 아닌 것은 어느 것인가?

① 반응열이 클 것
② 표면적이 클 것
③ 열전도도가 클 것
④ 산소와 친화력이 클 것

③ 열전도도가 작을 것

27 액체연료의 연소용 공기 공급방식에서 2차 공기란 어떤 공기를 말하는가?

① 연료를 분사시키기 위해 필요한 공기
② 완전연소에 필요한 부족한 공기를 보충하는 공기
③ 연료를 안개처럼 만들어 연소를 돕는 공기
④ 연소된 가스를 굴뚝으로 보내기 위해 고압, 송풍하는 공기

28 TNT당량은 어떤 물질이 폭발할 때 방출하는 에너지와 동일한 에너지를 방출하는 TNT의 질량을 말한다. LPG 1톤이 폭발할 때 방출하는 에너지는 TNT당량으로 약 몇 kg인가? (단, 폭발한 LPG의 발열량은 15000kcal/kg이며, LPG의 폭발계수는 0.1, TNT가 폭발 시 방출하는 당량 에너지는 1125kcal/kg이다.)

① 133
② 1333
③ 2333
④ 4333

$$\frac{15000\text{kcal/kg} \times 1000\text{kg} \times 0.1}{1125\text{kcal/kg}} = 1333\text{TNT(kg)}$$

29 다음 중 질소 10kg이 일정 압력상태에서 체적이 1.5m³에서 0.3m³로 감소될 때까지 냉각되었을 때 질소의 엔트로피 변화량의 크기는 약 몇 kJ/K인가? (단, C_P는 14kJ/kg · K으로 한다.)

① 25
② 125
③ 225
④ 325

정압 변화의 엔트로피
$$\Delta S = G C_P \ln \frac{T_2}{T_1}$$
$$= G C_P \ln \frac{V_2}{V_1}$$
$$= 10\text{kg} \times 14\text{kJ/kg} \cdot \text{K} \times \ln \frac{0.3}{1.5}$$
$$= 225.32\text{kJ/K}$$

30 다음 중 Van der Waals 식 $\left(P + \dfrac{an^2}{V^2}\right)(V - nb) = nRT$ 에 대한 설명으로 틀린 것은?

① a의 단위는 atm · L²/mol²이다.
② b의 단위는 L/mol이다.
③ a의 값은 기체분자가 서로 어떻게 강하게 끌어당기는가를 나타낸 값이다.
④ a는 부피에 대한 보정항의 비례상수이다.

실제 기체상태식
$$\left(P + \frac{n^2 a}{V^2}\right)(V - nb) = nRT$$
여기서, $\dfrac{a}{V^2}$: 기체분자 간 인력
b : 기체분자 자신이 차지하는 부피

31 연료와 공기 혼합물에서 최대연소속도가 되기 위한 조건은?

① 연료와 양론혼합물이 같은 양일 때
② 연료가 양론혼합물보다 약간 적을 때
③ 연료가 양론혼합물보다 약간 많을 때
④ 연료가 양론혼합물보다 아주 많을 때

32 다음은 간단한 수증기사이클을 나타낸 그림이다. 여기서 랭킨(Rankine)사이클의 경로를 옳게 나타낸 것은?

① $1 \to 2 \to 3 \to 9 \to 10 \to 1$
② $1 \to 2 \to 3 \to 4 \to 5 \to 9 \to 10 \to 1$
③ $1 \to 2 \to 3 \to 4 \to 6 \to 5 \to 9 \to 10 \to 1$
④ $1 \to 2 \to 3 \to 8 \to 7 \to 5 \to 9 \to 10 \to 1$

랭킨사이클
2개의 정압변화와 2개의 단열변화로 구성된 증기 원동소의 이상 사이클

정답 27.② 28.② 29.③ 30.④ 31.③ 32.②

33 충격파가 반응 매질 속으로 음속보다 느린 속도로 이동할 때를 무엇이라 하는가? [연소 9]

① 폭굉　　　　② 폭연
③ 폭음　　　　④ 정상연소

폭발과 화재 (1) 폭발(연소 핵심 9) 참조

34 방폭에 대한 설명으로 틀린 것은? [연소 9]

① 분진폭발은 연소시간이 길고 발생에 너지가 크기 때문에 파괴력과 연소 정도가 크다는 특징이 있다.
② 분해폭발을 일으키는 가스에 비활성 기체를 혼합하는 이유는 화염온도를 낮추고 화염전파능력을 소멸시키기 위함이다.
③ 방폭 대책은 크게 예방, 긴급 대책으로 나누어진다.
④ 분진을 다루는 압력을 대기압보다 낮게 하는 것도 분진대책 중 하나이다.

폭발과 화재 (1) 폭발(연소 핵심 9) 참조
폭발 방지의 단계
봉쇄－차단－불꽃방지기 사용－폭발 억제－폭발 배출

35 프로판 가스 $1Sm^3$를 완전연소 시켰을 때의 건조연소 가스량은 약 몇 Sm^3인가? (단, 공기 중의 산소는 21v%이다.)

① 10　　　　② 16
③ 22　　　　④ 30

$C_3H_8 + 5O_2 \rightarrow 3CO_2 + 4H_2O$
건조연소 가스량($N_2 + CO_2$)이므로
$C_3H_8 : 1Sm^3$
$N_2 : 5 \times \dfrac{0.79}{0.21} = 18.81Sm^3$
$CO_2 : 3Sm^3$
$\therefore 18.81 + 3 = 21.8 \doteqdot 22Sm^3$

36 공기가 산소 20v%, 질소 80v%의 혼합기체라고 가정할 때 표준상태(0℃, 101.325kPa)에서 공기의 기체상수는 약 몇 kJ/kg·K인가?

① 0.269　　　　② 0.279
③ 0.289　　　　④ 0.299

$M = 32 \times 0.2 + 28 \times 0.8 = 28.8$
$R = \dfrac{8.314}{M} = \dfrac{8.314}{28.8} = 0.289kJ/kg \cdot K$

37 열역학 특성식으로 $P_1 V_1^n = P_2 V_2^n$ 이 있다. 이때 n값에 따른 상태변화를 옳게 나타낸 것은? (단, k는 비열비이다.)

① $n = 0$: 등온　　② $n = 1$: 단열
③ $n = \pm \infty$: 정적　④ $n = k$: 등압

38 표준상태에서 고발열량과 저발열량의 차는 얼마인가?

① 9700cal/gmol　② 539cal/gmol
③ 619cal/g　　　④ 80cal/g

물의 증발잠열 : 539kcal/kg
$539kcal/g = 539cal/\dfrac{1}{18}gmol$
$\qquad = 539 \times 18cal/gmol$
$\qquad = 9702cal/gmol$

39 기체연료의 확산연소에 대한 설명으로 틀린 것은? [연소 2]

① 연료와 공기가 혼합하면서 연소한다.
② 일반적으로 확산과정은 확산에 의한 혼합속도가 연소속도를 지배한다.
③ 혼합에 시간이 걸리며 화염이 길게 늘어난다.
④ 연소기 내부에서 연료와 공기의 혼합비가 변하지 않고 연소된다.

연소의 종류(연소 핵심 2) 참조
(3) 기체물질의 연소

40 다음 중 연료의 구비조건이 아닌 것은 어느 것인가?

① 저장 및 운반이 편리할 것
② 점화 및 연소가 용이할 것
③ 연소가스 발생량이 많을 것
④ 단위용적당 발열량이 높을 것

연료의 구비조건
• ①, ②, ④ 및 조달이 편리할 것
• 유해성이 없고, 경제적일 것

제3과목 가스설비

41 터보(turbo)압축기의 특징에 대한 설명으로 틀린 것은? [설비 35]

① 고속회전이 가능하다.
② 작은 설치면적에 비해 유량이 크다.
③ 케이싱 내부를 급유해야 하므로 기름의 혼입에 주의해야 한다.
④ 용량조정 범위가 비교적 좁다.

압축기 특징(설비 핵심 35) 참조
③ 급유해야 하므로→무급유식

42 호칭지름이 동일한 외경의 강관에 있어서 스케줄 번호가 다음과 같을 때 두께가 가장 두꺼운 것은?

① XXS
② XS
③ Sch 20
④ Sch 40

43 과류차단 안전기구가 부착된 것으로서 가스유로를 볼로 개폐하고 배관과 호스 또는 배관과 커플러를 연결하는 구조의 콕은 어느 것인가? [안전 97]

① 호스콕   ② 퓨즈콕
③ 상자콕   ④ 노즐콕

가스용 콕의 제조시설 검사기준(안전 핵심 97) 참조

44 저온장치에 사용되는 진공 단열법의 종류가 아닌 것은? [설비 21]

① 고진공 단열법
② 다층진공 단열법
③ 분말진공 단열법
④ 다공단층진공 단열법

저온장치 단열법(설비 핵심 21) 참조

45 교반형 오토클레이브의 장점에 해당되지 않는 것은? [설비 19]

① 가스 누출의 우려가 없다.
② 기액반응으로 기체를 계속 유통시킬 수 있다.
③ 교반효과는 진탕형에 비하여 더 좋다.
④ 특수 라이닝을 하지 않아도 된다.

오토클레이브(설비 핵심 19) 참조

46 다음 중 원심펌프의 특징에 대한 설명으로 틀린 것은?

① 저양정에 적합하다.
② 펌프에 충분히 액을 채워야 한다.
③ 원심력에 의하여 액체를 이송한다.
④ 용량에 비하여 설치면적이 작고 소형이다.

원심펌프는 고양정에 적합하다.

47 가스폭발 위험성에 대한 설명으로 틀린 것은 어느 것인가?

① 아세틸렌은 공기가 공존하지 않아도 폭발 위험성이 있다.
② 일산화탄소는 공기가 공존하여도 폭발 위험성이 없다.
③ 액화석유가스가 누출되면 낮은 곳으로 모여 폭발 위험성이 있다.
④ 가연성의 고체 미분이 공기 중에 부유 시 분진폭발의 위험성이 있다.

CO는 가연성으로 공기 공존 시 폭발 위험이 있다.

48 LPG 공급방식에서 강제기화방식의 특징이
아닌 것은? [설비 24]

① 기화량을 가감할 수 있다.
② 설치면적이 작아도 된다.
③ 한랭 시에는 연속적인 가스 공급이 어렵다.
④ 공급 가스의 조성을 일정하게 유지할 수
있다.

 기화장치(설비 핵심 24) 참조
(2) 기화기 사용 시 장점

49 최대지름이 10m인 가연성 가스 저장탱크 2기
가 상호 인접하여 있을 때 탱크 간에 유지하
여야 할 거리는?

① 1m
② 2m
③ 5m
④ 10m

$(10m+10m) \times \dfrac{1}{4} = 5m$

50 탄소강에서 생기는 취성(메짐)의 종류가 아
닌 것은?

① 적열취성
② 풀림취성
③ 청열취성
④ 상온취성

(1) 탄소강에 생기는 취성의 종류
적열취성, 청열취성, 상온취성, 냉간취성
(2) 강의 열처리의 방법
㉠ 담금질(소입)
㉡ 풀림(소둔)
㉢ 뜨임(소려)
㉣ 불림(소준)

51 다음 중 LPG와 나프타를 원료로 한 대체천연
가스(SNG) 프로세스의 공정에 속하지 않는
것은?

① 수소화탈황 공정
② 저온수증기개질 공정

③ 열분해 공정
④ 메탄합성 공정

SNG 프로세스

52 다음 중 LP가스 1단 감압식 저압조정기의 입
구 압력은? [안전 17]

① 0.025~0.35MPa
② 0.025~1.56MPa
③ 0.07~0.35MPa
④ 0.07~1.56MPa

압력조정기(안전 핵심 17) 참조

53 토양의 금속부식을 확인하기 위해 시험편
을 이용하여 실험하였다. 이에 대한 설명으
로 틀린 것은?

① 전기저항이 낮은 토양 중의 부식속도는
빠르다.
② 배수가 불량한 점토 중의 부식속도는
빠르다.
③ 염기성 세균이 번식하는 토양 중의 부
식속도는 빠르다.
④ 통기성이 좋은 토양에서 부식속도는 점
차 빨라진다.

통기성이 좋은 토양에서의 부식속도는 느려진다.

54 다음 가스 배관의 접합 시공방법 중 원칙
적으로 규정된 접합 시공방법은 어느 것
인가?

① 기계적 접합
② 나사 접합
③ 플랜지 접합
④ 용접 접합

가스 배관의 접합 시 용접 시공을 원칙으로 하며,
용접이 부적당 시 플랜지 접합으로 할 수 있다.

55 탱크로리에서 저정탱크로 LP가스를 압축기에 의한 이송하는 방법의 특징으로 틀린 것은 어느 것인가? [설비 23]

① 펌프에 비해 이송시간이 짧다.
② 잔가스 회수가 용이하다.
③ 균압관을 설치해야 한다.
④ 저온에서 부탄이 재액화될 우려가 있다.

 LP가스 이송방법(설비 핵심 23) 참조
(2) 이송방법의 장·단점

56 아세틸렌(C_2H_2)에 대한 설명으로 틀린 것은?

① 동과 직접 접촉하여 폭발성의 아세틸 라이드를 만든다.
② 비점과 융점이 비슷하여 고체 아세틸렌은 용해한다.
③ 아세틸렌가스의 충전제로 규조토, 목탄 등의 다공성 물질을 사용한다.
④ 흡열 화합물이므로 압축하면 분해폭발할 수 있다.

② 비점과 융점이 비슷하여 고체 아세틸렌은 (융해 → 승화)한다.

57 LPG 기화장치 중 열교환기에 LPG를 송입하여 여기에서 기화된 가스를 LPG용 조정기에 의하여 감압하는 방식은? [설비 24]

① 가온감압방식 ② 자연기화방식
③ 감압가온방식 ④ 대기온이온방식

기화장치(설비 핵심 24) 참조

58 수소에 대한 설명으로 틀린 것은?

① 압축가스로 취급한다.
② 충전구의 나사는 왼나사이다.
③ 용접용기에 충전하여 사용한다.
④ 용기의 도색은 주황색이다.

수소는 압축가스이므로 무이음용기에 충전한다.

59 기포펌프로서 유량이 $0.5 \text{m}^3/\text{min}$인 물을 흡수면보다 50m 높은 곳으로 양수하고자 한다. 축동력이 15PS 소요되었다고 할 때 펌프의 효율은 약 몇 %인가?

① 32   ② 37
③ 42   ④ 47

$$L_{PS} = \frac{\gamma \cdot Q \cdot H}{75\eta}$$

$$\therefore \eta = \frac{\gamma \cdot Q \cdot H}{75 \times L_{PS}}$$

$$= \frac{1000 \times (0.5/60) \times 50}{75 \times 15}$$

$$= 0.37 = 37\%$$

60 어떤 연소기구에 접속된 고무관이 노후화되어 0.6mm의 구멍이 뚫려 280mmH₂O의 압력으로 LP가스가 5시간 누출되었을 경우 가스 분출량은 약 몇 L인가? (단, LP가스의 비중은 1.70이다.)

① 52   ② 104
③ 208   ④ 416

$$Q = 0.009 D^2 \sqrt{\frac{h}{d}}$$

$$= 0.009 \times (0.6)^2 \sqrt{\frac{280}{1.7}}$$

$$= 0.0415 \text{m}^3/\text{hr}$$

$$\therefore \ 0.0415 \times 10^3 \times 5 = 207.90 = 208L$$

제4과목 가스안전관리

61 가스사고를 원인별로 분류했을 때 가장 많은 비율을 차지하는 사고 원인은 다음 중 어느 것인가?

① 제품 노후(고장)
② 시설 미비
③ 고의 사고
④ 사용자 취급 부주의

62 산업재해 발생 및 그 위험요인에 대하여 짝지어진 것 중 틀린 것은?

① 화재, 폭발 – 가연성, 폭발성 물질
② 중독 – 독성가스, 유독물질
③ 난청 – 누전, 배선불량
④ 화상, 동상 – 고온, 저온 물질

63 고압가스용 안전밸브 중 공칭밸브의 크기가 80A일 때 최소내압시험 유지시간은?

① 60초 ② 180초
③ 300초 ④ 540초

(1) 안전밸브의 내압성능(KGS AA319)
안전밸브 몸통 내부는 호칭압력의 1.5배의 압력으로 수압시험을 실시했을 때 변형과 누출 등이 없는 것으로 한다.
(2) 밸브 몸통의 내압시간

공칭밸브의 크기	최소내압시험 유지시간
50A 이하	15초
65A 이상 200A 이하	60초
250A 이상	180초

64 고압가스용 저장탱크 및 압력용기(설계압력 20.6MPa 이하) 제조에 대한 내압시험압력 계산식 $\left(Pt = \mu P \left(\dfrac{\sigma_t}{\sigma_d}\right)\right)$에서 계수 μ의 값은?

① 설계압력의 1.25배
② 설계압력의 1.3배
③ 설계압력의 1.5배
④ 설계압력의 2.0배

내압시험압력KGS AC111)

$$P_t = \mu P \left(\frac{\sigma_t}{\sigma_d}\right)$$

여기서,
P_t : 내압시험압력(MPa)
P : 설계압력(MPa)
σ_t : 수압시험온도에서의 재료의 허용응력(N/mm^2)
σ_d : 설계온도에서의 재료의 허용응력(N/mm^2)
μ : 압력용기 등의 설계압력에 따라 아래 표에 기재한 값

내압시험압력

압력용기 등의 설계압력범위	μ
20.6MPa 이하	1.3
20.6MPa 초과 98MPa 이하	1.25
98MPa 초과	$1.1 \leq \mu \leq 1.25$의 범위에서 사용자와 제조자가 합의하여 결정한다.

65 차량에 고정된 탱크의 안전운행기준으로 운행을 완료하고 점검하여야 할 사항이 아닌 것은?

① 밸브의 이완상태
② 부속품 등의 볼트 연결상태
③ 자동차운행등록허가증 확인
④ 경계표지 및 휴대품 등의 손상유무

차량에 고정된 탱크 운행 종료 후 점검사항
㉠ 밸브의 이완이 없어야 한다.
㉡ 경계표시 및 휴대품의 손상이 없어야 한다.
㉢ 부속품 등의 볼트 연결상태가 양호하도록 한다.
㉣ 높이검지봉과 부속배관 등이 적절히 부착되어 있도록 한다.
㉤ 가스누출 등의 이상유무를 점검하여 이상 시에는 보수 및 위험방지조치를 한다.
㉥ 휴대품은 매월 1회 점검하여 항상 정상상태를 유지한다.
참고 운행 전 조치사항
사전에 차량 및 탑재기기, 탱크와 그 부속품 및 휴대품 등을 점검하여 이상이 없을 때 운행하며, 아래의 서류를 점검한다.
㉠ 고압가스이동계획서
㉡ 운전면허증
㉢ 탱크테이블(용량환산표)
㉣ 차량운행일지
㉤ 차량등록증

66 고압가스를 차량에 적재·운반할 때 몇 km 이상의 거리를 운행할 때 중간에 충분한 휴식을 취한 후 운행하여야 하는가?

① 100
② 200
③ 300
④ 400

67 다음 [보기]에서 임계온도가 0℃에서 40℃ 사이인 것으로만 나열된 것은?

㉠ 산소	㉡ 이산화탄소
㉢ 프로판	㉣ 에틸렌

① ㉠, ㉡ ② ㉡, ㉢
③ ㉡, ㉣ ④ ㉢, ㉣

임계온도
㉠ O₂(-118.4℃)
㉡ CO₂(31℃)
㉢ C₃H₈(96.8℃)
㉣ C₂H₄(9.2℃)

68 독성가스 냉매를 사용하는 압축기 설치장소에는 냉매누출 시 체류하지 않도록 환기구를 설치하여야 한다. 냉동능력 1ton당 환기구 설치면적 기준은?

① 0.05m² 이상 ② 0.1m² 이상
③ 0.15m² 이상 ④ 0.2m² 이상

(1) **독성가스를 냉매로 사용하는 시설의 자연환기**
냉동능력 0.05m²/ton 이상의 면적을 갖는 환기구 설치
(2) **강제환기**
자연환기 부족 시 냉동능력 1ton당 2m³/min의 강제통풍능력을 가진 환기장치 설치

69 시안화수소의 안전성에 대한 설명으로 틀린 것은?

① 순도 98% 이상으로서 착색된 것은 60일을 경과할 수 있다.
② 안정제로는 아황산, 황산 등을 사용한다.
③ 맹독성 가스이므로 흡수장치나 재해방지장치를 설치한다.
④ 1일 1회 이상 질산구리벤젠지로 누출을 검지한다.

① 순도 98% 이상으로 착색되지 않은 것은 60일을 경과할 수 있다.

70 고압가스 제조설비의 기밀시험이나 시운전 시 가압용 고압가스로 부적당한 것은?

① 질소 ② 아르곤
③ 공기 ④ 수소

71 도시가스 사용시설에 설치되는 정압기의 분해점검주기는? [안전 1]

① 6개월에 1회 이상
② 1년에 1회 이상

③ 2년에 1회 이상
④ 설치 후 3년까지는 1회 이상, 그 이후에는 4년에 1회 이상

정압기와 정압기 필터의 분해점검주기(안전 핵심 1) 참조

72 차량에 고정된 후부취출식 저장탱크에 의하여 고압가스를 이송하려 한다. 저장탱크 주밸브 및 긴급차단장치에 속하는 밸브와 차량의 뒤 범퍼와의 수평거리가 몇 cm 이상 떨어지도록 차량에 고정시켜야 하는가? [안전 24]

① 20 ② 30
③ 40 ④ 60

차량고정탱크 운반기준(안전 핵심 24) 참조

73 일반도시가스사업 제조소에서 도시가스 지하매설 배관에 사용되는 폴리에틸렌관의 최고사용압력은? [안전 173]

① 0.1MPa 이하 ② 0.4MPa 이하
③ 1MPa 이하 ④ 4MPa 이하

가스용 PE관의 SDR 값(안전 핵심 173) 참조

74 아세틸렌을 용기에 충전한 후 압력이 몇 ℃에서 몇 MPa 이하가 되도록 정치하여야 하는가?

① 15℃에서 2.5MPa
② 35℃에서 2.5MPa
③ 15℃에서 1.5MPa
④ 35℃에서 1.5MPa

75 다음 특정설비 중 재검사 대상에 해당하는 것은? [안전 162]

① 평저형 저온저장탱크
② 대기식 기화장식
③ 저장탱크에 부착된 안전밸브
④ 고압가스용 실린더 캐비닛

특정설비 중 재검사 대상 제외 항목(안전 핵심 162) 참조

76 가스 저장탱크 상호 간에 유지하여야 하는 최소한의 거리는? [안전 3]

① 60cm
② 1m
③ 2m
④ 3m

물분무장치(안전 핵심 3) 참조

77 도시가스시설에서 가스 사고가 발생한 경우 사고의 종류별 통보방법과 통보기한의 기준으로 틀린 것은?

① 사람이 사망한 사고 : 속보(즉시), 상보(사고발생 후 20일 이내)
② 사람이 부상당하거나 중독된 사고 : 속보(즉시), 상보(사고발생 후 15일 이내)
③ 가스 누출에 의한 폭발 또는 화재 사고(사람이 사망·부상 중독된 사고 제외) : 속보(즉시)
④ LNG 인수기지의 LNG 저장탱크에서 가스가 누출된 사고(사람이 사망·부상·중독되거나 폭발·화재 사고 등 제외) : 속보(즉시)

사고의 종류별 통보 방법 및 기한

사고의 종류	통보방법	통보기한	
		속보	상보
가. 사람이 사망한 사고	전화 또는 팩스를 이용한 통보(이하 "속보"라 한다.) 및 서면으로 제출하는 상세한 통보(이하 "상보"라 한다.)	즉시	사고발생 후 20일 이내
나. 사람이 부상당하거나 중독된 사고	속보와 상보	즉시	사고발생 후 10일 이내
다. 가스누출에 의한 폭발 또는 화재 사고(가목 및 나목의 경우는 제외한다.)	속보	즉시	
라. 가스시설이 파손되거나 가스누출로 인하여 인명대피나 공급중단이 발생한 사고(가목 및 나목의 경우는 제외한다.)	속보	즉시	
마. 사업자 등의 저장탱크에서 가스가 누출된 사고(가목부터 라목까지의 경우는 제외한다.)	속보	즉시	

78 다음 중 지상에 설치하는 저장탱크 주위에 방류둑을 설치하지 않아도 되는 경우는 어느 것인가? [안전 53]

① 저장능력 10톤의 염소탱크
② 저장능력 2000톤의 액화산소탱크
③ 저장능력 1000톤의 부탄탱크
④ 저장능력 5000톤의 액화질소탱크

방류둑 설치기준(안전 핵심 53) 참조

79 가스누출경보 및 자동차단장치의 기능에 대한 설명으로 틀린 것은? [안전 67]

① 독성가스의 경보농도는 TLV-TWA 기준 농도 이하로 한다.
② 경보농도 설정치는 독성가스용에서는 ±30% 이하로 한다.
③ 가연성 가스 경보기는 모든 가스에 감응하는 구조로 한다.
④ 검지에서 발신까지 걸리는 시간은 경보농도의 1.6배 농도에서 보통 30초 이내로 한다.

가스누출경보기 및 자동차단장치 설치(안전 핵심 67) 참조

80 가스안전성 평가기준에서 정한 정량적인 위험성 평가기법이 아닌 것은? [연소 12]

① 결함수 분석
② 위험과 운전 분석
③ 작업자 실수 분석
④ 원인－결과 분석

안정성 평가기법(연소 핵심 12) 참조

제5과목 가스계측

81 1차 지연형 계측기의 스텝 응답에서 전 변화의 80%까지 변화하는 데 걸리는 시간은 시정수의 얼마인가?

① 0.8배 ② 1.6배
③ 2.0배 ④ 2.8배

$$y = 1 - e^{-\left(\frac{t}{T}\right)}$$

$$0.8 = 1 - e^{-\left(\frac{t}{T}\right)}$$

$$-0.2 = -e^{-\left(\frac{t}{T}\right)}$$

$$-\left(\frac{t}{T}\right) = \ln 0.2 = -1.609$$

$$\frac{t}{T} = 1.60$$

$$\therefore t = 1.6\,T$$

82 가스미터의 특징에 대한 설명으로 옳은 것은 어느 것인가? [계측 8]

① 막식 가스미터는 비교적 값이 싸고 용량에 비하여 설치면적이 작은 장점이 있다.
② 루트미터는 대유량의 가스 측정에 적합하고 설치면적이 작고 대수용가에 사용한다.
③ 습식 가스미터는 사용 중에 기차의 변동이 큰 단점이 있다.
④ 습식 가스미터는 계량이 정확하고 설치면적이 작은 장점이 있다.

막식, 습식, 루트식 가스미터의 장·단점(계측 핵심 8) 참조

83 오프셋을 제거하고, 리셋시간도 단축되는 제어방식으로서 쓸모없는 시간이나 전달느림이 있는 경우에도 사이클링을 일으키지 않아 넓은 범위의 특성 프로세스에 적용할 수 있는 제어는? [계측 4]

① 비례적분미분 제어기
② 비례미분 제어기
③ 비례적분 제어기
④ 비례 제어기

동작신호와 신호의 전송법(계측 핵심 4) 참조

84 제어량의 응답에 계단변화가 도입된 후에 얻게 될 궁극적인 값을 얼마나 초과하게 되는가를 나타내는 척도를 무엇이라 하는가?

① 상승시간(rise time)
② 응답시간(response time)
③ 오버슈트(over shoot)
④ 진동주기(period of oscillation)

① 상승시간(rise time) : 목표값이 10%에서 90%까지 도달하는 데 요하는 시간
② 응답시간(response time) : 응답이 요구하는 오차 이내로 되는 데 요하는 시간
③ 오버슈트(over shoot) : 과도기간 중 응답이 목표값을 넘어감(궁극적인 값을 초과하게 되는가를 나타내는 척도)
④ 진동주기(period of oscillation) : 진동의 완전 순환에 필요한 시간

85 막식 가스미터의 부동현상에 대한 설명으로 가장 옳은 것은? [계측 5]

① 가스가 미터를 통과하지만 지침이 움직이지 않는 고장
② 가스가 미터를 통과하지 못하는 고장
③ 가스가 누출되고 있는 고장
④ 가스가 통과될 때 미터가 이상음을 내는 고장

가스미터의 고장(계측 핵심 5) 참조

86 다음 열전대 중 사용온도 범위가 가장 좁은 것은? [계측 9]

① PR ② CA
③ IC ④ CC

열전대온도계(계측 핵심 9) 참조

---

87 캐리어가스의 유량이 60mL/min이고, 기록지의 속도가 3cm/min일 때 어떤 성분시료를 주입하였더니 주입점에서 성분피크까지의 길이가 15cm이었다. 지속용량은 약 몇 mL인가?

① 100 ② 200
③ 300 ④ 400

$$지속용량 = \frac{60mL/min \times 15cm}{3cm/min} = 300mL$$

---

88 전기저항식 습도계와 저항온도계식 건습구 습도계의 공통적인 특징으로 가장 옳은 것은?

① 정도가 좋다.
② 물이 필요하다.
③ 고습도에서 장기간 방치가 가능하다.
④ 연속기록, 원격측정, 자동제어에 이용된다.

구 분	특 징
저항식 습도계	㉠ 염화리튬을 이용하여 습도를 측정한다. ㉡ 전기저항의 변화에 의해 측정이 쉽다. ㉢ 연속기록, 원격전송, 자동제어에 용이하다.
건습구 습도계	㉠ 습도 측정을 위해 3~5m/s의 통풍이 필요하다. ㉡ 구조가 간단하고 휴대 및 취급이 편리하다. ㉢ 연속기록, 원격전송, 자동제어에 이용된다.

---

89 적외선 분광분석법에 대한 설명으로 틀린 것은?

① 적외선을 흡수하기 위해서는 쌍극자모멘트의 알짜변화를 일으켜야 한다.

② 고체, 액체, 기체 상의 시료를 모두 측정할 수 있다.
③ 열 검출기와 광자 검출기가 주로 사용된다.
④ 적외선 분광기기로 사용되는 물질은 적외선에 잘 흡수되는 석영을 주로 사용한다.

적외선 분광기기에 사용되는 광원의 종류
ZrO_2, CeO_2, ThO_2 등

---

90 연료가스의 헴펠식(Hempel) 분석방법에 대한 설명으로 틀린 것은? [계측 1]

① 중탄화수소, 산소, 일산화탄소, 이산화탄소 등의 성분을 분석한다.
② 흡수법과 연소법을 조합한 분석방법이다.
③ 흡수순서는 일산화탄소, 이산화탄소, 중탄화수소, 산소의 순이다.
④ 질소 성분은 흡수되지 않은 나머지로 각 성분의 용량 %의 합을 100에서 뺀 값이다.

흡수분석법(계측 핵심 1) 참조
헴펠법 분석순서
$CO_2 \rightarrow C_m H_n \rightarrow O_2 \rightarrow CO$

---

91 액주형 압력계 사용 시 유의해야 할 사항이 아닌 것은?

① 액체의 점도가 클 것
② 경계면이 명확한 액체일 것
③ 온도에 따른 액체의 밀도 변화가 적을 것
④ 모세관현상에 의한 액주의 변화가 없을 것

① 액체의 점도가 작을 것

---

92 습식 가스미터의 특징에 대한 설명으로 틀린 것은? [계측 8]

① 계량이 정확하다.
② 설치공간이 크게 요구된다.
③ 사용 중에 기차(器差)의 변동이 크다.
④ 사용 중에 수위조정 등의 관리가 필요하다.

막식, 습식, 루트식 가스미터의 장·단점(계측 핵심 8) 참조

93 마이크로파식 레벨측정기의 특징에 대한 설명 중 틀린 것은?

① 초음파식보다 정도(精度)가 낮다.
② 진공용기에서의 측정이 가능하다.
③ 측정면에 비접촉으로 측정할 수 있다.
④ 고온, 고압의 환경에서도 사용이 가능하다.

해설
① 초음파식보다 정도가 높다.

94 채취된 가스를 분석기 내부의 성분 흡수제에 흡수시켜 체적변화를 측정하는 가스 분석방법은?

① 오르자트 분석법
② 적외선 흡수법
③ 불꽃이온화 분석법
④ 화학발광 분석법

95 독성가스나 가연성 가스 저장소에서 가스 누출로 인한 폭발 및 가스중독을 방지하기 위하여 현장에서 누출여부를 확인하는 방법으로 가장 거리가 먼 것은?

① 검지관법
② 시험지법
③ 가연성 가스 검출기법
④ 기체 크로마토그래피법

96 다음 중 간접계측 방법에 해당하는 것은?

① 압력을 분동식 압력계로 측정
② 질량을 천칭으로 측정
③ 길이를 줄자로 측정
④ 압력을 부르동관 압력계로 측정

해설
간접계측
측정하려는 양과 일정한 관계를 가지고 있는 다른 양을 측정 계산으로 그 양의 측정값을 구하는 방법으로 부르동관을 이용하여 압력을 측정하는 방법 등이 있다.

97 기체 크로마토그래피의 주된 측정원리는?

① 흡착   ② 증류
③ 추출   ④ 결정화

98 다음 압력계 중 압력측정 범위가 가장 큰 것은 어느 것인가?   [계측 33]

① U자형 압력계
② 링밸런스식 압력계
③ 부르동관 압력계
④ 분동식 압력계

해설
• 분동식(기체식) : 1.5kPa~100MPa
• 분동식(액체식) : 0.1~500MPa

99 다음 중 1차 압력계는?   [계측 33]

① 부르동관 압력계
② U자 마노미터
③ 전기저항 압력계
④ 벨로즈 압력계

해설
압력계 구분(계측 핵심 33) 참조
U자관 마노미터는 1차 압력계이다.

100 차압식 유량계로 유량을 측정하였더니 오리피스 전·후의 차압이 1936mmH$_2$O일 때 유량은 22m^3/hr이었다. 차압이 1024mmH$_2$O이면 유량은 약 몇 m^3/hr이 되는가?

① 6   ② 12
③ 16   ④ 18

해설
$Q = A\sqrt{2gH}$ 에서 유량은 차압의 평방근에 비례하므로

$\sqrt{1936} : 22 = \sqrt{1024}\, n : x$

$\therefore x = \dfrac{\sqrt{1024}}{\sqrt{1936}} \times 22 = 16\text{m}^3/\text{hr}$

국가기술자격 시험문제

2021년 기사 제1회 필기시험(1부)

(2021년 3월 7일 시행)

자격종목	시험시간	문제수	문제형별
가스기사	**2시간30분**	**100**	**B**

수험번호		성 명	

제1과목 가스유체역학

01 2kgf은 몇 N인가?

① 2   ② 4.9

③ 9.8   ④ 19.6

$2\text{kgf} = 2\text{kg} \times 9.8\text{m/s}^2 = 19.6\text{kg} \cdot \text{m/s}^2 = 19.6\text{N}$

02 2차원 직각좌표계 $(x,\ y)$상에서 속도 포텐셜 (ϕ, velocity potential)이 $\phi = U_x$로 주어지는 유동장이 있다. 이 유동장의 흐름함수(Ψ, stream function)에 대한 표현식으로 옳은 것은? (단, U는 상수이다.)

① $U(x+y)$

② $U(-x+y)$

③ U_y

④ $2U_x$

2차원 흐름은 유체의 제반 성질을 x, y 좌표와 시간의 함수로 표현하는 흐름을 말한다. 단면이 일정하고 길이가 무한인 긴 날개의 흐름 등으로 댐 위의 흐름 두 개의 평행평판 사이의 점성유동 등이 있다.

2차원 유동의 유선방정식은 $\dfrac{dx}{dy} = \dfrac{dy}{\nu}$ 이고,

2차원 유동의 함수 흐름의 진행방향이 y방향인 경우 $\Psi = U_y$로 표현한다.

03 펌프작용이 단속적이라서 맥동이 일어나기 쉬우므로 이를 완화하기 위하여 공기실을 필요로 하는 펌프는?

① 원심펌프   ② 기어펌프

③ 수격펌프   ④ 왕복펌프

04 매끄러운 원관에서 유량 Q, 관의 길이 L, 직경 D, 동점성계수 v가 주어졌을 때 손실수두 h_f를 구하는 순서로 옳은 것은? (단, f는 마찰계수, Re는 Reynolds수, V는 속도이다.)

① Moody선도에서 f를 가정한 후 Re를 계산하고 h_f를 구한다.

② h_f를 가정하고 f를 구해 확인한 후 Moody선도에서 Re로 검증한다.

③ Re를 계산하고 Moody선도에서 f를 구한 후 h_f를 구한다.

④ Re를 가정하고 V를 계산하고 Moody 선도에서 f를 구한 후 h_f를 계산한다.

무디선도는 Re수와 상대조도$\left(\dfrac{e}{d}\right)$, 관마찰계수($f$)의 함수이므로, 먼저 Reynolds수($Re$)를 구하고 → Moody선도에서 관마찰계수(f)를 구하고 → 손실수두(h_f)를 구한다.

05 내경이 300mm, 길이가 300m인 관을 통하여 평균유속 3m/s로 흐를 때 압력손실수두는 몇 m인가? (단, Darcy-Weisbach 식에서의 관마찰계수는 0.03이다.)

① 12.6   ② 13.8

③ 14.9   ④ 15.6

$$h_f = f \frac{L}{D} \cdot \frac{V^2}{2g}$$

$$= 0.03 \times \frac{300}{0.3} \times \frac{3^2}{2 \times 9.8}$$

$$= 13.77 = 13.8\text{m}$$

06 다음 중 압력 0.1MPa, 온도 20℃에서 공기의 밀도는 몇 kg/m³인가? (단, 공기의 기체상수는 287J/kg · K이다.)

① 1.189
② 1.314
③ 0.1288
④ 0.6756

$P = \rho RT$

$\rho = \dfrac{P}{RT} = \dfrac{0.1 \times 10^6}{287 \times 293}$

$= 1.189$

> $0.1\text{MPa} = 0.1 \times 10^6 \text{N/m}^2$

07 동점도의 단위로 옳은 것은?

① m/s²
② m/s
③ m²/s
④ m²/kg · s²

① m/s² : 가속도
② m/s : 속도
③ m²/s : 동점도

08 공기를 이상기체로 가정하였을 때 25℃에서 공기의 음속은 몇 m/s인가? (단, 비열비 $k = 1.4$, 기체상수 $R = 29.27$kgf · m/kg · K 이다.)

① 342
② 346
③ 425
④ 456

$a = \sqrt{k \cdot g \cdot RT}$

$= \sqrt{1.4 \times 9.8 \times 29.27 \times 298}$

$\fallingdotseq 346\text{m/s}$

09 지름 8cm인 원관 속을 동점성계수가 1.5×10^{-6}m²/s인 물이 0.002m³/s의 유량으로 흐르고 있다. 이때 레이놀즈수는 약 얼마인가?

① 20000
② 21221
③ 21731
④ 22333

$V = \dfrac{Q}{A} = \dfrac{0.002}{\dfrac{\pi}{4} \times (0.08)^2} = 0.39788\text{m/s}$

$\therefore Re = \dfrac{V \cdot D}{\nu} = \dfrac{0.39788 \times 0.08}{1.5 \times 10^{-6}}$

$= 21220.26 \fallingdotseq 21221$

10 마찰계수와 마찰저항에 대한 설명으로 옳지 않은 것은?

① 관마찰계수는 레이놀즈수와 상대조도의 함수로 나타낸다.
② 평판상의 층류흐름에서 점성에 의한 마찰계수는 레이놀즈수의 제곱근에 비례한다.
③ 원관에서의 층류운동에서 마찰저항은 유체의 점성계수에 비례한다.
④ 원관에서의 완전 난류운동에서 마찰저항은 평균유속의 제곱에 비례한다.

$f = \left(Re, \dfrac{e}{d} \right)$

• 관마찰계수는 레이놀즈수와 상대조도의 함수
• 조도 : 거칠기
• 상대조도$\left(\dfrac{e}{d} \right)$: 모래알 직경(e)과 관의 직경(d)의 비
• 절대조도(e) : 모래알 조도 실험 시 사용되는 모래알의 평균직경

$h_f(\text{마찰저항}) = f\dfrac{L}{D} \cdot \dfrac{V^2}{2g}$ (층류, 난류 모두 적용)

층류에서 $f = \dfrac{64}{Re} = \dfrac{64}{\dfrac{\rho dv}{\mu}}$ $f = \dfrac{64\mu}{\rho dv}$ (원관에서 마찰

저항은 점성계수에 비례)

11 20℃, 1.03kgf/cm²abs의 공기가 단열가역 압축되어 50%의 체적 감소가 생겼다. 압축 후의 온도는? (단, 기체 상수 R은 29.27kgf · m/kg · K이며, $C_P / C_V = 1.40$이다.)

① 42℃
② 68℃
③ 83℃
④ 114℃

가역단열 변화

$\dfrac{T_2}{T_1} = \left(\dfrac{V_1}{V_2} \right)^{k-1} = \left(\dfrac{P_2}{P_1} \right)^{\frac{k-1}{k}} = \left(\dfrac{\rho_2}{\rho_1} \right)^{k-1}$

$T_2 = T_1 \times \left(\dfrac{V_1}{V_2} \right)^{k-1}$

$= (273 + 20) \times \left(\dfrac{1}{0.5} \right)^{1.4-1}$

$= 386.615\text{K}$

$\therefore 386.615 - 273 = 113.6℃$

12 내경이 10cm인 원관 속을 비중 0.85인 액체가 10cm/s의 속도로 흐른다. 액체의 점도가 5cP라면 이 유동의 레이놀즈수는?

① 1400 ② 1700
③ 2100 ④ 2300

$$Re = \frac{\rho dv}{\mu}$$
$$= \frac{0.85 \times 10 \times 10}{5 \times 10^{-2}}$$
$$= 1700$$

13 그림과 같이 윗변과 아랫변이 각각 a, b이고 높이가 h인 사다리꼴형 평면 수문이 수로에 수직으로 설치되어 있다. 비중량 γ인 물의 압력에 의해 수문이 받는 전체 힘은?

① $\dfrac{\gamma h^2 (a-2b)}{6}$ ② $\dfrac{\gamma h^2 (a-2b)}{3}$

③ $\dfrac{\gamma h^2 (a+2b)}{6}$ ④ $\dfrac{\gamma h^2 (a+2b)}{3}$

수문이 받는 힘
㉠ 정(직)사각형인 경우

힘 $f = AP = A\gamma h_c$
여기서, A : 문의 면적(m^2)
P : 작용압력(Pa)
γ : 유체의 비중량(N/m^3)
h_c : 도심점(m)

$h_c = \dfrac{h}{2}$ 이므로

$\therefore f = A\gamma h_c = (ah) \times \gamma \times \dfrac{h}{2} = \dfrac{a\gamma h^2}{2}$

㉡ 사다리꼴인 경우

힘 $f = A\gamma h_c$
여기서, $A = \dfrac{(a+b)h}{2}$
$h_c = \dfrac{(a+2b)h}{3(a+b)}$

$\therefore f = \left[\dfrac{(a+b)h}{2}\right] \times \gamma \times \dfrac{(a+2b)h}{3(a+b)}$
$= \dfrac{(a+b)h \times \gamma \times (a+2b)h}{6(a+b)}$
$= \dfrac{(a+2b)\gamma h^2}{6}$

14. 다음 중 압축성 유체의 1차원 유동에서 수직 충격파 구간을 지나는 기체 성질의 변화로 옳은 것은? [유체 20]

① 속도, 압력, 밀도가 증가한다.
② 속도, 온도, 밀도가 증가한다.
③ 압력, 밀도, 온도가 증가한다.
④ 압력, 밀도, 운동량 플럭스가 증가한다.

충격파(유체 핵심 20) 참조
충격파의 영향
㉠ 증가 : 밀도, 비중량, 압력, 온도, 엔트로피
㉡ 감소 : 속도

15 대기의 온도가 일정하다고 가정할 때 공중에 높이 떠 있는 고무풍선이 차지하는 부피(a)와 그 풍선이 땅에 내렸을 때의 부피(b)를 옳게 비교한 것은?

① a는 b보다 크다.
② a와 b는 같다.
③ a는 b보다 작다.
④ 비교할 수 없다.

공중에 떠 있을 경우의 대기압력(P_1)은 땅에 접해 있는 대기압력(P_2)보다 작다. 즉, $P_2 > P_1$이므로 부피는 a(떠 있는 경우)가 땅에 있는 b보다 크다.

16 안지름 20cm의 원관 속을 비중이 0.83인 유체가 층류(laminar flow)로 흐를 때 관 중심에서의 유속이 48cm/s라면 관 벽에서 7cm 떨어진 지점에서의 유체의 속도(cm/s)는?

① 25.52   ② 34.68

③ 43.68   ④ 46.92

 해설

$u = u_{max} \times \left(1 - \dfrac{r^2}{r_o^2}\right)$ 에서 $r_o = 20 \times \dfrac{1}{2} = 10\text{cm}$

$r =$ 관 벽에서 7cm 떨어진 것은
     관 중심 $10\text{cm} - 7\text{cm} = 3\text{cm}$
     관 중심에서 3cm 떨어진 장소이므로

$u = u_{max} \times \left(1 - \dfrac{r^2}{r_o^2}\right)$ 에서

$48 \times \left(1 - \dfrac{3^2}{10^2}\right) = 43.68\text{cm/s}$

17 일반적으로 원관 내부 유동에서 층류만이 일어날 수 있는 레이놀즈수(Reynolds number)의 영역은?

① 2100 이상   ② 2100 이하

③ 21000 이상   ④ 21000 이하

18 베르누이 방정식에 관한 일반적인 설명으로 옳은 것은?

① 같은 유선상이 아니더라도 언제나 임의의 점에 대하여 적용된다.

② 주로 비정상류 상태의 흐름에 대하여 적용된다.

③ 유체의 마찰효과를 고려한 식이다.

④ 압력수두, 속도수두, 위치수두의 합은 유선을 따라 일정하다.

 해설

베르누이 방정식

$h + \dfrac{P}{\gamma} + \dfrac{V^2}{2g} = C$

위치수두, 압력수두, 속도수두는 일정

19 다음 중 원심 송풍기가 아닌 것은?

① 프로펠러 송풍기

② 다익 송풍기

③ 레이디얼 송풍기

④ 익형(airfoil) 송풍기

20 수평원관 내에서의 유체 흐름을 설명하는 Hagen−Poiseuille 식을 얻기 위해 필요한 가정이 아닌 것은?

① 완전히 발달된 흐름

② 정상상태 흐름

③ 층류

④ 포텐셜 흐름

▌ 제2과목 연소공학

21 연료의 일반적인 연소형태가 아닌 것은?

① 예혼합연소   ② 확산연소

③ 잠열연소   ④ 증발연소

 해설

① 예혼합 : 기체물질의 연소
② 확산 : 기체물질의 연소
④ 증발 : 액체물질의 연소

22 이상기체 10kg을 240K만큼 온도를 상승시키는 데 필요한 열량이 정압인 경우와 정적인 경우에 그 차가 415kJ이었다. 이 기체의 가스 상수는 몇 kJ/kg · K인가?

① 0.173   ② 0.287

③ 0.381   ④ 0.423

해설

정압 변화 가열량 Q_1, 정적 변화 가열량 Q_2이면

$Q_1 - Q_2 = G C_p (T_2 - T_1) - G C_v (T_2 - T_1) = 415$

$G(T_2 - T_1)(C_p - C_v) = 415$

$\therefore C_p - C_v = \dfrac{415}{G(T_2 - T_1)}$

$= \dfrac{415}{10 \times 240}$

$= 0.1729 = 0.173\text{kJ/kg} \cdot \text{K}$

$R = C_p - C_v$

23 연소에서 공기비가 적을 때의 현상이 아닌 것은? [연소 15]

① 매연의 발생이 심해진다.
② 미연소에 의한 열손실이 증가한다.
③ 배출가스 중의 NO_2의 발생이 증가한다.
④ 미연소가스에 의한 역화의 위험성이 증가한다.

공기비(연소 핵심 15) 참조

24 다음과 같은 조성을 갖는 혼합가스의 분자량은? (단, 혼합가스의 체적비는 CO_2(13.1%), O_2(7.7%), N_2(79.2%)이다.)

① 27.81 ② 28.94
③ 29.67 ④ 30.41

$44×0.131+32×0.077+28×0.792=30.404$
$=30.41$

25 다음은 Air—standard otto cycle의 $P-V$ diagram이다. 이 cycle의 효율(η)을 옳게 나타낸 것은? (단, 정적 열용량은 일정하다.)

① $\eta = 1-\left(\dfrac{T_B-T_C}{T_A-T_D}\right)$

② $\eta = 1-\left(\dfrac{T_D-T_C}{T_A-T_B}\right)$

③ $\eta = 1-\left(\dfrac{T_A-T_D}{T_B-T_C}\right)$

④ $\eta = 1-\left(\dfrac{T_A-T_B}{T_D-T_C}\right)$

오토 사이클
정적 연소 사이클, 가솔린 기관의 기본 사이클
(A→B) : 단열팽창, (B→C) : 등적배기
(C→D) : 단열압축, (D→A) : 등적연소
$\eta = 1-\dfrac{q_1}{q_2}=1-\dfrac{(T_B-T_C)}{(T_A-T_D)}$

26 가스 폭발의 용어 중 DID의 정의에 대하여 가장 올바르게 나타낸 것은? [연소 1]

① 격렬한 폭발이 완만한 연소로 넘어갈 때까지의 시간
② 어느 온도에서 가열하기 시작하여 발화에 이르기까지의 시간
③ 폭발 등급을 나타내는 것으로서 가연성 물질의 위험성의 척도
④ 최초의 완만한 연소로부터 격렬한 폭굉으로 발전할 때까지의 거리

폭굉, 폭굉유도거리(연소 핵심 1) 참조

27 위험장소 분류 중 상용의 상태에서 가연성 가스가 체류해 위험하게 될 우려가 있는 장소, 정비·보수 또는 누출 등으로 인하여 종종 가연성 가스가 체류하여 위험하게 될 우려가 있는 장소는? [연소 14]

① 제0종 위험장소 ② 제1종 위험장소
③ 제2종 위험장소 ④ 제3종 위험장소

위험장소(연소 핵심 14) 참조

28 공기와 연료의 혼합기체의 표시에 대한 설명 중 옳은 것은? [연소 45]

① 공기비(excess air ratio)는 연공비의 역수와 같다.
② 당량비(equivalence ratio)는 실제의 연공비와 이론 연공비의 비로 정의된다.
③ 연공비(fuel air ratio)라 함은 가연 혼합기 중의 공기와 연료의 질량비로 정의된다.
④ 공연비(air fuel ratio)라 함은 가연 혼합기 중의 연료와 공기의 질량비로 정의된다.

공연비와 연공비·당량비·공기비의 관계(연소 핵심 45) 참조
① 공기비는 당량비의 역수
③ 연공비는 가연성 혼합기의 연료와 공기의 질량비
④ 공연비는 가연성 혼합기의 공기와 연료의 질량비

29 1kWh의 열당량은?

① 860kcal ② 632kcal

③ 427kcal ④ 376kcal

- 1kW=860kcal/hr ・ 1PS=632.5kcal/hr

30 메탄가스 $1Nm^3$를 완전 연소시키는 데 필요한 이론공기량은 약 몇 Nm^3인가?

① $2.0Nm^3$ ② $4.0Nm^3$

③ $4.76Nm^3$ ④ $9.5Nm^3$

$CH_4 + 2O_2 \rightarrow CO_2 + 2H_2O$
$1Nm^3$는 산소량 $2Nm^3$이므로
∴ 이론공기량 $= 2 \times \dfrac{100}{21} = 9.52Nm^3$

31 전실 화재(Flash Over)의 방지대책으로 가장 거리가 먼 것은?

① 천장의 불연화 ② 폭발력의 억제
③ 가연물량의 제한 ④ 화원의 억제

전실 화재
연소 가능한 전체가 화재로 모두 연소되어 버리는 화재로서 방지책으로는 천장의 불연화, 가연물량의 제한, 화원의 억제 등이 있다.

32 이상기체의 구비조건이 아닌 것은? [연소 3]

① 내부에너지는 온도와 무관하며 체적에 의해서만 결정된다.
② 아보가드로의 법칙을 따른다.
③ 분자의 충돌은 완전탄성체로 이루어진다.
④ 비열비는 온도에 관계없이 일정하다.

이상기체(연소 핵심 3) 참조
이상기체
내부에너지는 온도만의 함수이다.

33 상온, 상압하에서 가연성 가스의 폭발에 대한 일반적인 설명 중 틀린 것은?

① 폭발범위가 클수록 위험하다.
② 인화점이 높을수록 위험하다.
③ 연소속도가 클수록 위험하다.
④ 착화점이 높을수록 안전하다.

34 옥탄(g)의 연소 엔탈피는 반응물 중의 수증기가 응축되어 물이 되었을 때 25℃에서 −48220 kJ/kg이다. 이 상태에서 옥탄(g)의 저위발열량은 약 몇 kJ/kg인가? (단, 25℃ 물의 증발엔탈피(h_{fg})는 2441.8kJ/kg이다.)

① 40750 ② 42320

③ 44750 ④ 45778

$C_8H_{18} + 12.5O_2 \rightarrow 8CO_2 + 9H_2O + Q$
H_L(저위) $= H_L$(고위) $-$ 물의 증발잠열
$\qquad = 48220kJ/kg - \dfrac{2441.8 \times 9 \times 18}{114kg}$
$\qquad = 44750.07kJ/kg$

35 다음 중 연소의 3요소를 옳게 나열한 것은?

① 가연물, 빛, 열
② 가연물, 공기, 산소
③ 가연물, 산소, 점화원
④ 가연물, 질소, 단열압축

36 열역학 및 연소에서 사용되는 상수와 그 값이 틀린 것은?

① 열의 일상당량 : 4186J/kcal
② 일반 기체상수 : 8314J/kmol・K
③ 공기의 기체상수 : 287J/kg・K
④ 0℃에서의 물의 증발잠열 : 539kJ/kg

0℃에서의 물의 증발잠열
539kcal/kg = 539×4.2kJ/kg = 2263.8kJ/kg

37 분자량이 30인 어떤 가스의 정압비열이 0.516 kJ/kg・K이라고 가정할 때 이 가스의 비열비 k는 약 얼마인가?

① 1.0 ② 1.4

③ 1.8 ④ 2.2

$C_p - C_v = R$
$C_v = C_p - R$
$\quad = 0.516 - \dfrac{8.314}{30}$
$\quad = 0.23886kJ/kg・K$
∴ $k = \dfrac{C_p}{C_v} = \dfrac{0.516}{0.23886} = 2.16 \fallingdotseq 2.2$

38 다음 확산화염의 여러 가지 형태 중 대향분류 (對向噴流)의 확산화염에 해당하는 것은 어느 것인가?

① 동축류
② 경계층
③ 자유분류
④ 대향분류

39 액체 프로판이 298K, 0.1MPa에서 이론공기를 이용하여 연소하고 있을 때 고발열량은 약 몇 MJ/kg인가? (단, 연료의 증발 엔탈피는 370kJ/kg이고, 기체상태의 생성 엔탈피는 각각 C_3H_8 -103909kJ/kmol, CO_2 -393757 kJ/kmol, 액체 및 기체 상태의 H_2O는 각각 -286010kJ/kmol, -241971kJ/kmol이다.)

① 44
② 46
③ 50
④ 2205

프로판의 연소방응식
$C_3H_8 + 5O_2 \longrightarrow 3CO_2 + 4H_2O + Q$
$Q = (3 \times 393757 + 4 \times 286010 - 103909) \div 44kg$
$= 50486.409kJ/kg = 50.486MJ/kg$

370kJ/kg : C_3H_8의 증발 엔탈피는 저위발열량 계산 시 적용

40 다음 반응 중 폭굉(detonation) 속도가 가장 빠른 것은?

① $2H_2 + O_2$ ② $CH_4 + 2O_2$
③ $C_3H_8 + 3O_2$ ④ $C_3H_8 + 6O_2$

폭굉속도
㉠ 일반가스 : 1,000~3,500m/s
㉡ 수소 : 1,400~3,500m/s

제3과목 가스설비

41 다음 그림에서 보여주는 관 이음재의 명칭은?

① 소켓 ② 니플
③ 부싱 ④ 캡

42 결정 조직이 거칠은 것을 미세화하여 조직을 균일하게 하고 조직의 변형을 제거하기 위하여 균일하게 가열한 후 공기 중에서 냉각하는 열처리 방법은? [설비 20]

① 퀀칭 ② 노멀라이징
③ 어닐링 ④ 템퍼링

열처리 종류 및 특성(설비 핵심 20) 참조

43 고압가스 제조장치의 재료에 대한 설명으로 틀린 것은?

① 상온, 건조 상태의 염소가스에는 보통 강을 사용한다.
② 암모니아, 아세틸렌의 배관 재료에는 구리를 사용한다.
③ 저온에서 사용되는 비철금속 재료는 동, 니켈 강을 사용한다.
④ 암모니아 합성탑 내부의 재료에는 18-8 스테인리스강을 사용한다.

구리 사용금지 가스
C_2H_2, NH_3

44 다음 가스액화분리장치의 구성기기 중 왕복 동식 팽창기의 특징에 대한 설명으로 틀린 것은? [설비 28]

① 고압식 액체산소분리장치, 수소액화장치, 헬륨액화기 등에 사용된다.
② 흡입압력은 저압에서 고압(20MPa)까지 범위가 넓다.
③ 팽창기의 효율은 85~90%로 높다.
④ 처리가스량이 1000m³/h 이상의 대량 이면 다기통이 된다.

공기액화분리장치의 팽창기(설비 핵심 28) 참조

45 자동절체식 조정기를 사용할 때의 장점에 해당하지 않는 것은? [설비 55]

① 잔류액이 거의 없어질 때까지 가스를 소비할 수 있다.
② 전체 용기의 개수가 수동절체식보다 적게 소요된다.
③ 용기 교환주기를 길게 할 수 있다.
④ 일체형을 사용하면 다단 감압식보다 배관의 압력손실을 크게 해도 된다.

조정기(설비 핵심 55) 참조

46 피스톤 행정 용량 0.00248m³, 회전수 175rpm 의 압축기로 1시간에 토출구로 92kg/h의 가스 가 통과하고 있을 때 가스의 토출효율은 약 몇 %인가? (단, 토출가스 1kg을 흡입한 상태로 환산한 체적은 0.189m³이다.)

① 66.8
② 70.2
③ 76.8
④ 82.2

$$효율(\eta) = \frac{실제가스흡입량}{이론가스흡입량} \times 100$$
$$= \frac{92kg/hr \times 0.189m^3/kg}{0.00248 \times 175 \times 60m^3/hr} \times 100$$
$$= 66.77 = 66.8\%$$

47 도시가스사업법에서 정의한 가스를 제조하여 배관을 통하여 공급하는 도시가스가 아닌 것은?

① 석유가스
② 나프타부생가스
③ 석탄가스
④ 바이오가스

48 수소화염 또는 산소 · 아세틸렌화염을 사용 하는 시설 중 분기되는 각각의 배관에 반드 시 설치해야 하는 장치는? [안전 91]

① 역류방지장치   ② 역화방지장치
③ 긴급이송장치   ④ 긴급차단장치

역류방지밸브, 역화방지장치 설치기준(안전 핵심 91) 참조

49 다음 중 가스액화사이클의 종류가 아닌 것은 어느 것인가?

① 클라우드식
② 필립스식
③ 크라시우스식
④ 린데식

50 왕복식 압축기의 연속적인 용량제어 방법 으로 가장 거리가 먼 것은? [설비 57]

① 바이패스밸브에 의한 조정
② 회전수를 변경하는 방법
③ 흡입 주밸브를 폐쇄하는 방법
④ 베인 컨트롤에 의한 방법

가스액화사이클(설비 핵심 57) 참조
(1) **왕복압축기 연속용량조정 방법**
　① 회전수 변경
　② 바이패스법
　③ 타임드밸브에 의한 방법
　④ 흡입 주밸브를 폐쇄하는 방법
(2) **단계적 용량조정 방법**
　① 클리어런스밸브에 의한 방법
　② 흡입밸브를 개방하여 흡입하지 못하도록 하는 방법

51 적화식 버너의 특징으로 틀린 것은? [연소 8]

① 불완전연소가 되기 쉽다.
② 고온을 얻기 힘들다.
③ 넓은 연소실이 필요하다.
④ 1차 공기를 취할 때 역화 우려가 있다.

1차, 2차 공기에 의한 연소의 방법(연소 핵심 8) 참조
적화식
2차 공기만으로 연소하는 방법

52 도시가스 배관에서 가스 공급이 불량하게 되는 원인으로 가장 거리가 먼 것은?

① 배관의 파손
② Terminal Box의 불량
③ 정압기의 고장 또는 능력 부족
④ 배관 내의 물의 고임, 녹으로 인한 폐쇄

53 고압가스의 분출 시 정전기가 발생하기 가장 쉬운 경우는?

① 다성분의 혼합가스인 경우
② 가스의 분자량이 작은 경우
③ 가스가 건조해 있을 경우
④ 가스 중에 액체나 고체의 미립자가 섞여있는 경우

54 1호당 1일 평균 가스 소비량이 1.44kg/day 이고 소비자 호수가 50호라면 피크 시의 평균 가스 소비량은? (단, 피크 시의 평균 가스 소비율은 17%이다.)

① 10.18kg/h   ② 12.24kg/h
③ 13.42kg/h   ④ 14.36kg/h

$Q = q \times N \times \eta = 1.44 \times 50 \times 0.17 = 12.24 \text{kg/h}$

55 다음 중 LPG를 이용한 가스 공급방식이 아닌 것은?

① 변성혼입방식
② 공기혼합방식
③ 직접혼입방식
④ 가압혼입방식

56 전기방식법 중 외부전원법의 특징이 아닌 것은? [안전 38]

① 전압, 전류의 조정이 용이하다.
② 전식에 대해서도 방식이 가능하다.
③ 효과범위가 넓다.
④ 다른 매설 금속체의 장해가 없다.

전기방식법(안전 핵심 38) 참조

57 고압가스탱크의 수리를 위하여 내부 가스를 배출하고 불활성 가스로 치환하여 다시 공기로 치환하였다. 내부의 가스를 분석한 결과 탱크 안에서 용접작업을 해도 되는 경우는 다음 중 어느 것인가?

① 산소 20%
② 질소 85%
③ 수소 5%
④ 일산화탄소 4000ppm

치환 후 설비 내 유지농도
㉠ 산소 : 18% 이상 22% 이하
㉡ 가연성 : 폭발하한의 1/4 이하
  수소 $4 \times \dfrac{1}{4} = 1\%$ 이하
㉢ 독성 : TLV-TWA 기준농도 이하
  CO : 50ppm 이하

58 성능계수가 3.2인 냉동기가 10ton의 냉동을 위하여 공급하여야 할 동력은 약 몇 kW인가?

① 8
② 12
③ 16
④ 20

$\text{COP} = \dfrac{\text{냉동효과}}{\text{압축일량}}$

$\text{압축일량} = \dfrac{\text{냉동효과}}{\text{COP}} = \dfrac{10 \times 3320}{3.2}$

$\quad\quad\quad\quad = 10375 \text{kcal/hr}$

$10375\text{kcal/hr} \div 860\text{kcal/hr(kW)}$

$\therefore \text{kW} = 12.05\text{kW}$

1ton=3320kcal/hr

59 가스의 연소기구가 아닌 것은? [연소 8]

① 피셔식 버너
② 적화식 버너
③ 분젠식 버너
④ 전1차공기식 버너

1차, 2차 공기에 의한 연소의 방법(연소 핵심 8) 참조

60 용기내장형 액화석유가스 난방기용 용접용기에서 최고 충전압력이란 몇 MPa을 말하는가?

① 1.25MPa ② 1.5MPa
③ 2MPa ④ 2.6MPa

제4과목 가스안전관리

61 고압가스 충전용기를 차량에 적재 운반할 때의 기준으로 틀린 것은? [안전 34]

① 충돌을 예방하기 위하여 고무링을 씌운다.
② 모든 충전용기는 적재함에 넣어 세워서 적재한다.
③ 충격을 방지하기 위하여 완충판 등을 갖추고 사용한다.
④ 독성가스 중 가연성 가스와 조연성 가스는 동일 차량 적재함에 운반하지 않는다.

고압가스 용기에 의한 운반기준(안전 핵심 34) 참조

62 아세틸렌을 용기에 충전할 때에는 미리 용기에 다공질물을 고루 채워야 하는데, 이때 다공질물의 다공도 상한값은?

① 72% 미만 ② 85% 미만
③ 92% 미만 ④ 98% 미만

다공도 75% 이상 92% 미만

63 액화산소 저장탱크의 저장능력이 2000m³일 때 방류둑의 용량은 얼마 이상으로 하여야 하는가? [안전 53]

① 1200m³ ② 1800m³
③ 2000m³ ④ 2200m³

방류둑 설치기준(안전 핵심 53) 참조
방류둑의 용량
㉠ 독성·가연성 : 저장능력 상당용적
㉡ 산소 : 저장능력 상당용적의 60% 이상
2000m³×0.6＝1200m³ 이상

64 초저온용기의 신규검사 시 다른 용접용기의 검사 항목과 달리 특별히 시험하여야 하는 검사 항목은?

① 압궤시험 ② 인장시험
③ 굽힘시험 ④ 단열성능시험

초저온용기(액화산소, 액화아르곤, 액화질소)에 실시하는 검사는 단열성능시험이다.

65 압력을 가하거나 온도를 낮추면 가장 쉽게 액화하는 가스는?

① 산소 ② 천연가스
③ 질소 ④ 프로판

비등점이 높을수록 쉽게 액화된다.
$O_2(-183℃)$, 천연가스$(-162℃)$, $N_2(-196℃)$, 프로판$(-42℃)$

66 액화석유가스용 소형 저장탱크의 설치장소 기준으로 틀린 것은? [안전 103]

① 지상설치식으로 한다.
② 액화석유가스가 누출된 경우 체류하지 않도록 통풍이 잘 되는 장소에 설치한다.
③ 전용 탱크실로 하여 옥외에 설치한다.
④ 건축물이나 사람이 통행하는 구조물의 하부에 설치하지 아니한다.

소형 저장탱크 설치방법(안전 핵심 103) 참조
전용탱크실에 설치하는 경우 옥외에 설치할 필요가 없다.

67 염소와 동일 차량에 적재하여 운반하여도 무방한 것은? [안전 34]

① 산소
② 아세틸렌
③ 암모니아
④ 수소

고압가스 용기에 의한 운반기준(안전 핵심 34) 참조

68 폭발 상한값은 수소, 폭발 하한값은 암모니아와 가장 유사한 가스는?

① 에탄
② 일산화탄소
③ 산화프로필렌
④ 메틸아민

H_2(4~75%), NH_3(15~28%), CO(12.5~74%)이다.

69 도시가스사업법에서 요구하는 전문교육 대상자가 아닌 것은? [안전 72]

① 도시가스사업자의 안전관리책임자
② 특정가스사용시설의 안전관리책임자
③ 도시가스사업자의 안전점검원
④ 도시가스사업자의 사용시설점검원

안전교육(안전 핵심 72) 참조
④ 사용시설점검원은 특별교육대상자

70 독성가스 배관용 밸브 제조의 기준 중 고압가스안전관리법의 적용대상 밸브 종류가 아닌 것은?

① 니들밸브
② 게이트밸브
③ 체크밸브
④ 볼밸브

독성가스 배관용 밸브 제조 기준 중 고압가스안전관리법 적용대상 밸브(KGS AA318)
볼밸브, 글로브밸브, 게이트밸브, 체크밸브, 콕

71 용기에 의한 액화석유가스 저장소에서 액화석유가스의 충전용기 보관실에 설치하는 환기구의 통풍 가능 면적의 합계는 바닥면적 $1m^2$마다 몇 cm^2 이상이어야 하는가?

① $250cm^2$
② $300cm^2$
③ $400cm^2$
④ $650cm^2$

LP가스 환기설비(안전 핵심 123) 참조
자연통풍구의 크기
바닥면적의 3% 이상, $1m^3$당 $300cm^2$ 이상

72 저장탱크에 가스를 충전할 때 저장탱크 내용적의 90%를 넘지 않도록 충전해야 하는 이유는?

① 액의 요동을 방지하기 위하여
② 충격을 흡수하기 위하여
③ 온도에 따른 액 팽창이 현저히 커지므로 안전공간을 유지하기 위하여
④ 추가로 충전할 때를 대비하기 위하여

73 독성가스를 차량으로 운반할 때에는 보호장비를 비치하여야 한다. 압축가스의 용적이 몇 m^3 이상일 때 공기호흡기를 갖추어야 하는가? [안전 166]

① $50m^3$
② $100m^3$
③ $500m^3$
④ $1000m^3$

독성가스 운반 시 보호장비(안전 핵심 166) 참조

74 가스안전 위험성 평가기법 중 정량적 평가에 해당되는 것은? [연소 12]

① 체크리스트 기법
② 위험과 운전 분석기법
③ 작업자실수 분석기법
④ 사고예상질문 분석기법

안전성 평가기법(연소 핵심 12) 참조

정답 67.① 68.② 69.④ 70.① 71.② 72.③ 73.② 74.③

75 고압가스 특정제조시설에서 에어졸 제조의 기준으로 틀린 것은? [안전 70]

① 에어졸 제조는 그 성분 배합비 및 1일에 제조하는 최대수량을 정하고 이를 준수한다.
② 금속제의 용기는 그 두께가 0.125mm 이상이고 내용물로 인한 부식을 방지할 수 있는 조치를 한다.
③ 용기는 40℃에서 용기 안의 가스압력의 1.2배의 압력을 가할 때 과열되지 않는 것으로 한다.
④ 내용적이 100cm²를 초과하는 용기는 그 용기의 제조자의 명칭 또는 기호가 표시되어 있는 것으로 한다.

에어졸 제조시설(안전 핵심 70) 참조

76 일반도시가스 공급시설에 설치된 압력조정기는 매 6개월에 1회 이상 안전점검을 실시한다. 압력조정기의 점검기준으로 틀린 것은?

① 입구압력을 측정하고 입구압력이 명판에 표시된 입구압력 범위 이내인지 여부
② 격납상자 내부에 설치된 압력조정기는 격납상자의 견고한 고정 여부
③ 조정기의 몸체와 연결부의 가스누출 유무
④ 필터 또는 스트레이너의 청소 및 손상 유무

77 용기에 의한 액화석유가스 저장소의 저장설비 설치기준으로 틀린 것은?

① 용기보관실 설치 시 저장설비는 용기집합식으로 하지 아니한다.
② 용기보관실은 사무실과 구분하여 동일한 부지에 설치한다.
③ 실외저장소 설치 시 충전용기와 잔가스용기의 보관장소는 1.5m 이상의 거리를 두어 구분하여 보관한다.
④ 실외저장소 설치 시 바닥으로부터 2m 이내의 배수시설이 있을 경우에는 방수재료로 이중으로 덮는다.

78 불화수소(HF)가스를 물에 흡수시킨 물질을 저장하는 용기로 사용하기에 가장 부적절한 것은?

① 납용기
② 유리용기
③ 강용기
④ 스테인리스용기

79 고압가스용 용접용기의 반타원체형 경판의 두께 계산식은 다음과 같다. m을 올바르게 설명한 것은? [안전 172]

$$t = \frac{PDV}{2S\eta - 0.2P} + C \text{에서 } V \text{는 } \frac{2+m^2}{6} \text{이다.}$$

① 동체의 내경과 외경비
② 강판 중앙 단곡부의 내경과 경판 둘레의 단곡부 내경비
③ 반타원체형 내면의 장축부와 단축부의 길이의 비
④ 경판 내경과 경판 장축부의 길이의 비

고압가스용 용접용기 두께(안전 핵심 172) 참조

80 일반 용기의 도색이 잘못 연결된 것은?

① 액화염소－갈색
② 아세틸렌－황색
③ 액화탄산가스－회색
④ 액화암모니아－백색

액화탄산가스 : 청색

제5과목 가스계측

81 다음 중 측온 저항체의 종류가 아닌 것은 어느 것인가? [계측 22]

① Hg ② Ni
③ Cu ④ Pt

전기저항 온도계(계측 핵심 22) 참조

82 기체 크로마토그래피법의 검출기에 대한 설명으로 옳은 것은?

① 불꽃이온화 검출기는 감도가 낮다.

② 전자포획 검출기는 선형 감응범위가 아주 우수하다.

③ 열전도도 검출기는 유기 및 무기 화학종에 모두 감응하고 용질이 파괴되지 않는다.

④ 불꽃광도 검출기는 모든 물질에 적용된다.

- FID는 감응이 최고
- ECD는 할로겐, 산소 화합물에 감응이 최고, 탄화수소에는 감응이 떨어진다.

83 다음 [보기]에서 설명하는 가스미터는 어느 것인가? [계측 8]

- 설치공간을 적게 차지한다.
- 대용량의 가스 측정에 적당하다.
- 설치 후의 유지관리가 필요하다.
- 가스의 압력이 높아도 사용이 가능하다.

① 막식 가스미터　② 루트미터
③ 습식 가스미터　④ 오리피스미터

막식, 습식, 루트식 가스미터 장 · 단점(계측 핵심 8) 참조

84 다음 [보기]에서 설명하는 열전대 온도계(Thermo electric thermometer)의 종류는 어느 것인가? [계측 9]

- 기전력 특성이 우수하다.
- 환원성 분위기에 강하나 수분을 포함한 산화성 분위기에는 약하다.
- 값이 비교적 저렴하다.
- 수소와 일산화탄소 등에 사용이 가능하다.

① 백금－백금 · 로듐
② 크로멜－알루멜
③ 철－콘스탄탄
④ 구리－콘스탄탄

열전대 온도계(계측 핵심 9) 참조

85 내경 70mm의 배관으로 어떤 양의 물을 보냈더니 배관 내 유속이 3m/s였다. 같은 양의 물을 내경 50mm의 배관으로 보내면 배관 내 유속은 약 몇 m/s가 되는가?

① 2.56　　② 3.67
③ 4.20　　④ 5.88

연속의 법칙
$A_1 V_1 = A_2 V_2$

$$\therefore V_2 = \frac{A_1 V_1}{A_2} = \frac{\frac{\pi}{4} \times (70)^2 \times 3}{\frac{\pi}{4} \times (50)^2} = 5.88 \text{m/s}$$

86 용량범위가 1.5~200m³/h로 일반 수용가에 널리 사용되는 가스미터는? [계측 8]

① 루트미터
② 습식 가스미터
③ 델타미터
④ 막식 가스미터

막식, 습식, 루트식 가스미터 장 · 단점(계측 핵심 8) 참조

87 진동이 일어나는 장치의 진동을 억제하는 데 가장 효과적인 제어동작은? [계측 4]

① 뱅뱅동작
② 비례동작
③ 적분동작
④ 미분동작

동작신호와 신호의 전송방법(계측 핵심 4) 참조

88 변화되는 목표치를 측정하면서 제어량을 목표치에 맞추는 자동제어 방식이 아닌 것은 어느 것인가? [계측 12]

① 추종제어
② 비율제어
③ 프로그램제어
④ 정치제어

자동제어계의 분류(계측 핵심 12) 참조

89 다음 중 스프링식 저울에 물체의 무게가 작용되어 스프링의 변위가 생기고 이에 따라 바늘의 변위가 생겨 물체의 무게를 지시하는 눈금으로 무게를 측정하는 방법을 무엇이라 하는가? [계측 11]

① 영위법   ② 치환법
③ 편위법   ④ 보상법

 계측의 측정방법(계측 핵심 11) 참조

90 막식 가스미터에서 발생할 수 있는 고장의 형태 중 가스미터에 감도 유량을 흘렸을 때, 미터 지침의 시도(示度)에 변화가 나타나지 않는 고장을 의미하는 것은? [계측 5]

① 감도 불량   ② 부동
③ 불통   ④ 기차 불량

 가스미터의 고장(계측 핵심 5) 참조

91 화학분석법 중 요오드(I)적정법은 주로 어떤 가스를 정량하는 데 사용되는가?

① 일산화탄소
② 아황산가스
③ 황화수소
④ 메탄

요오드 적정법은 황화수소 정량에 사용된다.

92 측정치가 일정하지 않고 분포현상을 일으키는 흩어짐(dispersion)이 원인이 되는 오차는?

① 개인오차   ② 환경오차
③ 이론오차   ④ 우연오차

계통오차(계측 핵심 2) 참조
우연오차
측정치가 일정하지 않고 산포의 원인이 되는 오차

93 다음 중 액면 측정방법이 아닌 것은?

① 플로트식   ② 압력식
③ 정전용량식   ④ 박막식

94 부르동(bourdon)관 압력계에 대한 설명으로 틀린 것은?

① 높은 압력은 측정할 수 있지만 정도는 좋지 않다.
② 고압용 부르동관의 재질은 니켈강이 사용된다.
③ 탄성을 이용하는 압력계이다.
④ 부르동관의 선단은 압력이 상승하면 수축되고, 낮아지면 팽창한다.

 부르동관 압력계
압력상승 시 선단이 팽창, 낮아지면 수축

95 수소의 품질검사에 이용되는 분석방법은 어느 것인가? [안전 11]

① 오르자트법
② 산화연소법
③ 인화법
④ 파라듐블랙에 의한 흡수법

산소, 수소, 아세틸렌 품질검사(안전 핵심 11) 참조

96 상대습도가 30%이고, 압력과 온도가 각각 1.1bar, 75℃인 습공기가 100m³/h로 공정에 유입될 때 몰습도(mol H_2O/mol dry air)는? (단, 75℃에서 포화수증기압은 289mmHg이다.)

① 0.017
② 0.117
③ 0.129
④ 0.317

$$몰습도 = \frac{H_2O \ 몰질량}{Air \ 몰질량} = \frac{P_{H_2O}(P_w)}{P - P_{H_2O}(P_w)}$$

$$\phi = \frac{수증기분압(P_w)}{t℃ \ 포화수증기압(P_s)} \ 이므로$$

$$P_w = \phi P_s = 0.3 \times 289 = 86.7 \text{mmHg}$$

$$P(습공기 \ 전압력) = \frac{1.1}{1.01325} \times 760$$

$$= 825.067 \text{mmHg}$$

$$\therefore \ 몰습도 = \frac{(86.7)}{825.067 - 86.7}$$

$$= 0.117(\text{mol } H_2O/\text{mol dry air})$$

97 다음 가스 분석방법 중 성질이 다른 하나는 어느 것인가?

① 자동화학식
② 열전도율법
③ 밀도법
④ 기체 크로마토그래피법

①: 화학적 분석법
②, ③, ④: 물리적 분석법

98 제백(seebeck)효과의 원리를 이용한 온도계는 어느 것인가? 　　　　　　[계측 9]

① 열전대 온도계
② 서미스터 온도계
③ 팽창식 온도계
④ 광전관 온도계

열전대 온도계(계측 핵심 9) 참조

99 머무른 시간 407초, 길이 12.2m인 컬럼에서의 띠너비를 바닥에서 측정하였을 때 13초였다. 이때 단 높이는 몇 mm인가?

① 0.58　　　　② 0.68
③ 0.78　　　　④ 0.88

$$N = 16 \times \left(\frac{K}{B}\right)^2 = 16 \times \left(\frac{407}{13}\right)^2 = 15682.74556$$

$$\therefore \text{이론단 높이(HETp)} = \frac{L}{N} = \frac{12.2 \times 10^3}{15682.74556}$$
$$= 0.777 ≒ 0.78$$

100 헴펠식 가스분석법에서 흡수·분리되지 않는 성분은? 　　　　　　[계측 1]

① 이산화탄소　　② 수소
③ 중탄화수소　　④ 산소

흡수분석법(계측 핵심 1) 참조

국가기술자격 시험문제

2021년 기사 제2회 필기시험(1부) (2021년 5월 15일 시행)

자격종목	시험시간	문제수	문제형별
가스기사	2시간30분	100	A

수험번호		성 명	

제1과목 가스유체역학

01 다음과 같은 일반적인 베르누이의 정리에 적용되는 조건이 아닌 것은?

$$\frac{P}{\rho g}+\frac{V^2}{2g}+Z=\text{constant}$$

① 정상상태의 흐름이다.
② 마찰이 없는 흐름이다.
③ 직선관에서만의 흐름이다.
④ 같은 유선상에 있는 흐름이다.

베르누이 방정식의 가정 조건
㉠ 정상 유동
㉡ 비압축성 유동, 비점성 유동
㉢ 마찰이 없는 유동
㉣ 유선을 따르는 유동

02 냇물을 건널 때 안전을 위하여 일반적으로 물의 폭이 넓은 곳으로 건너간다. 그 이유는 폭이 넓은 곳에서는 유속이 느리기 때문이다. 이는 다음 중 어느 원리와 가장 관계가 깊은가?

① 연속방정식
② 운동량방정식
③ 베르누이의 방정식
④ 오일러의 운동방정식

연속의 법칙
$A_1V_1=A_2V_2$이므로 면적이 큰 것은 유속이 느리고, 면적이 작은 것은 유속이 빠르다.

03 압력계의 눈금이 1.2MPa을 나타내고 있으며 대기압이 720mmHg일 때 절대압력은 몇 kPa인가?

① 720
② 1200
③ 1296
④ 1301

절대압력＝대기압력＋게이지압력
$=720\text{mmHg}+1.2\text{MPa}$
$=\frac{720}{760}\times101.325\text{kPa}+(1.2\times10^3)\text{kPa}$
$=1295.992≒1296\text{kPa(a)}$

04 수차의 효율을 η, 수차의 실제 출력을 $L(\text{PS})$, 수량을 $Q(\text{m}^3/\text{s})$라 할 때 유효낙차 $H(\text{m})$를 구하는 식은?

① $H=\dfrac{L}{13.3\eta Q}[\text{m}]$

② $H=\dfrac{QL}{13.3\eta}[\text{m}]$

③ $H=\dfrac{L\eta}{13.3Q}[\text{m}]$

④ $H=\dfrac{\eta}{L\times13.3Q}[\text{m}]$

수차
물이 가지고 있는 에너지를 기계적 에너지로 변환시키는 기계
$L_{\text{PS}}=1000H\cdot Q(\text{kg}\cdot\text{m/s})=13.3\eta HQ(\text{PS})$
$\therefore H=\dfrac{L_{\text{PS}}}{13.3\eta Q}(\text{m})$

참고 $L_{\text{kW}}=9.8\eta QH(\text{kW})$

$H=\dfrac{L_{\text{kW}}}{9.8\eta Q}$

정답 01.③ 02.① 03.③ 04.①

05 펌프의 회전수를 N(rpm), 유량을 Q(m³/min), 양정을 H(m)라 할 때 펌프의 비교회전도 N_s를 구하는 식은?

① $N_s = NQ^{\frac{1}{2}}H^{-\frac{3}{4}}$

② $N_s = NQ^{-\frac{1}{2}}H^{\frac{3}{4}}$

③ $N_s = NQ^{-\frac{1}{2}}H^{-\frac{3}{4}}$

④ $N_s = NQ^{\frac{1}{2}}H^{\frac{3}{4}}$

비교회전도(N_s)

$N_s = \dfrac{N\sqrt{Q}}{\left(\dfrac{H}{n}\right)^{\frac{3}{4}}} = N \times (Q)^{\frac{1}{2}} \times \left(\dfrac{H}{n}\right)^{-\frac{3}{4}}$ (단수가 1단일 때

는 n을 삭제)

여기서, N_s : 비교회전도(m³/min · m · rpm)
　　　　N : 회전수(rpm)
　　　　H : 양정(m)
　　　　n : 단수
　　　　Q : 유량(m³/min)

06 원관 내 유체의 흐름에 대한 설명 중 틀린 것은?

① 일반적으로 층류는 레이놀즈수가 약 2100 이하인 흐름이다.

② 일반적으로 난류는 레이놀즈수가 약 4000 이상인 흐름이다.

③ 일반적으로 관 중심부의 유속은 평균 유속보다 빠르다.

④ 일반적으로 최대속도에 대한 평균속도 의 비는 난류가 층류보다 작다.

Re(레이놀즈수)

㉠ $Re < 2100$(층류)
㉡ $Re > 4000$(난류)
㉢ $U_{max} = 2U$(U_{max} : 최대유속, U : 평균유속)
㉣ 관 중심부의 유속은 평균유속보다 빠르다.
㉤ 최대속도(U_{max})에 대한 평균속도(U)의 비는 난류가 층류보다 크다.

07 내경이 2.5×10^{-3}m인 원관에 0.3m/s의 평균속도로 유체가 흐를 때 유량은 약 몇 m³/s인가?

① 1.06×10^{-6}　　② 1.47×10^{-6}

③ 2.47×10^{-6}　　④ 5.23×10^{-6}

$Q = \dfrac{\pi}{4}D^2 \times V$

$\quad = \dfrac{\pi}{4} \times (2.5 \times 10^{-3})^2 \times 0.3 = 1.47 \times 10^{-6} \text{m}^3/\text{s}$

08 간격이 좁은 2개의 연직 평판을 물속에 세웠을 때 모세관현상의 관계식으로 맞는 것은? (단, 두 개의 연직 평판의 간격 : t, 표면장력 : σ, 접촉각 : β, 물의 비중량 : γ, 액면의 상승높이 : h_c이다.)

① $h_c = \dfrac{4\sigma\cos\beta}{\gamma t}$　　② $h_c = \dfrac{4\sigma\sin\beta}{\gamma t}$

③ $h_c = \dfrac{2\sigma\cos\beta}{\gamma t}$　　④ $h_c = \dfrac{2\sigma\sin\beta}{\gamma t}$

모세관현상

㉠ 평판 : $h_c = \dfrac{2\sigma\cos\beta}{\gamma t}$

㉡ 원관 : $h_c = \dfrac{4\sigma\cos\beta}{\gamma d}$

참고　(1) $\displaystyle\sum_{+\,-}^{\uparrow\,\downarrow} = 0$

　　　$\sigma\cos\beta 2l(\uparrow)$
　　　$w(\text{자중}) = \gamma t l h_c$
　　　$\sigma\cos\beta 2l - \gamma t l h_c = 0$
　　　$\therefore \ h_c = \dfrac{2\sigma\cos\beta}{\gamma t}$

　　　(2) $\sigma\cos\beta \cdot \pi d(\uparrow) = \gamma \cdot \dfrac{\pi d^2}{4} \cdot h_c(\downarrow)$

　　　$\therefore \ h_c = \dfrac{4\sigma\cos\beta}{\gamma d}$

09 표준대기에서 개방된 탱크에 물이 채워져 있다. 수면에서 2m 깊이의 지점에서 받는 절대압력은 몇 kgf/cm²인가?

① 0.03　　② 1.033

③ 1.23　　④ 1.92

$P = \gamma H = 1000\text{kg/m}^3 \times 2\text{m}$
$2000\text{kg/m}^2 = 0.2\text{kg/cm}^2$
절대압력 $= 1.0332 + 0.2 = 1.23\text{kgf/cm}^2$

10 원관을 통하여 계량수조에 10분 동안 2000kg의 물을 이송한다. 원관의 내경을 500mm로 할 때 평균유속은 약 몇 m/s인가? (단, 물의 비중은 1.0이다.)

① 0.27   ② 0.027
③ 0.17   ④ 0.017

$$Q = 2000\text{kg}/10\text{min}$$
$$= 0.2\text{t}/\text{min}$$
$$= 0.2\text{m}^3/60\text{s}$$
$$V = \frac{Q}{A} = \frac{0.2/60}{\frac{\pi}{4} \times (0.5\text{m})^2} = 0.0169 = 0.017\text{m/s}$$

> 물은 비중이 1이므로 (kg=L), (t=m³)이다.

11 다음 중 수직 충격파가 발생될 때 나타나는 현상은?   [유체 20]

① 압력, 마하수, 엔트로피가 증가한다.
② 압력은 증가하고 엔트로피와 마하수는 감소한다.
③ 압력과 엔트로피가 증가하고 마하수는 감소한다.
④ 압력과 마하수는 증가하고 엔트로피는 감소한다.

충격파(유체 핵심 20) 참조
충격파의 영향
㉠ 증가 : 밀도, 비중량, 압력, 온도, 엔트로피
㉡ 감소 : 속도, 마하수
㉢ 마찰열 발생

12 구가 유체 속을 자유낙하할 때 받는 항력 F 가 점성계수 μ, 지름 D, 속도 V의 함수로 주어진다. 이 물리량들 사이의 관계식을 무차원으로 나타내고자 할 때 차원해석에 의하면 몇 개의 무차원수로 나타낼 수 있는가?

① 1   ② 2
③ 3   ④ 4

무차원수 $= n - m$
여기서, n : 물리량수
m : 기본차원수(MLT)
$\therefore 4 - 3 = 1$

풀이 항력 $F = 3\pi\mu VD$
여기서, F : kg(M)
μ : g/cm · s$(ML^{-1}T^{-1})$
V : m/s(LT^{-1})
D : m(L)
• 항력 : 유동속도의 방향과 수평방향의 힘의 성분
• 양력 : 유동속도의 방향과 수직방향의 힘의 성분

13 단면적이 변하는 관로를 비압축성 유체가 흐르고 있다. 지름이 15cm인 단면에서의 평균속도가 4m/s이면 지름이 20cm인 단면에서의 평균속도는 몇 m/s인가?

① 1.05   ② 1.25
③ 2.05   ④ 2.25

$$A_1 V_1 = A_2 V_2$$
$$V_2 = \frac{A_1 V_1}{A_2} = \frac{\frac{\pi}{4} \times 15^2 \times 4}{\frac{\pi}{4} \times 20^2} = 2.25\text{m/s}$$

14 강관 속을 물이 흐를 때 넓이 250cm²에 걸리는 전단력이 2N이라면 전단응력은 몇 kg/m · s²인가?

① 0.4   ② 0.8
③ 40   ④ 80

$$\tau = \frac{F}{A} = \frac{2\text{N}}{250\text{cm}^2}$$
$$= \frac{2\text{kg} \cdot \text{m/s}^2}{0.025\text{m}^2} = 80\text{kg/m} \cdot \text{s}^2$$

15 전양정 15m, 송출량 0.02m³/s, 효율 85%인 펌프로 물을 수송할 때 축동력은 몇 마력인가?

① 2.8PS   ② 3.5PS
③ 4.7PS   ④ 5.4PS

$$L_{PS} = \frac{\gamma \cdot Q \cdot H}{75\eta}$$
$$= \frac{1000 \times 0.02 \times 15}{75 \times 0.85}$$
$$= 4.7\text{PS}$$

16 어떤 유체의 운동문제에 8개의 변수가 관계되고 있다. 이 8개의 변수에 포함되는 기본차원이 질량 M, 길이 L, 시간 T일 때 π정리로서 차원해석을 한다면 몇 개의 독립적인 무차원량 π를 얻을 수 있는가?

① 3개
② 5개
③ 8개
④ 11개

무차원수＝물리량수－기본차원수＝8－3＝5

17 그림은 회전수가 일정할 경우 펌프의 특성곡선이다. 효율곡선에 해당하는 것은?

① A
② B
③ C
④ D

A : 축동력선
B : 양정곡선
C : 효율곡선

18 그림과 같이 비중이 0.85인 기름과 물이 층을 이루며 뚜껑이 열린 용기에 채워져 있다. 물의 가장 낮은 밑바닥에서 받는 게이지압력은 얼마인가? (단, 물의 밀도는 1000kg/m^{3}이다.)

① 3.33kPa
② 7.45kPa
③ 10.8kPa
④ 12.2kPa

$P = P_1 + P_2$
　$= (0.85 \times 10^3)\text{kg/m}^3 \times 0.4\text{m} + 1000\text{kg/m}^3 \times 0.9\text{m}$
　$= 1240\text{kg/m}^2$

$\therefore \dfrac{1240}{10332} \times 101.325\text{kPa} = 12.16\text{kPa} \fallingdotseq 12.2\text{kPa}$

19 압력이 100kPa이고 온도가 30℃인 질소 ($R = 0.26\text{kJ/kg} \cdot \text{K}$)의 밀도(kg/m^3)는?

① 1.02
② 1.27
③ 1.42
④ 1.64

$\rho = \dfrac{P}{RT}$

$= \dfrac{100\text{kN/m}^2}{0.26\text{kN} \cdot \text{m/kg} \cdot \text{K} \times 303\text{K}}$

$= 1.269 = 1.27\text{kg/m}^3$

> • kPa＝kN/m^2
> • kJ＝kN · m

20 온도 20℃의 이상기체가 수평으로 놓인 관 내부를 흐르고 있다. 유동 중에 놓인 작은 물체의 코에서의 정체온도(stagnation temperature)가 $T_s = 40℃$이면 관에서의 기체의 속도(m/s)는? (단, 기체의 정압비열 $C_p = 1040\text{J/kg} \cdot \text{K}$이고, 등엔트로피 유동이라고 가정한다.) 　　　　　[유체 5]

① 204
② 217
③ 237
④ 253

정체상태, 임계상태(유체 핵심 5) 참조

■ 제2과목 연소공학

21 다음 [보기]에서 설명하는 가스폭발 위험성 평가기법은? 　　　　　[연소 12]

> • 사상의 안전도를 사용하여 시스템의 안전도를 나타내는 모델이다.
> • 귀납적이기는 하나 정량적 분석기법이다.
> • 재해의 확대요인 분석에 적합하다.

① FHA(Fault Hazard Analysis)
② JSA(Job Safety Analysis)
③ EVP(Extreme Value Projection)
④ ETA(Event Tree Analysis)

안전성 평가기법(연소 핵심 12) 참조

22 랭킨사이클의 과정은?

① 정압가열 → 단열팽창 → 정압방열 →
　단열압축
② 정압가열 → 단열압축 → 정압방열 →
　단열팽창
③ 등온팽창 → 단열팽창 → 등온압축 →
　단열압축
④ 등온팽창 → 단열압축 → 등온압축 →
　단열팽창

랭킨사이클의 과정

정압(등압)가열(① → ②) → 단열팽창(② → ③)
→ 등압방열(③ → ④) → 단열압축(④ → ①)(등적)
((① → ②) : 보일러, (② → ③) : 터빈
(③ → ④) : 응축기, (④ → ①) : 급수펌프

23 에틸렌(ethylene) 1Sm³를 완전 연소시키는
데 필요한 공기의 양은 약 몇 Sm³인가?
(단, 공기 중 산소 및 질소의 함량은 21v%,
79v%이다.)

① 9.5　　　　② 11.9
③ 14.3　　　④ 19.0

$C_2H_4 + 3O_2 \rightarrow 2CO_2 + 2H_2O$
$1Sm^3 : 3Sm^3$(산소량)
∴ 공기량 $= 3Sm^3 \times \dfrac{1}{0.21} = 14.285 \fallingdotseq 14.3Sm^3$

24 418.6kJ/kg의 내부에너지를 갖는 20℃의
공기 10kg이 탱크 안에 들어있다. 공기의
내부에너지가 502.3kJ/kg으로 증가할 때
까지 가열하였을 경우 이때의 열량 변화는
약 몇 kJ인가?

① 775　　　　② 793
③ 837　　　④ 893

$(502.3 - 418.6)kJ/kg \times 10kg = 837kJ$

25 가스의 연소속도에 영향을 미치는 인자에
대한 설명 중 틀린 것은?

① 연소속도는 일반적으로 이론혼합비보다
　약간 과농한 혼합비에서 최대가 된다.
② 층류연소속도는 초기온도의 상승에 따
　라 증가한다.
③ 연소속도의 압력의존성이 매우 커 고압
　에서 급격한 연소가 일어난다.
④ 이산화탄소를 첨가하면 연소범위가 좁
　아진다.

연소속도는 압력의 영향을 받으나 의존도는 크지
않고, 고압일수록 연소속도가 증가하나 CO, H_2는
오히려 낮아진다.

26 프로판 1Sm³를 공기과잉률 1.2로 완전 연소
시켰을 때 발생하는 건연소가스량은 약 몇
Sm³인가?

① 28.8　　　　② 26.6
③ 24.5　　　④ 21.1

$C_3H_8 + 5O_2 \rightarrow 3CO_2 + 4H_2O$
　$1Sm^3$　$5Sm^3$　　$3Sm^3$
건조연소가스량 $N_2 + (m-1)A_0 + CO_2$이므로
$5 \times \dfrac{0.79}{0.21} + (1.2-1) \times 5 \times \dfrac{1}{0.21} + 3$
$= 26.57 \fallingdotseq 26.6Sm^3$

27 증기원동기의 가장 기본이 되는 동력사이
클은?

① 사바테(Sabathe)사이클
② 랭킨(Rankine)사이클
③ 디젤(Diesel)사이클
④ 오토(Otto)사이클

증기원동기의 기본사이클 = 랭킨사이클

28 가연물이 되기 쉬운 조건이 아닌 것은?

① 열전도율이 작다.
② 활성화에너지가 크다.
③ 산소의 친화력이 크다.
④ 가연물의 표면적이 크다.

② 활성화에너지가 적을 것

29 순수한 물질에서 압력을 일정하게 유지하면서 엔트로피를 증가시킬 때 엔탈피는 어떻게 되는가?

① 증가한다.
② 감소한다.
③ 변함없다.
④ 경우에 따라 다르다.

㉠ 엔트로피(kcal/kg · K) : 단위중량당의 열량을 절대온도로 나눈 값으로 무질서도를 나타내는 상태량이다. 물체에 열을 가하면 엔트로피가 증가하고, 냉각 시에는 감소한다.
㉡ 엔탈피(kcal/kg) : 단위중량당의 열량이다. 유체 1kg이 가지는 열에너지로서, 압력이 일정한 조건에서 엔트로피가 증가 시 같이 증가한다.

30 다음 중 가역과정이라고 할 수 있는 것은 어느 것인가? [연소 38]

① Carnot 순환
② 연료의 완전 연소
③ 관 내 유체의 흐름
④ 실린더 내에서의 급격한 팽창

가역 · 비가역(연소 핵심 38) 참조
가역과 비가역의 예시
㉠ 가역 : 노즐에서 팽창, Carnot 순환, 마찰이 없는 관 내 흐름
㉡ 비가역 : 연료의 완전 연소, 실린더 내의 급격한 팽창, 관 내 유체 흐름

31 임계압력을 가장 잘 표현한 것은?

① 액체가 증발하기 시작할 때의 압력을 말한다.
② 액체가 비등점에 도달했을 때의 압력을 말한다.
③ 액체, 기체, 고체가 공존할 수 있는 최소 압력을 말한다.
④ 임계온도에서 기체를 액화시키는 데 필요한 최저의 압력을 말한다.

㉠ 임계온도 : 액화할 수 있는 최고의 온도
㉡ 임계압력 : 액화할 수 있는 최소의 압력

32 최소산소농도(MOC)와 이너팅(inerting)에 대한 설명으로 틀린 것은? [연소 19]

① LFL(연소하한계)은 공기 중의 산소량을 기준으로 한다.
② 화염을 전파하기 위해서는 최소한의 산소농도가 요구된다.
③ 폭발 및 화재는 연료의 농도에 관계없이 산소의 농도를 감소시킴으로써 방지할 수 있다.
④ MOC값은 연속반응식 중 산소의 양론계수와 LFL(연소하한계)의 곱을 이용하여 추산할 수 있다.

불활성화 방법(이너팅)(연소 핵심 19) 참조
① 연소하한계(LEL)는 혼합가스 중 가스가 차지하는 최저농도

33 파라핀계 탄화수소의 탄소수 증가에 따른 일반적인 성질 변화로 옳지 않은 것은?

① 인화점이 높아진다.
② 착화점이 높아진다.
③ 연소범위가 좁아진다.
④ 발열량($kcal/m^3$)이 커진다.

파라핀계 탄화수소 : $C_m H_{2n+2}$
(CH_4, C_2H_6, C_3H_8, C_4H_{10} 등)
탄소(C) 수가 증가할수록,
㉠ 발열량이 커진다.
㉡ 폭발하한이 낮아진다.
㉢ 연소범위가 좁아진다.
㉣ 착화점이 낮아진다.

34 어느 카르노사이클이 103℃와 −23℃에서 작동이 되고 있을 때 열펌프의 성적계수는 약 얼마인가?

① 3.5   ② 3
③ 2   ④ 0.5

$$\text{열펌프의 성적계수} = \frac{T_1}{T_1 - T_2}$$
$$= \frac{(273+103)}{(273+103)-(273-23)}$$
$$= 2.984 ≒ 3$$

35 다음 중 표면연소에 대하여 가장 옳게 설명한 것은? [연소 2]

① 오일이 표면에서 연소하는 상태
② 고체 연료가 화염을 길게 내면서 연소하는 상태
③ 화염의 외부 표면에 산소가 접촉하여 연소하는 상태
④ 적열된 코크스 또는 숯의 표면에 산소가 접촉하여 연소하는 상태

 연소의 종류(연소 핵심 2) 참조

36 자연상태의 물질을 어떤 과정(process)을 통해 화학적으로 변형시킨 상태의 연료를 2차 연료라고 한다. 다음 중 2차 연료에 해당하는 것은? [연소 43]

① 석탄
② 원유
③ 천연가스
④ LPG

 1차 · 2차 연료(연소 핵심 43) 참조
㉠ 1차 : 목재, 무연탄, 석탄, 천연가스
㉡ 2차 : 목탄, 코크스, LPG, LNG

37 다음 [보기]에서 열역학에 대한 설명으로 옳은 것을 모두 나열한 것은?

> ㉠ 기체에 기계적 일을 가하여 단열압축시키면 일은 내부에너지로 기체 내에 축적되어 온도가 상승한다.
> ㉡ 엔트로피는 가역이면 항상 증가하고 비가역이면 항상 감소한다.
> ㉢ 가스를 등온팽창시키면 내부에너지의 변화는 없다.

① ㉠   ② ㉡
③ ㉠, ㉢   ④ ㉡, ㉢

㉠ 비가역 단열 : 엔트로피 증가
㉡ 가역 단열 : 엔트로피 불변

38 폭발위험 예방원칙으로 고려하여야 할 사항에 대한 설명으로 틀린 것은?

① 비일상적 유지관리활동은 별도의 안전관리시스템에 따라 수행되므로 폭발위험장소를 구분하는 때에는 일상적인 유지관리활동만을 고려하여 수행한다.
② 가연성 가스를 취급하는 시설을 설계하거나 운전절차서를 작성하는 때에는 0종 장소 또는 1종 장소의 수와 범위가 최대가 되도록 한다.
③ 폭발성 가스 분위기가 존재할 가능성이 있는 경우에는 점화원 주위에서 폭발성 가스 분위기가 형성될 가능성 또는 점화원을 제거한다.
④ 공정설비가 비정상적으로 운전되는 경우에도 대기로 누출되는 가연성 가스의 양이 최소화되도록 한다.

39 연소범위에 대한 일반적인 설명으로 틀린 것은?

① 압력이 높아지면 연소범위는 넓어진다.
② 온도가 올라가면 연소범위는 넓어진다.
③ 산소농도가 증가하면 연소범위는 넓어진다.
④ 불활성 가스의 양이 증가하면 연소범위는 넓어진다.

 ④ 불활성 가스가 증가 시 연소범위는 좁아진다.

40 증기운폭발(VCE)의 특성에 대한 설명 중 틀린 것은?

① 증기운의 크기가 증가하면 점화확률이 커진다.
② 증기운에 의한 재해는 폭발보다는 화재가 일반적이다.
③ 폭발효율이 커서 연소에너지의 대부분이 폭풍파로 전환된다.
④ 누출된 가연성 증기가 양론비에 가까운 조성의 가연성 혼합기체를 형성하면 폭굉의 가능성이 높아진다.

정답 35.④ 36.④ 37.③ 38.② 39.④ 40.③

증기운폭발(VCE)의 특성
㉠ 폭발효율이 작고, 연소에너지의 20% 정도는 폭
　풍파로 전환된다.
㉡ 증기운의 크기가 증가 시 점화될 확률도 증가
　한다.
㉢ 증기운의 재해는 폭발력보다 화재가 보통이다.
㉣ 증기와 공기의 난류혼합은 폭발력을 증가시킨다.
㉤ 증기의 누출점으로부터 먼 지점에서의 착화는
　폭발의 충격을 증가시킨다.

제3과목 가스설비

41 용기용 밸브는 가스 충전구의 형식에 따라
A형, B형, C형의 3종류가 있다. 가스 충전
구가 암나사로 되어 있는 것은?　[안전 32]

① A형
② B형
③ A형, B형
④ C형

용기밸브 나사의 종류(안전 핵심 32) 참조

42 비교회전도(비속도, n_s)가 가장 작은 펌프는?

① 축류펌프
② 터빈펌프
③ 벌류트펌프
④ 사류펌프

각 보기의 비교회전도 값(m^3/min · m · rpm)은 다음
과 같다.
① 축류펌프 : 1200~2000
② 터빈펌프 : 100~600
③ 벌류트펌프 : 비속도 없음
④ 사류펌프 : 500~1300

43 고압가스 제조시설의 플레어스택에서 처리
가스의 액체 성분을 제거하기 위한 설비는?

① Knock−out drum
② Seal drum
③ Flame arrestor
④ Pilot burner

44 고압가스 제조장치 재료에 대한 설명으로
틀린 것은?

① 상온, 상압에서 건조상태의 염소가스에
　탄소강을 사용한다.
② 아세틸렌은 철, 니켈 등의 철족의 금
　속과 반응하여 금속 카르보닐을 생성
　한다.
③ 9% 니켈강은 액화 천연가스에 대하여
　저온취성에 강하다.
④ 상온, 상압에서 수증기가 포함된 탄산
　가스 배관에 18−8스테인리스강을 사
　용한다.

② 철, 니켈 등의 철족의 금속과 반응하여 금속 카르
보닐을 생성하는 것은 CO이다.

45 흡입구경이 100mm, 송출구경이 90mm인
원심펌프의 올바른 표시는?

① 100×90 원심펌프
② 90×100 원심펌프
③ 100−90 원심펌프
④ 90−100 원심펌프

46 액화석유가스를 사용하고 있던 가스레인지
를 도시가스로 전환하려고 한다. 다음 조건
으로 도시가스를 사용할 경우 노즐 구경은
약 몇 mm인가?　[설비 8]

- LPG 총 발열량(H_1) : 24000kcal/m^3
- LNG 총 발열량(H_2) : 6000kcal/m^3
- LPG 공기에 대한 비중(d_1) : 1.55
- LNG 공기에 대한 비중(d_2) : 0.65
- LPG 사용압력(p_1) : 2.8kPa
- LNG 사용압력(p_2) : 1.0kPa
- LPG를 사용하고 있을 때의 노즐 구경
　(D_1) : 0.3mm

① 0.2　　　　② 0.4
③ 0.5　　　　④ 0.6

배관의 압력손실 요인(설비 핵심 8) 참조
①, ②, ③ 및 가스미터에 의한 손실

$$\frac{D_2}{D_1} = \sqrt{\frac{WI_1\sqrt{P_1}}{WI_2\sqrt{P_2}}}$$

$$\therefore D_2 = D_1 \times \sqrt{\frac{WI_1\sqrt{P_1}}{WI_2\sqrt{P_2}}}$$

$$= 0.3 \times \sqrt{\frac{19277.26\sqrt{2.8}}{7442.08\sqrt{1.0}}} = 0.62 \fallingdotseq 0.6$$

참고

• $WI_1 = \dfrac{H_1}{\sqrt{d_1}} = \dfrac{24000}{\sqrt{1.55}} = 19277.26$

• $WI_2 = \dfrac{H_2}{\sqrt{d_2}} = \dfrac{6000}{\sqrt{0.65}} = 7442.08$

47 저압배관에서 압력손실의 원인으로 가장 거리가 먼 것은?

① 마찰저항에 의한 손실
② 배관의 입상에 의한 손실
③ 밸브 및 엘보 등 배관 부속품에 의한 손실
④ 압력계, 유량계 등 계측기 불량에 의한 손실

48 고압가스 이음매 없는 용기의 밸브 부착부 나사의 치수 측정방법은?

① 링게이지로 측정한다.
② 평형수준기로 측정한다.
③ 플러그게이지로 측정한다.
④ 버니어 캘리퍼스로 측정한다.

49 다음 중 압축기의 윤활유에 대한 설명으로 틀린 것은? [설비 32]

① 공기압축기에는 양질의 광유가 사용된다.
② 산소압축기에는 물 또는 15% 이상의 글리세린수가 사용된다.
③ 염소압축기에는 진한 황산이 사용된다.
④ 염화메탄의 압축기에는 화이트유가 사용된다.

압축기에 사용되는 윤활유(설비 핵심 32) 참조
② 산소압축기에는 물 또는 10% 이하의 글리세린수가 사용된다.

50 이음매 없는 용기와 용접용기의 비교 설명으로 틀린 것은?

① 이음매가 없으면 고압에서 견딜 수 있다.
② 용접용기는 용접으로 인하여 고가이다.
③ 만네스만법, 에르하르트식 등이 이음매 없는 용기의 제조법이다.
④ 용접용기는 두께공차가 작다.

(1) 용접용기의 장점
  • 경제적이다.
  • 모양, 치수가 자유롭다.
  • 두께공차가 적다.
(2) 무이음용기의 장점
  • 고압에 견딜 수 있다.
  • 응력분포가 균일하다.
(3) 무이음용기의 제조법
  만네스만식, 에르하르트식, 디프드로잉식

51 LNG, 액화산소, 액화질소 저장탱크 설비에 사용되는 단열재의 구비조건에 해당되지 않는 것은? [설비 38]

① 밀도가 클 것
② 열전도가 작을 것
③ 불연성 또는 난연성일 것
④ 화학적으로 안정되고 반응성이 작을 것

단열재 구비조건(설비 핵심 38) 참조
① 밀도가 작을 것

52 액화석유가스에 대하여 경고성 냄새가 나는 물질(부취제)의 비율은 공기 중 용량으로 얼마의 상태에서 감지할 수 있도록 혼합하여야 하는가? [안전 19]

① $\dfrac{1}{100}$ ② $\dfrac{1}{200}$

③ $\dfrac{1}{500}$ ④ $\dfrac{1}{1000}$

부취제(안전 핵심 19) 참조

53 배관용 강관 중 압력배관용 탄소강관의 기호는? [설비 59]

① SPPH
② SPPS
③ SPH
④ SPHH

강관의 종류(설비 핵심 59) 참조

54 LP가스의 일반적 특성에 대한 설명으로 틀린 것은? [설비 56]

① 증발잠열이 크다.
② 물에 대한 용해성이 크다.
③ LP가스는 공기보다 무겁다.
④ 액상의 LP가스는 물보다 가볍다.

LP가스의 특성(설비 핵심 56) 참조

55 중압식 공기분리장치에서 겔 또는 몰레큘러-시브(Molecular Sieve)에 의하여 주로 제거할 수 있는 가스는?

① 아세틸렌
② 염소
③ 이산화탄소
④ 암모니아

(1) 공기액화분리장치의 불순물 종류
 • CO_2
 • H_2O
 • C_2H_2
(2) 불순물 제거방법
 • CO_2 : 소다건조제(가성소다), 겔건조제(몰레큘러 시브, 실리카겔, 알루미나, 소바비드)
 • H_2O : 겔건조제(몰레큘러 시브, 실리카겔, 알루미나, 소바비드)
 • C_2H_2 : C_2H_2 흡착기에서 C_2H_2 및 탄화수소류를 흡착 제거
 참고 소다건조제는 CO_2만 제거, 겔건조제는 CO_2 및 H_2O 제거

56 저온장치용 재료로서 가장 부적당한 것은?

① 구리
② 니켈강
③ 알루미늄합금
④ 탄소강

저온장치용 금속재료
18-8STS, 9% Ni, Cu 및 Cu합금, Al 및 A1합금

57 펌프의 서징(surging) 현상을 바르게 설명한 것은? [설비 17]

① 유체가 배관 속을 흐르고 있을 때 부분적으로 증기가 발생하는 현상
② 펌프 내의 온도변화에 따라 유체가 성분의 변화를 일으켜 펌프에 장애가 생기는 현상
③ 배관을 흐르고 있는 액체의 속도를 급격하게 변화시키면 액체에 심한 압력변화가 생기는 현상
④ 송출압력과 송출유량 사이에 주기적인 변동이 일어나는 현상

원심 펌프에서 발생되는 이상현상(설비 핵심 17) 참조

58 끓는점이 약 −162°C로서 초저온 저장설비가 필요하며 관리가 다소 복잡한 도시가스의 연료는?

① SNG
② LNG
③ LPG
④ 나프타

59 T_P(내압시험압력)가 25MPa인 압축가스(질소) 용기의 경우 최고충전압력과 안전밸브 작동압력이 옳게 짝지어진 것은?

① 20MPa, 15MPa
② 15MPa, 20MPa
③ 20MPa, 25MPa
④ 25MPa, 20MPa

• $T_P = F_P \times \dfrac{5}{3}$

• $F_P = T_P \times \dfrac{3}{5}$

안전밸브의 작동압력 $= T_P \times \dfrac{8}{10} = 25 \times \dfrac{8}{10} = 20MPa$

최고충전압력 $F_P = 25 \times \dfrac{3}{5} = 15MPa$

60 도시가스 설비 중 압송기의 종류가 아닌 것은 어느 것인가?

① 터보형
② 회전형
③ 피스톤형
④ 막식형

제4과목 가스안전관리

61 고압가스용 가스히트펌프 제조 시 사용하는 재료의 허용전단응력을 설계온도에서 허용인장응력값의 몇 %로 하여야 하는가?

① 80%
② 90%
③ 110%
④ 120%

고압가스용 가스히트펌프 재료의 허용전단응력(KGS AA112)
재료의 허용전단응력은 설계온도에서 허용응력값의 80%(탄소강 강제는 85%)로 한다.

62 고압가스 운반차량에 설치하는 다공성 벌집형 알루미늄합금 박판(폭발방지제)의 기준은?

① 두께는 84mm 이상으로 하고, 2~3% 압축하여 설치한다.
② 두께는 84mm 이상으로 하고, 3~4% 압축하여 설치한다.
③ 두께는 114mm 이상으로 하고, 2~3% 압축하여 설치한다.
④ 두께는 114mm 이상으로 하고, 3~4% 압축하여 설치한다.

폭발방지제 설치(KGS FP333)
㉠ 설치대상 : 저장능력 10t 이상의 탱크 및 LPG 차량 고정탱크(단, 탱크를 지하에 설치 시에는 제외)
㉡ 재료 : 다공성 벌집형 알루미늄 박판
㉢ 그 밖의 사항
 • 지지구조물 지붕의 최저인장강도 : 294N/mm²
 • 폭발방지제 두께 : 114mm 이상으로 하고, 2~3% 압축하여 설치
 • 폭발방지제 설치 글자 크기 : 가스 명칭 크기의 1/2 이상

63 자동차 용기 충전시설에서 충전기 상부에는 닫집 모양의 캐노피를 설치하고 그 면적은 공지면적의 얼마로 하는가? [안전 114]

① $\frac{1}{2}$ 이하
② $\frac{1}{2}$ 이상
③ $\frac{1}{3}$ 이하
④ $\frac{1}{3}$ 이상

액화석유가스 자동차에 고정된 충전시설 가스설비 설치기준(안전 핵심 114) 참조

64 최고충전압력의 정의로서 틀린 것은 어느 것인가? [안전 52]

① 압축가스 충전용기(아세틸렌가스 제외)의 경우 35℃에서 용기에 충전할 수 있는 가스의 압력 중 최고압력
② 초저온용기의 경우 상용압력 중 최고압력
③ 아세틸렌가스 충전용기의 경우 25℃에서 용기에 충전할 수 있는 가스의 압력 중 최고압력
④ 저온용기 외의 용기로서 액화가스를 충전하는 용기의 경우 내압시험압력의 3/5배 압력

T_P(내압시험압력), F_P(최고충전압력), A_P(기밀시험압력), 상용압력, 안전밸브 작동압력(안전 핵심 52) 참조
③ C_2H_2의 경우 15℃에서 용기에 충전할 수 있는 최고의 압력으로서 1.5MPa이다.

65 가연성 가스가 대기 중으로 누출되어 공기와 적절히 혼합된 후 점화가 되어 폭발하는 가스사고의 유형으로, 주로 폭발압력에 의해 구조물이나 인체에 피해를 주며, 대구 지하철 공사장 폭발사고를 예로 들 수 있는 폭발의 형태는? [연소 23]

① BLEVE(Boiling Liquid expanding Vapor Explosion)
② 증기운폭발(vapor cloud explosion)
③ 분해폭발(decomposition explosion)
④ 분진폭발(dust explosion)

폭발 · 화재의 이상현상(연소 핵심 23) 참조

66 저장탱크에 의한 LPG 사용시설에서 실시하는 기밀시험에 대한 설명으로 틀린 것은?

① 상용압력 이상의 기체의 압력으로 실시한다.

② 지하매설 배관은 3년마다 기밀시험을 실시한다.

③ 기밀시험에 필요한 조치는 안전관리총괄자가 한다.

④ 가스누출검지기로 시험하여 누출이 검지되지 않은 경우 합격으로 한다.

③ 안전관리총괄자 → 안전관리책임자

67 내용적이 100L인 LPG용 용접용기의 스커트 통기면적의 기준은?

① 100mm^2 이상

② 300mm^2 이상

③ 500mm^2 이상

④ 1000mm^2 이상

액화석유가스 강제 용기 스커트 상단 중간부 통기를 위하여 필요한 면적을 가진 통기구멍을 3개소 이상 설치 및 하단 굴곡부 및 물 빼는 구멍을 3개소 이상 설치 내용적에 따른 통기면적, 물빼기면적

내용적	통기면적	물빼기면적
20L 이상 ~25L 미만	300mm^2 이상	50mm^2 이상
25L 이상 ~50L 미만	500mm^2 이상	100mm^2 이상
50L 이상 ~125L 미만	1000mm^2 이상	150mm^2 이상

68 고압가스 제조 시 산소 중 프로판가스의 용량이 전체 용량의 몇 % 이상인 경우 압축하지 않는가? [안전 58]

① 1%

② 2%

③ 3%

④ 4%

(가스혼합 시) 압축금지가스(안전 핵심 58) 참조

69 지하에 설치하는 지역정압기에는 시설의 조작을 안전하고 확실하게 하기 위하여 안전 조작에 필요한 장소의 조도를 몇 럭스 이상이 되도록 설치하여야 하는가?

① 100럭스

② 150럭스

③ 200럭스

④ 250럭스

70 동·암모니아 시약을 사용한 오르자트법에서 산소의 순도는 몇 % 이상이어야 하는가? [안전 11]

① 98%

② 98.5%

③ 99%

④ 99.5%

산소, 수소, 아세틸렌 품질검사(안전 핵심 11) 참조

71 고압가스설비를 이음쇠에 의하여 접속할 때에는 상용압력이 몇 MPa 이상이 되는 곳의 나사는 나사게이지로 검사한 것이어야 하는가?

① 9.8MPa 이상

② 12.8MPa 이상

③ 19.6MPa 이상

④ 23.6MPa 이상

72 염소가스의 제독제로 적당하지 않은 것은 어느 것인가? [안전 44]

① 가성소다수용액

② 탄산소다수용액

③ 소석회

④ 물

독성 가스 제독제와 보유량(안전 핵심 44) 참조

73 다음 중 발화원이 될 수 없는 것은?

① 단열압축

② 액체의 감압

③ 액체의 유동

④ 가스의 분출

74 고압가스 저장탱크를 지하에 설치 시 저장 탱크실에 사용하는 레디믹스트콘크리트의 설계강도 범위의 상한값은? [안전 176]

① 20.6MPa
② 21.6MPa
③ 22.5MPa
④ 23.5MPa

고압가스 저장탱크 재료 규격

항 목	규 격
굵은골재 최대치수	25mm
설계강도	20.6~23.5MPa (LPG는 21MPa 이상)
슬럼프	12~15cm
공기량	4%
물시멘트비	53% 이하 (LPG는 결합재비 50% 이하)

75 금속 플렉시블 호스 제조자가 갖추지 않아도 되는 검사설비는?

① 염수분무시험설비
② 출구압력측정시험설비
③ 내압시험설비
④ 내구시험설비

금속 플렉시블 호스의 검사설비
㉠ 버니어 캘리퍼스 · 마이크로미터 · 나사게이지 등 치수측정설비
㉡ 액화석유가스액 또는 도시가스침적설비
㉢ 염수분무설비
㉣ 내압 · 기밀 · 내구시험설비
㉤ 유량측정설비
㉥ 인장 · 비틀림시험설비
㉦ 굽힘시험장치
㉧ 충격시험기
㉨ 내열시험설비
㉩ 내응력, 부식, 균열 시험설비
㉪ 내용액시험설비
㉫ 냉열시험설비
㉬ 반복부착시험설비
㉭ 난연성 시험설비

76 액화석유가스 용기 충전기준 중 로딩암을 실내에 설치하는 경우 환기구 면적의 합계 기준은? [안전 114]

① 바닥면적의 3% 이상
② 바닥면적의 4% 이상
③ 바닥면적의 5% 이상
④ 바닥면적의 6% 이상

액화석유가스 자동차에 고정된 충전시설 가스설비 설치기준(안전 핵심 114) 참조

77 다음 중 도시가스 제조소의 가스누출통보설비로서 가스경보기 검지부의 설치장소로 옳은 곳은? [안전 67]

① 증기, 물방울, 기름 섞인 연기 등의 접촉부위
② 주위의 온도 또는 복사열에 의한 열이 40도 이하가 되는 곳
③ 설비 등에 가려져 누출가스의 유통이 원활하지 못한 곳
④ 차량 또는 작업 등으로 인한 파손 우려가 있는 곳

가스누출경보기 및 자동차단장치 설치(안전 핵심 67) 참조

78 독성가스의 운반기준으로 틀린 것은 어느 것인가? [안전 34, 5]

① 독성가스 중 가연성 가스와 조연성 가스는 동일 차량 적재함에 운반하지 아니한다.
② 차량의 앞뒤에 붉은 글씨로 "위험고압가스", "독성가스"라는 경계표시를 한다.
③ 허용농도가 100만분의 200 이하인 압축 독성가스 10m^3 이상을 운반할 때는 운반책임자를 동승시켜야 한다.
④ 허용농도가 100만분의 200 이하인 액화 독성가스 10kg 이상을 운반할 때는 운반책임자를 동승시켜야 한다.

고압가스 용기에 의한 운반기준(안전 핵심 34) 참조
운반책임자 동승기준(안전 핵심 5) 참조
④ 허용농도가 100만분의 200 이하인 액화 독성가스 100kg 이상을 운반할 때는 운반책임자를 동승시켜야 한다.

79 100kPa의 대기압 하에서 용기 속 기체의 진공압력이 15kPa이었다. 이 용기 속 기체의 절대압력은 몇 kPa인가?

① 85 ② 90
③ 95 ④ 115

절대압력＝대기압력－진공압력
　　　　＝100－15＝85kPa

80 다음 (　) 안에 순서대로 들어갈 알맞은 수치는?

"초저온 용기의 충격시험은 3개의 시험편 온도를 (　)℃ 이하로 하여 그 충격치의 최저가 (　)J/cm^2 이상이고 평균 (　)J/cm^2 이상의 경우를 적합한 것으로 한다."

① －100, 10, 20
② －100, 20, 30
③ －150, 10, 20
④ －150, 20, 30

제5과목 가스계측

81 다음은 기체 크로마토그래프의 크로마토그램이다. t, t_1, t_2는 무엇을 나타내는가?　　[계측 13]

① 이론단수
② 체류시간
③ 분리관의 효율
④ 피크의 좌우 변곡점 길이

G/C 검출기 종류 및 특성(계측 핵심 13) 참조

82 기체 크로마토그래피 분석법에서 자유전자 포착성질을 이용하여 전자친화력이 있는 화합물에만 감응하는 원리를 적용하여 환경물질 분석에 널리 이용되는 검출기는?

① TCD ② FPD
③ ECD ④ FID

83 다음 중 가장 저온에 대하여 연속 사용할 수 있는 열전대 온도계의 형식은?　[계측 9]

① T ② R
③ S ④ L

열전대 온도계(계측 핵심 9) 참조
열전대 온도계의 종류
PR(R형), CA(K형), IC(J형), CC(T형)

84 직접 체적유량을 측정하는 적산유량계로서 정도(精度)가 높고 고점도의 유체에 적합한 유량계는?

① 용적식 유량계 ② 유속식 유량계
③ 전자식 유량계 ④ 면적식 유량계

85 절대습도(absolute humidity)를 가장 바르게 나타낸 것은?　[계측 25]

① 습공기 중에 함유되어 있는 건공기 1kg에 대한 수증기의 중량
② 습공기 중에 함유되어 있는 습공기 1m^{3}에 대한 수증기의 체적
③ 기체의 절대온도와 그것과 같은 온도에서의 수증기로 포화된 기체의 습도비
④ 존재하는 수증기의 압력과 그것과 같은 온도의 포화수증기압과의 비

습도(계측 핵심 25) 참조

86 가스계량기는 실측식과 추량식으로 분류된다. 다음 중 실측식이 아닌 것은?　[계측 6]

① 건식 ② 회전식
③ 습식 ④ 벤투리식

실측식 · 추량식 계량기 분류(계측 핵심 6) 참조

87 압력센서인 스트레인게이지의 응용원리는?

① 전압의 변화
② 저항의 변화
③ 금속선의 무게 변화
④ 금속선의 온도 변화

88 반도체식 가스누출검지기의 특징에 대한 설명으로 옳은 것은?

① 안정성은 떨어지지만 수명이 길다.
② 가연성 가스 이외의 가스는 검지할 수 없다.
③ 소형·경량화가 가능하며, 응답속도가 빠르다.
④ 미량가스에 대한 출력이 낮으므로 감도는 좋지 않다.

89 비례제어기로 60~80℃ 사이의 범위로 온도를 제어하고자 한다. 목표값이 일정한 값으로 고정된 상태에서 측정된 온도가 73~76℃로 변할 때 비례대역은 약 몇 %인가?

① 10%
② 15%
③ 20%
④ 25%

$$비례대 = \frac{측정온도차}{조절온도차} \times 100 = \frac{76-73}{80-60} \times 100 = 15\%$$

90 원형 오리피스를 수면에서 10m인 곳에 설치하여 매분 0.6m³의 물을 분출시킬 때 유량계수 0.6인 오리피스의 지름은 약 몇 cm인가?

① 2.9
② 3.9
③ 4.9
④ 5.9

$$Q = KA\sqrt{2gH}$$
$$Q = K \cdot \frac{\pi}{4}D^2\sqrt{2gH}$$
$$D^2 = \frac{4Q}{K \cdot \pi\sqrt{2gH}} = \frac{4 \times 0.6(\text{m}^3/60\text{s})}{0.6 \times \pi \times \sqrt{2 \times 9.8 \times 10}}$$
$$= 1.51576 \times 10^{-3}$$
$$\therefore D = \sqrt{1.51576 \times 10^{-3}}$$
$$= 0.0389\text{m} = 3.89\text{cm} ≒ 3.9\text{cm}$$

91 오르자트 가스분석기의 구성이 아닌 것은?

① 컬럼
② 뷰렛
③ 피펫
④ 수준병

92 다음 중 습식 가스미터에 대한 설명으로 틀린 것은? [계측 8]

① 계량이 정확하다.
② 설치공간이 크다.
③ 일반 가정용에 주로 사용한다.
④ 수위조정 등 관리가 필요하다.

막식, 습식, 루트식 가스미터 장·단점(계측 핵심 8) 참조
③ 일반가정용 → 기준 가스미터용, 실험실용

93 국제표준규격에서 다루고 있는 파이프(pipe) 안에 삽입되는 차압 1차 장치(primary device)에 속하지 않는 것은?

① Nozzle(노즐)
② Thermo well(서모 웰)
③ Venturi nozzle(벤투리 노즐)
④ Orifice plate(오리피스 플레이트)

94 피토관은 측정이 간단하지만 사용방법에 따라 오차가 발생하기 쉬우므로 주의가 필요하다. 이에 대한 설명으로 틀린 것은?

① 5m/s 이하인 기체에는 적용하기 곤란하다.
② 흐름에 대하여 충분한 강도를 가져야 한다.
③ 피토관 앞에는 관 지름 2배 이상의 직관 길이를 필요로 한다.
④ 피토관 두부를 흐름의 방향에 대하여 평행으로 붙인다.

95 가스미터가 규정된 사용공차를 초과할 때의 고장을 무엇이라고 하는가? [계측 5]

① 부동
② 불통
③ 기차불량
④ 감도불량

가스미터의 고장(계측 핵심 5) 참조

96 순간적으로 무한대의 입력에 대한 변동하는 출력을 의미하는 응답은?

① 스텝응답
② 직선응답
③ 정현응답
④ 충격응답

97 석유제품에 주로 사용하는 비중 표시방법은?

① Alcohol도
② API도
③ Baume도
④ Twaddell도

$$API도 = \frac{141.5}{비중(60°F/60°F)} - 131.5$$

참고 $Be(보메도) = 144.3 - \dfrac{144.3}{비중(60°F/60°F)}$

98 초산납 10g을 물 90mL에 용해하여 만드는 시험지와 그 검지가스가 바르게 연결된 것은?

① 염화파라듐지 – H_2S
② 염화파라듐지 – CO
③ 연당지 – H_2S
④ 연당지 – CO

99 헴펠식 가스분석법에서 수소나 메탄은 어떤 방법으로 성분을 분석하는가?

① 흡수법　　　② 연소법
③ 분해법　　　④ 증류법

100 다음 중 열선식 유량계에 해당하는 것은?

① 델타식　　　② 에뉴바식
③ 스웰식　　　④ 토마스식

국가기술자격 시험문제

2021년 기사 제3회 필기시험(1부) (2021년 8월 14일 시행)

자격종목	시험시간	문제수	문제형별
가스기사	2시간30분	100	A

수험번호		성 명	

제1과목 가스유체역학

01 직경이 10cm인 90° 엘보에 계기압력 2kgf/cm² 의 물이 3m/s로 흘러든다. 엘보를 고정시키는 데 필요한 x방향의 힘은 약 몇 kgf인가?

① 157
② 164
③ 171
④ 179

해설

$$P_1 A_1 + R_x = -\rho Q V_1 (1-\cos\theta)$$

$$\therefore R_x = -P_1 A_1 - \rho Q V_1 (1-\cos\theta)$$

$$= -(2\times10^4)\mathrm{kgf/m^2} \times \frac{\pi}{4} \times (0.1\mathrm{m})^2$$

$$- \frac{1000\mathrm{kgf/m^3}}{9.8\mathrm{m/s^2}} \times \frac{\pi}{4} \times (0.1\mathrm{m})^2$$

$$\times 3 \times 3(\mathrm{m^2/s^2})(1-\cos 90)$$

$$= -164.2\mathrm{kgf}$$

(고정시키는 힘은 역방향이므로 −이다.)

02 다음은 유체의 흐름에 대한 설명이다. 옳은 것을 모두 고르면?

㉮ 난류 전단응력은 레이놀즈 응력으로 표시할 수 있다.
㉯ 박리가 일어나는 경계로부터 후류가 형성된다.
㉰ 유체와 고체벽 사이에는 전단응력이 작용하지 않는다.

① ㉮
② ㉮, ㉰
③ ㉮, ㉯
④ ㉮, ㉯, ㉰

해설

㉮ $\tau = \dfrac{dF}{dA} = \dfrac{\rho U' dA\, V'}{dA} = \rho U' V'$

여기서, τ : 레이놀즈 응력(=난류의 전단응력)
U' : 유체입자의 진행방향에 대한 수직방향 난동속도
V' : 유체입자의 진행방향에 대한 난동속도

㉯ 박리(떨어져 나가는 현상)
유선을 따라 움직일 때 유체입자의 속도가 감소하고 압력 증가 시 유선을 이탈하는 현상으로 후류가 형성되는데 이것이 압력 항력이 생기는 주원인이다.
* 박리가 일어나는 조건
속도 감소·압력 증가 $\dfrac{du}{dy} = 0$이다.

03 수면의 높이차가 20m인 매우 큰 두 저수지 사이에 분당 60m³로 펌프가 물을 아래에서 위로 이송하고 있다. 이때 전체 손실수두는 5m이다. 펌프의 효율이 0.9일 때 펌프에 공급해 주어야 하는 동력은 얼마인가?

① 163.3kW
② 220.5kW
③ 245.0kW
④ 272.2kW

정답 01.② 02.③ 03.④

$$L_{kW} = \frac{\gamma \cdot Q \cdot H}{102\eta}$$
$$= \frac{1000 \times (60/60) \times 25}{102 \times 0.9}$$
$$= 272.33 \text{kW}$$

04 다음과 같은 베르누이 방정식이 적용되는 조건을 모두 나열한 것은?

$$\frac{P}{\gamma} + \frac{V^2}{2g} + Z = 일정$$

㉮ 정상상태의 흐름
㉯ 이상유체의 흐름
㉰ 압축성 유체의 흐름
㉱ 동일 유선상의 유체

① ㉮, ㉯, ㉱   ② ㉯, ㉱
③ ㉮, ㉰   ④ ㉯, ㉰, ㉱

베르누이 방정식의 가정
㉠ 유체입자는 유선을 따라 움직인다.
㉡ 마찰이 없다(비점성 유체).
㉢ 정상류
㉣ 비압축성
참고 오일러 운동 방정식의 가정
 • 유체입자는 유선을 따라 움직인다.
 • 마찰이 없다(비점성 유체).
 • 정상류

05 실린더 내에 압축된 액체가 압력 100MPa에서 0.5m³의 부피를 가지며, 압력 101MPa에서는 0.495m³의 부피를 갖는다. 이 액체의 체적탄성계수는 약 몇 MPa인가?

① 1
② 10
③ 100
④ 1000

$$K = \frac{dp}{-\dfrac{dv}{v}} = \frac{101 - 100}{-\dfrac{(0.5 - 0.495)}{0.5}} = 100$$

06 두 평판 사이에 유체가 있을 때 이동평판을 일정한 속도 u로 운동시키는 데 필요한 힘 F에 대한 설명으로 틀린 것은?

① 평판의 면적이 클수록 크다.
② 이동속도 u가 클수록 크다.
③ 두 평판의 간격 Δy가 클수록 크다.
④ 평판 사이에 점도가 큰 유체가 존재할수록 크다.

$$F = \mu \frac{du}{dy} \cdot A$$
③ Δy가 작을수록 크다.

07 동점도(Kinematic Viscosity) ν가 4Stokes인 유체가 안지름 10cm인 관 속을 80cm/s의 평균속도로 흐를 때 이 유체의 흐름에 해당하는 것은?

① 플러그 흐름
② 층류
③ 전이영역의 흐름
④ 난류

$$Re = \frac{VD}{\nu} = \frac{80 \times 10}{4} = 200$$
∴ $Re < 2100$이므로 층류

08 압축성 이상기체의 흐름에 대한 설명으로 옳은 것은?

① 무마찰, 등온흐름이면 압력과 부피의 곱은 일정하다.
② 무마찰, 단열흐름이면 압력과 온도의 곱은 일정하다.
③ 무마찰, 단열흐름이면 엔트로피는 증가한다.
④ 무마찰, 등온흐름이면 정체온도는 일정하다.

이상기체, 등온, 보일의 법칙
$PV = K$(일정)

09 다음 중 1cP(centiPoise)를 옳게 나타낸 것은?

① $10\text{kg} \cdot \text{m}^2/\text{s}$
② $10^{-2}\text{dyne} \cdot \text{cm}^2/\text{s}$
③ $1\text{N}/\text{cm} \cdot \text{s}$
④ $10^{-2}\text{dyne} \cdot \text{s}/\text{cm}^2$

 1P = 1g/cm·s이므로

1cP = 0.01g/cm·s

1dyne = $1\text{g} \cdot \text{cm}/\text{s}^2$이고

$1\text{g} = \dfrac{\text{s}^2}{\text{cm}}\text{dyne}$이므로

∴ 1cP = 0.01g/cm·s의 g 대신에 $\text{s}^2 \cdot \text{dyne}/\text{cm}$를 대입

$1\text{cP} = 0.01 \times \text{s}^2 \times \text{dyne}/\text{cm}^2 \cdot \text{s}$
$= 0.01 \times \text{s} \times \text{dyne}/\text{cm}^2$
$= 10^{-2}\text{dyne} \cdot \text{s}/\text{cm}^2$

10 등엔트로피 과정하에서 완전기체 중의 음속을 옳게 나타낸 것은? (단, E는 체적탄성계수, R은 기체상수, T는 기체의 절대온도, P는 압력, k는 비열비이다.)

① $\sqrt{PE}$
② $\sqrt{kRT}$
③ RT
④ PT

음속(a)

㉠ 액체 속의 음속

$a = \sqrt{\dfrac{k}{\rho}}$

여기서, k : 체적탄성계수
ρ : 밀도

㉡ 기체 속의 음속(단열변화 등엔트로피)

$a = \sqrt{kgRT} \quad (R = \text{kgf} \cdot \text{m}/\text{kg} \cdot \text{K})$
$= \sqrt{kRT} \quad (R = \text{N} \cdot \text{m}/\text{kg} \cdot \text{K})$

11 공기가 79vol% N_2와 21vol% O_2로 이루어진 이상기체 혼합물이라 할 때, 25℃, 750mmHg에서 밀도는 약 몇 kg/m³인가?

① 1.16
② 1.42
③ 1.56
④ 2.26

$PV = \dfrac{w}{M}RT, \quad P = \dfrac{wRT}{VM}$

∴ $w/V = \dfrac{PM}{RT} = \dfrac{\dfrac{750}{760} \times (28 \times 0.79 + 32 \times 0.21)}{0.082 \times (273 + 25)}$

$= 1.16\text{g/L} = 1.16\text{kg/m}^3$

12 그림은 수축노즐을 갖는 고압용기에서 기체가 분출될 때 질량유량($\dot{m}$)과 배압(P_b)과 용기 내부압력(P_r)의 비의 관계를 도시한 것이다. 다음 중 질식된(choking) 상태만 모은 것은?

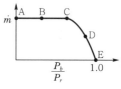

① A, E
② B, D
③ D, E
④ A, B

13 지름 20cm인 원형관이 한 변의 길이가 20cm인 정사각형 단면을 가지는 덕트와 연결되어 있다. 원형관에서 물의 평균속도가 2m/s일 때, 덕트에서 물의 평균속도는 얼마인가?

① 0.78m/s
② 1m/s
③ 1.57m/s
④ 2m/s

 $A_1 V_1 = A_2 V_2$

$V_2 = \dfrac{A_1 V_1}{A_2} = \dfrac{\dfrac{\pi}{4} \times (20)^2 \times 2}{20 \times 20} = 1.57\text{m/s}$

14 지름 1cm의 원통관에 5℃의 물이 흐르고 있다. 평균속도가 1.2m/s일 때 이 흐름에 해당하는 것은? (단, 5℃ 물의 동점성계수 ν는 $1.788 \times 10^{-6}\text{m}^2/\text{s}$이다.)

① 천이구간
② 층류
③ 퍼텐셜유동
④ 난류

 $Re = \dfrac{VD}{\nu} = \dfrac{1.2 \times 0.01}{1.788 \times 10^{-6}} = 6711.40$

∴ $Re > 4000$이므로 난류

15 원형관에서 완전난류 유동일 때 손실수두는?

① 속도수두에 비례한다.
② 속도수두에 반비례한다.
③ 속도수두에 관계없으며, 관의 지름에 비례한다.
④ 속도에 비례하고, 관의 길이에 반비례한다.

$h_f = f \cdot \dfrac{L}{D} \cdot \dfrac{V^2}{2g}$ 이므로

여기서, $\left(\dfrac{V^2}{2g}\right)$: 속도수두에 비례

$\quad L$: 관 길이에 비례

$\quad D$: 관 내경에 손실수두는 반비례

16 펌프의 흡입부 압력이 유체의 증기압보다 낮을 때 유체 내부에서 기포가 발생하는 현상을 무엇이라고 하는가?

① 캐비테이션
② 이온화현상
③ 서징현상
④ 에어바인딩

17 구형입자가 유체 속으로 자유낙하할 때의 현상으로 틀린 것은? (단, μ는 점성계수, d는 구의 지름, U는 속도이다.)

① 속도가 매우 느릴 때 항력(drag force)은 $3\pi\mu d U$이다.
② 입자에 작용하는 힘을 중력, 항력, 부력으로 구분할 수 있다.
③ 항력계수(C_D)는 레이놀즈수가 증가할수록 커진다.
④ 종말속도는 가속도가 감소되어 일정한 속도에 도달한 것이다.

스토크스의 법칙
점성계수를 측정하기 위해 구를 액체 속에 항력실험을 한 것
• 항력 $D = 3\pi\mu U d$(실험식)

$\quad D = C_D \cdot \dfrac{\gamma U^2}{2g} \cdot A$

$\quad\quad = C_D \cdot \dfrac{\rho U^2}{2} \cdot A$

• 항력은 속도 U에 비례하므로 항력계수 C_D는 Re수에 역비례

18 관 내를 흐르고 있는 액체의 유속이 급격히 감소할 때 일어날 수 있는 현상은?

① 수격현상
② 서징현상
③ 캐비테이션
④ 수직충격파

19 다음은 축소–확대 노즐을 통해 흐르는 등엔트로피 흐름에서 노즐거리에 대한 압력분포 곡선이다. 노즐 출구에서의 압력을 낮출 때 노즐목에서 처음으로 음속흐름(sonic flow)이 일어나기 시작하는 선을 나타낸 것은?

① A
② B
③ C
④ D

축소–확대 노즐에서 노즐 내 충격파가 발생하는 경우는 노즐의 목에서 확대부분에 발생하므로 압력곡선이 C와 D 사이이므로 시작하는 부분은 C이다.

20 뉴턴의 점성법칙과 관련성이 가장 먼 것은?

① 전단응력
② 점성계수
③ 비중
④ 속도구배

$F = \mu \cdot \dfrac{dv}{\Delta y} \cdot A$

$\tau = \mu \dfrac{dv}{dy}$

여기서, τ : 전단응력

$\quad \mu$: 점성계수

$\quad \dfrac{dv}{dy}$: 속도구배

제2과목 연소공학

21 공기흐름이 난류일 때 가스연료의 연소현상에 대한 설명으로 옳은 것은? 【연소 36】

① 화염이 뚜렷하게 나타난다.
② 연소가 양호하여 화염이 짧아진다.
③ 불완전연소에 의해 열효율이 감소한다.
④ 화염이 길어지면서 완전연소가 일어난다.

난류예혼합화염과 층류예혼합화염의 비교(연소핵심 36) 참조

22 연소 시 실제로 사용된 공기량을 이론적으로 필요한 공기량으로 나눈 것을 무엇이라 하는가? [연소 15]

① 공기비   ② 당량비
③ 혼합비   ④ 연료비

공기비(연소 핵심 15) 참조

23 연소온도를 높이는 방법으로 가장 거리가 먼 것은?

① 연료 또는 공기를 예열한다.
② 발열량이 높은 연료를 사용한다.
③ 연소용 공기의 산소농도를 높인다.
④ 복사전열을 줄이기 위해 연소속도를 늦춘다.

24 메탄 80v%, 에탄 15v%, 프로판 4v%, 부탄 1v%인 혼합가스의 공기 중 폭발하한계 값은 약 몇 %인가? (단, 각 성분의 하한계 값은 메탄 5%, 에탄 3%, 프로판 2.1%, 부탄 1.8%이다.)

① 2.3   ② 4.3
③ 6.3   ④ 8.3

$$\frac{100}{L} = \frac{80}{5} + \frac{15}{3} + \frac{4}{2.1} + \frac{1}{1.8}$$

$$L = \frac{100}{\dfrac{80}{5} + \dfrac{15}{3} + \dfrac{4}{2.1} + \dfrac{1}{1.8}} = 4.262 = 4.3\%$$

25 다음 중 가역단열과정에 해당하는 것은?

① 정온과정   ② 정적과정
③ 등엔탈피과정   ④ 등엔트로피과정

- 가역단열 : 엔트로피 불변
- 비가역단열 : 엔트로피 증가

26 가로 4m, 세로 4.5m, 높이 2.5m인 공간에 아세틸렌이 누출되고 있을 때 표준상태에서 약 몇 kg이 누출되면 폭발이 가능한가?

① 1.3   ② 1.0
③ 0.7   ④ 0.4

공기량 : $4m \times 4.5m \times 2.5m = 45m^3$
아세틸렌 양 : $x(m^3)$
폭발하한이 2.5%이므로

$$C_2H_2\% = \frac{x}{x+45} = 0.025$$

$$x = 0.025(x+45)$$
$$= 0.025x + 0.025 \times 45$$
$$x - 0.025x = 0.025 \times 45$$
$$x(1 - 0.025) = 0.025 \times 45$$
$$\therefore \ x = \frac{0.025 \times 45}{1 - 0.025} = 1.1538 = 1.2m^3$$

27 Diesel cycle의 효율이 좋아지기 위한 조건은? (단, 압축비를 ε, 단절비(cut-off ratio)를 σ라 한다.)

① ε과 σ가 클수록
② ε이 크고 σ가 작을수록
③ ε이 크고 σ가 일정할수록
④ ε이 일정하고 σ가 클수록

디젤사이클

$$\eta_d = \frac{w}{q} = 1 - \frac{1}{\varepsilon^{k-1}} \cdot \frac{\sigma^k - 1}{k(\sigma - 1)}$$

열효율은 압축비(ε)와 단절비(σ)의 함수이며, 압축비가 클수록 높아지고 단절비가 클수록 감소한다.

28 가장 미세한 입자까지 집진할 수 있는 집진장치는?

① 사이클론
② 중력집진기
③ 여과집진기
④ 스크러버

29 메탄가스 1m³를 완전연소시키는 데 필요한 공기량은 약 몇 Sm³인가? (단, 공기 중 산소는 21%이다.)

① 6.3   ② 7.5
③ 9.5   ④ 12.5

$CH_4 + 2O_2 \longrightarrow CO_2 + 2H_2O$
$1SNm^3 \quad 2SNm^3$

$$\therefore 2 \times \frac{1}{0.21} = 9.52 Sm^3$$

30 흑체의 온도가 20℃에서 100℃로 되었다면 방사하는 복사에너지는 몇 배가 되는가?

① 1.6   ② 2.0
③ 2.3   ④ 2.6

슈테판－볼츠만의 법칙
물체에 방사되는 전 방사에너지는 절대온도 4승에 비례

$Q = 4.88\varepsilon\left(\dfrac{T}{100}\right)^4$ 이므로

$\dfrac{Q_2}{Q_1} = \dfrac{\left(\dfrac{373}{100}\right)^4}{\left(\dfrac{293}{100}\right)^4} = 2.6$배

31 지구온난화를 유발하는 6대 온실가스가 아닌 것은?

① 이산화탄소   ② 메탄
③ 염화불화탄소   ④ 이산화질소

지구온난화 유발가스
㉠ 수소육불화탄소   ㉡ 과불화탄소
㉢ 육불화황   ㉣ 이산화탄소
㉤ 메탄   ㉥ 이산화질소

32 산소(O_2)의 기본특성에 대한 설명 중 틀린 것은?

① 오일과 혼합하면 산화력의 증가로 강력히 연소한다.
② 자신은 스스로 연소하는 가연성이다.
③ 순산소 중에서는 철, 알루미늄 등도 연소되며 금속산화물을 만든다.
④ 가연성 물질과 반응하여 폭발할 수 있다.

② 연소를 도와주는 조연성

33 과잉공기량이 지나치게 많을 때 나타나는 현상으로 틀린 것은?

① 연소실 온도 저하
② 연료 소비량 증가
③ 배기가스 온도의 상승
④ 배기가스에 의한 열손실 증가

③ 배기가스 온도의 저하

34 Propane가스의 연소에 의한 발열량이 11780 kcal/kg이고 연소할 때 발생된 수증기의 잠열이 1900kcal/kg이라면 Propane가스의 연소효율은 약 몇 %인가? (단, 진발열량은 11500kcal/kg이다.)

① 66   ② 76
③ 86   ④ 96

$\eta = \dfrac{11780 - 1900}{11500} \times 100 = 85.9 \fallingdotseq 86\%$

35 혼합기체의 특성에 대한 설명으로 틀린 것은?

① 압력비와 몰비는 같다.
② 몰비는 질량비와 같다.
③ 분압은 전압에 부피분율을 곱한 값이다.
④ 분압은 전압에 어느 성분의 몰분율을 곱한 값이다.

압력비＝몰비

분압＝전압×$\dfrac{성분몰}{전 몰}$＝전압×$\dfrac{성분부피}{전 부피}$

＝전압×몰분율

몰분율 : $\left(\dfrac{성분몰}{전 몰}\right)$

36 "혼합가스의 압력은 각 기체가 단독으로 확산할 때의 분압의 합과 같다."라는 것은 누구의 법칙인가?

① Boyle－Charles의 법칙
② Dalton의 법칙
③ Graham의 법칙
④ Avogadro의 법칙

37 이상기체에 대한 설명으로 틀린 것은?

① 보일·샤를의 법칙을 만족한다.
② 아보가드로의 법칙에 따른다.
③ 비열비$\left(k = \dfrac{C_P}{C_V}\right)$는 온도에 관계없이 일정하다.
④ 내부에너지는 체적과 관계있고 온도와는 무관하다.

내부에너지는 온도만의 함수이다.

38 다음 중 착화온도가 가장 낮은 물질은?

① 목탄　　　　② 무연탄
③ 수소　　　　④ 메탄

착화온도
① 목탄(320~370℃)
② 무연탄(440~500℃)
③ 수소(580~600℃)
④ 메탄(650~750℃)

39 분진 폭발의 발생 조건으로 가장 거리가 먼 것은?

① 분진이 가연성이어야 한다.
② 분진 농도가 폭발범위 내에서는 폭발하지 않는다.
③ 분진이 화염을 전파할 수 있는 크기 분포를 가져야 한다.
④ 착화원, 가연물, 산소가 있어야 발생한다.

② 폭발범위 내에서는 폭발을 일으킨다.

40 연소범위에 대한 설명으로 옳은 것은?

① N_2를 가연성 가스에 혼합하면 연소범위는 넓어진다.
② CO_2를 가연성 가스에 혼합하면 연소범위가 넓어진다.
③ 가연성 가스는 온도가 일정하고 압력이 내려가면 연소범위가 넓어진다.
④ 가연성 가스는 온도가 일정하고 압력이 올라가면 연소범위가 넓어진다.

제3과목 가스설비

41 분젠식 버너의 구성이 아닌 것은?

① 블러스트　　② 노즐
③ 댐퍼　　　　④ 혼합관

42 공동주택에 압력조정기를 설치할 경우 설치기준으로 맞는 것은?

① 공동주택 등에 공급되는 가스압력이 중압 이상으로서 전 세대수가 200세대 미만인 경우 설치할 수 있다.
② 공동주택 등에 공급되는 가스압력이 저압으로서 전 세대수가 250세대 미만인 경우 설치할 수 있다.
③ 공동주택 등에 공급되는 가스압력이 중압 이상으로서 전 세대수가 300세대 미만인 경우 설치할 수 있다.
④ 공동주택 등에 공급되는 가스압력이 저압으로서 전 세대수가 350세대 미만인 경우 설치할 수 있다.

중압 이상인 경우 150세대 미만일 때 설치할 수 있다.

43 AFV식 정압기의 작동상황에 대한 설명으로 옳은 것은?

① 가스 사용량이 증가하면 파일럿밸브의 열림이 감소한다.
② 가스 사용량이 증가하면 구동압력은 저하한다.
③ 가스 사용량이 감소하면 2차 압력이 감소한다.
④ 가스 사용량이 감소하면 고무슬리브의 개도는 증대된다.

44 압력 2MPa 이하의 고압가스 배관설비로서 곡관을 사용하기가 곤란한 경우 가장 적정한 신축이음매는?

① 벨로스형 신축이음매
② 루프형 신축이음매
③ 슬리브형 신축이음매
④ 스위블형 신축이음매

45 탄소강이 약 200~300℃에서 인장강도는 커지나 연신율이 갑자기 감소되어 취약하게 되는 성질을 무엇이라 하는가?

① 적열취성　　　② 청열취성
③ 상온취성　　　④ 수소취성

① 적열취성(메짐) : S이 많은 강에서 800~900℃에서 취성이 일어나는 것
③ 상온취성 : 인 존재 시 상온에서 취성이 일어나는 것
④ 수소취성 : 고온고압에서 수소가 강재 중 탄소와 작용하여 강을 취하시키는 현상

46 도시가스의 제조공정 중 부분연소법의 원리를 바르게 설명한 것은? **[설비 3]**

① 메탄에서 원유까지의 탄화수소를 원료로 하여 산소 또는 공기 및 수증기를 이용하여 메탄, 수소, 일산화탄소, 이산화탄소로 변환시키는 방법이다.
② 메탄을 원료로 사용하는 방법으로 산소 또는 공기 및 수증기를 이용하여 수소, 일산화탄소만을 제조하는 방법이다.
③ 에탄만을 원료로 하여 산소 또는 공기 및 수증기를 이용하여 메탄만을 생성시키는 방법이다.
④ 코크스만을 사용하여 산소 또는 공기 및 수증기를 이용하여 수소와 일산화탄소만을 제조하는 방법이다.

도시가스 프로세스(설비 핵심 3) 참조

47 발열량 5000kcal/m³, 비중 0.61, 공급표준압력 100mmH₂O인 가스에서 발열량 11000 kcal/m³, 비중 0.66, 공급표준압력 200mmH₂O인 천연가스로 변경할 경우 노즐 변경률은 얼마인가?

① 0.49
② 0.58
③ 0.71
④ 0.82

$$\frac{D_2}{D_1} = \sqrt{\frac{WI_1 \sqrt{P_1}}{WI_2 \sqrt{P_2}}} = \sqrt{\frac{\frac{5000}{\sqrt{0.61}}\sqrt{100}}{\frac{11000}{\sqrt{0.66}}\sqrt{200}}}$$

$$= 0.578 ≒ 0.58$$

48 용기 밸브의 구성이 아닌 것은?

① 스템
② O링
③ 스핀들
④ 행거

49 액화천연가스(메탄 기준)를 도시가스 원료로 사용할 때 액화천연가스의 특징을 바르게 설명한 것은?

① C/H 질량비가 3이고, 기화설비가 필요하다.
② C/H 질량비가 4이고, 기화설비가 필요없다.
③ C/H 질량비가 3이고, 가스 제조 및 정제 설비가 필요하다.
④ C/H 질량비가 4이고, 개질설비가 필요하다.

CH₄(메탄)
㉠ C/H=12/4=3
㉡ LNG는 기화설비가 필요하다.

50 LPG수송관의 이음부분에 사용할 수 있는 패킹재료로 가장 적합한 것은?

① 목재
② 천연고무
③ 납
④ 실리콘고무

51 아세틸렌 압축 시 분해폭발의 위험을 줄이기 위한 반응장치는? **[설비 63]**

① 겔로그반응장치
② LG반응장치
③ 파우서반응장치
④ 레페반응장치

레페반응장치(설비 핵심 63) 참조

52 다음 중 화염에서 백－파이어(back－fire)가 가장 발생하기 쉬운 원인은? **[연소 22]**

① 버너의 과열
② 가스의 과량 공급
③ 가스압력의 상승
④ 1차 공기량의 감소

연소의 이상현상(연소 핵심 22) 참조

53 공기액화분리장치의 폭발 방지대책으로 옳지 않은 것은? [설비 5]

① 장치 내에 여과기를 설치한다.
② 유분리기는 설치해서는 안 된다.
③ 흡입구 부근에서 아세틸렌 용접은 하지 않는다.
④ 압축기의 윤활유는 양질유를 사용한다.

공기액화분리장치(설비 핵심 5) 참조

54 다음 중 LP가스 판매사업의 용기보관실의 면적은? [안전 130]

① $9m^2$ 이상
② $10m^2$ 이상
③ $12m^2$ 이상
④ $19m^2$ 이상

판매시설 용기보관실 면적(안전 핵심 130) 참조

55 전기방식법 중 효과범위가 넓고 전압, 전류의 조정이 쉬우며 장거리 배관에는 설치개수가 적어지는 장점이 있고 초기 투자가 많은 단점이 있는 방법은? [안전 38]

① 희생양극법
② 외부전원법
③ 선택배류법
④ 강제배류법

전기방식법(안전 핵심 38) 참조

56 양정 20m, 송수량 $3m^3$/min일 때 축동력 15PS을 필요로 하는 원심펌프의 효율은 약 몇 %인가?

① 59%
② 75%
③ 89%
④ 92%

$$L_{PS} = \frac{\gamma \cdot Q \cdot H}{75\eta}$$

$$\eta = \frac{\gamma \cdot Q \cdot H}{L_{PS} \times 75} = \frac{1000 \times (3/60) \times 20}{15 \times 75}$$

$$= 0.888 = 0.89 = 89\%$$

57 토출량이 $5m^3$/min이고, 펌프 송출구의 안지름이 30cm일 때 유속은 약 몇 m/s인가?

① 0.8
② 1.2
③ 1.6
④ 2.0

$$Q = \frac{\pi}{4} D^2 \cdot V$$

$$V = \frac{4Q}{\pi D^2} = \frac{4 \times (5m^3/60s)}{\pi \times (0.3m)^2} = 1.17 = 1.2m/s$$

58 연소방식 중 급·배기 방식에 의한 분류로서 연소에 필요한 공기를 실내에서 취하고 연소 후 배기가스는 배기통으로 옥외로 방출하는 형식은? [안전 93]

① 노출식
② 개방식
③ 반밀폐식
④ 밀폐식

가스보일러의 급·배기 방식(안전 핵심 93) 참조

59 탄소강에 소량씩 함유하고 있는 원소의 영향에 대한 설명으로 틀린 것은?

① 인(P)은 상온에서 충격치를 떨어뜨려 상온메짐의 원인이 된다.
② 규소(Si)는 경도는 증가시키나 단접성은 감소시킨다.
③ 구리(Cu)는 인장강도와 탄성계수를 높이나 내식성은 감소시킨다.
④ 황(S)은 Mn과 결합하여 MnS를 만들고 남은 것이 있으면 FeS를 만들어 고온메짐의 원인이 된다.

• P(인) : 상온취성의 원인이 된다.
• Si(규소) : 경도는 증가시키고, 단접성은 감소시킨다.
• Cu(구리) : 인장강도와 탄성계수는 감소시키고, 내식성은 증대시킨다.
• S(황) : 적열취성(고온메짐)의 원인이다.
• Mn(망간) : S(황)과 결합하여 황의 악영향을 완화시킨다.
• Ni(니켈) : 저온취성을 개선시킨다.

60 액화천연가스 중 가장 많이 함유되어 있는 것은?

① 메탄
② 에탄
③ 프로판
④ 일산화탄소

제4과목 가스안전관리

61 고압가스 충전용기 운반 시 동일차량에 적재하여 운반할 수 있는 것은? [안전 34]

① 염소와 아세틸렌
② 염소와 암모니아
③ 염소와 질소
④ 염소와 수소

고압가스 용기에 의한 운반기준(안전 핵심 34) 참조

62 고온, 고압하의 수소에서는 수소원자가 발생되어 금속조직으로 침투하여 carbon 결합, CH₄ 등의 gas를 생성하여 용기가 파열하는 원인이 될 수 있는 현상은?

① 금속조직에서 탄소의 추출
② 금속조직에서 아연의 추출
③ 금속조직에서 구리의 추출
④ 금속조직에서 스테인리스강의 추출

63 고압가스 저장탱크 실내 설치의 기준으로 틀린 것은?

① 가연성 가스 저장탱크실에는 가스누출 검지경보장치를 설치한다.
② 저장탱크실은 각각 구분하여 설치하고 자연환기시설을 갖춘다.
③ 저장탱크에 설치한 안전밸브는 지상 5m 이상의 높이에 방출구가 있는 가스 방출관을 설치한다.
④ 저장탱크의 정상부와 저장탱크실 천장과의 거리는 60cm 이상으로 한다.

② 저장탱크실은 구분하여 설치하고 강제통풍장치를 갖춘다.

64 고압가스 냉동제조설비의 냉매설비에 설치하는 자동제어장치 설치기준으로 틀린 것은? [안전 108]

① 압축기의 고압 측 압력이 상용압력을 초과하는 때에 압축기의 운전을 정지하는 고압차단장치를 설치한다.

② 개방형 압축기에서 저압 측 압력이 상용압력보다 이상저하할 때 압축기의 운전을 정지하는 저압차단장치를 설치한다.
③ 압축기를 구동하는 동력장치에 과열방지장치를 설치한다.
④ 셸형 액체냉각기에 동결방지장치를 설치한다.

냉동설비의 과압차단장치, 자동제어장치(안전 핵심 108) 참조
③ 압축기를 구동하는 동력장치에 과부하보호장치를 설치한다.

65 독성 고압가스의 배관 중 2중관의 외층관 내경은 내층관 외경의 몇 배 이상을 표준으로 하여야 하는가?

① 1.2배   ② 1.25배
③ 1.5배   ④ 2.0배

66 정전기 발생에 대한 설명으로 옳지 않은 것은?

① 물질의 표면상태가 원활하면 발생이 적어진다.
② 물질표면이 기름 등에 의해 오염되었을 때는 산화, 부식에 의해 정전기가 발생할 수 있다.
③ 정전기의 발생은 처음 접촉, 분리가 일어났을 때 최대가 된다.
④ 분리속도가 빠를수록 정전기의 발생량은 적어진다.

④ 분리속도가 빠를수록 정전기의 발생량은 증가한다.

67 염소가스의 제독제가 아닌 것은? [안전 44]

① 가성소다수용액
② 물
③ 탄산소다수용액
④ 소석회

독성 가스 제독제와 보유량(안전 핵심 44) 참조

68 도시가스 시설의 완성검사대상에 해당하지 않는 것은?

① 가스사용량의 증가로 특정가스사용시설로 전환되는 가스 사용시설 변경공사
② 특정가스 사용시설로서 호칭지름 50mm의 강관을 25m 교체하는 변경공사
③ 특정가스 사용시설의 압력조정기를 증설하는 변경공사
④ 특정가스 사용시설에서 배관 변경을 수반하지 않고 월사용예정량 550m³를 이설하는 변경공사

도시가스 시설의 완성검사대상 항목

㉠ 도시가스 사용량의 증가로 인하여 특정가스 사용시설로 전환되는 가스 사용시설의 변경공사
㉡ 특정가스 사용시설로서 호칭지름 50mm 이상인 배관을 증설·교체 또는 이설(移設)하는 것으로서 그 전체 길이가 20m 이상인 변경공사
㉢ 특정가스 사용시설의 배관을 변경하는 공사로서 월 사용예정량을 500m³ 이상 증설하거나 월 사용예정량이 500m³ 이상인 시설을 이설하는 변경공사
㉣ 특정가스 사용시설의 정압기나 압력조정기를 증설·교체(동일 유량으로 교체하는 경우는 제외한다) 또는 이설하는 변경공사

69 시안화수소(HCN)를 용기에 충전할 경우에 대한 설명으로 옳지 않은 것은?

① 순도는 98% 이상으로 한다.
② 아황산가스 또는 황산 등의 안정제를 첨가한다.
③ 충전한 용기는 충전 후 12시간 이상 정치한다.
④ 일정시간 정치한 후 1일 1회 이상 질산, 구리, 벤젠 등의 시험지로 누출을 검사한다.

③ 충전 후 24시간 정치

70 용기에 의한 액화석유가스 사용시설에서 기화장치의 설치기준에 대한 설명으로 틀린 것은?

① 기화장치의 출구 측 압력은 1MPa 미만이 되도록 하는 기능을 갖거나 1MPa 미만에서 사용한다.

② 용기는 그 외면으로부터 기화장치까지 3m 이상의 우회거리를 유지한다.
③ 기화장치의 출구 배관에는 고무호스를 직접 연결하지 아니한다.
④ 기화장치의 설치장소에는 배수구나 집수구로 통하는 도랑을 설치한다.

액화석유가스 사용시설 기화장치 설치

㉠ 기화장치를 전원으로 조작하는 경우에는 비상전력을 보유하거나 예비용기를 포함한 용기집합설비의 기상부에 별도의 예비 기체라인을 설치하여 정전 시 사용할 수 있도록 조치하여야 한다. 다만, 한국가스안전공사가 안전관리에 지장이 없다고 인정하는 경우에는 그러하지 않다.
㉡ 기화장치의 출구 측 압력은 1MPa 미만이 되도록 하는 기능을 갖거나, 1MPa 미만에서 사용한다.
㉢ 가열방식이 액화석유가스 연소에 따른 방식인 경우에는 파일럿버너가 꺼지는 경우 버너에 액화석유가스 공급이 자동적으로 차단되는 자동안전장치를 부착한다.
㉣ 기화장치는 콘크리트기초 등에 고정하여 설치한다.
㉤ 기화장치는 옥외에 설치한다. 다만 옥내에 설치하는 경우 건축물의 바닥 및 천장 등은 불연성 재료를 사용하고 통풍이 잘 되는 구조로 한다.
㉥ 용기는 그 외면으로부터 기화장치까지 3m 이상의 우회거리를 유지한다. 다만, 기화장치를 방폭형으로 설치하는 경우에는 3m 이내로 유지할 수 있다.
㉦ 기화장치의 출구 배관에는 고무호스를 직접 연결하지 않는다.
㉧ 기화장치의 설치장소에는 배수구나 집수로로 통하는 도랑이 없어야 한다.
㉨ 기화장치에는 정전기 제거 조치를 하여야 한다.

71 안전관리규정의 작성기준에서 다음 [보기] 중 종합적 안전관리규정에 포함되어야 할 항목을 모두 나열한 것은?

| ㉠ 경영이념 | ㉡ 안전관리투자 |
| ㉢ 안전관리목표 | ㉣ 안전문화 |

① ㉠, ㉡, ㉢
② ㉠, ㉡, ㉣
③ ㉠, ㉢, ㉣
④ ㉠, ㉡, ㉢, ㉣

정답 68.④ 69.③ 70.④ 71.④

72 액화가스의 저장탱크 압력이 이상상승하였을 때 조치사항으로 옳지 않은 것은?

① 방출밸브를 열어 가스를 방출시킨다.
② 살수장치를 작동시켜 저장탱크를 냉각시킨다.
③ 액 이입 펌프를 정지시킨다.
④ 출구 측의 긴급차단밸브를 작동시킨다.

유입 측의 밸브를 차단하여야 더 이상의 압력 상승을 방지할 수 있다.

73 내용적이 59L인 LPG용기에 프로판을 충전할 때 최대충전량은 약 몇 kg으로 하면 되는가? (단, 프로판의 정수는 2.35이다.)

① 20kg   ② 25kg
③ 30kg   ④ 35kg

$$W = \frac{V}{C} = \frac{59}{2.35} = 25.1\text{kg}$$

74 고압가스용기 보관장소의 주위 몇 m 이내에는 화기 또는 인화성 물질이나 발화성 물질을 두지 않아야 하는가?

① 1m   ② 2m
③ 5m   ④ 8m

75 가스누출경보 차단장치의 성능시험 방법으로 틀린 것은?

① 가스를 검지한 상태에서 연소경보를 울린 후 30초 이내에 가스를 차단하는 것으로 한다.
② 교류전원을 사용하는 차단장치는 전압이 정격전압의 90% 이상 110% 이하일 때 사용에 지장이 없는 것으로 한다.
③ 내한성능에서 제어부는 −25℃ 이하에서 1시간 이상 유지한 후 5분 이내에 작동시험을 실시하여 이상이 없어야 한다.
④ 전자밸브식 차단부는 35kPa 이상의 압력으로 기밀시험을 실시하여 외부누출이 없어야 한다.

③ 내한성능에서 제어부는 −10℃ 이하에서 1시간 이상 유지한 후 10분 이내에 작동시험을 실시하여 이상이 없는 것으로 한다.

76 매몰형 폴리에틸렌 볼밸브의 사용압력 기준은?   [안전 173]

① 0.4MPa 이하
② 0.6MPa 이하
③ 0.8MPa 이하
④ 1MPa 이하

가스용 PE관의 SDR 값(안전 핵심 173) 참조

77 고압가스를 운반하는 차량에 경계표지의 크기는 어떻게 정하는가?   [안전 116]

① 직사각형인 경우 가로 치수는 차체 폭의 20% 이상, 세로 치수는 가로 치수의 30% 이상, 정사각형인 경우는 그 면적을 400cm² 이상으로 한다.
② 직사각형인 경우 가로 치수는 차체 폭의 30% 이상, 세로 치수는 가로 치수의 20% 이상, 정사각형인 경우는 그 면적을 400cm² 이상으로 한다.
③ 직사각형인 경우 가로 치수는 차체 폭의 20% 이상, 세로 치수는 가로 치수의 30% 이상, 정사각형인 경우는 그 면적을 600cm² 이상으로 한다.
④ 직사각형인 경우 가로 치수는 차체 폭의 30% 이상, 세로 치수는 가로 치수의 20% 이상, 정사각형인 경우는 그 면적을 600cm² 이상으로 한다.

고압가스 운반차량의 경계표지(안전 핵심 116) 참조

78 고압가스 제조시설에서 아세틸렌을 충전하기 위한 설비 중 충전용 지관에는 탄소 함유량이 얼마 이하인 강을 사용하여야 하는가?

① 0.1%   ② 0.2%
③ 0.33%   ④ 0.5%

정답   72.④   73.②   74.②   75.③   76.①   77.④   78.①

79 CO 15v%, H₂ 30v%, CH₄ 55v%인 가연성 혼합가스의 공기 중 폭발하한계는 약 몇 v%인가? (단, 각 가스의 폭발하한계는 CO 12.5v%, H₂ 4.0v%, CH₄ 5.3v%이다.)

① 5.2   ② 5.8

③ 6.4   ④ 7.0

$$\frac{100}{L} = \frac{15}{12.5} + \frac{30}{4.0} + \frac{55}{5.3} = 19.077$$

$$\therefore \ L = 100 \div 19.077 = 5.24\%$$

80 액화석유가스용 차량에 고정된 저장탱크 외벽이 화염에 의하여 국부적으로 가열될 경우를 대비하여 폭발방지장치를 설치한다. 이때 재료로 사용되는 금속은?   [안전 82]

① 아연   ② 알루미늄

③ 주철   ④ 스테인리스

폭발방지장치의 설치 규정(안전 핵심 82) 참조

▮ 제5과목 가스계측

81 베크만온도계는 어떤 종류의 온도계에 해당하는가?

① 바이메탈온도계

② 유리온도계

③ 저항온도계

④ 열전대온도계

베크만온도계

수은온도계의 일종으로 5~6℃ 사이를 0.01℃까지 측정이 가능한 초정밀용으로 유리제 온도계에 해당한다.

82 입력과 출력이 그림과 같을 때 제어동작은?

① 비례동작   ② 미분동작

③ 적분동작   ④ 비례적분동작

미분동작(D)

제어편차가 생길 때 편차가 변화하는 속도의 미분값에 비례하여 조작량을 가감하는 동작

ⓐ 시간과 입력 비례

ⓑ 시간에 대한 출력 일정

ⓒ 조작량과 시간은 증가했다가 감소

83 기체 크로마토그래피에서 사용되는 캐리어가스(carrier gas)에 대한 설명으로 옳은 것은?   [계측 10]

① 가격이 저렴한 공기를 사용해도 무방하다.

② 검출기의 종류에 관계없이 구입이 용이한 것을 사용한다.

③ 주입된 시료를 컬럼과 검출기로 이동시켜 주는 운반기체 역할을 한다.

④ 캐리어가스는 산소, 질소, 아르곤 등이 주로 사용된다.

G/C(가스 크로마토그래피) 측정원리와 특성(계측 핵심 10) 참조

84 경사각(θ)이 30°인 경사관식 압력계의 눈금(x)을 읽었더니 60cm가 상승하였다. 이때 양단의 차압(P₁ − P₂)은 약 몇 kgf/cm² 인가? (단, 액체의 비중은 0.8인 기름이다.)

① 0.001   ② 0.014

③ 0.024   ④ 0.034

$h = x\sin\theta$이므로

$P_1 - P_2 = sh = sx\sin\theta$

$\qquad = 0.8(\mathrm{kg}/10^3\mathrm{cm}^3)$

$\qquad\quad \times 60\mathrm{cm}\sin 30$

$\qquad = 0.024$

85 어느 수용가에 설치되어 있는 가스미터의 기차를 측정하기 위하여 기준기로 지시량을 측정하였더니 150m³를 나타내었다. 그 결과 기차가 4%로 계산되었다면 이 가스미터의 지시량은 몇 m³인가?

① 149.96m³　　② 150m³

③ 156m³　　④ 156.25m³

$$기차 = \frac{시험미터\ 지시량 - 기준미터\ 지시량}{시험미터\ 지시량}$$

$$0.04 = \frac{x - 150}{x}, \quad 0.04x = x - 150$$

$$x(1 - 0.04) = 150$$

$$\therefore \ x = \frac{150}{1 - 0.04} = 156.25m³$$

86 차압식 유량계에서 교축 상류 및 하류의 압력이 각각 P_1, P_2일 때 체적유량이 Q_1이라 한다. 압력이 2배 만큼 증가하면 유량 Q는 얼마가 되는가?

① $2Q_1$　　② $\sqrt{2}\,Q_1$

③ $\frac{1}{2}Q_1$　　④ $\frac{Q_1}{\sqrt{2}}$

$Q_1 = A\sqrt{2gP}$, $Q = A\sqrt{2g2P}$ 이므로

$\therefore \ Q = \sqrt{2}\,Q_1$

87 기체 크로마토그래피에 의한 분석방법은 어떤 성질을 이용한 것인가?　　[계측 10]

① 비열의 차이　　② 비중의 차이

③ 연소성의 차이　　④ 이동속도의 차이

C/G(가스 크로마토그래피) 측정원리와 특성(계측 핵심 10) 참조

88 태엽의 힘으로 통풍하는 통풍형 건습구습도계로서 휴대가 편리하고 필요 풍속이 약 3m/s인 습도계는?

① 아스만습도계

② 모발습도계

③ 간이건습구습도계

④ Dewcel식 노점계

89 막식 가스미터에서 크랭크축이 녹슬거나 밸브와 밸브시트가 타르나 수분 등에 의해 접착 또는 고착되어 가스가 미터를 통과하지 않는 고장의 형태는?　　[계측 5]

① 부동

② 기어불량

③ 떨림

④ 불통

가스미터의 고장(계측 핵심 5) 참조

90 소형 가스미터(15호 이하)의 크기는 1개의 가스기구가 당해 가스미터에서 최대통과량의 얼마를 통과할 때 한 등급 큰 계량기를 선택하는 것이 가장 적당한가?

① 90%　　② 80%

③ 70%　　④ 60%

91 기체 크로마토그래피의 조작과정이 다음과 같을 때 조작순서가 가장 올바르게 나열된 것은?

Ⓐ 크로마토그래피 조정
Ⓑ 표준가스 도입
Ⓒ 성분 확인
Ⓓ 크로마토그래피 안정성 확인
Ⓔ 피크 면적 계산
Ⓕ 시료가스 도입

① Ⓐ － Ⓓ － Ⓑ － Ⓕ － Ⓒ － Ⓔ

② Ⓐ － Ⓑ － Ⓒ － Ⓓ － Ⓔ － Ⓕ

③ Ⓓ － Ⓐ － Ⓕ － Ⓑ － Ⓒ － Ⓔ

④ Ⓐ － Ⓑ － Ⓓ － Ⓒ － Ⓕ － Ⓔ

92 산소(O_2)는 다른 가스에 비하여 강한 상자성체이므로 자장에 대하여 흡인되는 특성을 이용하여 분석하는 가스분석계는?

① 세라믹식 O_2계

② 자기식 O_2계

③ 연소식 O_2계

④ 밀도식 O_2계

93 측정자 자신의 산포 및 관측자의 오차와 시차 등 산포에 의하여 발생하는 오차는?

① 이론오차　　　② 개인오차
③ 환경오차　　　④ 우연오차

94 부르동관 압력계를 용도로 구분할 때 사용하는 기호로 내진(耐震)형에 해당하는 것은?

① M　　　　　② H
③ V　　　　　④ C

부르동관 압력계의 내충격 시험에서 내진형 V는 50cm에서 낙하하여도 이상이 없어야 하며, 보통형, 내열형은 30cm에서 낙하하여도 이상이 없어야 한다.

95 되먹임제어와 비교한 시퀀스제어의 특성으로 틀린 것은?

① 정성적 제어　　② 디지털신호
③ 열린 회로　　　④ 비교제어

96 용액에 시료가스를 흡수시키면 측정성분에 따라 도전율이 변하는 것을 이용한 용액도전율식 분석계에서 측정가스와 그 반응용액이 틀린 것은?

① CO_2-NaOH 용액
② SO_2-CH_3COOH 용액
③ Cl_2-$AgNO_3$ 용액
④ NH_3-H_2SO_4 용액

② SO_2-H_2O_2(과산화수소) 용액

97 다음 [보기]에서 설명하는 가장 적합한 압력계는?

> • 정도가 아주 좋다.
> • 자동계측이나 제어가 용이하다.
> • 장치가 비교적 소형이므로 가볍다.
> • 기록장치와의 조합이 용이하다.

① 전기식 압력계
② 부르동관식 압력계
③ 벨로스식 압력계
④ 다이어프램식 압력계

98 서미스터(thermistor) 저항체 온도계의 특징에 대한 설명으로 옳은 것은?

① 온도계수가 적으며, 균일성이 좋다.
② 저항변화가 적으며, 재현성이 좋다.
③ 온도상승에 따라 저항치가 감소한다.
④ 수분 흡수 시에도 오차가 발생하지 않는다.

서미스터 온도계
Ni+Cu+Mn+Fe+Co 등을 압축 소결시켜 만든 온도계
㉠ 저항계수가 백금의 10배이다.
㉡ 응답이 빠르고, 경년변화가 있다.
㉢ 수분이 흡수되면 오차가 발생한다.
㉣ 온도상승 시 저항치는 감소한다.

99 염소가스를 검출하는 검출시험지에 대한 설명으로 옳은 것은?

① 연당지를 사용하며, 염소가스와 접촉하면 흑색으로 변한다.
② KI-녹말종이를 사용하며, 염소가스와 접촉하면 청색으로 변한다.
③ 하리슨씨 시약을 사용하며, 염소가스와 접촉하면 심등색으로 변한다.
④ 리트머스시험지를 사용하며, 염소가스와 접촉하면 청색으로 변한다.

100 다음 [보기]에서 자동제어의 일반적인 동작순서를 바르게 나열한 것은?

> ㉠ 목표값으로 이미 정한 물리량과 비교한다.
> ㉡ 조작량을 조작기에서 증감한다.
> ㉢ 결과에 따른 편차가 있으면 판단하여 조절한다.
> ㉣ 제어대상을 계측기를 사용하여 검출한다.

① ㉣→㉠→㉢→㉡
② ㉣→㉡→㉠→㉢
③ ㉡→㉠→㉣→㉢
④ ㉡→㉠→㉢→㉣

정답　93.④　94.③　95.④　96.②　97.①　98.③　99.②　100.①

■ 제1과목 가스유체역학

01 관 내부에서 유체가 흐를 때 흐름이 완전난류라면 수두손실은 어떻게 되겠는가?

① 대략적으로 속도의 제곱에 반비례한다.
② 대략적으로 직경의 제곱에 반비례하고 속도에 정비례한다.
③ 대략적으로 속도의 제곱에 비례한다.
④ 대략적으로 속도에 정비례한다.

달시바하 방정식

$$h_f = f \cdot \frac{L}{D} \cdot \frac{V^2}{2g} \quad \text{(층류, 난류 모두 적용)}$$

수두손실은 관마찰계수(f), 관길이(L), 속도의 제곱(V^2)에 비례, 관경(D), g(중력가속도)에 반비례한다.

02 다음 중 정상유동과 관계있는 식은?
(단, V=속도벡터, s=임의 방향좌표, t=시간이다.)

① $\dfrac{\partial V}{\partial t} = 0$　　② $\dfrac{\partial V}{\partial s} \neq 0$

③ $\dfrac{\partial V}{\partial t} \neq 0$　　④ $\dfrac{\partial V}{\partial s} = 0$

정상류(정상유동)

$$\frac{\partial P}{\partial t} = 0, \quad \frac{\partial V}{\partial t} = 0$$
$$\frac{\partial T}{\partial t} = 0, \quad \frac{\partial \rho}{\partial t} = 0$$

으로서, 유동장 내의 임의의 한 점에서 작용하는 유체입자들의 변수($P,\ V,\ T,\ \rho$)가 시간에 관계없이 항상 일정하다.

03 물이 23m/s의 속도로 노즐에서 수직상방으로 분사될 때 손실을 무시하면 약 몇 m까지 물이 상승하는가?

① 13　　　　　　　　② 20
③ 27　　　　　　　　④ 54

속도수두 $\dfrac{V^2}{2g} = \dfrac{23^2}{2 \times 9.8} = 26.98 \fallingdotseq 27\text{m}$

04 기체가 0.1kg/s로 직경 40cm인 관 내부를 등온으로 흐를 때 압력이 30kgf/m²abs, R=20kgf·m/kg·K, T=27℃라면 평균속도는 몇 m/s인가?

① 5.6　　　　　　　　② 67.2
③ 98.7　　　　　　　④ 159.2

기체의 비중량

$$\gamma = \frac{P}{RT} = \frac{30\text{kgf/m}^2}{20\text{kgf}\cdot\text{m/kg}\cdot\text{K} \times (273+27)\text{K}}$$
$$= 5 \times 10^{-3}\ \text{kgf/m}^3$$
$$G = \gamma A \cdot V$$
$$V = \frac{G}{\gamma \cdot A} = \frac{0.1}{5 \times 10^{-3} \times \frac{\pi}{4} \times (0.4\text{m})^2} = 159.15\text{m/s}$$

05 내경 0.0526m인 철관 내를 점도가 0.01kg/m·s이고, 밀도가 1200kg/m³인 액체가 1.16m/s의 평균속도로 흐를 때 Reynolds 수는 약 얼마인가?

① 36.61　　　　　　② 3661
③ 732.2　　　　　　④ 7322

정답　01.③　02.①　03.③　04.④　05.④

$$Re = \frac{\rho \cdot d \cdot V}{\mu}$$

$$= \frac{1200\text{kg/m}^3 \times 0.0526\text{m} \times 1.16\text{m/s}}{0.01\text{kg/m} \cdot \text{s}}$$

$$= 7321.92 \fallingdotseq 7322$$

06 어떤 유체의 비중량이 20kN/m³이고, 점성계수가 0.1N · s/m²이다. 동점성계수는 m²/s 단위로 얼마인가?

① 2.0×10^{-2} ② 4.9×10^{-2}
③ 2.0×10^{-5} ④ 4.9×10^{-5}

$$\nu = \frac{\mu}{\rho} = \frac{0.1\text{N} \cdot \text{s/m}^2}{2.0 \times 10^3 \text{N/m}^3} = 5 \times 10^{-5} \text{m}^2/\text{s}$$

07 성능이 동일한 n 대의 펌프를 서로 병렬로 연결하고, 원래와 같은 양정에서 작동시킬 때 유체의 토출량은?

① $\dfrac{1}{n}$ 로 감소한다.

② n 배로 증가한다.

③ 원래와 동일하다.

④ $\dfrac{1}{2n}$ 로 감소한다.

펌프를 병렬로 연결 시 유량은 증가, 양정은 불변이므로 펌프의 설치수만큼 유량은 증가한다.

08 직각좌표계 상에서 Euler 기술법으로 유동을 기술할 때 $F = \nabla \cdot \vec{V}$, $G = \nabla \cdot (\rho \vec{V})$ 로 정의되는 두 함수에 대한 설명 중 틀린 것은? (단, $\vec{V}$ 는 유체의 속도, ρ 는 유체의 밀도를 나타낸다.)

① 밀도가 일정한 유체의 정상유동(steady flow)에서는 $F = 0$ 이다.

② 압축성(compressible) 유체의 정상유동 (steady flow)에서는 $G = 0$ 이다.

③ 밀도가 일정한 유체의 비정상유동(unsteady flow)에서는 $F \neq 0$ 이다.

④ 압축성(compressible) 유체의 비정상유동(unsteady flow)에서는 $G \neq 0$ 이다.

09 하수 슬러리(slurry)와 같이 일정한 온도와 압력 조건에서 임계 전단응력 이상이 되어야만 흐르는 유체는?

① 뉴턴유체(Newtonian fluid)
② 팽창유체(Dilatant fluid)
③ 빙햄가소성유체(Bingham plastics fluid)
④ 의가소성유체(Pseudoplastic fluid)

Non–Newton유체

유체의 종류

구 분	내 용
뉴턴유체	뉴턴의 점성법칙을 만족하며, 끈기가 없는 유형(물, 공기, 오일, 사염화탄소, 알코올)
비뉴턴유체, 빙햄플라스틱	뉴턴의 점성법칙을 따르지 않으며, 끈기가 있는 유체(플라스틱, 타르, 페인트, 치약, 진흙)
빙햄 가소성유체	임계전단응력 이상이 되어야 흐르는 유체(하수, 슬러리)
실제플라스틱	펌프
다일런트유체	아스팔트

10 1차원 유동에서 수직충격파가 발생하게 되면 어떻게 되는가? [유체 20]

① 속도, 압력, 밀도가 증가한다.
② 압력, 밀도, 온도가 증가한다.
③ 속도, 온도, 밀도가 증가한다.
④ 압력은 감소하고, 엔트로피가 일정하게 된다.

충격파(유체 핵심 20) 참조

11 유체 수송장치의 캐비테이션 방지대책으로 옳은 것은? [설비 17]

① 펌프의 설치 위치를 높인다.
② 펌프의 회전수를 크게 한다.
③ 흡입관 지름을 크게 한다.
④ 양 흡입을 단 흡입으로 바꾼다.

원심펌프에서 발생하는 현상, 캐비테이션 방지법
(설비 핵심 17) 참조

12 내경 5cm 파이프 내에서 비압축성 유체의 평균유속이 5m/s이면 내경을 2.5cm로 축소하였을 때의 평균유속은?

① 5m/s

② 10m/s

③ 20m/s

④ 50m/s

연속의 법칙

$A_1 V_1 = A_2 V_2$

$$V_2 = \frac{A_1 V_1}{A_2} = \frac{\frac{\pi}{4} \times 5^2 \times 5}{\frac{\pi}{4} \times 2.5^2} = 20\text{m/s}$$

13 잠겨있는 물체에 작용하는 부력은 물체가 밀어낸 액체의 무게와 같다고 하는 원리(법칙)와 관련이 있는 것은?

① 뉴턴의 점성법칙

② 아르키메데스 원리

③ 하겐-포와젤 원리

④ 맥레오드 원리

14 온도 $T_0 = 300\text{K}$, Mach 수 $M = 0.8$인 1차원 공기 유동의 정체온도(stagnation temperature)는 약 몇 K인가? (단, 공기는 이상기체이며, 등엔트로피 유동이고, 비열비 k는 1.4이다.)

① 324

② 338

③ 346

④ 364

$$\frac{T_2}{T_1} = \left(1 + \frac{k-1}{2} M^2\right)$$

$$T_2 = T_1 \times \left(1 + \frac{k-1}{2} M^2\right)$$

$$= 300 \times \left(1 + \frac{1.4-1}{2} \times 0.8^2\right)$$

$$= 338.4\text{K}$$

15 질량보존의 법칙을 유체유동에 적용한 방정식은?

① 오일러 방정식   ② 달시 방정식

③ 운동량 방정식   ④ 연속 방정식

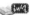

㉠ 오일러 방정식(=에너지 방정식)
유체입자가 유선을 따라 움직일 때 Newton의 운동 제2법칙을 적용하여 얻는 미분방정식

$$\frac{dP}{\rho} + vdv + g \cdot dz = 0 \quad \text{또는} \quad \frac{dP}{\gamma} + \frac{vdv}{g} + dz = 0$$

㉡ 달시 방정식
원관 속의 압력손실

$$h_f = f \cdot \frac{L}{D} \cdot \frac{V^2}{2g} \text{의 값}$$

㉢ 운동량 방정식
관속을 흐르는 유체가 정상유동일 때 단면 1, 2에서 유입질량 $\rho_1 Q_1 \triangle t$, 유출질량 $\rho_2 Q_2 \triangle t$이면 $F \triangle t = \rho_2 Q_2 \triangle t - \rho_1 Q_1 \triangle t$

∴ $F = \rho_2 Q_2 - \rho_1 Q_1$이다.

㉣ 연속 방정식
질량보존의 법칙을 유체에 적용한 법칙
단면 1, 2에 있어 속도, 밀도, 단면적을 $V_1 V_2$, $\rho_1 \rho_2$, $A_1 A_2$일 때 단위시간에 단면을 통과하는 질량은 같다.
$\rho_1 A_1 V_1 = \rho_2 A_2 V_2$이며, 비압축성유체이면 밀도변화가 없어 $A_1 V_1 = A_2 V_2 = Q$(유량)이다.

16 100kPa, 25℃에 있는 이상기체를 등엔트로피 과정으로 135kPa까지 압축하였다. 압축 후의 온도는 약 몇 ℃인가? (단, 이 기체의 정압비열 C_P는 1.213kJ/kg · K이고, 정적비열 C_V는 0.821kJ/kg · K이다.)

① 45.5   ② 55.5

③ 65.5   ④ 75.5

$$\frac{T_2}{T_1} = \left(\frac{V_1}{V_2}\right)^{K-1} = \left(\frac{P_2}{P_1}\right)^{\frac{K-1}{K}}$$

$$K = \frac{C_P}{C_V} = \frac{1.213}{0.821} = 1.477466$$

$$T_2 = T_1 \times \left(\frac{P_2}{P_1}\right)^{\frac{K-1}{K}}$$

$$= (273 + 25) \times \left(\frac{135}{100}\right)^{\frac{1.477466-1}{1.477466}}$$

$$= 328.3489\text{K}$$

∴ $328.3489 - 273 = 55.348 ≒ 55.5$ ℃

정답 12.③ 13.② 14.② 15.④ 16.②

17 이상기체에서 정압비열을 C_P, 정적비열을 C_V로 표시할 때 비엔탈피의 변화 dh는 어떻게 표시되는가?

① $dh = C_P dT$

② $dh = C_V dT$

③ $dh = \dfrac{C_P}{C_V} dT$

④ $dh = (C_P - C_V) dT$

 해설

$dh = C_P dT$에서

㉠ 정적변화, 정압변화

$\displaystyle\int dh = k\Delta u$

㉡ 등온변화

$\displaystyle\int dh = 0$ (엔탈피 변화없음)

㉢ 단열변화

$\displaystyle\int dh = C_P(T_2 - T_1)$

㉣ 폴리트로픽변화

$\displaystyle\int dh = \dfrac{KAR}{K-1}(T_2 - T_1)$

18 지름이 0.1m인 관에 유체가 흐르고 있다. 임계 레이놀즈수가 2100이고, 이에 대응하는 임계유속이 0.25m/s이다. 이 유체의 동점성 계수는 약 몇 cm²/s인가?

① 0.095

② 0.119

③ 0.354

④ 0.454

 해설

$R_e = \dfrac{vD}{\nu}$

$\nu = \dfrac{vD}{R_e} = \dfrac{0.25 \times 0.1}{2100} = 1.190 \times 10^{-5}\,\text{m}^2/\text{s}$

$\qquad = 0.119\,\text{cm}^2/\text{s}$

19 공기 중의 음속 C는 $C^2 = \left(\dfrac{\partial P}{\partial \rho}\right)_s$로 주어진다. 이때 음속과 온도의 관계는? (단, T는 주위 공기의 절대온도이다.)

① $C \propto \sqrt{T}$

② $C \propto T^2$

③ $C \propto T^3$

④ $C \propto \dfrac{1}{T}$

해설

공기 중 음속

$C = \sqrt{k \cdot gRT}\,(R = \text{kgf} \cdot \text{m/kg})$

$\quad = \sqrt{k \cdot RT}\,(R = \text{N} \cdot \text{m/kg})$이므로

음속 $C \propto \sqrt{T}$ 관계가 성립

20 그림에서와 같이 파이프 내로 비압축성 유체가 층류로 흐르고 있다. A점에서의 유속이 1m/s라면 R점에서의 유속은 몇 m/s인가? (단, 관의 직경은 10cm이다.)

① 0.36

② 0.60

③ 0.84

④ 1.00

 해설

$U = U_{\max} \times \left(1 - \dfrac{r^2}{r_o^{\,2}}\right)$에서

$r_o = 10 \times \dfrac{1}{2} = 5\,\text{cm}$

r은 관중심에서 2cm에서 떨어진 장소이므로

$r = 2\,\text{cm}$

$U = 1\text{m/s} \times \left(1 - \dfrac{2^2}{5^2}\right) = 0.84\,\text{m/s}$

제2과목 연소공학

21 교축과정에서 변하지 않은 열역학 특성치는?

① 압력

② 내부에너지

③ 엔탈피

④ 엔트로피

해설

교축과정(조름팽창)

등엔탈피변화 비가역정상류과정으로, 유체가 콕·밸브 등의 좁은 통로를 통과 시 마찰 난류 등으로 압력이 급격히 저하하는 현상이다.

$_1Q_2 = 0$

$A\omega = 0$

압력저하 시 온도가 내려가며, 이러한 현상을 주 울톰슨 효과라 한다.

22 위험장소의 등급분류 중 2종 장소에 해당하지 않는 것은? [연소 14]

① 밀폐된 설비 안에 밀봉된 가연성가스가 그 설비의 사고로 인하여 파손되거나 오조작의 경우에만 누출할 위험이 있는 장소

② 확실한 기계적 환기조치에 따라 가연성가스가 체류하지 아니하도록 되어 있으나, 환기장치에 이상이나 사고가 발생한 경우에는 가연성가스가 체류하여 위험하게 될 우려가 있는 장소

③ 상용상태에서 가연성가스가 체류하여 위험하게 될 우려가 있는 장소, 정비보수 또는 누출 등으로 인하여 종종 가연성가스가 체류하여 위험하게 될 우려가 있는 장소

④ 인접한 실내에서 위험한 농도의 가연성가스가 종종 침입할 우려가 있는 장소

위험장소의 분류(연소 핵심 14) 참조

23 연소에 의한 고온체의 색깔이 가장 고온인 것은? [연소 6]

① 휘적색　　　② 황적색
③ 휘백색　　　④ 백적색

연소에 의한 빛의 색 및 온도(연소 핵심 6) 참조
휘백색 : 1500℃

24 연소반응이 완료되지 않아 연소가스 중에 반응의 중간생성물이 들어있는 현상을 무엇이라 하는가?

① 열해리　　　② 순반응
③ 역화반응　　④ 연쇄분자반응

25 프로판가스에 대한 최소산소농도값(MOC)을 추산하면 얼마인가? (단, C_3H_8의 폭발하한치는 2.1v%이다.)

① 8.5%　　　② 9.5%
③ 10.5%　　　④ 11.5%

MOC = 산소몰수 × 폭발하한계
$C_3H_8 + 5O_2 \rightarrow 3CO_2 + 4H_2O$
∴ $5 \times 2.1 = 10.5\%$

26 도시가스의 조성을 조사해보니 부피조성으로 H_2 35%, CO 24%, CH_4 13%, N_2 20%, O_2 8%이었다. 이 도시가스 1Sm³를 완전연소시키기 위하여 필요한 이론공기량은 약 몇 Sm³인가?

① 1.3　　　② 2.3
③ 3.3　　　④ 4.3

$H_2 + \dfrac{1}{2}O_2 \rightarrow H_2O$

$CO + \dfrac{1}{2}O_2 \rightarrow CO_2$

$CH_4 + 2O_2 \rightarrow CO_2 + 2H_2O$

공기량은 총필요산소량 × $\dfrac{1}{0.21}$ 이므로

$\left(\dfrac{1}{2} \times 0.35 + \dfrac{1}{2} \times 0.24 + 2 \times 0.13 - 0.08\right) \times \dfrac{1}{0.21}$
$= 2.26 \fallingdotseq 2.3Sm^3$

27 125℃, 10atm에서 압축계수(Z)가 0.98일 때 $NH_3(g)$ 34kg의 부피는 약 몇 Sm³인가? (단, N의 원자량 14, H의 원자량은 10이다.)

① 2.8　　　② 4.3
③ 6.4　　　④ 8.5

$PV = Z \cdot \dfrac{W}{M}RT$

∴ $V = \dfrac{Z \cdot W \cdot RT}{PM}$

$= \dfrac{0.98 \times 34 \times 0.082 \times 398}{10 \times 17}$

$= 6.396 \fallingdotseq 6.4m^3$

28 착화온도에 대한 설명 중 틀린 것은?

① 압력이 높을수록 낮아진다.
② 발열량이 클수록 낮아진다.
③ 산소량이 증가할수록 낮아진다.
④ 반응활성도가 클수록 높아진다.

착화온도는 반응활성도가 클수록 낮아진다.

29 2개의 단열과정과 2개의 정압과정으로 이루어진 가스 터빈의 이상 사이클은?

① 에릭슨 사이클
② 브레이튼 사이클
③ 스털링 사이클
④ 아트킨슨 사이클

 브레이튼 사이클

• 1 → 2 : 가역단열압축
• 2 → 3 : 가역정압가열
• 3 → 4 : 가역단열팽창
• 4 → 1 : 가역정압배기

30 고발열량(告發熱量)과 저발열량(低發熱量)의 값이 가장 가까운 연료는?

① LPG
② 가솔린
③ 메탄
④ 목탄

 Hh(고위발열량)$= Hl + 600(9H+ W)$
수증기의 양이 적을수록 $Hh = Hl$이 된다.

31 다음 중 BLEVE와 관련이 없는 것은?

① Bomb
② Liquid
③ Expending
④ Vapor

 BLEVE(비등액체 증기 폭발)
• 비등(Boiling)
• 액체(Liquid)
• 증기(Vapor)
• 폭발(Expending)
(참고) Bomb : 폭탄

32 기체상수 R의 단위가 J/mol · K일 때의 값은? **[연소 4]**

① 8.314
② 1.987
③ 848
④ 0.082

 이상기체 상태방정식(연소 핵심 4) 참조

33 메탄가스 1m³를 완전 연소시키는 데 필요한 공기량은 약 몇 Sm³인가? (단, 공기 중 산소는 20% 함유되어 있다.)

① 5
② 10
③ 15
④ 20

 $CH_4 + 2O_2 \longrightarrow CO_2 + 2H_2O$
$2 \times \dfrac{1}{0.2} = 10 Sm^3$

34 정적비열이 0.682kcal/kmol · ℃인 어떤 가스의 정압비열은 약 몇 kcal/kmol · ℃인가?

① 1.3
② 1.4
③ 2.7
④ 2.9

$K = \dfrac{C_P}{C_V}$ 에서

$C_P = K \cdot C_V = 1.4 \times 0.682 = 0.9548$

$\dfrac{C_P}{C_V} = K$

$C_P - C_V = R$이므로 정압비열을 계산하기 위하여 K(비열비) 또는 R(기체상수) 값이 주어져야 계산이 될 수 있다고 사료된다.

35 가스가 노즐로부터 일정한 압력으로 분출하는 힘을 이용하여 연소에 필요한 공기를 흡인하고, 혼합관에서 혼합한 후 화염공에서 분출시켜 예혼합연소시키는 버너는? **[연소 8]**

① 분젠식
② 전 1차 공기식
③ 블라스트식
④ 적화식

 1차, 2차 공기에 의한 연소방법(연소 핵심 8) 참조

36 최소점화에너지(MIE)의 값이 수소와 가장 가까운 가연성 액체는?

① 메탄
② 부탄
③ 암모니아
④ 이황화탄소

ⓒ 최소점화(착화) 에너지(Minimum Ignition Energy)
: 가연성 혼합가스를 착화원으로 점화 시 발화하기
위해 필요한 최소한의 에너지를 말한다.

$$E = \frac{1}{2}CV^2$$

(E : 최소에너지, E : 콘덴서(패럿), V : 볼트)

ⓛ 최소착화에너지 값
- 수소(H_2) : 0.019mJ
- 메탄(CH_4) : 0.28mJ
- 부탄(C_4H_{10}) : 0.25mJ
- 이황화탄소(CS_2) : 0.019mJ
- 프로판(C_3H_8) : 0.26mJ
- 에탄(C_2H_6) : 0.25mJ

37 이상기체에 대한 설명으로 틀린 것은?

① 기체의 분자력과 크기가 무시된다.
② 저온으로 하면 액화된다.
③ 절대온도 0도에서 기체로서의 부피는 0으로 된다.
④ 보일-샤를의 법칙이나 이상기체상태 방정식을 만족한다.

이상기체는 액화하지 않는다.

38 실제기체가 이상기체 상태방정식을 만족할 수 있는 조건이 아닌 것은? [연소 3]

① 압력이 높을수록
② 분자량이 작을수록
③ 온도가 높을수록
④ 비체적이 클수록

이상기체(연소 핵심 3) 참조

39 공기 1kg을 일정한 압력 하에서 20℃에서 200℃까지 가열할 때 엔트로피 변화는 약 몇 kJ/K인가? (단, C_P는 1kJ/kg · K이다.)

① 0.28   ② 0.38
③ 0.48   ④ 0.62

정압변화의 엔트로피($\triangle S$)

$$\triangle S = C_P ln\frac{T_2}{T_1} = C_P ln\frac{V_2}{V_1}$$
$$= 1 \times ln\frac{473}{293}$$
$$= 0.478 \div 0.48$$

40 프로판을 연소할 때 이론단열 불꽃온도가 가장 높을 때는?

① 20%의 과잉공기로 연소하였을 때
② 100%의 과잉공기로 연소하였을 때
③ 이론량의 공기로 연소하였을 때
④ 이론량의 순수산소로 연소하였을 때

제3과목 가스설비

41 저온장치에 사용되는 팽창기에 대한 설명으로 틀린 것은? [설비 28]

① 왕복동식은 팽창비가 40 정도로 커서 팽창기의 효율이 우수하다.
② 고압식 액체산소 분리장치, 헬륨 액화기 등에 사용된다.
③ 처리가스량이 1000m³/h 이상이 되면 다기통이 된다.
④ 기통 내의 윤활에 오일이 사용되므로 오일제거에 유의하여야 한다.

공기액화분리장치의 팽창기
① 팽창효율 60~65% 정도로 터보식 80~85%에 비하여 효율이 떨어진다.

42 LP가스 설비 중 강제기화기 사용 시의 장점에 대한 설명으로 가장 거리가 먼 것은? [설비 24]

① 설치장소가 적게 소요된다.
② 한냉 시에도 충분히 기화된다.
③ 공급가스 조성이 일정하다.
④ 용기압력을 가감, 조절할 수 있다.

④ 기화량을 가감할 수 있다.

43 수소의 공업적 제법이 아닌 것은?

① 수성가스법
② 석유 분해법
③ 천연가스 분해법
④ 공기액화 분리법

공기액화분리법 : 산소, 아르곤, 질소의 제조법

44 액화가스의 기화기 중 액화가스와 해수 및 하천수 등을 열교환시켜 기화하는 형식은? [설비 14]

① Air Fin식
② 직화가열식
③ Open Rack식
④ Submerged Combustion식

LNG 기화장치 종류와 특징(설비 핵심 14) 참조

45 원심압축기의 특징이 아닌 것은? [설비 35]

① 설치면적이 적다.
② 압축이 단속적이다.
③ 용량조정이 어렵다.
④ 윤활유가 불필요하다.

압축기 특징(설비 핵심 35) 참조
② 압축이 단속적이다. → 연속적이다.

46 가스시설의 전기방식 공사 시 매설배관 주위에 기준전극을 매설하는 경우 기준전극은 배관으로부터 얼마 이내에 설치하여야 하는가?

① 30cm   ② 50cm
③ 60cm   ④ 100cm

47 다음 [보기]에서 설명하는 가스는?

[보기]
· 자극성 냄새를 가진 무색의 기체로서 물에 잘 녹는다.
· 가압, 냉각에 의해 액화가 용이하다.
· 공업적 제법으로는 클라우드법, 카자레법이 있다.

① 암모니아   ② 염소
③ 일산화탄소   ④ 황화수소

48 독성가스 배관용 밸브의 압력구분을 호칭하기 위한 표시가 아닌 것은?

① Class   ② S
③ PN   ④ K

독성가스 배관용 밸브(KGS AA318)
㉠ 호칭압력이란 밸브의 압력구분을 호칭하기 위한 것으로서, Class PN K로 표시하며, Class는 ASME B 16.34, PN은 EN 1333, K는 KSB2308을 따른다.
㉡ 호칭지름이란 밸브의 크기를 표시하는 숫자로, NPS는 인치계, DN은 미터계 표시를 말한다.

49 송출 유량(Q)이 $0.3m^3/min$, 양정(H)이 16m, 비교회전도(N_s)가 110일 때 펌프의 회전속도(N)는 약 몇 rpm인가?

① 1507
② 1607
③ 1707
④ 1807

$$N_S = \frac{N\sqrt{Q}}{H^{\frac{3}{4}}}$$

$$\therefore N = \frac{N_S \times H^{\frac{3}{4}}}{\sqrt{Q}} = \frac{110 \times (16)^{\frac{3}{4}}}{\sqrt{0.3}} = 1606.65$$
$$= 1607rpm$$

50 고압가스저장설비에서 수소와 산소가 동일한 조건에서 대기 중에 누출되었다면 확산속도는 어떻게 되겠는가?

① 수소가 산소보다 2배 빠르다.
② 수소가 산소보다 4배 빠르다.
③ 수소가 산소보다 8배 빠르다.
④ 수소가 산소보다 16배 빠르다.

$$\frac{U_H}{U_O} = \sqrt{\frac{M_O}{M_H}}$$
$$\frac{U_H}{U_O} = \sqrt{\frac{32}{2}} = \frac{4}{1}$$
∴ 수소가 산소보다 확산속도가 4배 빠르다.

51 압축기에 사용되는 윤활유의 구비조건으로 옳은 것은? [설비 32]

① 인화점과 응고점이 높을 것
② 정제도가 낮아 잔류탄소가 증발해서 줄어드는 양이 많을 것
③ 점도가 적당하고 향유화성이 적을 것
④ 열안정성이 좋아 쉽게 열분해하지 않을 것

압축기에 사용되는 윤활유(설비 핵심 32) 참조

52 액화석유가스용 용기잔류가스 회수장치의 구성이 아닌 것은?

① 열교환기
② 압축기
③ 연소설비
④ 질소퍼지장치

액화석유가스용 잔류가스 회수장치(KGS AA914)
잔류가스 회수장치는 압축기(액분리기 포함) 또는 펌프 · 잔류가스 회수탱크 또는 압력용기 연소설비, 질소퍼지장치 등으로 구성한다.

53 어느 용기에 액체를 넣어 밀폐하고 압력을 가해주면 액체의 비등점은 어떻게 되는가?

① 상승한다.
② 저하한다.
③ 변하지 않는다.
④ 이 조건으로 알 수 없다.

54 흡입밸브 압력이 0.8MPa · g인 3단 압축기의 최종단의 토출압력은 약 몇 MPa · g인가? (단, 압축비는 3이며, 1MPa은 10kg/cm² 로 한다.)

① 16.1 ② 21.6
③ 24.2 ④ 28.7

$$a = \sqrt[3]{\frac{P_2}{P_1}}$$
$$\therefore\ P_2 = a^3 \times P_1 = 3^3 \times (0.8 + 0.1) = 24.3\text{MPa}$$
$$\therefore\ 24.3 - 0.1 = 24.2\text{MPa(g)}$$

55 가스홀더의 기능에 대한 설명으로 가장 거리가 먼 것은? [설비 30]

① 가스수요의 시간적 변동에 대하여 제조가스량을 안정되게 공급하고 남는 가스를 저장한다.
② 정전, 배관공사 등의 공사로 가스공급의 일시 중단 시 공급량을 계속 확보한다.
③ 조성이 다른 제조가스를 저장, 혼합하여 성분, 열량 등을 일정하게 한다.
④ 소비지역에서 먼 곳에 설치하여 사용 피크 시 배관의 수송량을 증대한다.

가스홀더 분류 및 특징(설비 핵심 30) 참조

56 LP가스 고압장치가 상용압력이 2.5MPa일 경우 안전밸브의 최고작동압력은?

① 2.5MPa ② 3.0MPa
③ 3.75MPa ④ 5.0MPa

$$안전밸브\ 작동압력 = 상용압력 \times 1.5 \times \frac{8}{10}$$
$$= 2.5 \times 1.5 \times \frac{8}{10}$$
$$= 3\text{MPa}$$

57 지하에 매설하는 배관의 이음방법으로 가장 부적합한 것은?

① 링조인트 접합
② 용접 접합
③ 전기융착 접합
④ 열융착 접합

58 압축기에 사용하는 윤활유와 사용가스의 연결로 부적당한 것은? [설비 32]

① 수소 : 순광물성 기름
② 산소 : 디젤엔진유
③ 아세틸렌 : 양질의 광유
④ LPG : 식물성유

압축기에 사용되는 윤활유(설비 핵심 32) 참조

59 배관의 전기방식 중 희생양극법의 장점이 아닌 것은? **[안전 38]**

① 전류조절이 쉽다.
② 과방식의 우려가 없다.
③ 단거리의 파이프라인에는 저렴하다.
④ 다른 매설금속체로의 장애(간섭)가 거의 없다.

 희생(유전)양극법(안전 핵심 38) 참조

60 안전밸브의 선정절차에서 가장 먼저 검토하여야 하는 것은?

① 기타 밸브구동기 선정
② 해당 메이커의 자료 확인
③ 밸브 용량계수 값 확인
④ 통과 유체 확인

제4과목 가스안전관리

61 액화가연성가스 접합용기를 차량에 적재하여 운반할 때 몇 kg 이상일 때 운반책임자를 동승시켜야 하는가? **[안전 5]**

① 1000kg   ② 2000kg
③ 3000kg   ④ 6000kg

 운반책임자 동승기준(안전 핵심 5) 참조
가연성 액화가스용기 중 납붙임, 접합용기는 2000kg 이상 운반책임자 동승

62 고압가스 특정제조시설의 긴급용 벤트스택 방출구는 작업원이 항시 통행하는 장소로부터 몇 m 이상 떨어진 곳에 설치하는가? **[안전 26]**

① 5m   ② 10m
③ 15m   ④ 20m

 긴급이송설비(벤트스택)(안전 핵심 26) 참조

63 공기보다 무거워 누출 시 체류하기 쉬운 가스가 아닌 것은?

① 산소   ② 염소
③ 암모니아   ④ 프로판

 분자량
• O_2 : 32g
• Cl_2 : 71g
• NH_3 : 17g
• C_3H_8 : 44g

64 산화에틸렌에 대한 설명으로 틀린 것은 어느 것인가?

① 배관으로 수송할 경우에 2중관으로 한다.
② 제독제로서 다량의 물을 비치한다.
③ 저장탱크에는 45℃에서 그 내부가스의 압력이 0.4MPa 이상이 되도록 탄산가스를 충전한다.
④ 용기에 충전하는 때에는 미리 그 내부가스를 아황산 등의 산으로 치환하여 안정화시킨다.

 산화에틸렌 충전(KGS FP112)
㉠ 산화에틸렌의 저장탱크는 그 내부의 질소가스·탄산가스 및 산화에틸렌가스의 분위기가스를 질소가스 또는 탄산가스로 치환하고 5℃ 이하로 유지한다.
㉡ 산화에틸렌을 저장탱크 또는 용기에 충전하는 때에는 미리 그 내부가스를 질소가스 또는 탄산가스로 바꾼 후에 산 또는 알칼리를 함유하지 아니하는 상태로 충전한다.
㉢ 산화에틸렌의 저장탱크 및 충전용기에는 45℃에서 그 내부가스의 압력이 0.4MPa 이상이 되도록 질소가스 또는 탄산가스를 충전한다.
㉣ 이중관으로 하여야 하는 독성가스의 종류 : 아황산, 암모니아, 염소, 염화메탄, 산화에틸렌, 시안화수소, 포스겐, 황화수소

65 방폭전기기기 설치에 사용되는 정션 박스(junction box), 풀 박스(pull box)는 어떤 방폭구조로 하여야 하는가? **[안전 13]**

① 압력방폭구조(p)
② 내압방폭구조(d)
③ 유입방폭구조(o)
④ 특수방폭구조(s)

 위험장소 분류(안전 핵심 13) 참조
기타방폭전기기기 설치에 관한 사항

66 다음 중 불소가스에 대한 설명으로 옳은 것은?

① 무색의 가스이다.
② 냄새가 없다.
③ 강산화제이다.
④ 물과 반응하지 않는다.

F_2(불소)
• 독성(LC_{50} : 185ppm)
• 엷은 황색, 자극적인 냄새가 있다.
• 물과 반응하여 불화수소를 생성한다.

67 다음 중 냉동기의 제품성능의 기준으로 틀린 것은?

① 주름관을 사용한 방진조치
② 냉매설비 중 돌출부위에 대한 적절한 방호조치
③ 냉매가스가 누출될 우려가 있는 부분에 대한 부식 방지 조치
④ 냉매설비 중 냉매가스가 누출될 우려가 있는 곳에 차단밸브 설치

냉동기의 제품성능
㉠ 진동에 의하여 냉매가스가 누출할 우려가 있는 부분에 대하여는 주름판을 사용하는 방진조치를 한다.
㉡ 냉매설비의 돌출부 등 충격에 의하여 쉽게 파손되어 냉매가스가 누출될 우려가 있는 부분에 대하여는 방호조치를 한다.
㉢ 냉매설비의 외면의 부식에 의하여 냉매가스가 누출될 우려가 있는 부분에 대하여는 부식방지조치를 한다.

68 액화석유가스자동차에 고정된 탱크 충전시설 중 저장설비는 그 외면으로부터 사업소 경계와의 거리 이상을 유지하여야 한다. 저장능력과 사업소경계와의 거리의 기준을 바르게 연결한 것은? [안전 148]

① 10톤 이하 – 20m
② 10톤 초과 20톤 이하 – 22m
③ 20톤 초과 30톤 이하 – 30m
④ 30톤 초과 40톤 이하 – 32m

LPG 충전시설의 사업소와 경계거리(안전 핵심 148) 참조

69 다음 중 고압가스 일반제조시설에서 긴급차단장치를 반드시 설치하지 않아도 되는 설비는?

① 염소가스 정체량이 40톤인 고압가스 설비
② 연소열량이 5×10^7인 고압가스 설비
③ 특수 반응설비
④ 산소가스 정체량이 150톤인 고압가스 설비

저장탱크 외의 설비에 긴급차단장치 설치
㉮ 긴급차단장치의 부착위치·조작기구·차단성능 등은(역류방지밸브에 관한 것은 제외) 아래 기준에 따른다.
　㉠ 시가지·주요하천·호수 등을 횡단하는 배관(불활성가스에 속하는 가스는 제외)으로서 횡단거리가 500m 이상인 배관에는 그 배관 횡단부의 양 끝으로부터 가까운 거리에 설치한다.
　㉡ 위의 배관 중 독성 또는 가연성가스 배관에 대하여 배관이 4km 연장되는 구간마다 긴급차단장치를 추가로 설치한다.
㉯ 긴급차단장치의 차단조작 위치는 수송되는 가스의 대량유출에 따라 충분히 안전한 장소로 한다.
㉰ 긴급차단장치 설치위치는 다음 기준에 적합한 위치로 한다.
　㉠ 특수 반응설비 또는 연소열량의 수치가 연소열량이 6×10^7kcal 이상의 고압가스설비(연소열량이 6×10^7kcal 미만인 고압가스 설비라도 정체량이 100톤 이상인 고압가스 설비에서는 100톤 이상의 고압가스 설비에), 독성가스의 고압가스설비에서는 정체량이 30톤 이상인 것에, 산소의 고압가스 설비에서는 정체량이 100톤 이상인 것에 긴급차단장치를 설치한다. 다만, 긴급차단장치를 이들 설비에 설치함으로써 안전확보에 지장을 미칠 우려가 있는 경우에는 안전한 위치로서 이들 설비의 가장 가까운 위치에 긴급차단장치를 설치할 수 있다.
　㉡ 염소는 독성이므로 30톤 이상에 설치, 산소는 100톤 이상에 설치

정답　66.③　67.④　68.③　69.②

70 탱크주밸브, 긴급차단장치에 속하는 밸브, 그 밖의 중요한 부속품이 돌출된 저장탱크는 그 부속품을 차량의 좌측면이 아닌 곳에 설치한 단단한 조작상자 내에 설치한다. 이 경우 조작상자와 차량의 뒷범퍼와의 수평거리는 얼마 이상 이격하여야 하는가? [안전 24]

① 20cm ② 30cm
③ 40cm ④ 50cm

차량고정탱크 운반기준(안전 핵심 24) 참조

71 긴급이송설비에 부속된 처리설비는 이송되는 설비 내의 내용물을 안전하게 처리하여야 한다. 처리방법으로 옳은 것은?

① 플레어스택에서 배출시킨다.
② 안전한 장소에 설치되어 있는 저장탱크에 임시 이송한다.
③ 밴트스택에서 연소시킨다.
④ 독성가스는 제독 후 사용한다.

72 고압가스 냉동기 제조의 시설에서 냉매가스가 통하는 부분의 설계압력 설정에 대한 설명으로 틀린 것은?

① 보통의 운전상태에서 응축온도가 65℃를 초과하는 냉동설비는 그 응축온도에 대한 포화증기 압력을 그 냉동설비의 고압부 설계압력으로 한다.
② 냉매설비의 저압부가 항상 저온으로 유지되고 또한 냉매가스의 압력이 0.4MPa 이하인 경우에는 그 저압부의 설계압력을 0.8MPa로 할 수 있다.
③ 보통의 상태에서 내부가 대기압 이하로 되는 부분에는 압력이 0.1MPa을 외압으로 하여 걸리는 설계압력으로 한다.
④ 냉매설비의 주위온도가 항상 40℃를 초과하는 냉매설비 등의 저압부 설계압력은 그 주위 온도의 최고온도에서의 냉매가스의 평균압력 이상으로 한다.

냉동기 제조시설에서 냉매가스가 통하는 부분의 설계

㉠ 보통의 운전상태에서 응축온도가 65℃를 초과하는 냉동설비에는 그 응축온도에 대한 포화증기압력을 그 냉동설비의 고압부 설계압력으로 한다.
㉡ 냉매설비의 냉매가스량을 제한하여 충전함으로서 그 냉동설비의 정지 중에 냉매가스가 상온에 증발을 완료한 때 냉매설비 안의 압력이 일정치(이하 이때의 압력을 "제한충전압력"이라 함) 이상으로 상승하지 아니하도록 한 경우는 그 냉매설비 저압부의 설계압력은 규정값에 관계없이 제한충전압력 이상의 압력으로 할 수 있다.
㉢ 냉동설비를 사용할 때 냉매설비의 주위온도가 항상 40℃를 초과하는 냉매설비(crane cab cooler) 등의 저압부 설계압력은 규정값에 관계없이 그 주위 온도의 최고 온도에서의 냉매가스의 포화압력 이상으로 한다.
㉣ 냉매설비가 국부에 열영향을 받아 충전된 냉매가스의 압력이 상승하는 냉매설비에서는 해당 냉매 설비의 설계압력은 규정값에 관계없이 열영향을 최대로 받을 때의 냉매가스의 평균압력 이상의 압력으로 한다.
㉤ 냉매설비의 저압부가 항상 저온으로 유지되고(제빙장치의 브라인탱크 등) 또한 냉매가스 압력이 0.4MPa 이하인 경우에는 그 저압부의 설계압력을 0.8MPa로 할 수 있다. 다만, 휴지기간 중 압력이 상승하여 설계압력을 초과할 우려가 있는 것은 그 상태에 도달할 때 자동적으로 해당 부분 압력을 설계압력 이하로 유지할 수 있는 구조로 한다.
㉥ 보통의 사용상태에서 내부가 대기압 이하로 되는 부분에는 압력 0.1MPa을 외압으로 하여 걸리는 설계압력으로 한다. 이 경우 액두압 또는 펌프압 등의 외압이 걸리는 냉매설비는 해당 부분에 대응하는 내압으로 하여 압력이 가장 낮은 상태에서의 압력과 외압과의 차이를 가지고 그 부분에 설계압력으로 한다.

73 소형저장탱크에 의한 액화석유가스 사용시설에서 벌크로리 측의 호스어셈블리에 의한 충전 시 충전작업자는 길이 몇 m 이상의 충전호스를 사용하여 충전하는 경우에 별도의 충전보조원에게 충전작업 중 충전호스를 감시하게 하여야 하는가?

① 5m ② 8m
③ 10m ④ 20m

74 다음 중 충전용기 적재에 관한 기준으로 옳은 것은?

① 충전용기를 적재한 차량은 제1종 보호시설과 15m 이상 떨어진 곳에 주차하여야 한다.

② 충전량이 15kg 이하이고, 적재수가 2개를 초과하지 아니한 LPG는 이륜차에 적재하여 운반할 수 있다.

③ 용량 15kg의 LPG 충전용기는 2단으로 적재하여 운반할 수 있다.

④ 운반차량 뒷면에는 두께가 3mm 이상, 폭 50mm 이상의 범퍼를 설치한다.

🖊️해설

② 충전량이 20kg 이하

③ 충전용기 등을 목재, 플라스틱이나 강철로 만든 팔레트 내부에 넣어 안전하게 적재하는 경우와 용량 10kg 미만의 액화석유가스 충전용기를 적재할 경우를 제외하고 모든 충전용기는 1단으로 쌓는다.

④ 운반차량 뒷면에는 두께 5mm 이상 폭 100mm 이상의 범퍼 또는 이와 동등 이상의 효과를 갖는 완충장치를 설치한다.

75 고압가스 용기 및 차량에 고정된 탱크충전시설에 설치하는 제독설비의 기준으로 틀린 것은?

① 가압식, 동력식 등에 따라 작동하는 수도직결식의 제독제 살포장치 또는 살수장치를 설치한다.

② 물(중화제)인 중화조를 주위온도가 4℃ 미만인 동결 우려가 있는 장소에 설치시 동결방지장치를 설치한다.

③ 물(중화제) 중화조에는 자동급수장치를 설치한다.

④ 살수장치는 정전 등에 의해 전자밸브가 작동하지 않을 경우에 대비하여 수동 바이패스 배관을 추가로 설치한다.

🖊️해설

고압가스 용기·차량고정탱크 충전시설의 제독설비 설치

㉮ 제독설비는 누출된 가스의 확산을 적절히 방지할 수 있는 것으로서 제조시설 등의 상황 및 가스의 종류에 따라 다음의 설비 또는 이와 동등 이상의 기능을 가진 것을 설치한다.

㉠ 가압식, 동력식 등에 따라 작동하는 제독제 살포장치 또는 살수장치(수도직결식을 설치하지 않는다)

㉡ 가스를 흡인하여 이를 흡수·중화제와 접속시키는 장치

㉢ 중화제가 물인 중화조를 주위 온도가 4℃ 미만이 되어 동결의 우려가 있는 장소에 설치하는 경우에는 중화조에 동결방지장치를 설치한다.

㉣ 중화제가 물인 중화조에는 자동급수장치를 설치한다.

㉯ 살수장치는 정전 등에 의해 전자밸브가 작동하지 않을 경우 수동으로 작동할 수 있는 바이패스 배관을 추가로 설치한다.

㉰ 가스누출 검지경보장치와 연동 작동하도록 한다.

㉱ 제독조치
제독조치는 다음의 방법이나 이와 동등이상의 작용을 하는 조치 중 한 가지 또는 두 가지 이상인 것을 선택하여야 한다.

㉠ 물이나 흡수제로 흡수 또는 중화하는 조치

㉡ 흡착제로 흡착 제거하는 조치

㉢ 저장탱크 주위에 설치된 유도구로 집액구·피트 등으로 고인 액화가스를 펌프 등의 이송설비로 안전하게 제조설비로 반송하는 조치

㉣ 연소설비(플레어스택, 보일러 등)에서 안전하게 연소시키는 조치

76 가스보일러에 의한 가스 사고를 예방하기 위한 방법이 아닌 것은?

① 가스보일러는 전용보일러실에 설치한다.

② 가스보일러의 배기통은 한국가스안전공사의 성능인증을 받은 것을 사용한다.

③ 가스보일러는 가스보일러 시공자가 설치한다.

④ 가스보일러의 배기톱은 풍압대 내에 설치한다.

가스보일러의 배기톱 설치

㉠ 배기톱의 위치는 풍압대를 피하여 바람이 잘 통하는 곳에 설치한다.

㉡ 배기톱의 옥상 돌출부는 지붕면으로부터 수직거리로 0.9m 이상으로 하고, 배기톱 상단으로부터 수평거리 1m 이내에 건축물이 있는 경우에는 타건물의 처마로부터 0.9m 이상 높게 설치한다.

㉢ 배기톱의 모양은 모든 방향의 바람에 관계없이 배기가스를 잘 배출하는 구조로 다익형, H형, 경사H형, P형 등으로 한다.

77 액화가스 충전용기의 내용적을 V(L), 저장능력을 W(kg), 가스의 종류에 따르는 정수를 C로 했을 때, 이에 대한 설명으로 틀린 것은? [안전 31]

① 프로판의 C값은 2.35이다.
② 액화가스와 압축가스가 섞여 있을 경우에는 액화가스 10kg을 $1m^3$으로 본다.
③ 용기의 어깨에 C값이 각인되어 있다.
④ 열대지방과 한대지방의 C값은 다를 수 있다.

용기의 각인사항(안전 핵심 31) 참조
충전상수는 각인하지 않는다.

78 가스 제조 시 첨가하는 냄새가 나는 물질(부취제)에 대한 설명으로 옳지 않은 것은? [안전 19]

① 독성이 없을 것
② 극히 낮은 농도에서도 냄새가 확인될 수 있을 것
③ 가스관이나 Gas meter에 흡착될 수 있을 것
④ 배관 내의 상용온도에서 응축하지 않고 배관을 부식시키지 않을 것

부취제(안전 핵심 19) 참조

79 일반도시가스사업 예비 정압기에 설치되는 긴급차단장치의 설정압력은?

① 3.2kPa 이하   ② 3.6kPa 이하
③ 4.0kPa 이하   ④ 4.4kPa 이하

도시가스 정압기실에 설치되는 설비의 설정압력

구 분		상용압력 2.5kPa	기 타
주정압기의 긴급차단장치		3.6kPa	상용압력 1.2배 이하
예비정압기에 설치하는 긴급차단장치		4.4kPa	상용압력 1.5배 이하
안전밸브		4.0kPa	상용압력 1.4배 이하
이상압력 통보설비	상한값	3.2kPa	상용압력 1.1배 이하
	하한값	1.2kPa	상용압력 0.7배 이하

80 다음 [보기]에서 가스용 퀵카플러에 대한 설명으로 옳은 것으로 모두 나열된 것은?

[보기]
㉠ 퀵카플러는 사용형태에 따라 호스접속형과 호스엔드 접속형으로 구분한다.
㉡ 4.2kPa 이상의 압력으로 기밀시험을 하였을 때 가스누출이 없어야 한다.
㉢ 탈착조작은 분당 10~20회의 속도로 6000회 실시한 후 작동시험에서 이상이 없어야 한다.

① ㉠   ② ㉠, ㉡
③ ㉡, ㉢   ④ ㉠, ㉡, ㉢

퀵카플러
㉠ 종류

종류	사용의 형태
호스접속형	퀵카플러의 한쪽에 호스를 접속할 수 있도록 한 것
호스엔드 접속형	퀵카플러의 한쪽에 호스엔드를 접속할 수 있도록 한 것

㉡ 기밀 성능
퀵카플러는 4.2kPa 이상의 압력으로 기밀시험을 하여 퀵카플러의 외부누출이 없고, 플러그 안전 기구는 가스누출량이 0.55L/h 이하인 것으로 한다.

㉢ 내구 성능
퀵카플러는 (10~20)회/min의 속도로 6000회 탈착조작을 한 후 작동시험 및 기밀시험을 하여 이상이 없는 것으로 한다.

ⓔ 내열 성능
플러그와 소켓을 접속한 것과 분리한 것을 각각 (120±2)℃의 항온조에 넣어 30분간 유지한 후 꺼내어 상온으로 된 상태에서 작동시험 및 기밀시험을 실시하여 이상이 없는 것으로 한다.
ⓜ 내한 성능
플러그와 소켓을 접속한 것과 분리한 것을 각각 (−10±2)℃의 항온조에 넣어 30분간 유지한 후 꺼내어 상온으로 된 상태에서 작동시험 및 기밀시험을 실시하여 이상이 없는 것으로 한다.
ⓗ 내가스 성능
가스가 통하는 부분에 사용되는 고무패킹 및 밸브류는 온도 (5~25)℃의 n-pentane액 중에서 72시간 이상 침적한 후 공기 중에서 24시간 이상 방치하였을 때 체적변화율이 20% 이하이고, 사용에 지장이 있는 연화 및 취화 등 이상이 없는 것으로 한다.

제5과목 가스계측

81 대기압이 750mmHg일 때 탱크 내의 기체압력이 게이지압으로 1.98kg/cm²이었다. 탱크 내 기체의 절대압력은 약 몇 kg/cm²인가? (단, 1기압은 1.0336kg/cm²이다.)
① 1 ② 2
③ 3 ④ 4

절대압력＝대기압력＋게이지압력
＝750mmHg＋1.98kg/cm²
＝$\frac{750}{760}$×1.0336kg/cm²＋1.98kg/cm²
＝2.99 ≒ 3kg/cm²

82 질소용 mass flow controller에 헬륨을 사용하였다. 예측 가능한 결과는?
① 질량유량에는 변화가 있으나, 부피 유량에는 변화가 없다.
② 지시계는 변화가 없으나, 부피유량은 증가한다.
③ 입구압력을 약간 낮춰주면 동일한 유량을 얻을 수 있다.
④ 변화를 예측할 수 없다.

mass flow controller(질량유량조절기)
질소와 헬륨은 분자량이 달라 질소는 28kg : 22.4m³, 헬륨은 4kg : 22.4m³이므로 같은 질량을 보냈을 때 부피가 증가한다.

83 측정방법에 따른 액면계의 분류 중 간접법이 아닌 것은?
① 음향을 이용하는 방법
② 방사선을 이용하는 방법
③ 압력계, 차압계를 이용하는 방법
④ 플로트에 의한 방법

플로트식＝직접식

84 가스시료 분석에 널리 사용되는 기체크로마토그래피(gas chromatography)의 원리는?
① 이온화
② 흡착 치환
③ 확산 유출
④ 열전도

85 60℉에서 100℉까지 온도를 제어하는데 비례제어기가 사용된다. 측정온도가 71℉에서 75℉로 변할 때 출력압력이 3psi에서 5psi까지 도달하도록 조정된다. 비례대(%)는?
① 5% ② 10%
③ 15% ④ 20%

비례대＝$\frac{측정온도차}{조절온도차}$×100
＝$\frac{75-71}{100-60}$×100(%)
＝10%

86 다음 중 계량의 기준이 되는 기본단위가 아닌 것은? [계측 36]
① 길이 ② 온도
③ 면적 ④ 광도

단위 및 단위계(계측 핵심 36) 참조

87 다음 중 기체크로마토그래피의 구성이 아닌 것은? [계측 10]

① 캐리어 가스
② 검출기
③ 분광기
④ 컬럼

가스크라마토그래피 측정원리와 특성(계측 핵심 10) 참조

88 적외선가스분석계로 분석하기가 가장 어려운 가스는?

① H_2O ② N_2
③ HF   ④ CO

적외선가스분석계 : 단원자분자 및 이원자분자 검출 불가능(He, Ne, Ar, O_2, N_2, H_2 등)

89 용적식 유량계에 해당되지 않는 것은?

① 로터미터
② Oval식 유량계
③ 루트 유량계
④ 로터리피스톤식 유량계

㉠ 용적식 유량계 : 가스미터, 오벌식, 루트식, 로터리피스톤식
㉡ 면적식 유량계 : 로터미터

90 시정수(time constant)가 5초인 1차 지연형 계측기의 스텝 응답(step response)에서 전 변화의 95%까지 변화하는 데 걸리는 시간은?

① 10초   ② 15초
③ 20초   ④ 30초

$$y = 1 - e^{-\left(\frac{t}{T}\right)}$$
$$0.95 = 1 - (e)^{-\left(\frac{t}{T}\right)}$$
$$-0.05 = -(e)^{-\left(\frac{t}{T}\right)}$$
$$-\left(\frac{t}{T}\right) = \ell n 0.05 = -2.995$$
$$\therefore t = 5 \times 2.995 = 14.97 = 15초$$

91 가연성가스 검출기로 주로 사용되지 않는 것은? [계측 20]

① 중화적정형
② 안전등형
③ 간섭계형
④ 열선형

가연성가스 검출기의 종류(계측 핵심 20) 참조

92 다음 [보기]에서 설명하는 가스미터는 어느 것인가? [계측 8]

[보기]
• 계량이 정확하고 사용 중 기차(器差)의 변동이 거의 없다.
• 설치공간이 크고 수위 조절 등의 관리가 필요하다.

① 막식가스미터
② 습식가스미터
③ 루트(Roots)미터
④ 벤투리미터

막식, 습식, 루트식 가스미터의 장·단점(계측 핵심 8) 참조

93 다음 열전대 온도계 중 측정범위가 가장 넓은 것은? [계측 9]

① 백금－백금 · 로듐
② 구리－콘스탄탄
③ 철－콘스탄탄
④ 크로멜－알루멜

열전대 온도계의 측정온도 범위와 특성(계측 핵심 9) 참조

94 최대 유량이 $10m^3/h$ 이하인 가스미터의 검정 · 재검정 유효기간으로 옳은 것은?

① 3년, 3년
② 3년, 5년
③ 5년, 3년
④ 5년, 5년

가스계량기 검정유효기간

종류	검정 및 재검정 유효기간	
기준가스계량기	2년	2년
LPG계량기	3년	3년
최대유량 $10m^3/hr$ 이하	5년	5년
그 밖의 가스계량기	8년	8년

95 연소가스 중 CO와 H_2의 분석에 사용되는 가스분석계는?

① 탄산가스계
② 질소가스계
③ 미연소가스계
④ 수소가스계

96 방사선식 액면계에 대한 설명으로 틀린 것은?

① 방사선원은 코발트 $60(^{60}Co)$이 사용된다.
② 종류로는 조사식, 투과식, 가반식이 있다.
③ 방사선 선원을 탱크 상부에 설치한다.
④ 고온, 고압 또는 내부에 측정자를 넣을 수 없는 경우에 사용된다.

방사선 선원을 상부에 설치 시 액면상부로 노출 선원은 액면상부에 노출되어서는 안 된다.

97 저압용의 부르동관 압력계 재질로 옳은 것은? [계측 33]

① 니켈강
② 특수강
③ 인발강관
④ 황동

압력계의 구분 부르동관 압력계 재질(계측 핵심 33) 참조
• 고압용 : 강
• 저압용 : 동

98 게겔법에서 C_3H_6를 분석하기 위한 흡수액으로 사용되는 것은? [계측 1]

① 33% KOH 용액
② 알칼리성 피로갈롤 용액
③ 암모니아성 염화 제1구리 용액
④ 87% H_2SO_4

흡수분석법(계측 핵심 1) 참조

99 제어동작에 대한 설명으로 옳은 것은 어느 것인가? [계측 4]

① 비례동작은 제어오차가 변화하는 속도에 비례하는 동작이다.
② 미분동작은 편차에 비례한다.
③ 적분동작은 오프셋을 제거할 수 있다.
④ 미분동작은 오버슈트가 많고 응답이 느리다.

동작신호와 신호의 전송법
오프셋=잔류편차

100 루트식 가스미터는 적은 유량 시 작동하지 않을 우려가 있는데, 보통 얼마 이하일 때 이러한 현상이 나타나는가? [계측 8]

① $0.5m^3/h$
② $2m^3/h$
③ $5m^3/h$
④ $10m^3/h$

막식, 습식, 루트식 가스미터의 장·단점(계측 핵심 8) 참조

제1과목 가스유체역학

01 관로의 유동에서 여러 가지 손실수두를 나타낸 것으로 틀린 것은? (단, f: 마찰계수, d: 관의 지름, $\left(\dfrac{V^2}{2g}\right)$: 속도수두, $\left(\dfrac{V_1^2}{2g}\right)$: 입구관 속도 수두, $\left(\dfrac{V_2^2}{2g}\right)$: 출구관 속도수두, R_h: 수력 반지름, L: 관의 길이, A: 관의 단면적, C_c: 단면적 축소계수이다.)　　　　[유체 16, 17]

① 원형관 속의 손실수두 :

$$h_L = f\frac{L}{d}\frac{V^2}{2g}$$

② 비원형관 속의 손실수두 :

$$h_L = f\frac{4R_h}{L}\frac{V^2}{2g}$$

③ 돌연확대관 손실수두 :

$$h_L = \left(1 - \frac{A_1}{A_2}\right)^2 \frac{V_1^2}{2g}$$

④ 돌연축소관 손실수두 :

$$h_L = \left(\frac{1}{C_c} - 1\right)^2 \frac{V_2^2}{2g}$$

해설
원관의 손실수두, 수력반경, 수력학적 상당길이
(유체 핵심 16, 17) 참조
② 비원형관의 손실수두

$$h_L = f \cdot \frac{L}{4R_h} \cdot \frac{V^2}{2g}$$

$$R_h\,(\text{수력반경}) = \frac{\text{단면적}}{\text{접수길이}}$$

02 980cSt의 동점도(kinematic viscosity)는 몇 m^2/s인가?

① 10^{-4}
② 9.8×10^{-4}
③ 1
④ 9.8

해설

$980\,\text{cSt}$

$= 980 \times 10^{-2} \text{cm}^2/\text{s}$ 이므로,

$= 980 \times 10^{-2} \text{cm}^2/\text{s} \times \dfrac{1}{10^4 \text{cm}^2}\text{m}^2/\text{s}$

$= 980 \times 10^{-2} \times 10^{-4}\,\text{m}^2/\text{s}$

$= 9.8 \times 10^{-4}\,\text{m}^2/\text{s}$

$1\text{m}^2 = 10^4 \text{cm}^2$

03 안지름 100mm인 관 속을 압력 5kgf/cm², 온도 15℃인 공기가 2kg/s로 흐를 때 평균 유속은 몇 m/s인가? (단, 공기의 기체상수는 29.27kgf · m/kg · K이다.)

① 4.28m/s
② 5.81m/s
③ 42.9m/s
④ 55.8m/s

해설
중량유량
$G = \gamma A V$에서

$$V = \frac{G}{\gamma A}$$

그리고 $P = \gamma RT$에서

$$\gamma = \frac{P}{RT}$$

$$= \frac{5 \times 10^4 \text{kg/m}^2}{29.27\text{kgf} \cdot \text{m/kg} \cdot \text{K} \times (273 + 15)\text{K}}$$

$$= 5.93\text{kgf/m}^3$$

$$\therefore\ V = \frac{2}{5.93 \times \dfrac{\pi}{4} \times (0.1\text{m})^2} = 42.9\text{m/s}$$

04 다음 중 실제유체와 이상유체에 모두 적용되는 것은?

① 뉴턴의 점성법칙
② 압축성
③ 점착조건(no slip condition)
④ 에너지보존의 법칙

실제유체와 이상유체

구분	정의	해당유체
실제유체	점성유체	압축성유체 뉴턴의 점성법칙
이상유체	마찰이 없고 비점성 비압축성유체	완전유체(비점성 비압축성유체)

※ 에너지보존의 법칙(열역학 제1법칙) : 열량은 일량으로, 일량은 열량으로 환산 가능함을 밝힌 법칙

05 진공압력이 0.10kgf/cm^2이고, 온도가 20℃인 기체가 계기압력 7kgf/cm^2로 등온압축되었다. 이때 압축 전 체적(V_1)에 대한 압축 후 체적(V_2)의 비는 얼마인가? (단, 대기압은 720mmHg이다.)

① 0.11
② 0.14
③ 0.98
④ 1.41

$$P_1 V_1 = P_2 V_2$$

$$V_2 = \frac{P_1}{P_2} V_1 = \frac{0.87863}{7.97863} V_1 = 0.11 V_1$$

> [절대압력 환산]
> P_1 : 절대 = 대기 − 진공
> $\qquad = 720\text{mmHg} - 0.10\text{kg/cm}^2$
> $\qquad = \frac{720}{760} \times 1.033 - 0.10$
> $\qquad = 0.87863\text{kg/cm}^2\,a$
> P_2 : 절대 = 대기 + 게이지
> $\qquad = 720\text{mmHg} + 7\text{kg/cm}^2$
> $\qquad = \frac{720}{760} \times 1.033 + 7$
> $\qquad = 7.97863$

06 표면장력계수의 차원을 옳게 나타낸 것은? (단, M은 질량, L은 길이, T는 시간의 차원이다.)

① MLT^{-2}
② MT^{-2}
③ LT^{-1}
④ $\text{ML}^{-1}\text{T}^{-2}$

표면장력(σ) : 단위길이당 작용하는 힘(kgf/m)으로, 차원은 FL^{-1}이고 $\text{F} = \text{MLT}^{-2}$이므로, $\text{MLT}^{-2} \cdot \text{L}^{-1} = \text{MT}^{-2}$

07 초음속 흐름이 갑자기 아음속 흐름으로 변할 때 얇은 불연속 면의 충격파가 생긴다. 이 불연속 면에서의 변화로 옳은 것은? [유체 20]

① 압력은 감소하고, 밀도는 증가한다.
② 압력은 증가하고, 밀도는 감소한다.
③ 온도와 엔트로피가 증가한다.
④ 온도와 엔트로피가 감소한다.

충격파(유체 핵심 20) 참조

08 비중이 0.887인 원유가 관의 단면적이 0.0022m^2인 관에서 체적유량이 $10.0\text{m}^3/\text{h}$일 때 관의 단위면적당 질량유량($\text{kg/m}^2 \cdot \text{s}$)은?

① 1120
② 1220
③ 1320
④ 1420

$$G = \gamma Q/A$$
$$= 0.887 \times 10^3 \text{kg/m}^3 \times 10.0\text{m}^3/\text{h} \times \frac{1}{0.0022\text{m}^2}$$
$$= 0.887 \times 10^3 \text{kg/m}^3 \times 10.0\text{m}^3/3600\text{s}$$
$$\times \frac{1}{0.0022\text{m}^2}$$
$$= 1119.94 \fallingdotseq 1120\text{kg/m}^2 \cdot \text{s}$$

09 온도 27℃의 이산화탄소 3kg이 체적 0.30m^3의 용기에 가득 차 있을 때 용기 내의 압력은 몇 kgf/cm^2인가? (단, 일반기체상수는 $848\text{kgf} \cdot \text{m/kmol} \cdot \text{K}$이고, 이산화탄소의 분자량은 44이다.)

① 5.79
② 24.3
③ 100
④ 270

$$PV = GRT$$
$$P = \frac{GRT}{V} = \frac{3 \times \frac{848}{44} \times (273+27)}{0.30}$$
$$= 57818.18\text{kg/m}^2$$
$$= 5.7818\text{kg/cm}^2$$
$$\fallingdotseq 5.79\text{kg/cm}^2$$

10 물이나 다른 액체를 넣은 타원형 용기를 회전하고 그 용적변화를 이용하여 기체를 수송하는 장치로 유독성 가스를 수송하는 데 적합한 것은?

① 로베(lobe) 펌프
② 터보(turbo) 압축기
③ 내시(nash) 펌프
④ 팬(fan)

11 내경이 0.0526m인 철관에 비압축성유체가 9.085m³/h로 흐를 때의 평균유속은 약 몇 m/s인가? (단, 유체의 밀도는 1200kg/m³이다.)

① 1.16
② 3.26
③ 4.68
④ 11.6

$Q = A \cdot V$

$$V = \frac{Q}{A} = \frac{9.085\text{m}^3/3600\text{s}}{\frac{\pi}{4} \times (0.0526\text{m})^2} = 1.16\text{m/s}$$

12 수직 충격파(normal shock wave)에 대한 설명 중 옳지 않은 것은? [유체 20]

① 수직 충격파는 아음속 유동에서 초음속 유동으로 바뀌어 갈 때 발생한다.
② 충격파를 가로지르는 유동은 등엔트로피 과정이 아니다.
③ 수직 충격파 발생 직후의 유동조건은 $h - s$ 선도로 나타낼 수 있다.
④ 1차원 유동에서 일어날 수 있는 충격파는 수직 충격파뿐이다.

충격파(유체 핵심 20) 참조
수직 충격파 : 초음속 흐름이 갑자기 아음속 흐름으로 변하게 되는 경우 이때 발생되는 불연속면의 충격파 흐름에 대하여 수직으로 작용되는 경우의 충격파

13 어떤 유체의 액면 아래 10m인 지점의 계기압력이 2.16kgf/cm²일 때 이 액체의 비중량은 몇 kgf/m³인가?

① 2160
② 216
③ 21.6
④ 0.216

$P = \gamma H$

$$\gamma = \frac{P}{H} = \frac{2.16 \times 10^4 \text{kgf/m}^2}{10\text{m}} = 2160\text{kgf/m}^3$$

14 뉴턴 유체(Newtonian fluid)가 원관 내를 완전발달된 층류 흐름으로 흐르고 있다. 관내의 평균유속 V와 최대속도 U_{max}의 비 $\dfrac{V}{U_{max}}$는?

① 2
② 1
③ 0.5
④ 0.1

원관에서 최대속도 $U_{max} = \dfrac{dp \cdot r_0^2}{4\mu dl}$

평균속도 $V = \dfrac{dp \cdot r_0^2}{8\mu dl}$ 이므로,

$\therefore \dfrac{V}{U_{max}} = 0.5$

※ 평판일 경우 $\dfrac{V}{U_{max}} = \dfrac{1}{1.5}$

15 지름이 4cm인 매끈한 관에 동점성계수가 1.57×10^{-5}m²/s인 공기가 0.7m/s의 속도로 흐르고, 관의 길이가 70m이다. 이에 대한 손실수두는 몇 m인가?

① 1.27
② 1.37
③ 1.47
④ 1.57

$$R_e = \frac{VD}{\nu} = \frac{0.7 \times 0.04}{1.57 \times 10^{-5}} = 1783.43949$$

$$f = \frac{64}{R_e} = \frac{64}{1783.43949} = 0.035885714$$

$$h_f = f \cdot \frac{L}{D} \cdot \frac{V^2}{2g} = 0.035885714 \times \frac{70}{0.04} \times \frac{0.7^2}{2 \times 9.8}$$
$$= 1.57\text{m}$$

16 도플러효과(doppler effect)를 이용한 유량계는?

① 에뉴바 유량계
② 초음파 유량계
③ 오벌 유량계
④ 열선 유량계

초음파 유량계 : 유체에 포함되어 있는 고형물이나 기포에 초음파를 보내 그때 발생하는 도플러효과를 이용하는 방법

정답 10.③ 11.① 12.① 13.① 14.③ 15.④ 16.②

17 압축성 유체의 유속 계산에 사용되는 Mach 수의 표현으로 옳은 것은?

① $\dfrac{음속}{유체의 속도}$

② $\dfrac{유체의 속도}{음속}$

③ $(음속)^2$

④ 유체의 속도 × 음속

18 지름이 3m인 원형 기름탱크의 지붕이 평평하고 수평이다. 대기압이 1atm일 때 대기가 지붕에 미치는 힘은 몇 kgf인가?

① 7.3×10^2　　② 7.3×10^3

③ 7.3×10^4　　④ 7.3×10^5

$P = \dfrac{W}{A}$

$\therefore\ W = PA = 1.033 \times 10^4 kgf/m^2 \times \dfrac{\pi}{4} \times (3m)^2$

$= 7.3 \times 10^4\,kgf$

19 온도 20℃, 압력 5kgf/cm²인 이상기체 10cm³를 등온조건에서 5cm³까지 압축하면 압력은 약 몇 kgf/cm²인가?

① 2.5　　② 5

③ 10　　④ 20

$P_1 V_1 = P_2 V_2$

$P_2 = \dfrac{P_1 V_1}{V_2} = \dfrac{5 \times 10}{5} = 10\,kgf/cm^2$

20 기체효율을 η_m, 수력효율을 η_h, 체적효율을 η_v라 할 때 펌프의 총 효율은?

① $\dfrac{\eta_m \times \eta_h}{\eta_v}$

② $\dfrac{\eta_m \times \eta_v}{\eta_h}$

③ $\eta_m \times \eta_h \times \eta_v$

④ $\dfrac{\eta_v \times \eta_h}{\eta_m}$

제2과목 연소공학

21 카르노 사이클에서 열효율과 열량, 온도와의 관계가 옳은 것은? (단, $Q_1 > Q_2$, $T_1 > T_2$) 　　[연소 16]

① $\eta = \dfrac{Q_1 - Q_2}{Q_1} = \dfrac{T_1 - T_2}{T_1}$

② $\eta = \dfrac{Q_1 - Q_2}{Q_2} = \dfrac{T_1 - T_2}{T_2}$

③ $\eta = \dfrac{Q_1}{Q_1 - Q_2} = \dfrac{T_2}{T_1 - T_2}$

④ $\eta = \dfrac{Q_2}{Q_1 - Q_2} = \dfrac{T_1}{T_1 - T_2}$

냉동기, 열펌프의 성적계수 및 열효율(연소 핵심 16) 참조

22 기체 연소 시 소염현상의 원인이 아닌 것은?

① 산소농도가 증가할 경우

② 가연성기체, 산화제가 화염 반응대에서 공급이 불충분할 경우

③ 가연성가스가 연소범위를 벗어날 경우

④ 가연성가스에 불활성기체가 포함될 경우

소염 : 연소가 소멸되는 현상으로, 산소의 농도가 증가 시 연소가 활성화되는 경우이다.

23 확산연소에 대한 설명으로 틀린 것은?

① 확산연소 과정은 연료와 산화제의 혼합속도에 의존한다.

② 연료와 산화제의 경계면이 생겨 서로 빈대 측 면에서 경계면으로 연료와 산화제가 확산해 온다.

③ 가스라이터의 연소는 전형적인 기체연료의 확산화염이다.

④ 연료와 산화제가 적당 비율로 혼합되어 가연혼합기를 통과할 때 확산화염이 나타난다.

확산연소 : 연료가스와 공기가 혼합하면서 연소하는 현상으로, 연료가스와 공기 중의 산소와 혼합하여 화염이 형성된다.

④ 가연혼합기를 통과할 때 → 가연혼합기로 된 장소의

24 과잉공기가 너무 많은 경우의 현상이 아닌 것은? [연소 15]

① 열효율을 감소시킨다.
② 연소온도가 증가한다.
③ 배기가스의 열손실을 증대시킨다.
④ 연소가스량이 증가하여 통풍을 저해한다.

공기비(연소 핵심 15) 참조
② 과잉공기가 많으면 질소산화물이 많이 생겨 연소온도가 내려간다.

25 다음 중 층류예혼합화염과 비교한 난류예혼합화염의 특징에 대한 설명으로 틀린 것은 어느 것인가? [연소 36]

① 연소속도가 빨라진다.
② 화염의 두께가 두꺼워진다.
③ 휘도가 높아진다.
④ 화염의 배후에 미연소분이 남지 않는다.

난류예혼합화염과 층류예혼합화염의 비교(연소 핵심 36) 참조
④ 화염의 배후에 다량의 미연소분이 존재

26 다음 중 수소(H_2, 폭발범위 : 4.0~75vol%)의 위험도는?

① 0.95   ② 17.75
③ 18.75   ④ 71

$$H = \frac{U-L}{L} = \frac{75-4}{4} = 17.75$$

27 이산화탄소의 기체상수(R) 값과 가장 가까운 기체는?

① 프로판   ② 수소
③ 산소   ④ 질소

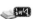
$R = \dfrac{848}{M}$ kgf·m/kg·K이므로, 분자량이 같으면 상속의 R 값이 같다.
CO_2의 분자량은 44g으로, 프로판과 같다.
① $C_3H_8 = 44g$
② $H_2 = 2g$
③ $O_2 = 32g$
④ $N_2 = 28g$

28 −5℃ 얼음 10g을 16℃의 물로 만드는 데 필요한 열량은 약 몇 kJ인가? (단, 얼음의 비열은 2.1J/g·K, 융해열은 335J/g, 물의 비열은 4.2J/g·K이다.)

① 3.4   ② 4.2
③ 5.2   ④ 6.4

㉠ −5℃ 얼음 → 0℃ 얼음
$Q_1 = Gc\Delta t = 10 \times 2.1 \times 5 = 105J$
㉡ 0℃ 얼음 → 0℃ 물
$Q_2 = G\gamma = 10 \times 335 = 3350J$
㉢ 0℃ 물 → 16℃ 물
$Q_3 = Gc\Delta t = 10 \times 4.2 \times 16 = 672J$
$\therefore Q = Q_1 + Q_2 + Q_3$
    $= 105 + 3350 + 672$
    $= 4127J = 4.127kJ$

29 증기의 성질에 대한 설명으로 틀린 것은?

① 증기의 압력이 높아지면 엔탈피가 커진다.
② 증기의 압력이 높아지면 현열이 커진다.
③ 증기의 압력이 높아지면 포화온도가 높아진다.
④ 증기의 압력이 높아지면 증발열이 커진다.

④ 증기의 압력이 높아지면 증발열은 낮아진다.

30 산화염과 환원염에 대한 설명으로 가장 옳은 것은?

① 산화염은 이론공기량으로 완전연소시켰을 때의 화염을 말한다.
② 산화염은 공기비를 아주 크게 하여 연소가스 중 산소가 포함된 화염을 말한다.
③ 환원염은 이론공기량으로 완전연소시켰을 때의 화염을 말한다.
④ 환원염은 공기비를 아주 크게 하여 연소가스 중 산소가 포함된 화염을 말한다.

• **산화염** : 공기비를 크게 하여 불꽃 중에 과잉산소가 포함된 화염
• **환원염** : 산소의 부족으로 CO 등 미연소분을 포함한 화염

31 본질안전 방폭구조의 정의로 옳은 것은 어느 것인가? [안전 13]

① 가연성가스에 점화를 방지할 수 있다는 것이 시험, 그 밖의 방법으로 확인된 구조
② 정상 시 및 사고 시에 발생하는 전기불꽃, 고온부로 인하여 가연성가스가 점화되지 않는 것이 점화시험, 그 밖의 방법에 의해 확인된 구조
③ 정상운전 중에 전기불꽃 및 고온이 생겨서는 안 되는 부분에 점화가 생기는 것을 방지하도록 구조상 및 온도상승에 대비하여 특별히 안전성을 높이는 구조
④ 용기 내부에서 가연성가스의 폭발이 일어났을 때 용기가 압력에 본질적으로 견디고 외부의 폭발성가스에 인화할 우려가 없도록 한 구조

위험장소 분류 가스시설 전기방폭기준(안전 핵심 13) 참조

32 천연가스의 비중 측정방법은?

① 분젠실링법　　② Soap bubble법
③ 라이트법　　　④ 윤켈스법

분젠실링법 : 시료가스를 세공에서 유출시키고 동일한 방법으로 공기를 유출하여 비중을 산출

$$S = \left(\frac{T_s}{T_a}\right)^2$$

여기서, S : 비중
　　　　T_s : 시료가스 유출시간
　　　　T_a : 공기 유출시간

33 비열에 대한 설명으로 옳지 않은 것은?

① 정압비열은 정적비열보다 항상 크다.
② 물질의 비열은 물질의 종류와 온도에 따라 달라진다.
③ 비열비가 큰 물질일수록 압축 후의 온도가 더 높다.
④ 물은 비열이 작아 공기보다 온도를 증가시키기 어렵고 열용량도 적다.

④ 물의 비열은 1kcal/kg · ℃이고, 공기의 비열은 0.297 kcal/kg · ℃로서 물의 비열이 더 높다.

34 고발열량과 저발열량의 값이 다르게 되는 것은 다음 중 주로 어떤 성분 때문인가?

① C　　　　　② H
③ O　　　　　④ S

$$Hh = Hl + (600 + 9H + W)$$
여기서, Hh : 고위발열량
　　　　Hl : 저위발열량
　　　　H : 수소의 성분
　　　　W : 수분

35 폭굉(detonation)에 대한 설명으로 가장 옳은 것은?

① 가연성기체와 공기가 혼합하는 경우에 넓은 공간에서 주로 발생한다.
② 화재로의 파급효과가 적다.
③ 에너지 방출속도는 물질전달속도의 영향을 받는다.
④ 연소파를 수반하고 난류확산의 영향을 받는다.

폭굉(데토네이션) 발생조건
㉠ 좁은 공간, 밀폐 공간일 때 주로 발생한다.
㉡ 폭굉을 화재로 파급되는 효과가 적다.
㉢ 에너지 방출속도는 물질의 전달속도와 무관하다.
㉣ 폭굉파를 수반한다.

36 불활성화 방법 중 용기의 한 개구부로 불활성가스를 주입하고 다른 개구부로부터 대기 또는 스크레버로 혼합가스를 방출하는 퍼지 방법은? [연소 19]

① 진공퍼지　　② 압력퍼지
③ 스위프퍼지　④ 사이펀퍼지

불활성화 방법(이너팅)(연소 핵심 19) 참조

37 고체연료의 고정층을 만들고 공기를 통하여 연소시키는 방법은? [연소 2]

① 화격자 연소　② 유동층 연소
③ 미분탄 연소　④ 훈연 연소

연소의 종류 (1) 고체물질의 연소(연소 핵심 2) 참조

38 이상기체와 실제기체에 대한 설명으로 틀린 것은? [연소 3]

① 이상기체는 기체 분자간 인력이나 반발력이 작용하지 않는다고 가정한 가상적인 기체이다.

② 실제기체는 실제로 존재하는 모든 기체로 이상기체 상태방정식이 그대로 적용되지 않는다.

③ 이상기체는 저장용기의 벽에 충돌하여도 탄성을 잃지 않는다.

④ 이상기체 상태방정식은 실제기체에서는 높은 온도, 높은 압력에서 잘 적용된다.

이상기체(완전가스)(연소 핵심 3) 참조
④ 실제기체에서는 낮은 온도, 높은 압력에서 잘 적용된다.

39 연소범위는 다음 중 무엇에 의해 주로 결정되는가?

① 온도, 부피   ② 부피, 비중
③ 온도, 압력   ④ 압력, 비중

40 부탄(C_4H_{10}) $2Sm^3$를 완전연소시키기 위하여 약 몇 Sm^3의 산소가 필요한가?

① 5.8   ② 8.9
③ 10.8   ④ 13.0

$C_4H_{10}+6.5O_2 \rightarrow 4CO_2+5H_2O$
부탄 : 산소=1 : 6.5이므로,
$2Sm^3$은 $2 \times 6.5Sm^3$
∴ $2 \times 6.5 = 13Sm^3$

제3과목 가스설비

41 액화석유가스충전사업자는 액화석유가스를 자동차에 고정된 용기에 충전하는 경우에 허용오차를 벗어나 정량을 미달되게 공급해서는 아니 된다. 이때, 허용오차의 기준은?

① 0.5%   ② 1%
③ 1.5%   ④ 2%

42 브롬화메틸 30톤($T=110℃$)과 펜탄 50톤($T=120℃$), 시안화수소 20톤($T=100℃$)이 저장되어 있는 고압가스 특정제조시설의 안전구역 내 고압가스 설비의 연소열량은 약 몇 kcal인가? (단, T는 상용온도를 말한다.)

〈상용온도에 따른 K의 수치〉

상용온도 (℃)	40 이상 70 미만	70 이상 100 미만	100 이상 130 미만	130 이상 160 미만
브롬화메틸	12000	23000	32000	42000
펜탄	84000	240000	401000	550000
시안화수소	59000	124000	178000	255000

① 6.2×10^7 ② 5.2×10^7
③ 4.9×10^6 ④ 2.5×10^6

특정제조시설의 안전구역 내 고압가스 연소 열량
$Q = K \cdot W$
$$= \left(\frac{K_A \cdot W_A}{Z}\right) \times \sqrt{Z} + \left(\frac{K_B \cdot W_B}{Z}\right) \times \sqrt{Z}$$
$$+ \left(\frac{K_C \cdot W_C}{Z}\right) \times \sqrt{Z}$$
$$= \left(\frac{32000 \times 30}{100}\right) \times \sqrt{100} + \left(\frac{401000 \times 50}{100}\right) \times \sqrt{100}$$
$$+ \left(\frac{178000 \times 20}{100}\right) \times \sqrt{100}$$
$$= 2457000 ≒ 2.5 \times 10^6$$

여기서, Q : 연소 열량의 수치(가스의 단위중량인 전반열량의 수)

K : 가스의 종류 및 상용의 온도에 따라 표의 정한 수치

W : 저장설비 또는 처리설비에 따라 정한 수치($8 = W_A + W_B + W_C$
$= 30+50+20=100$톤)

저장설비 안에 2종류 이상의 가스가 있는 경우에는 각각의 가스량(통)을 합산한 양의 평방근 수치에 각각의 가스량에 해당 합계량에 대한 비율을 곱하여 얻은 수치와 각각의 가스에 관계되는 K를 곱하여 $K \cdot W$를 구한다.

43 왕복식 압축기에서 체적효율에 영향을 주는 요소로서 가장 거리가 먼 것은?

① 클리어런스   ② 냉각
③ 토출밸브   ④ 가스 누설

왕복압축기의 체적효율에 영향을 주는 요소
㉠ 클리어런스에 의한 영향
㉡ 밸브의 하중과 가스의 마찰에 의한 영향
㉢ 불완전냉각에 의한 영향
㉣ 가스 누설에 의한 영향
③의 토출밸브가 가장 거리가 먼 항목임.

44 온도 T_2인 저온체에서 흡수한 열량을 q_2, 온도 T_1인 고온체에서 버린 열량을 q_1이라 할 때 냉동기의 성능계수는? [연소 16]

① $\dfrac{q_1 - q_2}{q_1}$ ② $\dfrac{q_2}{q_1 - q_2}$

③ $\dfrac{T_1 - T_2}{T_1}$ ④ $\dfrac{T_1}{T_1 - T_2}$

냉동기, 열펌프의 성적계수 및 열효율(연소 16) 참조

45 아세틸렌 제조설비에서 제조공정 순서로서 옳은 것은?

① 가스청정기 → 수분제거기 → 유분제거기 → 저장탱크 → 충전장치
② 가스발생로 → 쿨러 → 가스청정기 → 압축기 → 충전장치
③ 가스반응로 → 압축기 → 가스청정기 → 역화방지기 → 충전장치
④ 가스발생로 → 압축기 → 쿨러 → 건조기 → 역화방지기 → 충전장치

C₂H₂ 제조공정

㉠ 안전밸브 ㉡ 저압건조기 ㉢ 유분리기 ㉣ 고압건조기

46 매몰 용접형 가스용 볼밸브 중 퍼지관을 부착하지 아니한 구조의 볼밸브는?

① 짧은 몸통형
② 일체형 긴 몸통형
③ 용접형 긴 몸통형
④ 소코렛(sokolet)식 긴 몸통형

매몰 용접형 가스용 볼밸브의 퍼지관 부착 여부

종류	퍼지관 부착 여부
짧은 몸통형 (short pattern)	볼밸브에 퍼지관을 부착하지 아니한 것
긴 몸통형 (long pattern)	볼밸브에 퍼지관을 부착한 것 (일체형과 용접형으로 구분)

[비고]
㉠ "일체형"이란 볼밸브의 몸통(덮개)에 퍼지관을 부착한 구조를 말한다.
㉡ "용접형"이란 볼밸브의 몸통(덮개)에 배관을 용접하여 퍼지관을 부착한 구조를 말한다.

47 차량에 고정된 탱크의 저장능력을 구하는 식은? (단, V: 내용적, P: 최고충전압력, C: 가스 종류에 따른 정수, d: 상용온도에서의 액비중이다.)

① $10PV$ ② $(10P+1)V$

③ $\dfrac{V}{C}$ ④ $0.9dV$

차량에 고정된 탱크=이동이 가능한 용기의 저장능력식은 $W = \dfrac{V}{C}$이다.

48 수소를 공업적으로 제조하는 방법이 아닌 것은?

① 수전해법 ② 수성가스법
③ LPG 분해법 ④ 석유 분해법

수소의 공업적 제법
㉠ 수전해법(물의 전기분해법)
㉡ 석탄 또는 코크스의 가스화(수성가스법, 석탄의 가스화법)
㉢ 천연가스 분해
㉣ 석유의 분해
㉤ 일산화탄소 전화법

49 펌프의 특성곡선상 체절운전(체절양정)이란 무엇인가?

① 유량이 0일 때의 양정
② 유량이 최대일 때의 양정
③ 유량이 이론값일 때의 양정
④ 유량이 평균값일 때의 양정

펌프의 성능(특성)곡선
㉠ 정의 : 펌프에서는 회전차의 회전수를 일정하게 하고 횡축에는 유량, 종축에는 양정, 효율, 축동력을 잡고, 최고의 효율점을 100%로 하여 무차원이 되도록 백분율로 나타낸 선도를 말한다.
㉡ 체절양정 : 일반적 성능곡선을 유량–양정, 유량–축동력, 유량–효율 곡선으로 표시. 이것은 회전수를 일정하게 유지, 펌프의 송출밸브를 조정하여 관로에 저항을 줌으로써 계산한다. 유량과 이동정곡선의 교점, 즉 Q(유량)=0일 때 양정을 H_0로 표시하고, 이것을 체절이라 한다.

50 고압으로 수송하기 위해 압송기가 필요한 프로세스는?

① 사이클링식 접촉분해 프로세스
② 수소화 분해 프로세스
③ 대체천연가스 프로세스
④ 저온 수증기개질 프로세스

사이클링식 접촉분해 프로세스
㉠ 반응온도는 700~800℃
㉡ 반응압력은 구조상 저압이므로, 고압으로, 수송하기 위하여는 압송기가 필요하다.

51 부식방지 방법에 대한 설명으로 틀린 것은?

① 금속을 피복한다.
② 선택배류기를 접속시킨다.
③ 이종의 금속을 접촉시킨다.
④ 금속표면의 불균일을 없앤다.

52 피셔(fisher)식 정압기에 대한 설명으로 틀린 것은?

① 파일럿 로딩형 정압기와 작동원리가 같다.
② 사용량이 증가하면 2차 압력이 상승하고 구동압력은 저하한다.
③ 정특성 및 동특성이 양호하고 비교적 간단하다.
④ 닫힘 방향의 응답성을 향상시킨 것이다.

피셔식 정압기
사용량 증가 시 2차 압력이 저하하여 구동압력이 상승하고, 사용량 저하 시 2차 압력이 상승하여 구동압력이 저하한다.

53 가스레인지의 열효율을 측정하기 위하여 주전자에 순수 1000g을 넣고 10분간 가열하였더니 처음에 15℃였던 물의 온도가 70℃가 되었다. 이 가스레인지의 열효율은 약 몇 %인가? (단, 물의 비열은 1kcal/kg · ℃, 가스 사용량은 0.008m³, 가스 발열량은 13000 kcal/m³이며, 온도 및 압력에 대한 보정치는 고려하지 않는다.)

① 38
② 43
③ 48
④ 53

$$\text{열효율} = \frac{\text{실제전달열량}}{\text{전체 열량}} \times 100\%$$
$$= \frac{1\text{kg} \times 1\text{kcal/kg}℃ \times (70-15)}{0.008\text{m}^3 \times 13000\text{kcal/m}^3} \times 100$$
$$= 52.884 ≒ 53\%$$

54 도시가스에 냄새가 나는 부취제를 첨가할 때에는, 공기 중 혼합비율의 용량으로 얼마의 상태에서 감지할 수 있도록 첨가하고 있는가?

① 1/1000
② 1/2000
③ 1/3000
④ 1/5000

55 다음 [보기]에서 설명하는 합금원소는?

• 담금질 깊이를 깊게 한다.
• 크리프 저항과 내식성을 증가시킨다.
• 뜨임 메짐을 방지한다.

① Cr
② Si
③ Mo
④ Ni

56 다기능 가스안전계량기(마이컴 미터)의 작동성능이 아닌 것은?

① 유량 차단성능
② 과열 차단성능
③ 압력저하 차단성능
④ 연속사용시간 차단성능

다기능 가스안전계량기 작동성능
①, ③, ④ 및 미소유량 검지성능, 증가유량 차단성능, 합계유량 차단성능, 미소누출 검지기능

57 수소 압축가스 설비란 압축기로부터 압축된 수소가스를 저장하기 위한 것으로서 설계압력이 얼마를 초과하는 압력용기를 말하는가?

① 9.8MPa　　② 41MPa
③ 49MPa　　④ 98MPa

58 시동하기 전에 프라이밍이 필요한 펌프는?

① 터빈펌프
② 기어펌프
③ 플런저펌프
④ 피스톤펌프

시동 전 프라이밍(시운전)이 필요한 펌프는 원심펌프이다.
㉠ 안내 깃이 있는 것 : 터빈펌프
㉡ 안내 깃이 없는 것 : 벌류트펌프

59 다음 금속재료에 대한 설명으로 틀린 것은?

① 강에 P(인)의 함유량이 많으면 신율, 충격치는 저하된다.
② 18% Cr, 8% Ni을 함유한 강을 18-8 스테인리스강이라 한다.
③ 금속가공 중에 생긴 잔류응력을 제거할 때에는 열처리를 한다.
④ 구리와 주석의 합금은 황동이고, 구리와 아연의 합금은 청동이다.

• $Cu+Sn$=청동
• $Cu+Zn$=황동

60 염화수소(HCl)에 대한 설명으로 틀린 것은?

① 폐가스는 대량의 물로 처리한다.
② 누출된 가스는 암모니아수로 알 수 있다.
③ 황색의 자극성 냄새를 갖는 가연성 기체이다.
④ 건조 상태에서는 금속을 거의 부식시키지 않는다.

HCl(염화수소)
㉠ 자극성 냄새가 나는 무색의 기체
㉡ 독성, 불연성
㉢ 암모니아와 반응하여 흰 연기 발생

제4과목 가스안전관리

61 가스의 종류와 용기 도색의 구분이 잘못된 것은?

① 액화암모니아 : 백색
② 액화염소 : 갈색
③ 헬륨(의료용) : 자색
④ 질소(의료용) : 흑색

헬륨 : 갈색

62 가스시설과 관련하여 사람이 사망한 사고 발생 시 규정상 도시가스사업자는 한국가스안전공사에 사고발생 후 얼마 이내에 서면으로 통보하여야 하는가?

① 즉시　　② 7일 이내
③ 10일 이내　　④ 20일 이내

사고종류별 통보 방법(기한)과 통보내용에 포함될 사항
(고압가스 안전관리법 시행규칙 별표 34)

사고 종류	통보 방법	통보 기한	
		속보	상보
㉮ 사람이 사망한 사고	속보와 상보	즉시	사고발생 후 20일 이내
㉯ 부상 및 중독사고	속보와 상보	즉시	사고발생 후 20일 이내
㉰ ㉮, ㉯를 제외한 누출 및 폭발과 화재사고	속보	즉시	
㉱ 시설 파손되거나 누출로 인한 인명 대피 공급 중단사고 (㉮, ㉯는 제외)	속보	즉시	
㉲ 저장탱크에서 가스누출사고 (㉮~㉱는 제외)	속보	즉시	
※ 사고의 통보 내용에 포함되어야 하는 사항	㉠ 통보자의 소속, 직위, 성명, 연락처 ㉡ 사고발생 일시 ㉢ 사고발생 장소 ㉣ 사고내용(가스의 종류, 양, 확산거리 포함) ㉤ 시설 현황(시설의 종류, 위치 포함) ㉥ 피해 현황(인명, 재산)		

63 독성가스 운반차량의 뒷면에 완충장치로 설치하는 범퍼의 설치기준은?

① 두께 3mm 이상, 폭 100mm 이상
② 두께 3mm 이상, 폭 200mm 이상
③ 두께 5mm 이상, 폭 100mm 이상
④ 두께 5mm 이상, 폭 200mm 이상

독성가스 용기 운반차량의 적재

㉠ 독성가스 충전용기를 차량에 적재하여 운반하는 때에는 고압가스 운반차량에 세워서 운반한다.
㉡ 차량의 최대적재량을 초과하여 적재하지 않는다.
㉢ 차량의 적재함을 초과하여 적재하지 않는다.
㉣ 충전용기를 차량에 적재할 때에는 차량운행 중의 동요로 인하여 용기가 충돌하지 아니하도록 고무링을 씌우거나, 적재함에 넣어 세워서 적재한다. 다만, 압축가스의 충전용기 중 그 형태나 운반차량의 구조상 세워서 적재하기 곤란한 때에는 적재함 높이 이내로 눕혀서 적재할 수 있다.
㉤ 충전용기 등을 목재 · 플라스틱이나 강철제로 만든 팔레트(견고한 상자 또는 틀) 내부에 넣어 안전하게 적재하는 경우와 용량 10kg 미만의 액화석유가스 충전용기를 적재할 경우를 제외하고 모든 충전용기는 1단으로 쌓는다.
㉥ 충전용기 등은 짐이 무너지거나, 떨어지거나 차량의 충돌 등으로 인한 충격과 밸브의 손상 등을 방지하기 위하여 차량의 짐받이에 바싹 대고 로프, 짐을 조이는 공구 또는 구물 등(이하 "로프등"이라 함)을 사용하여 확실하게 묶어서 적재하며, 운반차량 뒷면에는 두께가 5mm 이상, 폭 100mm 이상의 범퍼(SS400 또는 이와 동등 이상의 강도를 갖는 강재를 사용한 것에만 적용. 이하 같음) 또는 이와 동등 이상의 효과를 갖는 완충장치를 설치한다.
㉦ 차량에 충전용기 등을 적재하고, 그 차량의 측판과 뒤판을 정상적인 상태로 닫은 후 확실하게 걸게쇠로 걸어 잠근다.

64 특수고압가스가 아닌 것은?　　　[안전 76]

① 디실란
② 삼불화인
③ 포스겐
④ 액화알진

특정고압가스 · 특수고압가스(안전 핵심 76) 참조

65 저장탱크에 의한 LPG 저장소에서 액화석유가스 저장탱크의 저장능력은 몇 ℃에서의 액비중을 기준으로 계산하는가?

① 0℃　　　　② 4℃
③ 15℃　　　④ 40℃

66 안전관리 수준평가의 분야별 평가항목이 아닌 것은?

① 안전사고
② 비상사태 대비
③ 안전교육 훈련 및 홍보
④ 안전관리 리더십 및 조직

67 산소 제조 및 충전의 기준에 대한 설명으로 틀린 것은?

① 공기액화분리장치기에 설치된 액화산소통 안의 액화산소 5L 중 탄화수소의 탄소 질량이 500mg 이상이면 액화산소를 방출한다.
② 용기와 밸브 사이에는 가연성 패킹을 사용하지 않는다.
③ 피로갈롤 시약을 사용한 오르자트법 시험결과 순도가 99% 이상이어야 한다.
④ 밀폐형의 수전해조에는 액면계와 자동급수장치를 설치한다.

산소 : 동암모니아 시약을 사용한 오르자트법에서 순도는 99.5% 이상이어야 한다.

68 에틸렌에 대한 설명으로 틀린 것은?

① 3중 결합을 가지므로 첨가반응을 일으킨다.
② 물에는 거의 용해되지 않지만 알코올, 에테르에는 용해된다.
③ 방향을 가지는 무색의 가연성 가스이다.
④ 가장 간단한 올레핀계 탄화수소이다.

C_2H_4(에틸렌)

H－C＝C－H
　　|　　|
　　H　H

불포화탄화수소 이중결합을 가지는 첨가반응을 하는 탄화수소이다.

69 액화석유가스를 용기에 의하여 가스소비자에게 공급할 때의 기준으로 옳지 않은 것은?

① 공급설비를 가스공급자의 부담으로 설치한 경우 최초의 안전공급 계약기간은 주택은 2년 이상으로 한다.
② 다른 가스공급자와 안전공급계약이 체결된 가스소비자에게는 액화석유가스를 공급할 수 없다.
③ 안전공급계약을 체결한 가스공급자는 가스소비자에게 지체 없이 소비설비 안전점검표를 발급하여야 한다.
④ 동일 건축물 내 여러 가스소비자에게 하나의 공급설비로 액화석유가스를 공급하는 가스공급자는 그 가스 소비자의 대표자와 안전공급계약을 체결할 수 있다.

70 가스안전사고 원인을 정확히 분석하여야 하는 가장 주된 이유는?

① 산재보험금 처리
② 사고의 책임소재 명확화
③ 부당한 보상금의 지급 방지
④ 사고에 대한 정확한 예방대책 수립

71 독성가스 충전용기 운반 시 설치하는 경계표시는 차량구조상 정사각형으로 표시할 경우 그 면적을 몇 cm^2 이상으로 하여야 하는가? [안전 34]

① 300
② 400
③ 500
④ 600

해설
고압가스 용기에 의한 운반기준(안전 핵심 34) 참조

72 고압가스 저장시설에서 사업소 밖의 지역에 고압의 독성가스 배관을 노출하여 설치하는 경우 학교와 안전확보를 위하여 필요한 유지거리의 기준은?

① 40m
② 45m
③ 72m
④ 100m

해설
사업소 밖의 배관 노출설치
사업소 외의 지역에 배관을 노출해 설치하는 경우에는 다음 기준에 따라 설치한다.
㉮ 배관은 고압가스의 종류에 따라 주택, 학교, 병원, 철도 및 그 밖에 이와 유사한 시설과 다음 기준에 따라 안전확보상 필요한 거리를 유지한다.
㉯ 주택, 학교, 병원, 철도 및 그 밖에 이와 유사한 시설은 아래 표에 열거한 시설로 하고, 시설의 종류에 따라 안전확보상 필요한 수평거리는 같은 표에 열거한 거리 이상의 거리로 한다. 다만, 교량에 설치하는 배관으로서 적절한 보강을 하였을 때는 그 거리를 적용하지 않을 수 있다.

주택 등 시설과 지상배관의 수평거리

번호	시설	가연성가스(m)	독성가스(m)
1	철도(화물 수송용으로만 쓰이는 것을 제외)	25	40
2	도로(전용공업지역 안에 있는 도로를 제외)	25	40
3	학교, 유치원, 새마을유아원, 시설강습소	45	72
4	아동복지시설 또는 심신장애자 복지시설로서 수용능력이 20인 이상인 건축물	45	72
5	병원(의원을 포함)	45	72
6	공공공지(도시계획시설에 한정) 또는 도시공원(전용공업지역 안에 있는 도시공원을 제외)	45	72
7	극장, 교회, 공회당, 그 밖에 이와 유사한 시설로서 수용능력이 300인 이상을 수용할 수 있는 곳	45	72
8	백화점, 공중목욕탕, 호텔, 여관, 그 밖에 사람을 수용하는 건축물(가설건축물을 제외)로서 사실상 독립된 부분의 연면적이 1000m^2 이상인 곳	45	72
9	「문화재보호법」에 따라 지정문화재로 지정된 건축물	65	100
10	수도시설로서 고압가스가 혼입될 우려가 있는 곳	300	300
11	주택(1부터 10까지 열거한 것 또는 가설건축물을 제외) 또는 1부터 10까지 열거한 시설과 유사한 시설로서 다수인이 출입하거나 근무하고 있는 곳	25	40

정답 69.② 70.④ 71.④ 72.③

73 지상에 설치하는 액화석유가스의 저장탱크 안전밸브에 가스방출관을 설치하고자 한다. 저장탱크의 정상부가 지상에서 8m일 경우 방출구의 높이는 지면에서 몇 m 이상이어야 하는가? [안전 41]

① 8
② 10
③ 12
④ 14

LPG 저장탱크, 도시가스 정압기실, 안전밸브 가스방출관의 방출구 설치위치(안전 핵심 41) 참조
지면에서 5m 이상 또는 탱크 정상부에서 2m 이상 중 높은 위치
∴ 지면에서 8m+2m=10m 이상

74 납붙임 용기 또는 접합 용기에 고압가스를 충전하여 차량에 적재할 때에는 용기의 이탈을 막을 수 있도록 어떠한 조치를 취하여야 하는가?

① 용기에 고무링을 씌운다.
② 목재 칸막이를 한다.
③ 보호망을 적재함 위에 씌운다.
④ 용기 사이에 패킹을 한다.

75 내용적이 50L인 아세틸렌 용기의 다공도가 75% 이상, 80% 미만일 때 디메틸포름아미드의 최대충전량은?

① 36.3% 이하
② 37.8% 이하
③ 38.7% 이하
④ 40.3% 이하

다공도에 따른 디메틸포름아미드, 아세톤의 최대충전량

구분	다공도(%)	용기구분 내용적 10L 이하	내용적 10L 초과
디메틸포름아미드	90 이상 92 이하	43.5 이하	43.7 이하
	85 이상 90 미만	41.1 이하	42.8 이하
	80 이상 85 미만	38.7 이하	40.3 이하
	75 이상 80 미만	36.3 이하	37.8 이하
아세톤	90 이상 92 이하	41.8 이하	43.4 이하
	87 이상 90 미만	−	42.0 이하
	83 이상 90 미만	38.5 이하	−
	80 이상 83 미만	37.1 이하	−
	75 이상 87 미만	−	40.0 이하
	75 이상 80 미만	34.8 이하	−

76 액화석유가스 용기용 밸브의 기밀시험에 사용되는 기체로서 가장 부적당한 것은?

① 헬륨
② 암모니아
③ 질소
④ 공기

77 고압가스 충전시설에서 2개 이상의 저장탱크에 설치하는 집합 방류둑의 용량이 [보기]와 같을 때 칸막이로 분리된 방류둑의 용량(m^3)은?

• 집합 방류둑의 총 용량 : $1000m^3$
• 각 저장탱크별 저장탱크 상당용적 : $300m^3$
• 집합 방류둑 안에 설치된 저장탱크의 저장능력 상당능력 총합 : $800m^3$

① 300
② 325
③ 350
④ 375

$$V = A \times \frac{B}{C} = 1000 \times \frac{300}{800} = 375\,m^3$$

저장탱크 종류에 따른 방류둑 용량

저장탱크의 종류	용량
㉮ 액화산소의 저장탱크	저장능력 상당용적의 60%
㉯ 2기 이상의 저장탱크를 집합 방류둑 안에 설치한 저장탱크(저장탱크마다 칸막이를 설치한 경우에 한정. 다만, 가연성 가스가 아닌 독성가스로서 같은 밀폐 건축물 안에 설치된 저장탱크에 있어서는 그렇지 않음.)	저장탱크 중 최대저장탱크의 저장능력 상당용적(단, ㉮에 해당하는 저장탱크일 때에는 ㉮에 표시한 용적을 기준함. 이하 같음)에 잔여 저장탱크 총 저장능력 상당용적의 10% 용적을 가한할 것

[비고]
㉠ ㉯에 따라 칸막이를 설치하는 경우, 칸막이로 구분된 방류둑의 용량은 다음 식에 따라 계산한 것으로 한다.

$$V = A \times \frac{B}{C}$$

여기서, V : 칸막이로 분리된 방류둑의 용량 (m^3)
　　　　A : 집합 방류둑의 총 용량(m^3)
　　　　B : 각 저장탱크별 저장탱크 상당용적(m^3)
　　　　C : 집합 방류둑 안에 설치된 저장탱크의 저장능력 상당능력 총합(m^3)
㉡ 칸막이의 높이는 방류둑보다 최소 10cm 이상 낮게 한다.

78 액화석유가스 저장탱크를 지상에 설치하는 경우 저장능력이 몇 톤 이상일 때 방류둑을 설치해야 하는가? [안전 53]

① 1000
② 2000
③ 3000
④ 5000

방류둑 설치기준(안전 핵심 53) 참조

79 고압가스 제조시설에서 초고압이란?

① 압력을 받는 금속부의 온도가 −50℃ 이상 350℃ 이하인 고압가스 설비의 상용압력 19.6MPa을 말한다.
② 압력을 받는 금속부의 온도가 −50℃ 이상 350℃ 이하인 고압가스 설비의 상용압력 98MPa을 말한다.
③ 압력을 받는 금속부의 온도가 −50℃ 이상 450℃ 이하인 고압가스 설비의 상용압력 19.6MPa을 말한다.
④ 압력을 받는 금속부의 온도가 −50℃ 이상 450℃ 이하인 고압가스 설비의 상용압력 98MPa을 말한다.

가스설비 기능(KGS FP112 2.4.5.1)
㉮ 고압가스설비는 상용압력의 1.5배(그 구조상 물로 실시하는 내압시험이 곤란하여 공기·질소 등의 기체로 내압시험을 실시하는 경우 및 압력용기 및 그 압력용기에 직접 연결되어 있는 배관의 경우에는 1.25배) 이상의 압력(이하 "내압시험압력"이라 함)으로 내압시험을 실시하여 이상이 없어야 한다. 다만, 다음에 해당하는 고압가스설비는 내압시험을 실시하지 않을 수 있다.
　㉠ 법 제17조에 따라 검사에 합격한 용기 등
　㉡ 「수소경제 육성 및 수소 안전관리에 관한 법률」 제44조에 따른 검사에 합격한 수소용품
　㉢ 「산업안전보건법」 제84조에 따른 안전인증을 받은 압력용기
　㉣ 고압가스설비 중 수소를 소비하는 설비로서 그 구조상 가압이 곤란한 부분
㉯ 초고압(압력을 받는 금속부의 온도가 −50℃ 이상 350℃ 이하인 고압가스설비의 상용압력이 98MPa 이상인 것을 말함. 이하 같음)의 고압가스설비와 초고압의 배관에 대하여는 1.25배(운전압력이 충분히 제어될 수 있는 경우에는 공기 등의 기체로 상용압력의 1.1배) 이상의 압력으로 실시할 수 있다.

80 액화석유가스 사용시설에 설치되는 조정압력 3.3kPa 이하인 조정기의 안전장치 작동정지 압력의 기준은? [안전 17]

① 7kPa
② 5.6~8.4kPa
③ 5.04~8.4kPa
④ 9.9kPa

압력조정기 (3) 조정압력이 3.3kPa 이하인 안전장치 작동압력(안전 핵심 17) 참조

■ 제5과목 가스계측

81 물이 흐르고 있는 관 속에 피토관(pitot tube)을 수은이 든 U자 관에 연결하여 전압과 정압을 측정하였더니 75mm의 액면 차이가 생겼다. 피토관 위치에서의 유속은 약 몇 m/s인가?

① 3.1
② 3.5
③ 3.9
④ 4.3

$$V = \sqrt{2gH \times \left(\frac{s_m}{s} - 1\right)}$$
$$= \sqrt{2 \times 9.8 \times 0.075 \times \left(\frac{13.6}{1} - 1\right)}$$
$$= 4.3 \, \text{m/s}$$

82 람베르트-비어의 법칙을 이용한 것으로 미량 분석에 유용한 화학 분석법은?

① 적정법
② GC법
③ 분광광도법
④ ICP법

흡광광도법(분광광도법)
시료가스를 타물질과 반응으로 발색시켜 광전광도계 또는 광전분광광도계를 이용, 흡광도의 측정에서 함량을 구하는 분석방법
㉠ 람베르트-비어(Lambert-Beer)의 법칙을 이용
$E = \varepsilon cl$
　여기서, E : 흡광도,　ε : 흡광계수,　c : 농도, l : 빛이 통과하는 액층의 길이
㉡ 농도를 알고 있는 몇 종류의 표준액에 대하여 흡광도를 측정 검량선을 작성하여 흡광계수를 구하지 않고, 목적성분의 농도가 계상되며, 미량성분 분석에 적당하다.

83 오르자트 가스분석 장치로 가스를 측정할 때의 순서로 옳은 것은? [계측 1]

① 산소 → 일산화탄소 → 이산화탄소
② 이산화탄소 → 산소 → 일산화탄소
③ 이산화탄소 → 일산화탄소 → 산소
④ 일산화탄소 → 산소 → 이산화탄소

흡수분석법(계측 핵심 1) 참조

84 가스계량기의 설치에 대한 설명으로 옳은 것은?

① 가스계량기는 화기와 1m 이상의 우회거리를 유지한다.
② 설치높이는 바닥으로부터 계량기 지시장치의 중심까지 1.6m 이상 2.0m 이내에 수직·수평으로 설치한다.
③ 보호상자 내에 설치할 경우 바닥으로부터 1.6m 이상 2.0m 이내에 수직·수평으로 설치한다.
④ 사람이 거처하는 곳에 설치할 경우에는 격납상자에 설치한다.

① 화기와 2m 우회거리
③ 보호상자 내 설치 시 바닥으로부터 2m 이내에 설치가능
④ 가스계량기는 사람이 거처하는 장소를 피하여 설치

85 연소기기에 대한 배기가스 분석의 목적으로 가장 거리가 먼 것은?

① 연소상태를 파악하기 위하여
② 배기가스 조성을 알기 위해서
③ 열정산의 자료를 얻기 위하여
④ 시료가스 채취장치의 작동상태를 파악하기 위해

86 액체의 정압과 공기 압력을 비교하여 액면의 높이를 측정하는 액면계는?

① 기포관식 액면계
② 차동변압식 액면계
③ 정전용량식 액면계
④ 공진식 액면계

87 압력 계측기기 중 직접 압력을 측정하는 1차 압력계에 해당하는 것은? [계측 33]

① 부르동관 압력계 ② 벨로스 압력계
③ 액주식 압력계 ④ 전기저항 압력계

압력계 구분(계측 핵심 33) 참조

88 다음 중 루트(roots) 가스미터의 특징에 해당되지 않는 것은? [계측 8]

① 여과기 설치가 필요하다.
② 설치면적이 크다.
③ 대유량 가스 측정에 적합하다.
④ 중압가스의 계량이 가능하다.

막식, 습식, 루트식 가스미터 장·단점(계측 핵심 8) 참조

89 가스미터의 구비조건으로 거리가 먼 것은?

① 소형으로 용량이 작을 것
② 기차의 변화가 없을 것
③ 감도가 예민할 것
④ 구조가 간단할 것

① 소형으로 용량이 클 것

90 온도 21℃에서 상대습도 60%의 공기를 압력은 변화하지 않고 온도를 22.5℃로 할 때, 공기의 상대습도는 약 얼마인가?

온도(℃)	물의 포화증기압(mmHg)
20	16.54
21	17.83
22	19.12
23	20.41

① 52.30% ② 53.63%
③ 54.13% ④ 55.95%

$$22.5℃의 \ 포화증기압 = \frac{19.12+20.41}{23-21}$$
$$= 19.765 \, mmHg$$
$$상대습도(\phi) = \frac{습공기 \ 중 \ 수증기분압}{포화공기 \ 중 \ 수증기분압}$$
$$= \frac{17.83 \times 0.6}{19.765} \times 100\%$$
$$= 54.125 ≒ 54.13\%$$

정답 83.② 84.② 85.④ 86.① 87.③ 88.② 89.① 90.③

91 다음 중 잔류편차(off-set)가 없고 응답상태가 빠른 조절동작을 위하여 사용하는 제어방식은? 　　　　　　　　　[계측 4]

① 비례(P)동작
② 비례적분(PI)동작
③ 비례미분(PD)동작
④ 비례적분미분(PID)동작

동작신호와 신호의 전송법(계측 핵심 4) 참조

92 NO_X를 분석하기 위한 화학발광검지기는 캐리어(carrier)가스가 고온으로 유지된 반응관 내에 시료를 주입시키면, 시료 중의 질소화합물은 열분해된 후 O_2가스에 의해 산화되어 NO상태로 된다. 생성된 NO Gas를 무슨 가스와 반응시켜 화학발광을 일으키는가?

① H_2　　　　　　② O_2
③ O_3　　　　　　④ N_2

93 액체산소, 액체질소 등과 같이 초저온 저장탱크에 주로 사용되는 액면계는?

① 마그네틱 액면계
② 햄프슨식 액면계
③ 벨로스식 액면계
④ 슬립튜브식 액면계

햄프슨식(차압식) 액면계 : 초저온 측정 액면계

94 기체 크로마토그래피에서 사용되는 캐리어가스에 대한 설명으로 틀린 것은?

① 헬륨, 질소가 주로 사용된다.
② 시료분자의 확산을 가능한 크게 하여 분리도를 높게 한다.
③ 시료에 대하여 불활성이어야 한다.
④ 사용하는 검출기에 적합하여야 한다.

운반가스(carrier gas)의 구비조건
㉠ 사용하는 검출기에 적합할 것
㉡ 기체의 확산은 최소한으로 할 것
㉢ 시료가스와 반응하지 않는 불활성일 것
㉣ 사용가스의 종류는 He, H_2, Ar, N_2 등
㉤ 경제적, 고순도, 구입이 용이할 것

95 1차 제어장치가 제어량을 측정하고 2차 조절계의 목푯값을 설정하는 것으로서 외란의 영향이나 낭비시간 지연이 큰 프로세서에 적용되는 제어방식은? 　　　　　[계측 12]

① 캐스케이드제어
② 정치제어
③ 추치제어
④ 비율제어

자동제어계의 분류 (3) 기타 자동제어(계측 핵심 12) 참조

96 광고온계의 특징에 대한 설명으로 틀린 것은?

① 비접촉식으로는 아주 정확하다.
② 약 3000℃까지 측정이 가능하다.
③ 방사온도계에 비해 방사율에 의한 보정량이 적다.
④ 측정 시 사람의 손이 필요 없어 개인오차가 적다.

97 0℃에서 저항이 120Ω이고 저항온도계수가 0.0025인 저항온도계를 어떤 노 안에 삽입하였을 때 저항이 216Ω이 되었다면 노 안의 온도는 약 몇 ℃인가?

① 125　　　　　　② 200
③ 320　　　　　　④ 534

$R = R_0(1 + at)$

$$t = \left(\frac{R}{R_0} - 1\right) \times \frac{1}{a} = \left(\frac{216}{120} - 1\right) \times \frac{1}{0.0025} = 320℃$$

98 벤젠, 톨루엔, 메탄의 혼합물을 기체 크로마토그래피에 주입하였다. 머무름이 없는 메탄은 42초에 뾰족한 피크를 보이고 벤젠은 251초, 톨루엔은 335초에 용리되었다. 두 용질의 상대 머무름은 약 얼마인가?

① 1.1　　　　　　② 1.2
③ 1.3　　　　　　④ 1.4

벤젠에 대한 톨루엔의 머무름 $= \dfrac{335 - 42}{251 - 42} = 1.4$

99 기체 크로마토그래피에 사용되는 모세관 컬럼 중 모세관 내부를 규조토와 같은 고체 지지체 물질로 얇은 막으로 입히고 그 위에 액체 정지상이 흡착되어 있는 것은?

① FSOT   ② 충전컬럼

③ WCOT   ④ SCOT

열린모세관의 형태

㉠ FSOT(용융-실리카 모세관, fused-silica open tubular columns) : 금속산화물을 포함하지 않도록 특별히 정제한 실리카를 이용, 유리관보다 훨씬 얇은 기벽을 가진 모세관

㉡ WCOT(벽도포모세관, wall-coated open tubular) : 관 내부를 정지상으로 얇게 도포한 단순모세관

㉢ SCOT(지지체도포모세관, support-coated open tubular) : 모세관 내부 표면에 규조토와 같은 지지체를 얇은 막($30\mu m$)으로 입힌 모세관. 벽도포관보다 큰 시료 용량을 가지고 있으며, 효율은 벽도포관보다 떨어지나 충전관보다는 훨씬 크다.

100 10^{15}을 의미하는 계량단위 접두어는?

① 요타   ② 제타

③ 엑사   ④ 페타

- 테라 : 10^{12}
- 페타 : 10^{15}
- 엑사 : 10^{18}
- 제타 : 10^{21}
- 요타 : 10^{24}

CBT 기출복원문제

01 가스기사

수험번호 :
수험자명 :

※ 제한시간 : 150분
※ 남은시간 :

글자 크기 ⊖ Ⓜ ⊕   화면 배치
100% 150% 200%

전체 문제 수 :
안 푼 문제 수 :

답안 표기란
① ② ③ ④

제1과목 가스유체역학

01 피토관에 대한 설명으로 틀린 것은?

① 피토관의 입구에는 동압과 정압의 합인 정체압이 작용한다.

② 측정원리는 베르누이 정리이다.

③ 측정된 유속은 정체압과 정압 차이의 제곱근에 비례한다.

④ 동압과 정압의 차를 측정한다.

피토관
전압과 정압의 차를 측정하면 동압이 계산되어 유량을 측정하는 기구

피토관의 두부는 유체의 흐름방향과 평행하게 부착

ㄱ $H(동압) = \dfrac{P_t}{\gamma}(전압) - \dfrac{P_s}{\gamma}(정압)$

ㄴ 피토관은 동압을 측정하여 유속에 대한 유량을 측정

02 다음 중 체적탄성계수에 대한 설명으로 틀린 것은 어느 것인가? (단, k는 비열비이고, P는 압력이다.)

① 유체의 압축성에 반비례한다.

② 압력과 동일한 차원을 갖는다.

③ 압력과 점성에 무관하다.

④ 가역단열변화에서는 체적탄성계수의 $K = kP$ 관계가 있다.

체적탄성계수(E)
유체의 체적변화율에 대한 압력변화의 비로서 압축률(β)의 역수 압력과 같은 차원

$$E = \dfrac{dP}{-\dfrac{dV}{V}} = \dfrac{1}{\beta}$$

여기서, dP : 압력의 변화

$-\dfrac{dV}{V}$: 체적의 감소율

• 액체 속의 음속에서 체적탄성계수
$E = P$(등온변화)

• 공기 중에서 음속의 체적탄성계수
$E = kP$(단열변화)
여기서, K : 비열비

03 가로와 세로의 길이가 모두 80cm인 정사각형을 밑면으로 하고 높이가 120cm인 수직 직육면체의 개방된 저장탱크에 물을 가득 채웠다면 한 측면에 미치는 유체의 힘은 몇 kgf인가?

① 451

② 576

③ 616

④ 708

수직면의 한쪽 면에 작용하는 전압력(힘)
∴ $F = \gamma A h_c$
    $= 1000\text{kgf/m}^3 \times (0.8 \times 1.2) \times 0.6\text{m}^3$
    $= 576\text{kgf}$

정답 01.④ 02.③ 03.②

04 [그림]과 같은 덕트에서의 유동이 아음속 유동일 때 속도 및 압력의 관계를 옳게 표시한 것은? **[유체 3]**

① 속도 감소, 압력 감소
② 속도 증가, 압력 증가
③ 속도 증가, 압력 감소
④ 속도 감소, 압력 증가

 아음속 흐름의 확대노즐
㉠ 감소 : 마하수(M), 점도(μ), 속도(V)
㉡ 증가 : 압력(P), 온도(T), 밀도(ρ)

05 관 내의 압축성 유체의 경우 단면적 A와 마하수 M, 속도 V 사이에 다음과 같은 관계가 성립한다고 한다. 마하수가 2일 때 속도를 2% 감소시키기 위해서는 단면적 몇 % 변화시켜야 하는가?

$$\frac{dA}{A} = (M^2 - 1) \times \frac{dV}{V}$$

① 6% 증가 　② 6% 감소
③ 4% 증가 　④ 4% 감소

$$\frac{dA}{A} = (M^2 - 1) \times \frac{dV}{V}$$
$$= (2^2 - 1) \times 2\% = 6\%$$
∴ 단위 면적은 6% 감소

06 [그림]은 축소 – 확대 노즐의 각 위치에서 압력(P)을 도시한 것이다. 노즐 내에서 충격파가 발생하는 경우는? (단, 그림 중 P_r은 용기 내부압력이다.)

① 압력곡선이 ㉠과 ㉡의 사이인 경우
② 압력곡선이 ㉡과 ㉢의 사이인 경우
③ 압력곡선이 ㉢과 ㉣의 사이인 경우
④ 압력곡선이 ㉣의 아래인 경우

 충격파
초음속흐름이 갑자기 아음속흐름으로 변하게 되는 경우 발생하는 불연속면으로서 축소·확대 노즐에서 노즐의 목에서 확대 부분에서 발생한다. 충격파가 흐름에 수직으로 작용하는 수직충격파와 충격파가 흐름에 경사지게 작용하는 경사충격파가 있다.

07 원관 내에 유체의 흐름형태(층류, 난류)를 결정하는 데, 다음 중 가장 관련이 있는 힘은 어느 것인가?

① 압력과 중력
② 점성력과 압력
③ 관성력과 압력
④ 관성력과 점성력

 Re(레이놀즈수) $= \dfrac{\text{관성력}}{\text{점성력}}$

㉠ $Re < 2100$ (층류)
㉡ $2100 < Re < 4000$ (천이 구역)
㉢ $Re > 4000$ (난류)

08 4℃의 물의 체적탄성계수는 $2.0 \times 10^4 \text{kgf/cm}^2$이다. 이 물속에서의 음속은 몇 m/s인가? (단, 물의 밀도는 $10^2 \text{kgf} \cdot \text{s}^2/\text{m}^4$이다.)

① 139
② 340
③ 1400
④ 14000

$a = \sqrt{\dfrac{K}{\rho}}$
$= \sqrt{\dfrac{2.0 \times 10^4 \times 10^4 \text{kgf/m}^2}{10^2 \text{kgf} \cdot \text{s}^2/\text{m}^4}}$
$= 1400 \text{m/s}$

> ※ 체적탄성계수
> $K = 2.0 \times 10^4 \text{kg/cm}^2 = 2.0 \times 10^4 \times 10^4 \text{kgf/m}^2$

　정답　04.④　05.②　06.③　07.④　08.③

09 관 속으로 흐르는 유체의 흐름에서 평균유속 (average velocity)을 나타낸 것은? (단, $\bar{u}$ 는 평균유속, s 는 단면적, ρ는 유체의 밀도, u는 선속도를 나타낸다.)

① $\bar{u} = \rho \int_s u\,ds$

② $\bar{u} = \int_s u\,ds$

③ $\bar{u} = \dfrac{1}{s} \int_s u\,ds$

④ $\bar{u} = \dfrac{1}{\rho} \int_s u\,ds$

10 다음 중 비압축성 유체의 흐름에 가장 가까운 것은?

① 달리는 고속열차 주위의 기류
② 초음속으로 나는 비행기 주위의 기류
③ 관 속에서 수격작용을 일으키는 유동
④ 물속을 주행하는 잠수함 주위의 수류

압축성 유체	비압축성 유체
• 보통의 기체 • 수압관속의 수격작용 • 디젤기관 연료배관 내 충격파 • 음속보다 빠른 비행물체 주위의 기류	• 보통의 액체 • 저속의 물체(차량, 기차, 비행기) 주위의 기류 • 정지물체 주위를 흐르는 기류 • 잠수함 주위의 수류

11 수축노즐에서의 압축성 유체의 등엔트로피 유동에 대한 임계 압력비(P^*/P_0)는? (단, k는 비열비이다.)　　　　　　**[유체 5]**

① $\sqrt{kgRT}$

② $\left(\dfrac{2}{k+1}\right)^{\frac{k}{k-1}}$

③ $\left(\dfrac{2}{k+1}\right)$

④ $\left(\dfrac{2}{k+1}\right)^{\frac{1}{k-1}}$

㉠ 임계온도 : $\dfrac{T^*}{T_0} = \left(\dfrac{2}{k+1}\right)$

㉡ 임계밀도 : $\dfrac{\rho^*}{\rho_0} = \left(\dfrac{2}{k+1}\right)^{\frac{1}{k-1}}$

㉢ 임계압력 : $\dfrac{P^*}{P_0} = \left(\dfrac{2}{k+1}\right)^{\frac{k}{k-1}}$

12 [그림]과 같이 윗변과 아랫변이 각각 a, b이 고 높이가 H인 사다리꼴형 평면 수문이 수로에 수직으로 설치되어 있다. 비중량 γ인 물의 압력에 의해 수문이 받는 전체 힘은?

① $\dfrac{\gamma H^2(a-2b)}{6}$

② $\dfrac{\gamma H^2(a-2b)}{3}$

③ $\dfrac{\gamma H^2(a+2b)}{6}$

④ $\dfrac{\gamma H^2(a+2b)}{3}$

수문이 받는 힘

㉠ 정(직)사각형일 경우

힘　$F = AP = Arh_c$

여기서, A : 문의 면적(m^2)

P : 작용압력(Pa)

r : 유체비중량(N/m^3)

h_c : 도심점(m)

$h_c = \dfrac{h}{2}$ 이므로

∴ $F = Arh_c = (ah) \times r \times \left(\dfrac{h}{2}\right) = \dfrac{arh^2}{2}$

㉡ 사다리꼴일 경우

힘　$F = Arh_c$

여기서, $A = \dfrac{(a+b)h}{2}$

$h_c = \dfrac{(a+2b)h}{3(a+b)}$

※ 이것은 암기사항이므로 외워두자.

$$\therefore F = \left[\frac{(a+b)h}{2}\right] \times r \times \frac{(a+2b)h}{3(a+b)}$$

$$= \frac{(a+b)h \times r \times (a+2b)h}{6(a+b)}$$

$$= \frac{(a+2b)rh^2}{6}$$

13 비열비 k인 이상기체의 등엔트로피 유동에서 정체온도 T_0와 임계온도 T^*의 관계식을 옳게 나타낸 것은? 　　　　[유체 5]

① $T^* = T_0\left(\dfrac{2}{k+1}\right)^{\frac{1}{k+1}}$

② $T^* = T_0\left(\dfrac{2}{k+1}\right)^{\frac{k}{k-1}}$

③ $T^* = T_0\left(\dfrac{2}{k+1}\right)$

④ $T^* = T_0\left(\dfrac{1}{k+1}\right)^{\frac{1}{k}}$

참고 ㉠ 임계밀도 : $\rho^* = \rho_c\left(\dfrac{2}{k+1}\right)^{\frac{1}{k-1}}$

㉡ 임계압력 : $P^* = P_c\left(\dfrac{2}{k+1}\right)^{\frac{k}{k-1}}$

14 유동장 내의 속도(u)와 압력(p)의 시간 변화율을 각각 $\dfrac{\alpha u}{\alpha t} = A$, $\dfrac{\alpha p}{\alpha t} = B$라고 할 때, 다음 중 옳은 것을 모두 고르면? 　　[유체 10]

> ㉠ 실제유체(real fluid)의 비정상유동 (unsteady flow)에서는 $A \neq 0$, $B \neq 0$ 이다.
> ㉡ 이상유체(ideal fluid)의 비정상유동 (unsteady flow)에서는 $A = 0$이다.
> ㉢ 정상유동(steady flow)에서는 모든 유체에 대해 $A = 0$이다.

① ㉠, ㉡

② ㉠, ㉢

③ ㉡, ㉢

④ ㉠, ㉡, ㉢

유동장의 정상류와 비정상류

(1) 정상류 : 임의의 한 점에서 시간변화에 따라 유동특성이 변함없는 흐름

$$\frac{\alpha u}{\alpha t} = 0 \quad \frac{\alpha \rho}{\alpha t} = 0 \quad \frac{\alpha p}{\alpha t} = 0$$

(2) 비정상류 : 임의의 한 점에서 시간변화에 따라 유동특성이 하나라도 변함이 있는 흐름

$$\frac{\alpha u}{\alpha t} \neq 0 \quad \frac{\alpha \rho}{\alpha t} \neq 0 \quad \frac{\alpha p}{\alpha t} \neq 0$$

(3) 정상류와 비정상류는 이상유체와 실제유체를 구분하지 않으므로
　㉠ 실제유체와 비정상유동 $A \neq 0$, $B \neq 0$는 옳음
　㉡ 이상유체의 비정상유동 $A \neq 0$은 틀림
　㉢ 정상유동에서는 모든 유체에 대해 $A = 0$은 옳음

> ※ 이상유체 : 점성을 무시하는 유체
> 실제유체 : 점성을 고려하는 유체

15 공기의 기체상수 R값은 287m²/s² · K이다. 온도 40℃, 압력 5kg/cm² · abs에서의 밀도는 몇 kg/m³인가?

① 0.557　　　　② 2135

③ 5.455　　　　④ 8572

$P = \gamma RT$

$$\therefore \gamma = \frac{P}{RT} = \frac{5 \times 10^4 \mathrm{kgf/m^2}}{287\mathrm{m^2/s^2 \cdot K} \times 313\mathrm{K}}$$

$$= 0.5566\mathrm{kgf \cdot s^2/m^4}$$

$$= 0.5566\mathrm{kg \cdot s^2/m^4} \times 9.8\mathrm{m/s^2} = 5.45\mathrm{kg/m^3}$$

> ※ $f = 9.8\mathrm{m/s^2}$

16 [그림]에서 피스톤 A_1의 반지름이 A_2의 반지름의 4배가 될 때, 힘 F_1과 F_2의 관계를 옳게 나타낸 것은?

① $F_1 = 4F_2$　　　　② $F_1 = \dfrac{1}{4}F_2$

③ $F_1 = 16F_2$　　　　④ $F_1 = \dfrac{1}{16}F_2$

정답 13.③　14.②　15.③　16.③

해설
- $A_1 = 4D$
- $A_2 = D$
- $\dfrac{F_1}{A_1} = \dfrac{F_2}{A_2}$

$$\therefore F_1 = \dfrac{A_1}{A_2} F_2 = \dfrac{\dfrac{\pi}{4}(4D)^2}{\dfrac{\pi}{4}D^2} \cdot F_2 = 16F_2$$

17 반지름이 R이고 안과 밖의 압력차가 ΔP인 비눗방울의 표면 장력을 옳게 나타낸 것은?

① $\Delta PR/4$ ② $\Delta P/\pi R$

③ $\pi R/4\Delta P$ ④ $\Delta PR/2$

해설

$$\Delta P \cdot \dfrac{\pi}{4}d^2 = \sigma \pi d$$

$$\therefore \sigma = \dfrac{\Delta Pd}{4} = \dfrac{\Delta P \cdot 2R}{4} = \dfrac{\Delta P \cdot R}{2}$$

18 압력강하 ΔP, 밀도 ρ, 길이 l, 체적유량 Q에서 얻을 수 있는 무차원수는?

① $\dfrac{\rho Q}{\Delta P l^2}$ ② $\sqrt{\dfrac{\rho}{\Delta P}} \cdot \dfrac{Q}{l^2}$

③ $\dfrac{\rho l}{\Delta P Q^2}$ ④ $\dfrac{\Delta P l Q}{\rho}$

해설

단위가 없으면 무차원수이므로

② $\sqrt{\dfrac{\rho}{\Delta P}} \cdot \dfrac{Q}{l^2}$

- $\rho[\mathrm{kgf \cdot s^2/m^4}]$ - $\Delta P[\mathrm{kgf/m^2}]$
- $Q[\mathrm{m^3/s}]$ - $l^2[\mathrm{m^2}]$

$$\therefore \sqrt{\dfrac{\mathrm{kgf \cdot s^2/m^4}}{\mathrm{kgf/m^2}}} \cdot \dfrac{\mathrm{m^3/s}}{\mathrm{m^2}} = \mathrm{s/m} \cdot \dfrac{\mathrm{m^3/s}}{\mathrm{m^2}}$$
$$= \text{무차원}$$

19 유체 속에 잠겨진 경사면에 작용하는 전압력의 작용점은?

① 면의 도심보다 위에 있다.
② 면의 도심에 있다.
③ 면의 도심보다 아래에 있다.
④ 면의 도심과는 상관 없다.

해설
경사면에 작용하는 유체

$$y_F(\text{작용점의 위치}) = \bar{y} + \dfrac{I_G}{A\bar{y}}$$

여기서, $\bar{y}$: 도심점
I_G : 도심축을 통과하는 단면 2차 모멘트

20 비중이 0.85, 점도가 5cP인 유체가 입구속도 10cm/s로 평판에 접근할 때 평판의 입구로부터 20cm인 지점에서 형성된 경계층의 두께는 몇 cm인가? (단, 층류흐름으로 가정한다.)

① 1.25
② 1.71
③ 2.24
④ 2.78

해설
층류 경계층 두께(δ)

$$\dfrac{\delta}{x} = \dfrac{5}{Re_x^{\frac{1}{2}}}$$

$$\therefore \delta = \dfrac{5x}{Re_x^{\frac{1}{2}}} = \dfrac{5 \times 20}{(3434.3434)^{\frac{1}{2}}} = 1.706$$

$$Re_x = \dfrac{u_\infty x}{v} = \dfrac{\left(\dfrac{10}{0.99}\right) \times 20}{\dfrac{0.05}{0.85}} = 3434.3434$$

$$\dfrac{u}{u_\infty} = 0.99, \ u_\infty = \dfrac{u}{0.99}$$

참고 유체의 경계층
- 평판의 임계 레이놀즈수 $Re = 5 \times 10^5$

- 경계층 두께가 난류인 경우 : $\dfrac{\delta}{x} = \dfrac{0.376}{Re_x^{\frac{1}{5}}}$

$$\therefore \delta = \dfrac{0.376x}{Re_x^{\frac{1}{5}}} = \dfrac{0.376x}{\left(\dfrac{u_\infty x}{\nu}\right)^{\frac{1}{5}}}$$

여기서, δ : 경계층 두께

Re_x : 평판선단으로부터 x만큼 떨어진 레이놀즈수

x : 평판선단으로부터 떨어진 임의의 거리

u : 유속

u_∞ : 자유흐름 속도

$\dfrac{u}{u_\infty} = 0.99$이므로 $u_\infty = \dfrac{u}{0.99}$

■ 제2과목 연소공학

21 연료 1kg에 대한 이론산소량(Nm^3/kg)을 구하는 식은?

① $2.67C + 7.6H - \left(\dfrac{O}{8} - S\right)$

② $8.89C + 26.67\left(H - \dfrac{O}{8}\right) + 3.33S$

③ $11.49C + 34.5\left(H - \dfrac{O}{8}\right) + 4.3S$

④ $1.87C + 5.6\left(H - \dfrac{O}{8}\right) + 0.7S$

22 임계온도가 높은 순서에서 낮은 순으로 바르게 나열된 것은?

① $Cl_2 > C_3H_8 > CH_4 > O_2$

② $C_3H_8 > CH_4 > O_2 > Cl_2$

③ $CH_4 > O_2 > Cl_2 > C_3H_8$

④ $O_2 > Cl_2 > C_3H_8 > CH_4$

해설

임계온도

㉠ Cl_2 : 144℃ ㉡ C_3H_8 : 97℃

㉢ CH_4 : -82℃ ㉣ O_2 : -118℃

23 액체상태의 프로판이 이론공기연료비로 연소하고 있을 때 저발열량은 약 몇 kJ/kg인가? (단, 이때 온도는 25℃이고, 이 연료의 증발엔탈피는 360kJ/kg이다. 또한 기체상태의 C_3H_8의 형성엔탈피는 -103909kJ/kmol, CO_2의 형성엔탈피는 -393757kJ/kmol, 기체상태의 H_2O의 형성엔탈피는 -241971kJ/kmol이다.)

① 23501 ② 46017

③ 50002 ④ 2149155

해설

$C_3H_8 + 5O_2 \rightarrow 3CO_2 + 4H_2O + Q$

$Q = \dfrac{(3 \times 393757) + (4 \times 241971) - 103909}{44}$

$\quad = 46482.86 \text{kJ/kg}$

$\therefore 46482.86 - 360 = 46122.86 \text{kJ/kg}$

(근사값 : 46017kJ/kg)

24 다음 중 엔트로피의 증가에 대한 설명으로 옳은 것은?

① 비가역과정의 경우 계와 외계의 에너지의 총합은 일정하고, 엔트로피의 총합은 증가한다.

② 비가역과정의 경우 계와 외계의 에너지의 총합과 엔트로피의 총합이 함께 증가한다.

③ 비가역과정의 경우 물체의 엔트로피와 열원의 엔트로피의 합은 불변이다.

④ 비가역과정의 경우 계와 외계의 에너지의 총합과 엔트로피의 총합은 불변이다.

해설

㉠ 비가역단열 : 엔트로피 증가

㉡ 가역단열 : 엔트로피 일정

25 카르노사이클(Carnot cycle)이 ㉠100℃와 200℃ 사이에서 작동하는 것과 ㉡300℃와 400℃ 사이에서 작동하는 것이 있을 때, 이 경우 열효율은 다음 중 어떤 관계에 있는가?

① ㉠은 ㉡보다 열효율이 크다.

② ㉠은 ㉡보다 열효율이 작다.

③ ㉠과 ㉡의 열효율은 같다.

④ ㉡은 ㉠의 열효율 제곱과 같다.

해설

열효율

$\dfrac{T_1 - T_2}{T_1}$

㉠ $\dfrac{(273+200) - (273+100)}{(273+200)} = 0.2114$

㉡ $\dfrac{(273+400) - (273+300)}{(273+400)} = 0.1485$

26 산화염과 환원염에 대한 설명으로 가장 옳은 것은?

① 산화염은 이론공기량으로 완전연소시켰을 때의 화염을 말한다.

② 산화염은 공기비를 너무 크게 하여 연소 가스 중 산소가 포함된 화염을 말한다.

③ 환원염은 이론공기량으로 완전연소시켰을 때의 화염을 말한다.

④ 환원염은 공기비를 너무 크게 하여 연소 가스 중 산소가 포함된 화염을 말한다.

환원염
불완전연소에 의한 CO가 포함된 화염을 말한다.

27 압력 3000kPa, 체적 0.06m^{3}의 가스를 일정한 압력 하에서 가열팽창시켜 체적이 0.09m^{3}으로 되었을 때 절대일은 약 몇 kJ인가?

① 90 ② 180

③ 270 ④ 377

$W = P(V_2 - V_1)$
$= 3000\text{kN/m}^2(0.09\text{m}^3 - 0.06\text{m}^3)$
$(1\text{kPa} = 1\text{kN/m}^2)$
$= 90\text{kN} \cdot \text{m} = 90\text{kJ}$

28 기체연료의 공기비(m)는 얼마가 가장 적당한가? [연소 15]

① 1.1~1.3

② 1.3~1.5

③ 1.4~2.0

④ 2.1~2.4

공기비
㉠ 기체연료 : 1.1~1.3
㉡ 액체연료 : 1.2~1.4
㉢ 고체연료 : 1.4~2.0

29 오토(otto) 사이클의 효율을 η_1, 디젤(diesel) 사이클의 효율을 η_2, 사바테(Sabathe) 사이클의 효율을 η_3이라 할 때 공급열량과 압축비가 같은 경우 효율의 크기는? [연소 40]

① $\eta_1 > \eta_2 > \eta_3$

② $\eta_1 > \eta_3 > \eta_2$

③ $\eta_2 > \eta_1 > \eta_3$

④ $\eta_2 > \eta_3 > \eta_1$

㉠ 오토 사이클의 열효율

$\eta_0 = 1 - \dfrac{1}{\varepsilon^{k-1}}$ (여기서, ε : 압축비)

압축비가 클수록 효율이 좋아짐

㉡ 디젤 사이클의 열효율

$\eta_d = 1 - \dfrac{1}{\varepsilon^{k-1}} \cdot \dfrac{\sigma^k - 1}{k(\sigma - 1)}$ (여기서, σ : 체절비)

체절비가 적을수록, 압축비가 클수록 효율은 좋아짐

㉢ 사바테 사이클의 열효율

$\eta_s = 1 - \dfrac{1}{\varepsilon^{k-1}} \times \dfrac{\alpha\sigma^k - 1}{(\alpha - 1) + k\alpha(\sigma - 1)}$

※ 열효율의 비교
• 가열량 압축비가 일정할 경우
$\eta_0 > \eta_s > \eta_d$
• 가열량 최고압력이 일정할 경우
$\eta_d > \eta_s > \eta_0$

30 다음은 정압연소 사이클의 대표적인 브레이턴 사이클(Brayton cycle)의 $T-S$ 선도이다. 이 [그림]에 대한 설명 중 옳지 않은 것은?

① 1-2의 과정은 가역단열압축 과정이다.

② 2-3의 과정은 가역정압가열 과정이다.

③ 3-4의 과정은 가역정압팽창 과정이다.

④ 4-1의 과정은 가역정압배기 과정이다.

브레이턴 사이클
• 3-4 : 단열팽창과정

[브레이턴 사이클의 $P-V$ 선도]

31 옥탄(g)의 연소엔탈피는 반응물 중의 수증기가 응축되어 물이 되었을 때 25℃에서 −48220kJ/kg이다. 이 상태에서 옥탄(g)의 저위발열량은 약 몇 kJ/kg인가? (단, 25℃ 물의 증발엔탈피[h_{fg}]는 2441.8kJ/kg이다.)

① 40750　　　② 42320
③ 44750　　　④ 45778

$$C_8H_{18} + \frac{25}{2}O_2 \rightarrow 8CO_2 + 9H_2O$$

$\therefore Hl = Hh - $ 물의 증발잠열

$$= 48220\text{kJ/kg} - \left(\frac{2441.8 \times 162}{114}\right)$$

$$= 44750\text{kJ/kg}$$

- $C_8H_{18} = 12 \times 8 + 18 = 114$
- $9H_2O = 9 \times 18 = 162$

32 메탄가스 $1Nm^3$를 10%의 과잉공기량으로 완전연소시켰을 때의 습연소 가스량은 약 몇 Nm^3인가?

① 5.2　　　② 7.3
③ 9.4　　　④ 11.6

$$CH_4 + 2O_2 + N_2 + P(\text{과잉공기량})$$
$$\rightarrow CO_2 + 2H_2O + N_2 + P(\text{과잉공기량})$$
실제습연소(G_s)
= 이론습연소(G_o) + 과잉공기량($(m-1)A_o$)

- $G_o = CO_2 + 2H_2O + N_2 = 1 + 2 + 2 \times \dfrac{0.79}{0.21}$

  $= 10.52Nm^3$

- 과잉공기량 $= (1.1 - 1) \times 2 \times \dfrac{1}{0.21} = 0.952Nm^3$

$\therefore G_s = 10.52 + 0.952 = 11.476Nm^3$

33 오토사이클에서 압축비(ε)가 10일 때 열효율은 약 몇 %인가? (단, 비열비(k)는 1.40이다.)

① 60.2　　　② 62.5
③ 64.5　　　④ 66.5

오토사이클 열효율(η) $= 1 - \dfrac{1}{\varepsilon^{k-1}}$

$$= 1 - \frac{1}{10^{1.4-1}}$$

$$= 0.6018 = 60.18\%$$

34 압력이 0.1MPa, 체적이 $3m^3$인 273.15K의 공기가 이상적으로 단열압축되어 그 체적이 1/3로 감소되었다. 엔탈피변화량은 약 몇 kJ인가? (단, 공기의 기체상수는 0.287kJ/kg · K, 비열비는 1.40이다.)

① 560　　　② 570
③ 580　　　④ 590

단열압축에서 엔탈피변화량
$$\Delta h = h_2 - h_1 = GC_p(T_2 - T_1)$$
$$= 3.82682 \times \frac{1.4}{1.4-1} \times 0.287$$
$$\times (423.8866 - 273.15)$$
$$= 579.43\text{kJ} = 580\text{kJ}$$

35 반응기 속에 1kg의 기체가 있고 기체를 반응기 속에 압축시키는데 1500kgf · m의 일을 하였다. 이때 5kcal의 열량이 용기 밖으로 방출했다면 기체 1kg당 내부 에너지 변화량은 약 몇 kcal인가?

① 1.44　　　② 1.49
③ 1.69　　　④ 2.10

$i = u + APV$이므로

$\therefore u = i - APV$

$$= 5\text{kcal} - 1500\text{kgf} \cdot \text{m} \times \frac{1}{427}\text{kcal/kgf} \cdot \text{m}$$

$$= 1.487 ≒ 1.49\text{kcal}$$

36 다음 중 차원이 같은 것끼리 나열된 것은?

㉠ 열전도율	㉡ 점성계수
㉢ 저항계수	㉣ 확산계수
㉤ 열전달률	㉥ 동점성계수

① ㉠, ㉡　　　② ㉢, ㉤
③ ㉣, ㉥　　　④ ㉤, ㉥

㉠ 열전도율(kcal/m · h · ℃)
㉡ 점성계수(kg/m · s)
㉢ 저항계수(cd)
㉣ 확산계수(m^2/s)
㉤ 열전달률(kcal/m^2 · h · ℃)
㉥ 동점성계수(m^2/s)

37 프로판 가스 1Nm³을 연소시켰을 때 건연소 가스량은 약 몇 Nm³인가? (단, 공기비는 1.1 이다.)

① 22.2
② 24.2
③ 26.2
④ 28.2

$G_{sd} = G_{od} + (m-1)A_o$
(실제 건조연소가스량＝이론 건조연소가스량＋과잉 공기량)
$C_3H_8 + 5O_2 + N_2 + P$
$\rightarrow 3CO_2 + 4H_2O + (N_2) + P[(m-1)A_o]$ 에서
$CO_2 + N_2 + (m-1)A_o$ 이므로

$\therefore (3) + \left(5 \times \dfrac{0.79}{0.21}\right) + \left[(1.1-1) \times 5 \times \dfrac{1}{0.21}\right]$
$= 24.19 \text{Nm}^3$

38 어떤 경우에는 실험 데이터가 없어 연소한계를 추산해야 할 필요가 있다. 존스(Johes)는 많은 탄화수소 증기의 연소하한계(LFL)와 연소상한계(UFL)는 연료의 양론 농도(C_{st})의 함수라는 것을 발견하였다. 다음 중 존스(Johes) 연소하한계(LFL) 관계식을 옳게 나타낸 것은?

① $\text{LFL} = 0.55\,C_{st}$
② $\text{LFL} = 1.55\,C_{st}$
③ $\text{LFL} = 2.50\,C_{st}$
④ $\text{LFL} = 3.50\,C_{st}$

참고 상한값$(\text{UHL}) = 4.8 \times (C_{st})^{\frac{1}{2}}$

39 가스가 노즐로부터 일정한 압력으로 분출하는 힘을 이용하여 연소에 필요한 공기를 흡인하고, 혼합관 중에서 혼합한 후 화염공에서 분출시켜 예혼합연소시키는 버너는 어느 것인가? [연소 8]

① 전1차 공기식
② 블라스트식
③ 적화식
④ 분젠식

40 1kg의 기체가 압력 50kPa, 체적 2.5m³의 상태에서 압력 1.2MPa, 체적 0.2m³의 상태로 변화하였다. 이 과정 중에 내부 에너지가 일정하다고 할 때 엔탈피의 변화량은 약 몇 kJ인가?

① 100   ② 105
③ 110   ④ 115

• $\Delta h_2 = P_2 V_2$
• $\Delta h_1 = P_1 V_1$
엔탈피 변화값
$\Delta h = \Delta h_2 - \Delta h_1$
$= 1.2 \times 10^3 \text{kN/m}^2 \times 0.2\text{m}^3 - 50\text{kN/m}^2 \times 2.5\text{m}^3$
$= 115\text{kN} \cdot \text{m} = 115\text{kJ}$

제3과목 가스설비

41 압축가스별 압축기의 특징에 대한 설명으로 틀린 것은?

① 아세틸렌압축기는 높은 압축비를 유지하여 금속아세틸라이드의 발생을 방지한다.
② 산소압축기는 윤활유의 사용이 불가능하다.
③ 산소압축기는 물이 크랭크실로 들어가지 않는 구조로 한다.
④ 수소압축기는 누설이 되기 쉬우므로 누설되면 가스를 흡입축으로 되돌리는 구조로 한다.

C_2H_2 : 압축 시 2.5MPa 이하로 압축

42 AFV식 정압기의 작동상황에 대한 설명으로 옳은 것은?

① 가스사용량이 감소하면 고무슬리브의 개도는 증대된다.
② 2차 압력이 저하하면 구동압력은 상승한다.
③ 가스사용량이 증가하면 구동압력은 저하한다.
④ 구동압력은 2차측 압력보다 항상 낮다.

해설
① 개도 감소
② 구동압력 저하
④ 구동압력은 2차 압력보다 높다.

43 다음 중 비점이 점차 낮은 냉매를 사용하여 저비점의 기체를 액화하는 사이클을 무엇이라 하는가? [설비 57]

① 캐스케이드 액화사이클
② 린데 액화사이클
③ 필립스 액화사이클
④ 클라우드 액화사이클

44 가스액화분리장치용 구성기기 중 왕복동식 팽창기의 특징에 대한 설명으로 틀린 것은?

① 고압식 액체산소분리장치, 수소액화장치, 헬륨액화기 등에 사용된다.
② 흡입압력은 저압에서 고압(20MPa)까지 범위가 넓다.
③ 왕복동식 팽창기의 효율은 85~90%로 높다.
④ 처리가스량이 1000m³/h 이상의 대량이면 다기통이 된다.

해설
㉠ 왕복동식 팽창기 : 팽창비가 높으며, 효율은 60~65% 정도 처리가스량 1000m³/hr 정도이고 다기통이다.
㉡ 터보 팽창기 : 가스에 윤활유가 혼입되지 않는 특징이 있으며, 회전수 10000~20000rpm 정도이다. 처리가스량은 10000m³/hr, 팽창비는 5이며, 효율은 80~85% 정도이다.

45 정압기를 평가, 선정할 경우 정특성에 해당되는 것은? [설비 22]

① 유량과 2차 압력과의 관계
② 1차 압력과 2차 압력과의 관계
③ 유량과 작동 차압과의 관계
④ 메인밸브의 열림과 유량과의 관계

해설
㉠ 사용 최대차압 : 1차 압력과 2차 압력과의 관계
㉡ 유량 특성 : 메인밸브의 열림과 유량과의 관계
㉢ 동특성 : 응답속도 및 안정성

46 금속재료의 열처리 방법에 대한 설명으로 틀린 것은? [설비 20]

① 담금질 : 강의 경도나 강도를 증가시키기 위하여 적당히 가열한 후 급냉을 시킨다.
② 뜨임 : 인성을 증가시키기 위해 담금질 온도보다 조금 낮게 가열한 후 급냉을 시킨다.
③ 불림 : 소성가공 등으로 거칠어진 조직을 미세화하거나 정상상태로 하기 위해 가열 후 공냉시킨다.
④ 풀림 : 잔류응력을 제거하거나 냉간가공을 용이하게 하기 위하여 뜨임보다 약간 가열하여 노 중에서 서냉시킨다.

해설
뜨임
인성을 증가시키기 위해 담금질 온도보다 조금 낮게 가열한 후 공기 중에서 서냉시킨다.

47 30℃의 액체 5000L를 2시간 동안에 5℃로 냉각시키는 데 소요되는 열량은 약 몇 냉동톤(RT)에 해당하는가? (단, 액체의 비중과 비열은 각각 0.8cal/g · ℃와 0.6cal/g · ℃이다.)

① 1.5RT   ② 9RT
③ 13.5RT   ④ 18RT

해설

$$RT = \frac{Q}{3320} \text{이므로} \ Q = Gc\Delta t$$
$$= \frac{5000L \times 0.8kg/L \times 0.6kcal/kg \cdot ℃ \times (30-5)℃}{2hr}$$
$$= 30000kcal/hr$$
1RT = 3320kcal/hr 이므로
$$\therefore \frac{30000}{3320} = 9.036 ≒ 9RT$$

48 왕복형 압축기의 특징에 대한 설명으로 옳은 것은? [설비 35]

① 회전형이며, 압축효율이 낮다.
② 압축 시 맥동이 생기지 않는다.
③ 용량조정의 범위가 좁다.
④ 쉽게 고압을 얻을 수 있다.

왕복형 압축기의 특징
㉠ 용적형이다.
㉡ 오일급유 또는 무급유식 압축이 단속적 쉽게 고압을 얻을 수 있다.
㉢ 용량조정이 쉽고, 범위가 넓다.
㉣ 압축효율이 높다.
㉤ 설치면적이 크다.
㉥ 소음·진동이 크다.

49 LP가스의 발열량이 26000kcal/m³이다. 발열량 6000kcal/m³로 희석하려면 약 몇 m³의 공기를 희석하여야 하는가?

① 2.2m³ ② 3.3m³
③ 4.3m³ ④ 5.2m³

$$\frac{26000}{1+x} = 6000 \quad \therefore \ x = 3.3\text{m}^3$$

50 가스레인지에 연결된 호스에 직경 1.0mm의 구멍이 뚫려 250mmH₂O 압력으로 LP가스가 3시간 동안 누출되었다면 LP가스의 분출량은 약 몇 L인가? (단, LP가스의 비중은 1.20이다.)

① 360 ② 390
③ 420 ④ 450

$$Q = 0.009D^2\sqrt{\frac{h}{d}}$$
$$= 0.009 \times (1)^2 \sqrt{\frac{250}{1.2}} = 0.1299\text{m}^3/\text{hr}$$
$$\therefore \ 0.1299 \times 10^3 \times 3 = 389.71\text{L} \fallingdotseq 390\text{L}$$

51 저온취성을 막기 위하여 사용되는 저온장치용 재료로서 가장 거리가 먼 것은?

① 9% 니켈강
② 18-8 스테인리스강
③ 구리 및 구리합금
④ 연강 및 니켈강

저온용 재료
18-8 STS, 9% Ni, 동 및 동합금, 알루미늄 및 알루미늄합금

52 염화비닐 호스의 안층의 재료는 70℃에서 48시간 공기가열 노화시험을 한 후 인장강도 저하율이 몇 % 이하이어야 하는가?

① 5% ② 10%
③ 20% ④ 25%

염화비닐 호스
㉠ 호스는 안층, 보강층, 바깥층의 구조, 안지름과 두께가 균일한 것으로 굽힘성이 좋고 흠, 기포, 균열 등 결점이 없어야 한다.
㉡ 호스의 안지름 치수

구 분	안지름(mm)	허용차(mm)
1종	6.3	
2종	9.5	±0.7
3종	12.7	

㉢ 내압성능 : 1m 호스 3.0MPa
㉣ 파열성능 : 1m 호스 4.0MPa
㉤ 기밀성능 : 1m 호스 2.0MPa에서 3분간 누출이 없고, 2.0MPa 압력에서 3분간 누출이 없을 것
㉥ 내인장성능 : 안층의 인장강도 73.6N/5mm
㉦ 호스의 안층은 (70±1)℃에서 48시간 공기가열 노화시험을 한 후 인장강도 저하율이 20% 이하
$$\Delta T(\%) = \frac{T_1 - T_2}{T_1} \times 100$$
여기서, ΔT : 인장강도 저하율(%)
T_1 : 공기가열 전 인장강도(N/5mm)
T_2 : 공기가열 후 인장강도(N/5mm)
㉧ 호스의 안층은 이소옥탄에 (40±1)℃로 22시간 담근 후 질량변화율이 ±5% 이내인 것으로 한다.
$$\Delta W(\%) = \frac{W_1 - W_2}{W_1} \times 100$$
여기서, ΔW : 질량변화율
W_1 : 담그기 전 질량(mg)
W_2 : 담근 후 1시간 방치한 질량(mg)

53 암모니아 취급 및 저장 시 주의사항으로 틀린 것은?

① 암모니아용의 장치나 계기에는 직접 동이나 황동을 사용할 수 없다.
② 암모니아 건조제는 알칼리성이므로 진한황산 등을 쓸 수 없고, 소다석회를 사용한다.
③ 액체암모니아는 할로겐, 강산과 접촉하면 심하게 반응하여 폭발, 비산하는 경우가 있으므로 주의한다.
④ 고온, 고압 하에서 암모니아장치의 재료는 알루미늄합금을 사용한다.

암모니아장치 재료에 Cu, Al 사용 시 착이온 생성으로 부식된다.

54 증기압축식 냉동사이클에 해당되지 않는 것은?

① 습증기 압축사이클
② 건증기 압축사이클
③ 과냉각사이클
④ 카르노 냉동사이클

증기압축기 기준 냉동사이클 $P-I$ 선도

55 내용적이 190L인 초저온 용기에 대하여 단열성능시험을 위해 24시간 방치한 결과 70kg이 되었다. 이 용기의 단열성능시험 결과를 판정한 것으로 옳은 것은? (단, 외기온도는 25℃, 액화질소의 끓는점은 −196℃, 기화잠열은 48kcal/kg으로 한다.)

① 계산결과 0.00333(kcal/hr · ℃ · L)이므로 단열성능이 양호하다.
② 계산결과 0.00333(kcal/hr · ℃ · L)이므로 단열성능이 불량하다.
③ 계산결과 0.00334(kcal/hr · ℃ · L)이므로 단열성능이 양호하다.
④ 계산결과 0.00334(kcal/hr · ℃ · L)이므로 단열성능이 불량하다.

$$Q=\frac{W \cdot g}{H \cdot V \cdot \Delta T}$$
$$=\frac{70 \times 48}{24 \times 190 \times (25+196)}$$
$$=0.003334 \text{kcal/hr} \cdot ℃ \cdot L$$

내용적 1000L 미만인 용기는 단열성능시험 결과, 침입열량이 0.0005kcal/hr · ℃ 이하이어야 하므로 단열성능이 불량하다.

참고 초저온 용기 단열성능시험기준(법규 변경)
• V : 1000L 미만인 경우
0.0005kcal/h · ℃ · L → 2.09J/h · ℃ · L 이하가 합격
• V : 1000L 이상인 경우
0.002kcal/h · ℃ · L → 8.37J/h · ℃ · L 이하가 합격

56 저온 수증기 개질에 의한 SNG(대체천연가스) 제조 프로세스의 순서로 옳은 것은 어느 것인가?

① LPG → 수소화 탈황 → 저온 수증기 개질 → 메탄화 → 탈탄산 → 탈습 → SNG
② LPG → 수소화 탈황 → 저온 수증기 개질 → 탈습 → 탈탄산 → 메탄화 → SNG
③ LPG → 저온 수증기 개질 → 수소화 탈황 → 탈습 → 탈탄산 → 메탄화 → SNG
④ LPG → 저온 수증기 개질 → 탈습 → 수소화 탈황 → 탈탄산 → 메탄화 → SNG

SNG(대체천연가스) 제조의 프로세스

57 펌프의 송출압력과 송출유량 사이의 주기적인 변동이 일어나는 현상을 무엇이라 하는가? [설비 17]

① 공동 현상　② 수격 현상
③ 서징 현상　④ 캐비테이션 현상

서징(맥동) 현상
(1) 펌프를 운전 중 주기적으로 운동, 양정, 토출량이 규칙 바르게 변동하는 현상
(2) 발생원인
　㉠ 펌프의 양정곡선이 산고곡선이고 곡선의 산고 상승부에서 운전했을 때
　㉡ 유량조절밸브가 탱크 뒤쪽에 있을 때
　㉢ 배관 중에 물탱크나 공기탱크가 있을 때

정답 54.④　55.②　56.①　57.③

58 가스홀더 유효가동량이 1일 송출량의 15%이고 송출량이 제조량보다 많아지는 17~23시의 송출 비율이 45%일 때 필요제조능력(1일 환산)을 구하는 식은? (단, s = 가스 최대공급량이다.)

① $1.2S$ ② $1.5S$
③ $1.8S$ ④ $2.1S$

가스홀더의 활동량

$$S \times a = \frac{t}{24} \times M + \Delta H$$

$$\therefore M = [(S \times a) - \Delta H] \times \frac{24}{t}$$

$$= [0.45S - 0.15S] \times \frac{24}{6} = 1.2S$$

여기서, M : 최대 제조능력(m^3/day)
       S : 최대 공급량(m^3/day)
       a : t시간의 공급률(%)
       ΔH : 가스홀더의 가동용량
       t : 시간당 공급량이 제조능력보다 많은 시간대

59 부탄가스 공급 또는 이송 시 가스 재액화 현상에 대한 대비가 필요한 방법(식)은 어느 것인가? [설비 23]

① 공기혼합 공급방식
② 액송펌프를 이용한 이송법
③ 압축기를 이용한 이송법
④ 변성 가스 공급방식

60 도시가스 공급설비에서 저압배관 부분의 압력손실을 구하는 식은? (단, H : 기점과 종점과의 압력차(mmH₂O), Q : 가스유량(m^3/hr), D : 구경(cm), S : 가스의 비중, L : 배관 길이(m), K : 유량계수이다.)

① $H = \left(\dfrac{Q}{K}\right)^2 \cdot \dfrac{SL}{D^5}$

② $H = \left(\dfrac{Q}{K^2}\right) \cdot \dfrac{D^5}{SL}$

③ $H = \left(\dfrac{Q}{K}\right) \cdot \left(\dfrac{SL}{D^2}\right)$

④ $H = \left(\dfrac{Q}{K}\right) \cdot \dfrac{D^5}{SL}$

$Q = K \sqrt{\dfrac{D^5 H}{SL}}$ 이므로

$$\therefore H = \frac{Q^2 \cdot S \cdot L}{K^2 \cdot D^5} = \left(\frac{Q}{K}\right)^2 \cdot \frac{S \cdot L}{D^5}$$

제4과목 가스안전관리

61 차량에 고정된 탱크로 일정량 이상의 메탄 운반 시 분말소화제를 갖추고자 할 때 소화기의 능력단위로 옳은 것은? [안전 8]

① BC용 B – 8 이상
② BC용 B – 10 이상
③ ABC용 B – 8 이상
④ ABC용 B – 10 이상

62 이동식 부탄연소기(카세트식)의 구조를 바르게 설명한 것은?

① 용기장착부 이외에 용기가 들어가는 구조이어야 한다.
② 연소기는 50% 이상 충전된 용기가 연결된 상태에서 어느 방향으로 기울여도 20° 이내에서는 넘어지지 아니하고, 부속품의 위치가 변하지 아니하여야 한다.
③ 용기 연결레버가 없는 것은 콕이 닫힌 상태에서 예비적 동작없이는 열리지 아니하는 구조로 한다. 다만, 소화안전장치가 부착된 것은 그러하지 아니한다.
④ 연소기에 용기를 연결할 때 용기 아랫부분을 스프링의 힘으로 직접 밀어서 연결하는 방법 또는 자석에 의하여 연결하는 방법이어야 한다.

KGS AB 336(이동식 부탄연소기)
(1) 연소기의 연결방법 분류
  ㉠ 카세트식 : 거버너가 부착된 연소기 안에 수평으로 장착시키는 구조
  ㉡ 직결식 : 연소기에 접합용기 또는 최대충전량 3kg 이하인 용접용기를 직접 연결하는 구조
  ㉢ 분리식 : 연소기에 접합용기 또는 최대충전량 20kg 이하인 용접용기를 호스 등으로 연결하는 구조

(2) 각 구조별 특성
 ㉠ 공통사항
  • 연소기는 용기와 직결되지 않는 구조(단, 야외용으로 최대충전량 3kg 이하는 직결 구조 가능)
  • 가스 또는 물의 회전식 개폐 콕이나 회전식 밸브의 핸들 열림방향은 시계바늘 반대방향(단, 열림방향이 양방향으로 되어 있는 다기능 회전식 개폐 콕은 예외)
  • 점화플러그 노즐 가스배관은 연소기 몸체에 견고하게 고정
  • 삼발이 위에 49N 하중을 5분간 가했을 때 변형이 없는 것으로 한다(난로 등화용 연소기는 제외).
  • 연소기는 50% 이상 충전용기가 연결상태에서 어느 방향으로 15° 이내에서 넘어지지 아니하고 부속품의 위치가 변하지 아니하는 것으로 한다.
  • 용기 장착부 외는 용기가 들어가지 아니하는 구조로 한다(단, 그릴의 경우 상시 내부 공간이 확인되는 구조).
  • 난로 및 등화용 연소기는 내용적 1L 이하 접합용기를 사용할 수 있는 구조로 한다(단, 연소기에 야외용임을 명확히 표시한 경우 제외).
 ㉡ 카세트식
  • 용기 연결레버는 연소기 몸체에 견고히 부착되어 있고 작동이 원활하고 확실한 것
  • 빈 용기를 반복 탈착하는 경우 용기 장착가이드홈을 설치
  • 연소기는 2가지 용도로 사용금지
  • 용기 연결레버가 없는 것은 콕이 닫힌 상태에서 예비적 동작이 없이는 열리지 않는 구조(단, 안전장치가 부착된 것은 그러하지 아니하다.)
  • 연소기를 용기에 연결할 때 용기 아랫부분을 스프링 힘으로 직접 밀어서 연결하는 방법 또는 자석으로 연결하는 방법이 아닌 구조로 한다.

63 아세틸렌을 용기에 충전하는 때의 충전 중의 압력은 몇 MPa 이하로 하고, 충전 후에는 압력이 몇 ℃에서 몇 MPa 이하가 되도록 정치하여야 하는가? [설비 42]

① 3.5MPa, 15℃에서 2.5MPa
② 3.5MPa, 35℃에서 2.5MPa
③ 2.5MPa, 15℃에서 1.5MPa
④ 2.5MPa, 35℃에서 1.5MPa

64 압축천연가스 충전시설의 고정식 자동차충전소 시설기준 중 안전거리에 대한 설명으로 옳은 것은?

① 처리설비·압축가스설비 및 충전설비는 사업소 경계까지 20m 이상의 안전거리를 유지한다.
② 저장설비·처리설비·압축가스설비 및 충전설비는 인화성 물질 또는 가연성 물질의 저장소로부터 8m 이상의 거리를 유지한다.
③ 충전설비는 도로 경계까지 10m 이상의 거리를 유지한다.
④ 저장설비·압축가스설비 및 충전설비는 철도까지 20m 이상의 거리를 유지한다.

① 저장·처리·압축가스설비 및 충전설비는 사업소 경계까지 10m 이상 안전거리를 유지할 것
③ 충전설비는 도로 경계로부터 5m 이상 거리를 유지할 것
④ 저장·처리·압축가스설비 및 충전설비는 철도에서부터 30m 이상 거리를 유지할 것

65 독성 가스의 배관은 주위의 상황에 따라 안전한 구조를 갖도록 하기 위하여 2중관 구조로 한다. 다음 중 반드시 2중관으로 하여야 하는 가스는? [안전 113]

① 염화메탄
② 벤젠
③ 일산화탄소
④ 이황화탄소

이중관으로 시공하는 독성 가스
아황산, 암모니아, 염소, 염화메탄, 산화에틸렌, 시안화수소, 포스겐, 황화수소

66 LPG 용기 보관실의 바닥면적이 40m²라면 통풍구의 크기는 최소 얼마로 하여야 하는가?

① 10000cm²   ② 11000cm²
③ 12000cm²   ④ 13000cm²

$40m^2 = 40 \times 10^4 cm^2$
∴ $40 \times 10^4 \times 0.03 = 12000cm^2$

67 지하에 설치하는 액화석유가스 저장탱크의 재료인 레디믹스 콘크리트의 규격이 잘못 짝 지어진 것은?

① 굵은 골재의 최대치수 : 25mm
② 설계강도 : 21~24MPa
③ 슬럼프(slump) : 12~15cm
④ 물-시멘트비 : 83% 이하

LPG 저장탱크 설치기준(KGS FS 331)

저장탱크실은 다음의 규격을 가진 레디믹스 콘크리트(ready-mixed concrete)를 사용하여 수밀(水密) 콘크리트로 시공하여야 한다.

항 목	규 격
굵은 골재의 최대치수	25mm
설계강도	21MPa 이상
슬럼프(slump)	120~150mm
공기량	4%
물-시멘트비	50% 이하
기타	KS F 4009 레디믹스 콘크리트에 의한 규정

※ 수밀 콘크리트의 시공기준은 국토교통부가 제정한 「콘크리트 표준시방서」를 준용한다.

- 지하수위가 높은 곳 또는 누수의 우려가 있는 경우에는 콘크리트를 친 후 저장탱크실의 내면에 무기질계 침투성 도포방수제로 방수한다.
- 저장탱크실의 콘크리트제 천장으로부터 맨홀, 돔, 노즐 등(이하 "돌기물"이라 한다.)을 돌출시키기 위한 구멍부분은 콘크리트제 천장과 돌기물이 접합으로써 저장탱크 본체와의 부착부에 응력집중이 발생하지 아니하도록 돌기물의 주위에 돌기물의 부식방지 조치를 한 외면(이하 "외면보호면"이라 한다)으로부터 10mm 이상의 간격을 두고 강판 등으로 만든 프로텍터를 설치한다. 또한, 프로텍터와 돌기물의 외면보호면과의 사이는 빗물의 침입을 방지하기 위하여 피치, 아스팔트 등으로 채워야 한다.
- 저장탱크실에 물이 침입한 경우 및 기온변화에 의해 생성된 이슬방울의 괸 등에 대하여 저장탱크실의 바닥은 물이 빠지도록 구배를 가지게 하고 집수구를 설치하여야 한다. 이 경우 집수구에 고인물은 쉽게 배수할 수 있도록 하여야 한다.
- 지면과 거의 같은 높이에 있는 가스검지관, 집수관 등에 대하여는 빗물 및 지면에 고인물 등이 저장탱크 실내로 침입하지 아니하도록 뚜껑을 설치하여야 한다.

68 다음 연소기 중 가스레인지로 볼 수 없는 것은? (단, 사용압력은 3.3kPa 이하로 한다.)

① 전가스소비량이 9000kcal/hr인 3구 버너를 가진 연소기
② 전가스소비량이 11000kcal/hr인 4구 버너를 가진 연소기
③ 전가스소비량이 13000kcal/hr인 6구 버너를 가진 연소기
④ 전가스소비량이 15000kcal/hr인 4구 버너를 가진 연소기

가스레인지 사용압력 3.3kPa 이하

전가스소비량	버너 1개의 소비량
16.7kW(14400kcal/hr) 이하	5.8kW(5000kcal/hr) 이하

∴ 전가스소비량이 14400kcal/hr 이하이므로 정답은 ④항이다.

69 초저온 용기에 대한 신규검사 시 단열성능시험을 실시할 경우 내용적에 대한 침입열량 기준으로 옳은 것은?

① 내용적 500L 이상 $-0.002kcal/hr \cdot ℃ \cdot L$ 이하
② 내용적 1000L 이상 $-0.002kcal/hr \cdot ℃ \cdot L$ 이하
③ 내용적 1500L 이상 $-0.003kcal/hr \cdot ℃ \cdot L$ 이하
④ 내용적 2000L 이상 $-0.005kcal/hr \cdot ℃ \cdot L$ 이하

침입열량 합격기준

㉠ 1000L 이상 : $0.002kcal/hr \cdot ℃ \cdot L$, $8.37J/h \cdot ℃ \cdot L$ 이하가 합격
㉡ 1000L 미만 : $0.0005kcal/hr \cdot ℃ \cdot L$, $2.09J/h \cdot ℃ \cdot L$ 이하가 합격

70 공기액화분리기를 운전하는 과정에서 안전대책상 운전을 중지하고 액화산소를 방출해야 하는 경우는? (단, 액화산소통 내의 액화산소 5L 중의 기준이다.) [설비 5]

① 아세틸렌이 0.1mg을 넘을 때
② 아세틸렌이 0.5mg을 넘을 때
③ 탄화수소에서 탄소의 질량이 50mg을 넘을 때
④ 탄화수소에서 탄소의 질량이 500mg을 넘을 때

정답 67.④ 68.④ 69.② 70.④

71 고압가스 제조소 내 매몰배관 중간검사대상 지정개소의 기준으로 옳은 것은 어느 것인가?

① 검사대상 배관길이 100m마다 1개소 지정
② 검사대상 배관길이 500m마다 1개소 지정
③ 검사대상으로 지정한 부분의 길이 합은 검사대상 총 배관길이의 5% 이상
④ 검사대상으로 지정한 부분의 길이 합은 검사대상 총 배관길이의 7% 이상

㉠ 사업소 안의 배관 중간검사 : 대상의 지정개소는 검사대상 배관길이 500m마다 1개소 이상으로 하고 지정한 부분의 길이의 합은 검사대상 배관길이의 10% 이상이 되도록 한다.
㉡ ㉠ 이외에 해당하는 검사대상 배관의 경우 중간검사대상의 지정개소는 검사대상 배관길이 500m마다 1개소 이상으로 하고 지정한 부분의 길이의 합은 검사대상 배관길이의 20% 이상이 되도록 한다.

72 산화에틸렌의 저장탱크에는 45℃에서 그 내부의 가스압력이 몇 MPa 이상이 되도록 질소가스 또는 탄산가스를 충전하여야 하는가?

① 0.1
② 0.3
③ 0.4
④ 1

산화에틸렌 충전 시 기준
㉠ 저장탱크 내부에 질소가스, 탄산가스 및 산화에틸렌 분위기 가스를 질소·탄산가스로 치환하고 5℃ 이하로 유지한다.
㉡ 저장탱크 또는 용기에 충전 시 질소·탄산가스로 치환 후 산·알칼리를 함유하지 않는 상태로 충전한다.
㉢ 저장탱크 충전용기에는 45℃에서 내부의 가스압력이 0.4MPa 이상이 되도록 N_2, CO_2를 충전한다.

73 다음 ( ) 안에 들어갈 것으로 올바르게 순서대로 연결된 것은?

> 도시가스사업자 안전점검원의 선임기준이 되는 배관의 길이를 산정할 때 ( )과 ( )은 포함하지 아니하며, 하나의 차로에 2개 이상의 배관이 나란히 설치되어 있고 그 배관 외면 간의 거리가 ( )m 미만인 것은 하나의 배관으로 산정한다.

① 본관, 공급관, 10
② 공급관, 내관, 5
③ 사용자 공급관, 내관, 5
④ 사용자 공급관, 내관, 3

74 반밀폐형 강제배기식 가스보일러를 공동배기방식으로 설치하고자 할 때의 기준으로 틀린 것은?　　　　　　　[안전 112]

① 공동배기구 단면형태는 원형 또는 정사각형에 가깝도록 한다.
② 동일 층에서 공동배기구로 연결되는 연료전지의 수는 2대 이하로 한다.
③ 공동배기구에는 방화댐퍼를 설치해야 한다.
④ 공동배기구 톱은 풍압대 밖에 있어야 한다.

③ 공동배기구에는 방화댐퍼를 설치하지 아니한다.

75 다음 중 반드시 역화방지장치를 설치하여야 하는 곳은?　　　　　　　[안전 91]

① 천연가스를 압축하는 압축기와 충전기 사이의 배관
② 아세틸렌의 고압건조기와 충전용 교체밸브 사이의 배관
③ 가연성 가스를 압축하는 압축기와 충전용 교체밸브 사이의 배관
④ 암모니아 합성탑과 압축기와의 사이의 배관

76 운반하는 액화염소의 질량이 500kg인 경우 갖추지 않아도 되는 보호구는?

① 방독마스크
② 공기호흡기
③ 보호의
④ 보호장화

독성 가스 보호구

운반하는 독성 가스의 양 압축가스(100m³), 액화가스(1000kg)	
미만	이상
이상의 보호구 중 공기호흡기 제외	공기호흡기, 방독마스크, 보호의, 보호장갑, 보호장화

77 도시가스시설 공사계획의 승인·신고 사항에 해당하는 것은?

① 본관을 10m 설치하는 공사
② 최고사용압력이 0.4MPa인 공급관을 1000m 설치하는 것으로 승인을 얻었으나 계획이 변경되어 1010m를 설치하는 공사
③ 호칭지름이 50mm이고 최고사용압력이 2.5kPa인 공급관에 연결된 사용자 공급관을 100m 설치하는 공사
④ 제조소 내 중압배관으로서 호칭지름 15mm인 배관을 30m 설치하는 공사

공사계획의 승인대상 – 제조소

(1) 제조소의 신규 설치공사와 다음의 어느 해당하는 설비의 설치공사
  ㉠ 가스발생설비
  ㉡ 가스홀더
  ㉢ 배송기 또는 압송기
  ㉣ 액화가스용 저장탱크 또는 펌프
  ㉤ 최고사용압력이 고압인 열교환기
  ㉥ 가스압축기, 공기압축기 또는 송풍기
  ㉦ 냉동설비(유분리기·응축기 및 수액기만을 말한다.)
  ㉧ 배관(최고사용압력이 중압 또는 고압인 배관으로서 호칭지름이 150mm 이상인 것만을 말한다.)
(2) 다음 어느 하나에 해당하는 변경공사
  ㉠ 가스발생설비
    • 종류 또는 형식의 변경

    • 원료의 변경에 따른 설비의 변경
    • 가스혼합기의 능력변경 또는 제어방식의 변경
  ㉡ 가스홀더
    • 형식의 변경
    • 최고사용압력의 변경에 따른 설비의 변경
  ㉢ 배송기 또는 압송기 : 최고사용압력의 변경을 수반하는 것으로서 변경된 후의 최고사용압력이 고압 또는 중압으로 되는 것

78 도시가스시설의 완성검사대상에 해당하지 않는 것은?

① 가스사용량의 증가로 특정 가스사용시설로 전환되는 가스사용시설 변경공사
② 특정 가스사용시설로 호칭지름 50mm의 강관을 25m 교체하는 변경공사
③ 특정 가스사용시설의 압력조정기를 증설하는 변경공사
④ 배관 변경을 수반하지 않고 월사용예정량 550m³를 증설하는 변경공사

완성검사대상이 되는 도시가스 사용시설의 설치·변경공사

(1) 특정 가스사용시설의 설치공사
(2) 다음의 어느 하나에 해당하는 변경공사
  ㉠ 가스사용량의 증가로 인하여 특정 가스사용시설로 전환되는 가스사용시설의 변경공사
  ㉡ 특정 가스사용시설로서 호칭지름 50mm 이상인 배관을 20m 이상 증설·교체 또는 이설(移設)하는 변경공사
  ㉢ 특정 가스사용시설의 배관을 변경하는 공사로서 월사용예정량을 500m³ 이상 증설하거나 월사용예정량이 500m³이상인 시설을 이설하는 변경공사
  ㉣ 특정 가스사용시설의 정압기나 압력조정기를 증설·교체(동일 유량으로 교체하는 경우는 제외한다) 또는 이설하는 변경공사
    • 제2항에 따른 특정 가스사용시설의 설치공사나 변경공사를 하려는 자는 그 공사계획에 대하여 미리 한국가스안전공사의 기술검토를 받아야 한다. 다만, 특정 가스사용시설 중 월사용예정량이 500m³ 미만인 시설의 설치공사나 변경공사는 그러하지 아니하다.
(3) 가스충전시설의 설치공사

79 내용적이 3000L인 용기에 액화암모니아를 저장하려고 한다. 용기의 저장능력은 몇 kg 인가? (단, 암모니아 정수는 1.86이다.)

① 1613　　② 2324
③ 2796　　④ 5580

$$G = \frac{V}{C} = \frac{3000}{1.86} = 1613\text{kg}$$

80 도시가스 공급관의 접합은 용접을 원칙으로 한다. 다음 중 비파괴시험을 반드시 실시하여야 하는 것은? [안전 115]

① 건축물 외부에 저압으로 노출된 호칭지름 100mm인 사용자 공급관
② 가스용 폴리에틸렌(PE)배관
③ 건축물 내부에 설치된 저압으로 호칭지름 50mm인 사용자 공급관(단, 환기가 불량하며, 가스누출경보기가 설치되어 있지 않음)
④ 섀시가 없는 개방된 복도식 아파트의 복도에 설치된 저압으로 호칭지름 32mm인 사용자 공급관

제5과목 가스계측

81 탄화수소에 대한 감도는 좋으나 O_2, H_2O, CO_2에 대하여는 감도가 전혀 없는 검출기는? [계측 13]

① 수소이온화검출기(FID)
② 열전도형검출기(TCD)
③ 전자포획이온화검출기(ECD)
④ 염광광도검출기(FPD)

82 황화수소(H_2S)의 가스 누출 시 검지하는 시험지와 변색 상태가 바르게 연결된 것은 어느 것인가? [계측 15]

① KI 전분지 – 청갈색
② 염화파라듐지 – 흑색
③ 연당지 – 흑색
④ 초산벤젠지 – 청색

① KI 전분지(염소 – 청변)
② 염화파라듐지(CO – 흑변)
④ 초산벤젠지(HCN – 청변)

83 물체의 탄성 변위량을 이용한 압력계가 아닌 것은?

① 부르동관 압력계
② 벨로즈 압력계
③ 다이어프램 압력계
④ 링밸런스식 압력계

링밸런스식 압력계 : 액주식 압력계

84 습식 가스미터의 특징에 대한 설명으로 틀린 것은? [계측 8]

① 계량이 정확하여 실험용으로 쓰인다.
② 사용 중에 기차의 변동이 거의 없다.
③ 건식에 비해 설치공간을 크게 필요로 하지 않는다.
④ 사용 중에 수위조정 등의 관리가 필요하다.

습식 가스미터 : 설치공간이 많이 필요

85 가스미터의 검정에서 피시험미터의 지시량이 1m^3이고 기준기의 지시량이 750L일 때 기차는 약 몇 %인가?

① 2.5　　② 3.3
③ 25.0　　④ 33.3

$$\text{기차} = \frac{\text{시험미터 지시량} - \text{기준미터 지시량}}{\text{시험미터 지시량}} \times 100$$
$$= \frac{1000 - 750}{1000} \times 100$$
$$= 25\%$$

86 열전대를 사용하는 온도계 중 가장 고온을 측정할 수 있는 것은? [계측 9]

① R형　　② K형
③ E형　　④ J형

87 반도체식 가스검지기의 반도체 재료로 가장 적당한 것은?

① 산화니켈(NiO)
② 산화알루미늄(Al_2O_3)
③ 산화주석(SnO_2)
④ 이산화망간(MnO_2)

반도체 재료 : SnO_2, ZnO

88 압력계의 읽음이 5kg/cm²일 때 이 압력을 수은주로 환산하면 약 얼마인가?

① 367.8mmHg
② 3678mmHg
③ 6800mmHg
④ 68000mmHg

$$\frac{5\text{kg/cm}^2}{1.033\text{kg/cm}^2}\times760\text{mmHg}=3678\text{mmHg}$$

89 분광법에 의한 기기분석법에서 흡광도는 매질을 통과하는 길이와 용액의 농도에 비례한다는 법칙은?

① Beer의 법칙
② Debye-Hukel의 법칙
③ Kirchhoff의 법칙
④ Charles의 법칙

람베르트 − 비어 법칙

$E=\varepsilon cl$

여기서, E : 흡광도, ε : 흡광계수
  c : 농도, l : 빛이 통하는 액층의 길이

90 입력과 출력이 [그림]과 같을 때 제어동작은?

① 비례동작
② 미분동작
③ 적분동작
④ 비례적분동작

91 자동조절계의 비례적분동작에서 적분시간에 대한 설명으로 옳은 것은? 　　[계측 4]

① P동작에 의한 조작신호의 변화가 I동작만으로 일어나는 데 필요한 시간
② P동작에 의한 조작신호의 변화가 PI동작만으로 일어나는 데 필요한 시간
③ I동작에 의한 조작신호의 변화가 PI동작만으로 일어나는 데 필요한 시간
④ I동작에 의한 조작신호의 변화가 P동작만으로 일어나는 데 필요한 시간

92 상대습도가 30%이고, 압력과 온도가 각각 1.1bar, 75℃인 습공기가 100m³/hr로 공정에 유입될 때 몰습도(mol H_2O/mol Dry Air)는? (단, 75℃에서 포화수증기압은 289mmHg이다.)

① 0.017
② 0.117
③ 0.129
④ 0.317

$$몰습도 = \frac{순수한\ 수증기(물)의\ 증기압}{건조공기\ 증기압}$$
$$= \frac{289\times0.3}{825.068-(289\times0.3)}$$
$$= 0.117242$$

93 부유 피스톤형 압력계에 있어서 실린더 직경 2cm, 피스톤 무게 합계가 20kg일 때 이 압력계에 접속된 부르동관 압력계의 읽음이 7kg/cm²를 나타내었다. 이 부르동관 압력계의 오차는 약 몇 %인가?

① 0.5%
② 1%
③ 5%
④ 10%

$$게이지압력 = \frac{추\cdot피스톤\ 무게}{실린더\ 단면적}$$
$$= \frac{20\text{kg}}{\frac{\pi}{4}\times(2\text{cm})^2} = 6.36\text{kg}\cdot\text{cm}^2$$
$$\therefore\ 오차값 = \frac{큰\ 값-작은\ 값}{게이지압력}$$
$$= \frac{7-6.36}{6.36}\times100 = 9.96 ≒ 10\%$$

94 목표치에 따른 자동제어의 분류 중 계 전체의 지연을 적게 하는 데 유효하기 때문에 출력측에 낭비시간이나 시간 지연이 큰 프로세스제어에 적합한 제어방법은? [계측 12]

① 정치제어
② 추치제어
③ 시퀀스제어
④ 캐스케이드제어

95 다음 제어동작 중 오프셋(off set)이 발생하기 때문에 부하변화가 작은 프로세스에 주로 적용되는 동작은? [계측 4]

① 미분동작
② 비례동작
③ 적분동작
④ 뱅뱅동작

96 어떤 비례제어기가 80℃에서 100℃ 사이에 온도를 조절하는 데 사용되고 있다. 이 제어기에서 측정된 온도가 81℃에서 89℃로 될 때 비례대(proportional band)는 얼마인가?

① 10%
② 20%
③ 30%
④ 40%

 비례대

$$\frac{측정온도차}{조절온도차} = \frac{89-81}{100-80} \times 100 = 40\%$$

97 다음 [그림]은 가스 크로마토그래프의 크로마토그램이다. t, t_1, t_2는 무엇을 나타내는가?

① 이론단수
② 체류시간
③ 분리관의 효율
④ 피크의 좌우 변곡점 길이

 ㉠ t, t_1, t_2 : 시료 도입점으로부터 최고점까지 길이(보유시간)
㉡ W, W_1, W_2 : 피크의 좌우 변곡점에서 접선이 자르는 바탕선의 길이

98 가스미터는 측정방식에 따라 실측식과 추량식으로 구분된다. 다음 중 추량식이 아닌 것은? [계측 6]

① 회전자식(roots형)
② delta형
③ turbine형
④ 벤투리형

 추량식 가스미터

②, ③, ④항 이외에 오리피스, 선근차식 등이 있다.

99 게겔법에 의한 아세틸렌(C_2H_2)의 흡수액으로 옳은 것은? [계측 1]

① 87% H_2SO_4 용액
② 알칼리성 피로갈롤 용액
③ 요오드수은칼륨 용액
④ 암모니아성 염화제1구리 용액

 게겔법 분석순서 및 흡수액

분석가스	흡수제
CO_2	33% KOH 용액
C_2H_2	옥소수은칼륨 용액
C_3H_6과 노르말 부탄	87% H_2SO_4 용액
C_2H_4	취수소
O_2	알칼리성 피로카롤 용액
CO	암모니아성 염화제1동 용액

100 피토관은 측정이 간단하지만 사용방법에 따라 오차가 발생하기 쉬우므로 주의가 필요하다. 이에 대한 설명으로 틀린 것은? [계측 7]

① 5m/s 이하인 기체에는 적용하기 곤란하다.
② 흐름에 대하여 충분한 강도를 가져야 한다.
③ 피토관 앞에는 관지름 2배 이상의 직관길이를 필요로 한다.
④ 피토관 두부를 흐름의 방향에 대하여 평행으로 붙인다.

CBT 기출복원문제

01 가스기사

수험번호 :   ※ 제한시간 : 150분
수험자명 :   ※ 남은시간 :

글자 크기 ⊖ 100% Ⓜ 150% ⊕ 200%   화면 배치

전체 문제 수 :
안 푼 문제 수 :

답안 표기란
① ② ③ ④

제1과목 가스유체역학

01 압축성 유체가 [그림]과 같이 확산기를 통해 흐를 때 속도와 압력은 어떻게 되겠는가? (단, Ma는 마하수이다.) **[유체 3]**

유체흐름방향 →

$Ma > 1$

① $dP < 0, \ dV > 0$
② $dP > 0, \ dV < 0$
③ $dP = 0, \ dV = 0$
④ $dP = 0, \ dV > 0$

초음속 $M > 1$에서
㉠

증가($dA, \ dV, \ M$), 감소($dP, \ d\rho, \ dT$)
㉡

증가($dP, \ d\rho, \ dT$), 감소($dA, \ dV, \ M$)

02 원관 중의 흐름이 층류일 경우 유량이 반경의 4제곱과 압력기울기$(P_1 - P_2)/l$에 비례하고 점도에 반비례한다는 법칙은?

① Hagen–Poiseuille 법칙
② Reynolds 법칙
③ Newton 법칙
④ Fourier 법칙

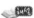
하겐 – 푸아죄유 방정식
$Q = \dfrac{\Delta P \cdot \pi \, d^4}{128 \mu l}$ (층류 유동에만 적용)

여기서, Q : 유량($\mathrm{m^3/s}$)
d : 원관의 직경(m)
μ : 점성계수($\mathrm{N \cdot s/m^2}$)
l : 관길이(m)

03 비중 0.8, 점도 5cP인 유체를 평균속도 10cm/s로 내경 5cm인 관을 사용하여 2km 수송할 때 수반되는 손실수두는 약 몇 m인가?

① 0.163
② 0.816
③ 1.63
④ 8.16

$h_f = f \dfrac{l}{d} \cdot \dfrac{V^2}{2g} = 0.08 \times \dfrac{2000}{0.05} \times \dfrac{(0.1)^2}{2 \times 9.8} = 1.63 \, \mathrm{m}$

- $h_f = ?$
- $f = \dfrac{64}{Re} = \dfrac{64}{\dfrac{\rho DV}{\mu}} = \dfrac{64}{\dfrac{0.8 \times 5 \times 10}{0.05}} = 0.08$
- $l = 2\mathrm{km} = 2000\mathrm{m}$
- $d = 5\mathrm{cm} = 0.05\mathrm{m}$
- $V = 10\mathrm{cm/s} = 0.1\mathrm{m/s}$
- $g = 9.8\mathrm{m/s^2}$

04 부력에 대한 설명 중 틀린 것은?

① 부력은 유체에 잠겨 있을 때 물체에 대하여 수직 위로 작용한다.
② 부력의 중심을 부심이라 하고 유체의 잠김 체적의 중심이다.
③ 부력의 크기는 물체가 유체 속에 잠긴 체적에 해당하는 유체의 무게와 같다.
④ 물체가 액체 위에 떠 있을 때는 부력이 수직 아래로 작용한다.

부력(F_B)
유체 속에 잠겨 있거나 떠있는 물체가 유체로부터 받는 연직 상방향의 힘

F_B(부력은 수직상 방향으로 작용)

05 진공압력이 0.10kgf/cm²이고, 온도가 20℃인 기체가 계기압력 7kgf/cm²로 등온 압축되었다. 이때 압축 전 체적(V_1)에 대한 압축 후의 체적(V_2) 비는 얼마인가? (단, 대기압은 720mmHg이다.)

① 0.11
② 0.14
③ 0.98
④ 1.41

 등온압축
$P_1 V_1 = P_2 V_2$이므로

$$\therefore \frac{V_2}{V_1} = \frac{P_1}{P_2} = \frac{0.87863}{7.97863} = 0.11$$

- $P_1 = 대기 - 진공$
  $$= \frac{720}{760} \times 1.033 - 0.10 = 0.87863$$
- $P_2 = 대기 + 게이지$
  $$= \frac{720}{760} \times 1.033 + 7 = 7.97863$$

06 단면적이 45cm²인 원통형의 물체를 물 위에 놓았더니 [그림]과 같이 떠 있었다. 물체의 질량은 몇 kg인가?

10cm

① 0.45
② 4.5
③ 0.9
④ 9

 부력(F_B)
$$W = F_B = \gamma V$$
$$= \frac{1000\text{kg}}{10^6 \text{cm}^3} \times 45\text{cm}^2 \times 10\text{cm} = 0.45\text{kg}$$

참고 • 떠 있을 때

$F_B = W$
여기서, F_B : 부력
　　　 W : 물체의 무게
　　　 γ : 비중량

• 잠겨 있을 때

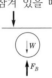

물체무게(W)
=액체 속의 물체무게(W_1)+부력(F_B)

07 밀도가 892kg/m³인 원유가 단면적이 2.165×10⁻³m²인 관을 통하여 1.388×10⁻³m³/s로 들어가서 단면적이 각각 1.314×10⁻³m²로 동일한 2개의 관으로 분할되어 나갈 때 분할되는 관 내에서의 유속은 약 몇 m/s인가? (단, 분할되는 2개 관에서의 평균유속은 같다.)

① 1.036
② 0.841
③ 0.619
④ 0.528

A관 → B관, B관

$$Q = A \cdot V$$
$$\therefore V = \frac{Q}{A} = \frac{1.388 \times 10^{-3} \text{m}^3/\text{s}}{1.314 \times 10^{-3} \text{m}^2} = 0.528\text{m/s}$$

08 유체의 점성계수와 동점성계수에 관한 설명 중 옳은 것은? (단, M, L, T는 각각 질량, 길이, 시간을 나타낸다.)

① 상온에서의 공기의 점성계수는 물의 점성계수보다 크다.
② 점성계수의 차원은 $ML^{-1}T^{-1}$이다.
③ 동점성계수의 차원은 L^2T^{-2}이다.
④ 동점성계수의 단위에는 poise가 있다.

정답 05.① 06.① 07.④ 08.②

단위와 차원

물리량	SI 단위		차 원	
	기본유도단위	조립유도단위	MLT계	FLT계
점성계수	kg/m·s	N·s/m^2	ML^{-1}T^{-1}	FL^{-2}T
동점성계수	m^2/s	N·s/m^2	L^{2}T^{-1}	L^{2}T^{-1}

동점성계수 단위 SI(Stokes)

1Stokes = 1cm^2/s

$Q(\text{m}^3/\text{min}) = A \cdot S \cdot n \cdot n_V$이므로

$$\therefore \ Q(\text{m}^3/\text{s}) = \frac{A \cdot S \cdot n \cdot n_V}{60}$$

09 두 평판 사이에 유치가 있을 때 이동 평판을 일정한 속도 u로 운동시키는 데 필요한 힘 F에 대한 설명으로 틀린 것은?

① 평판의 면적이 클수록 크다.
② 이동속도 u가 클수록 크다.
③ 두 평판의 간격 Δy가 클수록 크다.
④ 평판 사이에 점도가 큰 유체가 존재할수록 크다.

Newton의 점성 법칙

$F = \mu \dfrac{du}{dy}$이므로

$\therefore \ dy$ 간격이 클수록 F는 감소한다.

10 압력(p)이 높이(y)만의 함수일 때 높이에 따른 기체의 압력을 구하는 미분방정식은 $\dfrac{dp}{dy} = \gamma$ 로 주어진다. 일정온도 $T = 300$K을 유지하는 이상기체에서 $y = 0$에서의 압력이 1bar이면 $y = 600$m에서의 압력은 몇 bar인가? (단, γ는 기체의 비중량을 나타내고, 기체상수 $R = 287$J/kg·K이다.)

① 0.917
② 0.934
③ 0.952
④ 0.971

$$\frac{dp}{dy} = -\gamma$$

$$P_{600} = P_0 - \Delta P$$

$$\Delta P = r \times y = \frac{Pg}{RT} \times y$$

> P가(kg, N) 단위에서
> $p = \rho RT$이므로
> $p = \dfrac{\gamma}{g}RT, \ \gamma = \dfrac{p \cdot g}{RT}$

$$= \frac{1\text{bar} \times \dfrac{101325\text{N/m}^2 \times 9.8\text{m/s}^2}{1.01325\text{bar}}}{287\text{N} \cdot \text{m/kg} \cdot \text{K} \times 300\text{K}} \times 600\text{m}$$

$$\therefore \ P_{600} = P_0 - \Delta P$$

$$= 1\text{bar} - 6829.26\text{kg/m} \cdot \text{s}^2$$

$$\times \frac{1.01325\text{bar}}{101325\text{kg/m} \cdot \text{s}^2} = 0.932\text{bar}$$

> $1\text{kg/m} \cdot \text{s}^2 = 1\text{Pa}(\text{N/m}^2)$

11 수차의 효율을 η, 수차의 실제출력을 L (PS), 수량을 $Q(\text{m}^3/\text{s})$라 할 때 유효낙차 $H(\text{m})$를 구하는 식은?

① $H(\text{m}) = \dfrac{L}{13.3\eta Q}$

② $H(\text{m}) = \dfrac{QL}{13.3\eta}$

③ $H(\text{m}) = \dfrac{L\eta}{13.3Q}$

④ $H(\text{m}) = \dfrac{\eta}{L \times 13.3Q}$

수차 이론출력

$L = 1000QH(\text{kg} \cdot \text{m/s}) = 9.8HQ(\text{kW}) = 13.3HQ(\text{PS})$

에서, $H(\text{m}) = \dfrac{L}{13.3Q}$ 이므로 수차의 실제출력은

효율(η)를 감안하면 $H(\text{m}) = \dfrac{L}{13.3\eta Q}$ 이다.

12 한 변의 길이가 a인 정삼각형 모양의 단면을 갖는 파이프 내로 유체가 흐른다. 이 파이프의 수력반경(hydraulicradius)은?

① $\dfrac{\sqrt{3}}{4}a$　　② $\dfrac{\sqrt{3}}{8}a$

③ $\dfrac{\sqrt{3}}{12}a$　　④ $\dfrac{\sqrt{3}}{16}a$

$$수력반경 = \frac{단면적}{젖은 둘레} = \frac{\frac{\sqrt{3}}{4}a^2}{3a} = \frac{\sqrt{3}}{12}a$$

13 축소 – 확대 노즐의 확대부에서 흐름이 초음속이라면 확대부에서 증가하는 것을 옳게 나타낸 것은? (단, 이상기체의 단열흐름이라고 가정한다.) 　　　　　　[유체 3]

① 속도
② 속도, 밀도
③ 압력
④ 압력, 밀도

축소 – 확대 노즐

속도별 / 항목	$M>1$(초음속) 확대부	$M>1$(초음속) 축소부	$M<1$(아음속) 확대부	$M<1$(아음속) 축소부
증가	속도, 마하수	압력, 온도, 밀도	압력, 온도, 밀도	마하수, 속도
감소	압력, 온도, 밀도	속도, 마하수	마하수, 속도	압력, 온도, 밀도

14 유체는 분자들 간의 응집력으로 인하여 하나로 연결되어 있어서 연속물질로 취급하여 전체의 평균적 성질을 취급하는 경우가 많다. 이와 같이 유체를 연속체로 취급할 수 있는 조건은? (단, l은 유동을 특정지어 주는 대표 길이, λ는 분자의 평균 자유경로이다.)

① $l \ll \lambda$　　② $l \gg \lambda$
③ $l = \lambda$　　④ $l^2 = \lambda$

연속체
물체의 대표 길이(l)가 자유경로(λ)보다 훨씬 큰 것($l \gg \lambda$)

15 물을 사용하는 원심펌프의 설계점에서의 전양정이 30m이고, 유량은 1.2m³/min이다. 이 펌프의 전효율이 80%라면 이 펌프를 1200rpm의 설계점에서 운전할 때 필요한 축동력을 공급하기 위한 토크는 약 몇 N·m인가?

① 46.7
② 58.5
③ 467
④ 585

$$L_{PS} = \frac{\gamma \cdot Q \cdot H}{75\eta} = \frac{1000 \times (1.2/60) \times 30}{75 \times 0.8} = 10\text{PS}$$

$$\therefore \ T(\text{N}\cdot\text{m}) = 7018.76 \times \frac{P(동력)}{N}$$

$$= 7018.76 \times \frac{10}{1200}$$

$$= 58.489\text{N}\cdot\text{m}$$

16 유동장 내의 속도(u)와 압력(p)의 시간변화율은 각각 $\dfrac{\alpha u}{\alpha t} = A$, $\dfrac{\alpha p}{\alpha t} = B$라고 할 때, 다음 중 옳은 것을 모두 고르면? 　　[유체 10]

> ㉠ 실제유체(real fluid)의 비정상유동(unsteady flow)에서는 $A \neq 0$, $B \neq 0$ 이다.
> ㉡ 이상유체(ideal fluid)의 비정상유동(unsteady flow)에서는 $A = 0$이다.
> ㉢ 정상유동(steady flow)에서는 모든 유체에 대해 $A = 0$이다.

① ㉠, ㉡　　　　② ㉠, ㉢
③ ㉡, ㉢　　　　④ ㉠, ㉡, ㉢

㉠ 정상유동
어떤 유체운동에서 주어진 한 점에서 여러 특성 중 한 개라도 시간이 경과할 때 변하지 않는 유동

조건 : $\dfrac{\alpha u}{\alpha t} = 0$, $\dfrac{\alpha \rho}{\alpha t} = 0$, $\dfrac{\alpha p}{\alpha t} = 0$

㉡ 비정상유동
어떤 유체운동에서 주어진 한 점에서 시간의 경과에 따라 변화가 있는 유동

조건 : $\dfrac{\alpha u}{\alpha t} \neq 0$, $\dfrac{\alpha \rho}{\alpha t} \neq 0$, $\dfrac{\alpha p}{\alpha t} \neq 0$

여기서, L : 비정상유동, $A \neq 0$

정답 12.③ 13.① 14.② 15.② 16.②

참고 S가 임의 방향의 좌표일 때 유동장영역에서 어떤 순간 모든 점의 속도가 위치에 관계없이 동일할 때를 균속도라고 하고,

$$\frac{\alpha u}{\alpha s}=0, \ \frac{\alpha t}{\alpha s}=0, \ \frac{\alpha p}{\alpha t}=0, \ \frac{\alpha \rho}{\alpha t}=0 로 표현$$

비균속도 또는 비등류는 $\frac{\alpha u}{\alpha s}\neq 0, \ \frac{\alpha t}{\alpha s}\neq 0,$

$\frac{\alpha p}{\alpha t}\neq 0, \ \frac{\alpha \rho}{\alpha t}\neq 0$로 표현

17 밀도가 ρ(kg/m)인 액체가 수평의 축소관을 흐르고 있다. 2지점에서 단면적은 각각 A_1, $A_2(\text{m}^2)$이고 그 지점에서 압력은 각각 P_1, $P_2(\text{N/m}^2)$이며, 속도는 V_1, $V_2(\text{m/s})$일 때 마찰손실이 없다면 압력차$(P_1 - P_2)$는 얼마인가?

① $\rho V_1^2[(A_1/A_2)^2 - 1]/2$

② $\rho V_2^2[(A_1/A_2)^2 - 1]/2$

③ $\rho V_1^2[(A_2/A_1)^2 - 1]/2$

④ $\rho V_2^2[(A_2/A_1)^2 - 1]$

베르누이 방정식

$$\frac{P_1}{\gamma}+\frac{V_1^2}{2g}+h_1 = \frac{P_2}{\gamma}+\frac{V_2^2}{2g}+h_2$$

(수평관 $h_1 = h_2$)

$$\frac{P_1 - P_2}{\gamma} = \frac{V_2^2 - V_1^2}{2g}$$

$$\therefore \ \gamma = \rho g, \ A_1 V_1 = A_2 V_2 에서 \ V_2 = \frac{A_1}{A_2} V_1$$

$$P_1 - P_2 = \gamma \frac{\left(\frac{A_1}{A_2}V_1\right)^2 - V_1^2}{2g}$$

$$= \rho g \times \frac{V_1^2\left\{\left(\frac{A_1}{A_2}\right)^2 - 1\right\}}{2g}$$

$$= \frac{\rho V_1^2\left\{\left(\frac{A_1}{A_2}\right)^2 - 1\right\}}{2}$$

18 다음 중 수직충격파가 발생하였을 때의 변화는? [유체 21]

① 압력과 마하수가 증가한다.

② 압력은 증가하고, 마하수는 감소한다.

③ 압력은 감소하고, 마하수는 증가한다.

④ 압력과 마하수가 감소한다.

충격파

초음속흐름이 갑자기 아음속흐름으로 변하게 되는 경우, 이때 발생하는 불연속면

(1) 종류

　㉠ 수직충격파 : 충격파가 흐름에 대하여 수직하게 작용하는 것

　㉡ 경사충격파 : 충격파가 흐름에 대하여 경사지게 작용하는 것

(2) 영향

　㉠ 밀도, 비중량, 압력 증가

　㉡ 마하수, 속도 감소

　㉢ 비가역 현상으로 엔트로피 증가

19 파이프 내 정성호흡에서 길이방향으로 속도분포가 변하지 않는 흐름을 가리키는 것은 어느 것인가?

① 플러그흐름(plug flow)

② 완전 발달된 흐름(fully developed flow)

③ 층류(laminar flow)

④ 난류(turbulent flow)

㉠ 완전히 발달된 흐름 : 원형 관내를 유체가 흐르고 있을 때 경계층이 완전히 성장하여 일정한 속도 분포를 유지하면서 흐르는 흐름

㉡ 플러그흐름 : 유수의 모든 부분에서 유속은 일정흐름은 수평인 상태

20 유체를 거시적인 연속체로 볼 수 있는 요인으로서 가장 적합한 것은? [유체 11]

① 유체입자의 크기가 분자 평균자유행로에 비해 충분히 크고, 충돌시간은 충분히 짧을 것

② 유체입자의 크기가 분자 평균자유행로에 비해 충분히 작고, 충돌시간은 충분히 짧을 것

③ 유체입자의 크기가 분자 평균자유행로에 비해 충분히 크고, 충돌시간은 충분히 길 것

④ 유체입자의 크기가 분자 평균자유행로에 비해 충분히 작고, 충돌시간은 충분히 길 것

연속체(continuum)의 조건
㉠ 물체의 대표길이(l)가 자유경로(λ)보다 훨씬 클 것($l \gg \lambda$)
㉡ 분자충돌시간이 매우 짧은 기체
㉢ 분자 간의 응집력이 매우 큰 기체
㉣ 대부분의 액체

제2과목 연소공학

21 1kmol의 일산화탄소와 2kmol의 산소로 충전된 용기가 있다. 연소 전 온도는 298K, 압력은 0.1MPa이고 연소 후 생성물은 냉각되어 1300K로 되었다. 정상상태에서 완전 연소가 일어났다고 가정했을 때 열전달량은 약 몇 kJ인가? (단, 반응물 및 생성물의 총 엔탈피는 각각 −110529kJ, −293338kJ이다.)

① −202397   ② −230323
③ −340238   ④ −403867

열전달량(Q)
=생성물 총 엔탈피(H_2)−(반응물 총 엔탈피(H_1) +$n\bar{R}T$)
$= -293338 - (-110529 + 2 \times 8.314 \times 1300)$
$= -204425\text{kJ}$

22 어떤 고체연료의 조성은 탄소 71%, 산소 10%, 수소 3.8%, 황 3%, 수분 3%, 기타 성분 9.2%로 되어 있다. 이 연료의 고위발열량(kcal/kg)은 얼마인가?

① 6698   ② 6782
③ 7103   ④ 7398

㉠ $Hh = Hl + 600(9\text{H} + W)$
$= 6555.3 + 600(9 \times 0.038 + 0.03)$
$= 6778.5 \,(\text{kcal/kg})$

$$\therefore\ Hl = 8100\text{C} + 28600\left(\text{H} - \frac{\text{O}}{8}\right) + 2500\text{S}$$
$$= 8100 \times 0.71 + 28600\left(0.038 - \frac{0.1}{8}\right)$$
$$+ 2500 \times 0.03$$
$$= 6555.3\,\text{kcal/kg}$$

㉡ $Hh = 8100\text{C} + 34000\left(\text{H} - \dfrac{\text{O}}{8}\right) + 2500\text{S}$
$= 8100 \times 0.71 + 34000\left(0.038 - \dfrac{0.1}{8}\right)$
$+ 2500 \times 0.03$
$= 6693\text{kcal/kg}$

※ $Hl = 8100\text{C} + 28600\left(\text{H} - \dfrac{\text{O}}{8}\right) + 2500\text{S}$

$Hh = 8100\text{C} + 34000\left(\text{H} - \dfrac{\text{O}}{8}\right) + 2500\text{S}$
$= Hl + 600(9\text{H} + W)$

식에서 문제와 같이 수소와 수분이 주어졌을 때 $Hh = Hl + 600(9\text{H} + W)$로 계산해야 옳으나 출제 공단의 정답이 6698인 관계로 ㉡의 해설을 첨부한다.

23 다음 중 비가역과정이라고 할 수 있는 것은?

① Carnot 순환
② 노즐에서의 팽창
③ 마찰이 없는 관내의 흐름
④ 실린더 내에서의 급격한 팽창과정

㉠ 가역 : 어떤 과정을 수행 후 영향이 없음
㉡ 비가역 : 어떤 과정을 수행 시 영향이 남아 있음
  → 비가역과 가역 제2종 영구기관의 존재 가능성은 열역학 2법칙과 밀접한 관계가 있으며, 보통 일상에서 경험하는 것은 비가역으로 본다.
[비가역이 되는 이유]
• 온도차로 생기는 열전달
• 압축 및 자유팽창
• 마찰
• 혼합 및 화학반응
• 확산 및 삼투압 현상
• 전기적 저항

> ※ 비가역의 열효율은 가역의 열효율보다 작다 (카르노사이클의 열효율은 100%이다).

참고 • 가역 : 열역학 1법칙
  • 비가역 : 열역학 2법칙
  • 과정(process) : 물질이 연속상태의 변화경로, 즉 가역과정은 열적, 화학적 모든 평형이 유지되는 것이며 운동 후 어떤 변화도 남기지 말아야 한다. 실제로는 가역과정이란 것은 불가능하다.

24 이상기체에 대한 단열온도 상승은 열역학 단열압축식으로부터 계산될 수 있다. 다음 중 열역학 단열압축식이 바르게 표현된 것은? (단, T_f는 최종 절대온도, T_i는 처음 절대온도, P_f는 최종 절대압력, P_i는 처음 절대압력, r은 압축비이다.)

① $T_i = T_f(P_f/P_i)^{(r-1)/r}$

② $T_i = T_f(P_f/P_i)^{r/(1-r)}$

③ $T_f = T_i(P_f/P_i)^{r/(r-1)}$

④ $T_f = T_i(P_f/P_i)^{(r-1)/r}$

25 다음 프로판 및 메탄의 폭발하한계는 각각 2.5v%, 5.0v%이다. 프로판과 메탄이 4:1의 체적비로 있는 혼합가스의 폭발하한계는 약 몇 v%인가?

① 2.16 　　② 2.56

③ 2.78 　　④ 3.18

$$\frac{100}{L} = \frac{80}{2.5} + \frac{20}{5}$$

$$\therefore L = 2.78 \text{v}\%$$

26 폭발범위가 큰 것에서 작은 순서로 옳게 나열된 것은?　　　　　　　[안전 106]

① 수소 > 산화에틸렌 > 메탄 > 부탄

② 산화에틸렌 > 수소 > 메탄 > 부탄

③ 수소 > 산화에틸렌 > 부탄 > 메탄

④ 산화에틸렌 > 수소 > 부탄 > 메탄

폭발범위

㉠ 산화에틸렌(3~80%)

㉡ 수소(4~75%)

㉢ 메탄(5~15%)

㉣ 부탄(1.8~8.4%)

27 등심연소의 화염높이에 대하여 옳게 설명한 것은?　　　　　　　[연소 2]

① 공기유속이 낮을수록 화염의 높이는 커진다.

② 공기온도가 낮을수록 화염의 높이는 커진다.

③ 공기유속이 낮을수록 화염의 높이는 낮아진다.

④ 공기유속이 높고, 공기온도가 높을수록 화염의 높이는 커진다.

등심연소

일명 심지연소라고 하며, 램프 등과 같이 연료를 심지로 빨아올려 심지 표면에서 연소시키는 것으로 공기온도가 높을수록, 유속이 낮을수록 화염의 높이는 커진다.

28 고압가스 안전관리기준에 의한 안전간격 측정방법은 다음과 같다. ㉠, ㉡에 들어갈 적당한 말은?

> 최대안전틈새는 내용적이 (㉠)이고 틈새깊이가 (㉡)인 표준용기 안에서 가스가 폭발할 때 발생한 화염이 용기 밖으로 전파하여 가연성 가스에 점화되지 아니하는 최대값

① ㉠ : 8L, ㉡ : 15mm

② ㉠ : 8L, ㉡ : 25mm

③ ㉠ : 16L, ㉡ : 15mm

④ ㉠ : 16L, ㉡ : 25mm

29 압력이 1기압이고, 과열도가 10℃인 수증기의 엔탈피는 약 몇 kcal/kg인가? (단, 100℃ 때의 물의 증발잠열은 539kcal/kg이고, 물의 비열 1kcal/kg·℃, 수증기의 비열 0.45kcal/kg·℃, 기준상태는 0℃와 1atm으로 한다.)

① 539

② 639

③ 643.5

④ 653.5

㉠ $Q_1 = 1\text{kg} \times 1\text{kcal/kg·℃} \times 100℃$

㉡ $Q_2 = 1\text{kg} \times 539\text{kcal/kg}$

㉢ $Q_3 = 1\text{kg} \times 0.45\text{kcal/kg·℃} \times 10℃$

$\therefore Q = Q_1 + Q_2 + Q_3 = 643.5\text{kcal/kg}$

30 습증기의 엔트로피가 압력 2026.5kPa에서 3.22kJ/kg · K이고 이 압력에서 포화수 및 포화증기의 엔트로피가 각각 2.44kJ/kg · K 및 6.35kJ/kg · K이라면, 이 습증기의 습도는 약 몇 %인가?

① 56

② 68

③ 75

④ 80

습증기의 습도

$$\frac{\text{포화증기엔트로피} - \text{습증기엔트로피}}{\text{포화증기엔트로피} - \text{포화수엔트로피}}$$

$$= \frac{6.35 - 3.22}{6.35 - 2.44} \times 100 = 80\%$$

참고 x(건조도)

$$= \frac{\text{습증기엔트로피} - \text{포화수엔트로피}}{\text{포화증기엔트로피} - \text{포화수엔트로피}}$$

또는 $x = 1 - $ 습도(y)

31 다음 [그림]에 해당하는 기관은?

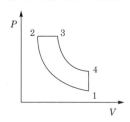

① 랭킨사이클   ② 오토사이클

③ 디젤사이클   ④ 카르노사이클

디젤사이클

• $(1-2)$ 단열압축
• $(2-3)$ 정압가열
• $(3-4)$ 단열팽창
• $(4-1)$ 정적방열

압축비$\left(\varepsilon = \dfrac{V_1}{V_2} = \dfrac{V_4}{V_2} \right)$

32 카르노사이클에서 열량의 흡수는 어느 과정에서 이루어지는가?

① 단열압축   ② 등온압축

③ 단열팽창   ④ 등온팽창

㉠ 열량 흡수(Q_1) : 등온팽창
㉡ 열량 방출(Q_2) : 등온압축

33 다음 발열량 24000kcal/m³인 액화석유가스 1m³에 공기 3m³를 혼합하면 혼합가스의 발열량은 얼마가 되는가?

① 6000kcal/m³

② 7000kcal/m³

③ 8000kcal/m³

④ 9000kcal/m³

$$\frac{24000 \text{kcal}}{(1+3)\text{m}^3} = 6000 \text{kcal/m}^3$$

34 자연발화온도(AIT)는 외부에서 착화원을 부여하지 않고 증기가 주위의 에너지로부터 자발적으로 발화하는 최저온도이다. 다음 설명 중 틀린 것은?

① 산소 농도가 클수록 AIT는 낮아진다.

② 계의 압력이 높을수록 AIT는 낮아진다.

③ 부피가 클수록 AIT는 낮아진다.

④ 포화탄화수소 중 iso – 화합물이 n – 화합물보다 AIT가 낮다.

④ 노르말(n) 화합물이 AIT가 낮다.

35 가스 화재 시 밸브 및 콕을 잠그는 경우 어떤 소화효과를 기대할 수 있는가?

① 질식소화   ② 제거소화

③ 냉각소화   ④ 억제소화

정답 30.④ 31.③ 32.④ 33.① 34.④ 35.②

36 체적 300L의 탱크 속에 습증기 58kg이 들어 있다. 온도 350℃일 때 증기의 건도는 얼마인가? (단, 350℃ 온도 기준 포화증기표에서 $v' = 1.7468 \times 10^{-3} m^3/kg$, $v'' = 8.811 \times 10^{-3} m^3/kg$이다.)

① 0.485 ② 0.585
③ 0.693 ④ 0.793

탱크 체적이 $0.3m^3$이므로
$v = v' + x(v'' - v')$에서

습포화증기 비체적$(v) = \dfrac{V(탱크\ 체적)}{G(습증기\ 질량)}$

$\therefore\ x = \dfrac{\dfrac{V}{G} - v'}{v'' - v'} = \dfrac{\dfrac{0.3}{58} - 1.7468 \times 10^{-3}}{8.811 \times 10^{-3} - 1.7468 \times 10^{-3}}$

$= 0.4849 = 0.485$

- x : 건조도
- v : 습포화증기 비체적
- v' : 포화수 비체적
- v'' : 포화증기 비체적
- V : 탱크 체적

37 프로판 가스 $1Sm^3$을 완전연소시켰을 때의 건조연소가스량은 약 몇 Sm^3인가? (단, 공기 중의 산소는 21v%이다.)

① 10 ② 16
③ 22 ④ 30

$C_3H_8 + 5O_2 \rightarrow 3CO_2 + 4H_2O$

$1Sm^3 : 5 \times \dfrac{0.79}{0.21} : 3$

건조가스량 $= N_2 + CO_2$이므로

$\therefore\ 5 \times \dfrac{0.79}{0.21} + 3 = 21.80 = 22Sm^3$

38 밀폐된 공간에서 flashover(전실화재) 후 계속해서 연소를 하려고 해도 산소가 부족하여 연소가 잠재적으로 진행되고 있다가 소방대가 소화활동을 위하여 화재실의 문을 개방할 때 신선한 공기가 유입되어 실내에 축적되었던 가연성 가스가 단시간에 폭발적으로 연소함으로서 화재가 폭풍을 일으키며 실외로 분출되는 현상은? [연소 23]

① back draft ② roll over
③ boil off ④ slop over

39 에탄올(C_2H_5OH)이 이론산소량의 150%와 함께 정상적으로 연소된다. 반응물은 298K으로 연소실에 들어가고 생성물은 냉각되어 338K, 0.1MPa 상태로 연소실을 나간다. 이때 생성물 중 액체상태의 물(H_2O)은 몇 kmol이 생성되는가? (단, 338K, 0.1MPa일 때 H_2O의 증기압은 25.03kPa이다.)

① 1.924 ② 1.831
③ 1.169 ④ 1.031

㉠ C_2H_5OH가 산소량 150%로 연소 시 연소반응식

$C_2H_5OH + 4.5O_2 \binom{3O_2}{1.5O_2} \rightarrow 2CO_2 + 3H_2O + 1.5O_2$

산소량 $3O_2$는 연소하여 $2CO_2$, $3H_2O$가 되고 과잉산소 $1.5O_2$는 생성물로 배출

㉡ 상기 연소반응식은 표준상태 0℃, 1atm에서 물의 몰수가 3몰이므로 생성물의 압력 0.1MPa = 100kPa 338K의 생성물 몰수를 계산하면 $PV = \eta RT$

$\therefore\ \eta = \dfrac{PV}{RT}$

(몰수는 압력에 비례, 온도에 반비례하므로)

몰수(η)	압력(P)	온도(T)
3	101.325kPa	273K
x	$(100 - 25.03)$kPa	338K

에서

$\therefore\ x = 3 \times \dfrac{(100 - 25.03)}{101.325} \times \dfrac{273}{338} = 1.79 = 1.8$

40 가스터빈장치의 이상사이클을 Brayton 사이클이라고도 한다. 이 사이클의 효율을 증대시킬 수 있는 방법이 아닌 것은?

① 터빈에 다단팽창을 이용한다.
② 기관에 부딪치는 공기가 운동에너지를 갖게 하므로 압력을 확산기에서 증가시킨다.
③ 터빈을 나가는 연소기체류와 압축기를 나가는 공기류 사이에 열교환기를 설치한다.
④ 공기를 압축하는 데 필요한 일은 압축과정을 몇 단계로 나누고, 각 단 사이에 중간 냉각기를 설치한다.

브레이턴 사이클
2개의 단열과정과 2개의 정압과정으로 이루어진 가스터빈의 이상사이클로서, 열효율은 압력비만의 함수이고 압력비가 높을수록 효율이 높으며 확산기를 통과하면 압력이 낮아진다.

제3과목 가스설비

41 접촉분해 프로세스에서 다음 반응식에 의해 카본이 생성될 때 카본생성을 방지하는 방법은? [설비 3]

$$CH_4 \leftrightarrows 2H_2 + C$$

① 반응온도를 낮게, 반응압력을 높게 한다.
② 반응온도를 높게, 반응압력을 낮게 한다.
③ 반응온도와 반응압력을 모두 낮게 한다.
④ 반응온도와 반응압력을 모두 높게 한다.

42 다음 반응으로 진행되는 접촉분해반응 중 카본 생성을 방지하는 방법으로 옳은 것은? [설비 3]

$$2CO \rightarrow CO_2 + C$$

① 반응온도 : 낮게, 반응압력 : 높게
② 반응온도 : 높게, 반응압력 : 낮게
③ 반응온도 : 낮게, 반응압력 : 낮게
④ 반응온도 : 높게, 반응압력 : 높게

(1) 나프타 접촉분해법에서 온도압력에 따른 증감요소
　㉠ 압력상승 온도하강 시
　　(감소 : H_2, CO) (증가 : CH_4, CO_2)
　㉡ 압력하강 온도상승 시
　　(감소 : CH_4, CO_2) (증가 : H_2, CO)
(2) 접촉분해반응에서 카본 생성방지법
　㉠ $2CO \rightarrow CO_2 + C$ (발열)
　　반응온도 높게, 반응압력 낮게
　㉡ $CH_4 \rightarrow 2H_2 + C$ (흡열)
　　반응온도 낮게, 반응압력 높게
　㉢ $CO + H_2 \rightarrow C + H_2O + Q$
　　압력 높게, 온도 낮게

43 다음 중 펌프의 실양정(actual head)을 가장 바르게 나타낸 것은?

① 흡입 실양정+송출 실양정
② 흡입 실양정+송출 실양정+총 손실수두
③ 흡입 실양정+송출 실양정+속도수두
④ 흡입 실양정+송출 실양정+전양정

펌프의 양정

㉠ 흡입 실양정 : 액면에서 펌프 중심까지의 거리
㉡ 토출 실양정 : 펌프 중심에서 최대방출면까지의 거리
㉢ 흡입 전양정 : 흡입 실양정+H_L(흡입측 손실수두)
㉣ 토출 전양정 : 토출 실양정+H_L(토출측 손실수두)
㉤ 실양정 : 흡입 실양정+토출 실양정
㉥ 전양정 : 토출 전양정+흡입 전양정

44 전양정 20m, 유량 1.8m³/min, 펌프의 효율이 70%인 경우 펌프의 축동력(L)은 약 몇 마력(PS)인가?

① 11.4　　　　② 13.4
③ 15.5　　　　④ 17.5

$$L_{PS} = \frac{\gamma \cdot Q \cdot H}{75\eta} = \frac{1000 \times 1.8 \times 20}{75 \times 60 \times 0.7} = 11.4 PS$$

45 터보 팽창기는 처리가스에 윤활유가 혼입되지 않으며 처리가스량이 10000m³/h 정도로 크다. 터보 팽창기의 종류에 해당하지 않는 것은?

① 왕복동식　　　② 충동식
③ 반동식　　　　④ 반경류 반동식

팽창기
(1) 왕복동식
　㉠ 팽창비가 커서 약 40 정도인 것도 있으며 효율은 60~65% 정도이다.
　㉡ 처리가스량이 1000m³/h 정도이면 다기통이 된다.

ⓒ 고압식 액체분리장치, 수소액화장치, 헬륨액화기 등에 사용된다.

(2) 터보 팽창기 : 회전수는 10000∼20000rpm 정도, 팽창비는 5 정도이며, 중도식, 반동식, 반경류 반동식이 있지만 반동식이 효율이 높아 80∼85% 정도이다.

46 4극 3상 전동기를 펌프와 직결하여 운전할 때 전원주파수가 60Hz이면 펌프의 회전수는 몇 rpm인가? (단, 미끄럼률은 2%이다.)

① 1562
② 1663
③ 1764
④ 1865

$$N = \frac{120f}{p}\left(1 - \frac{s}{100}\right)$$
$$= \frac{120 \times 60}{4}\left(1 - \frac{2}{100}\right) = 1764\text{rpm}$$

47 다음 중 최고사용압력이 고압인 배관(액화가스의 경우는 0.2MPa 이상)에서 사용하는 배관은?

① KS D 3514(가스용 폴리에틸렌관)
② KS D 3562(압력배관용 탄소강관)
③ KS D 3583(배관용 아크용접 탄소강관)
④ KS D 3589(폴리에틸렌 피복강관)

배관의 사용재료[최고사용압력이 고압인 배관(액화가스인 경우 0.2MPa 이상) 사용배관]
ⓐ KS D 3562(압력배관용 탄소강관)
ⓑ KS D 3563(보일러 및 열교환기용 탄소강관)
ⓒ KS D 3564(고압배관용 탄소강관)
ⓓ KS D 3570(고온배관용 탄소강관)
ⓔ KS D 3572(보일러 열교환기용 합금강관)
ⓕ KS D 3573(배관용 합금강관)
ⓖ KS D 3576(배관용 스테인리스 강관)
ⓗ KS D 3577(보일러 열교환기용 스테인리스 강관)

48 10℃에서 절대압력이 0.9MPa인 기체상태의 질소가스가 있다. 이 가스가 법적으로 고압가스에 해당되는지의 여부를 판단한 것으로 옳은 것은?

① 0.88MPa(g)로서 고압가스가 아니다.
② 0.88MPa(g)로서 고압가스이다.
③ 1.08MPa(g)로서 고압가스가 아니다.
④ 1.08MPa(g)로서 고압가스이다.

$$\frac{P_1}{T_1} = \frac{P_2}{T_2}$$
$$P_2 = \frac{P_1 T_2}{T_1} = \frac{0.9 \times (273 + 35)}{(273 + 10)} = 0.97\text{MPa(a)}$$
$$\therefore\ 0.97 - 0.101325 = 0.878 = 0.88\text{MPa(g)}$$
1MPa 이하이므로 고압가스가 아니다.

49 다음 중 LNG 냉열 이용에 대한 설명으로 틀린 것은?

① LNG를 기화시킬 때 발생하는 한냉을 이용하는 것이다.
② LNG 냉열로 전기를 생산하는 발전에 이용할 수 있다.
③ LNG는 온도가 낮을수록 냉열 이용량은 증가한다.
④ 국내에서는 LNG 냉열을 이용하기 위한 타당성 조사가 활발하게 진행 중이며, 실제 적용한 실적은 아직 없다.

50 다음 [보기]에서 설명하는 암모니아 합성탑의 종류는?

• 합성탑에는 철계통의 촉매를 사용한다.
• 촉매층 온도는 약 500∼600℃이다.
• 합성압력은 약 300∼400atm이다.

① 파우더법
② 하버−보시법
③ 클라우드법
④ 우데법

51 단열을 한 배관 중에 작은 구멍을 내고 이 관에 압력이 있는 유체를 흐르게 하면 유체가 작은 구멍을 통할 때 유체의 압력이 하강함과 동시에 온도가 변화하는 현상을 무엇이라고 하는가?

① 토리첼리 효과
② 줄−톰슨 효과
③ 베르누이 효과
④ 도플러 효과

52 린데식 공기액화분리장치에 해당하지 않는 것은?

① 터보식 공기압축기 사용
② 피스톤식 팽창기 사용
③ 축냉기 사용
④ 줄-톰슨 효과 이용

[린데식 액화장치] [클라우드식 액화장치]

53 브롬화메틸 30톤($T=110℃$), 펜탄 50톤 ($T=120℃$), 시안화수소 20톤($T=100℃$) 이 저장되어 있는 고압가스 특정제조시설의 안전구역 내 고압가스 설비의 연소열량을 구하면? (단, T는 사용온도이며, $K=4.1$ $(T-T_0)\times10^3$로 산정)

[상용온도에 따른 K의 수치]

상용 온도 (K)	40 미만	40 이상 70 미만	70 이상 100 미만	100 이상 130 미만	130 이상 160 미만
브롬화 메틸	7	12	23	32	42
펜탄	65	84	240	401	550
시안화 수소	46	59	124	178	255

① 2457 　　② 4910
③ 5222 　　④ 6254

[해설] 특정제조시설의 안전구역 내 고압가스 연소열량

$Q = K \cdot W$
$= \left(\dfrac{K_A \cdot W_A}{Z}\right) \times \sqrt{Z} + \left(\dfrac{K_B \cdot W_B}{Z}\right) \times \sqrt{Z}$
$+ \left(\dfrac{K_C \cdot W_C}{Z}\right) \times \sqrt{Z}$

$= \left(\dfrac{32 \times 30}{100}\right) \times \sqrt{100} + \left(\dfrac{401 \times 50}{100}\right) \times \sqrt{100}$
$+ \left(\dfrac{178 \times 20}{100}\right) \times \sqrt{100} = 2457$

여기서,

Q : 연소열량의 수치(가스의 단위 중량인 진발열량의 수)
K : 가스의 종류 및 상용의 온도에 따라 표에서 정한 수치
W : 저장설비 또는 처리설비에 따라 정한 수치
($\because Z = W_A + W_B + W_C = 30 + 50 + 20 = 100$톤)
저장설비 안에 2종류 이상의 가스가 있는 경우에는 각각의 가스량(톤)을 합산한 양의 평방근 수치에 각각의 가스량에 해당 합계량에 대한 비율을 곱하여 얻은 수치와 각각의 가스에 관계되는 K를 곱해 $K \cdot W$를 구한다.

54 수소의 공업적 제조법 중 다음 반응식과 관계있는 것은?

$$C_mH_n + mH_2O \rightarrow mCO + \dfrac{(2m+n)}{2}H_2$$

① 일산화탄소 전화법
② 부분산화법
③ 수증기개질법
④ 천연가스 분해법

55 가스공급설비 설치를 위하여 지반조사 시 최대토크 또는 모멘트를 구하기 위한 시험은?

① 표준관입시험
② 표준허용시험
③ 베인(vane)시험
④ 토질시험

[해설] 가스공급설비의 지반조사

(1) 고압가스 설비(1ton 100m³ 이상 설비) 설치 시 유해한 영향을 미치는 부등침하 원인 유무에 대하여 1차 지반조사 실시
(2) 지반의 허용응력 지지도 기초 파일 첨단의 허용응력 지지도를 위하여 2차 지반조사 실시
　㉠ 표준관입시험 : 흙의 표준관입시험 방법에 따라 시값 계산
　㉡ 토질시험 : 지반의 점착력, 단위체적당 중량에 따라 압축강도를 구하거나 압축시험에 따라 점착력, 내부 마찰력 구함
　㉢ 베인시험 : 지반조사 시 최대토크 또는 모멘트를 구하는 시험

56 특정설비 재검사 대상으로 맞는 것은 어느 것인가? [안전 15]

① 역화방지장치
② 차량에 고정된 탱크
③ 자동차용 가스자동주입기
④ 특정고압가스용 실린더 캐비닛

특정설비 종류
(1) 저장탱크, 안전밸브, 긴급차단장치, 역화방지장치, 기화장치, 압력용기, 자동차용 가스자동주입기, 독성 가스 배관용 밸브, 냉동설비를 구성하는 압축기, 응축기, 증발기 또는 압력용기, 특정고압가스용 실린더 캐비닛, 자동차용 압축천연가스 완속충전설비(처리능력 $18.5m^3$/h 미만인 경우), 액화석유가스 용기 잔류가스 회수장치
(2) 재검사 대상에서 제외되는 특정설비
  ㉠ 평저형 및 이중각 진공 단열형 저온저장탱크
  ㉡ 역화방지장치
  ㉢ 독성 가스 배관용 밸브
  ㉣ 자동차용 가스자동주입기
  ㉤ 냉동용 특정설비
  ㉥ 초저온 가스용 대기식 기화장치
  ㉦ 저장탱크 또는 차량에 고정된 탱크에 부착되지 않은 안전밸브 및 긴급차단밸브
  ㉧ 저장탱크 및 압력용기 중 초저온저장탱크, 초저온압력용기, 분리할 수 없는 이중관식 열교환기
  ㉨ 특정고압가스용 실린더 캐비닛
  ㉩ 자동차용 압축 천연가스 완속충전설비
  ㉪ 액화석유가스용 용기 잔류가스 회수장치

57 나프타를 접촉분해법에서 개질온도 705℃의 조건에서 개질압력을 1기압보다 높일 때 가스의 조성변화는? [설비 3]

① 가스의 조성은 H_2와 CO가 증가하고 CH_4와 CO_2가 감소한다.
② 가스의 조성은 H_2와 CO가 감소하고 CH_4와 CO_2가 증가한다.
③ 가스의 조성은 H_2와 CO_2가 증가하고 CH_4와 CO가 증가한다.
④ 가스의 조성은 CH_4와 CO가 증가하고 CH_4와 CO_2가 감소한다.

58 내경이 492.2mm이고, 외경이 508.0mm인 배관을 맞대기 용접하는 경우 평행한 용접이음매의 간격은 얼마로 하여야 하는가?

① 75mm
② 95mm
③ 115mm
④ 135mm

가스도매사업
배관을 맞대기 용접 시 평행한 용접이음매 간격은 다음 계산식으로 계산한다(단, 최소간격은 50mm로 한다).

$$D = 2.5\sqrt{(R_m \cdot t)}$$

여기서, D : 용접이음매 간격(mm)
　　　R_m : 두께중심반경(mm)

$$= 492.2 \times \frac{1}{2} + 7.9 \times \frac{1}{2} = 250$$

　　　t : 관의 두께

$$= (508.0 - 492.2) \times \frac{1}{2} = 7.9$$

$$D = 2.5\sqrt{(250 \times 7.9)} = 111.10mm$$

∴ 큰 쪽을 선택하여 115mm D_0

59 다음 압력 중 가장 높은 압력은? [안전 17]

① 1단 감압식 저압조정기의 조정압력(2.3 ~ 3.3kPa)
② 자동절체식 저압조정기의 출구쪽 기밀시험압력 : 5.5kPa
③ 1단 감압식 저압조정기의 최대폐쇄압력 : 3.5kPa
④ 자동절체식 일체형 저압조정기의 최대폐쇄압력 : 3.5kPa

① 1단 감압식 저압조정기의 조정압력
　: 2.30 ~ 3.30kPa
② 자동절체식 저압조정기의 출구측 기밀시험압력
　: 5.5kPa
③ 1단 감압식 저압조정기의 최대폐쇄압력 : 3.5kPa
④ 2단 감압식 2차용 저압조정기, 자동절체식 일체형 저압조정기의 최대폐쇄압력 : 3.5kPa

60 다음 중 아세틸렌의 압축 시 분해폭발의 위험을 최소로 줄이기 위한 반응장치는?

① 접촉반응장치   ② IG반응장치
③ 겔로그반응장치   ④ 레페반응장치

제4과목 가스안전관리

61 고압가스 냉동시설에서 냉동능력의 합산기준으로 틀린 것은?

① 냉매가스가 배관에 의하여 공통으로 되어 있는 냉동설비
② 냉매계통을 달리하는 2개 이상의 설비가 1개의 규격품으로 인정되는 설비 내에 조립되어 있는 것
③ 1원(元) 이상의 냉동방식에 의한 냉동설비
④ brine을 공통으로 하고 있는 2 이상의 냉동설비

냉동시설의 냉동능력 합산기준
①, ②, ④항 이외에
㉠ 2원(元) 이상의 냉동방식에 의한 냉동설비
㉡ 모터 등 압축기의 동력설비를 공통으로 하고 있는 냉동설비

62 다음 ( ) 안에 들어갈 것으로 알맞은 것은?

도시가스시설 중 본관 또는 최고사용압력이 중압 이상인 공급관을 (   ) 이상 설치하는 공사는 공사계획의 승인을 받아야 한다.

① 10m   ② 20m
③ 50m   ④ 100m

63 저장능력이 500kg 이상인 액화염소 사용시설의 저장설비는 그 외면으로부터 제1종 보호시설까지 몇 m 이상의 거리를 유지하여야 하는가?

① 12   ② 15
③ 17   ④ 19

저장능력 500kg 이상 액화염소 사용시설
㉠ 1종 : 17m 이상
㉡ 2종 : 12m 이상

64 도시가스 제조소의 가스누출 통보설비로서 가스경보기 검지부의 설치장소로 옳은 곳은?   [안전 67]

① 증기, 물방울, 기름 섞인 연기 등의 접촉부위
② 주위의 온도 또는 복사열에 의한 열이 40° 이하가 되는 곳
③ 설비 등에 가려져 누출가스의 유동이 원활하지 못한 곳
④ 차량 또는 작업 등으로 인한 파손 우려가 있는 곳

(1) 검지부 설치장소(②항을 포함하여)
　㉠ 누출된 가스가 체류하기 쉬운 구조인 배관 부분
　㉡ 슬리브관, 이중관 등에 의하여 밀폐되어 설치된 배관의 부분
　㉢ 긴급차단장치 부분
(2) 검지부를 설치하지 않아야 할 장소
　①, ②, ③항 이외 주위온도나 복사열로 온도가 40℃ 이상되는 곳

65 액화석유가스를 사용하는 가스배관의 이음부와 전기설비와의 이격거리를 나타낸 것 중 바르게 연결된 것은? (단, 배관이음부는 용접이음매를 제외한다.)   [안전 14]

① 전기계량기 – 60cm 이상
② 전기접속기 – 20cm 이상
③ 전기개폐기 – 30cm 이상
④ 절연조치 하지 않는 전선 – 10cm 이상

66 도시가스사업자는 공급하는 도시가스의 유해성분, 열량, 압력 및 연소열을 측정하여야 하는데 이 중 열량을 측정할 때의 시간 및 압력 측정의 위치가 각각 바르게 짝지어진 것은?

① 6시 30분부터 9시 사이 – 가스공급시설 끝부분의 배관
② 매 2시간마다 – 가스홀더 출구
③ 6시 30분부터 20시 30분 사이 – 정압기 출구
④ 17시부터 20시 30분 사이 – 배송기 출구

도시가스 측정항목 및 장소

열량		압력	
시간	측정장소	시간	측정장소
06:30~ 09:00 17:00~ 23:30	·제조소 출구 ·배송기 ·압송기 ·출구에서 자동열량 측정기로 측정	1~2.5kPa 이내 자기 압력계로 측정	·가스홀더 출구 ·정압기 출구 ·가스공급시설 끝부분
연소성		유해성분	
시간	측정장소	시간	측정장소
06:30~ 09:00 17:00~ 23:30	·가스홀더 출구 ·압송기 출구	매주 1회	가스홀더 출구
연소속도 웨버지수 측정 웨버지수는 표준 웨버지수의 ±4.5% 이내		건조한 도시가스 $1m^3$당 $0℃$, $101.325kPa$에서 황 $0.5g$, 황화수소 $0.02g$, 암모니아 $0.2g$ 초과금지	

67 아세틸렌을 충전하기 위한 기술기준으로 옳은 것은? [설비 42, 58]

① 아세틸렌을 2.5MPa의 압력으로 압축할 때에는 질소·메탄·일산화탄소 또는 에틸렌 등의 희석제를 첨가한다.
② 습식 아세틸렌 발생기의 표면의 부근에 용접작업을 할 때에는 70℃ 이하의 온도로 유지하여야 한다.
③ 아세틸렌 용기에 다공물질을 고루 채워 다공도가 70℃ 이상 95% 미만이 되도록 한다.
④ 아세틸렌을 용기에 충전할 때 충전 중의 압력은 3.5MPa 이하로 하고, 충전 후에는 압력이 15℃에서 2.5MPa 이하로 될 때까지 정치하여 둔다.

② 습식 아세틸렌의 표면온도는 용접작업과 관계 없이 70℃ 이하
③ 다공도 75% 이상 92% 미만
④ 충전 중 압력 2.5MPa, 충전 후 압력 1.5MPa 이하

68 독성 가스인 염소 500kg을 운반할 때 보호구를 차량의 승무원수에 상당한 수량을 휴대하여야 한다. 다음 중 휴대하지 않아도 되는 보호구는? [안전 166]

① 방독마스크
② 공기호흡기
③ 보호의
④ 보호장갑

독성 가스의 보호구

운반하는 독성 가스의 양	
압축가스($100m^3$) 이상	액화가스($1000kg$) 미만
·공기호흡기 ·방독마스크 ·보호의 ·보호장갑 ·보호장화	·방독마스크 ·보호의 ·보호장갑 ·보호장화

69 차량에 고정된 탱크에는 차량의 진행방향과 직각이 되도록 방파판을 설치하여야 한다. 방파판의 면적은 탱크 횡단면적의 몇 % 이상이 되어야 하는가? [안전 35]

① 30
② 40
③ 50
④ 60

방파판의 설치기준
㉠ 면적 : 탱크 횡단면적의 40% 이상
㉡ 위치 : 상부 원호부의 면적이 탱크 횡단면의 20% 이하의 위치
㉢ 방파판의 두께 : 3.2mm 이상
㉣ 설치개수 : 탱크의 내용적 $5m^3$마다 1개씩

70 다음 중 용기 제조자가 수리할 수 있는 용기의 수리범위에 해당되는 것으로만 짝지어진 것은?　　　　　[안전 75]

> ㉠ 용기 몸체의 용접
> ㉡ 용기 부속품의 부품 교체
> ㉢ 초저온 용기의 단열재 교체

① ㉠　　　　　　② ㉠, ㉡
③ ㉡, ㉢　　　　④ ㉠, ㉡, ㉢

용기 제조자의 수리범위
㉠ 용기 몸체의 용접
㉡ 아세틸렌 용기 내의 다공질물 교체
㉢ 용기의 스커트 프로텍터 및 네크링의 교체 및 가공
㉣ 용기 부속품의 부품 교체
㉤ 저온 또는 초저온 용기의 단열재 교체
㉥ 용기 및 용기 부속품의 수리

71 고압가스용 이음매 없는 용기에서 부식도장을 실시하기 전에 도장 효과를 향상시키기 위한 전처리방법이 아닌 것은?

① 산세척
② 숏블라스팅
③ 마블링
④ 에칭프라이머

고압가스용 이음매 없는 용기 부식 방지도장을 위한 **전처리방법**: 탈지, 피막화성처리, 산세척, 숏블라스팅, 에칭프라이머

72 액화석유가스에 첨가하는 냄새가 나는 물질의 측정방법이 아닌 것은?　　[안전 19]

① 오더미터법
② 엣지법
③ 주사기법
④ 냄새주머니법

① 오더미터법 : 공기와 시험가스의 유량조절이 가능한 장비를 이용하여 시료 기체를 만들어 감지희석의 배수를 구하는 방법
③ 주사기법 : 채취용 주사기로 채취한 일정량의 시험가스를 희석용 주사기에 옮기는 방법(시료 기체를 만들어 감지희석의 배수를 구함)

④ 냄새주머니법 : 일정한 양의 공기가 들어 있는 주머니에 시험가스를 주머니로 첨가하여 시료 기체를 만들어 감지희석의 배수를 구하는 방법

73 탱크 내 작업을 하기 위하여 탱크 내 가스 치환, 세정, 환기 등을 실시하고 다음과 같은 결과를 얻었다. 이때 탱크 내에 들어가 작업하여도 되는 경우는?

① 암모니아 : 1.0%, 공기 : 99.0%
② 산소 : 80.0%, 질소 : 20.0%
③ 프로판 : 0.1%, 공기 : 99.9%
④ 질소 : 85.0%, 산소 : 15.0%

가스 치환 후 설비 내 작업가능 농도
㉠ 독성 : TLV – TWA 농도 기준 농도 이하
㉡ 가연성 : 폭발하한의 1/4 이하
㉢ 산소 : 18% 이상 22% 이하
　• 암모니아 1% = 10000ppm
　• $C_3H_8 : 2.1 \times \dfrac{1}{4} = 0.525\%$ 이하 작업가능
　• 산소 : $99.9 \times 0.21 = 20.97\%$

74 압축천연가스 충전시설의 고정식 자동차충전소 시설기준 중 안전거리에 대한 설명으로 옳은 것은?　　[안전 153]

① 처리설비 · 압축가스설비 및 충전설비는 사업소 경계까지 20m 이상의 안전거리를 유지한다.
② 저장설비 · 처리설비 · 압축가스설비 및 충전설비는 인화성 물질 또는 가연성 물질의 저장소로부터 8m 이상의 거리를 유지한다.
③ 충전설비는 도로 경계까지 10m 이상의 거리를 유지한다.
④ 저장설비 · 압축가스설비 및 충전설비는 철도까지 20m 이상의 거리를 유지한다.

① 10m 유지(방호벽 설치 시 5m 유지)
③ 도로 경계까지 5m 이상 유지
④ 철도까지 30m 유지

75 독성 가스를 용기를 이용하여 운반 시 비치하여야 하는 적색기의 규격은? [안전 48]

① 빨간색 포로 한 변의 길이가 30cm 이상의 정방향으로 하고, 길이가 1.2m 이상의 깃대일 것
② 빨간색 포로 한 변의 길이가 30cm 이상의 정방향으로 하고, 길이가 1.5m 이상의 깃대일 것
③ 빨간색 포로 한 변의 길이가 40cm 이상의 정방향으로 하고, 길이가 1.2m 이상의 깃대일 것
④ 빨간색 포로 한 변의 길이가 40cm 이상의 정방향으로 하고, 길이가 1.5m 이상의 깃대일 것

76 일반도시가스 사업의 공급시설에 대한 안전거리의 기준으로 옳은 것은?

① 가스 발생기는 그 외면으로부터 사업장의 경계까지 3m 이상이 되도록 한다.
② 가스 홀더는 그 외면으로부터 사업장의 경계까지 거리가 최고사용압력의 고압인 것은 20m 이상이 되도록 한다.
③ 가스 혼합기, 가스정제설비는 그 외면으로부터 사업장의 경계까지 3m 이상이 되도록 한다.
④ 배송기, 압송기 등 공급시설의 부대설비는 그 외면으로부터 사업장의 경계까지 3m 이상이 되도록 한다.

㉠ 가스 발생기 및 가스 홀더 그 외면으로부터 사업장 경계까지 거리
  • 최고사용압력 : 고압 20m, 중압 10m, 저압 5m 이상
㉡ 가스 혼합기, 가스정제설비, 배송기, 압송기, 그 부대설비 외면으로부터 사업장 경계까지 거리 3m 이상

77 10kg의 LPG가 누출하여 폭발할 경우 TNT 폭발위력으로 환산하면 TNT 몇 kg에 해당하는가? (단, 가스의 발열량은 12000kcal/kg, TNT의 연소열은 1100kcal/kg이고, 폭발효율은 3%이다.)

① 0.3 ② 3.3
③ 12 ④ 20

$$\frac{10kg(LPG) \times 12000kcal/kg \times 0.03}{1100kcal/kg(TNT)} = 3.27 = 3.3kg$$

78 지상에 배관을 설치(공업지역 제외)한 도시가스사업자가 유지하여야 할 상용압력별 공지의 폭으로 적합하지 않은 것은? [안전 160]

① 5.0MPa-19m ② 2.0MPa-16m
③ 0.5MPa-8m ④ 0.1MPa-6m

공지의 폭
㉠ 0.2MPa 미만 : 5m 이상
㉡ 0.2~1MPa 미만 : 9m 이상
㉢ 1MPa 이상 : 15m 이상

79 긴급이송설비에 부속된 처리설비는 이송되는 설비 내의 내용물을 안전하게 처리하여야 한다. 처리방법으로 틀린 것은? [안전 26]

① 플레어스택에서 안전하게 연소시킨다.
② 안전한 장소에 설치되어 저장탱크 등에 임시 이송할 수 있어야 한다.
③ 벤트스택에서 안전하게 연소시켜야 한다.
④ 독성 가스는 제독 후 안전하게 폐기시킨다.

80 액화석유가스를 용기 저장탱크 또는 제조설비에 이·충전 시 정전기 제거조치에 관한 내용 중 틀린 것은? [안전 45]

① 접지저항 총합이 100Ω 이하의 것은 정전기 제거조치를 하지 않아도 된다.
② 피뢰설비가 설치된 것의 접지저항값이 50Ω 이하의 것은 정전기 제거조치를 하지 않아도 된다.
③ 접지접속선 단면적은 $5.5mm^2$ 이상의 것을 사용해야 한다.
④ 탱크로리 및 충전에 사용하는 배관은 반드시 충전 전에 접지해야 한다.

피뢰설비 설치 시 10Ω 이하인 것은 정전기 제거조치를 하지 않아도 된다.

제5과목 가스계측

81 U자관 마노미터를 사용하여 오리피스에 걸리는 압력차를 측정하였다. 마노미터 속의 유체는 비중 13.6인 수은이며 오리피스를 통하여 흐르는 유체는 비중이 1인 물이다. 마노미터의 읽음이 40cm일 때 오리피스에 걸리는 압력차는 약 몇 kgf/cm^{2}인가?

① 0.05　　　② 0.30
③ 0.5　　　④ 1.86

$$P_1 - P_2 = (13.6-1)\text{kg}/10^3\text{cm}^3 \times 40\text{cm}$$
$$= 0.504 = 0.5\,\text{kgf}/\text{cm}^2$$

82 스프링식 저울에 물체의 무게가 작용되어 스프링의 변위가 생기고 이에 따라 바늘의 변위가 생겨 물체의 무게를 지시하는 눈금으로 무게를 측정하는 방법을 무엇이라 하는가?　　　　　　[계측 11]

① 영위법
② 치환법
③ 편위법
④ 보상법

① 영위법 : 측정결과는 별도로 크기를 조정할 수 있는 같은 종류의 양을 준비하고 미리 알고 있는 양과 측정량을 평형시켜 알고 있는 양의 크기로부터 측정량을 알아내는 방법
② 치환법 : 다이얼게이지로 두께를 측정, 천칭을 이용하여 물체의 질량을 측정하는 등 지시량과 미리 알고 있는 양으로부터 측정량을 알아내는 방법
④ 보상법 : 측정량과 크기가 거의 같은 미리 알고 있는 양을 준비하여 측정량과 미리 알고 있는 양의 차이로 측정량을 알아내는 방법(치환법과 같은 원리)

83 어떤 관로의 벽에 구멍을 내고 측정한 압력이 정압으로 1000000Pa이었다. 이때 관로 내 기체의 유속이 100m/s인 지점의 전압은 약 몇 kPa인가? (단, 기체의 밀도는 1kg/m^{3}이다.)

① 1005　　　② 1010
③ 1050　　　④ 1100

$$P_2 = \rho \times \frac{V^2}{2g} = 1\text{kg}/\text{m}^3 \times \frac{100^2}{2 \times 9.8} = 510.20\,1\text{kg}/\text{m}^2$$
$$\frac{510}{10332} \times 101.325 = 5.0\text{kPa}$$
$$\therefore \text{ 전압 } P_0 = P_1 + P_2 = 1000\text{kPa} + 5.0\text{kPa}$$
$$= 1005\text{kPa}$$

84 어떤 시료 가스 크로마토그램에서 성분 A의 체류시간(t)이 10분이고, 피크폭이 10mm이었다. 이 경우 성분 A에 대한 HETP(Height Equivalent to a Theoretical Plate)는 약 몇 mm인가? (단, 분리관의 길이는 2m이고, 기록지의 속도는 10mm/min이다.)

① 0.63
② 0.8
③ 1.25
④ 2.5

$$N = 16 \times \left(\frac{t_r}{W}\right)^2 = 16 \times \left(\frac{10}{1}\right)^2 = 1600$$
$$\therefore \text{ HETP} = \frac{L}{N} = \frac{2000}{1600} = 1.25$$
여기서, N : 이론단수
　　　t_r : 체류시간
　　　W : 봉우리 너비 : $\dfrac{10\text{mm}}{10\text{mm}/\text{min}} = 1$
　　　HETP : 이론단의 높이
　　　L : 관길이

85 온도가 21℃에서 상대습도 60%의 공기를 압력은 변화하지 않고 온도를 22.5℃로 할 때, 공기의 상대습도는 약 얼마인가?

온도(℃)	물의 포화증기압(mmHg)
20	16.54
21	17.83
22	19.12
23	20.41

① 52.41%　　　② 53.63%
③ 54.13%　　　④ 55.95%

22.5℃의 포화증기압

$$\frac{19.12+20.41}{2}=19.765\text{mmHg}$$

$$\therefore \text{상대습도}=\frac{\text{습공기 중 수증기 분압}}{\text{포화공기 중 수증기 분압}}$$

$$=\frac{P_w(\phi P_s)}{P_s}\times100$$

$$=\frac{17.83\times0.6}{19.765}\times100$$

$$=54.125=54.13\%$$

86 목표값이 미리 정해진 계측에 따라 시간적 변화를 할 경우 목표값에 따라 변하도록 하는 제어는? [계측 12]

① 정치제어
② 추종제어
③ 캐스케이드제어
④ 프로그램제어

87 다음 중 공차(公差)에 대하여 가장 바르게 나타낸 것은?

① 계량기 고유오차의 최소허용한도
② 계량기 고유오차의 최대허용한도
③ 계량기 검정오차의 규정허용한도
④ 계량기 사용오차의 조정허용한도

공차
계량기가 가지고 있는 기차의 최대허용한도를 일종의 사회규범 또는 규정에 의하여 정한 것으로 검정공차와 사용공차가 있다.
㉠ 검정공차 : 계량기 제작의 수리 또는 수입 시 계량법으로 명시한 공차
㉡ 사용공차(허용공차) : 사용 중 계기의 기차에 대하여 계량법상 인정되는 최대허용한도
㉢ 사용공차 = 검정공차×(1.5~2배)

88 가스미터의 기차를 측정하기 위하여 기준기로 지시량을 측정해보니 100m³를 나타내었다. 그 결과 기차가 3%로 계산되었다면 이 가스미터의 지시량은 몇 m³를 나타내고 있는가?

① 103
② 108
③ 172
④ 178

$$E=\frac{I-Q}{I}$$

$$0.03=\frac{I-100}{I}$$

$$I-100=0.03I$$

$$I-0.03I=100$$

$$I(1-0.03)=100$$

$$\therefore\ I=\frac{100}{1-0.03}=103\text{m}^3$$

- E : 기차
- Q : 기준미터 지시량
- I : 시험미터 지시량

89 차압식 유량계로 유량을 측정하는 경우 교축기구 전후의 차압이 20.25Pa일 때 유량이 25m³/h이었다. 차압이 10.50Pa일 때 유량은 약 몇 m³/h인가?

① 13
② 18
③ 35
④ 48

유량은 차압의 평방근에 비례

$$25:\sqrt{20.25}=x:\sqrt{10.50}\text{ 이므로}$$

$$\therefore\ x=\frac{\sqrt{10.50}}{\sqrt{20.25}}\times25=18\text{m}^3/\text{h}$$

90 서미스터(thermistor)의 특징을 바르게 설명한 것은? [계측 22]

① 온도계수가 작으며, 응답속도가 빠르다.
② 온도상승에 따라 저항치가 감소한다.
③ 감도는 크나 미소한 온도차 측정이 어렵다.
④ 수분 흡수 시에도 오차가 발생하지 않는다.

서미스터
온도에 따라 저항값이 크게 변하는 도체이며 반도체의 종류로서 망간, 니켈, 코발트의 산화물로 저항의 온도계수가 마이너스인 저항소자이다. 미소온도 변화 검출에 유리, 응답이 빠르며, 대량 생산으로 경제적이다.

91 검교정설비 표준시스템에서 소닉 노즐(sonic nozzle)의 특성에 크게 영향을 주는 스월(swirl)을 줄이기 위하여 설치하는 스트레이너(strainer)의 적당한 설치위치는?

① 노즐(nozzle) 입구에서 3D 이상 지점
② 노즐(nozzle) 입구에서 5D 이상 지점
③ 노즐(nozzle) 입구에서 10D 이상 지점
④ 노즐(nozzle) 입구에서 20D 이상 지점

소닉 노즐
가스유량계 교정에 사용되는 기준. 소닉 노즐에 흐르는 유량을 계산하기 위해 임계유동인자가 필요하며, 스월을 줄이기 위해 스트레이너는 노즐 입구에서 5D 이상 지점에 설치한다.

92 다음 중 캐스케이드 제어에 대한 설명으로 옳은 것은?　　　　　　　　　　　　　　[계측 12]

① 비율제어라고도 한다.
② 단일 루프제어에 비해 내란의 영향이 없으나 계전체의 지연이 크게 된다.
③ 2개의 제어계를 조합하여 제어량을 1차 조절계로 측정하고 그 조작출력으로 2차 조절계의 목표치를 설정한다.
④ 물체의 위치, 방위, 자세 등의 기계적 변위를 제어량으로 하는 제어계이다.

93 단열형 열량계로 2g의 기체연료를 연소시켜 발열량을 구하였다. 내통의 수량이 1600g, 열량계의 수 당량이 800g, 온도 상승이 10℃이었다면 발열량은 약 몇 J/g인가? (단, 물의 비열은 4.19J/g · K로 한다.)

① 1.7×10^4　　　　② 3.4×10^4
③ 5.0×10^4　　　　④ 6.8×10^4

$(1600 + 800)\text{g} \times 4.19\text{J/g} \cdot \text{K} \times 10℃ \times \dfrac{1}{2\text{g}} = 50280\text{J/g}$

94 25℃, 전체 압력이 760mmHg일 때 상대습도가 40%이었다. 건조공기 500kg 안의 습한 공기의 양은 약 몇 kg인가? (단, 25℃에서의 포화수증기압은 40.3mmHg이다.)

① 13kg
② 11kg
③ 9kg
④ 7kg

$x = \dfrac{\gamma_w}{\gamma_a} = 0.622 \times \dfrac{\phi P_s}{P - \phi P_s}$ 이므로

$\therefore \gamma_w = \gamma_a \times \left\{ 0.622 \times \dfrac{\phi P_s}{P - \phi P_s} \right\}$

$= 500\text{kg} \times \left\{ 0.622 \times \dfrac{0.4 \times 40.3}{760 - 0.4 \times 40.3} \right\}$

$= 6.739 \fallingdotseq 7\text{kg}$

여기서, x : 절대습도
　　　　γ_w : 습공기량(kg)
　　　　γ_a : 건조공기량(kg)
　　　　P : 대기압($P_a + P_w$)
　　　　ϕ : 상대습도
　　　　P_w : 습공기 중 수증기분압($P_w = \phi P_s$)
　　　　P_s : 동일온도의 포화습공기의 수증기 분압

95 몇몇 종류의 결정체는 특정한 방향으로 힘을 받으면 자체 내에 전압이 유기되는 성질이 있다. 이러한 성질을 이용한 압력계는?

① 스트레인게이지 압력계
② 정전용량형 압력계
③ 전위차계형 압력계
④ 압전형 압력계

압전형(피에조전기) 압력계
수정이나 전기석로셀염 등의 결정체의 특정 방향에 압력을 가하면 표면에 전기가 일어나고, 발생한 전기량은 압력에 비례한다. 이것은 엔진의 지시계나 가스폭발 등 급격히 변화하는 압력측정에 유리하다.

96 계측기의 감도에 대하여 바르게 나타낸 것은?

① $\dfrac{\text{지시량의 변화}}{\text{측정량의 변화}}$

② $\dfrac{\text{측정량의 변화}}{\text{지시량의 변화}}$

③ 지시량의 변화 - 측정량의 변화
④ 측정량의 변화 - 지시량의 변화

97 비중이 0.9인 액체가 지름 5cm인 수평관 속을 매초 $0.2m^3$의 유량으로 흐를 때 레이놀즈수는 얼마인가? (단, 액체의 점성계수 $\mu = 5 \times 10^{-3} kg \cdot s/m^2$이다.)

① 8.73×10^4 ② 9.35×10^4
③ 1.02×10^5 ④ 9.18×10^5

해설

$$Re = \frac{\rho DV}{\mu}$$
$$= \frac{91.836 kgf \cdot s^2/m^4 \times 0.05m \times 101.859 m/s}{5 \times 10^{-3} kg \cdot s/m^2}$$
$$= 9.35 \times 10^4$$

∴ $\gamma = \rho g$ 이므로
$$\rho = \frac{\gamma}{g}$$
$$= \frac{0.9 \times 10^3 kgf/m^3}{9.8 m/s^2} = 91.836 kgf \cdot s^2/m^4$$

• $V = \dfrac{Q}{A} = \dfrac{0.2 m^3/s}{\dfrac{\pi}{4} \times (0.05m)^2} = 101.859 m/s$

98 관성이 있는 측정기의 지나침(over shooting)과 공명현상을 방지하기 위해 취하는 행동은 무엇인가?

① 제동(damping)
② 감시경보(process monitor)
③ 동작평형(motion balance)
④ 되먹임(feedback)

99 자동조절계의 제어동작에 대한 설명으로 틀린 것은? [계측 4]

① 비례동작에 의한 조작신호의 변화를 적분동작만으로 일어나는 데 필요한 시간을 적분시간이라고 한다.
② 조작신호가 동작신호의 미분값에 비례하는 것을 레이트 동작(rate action)이라고 한다.
③ 매분당 미분동작에 의한 변화를 비례동작에 의한 변화로 나눈 값을 리셋률이라고 한다.
④ 미분동작에 의한 조작신호의 변화가 비례동작에 의한 변화와 같아질 때까지의 시간을 미분시간이라고 한다.

해설

$$x_0 = K_p \left(x_i + \frac{1}{T_1} \int x_i dt + T_D \frac{dx_i}{dt} \right)$$

여기서, x_0 : 조작량
　　　　x_i : 편차
　　　　K_p : 비례감도
　　　　T_D : 미분시간
　　　　$\dfrac{1}{T_1}$: 리셋률
　　　　T_1 : 리셋시간

100 다음 중 SO_2, H_2O, CO_2에 응답하지 않는 특징을 가지는 검출기는? [계측 13]

① 열전도검출기(TCD)
② 염광광도검출기(FPD)
③ 수소불꽃이온검출기(FID)
④ 전자포획검출기(ECD)

CBT 기출복원문제

01 가스기사

수험번호 :　　　　　※ 제한시간 : 150분
수험자명 :　　　　　※ 남은시간 :

글자
크기　⊖ 100%　Ⓜ 150%　⊕ 200%　화면배치 ▯▮▯

전체 문제 수 :
안 푼 문제 수 :

답안 표기란
① ② ③ ④

제1과목 가스유체역학

01 액체 수송에 쓰이는 펌프의 연결이 옳지 않은 것은?　　　　　　　　　[설비 33]

① 원심펌프 – turbine 펌프
② 왕복펌프 – screw 펌프
③ 회전펌프 – gear 펌프
④ 특수펌프 – jet 펌프

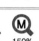

펌프의 분류
(1) 터보식
　㉠ 원심(벌류트, 터빈)
　㉡ 축류
　㉢ 사류
(2) 용적식
　㉠ 왕복(피스톤, 플런저)
　㉡ 회전(기어, 베인, 나사(스크루))

02 물방울에 작용하는 표면장력의 크기는? (단, P_1은 내부압력, P_0는 외부압력, r은 반지름이다.)

① $(P_1 - P_0) \times r$
② $(P_1 - P_0) \times 2r$
③ $\{(P_1 - P_0) \times r \div 2\}$
④ $\{(P_1 - P_0) \times r \div 4\}$

$$\sigma = \frac{PD}{4}$$
$$= \frac{(P_1 - P_0) \times 2r}{4} = \frac{(P_1 - P_0) \times r}{2}$$

03 중량 10000kgf의 비행기가 270km/h의 속도로 수평 비행할 때 동력은? (단, 양력(L)과 항력(D)의 비 $L/D = 5$이다.)

① 1400PS
② 2000PS
③ 2600PS
④ 3000PS

$$동력(PS) = \frac{D \cdot V}{75}$$
$$= \frac{10000 kgf \times 270 \times 10^3 m}{75 \times 3600 s} \times \frac{1}{5} = 2000PS$$

04 반지름 R인 원형관 내의 완전발달된 물의 층류유동 속도분포는 다음과 같이 나타낼 수 있다. 이 원형관 내의 평균속도는?

$$\frac{V}{V_{max}} = 1 - \left(\frac{r}{R}\right)^2$$

① $\dfrac{V_{max}}{4}$
② $\dfrac{V_{max}}{3}$
③ $\dfrac{V_{max}}{2}$
④ $\dfrac{2V_{max}}{3}$

수평원 통관 층류유동

㉠ $V_{max} = \dfrac{R^2}{4\mu}\dfrac{\Delta P}{L}$ ⋯⋯⋯⋯⋯ (a)

속도분포 : $\dfrac{V}{V_{max}} = 1 - \left(\dfrac{r}{R}\right)^2$

평균속도 : $V = \dfrac{Q}{A} = \dfrac{\Delta P \pi R^4 / 8\mu L}{\pi R^2} = \dfrac{\Delta P \pi R^2}{8\mu L}$

㉡ $V = \dfrac{\Delta P \pi R^2}{8\mu L}$ ⋯⋯⋯⋯⋯ (b)

식 (b)를 식 (a)로 나누면

$$\frac{V}{V_{max}} = \frac{\dfrac{\Delta P \pi R^2}{8\mu L}}{\dfrac{R^2 \Delta P}{4\mu L}} = \frac{4}{8} = \frac{1}{2}$$

$$\therefore V = \frac{1}{2} V_{max}$$

정답　01.②　02.③　03.②　04.③

05 덕트 내 압축성 유동에 대한 에너지방정식과 직접적으로 관련되지 않는 변수는?

① 위치에너지　　② 운동에너지
③ 엔트로피　　　④ 엔탈피

- ㉠ 압축성 유동에 영향을 미치는 인자 : 위치에너지, 운동에너지
- ㉡ 비압축성 유동을 지배하는 연속방정식, 운동량방정식, 열역학 1법칙, 엔탈피, 비열에너지방정식, 음파의 속도, 마하수 등
- ㉢ 엔트로피의 경우는 등엔트로피 흐름이므로 직접 관련 인자가 아님
- 참고 엔트로피 : 열역학 2법칙에 의하여 양적으로 표현하기 위하여 엔트로피 개념이 필요하다. 외부에서 고립된 시스템의 엔트로피는 결코 감소하지 않는다. 흐르고 있는 유체 전체에 걸쳐 엔트로피가 일정한 값을 가질 때 그와 같은 흐름을 등엔트로피 또는 단열흐름이라고 한다.

06 안지름 200mm의 수평관에 목부분의 안지름이 100mm인 벤투리관을 설치하여 U자형 마노미터로 압력차를 측정하였더니 수은주의 높이차가 400mm였다. 유량은 몇 m^3/s인가? (단, 관 내부의 유체는 물이고 벤투리관의 유량계수는 0.984, 물과 수은의 비중은 각각 1과 13.550다.)

① 0.053　　② 0.079
③ 0.104　　④ 0.126

$$Q = C \times \frac{\pi}{4} d^2 \sqrt{\frac{2gH}{1-m^4}\left(\frac{sm}{s}-1\right)}$$

$$= 0.984 \times \frac{\pi}{4} \times (0.1m)^2 \sqrt{\frac{2 \times 9.8 \times 0.4}{1-\left(\frac{0.1}{0.2}\right)^4}\left(\frac{13.55}{1}-1\right)}$$

$$= 0.079 m^3/s$$

07 상온의 물이 내경 10mm인 원관 속을 10m/s의 유속으로 흐를 때 관 1m당 마찰손실은 몇 kgf/cm^2인가? (단, 관은 수평이며, 물의 점도는 0.012P이고, Fanning 마찰계수 $f=$ 0.0056이다.)

① 1.14　　② 11.4
③ 114　　　④ 1140

패닝에 의한 마찰손실

$$H_L = 4f \cdot \frac{L}{D} \cdot \frac{V^2}{2g}$$

$$= 4 \times 0.0056 \times \frac{1}{0.01} \times \frac{10^2}{2 \times 9.8}$$

$$= 11.4285m$$

$$\therefore \ \Delta P = \gamma H_L$$

$$= 1000kgf/m^3 \times 11.4285m = 11428.5kgf/m^2$$

$$= 11428.5 \times 10^{-4} = 1.14285kgf/cm^2$$

08 어떤 액체에 비중계를 띄웠더니 물에 띄웠을 때보다 축이 10cm만큼 더 가라앉았다. 이 액체의 비중은 약 얼마인가? 【유체 12】

① 0.82　　② 0.88
③ 0.90　　④ 0.93

- ㉠ 부양 공식 : $G = \gamma_1 v_1 = \gamma_2 v_2$
  액체의 비중량

$$\gamma_2 = \frac{G}{V_2} = \frac{G}{V_1 + \Delta V} = \frac{G}{\left(\frac{G}{\gamma_1}\right) + \Delta V}$$

$$= \frac{0.025kgf}{\left(\frac{0.025kgf}{1000kgf/m^3}\right) + \frac{\pi}{4} \times (0.005m)^2 \times (0.1m)}$$

$$= 927.179 kgf/m^3$$

- ㉡ $\gamma = 1000 \times s$ 에서

$$\therefore \ s = \frac{\gamma}{1000} = \frac{927.179}{1000} = 0.927 = 0.93$$

09 압축성 유체의 기계적 에너지수지식에서 고려하지 않는 것은?

① 내부 에너지　　② 위치에너지
③ 엔트로피　　　　④ 엔탈피

에너지방정식

$$Q + \left(h_1 + \frac{u_1^2}{2} + gz_1\right)m_1 = W_s + \left(h_2 + \frac{u_2^2}{2} + gz_2\right)m_2$$

여기서, Q : 흡수(손실)열량
　　　　h : 엔탈피
　　　　u : 유체의 속도
　　　　gz : 위치에너지
　　　　m : 질량유량
　　　　W_s : 동력

- 에너지방정식에서 고려가 필요없는 변수 : 엔트로피

10 중력에 대한 관성력의 상대적인 크기와 관련된 무차원의 수는 무엇인가? [유체 20]

① Reynolds수   ② Froude수
③ 모세관수   ④ Weber수

유체 관련 무차원수

명 칭	의 미	공 식
레이놀즈수 (Re)	$\left(\dfrac{관성력}{점성력}\right)$	$Re = \dfrac{\rho D u}{\mu}$
프라우드수 (Fr)	$\left(\dfrac{관성력}{중력}\right)$	$Fr = \dfrac{u^2}{gl}$
마하수 (Ma)	$\left(\dfrac{관성력}{탄성력(압축력)}\right)$	$Ma = \dfrac{u}{a}$
오일러수 (Eu)	$\left(\dfrac{탄성력(압축력)}{관성력}\right)$	$Eu = \dfrac{P}{\rho u^2}$
웨버수 (We)	$\left(\dfrac{관성력}{표면장력}\right)$	$We = \dfrac{\rho l u^2}{\sigma}$
코우시수 (Cu)	$\dfrac{관성력}{탄성력}$	$Cu = \dfrac{\rho u^2}{E}$

ρ : 밀도, D : 관경, u : 속도, μ : 점성계수
a : 음속, σ : 표면장력, P : 압력

11 τ, V, d, ρ, μ로 만들 수 있는 독립적인 무차원수는 몇 개인가? (단, τ는 전단응력, V는 속도, d는 지름, ρ는 밀도, μ는 점성계수이다.)

① 1   ② 2
③ 3   ④ 4

㉠ 물리량 : τ, V, d, ρ, μ(5개)
㉡ 기본차원수 : M, L, T(3개)
    $\tau(\text{kgf/m}^2)$: $FL^{-2}ML^{-1}T^{-2}$
    $V(\text{m/s})$: LT^{-1}
    $d(\text{m})$: L
    $\rho(\text{kg/m}^0)$: ML^0
    $\mu(\text{kg/ms})$: $ML^{-1}T^{-1}$
∴ 무차원수 = 물리량 − 기본차원수
            $= 5 - 3 = 2$개

12 1차원 공기유동에서 수직 충격파(normal shock wave)가 발생하였다. 충격파가 발생하기 전의 Mach수가 2이면, 충격파가 발생한 후의 Mach수는? (단, 공기는 이상기체이고, 비열비는 1.40이다.)

① 0.317   ② 0.471
③ 0.577   ④ 0.625

충격파 후의 마하수(Ma_2)

$$Ma_2 = \sqrt{\frac{2 + (k-1) \times Ma_1^2}{2k\,Ma_1^2 - (k-1)}}$$

$$= \sqrt{\frac{2 + (1.4-1) \times 2^2}{2 \times 1.4 \times 2^2 - (1.4-1)}}$$

$$= 0.577$$

13 관 내의 압축성 유체의 경우 단면적 A와 마하수 M, 속도 V 사이에 다음과 같은 관계가 성립한다고 한다. 마하수가 2일 때 속도를 2% 감소시키기 위해서는 단면적을 몇 % 변화시켜야 하는가?

$$dA/A = (M^2 - 1) \times dV/V$$

① 6% 증가
② 6% 감소
③ 4% 증가
④ 4% 감소

$$\frac{dA}{A} = (M^2 - 1) \times \frac{dV}{V} = (2^2 - 1) \times 2\% = 6\%$$

∴ 단면적 6% 감소

14 안지름 250mm인 관이 안지름 400mm인 관으로 급확대되어 있을 때 유량 230L/s가 흐르면 손실수두는?

① 0.117m
② 0.217m
③ 0.317m
④ 0.416m

돌연 확대관의 손실수두

$$H = \left\{1 - \left(\frac{D_1}{D_2}\right)^2\right\}^2 \cdot \frac{V_1^2}{2g}$$

    $D_1 = 0.25\text{m}$
    $D_2 = 0.4\text{m}$

$$\therefore V_1 = \frac{0.23\text{m}^3/\text{s}}{\frac{\pi}{4} \times (0.25\text{m})^2} = 4.6852\text{m/s}$$

$$\therefore H = \left\{1 - \left(\frac{0.25}{0.4}\right)^2\right\}^2 \times \frac{4.6852^2}{2 \times 9.8}$$

$$= 0.4159\text{m} = 0.416\text{m}$$

정답   10.②   11.②   12.③   13.②   14.④

15 안지름 D인 실린더 속에 물이 가득 채워져 있고, 바깥지름 $0.8D$인 피스톤이 0.1m/s의 속도로 주입되고 있다. 이때 실린더와 피스톤 사이로 역류하는 물의 평균 속도는 약 몇 m/s인가?

① 0.178 ② 0.213
③ 0.313 ④ 0.413

해설

$Q = A \cdot V$이므로

$$\therefore V = \frac{Q}{A} = \frac{\frac{\pi}{4} \times (0.8D)^2 \times 0.1}{\frac{\pi}{4} \times \{D^2 - (0.8D)^2\}}$$

$$= 0.177 = 0.178 \text{m/s}$$

16 압력 P_1에서 체적 V_1을 갖는 어떤 액체가 있다. 압력을 P_2로 변화시키고 체적이 V_2가 될 때, 압력차이($P_2 - P_1$)를 구하면? (단, 액체의 체적탄성계수는 K이다.)

① $-K\left(1 - \dfrac{V_2}{V_1 - V_2}\right)$

② $K\left(1 - \dfrac{V_2}{V_1 - V_2}\right)$

③ $-K\left(1 - \dfrac{V_2}{V_1}\right)$

④ $K\left(1 - \dfrac{V_2}{V_1}\right)$

해설

체적탄성계수 : $K = \dfrac{\Delta P}{\dfrac{\Delta V}{V}} \left(\begin{matrix} \Delta P = P_1 - P_2 \\ \Delta V = V_2 - V_1 \end{matrix}\right)$

$K = \dfrac{P_1 - P_2}{\dfrac{V_2 - V_1}{V_1}}$ 이므로

$P_1 - P_2 = K\left\{\dfrac{V_2 - V_1}{V_1}\right\} = K\left\{\dfrac{V_2}{V_1} - 1\right\}$

$\therefore P_2 - P_1 = -K\left\{\dfrac{V_2}{V_1} - 1\right\} = K\left\{1 - \dfrac{V_2}{V_1}\right\}$

17 원관 내 흐름이 층류일 경우 유량이 반경의 4제곱과 압력기울기 $\dfrac{(P_1 - P_2)}{L}$에 비례하고, 점도에 반비례한다는 법칙은?

① Hagen-Poiseuille 법칙
② Reynolds 법칙
③ Newton 법칙
④ Fourier 법칙

해설

원관 속의 층류

$$Q = \frac{\Delta P \cdot \pi \cdot r^4}{8\mu l} = \frac{\Delta P \pi \left(\frac{d}{2}\right)^4}{8\mu l}$$

$$= \frac{\Delta P \cdot \pi \cdot d^4}{128\mu l} \text{(하겐-푸아죄유 방정식)}$$

※ 층류에만 적용

18 유체역학에서 다음과 같은 베르누이 방정식이 적용되는 조건이 아닌 것은?

$$\frac{P}{\gamma} + \frac{V^2}{2g} + Z = \text{일정}$$

① 적용되는 임의의 두 점은 같은 유선상에 있다.
② 정상상태의 흐름이다.
③ 마찰이 없는 흐름이다.
④ 유체흐름 중 내부 에너지 손실이 있는 흐름이다.

해설

내부 에너지 손실이 존재하려면

$$\frac{P_1}{\gamma} + \frac{V_1^2}{2g} + Z_1 = \frac{P_2}{\gamma} + \frac{V_2^2}{2g} + Z_Z + H_L$$

손실 H_L이 존재(수정 베르누이 방정식)

19 6cm×12cm인 직사각형 단면의 관에 물이 가득차 흐를 때 수력반지름은 몇 cm인가?

① 3/2 ② 2
③ 3 ④ 6

해설

수력반경$(R_h) = \dfrac{\text{단면적}}{\text{젖은 둘레}}$

㉠ 원형관 $= \dfrac{D}{4}$

㉡ 직사각형 $= \dfrac{ab}{2(a+b)}$

㉢ 정사각형 $= \dfrac{a^2}{4a}$

$\therefore \dfrac{6 \times 12}{2(6+12)} = \dfrac{72}{36} = 2$

20 공기가 79vol% N_2와 21vol% O_2로 이루어진 이상기체 혼합물이라 할 때 25℃, 750 mmHg에서 밀도는 약 몇 kg/m³인가?

① 1.16   ② 1.42
③ 1.56   ④ 2.26

$P = \dfrac{w}{v} \times \dfrac{1}{M} \times RT$ 이므로

$\therefore w/v(\text{g/L})(\text{kg/m}^3)$

$= \dfrac{PM}{RT} = \dfrac{\left(\dfrac{750}{760}\right) \times (28 \times 0.79 + 32 \times 0.21)}{0.082 \times (273 + 25)}$

$= 1.16 \text{kg/m}^3$

제2과목 연소공학

21 가스설비의 정성적 위험성 평가방법으로 주로 사용되는 HAZOP 기법에 대한 설명으로 틀린 것은?   [연소 12]

① 공정을 이해하는 데 도움이 된다.
② 공정의 상호작용을 완전히 분석할 수 있다.
③ 정확한 상세도면 및 데이터가 필요하지 않다.
④ 여러 가지 공정형식(연속식, 회분식)에 적용 가능하다.

HAZOP 위험과 운전분석
공정에 존재하는 위험요소들과 공정의 효율을 떨어뜨릴 수 있는 운전상의 문제점을 찾아내 그 원인을 제거하는 분석기법이다.

22 Fireball에 의한 피해가 아닌 것은?

① 공기팽창에 의한 피해
② 탱크파열에 의한 피해
③ 폭풍압에 의한 피해
④ 복사열에 의한 피해

Fireball
인화성 증기가 확산하여 공기와의 혼합비가 폭발범위에 도달했을 때 착화, 커다란 공의 형태로 화염을 발생시키는 현상이다. 즉, 파이어볼이란

탱크가 파열 후 공기팽창, 폭풍압, 복사열 등을 유발하여 공모양으로 되고 더욱 피해가 확산 시 버섯모양으로 변한다.

23 다음 중 비열에 대한 설명으로 옳지 않은 것은?   [연소 3]

① 정압비열은 정적비열보다 항상 크다.
② 물질의 비열은 물질의 종류와 온도에 따라 달라진다.
③ 정적비열에 대한 정압비열의 비(비열비)가 큰 물질일수록 압축 후의 온도가 더 높다.
④ 물질의 비열이 크면 그 물질의 온도를 변화시키기 쉽고, 비열이 크면 열용량도 크다.

④ 비열이 큰 물질일수록 쉽게 온도가 올라가거나 내려가지 않으며, 비열비가 크면 압축 후 토출가스 온도가 높다.

24 환경오염을 방지하기 위한 NO_x 저감방법이 아닌 것은?

① 공기비를 높여 충분한 공기를 공급한다.
② 연소실을 크게 하여 연소실 부하를 낮춘다.
③ 고온영역에서의 체류시간을 짧게 한다.
④ 박막연소를 통해 연소온도를 낮춘다.

공기비를 높이면 공기 중 질소의 성분으로 질소산화물의 발생이 증가한다. 질소산화물(NO_x)의 저감방법은 ②, ③, ④항 이외에
㉠ 연소온도를 낮게 연소가스 중 산소농도를 낮게 유지
㉡ 연소가스 중 질소산화물이 적게 발생되도록 적정 공기비를 유지

25 수증기 1mol이 100℃, 1atm에서 물로 가역적으로 응축될 때 엔트로피의 변화는 약 몇 cal/mol · K인가? (단, 물의 증발열은 539 cal/g, 수증기는 이상기체라고 가정한다.)

① 26   ② 540
③ 1700   ④ 2200

📖 해설
$$\Delta S = \frac{dQ}{T} = \frac{539 \times 18}{373 \times 1} = \frac{539\text{cal}/(1\text{g}/18\text{g/mol})}{373}$$
$$= \frac{539 \times 18}{373}\text{cal/mol} \cdot \text{K}$$
$$= 26\text{cal/mol} \cdot \text{K}$$

26 다음 중 증기원동기의 가장 기본이 되는 동력사이클은?

① 오토(otto)사이클
② 디젤(diesel)사이클
③ 랭킨(rankine)사이클
④ 사바테(sabathe)사이클

📖 해설
① 오토사이클 : 전기점화기관의 이상사이클 일정체적 하에 동작유체의 열공급 방출이 이루어져 정적사이클이라 한다.
② 디젤사이클 : 압축착화기관의 기본사이클이며, 정압사이클이다.
④ 사바테사이클 : 고속디젤기관의 기본사이클이다.

27 다음은 디젤기관 사이클이다. 압축비를 구하면? (단, 비열비 k는 1.40이다.)

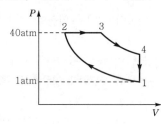

① 8.74
② 11.50
③ 13.94
④ 12.83

📖 해설
압축비
$$\Sigma = \frac{V_1}{V_2} = \left(\frac{P_2}{P_1}\right)^{\frac{1}{1.4}} = \left(\frac{40}{1}\right)^{\frac{1}{1.4}} = 13.94$$

28 다음 무차원수 중 열확산계수에 대한 운동량 확산계수의 비에 해당하는 것은?

① Lewis number
② Nusselt number
③ Grashof number
④ Prandtl number

📖 해설
프란틀수(Pr) $= \dfrac{V}{\alpha} = \dfrac{C_p \mu}{K}$

여기서,
V : 부피
α : 열확산계수
$C_p \cdot \mu$: 운동량 확산계수
K : 유체의 열전도계수(열역학적인 결과를 일반화시키기 위해 사용되는 무차원수)

29 다음의 단계로 진행되는 폭발 현상을 설명한 것은? [연소 23]

> ㉠ 액화가스 저장탱크 주변의 화재발생으로 저장탱크가 가열
> ㉡ 저장탱크 내 액화가스가 비등하여 급격히 증발
> ㉢ 기화된 가스가 안전밸브를 통해 분출
> ㉣ 처음에는 액화가스의 기화열로 저장탱크를 식혀 줌
> ㉤ 액화가스의 기화, 분출에 따른 저장탱크 내 기상부가 확대
> ㉥ 저장탱크 내 기상부의 강도가 약화
> ㉦ 저장탱크 파열과 동시에 끓고 있던 액상의 가스가 착화되어 화구를 형성

① VCE
② BLEVE
③ jet fire
④ flash fire

📖 해설
(1) 블래비(BLEVE) : 비등액체증기폭발비점 이상의 압력으로 유지되는 액체가 들어있는 탱크가 파열될 때 일어나는 액화가스의 폭발
(2) 블래비(BLEVE) 발생조건
 ㉠ 가연액화가스탱크 주변화재 발생 시
 ㉡ 화재에 의한 탱크벽 가열
 ㉢ 액면 이하 벽체는 액의 온도에 의해 냉각 액면 상부 압력이 급격히 증가
 ㉣ 고압에 의해 탱크 파열, 고압의 액화가스가 누출, 급격히 기화, 증기운 발생, 착화되어 대형 폭발을 일으킴
(3) 증기운폭발(VCE, Vapor Cloud Explosion) 저온의 액화가스탱크 또는 액화가연성용기 파괴 시 다량의 가연증기가 대기 중으로 방출, 공기 중에서 분산되어 있는 것이 증기운이며 착화 시 폭발하여 파이어볼을 형성, 이를 증기운폭발이라고 한다.

30 다음은 간단한 수증기사이클을 나타낸 그림이다. 여기서 랭킨(Rankine)사이클의 경로를 옳게 나타낸 것은?

① 1→2→3→4→5→9→10→1
② 1→2→3→9→10→1
③ 1→2→3→4→6→5→9→10→1
④ 1→2→3→8→7→5→9→10→1

해설

랭킨사이클
증기 원동소의 이상사이클이며, 2개의 정압, 2개의 단열과정으로 구성
(도면 설명)
㉠ 4 – 5 : 가역단열과정
㉡ 1 – 2 – 3 – 7 : 물이 끓는점 이하로 보일러에 들어가 증발하면서 가열되는 과정이며, 다른 과정에 비하여 압력변화가 적으므로 정압과정으로 볼 수 있음
㉢ 4 – 6 : 보일러에서 나가는 고온수증기의 에너지 일부가 터빈 또는 수증기 기관으로 들어가는 과정

31 압력 0.2MPa, 온도 333K의 공기 2kg이 이상적인 폴리트로픽과정으로 압축되어 압력 2MPa, 온도 523K으로 변화하였을 때 이 과정 동안의 일량은 약 몇 kJ인가?

① −447
② −547
③ −647
④ −667

해설

폴리트로픽과정 일량
$$W = \frac{RT_1}{\eta-1}\left[1-\left(\frac{P_2}{P_1}\right)^{\frac{n-1}{n}}\right]$$ 에서
공기 $R = 8.314\,\text{kJ/kg} \cdot \text{mol} \cdot \text{K}$이므로
$$\frac{2}{29}\text{kmol} \times \frac{8.314(\text{kJ/kg} \cdot \text{mol} \cdot \text{K}) \times 333\text{K}}{1.3-1}$$
$$\times \left[1-\left(\frac{2}{0.2}\right)^{\frac{1.3-1}{1.3}}\right] = -446.314\text{kJ}$$

32 무게조성으로 프로판 66%, 탄소 24%인 어떤 연료 100g을 완전연소하는 데 필요한 이론산소량은 약 몇 g인가? (단, C, O, H의 원자량은 각각 12, 16, 1이다.)

① 256
② 288
③ 304
④ 320

해설

$$100\text{g} \begin{cases} \text{㉠ } C_3H_8 : 66\text{g} \\ \text{㉡ } C : 24\text{g} \end{cases}$$
$$C_3H_8 + 5O_2 \rightarrow 3CO_2 + 4H_2O$$
44g :　5×32g
66g :　x(g)
$$C + O_2 \rightarrow CO_2 \text{ 에서}$$
12g :　32g
24g :　y(g)
총 산소량 : $(x+y)\text{g} = \left(\frac{66 \times 5 \times 32}{44} + \frac{24 \times 32}{12}\right)\text{g}$
$$= 240 + 64 = 304\text{g}$$

33 액화천연가스 인수기지에 대하여 위험성 평가를 할 때 절차로 옳은 것은?

① 위험의 인지 → 사고발생 빈도분석 → 사고피해 영향분석 → 위험의 해석 및 판단
② 위험의 인지 → 위험의 해석 및 판단 → 사고발생 빈도분석 → 사고피해 영향분석
③ 위험의 해석 및 판단 → 사고발생 빈도분석 → 사고피해 영향분석 → 위험의 인지
④ 사고발생 빈도분석 → 사고피해 영향분석 → 위험의 인지 → 위험의 해석 및 판단

해설

도시가스 안전성 평가(KGS GC 251)
(1) 평가대상 : 액화천연가스 인수기지
(2) 평가시기
　㉠ 액화천연가스 인수기지 설치공사 시공감리증명서 받기 전과 받은 날로부터 매 5년이 지난 날이 속하는 해
　㉡ 인수기지에 저장탱크를 설치할 경우 설치공사의 시공감리증명서를 받은 날로부터 매 5년이 지난 날이 속하는 해
(3) 평가기준
　위험성 인지, 사고발생 빈도분석, 사고피해 영향분석, 위험의 해석 및 판단의 평가항목에 대하여 실시

34 어떤 기관의 출력은 100kW이며 매 시간당 30kg의 연료를 소모한다. 연료의 발열량이 8000kcal/kg이라면 이 기관의 열효율은 약 얼마인가?

① 0.15
② 0.36
③ 0.69
④ 0.91

$$\eta = \frac{AW}{Q_1} = \frac{100\text{kW} \times 860\text{kcal/hr} \cdot \text{kW}}{30\text{kg} \times 8000\text{kcal/kg}} = 0.358$$

35 층류 예혼합화염과 비교한 난류 예혼합화염의 특징에 대한 설명으로 옳은 것은 어느 것인가? [연소 37]

① 화염의 두께가 얇다.
② 화염의 밝기가 어둡다.
③ 연소속도가 현저하게 늦다.
④ 화염의 배후에 다량의 미연소분이 존재한다.

난류 예혼합화염	층류 예혼합화염
• 연소속도가 수십 배 빠르다.	• 연소속도가 느리다.
• 화염의 두께가 두껍다.	• 층류보다 화염의 두께가 얇다.
• 연소 시 다량의 미연소분이 존재한다.	• 난류보다 휘도가 낮다.

36 엔트로피의 증가에 대한 설명으로 옳은 것은?

① 비가역과정의 경우 계와 외계의 에너지의 총합은 일정하고, 엔트로피의 총합은 증가한다.
② 비가역과정의 경우 계와 외계의 에너지의 총합과 엔트로피의 총합이 함께 증가한다.
③ 비가역과정의 경우 물체의 엔트로피와 열원의 엔트로피의 합은 불변이다.
④ 비가역과정의 경우 계와 외계의 에너지의 총합과 엔트로피의 총합은 불변이다.

37 CO_2 가스 8kmol을 101.3kPa에서 303.15K으로부터 723.15K까지 가열한다. 이때 가열열량은 얼마인가? (단, CO_2의 정압몰열량 C_{pm} [kJ/kmol · K]은 다음 식으로 주어진다.)

$$C_{pm} = 26.748 + 42.258 \times 10^{-3} T - 14.247 \times 10^{-6} T^2$$

① $2.237 \times 10^3 \text{kJ}$
② $3.154 \times 10^4 \text{kJ}$
③ $1.494 \times 10^5 \text{kJ}$
④ $1.496 \times 10^6 \text{kJ}$

열량 : $Q = G C_{pm} \Delta T$에서

G : 8kmol

C_{pm} : (?)

ΔT : $(723.15 - 303.15)\text{K}$

C_{pm}을 온도에 대한 적분값을 계산하여 상수를 구하면

C_{pm}

$= \dfrac{1}{\Delta T} \displaystyle\int_{T1}^{T2} (26.748 + 42.258 \times 10^{-3} T - 14.247 \times 10^{-6} T^2) dT$

$= \dfrac{1}{\Delta T_1^2} \left[\left\{ 26.748 \, T_{12} + \left\{ \dfrac{1}{2}(42.258 \times 10^{-3}) \times T_{12}^2 \right\} - \left\{ \dfrac{1}{3}(14.247 \times 10^{-6}) \times T_{12}^3 \right\} \right\} \right]$

$= \dfrac{1}{723.15 - 303.15} \times \left[\{26.748 \times (723.15 - 303.15)\} + \left\{ \dfrac{1}{2}(42.258 \times 10^{-3}) \times (723.15^2 - 303.15^2) \right\} - \left\{ \dfrac{1}{3}(14.247 \times 10^{-6}) \times (723.15^3 - 303.15^3) \right\} \right]$

$= (2.380 \times 10^{-3}) \times (11234.16 + 9107.5709 - 1663.6168)$

$= 44.4717 \text{kJ/kmol} \cdot \text{K}$

$\therefore Q = 8\text{kmol} \times 44.4717\text{kJ/kmol} \cdot \text{K} \times (723.15 - 303.15)\text{K}$

$= 149424.9128\text{kJ}$

$\fallingdotseq 1.494 \times 10^5 \text{kJ}$

38 화격자 연소방식 중 하입식 연소에 대한 설명으로 옳은 것은?

① 산화층에서 코크스화한 석탄 입자표면에 충분한 산소가 공급되어 표면연소에 의한 탄산가스가 발생한다.

② 코크스화한 석탄은 환원층에서 아래 산화층에서 발생한 탄산가스를 일산화탄소로 환원한다.

③ 석탄층은 연소가스에 직접 전하지 않고 상부의 고온화층으로부터 전도와 복사에 의해 가열된다.

④ 휘발분과 일산화탄소는 석탄층 위쪽에서 2차 공기와 합하여 기상연소한다.

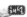
화격자 연소방식의 하입식 연소
보일러 노 안에 화격자를 설치, 위에 석탄을 공급하여 화격자 하부에서 보내주는 1차 공기에 의해 연소, 발생한 가연성 가스는 상부 연소실에서 나머지 1차 공기와 연소실로 직접 보내지는 2차 공기에 의해 연소하는데 이때 화격자 하부 틈을 통하여 공기를 보내 연소하는 것을 하입식 연소라 하며 석탄층, 산화층, 환원층 등의 층을 이루며 석탄층은 화격자 면에 접하여 있는 층으로 연소가스에 직접 접하지 않고 상부의 고온 산화층으로부터 전도, 복사에 의하여 가열된다.

39 자연상태의 물질을 어떤 과정(process)을 통해 화학적으로 변형시킨 상태의 연료를 2차 연료라고 한다. 다음 중 2차 연료에 해당하는 것은?

① 석탄　　　　② 원유
③ 천연가스　　④ LPG

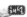
㉠ 1차 연료 : 자연에서 채취한 그대로 사용할 수 있는 연료(목재, 무연탄, 석탄, 천연가스, 역청탄)
㉡ 2차 연료 : 1차 연료를 가공한 연료(목탄, 코크스, LPG, LNG)

40 다음 중 폭발방호(explosion protection)의 대책이 아닌 것은? [연소 42]

① venting
② suppression
③ containment
④ adiabatic compression

① venting(환기)
② suppression(억제)
③ containment(봉쇄)
④ adiabatic compression(단열압축)

제3과목 가스설비

41 도시가스 배관의 내진설계 시 성능 평가항목이 아닌 것은?

① 지진파에 의해 발생하는 지반진동
② 지반의 영구변형
③ 위험도계수
④ 도시가스 배관에 발생한 응력과 변형

KGS GC 204 가스배관 내진설계기준(2.5.6) 내진성능 평가항목
①, ②, ④항 이외에
㉠ 가스누출방지 기능
㉡ 연결부의 취성파괴 가능성
㉢ 배관과 지반 사이의 미끄러짐을 고려한 상호작용
㉣ 사면의 안정성
㉤ 액상화 잠재성

42 분자량이 큰 탄화수소를 원료로 하며, 고온(800 ~ 900℃)에서 분해하여 고칼로리의 가스를 제조하는 공정은? [설비 3]

① 수소화 분해공정　② 부분연소공정
③ 접촉분해공정　　　④ 열분해공정

43 단열헤드 15014m, 흡입공기량 1.0kg/s를 내는 터보 압축기의 축동력이 191kW일 때의 전단열효율은?

① 76.1%　　　　② 77.1%
③ 78.1%　　　　④ 79.1%

$$전단열효율(\eta) = \frac{단열공기동력}{축동력}$$
$$= \frac{147.196}{191} \times 100 = 77.1\%$$

$$\therefore \ 단열공기동력 = \frac{1.0 \times 15014}{102} = 147.196 \text{kW}$$

44 실린더 안지름 20cm, 피스톤 행정 15cm, 매분 회전수 300, 효율 80%인 수평 1단 단동압축기가 있다. 지시 평균유효 압력을 0.2MPa로 하면 압축기에 필요한 전동기의 마력은 약 몇 PS인가? (단, 1MPa은 10kgf/cm² 로 한다.)

① 5.0　　　　② 7.8
③ 9.7　　　　④ 13.2

피스톤 압출량

$$Q = \frac{\pi}{4} D^2 \cdot L \cdot N \cdot n$$

$$= \frac{\pi}{4} \times (0.2\mathrm{m})^2 \times (0.15\mathrm{m}) \times 300 \times \frac{1}{60}$$

$$= 0.02356\mathrm{m}^3/\mathrm{s}$$

∴ 전동기 마력(PS)

$$\mathrm{PS} = \frac{P \times Q}{75\eta}$$

$$= \frac{0.2 \times 10 \times 10^4 \mathrm{kgf/m}^2 \times 0.02356\mathrm{m}^3/\mathrm{s}}{75 \times 0.8}$$

$$= 7.85\mathrm{PS}$$

45 LPG(액체) 1kg이 기화했을 때 표준상태에서의 체적은 약 몇 L가 되는가? (단, LPG의 조성은 프로판 80wt%, 부탄 20wt%이다.)

① 387　　　　② 485
③ 584　　　　④ 783

1kg $\begin{pmatrix} \mathrm{C_3H_8} : 800\mathrm{g} \\ \mathrm{C_4H_{10}} : 200\mathrm{g} \end{pmatrix}$ 이므로

$$\frac{800}{44} \times 22.4 + \frac{200}{58} \times 22.4 = 484.51\mathrm{L}$$

46 압력계에 눈금을 표시하기 위하여 자유피스톤형 압력계를 설치하였다. 이때 표시압력(P)을 구하는 식으로 옳은 것은? (단, A_1 = 피스톤의 단면적, A_2 = 추의 단면적, W_1 = 추의 무게, W_2 = 피스톤의 무게, P_A = 대기압이고 마찰 및 피스톤의 변경오차는 무시된다.)

① $P = \dfrac{A_1}{W_1 + W_2} + P_A$

② $P = \dfrac{W_1 + W_2}{A_1} + P_A$

③ $P = \dfrac{A_1}{W_1 + W_2} - P_A$

④ $P = \dfrac{W_1 + W_2}{A_2} - P_A$

47 공기액화분리장치에서 이산화탄소 1kg을 제거하기 위해 필요한 NaOH는 약 몇 kg인가? (단, 반응률은 60%이고, NaOH의 분자량은 40이다.)

① 0.9

② 1.8

③ 2.3

④ 3.0

$$2\mathrm{NaOH} + \mathrm{CO_2} \rightarrow \mathrm{Na_2CO_3} + \mathrm{H_2O}$$

$2 \times 40\mathrm{g} : 44\mathrm{g} \times 0.6$

$x(\mathrm{kg}) : 1\mathrm{kg}$

$$\therefore x = \frac{2 \times 40 \times 1}{44 \times 0.6} = 3.03\mathrm{kg}$$

48 다음 중 펌프의 이상현상에 대한 설명으로 틀린 것은?　　　　[설비 17]

① 수격작용이란 유속이 급변하여 심한 압력변화를 갖게 되는 작용이다.

② 서징(surging)의 방지법으로 유량조정밸브를 펌프 송출측 직후에 배치시킨다.

③ 캐비테이션방지법으로 관경과 유속을 모두 크게 한다.

④ 베이퍼록은 저비점 액체를 이송시킬 때 입구 쪽에서 발생되는 액체비등현상이다.

③ 유속은 낮게 한다.

49 왕복식 압축기에서 실린더를 냉각시켜 얻을 수 있는 냉각효과가 아닌 것은?

① 체적효율의 증가

② 압축효율의 증가(동력 감소)

③ 윤활기능의 유지 향상

④ 윤활유의 질화방지

④ 윤활유의 열화, 탄화방지

50 공기압축기에서 초기압력 2kg/cm²의 공기를 8kg/cm²까지 압축하는 공기의 잔류가스 팽창이 등온팽창 시 체적효율은 약 몇 %인가? (단, 실린더의 간극비(ε_0)는 0.06, 공기의 단열지수(r)는 1.4로 한다.)

① 24%

② 40%

③ 48%

④ 82%

 등온팽창 시의 체적효율(η_v)

$$\eta_v = 1 - \left\{ \varepsilon_0 \left(\frac{P_2}{P_1} \right) - 1 \right\}$$

$$= 1 - 0.06 \left(\frac{8}{2} - 1 \right)$$

$$= 0.82$$

$$= 82\%$$

51 아세틸렌의 압축 시 분해폭발의 위험을 줄이기 위한 반응장치는? [설비 63]

① 겔로그 반응장치

② IG 반응장치

③ 파우더 반응장치

④ 레페 반응장치

 레페 반응장치

(1) 정의

C_2H_2을 압축하는 것은 극히 위험하므로 레페(W. Reppe)는 20년간 연구하여 종래 합성되지 않았던 극히 힘든 화합물의 제조를 가능하게 한 신반응을 이루었는데 이것을 '레페반응'이라 한다.

(2) 종류

㉠ 비닐화

㉡ 에티닐산

㉢ 환중합

㉣ 카르보닐화

(3) 반응온도 : 100~200℃

(4) 반응압력 : 30atm 이하

52 고압가스 특정제조시설에서 가스설비 공사 시 지반의 종류가 암반일 때의 허용지력도는? [안전 171]

① 0.1MPa ② 0.2MPa

③ 0.5MPa ④ 1MPa

 지반의 종류에 따른 허용응력 지지도(KGS Fp 111)

지반의 종류	허용응력 지지도 (MPa)	지반의 종류	허용응력 지지도 (MPa)
암반	1	조밀한 모래질 지반	0.2
단단히 응결된 모래층	0.5	단단한 점토질 지반	0.1
		점토질 지반	0.02
황토흙	0.3	단단한 롬(loam)층	0.1
조밀한 자갈층	0.3		
모래질 지반	0.05	롬(loam)층	0.005

53 최고충전압력이 7.3MPa, 동체의 내경이 236mm, 허용응력 240N/mm²인 용접용기 동판의 두께는 얼마인가? (단, 용접효율은 1, 부식여유는 고려하지 않는다.)

① 3mm

② 4mm

③ 5mm

④ 6mm

$$t = \frac{PD}{2sn - 1.2P} + c$$

$$= \frac{7.3 \times 326}{2 \times 240 \times 1 - 1.2 \times 7.3} + c = 5.05\text{mm}$$

54 압력 2MPa 이히의 고압기스 배관설비로서 곡관을 사용하기가 곤란한 경우 가장 적정한 신축이음매는?

① 벨로즈형 신축이음매

② 루프형 신축이음매

③ 슬리브형 신축이음매

④ 스위블형 신축이음매

 배관의 신축 흡수 조치(KGS FS 551)

곡관(bent pipe)을 사용한다. 다만, 압력이 2MPa 이하인 배관으로서 곡관을 사용하기가 곤란한 곳은 검사기관으로부터 성능을 인정받은 벨로즈형이나 슬라이드형 신축이음매를 사용할 수 있다.

55 35℃에서 최고충전압력이 15MPa로 충전된 산소용기의 안전밸브가 작동하기 시작하였다면 이때 산소용기 내의 온도는 약 몇 ℃인가?

① 137℃   ② 142℃

③ 150℃   ④ 165℃

$$\frac{P_1}{T_1} = \frac{P_2}{T_2}$$

여기서, P_1 : 15MPa

P_2 : 안전밸브작동압력 $15 \times \frac{5}{3} \times \frac{8}{10}$MPa

T_1 : $(273+35)$K

$\therefore T_2 = \frac{T_1 P_2}{P_1}$

$= \frac{(273+35) \times \left(15 \times \frac{5}{3} \times \frac{8}{10}\right)}{15} - 273$

$= 137.66$℃

56 LNG 저장탱크에서 주로 사용되는 보냉재가 아닌 것은?

① 폴리우레탄폼(PUF)

② PIR폼

③ PVC폼

④ 펄라이트

57 가스배관에 대한 설명 중 옳은 것은?

① SDR 21 이하의 PE 배관은 0.25MPa 이상 0.4MPa 미만의 압력에 사용할 수 있다.

② 배관의 규격 중 관의 두께는 스케줄 번호로 표시하는데 스케줄수 40은 살두께가 두꺼운 관을 말하고, 160 이상은 살두께가 가는 관을 나타낸다.

③ 강괴는 내재하는 수축공, 국부적으로 접합한 기포나 편석 등의 개재물이 압착되지 않고 충상이 균열로 남아 있어 강에 영향을 주는 현상을 라미네이션이라 한다.

④ 재료가 일정온도 이하의 저온에서 하중을 변화시키지 않아도 시간이 경과함에 따라 변형이 일어나고 끝내 파단에 이르는 것을 크리프현상이라 하고, 한계온도는 −20℃ 이하이다.

㉠ 가스용 PE관 SDR값

SDR	압 력
11 이하(1호)	0.4MPa 이하
17 이하(2호)	0.25MPa 이하
21 이하(3호)	0.2MPa 이하
SDR=D/T (D: 외경, T: 두께)	

㉡ SCH(스케줄 번호) : 숫자가 클수록 두께가 두꺼운 관

㉢ 크리프현상 : 재료가 어느 온도 이상(350℃)에서 시간과 더불어 변형이 증대되는 현상

58 수소가스의 용기에 의한 공급방법으로 가장 적절한 것은?

① 수소용기 → 압력계 → 압력조정기 → 압력계 → 안전밸브 → 차단밸브

② 수소용기 → 체크밸브 → 차단밸브 → 압력계 → 압력조정기 → 압력계

③ 수소용기 → 압력조정기 → 압력계 → 차단밸브 → 압력계 → 안전밸브

④ 수소용기 → 안전밸브 → 압력계 → 압력조정기 → 체크밸브 → 압력계

59 합성천연가스(SNG) 제조 시 납사를 원료로 하는 메탄의 합성 공정과 관련이 적은 설비는 어느 것인가?

① 탈황장치

② 반응기

③ 수첨분해탑

④ CO 변성로

대체천연가스(SNG) 공정

수소, 산소, 수분을 원료 탄화수소와 반응기에서 반응시켜 수증기 개질부분연소 수첨분해 등에 의해 가스화하고 메탄 합성(메타네이션), 탈황, 탈탄소 등의 공정과 병용, 천연가스의 성상과 거의 일치하게끔 가스를 제조하는 공정

60 내용적 120L의 LP가스 용기에 50kg의 프로판을 충전하였다. 이 용기 내부가 액으로 충만될 때의 온도를 [그림]에서 구한 것은?

① 37℃ ② 47℃
③ 57℃ ④ 67℃

비용적 $= \dfrac{120L}{50kg} = 2.4L/kg$

∴ 2.4와 연결온도 67℃

제4과목 가스안전관리

61 보일러의 파일럿(pilot)버너 또는 메인(main)버너의 불꽃이 접촉할 수 있는 부분에 부착하여 불이 꺼졌을 때 가스가 누출되는 것을 방지하는 안전장치의 방식이 아닌 것은 어느 것인가? [설비 49]

① 바이메탈(bimetal)식
② 열전대(thermocouple)식
③ 플레임로드(flame rod)식
④ 퓨스메탈(fuse metal)식

연소 시 불꽃이 꺼졌을 때 가스가 누출되는 것이 방지되는 소화안전장치의 형식에는 열전대식, 바이메탈식, 플레임로드식이 있다.

62 가스누출자동차단기의 제조에 대한 설명으로 옳지 않은 것은?

① 고압부 몸통의 재료는 단조용 황동봉을 사용한다.
② 관 이음부의 나사치수는 KSB 0222(관용 테이퍼나사)에 따른다.

③ 저압부 몸통의 재료는 아연합금 또는 알루미늄합금 다이캐스팅을 사용한다.
④ 과류차단 성능은 유량이 표시유량의 1.5배 범위 이내일 때 차단되어야 한다.

가스누출자동차단기(KGS AA 633)
가스누출자동차단기의 과류차단 성능은 차단장치를 시험장치에 연결하고 유량이 표시유량의 1.1배 범위 이내일 때 차단되는 것으로 하고 가스계량기 출구측 밸브를 일시에 완전 개방하여 10회 이상 작동하였을 때 누출량이 매회 200mL 이하인 것으로 한다.

63 차량에 고정된 탱크의 안전운행기준으로 운행을 완료하고 점검하여야 할 사항이 아닌 것은?

① 밸브의 이완상태
② 경계표지 및 휴대품 등의 손상유무
③ 부속품 등의 볼트 연결상태
④ 자동차 운행등록허가증 확인

차량에 고정된 탱크의 안전운행기준(KGS GC 206)
(1) 운행 전 조치사항
   차량에 고정된 탱크를 운행하고자 할 경우에는 사전에 차량 및 탑재기기 탱크와 그 부속품, 휴대품 등을 점검하여 이상이 없을 때 운행한다.
(2) 운행 중 조치사항
   ㉠ 적재할 가스의 특성으로 차량의 구조 탱크 및 부속품의 종류와 성능 정비점검의 요령 운행 및 주차 시의 안전조치와 재해 발생 시에 취해야 할 조치를 잘 알아둔다.
   ㉡ 도로교통법을 준수하고, 운행경로는 이동통로표에 따라 번화가 사람이 많은 곳을 피하여 운전한다.
   ㉢ 운행 중, 정차 시에도 허용장소 이외에는 담배를 피우거나 그 밖의 화기를 사용하지 아니한다.
(3) 운행 종료 시 조치사항
   ㉠ 밸브 등의 이완이 없도록 한다.
   ㉡ 경계표지와 휴대품 등의 손상이 없도록 한다.
   ㉢ 부속품 등의 볼트의 연결상태가 양호하도록 한다.
   ㉣ 높이 검지봉과 부속배관이 적절하게 부착되어 있도록 한다.
   ㉤ 가스의 누출 등 이상유무를 점검하고 이상 시는 보수를 하거나 위험을 방지하는 조치를 한다.

64 차량에 고정된 탱크에 의하여 고압가스를 운반할 때 설치하여야 하는 소화설비의 기준 중 틀린 것은? [안전 8]

① 가연성 가스는 분말소화제 사용
② 산소는 분말소화제 사용
③ 가연성 가스의 소화기 능력단위는 BC용 B – 10 이상
④ 산소의 소화기 능력단위는 ABC용 B – 12 이상

65 다음 중 가연성 가스이면서 독성 가스가 아닌 것은?

① 수소
② 시안화수소
③ 황화수소
④ 일산화탄소

 독성 · 가연성 가스
아크릴로니트릴, 벤젠, 시안화수소, CO, NH_3, C_2H_4O, CH_3Cl, H_2S, CS_2, 석탄가스, CH_3Br

66 도시가스용 압력조정기에 표시하여야 할 사항이 아닌 것은?

① 제조자명 또는 그 약호
② 입구 압력범위
③ 품질보증기관
④ 가스의 공급방향

 도시가스용 압력조정기에 표시하는 사항 (KGS AA 431)
㉠ 형식 모델명
㉡ 사용가스
㉢ 제조자명, 수입자명, 그 약호
㉣ 제조년월 또는 제조(로트)번호
㉤ 입구 압력범위(단위 : MPa)
㉥ 출구 압력범위 및 설정압력(단위 : kPa 또는 MPa)
㉦ 최대표시유량(단위 : Nm^3/h)
㉧ 안전장치 작동압력(단위 : MPa 또는 kPa)
㉨ 관 연결부 호칭지름
㉩ 품질보증기간
㉪ 가스의 공급방향

67 매몰형 폴리에틸렌 볼밸브의 사용압력으로 옳은 것은? [안전 174]

① 0.4MPa 이하
② 0.6MPa 이하
③ 0.8MPa 이하
④ 1MPa 이하

68 가연성 가스가 폭발할 위험이 있는 농도에 도달할 우려가 있는 장소로서 "2종 장소"에 해당되지 않는 것은? [연소 14]

① 상용의 상태에서 가연성 가스의 농도가 연속해서 폭발하한계 이상으로 되는 장소
② 밀폐된 용기가 그 용기의 사고로 인해 파손될 경우에만 가스가 누출할 위험이 있는 장소
③ 환기장치에 이상이나 사고가 발생한 경우에는 가연성 가스가 체류하여 위험하게 될 우려가 있는 장소
④ 1종 장소의 주변에서 위험한 농도의 가연성 가스가 종종 침입할 우려가 있는 장소

 ① 0종 장소에 대한 설명이다.

69 고압가스 용기제조 기술기준에 대한 설명으로 옳지 않은 것은?

① 용기는 열처리(비열처리 재료로 제조한 용기의 경우에는 열가공)를 한 후 세척하여 스케일 · 석유류 그 밖의 이물질을 제거할 것
② 용접용기 동판의 최대두께와 최소두께의 차이는 평균두께의 20% 이하로 할 것
③ 열처리 재료로 제조하는 용기는 열가공을 한 후 그 재료 및 두께에 따라서 적당한 열처리를 한 것
④ 초저온용기는 오스테나이트계 스테인리스강 또는 티타늄합금으로 제조할 것

해설 고압가스 용기제조 기술기준

㉠ 고압가스 용접용기 동판의 최대두께와 최소두께의 차이는 평균두께의 10% 이하(KGS AC 211)로 할 것

㉡ 고압가스 이음매 없는 동체의 최대두께와 최소두께의 차이는 평균두께의 20%이다.

㉢ 초저온용기는 오스테나이트계 스테인리스강 또는 알루미늄합금으로 제조할 것

70 고압가스용 안전밸브 중 공칭밸브의 크기가 80A일 때 최소내압시험 유지시간은 얼마인가?

① 60초
② 180초
③ 300초
④ 540초

해설 고압가스용 안전밸브의 공칭밸브 크기에 따른 내압시험 유지시간(KGS AA 319)(p6)

공칭밸브의 크기	최소시험 유지시간(초)
50A 이하	15
65A 이상 200A 이하	60
250A 이상	180

71 독성 가스 제조시설의 시설기준에 대한 설명으로 틀린 것은? [안전 53]

① 독성 가스 제조설비에는 그 가스가 누출될 때 이를 흡수 또는 중화할 수 있는 장치를 설치한다.
② 독성 가스 제조시설에는 풍향계를 설치한다.
③ 저장능력이 1천톤 이상인 독성 가스의 저장탱크 주위에는 방류둑을 설치한다.
④ 독성 가스 저장탱크에는 가스충전량이 그 저장탱크 내용적의 90%를 초과하는 것을 방지한다.

해설 저장능력별 방류둑 설치기준

고압가스안전관리법				액화석유가스안전관리법	냉동제조	도시가스안전관리법	
	가연성					가스도매사업	일반도시가스사업
독성	특정제조	일반제조	산소	1000t 이상	수액기 용량 10000L 이상		
5t 이상	500t 이상	1000t 이상	1000t 이상			500t 이상	1000t 이상

72 가스누출경보 및 자동차단장치의 기능에 대한 설명으로 옳은 것은? [안전 67]

① 경보 농도는 가연성 가스의 폭발하한계 이하, 독성 가스는 TLV – TWA 기준 농도 이하로 한다.
② 경보를 발신한 후에는 원칙적으로 분위기가스 중 가스 농도가 변화하여도 계속 경보를 울리고 대책을 강구함에 따라 정지되는 것으로 한다.
③ 경보기의 정밀도는 경보 농도 설정치에 대하여 가연성 가스용에서는 10% 이하, 독성 가스용에서는 ±20% 이하로 한다.
④ 검지에서 발신까지 걸리는 시간은 경보 농도의 1.2배 농도에서 20초 이내로 한다.

73 액화석유가스용 강제 용기 스커트의 재료를 KSD 3533 SG 295 이상의 재료로 제조하는 경우에는 내용적이 25L 이상 50L 미만인 용기는 스커트의 두께를 얼마 이상으로 할 수 있는가?

① 2mm
② 3mm
③ 3.6mm
④ 5mm

정답 70.① 71.③ 72.② 73.②

고압가스 용접용기의 검사기준(KGS AC 211)
(액화석유가스 강제 용기 스커트의 두께)
㉠ 스커트를 KSD 3533 SG 295 이상의 강도 성질을 갖는 재료로 제조 시 내용적에 따른 스커트 두께

내용적	두께
20L 이상 50L 미만	3.0mm 이상
50L 이상 125L 미만	4.0mm 이상

㉡ 그 이외의 용기 종류에 따른 스커트 직경, 두께, 아랫면 간격

용기의 내용적	직경	두께	아랫면 간격
20L 이상 25L 미만	용기동체 직경의 80% 이상	3mm 이상	10mm 이상
25L 이상 50L 미만		3.6mm 이상	15mm 이상
50L 이상 125L 미만		5mm 이상	15mm 이상

74 2단 감압식 1차용 조정기의 최대폐쇄압력은 얼마인가? **[안전 17]**

① 3.5kPa 이하
② 50kPa 이하
③ 95kPa 이하
④ 조정압력의 1.25배 이하

 조정기의 최대폐쇄압력(KGS AA 434)

조정기 종류	폐쇄압력
1단 감압식 저압, 2단 감압식 2차용 자동절체식 일체형 저압	3.5kPa 이하
2단 감압식 1차용	95kPa 이하
1단 감압식 준저압, 자동절체식 일체형 준저압 및 그 밖의 조정기	조정압력의 1.25배 이하

75 가스누출 경보차단장치의 성능시험 방법으로 틀린 것은?

① 경보차단장치는 가스를 검지한 상태에서 연속경보를 울린 후 30초 이내에 가스를 차단하는 것으로 한다.

② 교류전원을 사용하는 경보차단장치는 전압이 정격전압의 90% 이상 110% 이하일 때 사용에 지장이 없는 것으로 한다.
③ 내한시험 시 제어부는 −25℃ 이하에서 1시간 이상 유지한 후 5분 이내에 작동시험을 실시하여 이상이 없어야 한다.
④ 전자밸브식 차단부는 35kPa 이상의 압력으로 기밀시험을 실시하여 외부 누출이 없어야 한다.

 가스누출 경보차단장치 성능시험(KGS AA 632)
(3.8.1.8.1)
내한성능 : 제어부는 −10℃ 이하(상대습도 90% 이상)에서 1시간 이상 유지한 후 10분 이내에 작동시험을 실시하여 이상이 없는 것으로 한다.

76 액화석유가스 용기 저장소의 바닥면적이 25m² 라 할 때 적당한 강제환기설비의 통풍능력은? **[안전 123]**

① 2.5m³/min 이상
② 12.5m³/min 이상
③ 25.0m³/min 이상
④ 50.0m³/min 이상

 강제환기시설 통풍능력 $1m^2$당 $0.5m^3$/min이므로 $25m^2 \times 0.5m^3/min(m^2) = 12.5m^3/min$이다.

77 가연성 가스와 산소의 혼합가스에 불활성 가스를 혼합하여 산소 농도를 감소해가면 어떤 산소 농도 이하에서는 점화하여도 발화되지 않는다. 이때의 산소 농도를 한계산소 농도라 한다. 아세틸렌과 같이 폭발범위가 넓은 가스의 경우 한계산소농도는 약 몇 %인가?

① 2.5%
② 4%
③ 32.4%
④ 81%

 폭발범위가 넓은 가스의 한계산소농도는 4% 이하

78 가스누출경보 및 자동차단장치의 기능에 대한 설명으로 틀린 것은? [안전 67]

① 독성 가스의 경보 농도는 TLV-TWA 기준 농도 이하로 한다.

② 경보 농도 설정치는 독성 가스용에서는 ±30% 이하로 한다.

③ 가연성 가스 경보기는 모든 가스에 감응하는 구조로 한다.

④ 검지에서 발신까지 걸리는 시간은 경보 농도의 1.6배 농도에서 보통 30초 이내로 한다.

79 액화석유가스 용기의 안전점검기준 중 내용적 얼마 이하의 용기의 경우에 '실내 보관금지' 표시여부를 확인하는가?

① 1L   ② 10L

③ 15L   ④ 20L

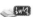

용기의 안전점검기준(액화석유가스 시행규칙 별표 14)

㉠ 용기 내외면 점검 부식금 주름이 있는지 확인
㉡ 용기에 도색 및 표시가 되어 있는지 확인
㉢ 용기에 스커트에 찌그러짐이 있는 적정 간격을 유지하고 있는지 확인
㉣ 유통 중 열영향을 받았는지 열영향을 받은 용기는 재검사 실시
㉤ 캡이나 프로텍터 부착여부 확인
㉥ 재검사 기간 도래여부 확인
㉦ 아랫부분 부식상태 확인
㉧ 밸브 몸통 충전구나사 안전밸브 등이 홈주름 스트링 부식여부 확인
㉨ 밸브 그랜드 너트에 고정핀을 수용했는지 확인
㉩ 내용적 15L 이하 용기(용기내장형 난방용기는 1L 이하 이동식 부탄용기 제외)에 실내 보관금지 표시 확인

80 다음 중 최고충전압력의 정의로서 틀린 것은 어느 것인가? [안전 52]

① 압축가스 충전용기(아세틸렌가스 제외)의 경우 35℃에서 용기에 충전할 수 있는 가스의 압력 중 최고압력

② 초저온용기의 경우 상용압력 중 최고압력

③ 아세틸렌가스 충전용기의 경우 25℃에서 용기에 충전할 수 있는 가스의 압력 중 최고압력

④ 저온용기 외의 용기로서 액화가스를 충전하는 용기의 경우 내압시험압력의 3/5배의 압력

③ 아세틸렌의 경우 15℃에서 용기에 충전할 수 있는 가스의 압력 중 최고의 압력

제5과목 가스계측

81 다음 중 계량의 기준이 되는 기본단위가 아닌 것은? [계측 36]

① 길이   ② 온도

③ 면적   ④ 광도

기본단위

길이(m), 질량(kg), 시간(s), 전류(A), 물질량(mol), 온도(K), 광도(cd)

82 건조공기 120kg에 6kg의 수증기를 포함한 습공기가 있다. 온도가 49℃이고, 전체 압력이 750mmHg일 때의 비교습도는 약 얼마인가? (단, 49℃에서의 포화수증기압은 88.02mmHg이다.)

① 30%   ② 40%

③ 50%   ④ 60%

$$x = \frac{\gamma_w}{\gamma_a} = \frac{P_w/R_w T}{P_a/R_a T} = \frac{P_w/47.06}{(P-P_w)/29.27}$$

$$\therefore \ x = 0.622 \times \frac{P_w}{P-P_w} \ (P_w = \phi P_s)$$

여기서, P_w : 수증기분압
        P : 대기압
        x : 절대습도

$$\therefore \ \frac{6}{120} = 0.622 \times \frac{P_w}{P-P_w} \ 에서$$

$$P_w \times 120 \times 0.622 = 6P - 6P_w$$

$$\therefore \ P_w = \frac{6P}{120 \times 0.622 + 6} \ (P = 750)$$

$$= 55.80 \text{mmHg}$$

$$\phi = \frac{P_w}{P_s} = \frac{55.80}{88.02} \fallingdotseq 0.634$$

(P_s : 동일온도 포화습공기의 수증기 분압)

$$\therefore \ \psi(\text{포화도})$$
$$= \phi \frac{P - P_s}{P - \phi P_s}$$
$$= 0.634 \times \frac{750 - 88.02}{750 - 55.80} (P_w = \phi P_s)$$
$$= 0.604 \fallingdotseq 60\%$$

83 다음 중 열선식 유량계에 해당하는 것은?

① 델타식 ② 에뉴바식
③ 스웰식 ④ 토마스식

열선식 유량계(= 토마스식 유량계)
유체를 가열한 물체에 접촉시키면 유체는 물체에 열에너지를 빼앗아 온도가 올라가는 원리를 이용 단위시간에 이동하는 열량
= 질량유량 × 정압비열 × 온도차

84 금속(bimetal) 온도계의 특징에 대한 설명으로 옳지 않은 것은?

① 온도 지시를 바로 읽을 수 있다.
② 구조가 간단하고, 보수가 쉽다.
③ 히스테리시스 발생의 우려가 없다.
④ 보호판을 내압구조로 하면 압력용기 내의 온도를 측정할 수 있다.

바이메탈 온도계
열팽창계수가 다른 금속판을 이용, 측정물체를 접촉하여 열팽창계수에 따라 휘어지는 정도를 눈금으로 표시
(1) 측정원리 : 열팽창계수
(2) 특징
　㉠ 구조가 간단하다.
　㉡ 보수가 용이하고, 내구성이 있다.
　㉢ 온도값을 직독할 수 있다.
　㉣ 오차(히스테리시스) 발생의 우려가 있다.

85 화학발광검지기(Chemiluminescence detector)는 Ar gas가 carrier 역할을 하는 고온(800 ~900℃)으로 유지된 반응관 내에 시료를 주입시키면, 시료 중의 화합물이 열분해된 후 O_2가스로 산화된다. 이때 시료 중의 화합물은?

① 수소 ② 이산화탄소
③ 질소 ④ 헬륨

86 내경이 25cm인 원관에 지름이 15cm인 오리피스를 붙였을 때, 오리피스 전후의 압력수두차가 1kgf/m²이었다. 이때 유량은 약 몇 m³/s인가? (단, 유량계수는 0.85이다.)

① 0.021 ② 0.047
③ 0.067 ④ 0.084

87 측정치가 일정하지 않고 분포현상을 일으키는 흩어짐(dispersion)이 원인이 되는 오차는?

① 개인오차 ② 환경오차
③ 이론오차 ④ 우연오차

① 개인오차(판단오차) : 개인의 버릇, 판단으로 생긴 오차
② 환경오차 : 온도, 압력, 습도 등 측정환경의 변화에 의하여 측정기나 측정량이 규칙적으로 변하기 때문에 생기는 오차
③ 이론오차(방법오차) : 사용하는 공식이나 근사 계산 등으로 생기는 오차
④ 우연오차 : 우연하고도 필연적으로 생기는 오차, 노력하여도 소용이 없으며 상대적 분포현상을 가진 측정값을 나타낸다. 이러한 분포현상을 산포라 하고 산포로 생기는 오차

88 가스보일러의 자동연소제어에서 조작량에 해당되지 않는 것은?

① 연료량 ② 증기압력
③ 연소가스량 ④ 공기량

조작량
제어량을 조정하기 위해 제어장치가 제어대상으로 주는 양
보일러의 자동제어

제어장치 명칭	제어량	조작량
급수제어(FWC)	보일러 수위	급수량
연소제어(ACC)	증기압력, 노 내의 압력	연료량, 공기량, 연소가스량
과열증기 온도제어(STC)	증기온도	전열량

89 배기가스 100mL를 채취하여 KOH 30% 용액에 흡수된 양이 15mL이었고, 알칼리성 피로카롤 용액을 통과 후 70mL가 남았으며, 암모니아성 염화제1구리에 흡수된 양은 1mL이었다. 이때 가스 중 CO_2, CO, O_2는 각각 몇 %인가? 　　　　　　[계측 1]

① CO_2 : 15%,　CO : 5%,　O_2 : 1%
② CO_2 : 1%,　CO : 15%,　O_2 : 15%
③ CO_2 : 15%,　CO : 1%,　O_2 : 15%
④ CO_2 : 15%,　CO : 15%,　O_2 : 1%

㉠ $CO_2 = \dfrac{100 - 85}{100} \times 100 = 15\%$

㉡ $O_2 = \dfrac{85 - 70}{100} \times 100 = 15\%$

㉢ $CO = \dfrac{70 - 69}{100} \times 100 = 1\%$

참고 오르자트법 가스의 흡수액
 • CO_2 : 30% KOH 용액
 • O_2 : 알칼리성 피로카롤 용액
 • CO : 암모니아성 염화제1동 용액

90 밸브를 완전히 닫힌 상태로부터 완전히 열린 상태로 움직이는 데 필요한 오차의 크기를 의미하는 것은?

① 잔류편차　　　　② 비례대
③ 보정　　　　　　④ 조작량

91 다음 분석법 중 LPG의 성분 분석에 이용될 수 있는 것을 모두 나열한 것은?

　㉠ 가스 크로마토그래피법
　㉡ 저온정밀 증류법
　㉢ 적외선 분광분석법

① ㉠　　　　　　　② ㉠, ㉡
③ ㉡, ㉢　　　　　④ ㉠, ㉡, ㉢

92 계량 관련법에서 정한 최대유량 $10m^3/h$ 이하인 가스미터의 검정유효기간은?

① 1년　　　　　　② 2년
③ 3년　　　　　　④ 5년

가스미터 검정유효기간
 ㉠ 기준 가스미터 : 2년
 ㉡ LPG 가스미터 : 3년
 ㉢ 최대유량 $10m^3/h$ 이하 가스미터 : 5년
 ㉣ 그 밖의 가스미터 : 8년

93 가스 정량분석을 통해 표준상태의 체적을 구하는 식은? (단, V_0 : 표준 상태의 체적, V : 측정 시 가스의 체적, P_0 : 대기압, P_1 : $t(℃)$의 증기압이다.)

① $V_0 = \dfrac{760 \times (273 + t)}{V(P_1 - P_0) \times 273}$

② $V_0 = \dfrac{V(273 + t) \times 273}{760 \times (P_1 - P_0)}$

③ $V_0 = \dfrac{V(P_1 - P_0) \times 273}{760 \times (273 + t)}$

④ $V_0 = \dfrac{V(P_1 - P_0) \times 760}{273 \times (273 + t)}$

(1) 정량분석
　㉠ 분석결과는 체적백분율(%)로 나타냄
　㉡ 0℃, 760mmHg에서 분석
　㉢ $V_0 = \dfrac{V(P_1 - P_0) \times 273}{760 \times (273 + t)}$
　　여기서, V_0 : 표준상태 체적
　　　　　　V : 측정 시 가스체적
　　　　　　P_1 : $t(℃)$ 증기압
　　　　　　P_0 : 대기압
(2) 정성분석 : 미량의 유독가스 존재, 공장에서 가스누설 단일가스 중 미량의 불순가스 혼입 시 가스특성을 이용하여 검출하는 방법
　㉠ 색, 냄새로 판별
　㉡ 흡수법, 연소법의 정량법은 그대로 정성분석에 이용
　㉢ 유독가스의 검지에는 시험지 사용

94 전자유량계의 특징에 대한 설명 중 가장 거리가 먼 내용은?

① 액체의 온도, 압력, 밀도, 점도의 영향을 거의 받지 않으며, 체적유량의 측정이 가능하다.
② 측정관 내에 장애물이 없으며, 압력 손실이 거의 없다.
③ 유량계 출력은 유량에 비례한다.
④ 기체의 유량측정이 가능하다.

전자유량계
(1) 자계 속에 도전성 액체가 흐를 때 그 액체 내에 기전력이 발생된다는 패러데이 전자유도법칙에 의해 유량을 측정
(2) 특징
　㉠ 도전성 액체의 유량측정에 사용한다.
　㉡ 압력손실이 없다.
　㉢ 내식성이 좋다.
　㉣ 압력, 온도, 밀도, 점도의 영향이 없다.
　㉤ 정도 ±1%이다.
　㉥ 미소한 측정 전압에는 고성능 증폭기가 필요하다.

95 습한 공기 205kg 중 수증기가 35kg 포함되어 있다고 할 때 절대습도는 약 얼마인가? (단, 공기와 수증기의 분자량은 각각 29, 18이다.)
① 0.106　② 0.128
③ 0.171　④ 0.206

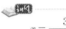
$$x = \frac{35}{205-35} = 0.206$$

96 다음 [그림]이 나타내는 제어동작은?

① 비례미분동작
② 비례적분미분동작
③ 미분동작
④ 비례적분동작

P(비례), D(미분) 동작

97 LPG 저장탱크 내 액화가스의 높이가 2.0m일 때, 바닥에서 받는 압력은 약 몇 kPa인가? (단, 액화석유가스 밀도는 0.5g/cm³이다.)
① 1.96　② 3.92
③ 4.90　④ 9.80

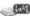
$$P = 0.5 \times 10^{-3} \text{kg/cm}^3 \times 200\text{cm} = 0.1\text{kg/cm}^2$$
$$\therefore \frac{0.1}{1.033} \times 101.325\text{kPa} = 9.8\text{kPa}$$

98 와류유량계(vortex flow meter)의 특성에 해당하지 않는 것은?
① 계량기 내에서 와류를 발생시켜 초음파로 측정하여 계량하는 방식
② 구조가 간단하여 설치, 관리가 쉬움
③ 유체의 압력이나 밀도에 관계없이 사용 가능
④ 가격이 경제적이나, 압력손실이 큰 단점이 있음

와류유량계
소용돌이(와류)를 이용하여 그때 발생되는 주파수의 특성이 유속과 비례하는 원리로 유량을 측정한다. 가격이 고가이며 압력손실이 작다. 정도가 높고 유량측정범위가 넓다. 점도가 높은 유체 및 슬러지 발생이 많은 유체에 사용이 불가능하다.

99 부유 피스톤압력계로 측정한 압력이 20kg/cm² 였다. 이 압력계의 피스톤 지름이 2cm, 실린더 지름이 4cm일 때 추와 피스톤의 무게는 약 몇 kg인가?
① 52.6　② 62.8
③ 72.6　④ 82.8

$$P = \frac{w}{A}$$
$$\therefore w = PA = 20\text{kg/cm}^2 \times \frac{\pi}{4} \times (2\text{cm})^2 = 62.83\text{kg}$$

100 22℃의 1기압 공기(밀도 1.21kg/m³)가 덕트를 흐르고 있다. 피토관을 덕트 중심부에 설치하고 물을 봉액으로 한 U자관 마노미터의 눈금이 4.0cm였다면, 이 덕트 중심부의 풍속은 약 몇 m/s인가?
① 25.5　② 30.8
③ 56.9　④ 97.4

$$V = \sqrt{2gh}$$
$$= \sqrt{2 \times 9.8 \times 0.04 \times \left(\frac{1000-1.21}{1.21}\right)} \fallingdotseq 25.5\text{m/s}$$

CBT 기출복원문제

01 가스기사

수험번호 :	※ 제한시간 : 150분
수험자명 :	※ 남은시간 :

글자 크기 100% 150% 200%   화면 배치 ▭▭▭

전체 문제 수 :	**답안 표기란**
안 푼 문제 수 :	① ② ③ ④

제1과목 가스유체역학

01 동점성계수가 각각 $1.1 \times 10^{-6} m^2/s$, $1.5 \times 10^{-5} m^2/s$인 물과 공기가 지름 10cm인 원형관 속을 10cm/s의 속도로 각각 흐르고 있을 때, 물과 공기의 유동을 옳게 나타낸 것은?

① 물 : 층류, 공기 : 층류
② 물 : 층류, 공기 : 난류
③ 물 : 난류, 공기 : 층류
④ 물 : 난류, 공기 : 난류

㉠ $Re_1 = \dfrac{VD}{\nu_1} = \dfrac{0.1 \times 0.1}{1.1 \times 10^{-6}} = 9090$
(2100보다 크므로 난류)

㉡ $Re_2 = \dfrac{VD}{\nu_2} = \dfrac{0.1 \times 0.1}{1.5 \times 10^{-5}} = 666.66$
(2100보다 적으므로 층류)

02 충격파의 유동 특성을 나타내는 Fanno 선도에 대한 설명 중 옳지 않은 것은?

① Fanno 선도는 열역학 제1법칙, 연속방정식, 상태방정식으로부터 얻을 수 있다.
② 질량 유량이 일정하고 정체 엔탈피가 일정한 경우에 적용된다.
③ Fanno 선도는 정상상태에서 일정 단면 유로를 압축성 유체가 외부와 열교환하면서 마찰없이 흐를 때 적용된다.
④ 일정 질량유량에 대하여 Mach수를 parameter로 하여 작도한다.

Fanno의 방정식

단면적 A인 관을 통과 시 질량유량이 $m = \rho AV$ 이므로

$$\frac{m}{A} = \rho V = \frac{P}{RT} V$$

$$\rho = \frac{P}{RT} = \frac{P}{\sqrt{T_o}} \sqrt{\frac{K}{R} \times \frac{V}{\sqrt{KRT}}} \times \sqrt{\frac{T_o}{T}}$$

$$\frac{m}{A} = \frac{P}{\sqrt{T_o}} \sqrt{\frac{K}{R}} \times M \times \sqrt{1 + \frac{K-1}{2} M^2}$$

$$M = \frac{V}{\sqrt{KRT}}$$

여기서, P : 압력, T_o : 처음온도, R : 기체상수, K : 단열지수, M : 마하수

참고문제 $V=0$, $P=7N/cm^2$, $t=40℃$의 공기를 축소 확대관을 통하여 축소부 ①, 확대부 ②의 M1=1가 되는 경우의 유량(kgf/s)은? (단, A의 면적은 1000cm^{2}이며, 공기의 $R=287Nm/kg \cdot K$, $K=1.4$이다.)

풀이

$$m = A \times \left[\frac{P}{\sqrt{T_o}} \cdot \sqrt{\frac{K}{R}} \times M \times \sqrt{1 + \frac{K-1}{2} \times M^2} \right]$$
$$= 1000 \times 10^{-4}$$
$$\left[\frac{7 \times 10^4}{\sqrt{(273+40)}} \sqrt{\frac{1.4}{287}} \times \sqrt{1 + \frac{1.4-1}{2} \times 1^2} \right]$$
$$= 30.27 kgf/s$$

03 기체수송에 사용되는 기계들이 줄 수 있는 압력차를 크기 순서로 옳게 나타낸 것은?

① 팬(fan) < 압축기 < 송풍기(blower)
② 송풍기(blower) < 팬(fan) < 압축기
③ 팬(fan) < 송풍기(blower) < 압축기
④ 송풍기(blower) < 압축기 < 팬(fan)

정답   01.③   02.③   03.③

해설
ㄱ 팬(fan) : 1000mmHg 미만
ㄴ 송풍기(blower) : 1000mmH₂O~1kg/cm² · g 미만
ㄷ 압축기(compressure) : 1kg/cm² · g 이상

04 [그림]과 같이 유체의 흐름방향을 따라서 단면적이 감소하는 영역(Ⅰ)과 증가하는 영역(Ⅱ)이 있다. 단면적의 변화에 따른 유속의 변화에 대한 설명으로 옳은 것을 모두 나타낸 것은? (단, 유동은 마찰이 없는 1차원 유동이라고 가정한다.)

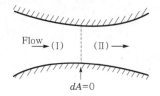

ㄱ 비압축성 유체인 경우 영역(Ⅰ)에서는 유속이 증가하고, (Ⅱ)에서는 감소한다.
ㄴ 압축성 유체의 아음속 유동(subsonic flow)에서는 영역(Ⅰ)에서 유속이 증가한다.
ㄷ 압축성 유체의 초음속 유동(supersonic flow)에서는 영역(Ⅱ)에서 유속이 증가한다.

① ㄱ, ㄴ   ② ㄱ, ㄷ
③ ㄴ, ㄷ   ④ ㄱ, ㄴ, ㄷ

05 [그림]과 같은 사이펀을 통하여 나오는 물의 질량유량은 약 몇 kg/s인가? (단, 수면은 항상 일정하다.)

① 1.21   ② 2.41
③ 3.61   ④ 4.83

해설
$$G = \gamma A V$$
$$= 1000 \text{kgf/m}^3 \times \frac{\pi}{4} \times (0.02\text{m})^2 \times \sqrt{2 \times 9.8 \times 3}$$
$$= 2.41 \text{kgf/s}$$
$$= 2.41 \text{kg/s}$$

06 안지름 20cm의 원관 속을 비중이 0.83인 유체가 층류(laminar flow)로 흐를 때 관중심에서의 유속이 48cm/s라면 관벽에서 7cm 떨어진 지점에서의 유체의 속도(cm/s)는 어느 것인가?

① 25.52
② 34.68
③ 43.68
④ 46.92

해설
$u = u_{\max} \times \left(1 - \dfrac{r^2}{r_o^2}\right)$ 에서

$r_o = 20 \times \dfrac{1}{2} = 10\text{cm}$

r =관벽에서 7cm 떨어진 것은
관중심 10cm − 7cm = 3cm
관중심에서 3cm 떨어진 장소이므로

$$u = u_{\max} \times \left(1 - \frac{r^2}{r_o^2}\right)$$
$$48 \times \left(1 - \frac{3^2}{10^2}\right) = 43.68\text{cm/s}$$

07 비점성 유체에 대한 설명으로 옳은 것은?

① 유체유동 시 마찰저항이 존재하는 유체이다.
② 실제유체를 뜻한다.
③ 유체유동 시 마찰저항이 유발되지 않는 유체를 뜻한다.
④ 전단응력이 존재하는 유체흐름을 뜻한다.

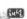
유체의 점성에 의한 분류

이상유체(비점성)	실제유체(점성)
• 점성이 없거나 0에 가까운 유체	• 점성이 있는 대부분의 실존유체
• 편의상 가정된 유체	• Newton 유체와 비Newton 유체
• $PV_s = RT$를 만족하는 유체	

08 직각좌표계에 적용되는 가장 일반적인 연속방정식은 $\dfrac{\partial \rho}{\partial t} + \dfrac{\partial (\rho u)}{\partial x} + \dfrac{\partial (\rho v)}{\partial y} + \dfrac{\partial (\omega w)}{\partial z} = 0$으로 주어진다. 다음 중 정상상태(steady state)의 유동에 적용되는 연속방정식은?

① $\dfrac{\partial \rho}{\partial t} + \dfrac{\partial (\rho u)}{\partial x} + \dfrac{\partial (\rho v)}{\partial y} + \dfrac{\partial (\rho w)}{\partial z} = 0$

② $\dfrac{\partial (\rho u)}{\partial x} + \dfrac{\partial (\rho v)}{\partial y} + \dfrac{\partial (\rho w)}{\partial z} = 0$

③ $\dfrac{\partial u}{\partial x} + \dfrac{\partial v}{\partial y} + \dfrac{\partial w}{\partial z} = 0$

④ $\dfrac{\partial \rho}{\partial t} + \rho \dfrac{\partial u}{\partial x} + \rho \dfrac{\partial v}{\partial y} + \rho \dfrac{\partial w}{\partial z} = 0$

일반적 연속방정식

x, y, z의 각 방향으로 들어간 질량과 나온 질량 차이는 그 일정 체적 내에서 시간의 변화에 따른 질량의 변화량

㉠ 원식

$\dfrac{\partial (\rho u)}{\partial x} + \dfrac{\partial (\rho v)}{\partial y} + \dfrac{\partial (\rho w)}{\partial z} = -\dfrac{\partial (\rho)}{\partial t}$

ρu, ρv, ρw : x, y, z방향의 실량유량

㉡ 정상류의 경우

$\dfrac{\partial (\rho u)}{\partial x} + \dfrac{\partial (\rho v)}{\partial y} + \dfrac{\partial (\rho w)}{\partial z} = 0$

(시간에 따른 질량변화 없음)

㉢ 정상류이면서 비압축성의 경우

$\dfrac{\partial u}{\partial x} + \dfrac{\partial v}{\partial y} + \dfrac{\partial w}{\partial z} = 0$

(x, y, z방향의 밀도가 일정)

㉣ 정상류이면서 비압축성 2차원 흐름일 경우

$\dfrac{\partial u}{\partial x} + \dfrac{\partial v}{\partial y} = 0$

(z방향의 속도성분 w가 없음)

09 아음속 등엔트로피 흐름의 축소 – 확대 노즐에서 확대되는 부분에서의 변화로 옳은 것은? [유체 3]

① 속도는 증가하고, 밀도는 감소한다.
② 압력 및 밀도는 감소한다.
③ 속도 및 밀도는 증가한다.
④ 압력은 증가하고, 속도는 감소한다.

축소 – 확대 노즐에서의 흐름

아음속의 축소노즐=초음속 확대노즐
(아음속 확대노즐=초음속 축소노즐)

마하수 노즐 구분 물리량 종류	M<1 아음속		M>1 초음속	
	축소	확대	축소	확대
M(마하수)	증가	감소	감소	증가
u(속도)	증가	감소	감소	증가
p(압력)	감소	증가	증가	감소
T(온도)	감소	증가	증가	감소
ρ(밀도)	감소	증가	증가	감소

10 압축성 유체의 1차원 유동에서 수직충격파 구간을 지나는 기체 성질의 변화로 옳은 것은 어느 것인가? [유체 21]

① 속도, 압력, 밀도가 증가한다.
② 속도, 온도, 밀도가 증가한다.
③ 압력, 밀도, 온도가 증가한다.
④ 압력, 밀도, 단위시간당 운동량이 증가한다.

충격파

정의		초음속 흐름이 갑자기 아음속 흐름으로 변하게 되는 경우 이때 발생되는 불연속면
종류	수직 충격파	충격파가 흐름에 대해 수직하게 작용하는 경우
	경사 충격파	충격파가 흐름에 대해 경사지게 작용하는 경우
영향		• 밀도, 비중량, 압력, 온도 증가 • 속도 감소 • 마찰열 발생 • 엔트로피 증가

정답 08.② 09.④ 10.③

11 공기압축기의 입구온도는 21℃이며 대기압 상태에서 공기를 흡입하고, 절대압력 350kPa, 38.6℃로 압축하여 송출구로 평균속도 30m/s, 질량유량 10kg/s로 배출한다. 압축기에 가해진 입력동력이 450kW이고, 입구측의 흡입속도를 무시하면 압축기에서의 열전달량은 몇 kW인가? (단, 정압비열 $C_p = 1000$ $\dfrac{\text{J}}{\text{kg} \cdot \text{K}}$ 이다.)

① 270kW로 열이 압축기로부터 방출된다.
② 450kW로 열이 압축기로부터 방출된다.
③ 270kW로 열이 압축기로 흡수된다.
④ 450kW로 열이 압축기로 흡수된다.

토출동력(Q)

$Q = GC_p(T_2 - T_1)$ 에서

$= 10\text{kg/s} \times 1000\text{J/kg} \cdot \text{K}$

$\quad \times \{(273+38.6)-(273+21)\}\text{K}$

$= 176000\text{J/s(W)}$

$= 176\text{kW}$

입력동력이 450kW이므로
전달동력은 $450 - 176 ≒ 274\text{kW}$
입력동력이 450kW이므로 배출동력이 176kW로서 차이는 274kW로 열이 압축기로부터 방출된다.

12 관로의 유동에서 각각의 경우에 대한 손실 수두를 나타낸 것이다. 이 중 틀린 것은?

(단, f : 마찰계수, d : 관의 지름, $\dfrac{V^2}{2g}$: 속도수두, R_h : 수력반지름, k : 손실계수, L : 관의 길이, A : 관의 단면적, C_c : 단면적 축소계수이다.)

① 원형관 속의 손실수두

$h_L = \dfrac{\Delta P}{\gamma} = f\dfrac{L}{d}\dfrac{V^2}{2g}$

② 비원형관 속의 손실수두

$h_L = f\dfrac{4R_h}{L}\dfrac{V^2}{2g}$

③ 돌연확대관 손실수두

$h_L = \left(1 - \dfrac{A_1}{A_2}\right)^2 \dfrac{V_1^2}{2g}$

④ 돌연축소관 손실수두

$h_L = \left(\dfrac{1}{C_c} - 1\right)^2 \dfrac{V_2^2}{2g}$

손실수두(h_L)

구 분	공 식
원형관	$h_L = f\dfrac{L}{D}\dfrac{V^2}{2g}$
비원형관	$h_L = f\dfrac{L}{4R_h}\dfrac{V^2}{2g}$
돌연확대관	$h_L = \left(1 - \dfrac{A_1}{A_2}\right)^2 \dfrac{V_1^2}{2g}$
돌연축소관	$h_L = \left(\dfrac{1}{C_c} - 1\right)^2 \dfrac{V_2^2}{2g}$

기 호	내 용
f	관마찰계수
D	관지름
$\dfrac{V^2}{2g}$	속도수두
R_h, K, L, A, C_c	수력반경, 손실계수, 관길이, 관단면적, 축소계수
V_1	돌연확대관의 작은 관경 유속
V_2	돌연축소관의 작은 관경 유속

13 다음 중 유적선(path line)을 가장 옳게 설명한 것은? [유체 22]

① 곡선의 접선방향과 그 점의 속도방향이 일치하는 선
② 속도벡터의 방향을 갖는 연속적인 가상의 선
③ 유체입자가 주어진 시간동안 통과한 경로
④ 모든 유체입자의 순간적인 궤적

유체의 흐름현상

구 분	정 의
유선	• 유동장에서 어느 한 순간 각 점에서 속도방향과 접선방향이 일치하는 선
유관	• 유선으로 둘러싸인 유체의 관 • 미소단면적의 유관은 하나의 유선과 같다. • 유관에 직각방향의 유동성분은 없다.
유적선	일정시간 내 유체입자가 흘러간 경로
유맥선	유동장을 통과하는 모든 유체가 어느 한 순간 점유하는 위치를 나타내는 체적

14 일정한 온도와 압력조건에서 하수 슬러리(slurry)와 같이 임계 전단응력 이상이 되어야만 흐르는 유체는?

① 뉴턴유체(Newtonian fluid)
② 팽창유체(dilatant fluid)
③ 빙햄가소성 유체(Bingham plastics fluid)
④ 의가소성 유체(pseudoplastic fluid)

 유체의 종류

구 분	내 용
뉴턴유체	뉴턴의 점성법칙을 만족하며 끈기가 없는 유형(물, 공기, 오일, 사염화탄소, 알코올)
비뉴턴유체, 빙햄플라스틱	뉴턴의 점성법칙을 따르지 않으며 끈기가 있는 유체(플라스틱, 타르, 페인트, 치약, 진흙)
빙햄가소성 유체	임계 전단응력 이상이 되어야 흐르는 유체(하수, 슬러리)
실제 플라스틱 (전단박화) 유체	펄프류
다일런트유체	아스팔트

15 550K인 공기가 15m/s의 속도로 매끈한 평판 위를 흐르고 있다. 평판 선단으로부터의 거리가 몇 m인 지점에서 층류에서 난류로의 천이가 일어나는가? (단, 천이레이놀즈수는 5×10^5이고, 동점성계수는 4.2×10^{-5}m²/s이다.)

① 0.7   ② 1.4
③ 2.1   ④ 2.8

$$Re_x = \frac{U_\infty \, x}{\nu}$$

여기서, Re_x : 평단 선단으로부터 x만큼 떨어진 위치의 레이놀즈수
　　　　U_∞ : 자유흐름속도
　　　　x : 평단선단으로 떨어진 임의의 거리
　　　　ν : 동점성계수

$$\therefore \; x = \frac{Re_x \cdot \nu}{U_\infty} = \frac{5 \times 10^5 \times 4.2 \times 10^{-5}}{15} = 1.4\text{m}$$

16 비중 0.9인 유체를 10ton/hr의 속도로 20m 높이의 저장탱크에 수송한다. 지름이 일정한 관을 사용할 때 펌프가 유체에 가해준 일은 몇 kgf · m/kg인가? (단, 마찰손실은 무시한다.)

① 10   ② 20
③ 30   ④ 40

비중 0.9, 총량 유량 10ton/hr, 양정 20m이므로

엔탈피 $H = \dfrac{u_2{}^2 - u_1{}^2}{2} + (gZ_2 - gZ_1)$(m²/s²)

$u_1 = u_2$이므로

$H = gZ_2 - gZ_1 = 9.8 \times (20 - 0) = 196$m²/s²

$\therefore \; 196(\text{m}^2/\text{s}) \cdot \text{m} = 196\text{m} \times \dfrac{1}{9.8\text{kg}}\text{kgf}$

$\qquad\qquad\qquad = 20\text{kgf} \cdot \text{m/kg}$

> • $1\text{kgf} = 1\text{kg} \times 9.8\text{m/s}^2$
> • $1\text{m/s}^2 = \dfrac{1\text{kgf}}{9.8\text{kg}}$

참고 • 비압축성 유체의 경우 1kgf＝1kg으로 보고 단위를 정리하면 (m)만 남게 되고, 이것은 수두이므로 조건에 주어진 수두가 바로 답이 된다.
　　• 일량(W) ＝ $\gamma \cdot H \cdot \nu$로 계산 시
　　$0.9 \times 10^3 \text{kgf/m}^3 \times 20\text{m} \times \dfrac{1}{0.9 \times 10^3} \text{m}^3/\text{kgf}$
　　＝ 20kgf · m
　　여기서, γ : 비중량(kgf · m/kg)
　　　　　　H : 양정(m)
　　　　　　ν : 비체적(m³/kgf)

17 밀도가 892kg/m³인 원유가 단면적이 2.165×10^{-3}m²인 관을 통하여 1.388×10^{-3}m³/s로 들어가서 단면적이 각각 1.314×10^{-3}m²로 동일한 2개의 관으로 분할되어 나갈 때 분할되는 관내에서의 유속은 약 몇 m/s인가? (단, 분할되는 2개 관에서의 평균유속은 같다.)

① 1.06   ② 0.841
③ 0.619   ④ 0.528

$Q = AV$이므로
$$V = \frac{Q}{A}$$
$$= \frac{1.388 \times 10^{-3} \text{m}^3/\text{s}}{1.314 \times 10^{-3} \text{m}^2} = 1.0563\text{m/s}$$

2개의 관으로 분할되므로 $1.0563 \div 2 = 0.528$m/s

18 레이놀즈수가 10^6이고 상대조도가 0.005인 원관의 마찰계수 f는 0.03이다. 이 원관에 부차손실계수가 6.6인 글로브밸브를 설치하였을 때, 이 밸브의 등가길이(또는 상당길이)는 관 지름의 몇 배인가?

① 25 ② 55
③ 220 ④ 440

관 상당길이(l_e)

$$H_L = \lambda \frac{l_e}{D} \frac{V^2}{2g} = K \frac{V^2}{2g}$$

$$\therefore l_e = \frac{K \cdot D}{\lambda} = \frac{6.6 \times D}{0.03} = 220D$$

임의의 부착적 손실수두 $H_L = \lambda \dfrac{l_e}{D} \dfrac{V^2}{2g}$ 과 관마찰

손실수두 $H_L = K \dfrac{V^2}{2g}$ 을 같다고 가정 시 그때의

관길이 l을 l_e 라고 하고, 관 상당길이라 정의한다.

19 비중이 0.887인 원유가 관의 단면적이 0.0022m² 인 관에서 체적유량이 10.0m³/h일 때 관의 단위면적당 질량유량(kg/m² · s)은?

① 1120 ② 1220
③ 1320 ④ 1420

$G = \gamma A V = \gamma Q$
  $= 0.887 \times 10^3 \mathrm{kg/m^3} \times 10.0 \mathrm{m^3}/3600\mathrm{s} = 2.46\mathrm{kg/s}$
$\therefore 2.46/0.0022 = 1119.9\mathrm{kg/m^2 \cdot s} ≒ 1120\mathrm{kg/m^2 \cdot s}$

20 펌프를 사용하여 지름이 일정한 관을 통하여 물을 이송하고 있다. 출구는 입구보다 3m 위에 있고 입구압력은 1kgf/cm², 출구압력은 1.75kgf/cm²이다. 펌프수두가 15m일 때 마찰에 의한 손실수두는?

① 1.5m ② 2.5m
③ 3.5m ④ 4.5m

전수두(H) $= h$(위치) $+ \dfrac{P}{\gamma}$(압력) $+ \dfrac{V^2}{2g}$(속도)
  $+ H_L$(마찰손실)이므로
$H_L = H - \left\{ h + \dfrac{V^2}{2g} + \dfrac{P}{\gamma} \right\}$ 에서
  $(V_2 - V_1 = 0, \ h_1 = 0, \ h_2 = 3)$
$= 15 - \left(3 + \dfrac{(1.75-1) \times 10^4}{1000} \right)$
$= 4.5\mathrm{m}$

제2과목 연소공학

21 최소산소농도(MOC)와 이너팅(inertig)에 대한 설명으로 틀린 것은? [연소 19]

① LFL(연소하한계)은 공기 중의 산소량을 기준으로 한다.
② 화염을 전파하기 위해서는 최소한의 산소농도가 요구된다.
③ 폭발 및 화재는 연료의 농도에 관계없이 산소의 농도를 감소시킴으로서 방지할 수 있다.
④ MOC값은 연소반응식 중 산소의 양론계수와 LFL(연소하한계)의 곱을 이용하여 추산할 수 있다.

① 연소하한계는 공기 중 연료의 양을 기준으로 한다.

22 어떤 연도가스의 조성을 분석하였더니 CO_2 : 11.9%, CO : 1.6%, O_2 : 4.1%, N_2 : 82.4% 이었다. 이때 과잉공기의 백분율은 얼마인가? (단, 공기 중 질소와 산소의 부피비는 79 : 21이다.)

① 17.7%
② 21.9%
③ 33.5%
④ 46.0%

$$m = \frac{N_2}{N_2 - 3.76(O_2 - 0.5CO)}$$
$$= \frac{82.4}{82.4 - 3.76(4.1 - 0.5 \times 1.6)} = 1.1772$$
$\therefore$ 과잉공기율 $= (m-1) \times 100$
  $= (1.1772 - 1) \times 100 = 17.7\%$

23 다음 중 폭발 시 화염중심으로부터 압력이 전파되는 반경거리(R)를 구하는 식은? (단, W : TNT당량, k : 반경거리 R에서 압력을 나타내는 상수이다.)

① $R = kW^{1/2}$
② $R = kW^{1/3}$
③ $R = kW^{1/4}$
④ $R = kW^{1/5}$

24 메탄가스를 과잉공기를 이용하여 완전연소 시켰다. 생성된 H_2O는 흡수탑에서 흡수, 제거시키고 나온 가스를 분석하였더니 그 조성은 CO_2 9.6v%, O_2 3.8v%, N_2 86.6v%이었다. 이때 과잉공기량은 약 몇 %인가?

① 10%

② 20%

③ 30%

④ 40%

$$m = \frac{N_2}{N_2 - 3.76 O_2}$$
$$= \frac{86.6}{86.6 - (3.76 \times 3.8)}$$
$$= 1.197$$
$$\therefore (m-1) \times 100 = (1.197 - 1) \times 100$$
$$= 19.75 ≒ 20\%$$

25 기체의 연소반응 중 다음 [보기]의 과정에 해당하는 것은? [연소 7]

$$OH + H_2 \rightarrow H_2O + H$$
$$O + HO_2 \rightarrow O_2 + OH$$

① 개시(initiation)반응

② 전화(propagation)반응

③ 가지(branching)반응

④ 종말(termination)반응

26 LNG의 유출사고 시 메탄가스의 거동에 관한 다음 설명 중 가장 옳은 것은?

① 메탄가스의 비중은 공기보다 크므로 증발된 가스는 지상에 체류한다.

② 메탄가스의 비중은 공기보다 작으므로 증발된 가스는 위로 확산되어 지상에 체류한다.

③ 메탄가스의 비중은 상온에서 공기보다 작으나 온도가 매우 낮으면 공기보다 커지기 때문에 지상에 체류한다.

④ 메탄가스의 비중은 상온에서 공기보다 크나 온도가 낮으면 공기보다 작아지기 때문에 지상에 체류하는 일이 없다.

27 저위발열량 93766kJ/Sm^3의 C_3H_8을 공기비 1.2로 연소시킬 때의 이론연소온도는 약 몇 K인가? (단, 배기가스의 평균비열은 1.653kJ/Sm^3 · K이고 다른 조건은 무시한다.)

① 1735

② 1856

③ 1919

④ 2083

㉠ C_3H_8의 연소 시 연소가스량(Sm^3) 값
$C_3H_8 + 5O_2 + (N_2)$
$\rightarrow 3CO_2 + 4H_2O + N_2 +$ 과잉공기$(m-1)A_o$
연소가스량
$CO_2 + H_2O + N_2 + (m-1)A_o$
$3 + 4 + 5 \times \dfrac{0.79}{0.21} + (1.2 - 1) \times 5 \times \dfrac{1}{0.21}$
$= 30.5714 Sm^3$

㉡ 이론연소온도 $t_2 = \dfrac{H_L}{G \cdot C_p}$ 에서
$\therefore t_2 = \dfrac{93766}{30.5714 \times 1.653} = 1855.48 = 1856K$

28 다음 중 화재의 성장 3요소로 가장 부적합한 것은?

① 연료

② 점화

③ 연소속도

④ 화염확산

㉠ 정의 : 사람의 의도에 반하여 발생소화를 하여야 할 연소현상으로 인명과 재산상의 손실을 일으킴

㉡ 성장의 단계 : 연소가 일어나고 연소에 의하여 발생한 열이 전도, 대류복사 등이 일어나며 이들의 결합으로 확대가 되며 폭발·폭굉 등도 일으킬 수 있고 성장의 3요소로는 점화, 연소, 화염확산 등이 해당됨

29 전실화재(flash over)와 역화(back draft)에 대한 설명으로 틀린 것은?

① flash over는 급격한 가연성 가스의 착화로서 폭풍과 충격파를 동반한다.

② flash over는 화재성장기(제1단계)에서 발생한다.

③ back draft는 최성기(제2단계)에서 발생한다.

④ flash over는 열의 공급이 요인이다.

정답 24.② 25.② 26.③ 27.② 28.① 29.①

㉠ 전실화재(flash over) : 화재실 내부 온도상승으로 가연물의 모든 노출 표면에 가열이 계속되면 가연물의 모든 노출 표면에서 빠르게 열분해가 일어나 가연성 가스가 충만하여 빠르게 발화하면 그때부터 가연물이 격렬하게 타기 시작할 때 이와 같은 급격한 변화현상을 플래시 오버라 한다.

㉡ 백드래프트(back draft) : 플래시 오버 이후 산소가 부족하면 연소는 잠재적인 진행을 하게 된다. 이때 실내 공간은 발열에 의한 가연성 증기로 포화상태를 이루는데 이때 갑자기 문을 열어 공기공급이 되면 가연성 증기와 공기가 폭발적인 반응을 하게 되는 현상

㉢ flash over와 back draft의 차이점

구분	플래시 오버	백드래프트
폭풍 또는 충격파	급격한 가연성 가스의 착화로서 폭풍이나 충격파는 없다.	진행이 빠른 화학반응으로써 대기의 급격한 온도상승, 팽창, 압력상승을 일으키고 폭풍 혹은 충격파를 일으킨다.
화재 발생 단계	화재성장기(제1단계)에서 발생	화재 최성기(제2단계)에서 발생, 가끔 감쇠기(제3단계)로 보는 견해도 있음
공급 요인	열의 공급이 요인	산소의 공급이 요인

30 어느 온도에서 $A(g)+B(g) \rightleftarrows C(g)+D(g)$ 와 같은 가역반응이 평형상태에 도달하여 D가 1/4mol 생성되었다. 이 반응의 평형상수는? (단, A와 B를 각각 1mol씩 반응시켰다.)

① $\dfrac{1}{16}$ ② $\dfrac{1}{9}$

③ $\dfrac{1}{3}$ ④ $\dfrac{16}{9}$

$$A \ + \ B \ \rightarrow \ C + D$$
$$\left(1-\dfrac{1}{4}\right)\left(1-\dfrac{1}{4}\right) \ \left(\dfrac{1}{4}\right)\left(\dfrac{1}{4}\right)$$

$$\therefore K_c = \dfrac{[C][D]}{[A][B]} = \dfrac{\dfrac{1}{4} \times \dfrac{1}{4}}{\dfrac{3}{4} \times \dfrac{3}{4}} = \dfrac{\dfrac{1}{16}}{\dfrac{9}{16}} = \dfrac{1}{9}$$

31 가스압이 이상 저하한다든지 노즐과 콕 등이 막혀 가스량이 극히 적게 될 경우 발생하는 현상은? [연소 22]

① 불완전연소 ② 리프팅
③ 역화 ④ 황염

연소기구에서 연소 시 이상 현상

구 분	정 의	원 인
선화 (리프팅)	가스의 염공에서 가스가 유출 시 유출속도가 연소속도보다 커서 염공에 접하지 않고 염공을 떠나 공간에서 연소하는 현상	• 버너의 염공에 먼지 등이 부착 염공이 작아졌을 때 • 가스의 공급압력이 높을 때 • 배기 또는 환기가 불충분할 때 • 공기조절장치가 과도하게 열렸을 때
역화 (백파이어)	가스의 연소속도가 유출속도보다 커 화염이 염공의 버너 내부로 침입하여 연소기 내부에서 연소하는 현상	• 부식에 의해 염공이 크게 되었을 때 • 가스의 공급압력이 저하되었을 때 • 버너가 과열되어 혼합기의 온도상승 시 • 노즐에 먼지 등이 막혀 구경이 작게 된 경우
황염 (옐로팁)	염의 선단이 적황색으로 되어 타고 있는 현상	• 1차 공기가 부족 시 • 주물 하부에 철가루가 존재 시

32 에너지보존의 법칙을 공식으로 표현하면 $Q-W=\Delta H$이며, 엔탈피는 열역학함수의 하나로 $H=U+PV$로 정의된다. Q와 U의 의미를 올바르게 나열한 것은?

① $Q=$ 열량, $U=$ 속도
② $Q=$ 내부 에너지+외부 에너지, $U=$ 속도
③ $Q=$ 열량, $U=$ 내부 에너지
④ $Q=$ 내부 에너지+외부 에너지, $U=$ 내부 에너지

33 폭발의 영향범위는 스켈링(Scaling) 법칙을 이용한다. 다음 중 옳게 표현한 것은? (단, W_{TNT} : 당량(kg), ΔH_C : 연소열, 1100 : 저위발열량(kcal/kg), W_C : 누출된 가스 등의 질량(kg), η : 폭발효율이다.)

① $W_{TNT}=(\Delta H_C \times W_C \times 1100)/\eta$
② $W_{TNT}=(1100 \times W_C \times \eta)/\Delta H_C$
③ $W_{TNT}=(\Delta H_C \times W_C \times \eta)/1100$
④ $W_{TNT}=(\Delta H_C \times W_C)\eta$

34 다음 중 내연기관의 화염으로 가장 적당한 것은?

① 층류, 정상 확산화염이다.
② 층류, 비정상 확산화염이다.
③ 난류, 정상 예혼합화염이다.
④ 난류, 비정상 예혼합화염이다.

35 브레이턴 사이클에서 열은 어느 과정을 통해 흡수되는가?

① 정적과정   ② 등온과정
③ 정압과정   ④ 단열과정

브레이턴 사이클
㉠ 1 → 2(단열압축)
㉡ 2 → 3(정압가열)
   ⇒ 열을 흡수
㉢ 3 → 4(단열팽창)
㉣ 4 → 1(정압방열)
   ⇒ 열의 방출

36 다음 1mol의 이상기체($C_V = 3/2R$)가 40℃, 35atm으로부터 1atm까지 단열가역적으로 팽창하였다. 최종온도는 얼마인가?

① 97K   ② 88K
③ 75K   ④ 60K

$$C_P - C_V = R$$

$$C_P = R + C_V = R + \frac{3}{2}R = \frac{5}{2}R$$

$$\therefore \ K = \frac{C_P}{C_V} = \frac{\frac{5}{2}R}{\frac{3}{2}R} = \frac{5}{3} = 1.67$$

단열변화

$$\frac{T_2}{T_1} = \left(\frac{P_2}{P_1}\right)^{\frac{k-1}{k}} = \left(\frac{V_1}{V_2}\right)^{k-1}$$

$$\therefore \ T_2 = T_1 \times \left(\frac{P_2}{P_1}\right)^{\frac{k-1}{k}}$$

$$= (273 + 40) \times \left(\frac{1}{35}\right)^{\frac{1.67-1}{1.67}}$$

$$= 75\text{K}$$

37 프로판 가스의 연소과정에서 발생한 열량은 50232MJ/kg이었다. 연소 시 발생한 수증기의 잠열이 8372MJ/kg이면 프로판 가스의 저발열량 기준 연소 효율은 약 몇 %인가? (단, 연소에 사용된 프로판 가스의 저발열량은 46046MJ/kg이다.)

① 87   ② 91
③ 93   ④ 96

$$\eta = \frac{50232 - 8372}{46046} \times 100 = 90.9\%$$

38 1kg의 기체가 압력 50kPa, 체적 2.5m³의 상태에서 압력 1.2MPa, 체적 0.2m³의 상태로 변화하였다. 이 과정에서 내부 에너지가 일정하다면, 엔탈피의 변화량은 약 몇 kJ인가?

① 100
② 105
③ 110
④ 115

$$\Delta h = (u_2 - u_1) + (P_2 V_2 - P_1 V_1)$$

내부 에너지 u는 일정($u_1 = u_2$)

$$\therefore \ 1.2 \times 10^3 \text{kPa} \times 0.2\text{m}^3 - 50\text{kPa} \times 2.5\text{m}^3$$

$$1.2 \times 10^3 \times 0.2\text{kN/m}^2 \times \text{m}^3 - 50 \times 2.5\text{kN/m}^2 \times \text{m}^3$$

$$= 115\text{kN} \cdot \text{m}$$

$$= 115\text{kJ}$$

39 단위량의 연료를 포함한 이론혼합기가 완전반응을 하였을 때 발생하는 연소가스량을 무엇이라 하는가?

① 이론연소가스량
② 이론건조가스량
③ 이론습윤가스량
④ 이론건조연소가스량

40 600℃의 고열원과 300℃의 저열원 사이에 작동하고 있는 카르노 사이클(Carnot cycle)의 최대효율은?

① 34.36% ② 50.00%

③ 52.35% ④ 74.67%

$$\eta = \frac{T_1 - T_2}{T_1}$$

$$= \frac{(273 + 600) - (273 + 300)}{(273 + 600)} = 0.3436 = 34.36\%$$

제3과목 가스설비

41 나프타 접촉 개질장치의 주요 구성이 아닌 것은?

① 증류탑

② 예열로

③ 기액분리기

④ 반응기

42 역카르노사이클의 경로로서 옳은 것은?

① 등온팽창 – 단열압축 – 등온압축 – 단열팽창

② 등온팽창 – 단열압축 – 단열팽창 – 등온압축

③ 단열압축 – 등온팽창 – 등온압축 – 단열팽창

④ 단열압축 – 단열팽창 – 등온팽창 – 등온압축

역카르노사이클

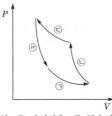

㉠ 등온팽창, ㉡ 단열압축, ㉢ 등온압축, ㉣ 단열팽창

43 수소가스 집합장치의 설계 매니폴드 지관에서 감압밸브의 상용압력이 14MPa인 경우 내압시험압력은 얼마인가?

① 14MPa ② 21MPa

③ 25MPa ④ 28MPa

T_P(내압시험압력) = 상용압력 × 1.5

      = 14 × 1.5

      = 21MPa

44 외경과 내경의 비가 1.2 이상인 산소가스 배관두께를 구하는 식은 다음과 같다. D는 무엇을 의미하는가? [안전 158]

$$t = \frac{D}{2}\left(\sqrt{\frac{\frac{f}{s} + P}{\frac{f}{s} - P}} - 1\right) + C$$

① 배관의 내경

② 내경에서 부식여유의 상당부분을 뺀 부분의 수치

③ 배관의 상용압력

④ 배관의 지름

㉠ 외경 내경의 비가 1.2 이상인 경우 배관두께(t)(mm)

$$t = \frac{D}{2}\left(\sqrt{\frac{\frac{f}{s} + P}{\frac{f}{s} - P}} - 1\right) + C$$

여기서, t : 배관두께(mm)

   P : 상용압력(MPa)

   D : 내경에서 부식여유에 상당하는 부분을 뺀 부분(mm)

   f : 재료인장강도(N/mm²) 규격 최소치이거나 항복점 규격 최소치 1.6배

   C : 부식여유치(mm)

   s : 안전율

㉡ 외경과 내경의 비가 1.2 미만인 경우 배관두께(mm)

$$t = \frac{PD}{2 \cdot \frac{f}{s} - P} + C$$

45 LPG를 지상의 탱크로리에서 지상의 저장 탱크로 이송하는 방법으로 가장 부적절한 것은? [설비 23]

① 위치에너지를 이용한 자연충전방법

② 차압에 의한 충전방법

③ 액펌프를 이용한 충전방법

④ 압축기를 이용한 충전방법

46 가스보일러에 설치되어 있지 않은 안전장치는?

① 과열방지장치 ② 헛불방지장치
③ 전도안전장치 ④ 과압방지장치

(KGS AB 133) 보일러의 안전장치(LPG 용품)

일반안전장치	반드시 갖추어야 할 장치
정전안전장치	조절 서모스탯 및 과열방지안전장치, 점화장치, 물빼기장치, 가스거버너, 자동차단밸브, 온도계 순환펌프, 동결방지장치, 난방수여과장치
역풍방지장치	
소화안전장치	

난방식 순환방식 구조	
대기차단식	대기개방식
압력계, 압력팽창탱크, 헛불방지장치, 과압방지용 안전장치, 공기자동빼기장치	저수위 안전장치

47 역카르노사이클로 작동되는 냉동기가 20kW의 일을 받아서 저온체에서 20kcal/s의 열을 흡수한다면 고온체로 방출하는 열량은 약 몇 kcal/s인가?

① 14.8 ② 24.8
③ 34.8 ④ 44.8

$20 \times 860 \times \dfrac{1}{3600} + 20 = 24.77 = 24.8\text{kcal/s}$

48 다음에 따라 연소기를 설치할 때 적정 용기 설치 개수는? (단, 표준가스 발생능력은 1.5kg/h이다.)

• 가스레인지 1대 : 0.15kg/h
• 순간온수기 1대 : 0.65kg/h
• 가스보일러 1대 : 2.50kg/h

① 20kg 용기 : 2개
② 20kg 용기 : 3개
③ 20kg 용기 : 4개
④ 20kg 용기 : 7개

용기수 $= \dfrac{\text{피크 시 사용량}}{\text{용기 1개당 가스발생량}}$
$= \dfrac{0.15 + 0.65 + 2.5}{1.5} = 2.2 = 3$개

49 액화석유가스용 염화비닐 호스의 안지름 치수가 12.7mm인 경우 제 몇 종으로 분류되는가?　　　　[안전 169]

① 1
② 2
③ 3
④ 4

염화비닐 호스(KGS AA 534)(3.41 구조 및 치수)
㉠ 호스의 안지름 치수

구 분	안지름(mm)	허용차(mm)
1종	6.3	±0.7
2종	9.5	
3종	12.7	

㉡ 호스는 안층, 보강층, 바깥층의 구조로 하고 안지름과 두께가 균일한 것으로 굽힘성이 좋고 흠, 기포, 균열 등 결점이 없어야 한다.
㉢ 호스는 안층과 바깥층이 잘 접착되어 있는 것으로 한다(단, 자바라 보강층의 경우는 그러하지 아니하다).

50 다음 [그림]은 가정용 LP가스 소비시설이다. R_1에 사용되는 조정기의 종류는?

① 1단 감압식 저압조정기
② 1단 감압식 중압조정기
③ 1단 감압식 고압조정기
④ 2단 감압식 저압조정기

51 펌프의 유효흡입수두(NPSH)를 가장 잘 표현한 것은?

① 펌프가 흡입할 수 있는 전흡입수두로 펌프의 특성을 나타낸다.
② 펌프의 동력을 나타내는 척도이다.
③ 공동현상을 일으키지 않을 한도의 최대흡입양정을 말한다.
④ 공동현상 발생조건을 나타내는 척도이다.

정답 46.③ 47.② 48.② 49.③ 50.① 51.③

흡입수두
(1) (Av)NPSH(유효흡입수두) : 펌프 흡입구에서 전압력이 그 수온에 상당하는 증기압력에서 어느 정도 높은가를 표시하는 것이며, 펌프를 운전 중 공동현상이 발생하는데 이 공동현상으로부터 얼마나 안정된 상태로 운전되는가를 나타내는 척도
(2) (Re)NPSH(필요흡입수두) : 펌프가 공동현상을 일으키기 위해 이것만은 꼭 필요하다고 하는 수두
   ㉠ (Av)NPSH$=(Re)$NPSH
     (공동현상 발생 한계점)
   ㉡ (Av)NPSH$<(Re)$NPSH
     (공동현상이 일어나지 않음)
   ㉢ (Av)NPSH$>(Re)$NPSH
     (공동현상 발생)

52 펌프의 실양정(m)을 h, 흡입 실양정을 h_1, 송출 실양정을 h_2라 할 때 펌프의 실양정 계산식을 옳게 표시한 것은?

① $h = h_2 - h_1$ ② $h = \dfrac{h_2 - h_1}{2}$

③ $h = h_2 + h_1$ ④ $h = \dfrac{h_2 + h_1}{2}$

펌프의 양정

구 분	정 의
흡입실양정	액면에서 펌프중심까지의 거리
토출실양정	펌프중심에서 최대방출면까지의 거리
흡입전양정	흡입실양정$+H_L$(흡입측 손실수두)
토출전양정	토출실양정$+H_L$(토출측 손실수두)
실양정	흡입실양정$+$토출실양정
전양정	토출전양정$+$흡입전양정

53 액화천연가스(메탄기준)를 도시가스 원료로 사용할 때 액화천연가스의 특징을 바르게 설명한 것은?
① C/H 질량비가 3이고, 기화설비가 필요하다.
② C/H 질량비가 4이고, 기화설비가 필요없다.
③ C/H 질량비가 3이고, 가스제조 및 정제설비가 필요하다.
④ C/H 질량비가 4이고, 개질설비가 필요하다.

$CH_4 = (C : 12g, \ H_4 : 4g)$
$C/H = 12/4 = 3$
비등점 $-162℃$이므로 도시가스 원료로 사용 시 기화설비가 필요하다.

54 압력용기라 함은 그 내용물이 액화가스인 경우 35℃에서의 압력 또는 설계압력이 얼마 이상인 용기를 말하는가?
① 0.1MPa
② 0.2MPa
③ 1MPa
④ 2MPa

압력용기
  ㉠ 액화가스 : 35℃, 압력 0.2MPa 이상
  ㉡ 압축가스 : 35℃, 압력 1MPa 이상

55 터보형 압축기에 대한 설명으로 옳은 것은?
① 기체흐름이 축방향으로 흐를 때, 깃에 발생하는 양력으로 에너지를 부여하는 방식이다.
② 기체흐름이 축방향과 반지름방향의 중간적 흐름의 것을 말한다.
③ 기체흐름이 축방향에서 반지름방향으로 흐를 때, 원심력에 의하여 에너지를 부여하는 방식이다.
④ 한 쌍의 특수한 형상의 회전체의 틈의 변화에 의하여 압력에너지를 부여하는 방식이다.

56 펌프의 이상현상인 베이퍼록(vapor-rock)을 방지하기 위한 방법으로 가장 거리가 먼 것은?   **[설비 17]**
① 흡입배관을 단열처리한다.
② 흡입관의 지름을 크게 한다.
③ 실린더라이너의 외부를 냉각한다.
④ 저장탱크와 펌프의 액면차를 충분히 작게 한다.

57 다음 중 이론적 압축일량이 큰 순서로 나열된 것은? [설비 27]

① 등온압축 > 단열압축 > 폴리트로픽압축
② 단열압축 > 폴리트로픽압축 > 등온압축
③ 폴리트로픽압축 > 등온압축 > 단열압축
④ 등온압축 > 폴리트로픽압축 > 단열압축

58 관지름 50A인 SPPS가 최고사용압력이 5MPa, 인장강도가 500N/mm²일 때 SCH No.는? (단, 안전율은 4이다.) [설비 13]

① 40
② 60
③ 80
④ 100

$MPa = N/mm^2$
단위가 같을 때

$$SCH = 1000 \times \frac{P}{S} = 1000 \times \frac{5}{500 \times \frac{1}{4}} = 40$$

59 흡입압력 105kPa, 토출압력 480kPa, 흡입 공기량 3m³/min인 공기압축기의 등온압축일은 약 몇 kW인가?

① 2 ② 4
③ 6 ④ 8

등온압축일량$(W) = P_1 V_1 \ln\frac{P_1}{P_2}$

$$= 105kN/m^2 \times (3m^3/60)\ln\frac{105}{480}$$
$$= 7.97kN \cdot m/s$$
$$= 7.97kJ/s = 7.97kW$$

• W = J/s	• kW = kJ/s

60 나사 이음에 대한 설명으로 틀린 것은?

① 유니언 : 관과 관의 접합에 이용되며, 분해가 쉽다.
② 부싱 : 관 지름이 다른 접속부에 사용된다.

③ 니플 : 관과 관의 접합에 사용되며, 암나사로 되어 있다.
④ 벤드 : 관의 완만한 굴곡에 이용된다.

니플 : 수나사로 되어 있다.

제4과목 가스안전관리

61 아세틸렌을 용기에 충전하는 작업에 대한 내용으로 틀린 것은? [설비 58]

① 아세틸렌을 2.5MPa의 압력으로 압축할 때에는 질소, 메탄, 일산화탄소 또는 에틸렌 등의 희석제를 첨가할 것
② 습식 아세틸렌 발생기의 표면은 70℃ 이하의 온도로 유지하여야 하며, 그 부근에서는 불꽃이 튀는 작업을 하지 아니할 것
③ 아세틸렌을 용기에 충전할 때에는 미리 용기에 다공성 물질을 고루 채워 다공도가 80% 이상 92% 미만이 되도록 한 후 아세톤 또는 디메틸포름아미드를 고루 침윤시키고 충전할 것
④ 아세틸렌을 용기에 충전할 때의 충전 중 압력은 2.5MPa 이하로 하고, 충전 후에는 압력이 15℃에서 1.5MPa 이하로 될 때까지 정치하여 둘 것

다공도 : 75% 이상 92% 미만

62 고압가스 저온 저장탱크의 내부압력이 외부압력보다 낮아져 저장탱크가 파괴되는 것을 방지하기 위한 조치로 설치하여야 할 설비로 가장 거리가 먼 것은? [안전 85]

① 압력계
② 압력경보설비
③ 진공안전밸브
④ 역류방지밸브

63 15℃에서 아세틸렌 용기의 최고충전압력이 1.5MPa일 때, 내압시험압력 및 기밀시험압력은 각각 얼마인가? [안전 52]

① 4.65MPa, 1.71MPa

② 2.58MPa, 1.55MPa

③ 2.58MPa, 1.71MPa

④ 4.5MPa, 2.7MPa

C₂H₂ 용기

㉠ $Tp = Fp \times 3 = 1.5 \times 3 = 4.5MPa$

㉡ $Ap = Fp \times 1.8 = 1.5 \times 1.8 = 2.7MPa$

64 고압가스 제조시설 사업소에서 안전관리자가 상주하는 사무소와 현장사무소 사이 또는 현장사무소 상호간에 신속히 통보할 수 있도록 통신시설을 갖추어야 하는데, 이에 해당되지 않는 것은? [안전 175]

① 구내 방송설비

② 메가폰

③ 인터폰

④ 페이징 설비

통신시설

통보범위	통보설비
• 안전관리자가 상주하는 사무소와 현장사무소 사이 • 현장사무소 상호간	• 구내 전화 • 구내 방송설비 • 인터폰 • 페이징 설비
사업소 전체	• 구내 방송설비 • 사이렌 • 휴대용 확성기 • 페이징 설비 • 메가폰
종업원 상호간	• 페이징 설비 • 휴대용 확성기 • 트란시버 • 메가폰

[비고] 메가폰은 $1500m^2$ 이하에 한한다.

65 콕 제조기술기준에 대한 설명으로 틀린 것은?

① 1개의 핸들로 1개의 유로를 개폐하는 구조로 한다.

② 완전히 열었을 때 핸들의 방향은 유로의 방향과 직각인 것으로 한다.

③ 닫힌상태에서 예비적 동작이 없이는 열리지 아니하는 구조로 한다.

④ 핸들의 회전각도를 90°나 180°로 규제하는 스토퍼를 갖추어야 한다.

가스용 콕의 제조기술기준(KGS AA 334)

㉠ 콕의 표면은 매끈하고 사용상 지장을 주는 부식, 균열, 주름 등이 없는 것으로 한다.

㉡ 퓨즈콕은 가스유로를 볼로 개폐하고 과류차단 안전기구가 부착된 것으로 배관과 호스, 호스와 호스, 배관과 배관, 배관과 카플러를 연결하는 구조로 한다.

㉢ 상자콕은 가스유로를 핸들, 누름, 당김 등 조작으로 개폐하고 과류차단 안전기구가 부착된 것으로 밸브 핸들이 반개방상태에서도 가스를 차단하여야 하며, 배관과 카플러를 연결하는 구조로 한다.

㉣ 주물연소기용 노즐콕은 주물연소기 부품으로 사용하는 것으로 볼로 개폐하는 구조로 한다.

㉤ 콕은 1개의 핸들 등으로 1개의 유로를 개폐하는 구조로 한다.

㉥ 콕의 핸들 등을 회전하여 조작하는 것은 핸들의 회전각도를 90°나 180°로 규제하는 스토퍼를 갖추어야 하며 또한 핸들, 누름, 당김, 이동 등 조작을 하는 것은 조작범위를 규제하는 스토퍼를 갖추어야 한다.

㉦ 콕의 핸들 등은 개폐상태가 눈으로 확인할 수 있는 구조로 하고 핸들 등이 회전하는 구조의 것은 회전각도가 90°의 것을 원칙으로 열림방향은 시계바늘 반대방향인 구조로 한다. 단, 주물연소기용 노즐콕의 핸들 열림방향은 그러하지 아니하다.

㉧ 완전히 열었을 때 핸들의 방향은 유로의 방향과 평행인 것으로 하고 볼 또는 플러그의 구멍과 유로와는 어긋나지 아니하는 것으로 한다.

㉨ 콕의 플러그 및 플러그와 접촉하는 몸통부분 테이퍼는 1/5부터 1/15까지이고 몸통과 플러그와의 표면은 밀착되도록 다듬질하며 회전이 원활한 것으로 한다.

㉩ 콕은 닫힌상태에서 예비적 동작이 없이는 열리지 아니하는 구조로 한다.

㉪ 상자콕은 카플러를 연결하지 아니하여 핸들 등을 열림위치로 조작하지 못하는 구조로 하고 핸들 등을 카플러가 빠지는 구조로 한다.

㉫ 콕에 과류차단 안전기구가 부착된 것은 과류차단되었을 때 간단하게 복원되도록 하는 기구를 부착한다.

㉬ 상자콕의 몸체는 상자를 벗기지 않고 교체할 수 있는 것이어야 한다.

㉭ 상자콕은 상자 내 조립 시 출구쪽의 가스 접속부는 상자 끝으로부터 돌출되지 않아야 한다.

66 액화석유가스 충전시설의 안전유지기준에 대한 설명으로 틀린 것은?

① 저장탱크의 안전을 위하여 1년에 1회 이상 정기적으로 침하상태를 측정한다.

② 소형 저장탱크 주위에 있는 밸브류의 조작은 원칙적으로 자동조작으로 한다.

③ 소형 저장탱크의 세이프티커플링의 주 밸브는 액봉방지를 위하여 항상 열어 둔다.

④ 가스누출검지기와 휴대용 손전등은 방폭형으로 한다.

해설
㉠ 소형 저장탱크 밸브류 조작은 원칙적으로 수동조작으로 한다.
㉡ 소형 저장탱크 주위 5m 이내는 화기의 사용을 금지하고 인화 발화성 물질을 쌓아두지 아니한다.

67 정전기를 억제하기 위한 방법이 아닌 것은?

① 접지(grounding)한다.

② 접촉 전위차가 큰 재료를 선택한다.

③ 정전기의 중화 및 전기가 잘 통하는 물질을 사용한다.

④ 습도를 높여준다.

68 내용적이 50L 이상 125L 미만인 LPG용 용접용기의 스커트 통기면적은?

① $100mm^2$ 이상

② $300mm^2$ 이상

③ $500mm^2$ 이상

④ $1000mm^2$ 이상

해설
용기의 통기구멍수 및 통기면적, 물빼기면적(KGS Ac 211 P12)
㉠ 액화석유가스용 강제용기 스커트 상부 또는 중간부에 용기 종류에 따른 통기를 위하여 필요한 면적을 가진 통기구멍을 3개소 이상 설치한다.
㉡ 용기 종류에 따른 통기를 위하여 필요한 면적 및 물빼기를 위하여 필요한 면적

용기의 종류 (내용적 L)	필요 통기면적	필요 물빼기면적
20L 이상 25L 미만	$300mm^2$ 이상	$50mm^2$ 이상
25L 이상 50L 미만	$500mm^2$ 이상	$100mm^2$ 이상
50L 이상 125L 미만	$1000mm^2$ 이상	$150mm^2$ 이상

69 고압가스 냉동제조시설에서 냉동능력 20ton 이상의 냉동설비에 설치하는 압력계의 설치기준으로 옳지 않은 것은?

① 압축기의 토출압력 및 흡입압력을 표시하는 압력계를 보기 쉬운 곳에 설치한다.

② 강제윤활방식인 경우에는 윤활유 압력을 표시하는 압력계를 설치한다.

③ 강제윤활방식인 것은 윤활유 압력에 대한 보호장치가 설치되어 있는 경우 압력계를 설치한다.

④ 발생기에는 냉매가스의 압력을 표시하는 압력계를 설치한다.

해설
냉동능력 20t 이상 냉동설비에 설치하는 압력계 설치기준(KGS Fp 113)(2.8.1.1.1)
㉠ 압축기의 토출압력 및 흡입압력을 표시하는 압력계를 보기 쉬운 위치에 설치한다.
㉡ 압축기가 강제윤활방식인 경우에는 윤활유 압력을 표시하는 압력계를 부착(단, 윤활유 압력에 보호장치가 있는 경우에는 압력계를 설치하지 아니할 수 있음)한다.
㉢ 발생기에는 냉매가스의 압력을 표시하는 압력계를 설치한다.

70 다음 ( ) 안에 들어갈 알맞은 수치는?

초저온 용기의 충격시험은 3개의 시험편 온도를 ( )℃ 이하로 하여 그 충격치의 최저가 ( )J/cm² 이상이고, 평균 ( )J/cm² 이상의 경우를 적합한 것으로 한다.

① 100, 30, 20   ② −100, 20, 30

③ 150, 30, 20   ④ −150, 20, 30

71 용기의 용접에 대한 설명으로 틀린 것은?

① 이음매 없는 용기 제조 시 압궤시험을 실시한다.
② 용접용기의 측면 굽힘시험은 시편을 180°로 굽혀서 3mm 이상의 금이 생기지 아니하여야 한다.
③ 용접용기는 용접부에 대한 안내 굽힘시험을 실시한다.
④ 용접용기의 방사선 투과시험은 3급 이상을 합격으로 한다.

④ 용접용기의 방사선 투과시험은 2급 이상을 합격으로 한다.

72 고압가스용 이음매 없는 용기 재검사 기준에서 정한 용기의 상태에 따른 등급 분류 중 3급에 해당하는 것은?

① 깊이가 0.1mm 미만이라고 판단되는 흠
② 깊이가 0.3mm 미만이라고 판단되는 흠
③ 깊이가 0.5mm 미만이라고 판단되는 흠
④ 깊이가 1mm 미만이라고 판단되는 흠

고압가스 이음매 없는 용기 재검사 등급판정기준 (KGS 218)

등급	용기상태
1급	사용상 지장이 없는 것으로 2급, 3급, 4급에 속하지 않는 것
2급	깊이가 1mm 이하 우그러짐이 있는 것 중 사용상 지장여부를 판단하기 곤란한 것
3급	• 깊이가 0.3mm 미만이라고 판단되는 흠이 있는 것 • 깊이가 0.5mm 미만이라고 판단되는 부식이 있는 것
4급	• 부식 • 점부식 : 깊이 0.5mm 초과 • 선부식 : 길이 100mm 이하 깊이 0.3mm 초과, 길이 100mm 초과 깊이 0.25mm 초과 • 일반부식 : 깊이 0.25mm 초과 • 우그러짐 및 손상

73 독성 가스 중 다량의 가연성 가스를 차량에 적재하여 운반하는 경우 휴대하여야 하는 소화기는? [안전 8]

① BC용, B-3 이상
② BC용, B-10 이상
③ ABC용, B-3 이상
④ ABC용, B-10 이상

74 가연성 가스 제조소에서 화재의 원인이 될 수 있는 착화원이 모두 나열된 것은?

㉠ 정전기
㉡ 베릴륨 합금제 공구에 의한 타격
㉢ 안전증 방폭구조의 전기기기 사용
㉣ 사용 촉매의 접촉작용
㉤ 밸브의 급격한 조작

① ㉠, ㉣, ㉤
② ㉠, ㉡, ㉢
③ ㉠, ㉢, ㉤
④ ㉡, ㉢, ㉤

75 나프타(naphtha)에 대한 설명으로 틀린 것은?

① 비점 200℃ 이하의 유분이다.
② 파라핀계 탄화수소의 함량이 높은 것이 좋다.
③ 도시가스의 증열용으로 이용된다.
④ 헤비 나프타가 옥탄가가 높다.

나프타(naphtha)
(1) 정의 : 원유를 상압 증류할 때 얻어지는 비점 200℃ 이하 유분
(2) 종류
  ㉠ 라이트 나프타 : 경질의 것
  ㉡ 헤비 나프타 : 중질의 것
∴ 라이트 나프타가 옥탄가가 높다.

76 저장탱크에 의한 액화석유가스 저장소에서 지반조사 시 지반조사의 실시 기준은?

① 저장설비와 가스설비 외면으로부터 10m 내에서 2곳 이상 실시한다.
② 저장설비와 가스설비 외면으로부터 10m 내에서 3곳 이상 실시한다.
③ 저장설비와 가스설비 외면으로부터 20m 내에서 2곳 이상 실시한다.
④ 저장설비와 가스설비 외면으로부터 20m 내에서 3곳 이상 실시한다.

LPG시설 지반조사(KGS FP 332)

구 분	핵심내용
조사대상	3t 이상 저장설비, 가스설비 (펌프, 압축기, 기화장치 제외) 설치장소에 1차 지반조사
1차 지반조사 방법	보링
조사장소 및 조사 대상수	저장설비 가스설비 외면 10m 이내인 곳 2곳 이상
조사결과 습윤한 토지 및 연약지반 붕괴 우려, 부등침하 우려 시	성토, 지반개량 용벽설치 강구

77 일반도시가스사업자 시설의 정압기에 설치되는 안전밸브 분출부 크기 기준으로 옳은 것은? [안전 109]

① 정압기 입구압력이 0.5MPa 이상인 것은 50A 이상

② 정압기 입구압력에 관계없이 80A 이상

③ 정압기 입구압력이 0.5MPa 이상인 것으로서 설계유량이 1000m³ 이상인 것은 32A 이상

④ 정압기 입구압력이 0.5MPa 이상인 것으로서 설계유량이 1000m³ 미만인 것은 32A 이상

78 철근콘크리트제 방호벽의 설치기준에 대한 설명 중 틀린 것은?

① 일체로 된 철근콘크리트 기초로 한다.

② 기초의 높이는 350mm 이상, 되메우기 깊이는 300mm 이상으로 한다.

③ 기초의 두께는 방호벽 최하부 두께의 120% 이상으로 한다.

④ 직경 8mm 이상의 철근을 가로, 세로 300mm 이하의 간격으로 배근한다.

④ 직경 9mm 철근을 가로, 세로 400mm 이하의 간격으로 배근 결속

79 고압가스 용접용기 중 오목부에 내압을 받는 접시형 경판의 두께를 계산하고자 한다. 다음 계산식 중 어떤 계산식 이상의 두께로 하여야 하는가? (단, P는 최고충전압력의 수치(MPa), D는 중앙만곡부 내면의 반지름(mm), W는 접시형 경판의 형상에 따른 계수, S는 재료의 허용응력 수치(N/mm²), η는 경판 중앙부 이음매의 용접효율, C는 부식 여유두께(mm)이다.) [안전 172]

① $t(\text{mm}) = \dfrac{PDW}{S\eta - P} + C$

② $t(\text{mm}) = \dfrac{PDW}{S\eta - 0.5P} + C$

③ $t(\text{mm}) = \dfrac{PDW}{2S\eta - 0.2P} + C$

④ $t(\text{mm}) = \dfrac{PDW}{2S\eta - 1.2P} + C$

고압가스용 용접용기 두께(KGS AC 211)

구 분	공 식	기 호
동판	$t = \dfrac{PD}{2S\eta - 1.2P} + C$	t : 두께(mm)
접시형 경판	$t = \dfrac{PDW}{2S\eta - 0.2P} + C$	P : Fp(MPa)
반타원 형체 경판	$t = \dfrac{PDV}{2S\eta - 0.2P}$	D : 동판은 내경, 접시형 경판은 중앙곡부 내면의 반경, 반타원형체 경판은 반타원체 내면 장축부 길이에 부식여유치를 더한 값 $W = \dfrac{3 + \sqrt{n}}{4}$ $V = \dfrac{2 + m^2}{6}$ n : 경판 중앙만곡부 내경과 경판 둘레 단곡부 내경비 m : 반타원형체 내경의 장축부 단축부 길이의 비

80 도시가스용 압력조정기의 정의로 맞는 것은?

① 도시가스용 정압기 이외에 설치되는 압력조정기로서 입구쪽 구경이 50A 이하이고, 최대표시유량이 $300Nm^3/h$ 이하인 것을 말한다.

② 도시가스용 정압기 이외에 설치되는 압력조정기로서 입구쪽 구경이 50A 이하이고, 최대표시유량이 $500Nm^3/h$ 이하인 것을 말한다.

③ 도시가스용 정압기 이외에 설치되는 압력조정기로서 입구쪽 구경이 100A 이하이고, 최대표시유량이 $300Nm^3/h$ 이하인 것을 말한다.

④ 도시가스용 정압기 이외에 설치되는 압력조정기로서 입구쪽 구경이 100A 이하이고, 최대표시유량이 $500Nm^3/h$ 이하인 것을 말한다.

제5과목 가스계측

81 헴펠식 가스분석법에서 흡수·분리되지 않는 성분은? **[계측 1]**

① 이산화탄소   ② 수소
③ 중탄화수소   ④ 산소

㉠ 오르자트 분석기의 분석순서와 흡수액

분석가스명	흡수액
CO_2	33% KOH 용액
O_2	알칼리성 피로카롤 용액
CO	암모니아성 염화제1동 용액
N_2	$N_2 = 100 = (CO_2 + O_2 + CO)$ 값으로 정량

㉡ 헴펠법 분석기의 분석순서와 흡수액

분석가스명	흡수액
CO_2	33% KOH 용액
$C_m H_n$	발연황산
O_2	알칼리성 피로카롤 용액
CO	암모니아성 염화제1동 용액

㉢ 게겔법의 분석순서와 흡수액

분석가스명	흡수액
CO_2	33% KOH 용액
C_2H_2	옥소수은칼륨 용액
$C_3H_6, \ n-C_4H_{10}$	87% H_2SO_4
C_2H_4	취수소
O_2	알칼리성 피로카롤 용액
CO	암모니아성 염화제1동 용액

82 흡착형 가스 크로마토그래피에 사용하는 충전물이 아닌 것은?

① 실리콘(SE-30)   ② 활성 알루미나
③ 활성탄   ④ 몰레큘러시브

가스 크로마토그래피(G/C) 충전물

	품 명		
흡착형	활성탄	분배형	DMF(디메틸포름아미드)
	활성 알루미나		DMS(디메틸설포렌스)
	실리카겔		T체(Ticresyl hosphate)
	몰레큘러시브		실리콘(SE-30)
	Porapak Q		Goaly u-90(squalane)

83 50℃에서 저항이 100Ω인 저항온도계를 어떤 노 안에 삽입하였을 때 온도계의 저항이 200Ω을 가리키고 있었다. 노 안의 온도는 약 몇 ℃인가? (단, 저항온도계의 저항온도계수는 0.0025이다.)

① 100℃   ② 250℃
③ 425℃   ④ 500℃

$$R_t = R_0(1+at)$$

여기서, R_t : 어느 온도에서 저항
R_0 : 0℃의 저항
a : 저항온도계수
t : 어느 온도

$$R_0 = \frac{R_t}{1+at} = \frac{100}{1+0.0025 \times 50} = 88.888$$

$$\therefore \ t = \left(\frac{R_t}{R_0} - 1\right) \div a = \left(\frac{200}{88.88} - 1\right) \div 0.0025 = 500℃$$

84 다음 가스 분석방법 중 성질이 다른 하나는 어느 것인가? [계측 3]

① 자동화학식
② 열전도율법
③ 밀도법
④ 가스 크로마토그래피법

가스 분석방법 및 특성

구 분	이용 특성
물리적 분석 방법	• 적외선 흡수를 이용한 것 • 빛의 간섭을 이용한 것 • 가스의 열전도율, 밀도, 비중, 반응성을 이용한 것 • 전기전도도를 이용한 것 • 가스 크로마토그래피(GC)를 이용한 것
화학적 분석 방법	• 가스의 연소열을 이용한 것 • 용액의 흡수제(오르자트, 헴펠, 게겔)를 이용한 것 • 고체의 흡수제를 이용한 것

85 가스 공급용 저장탱크의 가스 저장량을 일정하게 유지하기 위하여 탱크 내부의 압력을 측정하고, 측정된 압력과 설정압력(목표압력)을 비교하여 탱크에 유입되는 가스의 양을 조절하는 자동 제어계가 있다. 탱크 내부의 압력을 측정하는 동작은 다음 중 어디에 해당하는가?

① 비교
② 판단
③ 조작
④ 검출

자동제어 기본 순서
검출 → 조절 → 조작(비교 → 판단)
㉠ 검출 : 제어에 필요한 양의 신호를 보내는 부분
㉡ 조절 : 입력과 검출부의 출력의 합이 되는 신호를 받아 조작부로 전송하는 부분
㉢ 조작 : 조절부로 받은 신호를 조작량으로 바꾸어 제어대상에 보내는 부분

86 1kmol의 가스가 0℃, 1기압에서 22.4m³의 부피를 갖고 있을 때 기체상수는 얼마인가?

① 0.082kg · m/kmol · K
② 848kg · m/kmol · K
③ 1.98kg · m/kmol · K
④ 8.314kg · m/kmol · K

기체상수
$R = 0.082\text{atm} \cdot \text{L/mol} \cdot \text{K}$
$= 82.05\text{atm} \cdot \text{mL/mol} \cdot \text{K}$
$= 1.987\text{cal/mol} \cdot \text{K} = 8.314\text{J/mol} \cdot \text{K}$
$= 848\text{kg} \cdot \text{m/kmol} \cdot \text{K} = 8.314\text{kJ/kmol} \cdot \text{K}$

87 다음 중 직접식 액면측정 기기는?

① 부자식 액면계
② 벨로즈식 액면계
③ 정전용량식 액면계
④ 전기저항식 액면계

액면계의 종류

구 분	직접식	간접식
정의	측정하고자 하는 액면의 높이를 직접 측정	측정하고자 하는 액면의 높이를 압력차나 초음파 방사선 등을 이용하여 간접 측정
종류	직관식, 플로트식, 검척식	다이어프램식, 방사선식, 차압식, 초음파식, 기포식

88 머무른 시간 407초, 길이 12.2m인 칼럼에서의 띠 너비를 바닥에서 측정하였을 때 13초였다. 이때 단 높이는 몇 mm인가?

① 0.58
② 0.68
③ 0.78
④ 0.88

이론단의 높이$(HETP) = \dfrac{L}{N}$

여기서, L : 관 길이(m)

N : 이론단수$= 16 \times \left(\dfrac{t_r}{w}\right)^2$

$\therefore HETP = \dfrac{12.2 \times 10^3}{16 \times \left(\dfrac{407}{13}\right)^2} = 0.777 = 0.78$

※ t_r : 머문 시간(체류시간)
   w : 봉우리 너비

89 내경이 30cm인 어떤 관 속에 내경 15cm인 오리피스를 설치하여 물의 유량을 측정하려 한다. 압력강하는 0.1kgf/cm²이고, 유량계수는 0.72일 때 물의 유량은 약 몇 m³/s인가?

① 0.028m³/s ② 0.28m³/s
③ 0.056m³/s ④ 0.56m³/s

$$Q = C \times \frac{\pi}{4} \times d_2^2 \sqrt{\frac{2g \times \frac{P}{\gamma}}{1 - m^4}}$$

$$= 0.72 \times \frac{\pi}{4} \times (0.15)^2 \sqrt{\frac{2 \times 9.8 \times \frac{0.1 \times 10^4}{10^3}}{1 - \left(\frac{15}{30}\right)^4}}$$

$$\approx 0.056 \text{m}^3/\text{s}$$

90 대규모의 플랜트가 많은 화학공장에서 사용하는 제어방식이 아닌 것은?

① 비율제어(Ratio Control)
② 요소제어(Element Control)
③ 종속제어(Cascade Control)
④ 전치제어(Feed Forward Control)

① 비율제어(Ratio Control) : 목표값이 다른 것과 일정비율 관계를 가지고 변화하는 경우의 추종제어법
② 요소제어(Element Control) : 어느 특정부분만 제어하는 방식(대규모 플랜트 화학공장에 부적합)
③ 종속제어(Cascade Control) : 두 개의 동작 조합을 수행하는 제어
④ 전치제어(Feed Forward Control) : 앞으로 일어날 징조를 계산에 의하여 예측하고 그 정보에 기준하여 제어를 행하는 방식. 예측에 따라 정보를 주고 목적에서 이탈하는 증후가 나오기 전에 제어하는 방식

91 다음 캐리어가스의 유량이 60mL/min이고, 기록지의 속도가 3cm/min일 때 어떤 성분 시료를 주입하였더니 주입점에서 성분 피크까지의 길이가 15cm였다. 지속용량은 약 몇 mL인가?

① 100 ② 200
③ 300 ④ 400

$$지속용량 = \frac{L \times Q}{V}$$

$$= \frac{15\text{cm} \times 60\text{mL/min}}{3\text{cm/min}} = 300$$

여기서, L : 성분 피크 길이
Q : 캐리어가스 유량
V : 기록지의 속도

92 자동 조절계의 비례적분동작에서 적분 시간에 대한 설명으로 가장 적당한 것은 어느 것인가? [계측 4]

① P동작에 의한 조작신호의 변화가 I동작만으로 일어나는 데 필요한 시간
② P동작에 의한 조작신호의 변화가 PI동작만으로 일어나는 데 필요한 시간
③ I동작에 의한 조작신호의 변화가 PI동작만으로 일어나는 데 필요한 시간
④ I동작에 의한 조작신호의 변화가 P동작만으로 일어나는 데 필요한 시간

93 다음 중 화학적 가스분석 방법에 해당하는 것은? [계측 3]

① 밀도법 ② 열전도율법
③ 적외선흡수법 ④ 연소열법

가스분석 방법 및 특성

구 분	특 성
물리적 분석방법	• 적외선 흡수를 이용한 것 • 빛의 간섭을 이용한 것 • 가스의 열전도율, 밀도, 비중, 반응성을 이용한 것 • 전기전도를 이용한 것 • 가스 크로마토그래피(GC)를 이용한 것
화학적 분석방법	• 가스의 연소열을 이용한 것 • 용액의 흡수제(오르자트, 헴펠, 게겔)를 이용한 것 • 고체의 흡수제를 이용한 것

94 진동이 일어나는 장치의 진동을 억제하는 데 가장 효과적인 제어동작은?

① 뱅뱅동작   ② 비례동작

③ 적분동작   ④ 미분동작

제어동작

동작의 종류	특 징
P(비례)	• 정상오차 수반 • 잔류편차 발생
I(적분)	• 잔류편차 제거
D(미분)	• 장치의 진동 억제 • 오차가 커지는 것 미리 방지
PD(비례미분)	• 응답의 속응성 개선
PI(비례적분)	• 잔류편차 제거 • 제어결과가 진동적으로 될 수 있음
PID(비례적분미분)	• 잔류편차 제거 • 응답의 오버슈트 감소 • 응답의 속응성 개선

95 기체 크로마토그래피에서 분리도(resolution)와 컬럼 길이의 상관관계는?

① 분리도는 컬럼 길이의 제곱근에 비례한다.

② 분리도는 컬럼 길이에 비례한다.

③ 분리도는 컬럼 길이의 2승에 비례한다.

④ 분리도는 컬럼 길이의 3승에 비례한다.

분리도$(R) = \dfrac{2(t_2 - t_1)}{W_1 + W_2}$

여기서, t_1 : 성분 1의 보유시간

t_2 : 성분 2의 보유시간

W_1 : 성분 1의 피크폭

W_2 : 성분 2의 피크폭

$R \propto \sqrt{L}$ 이므로

여기서, L : 컬럼의 길이

∴ 분리도는 컬럼 길이의 제곱근에 비례한다.

96 유압식 조절계의 제어동작에 대한 설명으로 옳은 것은?

① P동작이 기본이고 PI, PID 동작이 있다.

② I동작이 기본이고 P, PI 동작이 있다.

③ P동작이 기본이고 I, PID 동작이 있다.

④ I동작이 기본이고 PI, PID 동작이 있다.

97 [그림]과 같이 원유탱크에 원유가 채워져 있고, 원유 위의 가스압력을 측정하기 위하여 수은마노미터를 연결하였다. 주어진 조건 하에서 P_g의 압력(절대압)은? (단, 수은, 원유의 밀도는 각각 13.6g/cm^3, 0.86g/cm^3, 중력가속도는 9.8m/s^{2}이다.)

① 69.1kPa   ② 101.3kPa

③ 133.5kPa   ④ 175.8kPa

$P_g + \gamma_1 h_1 = P_o + \gamma_2 h_2$

∴ $P_g = P_o + \gamma_2 h_2 - \gamma_1 h_1$

$= 101.325\text{kPa} + 13.6 \times 10^3 \text{kgf/m}^3 \times 0.4\text{m} - 0.86$
$\times 10^3 \text{kgf/m}^3 \times 2.5\text{m}$

$= 101.325\text{kPa} + 3290\text{kgf/m}^2$

$= 101.325 + \dfrac{3290}{10332} \times 101.325\text{kPa}$

$= 133.589\text{kPa}$

98 산소(O_2)는 다른 가스에 비하여 강한 상자성체이므로 자장에 대하여 흡인되는 특성을 이용하여 분석하는 가스분석계는?

① 세라믹식 O_2계

② 자기식 O_2계

③ 연소식 O_2계

④ 밀도식 O_2계

99 기준기로서 150m^3/h로 측정된 유량은 기차가 4%인 가스미터를 사용하면 지시량은 몇 m^3/h를 나타내는가?

① 144.23

② 146.23

③ 150.25

④ 156.25

$E = \dfrac{I-Q}{I}$ 에서

여기서, E : 기차

$\quad\quad\quad I$: 시험미터 지시량

$\quad\quad\quad Q$: 기준미터 지시량

$I - Q = E \times I$

$I - E \times I = Q$

$I(1 - E) = Q$

$\therefore\ I = \dfrac{Q}{1-E} = \dfrac{150}{1-0.04} = 156.25 \text{m}^3/\text{h}$

100 다음 [그림]은 자동제어계의 특성에 대하여 나타낸 것이다. B는 입력신호의 변화에 대하여 출력신호의 변화가 즉시 따르지 않는 것을 나타낸 것으로 이를 무엇이라고 하는가?

① 정오차

② 히스테리시스 오차

③ 동오차

④ 지연(遲延)

정답 100.④

성공하려면

당신이 무슨 일을 하고 있는지를 알아야 하며,

하고 있는 그 일을 좋아해야 하며,

하는 그 일을 믿어야 한다.

−월 로저스(Will Rogers)−

☆

때론 지치고 힘들지만 언제나 가슴에 큰 꿈을 안고 삽시다.

노력은 배반하지 않습니다.^^

CBT 기출복원문제

01 가스기사

수험번호 :
수험자명 :

※ 제한시간 : 150분
※ 남은시간 :

글자
크기   100% 150% 200%

화면
배치

전체 문제 수 :
안 푼 문제 수 :

답안 표기란
① ② ③ ④

제1과목 가스유체역학

01 비중이 0.9인 어떤 물질의 비중량은 얼마인가?

① 900kgf/m^3
② 1000kgf/m^3
③ 1100kgf/m^3
④ 1200kgf/m^3

$\gamma = 1000 \times s = 1000 \times 0.9 = 900\text{kgf/m}^3$

02 질량 1kg이고 중력가속도가 9m/s인 어떤 물체의 중량은 지구에서 몇 kgf인가?

① 0.918kgf
② 1.098kgf
③ 9.8kgf
④ 9kgf

$W = mg = 1\text{kg} \times \dfrac{9}{9.8} = 0.918\text{kgf}$

03 점성계수 0.9 poise 밀도 95kgf · s²/m⁴인 유체의 동점성 계수는 몇 stokes인가?

① 9.8×10^{-2}
② 9.8×10^{3}
③ 0.966
④ 0.724

$$V = \frac{\mu}{\varepsilon}$$
$$= \frac{0.9(\text{g/cm} \cdot \text{s})}{95 \times 9.8\text{kg/m}^3 \times 10^3\text{g/kg} \times \dfrac{1}{10^6}\text{m}^3/\text{cm}^3}$$
$$= 0.966\text{cm}^2/\text{s}$$
$$= 0.966\text{stokes}$$

04 Isentropic flow를 잘 나타낸 것은?

① 비가역단열흐름
② 이상기체흐름
③ 가역단열흐름
④ 이상유체흐름

05 두 평행판 사이로 유체가 흐른다. 전단응력이 최대가 되는 곳은?

① 윗판벽
② 밑판벽
③ 두 판의 중심
④ 양쪽 벽

㉠ 전단응력은 벽면에서 최대, 중심에서 0이다.
㉡ 유속은 중심에서 최대, 벽면에서 0이다.

06 게이트 밸브를 설명한 것으로 맞는 것은?

① 심세한 유량조절이 힘들다.
② 가정에서 사용하는 수도꼭지와 같다.
③ 유체가 밸브의 디스크 옆을 거쳐서 흐르게 된다.
④ 대개 완전히 열거나 닫을 수 없다.

게이트 밸브
㉠ 배관용으로 많이 사용
㉡ 대유량에 사용
㉢ 유체의 저항이 심하다.

정답 01.① 02.① 03.③ 04.③ 05.④ 06.①

07 완전기체에서 정압비열 C_p, 정적비열 C_v 로 표시할 때 엔탈피의 변화 dh는 어떻게 표시되는가?

① $dh = C_p dT$

② $dh = C_v dT$

③ $dh = \dfrac{C_p}{C_v} dT$

④ $dh = (C_p - C_v)dT$

08 물이 개방된 탱크에 채워져 있다. 액면에서 2m 깊이의 지점에서 받는 절대압은 얼마인가?

① 1.033kg/cm^2

② 1.12kg/cm^2

③ 1.92kg/cm^2

④ 1.22kg/cm^2

해설
$Pa = 1.0332(\text{kg/cm}^2) + 0.2(\text{kg/cm}^2)$
$\quad = 1.233(\text{kg/cm}^2)$

09 수평관에서 정상상태로 흐르는 공기가 20℃ 로부터 80℃까지 가열된다. 입구의 절대압력은 1atm, 출구의 절대압력은 0.9atm이며 입구의 공기유속은 6m/sec라 할 때 가하는 열량은 몇 kcal/kg인가? (단, 공기의 평균 열용량 $C_p = 0.24 \text{kcal/kg} \cdot ℃$이다.)

① 13.2   ② 14.4

③ 15.7   ④ 5.51

해설
$Q = GC_p(t_1 - t_2)$
$\quad = 1\text{kg} \times 0.24(\text{kcal/kg℃}) \times (80 - 20℃)$
$\quad = 14.4 \text{kcal}$

10 Hagen-Poiseuille식이 유도될 때 설정된 가정이 아닌 것은?

① 비압축성 유체의 층류 흐름

② 압축성 유체의 난류 흐름

③ 밀도가 일정한 뉴우톤성 유체의 흐름

④ 원형관 내에서의 정상상태 흐름

해설
하겐-포아젤 방정식(층류유동에만 적용)
$$Q = \frac{\triangle p \cdot \pi \cdot d^4}{128 \mu L}$$
$$\tau = \frac{\triangle pd}{4l}$$

11 유체 수송장치 중 왕복 펌프를 설명한 것이 아닌 것은?

① 점성이 있는 액체의 수송에 적당하다.

② 고압을 얻는 데 좋다.

③ 유량을 측정하는 데 가끔 사용된다.

④ 마모성의 고체가 섞인 유체도 사용할 수 있다.

해설
왕복 펌프의 특징
㉠ 정량수송이 용이하다.
㉡ 토출측에 진동이 있다.
㉢ 토출량이 적다.
㉣ 흡입양정이 크다.
㉤ 스트로크 조절로 수송량이 가감된다.

12 정지 유체 내의 직육면체 부피요소에 작용하는 힘에 대하여 틀린 것은?

① 전단응력에 의하여 요소가 가라앉는다.

② $PQ = \triangledown P$로 압력 변화량을 표현한다.

③ 최대압력 변화량은 중력 방향이다.

④ 중력과 압력에 의하여 힘을 받는다.

해설
정지 유체 직육면체 작용힘 $F = PA = \gamma HA$에서 압력 변화는 비중량과 높이에 비례

13 안지름 40cm인 관속을 동점도 4stokes인 유체가 15cm/sec의 속도로 흐른다. 이때 흐름의 종류는?

① 층류   ② 난류

③ 플러그 흐름   ④ 전이 영역

해설
$$Re = \frac{Vd}{v} = \frac{15 \times 40}{4} = 150$$
여기서, $V = 15\text{cm/s}$
$\qquad d = 40\text{cm}$
$\qquad v = 4\text{cm}^2/s$
2100보다 작으므로 층류

14 내경이 100mm인 관속을 흐르고 있는 공기의 평균유속이 5m/sec이면 이 공기의 흐름은 몇 kg/sec인가? (단, 관속의 정압은 $3kg/cm^2$ abs, 온도 27℃, $R = 29.27kg \cdot m/kg$이다.)

① 0.134kg/sec
② 1.34kg/sec
③ 0.43kg/sec
④ 4.30kg/sec

$G = \gamma A V = 3.4164 \times 7.85 \times 10^{-3} \times 5$
    $= 0.13416kg/sec$

$\gamma = \dfrac{P}{RT} = \dfrac{3 \times 10^4 \, kg/m^2}{29.27 \times 300} = 3.4164$

$A = \dfrac{\pi}{4} \times (0.1m)^2 = 7.85 \times 10^{-3} m^2$

$V = 5m/s$

15 동점도의 단위는?

① m/s^2
② m/s
③ m^2/s
④ m^2/s^2

동점도는 점성계수를 밀도로 나눈 값

$v = \dfrac{\mu}{\rho} = \dfrac{g/cm \cdot s}{g/cm^3} = cm^2/s = m^2/s$

16 오리피스와 노즐에 대한 설명이 바르지 못한 것은?

① 내벽을 따라서 흘러온 유체입자는 개구부에 도달했을 때 관성력 때문에 급격히 구부러지지 않고 반지름 방향의 속도성분을 가진다.
② 반지름방향의 속도성분은 개구부에서 유출에 따라 점점 작아져서 분류가 평형류가 된 지점에서는 0이 된다.
③ 유량계수는 축류계수와 속도계수의 합이며, 유로의 기하학적 치수, 관성력 및 점성력과 관계가 있다.
④ 분류의 단면적이 개구부의 단면적보다 항상 작아지며, 분류속도는 유체의 마찰에 의해 그 값이 작아진다.

유량계수는 축류와 속도계수의 곱이다.

17 그림은 수축노즐을 갖는 고압용기에서 기체가 분출될 때 질량유량(m)과 배압(Pb)과 용기내부압력(Pr)의 비의 관계를 도시한 것이다. 다음 중 질식된(choking) 상태만 모은 것은?

① A, E
② B, D
③ D, E
④ A, B

18 수은-물 마노메타로 압력차를 측정하였더니 50cmHg였다. 이 압력차를 mH₂O로 표시하면 약 얼마인가?

① 0.5
② 5.0
③ 6.8
④ 7.3

$50cmHg : x(mH_2O) = 76cmHg : 10.33mH_2O$

$x = \dfrac{50 \times 10.33}{76} = 6.79 = 6.8 mH_2O$

19 안지름이 90mm인 파이프를 통하여 3m/s의 속도로 흐르는 물의 유량은?

① $1.15m^3/min$
② $4.83m^3/min$
③ $5.15m^3/min$
④ $6.48m^3/min$

$Q = A V = 1.15m^3/min$

$A = \dfrac{\pi}{4} \times (0.09m)^2$

$V = 3m/s = 3 \times 60(m/min)$

20 마찰이 없는 압축성 기체 유동에 대한 다음 보기 중 옳은 것은?

① 확대관(pipe)에서 속도는 항상 감소한다.
② 속도는 수축-확대 노즐의 목에서 항상 음속이다.
③ 초음속 유동에서 속도가 증가하려면 단면적은 감소하여야 한다.
④ 수축-확대 노즐의 목에서 유체속도는 음속보다 클 수 없다.

축소-확대 노즐의 목에서 가지는 유속은 음속, 이 음속이므로 유체의 속도는 음속보다 클 수 없다.

제2과목 연소공학

21 폭발의 위험도를 계산하는 것이 바르게 표현된 것은? (단, H : 위험도, U : 폭발한계 상한, L : 폭발한계하한)

① $H = \dfrac{U - L}{L}$ ② $H = \dfrac{U}{L}$

③ $H = \dfrac{U - L}{U}$ ④ $H = \dfrac{L}{U}$

$$위험도 = \frac{폭발상한 - 폭발하한}{폭발하한}$$

22 폭발에 관한 가스의 성질을 잘못 설명한 것은?

① 안전간격이 클수록 위험하다.
② 연소속도가 클수록 위험하다.
③ 폭발범위가 넓은 것이 위험하다.
④ 압력이 높아지면 일반적으로 폭발범위가 넓어진다.

안전간격이 큰 것은 안전하다.

23 다음 중 기상폭발의 발화원이 아닌 것은?

① 성냥   ② 열선
③ 화염   ④ 충격파

24 등유의 pot-burner는 어떤 연소 형태를 이용한 것인가?

① 액면연소   ② 증발연소
③ 분무연소   ④ 등심연소

① 액면연소(Combustion of Liquid Surface) : 용기에 모인 액체연료의 표면에서 연소(예 : 가정용 포트 연소, 경계층 연소 등으로 등유 pot-burner 등이 있다.)
② 증발연소 : 액체연료를 증발시켜 연소시키는 방법(예 : 석유스토브, 가스터빈)
③ 분무연소(Spray Combustion) : 액체연료를 분무기로 사용하여 미립화시켜 고부화로 연소시키는 방법
④ 등심연소(＝심지연소) : 심지를 이용하여 심지의 표면에서 증발시켜 연소(예 : 석유스토브 램프)

25 탄화수소계 연료를 태워서 얻은 배기가스를 건 배기가스분석을 하여 다음과 같은 결과를 얻었다. 이 연료의 질량기준 공기 연료비는 얼마인가?

• CO_2 : 8%	• CO : 0.9%
• O_2 : 8.8%	• N_2 : 82.3%

① 18.1   ② 20.1
③ 22.1   ④ 24.1

공연비 : 가연혼합기중 연료와 공기의 질량비 $\left(= \dfrac{공기비}{연료비} \right)$

$$m = \frac{N_2}{N_2 - 3.76 \times (O_2 - 0.5CO)}$$
$$= \frac{82.3}{82.3 - 3.76 \times (8.8 - 0.5 \times 0.9)}$$
$$= 1.6167$$

$$A(실제공기량) = \frac{82.3}{0.79} = 104.17$$

$$\therefore \ m = \frac{A}{A_0} = \frac{104.17}{산소량 \times \dfrac{1}{0.21}} \ 에서 \ O_2 = 13.53$$

반응식을 예상하면
$8.89CH_2 + 13.53O_2$
$\quad \to 8CO_2 + 0.9CO + 10.16H_2O + 8.8O_2 + 82.3N_2$

$$공연비 = \frac{1.6167 \times \dfrac{1}{0.232} \times 13.53 \times 32}{8.89 \times (12 + 2)} = 24.24$$

$$공연비 = \frac{공기비(mA_0)}{8.89CH_2}$$
$$m = 1.6167$$
$$A_0 = \frac{1}{0.232} \times O_2$$
$$C = 12, \ H_2 = 2, \ O_2 = 32$$

26 자연 상태의 물질을 어떤 과정(Process)을 통해 화학적으로 변형시킨 상태의 연료를 2차 연료라고 한다. 다음 중 2차 연료에 해당하는 것은?

① 석탄   ② 원유
③ 천연가스   ④ 코크스

㉠ 1차 연료 : 자연에서 채취한 그대로 사용하는 연료(예 : 목재, 무연탄, 역청탄)
㉡ 2차 연료 : 1차 연료를 가공한 것(예 : 목탄, 코크스)

27 공기나 증기 등의 기체를 분무매체로 하여 연료를 무화시키는 방식은?

① 유압분무식
② 이류체무화식
③ 충돌무화식
④ 정전무화식

28 프로판을 공기와 혼합하여 완전연소시킬 때 혼합기체 중 프로판의 최대 농도는?

① 3.1vol% ② 4.0vol%
③ 5.7vol% ④ 6.0vol%

$C_3H_8 + 5O_2 \rightarrow 3CO_2 + 4H_2O$

$\therefore \dfrac{1}{1+5\times\dfrac{1}{0.21}}\times100 = 4.03\%$

29 본질안전방폭구조의 폭발등급에 관한 설명 중 옳은 것은?

① 안전간격이 0.8mm 초과인 가스의 폭발등급은 A이다.
② 안전간격이 0.4mm 초과인 가스의 폭발등급은 C이다.
③ 안전간격이 0.2mm 초과인 가스의 폭발등급은 D이다.
④ 안전간격이 0.8~0.4mm 초과인 가스의 폭발등급은 B이다.

(1) 본질안전방폭구조의 폭발등급
　㉠ A등급 : 0.8mm 초과
　㉡ B등급 : 0.45~0.8mm 이하
　㉢ C등급 : 0.45mm 미만
(2) 내압방폭구조의 폭발등급
　㉠ A등급 : 0.9mm 이상
　㉡ B등급 : 0.5mm 초과, 0.9mm 미만
　㉢ C등급 : 0.5mm 이하

30 다음은 카르노(Carnot) 사이클의 순환과 정을 표시한 그림이다. 이상기체가 이 과 정의 매체일 때의 효율은 다음 중 어느 것 인가?

① $\dfrac{T_1 - T_2}{T_1}$ ② $\dfrac{T_1 - T_2}{T_2}$

③ $\dfrac{T_1 + T_2}{T_1}$ ④ $\dfrac{T_1 + T_2}{T_2}$

효율$(\eta) = \dfrac{T_1 - T_2}{T_1} = \dfrac{Q_1 - Q_2}{Q_1}$
여기서, T_1 : 고온, T_2 : 저온
　　　　Q_1 : 고열량, Q_2 : 저열량

31 연소범위에 대한 일반적인 설명으로 틀린 것은?

① 압력이 높아지면 연소범위는 넓어진다.
② 온도가 올라가면 연소범위는 넓어진다.
③ 산소농도가 증가하면 연소범위는 넓어진다.
④ 불활성 가스의 양이 증가하면 연소범위는 넓어진다.

32 미분탄 연소의 특징으로 틀린 것은?

① 가스화 속도가 낮다.
② 2상류 상태에서 연소한다.
③ 완전연소에 시간과 거리가 필요하다.
④ 화염이 연소실 전체에 퍼지지 않는다.

미분탄연소의 장단점

장 점	단 점
㉠ 적은 공기량으로 완전연소가 가능하다.	㉠ 연소실이 커야 한다.
㉡ 자동제어가 가능하다.	㉡ 타 연료에 비하여 연소시간이 길다.
㉢ 부하변동에 대응하기 쉽다.	㉢ 화염길이가 길어진다.
㉣ 연소율이 크다.	㉣ 가스화속도가 낮다.
㉤ 화염이 연소실 전체에 확산된다.	㉤ 완전연소에 거리와 시간이 필요하다.
	㉥ 2상류 상태에서 연소한다.

33 다음 중 예혼합연소의 이점이 아닌 것은?

① 노(爐)의 체적이 작아도 된다.
② 노(爐)의 길이가 작아도 된다.
③ 역화를 일으킬 위험성이 작다.
④ 단위 공간 체적당 발열률을 높게 얻을 수 있다.

㉠ 기체연료의 연소 : 예혼합연소, 확산연소
㉡ 예혼합연소 : 역화의 위험이 크다.

34 다음 중 폭발방지를 위한 본질안전장치에 해당되지 않는 것은?

① 압력 방출장치　② 온도 제어장치
③ 조성 억제장치　④ 착화원 차단장치

35 증기운 폭발의 특징에 대한 설명으로 틀린 것은?

① 폭발보다 화재가 많다.
② 점화위치가 방출점에서 가까울수록 폭발위력이 크다.
③ 증기운의 크기가 클수록 점화될 가능성이 커진다.
④ 연소에너지의 약 20%만 폭풍파로 변한다.

증기운 폭발(UVCE)
(1) 정의 : 대기 중 다량의 가연성 가스 또는 액체의 유출로 발생한 증기가 공기와 혼합 가연성 혼합 기체를 형성, 발화원에 의해 발생하는 폭발
(2) 영향인자
　㉠ 방출물질의 양
　㉡ 점화원의 위치
　㉢ 증발물질의 분율

36 수증기 1mol이 100℃, 1atm에서 물로 가역적으로 응축될 때 엔트로피의 변화는 약 몇 cal/mol · K인가? (단, 물의 증발열은 539 cal/g, 수증기는 이상기체라고 가정한다.)

① 26　　　　② 540
③ 1700　　　④ 2200

$$\triangle S = \frac{dQ}{T} = \frac{(539 \times 18)\text{g/mol}}{(273+100)\text{K}} = 26\text{cal/mol} \cdot \text{K}$$

37 고발열량에 대한 설명 중 틀린 것은?

[연소 11]

① 총발열량이다.
② 진발열량이라고도 한다.
③ 연료가 연소될 때 연소가스 중에 수증기의 응축잠열을 포함한 열량이다.
④ $H_h = H_L + H_S + H_L + 600(9H+W)$ 로 나타낼 수 있다.

② 진발열량＝저위발열량

38 다음과 같은 조성을 갖는 혼합가스의 분자량은? (단, 혼합가스의 체적비는 CO_2(13.1%), O_2(7.7%), N_2(79.2%)이다.)

① 22.81　　　② 24.94
③ 28.67　　　④ 30.40

$44 \times 0.131 + 32 \times 0.077 + 28 \times 0.792 = 30.36$

39 메탄가스 1m³를 완전연소시키는 데 필요한 공기량은 몇 m³인가? (단, 공기 중 산소는 20% 함유되어 있다.)

① 5　　　　② 10
③ 15　　　④ 20

$CH_4 + 2O_2 + CO_2 + 2H_2O$
　1 ： 2
$\therefore 2 \times \frac{1}{0.2} = 10\text{m}^3$

40 폭발형태 중 가스 용기나 저장탱크가 직화에 노출되어 가열되고 용기 또는 저장탱크의 강도를 상실한 부분을 통한 급격한 파단에 의해 내부 비등액체가 일시에 유출되어 화구(fire ball) 현상을 동반하며 폭발하는 현상은?

[연소 23]

① BLEVE　　　② VCE
③ jet fire　　　④ flash over

정답 33.③ 34.① 35.② 36.① 37.② 38.④ 39.② 40.①

BLEVE(블레비, 액체비등증기폭발) : 가연성 액화가스에서 외부 화재에 의해 탱크 내 액체가 비등하고, 증기가 팽창하면서 폭발을 일으키는 현상

제3과목 가스설비

41 고압가스의 분출 시 정전기가 가장 발생하기 쉬운 경우는?

① 다성분의 혼합가스인 경우
② 가스의 분자량이 작은 경우
③ 가스가 건조해 있을 경우
④ 가스 중에 액체나 고체의 미립자가 섞여 있는 경우

42 초저온 용기(액화질소)의 단열성능시험에 있어, 측정공식 중 옳은 것은? (단, W : 측정 중 기화 가스량, H : 측정시간, $\triangle t$: 기화가스와 외기온도차, V : 용기 내용적, g : 액화가스의 기화잠열, Q : 침입열량)

① $Q = \dfrac{W \cdot V}{H \cdot G \cdot \triangle t}$

② $Q = \dfrac{W \cdot g}{H \cdot \triangle t \cdot V}$

③ $Q = \dfrac{H \cdot V}{W \cdot g \cdot \triangle t}$

④ $Q = \dfrac{W \cdot \triangle t}{W \cdot g \cdot V}$

㉠ Q : 침입열량(J/hr · cal)
  W : 측정 중 기화 가스량(J/kg)
  V : 용기 내용적(l)
  H : 측정시간(hr)
  $\triangle t$: 기화가스와 외기온도차(℃)
㉡ 합격기준
  내용적 $1000l$ 미만 : 2.09J/hr℃L 이하
  내용적 $1000l$ 이상 : 8.37J/hr℃L 이하

43 암모니아 합성용으로 사용되는 촉매는?

① $FeO - K_2O - Al_2O_3$
② $ZnO - Cr_2O_3$
③ $CuO - ZnO$
④ $Zn - Cr - Cu$

44 가스 누출을 조기에 발견하기 위하여 사용되는 냄새가 나는 물질(부취제)이 아닌 것은? [안전 19]

① T.H.T
② T.B.M
③ D.M.S
④ T.E.A

① T.H.T : 테트라 하이드로 티오펜
② T.B.M : 터시어리 부틸 메르카부탄
③ D.M.S : 디메틸 설파이드

45 발열량 5000kcal/m³, 비중 0.61, 공급표준압력 100mmH₂O인 가스에서 발열량 11000kcal/m³, 비중 0.66, 공급표준압력이 200mmH₂O인 천연가스로 변경할 경우 노즐변경률은 얼마인가?

① 0.49
② 0.58
③ 0.71
④ 0.82

$$\frac{D_2}{D_1} = \sqrt{\frac{WI_1\sqrt{P_1}}{WI_2\sqrt{P_2}}} = \sqrt{\frac{\frac{5000}{\sqrt{0.61}}\sqrt{100}}{\frac{11000}{\sqrt{0.66}}\sqrt{200}}} = 0.58$$

46 염소 주입설비(Chlorinator) 중 염소누출의 재해를 막기 위해 설치되는 흡수탑에 사용되는 반응액으로 적당한 것은?

① 가성소다 용액
② 염산용액
③ 암모니아 용액
④ 벤젠용액

염소의 중화액 : 가성소다 수용액, 탄산소다 수용액, 소석회

47 도시가스 원료 중 탈황 등 정제장치가 필요한 것은?

① NG
② SNG
③ LPG
④ LNG

NG(천연가스) : 지하에서 채취한 1차 연료로서 제진, 탈황, 탈습, 탈탄산 등의 전처리가 필요하다.

48 배관 내 가스 중 수분, 응축 또는 관연결 잘못으로 부식 등 지하수가 침입하여 가스 공급이 중단되는 것을 방지하기 위해 설치하는 것은?

① 압송기   ② 세척기

③ 수취기   ④ 정압기

49 바닷물과 LNG를 열교환하여 기화하는 방식의 기화기로서 해수를 열원으로 하기 때문에 운전비용이 저렴하여 기저부하용으로 주로 사용하는 기화기는?

① 오픈랙 기화기

② 서브머지드 기화기

③ 중간매체식 기화기

④ 간접가열식 기화기

② 서브머지드 기화기 : 액중 연소기술을 이용한 기화기. 대량의 연소가스를 포함한 물이 에어리프트의 원리에 의하여 열교환기 층을 격하게 상승하는 운동을 발생시킴.

③ 중간매체식 기화기 : 해수와 LNG 사이를 중간 열매체를 개입시켜 열교환시키는 형식

50 수소가스 집합장치의 설계 매니폴드 지관에서 감압밸브는 상용압력이 14MPa인 경우 내압시험압력은 얼마 이상인가?

① 14MPa   ② 21MPa

③ 25MPa   ④ 28MPa

T_p =상용압력×1.5=14×1.5=21MPa

51 암모니아(NH₃) 누출 시 검출방법이 아닌 것은?

① 특유의 냄새로 알 수 있다.

② 네슬러시약을 투입 시 황색이 되고, NH₃가 많으면 적갈색이 된다.

③ 적색 리트머스시험지를 청색으로 변화시킨다.

④ 진한 염산, 유황 등의 접촉 시 검은 연기가 난다.

염산과 접촉 시 흰 연기

$NH_3 + HCl \rightarrow NH_4Cl$

52 다음 부취제 주입방식 중 액체식 주입방식이 아닌 것은?

① 펌프주입식

② 적하주입식

③ 위크식

④ 미터연결 바이패스식

부취제 주입방식

㉠ 액체주입식(펌프, 적하, 미터연결 바이패스)

㉡ 증발식(위크 증발식, 바이패스 증발식)

53 펌프의 송출유량이 Q[m³/min], 양정이 H[m], 취급하는 액체의 비중량이 γ[kg/m³]일 때 펌프의 수동력 Lw[kw]을 구하는 식은?

① $Lw = \dfrac{\gamma HQ}{75 \times 60}$

② $Lw = \dfrac{\gamma HQ}{102 \times 60}$

③ $Lw = \dfrac{\gamma HQ}{550}$

④ $Lw = \dfrac{\gamma HQ}{75}$

54 아세틸렌은 금속과 접촉반응하여 폭발성 물질을 생성한다. 다음 금속 중 이에 해당하지 않는 것은?   [설비 42]

① 금

② 은

③ 동

④ 수은

아세틸렌의 화합폭발

아세틸렌(C_2H_2)에 Cu(동), Ag(은), Hg(수은) 등 함유 시 아세틸라이드(폭발성 물질)가 생성, 폭발의 우려가 있어 아세틸렌장치에 동을 사용할 경우 동 함유량 62% 미만의 동합금만 허용이 된다.

55 가스 연소기에서 발생할 수 있는 역화(flash back) 현상의 발생 원인으로 가장 거리가 먼 것은? [연소 22]

① 분출속도가 연소속도보다 빠른 경우
② 노즐, 기구밸브 등이 막혀 가스량이 극히 적게 된 경우
③ 연소속도가 일정하고 분출속도가 느린 경우
④ 버너가 오래되어 부식에 의해 염공이 크게 된 경우

역화 현상 : 가스의 연소속도가 분출속도보다 빨라 불길이 역화하여 연소기 내부에서 연소하는 현상

56 수소화염 또는 산소·아세틸렌 화염을 사용하는 시설 중 분기되는 각각의 배관에 반드시 설치해야 하는 장치는?

① 역류방지장치
② 역화방지장치
③ 긴급이송장치
④ 긴급차단장치

57 석유화학 공장 등에 설치되는 플레어스택에서 역화 및 공기 등과의 혼합폭발을 방지하기 위하여 가스 종류 및 시설 구조에 따라 갖추어야 하는 것에 포함되지 않는 것은?

① Vacuum Breaker
② Flame Arresstor
③ Vapor Seal
④ Molecular Seal

플레어스택에서 갖추어야 하는 구조 및 시설의 종류
㉠ Flame Arresstor(화염방지기) : 연소 차단 금속판을 이용 열을 빼앗겨 착화온도 이하 유지하여 소염하는 장치
㉡ Vapor Seal(진공시일)
㉢ Molecular Seal(몰러클러시일)
㉣ Purge Gas(퍼지가스)
㉤ liquid Seal(리퀴드 시일)

58 다음 중 압력배관용 탄소강관을 나타내는 것은? [설비 59]

① SPHT
② SPPH
③ SPP
④ SPPS

강관의 종류
① SPHT : 고온배관용 탄소강관
② SPPH : 고압배관용 탄소강관
③ SPP : 배관용 탄소강관
④ SPPS : 압력배관용 탄소강관

59 펌프의 효율에 대한 설명으로 옳은 것으로만 짝지어진 것은?

㉠ 축동력에 대한 수동력의 비를 뜻한다.
㉡ 펌프의 효율은 펌프의 구조, 크기 등에 따라 다르다.
㉢ 펌프의 효율이 좋다는 것은 각종 손실동력이 적고 축동력이 적은 동력으로 구동한다는 뜻이다.

① ㉠
② ㉠, ㉡
③ ㉠, ㉢
④ ㉠, ㉡, ㉢

60 왕복형 압축기의 특징에 대한 설명으로 옳은 것은? [설비 35]

① 압축 효율이 낮다.
② 쉽게 고압이 얻어진다.
③ 기초 설치 면적이 작다.
④ 접촉부가 적어 보수가 쉽다.

㉠ 용적형 오일윤활식 무급유식이다.
㉡ 압축 효율이 높다.
㉢ 형태가 크고, 접촉부가 많아 소음·진동이 있다.
㉣ 저속 회전이며, 압축이 단속적이다.
㉤ 용량 조정범위가 넓고 쉽다.

제4과목 가스안전관리

61 압력용기 및 저장탱크에 대한 용접부 기계시험의 항목이 아닌 것은?

① 이음매인장시험
② 표면굽힘시험
③ 방사선투과시험
④ 충격시험

해설

압력 용기물 저장탱크의 기계시험 항목
①, ②, ④ 이외에 측면 굽힘이면 굽힘시험 등이 있다.

62 냉동기의 냉매가스와 접하는 부분은 냉매가스의 종류에 따라 금속재료의 사용이 제한된다. 다음 중 사용 가능한 가스와 그 금속재료가 옳게 연결된 것은?

① 암모니아 : 동 및 동합금
② 염화메탄 : 알루미늄합금
③ 프레온 : 2% 초과 마그네슘을 함유한 알루미늄합금
④ 탄산 : 스테인리스강

63 LPG 자동차용 용기의 충전시설 점검 시 충전용 주관의 압력계는 매월 몇 회 이상 그 기능을 검사하는가?

① 1회 ② 2회
③ 3회 ④ 4회

해설

㉠ LPG, 고압가스이 제조 부분 : 충전용 주관의 압력계는 매월 1회 이상, 그 밖의 압력계는 1년 1회 이상 국가표준기본법에 따른 교정을 받은 압력계로 그 기능을 검사한다.
㉡ 고압가스 저장 부분 : 압력계는 3월 1회 이상 표준이 되는 압력계로 그 기능을 검사한다.

64 고압가스안전관리법의 적용을 받는 고압가스의 종류 및 범위에 대한 내용 중 옳은 것은? (단, 압력은 게이지압력이다.)

① 상용의 온도에서 압력이 1MPa 이상이 되는 압축가스로서 실제로 그 압력이 1MPa 이상이 되는 것 또는 섭씨 25도의 온도에서 압력이 1MPa 이상이 되는 압축가스(아세틸렌가스 제외)
② 섭씨 35도의 온도에서 압력이 1Pa을 초과하는 아세틸렌가스
③ 상용의 온도에서 압력이 0.1MPa 이상이 되는 액화가스로서 실제로 그 압력이 0.1MPa 이상이 되는 것 또는 압력이 0.1MPa이 되는 액화가스
④ 섭씨 35도의 온도에서 압력이 0Pa을 초과하는 액화가스 중 액화시안화수소·액화브롬화메탄 및 액화산화에틸렌가스

65 구형 저장탱크의 저온용 재료로 쓰이는 것은 다음 중 어느 것인가?

① 용접용 압력강재
② 고장력강
③ 2.5% 니켈강
④ 보일러용 압력강재

66 액화석유가스의 이송 시 베이퍼록(Vapor-lock) 현상을 방지하기 위한 방법으로 가장 적절한 것은?

① 흡입배관을 크게 한다.
② 토출배관을 크게 한다.
③ 펌프의 회전수를 크게 한다.
④ 펌프의 설치 위치를 높인다.

해설

베이퍼록 방지법
㉠ 흡입배관을 크게 하고 외부와 단열조치한다.
㉡ 실린더 라이너를 냉각시킨다.
㉢ 펌프 설치 위치를 낮춘다.
㉣ 흡입관로를 청소한다.

67 상용압력이 6MPa의 고압설비에서 안전밸브의 작동 압력은?

① 4.8MPa ② 6.0MPa
③ 7.2MPa ④ 9.0MPa

해설

$6 \times 1.5 \times \dfrac{8}{10} = 7.2$

68 수소연료 사용시설에 안전확보 정상작동을 위하여 설치되어야 하는 부속장치에 해당되지 않는 것은?

① 압력조정기
② 가스계량기
③ 중간밸브
④ 정압기

69 수소가스 설비의 T_p, A_p를 옳게 나타낸 것은?

① T_p = 상용압력 × 1.5
　A_p = 상용압력
② T_p = 상용압력 × 1.2
　A_p = 상용압력 × 1.1
③ T_p = 상용압력 × 1.5
　A_p = 최고사용압력 × 1.1 또는
　　　　8.4kPa 중 높은 압력
④ T_p = 최고사용압력 × 1.5
　A_p = 최고사용압력 × 1.1 또는
　　　　8.4kPa 중 높은 압력

70 고압가스안전관리법에 의한 산업통상자원부령이 정하는 고압가스 관련 설비에 해당되지 않는 것은?　　　**[안전 15]**

① 정압기
② 안전밸브
③ 기화장치
④ 독성 가스 배관용 밸브

해설
산업통상자원부령으로 정하는 고압가스 관련 설비 (특정설비)
②, ③, ④ 외에 다음의 설비가 있다.
㉠ 긴급차단장치, 역화방지장치
㉡ 압력용기, 자동차용 가스 자동주입기
㉢ 냉동설비 등

71 독성 가스 저장탱크에 부착된 배관에는 그 외면으로부터 일정거리 이상 떨어진 곳에서 조작할 수 있는 긴급차단장치를 설치하여야 한다. 그러나 액상의 독성 가스를 이입하기 위해 설치된 배관에는 어느 것으로 갈음할 수 있는가?

① 역화방지장치
② 역류방지장치
③ 자동차단장치
④ 인터록장치

72 아황산가스 500kg을 차량에 적재하여 운반할 때 휴대하여야 하는 소석회의 양은 몇 kg 이상으로 규정되어 있는가?

① 5　　　　　　② 10
③ 15　　　　　④ 20

독성가스 운반 시 휴대하는 소석회의 양(kg)

품명	운반하는 독성 가스의 양		비고
	액화가스질량 1,000kg		
	미만인 경우	이상인 경우	
소석회	20kg 이상	40kg 이상	염소, 염화수소, 포스갠, 아황산 가스 등 효과가 있는 액화가스 에 적용된다.

73 발열량이 11,400kcal/m³이고 가스비중이 0.7, 공급압력이 200mmH₂O인 나프타가스의 웨버지수는 약 얼마인가?

① 10,700
② 11,360
③ 12,950
④ 13,630

$$WI = \frac{H}{\sqrt{d}} = \frac{11400}{\sqrt{0.7}} = 13,625$$

74 도시가스제조소 및 공급소의 안전설비의 안전거리 기준으로 옳은 것은?

① 가스발생기 및 가스홀더는 그 외면으로부터 사업장의 경계까지의 거리는 최고사용압력이 고압인 것은 20m 이상이 되도록 한다.

② 가스발생기 및 가스홀더는 그 외면으로부터 사업장의 경계까지의 거리는 최고사용압력이 중압인 것은 15m 이상이 되도록 한다.

③ 가스발생기 및 가스홀더는 그 외면으로부터 사업장의 경계까지의 거리는 최고사용압력이 저압인 것은 5m 이상이 되도록 한다.

④ 가스정제설비는 그 외면으로부터 사업장의 경계까지의 거리는 최고사용압력이 고압인 것은 20m 이상이 되도록 한다.

① 최고사용압력이 고압인 것 : 20m 이상
② 최고사용압력이 중압인 것 : 15m 이상
③ 최고사용압력이 저압인 것 : 5m 이상

75 차량에 고정된 탱크의 설계기준 중 틀린 것은?

① 탱크의 길이이음 및 원주이음은 맞대기 양면 용접으로 한다.

② 용접하는 부분의 탄소강은 탄소함유량이 1.0% 미만이어야 한다.

③ 탱크에는 지름 375mm 이상의 원형맨홀 또는 긴 지름 375mm 이상, 짧은 지름 275mm 이상의 타원형 맨홀 1개 이상 설치하여야 한다.

④ 초저온탱크의 원주이음에 있어서 맞대기 양면 용접이 곤란한 경우에는 맞대기 한면 용접을 할 수 있다.

용접하는 부분의 탄소강은 탄소함유량이 0.35% 미만이어야 한다.

76 가정용 가스보일러에서 발생하는 중독사고는 배기가스의 어떤 성분에 의하여 발생되는 것인가?

① CH_4　　　　② CO_2
③ CO　　　　④ C_3H_8

불완전연소 시 CO가 발생하여 독성에 의한 중독의 우려가 있다.

77 냉동장치 운전 중 수액기의 액면계 유리에 기포가 생기는 원인은?

① 수액기 내에 오일이 저장되어 있다.

② 응축기 내에 응축된 냉매액의 온도가 수액기가 설치된 기계실 온도보다 높다.

③ 냉각수 온도가 기계실 온도와 비교하여 매우 낮다.

④ 수액기 내에 공기가 혼입되어 있다.

냉각수 온도가 낮으면 응축 온도와 압력이 낮아져서 수액기 주변의 온도보다 냉매 온도가 낮아지므로 외기의 영향에 의해서 냉매액이 증발하는 현상, 즉 프래시가스가 발생한다.

78 독성가스를 저장탱크에 충전할 때 적정 충전량은?

① 저장탱크 내용적의 80% 이하
② 저장탱크 내용적의 90% 이하
③ 저장탱크 내용적의 95% 이하
④ 저장탱크 내용적의 100% 이하

79 독성가스의 재해제에 관한 다음 설명 중 잘못된 것은?

① 시안화수소의 재해제는 가성소다 수용액
② 염소의 재해제는 가성소다 수용액 또는 탄산소다 수용액
③ 아황산가스의 재해제는 가성소다 수용액
④ 황화수소의 재해제는 황산

황화수소는 가성소다 수용액, 탄산소다 수용액, 독성가스는 암모니아를 제외하고는 대부분 산성의 성질을 가지므로 재해제로 염기성을 사용하여야 한다.

80 LPG용기 제조 시 제조설비에 해당되지 않는 것은?

① 단조성형설비　　② 세척설비
③ 밸브탈부착기　　④ 숏블라스팅 설비

LPG용기 제조 시설 기준 중 제조설비
①, ②, ③ 이외에 진공흡입설비 경화로, 넥크링 가공설비가 있다.

■ 제5과목 가스계측

81 가스 성분에 대하여 일반적으로 적용하는 화학분석법이 옳게 짝지어진 것은?

① 황화수소 - 요오드적정법
② 수분 - 중화적정법
③ 암모니아 - 가스크로마토그래피법
④ 나프탈렌 - 흡수평량법

가스 성분 분석방법

가스 성분	분석방법
황화수소	흡광 광도법(메틸렌 블루우법), 용량법, 요오드적정법
암모니아	인터페놀법, 중화적정법
수분	노점법
나프탈렌	기기분석법

82 다음 종류의 유량계 중 정도(精度)가 높은 측정을 할 수 있고 적산치 측정에 적당한 것은?

① 전자식 유량계
② 용적식 유량계
③ 면적식 유량계
④ 날개바퀴식 유량계

적산치 : 유출된 유량의 총량을 계측하는 유량계

83 접촉식 온도계에 대한 다음의 설명 중 틀린 것은?

① 열전대온도계의 경우 열전대로 백금선을 사용하여 온도를 측정할 수 있다.
② 저항온도계의 경우 측정회로로서 일반적으로 피스톤 브리지가 채택되고 있다.
③ 압력온도계의 경우 구성은 감온부, 금속모세관, 수압계로 되어 있다.
④ 봉상온도계의 경우 측정오차를 최소화하려면 가급적 온도계 전체를 측정하는 물체에 접촉시키는 것이 좋다.

압력식 온도계(=아네로이드형 온도계)
㉠ 감온부 : 온도를 감지
㉡ 도압부 : 감지된 온도를 감압부에 전달
㉢ 감압부 : 모세관으로 감지된 온도를 지침으로 온도를 지시

84 계량기의 검정기준에서 정하는 가스미터의 사용오차의 값은?　　　　　**[계측 18]**

① 최대허용오차의 1배의 값으로 한다.
② 최대허용오차의 1.2배의 값으로 한다.
③ 최대허용오차의 1.5배의 값으로 한다.
④ 최대허용오차의 2배의 값으로 한다.

가스미터의 기차
㉠ 기차
$$= \frac{\text{시험미터 지시량} - \text{기준미터 지시량}}{\text{시험미터 지시량}} \times 100$$
㉡ 가스미터의 사용오차 : 최대허용오차의 2배

85 실린더 직경 2cm 추와 피스톤이 무게가 20kg일 때 이 압력계에 접속된 부르동관 압력계의 읽음이 7kg/cm²를 나타내었다. 이 부르동관 압력계의 오차는 약 몇 %인가?

① 40%　　　　② 30%
③ 20%　　　　④ 10%

$$\text{게이지압력} = \frac{20kg}{\frac{\pi}{4} \times (2cm)^2} = 6.37$$

$$\therefore \text{오차값} = \frac{7 - 6.37}{6.37} \times 10 = 9.95\%$$

86 유도단위는 어느 단위에서 유도되는가?

[계측 36]

① 절대단위   ② 중력단위

③ 특수단위   ④ 기본단위

단위 및 단위계
㉠ 기본단위 : 기본량의 단위
㉡ 유도단위 : 기본단위에서 유도된 단위
㉢ 보조단위 : 정수배수 정수분으로 표현사용량 편리를 도모하기 위해 표시하는 단위
㉣ 특수단위 : 습도, 입도, 비중, 내화도, 인장 강도

87 실내 공기의 온도는 15℃이고, 이 공기의 노점은 5℃로 측정되었다. 이 공기의 상대 습도는 약 몇 %인가? (단, 5℃, 10℃ 및 15℃의 포화수증기압은 각각 6.54mmHg, 9.21mmHg 및 12.79mmHg이다.)

① 46.6   ② 51.1

③ 71.0   ④ 72.0

$$상대습도 = \frac{수증기분압}{포화증기압} \times 100$$
$$= \frac{6.54}{12.79} \times 100 = 51.1\%$$

88 속도분포식 $U = 4y^{2/3}$일 때 경계면에서 0.3m 지점의 속도구배(s^{-1})는? (단, U와 y의 단위는 각각 m/s, m이다.)

① 2.76   ② 3.38

③ 3.98   ④ 4.56

$$u = 4y^{\frac{2}{3}}$$
$$\frac{du}{dy} = 4 \times \frac{2}{3} y^{-\frac{1}{3}} = 4 \times \frac{2}{3} \times (0.3)^{-\frac{1}{3}} = 3.98$$

89 Stokes의 법칙을 이용한 점도계는?

① Ostwald 점도계

② falling ball type 점도계(낙구식 점도계)

③ saybolt 점도계

④ rotation type 점도계

㉠ Stokes 법칙 이용 : 낙구식 점도계(falling ball type)
㉡ Newton 점성법칙 이용 : Machmichael, stomer 점도계
㉢ 하겐 포아젤 방정식 이용 : Ostwald, saybolt 점도계

90 가스보일러의 배기가스를 오르자트 분석기를 이용하여 시료 50mL를 채취하였더니 흡수 피펫을 통과한 후 남은 시료 부피는 각각 CO_2 40mL, O_2 20mL, CO 17mL이었다. 이 가스 중 N_2의 조성은?

① 30%   ② 34%

③ 64%   ④ 70%

$$CO_2 = \frac{50-40}{50} \times 100 = 20\%$$
$$O_2 = \frac{40-20}{50} \times 100 = 40\%$$
$$CO = \frac{20-17}{50} \times 100 = 6\%$$
$$N_2 = 100 - (20+40+6) = 34\%$$

91 피토관(pitot tube)은 어떤 압력 차이를 측정하여 유량을 구하는가?

① 정압과 동압

② 전압과 정압

③ 대기압과 동압

④ 전압과 동압

92 어떤 관 속을 15℃ 760mmHg인 공기가 흐르고 있다. 이 속에 pitot관을 장치하여 유속을 쟀더니 전압이 대기압보다 52mmAq 높았다. 이때 풍속은? (단, 0℃에서의 공기의 비중은 1.293kg/m³이다.)

① 16.5m/sec   ② 28.8m/sec

③ 32.5m/sec   ④ 36.6m/sec

$$V = \sqrt{2gH \times \left(\frac{\gamma_m - \gamma}{\gamma}\right)}$$
$$= \sqrt{2 \times 9.8 \times 0.052 \times \left(\frac{1.000 - 1.2256}{1.2256}\right)}$$
$$= 28.81 \text{m/s}$$

15℃의 공기 비중량

$P = \gamma RT$ 에서

$\gamma = \dfrac{P}{RT} = \dfrac{10.332}{29.27 \times 288} = 1.2256 \text{kg/m}^3$

또는 0℃의 비중량이 1.293kg/m^3이므로, 15℃의 비중량은 $1.293 \times \dfrac{273}{273+15} = 1.2256 \text{kg/m}^3$

※ 온도상승 시 부피가 커지므로 비중량은 적어짐.

93 제어 오차가 변화하는 속도에 비례하는 제어동작으로, 오차의 변화를 감소시켜 제어 시스템이 빨리 안정될 수 있게 하는 동작은? [계측 4]

① 비례 동작　　② 미분 동작
③ 적분 동작　　④ 뱅뱅 동작

동작신호
① 비례(P) 동작 : 입력의 편차에 대하여 조작량의 출력변화가 비례 관계에 있는 동작
② 미분(D) 동작 : 제어편차가 검출 시 편차가 변화하는 속도의 미분값에 비례하여 조작량을 가감하는 동작
③ 적분(I) 동작 : 제어량의 편차 발생 시 적분차를 가감, 조작단의 이동속도에 비례하는 동작

94 절대습도(絕對濕度)에 대하여 가장 바르게 나타낸 것은? [계측 25]

① 건공기 1kg에 대한 수증기의 중량
② 건공기 1m^3에 대한 수증기의 중량
③ 건공기 1kg에 대한 수증기의 체적
④ 건공기 1m^3에 대한 수증기의 체적

절대습도 : 건조공기 1kg과 여기에 포함되어 있는 수증기량(kg)을 합한 것에 대한 수증기량

95 대용량의 유량을 측정할 수 있는 초음파 유량계는 어떤 원리를 이용한 유량계인가?

① 전자유도법칙
② 도플러효과
③ 유체의 저항변화
④ 열팽창계수 차이

96 초산납 10g을 물 90mL로 융해해서 만드는 시험지와 그 검지 가스가 바르게 연결된 것은?

① 염화파라듐지 – H_2S
② 염화파라듐지 – CO
③ 연당지 – H_2S
④ 연당지 – CO

㉠ 염화파라듐지 – CO(흑변)
㉡ 연당지 – H_2S(흑변)

97 캐리어 가스와 시료 성분 가스의 열전도도의 차이를 금속 필라멘트 또는 서미스터의 저항변화로 검출하는 가스 크로마토그래피 검출기는? [계측 13]

① TCD　　② FID
③ ECD　　④ FPD

G/C(가스 크로마토그래피) 검출기의 종류
① TCD : 열전도도형 검출기
② FID : 불꽃이온화 검출기
③ ECD : 전자포획이온화 검출기
④ FPD : 열광광도 검출기

98 시험지에 의한 가스검지법 중 시험지별 검지 가스가 바르지 않게 연결된 것은? [계측 15]

① KI전분지 – NO_2
② 염화제1동 착염지 – C_2H_2
③ 염화파라듐지 – CO
④ 연당지 – HCN

독성 가스 누설검지 시험지와 변색 상태

시험지	검지가스	변색
KI–전분지	Cl_2(염소)	청색
염화제1동 착염지	C_2H_2(아세틸렌)	적색
하리슨 시험지	$COCL_2$(포스겐)	심등색(귤색)
염화파라듐지	CO(일산화탄소)	흑색
연당지	H_2S(황화수소)	흑색
초산(질산구리) 벤젠지	HCN(시안화수소)	청색

99 기체 크로마토그래피에서 사용되는 캐리어 가스에 대한 설명으로 틀린 것은? [계측 10]

① 헬륨, 질소가 주로 사용된다.
② 기체 확산이 가능한 큰 것이어야 한다.
③ 시료에 대하여 불활성이어야 한다.
④ 사용하는 검출기에 적합하여야 한다.

해설
② 기체의 확산을 최소화하여야 한다.

100 임펠러식(impeller type) 유량계의 특징에 대한 설명으로 틀린 것은? [계측 32]

① 구조가 간단하다.
② 직관 부분이 필요 없다.
③ 측정 정도는 약 ±0.5%이다.
④ 부식성이 강한 액체에도 사용할 수 있다.

해설
② 직관 부분이 필요하다.

CBT 기출복원문제

2024년 기사 제2회 필기시험　　　　　(2024년 5월 9일 시행)

01 가스기사

수험번호 :　　　　　　※ 제한시간 : 150분
수험자명 :　　　　　　※ 남은시간 :

글자
크기　⊖ 100%　Ⓜ 150%　⊕ 200%　화면 배치

전체 문제 수 :
안 푼 문제 수 :

답안 표기란
① ② ③ ④

제1과목 가스유체역학

01 다음 중 이상유체는?

① 점성이 없는 모든 유체
② 점성이 없는 비압축성유체
③ 비압축성인 모든 유체
④ 점성이 없고 기체상태방정식 $PV = nRT$ 에 만족하는 유체

이상유체＝완전유체
㉠ 점성이 완전히 없거나 0에 가까운 유체
㉡ 편의상 가정된 유체
㉢ 비압축성, 비점성유체

02 다음은 fitting의 마찰손실을 크기별로 나열한 것이다. 옳은 것은? (단, Elbow(45°), Valve는 wide open)

① Coupling ＜ Gate valve ＜ Elbow ＜ Tee
② Elbow ＜ Tee ＜ Coupling ＜ Gate valve
③ Coupling ＜ Elbow ＜ Gate valve ＜ Tee
④ Coupling ＜ Gate valve ＜ Tee ＜ Elbow

마찰손실 $hf = \lambda \dfrac{l}{d} \cdot \dfrac{v^2}{2g}$ 에서

㉠ 손실값 Tee : 1.83
㉡ Elbow(45°) : 0.4
㉢ Coupling(커플링) : 0.13
㉣ Gate valve(전면개방) : 0.2

03 1차원의 유동을 하는 유동장의 한 공간점에서 계속적으로 음파를 발산할 때에 대한 설명으로 옳지 않은 것은?

① 초음속으로 음파를 발산하면 Mash cone 외부에서는 이음파를 들을 수 없다.
② 초음속으로 음파를 발산할 때 Mash cone 내부에서는 이음파를 들을 수 있다.
③ 아음속일 경우 음파는 모든 방향으로 전파해 나간다.
④ 아음속일 경우 정역(zone of silence)이 존재할 수 있다.

04 온도 30℃인 공기 중을 나는 물체의 마하각이 25°이면 이 물체의 속도는? (단, $k = 1.4$)

① 636.7m/sec
② 746.8m/sec
③ 825.4m/sec
④ 936.7m/sec

$$V = \frac{\sqrt{1.4 \times 9.8 \times 29.27 \times 303}}{\sin 25}$$
$$= 825.39 \text{m/s}$$

05 액체 속에 잠겨진 곡면에 작용하는 수평분력은?

① 곡면의 수직상방의 액체의 무게
② 곡면에 의해서 지지된 액체의 무게
③ 그의 면심에서의 압력과 면적의 곱
④ 곡면의 수직 투영면의 면적

㉠ 수평분력 : 곡면의 수평 투영면적에 작용하는 전압력
㉡ 수직분력 : 곡면의 연직상방에 있는 유체의 무게

정답 01.② 02.① 03.④ 04.③ 05.③

06 수직 충격파는?

① 등엔트로피 과정이다.

② 등엔탈피 과정이다.

③ 가역 과정이다.

④ 비가역 과정이다.

07 원심펌프의 적용 범위와 비속도 범위를 가장 크게 벗어난 것은? (단, 단위는 m³/min rpm이다.)

① 고양정 100~600

② 중양정 500~1,000

③ 저양정 1200~2000

④ 전양정 1500~1800

Ns(비교회전도)

㉠ 센트리퓨우걸(원심) 펌프 : 고양정에 적합(100~600)

㉡ 사류 : 중양정에 적합(500~1,300)

㉢ 축류펌프 : 저양정에 적합(1,200~2,000)

08 베르누이 방정식을 나타낸 것은?

① $\dfrac{P}{\rho^2} + \dfrac{V^2}{2} + gz = 상수$

② $\dfrac{P}{\rho^2} + \dfrac{V^2}{2} + g^2 z = 상수$

③ $\dfrac{P}{\rho} + \dfrac{V^2}{2} + gz = 상수$

④ $\dfrac{P^2}{\rho} + \dfrac{V^2}{2} + gz = 상수$

$\dfrac{P}{\gamma}$ (압력수두) $+ \dfrac{V^2}{2g}$ (속도수두) $+ Z$ (위치수두)

$= C$ (상수)에서 중력가속도를 곱하면

$\dfrac{P}{\rho g} + \dfrac{V^2}{2g} + Z = 상수 \rightarrow \dfrac{P}{\rho} + \dfrac{V^2}{2} + gZ$

09 직경 10cm의 원관 내를 10cm/s로 흐르던 물이 직경 25cm의 큰 관속으로 흐른다. 확대마찰 손실계수(K_e)는?

① 0.36

② 0.60

③ 0.71

④ 0.84

돌연확대관의 손실계수

$K_e = \left\{ 1 - \left(\dfrac{D_1}{D_2} \right)^2 \right\}^2 = \left\{ 1 - \left(\dfrac{10}{25} \right)^2 \right\}^2 = 0.7056$

$D_1 = 10\text{cm}, \quad D_2 = 25\text{cm}$

10 Ostwald 점도계를 사용하여 어떤 액체의 점도 μ를 측정한다. 이 액체는 Ostwald 점도계를 통과하는 시간이 13초가 소요되었고 같은 온도에서 물의 경우에는 2.5초가 소요되었다. 이때 이 액체시료의 점도 μ[cp]는 얼마인가? (단, 이 온도에서 물의 점도는 1[cp]이었다.)

① 2.5

② 5.2

③ 6.5

④ 13

오스트왈드 점도계에서 점도는 시간에 반비례

$\dfrac{\mu}{\mu_0} = \dfrac{\rho t}{\rho_0 t_0}$

여기서, μ : 피측정 유체의 점성계수

μ_0 : 표준 유체의 점성계수

ρ : 피측정 유체의 밀도

ρ_0 : 표준 유체의 밀도

t : 피측정 유체의 통과시간

t_0 : 표준 유체의 통과시간

$\mu = \mu_0 \times \dfrac{t}{t_0} = 1 \times \dfrac{13}{2.5} = 5.2 C_p$

11 Stokes 법칙이 적용되는 범위에서 저항계수(drag coefflicent) C_D를 나타내는 다음 식 중 옳은 것은?

① $C_D = \dfrac{16}{N_{Re \cdot p}}$

② $C_D = \dfrac{20}{N_{Re \cdot p}}$

③ $C_D = \dfrac{24}{N_{Re \cdot p}}$

④ $C_D = 0.44$

Stokes 항력

점성계수를 측정하기 위하여 구를 액체 속에서 항력실험을 한 것

$$D = 3\pi\mu Vd$$

(V : 구의 낙하속도, d : 구의 직경, μ : 점성계수)

또한, 항력 $D = C_D \cdot \dfrac{\gamma V^2}{2g} \cdot A = C_D \cdot \dfrac{\rho V^2}{2} \cdot A$ 에서

$$C_D = \frac{D}{\dfrac{\rho V^2}{2} \cdot \dfrac{\pi}{4} d^2} = \frac{3\pi\mu Vd}{\dfrac{\rho V^2}{2} \cdot \dfrac{\pi}{4} d^2} = \frac{24}{Re}$$

이 식은 $Re < 0.1$의 범위에서 실험값과 일치함.

12 내경이 0.15m인 관 사이에 0.05m의 구멍을 가진 orifice를 설치하였다. 이 관에 밀도가 900kg/m³, 점도가 $4C_p$인 기름이 흐르고 있다. 오리피스를 통한 압력차는 90.1kN/m²로 측정하였다. 공경을 통하는 유속(m/sec)는? (단, $C_o = 0.61$이다.)

① 8.6m/s　　② 9.1m/s
③ 9.4m/s　　④ 0.9m/s

$$V = C_o \times \sqrt{\frac{2gH}{1-\mathrm{m}^4}}$$
$$= 0.61 \times \sqrt{\frac{2 \times 9.8 \times 10.2154}{1-\left(\dfrac{0.05}{0.15}\right)^4}}$$
$$= 8.68\mathrm{m/s}$$

$C_o = 0.61$
$H = \dfrac{P}{\gamma} = \dfrac{90.1 \times 10^3 (\mathrm{kg} \cdot \mathrm{m/s}^2)/\mathrm{m}^2}{900(\mathrm{kg/m}^3) \times 9.8\mathrm{m/s}^2}$
$\quad = 10.2154\mathrm{m}$
$\mathrm{m}^4 = \left(\dfrac{d_2}{d_1}\right)^4 = \left(\dfrac{0.05}{0.15}\right)^4 = 0.0123456$

13 기체가 관내를 흘러갈 때의 최고속도는?

① 음속 또는 아음속이다.
② 초음속이다.
③ 음속을 얻을 수 없다.
④ 초음속이 불가능하다.

㉠ 축소확대 노즐의 목 부분의 유속 : 음속, 아음속
㉡ 축소부분 : 아음속
㉢ 확대부분 : 초음속
초음속을 얻기 위하여 축소확대 노즐을 지나야 하므로 기체가 관내를 흘러갈 때 최고속도는 초음속이 불가능하다.

14 관속을 흐르는 유체의 유량을 측정하는 데 사용되는 벤투리미터(Venturi meter)는 오리피스미터(Orifice meter)를 개선한 형태의 유량 측정장치이다. 다음 중 오리피스미터의 어떤 점을 개선한 것인가?

① 측정이 번거롭다.
② 설치하기가 어렵다.
③ 가격이 비싸다.
④ 영구 마찰손실이 크다.

15 웨버(Weber) 수의 물리적 의미는?

① 압축력/관성력　② 관성력/점성력
③ 관성력/탄성력　④ 관성력/표면장력

웨버 수 = $\dfrac{\text{관성력}}{\text{표면장력}}$

㉠ 오일러수
㉡ 레이놀드수
㉢ 코시수

16 중력 단위계에서 1kgf와 같은 것은?

① $980\mathrm{kg} \cdot \mathrm{m/s}^2$　② $980\mathrm{kg} \cdot \mathrm{m}^2/\mathrm{s}^2$
③ $9.8\mathrm{kg} \cdot \mathrm{m/s}^2$　④ $9.8\mathrm{kg} \cdot \mathrm{m}^2/\mathrm{s}^2$

$1\mathrm{kgf} = 1\mathrm{kg} \times 9.8\mathrm{m/s}^2 = 9.8\mathrm{kg} \cdot \mathrm{m/s}^2$

17 등엔트로피 과정하에서의 완전기체 중의 음속을 옳게 나타낸 것은? (단, E는 체적탄성계수, R은 기체상수, T는 기체의 절대온도, P는 압력, k는 비열비이다.)

① $\sqrt{PE}$　　　② $\sqrt{kRT}$
③ RT　　　　④ $\sqrt{PT}$

음속(a)
㉠ 액체 속의 음속
$$a = \sqrt{\frac{k}{\rho}}$$
여기서, k : 체적탄성계수
　　　　ρ : 밀도
㉡ 기체 속의 음속(단열변화 등엔트로피)
$$a = \sqrt{kgRT} \quad (R = \mathrm{kgf} \cdot \mathrm{m/kg} \cdot \mathrm{K})$$
$$= \sqrt{kRT} \quad (R = \mathrm{N} \cdot \mathrm{m/kg} \cdot \mathrm{K})$$

18 체적이 $10m^3$이고 무게가 9000kgf인 디젤유가 있다. 이 디젤유의 비중량의 비중은?

① 비중량 : $900kgf/m^3$, 비중 : 0.9
② 비중량 : $950kgf/m^3$, 비중 : 0.09
③ 비중량 : $900kgf/m^3$, 비중 : 0.09
④ 비중량 : $950kgf/m^3$, 비중 : 0.8

 해설

$$\gamma = \rho, g = 1000s$$
$$\gamma = \frac{9000kgf}{10m^3} = 900$$
$$S = \frac{\gamma}{1000} = \frac{900}{1000} = 0.9$$

19 물의 평균속도는 4.5m/s로서 100mm 지름 관로에서 흐르고 있다. 이 관의 길이 20m에서 손실된 헤드를 실험적으로 측정하였더니 4.8m이었다. 관의 마찰계수는?

① 0.020
② 0.0232
③ 0.026
④ 0.028

 해설

$$h_f = \lambda \frac{l}{d} \cdot \frac{V^2}{2g}$$
$$\lambda = \frac{h_f \cdot d \cdot 2g}{l \cdot V^2} = \frac{4.8 \times 0.1 \times 2 \times 9.8}{20 \times 4.5^2} = 0.0232$$

여기서, $h_f = 4.8m$
$d = 0.3m$
$l = 20m$
$v = 4.5m/s$
$g = 9.8m/s^2$

20 유체가 지름 40mm의 관과 50mm관으로 구성된 이중관 사이로 흐를 때의 수력학적 상당직경(hydraulic mean diameter) DH은?

① 10mm
② 20mm
③ 25mm
④ 45mm

 해설

수력학적 상당직경 = 수력반경 × 4
　　　　　　　　 = 2.5 × 4
　　　　　　　　 = 10mm

$$수력반경 = \frac{단면적}{젖은둘레}$$
$$= \frac{\frac{\pi}{4}(50^2 - 40^2)}{\pi \times 40 + \pi \times 50}$$
$$= 2.5mm$$

제2과목 연소공학

21 분자량이 30인 어떤 가스의 정압비열이 0.516kJ/kg · K이라고 가정할 때 이 가스의 비열비 k는 약 얼마인가?

① 1.0
② 1.4
③ 1.8
④ 2.2

 해설

$$C_p - C_v = R$$
$$C_v = C_p - R$$
$$= 0.516 - \frac{8.314}{30}$$
$$= 0.238$$
$$\therefore k = \frac{C_p}{C_v} = \frac{0.516}{0.238} = 2.16$$

22 프로판을 완전연소시키는 데 필요한 이론 공기량은 메탄의 약 몇 배인가? (단, 공기 중 산소의 비율은 21v%이다.)

① 1.5
② 2.0
③ 2.5
④ 3.0

 해설

$$C_3H_8 + 5O_2 \rightarrow 3CO_2 + 4H_2O$$
$$CH_4 + 2O_2 \rightarrow CO_2 + 2H_2O$$

$$\frac{C_3H_8의 공기}{CH_4의 공기} = \frac{5 \times \frac{1}{0.21}}{2 \times \frac{1}{0.21}} = 2.5배$$

23 공기비가 클 경우 연소에 미치는 영향에 대한 설명으로 틀린 것은? [연소공학 15]

① 통풍력이 강하여 배기가스에 의한 열손실이 많아진다.
② 연소가스 중 NOx의 양이 많아져 저온부식이 된다.
③ 연소실 내의 연소온도가 저하한다.
④ 불완전연소가 되어 매연이 많이 발생한다.

공기비가 연소에 미치는 영향

큰 경우 영향	작은 경우 영향
• 배기가스에 대한 열손실 증가	• 미연소에 의한 열손실 증가
• 연소가스 중 질소산화물 증가	• 미연소가스에 의한 역화(폭발) 우려
• 질소산화물로 인한 대기오염 우려	• 불완전연소
• 연소가스 온도 저하	• 매연 발생
• 연소가스의 황으로 인한 저온 부식 초래	
• 연소가스 중 SO_3 증대	

24 열역학 특성식으로 $P_1 V_1^n = P_2 V_2^n$ 이 있다. 이때 n값에 따른 상태변화를 옳게 나타낸 것은? (단, k는 비열비이다.)

① $n = 0$: 등온   ② $n = 1$: 단열
③ $n = \pm \infty$: 정적 ④ $n = k$: 등압

(등압) $\eta = 1$(등온), $\eta = K$(단열)
$1 < \eta < K$(폴리트로픽)

25 천연가스의 비중 측정 방법은?

① 분젤실링법   ② soap bubble법
③ 라이트법   ④ 분젠버너법

26 연소의 열역학에서 몰엔탈피를 H_j, 몰엔트로피를 S_j라 할 때 Gibbs 자유에너지 F_j와의 관계를 올바르게 나타낸 것은?

① $F_j = H_j - TS_j$
② $F_j = H_j + TS_j$
③ $F_j = S_j - TH_j$
④ $F_j = S_j + TH_j$

27 다음 반응식을 이용하여 25℃에서 $C_2H_6(g)$의 연소열(ΔHf)은 얼마인가? (단, 25℃에서의 C_2H_6, CO_2, H_2O의 표준 생성열($\Delta Hf°$)은 −20.0, −94.0, −68.3kcal/mol이다.)

① −162.3kcal   ② 162.3kcal
③ −372.9kcal   ④ 372.9ckal

반응식
$$C_2H_6 + 3\frac{1}{2}O_2 \rightarrow 2CO_2 + 3H_2O + Q$$
$-20 = -2 \times 94 - 3 \times 68.3 + Q$
$\therefore Q = 2 \times 94 - 3 \times 68.3 - 20 = 372.9$
$\therefore \Delta H = -372.9$

28 가연성 가스의 연소범위(폭발범위)의 설명으로 틀린 것은?

① 일반적으로 압력이 높을수록 폭발범위는 넓어진다.
② 가연성 혼합가스의 폭발범위는 고압에 있어서 상압에 비해 훨씬 넓어진다.
③ 프로판과 공기의 혼합가스에 질소를 첨가하는 경우 폭발범위는 넓어진다.
④ 수소와 공기의 혼합가스는 고온에 있어서 폭발범위가 상온에 비해 훨씬 넓어진다.

N_2는 불연성이므로 가연성 가스에 첨가 시 폭발범위가 좁아진다.

29 일정한 체적 하에서 포화증기의 압력을 높이면 무엇이 되는가?

① 포화액   ② 과열증기
③ 압축액   ④ 습증기

포화증기에서 압력(P) 상승 시 과열증기가 된다.
증기압축기 기준 냉동 사이클 P-I 선도

30 아세틸렌(C_2H_2)에 대한 설명 중 틀린 것은?

① 산소와 혼합하여 $3300℃$까지의 고온을 얻을 수 있으므로 용접에 사용된다.

② 가연성 가스 중 폭발한계가 가장 적은 가스이다.

③ 열이나 충격에 의해 분해폭발이 일어날 수 있다.

④ 용기에 충전할 때에 단족으로 가압 충전할 수 없으며 용해 충전한다.

C_2H_2 : 2.5~81%로 폭발범위가 가장 넓다.

31 연소 반응이 완료되지 않아 연소가스 중에 반응의 중간 생성물이 들어 있는 현상을 무엇이라 하는가?

① 열해리 　　　② 순반응

③ 역화반응 　　④ 연쇄분자반응

32 프로판(C_3H_8) $10Nm^3$을 이론산소량으로 완전연소시켰을 때 건연소 가스량은?

① $10Nm^3$ 　　② $20Nm^3$

③ $30Nm^3$ 　　④ $40Nm^3$

이론산소량으로 연소 시 건연소 가스량은 반응식 $C_2H_8+5O_2 \rightarrow 3CO_2+4H_2O$에서 CO_2량만 계산하면 된다.

33 다음은 층류예혼합화염의 구조도이다. 온도곡선의 변곡점인 T_1을 무엇이라 하는가?

층류예혼합화염의 구조

① 착화온도 　　② 반전온도

③ 화염평균온도 　④ 예혼합화염온도

발열속도와 반응속도가 평형을 이루는 점이며, 여기서부터 반응대가 시작되므로 착화온도이다.

34 내압(耐壓)방폭구조로 방폭전기 기기를 설계할 때 가장 중요하게 고려할 사항은?

[안전 13]

① 가연성 가스의 연소열

② 가연성 가스의 안전간극

③ 가연성 가스의 발화점(발화도)

④ 가연성 가스의 최소점화에너지

내압방폭구조

방폭전기기기(용기) 내부에서 가연성 가스의 폭발이 발생할 경우 그 용기가 폭발압력에 견디고, 접합면, 개구부 등을 통해 외부의 가연성 가스에 인화되지 않도록 한 구조이다. 최대안전틈새(안전간극)의 범위에 따라 내압방폭구조의 폭발등급이 구분된다.

35 폭굉유도거리에 대한 설명 중 옳은 것은?

[연소 1]

① 압력이 높을수록 짧아진다.

② 관 속에 방해물이 있으면 길어진다.

③ 층류 연소속도가 작을수록 짧아진다.

④ 점화원의 에너지가 강할수록 길어진다.

폭굉유도거리(DID) : 최초의 완만한 연소가 격렬한 폭굉으로 발전하는 거리를 말하며, 폭굉유도거리가 짧아지는 조건은 다음과 같다.

㉠ 압력이 높을수록

㉡ 관 속에 방해물이 있거나 관경이 가늘수록

㉢ 정상연소속도가 큰 혼합가스일수록

㉣ 점화원이 에너지가 클수록

36 프로판 가스의 연소과정에서 발생한 열량이 $13000kcal/kg$, 연소할 때 발생된 수증기의 잠열이 $2000kcal/kg$일 경우, 프로판 가스의 연소효율은 얼마인가? (단, 프로판 가스의 진발열량은 $11000kcal/kg$이다.)

① 50% 　　② 100%

③ 150% 　　④ 200%

$$\eta = \frac{13000-2000}{11000} \times 100 = 100\%$$

37 카르노 냉동사이클에서 내동기의 성적계수(ω)를 옳게 나타낸 것은? (단, T_A : 냉동 유지온도, T_a : 열방출온도이다.)

① $\dfrac{T_a - T_A}{T_a}$　② $\dfrac{T_a - T_A}{T_A}$

③ $\dfrac{T_A}{T_a - T_A}$　④ $\dfrac{T_a}{T_a - T_A}$

38 난류예혼합화염과 층류예혼합화염의 특징을 비교 설명한 것 중 옳지 않은 것은?

① 난류예혼합화염의 연소속도는 층류예혼합화염의 연소속도보다 빠르다.
② 난류예혼합화염의 휘도(輝度)는 층류예혼합화염의 휘도보다 낮다.
③ 난류예혼합화염에는 다량의 미연소분이 잔존한다.
④ 난류예혼합화염의 두께가 층류예혼합화염의 두께보다 크다.

층류예혼합화염과 난류예혼합화염의 비교

항목	층류예혼합화염	난류예혼합화염
연소속도	느림	수십 배 빠름
휘도	낮음	높음
화염의 두께	얇음	두꺼움
연소 후	미연소물질이 존재하지 않음	다량의 미연소분 존재

39 착화온도에 대한 설명 중 틀린 것은?

① 압력이 높을수록 낮아진다.
② 발열량이 클수록 낮아진다.
③ 반응활성도가 클수록 높아진다.
④ 산소량이 증가할수록 낮아진다.

③ 반응활성도가 클수록 착화점은 낮아진다.

40 다음 중 1kWh의 열당량은?

① 376kcal　② 427kcal
③ 632kcal　④ 860kcal

1kW=102kg · m/s=860kcal/hr

제3과목 가스설비

41 터보압축기에서의 서징 방지책에 해당되지 않는 것은?

① 회전수 가감에 의한 방법
② 베인컨트롤에 의한 방법
③ 방출밸브에 의한 방법
④ 클리어런스 밸브에 의한 방법

서징 : 압축기와 송풍기 사이에 토출 측 저항이 커지면 풍량이 감소하고 불안정한 진동을 일으키는 현상
방지법 : ①, ②, ③ 이외에 교축밸브를 근접 설치하는 방법이 있다.

42 다음 고옥탄가 가솔린으로 개질하는 장치에서 발생하는 가스를 무엇이라고 하는가?

① OFF가스
② Cracking가스
③ Reforming가스
④ Topping가스

① OFF(오프가스) : 석유정제 석유화학공장에서 원유를 상압 정유하여 또는 나프타를 분해하여 얻어지는 부생가스
② Cracking(크래킹) : 중유를 열분해하여 얻어지는 가솔린의 중질유 분해법
③ Reforming(리포밍) : 옥탄가가 낮은 가솔린을 질이 좋은 가솔린으로 만드는 작업
④ Topping(토핑) : 석유정제공업에서 원유 등을 비점차를 이용하여 얻어지는 1단계의 추출물

43 수소와 산소의 비가 얼마일 때 폭명기라 부르는가? (단, 비는 부피비이다.)

① 2 : 1
② 3 : 2
③ 1 : 2
④ 1 : 3

$2H_2 + O_2 \rightarrow 2H_2O$

44 도시가스 공급설비에서 저압배관 부분의 압력손실을 구하는 식은? [단, H : 기점과 중점과의 압력차(mmH₂O), Q : 가스유량(m^3/hr), D : 구경(cm), S : 가스의 비중, L : 배관 길이(m), K : 유량계수이다.]

① $H = \dfrac{Q^2}{K} \cdot \dfrac{SL}{D^5}$

② $H = \dfrac{Q}{K^2} \cdot \dfrac{D^5}{SL}$

③ $H = \dfrac{Q}{K} \cdot \dfrac{SL}{D^2}$

④ $H = \dfrac{Q}{K} \cdot \dfrac{D^5}{SL}$

$Q = K \cdot \sqrt{\dfrac{D^5 H}{SL}}$ 에서

$H = \dfrac{Q^2 \cdot S \cdot L}{K^2 \cdot D^5} = \left(\dfrac{Q}{K}\right)^2 \cdot \left(\dfrac{S \cdot L}{D^5}\right)$

45 다음 중 아세틸렌의 압축 시 분해폭발의 위험을 최소로 줄이기 위한 반응장치는?

① 접촉반응장치
② I.G 반응장치
③ 겔로그반응 장치
④ 레페반응장치

C_2H_2을 압축하는 것이 위험해 레페가 연구한 반응장치 비닐화, 에틸린산, 환중합 등이 있다.

46 공기액화분리장치에서 이산화탄소 1kg을 제거하기 위해 필요한 NaOH는 약 몇 kg인가? (단, 반응률은 60%이고, NaOH의 분자량은 40이다.)

① 0.9   ② 1.8
③ 2.3   ④ 3.0

$2NaOH + CO_2 \rightarrow Na_2CO_3 + H_2O$

$2 \times 40 \; : \; 44$

$x \times 0.6 \; : \; 1$

$\therefore \; x = \dfrac{2 \times 40 \times 1}{44 \times 0.6} = 3.0$

47 다음 중 공기액화 분리장치의 폭발 원인이 아닌 것은? [설비 5]

① 액체 공기 중 산소(O_2)의 혼입
② 공기 취입구로부터 아세틸렌 혼입
③ 공기 중 질소화합물(NO, NO_2)의 혼입
④ 압축기용 윤활유 분해에 따른 탄화수소의 생성

① 액체 공기 중 오존(O_3)의 혼입

48 다음 [보기]의 비파괴 검사방법은? [설비 4]

- 내부 결함 또는 불균일 층의 검사를 할 수 있다.
- 용입 부족 및 용입부의 검사를 할 수 있다.
- 검사비용이 비교적 저렴하다.
- 탐지되는 결함의 형태가 명확하지 않다.

① 방사선 투과검사
② 침투탐상검사
③ 초음파 탐상검사
④ 자분탐상검사

49 1냉동톤은 0℃ 물 1톤을 24시간 동안 0℃ 얼음으로 냉동시키는 능력으로 정의된다. 1냉동톤(RT)을 환산하면 몇 kcal/h가 되는가?

① 332   ② 3320
③ 2241   ④ 22410

한국1냉동톤(1RT) = 3320kcal/hr
흡수식 냉동설비(1RT) = 6640kcal/hr
원심식 압축기(1RT) = 1.2kW

50 겨울철 LPG 용기에 서릿발이 생겨 가스가 잘 나오지 않을 때 가스를 사용하기 위한 조치로 옳은 것은?

① 용기를 힘차게 흔든다.
② 연탄불을 쪼인다.
③ 40℃ 이하의 열습포로 녹인다.
④ 90℃ 정도의 물을 용기에 붓는다.

51 정압기의 특성 중 유량과 2차 압력과의 관계를 나타내는 것은?

① 정특성　　② 유량특성
③ 동특성　　④ 작동 최소차압

정압기의 특성
① 정특성 : 정상상태에서 유량과 2차 압력과의 관계
② 동특성 : 부하의 변화가 큰 곳에 사용되며 부하 변동에 대한 응답의 안정성
③ 유량특성 : 밸브와 유량과의 관계

52 다음 설명 중 옳은 것은?

① 유리액면계에 사용하는 유리는 일반 유리를 사용하여도 좋다.
② 유리액면계는 액면 확인에 필요한 최소 면적 이외에는 금속덮개로 보호한다.
③ 액화가스 저장탱크에는 환형 유리제 액면계를 설치한다.
④ 액면계에 설치하는 상하 스톱밸브는 수동식 및 자동식을 각각 설치한다.

53 압축기에서 압축공기가 열교환기에 들어가 팽창밸브를 지나면서 단열팽창(줄-톰슨 효과)을 한다. 이때 공기는 액화되면서 액화기에 들어가는 원리를 이용한 가스액화 사이클은? 　[설비 57]

① 린데식 액화장치
② 클라우드식 액화장치
③ 다원 액화사이클
④ 캐스케이드 액화사이클

가스 액화사이클
㉠ 린데 액화사이클 : 줄-톰슨 효과를 이용하여 액화하는 사이클
㉡ 클라우드 액화사이클 : 단열 팽창기를 이용하여 액화하는 사이클
㉢ 캐스케이드 액화사이클 : 비점이 점차 낮은 냉매를 사용하여 저비점의 기체를 액화하는 사이클

54 다음 그림은 펌프의 회전수가 일정할 때의 특정 곡선이다. C의 곡선은 무엇을 나타내는가?

① 효율곡선　　② 양정곡선
③ 유량곡선　　④ 축동력곡선

A : 축동력곡선
B : 양정곡선
C : 효율곡선

55 용기용 밸브는 가스 충전구의 형식에 따라 A형, B형, C형의 3종류가 있다. 가스 충전구가 암나사로 되어 있는 것은? 　[안전 32]

① A형　　② B형
③ A, B형　　④ C형

용기밸브 나사
㉠ A형 : 밸브의 나사가 수나사인 것
㉡ B형 : 밸브의 나사가 암나사인 것
㉢ C형 : 밸브의 나사가 없는 것

56 안전밸브에 대한 설명으로 틀린 것은?

① 가용전식은 Cl_2, C_2H_2 등에 사용된다.
② 파열판식은 구조가 간단하며, 취급이 용이하다.
③ 파일판식은 부식성, 괴상물질을 함유한 유체에 적합하다.
④ 피스톤식이 가장 일반적으로 널리 사용된다.

안전밸브의 종류
스프링식, 가용전식, 파열판식, 중추식

57 펌프의 이상현상에 대한 설명 중 틀린 것은?

① 수격작용이란 유속이 급변하여 심한 압력변화를 갖게 되는 작용이다.

② 서징(surging)의 방지법으로 유량 조정밸브를 펌프 송출측 직후에 배치시킨다.

③ 캐비테이션 방지법으로 관경과 유속을 모두 크게 한다.

④ 베이퍼록은 저비점 액체를 이송시킬 때 입구쪽에서 발생되는 액체비등 현상이다.

관경은 크게, 유속은 낮춘다.

58 LPG 용기에 대한 설명 중 틀린 것은?

① 안전밸브는 스프링식을 사용한다.

② 충전구는 왼나사이다.

③ 무이음(seamless) 용기이다.

④ 용기의 색깔은 회색이다.

LPG 용기=용접용기

59 조정기의 감압방식 중 2단 감압방식에 대한 설명으로 틀린 것은?　　　　[설비 55]

① 각 연소기에 알맞은 압력으로 공급이 가능하다.

② 배관입상에 의한 압력손실을 보정할 수 있다.

③ 재액화가 불가능하여 폭발의 우려가 있다.

④ 배관의 지름이 작아도 된다.

2단 감압방식 : 재액화의 우려가 있다.

60 가스제조 시 사용되는 부취제의 구비조건이 아닌 것은?　　　　　　　　[안전 19]

① 독성이 없을 것

② 냄새가 잘 날 것

③ 물에 잘 녹을 것

④ 관을 부식시키지 않을 것

㉠ 물에 녹지 않을 것

㉡ 토양에 대한 투과성이 클 것 등

제4과목 가스안전관리

61 고압가스시설에 설치한 전기방식시설의 유지관리 방법으로 옳은 것은?　　[안전 65]

① 관대지 전위 등은 2년에 1회 이상 점검하였다.

② 외부전원법에 의한 전기방식시설은 외부전원점 관대지전위, 정류기의 출력, 전압, 전류, 배선의 접속은 3개월에 1회 이상 점검하였다.

③ 배류법에 의한 전기방식시설은 배류점관대지전위, 배류기출력, 전압, 전류, 배선 등은 6개월에 1회 이상 점검하였다.

④ 절연부속품, 역전류방지장치, 결선 등은 1년에 1회 이상 점검하였다.

① 1년에 1회 이상

③ 3개월에 1회 이상

④ 6개월에 1회 이상

62 독성가스인 시안화수소는 안전관리상 충전시킬 때 안정제를 사용한다. 시안화수소 충전용기의 안정제는?

① 아황산가스　　　② 질소가스

③ 수소가스　　　　④ 탄산가스

HCN의 안정제(황산, 아황산, 동, 동망, 염화칼슘, 오산화인)

63 산소용기에 압축산소가 35℃에서 150kg/cm² (게이지 압력) 충전되어 있다가 용기온도가 0℃로 저하하면 압력(게이지 압력)은?

① $103kg/cm^2$

② $113kg/cm^2$

③ $123kg/cm^2$

④ $133kg/cm^2$

$$\frac{P_1}{T_1} = \frac{P_2}{T_2}$$

$$\therefore P_2 = \frac{T_2}{T_1} \times P_1$$

$$= \frac{273}{273+35} \times 151.033$$

$$= 133.870 - 1.033$$

$$= 132.8$$

64 가스배관용 밸브의 제조기술상 안전기준을 설명한 것 중 옳지 않은 것은?

① 각 부분은 개폐동작이 원활히 작동하는 것일 때

② 볼밸브는 핸들 끝에서 10kg 이하의 힘을 가하여 90도 회전할 때에 완전히 개폐되는 구조일 것

③ 개폐용 핸들휠은 열림 방향이 시계 반대방향일 것

④ 표면은 매끄럽고 사용상 지장이 있는 부식, 균일, 주름 등이 없을 것

볼밸브는 핸들 끝에서 30kg 이하의 힘을 가해도 90° 회전할 때 완전히 개폐되는 구조일 것

65 밀폐된 목욕탕에서 도시가스 순간온수기를 사용하던 중 쓰러져서 의식을 잃었다. 사고 원인으로 추정할 수 있는 것은?

① 가스누출에 의한 중독

② 부취제에 의한 중독

③ 산소결핍에 의한 질식

④ 질소과잉으로 인한 중독

66 2단 감압식 1차용 조정기의 최대폐쇄압력은 얼마인가?

① 3.5kPa 이하

② 50kPa 이하

③ 95kPa 이하

④ 조정압력의 1.25배 이하

조정기의 최대폐쇄압력

종 류	폐쇄압력
1단 감압식 저압	3.5kPa 이하
2단 감압식 2차	
자동절체식 일체형 저압	
2단 감압식 1차	95kPa 이하
1단 감압식 준저압	조정압력의 1.25배 이하
자동절체식일체형 준저압	
그 밖의 조정기	

67 암모니아를 사용하는 A공장에서 저장능력 25톤의 저장탱크를 지상에 설치하고자 할 때 저장설비 외면으로부터 사업소 외의 주택까지 안전거리는 얼마 이상을 유지하여야 하는가? (단, A공장의 지역은 전용공업지역 아님.)

① 20m ② 18m

③ 16m ④ 14m

독성가스 주택(2종) 안전거리

저장능력	이격거리	
	1종	2종
10000kg 이하	17m	12m
10000kg 초과 20000kg 이하	21m	14m
20000kg 초과 30000kg 이하	24m	16m

68 −162℃의 LNG(메탄 : 90%, 에탄 : 10%, 액비중 : 0.46)를 1atm, 30℃로 기화시켰을 때 부피의 배수(倍數)로 맞는 것은? (단, 기화된 천연가스는 이상기체로 간주한다.)

① 457배 ② 557배

③ 657배 ④ 757배

$$\frac{460}{16 \times 0.9 + 30 \times 0.1} \times 22.4 \times \frac{(273+30)}{273}$$

$$= 657.25$$

$$= 657$$

69 고압가스 특정제조시설에서 배관을 지하에 매설할 경우 지하도로 및 터널과 최소 몇 m 이상의 수평거리를 유지하여야 하는가?

【안전 154】

① 1.5m   ② 5m

③ 8m   ④ 10m

70 공기나 산소가 섞이지 않더라도 분해폭발을 일으킬 수 있는 가스는? 【안전 8】

① CO   ② CO_2

③ H_2 ④ C_2H_2

분해폭발성 가스 : 아세틸렌(C_2H_2), 산화에틸렌(C_2H_4O), 히드라진(N_2H_4)

71 내용적 25000L 액화산소 저장탱크와 내용적이 $3m^3$인 압축산소용기가 배관으로 연결된 경우 배관의 저장능력은 약 몇 m^3인가? (단, 액화산소 비중량은 1.14kg/L이고, 35℃에서 산소의 최고충전압력은 15MPa이다.)

① 2,818   ② 2,918

③ 3,018   ④ 3,118

㉠ $G = 0.9dV = 0.9 \times 1.14 \times 25,000$
$= 25,650kg = 2,565m^3$

㉡ $Q = (10p+1)V = (10 \times 15+1) \times 3 = 453m^3$

∴ $2,565 + 453 = 3,018m^3$(액화가스 압축가스의 혼합저장능력 계산 시 압축가스 $1m^3$를 액화가스 10kg으로 계산한다.)

72 염소 저장탱크 및 처리설비를 실내에 설치하려고 한다. 다음 설치기준 중 틀린 것은?

① 저장탱크실과 처리설비실은 각각 구분하여 설치하고 강제통풍시설을 갖출 것

② 저장탱크실 및 처리설비실은 천정·벽 및 바닥의 두께가 30cm 이상인 철근콘크리트실로 만들 실로서 방수처리가 된 것일 것

③ 가연성가스 및 독성가스의 저장탱크실과 처리설비실에는 가스누출검지경보장치를 설치할 것

④ 저장탱크의 정상부와 저장탱크실 천정과의 거리는 30cm 이상으로 할 것

저장탱크 정상부와 천정과의 거리는 60cm 이상

73 동·암모니아 시약을 사용한 오르자트법에서 산소의 순도는 몇 % 이상이어야 하는가?

① 95%   ② 98.5%

③ 99%   ④ 99.5%

품질검사순도
㉠ O_2 : 99.5% 이상
㉡ H_2 : 98.5% 이상
㉢ C_2H_2 : 98% 이상

74 다음 중 용어에 대한 설명이 틀린 것은 어느 것인가?

① "수소 제조설비"란 수소를 제조하기 위한 것으로서 법령에 따른 수소용품 중 수전해 설비 수소 추출설비를 말한다.

② "수소 저장설비"란 수소를 충전·저장하기 위하여 지상 또는 지하에 고정 설치하는 저장탱크(수소의 질을 균질화하기 위한 것을 포함)를 말한다.

③ "수소가스 설비"란 수소 제조설비, 수소 저장설비 및 연료전지와 이들 설비를 연결하는 배관 및 속설비 중 수소가 통하는 부분을 말한다.

④ 수소 용품 중 "연료전지"란 수소와 전기화학적 반응을 통하여 전기와 열을 생산하는 연료 소비량이 232.6kW 이상인 고정형, 이동형 설비와 그 부대설비를 말한다.

연료전지 : 연료 소비량이 232.6kW 이하인 고정형, 이동형 설비와 그 부대설비

정답 69.④ 70.④ 71.③ 72.④ 73.④ 74.④

75 물의 전기분해에 의하여 그 물로부터 수소를 제조하는 설비는 무엇인가?

① 수소 추출설비 ② 수전해 설비
③ 연료전지 설비 ④ 수소 제조설비

76 온수기나 보일러를 겨울철에 장시간 사용하지 않거나 실온에 설치하였을 때 물이 얼어 연소기구가 파손될 우려가 있으므로 이를 방지하기 위하여 설치하는 것은? **[안전 9]**

① 퓨즈 메탈(fuse metal) 장치
② 드레인(drain) 장치
③ 프레임 로드(flame rod) 장치
④ 물 거버너(water governor)

📖해설
드레인 장치 : 내부에 존재하는 물질(물, 불순물, 잔류 이물질) 등을 배출시키는 장치

77 차량에 고정된 탱크 및 용기에는 안전밸브 등 필요한 부속품이 장치되어 있어야 하는데, 이 중 긴급차단장치는 그 성능이 원격조작에 의하여 작동되고 차량에 고정된 저장탱크 또는 이에 접속하는 배관 외면의 온도가 얼마일 때 자동적으로 작동하도록 되어 있는가?

① 90℃   ② 100℃
③ 110℃   ④ 120℃

78 최고충전압력 2.0MPa, 동체의 내경 65cm인 산소용 강재용접용기의 동판 두께는 약 몇 mm인가? (단, 재료의 인장강도 : 500N/mm², 용접효율 : 100%, 부식여유 : 1mm이다.)

① 2.30   ② 6.25
③ 8.30   ④ 10.25

📖해설
$$t = \frac{PD}{2Sn - 1.2p} + c$$
$$= \frac{2 \times 650}{2 \times 500 \times \frac{1}{4} \times 1 - 1.2 \times 2} + 1$$
$$= 6.25mm$$

79 다음 중 명판에 열효율을 기재하여야 하는 가스연소기는?

① 업무용 대형연소기
② 가스렌지
③ 가스그릴
④ 가스오븐

80 철근콘크리트제 방호벽의 설치기준에 대한 설명 중 틀린 것은?

① 기초는 일체로 된 철근콘크리트 기초일 것
② 기초의 높이는 350mm 이상, 되메우기 깊이는 300mm 이상으로 할 것
③ 기초의 두께는 방호벽 최하부 두께의 120% 이상일 것
④ 방호벽의 두께는 200mm 이상, 높이 1,800mm 이상으로 할 것

📖해설
철근 콘크리트제 방호벽의 설치 기준
(1) 직경 9mm 철근 가로세로 400mm 이하 간격으로 배근 결속
   두께 120mm 이상, 높이 2,000mm 이상
(2) 기초
   ㉠ 일체로 된 철근 콘크리트기초
   ㉡ 높이 350mm 이상, 되메우기 깊이 300mm 이상
   ㉢ 기초의 두께는 방호벽 최하부두께의 120% 이상

제5과목 가스계측

81 차압식 유량계에 해당되는 것은? **[계측 23]**

① 습식 가스미터
② 막식 가스미터
③ 로터미터
④ 오리피스 방식

📖해설
차압식 유량계 : 오리피스, 플로노즐, 벤투리

82 가스미터의 검정검사 사항이 아닌 것은?

① 외관검사　　② 구조검사
③ 기초검사　　④ 용접검사

83 오르자트 가스분석 장치에서 사용되는 흡수제와 흡수가스의 연결이 바르게 된 것은?

[계측 1]

① CO 흡수액 – 알칼리성 피로카롤 용액
② CO 흡수액 – 30% KOH 수용액
③ CO_2 흡수액 – 암모니아성 염화제일구리 용액
④ O_2 흡수액 – 알칼리성 피로카롤 용액

㉠ CO : 암모니아성 염화제1동 용액
㉡ CO_2 : 33% KOH 수용액
㉢ O_2 : 알칼리성 피로카롤 용액

84 계측기기의 감도에 대한 설명 중 옳지 않은 것은?

① 계측기가 측정량의 변화에 민감한 정도를 말한다.
② 지시계의 확대율이 커지면 감도는 낮아진다.
③ 감도가 나쁘면 정밀도도 나빠진다.
④ 측정량의 변화에 대한 지시량의 변화의 비로 나타낸다.

㉠ 감도 = $\dfrac{지시량변화}{측정량변화}$
㉡ 감도의 표시는 지시계감도 눈금나비나 눈금량으로 표시한다.
㉢ 측정량의 변화에 민감한 정도를 나타낸다.
㉣ 지시계의 확대율이 커지면 감도는 좋아진다.

85 습한 공기 205kg 중 수증기가 35kg/kg 포함되어 있다고 할 때 절대습도는 약 얼마인가? (단, 공기와 수증기의 분자량은 각각 29, 18이다.)

[계측 25]

① 0.106　　② 0.128
③ 0.171　　④ 0.206

$\dfrac{35}{205-35} = 0.2058\text{kg/kg}$

절대습도 = $\dfrac{수증기 \ 중량}{건조공기 \ 중량}$

86 가스에 대한 다음 측정방법 중 전기적 성질을 이용한 것은?

① 가스크로마토그래피법
② 적외선흡수식
③ 세라믹법
④ 연소열식

세라믹 O_2계 : 지르코니아(ZrO_2)를 주 원료로 한 특수세라믹은 온도를 상승시키면 산소(O_2) 이온만을 통과시키는 원리, 즉 세라믹 온도를 850℃ 이상 유지시키면 산소 이온통과로 기전력이 발생
㉠ 응답이 신속하다.
㉡ 연속측정 가능 측정범위가 넓다.
㉢ 지르코니아 온도를 850℃로 유지시킨다.
㉣ 측정가스 중 가연성이 있는 경우 사용할 수 없다.
㉤ 설치장소 주위의 온도 변화에 의한 영향이 적다.

87 가스미터의 구비 조건으로 가장 거리가 먼 것은?

① 기계오차의 조정이 쉬울 것
② 소형이며 계량 용량이 클 것
③ 감도는 적으나 정밀성이 높을 것
④ 사용가스량을 정확하게 지시할 수 있을 것

88 피토관으로 유속을 측정할 경우 필요한 항목은?

① 전압과 동압의 합
② 전압과 정압의 합
③ 전압과 정압의 차
④ 정압과 동압의 차

89 로터리 피스톤형 유량계에서 중량유량을 구하는 식은? (단, C: 유량계수, A: 유출구의 단면적, W: 유체 중의 피스톤 중량, a: 피스톤의 단면적이다.)

① $G = CA\sqrt{\dfrac{a}{2g\gamma W}}$

② $G = CA\sqrt{\dfrac{\gamma a}{2g\,W}}$

③ $G = CA\sqrt{\dfrac{2g\gamma W}{a}}$

④ $G = CA\sqrt{\dfrac{2g\,W}{\gamma a}}$

90 가스 크로마토그래피 분석에서 FID(Flame Ionization Detector) 검출기의 특성에 대한 설명으로 옳은 것은? [계측 13]

① 시료를 파괴하지 않는다.
② 대상 감도는 탄소 수에 반비례한다.
③ 미량의 탄화수소를 검출할 수 있다.
④ 연소성 기체에 대하여 감응하지 않는다.

불꽃이온화 검출기(FID)
㉠ 유기화합물 분석에 적합하다.
㉡ 탄화수소에 감응이 최고이다.
㉢ H_2, O_2, CO_2, SO_2에 감응이 없다.
㉣ N_2, He 등의 캐리어가스가 사용된다.
㉤ 검지감도가 매우 높고, 정량범위가 넓다.

91 액주식 압력계에 봉입되는 액체로서 가장 부적당한 것은?

① 윤활유   ② 수은
③ 물   ④ 석유

92 배관의 모든 조건이 같을 때 지름을 2배로 하면 체적유량은 약 몇 배가 되는가?

① 2배   ② 4배
③ 6배   ④ 8배

$$Q_1 = \frac{\pi}{4}d^2 \cdot V$$

$$Q_2 = \frac{\pi}{4}(2d)^2 V = \pi d^2 \cdot V$$

$$\therefore \frac{Q_2}{Q_1} = 4배$$

93 유독가스인 시안화수소의 누출탐지에 사용되는 시험지는? [계측 15]

① 연당지
② 초산벤젠지
③ 하리슨 시험지
④ 염화제1구리 착염지

독성 가스 누설검지 시험지와 변색 상태

시험지	검지가스	변색
KI-전분지	Cl_2(염소)	청색
염화제1동 착염지	C_2H_2 (아세틸렌)	적색
하리슨씨 시험지	$COCL_2$(포스겐)	심등색 (귤색)
염화파라듐지	CO(일산화탄소)	흑색
연당지	H_2S(황화수소)	흑색
초산(질산구리) 벤젠지	HCN (시안화수소)	청색

94 목표값이 미리 정해진 변화를 하거나 제어 순서 등을 지정하는 제어로서, 금속이나 유리 등의 열처리에 응용하면 좋은 제어방식은? [계측 12]

① 프로그램 제어
② 비율 제어
③ 캐스케이드 제어
④ 타력 제어

① 프로그램 제어 : 미리 정해진 시간적 변화에 따라 정해진 순서대로 제어
② 비율 제어 : 비율 목표값이 다른 것과 일정비율 관계를 가지고 변화하는 추종제어
③ 캐스케이드 제어 : 2개의 제어계를 조합수행하는 제어로서 1차 제어장치는 제어량을 측정, 제어명령을 하고 2차 제어장치가 이 명령으로 제어량을 조절하는 제어

95 기준 가스미터 교정주기는 얼마인가?

[계측 7]

① 1년   ② 2년
③ 3년   ④ 5년

96 다음 압력이 높은 순서대로 바르게 표시된 것은? (단, 모두 절대압력이다.)

① $1bar > 1atm > 1kg/cm^2$
② $1atm > 1bar > 1kg/cm^2$
③ $1kg/cm^2 > 1bar > 1atm$
④ $1bar > 1torr > 1kg/cm^2$

$1atm = 1.0332(kg/cm^2)$

$1 = \dfrac{1}{1.013} \times 1.0332 = 0.9376(kg/cm^2)$

97 안전등형 가스검출기에서 청색 불꽃의 길이로 농도를 알아낼 수 있는 가스는?

[계측 20]

① 수소   ② 메탄
③ 프로판   ④ 산소

가연성 가스 검출기
㉠ 간섭계형 : 가스의 굴절률 차이를 이용하여 농도를 측정(CH_4 일반 가연성 검출)
㉡ 안전등형 : 탄광 내에서 CH_4의 발생을 검출(청염불꽃의 길이로 CH_4의 농도를 측정)

98 가스크로마토그래피 분석기기에 있어서 인과 황화물에 대하여 선택적으로 검출하여 기체 상태의 황화물을 검출하는 데 이용되는 검출기는?

[계측 13]

① T.C.D   ② F.I.D
③ E.C.D   ④ F.P.D

㉠ T.C.D(열전도 도형 검출기)
㉡ F.I.D(수소 포획 이온화 검출기)
㉢ E.C.D(전자 포획 이온화 검출기)
㉣ F.P.P(염광 광도 검출기)

99 길이 250cm인 관으로 벤젠의 기체 크로마토그램을 재었더니 기폭지에 머무른 부피가 72.2mm, 봉우리의 띠 너비가 8.0mm이었다면 이론단의 높이(HETP)는 얼마인가?

[계측 35]

① 0.19cm   ② 0.34cm
③ 0.51cm   ④ 0.79cm

이론단의 높이(HETP) $= \dfrac{L}{N}$

여기서, L : 관 길이(m)

N : 이론단수 $= 16 \times \left(\dfrac{t_r}{w}\right)^2$

t_r : 머문 시간(체류시간)

w : 봉우리 너비

이론단의 높이 $= \dfrac{L}{N} = \dfrac{250}{16 \times \left(\dfrac{72.2}{8.0}\right)^2}$

$= \dfrac{250}{1,303.21}$

$= 0.1918$

100 다음 연소가스 중 유황산화물의 분석 방법으로 적당하지 못한 방법은?

① 연소가스 일정량을 취하여 알칼리에 흡수시켜 그 부피 변화로 측정한다.
② 연소가스를 과산화수소수 용액에 흡수시켜 중화 후 염화바륨으로 측정한다.
③ 연소가스를 과산화수소수에 흡수시켜 전도도 변화로 측정한다.
④ 연소가스를 과산화수소수에 흡수시킨 후 염화바륨을 가하여 황산바륨으로 침전 후 중량법으로 정량한다.

유황산화물 분석방법 : 흡수법, 전도법, 중량법

CBT 기출복원문제

01 가스기사

수험번호 :
수험자명 :
※ 제한시간 : 150분
※ 남은시간 :

글자
크기
⊖ 100%　Ⓜ 150%　⊕ 200%

화면
배치

전체 문제 수 :
안 푼 문제 수 :

답안 표기란
① ② ③ ④

제1과목 가스유체역학

01 수면으로부터 2m 낮은 위치에서 오리피스를 설치하여 매분 1m³의 물을 유출할 때 유량계수 0.6인 오리피스의 지름은 몇 m로 해야 하는가?

① 0.075m ② 0.95m
③ 0.085m ④ 0.09m

$$Q = C \cdot \frac{\pi}{4} d^2 \sqrt{2gh}$$

$$\therefore d^2 = \frac{4 \cdot Q}{C \cdot \pi \sqrt{2gH}}$$

$$= \frac{4 \times (1\text{m}^3/60\text{sec})}{0.6 \times \pi \sqrt{2 \times 9.8 \times 2}}$$

$$= 5.64 \times 10^{-3}$$

$$\therefore d = 0.075\text{m}$$

02 비중이 0.9인 액체가 탱크에 있다. 이때 나타난 압력은 절대압으로 2kg/cm²이다. 이것을 수두(head)로 고치면?

① 22.2m ② 18m
③ 15m   ④ 12.5m

$$H = \frac{P}{r}$$

$$= \frac{2 \times 10^4 \, [\text{kg/m}^2]}{0.9 \times 10^3 \, [\text{kg/m}^3]}$$

$$= 22.2\text{m}$$

03 다음 중 점성계수의 차원에 해당하는 것은?

① $\dfrac{M}{LT}$ ② $\dfrac{ML}{T}$
③ $\dfrac{M}{L^2 T}$ ④ $\dfrac{ML}{T^2}$

$$\text{g/cm} \cdot \text{s} = \frac{M}{LT}$$

04 다음은 압축에 필요한 일(work) W를 나타내는 식이다. 이 식은 다음 중 어떤 형태의 압축 시 성립하는가? (단, P_1는 입구압, P_2는 출구압, $\gamma = C_p / C_v$ 이다.)

$$W = \frac{P_1 V}{(r-1)} \left[1 - \left(\frac{P_2}{P_1} \right)^{(\gamma-1)/\gamma} \right]$$

① 등온 압축   ② 등엔탈피 압축
③ 단열 압축   ④ 폴리트로픽 압축

단열 압축의 일량

$$_1\omega_2 = \int p dv$$

$$= \frac{P_1 V_1}{r-1} \left[1 - \left(\frac{V_1}{V_2} \right)^{r-1} \right]$$

$$= \frac{P_1 V_1}{r-1} \left[1 - \left(\frac{P_2}{P_1} \right)^{\frac{r-1}{r}} \right]$$

$$= \frac{R}{r-1}$$

정답 01.① 02.① 03.① 04.③

05 비압축성 유체가 원형관에서 난류로 흐를 때 마찰계수와 레이놀즈 수의 관계는?

① 마찰계수는 레이놀즈 수에 비례한다.
② 마찰계수는 레이놀즈 수에 반비례한다.
③ 마찰계수는 레이놀즈 수의 1/4승에 비례한다.
④ 마찰계수는 레이놀즈 수의 1/4승에 반비례한다.

 해설

층류 $f = \dfrac{64}{Re}(Re < 2,100)$

난류 $f = \dfrac{0.3164}{Re^{\frac{1}{4}}}(Re < 4,000)$

06 중력 단위계에서 1kgf(혹은 1kg)란?

① $980\mathrm{kg \cdot m/s^2}$ ② $98\mathrm{kg \cdot m/s^2}$
③ $9.8\mathrm{kg \cdot m/s^2}$ ④ $9.8\mathrm{kg \cdot m^2/s^2}$

 해설

$1\mathrm{kgf} = 1\mathrm{kg} \times 9.8\mathrm{m/s^2} = 9.8\mathrm{kg \cdot m/s^2} = 9.8\mathrm{N}$

07 이상기체의 흐름을 설명한 것으로 맞는 것은?

① 무마찰 등온흐름이면 압력과 온도의 곱은 일정하다.
② 무마찰 단열흐름이면 압력과 온도의 곱은 일정하다.
③ 무마찰 단열흐름이면 엔트로피는 증가한다.
④ 음속은 유속의 함수이다.

 해설

이상기체
$PV = K$(일정)

08 기준면으로부터 10m인 곳에 5m/s로 물이 흐르고 있다. 이때 압력을 재어보니 $0.6\mathrm{kg/cm^2}$ 이었다. 전수두는 몇 m가 되는가?

① 6.28   ② 10.46
③ 15.48   ④ 17.28

 해설

$H = h + \dfrac{P}{\gamma} + \dfrac{V^2}{2g} = 10 + 6 + \dfrac{5^2}{2 \times 9.8} = 17.275\mathrm{m}$

09 원심펌프에서 서징(surging)을 일으킬 수 있는 깃 출구각은?

① 90°보다 클 때
② 90°일 때
③ 90°보다 작을 때
④ 45°보다 작을 때

10 그림은 유체 흐름에 있어서 전단응력(shear stress) 대 속도구배의 관계를 나타낸 것이다. 이 관계가 그림과 같이 원점을 지나는 직선으로 표시된다면 이는 어떤 유체인가?

① 뉴턴유체(Newtonian fluid)
② 빙햄소성유체(Binghamplastic fluid)
③ 의가소성유체(Pseudoplastic fluid)
④ 팽창유체(Dilatant fluid)

해설
유체의 종류

구 분	내 용
뉴턴유체	뉴턴의 점성법칙을 만족하며, 끈기가 없는 유형(물, 공기, 오일, 사염화탄소, 알코올)
비뉴턴유체, 빙햄플라스틱	뉴턴의 점성법칙을 따르지 않으며, 끈기가 있는 유체(플라스틱, 타르, 페인트, 치약, 진흙)
빙햄 가소성유체	임계전단응력 이상이 되어야 흐르는 유체(하수, 슬러리)
실제플라스틱	펌프
딜라탄트유체	아스팔트

11 유속계수가 0.97인 피토우관에서 정압수두가 5m, 전체압력수두가 7m라면 유속은 몇 m/s인가?

① 5.41 ② 6.07
③ 7.85 ④ 8.59

$$V = C\sqrt{2gh} = 0.97 \times \sqrt{2 \times 9.8 \times (7-5)}$$
$$= 6.07(\text{m/s})$$

12 유체가 가지는 에너지와 이것이 하는 일과의 관계를 표시한 방정식(또는 법칙)은?

① Euler 방정식
② Beroulli 방정식
③ Hagen-Posieulli의 법칙
④ Stokes의 법칙

㉠ Euler 방정식(=에너지 방정식) : 유체입자가 유선을 따라 움직일 때 Newton의 운동 제2법칙을 적용하여 얻는 미분 방정식
[오일러 운동 방정식의 가정]
• 유체입자는 유선을 따라 움직인다.
• 유체입자는 마찰이 없다(비점성유체).
• 정상류이다.
㉡ Beroulli 방정식 : 모든 단면에서 압력수두, 속도수두, 위치수두의 합은 일정하다.

$$\frac{P^1}{\gamma} + \frac{V_1^2}{2g} + Z_1 = \frac{P_2}{\gamma} + \frac{V_2^2}{2g} + Z_2$$

($\frac{P}{\gamma}$: 압력수두, $\frac{V^2}{2g}$: 속도수두, Z : 위치수두)

㉢ Hagen-Posieulli의 법칙 : 수평원관 속에 점성유체가 층류상태에서 정상유동을 할 때 전단응력은 관 중심에서 0이고 반지름에 비례하면서 관 벽까지 직선적으로 증가한다.

$$Q = \frac{\Delta P \pi r^4}{8\mu L} = \frac{\Delta P \pi d^4}{128\mu L}$$

㉣ Stokes 법칙 : 점성계수를 측정하기 위하여 구를 액체 속에서 항력 실험을 할 것

13 이산화탄소기체가 75mm 관 속을 5m/s의 속도로 흐르고 있다. A지점에서의 압력 P_A : 2bar, 온도 T_A : 20℃이었으며, B지점에서의 압력 P_B : 1.4bar, 온도 T_B : 30℃이었다. 이때의 대기압은 1.03bar이었

다. B지점에서의 유속(m/s)을 계산하면? (단, CO_2 기체의 R값은 187.8J/kg℃K이다.)

① 7.55 ② 4.27
③ 6.45 ④ 5.51

$$PV = GRT$$

$$V = \frac{GRT}{P} = \frac{0.1195 \times 187.8 \times 303}{\frac{1.03 + 1.4}{1.03} \times 101325} = 0.02844\text{m}^3\text{/s}$$

$$\therefore \text{유속} = \frac{Q}{A} = \frac{0.02844}{\frac{\pi}{4} \times 0.075^2} = 6.45\text{m/s}$$

$$G = \frac{PV}{RT}$$
$$= \frac{\left(\frac{1.03+2}{1.03} \times 101.325\right)(\text{N/m}^2) \times \frac{\pi}{4} \times (0.075)^2 \times 5(\text{m}^3\text{/s})}{187.8(\text{N} \cdot \text{m/kg}°\text{K}) \times 293(°\text{K})}$$
$$= 0.1195(\text{kg/sec})$$

14 반지름이 30cm인 원형 속에 물을 담아 30rpm으로 회전시킬 때 수면의 상승높이는 몇 m인가?

① 0.015m ② 0.030m
③ 0.045m ④ 0.060m

등속 원운동을 받는 유체

$$h = \frac{\gamma_0^2 w^2}{2g} = \frac{0.3^2 \times 3.14^2}{2 \times 9.8} = 0.045\text{m}$$

$$\therefore \gamma_0 - 0.3m$$
$$w = \frac{2\pi N}{60} = \frac{2 \times 3.14 \times 30}{60} = 3.14$$

15 다음 기체 수송장치 중 가장 압력이 낮은 것은?

① 송풍기(Blower)
② 팬(fan)
③ 압축기(compressor)
④ 진공펌프(vacuum pump)

① 송풍기 : 0.01~0.1MPag
② 팬 : 0.01MPag 미만
③ 압축기 : 0.1MPag 이상
④ 진공펌프 : 기체 수송장치가 아니다.

16 단면이 균일한 관로를 흐르는 유량이 시간에 따라 증가하고 있을 때의 흐름은?

① 등속류, 정상류
② 부등속류, 정상류
③ 등속류, 비정상류
④ 부등속류, 비정상류

㉠ 정상유동 : 흐름의 특성이 시간에 따라 변하지 않음
$$\frac{\delta v}{\delta t}=0 \quad \frac{\delta e}{\delta t}=0 \quad \frac{\delta p}{\delta t}=0 \quad \frac{\delta T}{\delta t}=0$$
㉡ 비정상유동 : 흐름의 특성이 시간에 따라 변함
$$\frac{\delta v}{\delta t}\neq0 \quad \frac{\delta e}{\delta t}\neq0 \quad \frac{\delta p}{\delta t}\neq0 \quad \frac{\delta T}{\delta t}\neq0$$
㉢ 균속도(등속류) : 속도가 일정한 흐름
$$\frac{\delta v}{\delta s}=0$$
㉣ 비균속도(비등속류) : 속도가 위치에 따라 변하는 흐름
$$\frac{\delta v}{\delta s}\neq0$$
※ 단면이 균일(등속) 유량이 변하므로 비정상류이다.

17 지름이 25cm인 원형관 속을 5.7m/s의 평균속도로 물이 흐르고 있다. 40m에 걸친 수두 손실이 5m라면 이때의 Darcy 마찰계수는 어느 것인가?

① 0.0189
② 0.1547
③ 0.2089
④ 0.2621

$$h_f=\lambda\frac{L}{D}\cdot\frac{V^2}{2g}$$
$$\lambda=\frac{h_f\cdot D\cdot 2g}{L\cdot V^2}$$
$$=\frac{5\times0.25\times2\times9.8}{40\times5.7^2}$$
$$=0.0189$$

18 두 피스톤의 지름이 각각 25cm와 5cm이다. 직경이 큰 피스톤을 2cm만큼 움직이면 작은 피스톤은 몇 cm 움직이는가? (단, 누설량과 압축은 무시한다.)

① 5cm
② 10cm
③ 25cm
④ 50cm

$$A_1\times S_1=A_2\times S_2$$
$$S_2=\frac{A_1\times S_1}{A_2}$$
$$=\frac{\frac{\pi}{4}\times(25)^2\times2}{\frac{\pi}{4}\times5^2}$$
$$=50cm$$

19 유체 엔진 및 터빈의 효율을 정의한 것은?

① $\dfrac{최선의 장치가 작업을 하는 데 필요한 일}{장치에서 실제로 필요한 일}$

② $\dfrac{유용한 일}{전체 일}$

③ $\dfrac{실제로 전달한 일}{가능한 최대 일}$

④ $\dfrac{전체 일}{유용한 일}$

20 온도 20℃, 압력 5kgr/cm²인 이상기체 10cm³를 등온 조건에서 5cm³까지 압축시키면 압력은 약 몇 kgr/cm²인가?

① 2.5
② 5
③ 10
④ 20

등온조건
$$P_2=P_1\times\left(\frac{V_1}{V_2}\right)=5\times\left(\frac{10}{5}\right)=10kg/cm^2$$

제2과목 연소공학

21 다음은 carnot 사이클의 PV 도표를 각 단계별로 설명한 것이다. 이 중 옳은 것은?

① 1~2는 Q_C의 열을 흡수하여 임의점 2까지 단열압축 과정이다.

② 2~3은 온도가 T_c로 감소할 때까지 단열팽창 과정이다.

③ 3~4는 Q_C의 열을 흡수하여 원상태로 정온팽창 과정이다.

④ 4~1은 온도가 T_C로부터 T_H까지의 정온압축 과정이다.

카르노 사이클

㉠ 1→2 등온팽창

㉡ 2→3 단열팽창

㉢ 3→4 등온압축

㉣ 4→1 단열압축

22 액체연료를 미세한 기름방울로 잘게 부수어 단위 질량당의 표면적을 증가시키고 기름방울을 분산, 주위 공기와의 혼합을 적당히 히는 것을 미립화라고 한다. 다음 중 원판, 컵 등의 외주에서 원심력에 의해 액체를 분산시키는 방법에 의해 미립화하는 분무기는?

① 회전체 분무기

② 충돌식 분무기

③ 초음파 분무기

④ 정전식 분무기

23 다음 중 공기비에 관한 설명으로 틀린 것은?

[연소 15]

① 이론공기량에 대한 실제공기량의 비이다.

② 무연탄보다 중유 연소 시 이론공기량이 더 적다.

③ 부하율이 변동될 때의 공기비를 턴다운(turn down)비라고 한다.

④ 공기비를 낮추면 불완전 연소 성분이 증가한다.

24 프로판가스 1Sm³을 완전연소시켰을 때의 건조연소가스량은 약 몇 Sm³인가? (단, 공기 중의 산소는 21v%이다.)

① 10

② 16

③ 22

④ 30

$C_3H_8 + 5O_2 \rightarrow 3CO_2 + 4H_2O$

1Sm³   5Nm³   3Nm³

㉠ $N_2 : 5 \times \dfrac{0.79}{0.21} = 18.81 Nm^3$

㉡ $CO_2 : 3Nm^3$

∴ $N_2 + CO_2 = 21.81 Nm^3$

25 옥탄(g)의 연소 엔탈피는 반응물 중의 수증기가 응축되어 물이 되었을 때 25℃에서 −48220kJ/kg이다. 이 상태에서 옥탄(g)의 저위발열량은 약 몇 kJ/kg인가? (단, 25℃ 물의 증발엔탈피[(h_{fg})]는 2441.8kJ/kg이다.)

① 40750

② 42320

③ 44750

④ 45778

$C_8H_{18} + 12.5O_2 \rightarrow 8CO_2 + 9H_2O + Q$

H_L(저위발열량) $= H_H$(고위발열량) − 물의 증발잠열

$= 48220 - \dfrac{2441.8 \times 9 \times 18}{114}$

$= 44750.073 = 44750.07 kJ/kg$

※ $C_8H_{18} = 114kg$

26 연소의 3요소가 아닌 것은?

① 가연성 물질　② 산소공급원
③ 발화점　④ 점화원

27 고체연료를 사용하는 어느 열기관의 출력이 3000kw이고 연료소비율이 매시간 1400kg일 때 이 열기관의 열효율은 약 몇 %인가? (단, 이 고체연료의 저위발열량은 28MJ/kg이다.)

① 28　② 32
③ 36　④ 40

$$\frac{3000[\text{kW}]}{28\times 10^3 \text{kJ/kg}\times 1400\text{kg}}\times 100$$
$$=\left(\frac{3000[\text{kW}]}{28\times 10^3 [\text{kW/s}]\times \dfrac{1\text{s}}{3600\text{hr}}\times \dfrac{1}{\text{kg}}\times 1400\text{kg}}\right)\times 100$$
$$=27.55=28\%$$

28 밀폐된 용기 또는 그 설비 안에 밀봉된 가스가 그 용기 또는 설비의 사고로 인해 파손되거나 오조작의 경우에만 누출될 위험이 있는 장소는 위험장소의 등급 중 어디에 해당하는가? [연소 14]

① 0종　② 1종
③ 2종　④ 3종

29 다음은 이상기체에 관한 과정들이다. 이들 중 옳지 않은 것은? (단, 하첨자 1 : 초기치, 2 : 말기치이다.)

① 정용과정(isomtric process) : $du = dQ = C_v dT$

② 등온과정 : $Q = W = RTln\dfrac{P_1}{P_2}$

③ 단열과정 : $\dfrac{T_2}{T_1}=\left(\dfrac{V_1}{V_2}\right)^{\gamma}$, $\gamma \cdot \dfrac{C_P}{C_V}$

④ 정압과정 : $C_p dT = C_v dT + RdT$

단열과정 : $\dfrac{T_2}{T_1}=\left(\dfrac{P_2}{P_1}\right)^{\frac{k-1}{k}}=\left(\dfrac{V_1}{V_2}\right)^{k-1}$

30 다음에서 어떤 과정이 가역적으로 되기 위한 조건은? [연소 38]

① 마찰로 인한 에너지 변화가 있다.
② 외계로부터 열을 흡수, 방출한다.
③ 작용 물체는 전 과정을 통하여 항상 평형이 이루어지지 않는다.
④ 외부조건에 미소한 변화가 생기면 어느 지점에서라도 역전시킬 수 있다.

가역과정(reversible process) : 어떤 과정을 수행 후 영향이 남아 있지 않는 과정. 즉 역학적, 열적, 화학적 등의 평형이 유지되며 어떤 마찰도 수반되지 않은 상태 변화이며, 주위에 어떤 변화도 남지 않으며 실제로는 존재가 불가능한 열역학 1법칙을 근거로 하는 과정이다.

31 방안의 압력이 100kPa이며 온도가 30℃일 때 5m×10m×4m에 들어 있는 공기의 질량은 몇 kg인가? (단, 공기의 $R=$0.287KJ/kg · K이다.)

① 233.7
② 241.5
③ 250.2
④ 263.3

$$G=\frac{PV}{RT}=\frac{100\times(5\times10\times4)}{0.287\times303}=229.98\text{kg}$$
여기서, $P=100\text{kPa}=100\text{kN/m}^2$
$V=(5\times10\times4)\text{m}^3$
$R=0.287\text{kN}\cdot\text{m/kg}°\text{K}$
$T=303°\text{K}$
$IJ=1\text{N}\cdot\text{m/kJ}=1\text{kN}\cdot\text{m}$

32 저위발열량이 10000kcal/kg인 연료를 3kg 연소시켰을 때 연소가스의 열용량이 15kcal/℃였다면 이때의 이론연소온도는?

① 1000℃
② 2000℃
③ 3000℃
④ 4000℃

$$\frac{10000(\text{kcal/kg})\times3(\text{kg})}{15(\text{kcal/℃})}=2000℃$$

33 다음 그림은 간단한 수증기 사이클을 나타낸 것이다. 이 그림의 경로에서 Rankine 사이클이 의미하는 것은?

① $1 \rightarrow 2 \rightarrow 3 \rightarrow 4 \rightarrow 5 \rightarrow 9 \rightarrow 10 \rightarrow 1$
② $1 \rightarrow 2 \rightarrow 3 \rightarrow 9 \rightarrow 10 \rightarrow 1$
③ $1 \rightarrow 2 \rightarrow 3 \rightarrow 4 \rightarrow 6 \rightarrow 5 \rightarrow 9 \rightarrow 10 \rightarrow 1$
④ $1 \rightarrow 2 \rightarrow 3 \rightarrow 8 \rightarrow 7 \rightarrow 5 \rightarrow 9 \rightarrow 10 \rightarrow 1$

랭킨 사이클
증기 원동소의 이상 사이클이며, 2개의 정압변화와 2개의 단열변화로 구성
(도면 설명)
㉠ 4 - 5 : 가역단열과정
㉡ 1 - 2 - 3 - 7 : 물이 끓는점 이하로 보일러에 들어가 증발하면서 가열되는 과정이며, 다른 과정에 비하여 압력변화가 적으므로 정압과정으로 볼 수 있음.
㉢ 4 - 6 : 보일러에서 나가는 고온수증기의 에너지 일부가 터빈 또는 수증기 기관으로 들어가는 과정

34 유동층 연소의 연소 특성에 대한 설명이다. 틀린 것은? [연소 2]

① 화염층이 작다.
② 질소 산화물의 발생량이 증가한다.
③ 크링커 장애 등을 경감할 수 있다.
④ 화격자의 단위면석당의 열부하를 크게 얻을 수 있다.

유동층 연소
유동층을 형성하면서 700~900℃ 정도에서 연소
질소산화물의 발생량이 감소함

35 가연성 물질을 공기로 연소시키는 경우에 산소농도를 높이는 경우 다음 중 감소하는 것은 무엇인가?

① 점화에너지 　② 폭발한계
③ 화염속도 　④ 연소속도

연소 시 산소농도 증가
㉠ 폭발한계가 넓어진다.
㉡ 연소속도 · 화염속도가 빨라진다.
㉢ 점화에너지, 인화점 · 발화점은 감소한다.

36 다음은 공기비가 작을 경우 연소에 미치는 영향을 기술한 것이다. 틀린 것은?

① 미연소에 의한 열손실이 증가한다.
② 불완전 연소가 되어 매연이 많이 발생한다.
③ 미연소 가스로 인한 폭발 사고가 발생되기 쉽다.
④ 연소 가스 중에 NOx가 많아져 대기오염이 심하다.

공기비가 작아지면 공기 중 N_2량이 적어지므로 질소산화물의 양은 적어진다.

37 연소할 때의 실제공기량 A와 이론공기량 A_0 사이는 $A = mA_0$의 등식이 성립된다. 이 식에서 m이란? [연소 15]

① 과잉공기계수
② 연소효율
③ 공기의 압력계수
④ 공기의 열전도율

과잉공기계수=공기비

38 난류예혼합 화염에 대한 설명 중 옳은 것은? [연소 36]

① 화염의 두께가 얇다.
② 연소 속도가 현저하게 늦다.
③ 화염의 배후에 다량의 미연소분이 존재한다.
④ 층류예혼합 화염에 비하여 화염의 밝기가 낮다.

난류예혼합 화염의 특징
㉠ 화염의 휘도가 높다.
㉡ 화염면의 두께가 두껍다.
㉢ 연소 시 다량의 미연소분이 존재한다.
㉣ 화염의 밝기가 층류보다 높다.

39 착화온도에 대한 설명 중 틀린 것은?

① 압력이 높을수록 낮아진다.

② 발열량이 클수록 낮아진다.

③ 반응활성도가 클수록 높아진다.

④ 산소량이 증가할수록 낮아진다.

 ③ 반응활성도가 클수록 착화점은 낮아진다.

40 분자량이 30인 어느 가스의 정압비열이 0.75kJ/kg · k라고 가정할 때 이 가스의 비열비(k)는 얼마인가?

① 0.277 ② 0.473

③ 1.59 ④ 2.38

 $C_P - C_V = AR$ 이고

$K = \dfrac{C_P}{C_V} = \dfrac{0.75}{0.471} = 1.59$

$CP = 0.75$

$CV = CP - AR$

$= 0.75 - \dfrac{1}{427} \text{kcal/kg} \cdot \text{m} \times \dfrac{848}{30} \text{kg} \cdot \text{m/kg}°\text{K}$

$\times 4.2 \text{kJ/kcal}$

$= 0.471$

$1\text{cal} = 4.2\text{J}$

$1\text{kcal} = 4.2\text{kJ}$

■ 제3과목 가스설비

41 기화장치 중 LP가스가 액체 상태로 열교환기 밖으로 유출되는 것을 방지하는 장치는?

① 압력조정기

② 안전밸브

③ 액면제어장치

④ 열매온도제어장치

42 가스 공급설비 설치를 위하여 지반조사 시 최대 토크 또는 모멘트를 구하기 위한 시험은?

① 표준관입시험 ② 표준허용시험

③ 배인(vane)시험 ④ 토질시험

 고압가스설비 설치 시 부동침하 우려 장소에 제1차 지반조사 실시, 제1차 지반조사 결과 습윤토지 및 연약지반토지 등에 다음 방법으로 제2차 지반조사 실시

㉠ 보링 조사에 의해 지반 종류에 따라 필요 깊이까지 굴착

㉡ 표준관입시험은 규정 방법에 의해 실타격 횟수 N값을 구한다.

㉢ 배인 시험은 배인 시험용 배인을 흙 속으로 밀어넣고 이를 회전시켜 최대 토크 모멘트를 구한다.

㉣ 토질시험은 규정에 의하여 압축, 전단시험으로 지반의 점착력 내부 마찰력을 구한다.

43 내용적 50ℓ의 용기에 수압 30kg/cm²를 가해 내압시험을 하였다. 이 경우 30kg/cm²의 수압을 걸었을 때 용기의 용적이 50.6ℓ로 늘어났고, 압력을 제거하여 대기압으로 하니 용기용적은 50.03ℓ로 되었다. 이때 영구증가율은 얼마인가?

① 0.3% ② 0.5%

③ 3% ④ 5%

 $\dfrac{50.03 - 50}{50.6 - 50} \times 100 = 5\%$

44 산소제조 장치에서 수분제거용 건조제가 아닌 것은?

① SiO_2 ② Al_2O_3

③ $NaOH$ ④ Na_2CO_3

 ①, ②, ③ 이외에 소바비드가 있다.

45 어떤 냉동기에서 0℃의 물로 0℃의 얼음 3톤을 만드는 데 100kW/h의 일이 소요되었다면 이 냉동기의 성능계수는? (단, 물의 응고열은 80kcal/kg이다.)

① 1.72 ② 2.79

③ 3.72 ④ 4.73

$3000\text{kg} \times 80\text{kcal/kg} = 240000\text{kcal}$

$\therefore \dfrac{240000}{100 \times 860} = 2.79$

46 전양정이 14m인 펌프의 회전수를 1100rpm 에서 1650rpm으로 변화시킨 경우 펌프의 전양정은 몇 m가 되는가?

① 21.5m ② 25.5m
③ 31.5m ④ 36.5m

$$H_2 = H_1 \times \left(\frac{N_2}{N_1}\right)^2 = 14 \times \left(\frac{1,650}{1,100}\right)^2 = 31.5m$$

47 내용적 50L의 LPG 용기에 상온에서 액화 프로판 15kg를 충전하면 이 용기 내 안전 공간은 약 몇 %인가? (단, LPG의 비중은 0.5이다.)

① 10% ② 20%
③ 30% ④ 40%

$15kg \div 0.5 (kg/L) = 30L$

$\therefore \dfrac{50-30}{50} \times 100 = 40\%$

48 고압가스 제조 장치의 재료에 대한 설명으로 옳지 않은 것은?

① 상온 건조 상태의 염소가스에 대하여는 보통강을 사용할 수 있다.
② 암모니아, 아세틸렌의 배관 재료에는 구리 및 구리합금이 적당하다.
③ 고압의 이산화탄소 세정장치 등에는 내산강을 사용하는 것이 좋다.
④ 암모니아 합성탑 내통의 재료에는 18-8 스테인리스강을 사용한다.

② 구리 사용을 금지해야 하는 가스이다.
㉠ C_2H_2 : 폭발
㉡ NH_3 : 부식
㉢ H_2S : 부식

49 다음 설비 중 보통 액화석유가스 저장탱크에 설치하지 않는 것은?

① 안전밸브
② 가스누출경보기
③ 액면계
④ 긴급차단밸브

50 다음 설명 중 아르곤(Ar)에 대하여 옳은 것은?

① Ar은 공기 중에 0.9%(용량) 포함되어 있다.
② Ar은 N_2보다 화학적으로 안정되지 못하다.
③ Ar의 끓는점은 산소와 질소의 끓는점에 비교하여 매우 낮다.
④ Ar은 천연가스에서 공업적으로 제조된다.

Ar은 공기 중 약 0.93%, 비등점(−186℃)

51 콕 및 호스에 대한 설명으로 옳은 것은?

[안전 97]

① 고압고무호스 중 투윈호스는 차압 100kPa 이하에서 정상적으로 작동하는 체크밸브를 부착하여 제작한다.
② 용기밸브 및 조정기에 연결하는 이음쇠의 나사는 오른나사로서 W22.5× 14T, 나사부의 길이는 20mm 이상으로 한다.
③ 상자콕은 과류차단안전기구가 부착된 것으로서 배관과 커플러를 연결하는 구조이고, 주물황동을 사용할 수 있다.
④ 콕은 70kPa 이상의 공기압을 10분간 가했을 때 누출이 없는 것으로 한다.

52 액화천연가스(메탄 기준)를 도시가스 원료로 사용할 때 액화천연가스의 특징을 옳게 설명한 것은?

① 천연가스의 C/H 질량비가 3이고, 기화설비가 필요하다.
② 천연가스의 C/H 질량비가 4이고, 기화설비가 필요 없다.
③ 천연가스의 C/H 질량비가 3이고, 기화 제조 및 정제설비가 필요하다.
④ 천연가스의 C/H 질량비가 4이고, 개질설비가 필요하다.

53 용기밸브의 충전구가 왼나사 구조인 것은?

① 브롬화메탄　　② 암모니아
③ 산소　　　　　④ 에틸렌

54 분자량이 큰 탄화수소를 원료로 10000 kcal/Nm³ 정도의 고열량 가스를 제조하는 방법은?　　　　　　　　　　　[설비 3]

① 부분연소 프로세스
② 사이클릭식 접촉분해 프로세스
③ 수소화분해 프로세스
④ 열분해 프로세스

55 아세틸렌 제조공정에서 꼭 필요하지 않은 장치는?

① 저압 건조기　　② 유분리기
③ 역화방지기　　④ CO_2 흡수기

C_2H_2의 제조 공정 순서
가스발생기 → 냉각기 → 가스청정기 → 저압 건조기 → 역화방지기 → 가스　압축기 → 역화방지기 → 유분리기 → 고압 건조기 → 충전의 순서이다.

56 가연성 가스의 위험도가 가장 높은 가스는?
　　　　　　　　　　　　　　　　[설비 44]

① 일산화탄소　　② 메탄
③ 산화에틸렌　　④ 수소

① $CO(12.5 \sim 74\%) : \dfrac{74-12.5}{12.5} = 4.92$

② $CH_4(5 \sim 15\%) : \dfrac{15-5}{5} = 2$

③ $C_2H_4O(3 \sim 80\%) : \dfrac{80-3}{3} = 25.67$

④ $H_2(4 \sim 75\%) : \dfrac{75-4}{4} = 17.75$

57 압력 2MPa 이하의 고압가스 배관 설비로서 곡관을 사용하기가 곤란한 경우 가장 적정한 신축이음매는?

① 벨로즈형 신축이음매
② 루프형 신축이음매
③ 슬리브형 신축이음매
④ 스위블형 신축이음매

58 도시가스의 발열량이 10400kcal/m³이고 비중이 0.5일 때 웨버지수(WI)는 얼마인가?　　　　　　　　　　　[안전 57]

① 14142　　　　② 14708
③ 18257　　　　④ 27386

$WI = \dfrac{H}{\sqrt{d}} = \dfrac{10400}{\sqrt{0.5}} = 14707$

59 금속재료에 관한 설명으로 옳지 않은 것은?

① 황동은 구리와 아연의 합금이다.
② 저온뜨임의 주목적은 내부응력 제거이다.
③ 탄소함유량이 0.3% 이하인 강을 저탄소강이라 한다.
④ 청동은 내식성은 좋으나 강도가 약하다.

뜨임(소려) : 인성을 증가시키기 위하여 담금질보다 약간 낮게 가열한 후 공기 중에서 서냉시키는 작업으로 인성 증가가 목적이며 내부응력제거는 풀림의 목적이다.

60 파이프의 길이가 5m이고, 선팽창계수 $\alpha = 0.000015(1/℃)$일 때 온도가 20℃에서 70℃로 올라갔다면 늘어난 길이는?

① 2.74mm　　　② 3.75mm
③ 4.78mm　　　④ 5.76mm

$\lambda = l\alpha\triangle t = 5 \times 10^3 \times 0.000015 \times 50 = 3.75\text{mm}$

제4과목 가스안전관리

61 가스의 종류와 용기 도색의 구분이 잘못된 것은?

① 액화암모니아 : 백색
② 액화염소 : 갈색
③ 헬륨(의료용) : 자색
④ 질소(의료용) : 흑색

③ 헬륨(의료용) : 갈색

62 도시가스배관에 대한 설명으로 옳지 않은 것은?

① 도시가스제조사업소의 부지경계에서 정압기까지에 이르는 배관을 본관이라 한다.
② 정압기에서 가스사용자가 소유하거나 점유하고 있는 토지의 경계까지의 배관을 사용자 공급관이라 한다.
③ 가스도매사업자의 정압기에서 일반 도시가스사업자의 가스공급시설까지의 배관을 공급관이라 한다.
④ 가스사용자가 소유하거나 점유하고 있는 토지의 경계에서 연소기까지에 이르는 배관을 내관이라 한다.

사용자 공급관 : 공급관 중 가스사용자가 소유하거나 점유하고 있는 토지의 경계에서 가스사용자가 구분하여 소유하거나 점유하는 건축물의 외벽에 설치된 계량기의 전달 밸브까지에 이르는 배관

63 저장설비 또는 가스설비의 수리 및 청소 시 지켜야 할 안전사항으로 옳지 않은 것은?

① 안전관리인 중에서 작업책임자를 선정, 감독한다.
② 공기 중의 산소농도가 10% 이상이어야 한다.
③ 내부가스를 불활성가스로 치환한다.
④ 수리를 끝낸 후에 그 설비가 정상으로 작동하는 것을 확인한 후 충전작업을 한다.

② 산소의 농도가 18~22% 이하이어야 한다.

64 액화염소 142g을 기화시키면 표준상태에서 몇 L의 기체 염소가 되는가? (단, 염소의 분자량은 71이다.)

① 11.2
② 22.4
③ 44.8
④ 56

$\frac{142}{71} \times 22.4 = 44.8$

65 압축천연가스충전시설에서 자동차가 충전호스와 연결된 상태로 출발할 경우 가스의 흐름이 차단될 수 있도록 하는 장치를 긴급분리장치라고 한다. 긴급분리장치에 대한 설명 중 틀린 것은?

① 긴급분리장치는 고정 설치해서는 안 된다.
② 긴급분리장치는 각 충전설비마다 설치한다.
③ 긴급분리장치는 수평방향으로 당길 때 666.4N 미만의 힘에 의하여 분리되어야 한다.
④ 긴급분리장치와 충전설비 사이에는 충전자가 접근하기 쉬운 위치에 90° 회전의 수동밸브를 설치하여야 한다.

긴급분리장치는 지면 및 지지대에 고정하여 설치해야 한다.

66 수소 설비와 산소 설비의 이격거리는 몇 m 이상인가?

① 2m
② 3m
③ 5m
④ 8m

㉠ 수소–산소 이격거리 : 5m 이상
㉡ 수소–화기 이격거리 : 8m 이상

67 다음 [보기]는 수소 설비에 대한 내용이나 수치가 모두 잘못되었다. 맞는 수치로 나열된 것은 어느 것인가? (단, 순서는 ㉮, ㉯, ㉰의 순서대로 수정된 것으로 한다.)

> ㉮ 유동방지시설은 높이 5m 이상 내화성의 벽으로 한다.
> ㉯ 입상관과 화기의 우회거리는 8m 이상으로 한다.
> ㉰ 수소의 제조·저장 설비의 지반조사 대상의 용량은 중량 3ton 이상의 것에 한한다.

① 2m, 2m, 1ton
② 3m, 2m, 1ton
③ 4m, 2m, 1ton
④ 8m, 2m, 1ton

㉮ 유동방지시설 : 2m 이상 내화성의 벽
㉯ 입상관과 화기의 우회거리 : 2m 이상
㉰ 지반조사 대상 수소 설비의 중량 : 1ton 이상

참고 비지반조사는 수소 설비의 외면으로부터 10m 이내 2곳 이상에서 실시한다.

68 독성 가스를 용기에 충전하여 운반하게 할 때 운반책임자의 동승기준으로 적절하지 않은 것은?　　　　　　　　[안전 5]

① 압축가스 허용농도가 100만분의 200 초과 100만분의 5000 이하 : 가스량 1000m³ 이상

② 압축가스 허용농도가 100만분의 200 이하 : 가스량 10m³ 이상

③ 액화가스 허용농도가 100만분의 200 초과 100만분의 5000 이하 : 가스량 1000kg 이상

④ 액화가스 허용농도가 100만분의 200 이하 : 가스량 100kg 이상

① 가스량 100m³ 이상

69 고압가스 운반 시에 준수하여야 할 사항으로 옳지 않은 것은?　　　　　　[안전 34]

① 밸브가 도출한 충전용기는 캡을 씌운다.

② 운반 중 충전용기의 온도는 40℃ 이하로 유지한다.

③ 오토바이에 20kg LPG 용기 3개까지는 적재할 수 있다.

④ 염소와 수소는 동일 차량에 적재 운반을 금한다.

차량통행 곤란지역 LPG 충전용기는 운반전용 적재함이 장착되어 있거나 20kg 이하 2개를 초과하지 않을 경우 이륜차 운반 가능

70 배관장치의 이상전류로 인하여 부식이 예상되는 장소에는 절연물질을 삽입하여야 한다. 다음 보기 중 절연물질을 삽입해야 하는 장소에 해당되지 않는 것은?　[안전 65]

① 누전으로 인하여 전류가 흐르기 쉬운 곳

② 직류전류가 흐르고 있는 선로(線路)의 자계(磁界)로 인하여 유도전류가 발생하기 쉬운 곳

③ 흙속 또는 물속에서 미로전류(謎路電流)가 흐르기 쉬운 곳

④ 양극의 설치로 전기방식이 되어 있는 장소

71 사업소 외의 배관장치에 설치하는 안전제어장치와 관계가 없는 것은?

① 압력안전장치

② 가스누출검지경보장치

③ 긴급차단장치

④ 인터록장치

72 수소의 성질 중 폭발화재 등의 재해 발생원인이 아닌 것은?

① 가벼운 기체이므로 가스누출하기 쉽다.

② 고온, 고압에서 강에 대해 탈탄 작용을 일으킨다.

③ 공기와 혼합된 경우 폭발범위가 4 ~ 75%이다.

④ 증발잠열로 수분이 동결하여 밸브나 배관을 폐쇄시킨다.

④는 폭발화재의 발생원인이 아니고 배관 폐쇄의 원인이다.

73 가연성 가스의 저장탱크는 그 외면으로부터 처리능력이 20만m³ 이상인 압축기와 몇 m 이상의 거리를 유지해야 하는가?

① 30m　　　　　② 20m

③ 17m　　　　　④ 10m

74 고압가스 저장 기술기준으로 적합하지 않은 것은?

① 충전용기는 넘어짐 및 충격을 방지하는 조치를 할 것
② 충전용기는 항상 50℃ 이하의 온도를 유지할 것
③ 시안화수소를 저장할 때는 1일 1회 이상 질산구리벤젠지 시험지로 충전용기의 가스누출을 검사할 것
④ 시안화수소의 저장은 용기에 충전한 후 60일을 초과하지 아니해야 한다. (단, 순도가 98% 이상은 예외)

② 충전용기는 40℃ 이하

75 파일럿버너 또는 메인버너의 불꽃이 꺼지거나 연소기구 사용 중에 가스공급이 중단 혹은 불꽃 검지부에 고장이 생겼을 때 자동으로 가스밸브를 닫게 하여 불이 꺼졌을 때 가스가 유출되는 것을 방지하는 안전장치는?

① 과열방지장치
② 산소결핍안전장치
③ 헛불방지장치
④ 소화안전장치

76 가연성 가스란 연소범위 중 하한농도가 몇 % 이하이거나, 상한과 하한의 차이가 몇 % 이상인 가스를 말하는가?

① 20, 10 ② 10, 20
③ 30, 10 ④ 20, 30

77 고압가스 안전관리법상 용기용 밸브 몸통 재료로 가장 적합한 것은?

① 쾌삭황동 ② 주철
③ 단조용 황동 ④ 아연합금

용기 밸브 몸통 재료로 NH_3, C_2H_2은 단조강, 동 함유량 62% 미만, 단조황동을 사용하고 그 외는 대부분 단조황동을 사용한다.

78 지하에 매설된 프로판–공기형 도시가스 배관의 누출부위를 수리하려 할 때 맨 먼저 조치할 사항은? (단, 굴착이 끝난 상태로 가정한다.)

① 가스 검지기로 검지해 본 다음 비눗물로 누출부위를 확인한다.
② 성냥으로 불을 켜본다.
③ 중간밸브를 잠그고 누출된 가스를 배기한다.
④ 불을 붙인 채 수리한다.

중간밸브로 가스를 차단하고 누출된 가스를 배기한다.

79 차량에 고정된 탱크를 운행할 때의 주의사항 중 잘못된 것은?

① 차를 수리할 때에는 반드시 사람의 통행이 없는 밀폐된 장소에서 한다.
② 운행 중은 물론 정차 시에도 허용된 장소 이외에서는 담배를 피우거나 화기를 쓰지 않는다.
③ 운행 시 도로교통법을 준수하고 번화가를 피하여 운행한다.
④ 화기를 사용하는 수리는 가스를 완전히 빼고 질소나 불활성가스로 치환한 후 실시한다.

밀폐장소에서 수리 시 산소 부족에 의한 질식의 우려가 있으므로 통풍이 양호한 장소에서 수리하여야 한다.

80 차량에 혼합 적재할 수 없는 가스끼리 짝지어져 있는 것은?

① 프로판, 부탄
② 염소, 아세틸렌
③ 프로필렌, 프로판
④ 시안화수소, 에탄

혼합 적재 금지 가스(염소)와 아세틸렌, 암모니아, 수소

제5과목 가스계측

81 습식 가스미터의 특징에 대한 설명 중 틀린 것은? [계측 7]

① 설치 공간이 작다.
② 실험용으로 적합하다.
③ 사용 중에 수위조정 등의 관리가 필요하다.
④ 유량이 정확하게 계량된다.

 습식 가스미터는 설치 공간이 크다.

82 와(Vortex) 유량계에 대한 설명으로 옳은 것은?

① 압전소자식은 소용돌이 발생체의 전단에 형성되는 전압을 압전소자의 전화량의 변화로 검출하는 것이다.
② 유량출력은 유동유체의 평균유속에 반비례한다.
③ 슬러리 유체의 측정에는 사용할 수 없다.
④ 외란에 의해 측정에 영향을 받지 않는다.

와(Vortex, 소용돌이) 유량계의 특징
㉠ 유량계의 출력은 주파수 출력
㉡ 출력은 유량에 비례하고 유량은 유속에 비례한다.
㉢ 외란에 의한 영향이 없다.
㉣ 가격이 저렴하고 구조가 간단하다.

83 가스 크로마토그래피 분석에 있어서 1.36의 1-hexanol과 1.02 1-pentanol을 함께 녹여서 분석하였을 때 각각의 상대적인 피크의 면적이 1,460,870이었다면 내부 물질로 선택한 1-pentanol에 대한 1-hexanal의 응답인자는 얼마인가?

① 0.775　　　② 1.258
③ 2.237　　　④ 0.447

$$\frac{1(핵산)}{1(펜타놀)} = \frac{1.36 \times 1.460}{1.02 \times 870} = \frac{1}{x}$$
$$\therefore \ x = 0.4469$$

84 다음 중 반도체식 가스검지기의 반도체 재료로 적당한 것은?

① 산화니켈(NiO)
② 산화알루미늄(Al_2O_3)
③ 산화주석(SnO_2)
④ 이산화망간(MnO_2)

반도체식 가스검지기
금속산화물(SnO_2, ZnO)의 소결체에서 2개의 전극 밀봉하여 가열한 것

85 연소 분석법에 대한 설명으로 틀린 것은? [계측 17]

① 폭발법은 대체로 가스 조성이 일정할 때 사용하는 것이 안전하다.
② 완만 연소법은 질소 산화물 생성을 방지할 수 있다.
③ 분별 연소법에서 사용되는 촉매는 파라듐, 백금 등이 있다.
④ 완만 연소법은 지름 0.5mm 정도의 백금선을 사용한다.

86 고속회전이 가능하므로 소형으로 대용량 계량이 가능하고 주로 대수용기의 가스 측정에 적당한 계기는? [계측 8]

① 루트 미터　　　② 막식 가스미터
③ 습식 가스미터　　　④ 오리피스 미터

가스미터의 일반적 용도 구분
① 루트식 가스미터 : 대수용가
② 막식 가스미터 : 일반수용가
③ 습식 가스미터 : 기준 가스미터용, 실험실용

87 제어의 최종 신호 값이 이 신호의 원인이 되었던 전달 요소로 되돌려지는 제어방식은? [계측 12]

① open-loop 제어계
② closed-loop 제어계
③ forward 제어계
④ feed forward 제어계

폐회로(closed-loop) 제어계 : 출력의 일부를 입력방향으로 피드백시켜 목표값과 비교되도록 폐루프를 형성하는 제어계

88 공기유속을 피토관으로 측정하였더니 차압 15mmH₂O였다. 공기 비중량이 1.2kg$_f$/m³이고, 피토계수가 1일 때 유속은 약 몇 m/s인가?

① 7.8 ② 15.7
③ 23.5 ④ 31.3

$$V = \sqrt{2 \times g \times \frac{P}{\gamma}} = \sqrt{2 \times 9.8 \times \frac{15}{1.2}} = 15.65\text{m/s}$$

89 온도 25℃, 노점 10℃인 공기의 상대습도는 얼마인가? (단, 25℃ 및 19℃에서 포화증기압은 각각 23.76mmHg 및 16.47mmHg로 한다.)

① 48% ② 58%
③ 69% ④ 79%

상대습도 : 대기중에 존재하는 최대습기량과 현존하는 습기량

$$\phi = \frac{P_w(\text{수증기 분압})}{P_s(\text{습공기 중 수증기 분압})}$$
$$= \frac{x \cdot P}{Ps(0.622 + x)}$$
$$= \frac{16.47}{23.76} \times 100$$
$$= 65.58\%$$

90 연소식 O₂계에서 산소측정용 촉매로서 주로 사용되는 것은?

① 팔라듐 ② 탄소
③ 구리 ④ 니켈

연소식 O₂계(과잉공기계)
일정량의 측정가스와 H₂ 등의 가연성을 혼합 파라듐 촉매하여 연소시킬 때 반응열이 산소농도에 비례하며, 다음의 특징이 있다.
㉠ 측정원리가 간단하다.
㉡ 온도, 유량 변동 시 오차가 발생한다.
㉢ 선택성이 좋다.
㉣ 연소를 위해 가연성 가스가 필요하다.

91 다음 중 액주형 압력계에 속하지 않는 것은?

① U자관 압력계
② 플로우트 압력계
③ 경사관 압력계
④ 부르돈관 압력계

 액주형 압력계 : 내부액으로 압력을 측정하는 압력계로 1차 압력계이며, ①, ②, ③ 이외에 링밸런스(환상천평식) 압력계가 있다.

92 압력계측 장치가 아닌 것은?

① 격막식 게이지(diaphragm)
② 마노미터(manometer)
③ 부르돈 게이지(Bourdon gauge)
④ 벤투리미터(Venturi meter)

 벤투리미터는 유량계이다.

93 가스미터기의 부동(미터기가 돌아가지 않음) 원인과 관계가 없는 것은? [계측 5]

① 막의 수축
② 밸브 파손
③ 밸브 시트에 이물질이 낌
④ 막에서의 내부누출

 부동 : 가스가 가스미터를 통과하나 눈금이 움직이지 않으므로 ②, ③, ④ 이외에 밸브의 탈락, 계량막 파손, 밸브 시트 누설 등의 원인이 있다.

94 다음 단위 중 유도단위가 아닌 것은?

[계측 36]

① 면적과 체적
② 시간과 질량
③ 압력과 힘
④ 전압과 주파수

기본단위(7종)
시간(sec), 질량(kg), 몰질량(mol), 전류(A), 길이(m), 온도(°K), 광도(cd)

95 오르자트 분석기에 의한 배기가스 각 성분 계산법 중 CO의 성분 % 계산법은? 【계측 1】

① $100(CO_2\%+N_2\%+O_2\%)$

② $\dfrac{KOH\ 30\%\ 용액흡수량}{시료채취량}\times 100$

③ $\dfrac{알칼리성\ 피로갈톨\ 용액흡수량}{시료채취량}\times 100$

④ $\dfrac{암모니아성\ 염화제1구리\ 용액흡수량}{시료채취량}$
　　$\times 100$

 ② CO_2의 계산법
③ O_2의 계산법
④ CO 계산법

참고 $N_2-100-(CO_2+O_2+CO)$

96 가스크로마토그래피 분석에 있어서 피크의 보정된 시간을 선형 알칸의 것과 비교하여 대수비율로 나타낸 값을 뜻하는 것은?

① Donnan 평형　② Kovats 지수
③ H.E.T.P　　　④ 분배계수

 분배계수$=\dfrac{tR_2}{tR_1}$

여기서, tR_1 : 시료 도입점으로부터 피크 1의 최고점 길이
　　　　tR_2 : 시료 도입점으로부터 피크 2의 최고점 길이

참고 H.E.T.P(Height Equivalent to a Theoretical Plate) : 이론단수

97 LPG 자동차 용기의 액면계로 가장 적당한 것은?

① 기포식 액면계
② 변위평형식 액면계
③ 방사선식 액면계
④ 부자식 액면계

98 다음 중 실측식 가스미터가 아닌 것은?

① 오리피스식　② 막식
③ 습식　　　　④ 루트(roots)식

 오리피스는 추량식 가스미터이다.

99 다음 중 액주식 압력계의 종류에 해당되지 않는 것은?

① 단관식　　② 단종식
③ 경사관식　④ U자관식

 액주식 압력계
①, ③, ④ 이외에 링밸런스식 압력계, 수은주압력계 등이 있다.

100 다음 그림이 나타내는 제어동작은?

① 비례미분동작
② 비례적분미분동작
③ 미분동작
④ 비례적분동작

 P(비례), D(미분) 동작

가스기사 기출문제집 필기

2020. 1. 9. 초판 1쇄 발행
2025. 2. 19. 개정 5판 1쇄(통산 6쇄) 발행

지은이 | 양용석
펴낸이 | 이종춘
펴낸곳 | **BM** ㈜도서출판 **성안당**

주소 | 04032 서울시 마포구 양화로 127 첨단빌딩 3층(출판기획 R&D 센터)
     | 10881 경기도 파주시 문발로 112 파주 출판 문화도시(제작 및 물류)
전화 | 02) 3142-0036
     | 031) 950-6300
팩스 | 031) 955-0510
등록 | 1973. 2. 1. 제406-2005-000046호
출판사 홈페이지 | **www.cyber.co.kr**
ISBN | 978-89-315-8482-0 (13530)
정가 | **32,000원**

이 책을 만든 사람들
책임 | 최옥현
진행 | 박현수
교정·교열 | 채정화
전산편집 | 이지연
표지 디자인 | 박현정
홍보 | 김계향, 임진성, 김주승, 최정민
국제부 | 이선민, 조혜란
마케팅 | 구본철, 차정욱, 오영일, 나진호, 강호묵
마케팅 지원 | 장상범
제작 | 김유석